高级算法和数据结构

[意大利] 马塞洛·拉·罗卡（Marcello La Rocca）著

肖鉴明 译

人民邮电出版社

北京

图书在版编目（CIP）数据

高级算法和数据结构 /（意）马塞洛·拉·罗卡(Marcello La Rocca) 著 ; 肖鉴明译. -- 北京 : 人民邮电出版社, 2023.12
ISBN 978-7-115-61457-5

Ⅰ. ①高… Ⅱ. ①马… ②肖… Ⅲ. ①算法分析②数据结构 Ⅳ. ①TP311.12

中国国家版本馆CIP数据核字(2023)第053902号

版权声明

◆ 著　[意] 马塞洛·拉·罗卡（Marcello La Rocca）
译　肖鉴明
责任编辑　吴晋瑜
责任印制　王　郁　焦志炜

◆ 人民邮电出版社出版发行　北京市丰台区成寿寺路 11 号
邮编　100164　电子邮件　315@ptpress.com.cn
网址　https://www.ptpress.com.cn
北京七彩京通数码快印有限公司印刷

◆ 开本：787×1092　1/16
印张：34　2023 年 12 月第 1 版
字数：910 千字　2024 年 11 月北京第 4 次印刷

著作权合同登记号　图字：01-2021-3944 号

定价：149.80 元

读者服务热线：(010) 81055410　印装质量热线：(010) 81055316
反盗版热线：(010) 81055315
广告经营许可证：京东市监广登字 20170147 号

内容提要

这是一本关于“高级/进阶”算法和数据结构的图书，主要介绍了用于Web应用程序、系统编程和数据处理领域的各种算法，旨在让读者了解如何用这些算法应对各种棘手的编码挑战，以及如何将其应用于具体问题，以应对新技术浪潮下的“棘手”问题。

本书对一些广为人知的基本算法进行了扩展，还介绍了用于改善优先队列、有效缓存、对数据进行集群等的技术，以期读者能针对不同编程问题选出更好的解决方案。书中示例大多辅以图解，并以不囿于特定语言的伪代码以及多种语言的代码样本加以阐释。

学完本书，读者可以了解高级算法和数据结构的相关内容，并能运用这些知识让代码具备更优性能，甚至能够独立设计数据结构，应对需要自定义解决方案的情况。

本书可作为高等院校计算机相关专业本科高年级学生以及研究生的学习用书，也可供从事与算法相关工作的开发者参考。

推荐序

理论之美与前沿技术激动人心的融合，其核心就是算法与数据结构。可以说，如果把硬件作为计算进步的“主体”(躯干)，那么对算法和数据结构的研究就是其“大脑”。正是因为可以有效利用计算资源来解决问题，最近的许多技术进步才得以实现，而这往往都归功于对算法的有效开发和实现，以及对数据结构的巧妙使用。

计算机科学家、软件开发人员、数据科学家或任何依赖计算能力工作的人，都应精通算法和数据结构。正因如此，IT 公司在面试中最常提问的问题大多与算法和数据结构相关。

即使对于专家来说，要掌握并记住现有算法的所有细节也是相当困难的。不过，真正重要的是对这些算法保持良好的直觉。只有这样，我们才可以像搭积木一样，运用这些算法完成大型项目或者解决各种问题。要有这种直觉，就必须有严谨的理论和数学基础、扎实的编程知识储备，以及对核心概念的深刻理解。

希望本书能帮助你建立起这种直觉。在本书中，Marcello 将严谨的理论与广泛的实际应用相结合，以叙事笔触描述了有趣的故事和现实生活中的例子。

Marcello 曾在多家知名技术公司担任过开发人员和机器学习科学家，他利用自己丰富的工作经验，以一种清晰、简洁而又不失全面的方式向读者介绍算法与数据结构。这些算法和数据结构已广泛应用于各个行业和研究领域。

凭借广泛适用的方法、友好的语言和有趣的类比，Marcello 像展示基础知识中的树和堆那样，为我们揭开了多个复杂主题的神秘面纱，如 MapReduce 模型、遗传算法以及模拟退火算法。如果读者想要深入了解计算机科学中的构建原理，那么建议你阅读本书。读完本书后，我脑子里唯一的想法是，“我在硅谷准备第一次面试时，要是有这本书就好了！”

——Luis Serrano 博士

量子人工智能研究科学家

Zapata Computing 公司

序

欢迎阅读《高级算法和数据结构》!

很高兴你能加入探索数据结构和算法世界的旅程！希望这段旅程对你和我们所有人来说都足够激动人心。

本书讨论的主题不但对推动软件工程的发展做出了贡献，而且切切实实地改变了我们的世界，至今仍时时刻刻地影响着我们。平均而言，你每天都会接触到数十种使用这些算法的设备和服务。

对算法的研究早在计算机科学诞生以前就开始了。想想看，欧拉法和图论领域已有长达三个世纪的历史。但是，如果与两千多年前就已发明出来的埃拉托色尼筛法（用来制作素数表）相比，这似乎有点小巫见大巫了。

然而，相当长一段时间内，算法通常都被归于学术范畴，而业界也只有一些像贝尔实验室这样的机构才能够参与其中。20 世纪 50 年代到 90 年代，贝尔实验室的研发团队在算法领域取得了巨大的进步，其主要成就有动态规划、贝尔曼-福特算法以及用于图像识别的卷积神经网络。

幸运的是，和那个时代相比，现在的许多事情都发生了变化。2000 年之后，数学家和计算机科学家日益受到大型软件公司的青睐。机器学习等新领域开始出现，人工智能和神经网络等其他领域在经历漫长的寒冬后重新焕发生机。

我是从上大学时迷上算法的。虽然早在高中时期我就学习了搜索和排序算法，但是直到学习了树和图，我才意识到它们可以带来的改变以及我对这些主题有多么喜爱。

那是我第一次发觉代码可运行并不是编程的唯一目标，甚至不是主要目标。这些代码的工作方式、运行效率以及整洁程度，和它们能够工作同等重要，甚至可以说更为重要。（遗憾的是，又过了若干年，我才对测试有了同样的感悟。）

这本书的写作花费了我大量的时间，远远超出我在 4 年前向编辑提出这个想法时的预期。这本书的出版故事（至少现在回想起来）非常有趣，但我并不打算在这里长篇大论地絮叨。你只需要知道在写这本书的 4 年里，我换了 3 份工作，在两个国家待过，搬过 5 次家！

虽然写这本书付出的努力颇多，但是收获也颇多。首先也是最重要的，写一本书意味着开始一条成长之路。因为无论你在一个主题上工作了多久，或是你对这个主题有多么了解，要写出来，你就得强迫自己质疑已经对这个主题所知道的一切，深入研究之前在应用时可能忽略的每个细节，花大量的时间来研究、消化和处理各种概念，直到你有足够的信心可以把这个主题解释给对它一无所知的人。通常来说，一个很好的检验标准就是让某个不在相关领域工作的家人听你进行介绍。对了，请记得选一位非常有耐心的家人。

致谢

感谢一路走来给予我帮助的所有人。

首先，感谢 Manning 出版社的两位编辑，他们是负责帮助我将手稿从最初的稿件转换为符合出版社要求的 Helen Stergius，以及在过去几年里一直致力于推进本书出版的 Jennifer Stout。没有他们的帮助，就没有本书的顺利付梓。很高兴能与你们合作，感谢你们的帮助、所提的宝贵建议以及对我的耐心！

感谢本书的两位技术编辑！非常感谢已经加入团队好几年的 Arthur Zubarev，你提供了大量出色的反馈，并不断鞭策着我前进，非常荣幸能与你合作。特别感谢我的朋友 Aurelio De Rosa。在着手写作本书之前，我们曾一起在一个 JavaScript 网站上发表帖子，我也有幸让他担任了那里的编辑。除了教给我很多关于技术写作的知识，他对本书的贡献也是巨大的。他是本书的第一位技术编辑，除了为整本书指明方向，他还指出了需要纳入其中的主题，并对代码进行了审查。此外，当我找出版商时，他向我推荐了 Manning 出版社。

还要感谢 Manning 出版社的其他所有人，他们与我一起参与了本书的制作和推广，本书的成功离不开整个团队的努力。感谢审稿人 Andrei Formiga、Christoffer Fink、Christopher Haupt、David T. Kerns、Eddu Melendez、George Thomas、Jim Amrhein、John Montgomery、Lucas Gerardo Tettamanti、Maciej Jurkowski、Matteo Gildone、Michael Jensen、Michael Kumm、Michelle Williamson、Rasmus Kirkeby Str b k、Riccardo Noviello、Rich Ward、Richard Vaughan、Timmy Jose、Tom Jenice、Ursula Cervantes、Vincent Zaballa 以及 Zachary Fleischmann。感谢你们早在手稿的编写阶段花费大量的时间阅读并给出宝贵建议。

感谢我的家人和朋友，感谢你们这些年来对我的支持和耐心。写这本书花了我大量的时间！如果你也有过这样的体验，就会明白这意味着占用许多可以去郊游、与朋友聚会或做家务的晚上、假期及周末，因为所有的这些时间都需要用于手稿上。如果没有家人及朋友的帮助和理解，我是不可能完成本书的。

最后，我还要特别提及一些人。正是因为他们，我才能成为计算机科学家。

感谢我在卡塔尼亚大学求学期间遇到的老师们。想要感谢的老师太多了，囿于篇幅，在此我只列出如下三位导师：Gallo 教授、Cutello 教授以及 Pappalardo 教授。在这个大学学位的含金量受到质疑的时代，人们总想找到比取得大学学位更快、更实用的替代方案，但我仍然认为对导师和母校这么多年来所做的出色工作给予认可是非常重要的。大规模开放在线课堂（Massive Open Online Course，MOOC）和代码训练营的确是很好的替代之法，正是因为它们对授课地点和学生身份不设限，才让教育朝着惠及大众的方向迈出了一大步。但我觉得，如果没有上大学的经历，我一定会错过对批判性态度的培养。批判性态度让我们能够知道如何推理问题，以及如何获得更全面的技能知识，而不仅仅是满足找工作的需要。

不得不承认，我也曾对像线性代数这样的数学课程持怀疑态度。在从事开发工作时，我根本意识不到会在什么时候用到它们。不过在毕业若干年后，当我开始接触机器学习时，所有的这些数学知识都派上了用场。

最重要的是，我要感谢在我早年的生活和学习中不断支持我的一个人——我的母亲。为了能让我完成学业，以及满足我继续深造的愿望，她做出了巨大的牺牲。有了她的支持，我才能实现自己职业生涯中的所有目标，包括写这本书。因此，从某种意义上讲，这本书的成功和她密不可分。

致谢

感谢一路走来给予我帮助的所有人。

首先，感谢 Manning 出版社的两位编辑，他们是负责帮助我将手稿从最初的稿件转换为符合出版社要求的 Helen Stergius，以及在过去几年里一直致力于推进本书出版的 Jennifer Stout。没有他们的帮助，就没有本书的顺利付梓。很高兴能与你们合作，感谢你们的帮助、所提的宝贵建议以及对我的耐心！

感谢本书的两位技术编辑！非常感谢已经加入团队好几年的 Arthur Zubarev，你提供了大量出色的反馈，并不断鞭策着我前进，非常荣幸能与你合作。特别感谢我的朋友 Aurelio De Rosa。在着手写作本书之前，我们曾一起在一个 JavaScript 网站上发表帖子，我也有幸让他担任了那里的编辑。除了教给我很多关于技术写作的知识，他对本书的贡献也是巨大的。他是本书的第一位技术编辑，除了为整本书指明方向，他还指出了需要纳入其中的主题，并对代码进行了审查。此外，当我找出版商时，他向我推荐了 Manning 出版社。

还要感谢 Manning 出版社的其他所有人，他们与我一起参与了本书的制作和推广，本书的成功离不开整个团队的努力。感谢审稿人 Andrei Formiga、Christoffer Fink、Christopher Haupt、David T. Kerns、Eddu Melendez、George Thomas、Jim Amrhein、John Montgomery、Lucas Gerardo Tettamanti、Maciej Jurkowski、Matteo Gildone、Michael Jensen、Michael Kumm、Michelle Williamson、Rasmus Kirkeby Str b k、Riccardo Noviello、Rich Ward、Richard Vaughan、Timmy Jose、Tom Jenice、Ursula Cervantes、Vincent Zaballa 以及 Zachary Fleischmann。感谢你们早在手稿的编写阶段花费大量的时间阅读并给出宝贵建议。

感谢我的家人和朋友，感谢你们这些年来对我的支持和耐心。写这本书花了我大量的时间！如果你也有过这样的体验，就会明白这意味着占用许多可以去郊游、与朋友聚会或做家务的晚上、假期及周末，因为所有的这些时间都需要用于手稿上。如果没有家人及朋友的帮助和理解，我是不可能完成本书的。

最后，我还要特别提及一些人。正是因为他们，我才能成为计算机科学家。

感谢我在卡塔尼亚大学求学期间遇到的老师们。想要感谢的老师太多了，囿于篇幅，在此我只列出如下三位导师：Gallo 教授、Cutello 教授以及 Pappalardo 教授。在这个大学学位的含金量受到质疑的时代，人们总想找到比取得大学学位更快、更实用的替代方案，但我仍然认为对导师和母校这么多年来所做的出色工作给予认可是非常重要的。大规模开放在线课堂（Massive Open Online Course，MOOC）和代码训练营的确是很好的替代之法，正是因为它们对授课地点和学生身份不设限，才让教育朝着惠及大众的方向迈出了一大步。但我觉得，如果没有上大学的经历，我一定会错过对批判性态度的培养。批判性态度让我们能够知道如何推理问题，以及如何获得更全面的技能知识，而不仅仅是满足找工作的需要。

不得不承认，我也曾对像线性代数这样的数学课程持怀疑态度。在从事开发工作时，我根本意识不到会在什么时候用到它们。不过在毕业若干年后，当我开始接触机器学习时，所有的这些数学知识都派上了用场。

最重要的是，我要感谢在我早年的生活和学习中不断支持我的一个人——我的母亲。为了能让我完成学业，以及满足我继续深造的愿望，她做出了巨大的牺牲。有了她的支持，我才能实现自己职业生涯中的所有目标，包括写这本书。因此，从某种意义上讲，这本书的成功和她密不可分。

前言

为什么要选择本书

谈及为什么需要花时间学算法，我至少可以列举出三个很好的理由。

（1）性能：选择正确的算法可以显著提升应用程序的速度。仅就搜索来说，用二分查找替换线性搜索就能为我们带来巨大的收益。

（2）安全性：如果你选用了错误的算法，攻击者就可以利用它使你的服务器、节点或应用程序崩溃。比如哈希碰撞拒绝服务攻击，就利用了作为字典来存放 POST 请求以提交参数的哈希表，并使用有可能导致大量碰撞的序列来让这个哈希表退化，进而使整个服务器停止响应。另一个关于安全性的有趣例子是，曾有黑客成功使用有缺陷的随机数生成器入侵在线扑克网站。[1]

（3）设计代码的效率：如果有合适的构建模块可用来完成各种事情（特别是如果还能重用代码的话），你就能更快地实现代码的编写，而且会让代码更整洁。

那么，为什么推荐你阅读本书呢？一个很重要的原因就是，在本书中，我精挑细选地为你准备了一个具有战略意义的“高级算法库”，其中的算法能够帮助你改进代码，进而应对现代系统面临的各种挑战。

此外，我试着用一种不同于普通教材的方法来介绍这些算法。虽然本书也会解释算法背后的理论，但更侧重于给出使用这些算法的实际应用程序的相关背景信息，以及在什么时候应该使用这些算法的建议。

在日常工作中，你通常要做的是处理某个大型软件（也可能是遗留软件）上的某个特定部分。但是，在整个职业生涯中，你肯定会遇到需要设计大型软件的情况。到了那时，你就会用上本书讨论的大部分内容了。我将尽可能地给出有关如何编写简洁且高效代码的建议，以帮助你解决将来要面对的相关问题。

正是因为采用了这种新的方式来介绍算法，所以在每一章中，我都会列举有助于解决某些问题的数据结构。这是一本当你需要用以提高应用程序性能的建议时，可以随时参考的辅助性手册。

最后要说的是，如果你碰巧读过 Aditya Y. Bhargava 撰写的《算法图解》（人民邮电出版社，2017 年），并且十分喜欢里面的内容；那么只要你还想继续学习算法，就可以通过阅读《高级算

1 “How we learned to cheat at online poker: A study in software security”（“在线扑克如何作弊：一次软件安全研究”），Brad Arkin 等，developer.com 期刊，1999 年。

法和数据结构》得到进一步提升。如果你还没有读过《算法图解》，我强烈推荐你看一看，这本书是你了解算法相关主题的绝佳选择，它能广受欢迎绝非偶然。希望我的这本书也能达到同样的效果。

读者对象

本书的大部分章节是为对算法、编程和数学已有一些基本了解的读者编写的。如果你想复习一下这些基本内容或者希望快速了解这部分知识，请参阅本书的附录部分。

如果你事先熟悉了如下概念，则可以更好地掌握本书的内容。

- 良好的数学和代数基础，大 O 符号（见附录 B）以及渐近分析的相关内容。
- 简单的数据结构。
- 附录 C 中的概念。
  - 基本的像数组和链表这样的存储结构。
  - 哈希表和哈希算法。
  - 树。
  - 容器（队列和堆栈）。
  - 递归的基本概念。

本书的内容是如何组织的：路线图

第 1 章定义了算法和数据结构，阐释了它们的区别，并通过一个例子探究了用不同算法解决问题的过程，以及如何利用这些算法来找到更好的解决方案。

从第 2 章开始，本书剩余的内容将分为三大部分以及附录。每一部分会集中介绍一大类内容——可以是某个抽象的目标，也可以是我们需要解决的某类问题。

第一部分探讨了一些高级数据结构，目的是让你进一步掌握像跟踪一个或一组事物这样的基本操作。这一部分旨在让你熟悉这样一种思维模式：对数据执行操作的方法有很多，而最好的方法取决于上下文和需求。

第 2 章介绍了二叉堆的高级变体——d 叉堆，还描述了第一部分各章中用来介绍各种主题的编撰结构。

第 3 章利用树堆进一步探讨了堆的高级用法。树堆是二叉搜索树和堆的混合体，可以在不同的上下文中提供帮助。

第 4 章介绍了布隆过滤器。这是哈希表的一种高级形式，可以帮助我们节省内存，同时将查找操作的平摊时间复杂度维持在常数级别。

第 5 章介绍了一些用来跟踪不交集的替代数据结构。不交集是构建高级算法的基石，已用在若干实际应用中。

第 6 章介绍了两种在存储和查找字符串方面都优于通用容器的数据结构：trie（前缀树）和基数树（又称为压缩前缀树）。

第 7 章基于前面介绍的数据结构构建了一种能有效处理缓存的组合数据结构：LRU 缓存，还详细讨论了 LFU 缓存（LRU 缓存的变体）以及如何在多线程环境中同步共享容器的问题。

第二部分探讨搜索算法的一种特殊情况：处理多维数据时应该如何索引这些数据，以及如何执行空间查询。本书将再次展示一些比使用基本搜索算法有更大改进的专用数据结构。不仅如此，这一部分还将描述另一个重要的主题——聚类。聚类用到了大量的空间查询，还用到了

MapReduce 这样的分布式计算模型。

第 8 章探讨了最近邻问题。

第 9 章描述了 *k-d* 树—— 一种支持在多维数据集上进行高效搜索的解决方案。

第 10 章介绍了树的更多高级版本，如 SS 树和 R 树。

第 11 章深入探讨了如何基于需要派送的客户地址找到最近的仓库，还着重介绍了最近邻搜索的应用。

第 12 章介绍了三种旨在高效实现最近邻搜索的聚类算法：*k* 均值算法、DBSCAN 算法和 OPTICS 算法。

第 13 章介绍了 MapReduce（一种强大的分布式计算模型），并探讨了如何将其应用到第 12 章所讨论的聚类算法上。

第三部分只关注一种数据结构——图。这部分内容将介绍各种旨在推动当今人工智能和大数据发展的算法。

第 14 章介绍了图数据结构的基础知识，还介绍了深度优先遍历（DFS）、广度优先遍历（BFS）、迪杰斯特拉算法以及 A*算法，并描述了如何使用它们来解决“最短路径”问题。

第 15 章介绍了图嵌入、平面性以及稍后几章将要尝试解决的几个问题，例如如何找到对图进行嵌入时的最小交叉数，以及如何更好地绘制图。

第 16 章描述了一种我们在机器学习中经常要用到的基本算法——梯度下降算法，并展示了如何将这种算法应用于图以及图嵌入。

第 17 章在第 16 章的基础上介绍了模拟退火算法——这是一种更强大的优化技术。在处理不可微函数或是具有多个局部最小值的函数时，这种算法能够克服梯度下降算法的缺点。

第 18 章描述了遗传算法——这是一种十分高级的优化技术，有助于加快收敛速度。

本书各章会按照“提出问题→设计数据结构作为解决方案→实现解决方案并分析运行时间和内存需求”这一结构来安排内容。

最后，附录部分涵盖了阅读本书所必须掌握的那些关键主题。附录不是基于示例来讲解的，而是采用了与正文不同的内容组织方式。附录旨在向读者提供在开始阅读正文之前就应该熟悉的各种知识的摘要，其中的大部分主题是基础算法课程中的内容。我们建议读者在阅读第 2 章之前浏览一遍附录中的内容。

附录 A 介绍了用来描述算法的伪代码的各种符号。

附录 B 提供了对大 O 符号以及时间分析与空间分析的总结。

附录 C 和附录 D 给出了各种核心数据结构的摘要。这些数据结构是本书将要介绍的各种高级数据结构的基础模块。

附录 E 解释了递归。递归是一种比较具有挑战性的编程技术，旨在对算法进行更明确、更简洁的定义。当然，在采用递归时，我们需要对利弊进行权衡。

附录 F 给出了不同类型的随机算法的定义，包括蒙特卡罗算法、拉斯维加斯算法，还介绍了各种分类问题和随机解决方案的评估指标。

关于代码

本书中的算法是用伪代码加以解释的，因此读者不需要有特定编程语言的背景知识。

不过，我们还是希望读者对基本的、与语言无关的编程概念有一定的了解，例如循环、条件、布尔运算符、变量以及赋值的相关概念。

附录 A 提供了一份简短的指南，对本书用到的语法（或者更确切地说，伪语法）进行了介绍。我们建议读者能够在开始阅读第 1 章之前浏览一遍附录 A。当然，如果你对自己非常有信心，可以直接阅读正文中的代码，当觉得对其中使用的语法不甚了解时，再参考附录 A 中的内容。

本书给出了伪代码，如果你对特定的编程语言感兴趣，或者想要弄清楚书中的概念是如何用真实的可执行代码来实现的，可访问本书的 GitHub 仓库，以了解如何使用不同的编程语言（如 Java、Python、JavaScript）实现本书介绍的各种数据结构。

作者简介

Marcello La Rocca 现为一家电商公司的高级软件工程师，曾参与开发 Twitter、微软和苹果等公司的大型 Web 应用程序和数据基础设施，并发明了 NeatSort 这一自适应排序算法。他的主要研究领域为图、算法优化、机器学习和量子计算。

本书封面简介

本书封面上的人物插图名为“Femme de Fiume”或“河边的女士”。这幅插图出自法国 1797 年出版的 *Costumes de Différents Pays*（由 Jacques Grasset de Saint-Sauveur 撰写），这本书中有身着不同国家及地区服饰的人物画像，且其中所有插图都是手工精细绘制和着色的。这些丰富多彩的插图生动再现了 200 多年前，世界上不同地区、城镇、村庄和社区在文化上的巨大差异。人们讲着不同的语言和方言，无论是在街上还是在乡下，只要通过着装，就很容易辨认出他们住在哪里，甚至能够看出他们的职业或身份。

后来，人们的着装发生了变化，彼时那般丰富的地区多样性逐渐消失。现在，我们已经很难区分来自不同国家的人，更不用说来自不同地区或城镇的人了。也许，我们以牺牲文化多样性为代价换来了如今个人生活的更加多样化，当然还有更加多样化和快节奏的科技化生活。

在这个计算机图书同质化的时代，Manning 出版社选择 *Costumes de Différents Pays* 中的插画作为封面，将 200 多年前丰富多样的地区生活还原出来，以此颂扬计算机行业的创造性、积极性和趣味性。

目录

第 1 章　初识数据结构

本章主要内容

- 为什么需要了解数据结构和算法
- 算法和数据结构的区别
- 对问题进行抽象
- 从问题到解决方案

学习算法与数据结构是一个非常好的决定!

如果你还在犹豫不决，我们希望本章介绍的内容能打消你的疑虑并激发你对这个主题的兴趣。

为什么要学习数据结构和算法？简单来说，想要成为更优秀的软件开发人员，学习数据结构和算法能让我们事半功倍。

你有没有听说过“马斯洛的锤子”（又称为“工具规律”）？这是一个通过观察得到的假设，意味着只知道一种做事方式的人，想把这种方式运用到所有情况之下，而不关注情况的差异性。

如果只有锤子这一个工具，那么容易把所有东西当作钉子。类似地，如果只知道可以对列表进行排序，那么在向任务列表中添加新的任务或者选择下一个需要处理的任务时，通常就会尝试对任务列表进行排序，而不会根据上下文来获得更高效的解决方案。

本书旨在为你提供更多用于解决问题的“工具”。我们将以计算机科学专业基础课通常都会介绍的基本算法作为基础，向你介绍更高级的内容。

读完本书，你应该能够知道在什么情况下，可以使用特定的数据结构和（或）算法来提高代码的性能。

当然，我们并不期望你能把后面将要讨论的所有数据结构的每个细节都熟记于心，而更希望你能够了解如何推理问题，进而找到可以解决问题的相关算法。作为一本类似于菜谱的手册，本书会把各种问题归纳到常见的几个大类里，并给出可以解决这几大类问题的最佳数据结构。

需要注意的是，本书的某些主题较为超前。因此，在深入研究具体细节时，你可能需要反复阅读才能真正理解所有的内容。本书会给出多层次的深入分析，并将高级的部分放在各章的末尾。因此，如果只是想要了解这些主题，那么你可以忽略这些针对理论而进行的深入研究。

1.1　数据结构

首先，我们需要使用一种统一的方式来描述并评估算法。

一种非常标准的描述方式如下：算法会根据所接收的输入以及所提供的输出进行描述。算法的具体细节可以用伪代码（忽略编程语言的实现细节）或者实际代码加以说明。

数据结构虽然与算法类似，但稍有不同，因为在其中还必须描述对数据结构所能执行的操作。通常来说，每个操作都会像算法那样，通过输入和输出进行描述。除此之外，对于数据结构来说，这些操作的**副作用**也需要描述，因为这些操作可能会对数据结构本身进行修改。

要彻底了解为什么会有副作用产生，你首先需要正确地对数据结构进行定义。

1.1.1　定义数据结构

数据结构（data structure）是一种对数据进行组织的特定解决方案，不仅可以为元素提供存储空间，还提供了存放和获取这些元素的功能[1]。

最简单的数据结构就是数组。比如，字符数组可以为有限数量的字符提供存储空间，并且提供了根据位置来获取字符数组中各个字符的方法。图 1.1 展示了 array = ['C', 'A', 'R']是如何存储的。对于存放了字符'C'、'A'和'R'的字符数组来说，array[1]对应的值就是'A'。

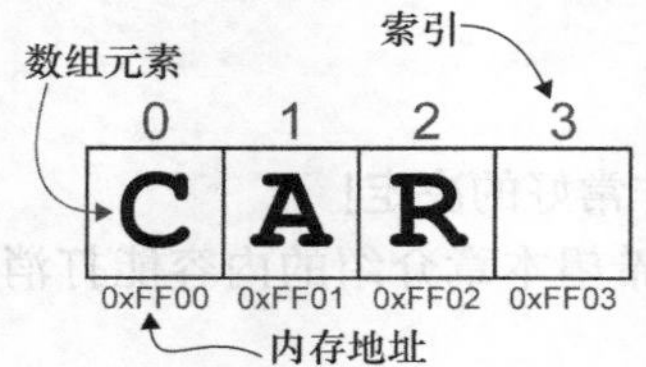

图 1.1　数组的（简化的）内部表示。数组中的每个元素都对应着内存[2]中的一个字节。位于这些元素下方的是内存地址，位于其上方的则是对应的索引。数组是通过连续的内存块进行存储的，因此可以通过元素在数组里的索引并加上数组中第一个元素的偏移量来得到其地址。例如，数组中第 4 个字符（array[3]，图中为空）的地址就是 0xFF00 + 3 = 0xFF03

数据结构既可以是抽象的，也可以是具体的。

- 抽象数据类型（Abstract Data Type，ADT）会指定对某些数据可以执行的操作以及这些操作的计算复杂度，但不会提供有关如何存储数据或者如何使用物理内存的详细信息。
- 数据结构是基于抽象数据类型所提供的规范而得到的具体实现。

什么是抽象数据类型？

抽象数据类型可以理解为蓝图，而数据结构则会把其中的规范转换为真实代码。

抽象数据类型是从使用者的角度定义的，因此其行为会使用可能的值、可能的操作以及与这些操作对应的输出和副作用加以描述。

如果要更正式地来描述抽象数据类型，那么应该是“由一组类型、这组类型的指定类型、一组功能以及一组公理构成的合集”。

对于数据的具体表示——数据结构来说，数据结构则是从实现者而非使用者的角度描述的。

1 具体来说，至少会有一个将新元素添加到数据结构的方法，以及另一个可以获取特定元素或者查询数据结构的方法。

2 在现代架构或编程语言中，数组元素可能会对应内存中的一个字（word）而不是一个字节（byte）。但是为了简便，这里假设字符数组被存放在一系列的字节中。

对于上面这个数组来说，一种可能的静态数组的抽象数据类型如下："数组是一个可以存储固定数量元素的容器，其中的每个元素都有一个与之对应的索引（数组中元素的位置），可通过元素的位置来访问任何元素（随机访问）"。

要实现静态数组，还需要注意以下细节。

- 数组的大小在数组创建之后是固定不变的，还是可以修改的？
- 数组使用的内存是静态分配的，还是动态分配的？
- 数组只能包含单一类型的元素，还是可以包含多种类型的元素？
- 数组会实现为原始的内存块，还是实现为对象？如果实现为对象的话，数组会有哪些属性？

即使对于像数组这样的简单数据结构，不同的编程语言也会对上面的问题做出不同的选择。但是，所有的编程语言都会确保对数组的实现能够满足上面对数组的抽象数据类型所做的描述。

堆栈是另一个可以用来了解抽象数据类型和数据结构之间差异的好例子。我们将在附录 C 和附录 D 中对堆栈进行描述。当然，你应该听说过堆栈这种数据结构。

堆栈的抽象数据类型可以描述如下："一个可以存储无限数量元素的容器，并且可以按照与插入顺序相反的顺序从最新的元素开始依次删除元素"。

进一步来讲，通过分解容器上可执行的操作可以得到堆栈的另一种描述："堆栈是一个支持如下两种主要方法的容器"。

- 插入元素。
- 删除元素。如果堆栈不为空，那么最后插入的元素将从堆栈中被删除并返回。

尽管以上描述还是不那么通俗易懂，但是要比前一种描述更清晰，也更模块化。

这两种描述都足够抽象，也都具有一般性，足以让你在不同的编程语言、范式和系统[1]中实现堆栈。

不过在某些时候，我们还是得对数据结构进行具体的实现，这时就需要讨论下面这些细节了。

- 元素用什么方式来存储？
  - 数组？
  - 链表？
  - 磁盘上的 B 树？
- 如何记录插入的顺序？（与上一个问题相关）
- 堆栈的最大尺寸是已知并且保持不变的吗？
- 堆栈是否可以包含多种类型的元素，还是所有元素都必须属于同一类型？
- 如果想在空的堆栈上执行删除操作，应该怎么办？（例如，应该返回 null 还是抛出错误呢？）

诸如这样的问题数不胜数，这里列举的问题仅为让你有个大致的了解。

1.1.2 描述数据结构

定义抽象数据类型的关键在于列出其允许的一系列操作。这就相当于定义了一套 API[2]，也可以说是与客户端的契约。

---

1 原则上，系统并不是必须和计算机科学相关。例如，你可以把一堆需要检查的文件描述为系统。另外，洗一堆盘子这个经常在计算机科学课堂上见到的例子也可以视为一个系统。

2 应用程序接口（Application Programming Interface）。

在需要对数据结构进行描述时，我们可以遵循一些简单的步骤，以确保提供的规范是全面且明确的。

- 指定数据结构的 API，并且确定方法的输入与输出。
- 描述数据结构的高阶行为。
- 详细描述具体实现的行为。
- 对数据结构的方法进行性能分析。

在本书中，我们都会先描述实际使用各种数据结构的具体情况，然后按照相同的流程来介绍它们。

在介绍第一种数据结构时（见第 2 章开头），我们还会对 API 描述的约定作进一步的详细解释。

1.1.3　算法与数据结构有区别吗

算法和数据结构并不是同一件事。严格来说，它们并不是等效的。但是，我们通常在使用的时候会互换这两个术语。为了简便，后文我们会用**数据结构**这个术语来指代“数据结构及其所有相关的方法”。

有很多方法可以用来说明这两个术语之间的区别，但是笔者特别喜欢下面这个比喻：数据结构好比名词，而算法好比动词。

笔者之所以喜欢这个比喻，是因为这个比喻不仅表明了它们的不同行为，还暗示了它们之间的依赖性。例如，要在英语中构建一个有意义的短语，就需要同时包含名词和动词，还需要给出主语（或宾语）以及将要执行（或承受）的动作。

数据结构和算法是相互联系的，就好比一张纸的正反两面。

- 数据结构是基础，是一种通过组织内存区域来表示数据的方法。
- 算法是过程，是用来对数据进行转换的一系列指令。

如果没有用来对数据进行转换的算法，数据结构就只是存放在内存芯片里的一堆二进制数；而如果没有可以操作的数据结构，则大多数算法甚至不会出现。

除此之外，每种数据结构还隐式地定义了其中可以执行的算法。例如，用来向数据结构中添加元素的方法以及从中获取或删除元素的方法。

实际上，一些数据结构的定义就是为了能让某些算法更高效地运行而出现的，例如哈希表以及按键进行搜索的算法[1]。

因此，我们可以把算法和数据结构当作同义词来使用，毕竟在这个上下文中提到其中一个时总会暗示另一个。例如，在描述数据结构时，如果要让描述是有意义且准确的，就必须同时描述数据结构的方法（算法）。

1.2　设定目标：阅读本书后的期望

读到这里，你可能想问：“我还需要自行编写数据结构吗？”

通常来说，你应该很少会遇到“只能从头开始编写一种新的数据结构”这种情况。如今，就大多数编程语言来说，找到一个包含常见数据结构实现的库还是很容易的。此外，这些库的编写者都是懂得如何对性能进行优化或是能解决安全问题的专家。

实际上，本书的主要目标是让你熟悉各种工具，并且通过训练让你能够识别出可以使用这

1 你可以在附录 C 里找到有关这个主题的更多信息。

些工具改进代码的机会。在较高层次上了解这些工具的内部工作方式是学习过程中的重要组成部分。但是，在某些特殊情况下，你还是会需要动手编写代码。例如，你使用了一种没有太多可用库的全新编程语言，或者你需要自定义一种数据结构来解决特殊问题，等等。

因此，是否要为数据结构编写你自己的实现取决于许多因素。其中一个因素就是，你需要的数据结构有多高级以及你使用的编程语言有多主流。

为了说明这一点，让我们以聚类为例。

如果你使用的是像 Java 或 Python 这样的主流语言，那么通常你能找到许多包含 k 均值算法且值得信赖的库。k 均值算法是一种非常简单的聚类算法。

如果你使用的是像 Nim 或 Rust 这样的新兴语言，那么你可能很难找到一个由团队实现的、进行过全面测试的并且会不断得到维护的开源库。

另外，如果你需要的是像 DeLiClu 这样的高级聚类算法，那么即便使用的是 Java 或 Python 语言，也很难找到可以信任的且可以直接放在生产环境中运行的实现。

需要了解这些算法的内部工作方式的另一个因素是，你需要对某种算法进行自定义。这可能是因为你需要针对现实环境进行优化。例如，你需要一些特别的类似支持多线程运行且保证线程安全这样的属性，或者需要一种略有不同的行为。

也就是说，即使你只专注我们在前面所呈现的内容（只是了解应该什么时候以及如何使用这些数据结构），也足以让你的编码技能提升一个层次。下面让我们通过一个例子来说明算法在现实世界中的重要性，并介绍我们是如何对算法进行描述的。

1.3 打包背包：数据结构与现实世界的结合

恭喜，你被选中为火星定居点的首个居民！不过，火星上并没有商店，不能随便购物。鉴于这种情况，你只能自己种植农作物以获取食物。但是，在最初的几个月里，你可以依靠随身携带的食物来维持自己的生命。

1.3.1 抽象化问题

不过，你能携带的食物有这样一个问题：货运箱的总重量不能超过 1000kg，这是一个硬性限制。

更麻烦的是，你只能从下面这组已经打包在盒子里的食物中进行选择。

- 土豆，800kg。
- 大米，300kg。
- 面粉，400kg。
- 花生酱，20kg。
- 番茄罐头，300kg。
- 豆类，300kg。
- 草莓酱，50kg。

水是不限量的，但是对于上面的每一种食物，你只能选择要不要带，而不能拆分并重新打包。显然，你不会只带土豆（就像《火星救援》里那样），而是会对要放进货运箱里的东西有所选择。

对于探险队来说，他们期望你在逗留期间能够保持良好的身体状态和充沛的精力。因此，要带什么食物的主要选择标准是食物的营养价值。如果用食物的总热量（总卡路里，1 卡路

里 = 4.19 焦耳）来表示其营养价值，那么每一种可带食物的总卡路里如表 1.1 所示。

表 1.1　每一种可带食物的重量及其总卡路里

食物	重量/kg	总卡路里[1]/cal
土豆	800	1 501 600
面粉	400	1 444 000
大米	300	1 122 000
豆类	300	690 000
番茄罐头	300	237 000
草莓酱	50	130 000
花生酱	20	117 800

实际上，你的选择并不能改变实际可以携带的食物（尽管你的抗议可以理解，但任务控制部门在这一点上绝不会让步），真正重要的是每个盒子的重量及其所能提供的总卡路里。

我们的问题可以抽象为：**“在不能对任何元素进行分割的情况下，从一个集合中选择任意数量的元素，使得它们的总重量不超过 1 000kg 并且提供的热量最高。”**

1.3.2　寻找解决方案

问题已经明确了，接下来我们就可以开始寻找解决方案了。

装箱的一种方式是，优先选择内有总卡路里最高的食物的盒子，也就是重达 800kg 的一整盒土豆。

但是，这样做会导致大米和面粉无法被放进货运箱，而且它们两者的总卡路里远远超过你可以在剩余的 200kg 内放进的其他任何食物组合。按照这种策略，你可以获得的最高热量是 1 749 400 卡路里（选择土豆、草莓酱和花生酱）。

因此，看起来最自然的策略——**贪心算法**（greedy algorithm）[2]，会在每个步骤里选择目前最优的选项——并不能带来最好的结果。为了得到更好的答案，你需要再仔细考虑一下这个问题。

是时候集思广益了。为此，你召集了整个物流团队一起寻找解决方案。

很快，有人建议应该查看每千克食物的平均卡路里而不是一整盒食物的总卡路里。于是，你为表 1.1 新添加了一列，并基于这一列中的值进行了相应的排序，如表 1.2 所示。

表 1.2　将表 1.1 按照每千克食物的平均卡路里进行排序的结果

食物	重量/kg	总卡路里/cal	每千克食物的平均卡路里/cal
花生酱	20	117 800	5890
大米	300	1 122 000	3740
面粉	400	1 444 000	3610
草莓酱	50	130 000	2600

1 为便于计算，对于食物的总热量，本书保留了总卡路里（单位：卡，1 卡 = 4.19 焦耳）这一说法。——编辑注。

2 贪心算法是解决问题的一种策略，通过在每个步骤里做出局部最优选择来尝试找到最优解。贪心算法虽然只能针对一小类问题找到最佳解决方案，但是也可被用来作为获得近似（次优）解决方案的启发式算法。

续表

食物	重量/kg	总卡路里/cal	每千克食物的平均卡路里/cal
豆类	300	690 000	2300
土豆	800	1 501 600	1877
番茄罐头	300	237 000	790

接下来，我们可以试着从上至下挑选单位重量卡路里最高的食物，最后得到包含花生酱、大米、面粉和草莓酱的组合——总共能提供 2 813 800 卡路里。

这比第一个结果要好很多。但是，稍加注意你就能发现，在选择花生酱之后，我们就不能再带上豆类了；而如果携带豆类的话，则还能进一步增加货运箱里食品的总热量。不过，至少你不用再被迫接受《火星救援》里的食物了，因为这次火星上没有土豆。

在进行若干小时的集思广益之后，你打算放弃寻找更好的解决方案了。你发现要解决这个问题，得到更优解决方案的唯一办法就是逐一检查每种食物以确定要不要携带。唯一能做到这一点的方法就是枚举出所有可能的解决方案，并剔除超出重量阈值的解决方案，然后从剩下的解决方案中挑选出最好的那个。这就是所谓的**暴力**（brute force）算法，是一种代价非常高昂的算法。

对于每种食物，你都可以选择是携带还是留下，因此可能的解决方案有 $2^7 = 128$ 种。显然，你并不太愿意逐一尝试这 100 多种解决方案。几小时之后，你已经筋疲力尽，但也理解了为什么这种算法被称为暴力算法，并且至少解决了这个问题。

然后消息传开了。在收到一些未来定居者的投诉之后，任务控制部门打来了电话，告诉你清单里会额外增加 25 种新的食物，包括糖、橙子、大豆和马麦酱等。

看完你给出的计算组合，所有人都倍感沮丧，因为现在有大约 40 亿种不同的组合需要尝试。

1.3.3　拯救大家的算法

显然，这时你需要一个计算机程序来帮助你实施计算，以得出最佳决策。

你会在接下来的几小时内编写相关的代码。但是，即使用上了计算机程序，你也需要花费很长的时间（若干小时）才能得到结果。紧接着，你发现自己的算法需要假设所有定居者的饮食习惯相同，但是实际上，其中的一部分人对某些食物过敏。比如，有 25%的人不能吃麸质食物，还有更多的人声明他们对马麦酱过敏。因此，你必须根据不同人的过敏情况分别运行这个算法若干次。更糟的是，任务控制部门为了让有过敏反应的人也能吃得足够丰富，正在考虑为食品清单额外添加 30 种食物。如果真的决定了要这样做，那么我们最终会有 62 种食物可选，所编写的程序将不得不遍历超过数十亿种可能的组合。你尝试运行了一下这个程序，发现一天之后这个程序仍在运行，并且离得到结果还很远。

团队打算放弃找到最佳组合，回到吃土豆这个方案。这时，有人想起发射团队中某个人的桌子上有一本算法书。

你给发射团队打了电话，他们马上反馈这是一个 0-1 背包问题。坏消息是，0-1 背包问题属于 NP 完全问题[1]，从而意味着这个问题很难解决，因为不会有“很快速的”（能在多项式时间内

1 NP 完全（NP-complete）问题是这样一组问题，它们的任何解都可以被快速（在多项式时间内）验证，但尚不存在有效的方法能找到这个解。根据定义，NP 完全问题无法在经典的确定型机器（例如我们将在第 2 章中定义的 RAM 模型）上，在多项式时间内得到答案。

完成的）算法能计算出这个问题的最优解。

不过好消息是，对于 0-1 背包问题，有一个伪多项式[1]解决方案。这是一种使用**动态编程**（dynamic programming）的解决方案[2]，所要花费的时间与背包的最大容量成正比。更好的办法是让货运箱的容量变得有限，于是这个解决方案需要执行的步骤数量就等于可能的填充容量乘以食物种类的数量。因此，假设最小单位是 1kg，那么只需要执行 1000 × 62 步，就能得到答案了。这相比 2^{62} 这个数要好太多了！在重写算法之后，新算法在几秒内就能找到最佳解决方案。

于是，你可以把这个算法当作一个黑盒，直接把它插入程序中而不用再关心更多的细节。但是，这一决择与你的职业发展密切相关，因此你还是应该对这个算法的工作原理进行更深入的了解。

对于最初的例子来说，明显可以找到的最佳组合是大米、面粉和豆类，总计 3 256 000 卡路里。与第一次尝试相比，这已经是一个非常好的结果了！

最初的例子其实很简单（只有 7 种食物），因此你可能直接猜到了最佳组合。如果是这样的话，你可以试着计算在面对更接近实际情况的上百种不同的食物时，需要多少年才能手动找到最佳解决方案！

这个解决方案已经很不错了，因为在各种限制下，这已经是我们能够找到的最佳解决方案了。

1.3.4　打破常规来思考问题

但是，真正的算法专家会怎么做呢？假设在准备环节，恰好有一位专家在航天基地访问，并且受邀帮助我们计算节省燃料的最佳路线。午休时，有人非常自豪地告诉专家你们如何出色地解决了打包食物的问题。专家随后问道："为什么不把盒子拆开呢？"

答案可能是"从来没有拆开过盒子"，或是"这些食物在供应商那里已经打包好了，重新打包需要花费更多的时间和金钱"。

接下来，这位专家就会解释道："如果我们可以把包装盒拆开，那么 0-1 背包问题（属于 NP 完全问题）就会变成无限制背包问题。通常来说，无限制背包问题的线性时间[3]的贪婪解决方案，甚至都要比 0-1 背包问题的最佳解决方案更好一些。"

简单来说，我们可以把这个问题转换为其他更容易解决的问题，从而使得打包在货运箱里的食物能提供尽可能多的卡路里。于是，问题就变成了"在可以对元素进行分割的情况下，从一个集合中选择任意数量的元素，使得它们的总重量不超过 1000 千克并且提供的热量最高。"

再者说，即使需要更多的花销来重新打包所有食物也是值得的，因为这样做能得到更好的结果。

具体来说，如果可以选择打包各种食物的一部分，就可以简单地从卡路里含量最高的食物（在本例中为花生酱）开始打包。当发现不能把一个盒子里的所有食物都打包进去时，只需要打包其中一部分以填满整个货运箱就行了。因此，最终重新打包所有食物甚至都不是必需的，只需重新打包一种食物就行了。

---

1 对于伪多项式算法，最坏情况下的运行时间（多项式时间）还取决于输入的**值**，而不仅仅取决于输入的大小。例如，对于 0-1 背包问题，输入是 n 个元素（重量和值的组合），背包的容量为 C。多项式算法的复杂度仅由元素的数量 n 决定，而伪多项式算法的复杂度还取决于（或者仅取决于）**背包的容量** C。

2 动态编程是一种解决具有某种特征的复杂问题的策略。这种特性是指，要计算出最终解决方案，就需要对子问题进行多次递归调用。这种策略会通过把问题分解为更简单的子问题的集合来得到最终解决方案，并且这些子问题的解决方案会被保存起来，从而保证只被计算或解决一次。

3 线性时间需要假设食物列表是有序的，否则就会产生线性对数时间的复杂度。

于是，最佳解决方案是打包花生酱、大米、面粉、草莓酱和 230kg 的豆类，共计 3 342 800 卡路里。

1.3.5　完美的结局

未来的火星定居者能够维持生存的能力还是不错的，也不会因为只吃土豆、花生酱和草莓酱而沮丧了。

从计算的角度看，我们从不正确的算法（采用最高总数和最高比例的贪婪解决方案），过渡到了正确但不可行的算法（枚举出所有可能组合的暴力解决方案），最后得到了一种非常灵活且更高效的解决方案。

同样重要甚至更重要的是，我们打破了常规来思考这个问题。我们通过删除一些约束条件简化了问题，进而找到一种更简单的算法和更好的解决方案。这个过程实际上是一条黄金法则，即“持续彻底地研究需求，思考是否需要它们，并且在可能的情况下尝试删除它们。”这些可能的情况包括：删除这些需求能够带来价值至少相同的解决方案，或者可以用更低的成本实现价值稍低的解决方案。当然在这个过程中，也有一些必须考虑的其他方面的问题（例如各个层面的法律和安全性），因此某些约束条件是不能删除的。

如前所述，在描述算法的过程中，接下来要做的是详细描述这个解决方案并给出实现方法的指南。

这里我们省略了 0-1 背包问题的动态规划算法的具体步骤。原因是：首先，这是一种算法，而不是数据结构；其次，这种算法在大量文献里都有相应的描述；最后，我们在本章中提到它，只是为了说明避免选择使用错误的算法和数据结构是多么重要，以及概述在第 2 章中介绍问题及其解决方案时所要遵循的过程。

1.4　小结

- 算法应该基于输入和输出以及用来处理输入并产生预期输出的一系列指令来进行定义。
- 数据结构是抽象数据类型的具体实现，由保存数据的结构和一组操作这些数据的算法组成。
- 对问题进行抽象意味着创建清晰的问题陈述，然后讨论问题的解决方案。
- 合理且高效地收拾行囊可能会很困难（尤其是如果打算去火星的话）。但是，只要有算法和合适的数据结构，（几乎）没有什么是不可能的！

第一部分

改进基本数据结构

在这一部分，我们旨在为稍后即将讨论的更高级的内容奠定基础。我们将重点关注那些能为更基础的数据结构提供改进的高级数据结构。例如，其中会提到应该如何改进二叉堆（让树变得平衡），以及应该如何解决像跟踪一个或一组事物这样的问题。

这部分内容将通过各种示例来证明对数据进行操作的方法其实有很多种。开发人员需要明白，可以选择的最佳方法取决于上下文和需求。因此，我们需要查看需求、检查上下文，并在解决问题时学会质疑我们已掌握的知识，进而针对所面临的具体问题找到最佳解决方案。

第 2 章介绍二叉堆的高级变体 *d* **叉堆**（*d*-way heap），以及这一部分剩余各章中用来介绍各种主题的编撰结构。

第 3 章通过**树堆**（treap）进一步探讨堆的高级用法。树堆是二叉搜索树和堆的混合体，可以在不同的上下文中为你提供帮助。

第 4 章将主题切换到了**布隆过滤器**（Bloom filter）。这是哈希表的一种高级形式，可在节省内存的同时，将查找操作的平摊时间复杂度维持在常数。

第 5 章介绍一些用来跟踪**不交集**（disjoint set）的替代数据结构。不交集是构建无数高级算法所必需的基石，已被用在若干实际的应用中。

第 6 章展示了两种在存储和查找字符串方面都优于通用容器的数据结构：**trie** 以及被称为压缩前缀树的**基数树**。

第 7 章将基于前 6 章介绍的数据结构，构建一个能有效处理缓存的组合数据结构——**LRU 缓存**（LRU-cache），还将详细讨论 LRU 缓存的变体——**LFU 缓存**（LFU-cache），以及如何在多线程环境中同步共享容器的问题。

第 2 章　改进优先队列：*d* 叉堆

本章主要内容

- 解决如何处理基于优先级的任务的问题
- 用优先队列来解决上述问题
- 用堆来实现优先队列
- 介绍并分析 *d* 叉堆
- 识别能通过堆来提高性能的用例

我们在第 1 章中介绍了一些关于数据结构和编程技术的基本概念，也介绍了本书内容的组织理念。现在，你应该知道**为什么**开发人员都需要了解数据结构了。

在本章中，我们将深入探讨上述内容并加以完善。我们将围绕一个有一定算法背景的读者都十分熟悉的主题展开介绍，还将回顾堆的知识，并就分支因子给出一些新的见解。

基于上述目标，我们假设你已经熟悉 CS 101 课程（计算机入门课）中通常都会讲解的一些基本概念，如大 *O* 符号、RAM 模型，以及诸如数组、列表、树这样的基础数据结构。在本书中，我们将利用这些“组件块”来构建更复杂的数据结构和算法。熟悉这些概念对于你学习后面的章节也是非常重要的，为此我们在附录中也给出了相关的概述。

在 2.1 节中，我们将描述后续各章都会用到的“本章结构”。然后在 2.2 节介绍你在本章中遇到的问题（如何有效地处理具有优先级的事件），在 2.3 节概述优先队列这种可能的解决方案，并阐释为什么优先队列要比那些基础的数据结构更好。

随后，我们将在 2.4 节描述优先队列的 API[1]，并在 2.5 节和 2.6 节深入研究其内部结构之前，先把它作为黑匣子，然后通过一个示例来展示如何使用它。我们将在 2.5 节详细分析 *d* 叉堆的工作原理及其各个方法的功能，并在 2.6 节深入研究 *d* 叉堆的实现。

在 2.7 节和 2.8 节，我们将通过一些其他用例来展示堆和优先队列是如何发挥作用并提升应用程序或其他算法的性能的。

在 2.9 节，我们将重点介绍堆的最佳分支因子。你可以将 2.9 节作为选读内容，不过至少应该通读一遍，以深入了解堆的工作原理，以及什么时候该选择三叉堆，什么时候又该选择二叉堆。

本章内容较多，可能会让你望而生畏，但请坚持下去，以便为后续的学习夯实基础。

---

1 应用程序接口（Application Programming Interface，API）。

2.1 本章结构

从本章开始，我们将采用一种结构化的方式来呈现数据结构的相关内容。

在后续各章中，我们都会围绕一个实际用例来介绍将要讨论的主题。也就是说，这个用例会展示如何在实践中使用数据结构，以及各个操作是如何执行的。此外，我们会给出代码示例，以展示如何使用重点介绍的算法。

你将看到，每一章的开头都会引入一个问题，而这个问题通常都能利用这一章讨论的主题（方法）来解决。

针对引入的问题，我们会提出一种或多种解决方案。对于同一个问题，如果存在若干可行的解决方案，那么我们会进一步指出应该在何时使用特定的数据结构，并对此做出解释。这时，我们通常还是会将数据结构当作黑匣子，暂时忽略其实现细节，重点介绍如何使用它。

在此之后，我们会讨论数据结构的工作原理——着重描述其工作机制并用伪代码示例来阐明其具体的工作过程。

在给出代码之后，我们将讨论相关的高级主题，例如算法的性能和相应的数学证明。

通常，在各章的末尾，我们还会给出一个可以使用所提到算法的应用程序清单。囿于篇幅，对于这些额外给出的示例，我们通常会略去代码。

2.2 问题：处理优先级

我们要解决的第一个问题是根据优先级来处理任务。在某种程度上，所有人对这个任务都非常熟悉。

这个问题可以通过术语来这样描述：给定一组具有不同优先级的任务，请确定接下来应该执行哪个任务。

在现实世界中，我们可以找出这个问题的许多例子。在这些例子中，我们总会有意或无意地借助技术手段来确定下一步应该做什么。在日常生活中，这样的任务随处可见。通常，这些任务的执行顺序是由基于时间限制以及分配给这些任务的重要性决定的。

常见的按优先级执行任务的情境之一是急诊室：医生会根据患者病情的紧急程度而不是他们到达医院的先后顺序来接诊。在 IT 领域，遵循同样规则的工具和系统也有许多，例如操作系统的调度程序、用来罗列待办事项的 App 等。

优先级任务示例：漏洞跟踪

在本章中，我们要使用的工具是一个漏洞跟踪套件。在团队协作时，我们需要用一种方法来跟踪漏洞或任务，以避免出现两个人在同一个问题上进行重复工作的情况，并让各个问题能以正确的顺序（任何基于商业模式的顺序）得到解决。

为了简化示例，我们可为这个漏洞跟踪套件里的所有漏洞加上只与一个优先级相关联的限制，以说明必须在多少天内修复漏洞（天数越少意味着优先级越高），并假设漏洞是互不相关的，也就是说，不会出现“要解决这个漏洞，就必须先解决另一个漏洞”这样的情况。

下面我们以下面这个单页 Web 应用程序的（没有特定顺序的）漏洞列表为例，其中的每个漏洞都是一个元组：

<任务描述，错过最后期限的严重程度>

漏洞的任务描述和严重程度如表 2.1 所示。

表 2.1 漏洞的任务描述和严重程度

任务描述	严重程度（1～10）
页面加载时间超过 2 秒	7
在 X 浏览器中发生 UI 报错	9
在周五使用 X 浏览器时，可选表单字段会被禁止提交	1
CSS 样式错位	8
CSS 样式在 X 浏览器中发生 1 像素的错位	5

当资源（如开发人员）有限时，我们需要对这些漏洞按照优先级排序。这是因为，总会有一些漏洞比其他漏洞更为紧急，所以必须将优先级与这些漏洞关联起来。

现在假设团队中的一名开发人员完成了其当前的任务，于是他向这个漏洞跟踪套件询问下一个需要解决的漏洞。如果这个漏洞列表是静态的，那么这个漏洞跟踪套件只需要对漏洞进行一次排序，并将其按顺序返回即可[1]，如表 2.2 所示。

表 2.2 对漏洞的任务描述和严重程度进行排序

任务描述	严重程度（1～10）
在 X 浏览器中发生 UI 报错	9
CSS 样式错位	8
页面加载时间超过 2 秒	7
CSS 样式在 X 浏览器中发生 1 像素的错位	5
在周五使用 X 浏览器时，可选表单字段会被禁止提交	1

但是，真实情况并不会这么简单。首先，总会有新的漏洞被发现，新的元素会被不断添加到漏洞列表中。假设发现了一个令人讨厌的应该马上处理的加密安全漏洞，而且这个漏洞的优先级可能会随着时间的推移发生改变，例如，CEO 可能决定抢占主要使用 X 浏览器的市场份额，因此会于下周五发布一项重大功能。在这种情况下，即使这个漏洞的优先级目前排在最后，也必须在几天内予以解决，如表 2.3 所示。

表 2.3 提升漏洞的优先级

任务描述	严重程度（1～10）
数据库未对密码进行加密	10
在 X 浏览器中发生 UI 报错	9
在周五使用 X 浏览器时，可选表单字段会被禁止提交	8
CSS 样式错位	8
页面加载时间超过 2 秒	7
CSS 样式在 X 浏览器中发生 1 像素的错位	5

1 通常，这个漏洞跟踪套件会将较小的数字与较高的优先级关联起来。为了在讨论过程中保持简单，这里我们假设数字越大表示漏洞的优先级越高。

2.3 已知解决方案：让列表保持有序

显然，在每次插入、删除或修改元素时，我们都可以对这个有序列表加以更新。如果操作并不频繁并且整个列表很小，那么将能很好地完成任务。

但是，这就导致无论是在最坏情况下还是在平均情况下[1]，所有这些操作需要进行线性数量的元素交换。

对于 2.2 节中的简单例子，这个解决方案是够用的。但是，如果列表里有数百万个或数十亿个元素，这样做就会导致更多的麻烦。

从有序列表到优先队列

好在还有一个更好的解决方案。这是一个优先队列的完美示例。优先队列会保持部分元素有序，并保证从队列里返回的下一个元素有着最高的优先级。

在这里，可以通过放弃全序的限制（在这个例子里并不需要，因为我们总是以此获取需要完成的任务）获得性能的提升。队列上的每个操作现在都只需要对数时间就能完成了。

由此可见，在实施任何解决方案之前了解需求是多么重要。我们需要确保工作和需求都不会过于复杂。例如，当只需要保持部分元素有序时，保持整个元素列表的有序是非常浪费资源的，而且会让代码变得更复杂，进而更难以维护和扩展。

2.4 描述数据结构 API：优先队列

在深入研究本章的主题之前，我们不妨先来了解下面这些内容。

每种数据结构都可以被分解为几个更底层的组成部分，如下所示。

- API——API 是数据结构与外部客户端签订的契约。API 既包含了方法的定义，也包含了数据结构规范中关于方法行为的一些保证。例如，优先队列（见表 2.4）就提供了下面这些方法与保证。
  - top()——从队列中提取并返回优先级最高的元素。
  - peek()——与 top()类似，也返回具有最高优先级的元素，但不会从队列中提取这个元素。
  - insert(e, p)——向优先队列中添加一个优先级为 p 的新元素 e。
  - remove(e)——从优先队列中删除元素 e。
  - update(e, p)——将元素 e 的优先级修改为 p。
- **不变量**（invariant）——（可选）在数据结构的整个生命周期中始终保持为真的内部属性。例如，有序列表会有这样一个不变量：每个元素都不会大于其后继元素。不变量的存在是确保始终满足履行与外部客户端签订的契约的必需条件。它们是 API 保证的内部对应。
- **数据模型**（data model）——用来托管数据，这里的“数据”可以是原始的内存块、列表、树等。
- **算法**（algorithm）——用于更新数据结构，同时确保不违反不变量的内部逻辑。

1 对于数组实现来说，可通过二分查找在对数时间内为新元素找到正确的位置。但是，因为需要移动插入点右侧的所有元素来为新元素腾出空间，所以对于平均情况也需要线性时间。

表 2.4　　优先队列的 API 与契约

抽象数据结构：优先队列		

API	class PriorityQueue {
	  top() → element
	  peek() → element
	  insert(element, priority)
	  remove(element)
	  update(element, newPriority)
	  size() → int
	}
		队列返回的顶部元素始终是当前存储在队列中的具有最高优先级的元素

抽象数据结构（abstract data structure）与**具体数据结构**（concrete data structure）的区别在于：前者包括 API 和不变量两部分，并在较高层次上描述了客户端将如何与其交互以及操作的结果和性能；后者则建立在抽象描述所表达的原理和 API 之上，为其结构和算法（数据模型和算法）增加了具体的实现。

这也正是**优先队列**（priority queue）和**堆**（heap）之间的关系。优先队列是一种可以使用多种方式（包括有序列表）进行实现的抽象数据结构。堆则是优先队列的一种具体实现，使用数组来保存元素并以特定的算法保证不变量。

2.4.1　使用优先队列

假设有这样一个优先队列，它既可以来自第三方库，也可以来自标准库（很多编程语言，如 C++或 Scala，均在其标准容器库中提供了优先队列的实现）。

现在，我们不需要了解库的内部结构，只需要能通过遵循库的公共 API 使用它们，并确信它们的实现是正确的即可。这就是黑匣子方法，如图 2.1 所示。

图 2.1　把优先队列表示为黑匣子。如果使用的是第三方库（或标准库）中提供的优先队列实现，并确信这个实现是正确的，就可以将优先队列作为黑匣子使用。换句话说，你可以忽略优先队列的内部结构，仅通过其 API 与之交互

假设按照你之前看到的顺序将漏洞添加到优先队列中，如表 2.5 所示。

表 2.5　　将漏洞添加到优先队列中

任务描述	严重程度（1～10）
页面加载时间超过 2 秒	7
在 X 浏览器中发生 UI 报错	9
在周五使用 X 浏览器时，可选表单字段会被禁止提交	1
CSS 样式错位	8
CSS 样式在浏览器 X 中发生 1 像素的错位	5

如果按照与插入任务相同的顺序返回它们，便可实现一个普通队列（队列的工作原理如图 2.2 所示，对基本容器的概述见附录 D）。如果这个优先队列已经包含这 5 个元素，那么即使不知道优先队列的内部结构，也可以通过 API 对其进行调用。

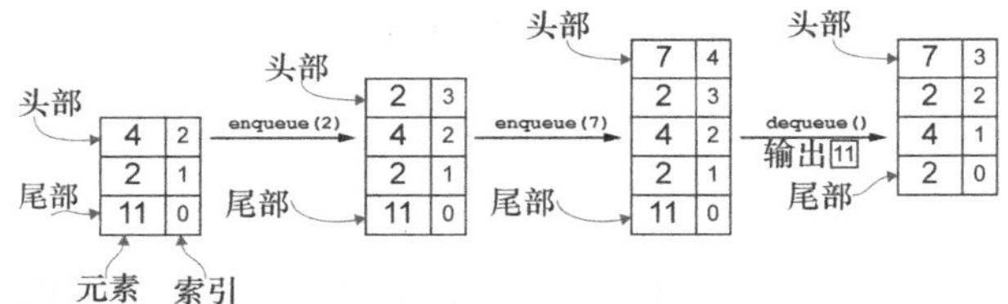

图 2.2 队列的工作原理。元素通常都是整数，但也可以是任何值。在普通队列中，优先级是由插入的顺序决定的（参见附录 D）。插入操作（enqueue）会将一个元素添加到队列的头部，删除操作（dequeue）则会从队列的尾部删除一个元素并返回这个元素。需要注意的是，这两个操作都可以在常数时间内完成

因此，我们可以检查这个优先队列包含多少个元素，还可以查看其头部元素（见图 2.1），甚至直接要求其返回头部元素（具有最高优先级的元素）并将头部元素从队列中删除。

如果在插入上面这 5 个元素后调用 top()方法，那么返回的元素就是“在 X 浏览器中发生 UI 报错”，队列大小变为 4。如果再次调用 top()方法，那么下一个返回的元素将是“CSS 样式错位”，并且队列大小变为 3。

只要优先队列被正确实现，并且保证使用示例中给出的优先级，就可以保证这两个元素被首先返回，并且与它们的插入顺序无关。

2.4.2 优先级为何非常重要

接下来的问题是，如何选择元素的优先级？通常来说，基于元素在队列中的等待时间给出的自然顺序是最公平的。然而有时候，某些元素会因为一些特殊的原因，需要比等待时间更长的其他元素更早地被处理。例如，我们并不总是按照接收顺序处理电子邮件，而是通常跳过那些时事通信或者朋友分享的“有趣”笑话，优先阅读那些与工作相关的信息。同样，在急诊室里，下一个需要治疗的患者不一定是等待时间最长的那个。每个患者在到达急诊室时都会得到评估并被分配优先级，医生一旦有空，就会接诊优先级最高的患者。

这就是优先队列背后的思想：就像普通队列那样，只不过队列的头部元素是根据某种优先级动态确定的。引入优先级对于实现造成的影响是深远的，优先队列值得被视为一种特殊的数据结构。

但这还不是全部，我们甚至可以将**背包**或**堆栈**这样的基本容器作为优先队列的特殊情况来考虑，详见附录 D。虽然在实际工作中，这些容器通常都是因为其特性有助于实现更好的性能而被临时实现的，但是把基本容器作为优先队列的特殊情况是一个非常有趣的话题，可据此来更深入地了解优先队列的工作原理。

2.5 具体数据结构

现在我们从抽象数据结构转向具体数据结构。在了解了优先队列的 API 是如何工作的之后，你就知道如何使用优先队列了，但通常用得没那么好。特别是在性能关键组件或者数据密集型应用程序中，我们经常需要了解数据结构的内部结构及实现细节，以期确保将其集成到解决方案里而不会引入瓶颈[1]。

每个抽象需要使用具体数据结构来实现。例如，堆栈（stack）可以使用列表、数组来实现，理论上甚至可以用堆（heap）来实现。选择不同的底层数据结构实现容器只会对其性能造成影

---

1 除了性能，还需要检查其他方面，具体要检查什么取决于上下文。例如，在分布式环境中，必须确保实现是线程安全的，否则就会导致竞态条件的发生，这是一种可能会影响应用程序的十分严重的错误。

响。最佳实现的选择通常是一种权衡，某些数据结构会让一些操作更快，但同时会让其他操作变慢。

2.5.1　性能比较

对于优先队列的实现来说，可首先考虑使用附录 C 中讨论的核心数据结构的 3 个简单方案：无序数组，总是在末尾添加元素；有序数组，确保每次添加新元素时都会继续保持有序；平衡树，堆是平衡树的一个特例。我们将比较由这些数据结构实现的基本操作的运行时间[1]，如表 2.6 所示。

表 2.6　性能比较，按底层数据结构进行分类

操作	无序数组	有序数组	平衡树
插入	$O(1)$	$O(n)$	$O(\log n)$
查找最小值	$O(1)$[a]	$O(1)$	$O(1)$[a]
删除最小值	$O(n)$[b]	$O(1)$[c]	$O(\log n)$

a. 通过一个额外的值来保存最小值，并且在执行插入和删除操作时收取维护这个值的成本。

b. 如果使用缓存来加速查找最小值，则需要在删除时找到新的最小值（遗憾的是，天下没有免费的午餐，要想在常数时间内执行删除操作，可放弃缓存，对需要删除的元素与数组中的最后一个元素进行交换。这时，查找最小值可在线性时间内完成）。

c. 如果以反向顺序对数组进行存储，那么在删除最后一个元素时，只需要缩小数组的大小即可，也可以通过跟踪当前数组中的最后一个元素来完成。

2.5.2　正确的具体数据结构是什么

从表 2.6 可以看出，最不经思考的选择将导致至少有一个核心操作需要线性时间，而平衡树将始终保证在最坏情况下也只需要对数时间。虽然线性时间通常被认为是“可行的”，但对数时间和线性时间之间仍然存在着巨大差异。对于 10 亿个元素来说，这个差异会是线性时间需要进行 10 亿次操作，而对数时间只需要几十次操作。如果每个操作都需要 1 毫秒，则意味着操作时间能够从 11 天缩短到不足 1 秒。

我们还需要考虑到的是，大多数时候，容器（特别是优先队列）会被用作支撑性结构，也就是说，它们会是更复杂的算法或数据结构的一部分，并且主算法的每个周期都可能会多次调用优先队列上的操作。例如，对于排序算法来说，这相当于 $O(n^2)$（通常意味着当 n 为 100 万甚至更小时就不再可行）与 $O(n*\log(n))$（当输入的元素有 10 亿个甚至更多时仍然可行）之间的差别[2]。不过，这些性能提升也是需要付出代价的，因为平衡二叉树的实现并不简单。

接下来，我们将展示一种能够有效实现通用优先队列的方法。

2.5.3　堆

二叉堆是十分常用的一种优先队列，允许元素依次按升序或降序进行插入和检索。

虽然底层实际上使用数组来存储堆中的元素，但堆在概念上依然可以表示为一种特殊的二叉树，并且具备如下三个属性。

1 关于算法分析和大 O 符号的介绍参见附录 B。

2 特定输入大小的问题是否真的能够得到处理，还取决于执行的操作类型以及它们所要花费的时间。但即便每个操作都只需要 1 纳秒，当输入为 100 万个元素时，具有平方复杂度的算法也需要 16 分钟以上的运算时间，而线性对数算法只需要不到 10 毫秒就能完成。

（1）每个节点最多有两个子节点。

（2）堆的树表示是一棵左对齐的完全树。完全树（见图 2.3）是指如果堆的高度为 H，那么所有的叶子节点要么位于第 H 层，要么位于第 $H-1$ 层。另外，每一层都是左对齐的，即所有右子树的高度都不会大于其左侧兄弟节点的高度。因此，如果一个叶子节点与其内部节点[1]的高度相同，那么这个叶子节点就不能位于其内部节点的左侧。

（3）每个节点在以该节点为根节点的子树中拥有最高优先级。

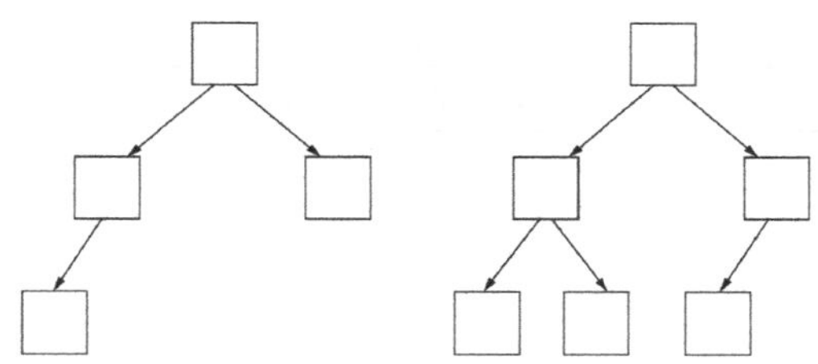

图 2.3 两棵完全二叉树。除了（可能）最后一层，树中的每一层都有最大可能的节点数。最后一层的叶子节点都是左对齐的，且在之前的层中，右子树包含的节点都不会比其左侧的兄弟节点多

上文提到的属性（1）和属性（2）意味着能用数组来实现堆。假设我们需要存储 N 个元素，那么树结构可以用包含 N 个元素的数组来直接、紧凑地表示，而不必使用指向子节点或父节点的指针。图 2.4 显示了堆的树表示和数组表示等效的原因。

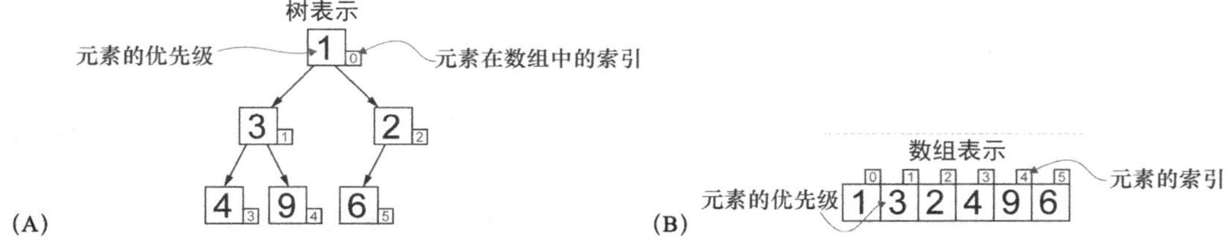

图 2.4 一个二叉堆。这里仅显示节点的优先级（节点中的元素无关紧要）。小方块内的灰色数字是堆元素在数组中的索引。节点从上到下、从左到右，与数组中的元素一一匹配。（A）堆的树表示，可以看到，每个父节点中的值都小于（或等于）其子节点以及子树中的所有元素的值。（B）同一个堆的数组表示

在数组表示中，如果从 0 开始计算索引，那么第 i 个节点的子节点会被存放在索引$(2*i)+1$或 $2*(i+1)$处[2]，第 i 个节点的父节点则位于索引$(i-1)/2$ 处（根节点除外，因为根节点没有父节点）。例如，图 2.4 中，索引 1 处的节点（优先级为 3）在索引 3 和 4 处有两个子节点，父节点在索引 0 处；索引 5 处的节点的父节点位于索引 2 处，子节点（图 2.4 中未显示）则位于索引 11 和 12 处。

用数组表示树结构似乎有悖常理。毕竟，树结构的发明就是为了克服数组的局限性。通常来说是这样的，而且树结构具有许多其他的优点，比如更灵活。如果是平衡树，那么还能获得更好的性能（在最坏情况下，其搜索、插入和删除操作也只需要对数时间）。

但是，树结构带来的改进是有代价的。首先，与使用指针的任何数据结构（列表、图、树等）一样，与数组相比，树结构的内存开销更大。对于数组来说，只需要为数据保留空间（根据实现细节，可能还需要提供用作指针和节点结构本身的常数空间）；但在树结构中，每

1 叶子节点是没有子节点的树节点；内部节点是至少有一个子节点的树节点，也可以说，内部节点是非叶子节点的树节点。

2 这里的表达式使用了显式括号。我们通常会省略多余的括号，例如，将$(2*i)+1$写成 $2*i+1$。

个树节点都需要一些额外的空间来存放指向其子节点的指针，并且有可能包含指向其父节点的指针。

在不用特别深入了解细节的情况下，数组倾向于更好地利用**内存局部性**（memory locality），因为数组中的所有元素在内存中都是连续的，也就是说，读取它们的延迟更低。

表 2.7 展示了堆的抽象部分与优先队列是如何匹配的，以及堆的数据模型和不变量是什么。

表 2.7 堆的底层组件

具体数据结构：堆	

API	`Heap {`
	` top() → element`
	`  peek() → element`
	`  insert(element, priority)`
	`  remove(element)`
	`  update(element, newPriority)`
	`}`

与外部客户端签订的契约	队列返回的顶部元素始终是当前存储在队列中的具有最高优先级的元素
数据模型	一个数组，其中的元素都被存储在堆中
不变量	每个元素都有两个“子元素”。对于位于索引 i 处的元素来说，它的子元素位于索引 $2*i+1$ 和 $2*(i+1)$处。每个元素都比其子元素拥有更高的优先级

2.5.4 优先级、最小堆和最大堆

在描述堆的 3 个属性时，我们用了“最高优先级”这个词。在堆的上下文里，总是可以在不引起任何歧义的情况下表明优先级最高的元素位于顶部。

不过在实践中，还是需要定义优先级的含义。但是，如果实现的是一个通用堆，则可以通过自定义优先级函数来安全地对优先级进行参数化，这个函数会接收一个元素并返回其优先级。因此，只要符合我们在 2.5.3 节中描述的三个特点，这个堆就一定会按照预期进行工作。

然而，有时最好能有专门的实现来利用领域知识，从而避免自定义优先级函数的开销。例如，如果将任务存储在堆中，则可以将元组(priority, task)作为元素，这样就只需要依赖于元组的自然顺序了[1]。

但无论采用哪种方式，都需要定义最高优先级的含义。假设最高优先级用更大的数字表示，换言之，如果 $p_1 > p_2$ 代表 p_1 拥有更高的优先级，就称这个堆为**最大堆**（max-heap）。

在另一种情况下，需要优先返回最小的数字，因此 $p_1 > p_2$ 代表 p_2 拥有更高的优先级。在这种情况下，使用的就是**最小堆**（min-heap）。在本书的其余部分，特别是在编码部分，我们都将假设实现的是一个最小堆。

最小堆的实现与最大堆略有不同，两者的代码几乎是对称的。只需要将出现的所有 $<$ 和 $\leqslant$ 分别替换为 $>$ 和 $\geqslant$，并对 min()与 max()方法进行交换即可。

另一种更简单的方法是，如果已经有了一个实现，那么只需要取优先级的倒数（通过优先级函数或是显式传递优先级），就可以得到另一个实现。

下面通过一个具体的例子来说明这一点。假设有一个用来存储元组(age, task)的最小堆，这个最小堆将优先返回具有最小 age 的任务。如果希望返回具有最大 age 的任务，就需要一个最大

1 当且仅当 $a_1 < a_2$ 或$(a_1 == a_2$ and $(b_1, c_1, \cdots) < (b_2, c_2, \cdots))$时，$(a_1, b_1, c_1, \cdots) < (a_2, b_2, c_2, \cdots)$成立。

堆。我们可以在无须更改堆的任何代码的情况下，得到想要的结果，只需要将元素存储为新元组(−age, task)即可。这是因为，如果有 x.age < y.age 成立，那么−x.age > −y.age 也一定成立。因此，这个最小堆会优先返回 age 绝对值最大的任务。

例如，如果有 age 为 2（天）的任务 A 和 age 为 3（天）的任务 B，那么通过创建元组(− 2, A)和(− 3, B)，就可以在从最小堆中提取它们时，使得(− 3, B) < (− 2, A)成立，因此前者会先于后者返回。

2.5.5 高级变体：*d* 叉堆

你可能认为堆一定是二叉树。毕竟，二叉搜索树是最常见的一种树，并且这种树在本质上也和顺序相关。事实证明，没有任何理由要求分支因子[1]是固定的并且一定等于 2。实际上，任何大于 2 的值也都可以用于堆，而且可以使用相同的数组来进行存储。

对于分支因子为 3 的情况，第 i 个节点的子节点会位于索引 $3*i+1$、$3*i+2$ 和 $3*(i+1)$处，而其父节点位于索引$(i-1)/3$ 处。

三叉堆的树表示和数组表示如图 2.5 所示。类似的思路也可以用于分支因子为 4 和 5 时的情况。

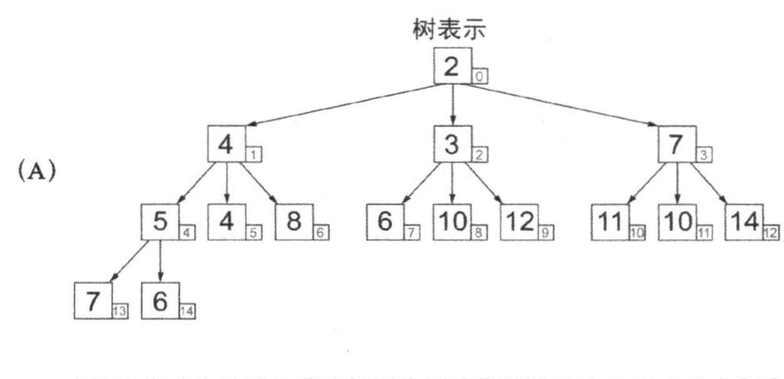

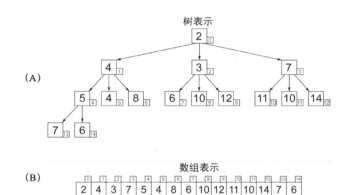

图 2.5 一个三叉堆。这里仅显示了节点的优先级（节点中的元素无关紧要）。小方块内的灰色数字是堆元素在数组中的索引。（A）最小堆的树表示，可以看到，每个父节点中的值都小于（或等于）其子节点以及子树中的所有元素的值。（B）同一个堆的数组表示

对于 **d 叉堆**来说，分支因子为整数 $d > 1$，堆的三个不变量如下。

（1）每个节点最多有 d 个子节点。

（2）堆的树表示是一棵左对齐的完全树。换言之，第 i 个子树的高度至多等于其左侧兄弟节点（从 0 到 $i-1$，其中 $1 < i \leqslant d$)的高度。

（3）每个节点在以该节点为根节点的子树中拥有最高优先级。

有趣的事实

值得注意的是，如果 $d=1$，堆就成了一个有序数组（或者在树表示中成为一个有序双向链表）。在这种情况下，堆的构造过程就是执行插入排序算法，并且需要二次方的时间来完成，而其他所有的操作都需要线性时间来完成。

---

1 树的分支因子是一个节点可以拥有的最大子节点数。例如，一个由二叉树构成的二叉堆，其分支因子为 2。详细信息参见附录 C。

2.6 如何实现堆

到目前为止，我们已经很好地了解了优先队列的使用方式，以及内部表示。是时候深入研究堆的实现细节了。

在开始之前，我们先介绍堆的 API：

```
class Heap {
  top()
  peek()
  insert(element, priority)
  remove(element)
  update(element, newPriority)
}
```

上面这些只是用来定义堆的 API 的公共方法。

但我们首先要做的是，在下文中，假设所有被添加到堆中的(element, priority)元组也都会被存储到名为 pair 的数组中，如代码清单 2.1 所示。

代码清单 2.1　DHeap 类的属性

```
class DHeap
  #type Array[Pair]
  pairs
  function DHeap(pairs=[])
```

这是本书的第一个代码清单。我们在附录 A 中解释了本书代码所使用的语法，如有需要，你可以查看其中的内容。例如，对于包含上述元组的变量 p 来说，可采用一种特定的语法对其字段进行解构并分配给两个变量：

```
(element, priority) ←p
```

同时假设元组的字段已被命名，可以方便地对 p.element 和 p.priority 进行访问，或者使用下面的语法创建元组 p：

```
p ← (element='x', priority=1)
```

本节的许多图都只显示元素的优先级，换个角度看，也可以假设元素和优先级是相同的值。虽然只是为了节约图的空间并提高清晰度，但这也突出了堆的一个重要特征：在所有的方法中，只需要访问和基于优先级进行移动即可。这在元素是大对象时非常重要，特别是当它们太大以至于无法被放进缓存或内存中，或者出于某些原因只能被存储在磁盘上时，具体的实现只需要存储和访问对元素及其优先级的引用就行了。

接下来，在深入研究 API 方法之前，我们还需要定义两个在执行修改操作时用来恢复堆属性的辅助函数。其中，堆支持的修改操作如下。

- 向堆中添加一个新元素。
- 移除堆中的一个元素。
- 更新元素的优先级。

以上操作都有可能导致堆元素的优先级高于其父元素的优先级，或低于其子元素（其中一个）的优先级。

2.6.1 向上冒泡

如果一个元素的优先级高于其父元素，就需要调用代码清单 2.2 中的 bubbleUp()函数了。图 2.6 展示了一个基于之前的任务管理工具的示例，可作为上述操作的参考。索引 7 处的元素的优先级现在高于其父元素（在索引 2 处），因此这两个元素需要交换。

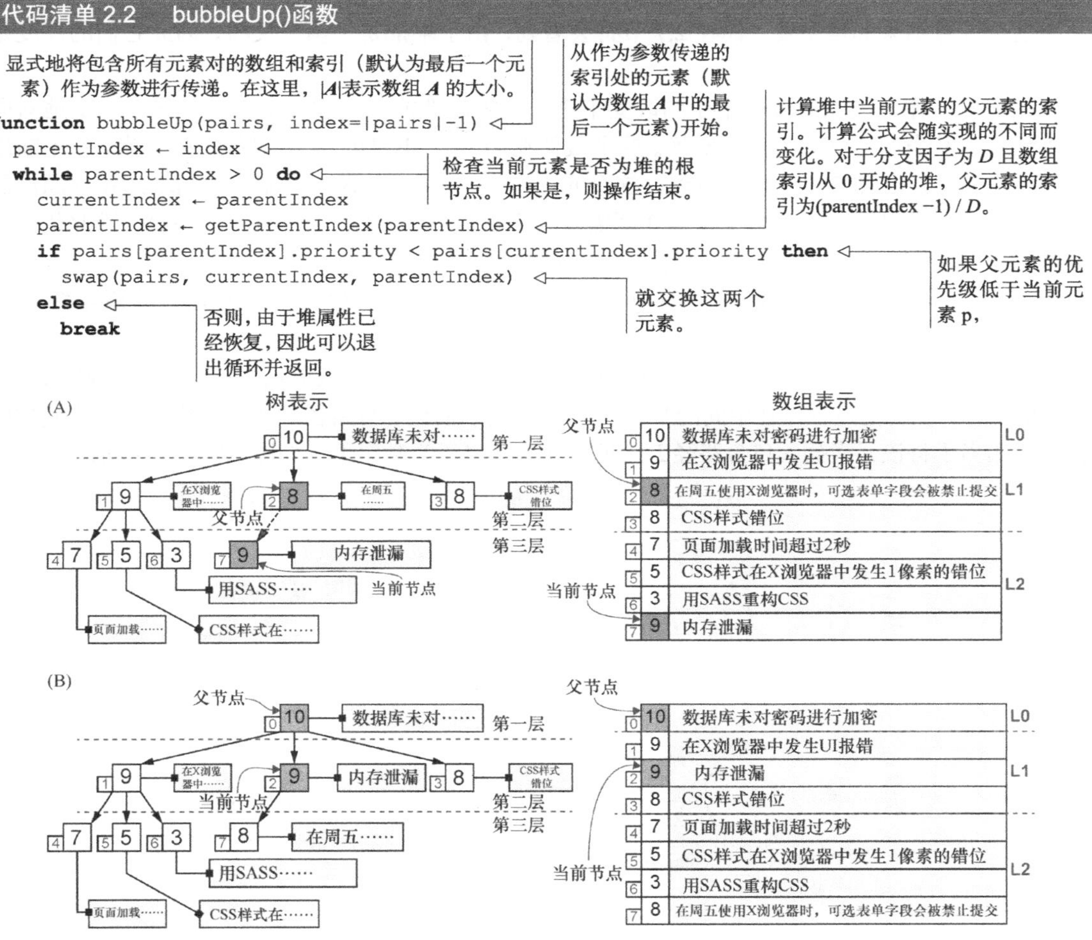

代码清单 2.2 bubbleUp()函数

```
function bubbleUp(pairs, index=|pairs|-1)
  parentIndex ← index
  while parentIndex > 0 do
    currentIndex ← parentIndex
    parentIndex ← getParentIndex(parentIndex)
    if pairs[parentIndex].priority < pairs[currentIndex].priority then
      swap(pairs, currentIndex, parentIndex)
    else
      break
```


图 2.6 在三叉最大堆上运行 bubbleUp()函数。（A）索引 7 处的元素拥有比其父元素更高的优先级。（B）将索引 7 处的元素与索引 2 处的父元素交换。于是，索引 7 处的元素已经找到自己的最终位置，而向上冒泡的元素还需要与其新的父元素进行比较。在这个例子中，根节点拥有更高的优先级，因此停止冒泡

如代码清单 2.2 所示，在代码里需要不断地进行元素交换，直到当前元素为根节点（见第 3 行）或者其优先级低于新的父元素（见第 6～9 行）为止。这意味着对 bubbleUp()函数的每次调用最多可能涉及 $\log_D(n)$次比较和交换，因为堆的高度就是上限。

因为我们正在实现一个最大堆，所以更大的数字意味着更高的优先级。如图 2.6（A）所示，索引 7 处的元素并不满足不变量，因为其优先级为 9，而其在索引 2 处的父元素（“在周五使用 X 浏览器时，可选表单……”）的优先级为 8，比 9 更小。

为了解决这个问题，我们需要调用 bubbleUp(pairs, 7)函数。因为 parentIndex 是 7 ＞ 0，所以程序的执行流会在第 3 行进入循环，并且计算其当前父元素的索引，也就是 2。第 6 行的条件判断也为真，所以在第 7 行，两个元素将被交换。更新后，堆的数组表示如图 2.6（B）所示。

在循环的下一次迭代中（parentIndex 为 2，仍然大于 0，因此循环至少会再迭代一次），currentIndex 和 parentIndex 的新值将分别在第 4 行和第 5 行中被计算出来，也就是 2 和 0。

由于现在子元素和父元素的优先级分别为 9 和 10，因此不再满足第 6 行的条件判断，于是 bubbleUp()函数会跳出循环并返回。

注意，如果树的高度为 H，那么 bubbleUp()函数最多执行 H 次交换。这是因为每当对两个元素进行交换时，需要移动的元素就会在树中朝着根节点的方向移动一层。

这个计算结果非常重要。你在 2.7 节将会看到，由于堆都是平衡二叉树，因此它们的高度是元素数量的对数。

在这里，你还可以通过一个小的改变来进一步提高性能。注意，上面的代码会重复地对同一个元素与其当前的父元素进行交换。这个最初在调用 bubbleUp()函数时指定的元素，会不断地向根节点移动。从图 2.6 中可以看到，这个元素在"冒泡"，就像一个肥皂泡向堆的顶部漂浮而去一样。在这个过程中，每个交换操作都需要 3 个赋值操作（以及一个临时变量），因此代码清单 2.2 中的这个简单实现将需要（最多）$3 \times H$ 次赋值操作。

然而，虽然当前节点和父节点的两个索引在迭代时会不断变化，但元素的值始终是相同的。

图 2.7 着重显示了这个元素经过的路径（在最坏情况下会到达根节点，但也有可能像图 2.7 中展示的那样，在冒泡过程停在中间的某个节点处）。可以看到，将路径 P 上的一个元素冒泡到堆的根节点相当于将该元素插入包含路径 P 上所有元素的（子）数组里，如图 2.7（B）所示。

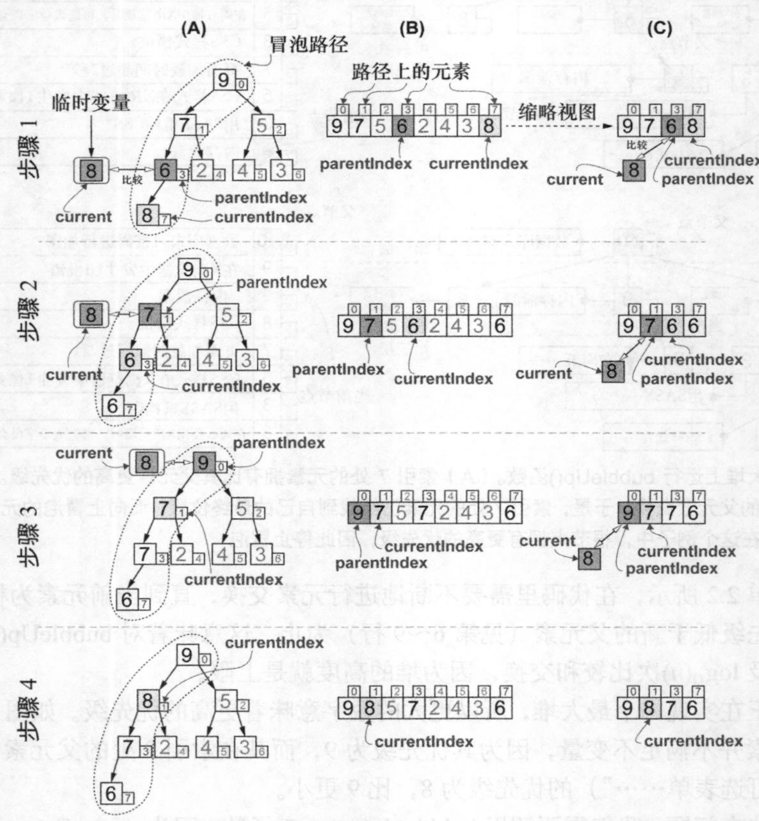

图 2.7　最大堆里元素的冒泡过程，其中使用了将赋值次数减少到原来三分之一的方法。这里展示了对 bubbleUp(pairs, 7)的调用过程，显示了最大堆的树表示（A）和数组表示（B），以及从元素 8 到根节点的路径 P 上都有哪些元素（C）

在图 2.7 中，第一个操作是把需要向上移动的元素 X 保存到一个临时变量中（步骤 1）。然后从元素 X 的父元素开始，将路径上的所有元素与临时变量做比较，并在元素的优先级更低时执行复制操作（步骤 1～步骤 3）。在这里，每次操作都会将父元素复制到其在路径 P 上的子元素上。这个过程就像过滤掉堆数组中所有不在路径 P 上的元素那样，这一点在图 2.7（C）中突出显示。

最后，当发现路径 P 上的元素 Y 的优先级高于临时变量时，我们只需要将元素 X 从临时变量复制到这个属于路径 P 的元素 Y 的子元素上就行了（步骤 4）。

于是，就像插入排序算法的每一次迭代那样，这个算法的性能也会得到提升。首先把需要冒泡的元素的副本（名为 X）保存在临时变量中，然后依次向左检查数组中的元素。最后，在找到优先级高于 X 的元素之前，通过复制元素左侧的相邻元素来完成对元素的向右“移动”[见图 2.7（C）]。对于长度为 H 的路径来说，只需要（最多）$H+1$ 次赋值操作就能完成整个过程，从而避免了大约 66%的赋值操作。

代码清单 2.3 展示了 bubbleUp()函数的改进版本。可以看到，在某个时刻，最初位于索引 3 处的元素（以及位于索引 1 处的元素）临时存在两个副本。因为没有实际地对元素进行交换，所以在每次迭代时都会用当前元素的父元素来覆盖元素自身（见第 6 行），并且只会在最后才将这个需要冒泡的元素写回数组中，同时这也是 bubbleUp()函数中的最后一个操作。这个操作成立是因为元素的冒泡在概念上等同于插入排序的内循环，也就是在连接当前元素到堆的根节点的路径上，先找寻其应该存在的正确位置，再把这个元素插入那里的过程。

代码清单 2.3　bubbleUp()函数的改进版本

显式地将包含所有元素对的数组和索引（默认为最后一个元素）作为参数进行传递。

从作为参数传递的索引处的元素（默认为数组 A 中的最后一个元素）开始。

```
function bubbleUp(pairs, index=|pairs|-1)
  current ← pairs[index]
  while index > 0 do
    parentIndex ← getParentIndex(index)
    if pairs[parentIndex].priority < current.priority then
      pairs[index] ← pairs[parentIndex]
      index ← parentIndex
    else
      break
  pairs[index] ← current
```

检查当前元素是否为堆的根节点。如果是，则操作结束。

如果父元素的优先级低于当前元素，

就将父元素向下移动一个位置（隐式地将当前元素向上移动一个位置）。

为下一次迭代更新当前元素的索引。

否则，由于已经找到当前元素的正确位置，因此可以退出循环。

此时，index 就是当前元素的正确插入位置。

计算堆中当前元素的父元素的索引。计算公式会随实现的不同而变化。对于分支因子为 D 且数组索引从零开始的堆，父元素的索引为(parentIndex −1) / D。

2.6.2 向下推动

pushDown()函数用于处理由于元素的优先级可能会小于它的（至少）一个子元素，因此需要将它向叶子节点的方向向下移动一层的情况。代码清单 2.4 展示了 pushDown()函数的实现代码。

代码清单 2.4　pushDown()函数

```
function pushDown(pairs, index=0)
  currentIndex ← index
  while currentIndex < firstLeafIndex(pairs) do
    (child, childIndex) ← highestPriorityChild(currentIndex)
    if child.priority > pairs[currentIndex].priority then
      swap(pairs, currentIndex, childIndex)
      currentIndex ← childIndex
    else
      break
```

从作为参数传递的索引处的元素（默认为数组 A 中的第一个元素）开始。

需要获取当前节点的具有最高优先级的子节点，因为只有这样才能确保移动元素 p 是安全的，且不会破坏堆的属性。

如果具有最高优先级的子元素比当前元素 p 的优先级高，

就对当前元素与其子节点中具有最高优先级的元素进行交换。

否则，由于堆属性已经恢复，因此跳出循环并退出函数。

叶子节点没有子节点，所以不能再继续向下推动。firstLeafIndex()会返回堆中首个叶子节点的索引。对于分支因子为 D 且数组索引从 0 开始的堆，索引为(|pairs| − 2) / D + 1。

这种情况与“冒泡”的情况相比有以下两个不同之处。

- **触发条件：**在这种情况下，需要更改的节点相对于其父节点并不会违反不变量 3，但与其子节点相比，则会违反不变量 3。例如，当对堆的根节点与数组中的最后一个叶子节点进行交换时，或者当通过为节点分配较低的优先级来更改节点的优先级时，就会发生这种情况。
- **算法：**对于元素在向下推动过程中经过的每一层，都需要找到其中具有最高优先级的子节点，从而找到当前元素可以在不违反任何堆属性的情况下向下移动的位置。

这种方法的运行时间虽然与 bubbleUp()函数的运行时间相近，但需要的比较次数更多。在最坏情况下，对于分支因子为 *D* 且包含 *n* 个元素的堆来说，需要执行 $D*\log_D(n)$次比较。因此，正如你稍后将在 2.10 节中看到的，无限制地增加分支因子（每个节点的最大子节点数）并不是一个很好的主意。

就任务管理示例来说，应考虑根节点的优先级低于其子节点的情况，如图 2.8 所示。这个三叉堆的首个叶子节点被存储在索引 4 处。

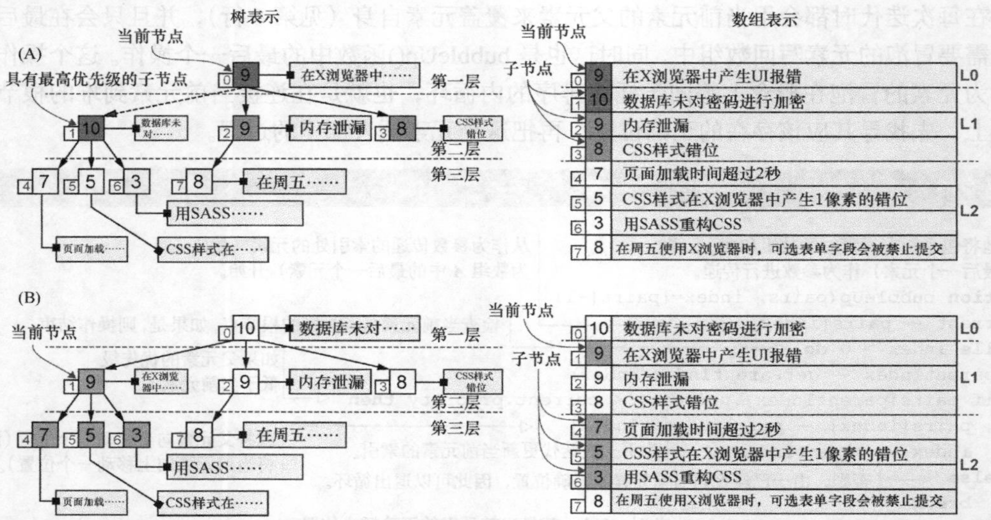

图 2.8　将 pushDown()函数应用于三叉堆的根节点。（A）树的根节点违反了堆属性，因为根节点的优先级比它的其中一个子节点低。首先找到具有最高优先级的子节点，然后对其与当前节点（在本例中为根节点）进行比较。（B）对根节点与其在索引 1 处的具有最高优先级的子节点进行交换，然后继续对当前节点与其子节点进行比较。由于没有任何子节点具有比当前节点更高的优先级，因此停止操作

可通过调用 pushDown(pairs, 0)来修复堆的第三个属性。第 3 行代码的辅助函数 firstLeafIndex()将返回 3（这是因为数组中的最后一个元素的索引是 7，这个元素还是索引 2 处的最后一个内部节点的子节点），因此进入循环。

元素[0]的子元素位于索引 1、2 和 3 处，第 4 行代码会从中选择根元素的具有最高优先级的子元素，而这个子元素正是＜数据库未对密码进行加密，10＞。这个子元素的优先级高于当前元素，因此第 6 行代码将其与当前元素做了交换。

总之，在 while 循环迭代了一次之后，就得到了图 2.8（B）所示的情况，并且 currentIndex 被设置为 1。

因此，当第二次进入 while 循环时，第 3 行代码中的 currentIndex 的值为 1，仍然小于首个叶子节点的索引 3。位于索引 1 处的元素的子元素分别位于索引 4、5 和 6 处，代码清单 2.4 的第 4 行将继续查找当前节点的子元素中优先级最高的子节点。得到索引为 4 的元素，即<页面加载时间超过 2 秒, 7>。

在第 5 行代码中，所有子元素的优先级都低于当前元素的优先级，故可以跳出循环并返回，不用进行任何修改。

与 bubbleUp()函数类似，pushDown()函数也可以通过简单地将当前元素保存到一个临时变量中来加以改进，从而避免在每次迭代时产生大量的交换操作。

代码清单 2.5 给出了 pushDown()函数的改进版本。在这里，我们鼓励读者像 2.6.1 节分析 bubbleUp()函数的改进版本一样，逐行分析这个代码示例，以便更好地理解 pushDown()函数是如何工作的。

代码清单 2.5 pushDown()函数的改进版本

```
function pushDown(pairs, index=0)
  current ← pairs[index]
  while index < firstLeafIndex(pairs) do
    (child, childIndex) ← highestPriorityChild(index)
    if child.priority > current.priority then
      pairs[index] ← pairs[childIndex]
      index ← childIndex
    else
      break
pairs[index] ← current
```

从作为参数传递的索引处的元素（默认为数组 *A* 中的第一个元素）开始。

叶子节点没有子节点，所以不能再继续向下推动。firstLeafIndex()会返回堆中首个叶子节点的索引。

需要获取当前节点的具有最高优先级的子节点，因为只有这样才能保证向上移动这个子元素是安全的且不会破坏堆的属性。

具有最高优先级的子元素比当前元素的优先级高。

将这个子元素向上移动（隐式地将当前元素向下移动一个位置）。

如果不是上述情况，就表明已经找到当前元素的正确位置。

此时，index 就是当前元素的正确插入位置。

定义了所有需要的辅助函数，我们就可以开始实现 API 方法了。稍后你就会看到，所有关于优先级和最大堆或最小堆的逻辑都会对 bubbleUp()和 pushDown()函数进行封装，因此定义这两个辅助函数可以极大地简化代码并适应不同情况。

2.6.3 插入

让我们从插入操作开始。将新的(element, priority)元素对插入堆的伪代码如代码清单 2.6 所示。

代码清单 2.6 insert()函数

```
function insert(element, priority)
  p ← Pair(element, priority)
  pairs.append(p)
  bubbleUp(pairs, |pairs| - 1)
```

创建一个新的元素-优先级对，以保存新元素和优先级。

把这个新创建的元素-优先级对添加到堆数组的末尾，并增加堆数组的大小。

添加新元素后，需要确保堆的属性能被恢复。

如前所述，可以利用辅助函数来编写 insert()函数，因此 insert()函数的实现代码与使用的是最小堆还是最大堆以及优先级的定义无关。

代码清单 2.6 中的前两个步骤只是对数据模型进行了一些维护，用两个参数创建了一个元素-优先级对并将其添加到数组的末尾。根据编程语言和用来存放元素-优先级对的容器类型的不同，这里也有可能需要手动调整容器的大小（静态数组），或者直接添加元素（动态数组或列表）[1]。

之所以需要最后一步，是因为新创建的元素-优先级对有可能违反 2.5.3 节中定义的堆属性（子节点的优先级可能会高于其父节点）。为了恢复堆属性，我们需要从堆的这个新元素向根节点进行“冒泡”，直至在树结构中找到正确的位置为止。

插入操作与删除操作或更新操作，甚至与堆的构造一样，也必须确保在完成时堆属性保持不变。

因为使用了紧凑数组的实现方式，所以这里并不需要对任何指针进行重定向，并且这个结构还能（通过构造函数）保证属性 1 和属性 2 的一致性（除非代码中有错误）。

1 正如我们在附录 C 中解释的那样，这种不同并不会改变渐近分析的结果。由于可以证明在动态数组中插入 *n* 个元素最多需要 2*n* 次赋值操作，因此每次插入都需要**摊销**常数时间。

因此，这里必须保证属性 3 的一致性，即（对于最大堆）每个节点的优先级都应该高于其所有 *D* 个子节点的优先级。为此，正如前几节中提到的，要想不与堆的特点相悖，就必须将元素向下推动（在执行删除和某些更新操作时），或者让元素向根节点“冒泡”（在执行插入和某些更新操作时）。

insert()函数的运行时间

需要执行多少次交换操作才能恢复堆属性呢？这取决于具体情况，但由于每次交换时都会将当前元素向上移动一层，因此总次数不会超过堆的高度。此外，由于堆是平衡的完全树，因此对于包含 *n* 个元素的 *d* 叉堆来说，交换次数不会超过 $\log_D(n)$。

这里需要注意的是，不论是何种具体实现，都需要对数组进行扩张。如果使用的是大小固定的静态数组，则需要在创建堆时分配好数组的大小，同时设置数组所能容纳的最大元素数量。在这种实现方式下，插入操作在最坏情况下的时间复杂度是对数阶的。

如果使用的是动态数组，对数阶的上限就不再是最坏情况下的性能了，而是摊销后的性能。这是因为在操作过程中，需要定期地对数组的大小进行调整（有关动态数组性能的更多信息，参见附录 C）。

你可以通过任务管理示例来查看插入操作是如何在三叉最大堆上工作的。假设通过调用 insert("为超级碗节日添加特殊处理", 9.5)添加一个时间特别紧迫的需要立即修复的任务，从而得到图 2.9（A）所示的初始状态。（使用小数作为优先级和之前的需求不一致，但这应该也不是你第一次看到有人在完成大量工作后改变需求了。）实际上，这正是在执行代码清单 2.6 中的第 3 行之后，队列将处于的一种中间状态（显然违反了堆属性）。

因此，我们需要执行第 4 行代码来恢复堆的第三个属性。就像你在 2.6.2 节中看到的那样，最终结果如图 2.9（B）所示。注意根节点的子节点出现在数组中的顺序，兄弟节点之间是没有顺序的。实际上，堆不会像 BST 那样对元素保持全序。

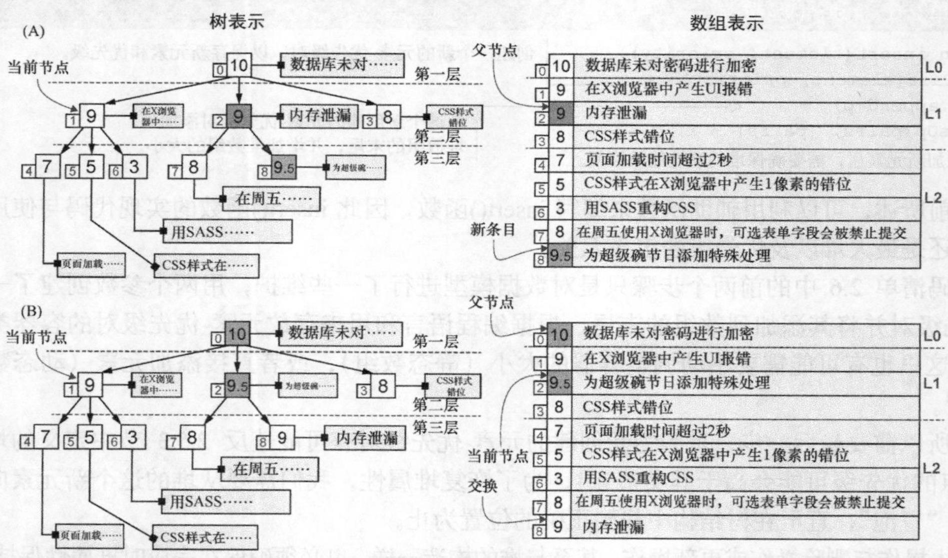

图 2.9　向三叉最大堆添加新元素。（A）堆的初始状态。在堆数组的末尾添加优先级为 9.5 的新元素。（B）对这个元素进行“冒泡”，直至找到适合它的位置，也就是能够让它不违反堆属性的第一个位置

2.6.4　移除顶部元素

了解了如何插入一个新元素后，下面我们定义用于提取堆的根元素并将其返回给调用者的

top()函数。

图 2.10 用一个最大堆的例子演示了这个操作，并突出显示了代码清单 2.7 中执行的步骤。

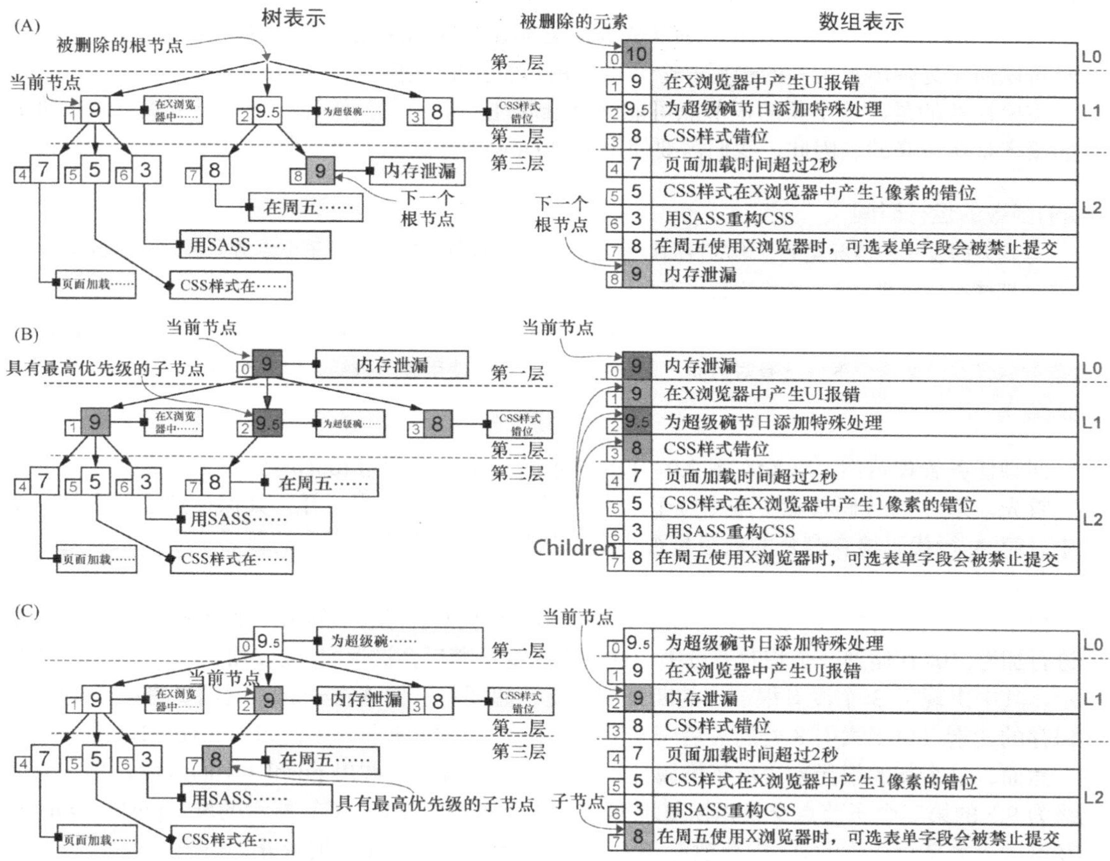

图 2.10 从三叉堆中移除顶部元素。(A)从一个合法的三叉堆中移除堆的根元素（将根元素存储在一个临时位置，以便在最后返回它）。(B)用数组中的最后一个元素替换旧的根元素（同时删除数组中的这个元素）。新的根元素可能会违反堆属性（如本例所示），因此需要将它向下推动，对根元素与其子元素进行比较以检查是否违反堆属性。(C)将新的根元素朝着堆的叶子节点方向向下移动，直至找到一个适合的位置（不违反堆属性的第一个位置）

代码清单 2.7 top()函数

```
function top()
  if pairs.isEmpty() then error()                 ◁─ 检查堆是否为空。如果堆为空，则抛出错误（或返回 null）。
  p ← pairs.removeLast()                          ◁─ 移除 pairs 数组中的最后一个元素并将其存放在一个临时变量中。
  if pairs.isEmpty() then                         ◁─ 再次检查是否还有剩余元素，如果没有剩余元素，则返回 p。
    return p.element
  else
    (element, priority) ← pairs[0]                ◁─ 将堆顶的元素-优先级对（pairs 数组中的第一个元素）存放在临时变量中。
    pairs[0] ← p                                  ◁─ 用之前保存的 p 元素覆盖数组中的第一个元素。
    pushDown(pairs, 0)                            ◁─ 由于最后一个元素是叶子节点，因此其优先级可能很低。又由于其现在位于根节点处，因此可能违反堆属性，我们需要将其向叶子节点方向进行移动，直到其子节点的优先级都比它低为止。
    return element
```

首先要做的是检查堆是否为空。如果堆为空，肯定无法提取出顶部元素，则需要抛出错误。

具体实现的思路是，删除堆的根节点，但这样做会在数组中留下一个“空洞”，所以需要用另一个元素来填充它。

也可以将根节点的一个子节点“提拔为”新的根节点。（根节点的其中一个子节点肯定是优先级次高的元素，请尝试证明这一点作为练习。）但是，这样做只会将问题转移至新的根节点原来所在的地方，并以此类推。

另外，因为还需要缩小数组，所以从数组尾部添加或删除元素是相对更容易的操作。这个逻辑可以简化为弹出数组中的最后一个元素并用它替换根节点。

需要注意的是，这个新的根节点可能违反堆属性。事实上，作为一个叶子节点，违反堆属性的概率是相当高的。因此，我们需要使用 pushDown()辅助函数来恢复堆属性。

top()函数的运行时间

与插入时发生的情况类似，堆的性质以及在每次交换时节点都会向叶子节点方向移动一层的事实，保证了即使在最坏情况下，交换次数也不会超过对数数量。

在这里，由于在具体实现时也必须处理数组的大小，因此只能保证摊销后的性能有对数阶上限。（如果需要保证在最坏情况下仍然有对数阶上限的性能，则需要使用静态数组，但这么做会相应地引入它们的缺点）。

回顾任务管理示例，看看在图 2.9（B）所示的三叉堆上调用 top()时会发生什么。

首先，第 3 行代码移除了堆中位于索引 8 处的最后一个元素，并将其保存到了一个临时变量中。第 4 行代码检查剩余的数组是否为空。如果为空，那么数组中的最后一个元素就是堆的顶部元素（也是唯一的元素），因此可以直接返回它。

但本例中剩余的数组不为空，所以继续执行第 7 行代码。将堆中的第一个元素<数据库未对密码进行加密, 10>存储到一个临时变量中，这个临时变量稍后会被返回。这时的堆如图 2.10（A）所示，其中出现了 3 个没有根节点的断开的分支。想要将它们连在一起，就需要将第 3 行代码处保存的元素（位于索引 8 处的最后一个元素）作为它们的新根节点，如图 2.10（B）所示。

然而，这个新的根元素违反了堆属性，因此需要在第 8 行调用 pushDown()函数，将它与优先级为 9.5 的第二个子节点交换以恢复堆属性，从而得到图 2.10（C）所示的堆。pushDown()函数在这一步会持续处理元素<内存泄漏, 9>，并在找到它的正确位置时停止。

相应地，peek()函数也会返回堆中的顶部元素，但仅仅返回元素，而不会对数据结构产生任何副作用。peek()函数的逻辑非常简单，这里不作详述。

2.6.5　修改

虽然并不是所有的具体实现都会用到 update()函数[1]，但它应该是堆里最有趣的公共函数了，参见代码清单 2.8。

当改变一个元素时，这个元素的优先级可能会保持不变。在这种情况下，不需要执行任何进一步的操作。但修改操作也可以让新元素的优先级变得更低或更高。如果新元素的优先级变高，就需要检查它有没有违反其父元素的第三个不变量；而如果新元素的优先级变得更低，则有可能违反其子元素的第三个不变量。

代码清单 2.8　update()函数

```
function update(oldValue, newPriority)
  index ← pairs.find(oldValue)        ◁ 获取需要更新的元素的位置。
  if index ≥ 0 then                   ◁ 检查元素是否被存储在堆中，并用新的值和优先级更新元素。
```

1 例如，在 Java 标准库提供的 PriorityQueue 类中，需要通过先删除元素再插入新的元素来执行相同的操作。但是，这样做并不是很高效。特别是，随机删除元素的实现效率十分低下，需要线性时间来完成。

```
oldPriority ← pairs[index].priority
pairs[index] ← Pair(oldValue, newPriority)
if (newPriority < oldPriority) then              ◁── 检查新的优先级是否高于旧的优先级。
  bubbleUp(pairs, index)              ◁── 如果为真，将元素朝根节点的方向“冒泡”。
elsif (newPriority > oldPriority) then
  pushDown(pairs, index)              ◁── 否则，将元素朝着堆的叶子节点方向向下推动。
```

在前一种情况下，需要通过冒泡操作来修改元素的位置，从而找到拥有更高优先级的父节点，直至到达根节点；而在后一种情况下，则需要将元素向下推动，直到其所有子元素的优先级都比它低，或者到达叶子节点为止。

可以看出，第二种情况的实现更高效[1]，并且幸运的是，大多数算法只会降低元素的优先级。

update()函数的运行时间

最大的性能挑战来自第 2 行代码。在最坏情况下，查找旧元素可能需要线性时间，这是因为在搜索失败时（当元素并不存在于堆中时），将不得不对整个堆进行搜索。

要改善这种最坏情况，可以使用辅助数据结构来获得更有效的搜索操作。例如，可以存储一个 map，将堆中的每个元素与其索引关联起来。如果使用的是哈希表实现，那么这个查找操作在摊销后只需要 $O(1)$ 的时间。

对于这一点，我们将在介绍 contains()函数时给出更详细的描述。不过对于这个实现来说，如果查找操作最多花费对数时间，那么 update()函数将达到对数阶上限的性能。

2.6.6 处理重复优先级

到目前为止，我们一直假设堆里不包含重复的优先级。如果这个假设不成立，我们就需要应对新的挑战。具体来说，如果有重复的优先级，就更需要弄清楚元素之间的顺序。下面我们使用图 2.11 所示的简单例子来解释为什么这个顺序很重要。为了节约空间，我们将只显示节点中的优先级。

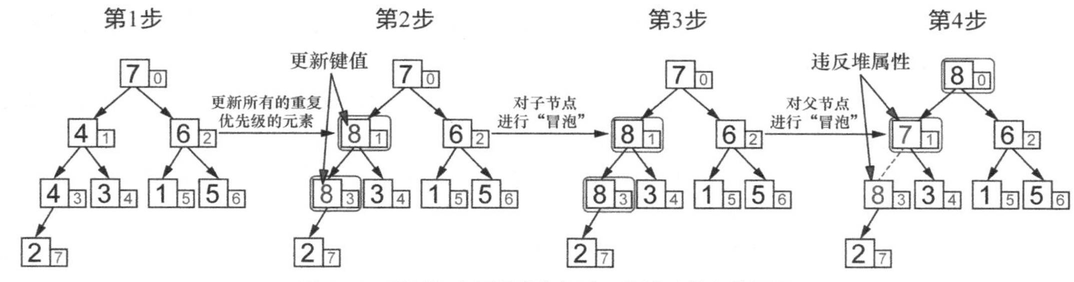

图 2.11 更新包含重复优先级的二叉最小堆中的元素

假设有两个优先级重复的元素，分别为 X 和 Y，并且其中一个元素是另一个元素的子元素。假设 X 是 Y 的子节点，可通过调用 update()函数将它们的优先级修改为更高。在 update()函数内部，更新两个元素的优先级后，必须调用两次 bubbleUp()函数，其中一次用于 X，另一次用于 Y。问题在于，如果以错误的顺序进行这两次调用，执行结束时将得到一个不一致的且违反堆属性的堆。

假设首先对子元素 X 进行“冒泡”。子元素 X 的父元素 Y 将被立即找到，操作停止（因为

1 通过使用斐波那契堆，在理论上甚至可以拥有摊销后为常数时间的实现。

它们具有相同的优先级）。但是，当调用 bubbleUp(Y)时，由于父元素 Y 的优先级更低，因此需要将 Y 向根节点移动。遗憾的是，由于不再检查元素 X，因此 X 不会与 Y 一起向上移动，堆属性也就无法恢复正常。

图 2.11 提供了由于没有避免重复优先级的出现，update()函数如何一步一步地违反堆属性的说明。

- 在第 1 步，你可以看到初始的最大堆。
- 在第 2 步，所有出现的优先级为 4 的元素都被修改成了优先级为 8。
- 在第 3 步，对位于索引 3 处的被修改过的这个最深层的节点进行“冒泡”。这个操作会立即停止，因为其父节点与它具有相同的优先级（它与当前节点被同时更新）。在调用 bubbleUp()函数时，涉及的节点均以灰色轮廓突出显示。
- 在第 4 步，对位于索引 1 处的另一个被修改过的节点进行“冒泡”。这一次会执行交换操作，因为节点的新优先级 8 高于其父节点的优先级 7。而在第 3 步，首先进行“冒泡”的节点将不会被更新，因此会违反堆属性。

那么，该如何解决这个问题呢？其实，只需要按照从左到右的顺序调用 bubbleUp()函数，就能保证堆属性恢复正常。

另外，可以对 bubbleUp()和 pushDown()函数中的条件进行修改，让它们仅在找到严格较高优先级的父节点和严格较低优先级的子节点时才停止。还有一种选择是在更新节点时就直接对其进行“冒泡”（或向下推动）。然而，出于许多因素，这两种解决方案并不理想。其中一个因素就是性能问题，它们都需要在最坏情况下执行更多次数的交换。[如果能计算出在最坏情况下（在所有元素都相同的路径上）所需的交换次数，就可以很容易地证明这一点。具体的证明细节留作练习。]

2.6.7　堆化

优先队列可以在创建的时候为空，也可以用一组元素进行初始化。在这种情况下，如果需要用 n 个元素来初始化堆，则可以通过先创建一个空堆，再将这些元素一一添加进去来完成。

对此，最多需要 $O(n)$的时间来分配堆数组，然后重复 n 次插入。因为每次插入都是对数阶的，所以共有 $O(n* \log (n)$的性能上限。

但这就是我们所能得到的最好结果吗？事实证明，只要能在初始化堆时直接使用没有特定顺序的包含 n 个元素的整个集合，就可以做得更好。

如你所知，数组的每个位置都可以看作一个子堆的根节点。因此，叶子节点就可以是最简单的一个子堆，只不过其中仅包含一个元素。

那么，堆里有多少个叶子节点呢？具体数量取决于分支因子。在二叉堆中，有一半的节点是叶子节点；而在 4 叉堆中，数组的最后四分之三都是叶子节点。

为了简单起见，这里只考虑二叉堆的情况。图 2.12 显示了一个最小堆的例子，并说明了 heapify()函数（见代码清单 2.9）是如何一步一步工作的。

如果从堆的最后一个内部节点 X 开始，则最多有两个子节点。这两个子节点都是叶子节点，因此这个堆是合法的。

这时还不能判断 X 是不是一个合法堆的根节点，但可以尝试将它向下推动，并与最小的那个子节点交换。这样做之后，就能确定以 X 为根节点的子堆是一个合法堆了。这是因为根据定义，在所有子堆都是合法堆且只有根节点有错的情况下，pushDown()函数可以用来恢复堆属性。

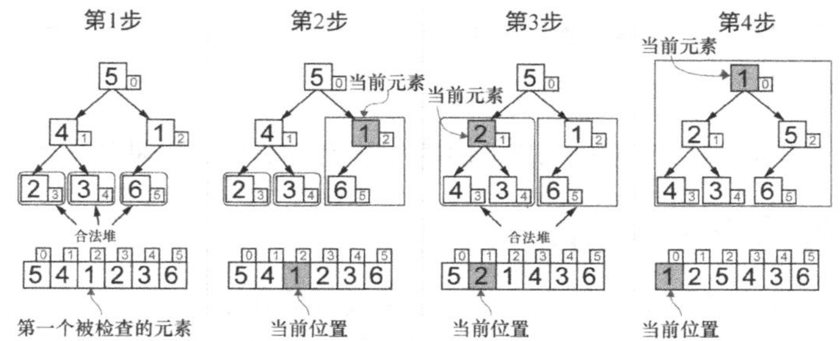

图 2.12 堆化一个小的数组。灰色的圆角边框包围着合法的子堆，它们是已经过验证的能遵守堆属性的树的一部分。（第 1 步）最初，只有叶子节点是合法的最小堆。在这个例子中，较小的数字意味着更高的优先级。（第 2 步）从堆中的第一个内部节点开始迭代，该节点位于数组中的索引 2 处，可通过对该节点与其子节点进行交换来修复以该节点为根节点的子堆的堆属性。（第 3 步）将灰色箭头向左移动一个位置，并对以索引为 1 的根节点的子堆重复该操作。（第 4 步）最后，将临时的根节点（优先级为 5）向下推动，直至找到它的合法位置，整个数组完成堆化

接下来，在数组中向左移动一个位置，重复以上过程，就能获得另一个合法的子堆。不断重复上述过程，就能访问到所有只包含叶子节点作为子节点的内部节点。高度为 2 的子堆可作为这些子树的根节点，称为 Y。从这个内部节点开始，如果以从右到左的顺序处理数组中的元素，就可以保证 Y 的子节点都是下面这样的子堆。

- 高度最多为 1。
- 堆属性已经被修复。

可以再次调用 pushDown()函数，从而确保以 Y 为根节点的子堆也是合法堆。

如果对所有的节点（直到堆的根节点为止）重复这些步骤，就可以保证最终得到的堆是合法的。

代码清单 2.9 heapify()函数

```
function heapify(pairs)
  for index in {(|pairs|-1)/D .. 0} do
    pushDown(pairs, index)
```

从堆的第一个内部节点开始迭代（D 是分支因子），直到根节点为止。

确保以索引处节点为根节点的子堆是合法堆。

heapify()函数的运行时间

总的来说，在二叉堆中，由于需要调用 pushDown()函数 $n/2$ 次，因此粗略估计会有 $O(n*\log(n))$ 的性能上限。

但是，只有叶子节点的子堆的高度等于 1，因此最多执行一次交换操作即可，并且其中只有 $n/2$ 个这样的子堆。同样，对于高度为 2 的子堆，最多执行两次交换操作即可，并且其中只有 $n/4$ 个这样的子堆。

在不断向上直至到达根节点的过程中，交换次数会不断增加，但对 pushDown()函数的调用次数会相应地减少。最终，只有两次 pushDown()函数调用的子堆最多需要 $\log_2(n)-1$ 次交换，而只有一次（根节点）pushDown()函数调用的子堆在最坏情况下也仅需要 $\log_2(n)$次交换。

因此，执行交换操作的总次数可以由下式得出：

$$\sum_{h=0}^{\lfloor \log n \rfloor} \left\lceil \frac{n}{2^{h+1}} \right\rceil \cdot O(h) = O\left(n \sum_{h=0}^{\lfloor \log n \rfloor} \left\lceil \frac{h}{2^h} \right\rceil \right)$$

由于最后的求和会受到 2 的几何级数的限制，因此有

$$\sum_{h=0}^{\lfloor \log n \rfloor} \left\lceil \frac{h}{2^h} \right\rceil \leqslant \sum_{h=0}^{\infty} \left\lceil \frac{h}{2^h} \right\rceil = 2$$

由此可见，在最坏情况下，交换操作的总执行次数是线性阶的（最多执行 $2n$ 次）。

堆化方法的复杂度为 $O(n)$。

对于 d 叉堆的计算将留作练习——与上面的计算完全类似，只是分支因子不同而已。

2.6.8　API 之外的方法：包含

一件绝对不适合堆来做的事就是检查元素是否被存储在其中。对于这个问题，别无选择，只能遍历所有的元素，才能找到需要检查的那个元素，或是没有找到元素，最后到达数组的末尾。这也就意味着这是一种线性时间的算法。作为对比，我们可以看到哈希表在优化后只需要平均常数时间，甚至连二叉搜索树（在平均情况下）或平衡二叉搜索树（在最坏情况下）都只需要 $O(\log(n))$的时间。

但是，我们也希望能够对优先级进行递增或递减操作。正如你在 2.6.5 节中看到的，对于这种操作来说，能够有效地检索需要更改优先级的元素是非常重要的。为此，在实现堆时，通常可以添加一个辅助字段，类型为 HashMap，用于将元素映射到相应的位置，进而可以在平均常数时间内检查元素是否在堆中（或获取元素位置）。代码清单 2.10 展示了 contains()函数的一种实现。

代码清单 2.10　contains()函数

```
function contains(elem)
  index ← elementToIndex[elem]
  return index >= 0
```

如果下面的两个假设成立，就可以在堆里添加 contains()函数用到的辅助字段 elementToIndex。

- 如果 elem 未被存储在堆中，则 elementToIndex[elem]默认返回−1。
- 不允许堆中存在重复的键（否则，每个键都需要一个存放索引的列表）。

2.6.9　性能回顾

我们已经介绍了若干针对堆的操作，是时候对它们的运行时间以及需要的额外空间进行整理和回顾了，如表 2.8 所示。

表 2.8　　堆操作及其在包含 n 个元素的堆上的运行时间和所需的额外空间

堆操作	运行时间	所需的额外空间
插入	$O(\log(n))$	$O(1)$
移除顶部元素	$O(\log(n))$	$O(1)$
删除	$O(\log(n))$[a]	$O(n)$[a]
查看顶部元素	$O(1)$	$O(1)$
包含（简单版本）	$O(n)$	$O(1)$
包含	$O(1)$[a]	$O(n)$[a]
更改优先级	$O(\log(n))$[a]	$O(n)$[a]
堆化	$O(n)$	$O(1)$

a．在使用高级版本的 contains()函数并维护从元素到索引的额外映射的情况下。

与计算机科学中的大多数事情一样，上述操作通常需要在时间与空间之间进行权衡。不过，在非正式分析中，也存在着忽略额外空间因素的倾向。随着大数据时代的到来以及由此导致的操作的增加，数据结构通常需要存放和处理数十亿甚至更多的元素。因此，虽然需要平方阶空间的快速算法依然是数据集较小时的最佳选择，但对于需要横向扩展的某些实际案例场景来说，这已经变得不切实际。随着数据集的增长，使用常数阶或对数阶空间的较慢算法反而成为我们的选择。

因此，在设计需要扩展的系统时，尽早地考虑内存因素非常重要。

对于堆来说，显然每个元素都需要常数阶的额外空间，以及用来承载从元素到索引的映射的额外线性空间。

在详细介绍了所有堆操作之后，下面这些事情值得我们多花些篇幅讨论。

对于 insert()和 top()函数来说，运行时间保证的是摊销后的情况，而不是最坏情况。如果使用动态数组来提供更灵活的尺寸，那么某些调用就需要耗费线性时间来调整数组的尺寸。用 n 个元素填充动态数组，可以证明最多需要 $2n$ 次交换操作。但是，只有从一开始就设置堆的尺寸，才能提供最坏情况的对数阶保证。出于这个原因，必须保证分配和垃圾回收都有效。对某些编程语言（如 Java）来说，如果有合理的对容器在大部分生命周期中都保真的尺寸估计，则建议将堆初始化为预期尺寸。

remove()和 updatePriority()函数的性能依赖于 contains()函数的高效实现，否则无法提供对数阶的性能保证。然而，为了进行更高效的搜索，除了数组，还需要有第二个数据结构来实现快速间接访问。这个数据结构可以是哈希表或布隆过滤器（见第 4 章）。

只要选择了这两种数据结构中的任何一种，就可以认为 contains()函数的运行时间是常数阶的。但有一个前提，那就是每个元素的哈希计算都只需要常数时间，否则仍需要在分析中考虑计算成本。

2.6.10 从伪代码到实现

我们在前文介绍了 d 叉堆是如何以一种与编程语言无关的方式进行工作的。伪代码提供了给出了具体细节，很好地概述和解释了数据结构的方法且无须担心实现，从而让我们可以专注于其操作。

不过，伪代码几乎没有什么实际用途。为了将理论讨诸实践，我们还需要选择一种编程语言来实现 d 叉堆。无论选择什么平台，都会有特定于编程语言的一些问题，以及仍需要考虑的其他问题。

我们将给出本书中各种算法的实现，尽力为读者提供一种可以通过操作来熟悉这些数据结构的方法。

这些数据结构的完整实现代码及测试代码都可以在本书的 GitHub 仓库中找到。

2.7 用例：找到最大的 k 个元素

本节将介绍如何使用优先队列来跟踪集合中最大的 k 个元素。

如果已经有全部的 n 个元素，则会有一些不需要任何辅助数据结构的替代方案。

- 可以对输入进行排序，然后取最后的 k 个元素。这种简单的方案需要 $O(n*\log(n))$次的比较和交换操作，并且有的算法可能需要额外的内存空间。
- 可以找到集合中最大的元素并将其移到数组的末尾，然后查看剩余的 $n-1$ 个元素并找到倒数第二大的元素，将其移到位置 $n-2$ 处，以此类推。从本质上讲，这种方案运行了 k 次选择排序算法的内部循环，需要 $O(k)$次交换操作和 $O(n*k)$次比较操作，但不需要额外的内存空间。

你在本节中将看到，通过使用堆就能用 $O(n + k*\log(k))$次的比较和交换操作以及 $O(k)$的额外内存来实现目标。如果 k 远远小于 n，那么这一改进足以带来巨大的改变。通常情况下，n 可能是数百万或数十亿，而 k 则可能在数百和数千之间。

此外，通过一个额外的辅助堆，这种算法还能用来轻松处理动态数据流，且允许随时使用堆里的元素。

2.7.1　选择正确的数据结构

当问题涉及寻找最大或最小元素的子集时，优先队列是一种常见的解决方案。

在编程过程中，选择正确的数据结构会带来很大的不同[1]。但这也不是绝对的，因为还需要能够正确地使用数据结构。

例如，假设一开始就有一组静态元素可以使用，则可以通过最大堆插入所有的 n 个元素，然后提取出其中最大的 k 个元素来完成。

堆需要用到 $O(n)$的额外空间，使用 heapify()函数可以把整个集合在线性时间 $O(n)$内创建为堆。最后调用 top()函数 k 次，其中每次调用的成本为 $O(\log(n))$。于是整个解决方案共需要 $O(n + k*\log(n))$次的比较和交换操作。

这已经比最初的解决方案好很多了。但是，如果 $n \gg k^2$，就会为了提取部分元素而创建一个巨大的堆，这明显太浪费了。

2.7.2　正确地使用数据结构

这里的目标应该是只使用一个包含 k 个元素的小堆，然而这样的话，最大堆就不合适了。让我们通过一个例子来看看这是为什么。

假设要找到以下元素中最大的 3 个元素：2, 4, 1, 3, 7, 6。

首先添加前 3 个元素，于是得到最大堆[4, 2, 1]。继续添加下一个元素 3。元素 3 比当前堆里的 3 个元素中的两个都要大，但因为只能查看堆的顶部，所以没法知道这一点。于是向堆中插入 3，得到 [4, 3, 1, 2]。现在，如果想将堆的大小保持在 k 个元素，则需要从中删除一个最小的元素。那么，如何才能得知这个元素在堆里的位置呢？最大堆里只能直接知道最大值在哪里(在最大堆的顶部)，因此对最小值的搜索可能需要线性时间来完成（虽然我们知道最小值一定在叶子节点上，但遗憾的是，叶子节点的数量也是线性的：n/D)。

即使以不同的顺序插入元素，类似的情况也会经常发生。

问题是，当想要得到最大的 k 个元素时，在每一步实际想知道的其实是下一个元素是否大于已有的 k 个元素中的最小元素。因此，我们应该使用的不是最大堆，而是可以包含 k 个元素的最小堆，其中存放了到目前为止已发现的最大元素。

将每个新的元素与堆顶元素做比较。如果新元素较小，就可以确定它不属于最大的 k 个元素之一；相反，如果新元素大于堆顶元素（k 个元素中最小的那个元素)，则从堆中提取出顶部元素，然后添加这个新元素。这样一来，在每次迭代时，对堆的更新就只需要花费常数时间[3]，而非使用最大堆时的线性时间上限。

2.7.3　代码写起来

这十分易于实现。让我们看看代码清单 2.11 中的堆操作吧！

---

1 我们通常最关心的是如何避免选择错误的数据结构。

2 $n \gg k$ 通常被解释为“n 远大于 k”。

3 准确地说，应该是 $O(\log(k))$，但由于 k 是一个常数（远小于 n，并且不依赖于 n)，因此 $O(\log(k)) == O(1)$。

代码清单 2.11 找到列表中最大的 k 个元素

```
function topK(A, k)
  heap ← DWayHeap()                                  创建一个空的最小堆。
  for el in A do                                     遍历数组 A 中的元素。
    if (heap.size == k and heap.peek() < el) then    如果已经添加了至少 k 个元素，就检查当前元素是否大于堆顶元素。
      heap.top()                                     在这种情况下，可以安全地移除和丢弃堆顶元素，因为其不属于最大的 k 个元素。之后，堆中便只有 k-1 个元素。
    if (heap.size < k) then                          如果堆的大小小于 k,
      heap.insert(el)                                则需要添加当前元素。
  return heap                                        返回具有最大的 k 个元素的堆。可通过堆排序实现以正确的顺序返回元素，但需要付出少量的额外成本。
```

2.8 更多的用例

堆是一种应用广泛的数据结构。与堆栈和队列都是几乎所有需要以特定顺序处理输入的算法的基础。

用 *d* 叉堆替换二叉堆几乎可以改进所有使用优先队列的代码。在深入研究一些可以从堆的使用中受益的算法之前，请确保你已经对图这一算法中多有涉及这种数据结构有较多的了解了。

现在让我们讨论一些因为使用堆而受益的算法。

2.8.1 图中的最小距离：Dijkstra 算法

优先队列对于实现 Dijkstra 算法和 A*算法至关重要（见 14.4 节和 14.5 节）。图 2.13 用一个非常小的有向图说明了两个顶点之间最短路径的概念。我们在后续章节中将提到，这些基本算法（计算到目标的最小距离）在图上的运行时间，在很大程度上取决于为优先队列选择的实现，并且从二叉堆到 *d* 叉堆的改进可以在速度上带来更大的提升。

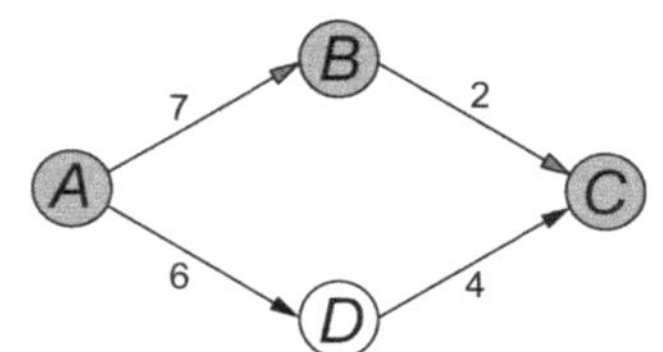

图 2.13 展示顶点 *A* 和 *C* 之间最短路径的有向图

2.8.2 更多的图算法：Prim 算法

Prim 算法可用来计算无向连通图 *G* 中的最小生成树（Minimum Spanning Tree，MST）。

假设 *G* 有 *n* 个顶点，那么其最小生成树具有如下属性。

（1）一棵树（一个连通的、无向的无环图）。

（2）*G* 的一个子图，其中有 *n* 个顶点，并且在 *G* 的所有子图（也是树，并且包含所有的 *n* 个顶点）中，这个子图的边的权重之和是最小的。

假设图 2.13 所示有向图的最小生成树如图 2.14 所示。

Prim 算法与 Dijkstra 算法几乎一样，二者的区别如下。

- 无须跟踪与源顶点之间的距离。
- 存储了已被访问的顶点连接到下一个最近顶点的边。
- 在 Prim 算法里被当作“源顶点”的顶点就是 MST 的根节点。

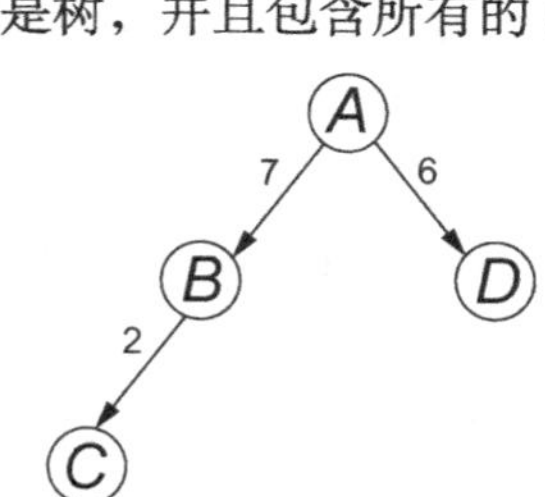

图 2.14 图 2.13 所示有向图的最小生成树

显然，Prim 算法的运行时间与 Dijkstra 算法类似。

- $O(V^2)$，如果使用（有序或无序）数组实现的优先队列。
- $O(V*\log(V) + E*\log(V))$，如果使用二叉堆或 *d* 叉堆。
- $O(V*\log(V) + E)$，如果使用斐波那契堆。

2.8.3 数据压缩：霍夫曼编码

霍夫曼编码算法是非常经典的数据压缩算法。这是一种简单、出色的**贪心**算法。尽管已经不再是目前最先进的压缩算法，但在 20 世纪 50 年代，霍夫曼编码算法的发明绝对算得上一项重大突破。

霍夫曼编码树是一棵由文本中出现的不同字符列表及其频率自下而上构建的树。霍夫曼编码算法会迭代地执行如下操作。

(1) 选择并删除列表中频率最小的两个元素。

(2) 通过组合它们来创建一个新的节点（将两者的频率相加）。

(3) 将这个新的节点添加回列表中。

虽然树结构本身并不是堆，但霍夫曼编码算法的关键步骤基于高效地检索列表中的最小元素以及高效地向列表中添加新的元素，以上操作显然会用到堆。

代码清单 2.12 展示了霍夫曼编码算法。

代码清单 2.12　霍夫曼编码算法

```
function huffman(text)
  charFrequenciesMap ← ComputeFrequencies(text)
  priorityQueue ← MinHeap()
  for (char, frequency) in charFrequenciesMap do
    priorityQueue.insert(TreeNode([char], frequency))
  while priorityQueue.size > 1 do
    left ← priorityQueue.top()
    right ← priorityQueue.top()
    parent ← TreeNode(left.chars + right.chars, left.frequency + right.frequency)
    parent.left ← left
    parent.right ← right
    priorityQueue.insert(parent)
  return buildTable(priorityQueue.top(), [], Map())
```

假设霍夫曼编码算法的输入是被存放在一个字符串中的一段文本。当然，实际的文本也可能被存放在一个文件或数据流中，但我们有办法将它转换为一个字符串[1]。输出则是从字符到二进制序列的映射。

我们需要执行的第一个子任务是转换文本。霍夫曼编码算法需要对文本进行计算以得到关于其中最常用的和最不常用的字符的统计数据。为此，我们需要计算文本中字符的出现频率[2]。

第 2 行中 ComputeFrequencies 辅助方法不在我们的讨论范围之内，且（至少它的基本版本）足够简单，因此这里不再赘述。

如代码清单 2.12 所示，在计算出频率映射之后，就创建一个新的优先队列。随后，在第 4 行和第 5 行对频率映射进行迭代，为每个字符创建一个新的 TreeNode，并将其添加到优先队列中。显然，基于本章的主题，这里的队列将使用堆（最小堆）来完成，其中的顶部元素是优先级字段值最小的元素。在这里，优先级字段（显然）也就是 TreeNode 的频率字段。

事实上，每个 TreeNode 都包含了两个字段（除了指向其子节点的指针）：一组字符以及这些字符在文本中出现的频率——由单个字符的频率之和计算得出。

---

1 如果文本太大以至于无法被包含在内存中，或者需要使用 MapReduce 方法来进行处理，则我们还会面临一些其他的挑战。在这里，我们将所有的复杂性都封装在了 ComputeFrequencies 辅助方法中。

2 只需要计算每个字符的出现次数，这相对于计算实际频率来说，不但更简单，而且对算法来说也是等效的。

观察图 2.15，霍夫曼编码树的根节点是示例文本中所有字符的集合，因此总频率为 1。

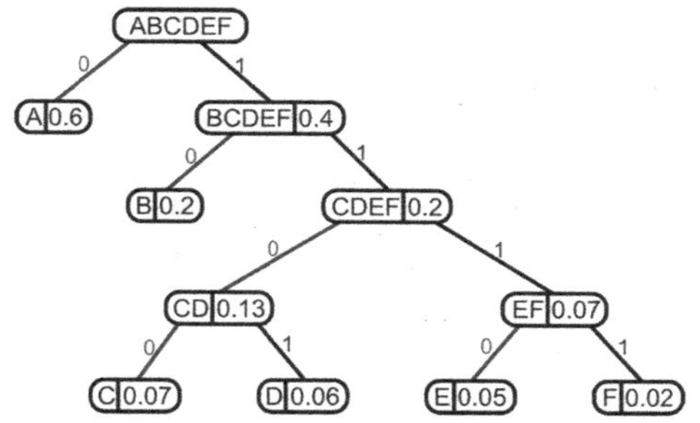

图 2.15 根据后面的字符频率表构造出来的霍夫曼编码树：A = 0.6，B = 0.2，C = 0.07，D = 0.06，E = 0.05，F = 0.02

这个字符的集合被分为两组，它们分别被分配给根节点的其中一个子节点。以此类推，每个内部节点也会被进行类似的划分，直至划分到叶子节点。这时，每个分组都只包含一个字符。

回到霍夫曼编码算法，观察图 2.15 所示的霍夫曼编码树是如何自下而上构造的。代码清单 2.13 中的第 2～5 行用于创建树的叶子节点并将它们添加到优先队列中。

从第 6 行开始的代码是霍夫曼编码算法的核心。只要队列中还有不止一个元素，第 7 行和第 8 行就会提取两个顶部的 TreeNode 元素。如图 2.16（B）所示，这两个元素将是频率最低的两棵子树。这两棵子树分别被称为左子树 L 和右子树 R。

图 2.16（C）展示了第 9～11 行代码执行的操作。可通过合并两个元素的字符集来创建一个新的 TreeNode（称为 P），并将其频率设置为旧子树的频率之和。随后，将新节点和两棵子树组合成一棵新子树，其中，新节点 P 是根节点，L 和 R 是其子树。

最后，第 12 行的代码会把这棵新子树被添加回队列中。如图 2.16（D）所示，新子树可以出现在队列中的任何地方，不过优先队列会照顾好这些细节（注意，这里的优先队列被当作黑匣子使用，正如我们在 2.4 节中讨论的那样）。

重复上述步骤，直到队列中只剩下一个元素为止（图 2.17 展示了更多步骤），最后的这个元素将是作为最终树的根节点的 TreeNode 元素。

接下来，第 13 行的代码会用这棵树来创建一个压缩表，而这就是霍夫曼编码算法的最终输出。这个压缩表可以用来把文本中的字符转换为位序列，从而进行文本压缩。

虽然我们没有用图来展示最后这一步[1]，但是代码清单 2.13 包含了从图 2.15 所示的霍夫曼编码树创建压缩表所需的步骤。尽管这超出了本章的讨论范围（因为没有使用优先队列），但我们还是希望能帮助到那些对实现霍夫曼编码感兴趣的读者。

代码清单 2.13 霍夫曼编码算法（从霍夫曼编码树创建压缩表）

```
function buildTable(node, sequence, charactersToSequenceMap)
if node.characters.size == 1 then
charactersToSequenceMap[node.characters[0]] ← sequence
else
if node.left <> null then
buildTable(node.left, 0 + sequence, charactersToSequenceMap)
if node.right <> null then
buildTable(node.right, 1 + sequence, charactersToSequenceMap)
return charactersToSequenceMap
```

1 只是对文本中的字符进行 1∶1 映射，需要特别注意如何有效地构建输出中的位编码。

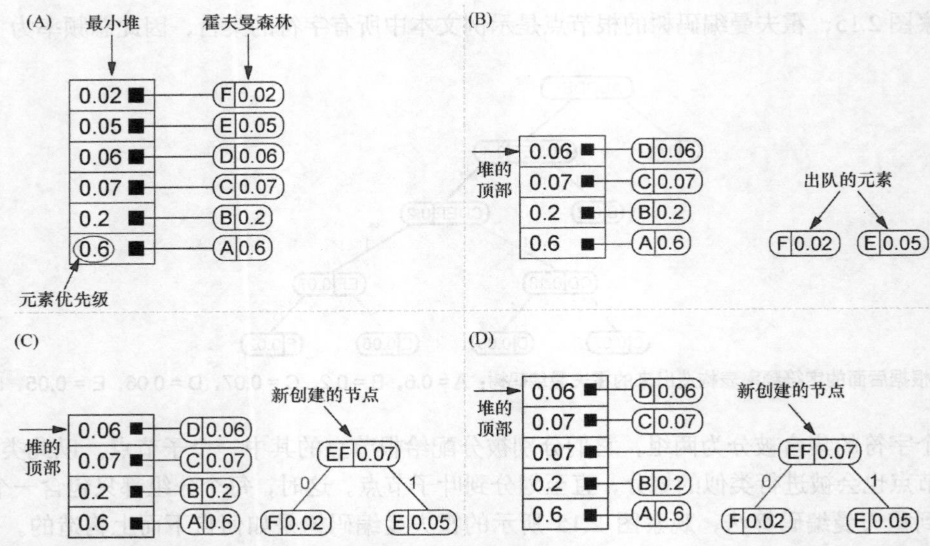

图 2.16　霍夫曼编码算法的第一步。霍夫曼编码算法将使用两个辅助数据结构：一个优先队列和一棵二叉树。每个树节点都有一个值、来自文本的一组字符以及一个优先级（即这些字符在文本中出现频率的总和）。（A）刚开始时，为每个字符都创建一个树节点，并与其在文本中出现的频率进行关联。随后，把所有节点添加到优先队列中，并用频率作为其优先级（频率越小意味着优先级越高，因此使用的是最小堆）。（B）从优先队列的顶部提取出两个节点。（C）创建一个新的树节点，将（B）中提取出来的两个节点添加为它的子节点。按照惯例，优先级最小的节点将被添加为左子节点，另一个节点则被添加为右子节点（不过在这里，任何一致性的约定都是有效的）。新创建的节点会以子节点中字符集的并集作为值，并将两者优先级的总和作为自身的优先级。（D）将这个子树的新的根节点添加回优先队列。注意，堆中的节点是按顺序显示的，但这只是为了简单起见。前文提到，节点在优先队列中的存储顺序是实现细节，优先队列的 API 契约仅保证在对两个元素执行出队操作时，它们一定是频率最小的元素

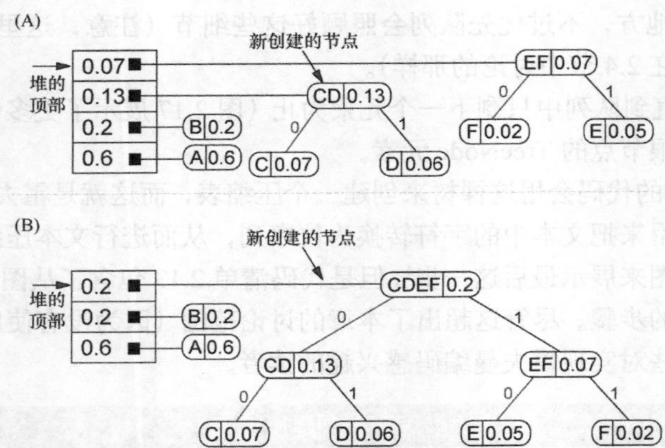

图 2.17　霍夫曼编码算法中接下来几个步骤的结果。（A）出队并合并堆顶的两个节点：C 和 D。EF 和 CD 成为堆中最小的两个节点。（B）将这两个节点合并为 CDEF，然后将其添加到堆中。至于是 CDEF 还是 B 保持在优先队列的顶部，则取决于具体实现细节，与霍夫曼编码算法无关（代码会根据先提取哪个节点而略有变化，但整体压缩率保持不变）。接下来的步骤也非常容易理解，请参考图 2.15

这里使用递归形式来编写 buildTable 方法。正如附录 E 中所述，这有助于编写出更清晰、更易于理解的代码，但对于某些编程语言来说，使用显式迭代进行实现的性能可能会更高。

有 3 个参数被传递给这个方法：一个 TreeNode 节点，即树遍历过程中的当前节点；一个序列，即从根节点到当前节点的路径（可通过添加 0 来表示“左转”，通过添加 1 来表示“右转”）；一个 Map 类型的对象，用于保存字符和位序列之间的关联。

代码清单 2.13 中的第 2 行代码会检查节点中的字符集是否只有一个字符。如果的确只有一个字符，则意味着已经到达一个叶子节点，递归可以停止。与节点中的字符相关联的位序列是从根节点到当前节点的路径，被存放在 sequence 参数中。如果不止一个字符，就检查节点的左、右子节点（因为不是叶子节点，所以该节点至少会有一个子节点），并对它们进行遍历。这里的关键是如何在递归调用中构建 sequence 参数。如果遍历的是当前节点的左子节点，则在序列的末尾添加一个 0；如果遍历的是右子节点，则添加一个 1。

表 2.9 展示了由图 2.15 所示的霍夫曼编码树创建的压缩表。注意，最后一列并不会出现在实际的压缩表中，但在你了解最常用字符是如何被最终转换为较短序列时（这也是有效压缩的关键），该列会很有帮助。

表 2.9　由图 2.15 所示的霍夫曼编码树创建的压缩表

字符	位序列	频率
A	0	0.6
B	10	0.2
C	1100	0.07
D	1101	0.06
E	1110	0.05
F	1111	0.02

序列最重要的特性是它们会形成前缀码，因此不会有任何一个序列是另一个序列的前缀。这个属性是解码的关键，只需要迭代压缩文本，就能直接知道如何将其分解为字符。例如，对于压缩文本 1001101，如果从第一个字符开始，则可以立马看到序列 10 匹配 B，然后接下来的 0 匹配 A，最后的 1101 匹配 D，因此压缩的位序列就能够被翻译成“BAD”。

2.9 对分支因子进行分析[1]

既然知道了 *d* 叉堆是如何工作的，接下来需要解答的问题就是，常规的二叉堆真的不好吗？更高的分支因子是否真的具有优势呢？

2.9.1 是否需要 *d* 叉堆

通常来说，二叉堆就足以满足我们的编程需求了。这种数据结构的主要优点在于保证了每个常见的操作都有对数阶的运行时间。特别是，主要的操作一定会进行多次比较，而二叉平衡树能够在最坏情况下保证与 $\log_2(N)$成正比。正如我们在附录 B 中讨论的那样，与线性运行时间相比，这保证了能够在更多的容器上运行这些方法。简单计算一下就能知道，即使有十亿个元素，$\log_2(N)$的计算结果也只有大约 30。

前文提到，常数因子与运行时间无关，因此有 $O(c*N) == O(N)$。利用代数知识可以知道，具有不同底数的两个对数只有常数因子的区别，即

$$\log_b(N) = \log_2(N)/\log_2(b)$$

总而言之，我们有

$$O(\log_2(N)) = O(\log_3(N)) = O(\log(N))$$

然而对于实现来说，常数因子就变得很重要了，以至于在某些边缘情况下，对于任何有效输入，运行时间更好的算法实际上比运行时间更差的简单算法慢（例如，如果比较 2^n 和

1 本节将包含一些高级概念。

$n*100^{100\,000}$，则常数因子就变得重要，其带来的增长是巨大的）。

斐波那契堆[1]就是这种现象的典型示例。理论上，它们能为一些关键操作（如删除或优先级更新）提供摊销后的常数时间。但在实践中，它们实现起来非常复杂，而且对可行的输入大小都运行得非常慢。

一般来说，常数因子由以下几个不同的原因决定。

- 读/写内存的延时（分散与局部读取）。
- 维护计数器或迭代循环的成本。
- 递归的成本。
- 在渐近分析中被抽象掉的真实编码细节（例如，静态数组与动态数组的区别）。

所以，有一点你应该时刻保持清醒：在任何具体实现中，都应该努力保持这个乘数尽可能小。

对于之前的公式 $\log_b(N) = \log_2(N)/\log_2(b)$，如果 $b > 2$，则 $\log_b(N) < \log_2(N)$。因此，如果在算法的运行时间中有一个对数因子，并且设法提供了需要 $\log_b(N)$而不是 $\log_2(N)$的实现，同时其他因素都保持不变，就一定能够实现（常数时间内的）加速。

在 2.10 节中，我们将进一步研究这一改进是如何被应用到 d 叉堆的。

2.9.2　运行时间

对于前面的问题来说，调整堆的分支因子是有优势的，但仍然需要权衡。

使用了更大的分支因子之后，插入操作能够变得更快。这是因为最多需要将新元素向上冒泡到根节点，并且最多进行 $O(\log_D(n))$次的比较和交换操作。

分支因子也会影响到删除和优先级更新操作。如果回忆一下二叉堆里弹出元素的算法，你就知道需要在沿途所有节点的子节点里找到优先级最高的那个子节点，然后对它与将要向下推动的元素进行比较。

分支因子越大，树的高度就越小（与分支因子是对数收缩关系）。但是，在每一层上需要进行比较的子节点数量也会随着分支因子的增长而线性增长。因此可以想象，在分支因子为 1000 的情况下，工作性能并不理想（并且当元素少于 1001 个时，就会退化为线性搜索）。

在实践中，通过剖析和性能测试得出的结论是，在大多数情况下，$D = 4$ 是最好的折中方案。

2.9.3　寻找最佳分支因子

如果打算寻找适用于所有情况的分支因子 D 的最佳值，那么你注定会感到失望。在某种程度上，理论可以帮助我们得到最佳值的范围。可以证明，这个最佳值不能大于 5。也可以从数学的角度来证明：

- 在插入和删除操作之间进行权衡，发现当 $2 \leqslant D \leqslant 5$ 时是最平衡的；
- 3 叉堆在理论上比二叉堆快；
- 4 叉堆和 3 叉堆性能相似；
- 5 叉堆有点慢。

实际上，D 的最佳值取决于实现的细节以及将被存放在堆中的数据的细节。堆的最佳分支因子只能凭经验逐用例确定，但不会有在所有情况下都最佳的分支因子。具体的值取决于

1 斐波那契堆是优先队列的高级版本，可通过使用一组堆来实现。对于斐波那契堆来说，找到最小值、插入和更新优先级的操作会有摊销后常数时间阶的运行时间[$O(1)$]，而删除一个元素（包括删除最小值）需要摊销后 $O(\log n)$的时间，其中 n 是堆的大小。因此在理论上，斐波那契堆比任何其他堆都要快；但在实践中，由于过于复杂，它们的实现最终比简单的二叉堆还要慢。

实际数据和插入/删除操作的比例，或取决于诸如计算优先级与复制元素相比代价有多高昂等因素。

根据以往的经验，二叉堆从来都不是最快的，5 叉堆（对于少量领域）则很少比二叉堆快，最佳选择通常是 3 叉堆或 4 叉堆，具体取决于一些细微差别。

因此，虽然笔者认为分支因子从 4 开始是安全的，但如果这种数据结构用于应用程序的关键部分并且小的性能改进可以产生相当大的不同，则分支因子应被当作参数调整。

2.9.4 分支因子与内存的关系

对于表现都非常好的两个分支因子，推荐使用较大的那个。这是因为在寻找堆的最佳分支因子时，还有另一个需要考虑的因素：引用的局部性。

当堆的大小大于可用缓存或可用内存时，或者在涉及缓存和多级存储的情况下，平均而言，二叉堆相比 *d* 叉堆会出现更多的缓存未命中或页面错误。简单来说，这是因为子节点被存储在集群中，而在插入或删除时，会检查所有到达节点的所有子节点，所以分支因子越大，堆就越短、越宽，局部性原则也就越适用。

d 叉堆是减少页面错误的最佳传统数据结构。随着时间的推移，人们提出了专注于减少缓存未命中和页面交换的新替代方案。感兴趣的读者请查阅**伸展树**（splay tree）的相关内容。

虽然替代方案通常不能像堆那样在实际性能和理论性能之间取得平衡，但是当页面错误或磁盘访问的成本占主导地位时，就应该选择复杂度为线性对数阶[1]且具有较高局部性的算法，而不是固执地使用局部性较差的线性算法。

2.10 性能分析：寻找最佳分支因子

在讨论完理论之后，是时候将其应用于实际案例并描述如何对数据结构和应用程序的实现进行性能剖析了。

优先队列是霍夫曼压缩管道中的一个关键组件。假设用执行的交换次数来衡量堆方法的性能，则可以证明堆高度为 h 的情况下，每个方法调用最多有 h 次交换操作。我们在 2.5 节中提到，因为堆是完全平衡树，所以 *d* 叉堆的高度正好是 $\log_D(n)$[2]。

于是，对于 insert 和 top 方法来说，分支因子越大，高度越小，堆的性能也应该更好。

但仅仅对交换操作进行限制并不能得到最好的结果。我们在 2.9 节对这两个方法的性能进行了深入研究，并考虑了数组访问的次数，也就是这两个方法都有的对堆元素进行比较的次数。虽然 insert 方法只访问堆里每一层的单个元素，但 top 方法会从根节点到叶子节点遍历整棵树，并且在每一层都需要遍历节点的整个子节点列表。因此，对于分支因子为 D 且包含 n 个元素的堆来说，top 方法大约需要执行 $D*\log_D(n)$次访问操作。

表 2.10 和表 2.11 总结了堆的 API 中 3 个主要方法（对应 3 个主要操作）的性能。

表 2.10　*d* 叉堆提供的 3 个主要操作和交换次数（假设堆中有 n 个元素）

堆操作	交换次数	额外空间
insert	$\sim\log_D(n)$	$O(1)$
top	$\sim\log_D(n)$	$O(1)$
heapify	$\sim n$	$O(1)$

1 当输入大小为 n 时，复杂度为 $O(n*\log(n))$。

2 其中，D 是进行分析的 *d* 叉堆的分支因子。

表 2.11　用比较次数来描述堆提供的 3 个主要操作的花费（假设堆中有 *n* 个元素）

堆操作	比较次数	额外空间
insert	$\sim\log_D(n)$	$O(1)$
top	$\sim D*\log_D(n)$	$O(1)$
heapify	$\sim n$	$O(1)$

对于 top 方法来说，较大的分支因子并不总是带来性能上的提升，这是因为当 $\log_D(n)$变小时，D 就会变大。极端情况下，如果选择 $D > n - 1$，堆就变成了一个包含 $n - 1$ 个子节点的根节点，因此虽然 insert 方法只需要 1 次比较操作和 1 次交换操作，但 top 方法需要 n 次比较操作和 1 次交换操作（而这就会变得和直接使用未排序的元素列表一样糟）。

目前还没有简单的方法[1]能找到合适的 D 值，从而让函数 $f(D) = D*\log_D(n)$对于所有的 n 来说都有最小值。此外，这个公式仅仅提供了对访问和交换的最大次数的估计，实际执行过程中的比较和交换次数则取决于操作的顺序以及添加元素的顺序。

那么，应该如何选择最佳的分支因子呢？

在这里，我们能做的就是对应用程序进行剖析以选择这个参数的最佳值。理论上，调用 insert 方法多于调用 top 方法的应用程序在更大的分支因子下表现得更好，而当这两个方法的调用比例接近 1.0 时，更平衡的选择才是最好的。

2.10.1　剖析

前文提到了剖析（profiling）。那么什么是剖析呢？应该从哪里开始呢？这里有一些提示。

- 剖析是指对代码不同部分的运行时间和可能的内存消耗进行评估。
- 既可以是比较高阶的分析（评估对高阶函数的调用），也可以是比较低阶的分析（如逐条指令）。虽然可以手动进行设置（测量调用前后的时间差），但已经有很多很棒的工具可以提供帮助，并且通常能保证评估结果无误。
- 剖析并不能给出通用的答案，但可以根据提供的输入评估代码的性能。
- 这也就意味着剖析的结果与使用的输入是强相关的。也就是说，如果只用了非常特定的输入，那么代码很可能会针对某种边缘情况进行调整，从而对其他输入产生更不好的表现。此外，另一个关键因素是数据量。为了具有统计意义，收集多次运行（伪）随机输入的剖析结果通常会更好。
- 剖析的结果并不能泛化到不同的编程语言，甚至不能泛化到同一种编程语言的不同实现。
- 剖析需要时间。越是需要深入地进行调整，所需的时间就越长。高德纳·克努特（Donald Knuth）曾经建议："过早的优化是万恶之源。"所以，应该只对关键代码路径进行剖析并予以优化。在需要运行 1 分钟的应用程序上花费两天的时间来减少 5 毫秒，坦率地说，就是在浪费时间（并且如果调整应用程序的最终结果是让代码变得更加复杂，那么代码质量也会变得更糟）。

在知道了上述说明之后，如果仍然认为应用程序需要进行调整，那么请选择适合自己所用框架的最佳剖析工具。

显然，要进行剖析，就不得不放弃伪代码并选择一个实际的实现来完成。在这里的示例中，我们将剖析霍夫曼编码树和 *d* 叉堆的 Python 实现。

代码和测试都是用 Python 3 编写的。具体来说，我们用的是撰写本书时的最新稳定版本——

1 但可以使用微积分来计算出 $f(D)$函数的一阶和二阶导数，从而找到这个函数的最小值。

Python 3.7.4。我们将使用下面这些库和工具来对收集的剖析统计信息进行理解：

- Pandas
- matplotlib
- Jupyter Notebook

如果想要尝试运行代码，为了简便，建议安装 Anaconda 的发行版，其中包含了 Python 的最新发行版以及上面列出的所有库和工具。

要进行实际的剖析，cProfile 包也是必需的。这里并不会对如何使用 cProfile 进行详细解释（网上有很多免费材料多有涉及，你可以参考相关文档）。但总而言之，cProfile 允许在运行某个方法或函数时记录所涉及的各个方法的调用时间、所花费的累积时间以及总时间。

使用 pStats.Stats 就能够获得并输出（或处理）这些统计信息。剖析的输出类似于图 2.18。

```
 ncalls  tottime  percall  cumtime  percall filename:lineno(function)
      1    0.000    0.000    0.002    0.002 {built-in method builtins.exec}
      1    0.000    0.000    0.002    0.002 <string>:1(<module>)
      1    0.000    0.000    0.002    0.002 huffman_profile.py:24(run_test)
      1    0.000    0.000    0.002    0.002 huffman.py:116(create_encoding)
      1    0.000    0.000    0.001    0.001 huffman.py:92(_heap_to_tree)
     37    0.000    0.000    0.001    0.000 dway_heap.py:190(top)
     44    0.000    0.000    0.001    0.000 dway_heap.py:71(_push_down)
     95    0.000    0.000    0.001    0.000 dway_heap.py:141(_highest_priority_child_index)
780/452    0.000    0.000    0.000    0.000 {built-in method builtins.len}
      1    0.000    0.000    0.000    0.000 huffman_profile.py:11(read_text)
      1    0.000    0.000    0.000    0.000 huffman.py:72(_frequency_table_to_heap)
   37/1    0.000    0.000    0.000    0.000 huffman.py:49(tree_encoding)
      1    0.000    0.000    0.000    0.000 {built-in method io.open}
      1    0.000    0.000    0.000    0.000 dway_heap.py:18(__init__)
      1    0.000    0.000    0.000    0.000 dway_heap.py:169(_heapify)
    328    0.000    0.000    0.000    0.000 dway_heap.py:44(__len__)
     18    0.000    0.000    0.000    0.000 dway_heap.py:217(insert)
     45    0.000    0.000    0.000    0.000 dway_heap.py:166(first_leaf_index)
      1    0.000    0.000    0.000    0.000 {method 'read' of '_io.TextIOWrapper' objects}
      1    0.000    0.000    0.000    0.000 huffman.py:67(_create_frequency_table)
```

图 2.18 输出对霍夫曼编码函数进行剖析后的统计信息

为了减少噪声干扰，我们只对某些方法特别是使用了堆的函数感兴趣。具体来说，也就是_frequency_table_to_heap 函数，它会使用包含输入文本中每个字符出现频率（或出现次数）的字典来创建一个每个字符都是一个条目的堆和_heap_to_tree 函数（它会使用前一个函数创建的堆来创建霍夫曼编码树）。

使用 heapify、top 和 insert 这些堆方法的调用也需要被追踪。因此，并不只是简单地输出这些统计数据，还应该将它们作为字典进行读取，以过滤出与这 5 个函数对应的条目。

要获得有意义且可靠的结果，还需要对 huffman.create_encoding 方法的多次调用进行剖析。因此，处理统计数据并将结果保存到 CSV 文件中是目前最好的选择。

要想了解如何进行性能分析，请查看 GitHub 上的示例。这些示例对在大型文本文件和位图的集合上创建霍夫曼编码树的方法的多次调用进行了剖析。需要对位图进行适当的预处理，从而可以将其作为文本进行处理。这里的预处理细节并不是特别有趣，实际上，预处理就是将图像字节编码为 Base64 格式以获得有效的字符。

2.10.2 解释结果

将剖析的结果存储在 CSV 文件中，然后对这些数据进行解释，你就能了解霍夫曼编码应用程序应该选择的最佳分支因子是什么了。

有多种方式可以实现这个目标，但笔者最喜欢的方式是在 Jupyter Notebook 中显示一些图形来帮助分析[1]。GitHub 可以非常方便地无须本地运行就可以直接显示 Jupyter Notebook 中的内容。

由于这里使用箱形图来展示数据，因此在深入研究结果之前，需要知道如何解释这些图，如图 2.19 所示。

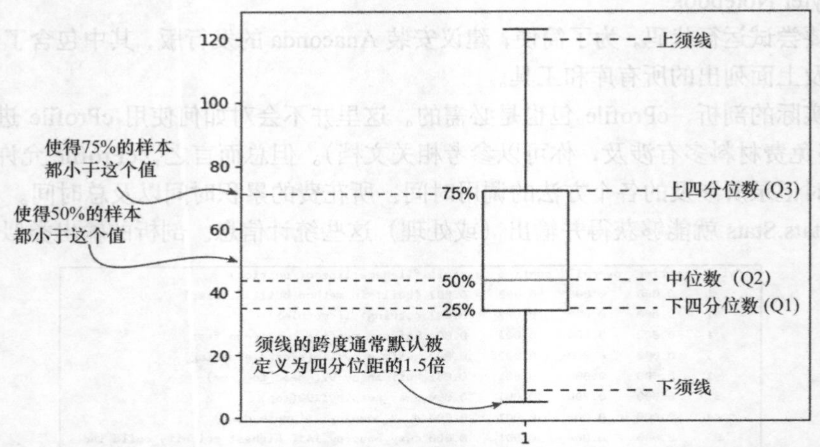

图 2.19　箱形图的示意图。箱形图旨在通过美观且有意义的图表来显示样本的分布，最相关的样本是那些值位于四分之一到四分之三的样本。换言之，存在 Q1、Q2（也称为中位数）和 Q3 三个值，使得 25%的样本小于 Q1，50%的样本小于 Q2（这也正是中位数的定义），75%的样本小于 Q3。箱形图中的方框旨在清楚地显示 Q1 和 Q3 的值，其中的须线则用来显示数据距离中位数有多远。箱形图还能显示异常值，即位于须线之外的样本。但是，由于异常值通常会带来更大的困惑，因此我们在本例中不会使用它们

为了理解数据，这里使用 Pandas 库读取了带有统计信息的 CSV 文件，并将其转换成了 Pandas 的内部表示——DataFrame 结构。DataFrame 结构可以当作 SQL 中的表。使用 DataFrame 结构，就能够按测试用例（图像与文本）对数据进行分区，然后按照方法进行分组，最后分别处理各个方法并显示出这些方法按照分支因子进行分组的结果。图 2.20 展示了对大量文本进行编码的结果，并比较了使用堆的 huffman.py 中两个主要函数的运行时间分布。

通过查看这些结果，我们就可以确认 2.9 节中提到的几点。

- 2 永远都不是分支因子的最佳选择。
- 分支因子为 4 或 5 似乎是不错的折中方案。
- 二叉堆和具有最佳分支因子的 *d* 叉堆之间总是存在着差异（对于_frequency_table_to_heap 函数来说，这个差异甚至达到 50%）。

也有一些出人意料的现象：_frequency_table_to_heap 函数的运行时间会随着分支因子的增大而得到缩短，而_heap_to_tree 函数运行时间的最小值出现在分支因子为 9 或 10 时。

我们在 2.6 节中展示了堆方法的伪代码实现，其中也提到了，_frequency_table_to_heap 函数只会调用_push_down 辅助方法，而后者则会同时调用方法 top（在内部会调用_push_down 方法）和 insert（依赖于_bubble_up 方法），因此这个结果是可以预料的。但无论如何，即使是_heap_to_tree 函数，也有调用 top 方法两次才调用 insert 方法一次的比例。

接下来，我们深入研究这些高级方法的内部情况，查看堆的_heapify 内部方法（见图 2.22）、API 中的 top 和 insert 方法及其用到的_push_down 和 bubble_up 辅助方法（见图 2.21 和图 2.23）在每次调用时的运行时间。

我们先来快速看一下 insert 方法。图 2.21 展示的内容中规中矩，可以看到，insert 方法的运行时

---

1 还有很多甚至更好的方式可以做到这一点，这只是其中一种方式。

间会随着分支因子的增大而得到优化，主要辅助方法_bubble_up 也是如此。

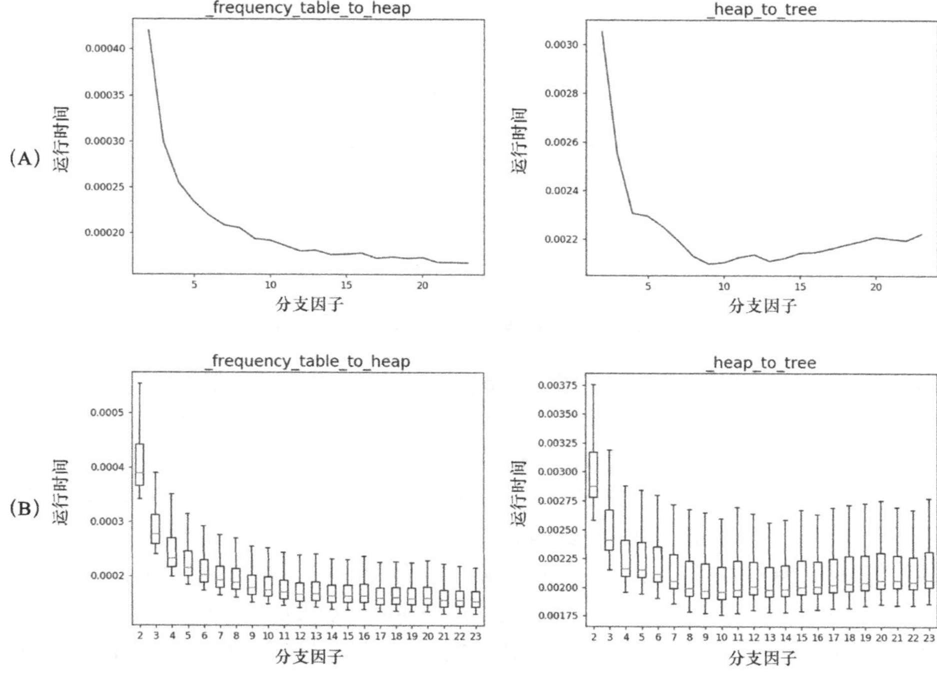

图 2.20　使用堆的 huffman.py 中两个主要函数的运行时间分布。图（A）展示了按分支因子计算的平均运行时间。图（B）是每个分支因子的运行时间分布的箱形图。这些图表都是基于压缩同一组文本文件后得到的有关每次调用的运行时间数据创建的

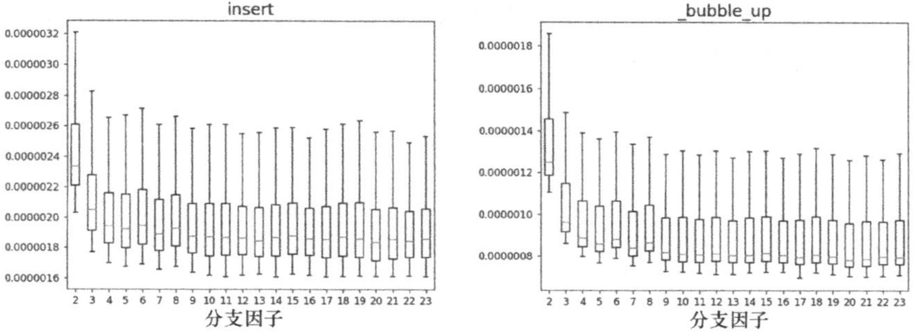

图 2.21　insert 和_bubble_up 方法每次调用时的运行时间分布

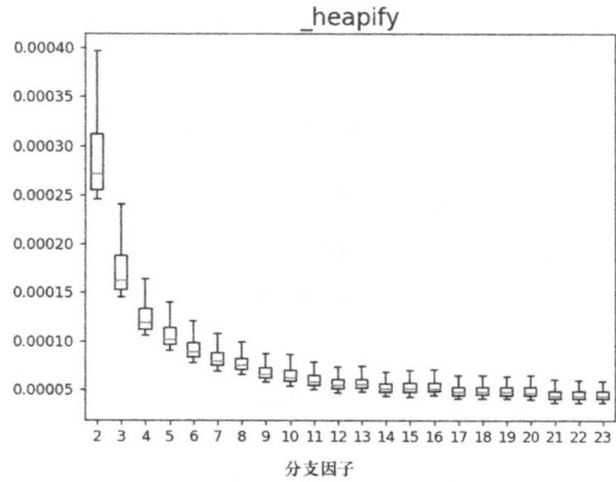

图 2.22　_heapify 方法每次调用时的运行时间分布

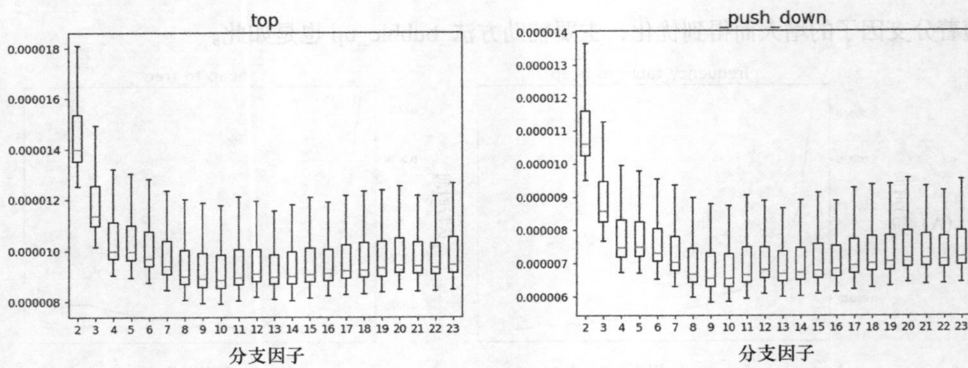

图 2.23　top 和_push_down 方法每次调用时的运行时间分布

与预期相同，_heapify 方法显示出了与_frequency_table_to_heap 函数类似的趋势，这是因为该方法所做的只是从频率表中创建出堆。尽管如此，_heapify 方法的运行时间并不会随着更大的分支因子而降低，这多少还是有点令人惊讶。

接下来就是最有趣的部分了。观察图 2.23 中的 top 方法，查看每次调用时的运行时间，中位数和分布清晰地展示了局部最小值（大约当 $D=9$ 时），这也符合我们的预期。因为前文讨论过，top 方法的运行时间为 $O(D*\log_D(n))$。_push_down 辅助方法也自然具有相同的分布。

对比代码清单 2.7 和代码清单 2.4，很明显，pushDown 方法是 top 方法的核心，而 pushDown 方法做得最多的工作就是在堆的每一层中寻找当前节点的子节点，这一操作是通过调用 highestPriorityChild[1]方法实现的。

接下来，如果查看_highest_priority_child 方法每次调用时的运行时间［见图 2.24（A）］，就可以确定之前的性能分析是有意义的。因为这个方法每次调用时的运行时间都会随着分支因子的增大而延长。*D* 越大，节点的子节点列表就越长，也就表明这个方法需要完全遍历整个列表才能找到下一个需要遍历的分支。

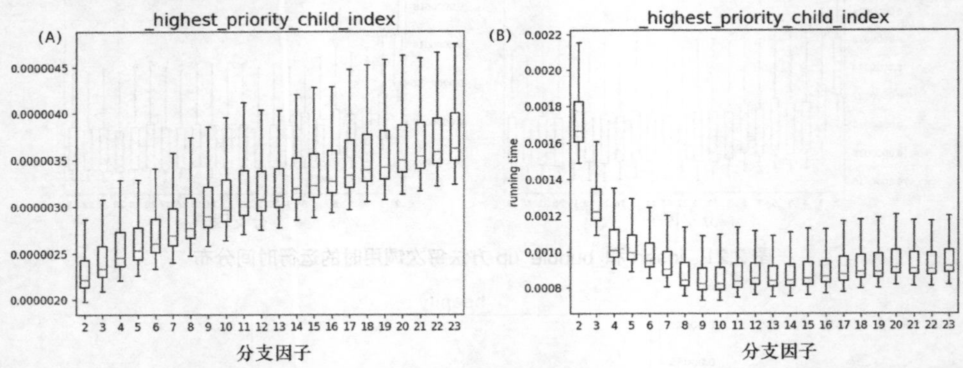

图 2.24　（A）_highest_priority_child 方法每次调用时的运行时间分布；（B）_highest_priority_child 方法的累积运行时间分布

那么，为什么_push_down 方法的趋势与众不同呢？要知道，虽然_highest_priority_child 方法的运行时间是 $O(D)$，也就是执行 *D* 次比较操作，但是因为_push_down 方法最多调用_highest_priority_child 方法 $\log_D(n)$次，所以前者（最多）需要执行 $\log_D(n)$次的交换操作和 $D*\log_D(n)$次的比较操作。

分支因子 *D* 越大，对_highest_priority_child 方法的调用次数就越少。如果不绘制

1 在 Python 实现中，方法名 pushDown 和 highestPriorityChild 已分别修改为_push_down 和_highest_priority_child 以遵循 Python 命名约定。

_highest_priority_child 方法每次调用时的运行时间，而是使用它的累积运行时间，这个变化就会变得更明显，如图 2.24（B）所示。从中依然可以看到，复合函数 $f(D) = D*\log_D(n)$在 $D == 9$ 处具有最小值。

2.10.3 堆化的谜团

总而言之，即使在更大的分支因子下，_heapify 方法也能够得到优化。尽管也可以说，_heapify 方法在 $D == 13$ 之后处于平台期，但这种行为并不是由 top 和_push_down 方法引起的，因此结果也符合预期。

对于_heapify 方法的运行时间，我们有这样一些解释。

（1）通过尝试更大的分支因子能够发现最小值的存在（只是还没有找到）。

（2）_heapify 方法的性能在很大程度上取决于插入的顺序。有序数据的性能相比随机数据要好得多。

（3）特定的实现细节使得对_push_down 方法的调用在整个运行时间上的相关性降低了。

但是，如何确定_heapify 方法的性能与理论是否相悖呢？是时候学习一些数学知识了！

事实上，_heapify 方法执行的交换次数是受约束的，即

$$\frac{n}{D} \cdot \sum_{h=0}^{\lfloor \log_D(n) \rfloor} \left\lceil \frac{h}{D^h} \right\rceil$$

显然，分析这个关于分支因子 D 的函数并不是一件简单的事，不过可以用（可能是新获得的）Jupyter Notebook 来绘制这个函数的数据。实际上，取这个函数的 n 和 D 的若干值进行绘制，便可得到图 2.25 所示的图表。可以看到，尽管对_push_down 方法的单次调用会因分支因子的增大而变慢，但交换的总次数正如预期的那样减少了。

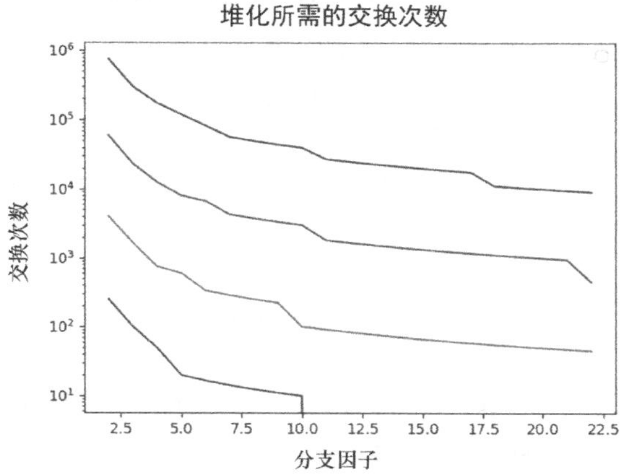

图 2.25 堆化所需的交换次数可作为分支因子 D 的函数的上限。每条线都代表不同的 n 值。注意，纵轴使用的是对数刻度

谜团解开了，_heapify 方法的确是按预期运行的，而且随着分支因子的增大，该方法会运行得更快。

2.10.4 选择最佳分支因子

现在还有一个问题需要解决，能让霍夫曼编码算法最快的最佳分支因子是什么？在深入研究堆的分析细节时，我们偏离了这个重要的问题。

只有一种方法能解答这个问题，如图 2.26 所示。

图 2.26 体现了 3 个有趣的事实。

- 最好的选择似乎是 $D=9$。
- 选择任何大于 7 的值都能得到不错的结果。
- 虽然_frequency_table_to_heap 函数的最大增益为 50%，且_heapify 方法的最大增益甚至可以高达 80%，但它们在这里的最大增益只有 5%。

可以看到，create_encoding 方法的图表更类似于_heap_to_tree 函数而不是_frequency_table_to_heap 函数。考虑到上面的第三个事实，你就会明白堆上的操作只占据运行时间的一小部分，而用时最多的方法需要从其他维度去考证。（提示：create_frequency_table 方法的运行时间取决于输入文件的长度，其他方法的运行时间则仅取决于字母表的大小。）

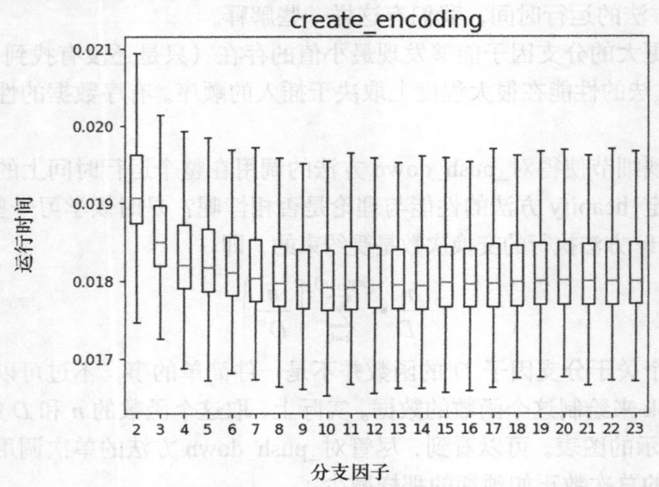

图 2.26　huffman.create_encoding 方法每次调用时的运行时间分布

你可以在本书的 GitHub 仓库中查看完整的结果和其他示例。注意，这里的分析使用了有限的输入，因此结果可能会有偏差。这只是一个起点，强烈建议你尝试在不同的输入上进行更多次运行，以得到更深入的性能分析结果。

当然，你也可以对完整的剖析和可视化代码进行深入的研究和分析。

最后，我们想强调如下一些要点。

- *d* 叉堆比二叉堆快。
- 如果代码有参数，那么剖析可以用来作为参数调整的方法。最佳的选择总是取决于具体的实现和输入。
- 务必使用能代表整个领域的样本进行剖析。如果使用了有限子集，则可能需要针对某种边缘情况进行优化，从而导致结果出现偏差。

确保只优化正确的事情是一条通用的黄金法则。永远都应该只对关键代码进行剖析，并且应该先进行高阶的剖析，以发现对其进行优化会带来最大改进的那部分关键代码，只有这里的改进才值得投入时间。

2.11　小结

- *d* 叉堆功能和性能分析背后用到的理论大量使用了我们在附录 A～附录 F 中描述的基础结构和工具。
- 具体数据结构和抽象数据结构之间存在差异，在设计使用它们的应用程序或算法的过程中，后者更适合用作“黑匣子”。

- 从抽象数据结构转向它们在编程语言中的具体实现时，需要注意那些特定于所选编程语言的细节，并确保不会因为选择错误的实现而导致方法的效率降低。
- 从概念上来讲堆是一棵树，但为了效率，堆也可通过数组来实现。
- 修改堆的分支因子不会影响堆方法的渐近运行时间，但可以实现常数因子方面的改进，这在从纯理论转向需要处理大量数据的应用程序时非常重要。
- 一些高级算法使用优先队列来提高它们的性能，如广度优先搜索（Breadth First Search，BFS）算法、Dijkstra 算法以及霍夫曼编码算法等。
- 当高性能非常重要且使用的数据结构提供了参数（如堆的**分支因子**）时，为实现找到最佳参数的唯一方法是对代码进行剖析。

第 3 章　树堆：使用随机化来平衡二叉搜索树

本章主要内容

- 解决使用多个条件对元素进行索引的问题
- 树堆数据结构
- 保持二叉搜索树的平衡
- 使用数堆来实现平衡的二叉搜索树（Binary Search Tree，BST）
- 使用随机数堆（Randomized Treap，RT）
- 比较普通的 BST 和 RT

在第 2 章中，我们看到了如何根据数据的优先级用堆来对它们进行存储和检索，以及如何使用更大的分支因子来优化二叉堆。

优先队列在需要从动态变化的列表（比如运行在 CPU 上的任务列表）中以特定顺序使用元素时特别有用，能让我们随时（根据特定条件来）获取下一个元素，并将其从列表中删除，并且（通常也）不用操心如何修复其他元素。优先队列与有序列表的区别在于，这个操作里只需要遍历优先队列中的元素一次。另外，你从列表中删除的元素对排序已经不再重要。

但是，如果需要跟踪元素的顺序并且会不止一次地访问它们（例如网页上呈现的对象列表），优先队列就不是最佳选择了。除此之外，还存在因需要执行其他类型的操作而让优先队列不再是最佳选择的情况。例如，高效检索集合中的最小或最大元素，访问第 i 个元素（但不删除它之前的元素），以及找到当前顺序下元素的前驱元素或后继元素。

在附录 C 中，我们讨论了当在插入和删除操作之外还需要关心其他所有操作时，树往往是最佳的折中方案。只要树是平衡的，这些操作就都可以在对数时间内完成。

问题在于普通的树，尤其是二叉树，并不能保证是平衡的。图 3.1 展示了根据插入顺序的不同而有可能得到的非常平衡或非常偏斜的树。

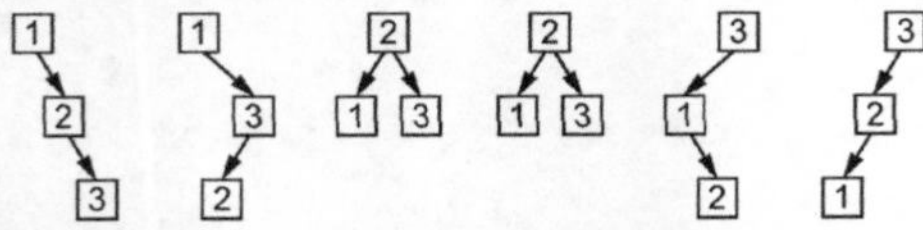

图 3.1　大小为 3 的 BST 的所有可能布局。布局取决于插入元素的顺序。可以看到，其中两个布局是相同的，这是因为对于不同的插入序列[2, 1, 3]和[2, 3, 1]，我们可以得到相同的最终结果

本章将探索一种通过堆的属性来（合理地）确保获得平衡二叉树的方法。

为了解释这种方法的工作原理，我们将先介绍由树和堆混合而来的**树堆**（treap）这一数据

结构。

下面我们先引入想要解决的问题。

3.1 问题：多索引

假设你的父母经营着一个小杂货店，你想帮他们管理库存，于是开始了数字化库存管理工具的设计。这个工具可以用来记录库存信息，并且必须满足如下两个条件。

- 能够（高效地）按名称搜索商品，从而对库存进行更新。
- 能够随时获取库存最少的商品，以便及时做出下一次订货的计划安排。

当然，这些操作也可以通过购买现成的电子表格来完成，但这样做还有什么乐趣呢？如果这么做，还会有人对此印象深刻吗？所以，让我们设计一个可以根据上述两个不同条件进行查询的内存数据结构吧！

显然，现实世界中的场景要复杂得多。可以想象，不同的商品需要不同的时间来运输，有有商品可以从同一个供应商那里订购（因此我们希望能一起订购这些商品，以节省运输成本），而有些商品的价格可能会随着时间的推移发生变化（因此诸如刹车或悬架等商品可能需要选择最便宜的品牌来进货），甚至有些商品可能会在某些时候没办法进货。

不过，这些复杂性都可以用一个启发式函数来处理。这个函数会返回一个根据业务的所有细微差别计算得出的分数。从概念上讲，处理这个分数和处理简单的库存计数是相同的，所以为了让这里的例子尽可能地保持简单，我们将继续用库存作为参考。

处理这些需求的一种方法是使用两种不同的数据结构：一种用来按照名称进行高效搜索，例如哈希表；另一种则用来获取最迫切需要补货的商品的优先队列。

你在第 7 章中会看到，有时为同一个目标而综合使用两种数据结构是最好的选择。不过现在我们暂不考虑这种情况，只需要记住这样做会存在协调两个容器的问题，并且可能需要两倍以上的内存。

要解决这两个问题还是非常麻烦的。那么，有没有一种数据结构可以高效且简单地处理这两个问题呢？

解决方案的要点

先来明确一下我们想得到什么：这并不仅仅是对容器上的所有操作进行优化的问题（见附录 C）。这里的每个数据，也就是容器中的每个条目，都是由两个单独的部分组成的，并且这两部分都可以通过某种方式进行“度量”。每个商品的名称都可以按照字母顺序进行排序。除此之外，还有可以加以比较的商品库存数量，可据此确定哪些商品更稀缺或需要尽快补货。

现在，如果根据其中的一个条件（如商品名称）对条目列表进行排序，就需要扫描整个列表来找到另一个条件的给定值，在这里也就是商品库存数量。

如果使用的是一个最小堆，堆的顶部即为最稀缺的商品，那么就需要线性时间来扫描整个堆，以找到需要更新的商品。

简言之，单一使用基本数据结构或优先队列都无法解决上述问题。

3.2 解决方案：描述与 API

我们已经知道理想的容器应该做什么（但仍然不知道该如何实现它），现在就可以用适当的 API 来定义抽象数据结构（ADT）了。只要具体的实现能够服务于 API，就可以在应用程序中无缝使用它们，或者将其作为更复杂算法的一部分，而不用担心会有任何问题（见表 3.1）。

表 3.1　　有序优先队列的 API 和契约

抽象数据结构：有序优先队列	

API	`class SortedPriorityQueue {`
	`top() → element`
	`peek() → element`
	`insert(element, priority)`
	`remove(element)`
	`update(element, newPriority)`
	`contains(element)`
	`min()`
	`max()`
	`}`

与外部客户端签订的契约	对条目按元素（也就是键）进行排序，但在任何时候，top 和 peek 方法都能够返回具有最高优先级的元素

为此，可以想象这是一个能够保持其元素有序的扩展版优先队列。在本章的其余部分，我们将用术语“键”来指代元素，并为每个元素关联一个优先级。

与第 2 章介绍的 PriorityQueue 抽象数据结构相比，这个新的 SortedPriorityQueue 类包含 3 个新方法：一个用于在容器中查找给定键的搜索方法，两个分别返回给定元素中最小键和最大键的方法。

从附录 C 中可以看出，这 3 个方法通常会在许多诸如链表、数组或树的基础数据结构里得到实现。（一些方法是线性时间阶的，另一些方法则拥有性能更好的对数时间阶。）

因此，我们可以把 SortedPriorityQueue 视为两个不同容器的融合体，既集成了两种数据结构的特性又同时提供了二者的方法。它可以是堆和链表的融合，也可以是树和堆的融合！

3.3　树堆

树堆[1]是由树和堆两个词构成的合成词（portmanteau）[2]。通常来说，二叉搜索树能够提供插入、删除和搜索（还有返回最小键和最大键）这些标准操作的最佳平均性能。

另外，堆允许使用树状结构来高效地对优先级进行跟踪。由于二叉堆同时也是一棵二叉树，因此这两种结构看起来是兼容的，只要能找到一种方法让它们共存于同一个结构中，就可以同时得到二者的优势了。

然而，说起来容易做起来难！对于一组一维数据来说，无法同时强制满足 BST 和堆的不变量。

- *要么添加一个“水平”的约束（给定一个节点 N，它有两个子节点：左子节点 L 和右子节点 R，以 L 为根节点的左子树中的所有键都必须小于节点 N 中的键，以 R 为根节点的右子树中的所有键都必须大于节点 N 中的键）。*
- *要么添加一个“垂直”的约束（任何子树根节点中的键都必须是这棵子树里最小的键）。*

不过很幸运的是，由于每个条目都有两个值——（商品的）名称和库存，因此最理想的

1 树堆（treap）一词是在论文“Randomized search trees”（Cecilia R. Aragon 和 Raimund C. Seidel，第 30 届计算机科学基础年会，IEEE，1989 年）中引入的。尽管这篇论文的标题和树堆看起来并没有太大的关系，但在本章的后面，你将看到树堆是如何与随机搜索树相关的。

2 合成词是指通过将两个词或多个词的一部分混合而得到的一个新词。

办法是对名称强制执行 BST 的约束，并且对库存执行堆的约束，从而得到类似于图 3.2 的示意图。

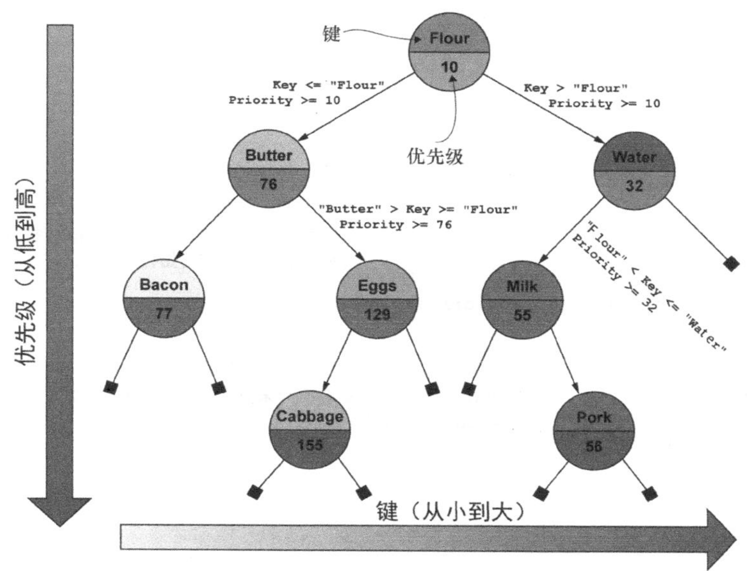

图 3.2 树堆的一个例子，其中的字符串作为 BST 的键，整数则作为优先级。可以看到，这里的堆是最小堆，因此越小的数字越出现在上方。对于靠近根节点的那几个链接，图中还展示了可以存放在以它们所指向的节点作为根节点的子树分支中的键的范围

在这个例子中，商品名称被视为二叉搜索树（BST）的键，因此它们定义了从左到右的全序；商品库存数量则被视为堆的优先级，因此它们定义了从上到下的部分有序。就像所有的其他堆那样，它们对于优先级来说是部分有序的，这也就意味着只有在从根节点到叶子节点的同一路径上的节点才会根据它们的优先级进行排序。从图 3.2 中可以看到，子节点总是比它们的父节点拥有更高的商品库存数量，但兄弟节点之间并没有特定的顺序。

这种类型的树提供了一种通过键（对于这个例子是通过商品名称）来查询条目的简单方法，虽然无法轻松按照优先级进行查询，但可以高效地定位具有最高优先级的元素[1]，因为这个元素总是位于树的根部！

然而，提取堆顶元素的逻辑相比堆更复杂！在这里，该操作并不能简单地通过用堆的叶子节点对它进行替换并将这个叶子节点向下推动来完成，因为此时还需要同时考虑 BST 的约束。

类似地，当插入（或删除）一个节点时，也不能只使用简单的 BST 算法。如果只是查找新键在树中的位置并将其作为叶子节点，就像图 3.3 所示的这样，那么虽然遵守了 BST 的约束，但新节点的优先级可能会违反堆的不变量（属性）。

代码清单 3.1 给出了树堆的主要结构的一种实现，其中用到一个辅助类，旨在对树的节点进行建模，这能为后面的实现提供帮助。可以看到，这里使用的是节点到子节点的显式链接，这与我们在第 2 章中对堆执行的操作是不同的。3.3.2 节将更详细地讨论这一选择。

1 正如我们在第 2 章中所讨论的，“更高优先级”是一种抽象，根据所使用堆的类型，它可以是更小或更大的值。这里使用的是最小堆，因此较高的优先级代表着“较小的商品库存数量”，越小的值越靠近堆的顶部。之后的代码也假设实现的是最小堆。

代码清单 3.1　Treap 类

```
class Node
key
#type double
priority
#type Node
left
#type Node
right
#type Node
parent

function Node(key, priority)
(this.key, this.priority) ← (key, priority)
this.left ← null
this.right ← null
this.parent ← null

function setLeft(node)
this.left ← node
if node != null then
node.parent ← this
class Treap
#type Node
root
function Treap()
root ← null
```

构造函数通过参数来设置键和优先级属性，并且所有的指针都被初始化为 null。

更新节点的左子节点。这里还会更新子节点的父引用。setRight 方法由于篇幅原因未显示在这里，不过它的逻辑与 setLeft 方法是对称的。

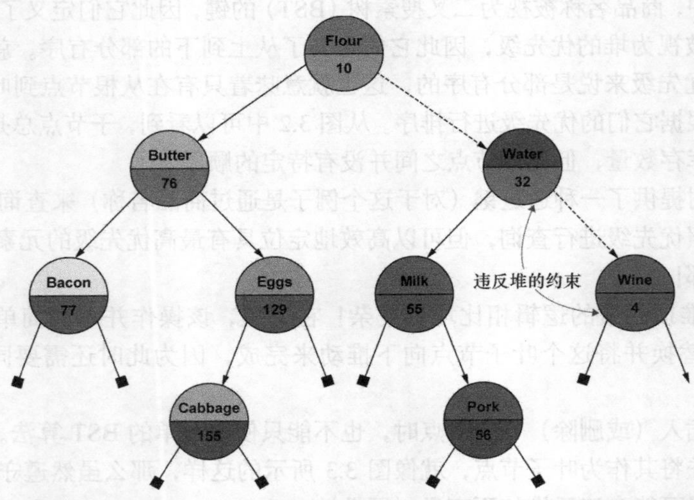

图 3.3　仅基于键的顺序将节点插入树堆的示例。然而，新节点的优先级违反了堆的约束

在这个实现中，Treap 类的主要作用是当作树的根节点的包装器。树的每个节点都有两个属性：key（键，可以是任何类型，只要在可能的值上有全序的定义就行）和 priority（优先级，在这里，优先级被假设为一个双精度浮点数）。整数或其他具有全序定义的类型也是可以的，但稍后你将看到使用双精度浮点数的效果会更好。

此外，节点持有指向左、右两个子节点及其父节点的指针（或引用）。

节点的构造函数将通过参数来设置键和优先级属性，并且把左、右指针初始化为 null，从而可以快速创建叶子节点。可在构造完节点后分别设置这两个分支，也可提供一个重载版本的构造函数，以设置提供的两个子节点。

3.3.1 旋转

那么，如何才能打破僵局呢？二叉搜索树上有一种操作可以提供帮助，那就是旋转操作。图 3.4 说明了旋转是如何修复（或破坏）堆的约束的。旋转在诸如红黑树或 2-3 树这样的各种 BST 版本中是常见操作 [1]。

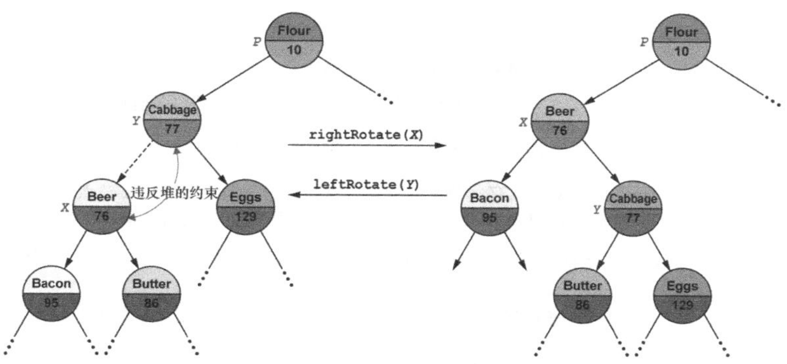

图 3.4 左、右旋转的示例。左边的树堆违反了堆的不变量属性，可通过对标有 *X* 的节点执行右旋操作来修复堆的约束。如果对右边的树堆中标有 *Y* 的节点执行左旋转操作，则会破坏堆的约束。这里需要注意的是：右旋转操作将总是应用于左子节点，左旋转操作则总是应用于右子节点。

在二叉搜索树中，旋转是一种变换操作，目的是反转树的两个节点之间的父子关系。对于图 3.4 中的节点 *Y* 和 *X* 来说，旋转操作是为了让子节点成为父节点，反之亦然。但不能只交换这两个节点，因为这样做（在两个节点中的键都不同的情况下）最终会违反键的顺序。

因此，这里需要做的是删除以父节点为根节点的整个子树，并用以子节点为根节点的（较小）子树进行替换，然后通过一种方法将删除的节点插回这个新的子树。

那么，如何做到这一点呢？如图 3.4 所示，首先需要区分两种情况，这取决于子节点是左子节点还是右子节点。这两种情况是对称的，这里我们主要关注前者。

代码清单 3.2 和代码清单 3.3 分别为右旋转和左旋转的伪代码，并解释了上面几行文字描述的操作细节。图 3.5 则说明了执行右旋操作所需的步骤，其中，子节点 *X* 是父节点 *Y* 的左子节点，*X* 将被当作旋转的主元。

代码清单 3.2 右旋转

```
function rightRotate(treap, x)
  if x == null or isRoot(x) then
    throw
  y ← x.parent
  throw-if y.left != x
  p ← y.parent
  if p != null then
    if p.left == y then
      p.setLeft(x)
  else
      p.setRight(x)
```

rightRotate 方法接收树堆的 x 节点并执行右旋转操作。它什么都不返回，但它对树堆有副作用。

检查 x 节点是否为 null 或树的根节点。如果是，则存在错误。当然，这里也可以直接返回而不是抛出错误。但通常来说，忽略异常并不是很好的实现。isRoot 方法留给读者来实现。（整个方法很容易实现，因为根节点是树中唯一没有父节点的节点。）

使用一个变量来代表 x 节点的父节点。因为 x 节点不是树的根节点，所以 y 不会是 null（于是也就不需要再进行额外的检查）。

只能对左子节点执行右旋转操作。如果 x 是 y 的右子节点，则表示出现错误。

使用一个变量来代表 y 节点的父节点。

由于不知道 p 是否为 null，因此需要对它进行检查。

虽然已经知道 p 不为 null，但仍然不知道 y 是 p 的左子节点还是右子节点。

如果 y 节点有父节点，则需要更新这个父节点，并用 x 节点替换 y 节点。setLeft 和 setRight 方法会更新所有的链接，如代码清单 3.1 所示。

1 红黑树和 2-3 树是平衡 BST 的特殊版本。

```
else              ◁── 否则，如果 p 为 null，则意味着 y 节点是树的根节点，所以需要更新整棵树，让 x 节点成为新的根节点。
  treap.root ← x
y.setLeft(x.right)   ◁── 既然已经对 x 节点的引用进行了存放（作为 p 节点的子节点或者作为新的根节点），
                         接下来就可以更新 y 节点的左子树，以使引用指向 x 节点以前的右子树。
x.setRight(y)     ◁── 通过将 y 节点设置为 x 节点的新右子节点来将 y 节点重新连接到树中。
```

代码清单 3.3　左旋转

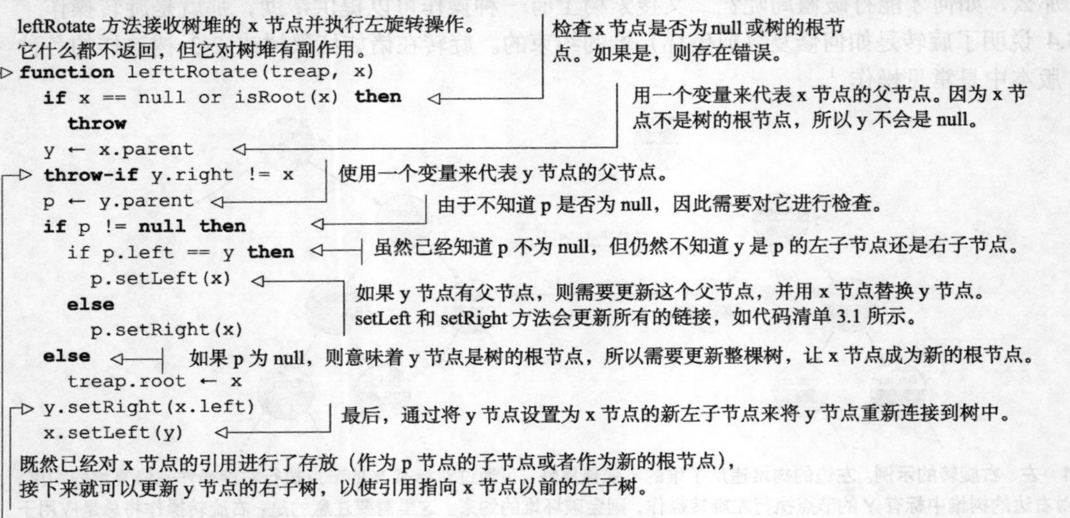

```
function lefttRotate(treap, x)
  if x == null or isRoot(x) then
    throw
  y ← x.parent
  throw-if y.right != x
  p ← y.parent
  if p != null then
    if p.left == y then
      p.setLeft(x)
    else
      p.setRight(x)
  else
    treap.root ← x
  y.setRight(x.left)
  x.setLeft(y)
```

leftRotate 方法接收树堆的 x 节点并执行左旋转操作。它什么都不返回，但它对树堆有副作用。

检查 x 节点是否为 null 或树的根节点。如果是，则存在错误。

用一个变量来代表 x 节点的父节点。因为 x 节点不是树的根节点，所以 y 不会是 null。

只能对右子节点执行左旋转操作。如果 x 是 y 的左子节点，则表示出现错误。

使用一个变量来代表 y 节点的父节点。

由于不知道 p 是否为 null，因此需要对它进行检查。

虽然已经知道 p 不为 null，但仍然不知道 y 是 p 的左子节点还是右子节点。

如果 y 节点有父节点，则需要更新这个父节点，并用 x 节点替换 y 节点。setLeft 和 setRight 方法会更新所有的链接，如代码清单 3.1 所示。

如果 p 为 null，则意味着 y 节点是树的根节点，所以需要更新整棵树，让 x 节点成为新的根节点。

既然已经对 x 节点的引用进行了存放（作为 p 节点的子节点或者作为新的根节点），接下来就可以更新 y 节点的右子树，以使引用指向 x 节点以前的左子树。

最后，通过将 y 节点设置为 x 节点的新左子节点来将 y 节点重新连接到树中。

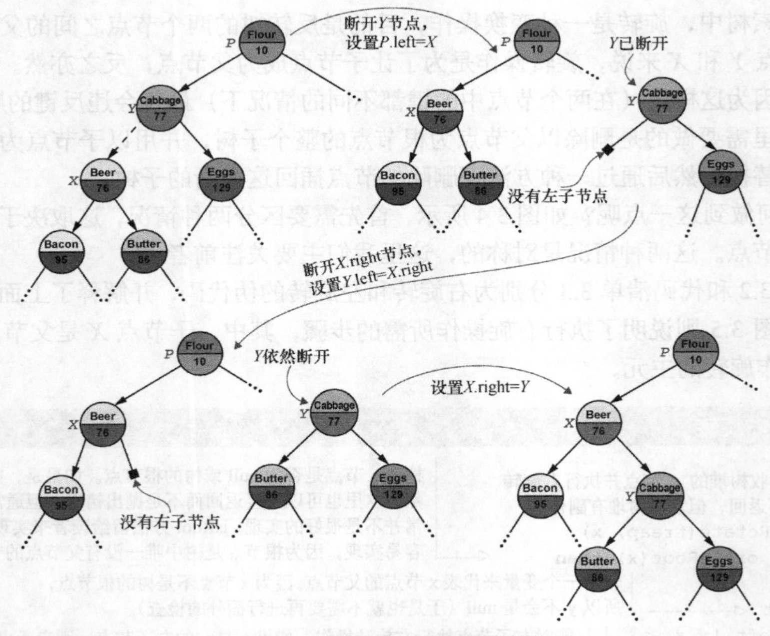

图 3.5　在 BST 上执行右旋转操作

我们需要从主树中移除 Y 子树，并更新 Y 节点的父节点 P（见代码清单 3.3 的第 4～11 行），从而通过将 Y 子树替换为 X 节点来作为 P 节点的子节点（可以是左子节点或右子节点，见代码清单 3.3 的第 8～11 行）。此时，Y 节点及其整个右子树都与主树断开了连接。

因为断开并移动了 X 节点，所以 Y 节点的左子树是空的。接下来，我们可以移动 X 节点的右子树并将其分配给 Y 节点的左子树（见代码清单 3.3 的第 14 行），如图 3.5 的左下部分所示。这显然不会违反键的顺序，因为（假设在旋转**之前**没有任何违反顺序的情况）有 key[*Y*] >= key[*Y*.left]，所以 key[*Y*] ⩾ key[*Y*.left.right]。换句话说，由于节点 *X* 是节点 *Y* 的左子节点，因此节点 *X* 的右子树仍然在节点 *Y* 的左子树中，并且节点的左子树中的所有键都小于（或最多等于）节点自身的键（见图 3.2）。

现在，剩下要做的就是将 *Y* 节点重新连接到主树，这可以通过将 *Y* 节点分配给 *X* 节点的右子节点（见代码清单 3.3 的第 15 行）来完成，这个操作不会在有任何违规的情况下发生。其实，你已经知道 *Y* 节点（及其右子树）拥有比 *X* 节点更大的键。对于 *Y* 节点的左子树来说，由于它是使用 *X* 节点的前右子树构造的，因此根据定义，所有的这些键都比 *X* 节点大。

你已经看到了如何执行旋转操作。整个操作并没什么特别之处，只是更新了树中的一些连接而已。此时唯一的谜团可能是，为什么称这个操作为旋转操作呢？

图 3.6 从另一个角度解释了你在代码清单 3.2 和图 3.5 中看到的步骤。需要说明的是，这只是一种非正式的方式，旨在说明旋转操作的工作原理。当需要执行右旋操作时，最好参考代码清单 3.2 和图 3.5 来完成。

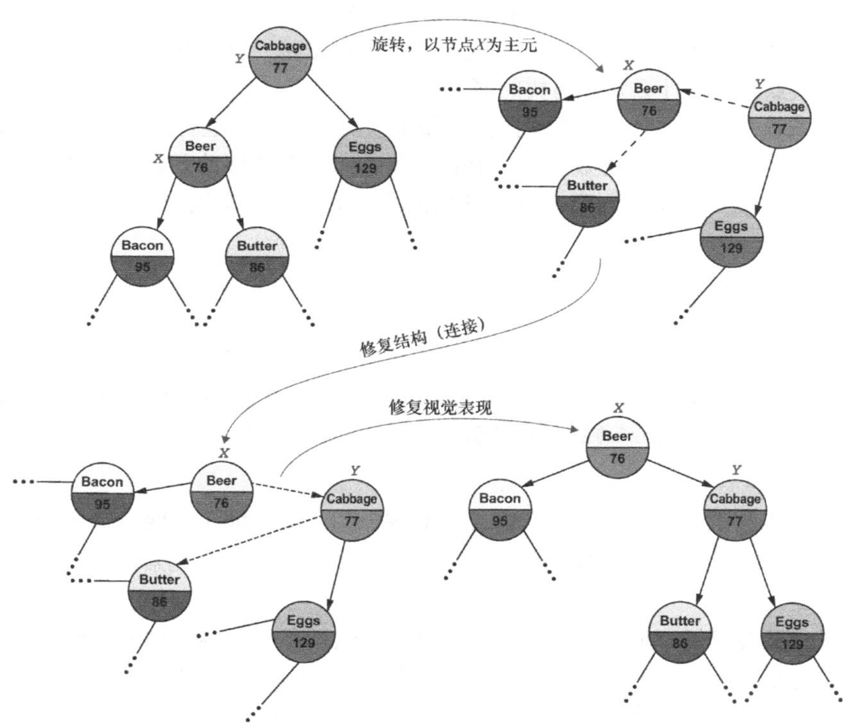

图 3.6 对右旋转操作更直观的解释

首先，假设在节点 *X* 上执行旋转操作，节点 *Y* 是 *X* 的父节点。这里要分析的仍然是右旋转操作，因此节点 *X* 是 *Y* 的左子节点。

如果考虑以 *Y* 为根节点的子树，则可以在视觉上以节点 *X* 为主元，按照顺时针对它进行“旋转”（因此称为“右旋”），直到 *X* 节点看起来像是这棵树的根节点为止（因此，所有其他的节点好像都低于 *X* 节点）。

结果应该类似于图 3.6 的右上部分。当然，为了让这部分成为以节点 *X* 为根节点的合法 BST，我们还需要进行一些修改。例如，在树中，类似于从节点 *Y* 到节点 *X* 这样的从子节点到父节点的一条边，是不被允许的，因此我们需要反转这条边的方向。但是，这样做的结果会让节点 *X*

有 3 个子节点，这在二叉树中也是不允许的。为了解决这个问题，我们可以将节点 *X* 与其右子节点之间的连接转移到 *Y* 节点上，如图 3.6 的左下部分所示。

这时，子树在整个结构上已经被修复了，最后，我们可以稍和改进，让它看起来更好一点。

可以把树结构想象成某种依靠螺栓和弦组成的悬挂结构，这样整个操作就可以被描述为通过节点 *X* 来抓取这棵树并将其他节点都悬挂在节点 *X* 上。需要注意的是，这样做也需要将 *X* 节点的右子节点移动到 *Y* 节点上。

关于旋转的讨论，最后需要注意的也是非常重要的一点是，旋转总会保持 BST 的约束，但并不能维持堆的不变量属性。实际上，旋转可以用来修复违反了约束的树堆，但如果是在一棵合法的树上进行旋转，则会破坏应用了这些操作的节点上的优先级约束。

3.3.2　一些设计问题

树堆是堆，而堆则是用两个数组来表示的特殊树。正如你在第 2 章中看到的那样，堆可以通过数组来实现，这是一种更节省空间的实现方式，并且利用了引用的局部性。

那么，可以使用数组来实现树堆吗？这里鼓励读者先花一点时间思考如下问题：使用数组和树的优点和缺点分别是什么？使用树的痛点是什么？

通过数组实现的问题在于不是特别灵活。如果只对随机元素进行交换并且只从数组的尾部添加或删除元素，那么使用数组效果会很好；相反，如果需要移动元素，那将是一场灾难！比如，在数组的中间插入一个新元素会导致其后的所有元素都被移动，平均下来需要 $O(n)$次交换（见图 3.7）。

insert(3)　移动已有元素

0	1	2	3	4	5	6
2	4	6	7	8	9	

→

0	1	2	3	4	5	6
2	3	4	6	7	8	9

图 3.7　在有序数组中插入新元素时，所有大于新元素的元素都必须向数组尾部移动一位（如果还有空间的话）。这就意味着，如果数组有 n 个元素并且新元素将被存储在索引 k 处（它将是数组中的第 $k+1$ 个元素），则需要执行 $n-k$ 次赋值操作才能完成插入

堆的特点在于它们是完全的、平衡的且左对齐的树。由于堆并不保持键的全序，因此可以从数组的尾部添加和删除元素，然后向上冒泡或向下推动堆的单个元素以恢复堆的属性（见第 2 章）。

树堆也是二叉搜索树，但它需要保持键的全序，这就是在树堆里插入或删除新元素时需要执行旋转操作的原因。正如 3.2.1 节提到的，旋转操作意味着把节点 *X* 的整个右子树移到其父节点 *Y* 的左子树位置（反之亦然）。显然，如果树的节点使用的是指针，这种操作能够很容易地在常数时间内完成；但如果使用的是数组，过程就会变得非常痛苦（例如，需要线性时间）。这也是树堆并不适合使用数组来实现的原因。

在开始实现之前，可能会有（也应该有）的另一个设计问题是堆的分支因子应该是什么。如第 2 章所述，堆可以有除 2 之外的分支因子。2.10 节也提到了分支因子为 4 或更大值的堆明显优于二叉堆的情况（至少对于示例应用程序而言如此）。

那么，可以实现一个通用分支因子大于 2 的树堆吗？遗憾的是，事情并没有那么简单。首先，这里使用的是二叉搜索树，因此树的分支因子为 2。如果堆的分支因子与 BST 并不匹配，就会导致一团乱麻！

使用三叉搜索树或者它们的泛化版呢？遗憾的是，这会使旋转操作变得更复杂，同时也意

味着实现的代码会变得非常复杂和不干净（这也可能代表着更慢!）。此外，除非使用 2-3 树这类能够保证平衡的结构，不然很难保持树的平衡。

3.3.3 实现搜索方法

既然已经对如何在内存中存储树堆以及旋转操作是如何工作的进一步了解，我们就可以将注意力转回主要 API 方法的实现上了。你也可以在本书的 GitHub 仓库中找到树堆的 Java 实现。

我们可以从最容易描述的搜索方法开始，实际上也就是从在二叉搜索树中实现的普通搜索方法开始。从根节点开始遍历树，直至找到要查找的键，或者由于没有找到它而到达叶子节点。

与在普通 BST 中一样，只遍历每个子树的其中一条分支，向左或向右移动取决于目标键与当前节点键的比较情况。

代码清单 3.4 展示了接收一个节点并遍历其整个子树的内部方法的实现。这个版本使用递归（附录 E 中描述的技术）进行实现。值得重申的是，尽管把递归应用于树等迭代数据结构时通常可以得到更清晰的代码，但如果递归的深度很大，则可能导致堆栈溢出。在这种特殊情况下，某些编程语言的编译器在将代码翻译成机器语言时[1]，会通过应用尾递归优化来把递归转换为显式循环。不过，如果不确定编译器是否支持尾递归优化，或者只有在某些条件下才应用它的话，那么通常来说，即使在高级编程语言中，也值得考虑把算法编写为显式循环的方式。

代码清单 3.4 search 方法

search 方法接收树堆的节点和需要搜索的键并以此作为参数。如果目标键能够找到，就返回持有这个键的节点，否则返回 null。

```
function search(node, targetKey)
  if node == null then
    return null
  if node.key == targetKey then
    return node
  elsif targetKey < node.key then
    return search(node.left, targetKey)
  else
    return search(node.right, targetKey)
```

- 如果节点为空，则用返回 null 来表示未找到目标键。
- 如果节点的键与目标键相匹配，就代表已找到目标键，因此返回当前节点。
- 检查对目标键与当前节点的键进行比较的结果。
- 如果小于当前节点的键，则需要继续遍历左分支。
- 若不满足上一注释的情况，则说明目标键被存放在右分支，因此需要遍历右分支。

对于 Treap 类的 API 方法 contains，只需要在根节点上调用 search 方法，并根据结果是否为 null 返回 false 或 true。

3.3.4 插入

虽然在树堆中对键进行搜索相对简单，但是如果要插入新条目，则完全不同。正如我们在 3.3.1 节中提到的，通常情况下，直接使用 BST 的插入操作是行不通的，这是因为虽然新条目的键最终会在树中的正确位置，但其优先级可能违反堆的不变量属性，即大于父节点的优先级，如图 3.8 所示。

但是，不用感到绝望！我们仍然有办法修复堆的不变量属性，那就是“在违反优先级约束的节点上执行旋转操作。”

从全局来看，插入操作只有两个步骤：将一个新节点作为叶子节点插入，然后检查这个新节点的优先级是否高于其父节点。如果高于，则需要将这个新节点向上冒泡，但不是像在堆中

1 有关堆栈溢出和尾递归优化问题的更多信息参见附录 E。

那样只是简单地与其父节点进行交换。

以图 3.6 作为参考，这时需要做的是对以这个新节点的父节点作为根节点的子树进行旋转，从而使这个新节点成为新的根节点（因为它肯定会成为具有最高优先级的节点）。

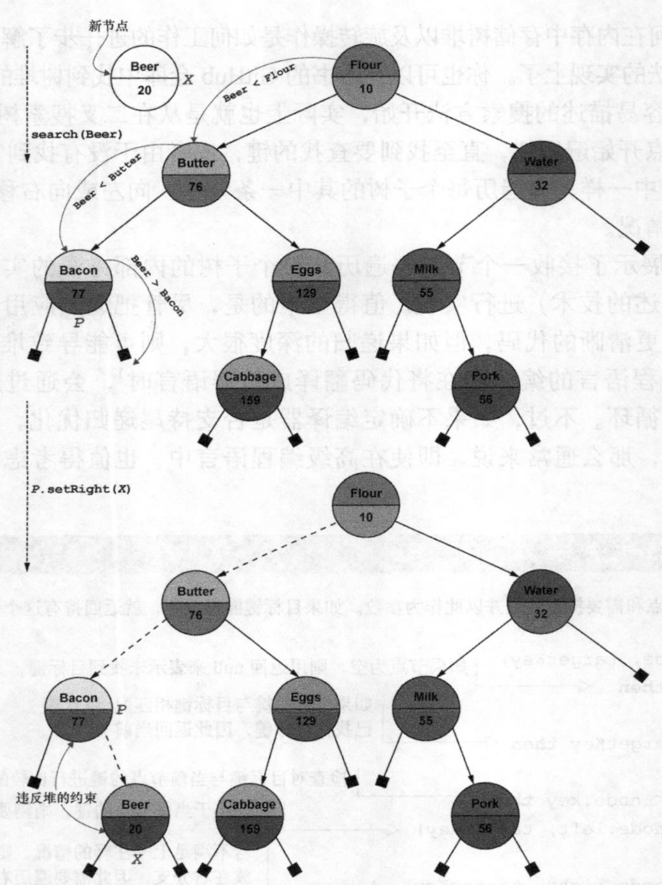

图 3.8　插入新节点的第一步。通过搜索新节点的键找到在树中添加新的叶子节点的正确位置。接下来，必须检查新节点是否违反堆的不变量属性。遗憾的是，在这个例子中，堆的不变量属性的确被违反了，所以需要通过执行正确的旋转来修复这种情况。

代码清单 3.5 通过伪代码对 insert 方法进行了描述，图 3.8 和图 3.9 则展示了将库存为 20 的“啤酒”（Beer）作为新节点插入库存树的操作。

代码清单 3.5　Node::insert 方法

insert 方法接收一个树堆的实例以及需要插入的键及其优先级作为参数。insert 方法不返回任何数据，但有副作用。insert 方法允许插入重复的键（它们将被添加到具有相同键节点的左子树中）。

```
function insert(treap, key, priority)
  node ← treap.root
  parent ← null
  newNode ← new Node(key, priority)
    while node != null do
    parent ← node
    if node.key <= key then
      node ← node.left
    else
```

为当前节点（其实是树的根节点）及其父节点初始化两个临时变量。

为传入的键和优先级创建一个新节点（这里为了方便，只需要在一处进行创建就行了）。

遍历树，直至到达一个 null 节点（这时，parent 将指向一个叶子节点）。

如果当前节点不为空，就更新 parent。

检查新键与当前节点的键的比较结果，如果新键没有当前节点的键大，就向左子树继续遍历。

否则，向右子树继续遍历。

```
    node ← node.right
if parent == null then
  treap.root ← newNode
  return
elsif key <= parent.key then
  parent.left ← newNode
else
  parent.right ← newNode
newNode.parent ← parent
while newNode.parent != null
    and newNode.priority < newNode.parent.priority do
  if newNode == newNode.parent.left then
    rightRotate(newNode)
  else
    leftRotate(newNode)
if newNode.parent == null then
  treap.root ← newNode
```

如果树堆为空，则不会进入 while 循环。这时只需要创建一个新的根节点，并把它分配给树堆的内部字段就行了。

检查新的键应该被添加为 parent 的左子节点还是右子节点。

无论是哪种情况，都需要为新添加的节点设置正确的父节点链接。

检查堆的不变量属性。在堆的不变量属性被修复或到达根节点之前，对当前节点进行冒泡。

如果这个节点是左子节点，那么需要调用 rightRotate 方法。

如果这个节点不是左子节点，那么向左旋转 newNode 节点。

当循环结束时，如果 newNode 节点被冒泡为根节点，则需要更新树堆的根节点属性。

现在，由于在 while 循环之外，因此有 node == null，但还需要检查 parent 是否为 null。只有树的根节点本身为空，树才会为空。也就是说，此时的树是一棵空树。

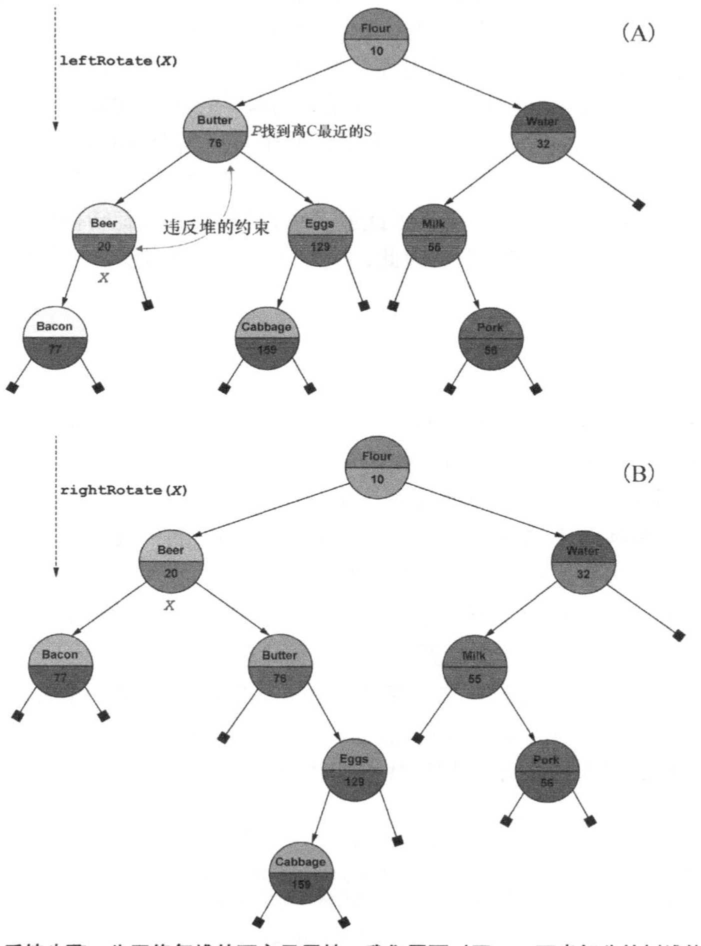

图 3.9　插入新节点的后续步骤。为了修复堆的不变量属性，我们需要对图 3.8 下半部分的树堆执行正确的旋转操作。这个操作会将新节点向上冒泡一层，如图 3.9 的上半部分所示。然而，这时仍然违反堆的不变量属性，所以需要再旋转一次（这次是右旋转）

首先，我们需要找到可以将新节点插入现有库存树的正确位置。这一步与搜索操作几乎一样，也是通过进行树的遍历来完成的，只不过还需要同时追踪当前节点的父节点，从而能够用来添加新的叶子节点。注意，这里使用显式循环而不是递归实现了这种遍历，从而向读者展示了这种实现方式是如何工作的。

正如你在图 3.8 的上半部分所看到的，第一步是通过遍历树来寻找可以添加新的叶子节点的正确位置。在遍历到“Flour”和“Butter”时向左遍历，然后在遍历到“Bacon”时向右遍历。

为了简洁，我们在图 3.8 中使用了简化的命名符号来表示节点。对应于代码清单 3.5 中的变量 newNode，新添加的这个节点在图中用 *X* 表示，父节点用 *P* 表示。

当退出这个 while 循环时，临时变量 parent 指向键为“Bacon”的节点，因此代码清单 3.5 的第 11 行和第 14 行的条件结果为 false，新节点会被添加为 parent 的右子节点，如图 3.8 的下半部分所示。

注意，在这个例子中，新节点比其父节点具有更高的优先级（库存更少），因此在第 19 行代码进入循环，并执行左旋转操作。在循环的第一次迭代和左旋操作完成后，“Beer”节点仍然比它的新父节点“Butter”具有更高的优先级，如图 3.9 的上半部分所示。因此，在进入循环的第二次迭代后，就会执行右旋转操作，因为节点 *X* 现在是 *P'*的左子节点。

由于现在（见图 3.9 的下半部分）不再违反堆的不变量，因此退出循环。又由于新节点并没有一直冒泡到根节点，因此第 24 行代码的检查结果为假，不需要再做任何其他事情。

插入操作的运行时间是多少呢？添加一个新的叶子节点需要 $O(h)$的时间，这是因为需要从树的根节点遍历整棵树到叶子节点。由于最多可以将新节点向上冒泡到根节点，并且在每次执行旋转操作时，节点都将向上移动一层，因此最多可以执行 *h* 次旋转操作。此外，每次执行旋转操作时，还需要更新恒定数量的指针。因此，对新节点进行冒泡以及执行整个方法都需要 $O(h)$的时间。

3.3.5　删除

从树堆中删除一个键虽然是一种与 BST 完全不同的方法，但在概念上是一个十分简单的操作。在二叉搜索树中，对于需要删除的节点，采用的方法是用其后继（或前驱）节点加以替换。但这种方法并不适用于树堆，因为可能导致这个替换节点相比其子节点具有更低的优先级。因此，你还需要将这个替换节点向下推动。此外，类似于 BST 的一般情况，如果一个节点的后继节点不是叶子节点，则需要通过递归来删除这个节点。

一种更简单的方法是先把需要删除的一个节点向下推动，直到它成为叶子节点为止。如果它是一个叶子节点，就可以将它与树断开而没有任何副作用。

从理论上讲，这就像为想要删除的节点分配尽可能低的优先级，并通过向下推动节点来修复堆的不变量属性。只有具有无限（负）优先级的节点到达叶子节点，操作才会停止。

上述操作的原理如图 3.10 所示，相应代码如代码清单 3.6 所示。

代码清单 3.6　Treap::remove 方法

remove 方法接收一个树堆的实例以及想要删除的键作为参数。如果键被成功删除，则返回 true；如果找不到，则返回 false。remove 方法对作为参数进行传递的树堆对象也有副作用。

```
function remove(treap, key)
  node ← search(treap.root, key)      ◁— 在树堆中搜索键。
  if node == null then                ◁— 如果搜索返回 null，则表示没有存储这个键，因此无法删除。
    return false
```

```
if isRoot(node) and isLeaf(node) then
  treap.root ← null
  return true
while not isLeaf(node) do
  if node.left != null
      and (node.right==null
        or node.left.priority > node.right.priority) then
    rotateRight(node.left)
  else
    rotateLeft(node.right)
  if isRoot(node.parent) then
    treap.root ← node.parent
if node.parent.left == node then
  node.parent.left ← null
else
  node.parent.right ← null
return true
```

如果树堆只包含一个节点，那么将其删除后，就会留下一棵空树。可通过检查树堆的大小是否为 1 或等效地检测节点是否既为叶子节点又为根节点来确定这一点。

否则，将这个节点一直向下推动到叶子节点层。

检查节点的两个子节点中的哪一个应该可用来替换该节点。被删除节点至少会有一个子节点（因为它不是叶子节点），如果它有两个子节点，则需要选择优先级最高的那个（在本例中，对应地需要选择优先级更低的那个，因为实现的是一个最小树堆）。

如果选择了左子节点，则执行右旋转操作。

否则，向左旋转。

在退出 while 循环后，需要删除的节点现在是叶子节点，而不再是根节点。因此，可通过将从其父节点指向它的指针置空来断开它。

因为键被删除了，所以返回 true 。

这里必须小心处理被删除节点是根节点的情况。在这种情况下，还需要更新树堆的属性。这个检查条件只会在循环的第一次迭代时才有可能为 true。因此，如果性能至关重要，那么分解循环并单独处理第一次迭代是有意义的。

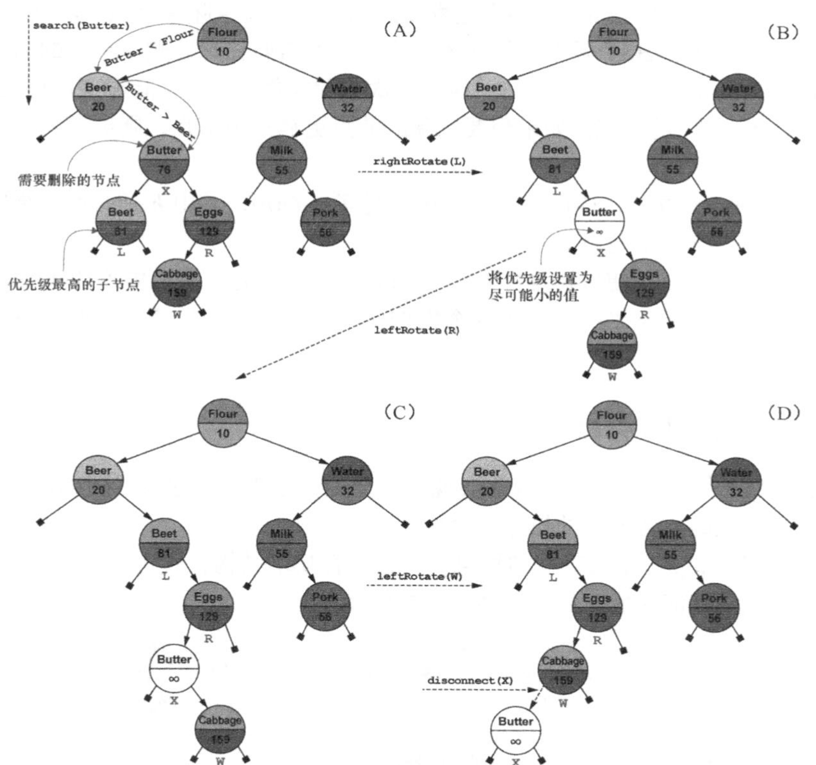

图 3.10 从树堆中删除 Butter 键。首先，找到 Butter 键对应的节点；然后，将这个节点的优先级设置为尽可能小的值，并将其向下推动到叶子节点——你需要找出它的哪个子节点的优先级最高，并对其执行旋转操作；最后，当这个节点成为叶子节点时，我们就可以将其从树中移除而且不会违反堆的不变量属性

在代码清单 3.6 中，你看到了为什么执行 search 方法（旨在返回找到键的节点）会很有用。在这里，我们可通过复用里面的逻辑来编写 remove 方法，以找到需要删除的键。在找到相应的节点之后，remove 方法会继续将这个节点向下推动。

与往常一样，如果删除的是根节点，则需要格外小心。假设要从库存中删除“Butter”（因为不再出售或已将其全部售出）。如图 3.10（A）所示，首先要在树中搜索关键字 Butter（见代码清单 3.6 的第 2 行）。一旦找到对应的节点（很明显不为 null，见代码清单 3.6 的第 3 行），就像往常一样在图中用 X 标记它，并验证得知它既不是根节点，也不是叶子节点（因此第 5 行的检查条件会返回 false），于是进入第 8 行的 while 循环。

在第 9 行，选择节点 *X* 的具有最高优先级的子节点，也就是左子节点，图中用 *L* 表示，执行右旋转操作（见第 10 行），得到图 3.10（B）所示的树。

将被向下推动的节点的优先级改为 $+\infty$[1]，但在代码中其实并不需要这样做，可以在不检查优先级的情况下直接向下推动节点，直到它变成一个叶子节点为止。

此时的 *X* 节点还不是叶子节点，仍有一个（也是前）右子节点 *R*。因此，接下来进入 while 循环的另一次迭代，这一次进行左旋转，得到图 3.10（C）所示的树；然后继续左旋转一次，*X* 节点就变成了一个叶子节点。

退出 while 循环，利用第 15 行代码可以确定 node 不是根节点（否则会在第 5 行的检查中捕获这一情况），因此它将有一个非空的父节点。这里仍然需要通过从父节点移除指针来断开节点与树的连接，为此你需要检查它是左子节点还是右子节点。

一旦连接被正确地设置为 null，整个过程就结束了，也就意味着键被成功地删除了。

对上述方法与普通的 BST 版本进行比较，优点是不需要在想要删除节点的后继（或前驱）节点上递归调用 remove 方法。在这里，只执行一次删除操作，不过可能需要执行几次旋转操作。这其实也是 remove 方法的缺点。如果想要删除的节点更靠近根节点，则需要将它向下推动更多层才能到达叶子节点。

换句话说，remove 方法在最坏情况下的运行时间是 $O(h)$，其中 h 是树堆的高度。因此，保持树的高度尽可能小将变得尤为重要。

从这个例子可以看出，使用树堆来存储键和有意义的优先级有可能产生不平衡的树，而删除一个节点则可能使树更不平衡。因为这个操作会从已经很糟糕的情况开始，并再次执行很多次旋转操作。

3.3.6 去顶、看顶以及修改

Treap 类的 API 中的其他方法更容易实现一些。peek 方法实现起来很简单，除了如何访问堆的根节点不同，其他的与普通堆的操作完全相同。

如果还需要实现 top 方法来确保树堆可以无缝地替换堆结构，则可以利用 remove 方法，只需要再写很少的代码就能完成，如代码清单 3.7 所示。

代码清单 3.7 Treap::top 方法

```
function top(treap)          <-| top 方法接收一个树堆的实例作为参数，并在树堆不为空的时候返回其中优先级最高的元素。
  throw-if treap.root == null        <-| 如果树堆为空，则抛出错误。
  key ← treap.root.key  <-| 将根节点的键赋值给 key。
  remove(treap, key)                  <-| 从树堆中取出最上面的键，将其从树堆中删除。
  return key  <-| 返回 key。
```

除了验证树堆的状态以及检查其是否为空，只需要查看存储在根节点中的键，然后将其从树堆中删除即可。

类似地，如果需要更新与键关联的优先级，则可以遵循与普通堆相同的逻辑，对更新的节

1 在本例中，最低优先级对应最高的库存，因此$+\infty$是库存可能的最大值。

点进行冒泡（当提升或降低优先级时向下推动）。唯一的区别在于需要通过执行旋转操作来移动被更新的节点，而不仅仅是对节点进行交换。updatePriority 方法的实现留作练习（你也可以从本书的 GitHub 仓库中下载相关代码）。

3.3.7 返回最小键和最大键

Treap 类的 API 中的 min 和 max 方法可以用来返回存储在树堆中的最小键和最大键。这些键分别存储在树的最左节点和最右节点中。不过需要注意的是，这些节点并不一定是叶子节点，如图 3.11 所示。

代码清单 3.8 展示了 min 方法的一种可能实现。与 BST 中的 min 方法完全相同，也采用左分支来遍历树，直至到达一个左子节点为 null 的节点。max 方法与 min 方法是对称的，只需要将代码清单 3.8 中的 node.left 替换为 node.right 就行了。

代码清单 3.8 Treap::min 方法

min 方法接收一个树堆的实例作为参数，并在树堆不为空的时候返回其中键最小的元素。

```
function min(treap)
  throw-if treap.root == null
  node ← treap.root
  while node.left != null do
    node ← node.left
  return node.key
```

如果树堆为空，则抛出错误。（很明显这时没有最小键）

在到达最左节点之前，继续向下遍历左分支。

返回节点的键。

用树的根节点来初始化临时变量 node（它不会为 null，因为在第 2 行已经做过检查）。

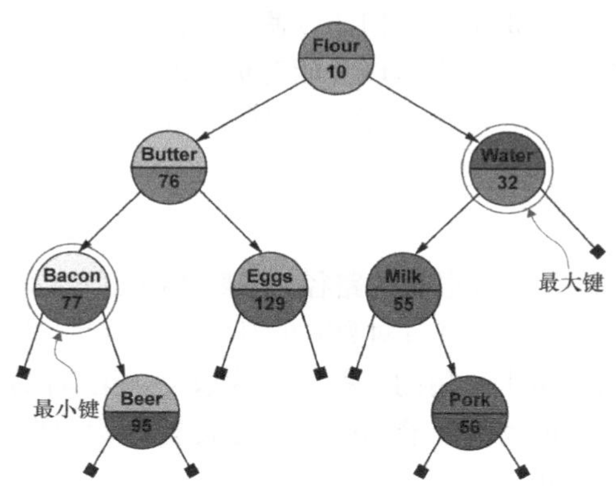

图 3.11 在一个树堆中（或者说，在一个二叉搜索树中）查找最小键和最大键。最小键存储在最左节点中，最大键则存储在最右节点中。注意，这些节点并不一定是叶子节点

3.3.8 性能回顾

对如何实现树堆的讨论到此结束。接下来我们将讨论树堆的应用并加以详细分析。

现在，我们先回顾一下树堆操作的运行时间，如表 3.2 所示。注意以下两点。

- 所有的操作只取决于树的高度，而非取决于元素的数量。当然，在最坏情况下，对于一棵倾斜的树，有 $O(h) = O(n)$。
- 这里省略了空间分析，因为这些方法都只需要常数阶的额外空间。

表 3.2　树堆操作以及它们在包含 n 个键且高度为 h 的树堆上的运行时间

树堆操作	运行时间	在最坏情况下的运行时间
insert	$O(h)$	$O(n)$
top	$O(h)$	$O(n)$
remove	$O(h)$	$O(n)$
peek	$O(1)$	$O(1)$
contains	$O(h)$	$O(n)$
updatePriority	$O(h)$	$O(n)$
min/max	$O(h)$	$O(n)$

3.4　应用：随机树堆

现在我们已经能够实现库存程序并跟踪库存数量，从而知道最接近缺货状态的商品了。这肯定会给所有参加家庭聚会的人留下深刻印象！

希望这个例子能帮助你理解树堆是如何工作的，但是这里也必须承认，树堆并不是被真正用来为多维数据创建索引的方法。

在后续章节中，特别是在第 7 章中讨论缓存时，你将看到会有更好的方法来解决与本章所介绍示例相似的问题。

要明确一件事情：像使用树和堆这样来使用树堆是可行的，并且也是完全合规的，树堆甚至可以在某些条件下提供不错的性能。不过在一般情况下，你已经看到了如果按照这两个标准对数据进行组织，则可能产生一棵不平衡的树（这意味着操作需要线性时间才能完成）。

但这不是发明树堆的原因，也不是我们如今使用它们的主要方式。重点是在现实生活中，能有更好的方法来对多维数据进行索引，以及能有更好的方法来使用树堆。于是你将看到如何使用树堆作为构建块，从而实现不同的、高效的数据结构。

3.4.1　平衡树

前文提到，不平衡的树堆往往有很长的路径，在最坏情况下，其长度可能达到 $O(n)$个节点。在讨论堆时，平衡树却像堆一样具有对数阶的高度，从而使得所有操作能特别快速地完成。

然而，对于堆来说，由于用平衡树的一些优势换取了一组有限操作，因此不能有效地在堆中搜索元素的键，也不能查找最大键或最小键[1]，甚至随机删除或更新一个元素（事先不知道它在堆中的位置）也需要线性时间。

尽管如此，在与算法有关的文献中，仍有许多涉及平衡树的数据结构，这些数据结构能够保证树的高度即使在最坏情况下也是对数阶的。3.2 节提到的此类数据结构的例子有 2-3 树[2]（见图 3.12）和红黑树[3]（见图 3.13）。

遗憾的是，用来维护这些树的约束的算法往往非常复杂，以至于许多算法书完全省略了 delete 方法。

---

1 要知道，堆中的元素是按照优先级排序的，而不是按照键排序的。因此，虽然我们可以很轻松地得到优先级最高的元素，但要得到最小（或最大）键，则需要检查所有元素。

2 *The Design and Analysis of Computer Algorithms*，Alfred V.Aho 与 John E.Ho，培生教育（印度），1974 年。

3 “A dichromatic framework for balanced trees”，作者是 Leo J. Guibas 和 Robert Sedgewick，第 19 届计算机科学基础年会（SFCS 1978），IEEE，1978 年。

令人惊讶的是，可通过使用看起来很不平衡的树堆与一组更简单、更清晰的算法（与红黑树等进行比较）来得到趋向平衡的[1]二叉搜索树（BST）。

正如你在本章中所看到的，普通的 BST 也会遇到同样的问题，它们的结构取决于插入元素的顺序。

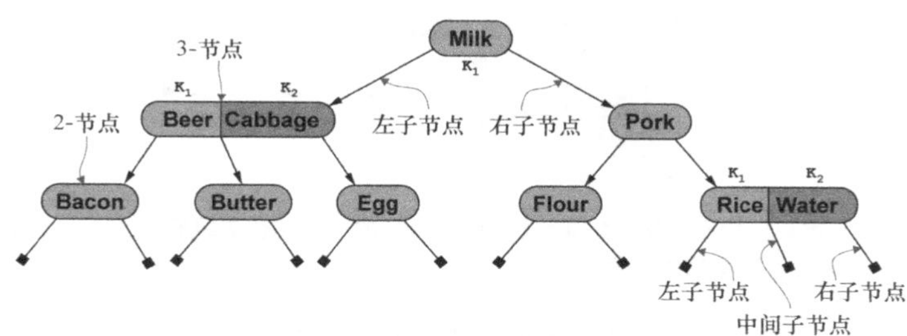

图 3.12　包含了杂货店示例中所使用的键的 2-3 树。2-3 树中的节点可以包含一个或两个键，不但按升序排列，而且同时可以有 2 条或 3 条链接。除了左、右子节点，3-节点还有一个中间子节点。中间链接指向的子树中的所有键 K 都必须满足 $K_1 > K \geqslant K_2$，其中 K_1 和 K_2 分别是 3-节点中的第一个键和第二个键。2-3 树保证了树在执行插入操作之后仍然是平衡的。键将被添加到叶子节点上，当叶子节点包含 3 个元素时，它将被拆开，中间元素向上冒泡到父节点（因此这个操作也有可能产生递归分裂）。具有 n 个键的 2-3 树的高度一定在 $\log_2(n)$ 和 $\log_3(n)$ 之间。

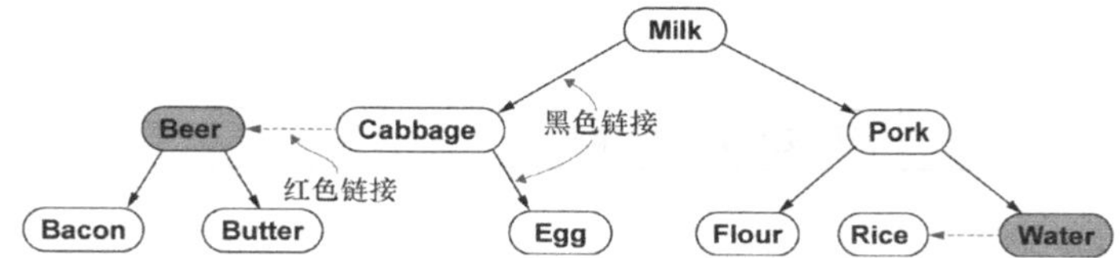

图 3.13　包含了与杂货店示例中相同键的红黑树。红黑树是 2-3 树最简单的一种实现方式。红黑 BST 与常规 BST 类似，只是节点之间的链接会有两种不同的类型：红色链接和黑色链接。红色链接会连接对应的 2-3 树中属于同一个 3-节点的键，而黑色链接相当于 2-3 树的实际链接。红黑树有两个约束条件：①任何节点都不能有两条红色链接与之相连（无论是进还是出），这保证了 2-3 树中只出现 2-节点和 3-节点。②从根节点到叶子节点的所有路径都具有相同数量的黑色链接。等效地，节点也可以标记为红色或黑色（这里对应地使用灰色和白色做了区分），并且任何路径中都不能有两个连续的红色节点。总之，这两个约束条件保证了红黑 BST 中由交替的红色链接和黑色链接组成的最长可能路径，最多等于树中仅包含黑色链接的最短路径的两倍，从而保证了树的高度是对数阶的。在执行完插入和删除操作后，我们可通过适当地执行旋转操作来维持这些属性

回顾 3.3 节，你会发现，如果键和优先级的特定组合以及元素插入的顺序特别不好，树堆就可能倾斜，这是因为旋转会让树变得更加不平衡（见图 3.9）。

对此我们有这样一种想法，就是使用旋转来重新使树变得平衡。如果不考虑优先级的具体含义（对于本例来说，也就是忽略每个商品的库存），则理论上可以通过更新每个节点的优先级来修复堆的不变量属性，从而得到一棵更平衡的树。

图 3.14 给出了这个过程的示意图。树的右分支并不平衡，通过更新倒数第二层的节点，可以强制向右旋转，将其向上提升一层，重新平衡这棵子树，进而使整棵树达到平衡。

需要明确的一点是，丢弃优先级字段的含义，实现的是与 3.3 节中完全不同的操作。具体来说，这个新的数据结构将不再支持优先队列公共接口，因而不再提供 top 或 peek 方法。这时，它只是一棵在**内部**使用开发树堆的理念来保持结构平衡的二叉搜索树。表 3.3 展示了二叉搜索树的 API 和契约。接下来引入的数据结构将遵循这个 API。

1 这意味着树处于平衡的概率会很大。

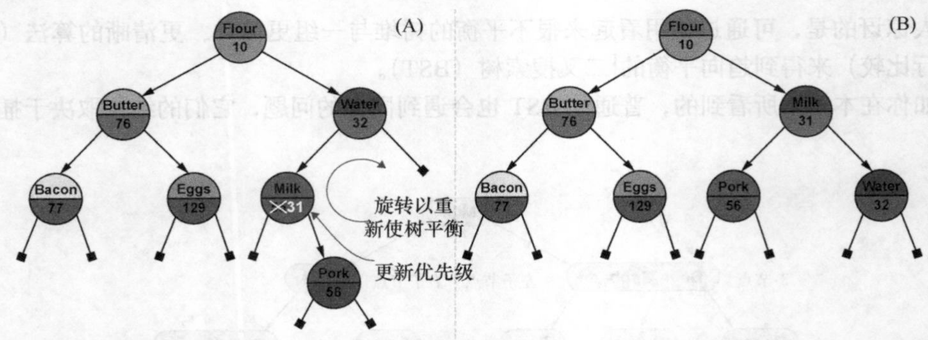

图 3.14　通过更新优先级来重新使树堆平衡。如果将键为"Milk"的节点的优先级修改为小于其父节点（但在这种情况下会大于根节点），就可以通过右旋操作修复堆的不变量属性，进而可以得到一棵完美平衡的树

表 3.3　二叉搜索树的 API 与契约

抽象数据结构：二叉搜索树	

API	`class BST {`
	`  insert(element)`
	`  remove(element)`
	`  contains(element)`
	`  min()`
	`  max()`
	`}`

与外部客户端签订的契约	条目按元素（键）排序

3.4.2　引入随机化

你有没有察觉，"可以使用更简单的算法来获得更好的结果"这种看法过于乐观了，因为简单通常也是有代价的。

在杂货店示例中，通过更新优先级来保持树的平衡似乎很容易。但是，在一棵很大的树上系统性地进行更新会变得非常困难且成本高昂。

之所以困难，是因为每当旋转内部节点时，都有可能导致向下推动的子树中较低层的子树变得更不平衡，因此想要得出正确的旋转顺序，从而获得最佳可能的树结构并非易事。

之所以昂贵，是因为需要跟踪每个子树的高度，并且一系列的旋转操作也需要额外的工作。

3.4.1 节使用术语趋向平衡（tendentially balanced）来描述可以得到的结果。这个术语可能已经向细心的读者揭示了其中的关键，为此我们将谈论如何在数据结构中引入随机元素。

在本书的第一部分，随机性是一个常数因子，你将看到若干利用它的数据结构，其中包括布隆过滤器。为了帮助所有读者了这个主题，我们在附录 F 中对随机算法做了简短介绍。

在 Aragon 和 Raimund 的原著中，引入树堆是为了获得"随机平衡搜索树"。他们使用了我们在 3.4.1 节中描述的思路，利用优先级来强制平衡树结构，但使用统一的随机数生成器来选择节点的优先级，从而避免了手动设置优先级导致的各种复杂性。

图 3.15 展示了在把优先级替换为随机生成的实数后得到的相比图 3.9（B）更加平衡的树。当然，也可以用随机整数作为优先级，但使用实数可以降低出现"平局"的可能性，并改善最终结果。

你将在 3.5 节中看到，如果优先级是从正态分布中得出的，那么树的期望高度就是节点数的对数。

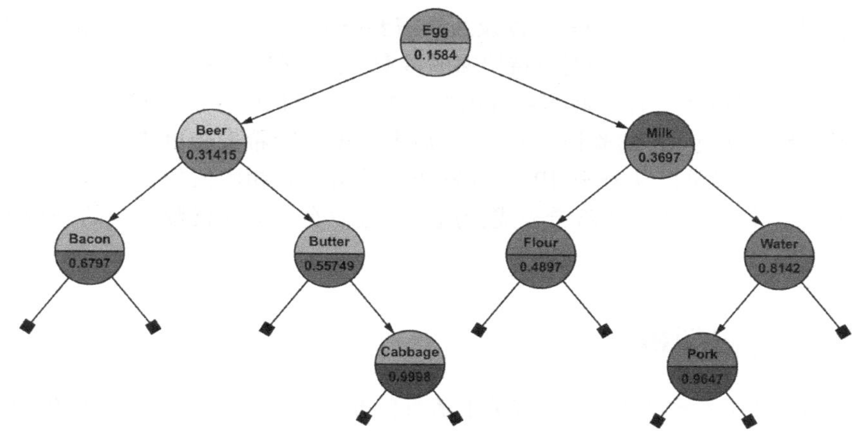

图 3.15 包含图 3.9 所示树堆中的键（插入键“Beer”后）的随机树堆（Randomized Treap，RT）。优先级是 0～1 的随机数。这只是这些键基于一种随机选择的优先级的一种可能结构

好在我们编写了实现这个新数据结构所需的几乎所有代码，可通过在内部使用一个树堆（见代码清单 3.9）来完成它。另外，除了 insert 方法，这个新数据结构的所有 API 方法都只是树堆方法的包装器。对于插入操作，只需要再多写一行代码就能完成。

代码清单 3.9 RandomizedTreap 类

```
class RandomizedTreap
  #type Treap
  treap

  #type RandomNumberGenerator
  randomGenerator

  function RandomizedTreap()
    this.treap ← ew Treap
```

如代码清单 3.10 所示，在随机树堆中插入新键时，只需要为它生成一个随机的优先级即可。

代码清单 3.10 RandomizedTreap::insert 方法

```
function insert(key)
return this.treap.insert(key, this.randomGenerator.next())
```

insert 方法接收插入树中的键作为参数，不返回任何东西，但对树有副作用。

在树堆中插入一个新的节点，其中的 key 是来自 insert 方法的参数，priority 则是一个随机的实数。

你也可以在本书的 GitHub 仓库中找到随机树堆的 Java 实现。

3.4.3 随机树堆的应用

正如你在 3.4.2 节中所看到的，随机树堆是树堆的主要应用。那么，随机树堆最常见的应用是什么呢？

一般来说，可以在任何使用 BST 的地方使用随机树堆，特别是在需要平衡树的情况下。但随机树堆只能保证树在平均情况下是平衡的，不能保证树在最坏情况下也是平衡的。

另一个需要考虑的方面是，一般来说，当涉及随机化和“平均情况”边界时，条目数量越大，上述保证就越有可能成立。较小的树更容易得到一种倾斜的结构。不过对于小树来说，明显倾斜的树和平衡树之间的性能差异并不是太大。

不过，BST 通常被用来作为字典和集合（关于这些结构的更多信息，详见第 4 章）的实现。

还有其他的一些例子，例如保持从数据流中读取的数据的排序情况，计算小于（或大于）

动态集合中任何给定元素的元素数量，以及通常需要按排列顺序保持动态元素集的所有应用程序。随机树堆这个数据结构能够同时支持快速的搜索、插入和删除操作。

BST 的一个现实用例是管理操作系统内核中的一组虚拟内存区域（Virtual Memory Area，VMA），以及跟踪数据包 IP 的验证 ID。对于后者来说，哈希表会更快，但容易受到最坏情况输入攻击——攻击者可以从若干 IP 地址发送能够哈希到相同值的数据包，这会导致哈希表退化为未排序的列表，从而使哈希表成为瓶颈，进而有可能减慢数据包的分析工作以及整个内核。

3.5　性能分析和剖析

正如你在 3.3 节中看到的那样，所有关于随机树堆的 API 方法都需要与树的高度成正比的运行时间。已知（见本章前面的介绍和附录 C）在最坏情况下，二叉树的高度与元素数量是线性关系，并且 BST 的一个问题就是存在特定的插入序列必然导致树的倾斜。这个问题使得二叉搜索树在用作字典时特别容易受到攻击，因为攻击者要降低数据结构的性能，只需要发送有序序列就行了，这样就能导致树退化为链表。也就是说，从根节点到叶子节点有且只有一条包含所有节点的路径。

随机树堆提供了两方面的改进：首先，在优先级的分配过程中引入随机性可以防止[1]攻击者利用已知序列；其次，正如我们在 3.4 节中承诺的那样，平均而言，你可以得到一棵相比普通二叉搜索树更平衡的树。

那么，“平均”是什么意思呢？我们可以获得多少改进呢？从理论角度来讲，我们可以分析随机树堆的期望高度，并从数学上证明平均情况下的高度是对数阶的；从实践角度来讲，也可以通过运行一个模拟来验证期望高度是正确的，并且比较 BST 与具有相同元素的随机树堆的高度。

3.5.1　理论：期望高度

为了分析随机树堆的期望高度，我们需要引入一些统计学的概念。

首先，我们需要对**随机变量**（random variable）V 使用期望值的概念，可以通俗地将其定义为变量在大量事件中可能的平均值（而不是最有可能的值）。

更正式一点的说法是，如果 V 可以是有限的可数集合 $v_1, v_2, \cdots, v_M$ 中的某个值，且每个值出现的概率为 $p_1, p_2, \cdots, p_M$，则 V 的期望值可以定义为

$$E[V] = \sum_{i=1}^{M} v_i \cdot p_i$$

就随机树堆来说，给定节点 N_k 的深度将被定义为一个随机变量 D_k，其中索引 $k \in \{0, \cdots, n-1\}$ 表示节点在这个有序集合中的键的索引，即 N_k 是树中第 k 小的键。

简单来说，D_k 相当于包含第 k 个最小键 N_k 的节点有多少个祖先节点。另一种理解这个数字的方法是，计算从树的根节点到 N_k 的路径中有多少个节点，即

$$D_k = \sum_{i=0}^{n-1} N_i\text{，}\ N_i \text{ 是 } N_k \text{ 的祖先节点}$$

我们可以用一个符号（一个二元变量）A_k^i 来表示事件“N_i 是 N_k 的祖先节点”，那么，给定

1 当然，这需要伪随机数生成器被正确实现，并尽量减少由“在传统计算机上无论如何都无法提供真正随机性”这一事实造成的限制。但不管怎样，这都会让攻击者的工作更麻烦一些。

任何一对节点 N_i 和 N_k，$A_k^i == 1$ 意味着 N_i 在 N_k 和根节点之间；$A_k^i == 0$ 则意味着 N_i 和 N_k 处在不同的分支中，或者说 N_i 最多是 N_k 的后代节点。

那么，D_k 的期望值为

$$E[D_k] = \sum_{i=0}^{n-1} 1 \cdot P(N_i\text{是}N_k\text{的祖先节点}) = \sum_{i=0}^{n-1} P(A_k^i)$$

为了计算概率 $P(A_k^i)$，我们需要引入一个新的变量和一个引理（中间结果）。

将 $N(i, k) = N(k, i) = \{N_i, N_{(i+1)}, \cdots, N_{(k-1)}, N_k\}$ 定义为树堆的整个子树中位于第 i 个和第 k 个最小键之间的节点的子集[1]。

显然，$N(0, n-1) = N(n-1, 0)$ 包含了树堆中的所有节点。节点子集 $N(i, k)$ 的几个示例如图 3.16 所示。

你已经知道，任意节点 N 的后继节点和前驱节点总是在节点 N 和根节点或者节点 N 和叶子节点之间的路径上。换句话说，要找到一个节点的前驱节点，只需要查看以节点 N 为根节点的子树，这个节点将是其中的最左节点；而要找到一个节点的后继节点，也只需要查看以节点 N 为根节点的子树，这个节点将是其中的最右节点。

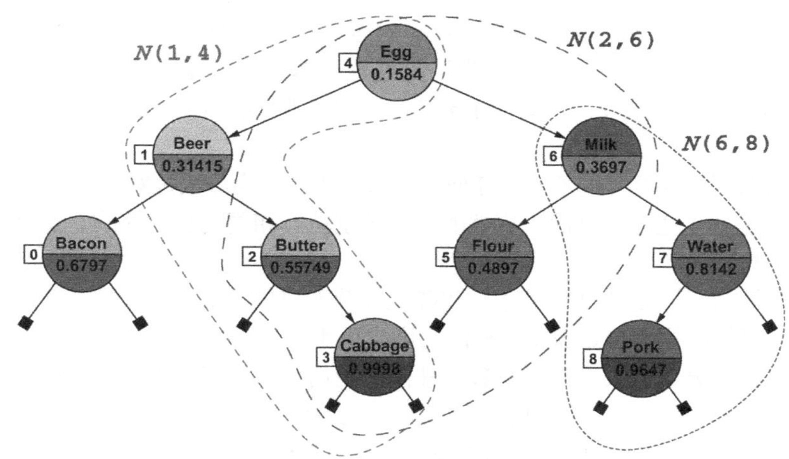

图 3.16　节点子集 $N(i, k)$ 的几个示例

你可以证明以下引理成立：对于所有的 $i \neq k$（其中 $0 \leqslant i, k \leqslant n-1$），**当且仅当 N_i 在 $N(i, k)$ 的所有节点中具有最低优先级时，N_i 是 N_k 的祖先节点。**

这里不会给出这个引理的证明过程。如果你有意一试，可以使用归纳法加以证明。

根据上述引理，我们可以计算具有第 i 个最小键的节点成为具有第 k 个最小键的节点的祖先节点的概率。如果优先级是从一个统一的连续集合中得出的，例如介于 0 和 1 之间的所有实数，则节点子集中的每个节点都有可能拥有最低的优先级。

因此，对于每个 $i \neq k$，可以将 i 是 k 的祖先节点的概率写作

$$P(A_k^i)_{i \neq k} = \frac{1}{|N(i,k)|} = \frac{1}{|k-i|+1}$$

对于 $i = k$ 来说，这个概率为 0（一个节点不可能是自身的祖先节点）。

将公式中的这些值替换为 D_k 的期望值，就能得到

1 这里假设 $i < k$；否则，如果 $i > k$，那么引用的子集就会变成 $\{N_k, N_{(k+1)}, \cdots, N_{(i-1)}, N_i\}$。

$$E[D_k]=\sum_{i=0}^{n-1}P(A_k^i)=\sum_{i=0}^{k-1}\frac{1}{k-i+1}+\sum_{i=k}^{k}0+\sum_{i=k+1}^{n-1}\frac{1}{i-k+1}$$

在上面的式子中，求和的中间项显然为 0。但对于求和的第一项来说，当 $i=0$ 时，分母等于 $k-1$，并且随着 i 的增加，分母将逐步减少 1 个单位，直到 $i=k-1$ 时，整个值变成 2。

可以对求和的最后一项进行类似的考虑，从而得到

$$E[D_k]=\sum_{j=2}^{k-1}\frac{1}{j}+\sum_{j=2}^{n-k}\frac{1}{j}=\sum_{j=1}^{k-1}\frac{1}{j}-1+\sum_{j=1}^{n-k}\frac{1}{j}-1=H_{k-1}-1+H_{n-k}-1$$

以上式子中的两个求和其实都是调和级数的部分和，被标记为 H_n 且有 $H_n < \ln(n)$，其中 ln 是自然对数，于是最终可以得到

$$E[D_k]=H_{(k-1)}+H_{(n-k)}-2<\ln(k-1)+\ln(n-k)-2<2\cdot\ln(n)-2$$

以上结果保证了在经过大量尝试之后，随机树堆的高度的平均值是 $O(\log(n))$，也就是存储的键数的对数（不仅与添加或删除键的顺序无关，也与键的分配情况无关）。

3.5.2 剖析高度

你也许并不认同上面的结果，因为它只是对若干次尝试的平均保证。如果在关键的运行中真的很不走运，会出现什么情况呢？为了更好地了解这个数据结构的实际性能，我们可以对其进行一些剖析，就像在 2.10 节中对 d 叉堆所做的那样。不过这里使用的是 Java 的剖析工具 JProfiler[1]。

其实，这次的剖析甚至可以不使用任何工具来完成。因为测试是对普通 BST 与随机树堆的实现加以比较，也就是通过对这两个容器的实例分别执行相同的操作序列，然后通过检查这两棵树的高度完成比较。

上述测试能够为我们提供树堆相对于 BST 的渐进改进的要点，因为正如前文提到的，对（平衡或非平衡）二叉树的操作总是需要与树的高度成正比的步骤数。

同时，因为渐近分析会丢弃常量系数，并隐藏更高级算法通常带有的代码复杂性，所以对实际运行时间的指示将提供更全面的信息，从而帮助我们为应用程序选择最佳实现。

这个测试可以在本书的 GitHub 仓库中找到，其中尝试了 3 种不同的场景。

- 创建一个具有很大尺寸的树，其中树的键是随机整数。树会有初始的插入序列，接着是随机的删除和插入操作（比例为 1∶1）。
- 与上一种场景类似，但可能的键值被限制在一个很小的子集内（例如，只能在 0 和 100 之间，从而迫使树中出现重复元素）。
- 在树中插入一个有序的数字序列。

第一个测试的运行结果如图 3.17 所示。可以看到，两棵树的高度都呈对数增长。这看起来令人沮丧，因为使用随机树堆似乎并没有比普通 BST 带来更好的改进。

然而，你可以有下面这样一些思考。

首先，我们明确一下游戏规则：给定树的目标大小 n，然后添加相同的、随机选择的、没有任何限制的 n 个整数（到两个容器中）。在执行这些插入操作之后，再执行 n 次其他操作。这时，每个操作都可以删除现有的键（随机选择），或者向其中添加一个新的随机整数。显然，这个测试会随着规模的增长而不断重复运行。

1 JProfiler 是一个商业工具。当然，你也可以使用可完成类似工作的开源替代方案。

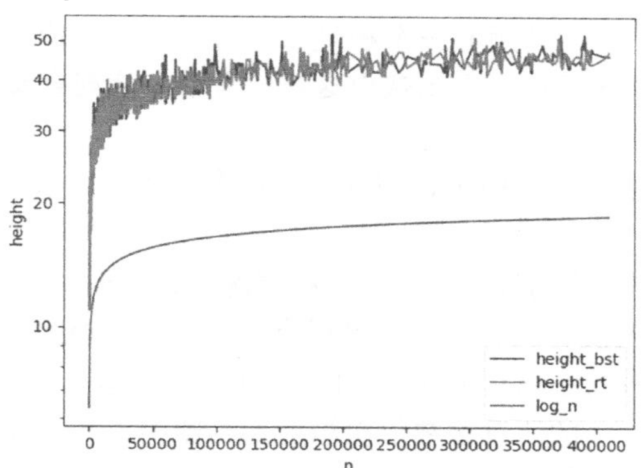

图 3.17 比较随机树堆与 BST 的高度。在这两个数据结构上执行相同的操作，并且键是随机整数。注意，这里的纵轴使用的是对数刻度

其次，这里用到的是一个高效的 BST 实现（你可以在本书的 GitHub 仓库中找到它），它限制了移除元素的倾斜效应[1]。这一改进会改善 BST 的平衡，从而减少与随机树堆之间的差距。

最后，我们在实验中添加的是完全随机的键。由于值的范围与容器中的元素数量相比是如此之大，因此预期的重复数量可以忽略不计，并且可以假设所有要插入的键序列都有相同的概率。在这种情况下，不太可能选到能让高度超过对数的对抗性序列（即使对于 $n\approx 100$ 来说，这种可能性已经很小了）。

于是这种情况就基本相当于使用了与随机树堆相同的概念，只不过将随机性移到了要插入的键序列的生成器而已。然而在现实中，要添加到容器中的数据并不总是能够被选择！

为此，可通过运行另一个不同的模拟来验证这个假设，并通过限制可能的键的集合来减少随机数生成器的影响。将键限制在 0～1000 整数范围内的结果如图 3.18 所示。这时，你会立即注意到这两种数据结构之间的差异：BST 呈线性增长，斜率约为 10^{-3}；随机树堆的高度仍然显示为对数。

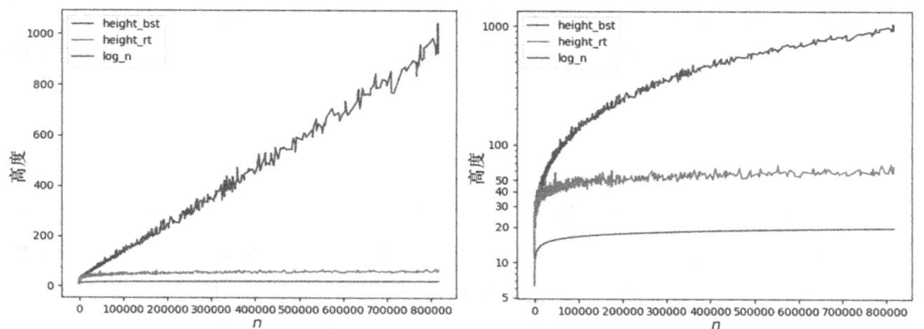

图 3.18 比较随机树堆与 BST 的高度，其中的键可在 0～1000 整数范围内随机选择。这两个图表中显示的是相同的数据，左侧的高度为线性刻度，右侧的高度为对数刻度

导致这种差异的原因有两个。

- 高重复率（重复率随着 n 的增长而越来越高）会产生更长的包含连续有序数据的插入序列。
- BST 在允许重复时天然是向左倾斜的。正如你在代码清单 3.5 中所看到的，由于需要在插入新键时打破平局，因此我们决定每当找到重复元素时就向左移动。更令人遗憾

1 在 BST 中，remove 方法的标准实现是，当要删除的节点 N 有两个子节点时，使用节点 N 的后继节点替换要删除的键（然后递归删除这个后继节点）。在执行完大量的删除操作后，就会导致树向左倾斜。一种减轻这个影响的解决方案是以 50%的概率随机决定使用键的前驱节点而不是后继节点。

的是，在这种情况下，必须有一个确定性的决定，而不能使用与删除操作相同的随机解决方法。因此，就像在这个测试中这样，当输入序列包含大量重复元素时，BST 就会变得明显倾斜。

这个结果对于树堆来说已经不错了，因为对于许多应用程序来说，现实世界中的输入通常包含多个重复元素。

那么，对于不允许重复的应用程序呢？在这种情况下，树堆是否还可以避免对抗性序列呢？说实话，我们到现在为止还没有阐明顺序在这里有多么重要。既然如此，还有什么方法能比直接尝试最坏情况（完全有序的序列）更好呢？图 3.19 展示了这个测试的结果。这个测试去除了所有随机性，只是将 0～$n-1$ 的所有整数依次添加到容器中，并且没有执行任何删除操作。

正如预期的那样，对于 BST 来说，它的高度不仅与节点树线性相关，还与节点数相等（这里的斜率正好为 1）。这是因为就像前文提到的那样，BST 已退化成链表。

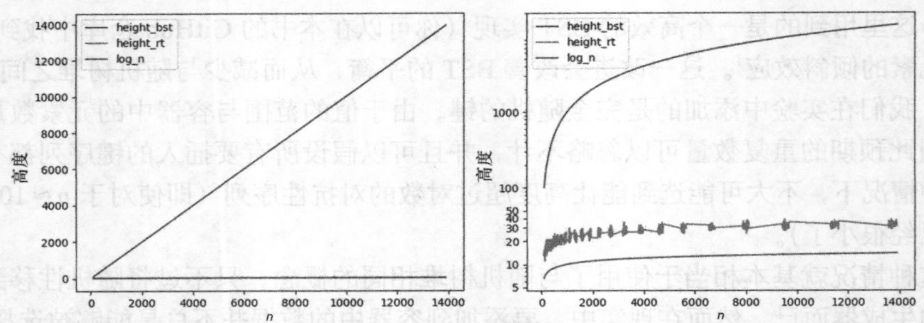

图 3.19　在插入序列 0, 1, …, $n-1$ 后，对比随机树堆与 BST 的高度。这两个图表显示的是相同的数据，左侧的高度为线性刻度，右侧的高度为对数刻度

与 BST 相反，随机树堆就像在其他测试中那样，即使在最坏情况下也保持着良好的对数高度。

由此我们可以得出结论，如果要改进的参数是树的高度，那么与 BST 相比，随机树堆确实更具优势，并且在所有情况下都能够保持对数高度。随机树堆的性能与更复杂的数据结构（如红黑树）类似。

递归的危险

在这个测试中，BST 的退化不仅会导致代码仓库中提供的递归实现的 add 方法崩溃，还会在 $n \approx 15\,000$ 个元素时导致堆栈溢出[1]。这应该能够再次提醒你，在编写递归方法时需要格外小心，以及使用正确的数据结构是多么重要。理论上，树堆也有可能出现堆栈溢出的情况。因为树堆的高度是对数阶的，所以只需要添加大约 $2^{15\,000}$ 个元素就能导致堆栈溢出。（不过存储这个数所需的空间比我们能在任何计算机的 RAM 上分配的空间都大得多，因此不太可能因为递归陷阱而崩溃。）

3.5.3　剖析运行时间

当然，树的高度并不是我们唯一关心的指标。我们还想知道是否会出现其他异常，以及在运行时间和内存使用方面必须付出的代价是什么（见图 3.20）。

为了找出这些答案，这里我们使用 JProfiler 对第一个测试（以无边界整数为键，重复的次数很少或没有重复）进行了特定的剖析并且记录了 CPU 运行时间。这里的剖析使用了本书的 GitHub

1 附录 E 对堆栈溢出与递归的关系以及如何避免此类崩溃做了解释。

仓库中提供的 BST 和随机树堆的实现。这种分析其实毫无价值，因为它只是提供了有关查看的特定实现的相关信息，而在优化过的或者不同设计的软件上，则很有可能得到不同的结果。

不管怎样，分析运行的结果如图 3.20 所示。可以看到，对于插入操作（add 方法）来说，RandomizedTreap 类耗费的累计运行时间几乎是 BST::add 方法的两倍；对于 remove 方法来说，运行时间则会增加到原来的 3.5 倍。

从第一个测试来看，在一般情况下，随机树堆的复杂性更高，因此我们需要为更复杂的开销付出高昂的代价。这个结果在某种程度上是意料之中的，因为当树的高度大致相同时，树堆的代码要比 BST 的代码复杂得多。

```
100.0% - 64,102 ms - 1 inv. com.intellij.rt.execution.junit.JUnitStarter.main
  99.9% - 64,006 ms - 1 inv. org.mlarocca.containers.treap.RandomizedTreapProfiling.profileCPU
    40.9% - 26,212 ms - 234,440 inv. org.mlarocca.containers.treap.RandomizedTreap.add
    28.7% - 18,405 ms - 78,024 inv. org.mlarocca.containers.treap.RandomizedTreap.remove
    21.0% - 13,442 ms - 234,440 inv. org.mlarocca.containers.tree.BST.add
    8.1% - 5,217 ms - 78,024 inv. org.mlarocca.containers.tree.BST.remove
    0.2% - 132 ms - 859,368 inv. java.lang.Integer.valueOf
    0.2% - 115 ms - 78,024 inv. java.util.List.remove
    0.1% - 46,891 µs - 312,474 inv. java.util.Random.nextInt
    0.1% - 33,655 µs - 234,440 inv. java.util.List.add
    0.0% - 28,779 µs - 10 inv. org.mlarocca.containers.treap.RandomizedTreap.<init>
    0.0% - 25,400 µs - 156,232 inv. java.util.Random.nextBoolean
    0.0% - 11,338 µs - 78,024 inv. java.util.List.size
    0.0% - 11,268 µs - 78,024 inv. java.util.List.get
    0.0% - 9,140 µs - 78,024 inv. java.lang.Integer.intValue
    0.0% - 116 µs - 10 inv. org.mlarocca.containers.tree.BST.<init>
    0.0% - 21 µs - 10 inv. java.util.ArrayList.<init>
    0.0% - 16 µs - 1 inv. org.mlarocca.containers.tree.BST.<clinit>
```

图 3.20 在 BST 和随机树堆中插入和删除随机无边界整数时剖析 CPU 使用率

那么，应该放弃 RandomizedTreap 类吗？先不要那么快做决定。让我们看看在对 3.5.2 节介绍的第二个测试用例进行剖析时会发生什么。这次仍然会向容器中添加随机整数，但它们会被限制在[0, 1000]范围内。

你在 3.5.2 节中曾看到，在这种情况下，BST 的高度呈线性增长。对于随机树堆来说，高度却仍然保持对数增长。

图 3.21 展示了这个剖析的结果，从中可以立即发现情况发生了根本性的变化，现在 BST 的表现非常糟糕。其中，BST::add 方法的运行时间是 RandomizedTreap::add 方法的 8 倍，而对于 remove 方法来说，这个倍数甚至更大，使用随机树堆的速度几乎提高了 15 倍。这也正是应该用上新的、奇特的、平衡的数据结构的情况！

```
100.0% - 191 s - 1 inv. com.intellij.rt.execution.junit.JUnitStarter.main
  100.0% - 191 s - 1 inv. org.mlarocca.containers.treap.RandomizedTreapProfiling.profileCPU
    67.3% - 129 s - 77,252 inv. org.mlarocca.containers.tree.BST.remove
    24.5% - 46,919 ms - 232,460 inv. org.mlarocca.containers.tree.BST.add
    4.6% - 8,770 ms - 77,252 inv. org.mlarocca.containers.treap.RandomizedTreap.remove
    3.3% - 6,235 ms - 232,460 inv. org.mlarocca.containers.treap.RandomizedTreap.add
    0.1% - 126 ms - 77,252 inv. java.util.List.remove
    0.1% - 117 ms - 851,884 inv. java.lang.Integer.valueOf
    0.0% - 42,899 µs - 309,722 inv. java.util.Random.nextInt
    0.0% - 30,716 µs - 232,460 inv. java.util.List.add
    0.0% - 23,381 µs - 154,856 inv. java.util.Random.nextBoolean
    0.0% - 10,548 µs - 77,252 inv. java.util.List.get
    0.0% - 9,713 µs - 77,252 inv. java.util.List.size
    0.0% - 8,046 µs - 77,252 inv. java.lang.Integer.intValue
    0.0% - 4,859 µs - 10 inv. org.mlarocca.containers.treap.RandomizedTreap.<init>
    0.0% - 63 µs - 10 inv. org.mlarocca.containers.tree.BST.<init>
    0.0% - 26 µs - 10 inv. java.util.ArrayList.<init>
    0.0% - 12 µs - 1 inv. org.mlarocca.containers.tree.BST.<clinit>
```

图 3.21 在 BST 和随机树堆中插入和删除 0～1000 的随机整数时剖析 CPU 使用率

为全面起见，我们再来看看 BST 的最坏情况。图 3.22 展示了 3.5.2 节介绍的最后一个测试用例的剖析结果，这时会在容器中插入一个有序序列。显然，这种情况下的结果甚至都不需要进行讨论，因为它们之间是数千秒与几微秒的差距（这里甚至不得不使用一个较小的集合进行测试，因为 BST 的性能会下降到让人无法忍受）。

100.0% - 1,402 s - 1 inv. com.intellij.rt.execution.junit.JUnitStarter.main
100.0% - 1,401 s - 1 inv. org.mlarocca.containers.treap.RandomizedTreapProfiling.profileCPUOrderedSequence
100.0% - 1,401 s - 4,264 inv. org.mlarocca.containers.tree.BST.add
0.0% - 94,605 μs - 4,263 inv. org.mlarocca.containers.treap.RandomizedTreap.add
0.0% - 5,093 μs - 8,527 inv. java.lang.Integer.valueOf
0.0% - 3,711 μs - 1 inv. org.mlarocca.containers.treap.RandomizedTreap.<init>
0.0% - 18 μs - 1 inv. org.mlarocca.containers.tree.BST.<init>
0.0% - 12 μs - 1 inv. org.mlarocca.containers.tree.BST.<clinit>
0.0% - 3 μs - 1 inv. java.util.Random.nextInt

图 3.22 在 BST 和随机树堆中插入有序序列时剖析 CPU 使用率

综合考虑后，这些结果表明，如果不能确定需要存放的数据的均匀性和重复性，则应该考虑使用随机树堆。另外，如果可以确定数据将有很多的重复或是可能接近有序的状态，那么肯定应避免使用普通 BST，并利用平衡树这种结构。

3.5.4 剖析内存使用情况

知道了 CPU 的使用情况之后，怎么知道内存的使用情况呢？你已经知道，虽然可能在某些情况下随机树堆会更快，但它们同时也需要更多的空间，以至于无法将大型数据集存储在内存中。

首先，对于前几节介绍的所有测试用例来说，内存使用量大致相同（当然，前提是对相同尺寸的容器进行比较）。这是因为两个树中的节点数量不会随着树的高度而变化，这两个树并不支持压缩，不论是平衡树还是倾斜的树，总是需要 n 个节点来存储 n 个键。

在确定了这一点之后，只需要剖析普通情形下的内存使用情况就行了，因为在普通情形下这两个树会近似平衡。图 3.23 展示了整个测试过程中累积为这两个类的实例分配的内存。

96.7% - 3,745 kB - 86,194 alloc. unrecorded objects
3.3% - 128 kB - 4,898 alloc. com.intellij.rt.execution.junit.JUnitStarter
3.0% - 117 kB - 4,727 alloc. org.mlarocca.containers.treap.RandomizedTreapProfiling
2.1% - 81,488 bytes - 3,376 alloc. org.mlarocca.containers.treap.RandomizedTreap
0.9% - 35,168 bytes - 1,344 alloc. org.mlarocca.containers.tree.BST
0.0% - 24 bytes - 1 alloc. java.util.Random
0.0% - 62,016 bytes - 612 alloc. direct calls to methods of unprofiled classes

图 3.23 在普通情形下，BST 和随机树堆的累积内存分配

可以看到，随机树堆需要的内存是 BST 的两倍多一点。这显然不是很理想，但完全符合预期，这是因为树堆的每个节点都会有一个键（在这个测试中是一个整数）以及一个 Double 类型的值作为优先级。

如果我们将不同类型的数据（如字符串）作为键，就能够看到差异会变得更小。如图 3.24 所示，当存储包含 4 到 10 个字符的字符串作为键时，内存的比例仅为 1.25：1。

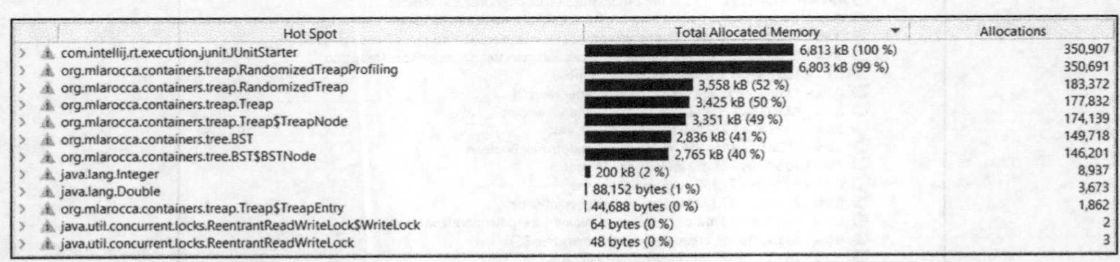

Hot Spot	Total Allocated Memory	Allocations
com.intellij.rt.execution.junit.JUnitStarter	6,813 kB (100 %)	350,907
org.mlarocca.containers.treap.RandomizedTreapProfiling	6,803 kB (99 %)	350,691
org.mlarocca.containers.treap.RandomizedTreap	3,558 kB (52 %)	183,372
org.mlarocca.containers.treap.Treap	3,425 kB (50 %)	177,832
org.mlarocca.containers.treap.Treap$TreapNode	3,351 kB (49 %)	174,139
org.mlarocca.containers.tree.BST	2,836 kB (41 %)	149,718
org.mlarocca.containers.tree.BST$BSTNode	2,765 kB (40 %)	146,201
java.lang.Integer	200 kB (2 %)	8,937
java.lang.Double	88,152 bytes (1 %)	3,673
org.mlarocca.containers.treap.Treap$TreapEntry	44,688 bytes (0 %)	1,862
java.util.concurrent.locks.ReentrantReadWriteLock$WriteLock	64 bytes (0 %)	2
java.util.concurrent.locks.ReentrantReadWriteLock	48 bytes (0 %)	3

图 3.24 当存储包含 4 到 10 个字符的字符串作为键时，BST 和随机树堆的累积内存分配

3.5.5 结论

对 BST 和随机树堆的性能及高度的比较分析表明，虽然后者需要稍多的内存并且通常情况下可能更慢，但是当键的均匀分布和操作的有序性没有任何保证时，使用 BST 反而会带来更大的成为瓶颈的风险。

回顾一下，我们在第 1 章介绍数据结构时明确表示过，知道如何使用正确的数据结构更多的是为了避免做出错误的选择，而不是找到更完美的数据结构。这里也体现了完全相同的思想，我们（作为开发人员）需要注意使用平衡树来避免攻击或性能降级。

值得重申的是，分析的第一部分侧重于树的高度，这个结果具有普遍价值[1]且与使用的编程语言无关，而对运行时间和内存使用情况的分析只对这一种实现、编程语言和设计选择等具有价值。理论上，这些都可以针对应用程序的特定需求加以优化。

笔者始终建议对需求进行仔细分析，以了解软件中的什么最为关键，以及了解在什么地方需要对时间和内存进行某些保证，然后测试并剖析关键部分。一定要避免在非关键部分浪费时间，通常你会发现，帕累托原则（又称二八定律）也适用于软件行业，即通过优化 20%的代码来获得 80%的性能提升。尽管确切的比例可能有所不同，但通过优化应用程序最关键的部分来获得显著改进的总体原则总能成立。

请尽量在整洁的代码和用于开发它们的时间及效率之间取得平衡。正如高德纳 • 克努特（Donald Knuth）所说，“过早优化是万恶之源”，因为尝试优化所有代码可能会分散团队的注意力，从而发现不了关键问题，并产生不够整洁、可读性和可维护性均较差的代码。

因此，应该始终确保首先编写整洁的代码，然后再基于时间和内存的需求来应对瓶颈问题以及优化那些签署了服务水平协议的关键部分。

举个具体的例子，我们在本书配套的 GitHub 仓库中提供的 Java 实现大量使用了 Optional 类（以避免使用 null，并提供了更好的接口和方法来处理搜索或操作不成功的情况），还用到了很多 lambda 函数。

如果要对内存使用情况进行更详细的分析，那么在禁用包的过滤器之后（为了提高剖析的速度，通常需要避免使用记录标准库或其他库），最终结果可能非常令人惊讶，如图 3.25 所示。

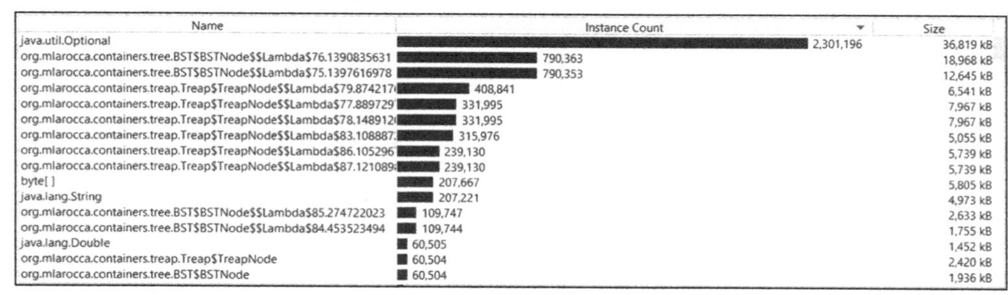

Name	Instance Count	Size
java.util.Optional	2,301,196	36,819 kB
org.mlarocca.containers.tree.BST$BSTNode$$Lambda$76.1390835631	790,363	18,968 kB
org.mlarocca.containers.tree.BST$BSTNode$$Lambda$75.1397616978	790,353	12,645 kB
org.mlarocca.containers.treap.Treap$TreapNode$$Lambda$79.874217	408,841	6,541 kB
org.mlarocca.containers.treap.Treap$TreapNode$$Lambda$77.889729	331,995	7,967 kB
org.mlarocca.containers.treap.Treap$TreapNode$$Lambda$78.148912	331,995	7,967 kB
org.mlarocca.containers.treap.Treap$TreapNode$$Lambda$83.108887.	315,976	5,055 kB
org.mlarocca.containers.treap.Treap$TreapNode$$Lambda$86.105296	239,130	5,739 kB
org.mlarocca.containers.treap.Treap$TreapNode$$Lambda$87.121089	239,130	5,739 kB
byte[ ]	207,667	5,805 kB
java.lang.String	207,221	4,973 kB
org.mlarocca.containers.tree.BST$BSTNode$$Lambda$85.274722023	109,747	2,633 kB
org.mlarocca.containers.tree.BST$BSTNode$$Lambda$84.453523494	109,744	1,755 kB
java.lang.Double	60,505	1,452 kB
org.mlarocca.containers.treap.Treap$TreapNode	60,504	2,420 kB
org.mlarocca.containers.tree.BST$BSTNode	60,504	1,936 kB

图 3.25 在没有对包进行任何过滤的情况下，为测试中的各个类分配的内存

注意，大部分空间被 Optional 实例和 lambda 函数（隐式创建在 Optional::map 等方法中）使用了。

是否支持多线程是影响性能的另一个因素。如果应用程序（永远）不涉及在不同线程之间共享这些容器，则可以不用保证实现是线程安全的，从而节省创建和同步锁所需的开销。

整洁的代码，还是优化的代码？

如果性能和内存使用对应用程序至关重要，则需要编写与这里的代码不同的优化版本，并且不再使用这些花哨的语言功能，甚至需要避免使用递归并编写显式的循环。

但是，如果低级的优化并不重要，则应该坚持使用更整洁、更易于维护的代码，以及使用更好的接口和 API。因为从长远看，可读性更好的代码能让你的工作（以及未来团队成员的工作）变得更轻松。

---

1 假设算法是逐字实现的，且不依赖于具体的实现。

3.6 小结

- 二叉搜索树（BST）在所有典型容器的方法上都提供了良好的性能，但前提是它必须保持平衡。然而，根据键的插入顺序，BST 有可能发生倾斜。
- 边缘情况指的是将有序序列添加到 BST 中，从而得到一条长度为 *n* 的路径，BST 退化成了链表。
- 树堆是 BST 和堆的混合体，遵守 BST 中键的不变量属性和堆中优先级的不变量属性。
- 假设随机分配优先级，如果优先级只能从一个平均分布的连续集合（比如但不限于所有 0～1 的实数）中选择，则可以在数学上保证，对于足够大的 *n* 值，树将存储 *n* 个元素且保持高度不大于 2*log(*n*)。
- 除了理论上的验证，你还会发现（就像在 Java 实现中所做的那样），即使面对 BST 的最坏情况，随机树堆也能保持对数阶的高度。
- 一般情况下，BST 和随机树堆在 CPU 运行时间和内存使用方面的性能相当。不过，在最坏边缘情况下，随机树堆的性能相比 BST 要好得多。

第 4 章　布隆过滤器：减少跟踪内容所需的内存

本章主要内容

- 描述和分析布隆过滤器
- 使用很少的内存来跟踪大文档
- 说明为什么字典是一个不完美的解决方案
- 使用布隆过滤器来改善内存使用情况
- 识别布隆过滤器提高性能的用例
- 使用指标来调整布隆过滤器解决方案的质量

从本章开始，我们将介绍一些不太常见的数据结构。尽管它们看起来很奇怪，但是仍然可以用来解决常见问题。**布隆过滤器**（Bloom filter）就是其中最突出的例子。虽然布隆过滤器已被广泛应用于绝大多数行业，但并没有那么广为人知。

4.1 节引入本章将要讨论的问题，即如何以尽可能小的内存空间来跟踪大型实体。

4.2 节讨论一些越来越复杂的解决方案，并分别展示这些解决方案的优缺点。缺点提供了改进的机会，它们是算法设计者的“沃土”。

作为讨论的一部分，这里也会介绍**字典**（dictionary），这是我们将在 4.3 节中深入讨论的一种抽象数据类型。4.4 节将切换到实现字典的具体数据结构：哈希表、二叉搜索树以及布隆过滤器。

可以看出，我们对布隆过滤器特别感兴趣，而这正是本章的主题。在 4.5 节中，我们将描述布隆过滤器是如何工作的管理原则，然后在 4.6 节中深入研究它的每个方法，并展示关键部分的伪代码。

在 4.7 节中，我们通过讨论布隆过滤器的一些典型用例来结束本章的前半部分，其中包含分布式数据库和文件系统，以及路由等内容。可以看到，这项技术无处不在。这里采用了一种实用的方法，旨在让读者学会辨别使用布隆过滤器的机会，并给出了相应的建议。

从 4.8 节开始，我们将重点转向理论，会介绍一些相关的背景知识，包括布隆过滤器的工作原理，以及为什么布隆过滤器能够正常工作。为了便于理解这部分内容，读者可以先阅读附录 F（如果需要的话，还可以阅读附录 B 和附录 C）中的内容，以了解随机算法、大 O 表示法以及基本数据结构。

在 4.9 节和 4.10 节中，我们将仔细检查数据结构的性能，例如运行时间和内存使用情况（见 4.9 节），以及算法的准确率（见 4.10 节）。

最后，我们将描述一些先进的提供了新功能或降低误报率的布隆过滤器的变体（见 4.11 节）。

4.1　字典问题：跟踪事物

假设有这样一个场景，你为一家大到需要维护自己电子邮件服务的公司工作。这一服务之前只提供基本的功能。自上一次公司改制之后，新任 CTO[1]决定让你对这一服务加以改造，并让你的新主管负责产品的重新设计。

他们想要一个全新的、现代的客户端，含有联系人列表并具备其他一些很酷的功能。例如，当用户向电子邮件添加新的收件人时，应用程序能检查其是否已经存在于联系人列表中。如果没有，就弹出提示（见图 4.1），询问用户是否要添加新联系人。

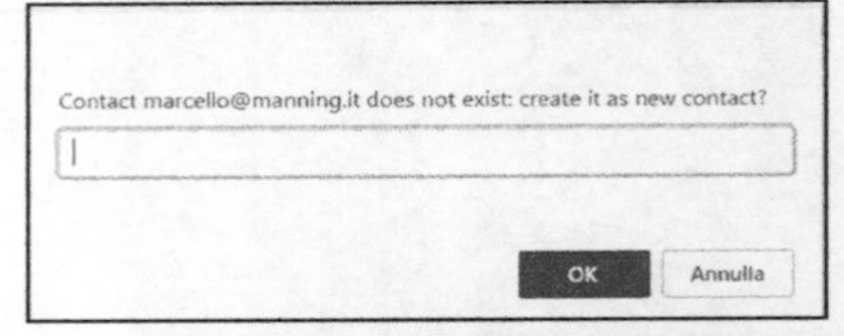

图 4.1　电子邮件应用程序在搜索失败后提示用户添加新联系人

鉴于分配给项目的资源稀缺，你只能对客户端进行重构；对于服务器端，则仍然使用继续运行在专用机器上已有的代码和服务。

一需要根据联系人列表来检查电子邮件地址就调用数据库是不行的，因为这是一台无法纵向扩展的旧机器，也没有足够用于重构和横向扩展的资金[2]。目前，数据库无法支持在一秒内进行若干次调用，而管理层的预测是每秒会有数百封电子邮件正在编写。要处理这个问题，我们首先想到的是使用远程分布式缓存，如 Memcached、Cassandra 或 Redis，这样在最好的情况下，到缓存服务器的往返时间将在 100 毫秒左右。好像还不错，不过在预算方面，无论是为缓存启动新服务器，还是将其作为云服务进行购买，都是不可行的。

于是，就只有一种方法能解决这个问题了，那就是在登录时（或者更延后的情况是，在当前浏览器会话期间第一次单击“**撰写新邮件**”时）异步获取联系人列表，将联系人列表保存在当前网页的会话存储空间中，并在每次查找现有联系人时检查这个数据的本地副本。

图 4.2 展示了为这个应用程序设计的最简可行产品的一种可能架构。接下来，还需要一种有效的方式，以浏览联系人列表并检查这个电子邮件是否被包含在内。

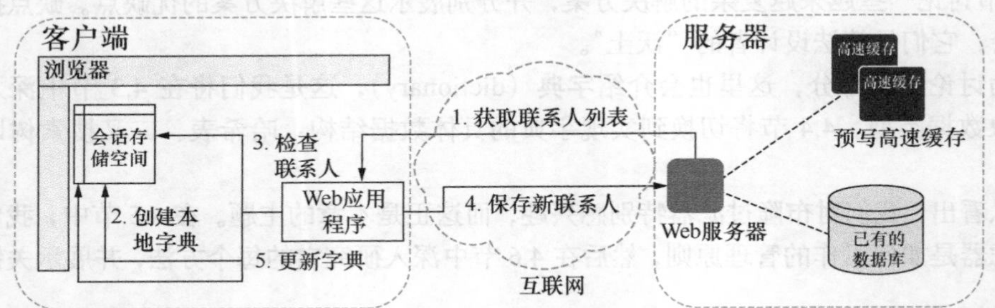

图 4.2　“（建议）保存新联系人”功能的可能架构。在客户端，Web 应用程序会从服务器端接收联系人列表，并用这些数据在会话存储空间中创建一个字典（列表）。每当用户在电子邮件中添加收件人时，Web 应用程序都会检查这个字典，如果联系人不在列表中，则向用户显示一个弹出窗口，让用户决定是否要添加新联系人。在这种情况下，为了保存新联系人，该应用程序需要对 Web 服务器进行另一次 HTTP 调用，同时用新值更新字典（这一步可以不通过服务器来完成）

1 首席技术官（Chief Technology Officer）。

2 **纵向扩展**（scale up）是指将应用程序移到更强大、更昂贵的机器上；而**横向扩展**（scale out）通常指的是重新设计应用程序，使其在分布式架构中运行在若干台更便宜的机器上。纵向扩展（贵公司愿意购买最强大的机器，但是成本也会直线上升）的可能性是有上限的，不过通过进行适当的设计，在理论上可以进行无限的横向扩展。

在列表中查看某个元素是计算机科学中的一个常见问题，这就是**字典问题**（dictionary problem）。

4.2 实现字典的其他方法

“字典问题”这个名称很直白，就像在字典（这里的字典是指那些几乎完全被在线词典和搜索引擎取代的大型工具书）中查找单词或者在电话簿中查找联系人那样。

回顾一下，这个联系人网络应用程序需要：

- 从服务器下载联系人列表；
- 创建一个本地副本，以便进行快速查找和存储；
- 允许查找联系人；
- 如果查找不成功，则提供添加新联系人的选项；
- 在添加新联系人（或修改现有联系人）时与服务器同步。

由此可见，这里真正需要的是一种可以专门用于这类操作的数据结构，它需要能支持快速插入，同时提供一种按值查找元素的方法。

需要明确的是，在使用普通数组时，并不存在有效的数组方法能确定元素 X 的索引是什么，也不存在有效［在**次线性**（sublinear）以内］的方法能确定一个元素是否在数组中。判断一个元素是否在数组中的唯一方法是遍历数组中的所有元素。当然，对于已排序的数组，我们可以使用**二分查找**（binary search）来加快搜索速度。

例如，将字符串["the", "lazy", "fox"]存储到一个数组中，要搜索"lazy"，就需要依次浏览整个数组中的元素。

根据定义，关联数组会有一个能够有效地通过值来查找存储条目的方法。通常这种结构可用于存放（键，值）对。例如，对于<("the", article), ("lazy", adjective), ("fox", noun)>这样一个列表，如果搜索"lazy"，关联数组将返回 adjective。

关联数组与常规数组的另一个区别是，关联数组里值的位置与插入顺序无关，这一点甚至都没有被明确地定义出来，而这也正是加快按值进行查找的代价。

要真正理解这个问题的解决效率，你需要深入了解实现细节。不过，这里只需要使用字典抽象就足以讨论如何解决这个问题了（例如查找电子邮件是否存在于联系人列表中），并不需要处理数据结构存储的相关细节，因此你关注任务本身即可。

4.3 描述数据结构 API：关联数组

关联数组［也称为**字典**（dictionary）[1]、**符号表**（symbol table）或**映射**（map）］是由（键，值）对的集合组成的，其具有如下特点：

- 每个可能的键在集合中最多出现一次；
- 每个值都可以通过相应的键直接进行检索。

了解关联数组本质的最简单方法是将常规数组视为一种特殊情况。其中的键是从 0 到数组大小减 1 的一组索引，因此我们可以通过提供索引来检索值。例如，（常规）数组["the", "lazy" "fox"]就可以解释为存放了(0, "the")、(1, "lazy")和(2, "fox")关联信息的字典。

关联数组让这个概念变得更通用，从而可以将任何可能域中的值作为键。关联数组的 API

1 这里使用了术语“关联数组”来避免混淆字典问题和字典抽象数据类型。这两个词虽有联系，但它们并不是一回事。

与契约如表 4.1 所示。

表 4.1　　关联数组的 API 与契约

<table>
<tr><th colspan="2">抽象数据结构：关联数组（又称字典）</th></tr>
<tr><td>API</td><td><pre>class Dictionary {
  insert(key, value)
  remove(key) → value
  contains(key) → value
}</pre></td></tr>
<tr><td>与外部客户端签订的契约</td><td>字典将永久存放由客户端添加的所有（键，值）对。如果（键，值）对(K,V)被添加到字典中（之后没有被删除），contains(K)将返回 V。</td></tr>
</table>

通过定义这个 API，我们就可以为前面的问题提供一个简单的解决方案了。

当用户登录电子邮箱时，客户端会从服务器获取联系人列表，并将它们存储到一个字典中，这个字典可以保存在内存中。如果用户添加一个新联系人，就调用字典的 insert 方法。类似地，如果用户要删除现有联系人，就需要调用 remove 方法以保持字典同步。每当用户撰写一封电子邮件并添加收件人时，就首先检查字典内容，只有当联系人不在联系人列表中时，才会弹出提示，并询问用户是否需要保存新联系人。

这样就不用对服务器（也就是数据库）进行 HTTP 调用以检查联系人是否在联系人列表中了，并且只会在启动时（或者在会话期间第一次撰写电子邮件时）从数据库中读取一次相关信息。

4.4　具体数据结构

我们到目前为止讲的都是理论，但实现关联数组并用于实际系统显然是完全不同的事情。

理论上，如果域（可能的键的集合）足够小，就仍然可以通过定义键的全序来使用数组，并使用它们在全序中的位置来作为实际数组的索引。例如，如果键的域由单词{"a", "terrible", "choice"}组成，就可以按照字典顺序对键进行排序，然后将值存储在一个普通的字符串数组中，如{"article", "noun", "adjective"}。这时，如果需要一个只包含键"choice"的值的字典，就可以通过将与缺失键对应的值设置为 null 来实现，即{null, "noun", null}。

通常来说，这种情况很少发生，并且键的可能值的集合会大到足以使包含所有可能键值元素的数组变得不切实际。这样做需要用到太多的内存，而其中的大部分并不会被用到。

好在有两个简单的实现和三个使用非常广泛的替代方案可以用来解决这个内存问题。

4.4.1　无序数组：快速插入，慢速搜索

即便你从未用过词典，至少应该对纸质图书有所了解，例如本书（当然，你也可能购买的是电子版）。

假设你想在本书中查找一个特定的词语，例如“布隆”，并记下它出现的所有位置。其中一种方法就是从第一页开始，逐字通读本书，直至看到这个词语为止。如果要找到“布隆”这个词语出现的所有位置，就得翻阅整本书。

一本书里有很多词语，按照它们的印刷顺序，就像一个未排序的数组。表 4.2 总结了针对无序数组的主要操作的性能。

表 4.2 使用无序数组作为字典

操作	运行时间	额外空间
创建结构	$O(1)$	无
查找条目	$O(n)$	无
插入新条目	$O(1)$[a]	无
删除条目	$O(1)$	无

a．摊销时间。

无序数组的优点是创建时不需要额外的工作，并且只要有足够的容量，添加新条目就会非常容易。

4.4.2 有序数组和二分查找：慢插入，稍微快一些的搜索

很明显，上面的实现并不实用。如果在浏览完本书后，你还需要搜索另一个词语，如“过滤器”，就不得不重新开始，再次翻阅这本包含数十万个词语的书。这也是很多技术图书包含索引的原因。索引通常位于书的末尾。在那里，你可以找到按顺序排列的书中**最不常用的术语**列表。有时，常用词不会出现在索引中——这些词使用得过于频繁，找到涉及它们的章节的价值非常不高。相反，一个术语越少见，则它在书中通常越重要[1]。

可通过检查章节并查找“布隆”一词来完成需求。按照字典顺序，从头开始阅读对应的章节，直至找到需要查找的词语。要查找“布隆”这个术语，不需要太长的时间；而要查找术语“梯度”或“退火”，则需要花费较长的时间——它们位于本书靠后的部分。

这也是我们下意识地在有序列表中使用二分查找[2]进行搜索的原因。在使用电话簿时，你可以从中间随机的一页开始（如果知道人名所在位置的话，也可以从更接近开头或结尾的地方开始），并根据需要查找的内容在当前页面之前或之后进行跳转。例如，如果需要查找的姓氏依然是“布隆”（Bloom），而打开的电话簿页面上的第一个姓氏是“库尔茨”（Kurtz），就可以知道此后的所有页都不再需要检查，而只需要查看当前页面之前的页面。继续随机打开另一页，如果那一页上的姓氏是“巴罗”（Barrow），就可以知道“布隆”会出现在包含“巴罗”的那一页之后，以及包含“库尔茨”的那一页之前的某一页上。

回到联系人列表问题，另一种解决方法是对联系人进行排序并使用二分查找进行搜索。

从表 4.3 可以看出，就运行时间而言，初始成本（对列表进行排序）和添加新条目的成本都非常高。此外，如果需要备份原始列表以保留原始顺序的话，则需要额外的线性内存。

---

1 这也是文本搜索和文本分析中使用的 TF-IDF 度量的基础。TF-IDF 是术语**频率—逆文档频率**（Term Frequency-Inverse Document Frequency）的英文缩写，TF-IDF 的值可通过将文档中术语的原始出现率（TF）除以另一个分数的对数来进行计算，这个分数的计算方法是，用出现这个术语的文档数量除以语料库中文档的总数（IDF）。也就是说，当一个术语在文档中经常出现但在语料库中很少出现时，TF-IDF 的值就会很大；而当一个术语在许多文档中都被频繁使用时，TF-IDF 的值就会很小。

2 每次都搜索列表的中间，并将列表分成两部分。一部分包含搜索位置之前的内容，另一部分则包含搜索位置之后的内容。根据要查找的元素与处于搜索位置的元素的比较结果，递归检查列表的前半部分或后半部分（如果找到需要查找的内容，就不用继续递归下去了）。

表 4.3　使用有序数组作为字典

操作	运行时间	额外空间
创建结构	$O(n*\log(n))$	$O(n)$
查找条目	$O(\log(n))$	无
插入新条目	$O(n)$	无
删除条目	$O(n)$	无

4.4.3　哈希表：在不需要有序的情况下，具有平均常数时间的性能

我们在附录 C 中介绍了哈希表和哈希方法。哈希表的主要优点是可以用来实现这样一种关联数组，其中要存储的可能值来自一个非常大的集合（例如，所有可能的字符串或所有整数），但通常只需要存储其中有限的一小部分。在这种情况下，我们可以使用哈希函数把可能值的集合［**域**（domain）或源集］映射到一个较小的包含 M 个元素的集合［**共域**（codomain］或目标集]，从而在普通数组的索引处存储与每个键相关联的值（参见附录 C 中的解释，可根据对预期性能的一些考虑来决定 M 有多大）。通常来说，域集合中的值称为键（key），共域中的值则是从 0 到 $M-1$ 的索引。

由于哈希函数的目标集通常小于源集，因此有可能发生碰撞。换言之，至少有两个值会被映射到相同的索引。正如你在附录 C 中看到的那样，哈希表会使用一些策略来解决碰撞问题，如**链式法**或**开放寻址法**。

另一件重要事情是，哈希映射和哈希集合是不同的。前者允许将值[1]与键相关联，后者则只会记录集合中的键存在与否。哈希集合（也就是 Set 类）是字典的一种特殊实现。对于 4.4 节开头给出的将字典作为抽象数据结构的定义，集合（set）是字典的特化，其中值的类型为 Boolean。这时 insert 方法的第二个参数就变得多余了，因为与哈希集合中的键对应的值将被隐式地假定为 true。集合的 API 与契约如表 4.4 所示。

表 4.4　集合的 API 与契约

抽象数据结构：集合	

API	`class Set {`
	`  insert(key)`
	`  remove(key)`
	`  contains(key) → true/ false`
	`}`

与外部客户端签订的契约	一个集合维护一组键。如果键 K 被添加到集合中（之后没有被删除），那么 contains(K)将返回 true，否则返回 false

正如我们在附录 C 中所提到的，哈希表（与哈希集合）中的所有操作都可以在摊销后的 $O(1)$ 时间内完成。

4.4.4　二叉搜索树：所有操作都是对数阶的

我们在第 2 章提到了二叉搜索树（BST），也会在附录 C 加以介绍。

BST 是一种特殊的二叉树，可以存储键并保持全序。这意味着对于任意两个键，都必须可以对它们进行比较并确定哪个更小或者它们是否相等。全序来自于**自反性**（reflexive）、**反对称**

1 注意不要与哈希函数生成的索引混淆。

性（antisymmetric）、传递性（transitive）和完全性（total）这 4 个属性。

序关系

给定一个定义了序关系为≤的集合 S，如果对于任何三个键 x、y、z，以下属性都满足，那么这个关系就是全序关系。

自反性：$x \leqslant x$。

反对称性：若 $x \leqslant y$ 且 $y \leqslant x$，则 $x = y$。

传递性：若 $x \leqslant y$ 且 $y \leqslant z$，则 $x \leqslant z$。

完全性：$x \leqslant y$ 或 $y \leqslant z$。

BST 使用这些属性来确保只需要通过查看从根节点到叶子节点的单条路径就可以找到键在树中的位置。

在实际操作中，只要插入一个新键，就对它与树的根节点进行比较。如果它更小，就“左转”，遍历根节点的左子树，否则遍历根节点的右子树。接下来，重复地与子树的根节点进行比较，以此类推，直到到达叶子节点为止，而这也就是需要插入键的位置。

回顾你在第 2 章中看到的关于堆的内容（或在附录 C 中进行复习），BST 中的所有操作花费的时间都与树的高度成正比（从根节点到叶子节点的最长路径）。特别是对于平衡 BST 来说，所有的操作都需要 $O(\ln(n))$的时间，其中的 n 是添加到树中的键的数量。

当然，与哈希表的 $O(1)$摊销运行时间相比，即使是平衡 BST，也不是实现关联数组的最佳选择。但是，虽然平衡 BST 在核心方法上的性能**稍逊一筹**，但它允许对诸如查找键的前驱键和后继键以及查找最小值和最大值之类的方法带来实质性的改进。这些方法都能够在 $O(\ln(n))$的渐近时间内运行，而哈希表上的相同操作都需要 $O(n)$的时间。

BST 还可以在线性时间内返回存储的以键为序的所有键（或值）。对于哈希表来说，则需要在获取所有的键之后对它们进行排序，因此需要进行 $O(M + n*\ln(n))$次比较。

到目前为止，我们已经描述了常用来实现字典的基本数据结构，是时候回顾一下这些内容了。表 4.5 总结了对于不同的实现，字典操作的运行时间。

表 4.5　对于不同的实现，字典操作的运行时间

操作	无序数组	有序数组	BST	哈希表
创建数据结构	$O(1)$	$O(n*\log(n))$	$O(n*\log(n))$	$O(n)$
查找条目	$O(n)$	$O(\log(n))$	$O(\log(n))$	$O(n/M)$[a]
添加新条目	$O(1)$[a]	$O(n)$	$O(\log(n))$	$O(n/M)$[a]
删除条目	$O(1)$	$O(n)$	$O(\log(n))$	$O(n/M)$[a]
有序列表	$O(n*\log(n))$	$O(n)$	$O(n)$	$O(M + n*\log(n))$
最小值/最大值	$O(n)$	$O(1)$	$O(1)$[b]	$O(M + n)$
前驱键/后继键	$O(n)$	$O(1)$	$O(\log(n))$	$O(M + n)$

a．摊销时间。

b．单独存储最小值和最大值，并在插入/删除时摊销掉替换它们的时间。

从表 4.5 可以很清晰地知道，如果不用担心任何涉及元素顺序的操作，或者不关心它们的插入顺序，那么哈希表的摊销时间是最好的。如果 $n \approx M$（因此桶的数量与元素大约一样多），那么哈希表就可以在摊销后的常数时间内执行插入、删除和查找操作。

4.4.5 布隆过滤器：与哈希表一样快，但（由于一个缺陷而）更节省内存

虽然本书还没有正式介绍过这种数据结构，但你很有可能听说过**布隆过滤器**（Bloom filter）。这是一种以伯顿·霍华德·布隆（Burton Howard Bloom）的名字命名的数据结构，发明于 20 世纪 70 年代。

哈希表和布隆过滤器之间存在以下 4 个显著差异。

- 基本的布隆过滤器不会存储数据，只回答这样一个问题：数据在集合中吗？换句话说，它们实现了哈希集合的 API，而不是哈希表的 API。
- 与哈希表相比，布隆过滤器需要更少的内存，这也是我们使用它们的主要原因。
- 虽然得到的阴性答案有 100%的准确率，但也可能存在假阳性的误报。对于这一点，我们将在稍后的内容中予以详细解释。在这里，请先记住布隆过滤器有可能在某个值还没有被添加的时候就回答它是否已被添加。
- 无法从布隆过滤器中删除值[1]。

我们需要在布隆过滤器的准确率与其使用的内存之间进行权衡。使用的内存越少，布隆过滤器返回的假阳性就越多。好在给定了需要存储的值的数量之后，就有一个确切的公式可以用来计算将假阳性率保持在某个阈值之下所需的内存量。关于这个公式的细节，我们将在后文加以介绍。

4.5 表面之下：布隆过滤器是如何工作的

现在我们将深入研究布隆过滤器的实现细节。布隆过滤器由两部分组成：

- 一个包含 m 个元素的数组；
- 一个包含 k 个哈希函数的集合。

这个数组（在理论上）是一个位数组，所有位在最初都被设置为 0，所有哈希函数则都会输出一个介于 0 和 $m-1$ 之间的索引。

由此可知，数组元素和添加到布隆过滤器的键之间没有任何一一对应的关系。你将用到 k 位（也就是 k 数组里的元素）来存储布隆过滤器中的每个条目。这里的 k 通常比 m 小得多。

需要注意的是，k 是在创建数据结构时选择的常量，因此添加的每个条目都会使用相同大小的内存来存储，也就是 k 位。对于字符串来说，这是非常了不起的存储方案，因为它可以使用恒定的内存大小（仅 k 位）来将任意长度的字符串添加到过滤器中。

如果向过滤器中插入一个新的条目，就需要计算数组的 k 个索引——分别由值 h_0(key)～$h_{(k-1)}$(key)表示——并将这些位设置为 1。

如果需要查找一个条目，则仍然需要像插入操作描述的那样计算它的 k 个哈希值，不过这里只需要检查哈希函数返回的索引处的那 k 位。另外，当且仅当所有位都被设置为 1 时，才返回 true。

图 4.3 展示了这两个操作。

在理想情况下，需要 k 个不同的独立哈希函数，以保证对于相同的值不会出现两个索引重复的情况。不过，设计大量独立的哈希函数并不容易。好在我们可以获得一些不错的近似值，常用的解决方案有以下几种。

---

1 至少在基础版本中并不支持，但稍后你就会看到，已经有一些能够处理元素删除情况的变体被开发出来了。

- 使用一个带参数的元函数 $H(i)$：这个元函数是哈希函数的生成器，旨在接收初始值 i 并输出哈希函数 $H_i = H(i)$。在布隆过滤器的初始化过程中，可通过在 k 个不同的（通常是随机的）值上调用生成器 H 来创建 k 个不同的数列函数——$H_0 \sim H_{k-1}$。
- 使用单个哈希函数 H，但初始化 k 个随机（且唯一）值的列表 L。对于要被插入或搜索的每个条目 key，可通过将 $L[i]$添加或附加到 key 来创建出 k 个不同的值，然后使用 H 对它们进行哈希。（你要知道，精心设计的哈希函数会因为输入的微小变化而产生完全不同的结果。）
- 使用双重或三重哈希[1]。

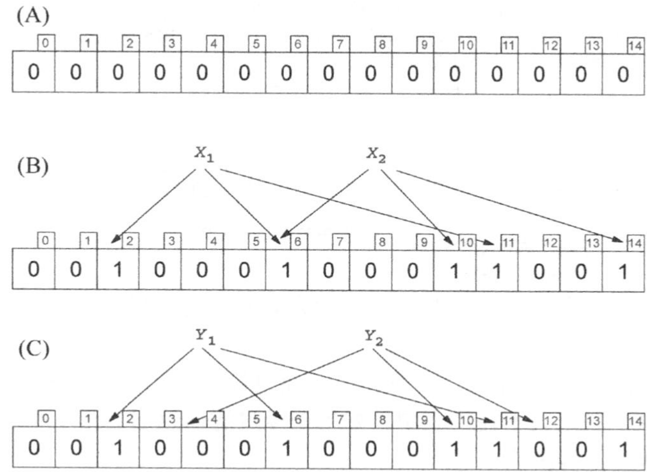

图 4.3 布隆过滤器的一个例子。（A）一开始，过滤器是一个零数组。（B）为了存储元素 X_i，该元素将被哈希 k 次（在这个例子中，k=3），每个哈希函数都会产生一个位的索引，并且把这 k 位都设置为 1。请注意，这里为元素 X_1 和 X_2 生成的两个索引三元组会有部分重叠（它们都指向第 6 个元素。有关插入操作是如何工作的更详细示例，参见图 4.5。（C）类似地，为了检查元素 Y_i 是否在集合中，该元素也会被哈希 k 次，以获得同样数量的索引。然后读取相应的位，当且仅当所有位都被设置为 1 时，才返回 true。元素 Y_1 看起来已经在集合中（但不能排除过滤器返回的是假阳性），元素 Y_2 则肯定不在集合中，这是因为从元素 Y_2 哈希生成的索引之一仍然为 0。可查看图 4.4 以进一步了解查找操作的工作原理

虽然最后这个解决方案并不能保证生成的哈希函数之间的独立性，但足以证明[2]即使放宽这个约束也不会让假阳性率增加太多。为了简单起见，在后面的实现中，我们将使用带有两个独立哈希函数的双重哈希：Murmur 哈希和 Fowler-Noll-Vo (fnv1)哈希。

因此，对于介于 0 和 $k-1$ 之间的 i，实现中的第 i 个哈希函数的通用公式为

$$h_i(\text{key}) = \text{murmurhash}(\text{key}) + i*\text{fnv1}(\text{key}) + i*i$$

4.6 实现

关于理论的讨论够多了，是时候加以实践了。接下来，我们将给出伪代码并对关键部分进行分析。一些琐碎的方法将被省略。同样，在本书配套的 GitHub 仓库中，你可以找到包含完整代码和单元测试的实现。

---

1 双重哈希是一种用于解决哈希碰撞的技术（参见附录 C 的 C.5.2 节和 C.5.3 节。当发生碰撞时，双重哈希通过使用键的二级哈希来为计算出的初始位置添加一个偏移量。类似地，三重哈希使用两个辅助哈希函数的线性组合来计算偏移量。

2 Fast and accurate bitstate verification for SPIN，Peter C. Dillinger 与 Panagiotis Manolios，国际 SPIN 软件模型检查研讨会，斯普林格出版社，2004 年。

4.6.1　使用布隆过滤器

回到一开始的那个联系人应用程序，如何通过使用布隆过滤器让它更快呢？如前所述，由于要把它用作字典，因此需要在电子邮件应用程序启动时创建一个新的布隆过滤器，从服务器端获取所有联系人信息，并将其添加到这个布隆过滤器中。代码清单 4.1 展示了这一初始化过程。

代码清单 4.1　启动电子邮件应用程序

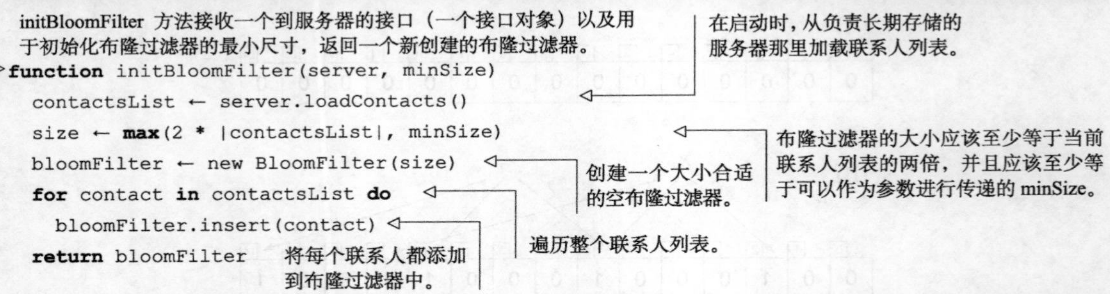

initBloomFilter 方法接收一个到服务器的接口（一个接口对象）以及用于初始化布隆过滤器的最小尺寸，返回一个新创建的布隆过滤器。
在启动时，从负责长期存储的服务器那里加载联系人列表。
布隆过滤器的大小应该至少等于当前联系人列表的两倍，并且应该至少等于可以作为参数进行传递的 minSize。
创建一个大小合适的空布隆过滤器。
遍历整个联系人列表。
将每个联系人都添加到布隆过滤器中。


```
function initBloomFilter(server, minSize)
  contactsList ← server.loadContacts()
  size ← max(2 * |contactsList|, minSize)
  bloomFilter ← new BloomFilter(size)
  for contact in contactsList do
    bloomFilter.insert(contact)
  return bloomFilter
```

完成上述操作后，还有两个操作要执行：检查联系人是否已经存在于列表中；向字典中添加新联系人。

对于前面这个操作，如代码清单 4.2 所示，可通过检查布隆过滤器来完成。如果布隆过滤器返回 false，则说明这个联系人不在列表中；如果布隆过滤器返回 true，则结果有可能是假阳性，因此需要联系服务器进行再次检查[1]。

代码清单 4.2　检查电子邮件

checkContact 方法用于验证联系人是否已被存储在电子邮件应用程序中，接收一个布隆过滤器、一个服务器接口以及要检查的联系人作为参数。如果联系人已存在于列表中，则返回 true。

```
function checkContact(bloomFilter, server, contact)
  if bloomFilter.contains(contact) then
    return server.contains(contact)
  else
    return false
```

在布隆过滤器中检查传递给方法的联系人。

如果布隆过滤器返回 true，则需要联系服务器来检查联系人是否真的存在，因为布隆过滤器的结果可能是假阳性。

由于布隆过滤器不会出现假阴性（只会出现假阳性），因此可以返回 false。

在添加新联系人时，总是需要同步到永久存储，如代码清单 4.3 所示。由于这也就意味着需要通过网络进行远程连接，因此对服务器的调用存在失败的可能性，这一点不可以忽略。为此，我们需要在更新布隆过滤器之前处理可能的问题并确保远程调用成功。

为了保证完整性，在实际的实现中还应该同步对服务器和布隆过滤器的访问，使用锁机制（见第 7 章）并且将整个操作包含在 try-catch 代码块中。如果布隆过滤器调用失败，则应该进行回滚（或重试）。

代码清单 4.3　添加新联系人

addContact 方法向系统中添加一个新联系人。除了接收要添加的新联系人之外，它还接收一个布隆过滤器和一个服务器对象作为参数。当且仅当操作成功时，它才返回 true。

```
function addContact(bloomFilter, server, contact)
  if server.storeContact(contact) then
    bloomFilter.insert(contact)
```

尝试将联系人添加到服务器，如果成功的话

就将联系人也添加到布隆过滤器中，

---

1 当然，也可以只检查本地的布隆过滤器，但即使它返回的是 true，如果不对服务器进行检查的话，则没有办法知道结果是不是假阳性！

```
    return true          ◁—— 并返回 true。
  else
    return false         ◁—— 否则，添加失败，返回 false。
```

4.6.2 位的读取和写入

接下来，让我们开始实现布隆过滤器，并采用辅助方法编写构建 API 实现的基本代码段。具体来说，我们需要下面这些辅助方法。

- 某种可以在过滤器缓冲区中的任何位置读取和写入位的方法。
- 输入的键与缓冲区中的位索引之间的映射。
- 一组确定性生成的哈希函数，用于将键转换为索引列表。

既然使用了布隆过滤器来节省内存，再使用位的低效存储就没有意义了。我们需要将位打包成所选编程语言中可用的最小整数类型。位的读取和写入都需要将被访问的位索引映射为若干整数。

事实上，在现代编程语言中，通常可以通过使用基本类型的固定大小的数字数组与向量代数来加速这些操作。唯一的代价是，如果收到访问过滤器中的第 i 位的请求，则需要从索引 i 里提取出两个坐标：哪个数组元素存储了第 i 位，以及需要从这个数组元素中提取的位。

代码清单 4.4 展示了这个操作及其计算逻辑。

代码清单 4.4 findBitCoordinates 函数

findBitCoordinates 函数是一个辅助方法，在给定位数组中某个位的索引的情况下，它会返回数组的索引以及这个位相对于该索引处的数组元素的偏移量。

```
function findBitCoordinates(index)
  byteIndex ← floor(index / BITS_PER_INT)
  bitOffset ← index mod BITS_PER_INT
  return (byteIndex, bitOffset)
```

提取缓冲区字节内部的位偏移量。换句话说，就是通过执行模运算来提取出位的局部索引，其他部分可在上一行代码中通过除法得到。

将字节索引和位偏移作为一对值返回。注意，有些编程语言支持元组的原生结构。而在其他编程语言中，这可以通过返回一个包含两个元素的数组来实现。

给定要检索的位的索引，提取出字节索引。也就是说，得到数组缓冲区中的哪个元素会包含所要提取的位。BITS_PER_INT 是一个（系统）常量，它的值是在所使用的编程语言中用于存储 int 类型的位数（对于大多数编程语言来说，这个值是 32）。

一旦有了这两个索引，我们就可以轻松地读取或写入任何位了，因为剩下的只是按位计算的问题而已。例如，代码清单 4.5 展示了负责读取部分的 readBit 方法。

代码清单 4.5 readBit 方法

readBit 方法从作为第一个参数传递的位数组中提取第 index 位，并会返回这个位的值，也就是 0 或 1。

```
function readBit(bitsArray, index)
  (element, bit) ← findBitCoordinates(bitsArray, index)
  return (bitsArray[element] & (1 << bit)) >> bit
```

获取位数组中位的元素索引和偏移量。

返回通过一些位运算得到的值。先检索缓冲区元素，然后将其与提取单个位（在正确位置）的掩码进行与(AND)运算，最后对提取的值进行移动，从而使结果为 0 或 1。我们可以对左移操作通过一个包含 BITS_PER_INT 个掩码的常量数组进行保存，并使用 bit 作为索引，从而决定应用哪个掩码。

代码清单 4.6 展示了负责写入部分的 writeBit 方法。可以看到，这里并没有将写入的值传递进去，这是因为（这个版本的）布隆过滤器并不支持元素的删除操作，所以只会写入 1，而不会有写入 0 的情况。

代码清单 4.6　writeBit 方法

writeBit 方法接收位数组和应该写入 1 的位的索引，并在修改后返回位数组。

```
function writeBit(bitsArray, index)
  (element, bit) ← findBitCoordinates(bitsArray, index)
  bitsArray[element] ← bitsArray[element] | (1 << bit)
  return bitsArray
```

获取位数组中位的元素索引和偏移量。

通过执行另一些位运算来存储值。对来自当前缓冲区的字节与仅在需要写入的位置为 1 的掩码进行与（OR）运算，然后将结果存储回缓冲区。如果缓冲区在第 index 位已经是 1，那么它不会被改变；否则，只有这个位会被修改。在这里，假设只会写入 1，而不会写入 0（因为这个布隆过滤器版本并不支持删除操作）。

我们看一个关于 readBit 和 writeBit 方法的例子。假设有这样一个缓冲区：B = [157, 25, 44, 204]且 BITS_PER_INT = 8，调用 readBit(B, 19)，可以得到 element == 2，bit == 3。即有

- `bitsArray[element]`　　(评估为 44)
- `(1 << bit)`　　(8)
- `bitsArray[element] & (1 << bit)`　　(8)

并且返回值为 1。

相应地，如果调用 writeBit(B, 15)，则可以得到 element == 1, bit == 7。即有

- `bitsArray[element]`　　(评估为 25)
- `(1 << bit)`　　(128)
- `bitsArray[element] | (1 << bit)`　　(153)

并且缓冲区将更新为 B = [157, 153, 44, 204]。

4.6.3　找到键存储的位置

要生成用于存储键的所有位索引，我们需要经历代码清单 4.7 所示的两步过程。

代码清单 4.7　key2Positions 方法

key2Positions 方法将哈希函数数组作为输入，同时接收用于初始化这些函数的随机数种子以及将要被哈希的键，会返回需要在布隆过滤器中更新的一组位索引以便进行键的读取或写入。

```
function key2Positions(hashFunctions, seed, key)
  hM ← murmurHash32(key, seed)
  hF ← fnv1Hash32(key)
  return hashFunctions.map(h => h(hM, hF))
```

使用给定的随机数种子对键应用 murmur 哈希。

将 fnv1 哈希应用于键。

这里使用了函数式编程。首先创建一个 lambda 函数，以哈希函数 h 作为输入，并将 h 应用于 murmur 哈希和 fnv1 哈希所生成的两个值，然后将这个 lambda 函数映射到 hashFunctions 数组里的所有元素。此操作会把哈希函数（将两个整数作为参数并生成一个整数作为结果）数组转换成一个整数数组。

记住，这里的最终目标是将字符串转换为 k 个介于 0 和 $m-1$ 之间的位置。

首先，对字符串使用两个完全不同的哈希函数：murmur 哈希与 fnv1 哈希。对于给定的字符串，这两个哈希函数同时得到相同结果的可能性非常小。

其次，通过相应的哈希函数计算出需要用到的 k 个位索引。对于 0 和 $k-1$ 之间的所有位置 i，都存在一个（在初始化时）已经生成的双重哈希函数 h_i。因此，第 i 个位可由 $h_i(h_M, h_F)$计算出来。其中，h_M 是 murmur 哈希基于键的结果，h_F 则是 fnv1 哈希基于键的结果。

尽管每次运行都会使用随机数种子来得到足够高的随机化，但仍然需要有一种方法能强制测试确定性的行为，并且要能通过给定的缓冲区重新创建布隆过滤器，进而支持过滤器的

序列化，或者支持在失败时快速重启。因此，这里还需要将随机数种子传递给布隆过滤器的构造函数。

4.6.4 生成哈希函数

代码清单 4.7 描述了如何在 key2Positions 方法中传递一个哈希函数数组，并用其将键转换为索引列表，也就是在过滤器的位数组中存储键的位置。接下来，你可以通过代码清单 4.8 来了解如何初始化将键（已转换为字符串）映射到一组 k 个索引所需的 k 个哈希函数，从而保存有关键的相关信息（已存储还是未存储）。

代码清单 4.8 initHashFunctions 方法

initHashFunctions 方法接收所需函数的数量以及布隆过滤器包含的位数作为参数，旨在创建并返回一个接收两个值的双重哈希函数的列表。

```
function initHashFunctions(numHashFunctions, numBits)
  return range(0, numHashFunctions).map(i => ((h1, h2)
    ➥ => (h1 + i * h2 + i * i) mod numBits))
```

这里再次用到了函数式编程，旨在将 lambda 函数应用于数组。为了方便起见，这里将整数 0～numHashes-1（含）映射到了一个由同样多的双重哈希函数组成的列表。

函数集合是通过使用双重哈希并以 k 种不同方式组合两个参数来进行创建的。对于线性或二次哈希来说，双重哈希将增加可以获得的哈希函数。具体来说，哈希函数的数量将从 $O(k)$增长到 $O(k^2)$。尽管如此，这与均匀哈希所要保证的理想状态 $O(k!)$仍然相去甚远。在实际工作中，这已经足够了，并且能够保持良好的性能（这意味着更低的碰撞率）。

4.6.5 构造函数

现在我们将讨论 4.4.3 节中定义的集合的公共 API，先来介绍一下构造函数。

这个构造函数的主要任务与大多数情况一样，旨在通过代码来设置布隆过滤器的所有内部状态。但是，这里还需要进行一些重要的数学运算，以确定需要分配的资源，从而使容器能够达到客户端要求的准确率。

代码清单 4.9 提供了构造函数的一种可能实现。注意，在第 5 行和第 8 行代码中，我们将分别通过由 maxTolerance 表示的可以接受的最大假阳性率来计算所需的位数量和哈希函数数量（从而在第 9 行中得出过滤器所需的数组元素数量）。这里假设使用的是一个数组，其元素是整数。BITS_PER_INT 是一个系统变量，它为我们提供了整数的大小（以位为单位）。当然，对于那些支持多种数值类型的编程语言，也可以选择使用字节数组（如果有的话）。

代码清单 4.9 布隆过滤器的构造函数

计算所需的最佳位数：$m = -n*\ln(p) / (\ln(2))^2$。ceil($x$)是标准的天花板函数，用来返回大于或等于 x 的最小整数。

构造函数的函数签名。参数 maxTolerance 的默认值为 0.01；默认情况下，参数 seed 会被初始化为一个随机整数。并不是所有的编程语言都为函数签名中的默认值提供了明确的语法，总有一些解决方法可以避开这个问题。

```
function BloomFilter(maxSize, maxTolerance=0.01, seed=random())
  this.size ← 0
  this.maxSize ← maxSize
  this.seed ← seed
  this.numBits ← -ceil(maxS * ln(maxTolerance) / ln(2) / ln(2))
  if numBits > MAX_SIZE then
    throw new Error("Overflow")
```

- this.size ← 0：一开始没有元素存储在过滤器中，因此过滤器的大小被初始化为 0。
- this.maxSize ← maxSize：将构造函数的 maxSize 参数存储在类的（本地）变量中。
- this.seed ← seed：将构造函数的 seed 参数存储在类的（本地）变量中。
- if numBits > MAX_SIZE then：检查计算出来的大小是否能放进内存中且不会出现问题。
- throw new Error("Overflow")：抛出一个需要客户端处理的错误。

```
this.numHashFunctions ← -ceil(ln(maxTolerance) / ln(2))
numElements ← ceil(numBits / BITS_PER_INT)
this.bitsArray ← 0 (∀i∈ {0, …, numElements-1})
this.hashFunctions ← initHashFunctions(numHashFunctions, maxSize)
```

（整数）缓冲区中的元素数量是通过将所需的总位数除以每个整数的位数计算得出的。注意，这里也用到了天花板函数。

创建过滤器中用来存储位的缓冲区，并将它们的大小全部初始化为 0。

创建并存储用于获取键的位索引的哈希函数。

计算所需的最佳哈希函数的数量。稍后你将看到，这个值可以根据数组大小与布隆过滤器的最大尺寸计算得出 $k = m / n*\ln(2)$。

在创建过滤器时，我们需要提供其中预期包含的最大元素数量。如果任何时候过滤器都存储了数量超过 maxSize 的元素，那么好消息是并不会用完内存空间，但坏消息是不能再保证预期的精确度。

既然提到了精确度，我们也可以传递可选的第二参数来设置预期的准确率。默认情况下，假阳性率的阈值（maxTolerance）被设置为 1%，可以通过传递一个更小的值来得到更好的准确率，也可以通过传递一个更大的值来牺牲准确率，以达到使用更少内存的空间的目的。

如前所述，我们需要用这个可选参数来强制过滤器的确定性行为。若省略调用者，则为随机数种子生成一个随机值。

在验证了收到的参数值后（代码清单 4.9 中省略了），我们可以着手设置一些基本字段。紧随其后的是最麻烦的部分：使用给定的元素数量和预期精度来计算需要多大缓冲区，这里使用的公式将在 4.10 节中进行描述。除此之外，我们需要验证缓冲区的大小是否能够被安全地保存在内存中。

一旦确定缓冲区的大小，我们就可以计算保持尽可能低的假阳性率所需的最佳哈希函数的数量了。

4.6.6 查找键

接下来，我们可以组合前面介绍的辅助方法，以构建布隆过滤器的 API 方法。需要注意的是，这里假设键是字符串，但也可以是任何其他的可序列化对象。如果键是其他的可序列化对象，则需要使用一个一致的序列化函数把等效的对象（例如，包含相同元素的两个集合）转换为相同的字符串；否则，无论布隆过滤器（或任何其他可能使用的字典）实现得有多么完美，应用程序都无法正常工作。

> **注意** 数据处理和预处理通常与运行在数据上的实际算法一样重要，甚至更重要。

通过使用已经定义的各种辅助方法，查找布隆过滤器中的键将变得非常简单。只需要检索那些会被用来存储键的位的位置，并检查这些位是否都是 1 就行了。整个过程及伪代码分别如图 4.4 和代码清单 4.10 所示。

代码清单 4.10 contains 方法

contains 方法接收一个键作为参数，当且仅当与键对应的所有位都被设置为 1 时才返回 true。这个方法也可以显式地传递位置数组。过滤器上的某些操作有可能需要多次访问同一个位置，positions 参数的存在可以节省一些计算。在允许私有方法和重载的编程语言中，应该只允许内部方法传递第二个参数。

```
function contains(key, positions=null)
  if positions == null then
    positions ← key2Positions(this.hashFunctions, this.seed, key)
  return positions.all((i) => readBit(this.bitsArray, i) != 0)
```

检查位置数组是否被传递。如果已经有值，就不用进行计算了。

得到与当前键对应的位的索引。

当且仅当读取的所有位都不为 0 时才返回 true。这行代码使用了函数式符号，all 方法与 map 方法类似，不同之处在于 all 方法使用了断言（返回一个布尔值的特定 lambda 函数），并将其应用于列表中的所有元素，只有当所有元素的断言都为 true 时，结果才为 true。

你可能已经注意到了，contains 方法会检查 readBit 方法的返回值是否为 0。虽然在技术上检查读取的位是否等于 1 就足够了，但如此一来，我们将不得不执行许多额外的按位右移操作。实际上，如果位被存储在数组的第 i 个元素中的第 j 位（从右边开始），则理论上只需要将按位提取的结果向右移动 j 位就行了，或者直接将其与由单个 1 向左移动 j 个位置后构成的掩码做比较就行了。这里的逻辑可以为实现（中的每个操作）减少几毫秒的运行时间。

另外，可以看到，contains 方法包含可选的第二个参数，具体原因将在 4.6.7 节中进行解释。

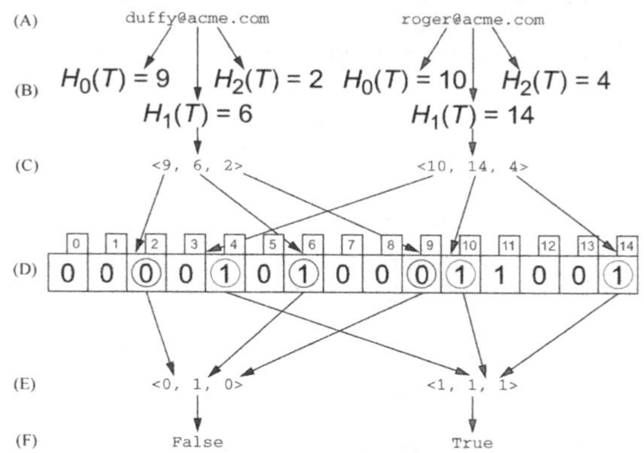

图 4.4 检查条目是否存在于布隆过滤器中的分步详情。（A）从想要查看的电子邮件"duffy@acme.com"开始。（B）对键（电子邮件）通过哈希函数的集合进行处理。在这个例子中，假设 k=3，于是有 3 个不同的哈希函数 H_0、H_1 和 H_2。（C）每个哈希函数都会为位数组生成一个索引。在这个例子中，这 3 个索引可能分别是<9, 6, 2>。（D）在这些索引处访问位数组中的元素。（E）索引 2 处的元素为 0，其他两个位的值分别为 0 和 1。（F）由于并不是所有被检查的位都等于 1，这意味着"duffy@acme.com"并没有被存储在布隆过滤器中，因此返回 false。"roger@acme.com"遵循相同的工作流程。但因为检查的 3 个位都被设置为 1，所以返回 true。这意味着在一定的确定性下，"roger@acme.com"可能已经被存储在布隆过滤器中

4.6.7 存储键

存储键与查找键非常相似，但另外需要一些步骤来跟踪添加到过滤器中的元素数量，并且使用的是 writeBit 方法而不是 readBit 方法。图 4.5 展示了这个操作的分步详情，其中用到了前面编写好的部分代码。

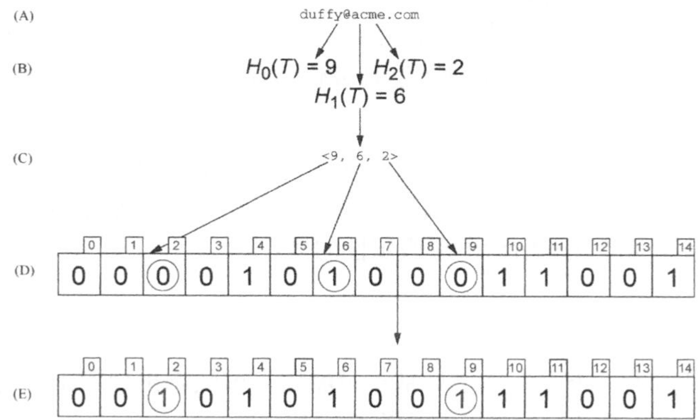

图 4.5 向布隆过滤器中添加新条目的分步详情。（A）从想要存储的电子邮件"duffy@acme.com"开始。（B）对键（电子邮件）通过哈希函数的集合进行处理。在这个例子中，假设 k = 3，于是有 3 个不同的哈希函数 H_0、H_1 和 H_2。（C）每个哈希函数都会为位数组生成一个索引。在这个例子中，这 3 个索引可能分别是<9, 6, 2>。注意，这 3 个索引与图 4.4 中的相同，这是因为虽然哈希函数的结果可能看起来是随机的，但索引是确定的。（D）在这些索引处访问位数组中的元素。索引 2 处的元素为 0，其他两个位的值分别为 0 和 1。（E）翻转值为 0 的位。在这个例子中，也就是翻转索引 2 和 9 处的位。现在，"duffy@acme.com"被哈希到的所有位都被设置为 1，所以后续查找操作都将返回 true

注意，如代码清单 4.11 所示，在插入操作的这个实现中，当计算过滤器的大小时，我们需要跟踪添加到过滤器中的不同元素的数量，而不是跟踪 insert 方法的总调用次数。

代码清单 4.11　insert 方法

```
function insert(key)
  positions ← key2Positions(key)
  if not contains(key, positions) then
    this.size ← this.size + 1
    positions.map((i) => writeBit(this.bitsArray, i));
```

在增加过滤器的大小并将这些索引所对应的各个位都修改为 1 之前，先检查这个键是否已经被包含在过滤器中。这不仅仅是一个优化步骤：size 变量对于估计过滤器的假阳性率至关重要，因此需要准确计算实际存储的元素。前面提到过，可以将位置数组作为第二个参数传递给 contains 方法，这个参数能够避免在 contains 方法中再次计算，从而保证每次调用 insert 方法时只执行一次这个昂贵的操作。

insert 方法接收一个键作为参数并将其存储到布隆过滤器中。

将键的字符串表示形式转换为 *k* 位索引序列。

对于每一个索引，都需要在缓冲区中写入 1（这里使用了函数式符号，既可以使用 map 方法并忽略其结果，也可以使用更合适的诸如 reduce 或 forEach 的函数运算符）。

由于过滤器的精确度并不会随着将同一个键添加两次、三次或无限次而发生改变，因此无论同一个键被添加多少次，都可以视为只被添加了一次。

但这里有个问题，如果添加一个新的键 x，但其中所有位的索引与已被设置成了 1 的位置产生了碰撞，那么这个键将被视为重复键，并且数据结构的大小不会增加。在这种情况下，由于在实际添加新的会导致碰撞的键之前，对 contains(x)方法的调用也会返回假阳性，因此这样的结果也是可以理解的。

在代码清单 4.11 中，你可以看到为什么在编写 contains 方法时，需要添加一个可选变量以便将带有当前键的预计算位索引的数组传递给它。在 insert 方法内部，读取操作后面紧跟着的是写入操作。计算键的位索引的操作可能代价十分高昂，因此为了避免在短距离内重复使用这个操作两次，就需要有一种能将结果传递给 contains 方法的办法。同时，这个可选参数并不需要被添加到 API 中，因为这是一个客户端并不需要知道的内部魔法。如果选用的编程语言支持多态和私有方法，则应当将这个可选参数限制在私有版本的 contains 方法里。

另一种避免这种重复工作的办法是让 writeBit 方法检查覆盖的位是否已设置为 1，并返回一个布尔值来说明这个位的值是否已被更改。然后，insert 方法可以检查是否有至少一个位被翻转修改。我们在本书的 GitHub 仓库中提供了这种替代实现。你也可以自行确认哪个实现的版本更整洁。

无论使用哪种方式，计算添加到过滤器中的唯一键都是代价高昂的。开销是否合理取决于会不会有重复的键被添加到过滤器中，如果不会，那么这么做可能并不值得。但无论如何，我们都需要当前过滤器能够准确地估计出现假阳性的概率。

4.6.8　估计准确率

最后一个任务是提供一个方法来估计基于过滤器当前状态出现假阳性的概率，也就是当前存储在过滤器中的元素数量与过滤器的最大容量之比。

正如你将在 4.10 节中看到的那样，这个概率大致为

$$p=\left(1-e^{-\frac{\text{numHashes}\cdot\text{size}}{\text{numBits}}}\right)^{\text{numHashes}}$$

代码清单 4.12 简要说明了这个计算方法的伪代码。

代码清单 4.12 falsePositiveProbability 方法

```
function falsePositiveProbability()
    return pow((1 - pow(E, this.numHashes * this.size / this.numBits)),this.numHashes)
```

关于如何实现布隆过滤器的内容到此结束。在深入研究理论部分以及解释这种数据结构的数学基础之前，我们先来回顾一下布隆过滤器的诸多应用场景。

4.7 应用场景

先考虑这样一个问题：有什么正在使用的软件用到了布隆过滤器？事实上，如果你正在阅读本书的在线电子版，那么肯定用到了布隆过滤器，因为互联网节点通常会将它们用作路由表[1]。

4.7.1 缓存

缓存是指将数据存储在快速存储系统 A 中，以便在不久的将来为再次读取它们做好准备。这些数据可以是从（较）慢的存储系统 B 中获取到的，也可以是 CPU 密集型计算的结果。

对于 Web 应用程序而言，可扩展性是一个重要问题，这也是所以希望得到广泛应用的产品在设计审查中争议最多的一个方面。

缓存通常是唯一可以避免让数据库真正崩溃的东西。即使是笔记本电脑，也有着多个级别的缓存，例如 CPU 内的快速 L1 缓存以及用于处理大文件的内存缓存。操作系统会将 RAM 写入内存页面缓存或从中进行读取，将它们交换到磁盘空间，以便拥有更大的虚拟地址空间，进而让你觉得它的可用内存比实际安装在机器上的内存要大。

换言之，缓存是现代 IT 系统的基础之一。当然，由于快速存储的成本较高，因此存储量是有限的，大部分数据并不能被保存在缓存中。

用来决定哪些数据会留在缓存中的算法决定了缓存的行为及其命中（搜索的数据已经在缓存中的情况）率与未命中率，常用的算法有最近最少使用（Least Recently Used，LRU）、最近最常使用（Most Recently Used，MRU）和最不经常用（Least Frequently Used，LFU）。我们将在第 7 章中详细介绍这些算法。不过现在，你只需要知道这些算法和其他许多缓存替换策略一样，都会遇到“一击必杀”的问题。换句话说，许多关于对象、内存位置或网页的请求只会发生一次，之后就再也不会被读取了（在缓存的平均生命周期内）。这对于路由和**内容交付网络**（Content Delivery Network，CDN）来说尤为常见，因为平均有 75%的节点请求是一次性的。

使用字典来跟踪请求可以让我们仅在出现第二次请求时才将对象存储到缓存中，从而过滤掉“一击必杀”的问题并提高缓存**命中率**。布隆过滤器允许使用摊销常数时间的操作和有限的空间来执行这样的查找，代价是需要能够接受一些无伤大雅的假阳性。然而，对于缓存这个应用程序来说，假阳性的唯一结果就是，由于需要先调用一次布隆过滤器，因此缓存的性能增益会有微小的降幅（也就是说，不会实际损害缓存）。

---

1 布隆过滤器在浏览器中已经使用了很长时间，被用于“安全浏览”功能，其实也就是一份记录了恶意站点的黑名单。不过就在几年前，Chromium 引擎用压缩的 PrefixSet 替换掉了它。

4.7.2 路由

现代路由器的空间有限，并且因为它们每秒处理的数据包量很大，所以需要极快的算法。由于布隆过滤器适用于所有可以应付微小错误率的操作，因此路由器是布隆过滤器的完美使用者。

除了缓存，路由器还经常使用布隆过滤器来跟踪被禁止的 IP 并维护用于揭示 DoS 攻击的统计数据[1]。

4.7.3 爬虫

爬虫是一种自动软件代理，旨在扫描网络（甚至整个互联网）并查找、解析和索引它们所找到的任何内容。

当爬虫在页面或文档中发现链接时，它们通常会被编程为跟随这些链接并递归地爬取链接的目的地。不过也有例外。例如，大多数文件类型会被爬虫忽略，使用带有属性 rel = "nofollow"的<a>标签创建的链接也会被爬虫忽略。

> **提示**　实际上，我们强烈建议以这种方式标记任何指向具有副作用操作的链接锚点，否则即使遵循这种策略的搜索引擎爬虫，也会导致不可预测的行为。

一种在编写自己的爬虫时发生的情况是，爬虫在两个或多个页面之间陷入无限循环，而这些页面之间都有指向彼此的链接（或链接链）。

为了避免这种循环的发生，爬虫需要跟踪它们访问过的页面。布隆过滤器再次成为最好的解决方法，因为它们能够以更紧凑的方式存储 URL，并在常数时间内执行 URL 的检查和保存操作。

在这里，为假阳性付出的代价相比之前的例子稍微高一些，这是因为爬虫永远都不会访问出现假阳性的 URL。

为了解决上述问题，你可以在适当的字典（或其他类型的集合）中保存访问过的 URL 的完整列表，然后存储在磁盘上，当且仅当布隆过滤器返回 true 时，才检查字典中的内容。这种方法虽不能节省任何空间，但如果 URL 中的"一击必杀"的比例很高，则可以节省不少执行时间。

4.7.4 I/O 提取器

另一个利用基于布隆过滤器的缓存而给我们带来大量帮助的是减少对昂贵的 I/O 资源的不必要获取和存储。背后的机制与爬虫相同，操作只在有"未命中"时执行，而"命中"则通常会触发更深入的比较（例如，在命中时，从磁盘上获取前几行内容或是文档的第一块内容，并对它们进行比较）。

4.7.5 拼写检查器

拼写检查器的简单版本使用布隆过滤器作为字典。每当检查文本中的某个单词时，就在布隆过滤器上查找并验证这个单词是否正确，从而决定是否将其标记为拼写错误。假阳性的发生当然会导致一些拼写错误未被发现，但这种事件发生的概率可以提前控制。如今，拼写检查器主要利用 trie 来完成，trie 能够在没有假阳性的情况下提供良好的文本搜索性能。

---

1 Utilizing Bloom filters for detecting flooding attacks against SIP based services，Geneiatakis、Dimitris、Nikos Vrakas 与 Costas Lambrinoudakis，*Computers and Security*，第 28 卷，第 7 期，2009 年，第 578 页～591 页。

4.7.6 分布式数据库和文件系统

Cassandra 使用布隆过滤器来进行索引的扫描，以确定 SSTable 中是否有特定行的数据。

同样，Apache HBase 也使用布隆过滤器来作为测试 StoreFile 中是否包含特定行或行列单元格的有效机制。通过过滤掉不包含特定行或行列的 HFile 块的不必要磁盘读取，反过来又提高了整体的读取速度。

关于使用布隆过滤器的实际举例就要结束了。值得一提的是，布隆过滤器的其他应用还包括速率限制、黑名单、同步加速、估计数据库中连接的大小等。

4.8 为什么布隆过滤器是可行的[1]

之前的内容都要求你直接认为布隆过滤器的工作方式就像我们所描述的那样。现在是时候更仔细地观察并解释布隆过滤器是如何工作的了。尽管实现或使用布隆过滤器并不要求具备本节介绍的知识，但了解它们能够帮助你更深入地理解这种数据结构。

如前所述，布隆过滤器是在内存和准确率之间做出的权衡。如果要创建一个存储容量为 8 位的布隆过滤器，然后尝试在其中存储 100 万个对象，那么明显无法得到很好的性能。这是因为，如果有一个带有 8 位缓冲区的布隆过滤器，它的整个缓冲区将在大约 10 到 20 次哈希后被全部设置为 1，那么所有对 contains 方法的调用都将返回 true，从而不再能够了解对象是否真的被存储在容器中。图 4.6 展示了这种饱和状态。

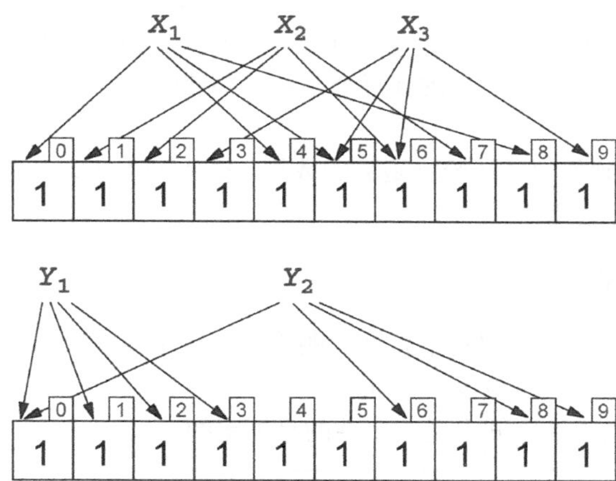

图 4.6 布隆过滤器的饱和状态。在这个例子中，m=10，所以布隆过滤器有 10 位；k=4，所以每个元素是用 4 位进行存储的。可通过添加 3 个元素来让布隆过滤器处于饱和状态，换言之，此时所有的位都被设置为 1。在这种情况下，即使查找尚未添加到过滤器中的 Y_1 和 Y_2，也会得到假阳性的结果。虽然这个例子是极端情况（对于 m 的值来说，k 的值过大了），但它说明了进入饱和状态或降低精确度的机制

相反，如果可以分配足够的空间并很好地选择哈希函数，那么为每个键生成的索引都不会发生碰撞，并且对于任意两个不同的键来说，生成的索引列表之间的重叠（如果有的话）也会最小。

但是，多少空间才足够呢？在内部，布隆过滤器将每个键都转换成了从 m 个可能的替代方

1 本节和 4.9 节是理论密集型的，我们将讨论一些高级概念。

案中选择的 k 个索引序列[1]，用到的方法是在过滤器的缓冲区（位数组）中翻转这 k 位以有效地存储键。

如果最近复习过代数知识，那么你可能已经知道了表示从 m 个值中抽取 k 个元素的序列有 m^k 个。除此之外，你还需要考虑下面两个问题。

- 实际上并不是所有的这些序列都能够被使用。我们希望与一个键关联的所有索引都不同（否则每个键存储的位数都将少于 k），因此需要努力让包含这 k 个索引的所有列表都不重复。
- 我们并不对这 k 个索引的顺序感兴趣，不论是先写入位于索引 0 的位，再写入位于索引 3 的位，抑或反之，对于结果来说都完全无关紧要。因此，我们考虑的应该是集合而不是序列。

基于所有这些考虑，应（至少在理论上）只允许从 $0..m-1$ 范围内抽取的所有 k 个（不同）索引集合的一部分，所有这些可能（有效）的集合的数量为

$$\binom{m}{k}=\frac{m!}{k!\cdot(m-k)!}$$

以上式子中的二项式系数[2]表示从一组大小为 m 的集合中可以提取出 k 个（不重复）元素的不同方式有多少，旨在告诉我们 k 个哈希函数中的多少个刚好有 k 个不同索引的集合被返回。

如果希望每个键都能够被映射到一组不同的 k 个索引，那么只要给定 k 和 n（要存储的键的数量），就可以用上面的式子算出 m（缓冲区大小）的下限。

另一种看待这个问题的方式是，给定 m 位的序列（缓冲区），只能表示 2^m 个不同的值，因此布隆过滤器在给定时间内只能处于 2^m 个状态之一。然而，这只能给出一个松散的（虽然更容易计算）n 的边界，因为这里并没有考虑到每个键会被存储到 k 位上（因此，2^m 也就是仅当 $k == 1$ 时的精确边界）。

你在 4.10 节中将看到如何选择哈希函数的数量与数组的大小，从而优化能够存储给定数量的键的布隆过滤器的假阳性率。

4.8.1　为什么没有假阴性

在最简单的布隆过滤器中，键是不允许被删除的。这也就意味着如果在存储键时翻转了某个位，那么这个位将永远不会再被设置为 0。

同时，哈希函数的输出在时间上是确定性的且恒定的。

> **提示**　如果需要序列化布隆过滤器并在之后反序列化的话，记得在实现中留意并遵守这些属性。

因此，如果发现与键 X 关联的某个位被设置成了 0，则可以肯定 X 从未被添加到过滤器中，否则 X 哈希到的所有位都会是 1。

4.8.2　为什么有假阳性

但遗憾的是，反过来就不成立了！下面这个例子能够帮助你理解为什么会这样。假设有一个简单的布隆过滤器，它有 4 位和两个哈希函数。一开始，缓冲区是空的：

```
B=[0,0,0,0]
```

---

1 假设 m 是过滤器缓冲区的大小。

2 从 m 中选择 k 为二项式系数。

首先，将值 1 插入布隆过滤器。假设选择的哈希函数是 $h_0(1) = 0$ 和 $h_1(1) = 2$，所以键 1 会被映射到索引 0 和 2 处。更新后，缓冲区现在看起来应该是这样：

```
B=[1,0,1,0]
```

接下来，插入值 2，结果有 $h_0(2) = 1$ 和 $h_1(2) = 2$。缓冲区变为

```
B=[1,1,1,0]
```

最后，假设 $h_0(3) = 1$ 和 $h_1(3) = 0$。如果在这两次插入后查找值 3，那么即使 3 从未被添加到过滤器中，但由于索引 1 和 0 处的两个位都被设置成了 1，因此也会返回假阳性的结果。

此外，如果哈希函数返回的是另一组不同的映射，如 $h_0(3) = 3$ 和 $h_1(3) = 0$，那么由于第 4 个位尚未被设置（$B[3] == 0$），因此查找的结果将返回 false。

这当然是一个特意为之的简单示例，但它佐证了这样一个观点：假阳性是可能发生的。如果不仔细挑选布隆过滤器的参数，那么假阳性就更有可能发生。4.10 节将介绍如何根据预期将要存储的元素数量以及需要的精确度来调整这些参数。

4.8.3 作为随机算法的布隆过滤器

附录 F 介绍了随机算法的分类，特别是如何区分**拉斯维加斯**（Las Vegas）算法和**蒙特卡罗**（Monte Carlo）算法。

如果还不清楚这两类算法的区别或随机算法是什么，请查看附录 F。

如果已经清楚了这些定义，就不难有这样的疑问：布隆过滤器属于哪个类别呢？

显然，布隆过滤器属于蒙特卡罗数据结构。contains 方法会检查键是否被存储在布隆过滤器中，它是一种**错误偏向**（false-biased）算法。因为对于从未被添加到过滤器中的某些键来说，contains 方法有可能返回 true。另外，即使某个键被添加过，contains 方法也总能正确地返回 true，因此不会出现假阴性的情况（即每次 contains 方法返回 false 时，都可以确定答案是正确的）。

> **注意** 布隆过滤器是在内存和准确率之间做出的权衡。布隆过滤器的确定性版本是哈希集合（hash set）。

4.9 性能分析

在开始对布隆过滤器进行分析之前，我们建议你先深入研究附录 F 中分类算法的度量指标。

既然已经了解了布隆过滤器的工作原理，现在是时候看看它们的效率了。为此，我们将首先检查布隆过滤器提供的重要操作的运行时间，然后在 4.10 节中讨论如何在给定的具有特定结构的（也就是它的大小和使用的哈希函数的数量）布隆过滤器中预测 contains 方法的精确度。

4.9.1 运行时间

前文已经暗示过，布隆过滤器可以在常数时间内对键进行存储和查找。严格来说，这个假设仅适用于固定长度的输入。不过在这里我们将检查最通用的情况，即存储的键是任意长度的字符串[1]的情况。

---

1 任何对象或值都可以序列化为字符串（如二进制字符串）。

让我们从头开始进行分析，先从布隆过滤器的构造函数开始，之后再详细分析 insert 和 contains 方法。

4.9.2　构造函数

布隆过滤器的构造函数非常简单，只需要初始化一个位数组，将其所有元素都设置为 0，并生成 k 个哈希函数的集合即可。你在前面已经看到了在具体实现时会涉及一些计算，因此将所有的这部分操作当作常数时间是安全的。

显然，创建和初始化数组需要 $O(m)$的时间，而生成各个哈希函数通常需要常数时间，因此生成整个哈希函数的集合需要 $O(k)$的时间。

整个构造函数最终可以在 $O(m+k)$的时间内完成。

4.9.3　存储元素

对于每个要存储的键，都需要生成 k 个哈希值，并翻转数组中由这个结果组成的索引处的各个元素的某一位。

这里有下面这些假设。

（1）存储单个位需要恒定的时间（可能包含按位操作所需的时间，如果有通过压缩缓冲区来节省空间的话）。

（2）哈希键 X 需要 $T(X)$的时间。

（3）用于存储键的位数既不取决于键的大小，也不取决于已经添加到容器中的元素的数量。

基于这些假设，insert(X)的运行时间是 $O(k*T(|X|))$。实际上，对于所有的 k 个哈希函数，都需要从键生成哈希值并修改单个位。如果键是数字，如整数或双精度数，则有$|X|=1$ 和 $T(|X|)=O(1)$，因此通常可以在常数时间内生成哈希值。

然而，如果键是可变长度的类型，如字符串，则计算每个哈希值都需要与字符串长度呈线性的时间。在这种情况下，$T(|X|)=O(|X|)$，因此运行时间将取决于添加的键的长度。

现在，假设知道最长的键最多有 z 个字符，其中 z 是一个常数。请记住关于键的长度与其他任何东西都无关的假设，我们仍然可以认为 insert(X)的运行时间是 $O(k*(1+z))=O(k)$。因此，无论已经向容器中添加了多少元素，这都是一个常数时间的操作。

4.9.4　查找元素

上面的分析过程也适用于键的查找操作。这个操作也需要将键转换为一组索引——可在 $O(z*k)$的时间内完成，然后检查这些索引处的各个位（总共需要 $O(k)$的时间）。因此，在假设键的长度处在常数限制之内的情况下，查找也是一个常数时间的操作。

4.10　估计布隆过滤器的精确度[1]

在开始之前，我们需要修正一些符号并做出更多的假设。

- m 是数组中的位数。
- k 是用来将键映射到数组中 k 个不同位置的哈希函数的数量。
- 使用的所有 k 个哈希函数相互独立。
- 从中获得 k 个函数的哈希函数池是一个通用的哈希函数集合。

1 本节包含高级的数学密集型内容。

如果这些假设都成立，则可以证明在 n 次插入后假阳性的概率大约为

$$p(n,m,k)=\left(1-\mathrm{e}^{-\frac{k\cdot n}{m}}\right)^{k}$$

其中 e 是欧拉数，也就是自然对数的底数。

现在我们有了一个公式来估计得到假阳性结果的概率！更好的是，我们可以用这个公式调整布隆过滤器的参数 m 和 k。这样就可以决定为了让布隆过滤器获得最佳精确度所需的缓冲区大小以及哈希函数的数量。

上述公式中有三个变量。

- m，缓冲区的位数。
- n，将被存储在容器中的元素的数量。
- k，哈希函数的数量。

在这三个变量中，k 的意义并不大。从另一个角度看，k 是与我们的问题耦合得最少的那个变量。另外，n 是一个可以被估计但不能被完全控制的变量，因为可能需要存储与收到的请求同样多的元素，不过在大多数情况下，可以对请求的数量进行预测，并进行悲观的估计以确保安全。

你在 m 的选择上也有可能受到限制，因为可能存在内存限制，所以不能使用超过 m 位的内存。

于是对于 k 来说，其实是没有约束的，你可以对它进行调整以获得最佳精确度，也就是我们在附录 F 中所解释的“最小的假阳性发生概率”。

幸运的是，在给定 m 和 n 的情况下，找到 k 的最佳值并不难，即只需找到下面这个函数的最小值：

$$f(k)=\left(1-\mathrm{e}^{-\frac{k\cdot n}{m}}\right)^{k}$$

注意，n 和 m 在上面这个公式中是固定的。

稍后我们将详细介绍如何找到 $f(k)$的最小值。现在你（或者如果对结果更感兴趣的话）只需要知道最佳值为

$$k^{*}=\frac{m}{n}\bullet\ln(2)$$

既然有了 k^*的计算公式，就可以将它代入之前的公式，即 $p(n, m, k)$的计算公式。经过一些代数运算，就能得到 m 的最优值（称为 m^*)的表达式，即

$$m^{*}=-n\bullet\frac{\ln(p)}{\ln(2)^{2}}$$

这也就意味着，如果事先知道将被插入容器的独立元素的总数是 n，并且将假阳性产生的概率 p 设置为可以接受的最大值，则能够计算出缓冲区的大小（以及需要为每个键使用的位数）以保证所需的精确度。

在查看推导出的公式时，有两个因素很重要。

- 布隆过滤器缓冲区的大小与插入的元素数量成正比。
- 所需的哈希函数的数量仅取决于目标假阳性率 p。（你可以通过将 m^*代入 k^*的计算公式看到这一点。）

关于假阳性率公式的说明

本节将更详细地解释布隆过滤器的精确度估计公式是如何被推导出来的。首先，我们来看看如何获得错误概率比的估值。

当单个元素被存储在一个容量为 m 位的布隆过滤器后，特定的位被设置为 1 的概率为 $1/m$。当所有 k 位都被设置之后，这个位依然为 0 的概率就是（假设对于相同的输入，各个哈希函数将始终输出 k 个不同的值[1]）：

$$\left(1-\frac{1}{m}\right)^{k}$$

如果将任何特定位被翻转为 1 的事件都视为独立事件，那么在插入 n 个元素之后，对于缓冲区中所有单独的位，这个位仍然为 0 的概率是：

$$p_{\text{bit}}=\left(1-\frac{1}{m}\right)^{k\cdot n}\approx \mathrm{e}^{-\frac{k\cdot n}{m}}$$

要产生假阳性，则对应于元素 V 的所有 k 位都必须被独立地设置为 1，于是所有 k 位都为 1 的概率如下：

$$p(n,m,k)=(1-p_{\text{bit}})^{k}=\left(1-\left(1-\frac{1}{m}\right)^{k\cdot n}\right)^{k}\approx\left(1-\mathrm{e}^{-\frac{k\cdot n}{m}}\right)^{k}$$

而这也就是本节开头给出的概率公式。

这时，可以将 n 和 m 视为常量。因为在很多情况下，我们都能够知道需要向布隆过滤器中添加多少元素（n）以及可以存储多少位（m），所以这个假设是合理的。然后我们要做的就是通过调整 k［也就是使用的（通用）哈希函数的数量］来获得更好的准确率。

这也就相当于找到函数 f 的全局最小值，函数 f 的定义为

$$f(k)=\left(1-\mathrm{e}^{-\frac{k\cdot n}{m}}\right)^{k}$$

如果你了解一些微积分的知识，则很可能已经猜到了需要计算 f 对 k 的导数（不过，即使不懂微积分，你也不用担心，只需要跳过接下来的几行内容，直接查看最终结果就行了）。

为了让计算更容易，可通过应用自然对数和指数[2]来重写函数 f，这样就能得到：

$$f(k)=\left(1-\mathrm{e}^{-\frac{k\cdot n}{m}}\right)^{k}=\mathrm{e}^{k\cdot\ln\left(1-\mathrm{e}^{-\frac{k\cdot n}{m}}\right)}$$

这个函数在其指数最小时最小，因此可以定义函数 g 为

$$g(k)=k\cdot\ln\left(1-\mathrm{e}^{-\frac{k\cdot n}{m}}\right)$$

计算 g 的导数要容易很多。

$g(k)$的一阶导数为

1 换句话说，假设哈希函数是从一组通用的哈希函数中提取的，正如你在前几节中看到的那样。

2 e^x 和 $\ln(x)$是一对反函数。因此，对于 $x>0$，有 $\ln(\mathrm{e}^x)=\mathrm{e}^{\ln(x)}=x$，这个公式在 x 是（总为正的）函数的情况下仍然成立。

$$g'(k)=\frac{\partial g}{\partial k}=\ln\left(1-\mathrm{e}^{-\frac{k\cdot n}{m}}\right)+\frac{k\cdot n}{m}\cdot\frac{-\mathrm{e}^{-\frac{k\cdot n}{m}}}{1-\mathrm{e}^{-\frac{k\cdot n}{m}}}$$

并且当 $k=\ln(2)*m/n$ 时，$g'(k)$ 等于 0。

为了确保这是函数 g 的最小值，我们还需要计算 $g(k)$的二阶导数并检查其在 $g'(k)$为 0 时是否返回负值，即

$$g''\left(\ln(2)\cdot\frac{m}{n}\right)<0$$

为了节约篇幅，我们将省略这一步的计算过程，但你可以继续计算并发现 $g(k)$的二阶导数确实小于 0。

其中值得注意的是：

- k 的计算公式为我们提供了单一且精确的值，以帮助我们选择哈希函数数量的最佳值；
- 很明显 k 必须是整数，所以结果需要四舍五入；
- 更大的 k 值意味着插入和查找操作的性能更差（因为需要为每个键运算更多的哈希函数），所以最好采用稍小的 k 值来进行权衡。

如果使用上面计算出来的 k 的最佳值，则意味着假阳性的概率 f 变为

$$f=\left(\frac{1}{2}\right)^{k}\approx(0.6185)^{\frac{m}{n}}$$

通过替换 $p(n, m, k)$的计算公式中的 k 值，就可以得到一个新的公式。这个公式会把存储的位数与（最多）可以存储的元素的数量联系起来，从而保证假阳性率低于一个特定的值 p 且与 k 无关（k 值可以在之后进行计算），即

$$p=p(n,m)=\left(1-\mathrm{e}^{-\left(\frac{m}{n}\cdot\ln(2)\cdot\frac{n}{m}\right)}\right)^{\frac{m}{n}\cdot\ln(2)}=(1-\mathrm{e}^{-\ln(2)})^{\frac{m}{n}\cdot\ln(2)}=\left(\frac{1}{2}\right)^{\frac{m}{n}\cdot\ln(2)}$$

对两边取以 2 为底的对数

$$\log_2(p)=\log_2\left[\left(\frac{1}{2}\right)^{\frac{m}{n}\cdot\ln(2)}\right]=-\frac{m}{n}\cdot\ln(2)$$

然后求解 m，可以得到

$$m^*=-n\cdot\frac{\log_2(p)}{\ln(2)}=-n\cdot\frac{\ln(p)}{\ln(2)^2}$$

这也就意味着，如果事先知道将被插入容器的独立元素的总数是 n，并且将假阳性产生的概率 p 设置为可以接受的最大值，则能够计算出缓冲区的大小以保证所需的精确度。当然，k 也必须被相应地设置，我们可以推导出相应的公式为

$$k^*=\ln(2)\cdot\frac{m^*}{n}=-\ln(2)\cdot n\cdot\frac{\ln(p)}{\ln(2)^2}\cdot\frac{1}{n}=-\frac{\ln(p)}{\ln(2)}$$

例如，如果想要 90%的精确度，也就是最多 10%的假阳性率，那么在插入数字后，就可以得到

$$k=-\frac{\ln(0.1)}{\ln(2)}\approx-\frac{-2.3025}{0.6931}\approx3.32$$

$$m = -n \cdot \frac{\ln(p)}{\ln(2)^2} \approx 4.792 \cdot n$$

4.11　改进的变体

布隆过滤器已经问世半个多世纪了，很自然地出现了许多变化和改进。让我们来看看其中的一部分，这里重点关注那些提高了准确率的变体。

4.11.1　布隆表过滤器

如前所述，布隆过滤器是一个相比 HashSet 更快、更轻的版本，这是因为其只能存放键存在与否的状态。

与 HashTable 对应的精简版本直到最近才被引入，它就是允许将值与键相关联的布隆表过滤器[1]。当（键，值）对被存储在布隆表过滤器中时，返回的值总是正确的。这种数据结构仍然存在假阳性的情况，也就是说，有可能出现并未被存储在这种数据结构中但返回某个值的键。

4.11.2　组合布隆过滤器

只有将相同的键存储在两个或多个不同的布隆过滤器中，就能降低假阳性的概率。这些布隆过滤器分别有不同的缓冲区大小，但最重要的是，它们都有包含着不同哈希函数的集合。

当然，这个优势并不是免费的，因为所需的空间也会成比例增长。另外在理论上，存储或检查键所需的时间也会翻倍。

不过，至少在运行时间方面，仍有一线希望得到更好的结果。比如，可以在多核硬件上并行查询过滤器中的各个组件！因此，除了能保持在 $O(k)$的常数时间范围之外，实际实现也能与常规布隆过滤器保持一样快。（换句话说，常数因子也保持大致相同。）

这种数据结构的工作方式如下：对于 insert 方法调用来说，每个组件都会独立地对键进行存储；对于 contains 方法调用来说，最终结果则是对所有组件结果的组合，因此当且仅当所有的组件都返回 true 时，整个调用才返回 true。

那么，这样一组过滤器的准确率有多少呢？可以证明，单个使用 m 位的布隆过滤器的精确度与 j 个使用 m/j 位的布隆过滤器的精确度是相同的。

不过，如果使用了并行版本的集成算法，那么运行时间就只是原始算法的一小部分了，也就是 $1/j$。

4.11.3　分层布隆过滤器

分层布隆过滤器[2]（Layered Bloom Filter，LBF）也用到了多个布隆过滤器，但它们是按照层进行组织的。只有在前一层已经存储了相同的键之后，才会更新下一层的键。分层布隆过滤器通常用来实现计数过滤器。具有 R 层的 LBF 最多可以对同一个键的 R 次插入操作进行计数。通常情况下，LBF 也支持删除操作。

---

1 The Bloomier filter: An efficient data structure for static support lookup tables，Bernard Chazelle、Joe Kilian、Ronitt Rubinfeld 与 Ayellet Tal，2004 年，第十五届年度 ACM-SIAM 离散算法研讨会论文集（PDF 版），第 30～39 页。

2 A multi-layer Bloom filter for duplicated URL detection，Cen Zhiwang、Xu Jungang 与 Sun Jian，2010 年，第三届前沿计算机理论与工程国际会议（ICACTE 2010），卷一，第 586～591 页，DOI 编号为 10.1109/ICACTE.2010.5578947。

对 contains 方法的每次调用都会从最上面的一层开始，直至检查到最深的那一层，并返回最后找到键的那一层的索引。如果键未被存储在第一层中，则返回-1（或等效地返回 false）。

对于存储键的情况，insert 方法会将键存储在第一个让 contains 方法返回 false 的层中。

假设每一层都有一个等于 P_F 的误报率，并且每一层都使用不同的哈希函数集合。如果一个元素在过滤器中被存储了 c 次，则有：

- contains 方法返回 $c+1$ 的概率，也就是返回比键实际被存储的次数大 1 的计数的概率，大约为 P_F;
- 返回 $c+2$ 的概率为 $P_F{}^2$;
- 以此类推，返回 $c+d$ 的概率为 $P_F{}^d$。

然而，这些都是近似（乐观）估计，因为关于哈希函数的普遍性和独立性的假设很难保证。为了计算出准确的概率，还需要考虑深度和层数。

在具有 L 层的 LBF 中，每一层的每个键都会使用 k 位，insert 和 contains 方法的运行时间就是 $O(L*k)$。但由于 L 和 k 都是预先可以确定的常量，因此仍然等价于 $O(1)$并且与添加到容器中的元素的数量无关。

4.11.4 压缩布隆过滤器

在 Web 缓存中使用布隆过滤器的主要问题不在于它们使用的 RAM，由于这些过滤器需要在不同的代理之间进行传输，因此最大的问题在于网络上传输的数据大小。

虽然你有可能觉得这是一个有争议的问题，但如果可以在通过网络传输之前压缩布隆过滤器，则具有现实意义。事实证明，可通过优化过滤器参数的值来调节位数组的大小，进而得到一个更大的未被压缩的布隆过滤器，从而有效地对其进行压缩。

这也正是压缩布隆过滤器背后的思想[1]，其中哈希函数 k 的数量需要基于将位数组中值为 1 的位的数量保持在 $m/3$ 以下而进行选择，m 是数组的长度。因此，至少有 2/3 的缓冲区位将始终被设置为 0，从而利用这一事实来更有效地压缩位数组。

之后，各个代理都必须在查找元素之前解压缩布隆过滤器。显然，这样就有了另一个需要优化的目标：在位数组的未压缩大小 m 和压缩后的大小之间找到平衡，我们希望压缩后的位数组能够尽可能小。

实际上，未压缩大小决定了查找的运行时间（可通过查看 4.10 节中的公式得知），而压缩后的大小决定了传输率。

由于路由表会被定期更新，因此解压缩整个过滤器对于节点来说可能是非常沉重的开销。一种很好的折中方案是将过滤器分成几部分并独立压缩每一部分。虽然这会导致整体压缩率稍微变差，但是当更新操作（与查找操作相比）更频繁时，却可以减少解压缩的开销。这是因为在两次更新之间，各个代理并不会解压缩整个位数组，而只解压缩需要的那部分内容。

4.11.5 可扩展布隆过滤器

这是另一种对若干布隆过滤器进行组合的结果。与分层布隆过滤器的工作方式类似，只不过对于可扩展布隆过滤器而言，不同层的容量会不断增加（因此假阳性率会更小）。这允许容器动态适应需要存储的元素的数量，并同时保持假阳性发生的概率尽可能小。

---

1 Compressed Bloom filters，Michael Mitzenmacher，2002 年，IEEE/ACM 网络学报（TON），第 10 卷，第 5 期，第 604～612 页。

4.12 小结

- 既可以选择最佳的抽象数据结构（ADT）来执行某些操作，也可以在 ADT 的不同实现或具体数据结构（CDT）之间进行选择。
- 计算机科学中的许多常见问题都围绕着对数据的跟踪。这些数据可以是爬虫浏览的 URL、索引器检查的文档或存储在缓存中的值等等。
- 我们所使用的集合的实现会根据上下文而有不同的附加约束。
- 随机算法是算法的一个子集，其执行依赖于随机化。因此，在同一输入上运行两次随机算法，并不会返回相同的结果。
- 随机算法根据不确定性在哪里，可以分为蒙特卡罗算法和拉斯维加斯算法。
- 对于布隆过滤器，我们使用精确度这个度量来估计假阳性率。
- 如果事先知道会被存储在布隆过滤器中的元素的最大数量，就可以通过一个精确的公式计算出实现任意低假阳性率所需的内存总量。

第 5 章　不交集：次线性时间的处理过程

本章主要内容

- 解决如何将一个集合划分为不相交的若干集合以及动态合并分区的问题
- 描述不交集数据结构的 API
- 为所有的方法提供简单的线性时间解决方案
- 通过使用正确的底层数据结构来改善运行时间
- 添加易于实现的启发式算法以得到准常数的运行时间
- 识别需要最佳性能的解决方案的用例

在本章中，我们将引入并解决一个看似非常小的问题。这个问题如此普通，以至于许多开发人员甚至不认为值得为它进行性能分析，而是直接去实现那个最显而易见的解决方案。

每当要把初始对象集划分为不相交的组（它们之间没有任何包含共同元素的子集）时，都会用到不交集。例如，有一个葡萄酒列表，这是初始集合，请根据不同的风味对这些葡萄酒进行分区，创建出不交集。其中，具有相似风味的葡萄酒将被分在一组，并且各组之间没有交集。也可以根据食物的性质和特性对它们进行分组，比如对蔬菜、水果、加工食品等进行分组，这也是不交集的一个简单示例，如图 5.1 所示。

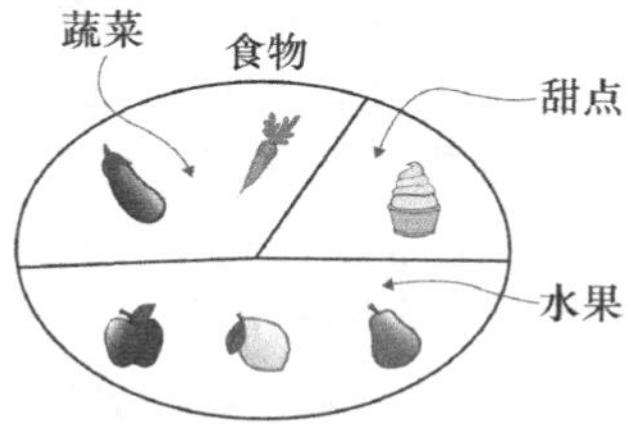

图 5.1　不交集的一个简单示例。整个集合（即所谓的全集）是若干“食物”的集合。这里显示了三个分区：水果、蔬菜和甜点。其中的关键在于这些子集之间并没有交集

本章将从不交集的定义开始解决这个问题，然后涵盖最基本（且最简单）的算法，让你了解到常用的实际解决方案的样子。之后，我们将深入研究如何使这个解决方案更高效，并展示如何将其用作更复杂算法的一部分。因此，等到本章结束时，你将能够为不交集的问题编写出最佳解决方案，并用它来提高更高级别应用程序的性能。

5.1 不同子集问题

想象一下，你正在运行一个新的、最近创建的电子商务网站。在发布的时候，你打算为用户提供非个性化推荐。为了能有更直观的感受，请想象自己拥有一台时光机并回到了 1999 年。或者更现实地说，也可以考虑开设一个与你所在国家或地区的零售商有更紧密联系的本地网站，或是一个专门的专注于小众商品的零售网站。但无论是哪种情况，这都会是一个非常有趣的练习。

那么，前面提到的非个性化推荐是什么呢？在这里，我们先解释一下另一个说法：个性化推荐是针对个人客户的，可基于你拥有的关于这些客户的所有数据（过去的购买信息或是其他类似用户的元数据）而生成。但是，当开设一个新网站时，或是获得一个对其一无所知的新客户时，我们根本就没有这些数据。因此许多网站，如 Twitter、Pinterest、Netflix 或 MovieLens 等，在注册时都会通过向你询问一些问题来了解你的喜好，旨在根据具有相似个人资料的用户向你提供一些粗略的个性化推荐。

相反，非个性化推荐并不是针对单独客户的推荐，它们对所有的客户都是一样的。例如，如果根本没有任何关于这个客户的数据，或是没办法基于其他类似客户的购买信息来进行判定，那么这种推荐甚至可以是硬编码的结果。

而这也正是我们在这里需要做的：每当客户将商品添加到购物车时，就向他们提供有关其可能想要一起购买的其他商品的建议。我们的目标是找到经常被一起购买的商品，有时，你会在这些商品之间找到合理的关联，比如牛奶和面包。而有时的结果可能令人非常惊讶，例如你可能已经听说过的一则被引用得最多的数据科学轶事——通过对购买记录进行研究，沃尔玛对尿不湿和啤酒进行了关联。

图 5.2 说明了我们想要实现的目标。最初，由于根本没有任何数据，因此需要将每个商品都视为单独的一组，或是认为没有任何两个商品会互相关联。

当客户经常一起购买两个商品时，程序就会在它们之间建立联系，从而将这两个商品分到同一组中。为简单起见，数据科学团队设定的规则是，如果在过去一小时内，商品 X 和商品 Y 被一起购买的次数超过某个固定的阈值，就对它们的两个类别进行合并。

例如，可能会有这样的情况：如果在过去一小时内，手机和平板电脑被一起购买超过 500 次（或超过总购买量的 1%），则它们应该被分到同一组中。于是，程序合并它们两者所在的组。

之后，如果客户购买了商品 X，则可以随机向他们推荐来自同一组的其他商品。

上面描述的这个过程在数据科学中很常见。你可能也已经意识到了它只不过是分层聚类问题。即使你不知道这部分内容，也请不要担心，我们将在 5.7.3 节中介绍聚类问题。

显然，这是一种极端的简化。在真正的非个性化推荐系统中，系统将跟踪商品之间的关联，并衡量链接的强度以作为购买商品 X 时也会购买商品 Y 的置信度。为此，计算同时购买出现的次数，然后除以至少也购买了商品 Y 的总次数，这样就能更好地了解商品之间的关系，并且可以通过定义合并组的置信度阈值，来显示前 5 个关联最强的商品，而不是从同一组中随机选择一个商品。

但尽管如此，将商品分组依然是一个明智的举措。因为它允许在每一组的商品上单独运行一些算法，而不用在整个商品目录上运行它们，因而有助于提高性能。如果想要了解有关非个性化（和个性化）推荐系统的更多信息，建议查阅 *Practical Recommender Systems*（由 Kim Falk 编写，曼宁出版社，2019 年出版），这是一本有关该主题的精美且详尽的指南。

回到本节一开始的例子，其中的核心是从这个庞大的商品集合开始，将其中的商品分成不相交的各个组。当然，新商品会被源源不断地添加到商品目录中，并且关系也是动态的，因此需要能够不断地更新商品列表和各个组。

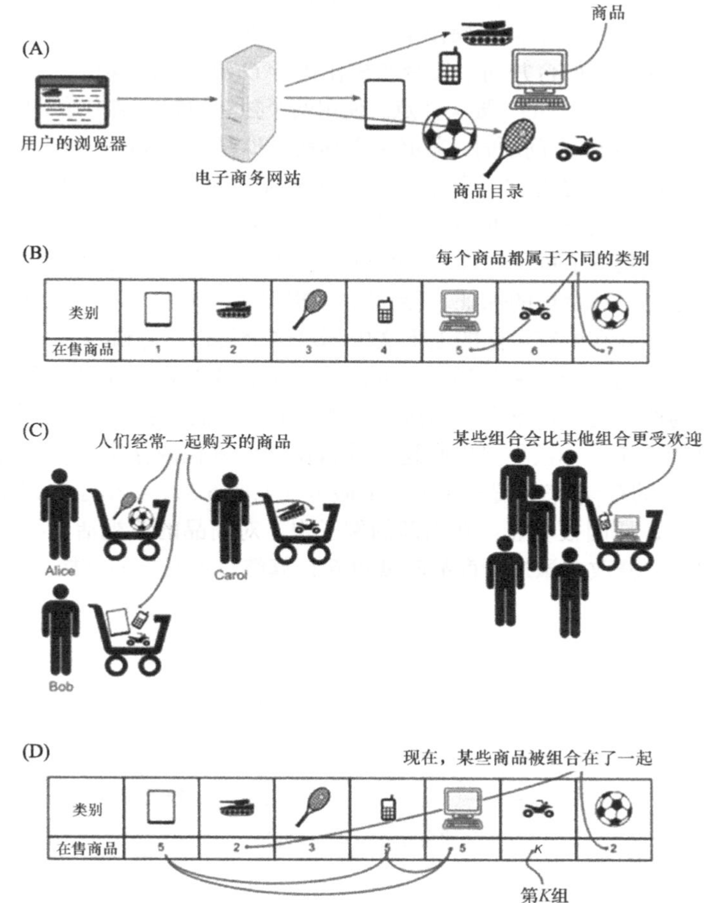

图 5.2 不交集的应用示例。（A）在这种情况下，电子商务网站试图了解哪些商品在一起会被卖得更好，从而为客户提供更好的推荐。（B）最初，出售的每件商品都属于不同的类别［也可以从预先定义好的类别开始（如 SSD 磁盘或搅拌机这样的商品］，并将可以一起销售的商品分到同一组中。但为了简单起见，这里假设每个类别都只有一种商品在售）。（C）经常被一起购买的商品，如笔记本电脑和外置磁盘，或是网球拍和网球，都会被放在同一组中。（D）一段时间后，销售趋于稳定，从而形成更稳定的群体。于是当客户再一次将足球添加到购物车时，就可以推荐一双滑雪板作为其后续购买的建议

5.2 解决方案的论证

在本节和后面的小节中，我们将使用术语**分区**(partition)来指代不相交的组。其中，**组**(group)和**集合**（set）也会作为同义词出现。

同时，这里还会对聚合情况进行限制。也就是说，两个分区可以在任何时候被合并成一个更大的集合。但是，相反的情况是不允许的，因此一个分区不能被拆分成两个子集。

假设数据科学团队和支持工程团队正在进行一次设计讨论，一位工程师突然站起来说："好吧，这很简单！为每个子集保留一个数组（动态数组或向量）就行了。"

本书的目标之一就是确保你不会陷入这样的窘境。因为接下来将要发生的事情就是其他人会指出，要通过使用数组来理解两个商品是否在同一集合中，就需要遍历所有子集中的所有商品。类似地，仅仅了解商品属于哪个子集，也需要检查相同数量的商品，这与商品的总数线性相关。

而这也就是一个真正的性能问题，很明显我们应该能够做得更好。

此次头脑风暴中的下一个想法涉及除了将元素添加到上面提到的子集列表中之外，还应该添加从元素到子集的映射。对于某些操作来说，这是一个稍微好一点的改进，不过稍后你就会看到，这个主意仍然会让诸如合并两个集合的操作执行 $O(n)$次分配操作。

然而，性能并不是这个设计的主要关注点。使用两个独立的数据结构并不是一个很好的主意，因为每当在应用程序中遇到这个问题时，就必须手动地同步它们。这是一种非常容易出错的情况。

另一种更好的解决方案是提供一个在内部使用这两个数据结构的包装类。由于能够提供封装和隔离，因此只需要编写一次同步这两个数据结构的代码就行了，如添加或合并操作可以共用一段代码（因此也就获得了可重用性）。而且更重要的是，可以对这个类进行单元测试，从而在应用程序中使用它时得到合理的保证。（当然，前提是确实编写了良好且彻底的单元测试，以应对所有的边缘情况，并在所有可能的上下文中都对这个类进行测试。）

因此，假设可以编写一个类来处理整个问题，这个类能够跟踪商品属于哪个（不相交的）子集，并封装其中的所有逻辑。下面先不讨论实现细节，我们来看看它的公共 API 和行为。

根据商品目录的大小，你甚至可以将这样的数据结构放在内存中。假设这里基于包含持久性的 Memcached 类型的存储[1]来设置一个 REST 服务（见图 5.3），类似于 Redis。在这种情况下，数据的持久性很重要，原因很明显：在当前的例子中，对商品的监视活动将持续若干年，并且我们并不想在每次发生修改或添加新商品时就重新计算整个不交集的结构。

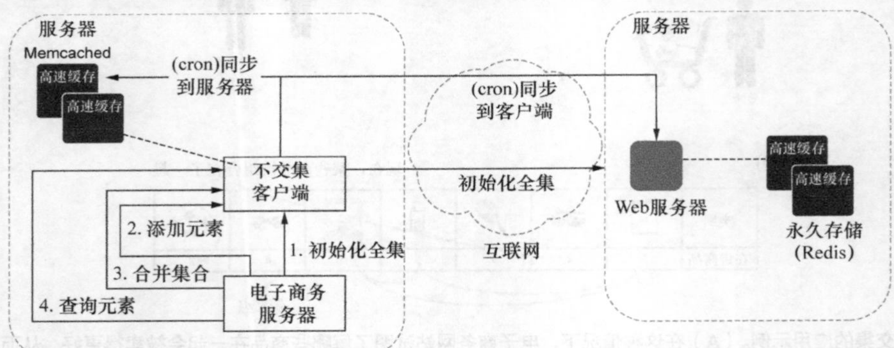

图 5.3　使用不交集的应用程序的一种可能设计。不交集客户端可以是代码库，也可以是 REST 客户端。这里的不交集客户端的目的是作为内存存储（图中的 Memcached 节点）和具有持久存储的服务器之间的接口。服务器可以是 Web 服务器，也可以是另一个在磁盘上存储数据的本机应用程序。不交集客户端将与电子商务服务器运行在同一个内联网上，甚至可能运行在同一台机器上。它会通过一个 cron 作业来保持永久存储与内存存储的同步（可能每隔几秒执行一次，也可能在每次操作后都异步执行）。此外，它还会响应来自电子商务站点的调用、查询内存存储或在需要时调用 Web 服务器（并且如果不能把所有的数据都放进内存的话，它甚至会处理内存交换的情况）

或者，如果全集[2]的尺寸小到可以被放进内存，则存在一种同步机制，让你能够将内存数据结构定期地序列化并保存到永久数据库中。

5.3　描述数据结构 API：不交集

在我们的设计中，数据结构只需要提供少量的几个关键操作就行了。表 5.1 展示了不交集的 API 和契约。

1 用于分布式对象缓存系统的（非 SQL）键值对存储。
2 所有可能元素的集合，传统上，在集合论中被表示为全集（U）。

表 5.1 不交集的 API 和契约

抽象数据结构：不交集	

API	`class DisjointSet {`
	`  init(U);`
	`  findPartition(x);`
	`  merge(x, y);`
	`  areDisjoint(x,y);`
	`}`

与外部客户端签订的契约	不交集会持续跟踪全集 U 中所有元素之间的相互关系。 关系不是由数据结构明确定义的，而是由客户端定义的。 不过，这里需要假设关系®具有自反、对称和传递属性。这也就意味着给定属于 U 的 x、y、z 元素 ■ 有 x®x。 ■ 如果有 x®y，则有 y®x。 ■ 如果有 x®y 且有 y®z，那么 x®z 所能提供的保证如下。 ➢ 可在任意两个元素之间添加关系。 ➢ 在任何时候，如果对两个元素进行了合并（即添加了它们之间的关系），那么它们将处在不交集的同一个分区中。 ➢ 如果有元素链 $x_1, x_2, \cdots, x_n$，其中 x_1 已经与 x_2 进行了合并，x_2 已经与 x_3 进行了合并，以此类推，则 x_1 和 x_n 也将处在同一个分区中。 ➢ 如果两个元素不在同一个分区中，则不会有其他元素同时属于这两个元素的不交集。

显然，我们首先希望在构造时初始化实例。在不丢失通用性的情况下，既可以将全集 U（即所有可能元素的集合）限制为预先已知且静态的情况，也可以假设每个元素最初都在它们各自的分区中。通过巧妙地使用动态数组和类所包含的方法，就能够轻松实现支持违反这些假设的变通方法。

最后，在本章中，我们将假设全集 U 中的元素是 0 和 $n-1$ 之间的整数。这并不是真正的限制，因为我们可以很轻松地将索引与 U 中的每个实际元素相关联。

因此，初始化操作只负责分配类所需的基本字段，并将每个元素分配到它们各自的分区中。

如果使用属于 U 的元素 x 调用 findPartition 方法，那么将返回元素 x 所属的分区。这个输出在数据结构实例之外是没有任何意义的，因此这个方法更应当是一个类的**受保护方法**[1]，你甚至可以考虑将其可见性限制为**私有**。

因此，两个主要会被执行的操作如下。

- 给定两个元素 x 和 y，它们都属于 U，因此需要检查它们是否属于不同的分区（areDisjoint 方法）。
- 给定两个元素 x 和 y，对它们的分区进行合并（merge 方法）。

5.4 简单解决方案

对于一开始的那个问题来说，最直接的解决方案是用一个链表（或数组）来表示各个分区，如图 5.4 所示。对于每个元素来说，则需要跟踪指向链表头部的指针。

要找出两个元素是否在同一个分区中，就需要检索两个元素的链表是否相同[2]。

假设要合并两个分区 P_1 和 P_2，如果有两个链表 L_1 和 L_2，则需要更新 L_1 中的最后一个元素

1 受保护可见性的定义因编程语言而异。在这里，假设受保护的方法或属性仅对声明它们的类及其子类可见。私有方法则对于任何继承的类都是不可见的。

2 作为一个实现细节，在比较两个列表时，可能需要比较引用的相等性。

的 next 指针[1]，使其指向 L_2 的头部（反之亦然，可以使 L_2 中的最后一个元素指向 L_1 的头部）。这个操作如图 5.5 所示，可通过保留一个额外（常数空间）的指向链表尾部的指针来保证其可以在常数时间内完成。但这并没有完成全部的工作，之后还需要对 L_2 中的每个元素都更新它所映射的链表指针以指向新合并的链表的头部。

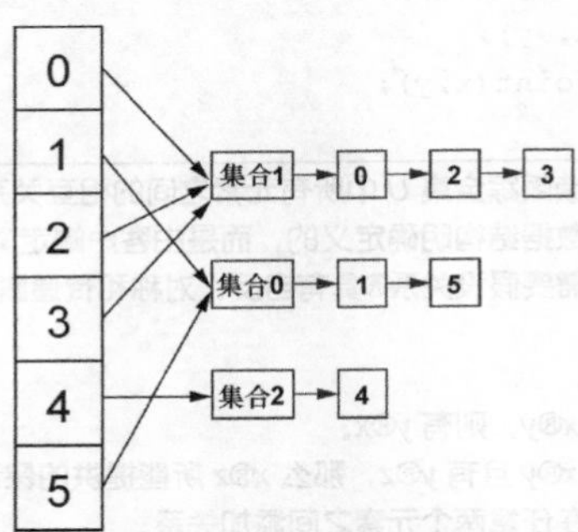

图 5.4　用链表来存放不交集。每个数组元素都会存放一个指向链表头部的指针，每个链表分别代表一个集合。这里的集合编号是任意的，因为这个索引并不会提供任何关于集合的信息（也不能被用于检索）

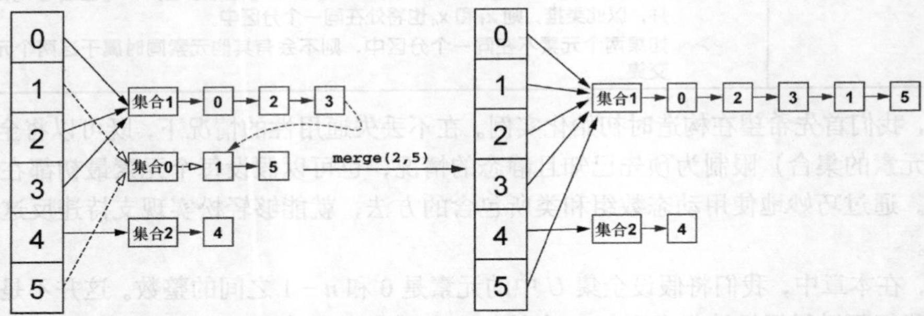

图 5.5　合并两个分区。左图：添加一条新的从尾到头的边，并从数组中删除到第二个链表的链接，这样就把一个链表附加到了另一个链表的末尾。右图：合并后的结果，添加到链表中的元素（也就是例子中的元素 1 和 5）的指针也被更新了

在最坏的情况下，这个操作需要线性时间，因为可能需要更新最多 $n-1$ 个元素（其中 n 是全集 U 中元素的总数）。

有一种方法可以稍微提高必须执行的分配操作的数量，就是始终添加两个链表中更短的那个，这样就能确保不会更新超过 $n/2$ 个元素的指针。不过，这并不能改善渐近执行时间[2]。

接下来，让我们深入研究代码以更好地解释其工作原理。

实现简单解决方案

让我们从构造函数的伪代码和类定义开始（见代码清单 5.1）。本小节中的所有方法都是 DisjointSet 的类方法。

代码清单 5.1　简单解决方案：构造函数

```
class DisjointSet
  #type HashMap[Element, List[Element]]
  partitionsMap

function DisjointSet(initialSet=[])
```

构造函数接收一个元素的列表作为参数，但默认情况下使用空集来初始化不交集。

1 要想复习链表或不清楚 next 指针是什么，请查看附录 C。

2 记住，常数因子在大 O 分析中是无关紧要的，因此 $O(n/2)=O(n)$。

```
this.partitionsMap ← new HashMap()                              ◁—— 创建从元素到集合的映射。
for elem in initialSet do ◁—— 遍历参数列表中的所有元素。
  throw-if (elem == null or partitionsMap.has(elem))) ◁—— 如果元素为 null 或重复值，则抛出异常。
  partitionsMap[elem] ← new Set(elem) ◁—— 添加当前元素与仅包含当前元素的单例[1]集合之间的映射。
```

初始化操作非常简单：检查作为参数传递的列表是否包含重复项，并用其中所包含的元素来初始化不交集。

在实际的实现中，你还需要思考如何比较元素。根据不同的编程语言，这可以使用引用相等、相等运算符或是定义在元素类上的方法来完成。这里的代码仅用来说明这个基本解决方案的工作原理，因此不用担心任何细节。

首先，初始化关联数组，这个数组将对元素进行索引并将它们映射到它们所属的分区（见代码清单 5.1 的第 2 行）。

接下来，简单地依次检查 initialSet 中的元素，检查它们是否有定义且不重复，并将它们的分区初始化为包含元素本身的单例（一开始的时候，每个元素都不与其他元素相交）。

这样就完成了对不交集的初始化。我们还可以为不交集提供一些有用的方法和属性。例如，你可以添加一个名为 size 的公共属性，简单地将它定义为存储在本地分区映射中的条目数量就行了。

你可以在本书的 GitHub 仓库中找到实现这些方法的示例。在这里，我们将继续只专注于主要的 API 方法。首先从 add 方法开始，如代码清单 5.2 所示。图 5.6 显示了向容器中添加新元素的过程。

代码清单 5.2 简单解决方案：add 方法

```
  add 方法接收一个元素作为参数，当且仅当
  元素添加成功时返回 true，否则返回 false。
function add(elem)                              检查元素是否合法。
  throw-if elem == null ◁——
  if partitionsMap.has(elem) then ◁—— 如果元素已经被包含在数据结构中，则返回 false 且不更新任何内容。
    return false
  partitionsMap[elem] ← new Set(elem)     ◁—— 否则只添加当前元素与仅包含当前元素
  return true                                  的单例集合之间的映射并返回 true。
```

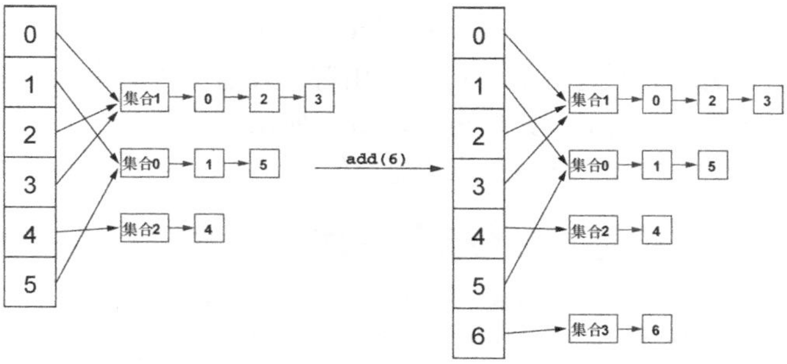

图 5.6 向容器中添加新元素。如果新元素不与当前容器中的任何其他元素重复，就可以通过创建一个新的单例分区来添加它，这个分区只包含新添加的元素

add 方法被用来允许对全集进行扩张，可以随时添加新的（不重复的）元素。但每次添加一个新元素时，都只添加一个包含该元素的全新分区。当然也需要检查传递给 add 方法的参数是否有定义，从而保证新元素不是 null 且不会与全集中已经存在的另一个元素重复。

接下来开始真正有趣的部分。首先是 findPartition 方法，如代码清单 5.3 所示。

1 单例是只有一个元素的集合。

代码清单 5.3 简单解决方案：findPartition 方法

findPartition 方法接收一个元素作为参数，并返回一个 Set 对象来表示这个元素所属的分区（也就是不交集）。

```
function findPartition(elem)
  throw-if (elem == null or not partitionsMap.has(elem))   ◁— 检查元素是否合法。
  return partitionsMap[elem]   ◁— 返回一个包含参数的 Set 对象。
```

findPartition 方法特别简单，在验证（包括检查元素是否已经被存储在不交集中）之后，只需要返回包含 elem 的分区就行了。

前面曾提到，findPartition 方法的这种实现只需要常数时间（假设可以在常数时间内计算出 elem 的哈希值）。

另一个很容易实现的 areDisjoint 方法旨在检查两个元素是否属于同一个分区，如代码清单 5.4 所示。

代码清单 5.4 简单解决方案：areDisjoint 方法

areDisjoint 方法接收两个元素作为参数，当且仅当这两个元素都合法但不属于同一个分区时才返回 true，并且当且仅当这两个元素都合法但属于同一个分区时才返回 false。注意，如果其中任何一个元素为 null 或尚未被添加到此容器中，这个方法将抛出错误（这是因为 findPartition 方法会抛出错误）。

```
function areDisjoint(elem1, elem2)
  p1 ← this.findPartition(elem1)   ◁— 获取 elem1 所属的不交集。如果参数不合法或找不到参数，这个调用将抛出错误。
  p2 ← this.findPartition(elem2)   ◁— 对 elem2 执行相同的操作。
return p1 != p2   ◁— 比较两个集合是否相同，从而验证元素是否属于同一个分区。
```

这里只需要重用 findPartition 方法就行了。为两个元素都调用这个方法，并检查这两次调用分别返回的分区是否相同即可。注意，这里通过重用 findPartition 方法，保证了无论元素是如何存储的，areDisjoint 方法的实现都不再需要进行修改，同时你也不用再关心 findPartition 方法是如何实现的（只要它的接口保持不变，并且分区支持不等式运算符就行了）。

另外，这里的逻辑是判断两个元素是否不属于同一个分区，而不是检查它们是否属于同一个分区。这是因为通常在使用不交集的时候，我们更感兴趣的是检查两个元素是否不属于同一个分区。如果是这种情况的话，就对两个分区进行合并。不过，根据这个容器的用途，如果相反逻辑更为方便，则可以定义一个名为 samePartition 的方法。

到目前为止，我们实现的所有方法都可以在相对于容器大小的常数时间内运行。接下来，是时候实现合并两个分区的方法了，如代码清单 5.5 所示（见图 5.5）。正如前面提到的那样，merge 方法在最坏情况下需要执行 $O(n)$次的分配操作。

代码清单 5.5 简单解决方案：merge 方法

merge 方法接收两个元素作为参数，合并它们所在的分区，当且仅当这两个元素都合法但不属于同一个分区时才返回 true。如果它们同属一个分区，则返回 false。

```
function merge(elem1, elem2)
  p1 ← this.findPartition(elem1)   ◁— 获取 elem1 和 elem2 所属的分区。如果参数不
  p2 ← this.findPartition(elem2)   ◁— 合法或找不到参数，此类调用将抛出错误。
  if p1 == p2 then   ◁— 比较分区 p1 和 p2。如果它们相同，则不需要执行任何操作，因为两个元素已经同属一个分区。此时不会发生合并，返回 false。
    return false
  for elem in p1 do   ◁— 遍历 p1 分区中的元素并执行下面的操作。
    p2.add(elem)   ◁— 将元素添加到 p2 分区。
    this.partitions[elem] ← p2   ◁— 然后更新元素的映射，因为这个元素现在属于 p2 分区。
  return true
```

这个方法相比前面的方法要复杂一些。然而，通过重用 findPartition 方法，merge 方法看起来

仍然很简单。

首先,可通过对两个参数调用 findPartition 方法并检查结果来判定元素是否属于同一个分区。这些调用还负责输入验证。

一旦确定了确实需要执行合并操作，我们就可以合并两个集合，并在需要时修改映射到分区的指针。如果分区是用链表而不是集合实现的，那么只需要将一个链表的头部添加到另一个链表的尾部就行了；相反，如果使用的是集合，则必须依次添加元素。此时（在最坏情况下）需要执行额外的线性赋值操作，但这并不会改变函数运行时的阶。因为无论如何，都需要更新其中一个链表（集合）的全部元素的引用。

在这里，我们展示了最简单版本的代码，总是将第一个分区的元素添加到第二个分区中。在本书的 GitHub 仓库中，你可以找到一个稍微好一些的版本——它会检查哪个集合更小并将其中的元素添加到较大的集合中。然而，这只是对最简单版本的常数时间的改进，并且运行时间依然与更小集合的大小线性相关。

5.5 使用树状结构[1]

先来回顾一下我们利用基本实现获得的成果。我们编写了一个需要常数时间的 findPartition 方法和一个在最坏情况下需要线性时间的 merge 方法。

那么，还能让不交集上除查找分区（findPartition 方法）以外的所有其他操作都做到比线性时间更好吗？答案是肯定的。

5.5.1 从链表转移到树

思路很简单：用树代替链表来存放各个分区，如图 5.7 所示。之后，每个分区就可以将与它们各自关联的树的根节点作为唯一的标识了。树相对于链表的优势在于，如果树是平衡的，那么树上的任何操作都是对数阶（而不像链表那样是线性阶）的。

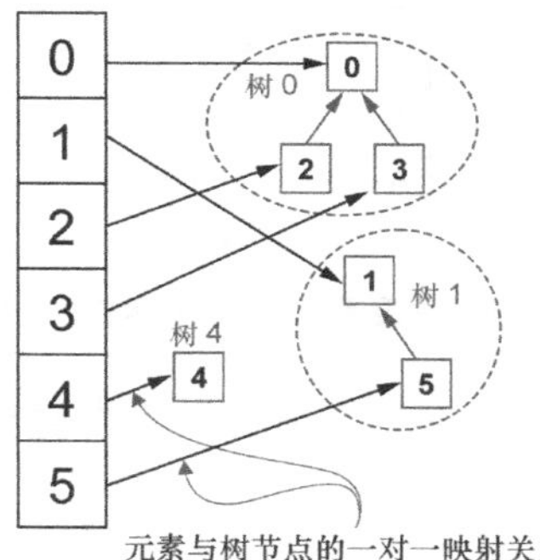

图 5.7 用树来存放不交集。这里使用树的根节点作为分区的唯一标识符（假设元素不重复）。数组中的所有元素都指向一个树节点。在简单版本的实现中，元素和树节点之间存在一对一的映射关系。这也就意味着，要找到树的根节点，就需要向上遍历整个树（平均来说，大约是树的高度的一半）

若要合并两个分区，则将一个树的根节点设置为另一个树的根节点的子节点即可，见图 5.8 中的示例。

这是对一开始那个解决方案的巨大改进，因为这里的操作并不需要修改合并分区中各个元素的分区映射，并且树中的所有节点都会维护一个到它们各自父节点的链接（不需要保存到子

1 本节将讨论一些高级概念。

节点的链接，因为在这种情况下不会用到它们）。

如前所述，可通过树的根节点来唯一标识各个分区。所以，若要找出一个元素属于哪个分区，只需找到它所指向的树节点，然后遍历到它所在树的根节点即可。在方法 areDisjoint 中，如果对两个元素执行相同的操作，然后比较找到的根节点，就可以很容易地知道两个元素是否属于同一个分区了（当且仅当两个根节点相同时）。

如此一来，合并两个分区就只需要常数时间的修改次数以及找到两个根节点所需的查找次数。于是，找到一个元素所属的集合（或是查看两个元素是否属于同一个分区）就平均需要对数时间（你还记得树的定义吗[1]？），但在最坏情况下仍然需要线性时间。这是因为在合并分区时，你有可能在选择将哪个树的根节点设置为另一个树的子树时非常不走运。不过，若每次都随机选择将哪个根节点作为另一个根节点的子节点，就可以使这种最坏情况发生的概率大大降低。但你仍然有可能（尽管概率很小）面临边缘情况，如图 5.9 所示。这也就意味着 merge 方法在最坏情况下仍然需要执行 $O(n)$次的查找操作，更糟糕的是，这会导致 findPartition 方法也需要线性阶的运行时间。

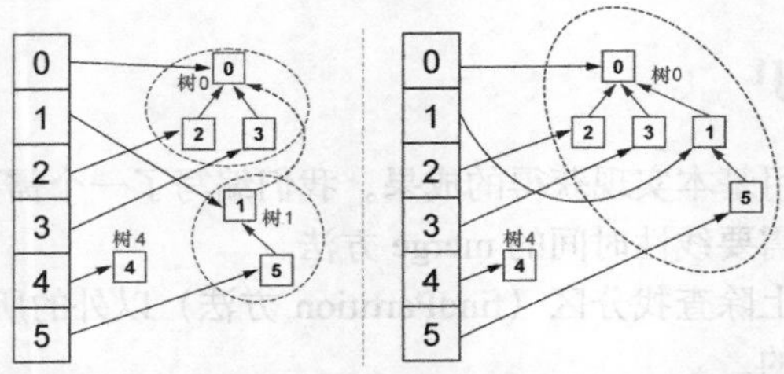

图 5.8　在使用树的存储方案时对两个分区进行合并。这个操作只需要创建一个新链接（再加上树的一些遍历操作）就行了。在左图中，只需要在树 1 的根节点到树 0 的根节点之间添加一条新的边就可以对它们进行合并了。右图展示了这样做时数据结构是如何改变的。此时只剩下两个树，但是树 0 的高度相比合并之前更大了

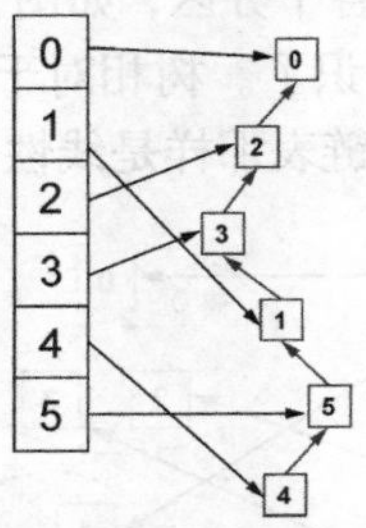

图 5.9　最简单的树实现的最坏情况。最终，树的高度等于 n，即元素总数。树退化成了链表

在了解如何进行进一步改进之前，我们先来看看实现这些改进后的代码版本。

5.5.2　实现使用树的版本

因为大部分代码保持不变，所以这里不予列出。在相对于最简单版本有所变化的方法中，这里将用下画线来突出显示这些变化，从而帮助你快速比较这两个版本的代码。

首先，分区映射中的元素不会再被映射到实际的集合中，而是指向树中各个元素的父节点。正因如此，你在本书的 GitHub 仓库中可以看到，partitionsMap 字段已被重命名为 parentsMap，以更加明确这个方法的目的。

在初始化时，我们会简单地将各个元素设置为它们各自的父节点，稍后你就会看到这么做的原因。

1 请查看附录 C 的 C.1.3 节。

相同的修改也会被应用到 add 方法，其他逻辑则保持不变。

findPartition 方法（见代码清单 5.6）需要进行相当多的调整才能正常工作，其实现有两个需要注意的地方。

- 相较于最初的实现，这里不再返回链表，而是返回分区树的根节点处的元素。
- findPartition 方法的返回值在数据结构实例之外是没有任何意义的，并且实际上这个方法只会被方法 merge 和 areDisjoint 从内部调用。

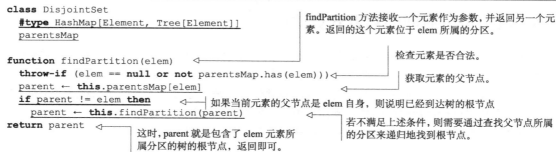

代码清单 5.6　基于树的解决方案：findPartition 方法

```
class DisjointSet
  #type HashMap[Element, Tree[Element]]
  parentsMap

function findPartition(elem)
  throw-if (elem == null or not parentsMap.has(elem))
  parent ← this.parentsMap[elem]
  if parent != elem then
    parent ← this.findPartition(parent)
return parent
```

findPartition 方法接收一个元素作为参数，并返回另一个元素。返回的这个元素位于 elem 所属的分区。

检查元素是否合法。

获取元素的父节点。

如果当前元素的父节点是 elem 自身，则说明已经到达树的根节点

若不满足上述条件，则需要通过查找父节点所属的分区来递归地找到根节点。

这时，parent 就是包含了 elem 元素所属分区的树的根节点，返回即可。

在获得元素的父节点后，我们需要检查它是否等于元素本身。如果一个元素是它自己的父节点，则说明已经到达分区树的根节点——因为一开始就对这个字段进行了这样的初始化，并且因为我们在 merge 方法中不会修改根节点的父节点；否则，表明当前元素有父节点，因此需要朝着其根节点向树的上方进行遍历，然后对 findPartition 方法进行递归调用，并返回最终的结果（见代码清单 5.6 的第 8 行）。

如前所述，findPartition 方法的这个新实现不能再以常数时间运行，因为会有次数与分区树的高度一样的递归调用。由于到目前为止还没有对树进行任何假设，因此可能存在与全集 U 中元素数量成正比的调用次数。不过这是最坏情况下的结果，平均而言，我们预期会有更好的性能。

从表面上看，这些修改让数据结构的性能变得更糟了。不过通过查看 merge 方法的新实现（见代码清单 5.7），我们就可以了解使用树的优势。

代码清单 5.7　基于树的解决方案：merge 方法

merge 方法接收两个元素作为参数，合并它们所在的分区，当且仅当两个元素不属于同一分区时才返回 true。如果它们已经同属一个分区，则返回 false。

```
function merge(elem1, elem2)
  p1 ← this.findPartition(elem1)
  p2 ← this.findPartition(elem2)
  if p1 == p2 then
    return false
  this.parentsMap[p2] ← p1
  return true
```

获取 elem1 和 elem2 所属的分区。如果参数不合法或找不到参数，这个调用将抛出错误。

将 p2 的父节点设置为 p1，这样一来，p1 和 p2 就都有了相同的父节点，而且 p2 中的所有元素都会将 p1 作为树的根节点。

比较 p1 和 p2，如果它们相同，则不需要执行任何操作。这是因为两个元素已经同属一个分区，因此不会发生合并，返回 false。

通过比较这两个实现就可以立即发现，虽然只有最后几行代码发生了变化，但新版本更简洁了。这样做的好处是不再需要遍历整个元素列表！要合并两个分区，只需要找到两个树的根节点，然后将其中一个根节点设置为另一个节点的父节点。不过，在此过程中仍然需要找到这两个树的根节点。

代码清单 5.7 中的新行只需要常数运行时间，因此 merge 方法的运行时间由对 findPartition 方法的两次调用主导。前文提到，这两个方法需要的时间与它们被调用时的树的高度成正比，在最

坏情况下仍然是线性阶的。然而在一般情况下，尤其是在初始化后的早期阶段，树的高度非常小。

总而言之，对于这个实现版本的不交集来说，所有操作在最坏情况下仍然需要线性时间，但平均只需要对数时间，其中包含那些在最简单的实现中需要常数时间的操作。诚然，如果关注最坏情况，那么这并不是一个很好的结果，但是如果从另一个角度看，新版本的不交集设法拥有了一个更平衡的操作集，而这在使用 merge 方法更频繁的上下文中可以带来优势。（不过在读取密集型应用程序中，merge 方法很少被执行，因此最初的实现在总体上可能更优。）

在放弃使用树的解决方案之前，请先阅读 5.6 节，你应该会觉得有所收获。

5.6　改进运行时间的启发式算法[1]

寻求最佳性能的下一步是确保即使在最坏情况下，findPartition 方法的运行时间也是对数阶的。幸运的是，这很简单！附录 C 对平衡树进行了讨论，如果觉得有必要复习一下，请随时查看。

长话短说，我们可以轻松地通过使用线性的额外空间来跟踪每个树的**秩**（也就是大小），并在 merge 方法中执行常数时间的额外操作来更新树的根节点的秩。

当合并两个树时，确保将节点数更少的树设置为子树，如图 5.10 所示。

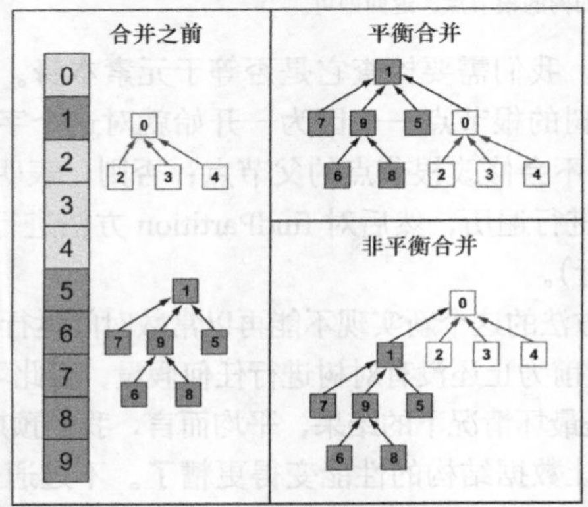

图 5.10　合并两个集合的树：平衡合并与非平衡合并的例子。数组中的每个元素都指向相应的树节点（所有的浅灰色元素都指向浅灰色的树，以此类推），为方便起见，这里省略了从数组元素指向树的箭头

可通过归纳法来证明，这个新树也将是高度最小的一棵树。也就是说，新树将与旧树具有相同的高度，或者只是对高度加 1。进一步来说，它也可以证明树的高度不会增加超过总数量的对数。

由于对数增长非常缓慢（如 $\ln(1000) \approx 10$，$\ln(1000000) \approx 20$），因此这在实践中已经是一个非常好的结果，对于大多数应用来说基本上足够了。

但是，如果要编写一些非常关键的核心代码（如内核或固件代码），我们还是希望能够做得更好。为什么呢？这是因为还可以进行优化，有时则因为你确实需要这些优化。如果在一个操作上能够减少 0.001 毫秒，重复这个操作 10 亿次的话，就能节省 16 分钟的计算时间。

> **注意**　大多数情况下，在开发人员的工作中，性能并不是决定这些改进的唯一指标。首先，这取决于是否需要在一小时或一整天的计算中节省这 16 分钟（对于后一种情况，这点收益无关紧要）。其次，这也取决于为了获得这点性能收益所需要的开销，如果它使得代码变得非常脆弱、更加复杂且难以维护，或者需要数周的开发时间，那就不得不在优化前进行利弊权衡。好在对于不交集来说，情况不复杂，路径压缩的实现也很容易，并且可以带来很大的收益。

1 本节将讨论一些高级概念。

在深入研究代码之前，我们先来看看如何进一步加以改进。

5.6.1 路径压缩

前文提到，不交集可以做到相比只使用平衡树以及使操作都在对数时间内完成更好。

为了进一步改善结果，我们可以使用一种名为**路径压缩**（path compression）的启发式算法。如图 5.11 所示，思路其实非常简单：对于树中的每个节点，都用一个链接指向树的根节点，而不是指向其父节点。毕竟，我们不需要跟踪执行合并的历史，而只需要知道当前元素所在分区的根节点是什么，然后尽快找到它就行了。

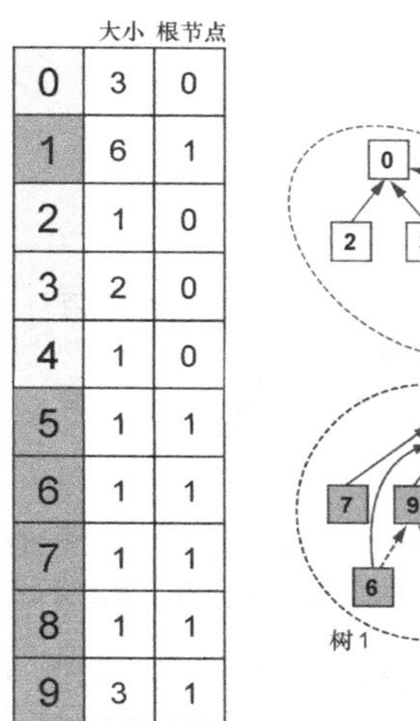

	大小	根节点
0	3	0
1	6	1
2	1	0
3	2	0
4	1	0
5	1	1
6	1	1
7	1	1
8	1	1
9	3	1

图 5.11 使用带有路径压缩的树来表示不交集。内部存储方式被放在了元素数组旁。在树中，虚线箭头是父链接，实线箭头则是指向集合根节点的指针。这个结构此时有两个分区，分别为白色和浅灰色，它们的根节点分别为 0 和 1

接下来，如果要在合并时更新所有指向根节点的指针，则这个方法就不再是对数阶的，而是需要线性时间来更新树中的所有节点。

如果不立即更新设置为子树的节点中的根指针，会发生什么呢？简单来说，如果下次对树中的一个节点（称为 x）运行 findPartition 方法，就需要先从 x 向上遍历到它的旧根节点 x_R，之后再从 x_R 遍历到新的根节点 R。

要知道，旧树中节点的指针可能在合并之前就被同步过了（因此只需要两次跳转就可以到达新的根节点，如图 5.12 所示）。当然，它们也有可能并没有更新。

由于无论如何都需要向上遍历树，我们可以从顶部的 R 进行回溯，向下回溯到 x 并更新中间节点的根指针。这个操作并不会影响 findPartition 方法的渐近性能，因为它仍然会回溯相同的路径，只不过步数翻倍了。（常数因子在渐近分析中是无关紧要的，参见附录 B。）

不过，由于额外采取了这一步骤，下次在从 x 到 root(x)的路径上的任何节点调用 findPartition 方法时，就可以肯定这些指针已经被更新了，并且只需要一步就能找到它们的根节点。

这时，你可能想知道单次操作或是在超过一定数量的 k 次操作的摊销分析中需要更新多少个根指针，而这也正是此处的算法分析中最复杂的地方。

这里并不会深入讨论其中的细节。你只需要知道经过证明，对于一个包含 n 个元素的集合来说，findPartition 和 merge 方法在 m 次调用后的摊销情况是 $O(m*\text{Ack}(n))$次的数组访问。

这里的 Ack(n)是**逆阿克曼**函数的近似值，这个函数的增长非常缓慢，为此我们可以将其视为常数（对于可以存储在计算机上的任何整数，它的值都将低于 5）。

于是，这就为这个数据结构上的所有操作获得了一个摊销后的常数界限！

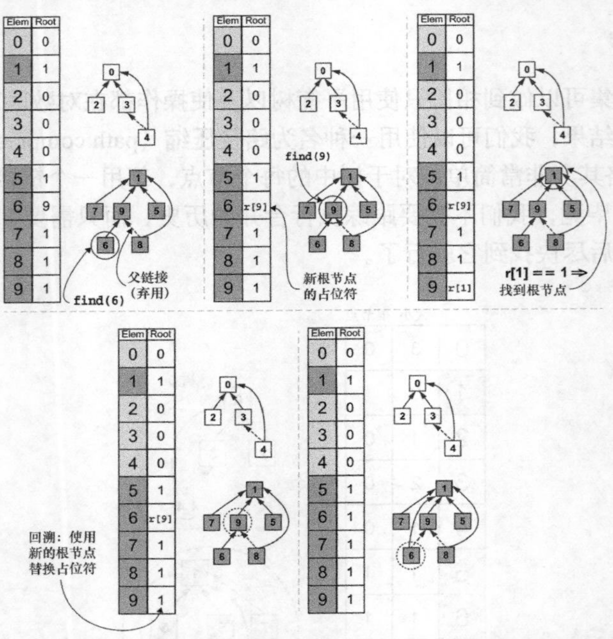

图 5.12　在图 5.11 所示的同一个不交集上调用 find 方法。注意，其中的浅灰色树并不同步。如果在元素 6 上调用 find 方法，那么算法会慢慢向上遍历整个浅灰色树，直至找到它的根节点。接下来，算法会通过回溯来更新中间元素 9 和 6 的根指针

目前尚不清楚这是不是不交集数据结构的最低界限。不过，人们已经证明 $O(m^*\text{InvAck}(m, n))$ 就是它的严格下界[1]，其中 InvAck(m, n)是真正的逆阿克曼函数。

虽然这部分的内容很多，但请不要望而却步。事实证明，只需要进行一些微小的改进，就可以实现路径压缩的启发式算法。

5.6.2　实现平衡性与路径压缩

接下来，我们将讨论不交集数据结构的最终实现，其中包括“按秩对树进行平衡”以及“路径压缩”的启发式改进。

由于每个元素都需要存储有关其子树的一些信息，因此我们将使用一个辅助（私有）类将所有信息集中在一起，如代码清单 5.8 所示。

代码清单 5.8　Info 类

```
class Info
  function Info(elem)
    throw-if elem == null
    this.root ← elem
    this.rank ← 1

class DisjointSet
  #type HashMap[Element, Info]
parentsMap
```

- Info 类的构造函数会接收不交集中的一个元素作为参数。
- 对参数进行验证。
- 最初，元素会被分配给以元素自身为根节点的单例树。
- 子树的秩最初为 1，因为其中只有一个元素。

这个 Info 类对分区树的节点进行了建模（关联信息）。它只是一个存储了两个值的容器，其中包含树的根节点以及以当前元素为根节点的树的秩。

1 你可以找到大量关于该主题的文献。但请注意，虽然这是一个非常有趣的主题，但是非常有挑战性。

在这里，root 属性并不会存储对其他节点的引用，而是直接存储元素自身（的索引）。随后，你可以将其用作 HashMap 的键。

如果要对树数据结构进行建模，那么这种设计会导致封装并不完善。但这里只需要将 Info 类用作元组来收集与元素相关的所有属性，因此这样做已经足够了。

不交集的大多数实现会使用两个数组。由于这里的实现并不限制键为整数，而且使用了哈希映射，因此也可以为元素的根节点和秩定义两个 Map 结构。这样做会导致每个元素都被存储三次，其中两次作为两个表的键，另一次则作为某个树的根节点（当然，最后一条其实会让某些键被存储多次，而另一些键不会被存储）。

通过使用这个额外的包装器和单一的“信息”映射，我们就可以确保只把元素作为键存储一次。

虽然对象被作为引用进行存储，开销很小；但对于不可变的值来说，尤其是字符串，则按值进行存储。即使只能避免对单个元素的多次存储，也可以带来一定的内存节省。

从理论角度来讲，你可以做得更好。你可以将每个元素存储在对象的包装器中，并将这些包装器用作键。这样就只需要将每个键存储一次，并始终使用包装器的引用作为映射的键和值。

那么，使用包装器解决方案的开销以及由此增加的复杂性是值得的吗？这取决于对键的类型和大小做出的假设。在大多数情况下，我们不提倡使用上述方法，因此在开始进行这类优化之前，请务必正确地分析应用程序并分析输入。

回到我们的实现。接下来的变化也很少。在构造函数和 add 方法中，只需要将最后一行代码更新成下面这样：

```
parentsMap[elem] = new Info(elem)
```

这里使用了 Info 类的构造函数并创建了一个与各个元素相关联的新实例。

不过，findPartition 方法会变得有趣起来，如代码清单 5.9 所示。

代码清单 5.9　基于树和启发式算法的解决方案：findPartition 方法

findPartition 方法接收一个元素作为参数，并返回另一个元素。返回的这个元素是位于 elem 所属分区的树的根节点。

```
function findPartition(elem)
  throw-if (elem == null or not parentsMap.has(elem)))   ◁ 检查元素是否合法。
  info ← this.parentsMap[elem]   ◁ 获取当前元素的信息节点。
  if (info.root == elem) then
    return elem
  info.root ← this.findPartition(info.root)   ◁ 需要向上递归查找根节点，并更新当前元素的根指针以指向树的根节点。
  return info.root
```

如果当前元素的根节点是 elem 自身，则说明已经到达树的根节点，直接返回即可。

如前所述，当使用路径压缩启发式算法时，虽然不会在合并时更新所有元素的根指针，但会在 findPartition 方法中这么做。与旧版实现的主要区别在于，代码清单 5.9 的第 6 行保存了对 findPartition 方法的递归调用结果，并用其来更新当前元素的根指针。其他一切保持不变。

绝大多数更改发生在 merge 方法中，如代码清单 5.10 所示。

代码清单 5.10　基于树和启发式算法的解决方案：merge 方法

merge 方法接收两个元素作为参数，合并它们所在的分区，当且仅当两个元素不属于同一分区时才返回 true。如果它们已经同属一个分区，则返回 false。

```
function merge(elem1, elem2)
  r1 ← this.findPartition(elem1)   ◁ 获取 elem1 和 elem2 所属的分区。如果参数不
  r2 ← this.findPartition(elem2)   ◁ 合法或找不到参数，此类调用将抛出错误。
```

```
  if r1 == r2 then
    return false
  info1 ← this.parentsMap[r1]
  info2 ← this.parentsMap[r2]
  if info1.rank >= info2.rank then
    info2.root ← info1.root;
    info1.rank += info2.rank;
  else
    info1.root ← info2.root;
    info2.rank += info1.rank;
  return true
```

找到需要合并的两个分区，随后查看两个根节点的信息节点。

检查第一棵树是否具有更高的秩（是否包含更多元素）。较小的树将成为较大树的根节点的子树。

将较小树的根节点的信息节点中的根指针指向另一棵树。

更新（两棵树的）根节点的信息节点中的秩。不需要更新（之前的）另一个根节点，因为这个值永远都不会被再次用到。

比较 r1 和 r2，如果它们相同，则不需要执行任何操作，因为两个元素现在已经同属一个分区。不会发生合并，返回 false。

上述代码会像之前那样检索树的根节点处的元素，并且仍然会检查它们是否相同。但随后需要检索两个根节点的信息，以了解哪棵树更大。较小的树将成为子树，为其重新分配根节点。此外，我们需要更新较大树的根节点的信息节点中的秩，因为较大树的子树现在也将包含新子树中的所有元素。

以上就是为实现性能的巨大提升而需要进行的全部修改。其中，代码的整洁性展示了这个解决方案的巧妙之处。在接下来的内容中，你将了解为什么正确使用这个解决方案是如此重要。

5.7 应用程序

不交集的应用可以说是无处不在，我们之所以对它进行详细研究，就是因为已有许多足以证明它非常有用的案例。

5.7.1 图：连通分量

对于无向图（undirected graph）来说，有一个简单的算法可以通过使用不交集来跟踪它们的连通分量（connected component），也就是图中相互连接的区域。

虽然我们通常会用深度优先搜索（DFS）来计算图的连通分量，但也可以使用不交集在扫描图的所有边的情况下跟踪各个组件。代码清单 5.11 就展示了这样的一个例子。

代码清单 5.11 通过不交集来计算图的连通分量

创建一个新的不交集，其中，图中的每个顶点在一开始就位于不同的分区中。

```
disjointSet = new DisjointSet(graph.vertices)
for edge in graph.edges do
  disjointSet.merge(edge.source, edge.destination)
```

遍历图中的每条边。

合并源顶点与目标顶点所属的分区。

最终，disjointSet 中顶点的每个分区都将成为一个连通分量。

值得注意的是，这个算法不能用于有向图及强连通分量。

5.7.2 图：最小生成树的 Kruskal 算法

无向连通图 G 的生成树是这样的：其中的节点是图 G 的顶点，边则是图 G 中边的子集。如果图 G 是连通的，那么它肯定至少有一棵生成树。如果其中有环，那就有可能存在很多棵生成树（见图 5.13）。

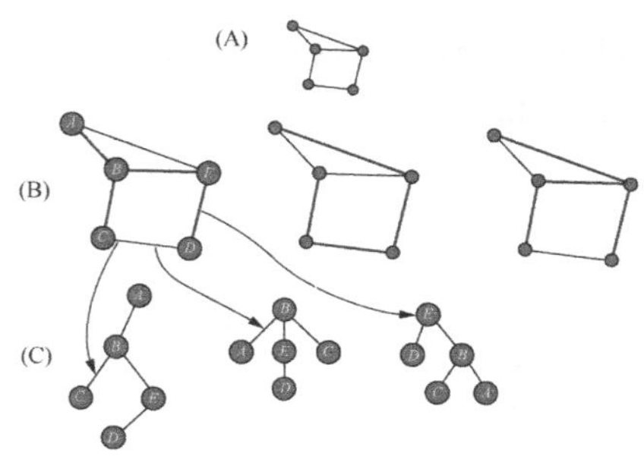

图 5.13 有多棵生成树的图。(A) 含有环的无向连通图。(B) 由于图中有环，因此存在若干能够覆盖所有节点的生成树。这里仅显示了一小部分示例，其中的每个示例都只选择了“跨越”所有顶点的最小边集（粗边）。(C) 对于每一个边的集合，基于树的根节点和子节点的顺序，都可以得到若干树（这里仅显示了几棵示例树。注意，这些树并不局限于二叉树）

在所有可能的生成树中，**最小生成树**（Minimum Spanning Tree，MST）是边权重之和最小的那棵生成树。

Kruskal 算法并不在本书的讲解范围之内。这里仅简单解释一下，你可以通过以下方式来构造图的 MST。

(1) 从不同集合中的各个顶点开始。

(2) 维护一个包含图中顶点的不交集。

(3) 按照权重增加的顺序遍历图中的边。

(4) 对于每条边，如果它的两极不在同一个分区，就对其进行合并。

(5) 如果所有顶点属于同一个分区，则停止计算。

最终的 MST 将由上面第 4 条中触发的针对不交集的合并方法进行调用的边的列表而被定义。

5.7.3 聚类

聚类是最常用的无监督机器学习[1]算法，旨在将一组点划分为若干通常不相交的子集，如图 5.14 所示。

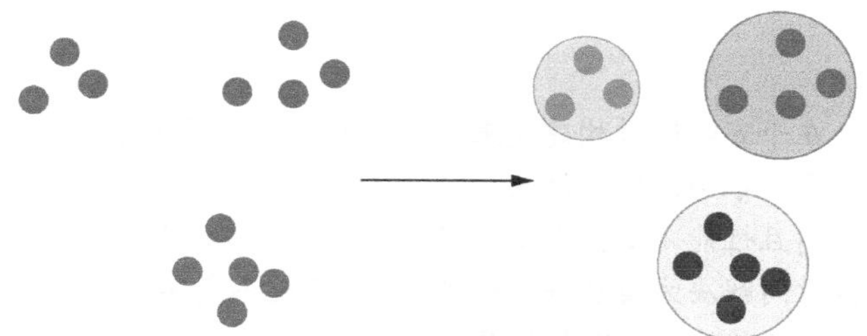

图 5.14 聚类的一个例子。左侧有一个包含若干二维点的原始数据集，但没有关于这些点或者它们之间关系的额外信息。在对数据集执行聚类操作之后，你在右侧可以看到已经推断出了点之间的一些关系——它们被分成 3 个子集，这 3 个子集的点之间显示出了更高的相关性

截至目前存在聚类算法已有很多种。尽管聚类算法的分类（见第 12 章）不在本章的讨论范围之内，但我们会提到其中的一种，即**凝聚分层聚类**（agglomerative hierarchical clustering）这个算法会从自身的**集群**（分区）中的各个点开始，不断合并两个点（及其集群），直到将所有集群合并成一个集群为止。图 5.15 展示了凝聚分层聚类算法的一个例子。可以看到，这个算法会保

1 无监督机器学习能够处理“未标记”的数据（即尚未分类或划分的数据），目标是在原始数据中找到一定的结构。

留聚类过程的历史信息，并且可以获取你在任何步骤中创建的集群的快照。快照具体从哪里获取以及算法的结果是由若干参数控制的。

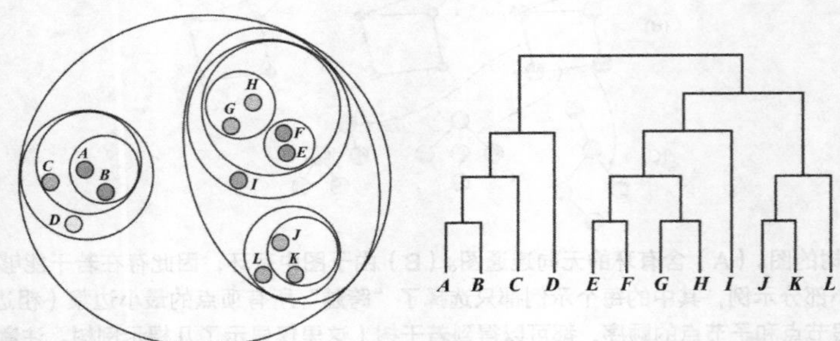

图 5.15　凝聚分层聚类的一个例子。在左侧，数据集（二维点的集合）被显示为几个渐进分组，其中的每一组都是一个椭圆。可以看到，*A* 和 *B* 最先被分在一组，然后将 *C* 添加了进来，形成了更大的集群。由此我们可以推断，*A* 和 *B* 之间的关系相比 *A* 和 *C* 或 *B* 和 *C* 之间的关系更强。在右侧，我们用树状图[1]展示了相同的过程。注意，这两个子图可以是凝聚分层聚类的结果。前者从底部开始生成树状图，后者则从顶部开始生成树状图

我们在算法的描述中提到，在每一步都需要找到属于两个不同集群的两个点。因此，你应该能想到计算和查找这类信息的最佳数据结构是什么。在第 13 章，你将看到不交集作为分布式聚类算法的一部分的实际应用。

5.7.4　合一

合一（unification）指的是在符号表达式之间求解方程的过程。求解这类方程的方法之一是找出方程两边等价的项，然后将它们从方程中删除。

当然，求解策略取决于方程中可以出现哪些表达式（项），以及如何比较它们或者何时认为它们是相等的。例如，如果它们具有相同的值，就可以认为它们是相等的。抑或，如果某些变量替换的净值符号是等价的，就可以认为是它们相等的。

可以想象，不交集数据结构是非常适合解决这个问题的高性能算法。

5.8　小结

- 不交集的妙处在于可以通过构建越来越复杂和高效的解决方案来解决不同子集问题，而每次都只需要添加很小的增量修改。
- 如果效率足够高且性能不是最重要的话，则有时可以满足于次优的实现。
- 最简单的线性时间解决方案也许已经够好了，不过不交集可以作为许多图算法中非常重要的一部分，因此你应该尽可能地优化它。
- 你已经知道了不交集操作的运行时间的理论下限，但并不知道是否存在以该下限运行的算法，甚至不知道是否存在比已知算法更快的其他算法。
- 就任何可以放进计算机的整数来说，**逆阿克曼函数**的值都不会大于 5，这给不交集上合并操作的运行时间的数量级带来了巨大的优势。合并两个子集平均只需要执行最多 5 次的交换操作。

---

1 树状图是一种和树结构一样的图，专门用来说明分层聚类产生的集群的组合。

第 6 章　trie 与基数树：高效的字符串搜索

本章主要内容

- 理解为什么字符串的处理是不同的
- 引入 trie[1]来实现高效的字符串搜索与索引
- 引入基数树[2]作为 trie 的高效内存进化版本
- 引入前缀树来解决字符串的相关问题
- 利用 trie 来实现高效的拼写检查器

你有多少次在匆忙发送短信、电子邮件或推文后马上意识到输入了错别字？对笔者来说，这真的太常见了！好在最近电子邮件客户端和普通的浏览器默认都有了一个宝贵的盟友：拼写检查器！如果想要更多地了解它的工作原理以及如何有效地实现它，请阅读本章内容。

在第 3 章中，我们提到平衡树在容器方面提供了最佳的平衡方案，非常适合高效地存储需要对其执行频繁搜索的动态变化数据。在附录 C 中，我们讨论并比较了提供快速查找、快速插入以及快速删除的不同容器。其中，树在所有操作之间都提供了最佳的权衡。

尤其是，平衡树保证了所有主要操作在最坏情况下的对数运行时间。一般情况下，当你对需要存储和（稍后）搜索的数据一无所知时，这也许就是你所能希望得到的最好结果。

但是，如果已知在容器中只会存储某些类型的数据，会发生什么呢？在某些情况下，如果有更多关于需要处理的数据类型的信息，就可以使用比通用算法更好的算法。

以排序为例，如果知道键是有限范围内的整数，就可以使用**基数排序**（Radix Sort）。这也就意味着实现了亚线性的性能，且忽略了比较排序的下限[3]。

类似地，如果知道了需要对字符串进行排序，就可以使用诸如**三向字符串快速排序**（3-way string quicksort）等专用算法。这些算法专门针对这类数据进行了优化，并且比普通的通用快速排序（或任何基于比较的排序）算法性能更好。

在本章中，我们将分析一个特定的容器子类——字符串容器，并研究如何通过引入新的专

1 又称为前缀树。

2 又称为紧凑前缀树。

3 人们已经证明，如果所使用的方法完全基于比较，则不可能使用少于 $O(n*\log(n))$次的操作对包含 n 个元素的列表进行排序。

用数据结构——前缀树与基数树，在内存和运行时间方面对这类容器进行优化。最后，我们将使用这些容器来实现高效的拼写检查器。

6.1　拼写检查

我们首先引入本章将要解决的问题：拼写检查。注意，并不是说这个问题本身真的需要进行任何介绍。这里只不过希望有一款软件可以将单词作为输入，并基于这个输入是不是有效的英语单词[1]来返回 true 或 false。

不过，上述定义稍显含混，为许多可能（且低效）的解决方案敞开了大门，因此还需要辅以更多的上下文加以阐释：假设我们正在为一个社交网络开发新的客户端，针对一个资源较少的客户端（如移动操作系统），需要添加一个实时的拼写检查器，让拼写错误的单词下方显示红色波浪下画线。每当一个单词被输入时（也就是每当输入一个诸如空格、逗号的单词分隔符时），我们需要检查它是否拼写正确。

由于资源稀缺，因此拼写检查器应快速且轻量，并且需要尽可能减少对 CPU 和内存使用的影响。

另外，我们希望拼写检查器能够学习，例如，用户可以添加自己的用户名或最喜欢的艺术家等。

6.1.1　拼写检查器的设计

在（无论使用何种媒体）需要匆忙发送消息时，打错字的情况时有发生。一旦这些消息被发送出去，我们很有可能无法撤回，也无法再编辑它们[2]。

这就是为什么有一个能突出显示错别字的拼写检查器会非常方便，如今大部分浏览器均具备这一功能。

拼写检查器的设计非常简单，它只是一个**字典**[3]的包装器，客户端要检查拼写，只需要调用容器的 contains 方法。如果结果未命中，则添加可视反馈来显示错误。

容器 API 的设计也很简单，它只是一个需要支持搜索的通用容器。像二叉搜索树或随机树堆（见 3.4 节）这样的 API 就能满足上述需求。

你可以思考一下如何使用工具来实现这个容器。例如，如果知道了必须支持对静态集的快速查找，那么可以选择哈希表；如果可以用一定的准确率来换取内存，那么可以选择布隆过滤器。不过，由于需要维护一个开放的、动态的集合，因此能为所有操作提供最佳平衡的数据结构就是树。

显然，简单的二叉树就能支持字典提供的所有操作。图 6.1 显示了这些树可能的样子，其中只显示了包含几个相似单词的子树的一小部分（我们马上就会解释为什么它们是相关的）。

在这样的树上，操作能有多快呢？假设树是平衡的，它的高度就是所包含的单词数量的对数。因此，对于每一次的 contains、insert 或 remove 方法调用，都需要平均（最多）遍历 $O(\log(n))$ 个节点。

然而到目前为止，我们在对树进行分析时，都会假设它们的键要么是整数，要么可以在常

1 你也可以为任何语言编写拼写检查程序。这里选择英文只是为了方便。

2 就推文而言，我们可以在有人注意到之前将其删除——只要够快。

3 这里的术语是指名为字典的抽象数据结构，它是用来模拟真实字典的数字等价物，详情可参阅附录 C 和第 4 章。

数时间和常数空间内被比较大小。

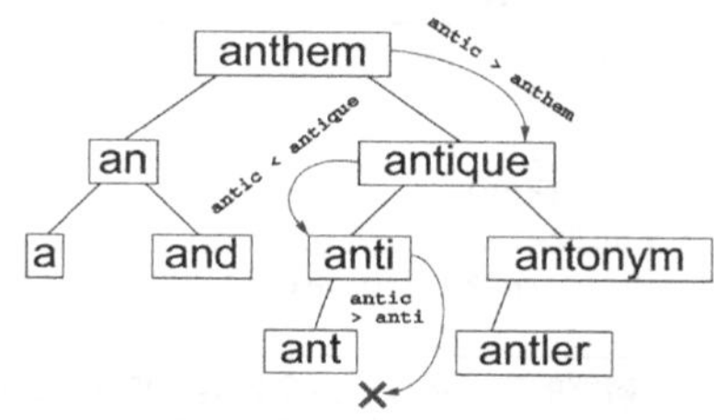

图 6.1 存放了（部分）字典的 BST 以及搜索"antic"的步骤。这个例子会返回一个错误，因为这个单词并没有存储在树中

对于通用字符串来说，这个假设不再现实。因为每个节点都需要存储一个无限长度的字符串，存储树所需的总内存将是每个节点的所有键的长度之和，即

$$E[S(n)] = E\left[\sum_{i=0}^{n-1}|k_i|\right] = \sum_{i=0}^{n-1}E\left[k_i\right] \approx \sum_{i=0}^{n-1}L = n \bullet L$$

如果假设树所持有的字符串的平均长度为 L，则 $S(n)$的期望值（即存储树所需的空间）与 $n*L$ 成正比。如果用 m 表示字符串的最大长度，$S(n) = O(n*m)$就是最坏情况下的严格上限。

类似地，如果要查看 search 方法的运行时间，你就会发现这时并不能忽略字符串的长度。例如，对图 6.1 所示树上的 search("antic")调用将从根节点开始，对"antic"与"anthem"进行比较，在发现两个单词不同之前，我们至少需要比较 4 个字符，然后移到树的右侧分支并再次比较两个字符串"antic"和"antique"（此时需要比较 5 个字符）。由于它们不相等，因此接下来遍历左子树，以此类推。

总结：在最坏情况下，调用搜索功能需要经过 $T(n) = O(\log(n)*m)$次比较。

6.1.2 压缩是关键

以上快速分析表明，无论是空间方面还是性能方面，使用树都不理想。如果仔细观察图 6.1 所示的树，就可以发现其中有许多不必要的开销。这是因为其中的所有单词都以字符'a'开头，而这个字符会出现在所有的节点中，并且对于树遍历操作中的每一步，这个字符都会与正在搜索（或插入）的文本进行比较。

查看单词"antic"的搜索路径，可以看到，遍历的所有 4 个节点都有着相同的前缀"ant"。如果能以某种方式压缩这些节点，只把这些公共前缀存放一次，并且在每个节点中都只存放不同的部分，不是更好吗？

6.1.3 描述与 API

6.2 节将要介绍的数据结构就是为了满足 6.1.2 节最后提出的需求而创建的，上文还给出了一种高效的方法来执行另一个操作，即查找容器中以相同前缀开头的所有键。

事实上，从 6.1.2 节的示例就可以看出，如果能以某种方式只把字符串的公共前缀存储一次，就可以快速访问以这些前缀开头的所有字符串。

表 6.1 展示了支持常用容器基本操作的抽象数据结构（ADT）的公共 API 以及两个新的 API，它们分别用于检索以特定前缀开头的所有字符串以及查找存储到容器中的字符串的最长前缀。

表 6.1　StringContainer 的 API 与契约

抽象数据结构：StringContainer	

API	`class StringContainer {`
	`  insert(key)`
	`  remove(key)`
	`  contains(key)`
	`  longestPrefix(key)`
	`  keysStartingWith(prefix)`
	`}`

与外部客户端签订的契约	除了常规容器的所有操作，这个数据结构还允许搜索存储在其中的字符串的最长前缀，并返回存储的所有以某个前缀开头的字符串

从前面的例子可以看出，将这个数据结构叫作 PrefixTree 可能更好，不过 StringContainer 显得更通用（对于一个抽象数据结构，我们不需要关心它是否使用树或其他一些具体的对应物作为实现）。这个名字表明了这个容器的要点：特定于字符串。支持前缀搜索显然仅传达了为字符串设计容器的结果。

既然我们改进了 API，并描述了将用来解决“拼写检查”问题的 ADT，接下来就应该深入研究更多的细节，并查看一些可以实现这个 ADT 的具体数据结构了。

6.2 trie

StringContainer 的第一个实现是 trie，这是因为后续展示的所有其他数据结构都基于 trie。

关于 trie，你需要知道的第一件事就是它的发音为“try”。它的作者[1]René de la Briandais 选择这个词是因为它和单词 tree 类似，并且它还是单词 retrieval 的一部分，而这正是这个容器的主要目的。因此，它的特殊发音一方面是作为双关语，另一方面则是为了避免与 tree 的意思混淆。

trie 最初被作为一种在文件中搜索字符串的紧凑、高效的方式。正如你在 6.1 节中看到的那样，这种数据结构背后的思想是通过仅将字符串的公共前缀存储一次来提供一种减少冗余的方法。

使用普通的二叉搜索树或二叉树是无法实现这一点的，需要进行范式转换。René de la Briandais 决定使用 *n* 叉树作为实现，其中的边代表所有字符标记的字母表，节点则只是连接路径。

不过，节点也有一个很小但关键的功能——它们会存储少量的信息，以说明是否存在一条从根节点到当前节点的路径对应于存储在树中的键。

在给出正式的描述之前，我们先来看看图 6.2。图 6.2 展示了 trie 的一个典型结构，其中包含了单词"a"、"an"、"at"和"I"。

你可能觉得图 6.2 中的内容不太容易理解。在 trie 的经典实现中，它的每个节点对于所使用字母表中的所有可能字符都会有一条边：其中一些边指向其他节点，但大部分边（特别是在树的较低层）都是 null 引用[2]。

1 File searching using variable length keys，René de la Briandais，大约发表于 1959 年 3 月 3 日至 5 日，西方联合计算机会议，ACM，1959 年。（译者注：1912 年，Axel Thue 首次抽象地描述了用来表示一组字符串的想法。1959 年，René de la Briandais 首次在计算机环境中描述了这个想法。1960 年，爱德华·弗雷德金（Edward Fredkin）再次描述了这个想法并创造了术语 trie——源自单词 retrieval 的中间音节，发音为“tree”。然而，所有其他的作者都将 trie 发音为“try”，以在口头上与“tree”进行区分。）

2 你很快就会看到，对于任意字符 c 来说，如果当前节点的下一个节点是 c 且没有任何后缀，则它的所有边都是 null 引用。

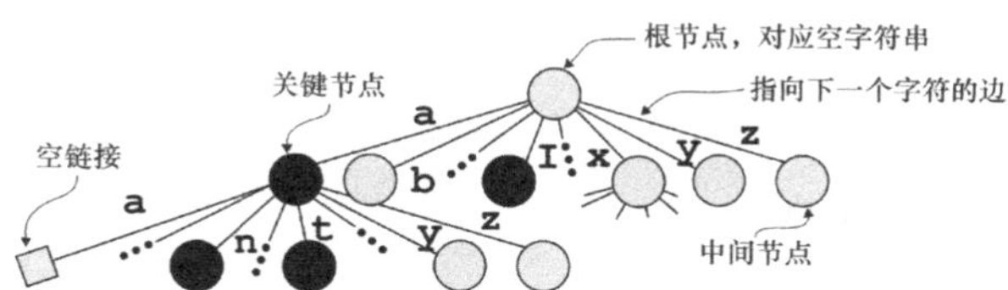

图 6.2 trie 的结构。单词在树中使用边来进行编码，每条边都对应一个字符，每个节点 *n* 都与一个单词相关联，这个单词可通过从根节点到节点 *n* 的路径上的边所关联的字符而获得。根节点对应的是空字符串（因为没有遍历到它的边），最左边的叶子节点对应"aa"，以此类推。并非所有路径都能构成有意义的单词，而且并非所有节点都会存储与它们相关联的单词。只有被填充的黑色节点（称为“关键节点”）会被用来标记存储在树中的单词。空心节点，也叫作“中间节点”，则对应于存储在树中的单词的前缀。注意，所有叶子节点都应该是关键节点

然而，trie 的这种存储方式看起来会很复杂，因为其中有太多的链接和节点。

这也就是为什么这里使用另一种方式来呈现它，如图 6.3 所示。其中只显示了指向实际树节点的链接，而省略了指向 null 的链接。

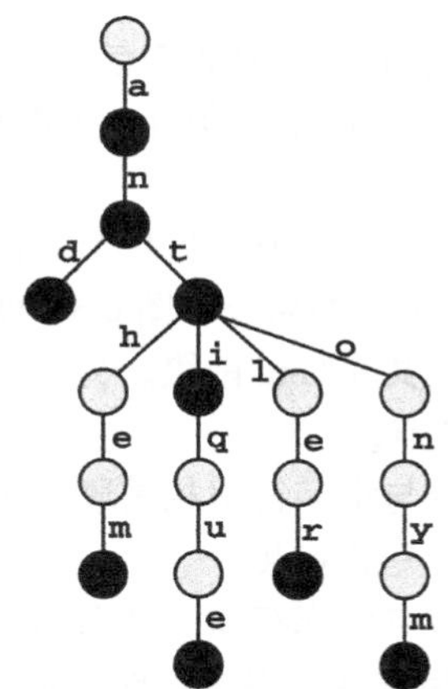

图 6.3 trie 的更紧凑的呈现方式。这个例子中的树包含与图 6.1 中的二叉搜索树相同的元素

如果给定一个字母表 Σ，其中有$|\Sigma| = k$ 个符号，trie 就是一棵 *k* 叉[1]树。其中，每个节点都有（不超过）*k* 个子节点，且每个子节点都代表 Σ 中的各个不同的字符。链接既可以指向另一个节点，也可以指向 null。

与 *k* 叉搜索树不同，这棵树中的节点并不会存储与其关联的键。相反，trie 中保存的字符实际上被存储在节点与其子节点之间的边中。

代码清单 6.1（通过面向对象的伪代码）展示了 Trie 类的一种可能实现。你可以在本书的 GitHub 仓库中找到 Trie 类的完整实现。

代码清单 6.1 Trie 类

```
#type Char[]
Alphabet

class Node
  #type boolean
  keyNode

  #type HashMap<Char, Node>
```

1 虽然通常使用的是 *n* 叉树，但也可以使用 *n* 来表示容器中的条目数（或者表示问题的输入大小）。为了避免混淆，这里使用 *k* 来表示字母表的大小，因此也会使用“*k* 叉”一词。

```
  children

  function Node(storesKey)
    for char in Alphabet do
      this.children[char] ← null
    this.keyNode ← storesKey

class Trie
  #type Node
  root

  function Trie()
    root ← new Node(false)
```

在最简单的版本中，trie 的节点只能保存很少的信息，只有 true 或 false。当被标记为 true 时，节点 *n* 被称为**关键节点**，因为它意味从根节点到节点 *n* 的路径上的边所对应的字符序列就是被存储在树中的单词；相反，被标记为 false 的节点则称为**中间节点**，因为它们代表着被存储在树中的一个或多个单词的中间字符。

可以看出，trie 超越了常见的叶子节点与内部节点之间的二元性，并引入了另一种（正交）区别。然而事实证明，结构良好的最小 trie 中的所有叶子都是关键节点。你马上就能看到，把叶子节点作为中间节点是毫无意义的。

单词被存储在路径上意味着一个节点的所有后代节点都共享同一个公共前缀，也就是从根节点到它们的公共父节点的路径。例如，如果查看图 6.3，就可以看到，所有节点共享前缀"an"，并且除一个节点之外的所有其他节点共享"ant"前缀。另外，这两个单词也被存储在了树中，因为它们的路径末端的节点都是关键节点。

在所有扩展中，根节点都代表着与空字符串相关联的中间节点。只有当空字符串被加入树所代表的语料库时，根节点才会成为关键节点。

对于拼写检查器来说，在每个节点中都存储一个布尔值就足够了（毕竟只需要知道一个单词是否在字典中就行了）。trie 通常用来在文本中存储或索引单词。此时我们需要知道一个单词在文本中出现了多少次，或者这个单词出现的位置。对于前一种情况，可在每个节点中存储一个计数器，其中只有关键节点才有正数值。对于后一种情况，我们需要改为使用位置列表，以存放文本中单词每次出现位置的索引。

6.2.1　为什么 trie 更好

下面我们从内存消耗的角度看看为什么图 6.3 中的 trie 相比图 6.1 中的二叉搜索树更好？是时候执行一些快速的数学运算了！不过我们首先需要进行如下假设。

- 只考虑 ASCII 字符串与字符，因此必须为每个字符分配 1 字节的空间。（Unicode 的变化不会太大，反而显得空间优化更彻底。）另外，在 BST 中，还需要 1 字节来作为每个字符串的终止符。
- 只在 trie 中显式地存储到实际节点的链接，并为 BST 中的空指针考虑固定数量的字节（与非空引用占用的空间相同）。
- 前文提到，trie 中的每个节点都有|Σ|个链接，其中|Σ|是字母表的大小。这也就意味着在 trie 中，尤其是在较低层的节点中，大多数链接为 null。回顾代码清单 6.1，可以看到，所有这些链接的确是在 Node 类的构造函数中被这样初始化的。
- 对于 trie 中的各个节点，除了需要用固定数量的空间来存储子节点列表（可以假设使用哈希表来存储到子节点的链接），还需要加上取决于实际子节点数量的可变空间。
- BST 中的每个链接需要 8 字节的空间（以 64 位系统为参考），trie 中的每个链接则需要

9 字节的空间（8 字节用于引用，再加上 1 字节用于关联的字符）。

- BST 中的每个节点都需要与其键中的字符数一样多的字节数，再加上 Node 对象本身的 4 字节[1]。
- trie 中的每个节点都需要 1 位（用于保存布尔值）以及与 BST 相同的常量，也就是差不多 5 字节。

基于以上假设，图 6.1 中的 BST 有 9 个节点（其中键是字符串），因此有 2 × 9 = 18 个链接，而图 6.3 中的 trie 有 19 个节点和 18 个链接。对于 BST，根节点包含的关键字"anthem"需要 27 字节（节点本身需要 4 字节，字符串需要 7 字节，链接需要 2 × 8 字节）。类似地，其左子节点的键为"an"，需要 23 字节。整个计算过程与前面一样：每个节点都需要 21 字节加上字符串的长度。对于整棵树，由于有 9 个节点，并且共需要存放 47 字节的键，因此一共需要 227 字节。

trie 中的每个节点需要 5 字节，每个链接需要 9 字节，总共需要 257 字节。

由此可见，在实践中，trie 需要使用比相应的 BST 更多的内存。不过这取决于许多因素：首先是对象的开销。正因为 trie 有更多的节点，所以开销越多，增量就越大。

另外，树的形状和节点的实际数量显然也起着非常重要的作用。在图 6.3 所示的例子中，各个键只共享了一个非常短的前缀。事实证明，当包含非常长的共享前缀的键时，trie 会更有效。图 6.4 展示了在这种情况下使用 trie 是如何更有利的。可以看到，在图 6.4 所示的例子中，trie 中的大部分节点是黑色的（关键节点）。如果关键节点与中间节点的比例较高，那么 trie 的效率更高。因为如果一条路径上有多个关键节点，也就表明在单条路径上至少存储着两个或更多的单词（其中一个单词是另一个单词的前缀）。在 BST 中，它们则需要两个节点来分别存储两个字符串。

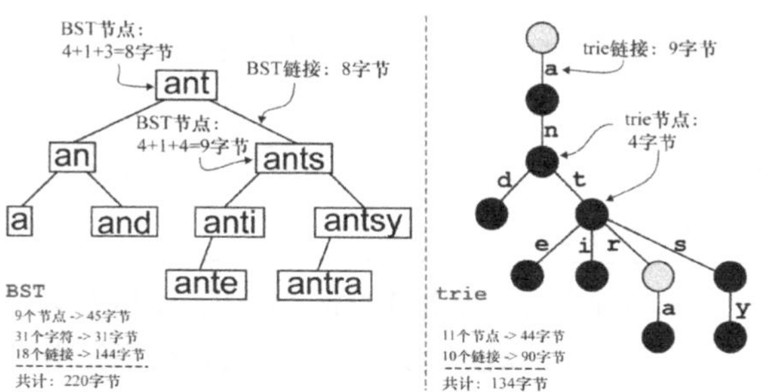

图 6.4 在另一个例子上比较 BST 和 trie 的实现。若 trie 中的键具有更大比例的共享字符（更长的公共前缀），则存储字符串的效率更高

另一个更高效存储的标志是有没有对深层节点进行扩展。在这种情况下，trie 通过仅将公共前缀只存储一次，“压缩”了具有公共前缀的两个字符串所需的空间。

因此，虽然在后面这个例子中也只存储了 9 个单词，但基于相同的假设，内存消耗的结果就变成了 220 字节比 134 字节，其中 trie 节省了将近 40%的空间。如果我们考虑每个节点的开销是 8 字节，那么结果会是 256 字节比 178 字节，从而节省大约 30%的空间。这个结果也很不错，而对于那些包含整本字典或对大文本进行索引的大树，节约的空间甚至可以达到数百兆字节。

图 6.4 展示了 trie 的最佳情况，但很明显，有最佳情况就有最坏情况。图 6.5 展示了一种不同的接近最坏情况的边缘情况，在退化的 trie 中，最长的前缀是空字符串。在这种情况下，信息

1 这个数量并不固定。编程语言中的真实对象是有开销的，这个开销可能要比 4 字节大很多（例如，在 Java 或 C++中，通常在 8 字节和 16 字节之间）。

会被非常低效地存储。幸运的是，在现实世界的应用程序中，这类边缘情况几乎不会发生。

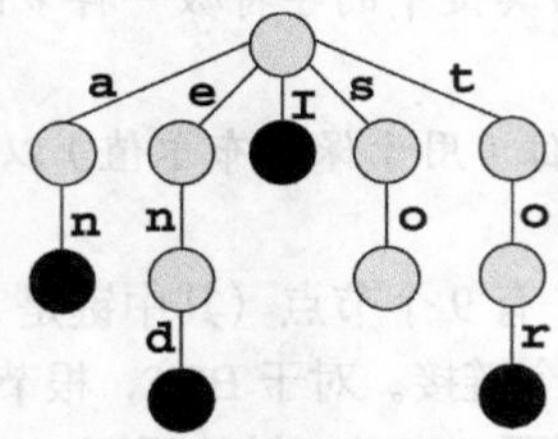

图 6.5　退化的 trie，其中没有任何字符串与其他字符串共享前缀

关于空间消耗的分析到此结束。在最坏情况下，trie 可以被认为与二叉搜索树相当，那么它们的运行时间如何呢？后面我们将在研究各个方法的同时回答这个问题，让你能够更方便地了解这些结果是如何得出的。

6.2.2　搜索

我们先从搜索操作开始。假设已经构建了一个合法的 trie，那么应该如何检查它是否包含某个键呢？

可以看出，和 BST 相比，这不算太难。主要的不同在于，你需要在树中依次遍历一个（所要查找的键的）字符，并沿着这个字符所标记的链接继续下去。

字符串和 trie 都是递归结构，它们的迭代单位也都是单个字符。因此，所有字符串可以被描述为

- 空字符串" "；
- 字符 c 和字符串 s'的连接，即 s = c + s'。其中 s'是一个比 s 短一个字符的字符串，并且有可能是空字符串。

> **注意**　在大多数编程语言中，变量名都不允许包含单引号字符，因此代码清单 6.2 使用 tail 作为 s'的替代名称，以表示当前字符串 s 的尾部。

例如，字符串"home"由字符'h'连接到字符串"ome"组成，而后者可以表示为"o" + "me"。以此类推，直到字符串"e"为止，而它仅可以被写成字符'e'连接到空字符串" "的结果。

另外，trie 会把字符串存储为从根节点到关键节点的路径。因此，树 T 可以描述为从一个根节点连接到（最多）|Σ|个更短的 trie。如果一个子树 T'通过标记有字符 c（c∈Σ)的边被连接到根节点，那么对于 T'中的所有字符串 s，都有属于 T 的 c + s。

例如，在图 6.3 中，根节点只有一条输出边，被标记为'a'。考虑到 T 作为根节点的唯一子树，其中包含单词"n"，因此意味着 T 包含'a' + 'n' = "an"。

由于字符串和 trie 都是递归结构，因此递归地定义搜索方法也是一个很自然的选择。这里添加一个限制，即只考虑从树 T 的根节点 *R*（作为第一个字符）开始搜索字符串 s = c + s'。如果 s 的第一个字符 c 与 *R* 的出边相匹配，且子树的根节点不为空的话（稍后你就能看到，这是一个合理的假设），则一定可以在（子）trie（即 T'）中搜索 s'。

如果在任何时候 s 成了空字符串，则表明已经遍历 trie 中对应于 s 的整条路径。这时就需要检查当前节点来验证字符串 s 是否被存储在树中；相反，如果在某个时刻当前节点的出边并没有匹配当前字符 c，则可以确定字符串 s 并没有被存储在 trie 中。

图 6.6 与图 6.7 展示了这两种情况。我们首先来看看 search 方法的实现，因为稍后在描述这些示例时将以这个方法作为参考。

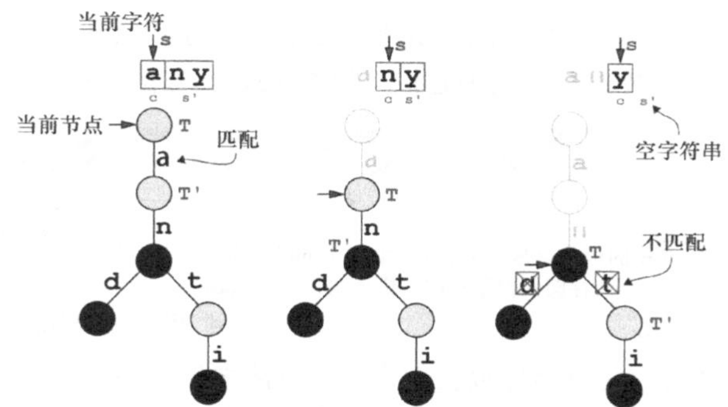

图 6.6 一次不成功的搜索操作。注意，在每一步都需要将待搜索的键字符串 s 分解为 c+s'，即字符串 s 的第一个字符与其中剩余部分的连接。然后将 c 与当前节点的出边做比较，如果找到匹配项，就继续遍历树。在这个例子中，搜索会失败，这是因为字符串中的最后一个字符与任何出边都不匹配

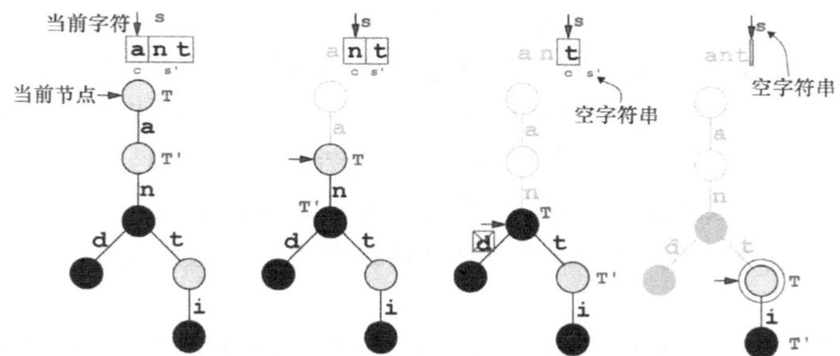

图 6.7 另一个在 trie 中搜索不成功的例子。在这个例子中，搜索失败的原因是，与待搜索字符串对应的路径是以中间节点结束的

代码清单 6.2 展示了 search 方法的递归实现。在每次调用时，首先检查需要搜索的子字符串中的第一个字符是否与当前节点的出边相匹配，然后在由那个出边引用的子树中继续递归搜索当前字符串的尾部。图 6.6 和图 6.7 展示了在搜索字符串时“向右”移动和向下遍历之间的步骤。

代码清单 6.2 search 方法的递归实现

search 方法是一个独立的函数，接收一个树节点和要搜索的键字符串 s 作为参数。如果 s 被存储在 trie 中，则返回 true，否则返回 false。这里假设参数 node 永远都不会为 null，这是因为我们打算将这个方法实现为由 trie 的 API 中的 search 方法在内部调用的私有方法。

```
function search(node, s)
  if s == "" then
    return node.keyNode
  c, tail ← s.splitAt(0)
  if node.children[c] == null then
    return false
  else
    return search(node.children[c], tail)
```

检查搜索的字符串是否为空字符串。如果为空字符串，那么由于这个方法是使用递归实现的，因此可以得知树中的整个路径已经被遍历完。

由于 s 不是空字符串，因此将其分解为首字符 c（s 的第一个字符）与包含字符串其余部分的尾字符串 tail。

如果节点中没有字符 c 的出边，则意味着无法对 trie 进行进一步的遍历，因此 s 不会被存储在以 node 为根节点的子树中。

否则，递归地在 children[c] 所引用的子树中搜索 tail 字符串。

已经位于目标键的目标节点上。只有在当前节点是关键节点的情况下，才表示 trie 中存储了它。

显然，这个方法也可以使用显式的循环来实现相同的逻辑。不过，search 方法的这种实现也有可能适用于编译器的尾递归优化[1]。但是，如附录 E 和第 3 章所述，如果不喜欢使用递归或不确定编译器是否应用尾递归优化，则建议编写这些方法的迭代版本，从而避免堆栈溢出。

---

1 如附录 E 所述，在递归定义的方法中，只要仅在最后一个操作中使用递归调用，编译器就会通过使用显式的循环对代码进行重写而不再使用函数调用来优化目标机器代码。需要注意的是，并非所有的编译器都提供这种优化。

代码清单 6.3 展示了 trie 的 API 中的 search 方法，它会调用代码清单 6.2 中的方法。稍后介绍的其他操作将省略这些包装方法，因为它们与这个 search 方法一样，实在是太简单了。

代码清单 6.3 Trie::search 方法

```
function Trie::search(s)
  if this.root == null then
    return false
  else
    return search(this.root, s)
```

（Trie 类的）search 方法需要一个键字符串 s 以进行搜索。如果 s 被存储在 trie 中，则返回 true，否则返回 false。

检查树的根节点是否为 null。如果为 null，那么由于 trie 中不会存储任何字符串，因此可以返回 false。

否则，从根节点开始调用内部搜索方法。

前文提到，有两种可能的情况会导致我们在 trie 中搜索失败。在图 6.6 所示的第一种情况下，虽然依次遍历了 trie 中的节点，但最后所在的节点并没有代表下一个字符的出边。在这个例子中，如果调用 trie.search("any")，在到达键的最后一个字符'y'时就会发生这种情况（见图 6.6 中的右图）。在代码清单 6.2 中，这对应着第 5 行的 if 条件为 true。

另一种搜索不成功的情况是，在不断地递归调用 search 方法，直到只剩下空字符串之前，我们都能找到合适的出边。这种情况意味着到达 trie 中从根节点开始的依次经过键字符串中字符的路径上的最终节点。例如，在图 6.7 中依次遍历树中的链接，并依次检查键字符串中的字符，由于代码清单 6.2 的第 2 行中的 if 条件为 true，因此转到第 3 行代码。

第 3 行代码的执行结果只能是搜索成功或搜索不成功。在图 6.7 所示的例子中，虽然按照相同的步骤可以成功搜索到单词"ant"，但是最终节点（在最右侧的子图中表示为 T）必须是关键节点。

其实在代码清单 6.3 中，并不需要检查空 trie 或将根节点作为特殊情况进行处理，这是因为在代码清单 6.1 所示 trie 的构造函数中，根节点被创建成了一个空节点。而这（包括所有其他方法的具体实现）也都能支持前面的假设，即在 search（以及所有的其他）方法中，node 参数永远都不会为 null。

search 方法是 trie 结构中最重要的方法，这是因为所有的其他方法都是基于 search 方法实现的。search 方法对于那些方法实在是太重要了，因此这里在代码清单 6.4 中提供了 search 方法的一个变体——searchNode 方法，这个方法会返回找到的节点，而不仅仅返回 true 或 false。

代码清单 6.4 searchNode 方法

```
function searchNode(node, s)
  if s == "" then
    return node
  c, tail ← s.splitAt(0)
  if node.children[c] == null then
    return null
  else
    return search(node.children[c], tail)
```

在性能方面，search 方法的速度有多快呢？在 search 方法中，递归调用的次数受到以下两个值中较小值的限制：trie 的最大高度和搜索字符串的长度。后者通常比前者短，但无论是哪种方式，对于长度为 m 的字符串来说，我们都可以确定不会进行超过 $O(m)$次的调用，这与存储在树中的键的数量无关。

于是，问题就变成了求每个步骤需要多长时间。事实证明，以下三个因素会影响时间成本。

（1）比较两个字符的成本，可以假设为 $O(1)$。

（2）寻找下一个节点的成本。对于大小为 k 的字母表 Σ，根据不同的实现，时间成本可以是：

- 常数（摊销或最坏情况下[1]），即 $O(1)$，使用哈希表作为边；
- 对数最坏情况的 $O(\log(k))$，使用平衡树；
- 线性最坏情况的 $O(k)$，使用普通数组。

在大多数情况下，我们可以合理地假设还有摊销后的常数时间。

（3）追踪链接以及将字符串拆分为 head+tail 的成本。这是一个需要非常小心的地方，因为在大多数编程语言中，从每个节点中提取出子字符串的最简单方法往往造成性能灾难。字符串通常被实现为不可变对象，因此每次提取子字符串的操作都需要 $O(m)$的线性时间及额外空间。好在解决方案也很简单，可以向递归调用传递对字符串开头和下一个字符索引的引用。如此一来，这个操作就可以被认为只需要 $O(1)$的时间了。

由于每次调用都可以按照摊销后的常数时间的方式实现，因此整个搜索操作需要 $O(m)$的摊销运行时间。

6.2.3 插入

与 search 方法类似，insert 方法也可以使用递归进行定义。在执行插入操作时，存在如下两种不同的情况。

- trie 已有一个与要插入的键相对应的路径。如果是这种情况，那么只需要修改路径中的最后一个节点，使它成为关键节点（或者，如果正在对文本进行索引，那就添加一个新条目到单词的索引列表）就行了。
- trie 中只有与键相对应的路径的子串。若为这种情况，则必须向 trie 中添加新节点。

图 6.8 展示了一个描述后一种情况的例子，在图 6.7 所示的 trie 上调用 insert("anthem")，从而向树的其中一个叶子节点添加一个新的分支。

从代码清单 6.5 中也可以看出，insert 方法主要包含两个步骤。其中的第一步是按照所要添加键中的字符对应的链接搜索遍历树，直到用掉整个输入字符串或到达一个节点，且这个节点没有与键的下一个字符相匹配的出边。

代码清单 6.5 insert 方法

insert 方法接收一个 trie 节点和要插入的键字符串 s 作为参数。它什么都不返回，但对 trie 会有副作用。同样，这里也假设参数 node 永远都不会为 null，这是因为我们依然打算将这个方法实现为由 trie 的 API 中的 insert 方法在内部调用的私有方法。

```
function insert(node, s)
  if s == "" then
    node.keyNode ← true
    return
  c, tail ← s.splitAt(0)
  if node.children[c] != null then
    return insert(node.children[c], tail)
  else
    return addNewBranch(node, s)
```

检查要搜索的字符串是否为空字符串。如果为空字符串，那么由于这个方法是使用递归实现的，因此可以得知树中的整个路径已经被遍历完。

已经位于目标键的目标节点上。将当前节点设置为关键节点以确保存储了 s。

如果节点中有字符 c 的出边，则继续递归地遍历树。

按照这个方法的递归定义，接下来需要在字符 c 对应的出边所引用的子树中插入 tail。

由于 s 不是空字符串，因此将其分解为首字符 c（s 的第一个字符）和包含字符串其余部分的尾字符串 tail。

否则意味着无法对 trie 进行进一步的遍历。于是，接下来就需要将 s 中剩余的字符添加为新分支。（注意，除了尾字符串中的字符，字符 c 也需要添加进来。）

以代码清单 6.5 为参考，可以看到，第一步的实现是在第 1～7 行代码中进行的，其中使用了要插入键中的字符来不断地选择下一个需要遍历的分支，进而遍历整个树。这与 search 方法除了有一个区别，其他地方是完全相同的。这个区别是：如果使用了输入字符串中的所有字符

---

1 由于哈希表的键集（也就是字母表）是静态的并且事先已知，因此可以使用完美哈希，从而为查找操作获得最坏情况下的常数运行时间。详细信息请参阅附录 C。

（意味着从根节点遍历了整条路径，并到达目标节点），那么只需要将路径末端的节点设置为关键节点就行了。这对应于本节开头描述的第一种情况（图 6.8 中未展示的情况）。

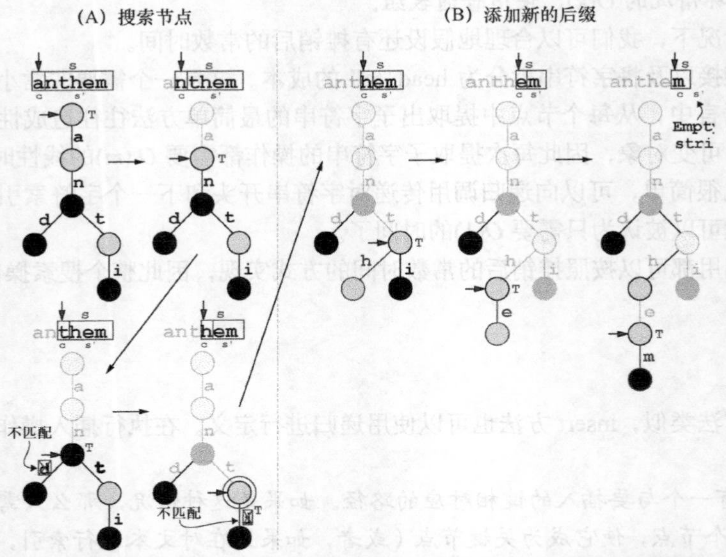

图 6.8　insert 方法的一个例子。在调用 trie.insert("anthem")时，首先在 trie("ant")中搜索 s 的最长前缀，然后从最长的公共前缀所对应的节点开始，为 s 的剩余部分("hem")添加一条新路径

如果到达图 6.8 左侧的最后一个子图所示的状态，则意味着代码清单 6.6 的第 6 行代码中的 if 条件为 false。这时就需要跳到第 9 行代码，为字符串中剩余的字符在树中添加新的分支，也就是向字符串（对应从根节点到当前节点的路径）中添加后缀。在这个例子中，则是向已经在 trie 中的字符串"ant"添加后缀"hem"。

最后一个操作是在另一个辅助方法中实现的，而这个方法也（神奇地）是使用递归实现的。

这个方法的定义非常简单，如图 6.8 右侧部分的子图所示。首先从剩下的字符串中消耗一个字符，然后创建一条与这个字符相对应的新边，并在这条边的另一侧创建一个全新的空节点 N，最后递归地将字符串的剩下部分添加到以节点 N[1]为根节点的树中。

代码清单 6.6　addNewBranch 方法

addNewBranch 方法接收一个 trie 节点以及作为新分支的键字符串 s 作为参数。同样，这里也假设 node 参数永远都不会为 null。

```
function addNewBranch(node, s)
  if s == "" then
    node.keyNode ← true
    return
  c, tail ← s.splitAt(0)
  node.children[c] ← new Node(false)
  return addNewBranch(node.children[c], tail)
```

检查要添加的字符串是否为空字符串。如果为空字符串，则表明已经添加了这条分支所需的所有边，于是当前节点就是路径中的最后一个节点。

因此，要完成插入操作，就需要将当前节点设置为关键节点。

由于 s 不是空字符串，因此将其分解为首字符 c（s 的第一个字符）和包含字符串其余部分的尾字符串 tail。

向当前节点添加一个新的出边，并将字符 c 作为标记。在边的另一端，创建一个新的空节点。

递归地添加 tail 中的字符作为 children[c]的新分支。

insert 方法与 search 方法类似，并且只要新节点的创建可以在常数时间内完成（如果用哈希表来实现边，出现的就是这种情况。但如果使用的是普通数组，出现的就不是这种情况了），就可以证明插入操作同样需要 $O(m)$的摊销运行时间。

1 注意，由于节点 N 是新创建的，因此它就是这个子树中唯一的节点。

6.2.4 删除

当谈到从 trie 中删除一个键时，我们可以选择一种很简单，成本也很低的算法，但是这会导致树的增长超出预期的范围。当然，也可以实现一个完整的更复杂的方法，虽然在实践中可能会更慢，但它对内存的影响最小。

这两种方案的区别在于，第一种方案只是简单地取消了关键节点的标记，使其成为中间节点，而不用担心树的结构。这种方案的实现非常简单，重用代码清单 6.4 中的 searchNode 方法就可以了，如代码清单 6.7 所示。

代码清单 6.7 Trie::remove 方法（没有剪枝）

Trie 类的 remove 方法可以通过调用 searchNode 方法来获得一个简单的实现。它接收需要删除的键作为参数，并返回一个布尔值来表示键是否被找到且成功删除的信息。

```
function Trie::remove(s)
  node ← searchNode(this.root, s)
  if node == null or node.keyNode == false then
    return false
  else
    node.keyNode ← false
    return true
```

在 trie 中执行搜索，从而得到 s 的节点（如果存在的话）。

如果 node 为 null 或不是关键节点，则表示这个键并没有被存储在 trie 中，因此返回 false。

否则，将这个节点标记为中间节点并返回 true。

这种方法有什么问题呢？看看图 6.8 就能知道，如果只是将关键节点 N 转换为中间节点，则会出现两种情况。

- 节点 N 是内部节点，这就意味着必须通过节点 N 的子节点来代表被存储的键。
- 节点 N 是叶子节点，这意味着不会有任何其他存储在 trie 中的键需要通过节点 N 才能找到。

后一种情况如图 6.9 所示。在路径的末尾“取消标记”关键节点后，就可以看到，trie 有一条“悬空”的分支，其中不包含任何键。虽然留下这样一条分支是完全没有问题的，但由于所有操作 trie 的方法仍然有效，因此如果数据是动态的并且在树上有很大的删除率，那么在悬空分支中浪费的内存量将变得非常大。

针对这种情况的解决方案是实现一种剪枝策略，在删除那些悬空节点的同时，回溯在搜索期间遍历的路径。如果可以保证 trie 是“干净的”，即在删除当前节点之前没有悬空的分支，则有两种情况在回溯的时候能让剪枝过程停下。

- 到达一个关键节点。显然，我们不能删除持有键的节点。
- 到达一个内部节点。如果在删除回溯路径中的一条边后，当前节点变成叶子节点，则可以将其删除。否则，如果这个节点还有其他子节点，则说明它的其他子分支都至少保存了一个键，这意味着当前节点对应于存储在树中的一个或多个字符串的中间字符，因此不能被删除。

代码清单 6.8 展示了执行删除和剪枝的 remove 方法的实现。以图 6.9 作为参考，可以看到，在转为中间节点后（见第 4 行），路径"anti"的末端节点变成了无价值的叶子节点。于是回溯到它的父节点，移除标记为'i'的边（见代码清单 6.8 的第 9～12 行）。之后，"ant"路径末尾的节点从中间节点变成了叶子节点，因此可以将其移除。

代码清单 6.8 remove 方法（有剪枝）

（独立版本的）remove 方法接收一个节点以及要从以 node 为根节点的子树中删除的字符串作为参数。它会返回两个布尔值。其中：第一个布尔值告诉调用者键是否已被成功删除；如果最后一个链接变成悬空分支并且应该被修剪，则第二个布尔值是 true。

```
function remove(node, s)
  if s == "" then
```

检查要搜索的字符串是否为空字符串。如果为空字符串，则说明已经遍历树中的整个路径，到达需要被删除字符串的最后一个节点。

```
    deleted ← node.keyNode
    node.keyNode ← false
    return (deleted, node.children.size == 0)
  c, tail ← s.splitAt(0)
  if node.children[c] != null then
    (deleted, shouldPrune) ← remove(node.children[c], tail)
    if deleted and shouldPrune then
      node.children[c] ← null
      if node.keyNode == true or node.children.size > 0 then
        shouldPrune ← false
    return (deleted, shouldPrune)
  else
    return (false, false)
```

将当前节点标记为中间节点。

搜索结束，返回到调用者，并报告操作是否成功（前面的两行代码已经保存了 deleted 的值）以及是否要对该节点进行剪枝（如果是叶子节点的话）。

如果节点中有字符 c 的出边，就继续递归遍历树。

将 tail 传递给递归调用的 remove 方法并保存结果。

首先，删除字符 c 的边。

然后，如果当前节点是关键节点或至少包含一个其他子节点的内部节点。

则表明不再需要对这个节点进行剪枝，于是在返回前更新标志。

如果执行到这里，则说明没有在 trie 中找到键，因此不能删除。

如果删除了键且路径中的下一个节点需要执行剪枝操作

由于 s 不是空字符串，因此将其分解为首字符 c（s 的第一个字符）和包含字符串其余部分的尾字符串 tail。（请记住，在性能方面你还需要注意这个操作的实现。）

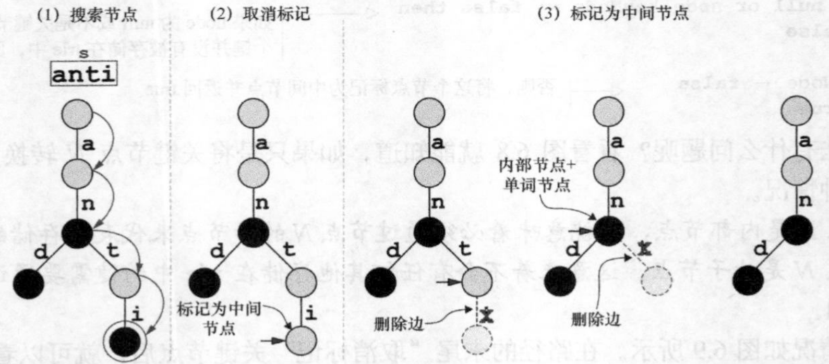

图 6.9 remove 方法的一个例子。（1）找到要删除的键。（2）将路径末端的节点标记为“中间节点”。（3）对树进行剪枝，以去除悬空的分支

如果再次进行回溯，你就能发现它的父节点既是一个关键节点，也有其他子节点，所以不能再对这个树进行更多的剪枝。

这个版本的删除操作对应的 trie 方法很明显需要一个与代码清单 6.7 不同的实现。不过，由于有了这个方法，API 中的方法甚至比代码清单 6.7 还要简单，基本上只是一个包装器而已。

在性能方面，对搜索和插入操作的思考也同样适用于删除操作。如果使用的是包含剪枝的方法实现，那么树上的操作次数在最坏情况下为 2**m*，这是没有剪枝的只遍历 *m* 条边的简单版本的两倍。执行时间也会因此增加两倍以上，因为从代码可以看出，代码的复杂性也是相关的。

然而，如果为了获得更快的运行速度，而不对悬空分支进行修剪，那么树就会变得很大。最佳的选择取决于需求和上下文。如果有一个动态集合并且需要执行许多删除操作，那么最好使用带剪枝的版本。相反，如果插入与删除的比值很低，或者经常不得不重新添加已被删除的字符串，那么最好使用代码清单 6.7 中的更快（尽管很混乱）版本。

6.2.5 搜索最长前缀词

容器的经典操作已经介绍完毕。不过前面曾提到，trie 还提供了两种新的操作，而这两种新操作正是 trie 数据结构中最令人兴奋的部分。

本节将重点介绍返回所搜索字符串的最长前缀词的方法。给定一个输入字符串 s，沿着 s 中

的字符所对应的路径（在可行的情况下）遍历 trie，并返回找到的最长的键。

有时候，即使一个键没有被存储在 trie 中，你也可能想知道它的最长前缀词。对于这一点，你将在稍后的应用程序部分看到相关的例子。

对最长前缀词的搜索与 search 方法几乎相同，唯一的区别是，在递归实现中，当回溯时，如果需要检查是否已经找到一个键，那么在没有找到并且当前节点是一个关键节点的情况下，就必须返回当前节点的键。这也就意味着这个方法必须返回一个字符串，而不是仅仅返回 true 或 false，并且为了能够知道可以返回的值是什么，在每次调用时还需要对路径的遍历进行跟踪。由于回溯在路径中是从后向前走的，因此在回溯时找到的第一个关键节点就是最长前缀词。

代码清单 6.9 通过展示这个方法的实现阐明了上述思路。如果你还记得 insert 方法是如何工作的，那么插入过程可以被重新思考为一个两步的操作：首先找到要插入树中的键的最长公共前缀词，然后添加带有剩余字符的分支。作为练习，请通过使用 longestPrefix 方法来重写 insert 方法的伪代码。

代码清单 6.9 longestPrefix 方法

```
function longestPrefix(node, s, prefix)
  if s == "" then
    if node.keyNode then
      return prefix
    else
      return null
  c, tail ← s.splitAt(0)
  if node.children[c] == null then
    if node.keyNode then return prefix else return null
  else
    result ← longestPrefix (node.children[c], tail, prefix + c)
  if result != null then
    return result
  elsif node.keyNode then
    return prefix
  else
    return null
```

longestPrefix 方法接收一个 trie 节点、一个想要进行搜索的键字符串 s，以及一个从根节点到 node 节点的路径所代表的字符串作为参数。它会返回存储在 trie 中的 s 的最长前缀词。

检查要搜索的字符串是否为空字符串。如果为空字符串，那么由于这个方法是使用递归实现的，因此可以判断出已经遍历完树中的整个路径。

当前正处于搜索字符串路径上的最后一个节点。如果它是一个关键节点，那么字符串本身（累加到 prefix 中的值）就是它在树中最长的前缀词。

否则需要返回 null 以使调用者知道还没有找到任何键。

由于 s 不是空字符串，因此将其分解为首字符 c（s 的第一个字符）和包含字符串其余部分的尾字符串 tail。

如果节点中没有字符 c 的出边，则意味着无法对 trie 进行进一步的遍历。

检查当前节点是不是关键节点。如果是，则返回当前的前缀（最长匹配）；否则返回 null 以使调用者知道在这个子树中还没有找到任何结果。

如果有出边，就递归地在 children[c]所引用的子树中搜索 tail 字符串，并将你在这个子树中找到的最长结果存储到一个临时变量中。

如果找到了存储在子树中的搜索字符串的前缀词，那么它肯定比回溯中其他可以找到的任何前缀词都长，因此冒泡返回结果。

否则，如果在 children[c]所引用的子树中没有找到任何结果，就检查当前节点是不是一个关键节点。如果是，则意味着到它的路径就是搜索字符串的最长前缀词。

如果递归调用没有找到任何结果并且当前节点也不是关键节点，则返回 null 以使调用者知道还没有找到任何结果。

与前面描述的其他操作一样，这个操作也与要搜索字符串的长度［即 $O(m)$］是线性关系，其中$|s| = m$。

6.2.6 返回匹配特定前缀的所有键

我们将要描述的最后一个方法主要用来返回匹配特定前缀的所有键。

如果停下来思考一下 trie 的定义，就可以自然而然地得到这个方法的实现。即使是这个数据结构的别名**前缀树**（prefix tree），也提到了解决方案。事实上我们已经看到了，因为 trie 会对每个字符串在从根节点到关键节点的路径中进行转换，并且共享相同前缀的字符串也会在 trie 中共享相同的路径，所以这也就相当于对共享相同前缀的字符串更紧凑地进行了存储。

例如，在图 6.3 中，所有的字符串"and"、"ant"、"anthem"共享了它们路径的一部分，对应的公共前缀是"an"。

代码清单 6.10 展示了这个方法的实现。很明显，这个方法也使用了代码清单 6.4 中定义的 searchNode 方法。

代码清单 6.10 Trie::keysStartingWith 方法

Trie 类的 keysStartingWith 方法接收字符串 prefix 作为参数，并返回存储在以该前缀开头的 trie 中的所有键的列表。

```
function Trie::keysStartingWith(prefix)
  node ← searchNode(this.root, prefix)
  if node == null then
    return []
  else
    return allKeys(node, prefix)
```

在 trie 中执行搜索并获取 prefix（如果存在的话）。根据实现，searchNode 方法会返回路径末尾是中间节点的节点，但如果没有任何路径，则返回 null。

如果 node 为 null，则表示 trie 中并没有存储以 prefix 开头的键，所以返回一个空列表。

否则返回存储在以这个节点为根节点的子树中的所有键。

显然，这里还需要定义一个新方法，名为 allKeys。这个方法会遍历（子）trie 并收集其中的所有键。这个方法（见代码清单 6.11）会通过遍历每个节点的所有分支，并在到达叶子节点时才停止继续跟随路径来遍历整个子树。你还需要将到目前为止已经遍历的到 node 的路径（所对应的字符串）作为第二个参数进行传递，这样才能知道应该返回的键是什么。

代码清单 6.11 allKeys 方法

allKeys 方法接收一个 trie 节点以及从树的根节点到 node 的路径所对应的字符串前缀作为参数。它会返回一个字符串列表 s_k=prefix+suffix$_k$，其中 suffix$_k$ 是这个子树中包含的第 k 个字符串。

```
function allKeys(node, prefix)
  keys ← []
  if node.keyNode then
    keys.insert(prefix)
  for c in node.children.keys() do
    keys ← keys + allKeys(node.children[c], prefix + c)
  return keys
```

初始化需要返回的字符串列表。

迭代 node 的出边，严格来说，就是迭代边所对应的字符。

将边引用的子树中的所有键都添加到以 node 为根节点的子树的键的列表中。对于这个子树，从根节点开始的路径将由 prefix + c 构成。这个操作需要小心，如果实现有问题，代价会很高。

返回收集的所有键。

如果当前节点是关键节点，则需要将 prefix 添加到以 node 为根节点的子树所包含的字符串列表中，其中 prefix 是从根节点到当前节点的路径所对应的字符串。

在对这个方法进行渐近分析时，你需要特别注意第 6 行代码。根据所使用的编程语言和数据类型，如果操作不当，链接两个列表的代价可能非常大。

要收集所有找到的键，最有效的办法是为这个方法传递第三个参数，这个参数是一个累加器，并且只会在代码清单 6.11 的第 6 行这一个地方向其添加各个键一次。

在这个假设下，对于具有 j 个节点的 trie 来说，allKeys 方法的运行时间是 $O(j)$。因此，对于具有 j 个节点的 trie 以及一个带有 m 个字符的前缀来说，keysStartingWith 方法在最坏情况下的运行时间上限是 $O(m+j)$。

需要注意的是，我们很难根据存储的键数得知甚至估计一个 trie 里有多少个节点。不过，如果知道它包含 n 个最大长度为 M 的键，那么非空字符串在最坏情况下的（松散）边界是 $O(m+n*(M-m))$，所对应的情况也就是一个退化的 trie，其中所有单词完全共享搜索的前缀，而不会有更长的共享前缀。

在图 6.10 所示的例子中，由于要搜索所有匹配前缀"ant"的键，因此有 $n=6$、$m=3$ 和 $M=8$（最长键"antidote"的长度）。

如果搜索以空字符串作为前缀的所有键，就会返回树中的所有键，并且运行时间是 $O(n*M)$，这也是这个方法在最坏情况下的运行时间上限。

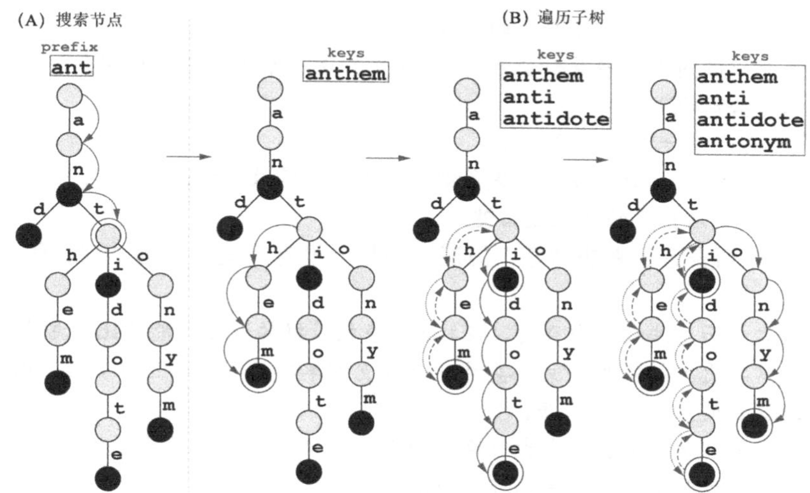

图 6.10 keysWithPrefix 方法的一个例子。(A) 遍历公共前缀所对应的路径。(B) 遍历以 prefix 为根节点的子树的所有路径中的键

6.2.7 什么时候应该使用 trie

到目前为止，我们描述了 trie 中的所有主要方法，是时候花点时间回顾一下它们了。表 6.2 展示了与平衡 BST 的等效方法相比，trie 的这些方法的性能（运行时间）。

表 6.2 对比 trie 与平衡 BST 上各种操作（对应不同的方法）的运行时间，假设有平均长度为 M 的 n 个键。这里为了简化，假设输入键的大小为 m，$m \in O(M)$。

方法	BST	BST + 哈希	trie
search	$O(m*\log(n))$	$O(m + \log(n))$	$O(m)$
insert	$O(m*\log(n))$	$O(m + \log(n))$	$O(m)$
remove	$O(m*\log(n))$	$O(m + \log(n))$	$O(m)$
longestPrefix	$O(m*n)$	$O(m + n)$	$O(m)$
keysWithPrefix	$O(m*n)$	$O(m + n)$	$O(n + m)$[a]

a. 平均情况下。

表 6.2 回答了 6.2.1 节中搁置的问题，即 trie 相比 BST 不但需要更少的内存，而且它的运行速度也总是更快。

记住，虽然通常使用 n（存储的条目数）来表示 BST 的运行时间，但在这种情况下，要比较两个键的成本，就不能再假设为 $O(1)$，而应假设为 $O(m)$，因为这个操作此时取决于两个键中最短键的长度 m。

表 6.2 中的第 3 列展示了 BST 的一个特定变体的结果，这个变体会在每个节点中存储字符串的哈希值以及键本身。这种方法需要额外的 $O(n)$内存来存储这些字段，从而可以进行快速的两遍比较。给定搜索字符串 w，在开始搜索前计算 $h(\text{w})$。然后对于每个节点，检查 $h(\text{w})$是否与节点的哈希值相匹配（这需要常数时间）。只有当它们匹配时，才执行真正的字符串比较。

在继续之前，我们先来回顾一下使用 trie 的优缺点是什么，以及何时更应该使用 trie 而不是 BST。

与使用 BST 或哈希表相比，使用 trie 的优点如下。

- 搜索时间仅取决于搜索字符串的长度。
- 搜索未命中的情况只涉及检查若干字符（也就是搜索字符串与存储在树中的语料库之间的最长公共前缀）。
- trie 中不存在唯一键的碰撞问题。
- 不需要提供哈希函数，在添加更多键时也不需要修改哈希函数。
- trie 允许以字母排序的结果返回键。

虽然这个优点列表看起来非常好，但遗憾的是，没有完美的数据结构。使用 trie 的缺点如下。

- 当容器太大而无法放入内存时，在 trie 中查找数据的速度可能会比哈希表慢。这是因为哈希表需要更少的磁盘访问，甚至可以减少到单次访问，而 trie 需要 $O(m)$次的磁盘读取来读取长度为 m 的字符串。
- 哈希表通常会被分配在单个大且连续的内存块中，而trie中的节点可以跨越整个内存堆。因此，前者可以更好地利用局部性原则。
- trie 最理想的用例是存储文本字符串。理论上，trie 可以将任何值（从数字到对象）字符串化并进行存储。然而，如果要存储浮点数，那么一些诸如周期数或超越数的边缘情况，就会产生无意义的长路径，而某些浮点运算（如 0.1 + 0.2）的结果也会由于双精度表示产生相同的问题。
- trie 需要节点和引用的内存开销。前面曾提到，trie 的一些实现会在节点几乎没有或根本没有任何子节点的情况下，依然要求每个节点存储一个大小为$|\Sigma|$的数组边，其中 Σ 是使用的字母表的大小。

综上所述，如果必须频繁地执行前缀搜索（longestPrefix 或 keysWithPrefix 方法），就应该使用 trie；如果数据存储在磁盘等慢速设备上，或者内存位置很重要，就应该使用哈希表；如果是上述两种情况以外的其他情况，就应该通过剖析得出最佳决策。

trie 为许多基于字符串的操作提供了非常好的性能。但是，由于它们的结构会为每个节点存储一组子节点，因此这样做很快就会变得成本高昂。例如，对于具有 n 个元素的 trie，取决于重叠的常用前缀有多少，总边数将在$|\Sigma|*n$ 和$|\Sigma|*n*m$ 之间，其中 m 是平均字长。

在这里，你已经看到了可以使用关联数组，特别是字典来实现节点，从而只存储非空的边。当然，这个解决方案也是有代价的。代价不仅有访问每条边的成本（哈希字符的成本，加上解决键碰撞的成本），还有当需要添加新边时对字典大小进行调整的成本。

6.3　基数树

为了解决 trie 的这些问题，目前已经出现了一些替代方案，比如以牺牲运行时间来获得较低内存使用量的**三元搜索树**（Ternary Search Trie，TST）或**基数树**（radix trie）。

虽然 TST 降低了存储链接的空间需求，并且不用再担心如何基于特定平台的实现来优化存储边的逻辑，但需要创建的节点数量仍基于要存储的整个语料库。对于平均长度为 m 的 n 个单词来说，也就是 $O(n*m)$的节点数。

在 trie 中，大多数节点不会被用来存储键，而只是在键和连接到键的路径之间提供跳转，这些跳转中的大多数是必需的。但是，如果要存储很长的单词，就会产生有很多内部节点的长链，而且其中每个节点都只有一个子节点。这也正是你在 6.2.1 节中看到的 trie 需要很多内存空间（甚至比 BST 还要多）的主要原因。

图 6.11 展示了 trie 的一个例子。这个 trie 并没有什么特别之处，它只是一个小的常规 trie。可以看到，中间节点总会有子节点（假设在删除键之后，就会对悬空的分支进行剪枝），有时只有一个子节点，有时有多个子节点。

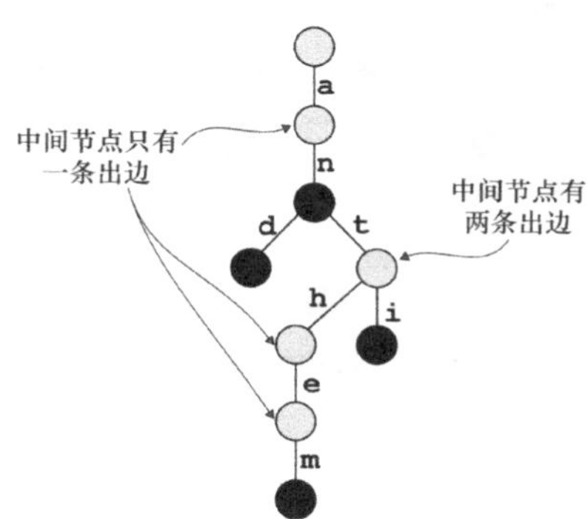

图 6.11　trie 的中间节点有一条或两条出边（假设在删除键之后，就会对悬空的分支进行剪枝），你能看出有什么不同吗

当一个中间节点有多个子节点时，便可由它遍历多条分支。相反，当一个中间节点只有一个子节点时，这两个节点将在某种形式上类似于链表。例如，从图 6.11 中的根节点开始的前两个节点对前缀"an"进行了编码。这时，如果搜索任何以'a'开头但后面跟的不是'n'字符的其他字符串，则无法到达树中的任何位置。

因此，如果一个中间节点有多个子节点，那么它就是一个分叉点，这意味着 trie 中至少存储了两个共享与该节点对应的公共前缀的键。在这种情况下，节点携带着不能被压缩的有价值信息。

关键节点也会存储信息，且与它们拥有的子节点的数量无关。这些节点能告诉我们已经到达了由这条路径组成的一个存储在 trie 中的字符串。

然而，如果一个不存储键的中间节点只有一个子节点，那么它本身将不携带相关信息，而只是路径中的一个强制步骤。

基数树（又名 Patricia **树**[1]）就是一种基于上述想法的数据结构，旨在以某种方式压缩通向这种无意义节点的路径，这些节点被称为**传递节点**（passthrough node）。

那么，它是怎么做到这一点的呢？图 6.12 给出了关于压缩这些路径的过程提示。每当一条路径有一个传递节点时，就可以将连接到这些节点的路径的一部分压缩成一条边，并用连接起来的字符串来标记这条边。

通过这种变化，可以节省多少空间呢？让我们通过图 6.12 中的两个树来了解一下。最初的 trie 有 9 个节点和 8 条边，根据 6.2.1 节中的假设，每个节点有 4 字节的开销，这意味着一共需要 $9 \times 4 + 8 \times 9 = 108$ 字节。而右侧的压缩 trie 有 6 个节点和 5 条边，在这种情况下，每条边都带有一个字符串，而不仅仅是一个字符。可通过分别考虑边引用和字符串标签来简化计算。如此一来，虽然每条边仍需要 9 字节（因为边成本中包含存储字符串终止符的 1 字节开销），但我们可以添加字符串长度的总和作为第三项。因此，我们总共需要 $6 \times 4 + 5 \times 9 + 8 \times 1 = 77$ 字节。

换句话说，对于这个简单的 trie 来说，压缩版本需要的内存减少了大约 30%。

1 这个数据结构的最初名称 Patricia 是论文 practical algorithm to retrieve information coded in alphanumeric 的首字母缩写词，Donald R. Morrison，《ACM 杂志》，第 15 卷，第 4 期，1968 年，第 514～534 页。

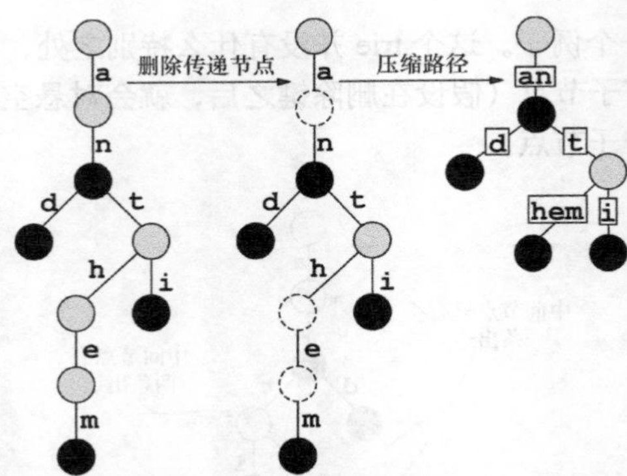

图 6.12　通过将与传递节点相邻的边合并在一起，对 trie 中的路径进行压缩。注意，基数树中的边被标记的是字符串而不仅仅是字符

6.3.1　节点和边

前面为 trie 描述的所有操作在基数树中也都有类似的实现，只不过这次不再用字符来标记边，而是用字符串来存储和跟踪标记的边。

虽然从更高的层次来看，各个方法的逻辑与 trie 几乎是相同的，但如果要检查下一步应该遍历哪条分支，就不能只检查键中的下一个字符了，因为边所标记的字符串可能会和传递的参数 s 有多个匹配的字符。

基数树的一个重要特性在于同一节点的两条出边不会共享公共前缀，这使得我们可以更有效地存储和检查边。

我们首先可以想到的一个解决方案是按照排序结果来保存边，并使用二分查找来获取以键中的下一个字符 c 开头的链接。因为不可能有两条边以 c 开头，所以当找到一条边时，就可以将其标签中的其余字符与字符串中的后续字符做比较。此外，由于每个节点的边不可能超过 $k = |\Sigma|$ 条（因为字母表中最多有 Σ 个字符），因此二分查找还能够在边数的对数时间内找到这条边，执行二分查找来找到候选边在最坏情况下的运行时间是 $O(\log(k))$。

由于 k 是一个常数，它既不与存储在 trie 中的键的数量相关，也不与搜索或插入等操作传递的单词的长度相关，因此就渐近分析而言，$O(\log(k)) = O(1)$。此外，使用这个解决方案不需要额外的空间[1]来存储边。

这个解决方案如图 6.13 所示，其中还展示了二分查找是如何找到可能的匹配边的过程的。

注意，要搜索的字符串与边的标签之间的匹配并不需要（通常也不是）是完整的。稍后你将看到这对我们的算法意味着什么以及应该如何处理这些情况。

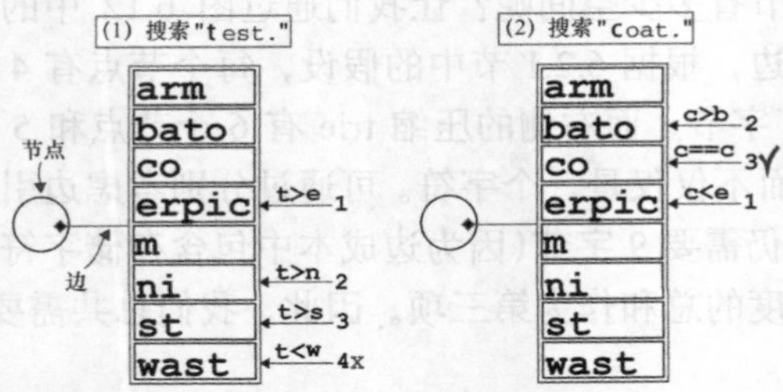

图 6.13　将边存储在有序数组中的基数树节点的示例。（左图）失败的二分查找。（右图）查找成功。一开始只对各个字符串中的第一个字符进行比较，但在查找成功后，与边对应的字符串也需要是待搜索字符串的前缀

1 除了在大多数编程语言中都会有的数组对象的常量开销。

当然，正如我们在第 4 章和附录 C 中所讨论的，使用有序数组意味着搜索操作是对数阶的，但插入操作是线性的（速度很慢！）。虽然在渐近分析中，元素的数量可以被认为是一个常数，但从实际情况看，这种实现可能导致在一个很大的 trie 中插入新键的速度非常缓慢。

另一种为边实现这个字典的常见解决方案是使用平衡搜索树，它可以保证对数阶的搜索和插入操作。当然也可以使用哈希表。后者如图 6.14 所示，其中字典的键是字符，而值是节点边的完整字符串标签以及对边链接的子节点的引用。对于具有 k 个子节点的节点，这个解决方案需要 $O(k)$的额外空间，在最坏情况下每个节点都需要 $O(|\Sigma|)$的额外空间。

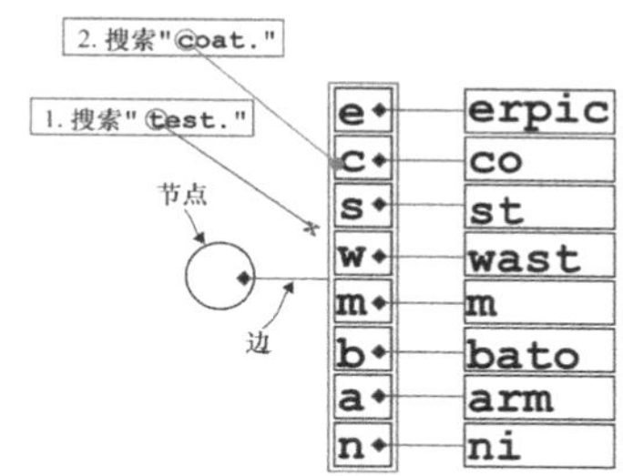

图 6.14 子节点的边被存储在字典中的节点示例。字典的键是字符，即每个标签的第一个字母，而值则包含了完整的标签和边所对应的目标节点的引用。图 6.14 是图 6.13 中相同搜索的简化版。与图 6.13 一样，比较也是基于搜索字符串的第一个字符进行的

尽管需要更多的空间和一些关于插入及删除操作的记录来更新哈希表，但这个解决方案允许你在搜索路径时以摊销后的常数时间执行查找操作。

不论选择何种方式进行实现，第一步总是将输入字符串的第一个字符与边标签的第一个字符进行比较。

总的来说，你会遇到 4 种可能的情况，如图 6.15 所示。

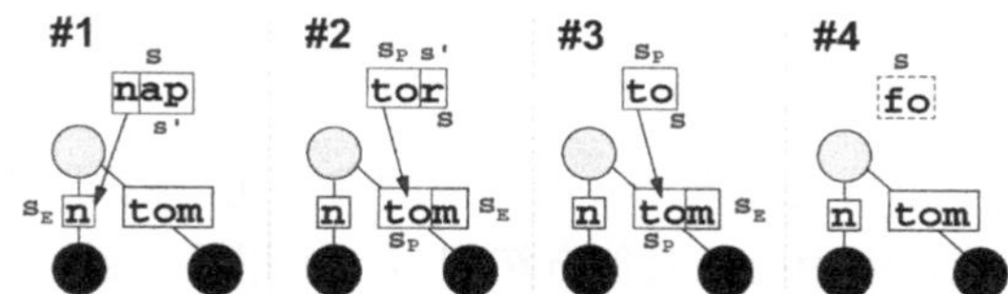

图 6.15 对搜索字符串与节点链接进行比较的 4 种可能情况。（1）一条边的标签与字符串的一部分完全匹配。（2）一条边的标签与搜索字符串拥有比这两个字符串都短的公共前缀。（3）搜索字符串是一个边标签的前缀。（4）搜索字符串与任何边都没有公共前缀

（1）标记边的字符串 s_E 与输入字符串 s 的子字符串完全匹配。这意味着 s 以 s_E 作为开头，因此可以将 s 分解为 $s = s_E + s'$。在这种情况下，你可以继续遍历边到它的子节点，并在输入字符串 s'上进行递归。

（2）存在一条边从 s 中的第一个字符开始，但 s_E 不是 s 的前缀。不过，它们有一个公共前缀 s_P（至少有一个字符长）。这里需要进行的动作取决于正在执行的操作，对于搜索操作来说，这代表失败，因为这意味着并没有找到被搜索键的路径。对于插入操作来说，你稍后就会看到，这意味着必须对这条边进行解压缩和分解 s_E。

（3）输入字符串 s 是边标签 s_E 的前缀。这是第二种情况的特例，你可以进行类似的处理。

（4）如果没有找到第一个字符的匹配项，则肯定不能再继续遍历 trie 了。

我们已经说明了基数树节点的高阶结构，现在是时候深入研究算法了。请记住刚刚讨论的注意事项，它们的行为将很自然地从 trie 的方法中被分流出来。

代码清单 6.12 展示了用来对这个新数据结构进行建模的 RadixTrie 类和 RTNode 类的伪代码。这里还添加了一个类来模拟边，从而使代码更简洁。不知道你有没有注意到一个微小但有意义的细节，这里并不需要像 trie 那样事先定义好一个固定的字母表！

代码清单 6.12　RadixTrie 类

```
class RTEdge
  #type RTNode
  destination

  #type string
  label

class RTNode
  #type boolean
  keyNode

  #type HashMap<Char, RTEdge>
  children

function RTNode(storesKey)
  children ← new HashMap()
  this.keyNode ← storesKey

class RadixTrie
  #type RTNode
  root

  function RadixTrie()
    root ← new RTNode(false)
```

你可以在本书的 GitHub 仓库中查看完整的实现。

6.3.2 搜索

代码清单 6.13 展示的 search 方法与 trie 中对应的方法几乎相同，唯一的区别在于获得下一条需要进行遍历的边的方式。因为要在其他方法中多次重用这个操作，所以其中的逻辑被提取到了一个辅助方法中，如代码清单 6.14 所示。

代码清单 6.13　基数树的 search 方法

search 方法接收一个 RTNode 对象和要搜索的键字符串 s 作为参数。如果 s 被存储在 trie 中，则返回 true，否则返回 false。这里假设参数 node 永远都不会为 null，因为我们打算将这个方法实现为由 RadixTrie 的 API 中的 search 方法在内部调用的私有方法。

```
function search(node, s)
  if s == "" then
    return node.keyNode
  else
    (edge, commonPrefix, sSuffix, edgeSuffix) ← matchEdge(node, s)
    if edge != null and edgeSuffix == "" then
      return search(node.children[commonPrefix].destination, sSuffix)
    else
      return false
```

检查要搜索的字符串是否为空字符串。如果为空字符串，那么由于这个方法是使用递归实现的，因此可以判断出已经遍历完树中的整个路径。

已经位于目标键的目标节点上。只有在当前节点是关键节点的情况下，才表示树中存储了它。

由于 s 不是空字符串，因此检查是否存在匹配或部分匹配 s 的边。

否则处于其他三种情况之一。键肯定没有被存储在树中，因此返回 false。

如果有一条边与 s 共享公共前缀，并且整条边的标签都是 s 的前缀，则在这条边所链接的子树中递归地搜索 s 的剩余字符（被存放在 sSuffix 中）。这是图 6.15 所示的 4 种情况中的第一种。

代码清单 6.14　基数树的 matchEdge 方法

matchEdge 方法接收一个 RTNode 对象以及要进行匹配的键字符串 s 作为参数。它会返回一个元组，其中包含（如果存在的话）匹配的边、s 与边标签的公共前缀以及这两个字符串的后缀。这里假设参数 node 永远都不会为 null，且 s 不会为空字符串。

```
function matchEdge(node, s)
  c ← s[0]                                       由于 s 不是空字符串，因此肯定存在第一个字符 c。
  if node.children[c] == null then               在哈希表中查看是否存在以 c 开头的标签所对应的边。
    return (null, "", s, null)
  else
    edge ← node.children[c]                      获取节点中以字符 c 开头的出边。
    prefix, suffixS, suffixEdge ← longestCommonPrefix(s, edge.label)   计算 s 与边标签的最长公共前缀和剩余后缀。
    return (edge, prefix, suffixS, suffixEdge)   返回计算的结果。
```

如果没有，则意味着不存在与 s 具有公共前缀的边。因此返回的边为 null，公共前缀是一个空字符串，后缀也会被相应地返回。

这个辅助方法只会寻找一条与目标字符串 s 有共同前缀（如果存在的话）的边。记住，因为所有边之间都不会有任何共同前缀，所以最多有一条边会以与 s 相同的字符开头。

这个辅助方法还返回了一些可以让调用者使用，并决定要采取什么操作的有用信息。其中包含了搜索字符串和边标签的最长公共前缀，以及这两个字符串的（与公共前缀相对的）后缀。

代码清单 6.13 的第 6 行就使用这些信息来区分图 6.15 中的 4 种情况。对 search 方法来说，唯一正向的情况是第一种情况，因此需要检查是否存在标签为 s 前缀的边。

只要有办法能够提取出两个字符串的最长公共前缀，实现这个辅助方法就会变得很简单。这个操作可以通过比较两个字符串中相同索引处的字符来完成，逐一比较每个字符，直到发现不匹配的字符为止。

假设我们已经有了这个方法，并且它能同时返回两个字符串的后缀，即两个字符串在去掉它们的公共前缀后剩余的字符。

图 6.16 展示了对图 6.3 中的 trie 进行压缩后得到的基数树执行搜索操作的一个例子。

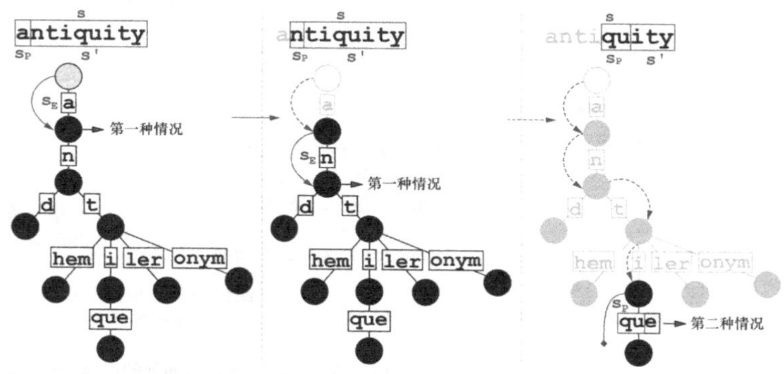

图 6.16　在图 6.3 中的 trie 所对应的基数树中搜索字符串"antiquity"不成功的一个例子。前两个子图显示了搜索操作的初始步骤，而后直接展示了最后一步

6.3.3　插入

如前所述，第二种和第三种情况处理起来最复杂，尤其是在 insert 方法中。当找到一个键和一条边的部分匹配时，首先需要分解边的标签，将一条边拆分成两条新边，并在中间添加一个新节点来对应最长公共前缀。

如图 6.17 所示，一旦找到了公共前缀，我们需要通过添加一个新节点来拆分与要插入的字符串部分匹配的边，然后向这个新节点添加一个新分支。

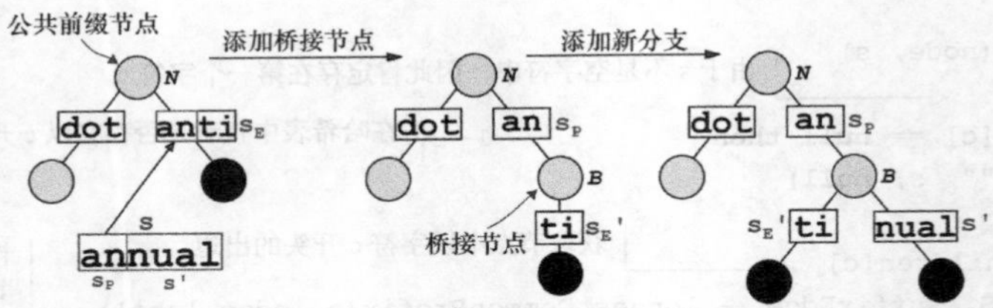

图 6.17　在执行插入操作时处理第二种情况的边匹配。在这个例子中，单词"annual"将被添加到标记为"anti"的边的节点中。为此，你需要插入桥接节点 *B*，它会通过一条标有公共前缀"an"的边连接到节点 *N*，并为节点 *B* 添加两条新的出边

新添加的这个节点称为**桥接节点**（bridge node），因为它是两个字符串的公共前缀所对应的节点与通向这些字符串的最终节点的路径之间的桥梁。显然，桥接节点是一个分叉点，从根节点开始的路径将在这里分叉。

为了更好地理解这个操作，你可以这样思考：将到子节点的边解压缩成一条路径，其中每个链接都只代表一个字符的常规 trie；然后遍历这条路径，在到达公共前缀的末尾（也就是节点 *B*）之后，添加一个新分支作为节点 *B* 的子节点；最后压缩节点 *B* 两侧的子路径。

代码清单 6.15 展示了 insert 方法的伪代码，图 6.18 和图 6.19 则展示了这个方法是如何在简化树上工作的。

代码清单 6.15　基数树的 insert 方法

insert 方法接收一个 RTNode 对象和要插入的键字符串 s 作为参数。它什么都不返回，但它对 trie 有副作用。同样，这里也假设参数 node 永远都不会为 null，因为我们打算将这个方法实现为由 trie 的 API 中的 insert 方法在内部调用的私有方法。

```
function insert(node, s)
  if s == "" then
    node.keyNode ← true
  else
    (edge, commonPrefix, sSuffix, edgeSuffix) ← matchEdge(node, s)
    if edge == null then
      this.children[s[0]] ← new RTEdge(s, new Node(true))
    elif edgeSuffix == "" then
      insert(edge.destination, sSuffix)
    else
      bridge ← new Node(false)
      this.children[s[0]] ← new RTEdge(commonPrefix, bridge)
      bridge.children[edgeSuffix[0]] ←
          new RTEdge(edgeSuffix, edge.destination)
      insert(bridge, sSuffix)
```

检查要搜索的字符串是否为空字符串。如果为空字符串，那么由于这个方法是使用递归实现的，因此可以判断出已经遍历完树中的整个路径。

已经位于目标键的目标节点上。将当前节点设置为关键节点以确保存储了 s。

由于 s 不是空字符串，因此检查是否存在匹配或部分匹配 s 的边。

对应于第一种情况。由于有一条边的标签是 s 的公共前缀，因此继续遍历这条边即可。

更新当前节点的出边，新边会指向桥接节点，并使用公共前缀作为标记。

添加一条从桥接节点到当前节点之前的子节点的边。新标签是去掉了公共前缀的剩余边标签。

最后，继续递归地将剩余部分的键添加到桥接节点。如果 sSuffix 为空字符串，则对应第三种情况，否则对应第二种情况。

否则对应第二种情况或第三种情况。边的标签与 s 之间有公共前缀，但边的标签中还包含与 s 不匹配的字符，因此需要打破这条边并创建一个桥接节点。

对应第 4 种情况。如果没有任何边与 s 共享公共前缀，则需要添加一个被标记为 s 的新边到一个新的关键节点。

这个方法与你在代码清单 6.5 中看到的 trie 版本的逻辑从高阶角度看是类似的，都是尽可能地（沿着包含要插入的字符串前缀的最长路径）遍历树，然后为新键添加一个新分支。

只不过在这个版本中，遍历树的逻辑变得更加复杂，因为在每个节点上都需要区分边标签

所对应的 4 种不同情况，而这种复杂性也体现在了方法的长度上。此外，当遇到第二种或第三种情况时，还需要对边进行分解并添加一个桥接节点。然而，添加新分支的逻辑变得更加容易了，因为只需要添加一条新边和一个节点就行了。

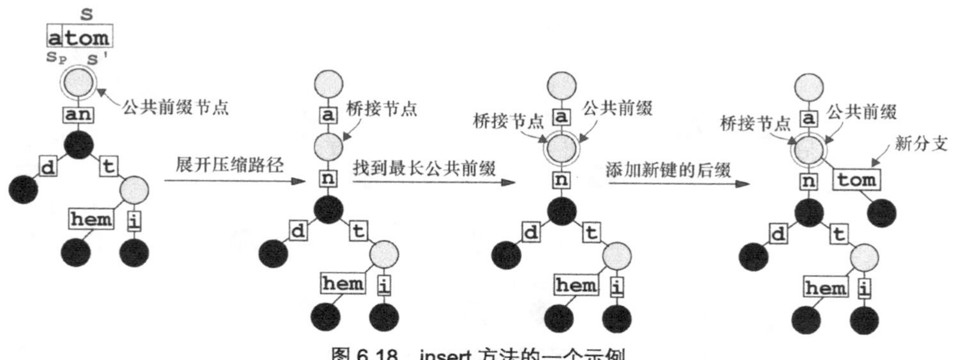

图 6.18 insert 方法的一个示例

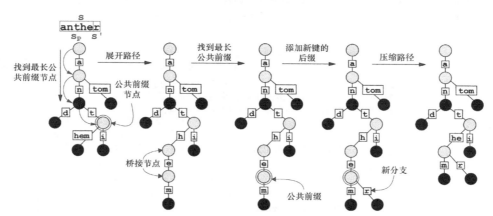

图 6.19 insert 方法的另一个示例，旨在逐步解释路径解压缩的过程

6.3.4 删除

与 search 方法类似，remove 方法唯一需要修改的部分也是取得公共前缀的逻辑。整个逻辑很简单，因为删除一个键也可以被视为一次成功的搜索再加上清理与被删除的节点相关的逻辑。

对于 remove 方法来说，你不再需要担心对边进行分裂以及添加桥接节点这类的事情了。因为要先找到键，所以必须有一条路径与要删除的键相匹配才能完成操作。不过，你可能需要在删除路径之后对它进行压缩，因为将现有的关键节点变成中间节点有可能改变树结构，从而引入传递节点（见 6.3.1 节）。

图 6.20 展示了在基数树上执行删除操作的一个例子。

除此之外，在删除叶子节点中的键时，还需要执行剪枝操作。在这种情况下，基数树与 trie 的区别在于只需要删除树中的一条边。

图 6.20 中的例子说明了两种必须修复节点的父节点的情况。首先是从叶子节点中删除键，而一旦从树中删除了节点，如果它的父节点成了传递节点，那么也需要被删除，从而压缩从它的父节点到子节点的路径。

代码清单 6.16 展示了这个方法的伪代码，其中使用了两个辅助方法。

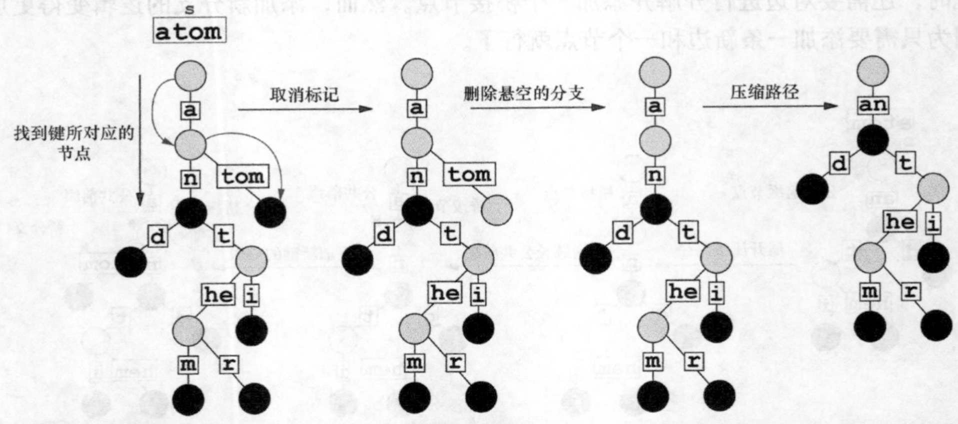

图 6.20 从基数树中删除单词"atom"。(1) 找到要删除键的路径末尾的节点。路径必须与键相匹配。(2) 取消标记这个节点，从而使其成为中间节点。如果该节点是叶子节点，这样做就会导致一条悬空的分支。(3) 去除悬空的分支。如果被删除节点的父节点一开始只有两个子节点，那么它现在就成了一个传递节点。(4) 通过去除传递节点以及合并边来压缩路径

代码清单 6.16 基数树的 remove 方法

remove 方法接收一个 RTNode 对象以及一个要从以 node 为根节点的子树中删除的字符串作为参数。它会返回两个布尔值，其中第一个布尔值告诉调用者键是否已成功删除。如果最后一个链接变成悬空分支并且应该被修剪，那么第二个布尔值就会是 true。

```
function remove(node, s)
  if s == "" then
    node.keyNode ← false
    return (true, node.children == 0)
  else
    (edge, commonPrefix, sSuffix, edgeSuffix) ← matchEdge(node, s)
    if edge != null and edgeSuffix == "" then
      dest ← edge.destination
      (deleted, shouldPrune) ← remove(dest, sSuffix)
      if deleted then
        if shouldPrune then
          node.children[s[0]] ← null
        elsif isPassThrough(dest, node) then
          nextEdge ← getPassThroughEdge(dest)
          this.children[s[0]] ←
            new RTEdge(nextEdge.destination, edge.label+nextEdge.label)
      return (deleted, false)
    else
      return (false, false)
```

检查要搜索的字符串是否为空字符串。如果为空字符串，则可以判断出已经遍历完树中的整个路径，并到达要删除字符串的最后一个节点。

将当前节点标记为中间节点。

搜索结束，返回到调用者，并报告操作是否成功以及是否要对该节点进行剪枝（如果是叶子节点的话）。

由于 s 不是空字符串，因此检查是否存在匹配或部分匹配 s 的边。

将边结尾的节点保存在临时变量中。

将剩余的字符串传递给递归调用的 remove 方法并保存结果。

相反，如果键被删除并且下一个节点成了传递节点，则需要压缩路径。

如果节点 dest 是一个传递节点，那么它就只有一条出边。在这里，你可以得到这条出边。

返回结果，以使调用者知道是否删除了键。又由于基数树中只会出现悬空节点，因此我们得知在这种情况下肯定不需要执行剪枝操作。

对应于图 6.15 中除了第一种情况之外的其他三种情况之一，这说明并没有在树中找到键，因此不能删除。

如果删除了键且路径中的下一个节点是可以被修剪的叶子节点，则需要删除这条到叶子节点的边。

当且仅当节点 dest 有且只有一条出边时，它才是一个传递节点。为了压缩路径，可将路径截短并将其压缩为单个节点。通过这种实现方式，如果一条路径上有多个传递节点，那么它将依次对节点进行逐一压缩。

对应于图 6.15 中的第一种情况，即节点有一条边的标签是 s 的公共前缀，因此继续遍历这条边就行了。

isPassThrough 方法用来检查一个节点是不是传递节点，而这仅当一个节点不是关键节点，其只有一条出边且它的父节点也只有一条出边时才能确定（因此也传递了父节点）。具体的实现留作练习。

由于传递节点只有一条出边，因此它们的子字段也就只有一个条目。getPassThroughEdge 方法就是用来获取这个条目的包装器。

6.3.5 搜索最长前缀词

这个操作如果从 trie 版本进行移植就很简单了。只需要稍微修改 search 方法，将边的不同匹配方式考虑在内就行了。代码清单 6.17 描述了基数树版本的伪代码。

代码清单 6.17 基数树的 longestPrefix 方法

longestPrefix 方法接收一个 RTNode 对象、一个想要进行搜索的键字符串 s，以及一个从根节点到 node 节点的路径所代表的字符串作为参数。它会返回存储在基数树中的 s 的最长前缀词。

```
function longestPrefix(node, s, prefix)
  if s == "" then
    if node.keyNode then
      return prefix
    else
      return null
  (edge, commonPrefix, sSuffix, edgeSuffix) ← matchEdge(node, s)
  result ← null
  if edge != null and edgeSuffix == "" then
    result ← longestPrefix(edge.destination, sSuffix, prefix+commonPrefix)
  if result != null then
    return result
  elsif node.keyNode then
    return prefix
  else
    return null
```

检查要搜索的字符串是否为空字符串。如果为空字符串，那么由于这个方法是使用递归实现的，因此可以判断出已经遍历完树中的整个路径。

当前正处于搜索字符串路径的最后一个节点。如果它是一个关键节点，那么字符串本身（累加到 prefix 中的值）就是它在树中最长的前缀词。

否则需要返回 null 以使调用者知道还没有找到任何键。

由于 s 不是空字符串，因此需要检查是否存在匹配或部分匹配 s 的边。

检查递归调用返回的（可能）结果。如果真的有结果，就返回它。

或者，如果当前节点是一个关键节点，那就说明树中最长的前缀词可能就是到当前节点的路径（累加到 prefix 中的值）。

否则，你就可以知道在这个子树中并没有找到任何结果，因此返回 null 以通知调用者。

对应于图 6.15 中的第一种情况，即节点有一条边的标签是 s 的公共前缀，因此继续遍历这条边并保留结果就行了。与搜索操作类似，在其他三种情况下，此操作并不能继续执行。

将 result 临时变量初始化为 null。如果还可以遍历其他边，则保存递归调用的结果。

6.3.6 返回匹配特定前缀的所有键

对于 trie 来说，这个操作利用了 search 方法来找到进行完整遍历的起点，从而获得以前缀为根节点的子树中的所有键。

遗憾的是，基数树的情况比较复杂，因为没有被存储在树中的前缀仍可能有部分匹配的边。例如，以图 6.20 中的树为例，其中并没有在树中存储"a"或"anth"这样的前缀，后者甚至在相应路径的末尾都没有节点，但基数树中仍然包含着若干以这些前缀开头的单词。

如果只是为这些字符串寻找位于路径末端的节点，我们就会错过很多合法的结果。因此，你需要为这个操作重写一个特殊版本的 search 方法，这个方法需要区分不能继续操作的第二种情况，以及搜索字符串是边标签的前缀的第三种情况。对于后面这种情况，边所引用的子树肯定包含与搜索前缀相匹配的字符串。这两种情况的区别如图 6.21 所示。

代码清单 6.18 展示了为了与精确匹配搜索的方法进行区分而被命名为 searchNodeWithPrefix 的新版 search 方法。相应地，API 方法 keysStartingWith 和辅助方法 allKeysInBranch 与 trie 中的等效方法基本相同，请你自行实现它们的伪代码。

代码清单 6.18 基数树的 searchNodeWithPrefix 方法

searchNodeWithPrefix 方法接收一个 RTNode 对象以及要搜索的键字符串 s 作为参数，并返回包含以 s 为前缀的所有键的子树的根节点。

```
function searchNodeWithPrefix(node, s)
  if s == "" then
```

检查要搜索的字符串是否为空字符串。如果为空字符串，那么由于这个方法是使用递归实现的，因此可以判断出已经遍历完树中的整个路径，也就是与 s 完全匹配的节点。

```
    return node
  (edge, commonPrefix, sSuffix, edgeSuffix) ← matchEdge(node, s)
  if edge == null then
    return null
  elsif edgeSuffix == "" then
    return searchNodeWithPrefix(edge.destination, sSuffix)
  elsif sSuffix == null then
    return edge.destination
  else
    return null
```

由于 s 不是空字符串，因此检查是否存在匹配或部分匹配 s 的边。

对应于图 6.15 中的第 4 种情况：需要搜索的前缀并没有被存储在树中。

对应于第三种情况：尽管在搜索前缀的路径末尾并没有存储键的节点，但在未压缩的 trie 中有一个传递节点。因此，这也就意味着存储在以node的子节点为根节点的子树中的所有前缀都会以 s+edgeSuffix 作为开头，并且其中的字符串都以 s 作为前缀。

对应于第二种情况：在以 node 为根节点的（子）trie 中，不存在以 s 开头的路径。

对应于第一种情况：有一条边的标签是 s 的前缀。因此继续遍历边，并递归地搜索字符串中的剩余字符。

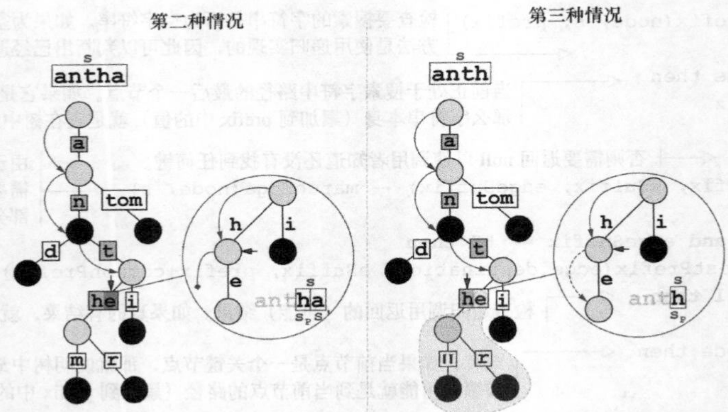

图 6.21　在寻找匹配包含前缀的较短字符串的节点时，对比第二种情况与第三种情况的差异。（左图）当面对第二种情况时，就意味着边并不会匹配字符串中剩下的字符。因此在相应的树中，searchNode(s)将返回 null。（右图）在第三种情况下，可以匹配整个字符串，但在边的中间结束。在对应的 trie 中，搜索的结果将返回一个中间节点，也就是一个传递节点。由于没有键被存储在传递节点中，因此可以等效地从它的第一个非传递节点的子节点开始枚举键

对基数树的主要方法的讨论以及对高效字符串搜索的数据结构的讨论到此结束。对此感兴趣的想要深入研究这个主题的读者，建议查看后缀树及后缀数组。这是两个非常有趣的数据结构，它们是生物信息学等领域的基础，但是这部分内容超出了本章的讨论范围。

6.4　应用程序

现在，我们已经知道了 StringContainer 抽象数据类型的两种具体数据结构的实现，是时候看看它们可以被用在什么应用程序上了。

与对其他数据结构的讨论类似，这里重点关注的并不是没有 trie 就没办法完成工作的那部分新东西，而是那些相比其他数据结构能够更好地或更快地执行某些操作的情况。

对于 trie 来说，这一点尤为重要，因为它是被专门设计用来改善基于字符串查询的运行时间的数据结构。由于 trie 的主要用途之一是实现基于文本的字典，因此它的试金石通常是哈希表。

6.4.1　拼写检查器

是时候回到本章一开始的那个例子了！如第 4 章所述，拼写检查器的第一个版本是由布隆过滤器实现的。但过了没多久，它就被更高效的替代方法（比如 trie 这样的数据结构）取代了。

显然，构建拼写检查器的第一步是将字典（这里的含义不是数据结构！）中的所有键都插入一个 trie 中。

接下来，如果只是想突出显示错别字，那么使用 trie 进行拼写检查就很简单了。只需要执行搜索操作，如果没有找到，就代表着有错别字。

但是，假如还想提供有关如何更正错别字的建议，那么如何使用 trie 才能做到这一点呢？

假设正在检查的单词 w 有 m 个字符，并且可以接受与 w 最多有 k 个不同字符的建议。换句话说，我们想要**莱文斯坦距离**（又称为编辑距离）最多为 k 的单词。

为了在 trie 中找到这些单词，就需要从根节点开始遍历整个树，并且在遍历树的同时，还需要一个用来保存 m 个元素的数组，这个数组的第 i 个元素就是搜索字符串的前 i 个字符在与节点对应的键进行比较时的最小编辑距离。

因此，对于每个节点 N，检查用来保存编辑距离的数组。

（1）如果数组中的所有距离都大于最大允许的值，就可以停止遍历，也就不再需要进一步遍历它的子树了（因为接下来距离只会增加）。

（2）否则，跟踪最后一个编辑距离（也就是与整个搜索字符串的距离）。如果找到一个更好的值，就找到当前节点的键并进行存储。

这样在完成遍历后，就能够保存与搜索字符串最近的键及其距离。

图 6.22 展示了整个算法是如何在一个简化的例子上进行工作的。这里使用的是一个 trie，不过，相同的算法再加上少许改动，就可以很容易地在基数树上加以实现。事实上，这个算法更感兴趣的是关键节点，而不是中间节点。

算法从对应于空字符串的根节点开始（因为通向根节点的路径也为空）。在每一步，将目标词 s（在这个例子中为"amt"）与当前节点对应的单词做比较，即计算 s 的各个前缀与当前节点所关联的单词之间的距离。

因此，对于根节点来说，空字符串与"amt"的空前缀（显然也是空字符串）之间的距离为 0（因为它们相等）。而" "与"a"之间的距离为 1，因为我们需要在前者的基础上加上一个字符'a'才能构成后者，以此类推。

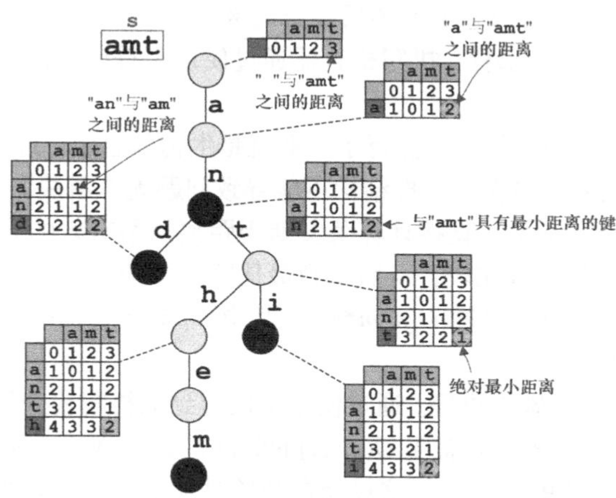

图 6.22 使用 trie 实现的对单词 s="amt"搜索出来的拼写建议。注意，对于各个节点，都仅根据前一行（父节点）的内容计算下一行。虽然与"amt"最近的路径拼写为"ant"，但在这个 trie 中，对应的节点并不是关键节点，所以"ant"没有被存储在 trie 中，不能返回这个值！相应地，距离为 2 的地方有 4 个键，即"a"、"an"、"and"、"anti"，这些值都可以被返回

在计算完距离向量后，遍历任何出边并为下一个节点重复该过程。这里只有一个子节点，而通向该节点的标签所代表的字符串是"a"。你可以使用前一行的数据来构建距离表中的下一行，并将（遍历路径中的最后一条边所代表的）最后这个字符与字符串 s 中的各个字符做比较（注意，对于空字符那一列，距离始终是路径的长度）。

因此，距离表中的第二行会以 1 开头。然后单元格[1, 1]为 0，这是因为两个字符串都以"a"开头。对于字符串 s 中的下一个字符，节点的键中并没有对应的字符（因为它更短），所以需要加 1 才能得到它的距离，最后一个字符也是如此。事实上，结果就是"a"到前缀"am"的距离为 1，到前缀"amt"的距离为 2。

注意，比较两个字符串的成本被包含在距离表右下角的单元格中，因此"a"和"amt"的距离为 2。

算法会继续遍历所有分支，直至到达一个成本不能再进一步降低的节点（当路径已经和字符串 s 一样长或更长时，只要找到一个关键节点，就没有必要继续沿着这条分支遍历下去了），或是距离表的最后一行中的所有距离都大于用户定义的阈值（有意义的最大距离）。这在搜索长字符串时特别有用，否则就会导致遍历树的大部分（通常最有可能的结果是在两三个字符距离内的单词）。

正如你在图 6.22 中所看到的，路径"ant"有着最小距离。但是，这个结果存在一个问题！实际上，这个 trie 并不包含"ant"这个键，因此无法返回它。

结果就是，距离为 2 的地方有好几个键，你可以返回其中的任何一个或全部作为建议。

那么，能以多快的速度找到一个建议呢？基于 6.1 节中的讨论，在 trie 中搜索字符串有着比其他方案在最坏情况下更短的运行时间。对于长度为 m 的字符串来说，需要进行 $O(m)$次比较；而对于哈希表或二叉搜索树来说，在最好情况下也需要 $O(m + \log(n))$次比较。

6.4.2　字符串相似度

两个字符串之间的相似度是对它们之间距离的度量。通常来说，这是将一个字符串转换为另一个字符串所需修改次数的函数。

这个距离的两种定义如下。

- **莱文斯坦距离**：字符的编辑次数。
- **汉明距离**：字符串所对应位置的不同字符的数量。

正如你在 6.4.1 节中看到的那样，拼写检查器通过使用字符串相似度来获取纠正拼写错误的最佳建议。

但最近，另一个更重要的用例开始流行了，那就是生物信息学，即 DNA 序列匹配。这是一项计算密集型任务，因此使用错误的数据结构可能导致问题无法解决。

如果只需要比较两个字符串，直接计算莱文斯坦距离是最有效的方法。但是，如果必须将单个字符串与其他 n 个字符串做比较，从而找到最佳匹配，那么计算莱文斯坦距离 n 次就变得不切实际了。因为这个运行时间将是 $O(n*m*M)$，其中 m 是搜索字符串的长度，$O(M)$是语料库中 n 个字符串的平均长度。

事实证明，使用 trie 可以做得更好。通过使用上面提到的拼写检查器的算法（不过没有基于阈值的剪枝），计算所有的距离也只需要 $O(m*N)$的时间，其中 N 是 trie 中节点的总数。虽然构建一个 trie 可能需要 $O(n*M)$的时间，但这只会在开始时发生一次，只要查找率足够高，这个成本就可以被摊销掉。

正如你在 6.2 节中看到的那样，如果语料库中没有任何两个字符串共享相同的前缀，那么理论上这里的 N 也可以是 $O(n*M)$。然而在实践中，N 可能比 $n*M$ 小若干数量级，并更接近 $O(M)$。此外，正如你在 6.4.1 节中看到的那样，如果为允许的最大距离设置一个阈值，即两个字符串之间的最大不同，并只跟踪找到的最佳结果，则可以在搜索过程中修剪掉更多需要遍历的节点。

6.4.3 字符串排序

爆炸排序[1]是一种利用了缓存效率的排序算法，其工作方式类似于 MSD（Most Significant Digit，最高有效数字）基数排序。但是爆炸排序可以利用缓存效率，因此相比基数排序更快！

这两个排序算法具有相同的渐近运行时间 $O(n*M)$，而这正是对 n 个长度为 M 的字符串进行排序的理论下限。通过利用引用的局部性和更好的内存分布，爆炸排序的速度甚至可以达到基数排序的两倍。

深入了解这个算法的细节超出了本章的讨论范围，但为了让你了解爆炸排序的工作原理，这里做一点简单介绍。这个算法会在字符串排序时动态构造一个 trie，并用它来将每个字符串分配给一个桶，以使对它们进行分区（类似于基数排序）。如前所述，渐近成本与 MSD 相同，这是因为每个字符串的前导字符都只会被检查一次。不过，它的内存访问模式能够更好地利用缓存。

MSD 在进入桶排序阶段之前会依次为各个字符访问所有的字符串，而爆炸排序只访问每个字符串一次，而且 trie 节点会被随机访问。

但是，trie 节点的数量相比字符串集合要小得多，因此缓存的使用就更有效了。

如果字符串集合超过缓存的大小，那么爆炸排序就会比任何其他字符串排序算法快得多。

6.4.4 T9

T9 是移动通信历史上的一个重要里程碑，直到现在，我们仍然（错误地）将新手机的拼写检查器称为 T9，尽管真正的 T9 已经在很久以前就随着智能手机的出现而被弃用了。

T9 是“9 个键上的文本”（text on 9 keys）的英文缩写，这是因为英文字母表（早在移动电话之前）被分成了一些包含 3 个或 4 个字符的组，从而可以放进手机的小键盘中。

在固定电话的原始设计中，每个数字都必须按 1～4 次才能选择各个字母。例如，"a"必须按数字键 2 一次，而"b"必须按两次，"c"就必须按三次。

T9 背后的思想是，用户只需要为单词中的各个字母在每个键上按下一次，从而表示第 i 个字母属于第 k 个按钮所属的组就行了。之后，T9 会为由这些字母组合而成的单词提供建议，或者如果只找到了一个匹配，那就直接提供正确的单词。

例如，键入 2-6-3 表示从笛卡儿积$[a, b, c] \times [m, n, o] \times [d, e, f]$的所有三个字母组合中进行选择，T9 将提供诸如[and, cod, con, …]的有效英语单词。

这正是因为使用了 trie 才成为可能，并且每按下一个键盘按钮，就会再次对搜索进行细化。

（1）当按下键盘按钮 2 时就开始遍历 trie，并行地到达由标记为'a'、'b'、'c'的边所链接的子树。（对于使用拉丁字母的任何语言来说，这三个字母都有可能在 trie 中。）

（2）当按下第二个键盘按钮时，对于所有当前遍历的 3 条路径，T9 将检查它们是否有标记为'm'、'n'和'o'的子节点，并继续跟踪到达第二层节点。这时，每个组合都代表着从根节点到第二层节点的路径。更有可能发生的情况是，并非所有的 9 种组合在树中都有路径。例如，不存在任何以"bn"开头的单词。

（3）在按下第三个键盘按钮时继续以上过程，直到没有节点可以通过可能的路径被遍历到为止。

对于这个特定的任务来说，trie 节点会为每个键存储不只一个布尔值。这时，我们更希

1 Efficient trie-based sorting of large sets of strings，Ranjan Sinha 与 Justin Zobel，2003 年，第 26 届澳大利亚计算机科学会议论文集，第 16 卷，澳大利亚计算机协会。

望 trie 节点存储单词在语料库中的频率（也就是一个单词在英语中被使用的可能性有多大）。因此，当有多个结果可用时，T9 将返回最有可能的结果。例如，你肯定期望"and"比"cod"更容易被找到。

6.4.5 自动完成

在过去 10 年左右的时间里，我们已经熟悉了搜索框的自动完成功能。如今，我们都已经习惯了这个功能，并认为搜索框应该默认提供这个功能。

自动完成功能的工作流程如下：用户在客户端（通常是浏览器）输入几个字母，自动完成搜索框就会显示一些以已经输入的字符开头的选项（听起来像不像“返回匹配特定前缀的所有键”？）。如果可以填充到搜索框中的值的集合是静态的并且很小，那就可以将其与页面一起传输到客户端，缓存起来，从而直接在客户端使用。

然而实际情况更复杂，因为可能的值的集合通常会很大，并且它们有可能随时间而变化，甚至会被动态查询。

因此，在实际的应用程序中，客户端通常会（异步地）向服务器发送一个 REST 请求，其中包含到目前为止输入的字符。

应用服务器会保存一个带有有效条目的 trie（或者更有可能使用的是一个 Patricia 树），搜索以目前输入内容和一个合法前缀开始的字符串，并从这些字符串的子树中返回一定数量的条目。

当响应被返回给客户端时，客户端就将来自服务器的结果列表显示为建议。

基于网络的自动完成

虽然没有强制要求通过 REST 端点来执行请求，也没有强制要求通过异步来发送请求，但是前者可以让设计更简洁，而如果没有后者的话，自动完成功能将毫无意义。

为了避免浪费网络带宽和服务器计算，通常可以每隔几秒或是在用户停止键入新内容时发送自动完成请求。当响应被返回时，在页面上更新显示的条目列表。

这仍然不是最理想的情况，因为如果使用 HTTP/1.1 的话，仍不能取消已经发送并到达服务器的请求，此外也无法保证响应返回的顺序。因此，如果在响应被返回之前输入或删除了更多字符，则不得不以某种方式为响应添加某种版本控制机制，并且永远不能用旧的响应替换已经显示的结果。

好在这一切将因为 HTTP/2 的出现得到缓解，因为它引入了可以被取消的请求以及其他一些很酷的功能。

6.5 小结

- 处理整数或浮点数等原始数据类型与处理字符串之间存在本质上的区别。因为几乎所有的整数只用到相同数量的字节[1]，但字符串可以是任意长度的，因此需要任意长度的字节才能存放。
- 数据结构所需要处理的字符串的长度是其渐近分析的重要因素，这为最简单的数据类型无法实现的进一步优化留下了操作空间。
- 假设有许多共享公共前缀，trie 能够更有效地存储和查询大量字符串。

1 也有一些例外。例如，Python 中的 bignum 整数类型就使用可变数量的字节来表示任意大的数字。

- 字符串前缀是这种新数据结构的关键因素，它反过来允许有效地执行查询操作以找到具有公共前缀的字符串。反之亦然，我们可以找到给定字符串在数据集中的最长前缀。
- 只要有可能，基数树就会通过压缩路径来提供更紧凑的 trie 呈现方式，并且不用在复杂性或性能方面做出妥协。
- 从拼写检查器到生物信息学，许多操作字符串的应用程序和领域都可以从使用 trie 中获得好处。

第 7 章　用例：LRU 缓存

本章主要内容

- 避免重复计算
- 引入缓存作为解决方案
- 描述不同类型的缓存
- 为 LRU 缓存设计一个高效的解决方案
- 讨论 MFU 和其他用来处理优先级的选择
- 讨论缓存策略
- 关于并发和同步的论证
- 描述如何在情感分析器的管道中应用缓存

本章与你目前在本书中看到的其他章有所不同。在本章中，我们不会引入新的数据结构，而是使用第 2～5 章描述的数据结构来创建一个更复杂的数据结构。通过使用列表、队列、哈希表等作为构建块，我们将能够创建出一种高级数据结构——缓存，它可以用来快速访问最近被访问过的值或计算结果（虽然有人可能会争辩缓存并不仅仅是一个数据结构）。缓存是一个更复杂的组件，它有若干可活动的部分。在最简单的形式中，缓存可以通过一个关联数组来实现，但随着本章内容的展开，你将看到，它也能够变得和 Web 服务一样复杂。

在本章中，我们将深入研究复杂性越来越高的缓存是如何工作的。因此在阅读完本章后，相信你应该能够就这个主题发表一些真知灼见。

7.1　不要重复计算

在软件开发人员的日常工作中，每天编写的应用程序在大部分时间里只会执行非常简单的任务。（使用现代 GPU[1]）对两个数字进行相加或相除，或是添加两个向量等都是微不足道的操作。这些操作的速度足够快，因此你不需要为优化它们而感到烦恼（当然，情况并非总是如此）。

然而，无论多核处理器和服务器集群变得多么快速或进行了何等优化，总是存在某种计算和一

1 图形处理单元（Graphics Processing Unit，GPU）最初被设计用来加速显示设备的图像处理和缓冲。后来，它们被越来越多地用作通用（并行）计算设备，机器学习等代数密集型任务甚至选择它们而不是 CPU（Central Processing Unit，中央处理单元）来进行计算。

些复杂的操作，完成它们对于我们来说成本太高了，以至于无法忽视掉但又必须重复地执行它们。

回到上面的向量求和，如果向量有数十亿个元素（或者因为太多而无法一次性放入 GPU 的内存中），那么即使是这个简单操作也会变得代价高昂。同样的情况也适用于对一个除法重复执行数十亿次，这对应用程序的运行时间造成的影响十分显著。

数字运算并不是优化计算中唯一重要的上下文。例如，如果转向 Web 应用程序，最昂贵的一种操作肯定是访问数据库，如果还涉及遍历游标来计算或计数某些内容，则成本会更高。

这不仅（就资源而言）非常昂贵，而且速度也很慢。如果数据库游标[1]不是只读的，那么它们可能还会涉及广泛的（甚至可能是表级别或数据库范围内的）锁[2]。但在某些数据库中，即使只是写入一行数据，也有可能需要锁定一整页或整个表。

每次锁定一些数据时，对这些数据的所有读取操作都必须等到锁被释放才能继续。如果处理不当，对数据库的大量写入操作就可能使其“着火”[3]，从而减慢应用程序并为用户带来使用不便的延迟，甚至使整个数据库停顿，这反过来又会导致所有的 HTTP 调用超时，进而导致网站或应用程序中断响应。

这是一种很可怕的情况，不是吗？不过，好在有一种可以避免这种情况发生的方法！

许多公司，尤其是科技巨头，在早期（以及互联网时代的初期）都不得不面对保持网站平稳运行和发展的麻烦，只不过后来它们都找到了适合自己的应对方法。

减轻数据库负载的最佳方法是避免在短时间内对代价高昂的结果进行重复计算，此外还有许多其他与此相关的策略，如**分片**（sharding）[4]或放松对一致性的约束（转向**最终一致性**[5]），这些策略是为了让 Web 应用程序能够有更好、更稳定的性能所必需的。很明显本书并不是展示它们的合适场所，但是关于可扩展性的文献非常丰富，如果你正打算从事该领域的工作，建议阅读一些经典的书籍或是已经发布的网络指南。

在本章中，我们将专注于缓存。为了缩小范围并让例子更清晰，请先考虑一种可能会用到缓存的情况。

想象一下，有一个聚合器服务，旨在从社交网络上收集有关公司的新闻，并提供有关它们的某种见解。例如，判断人们是否正在以正面或负面的方式谈论一家公司（这在数据科学中被称为**情感分析**[6]）。图 7.1 展示了这类服务的一种可能的简化架构。

我们需要通过调用外部 API 来从主要的社交网络上收集各种帖子，然后对它们进行分析并为每个帖子分配一个情绪。一旦它们都被贴上有一定程度信心的标签，就需要判断它们对公司的整体情绪是积极的还是消极的。例如，可以有 70%的置信度确定一条推文是正面谈论某公司的，而另一条推文则有 95%的置信度表示情绪是负面的。这就需要对两者基于置信度的信心（以及许多其他因素）加以权衡。

---

1 游标是允许遍历数据表中一系列行的控制结构。为了简化，它们可以被认为是指向下一行的指针，从而可以读取出数据表的一部分内容。它们通常会被用来逐行处理（读取或修改）之后的数据。与此对应的是批量读取或写入需要被读取或写入的一组记录。

2 锁是另一种数据库结构，用于防止在修改数据时对原始表或数据库进行任何其他的读写操作。它们是保持数据库一致性所必需的机制，但它们也会对可用性产生巨大影响。通常来说，因为游标有可能长时间持有锁，因此并不建议用它们来更新数据。

3 数据库“着火”是行业术语。

4 分片包括对数据、用户或事务（或合在一起）按组进行分解，每一组都会被分配到不同的机器/集群/数据中心。这可以使负载更加平衡，并允许为每一组使用更小、更便宜的服务器和数据库，进而最终允许应用程序以更便宜的方式更好地进行扩展。

5 放宽对一致性的时间要求。本章稍后将对此进行解释。

6 通过使用自然语言处理、文本分析、计算语言学等技术自动识别一个或多个标题对某一主题的态度。

你还有可能需要为不同的社交网络订阅、支付以及连接到不同的服务，并编写适应不同格式的适配器。

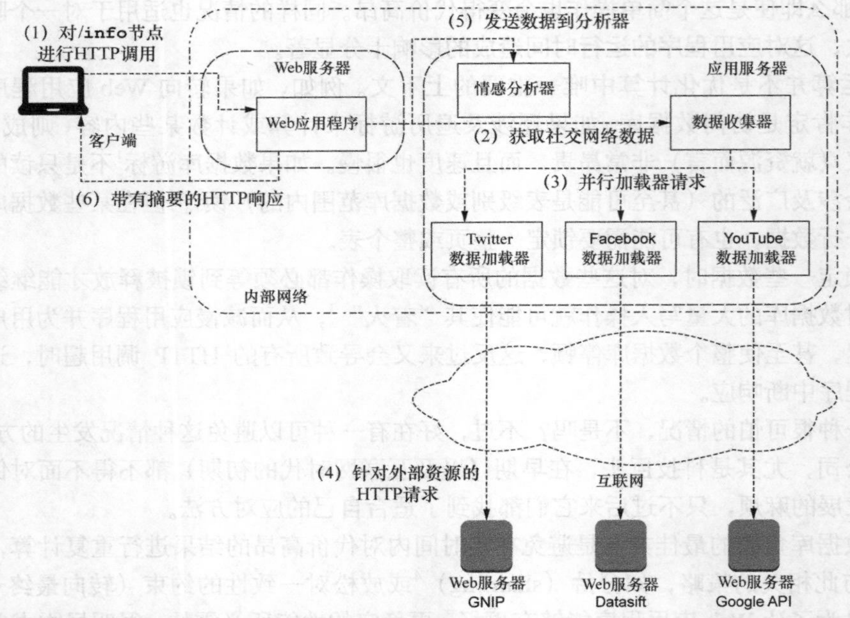

图 7.1 “获取社交网络每日摘要”应用程序的一种可能架构。(1) 客户端向 Web 服务器发送 HTTP 调用，要求提供（针对特定公司的）每日摘要。(2) Web 服务器联系应用服务器从主要的社交网络（此处的列表仅为示例）上获取数据。应用服务器在物理和逻辑上有可能与 Web 服务器位于同一台机器上（在这种情况下，这就是一个方法调用），或是被物理托管在同一台机器上但在不同的进程中，甚至被托管在不同的机器上。如此一来，这个调用就是一个实际的 HTTP 调用。(3) 数据收集器开始为每个加载器/社交网络启动一个新线程。所有的这些调用都是异步的。(4) 每个加载器都会通过互联网向外部 API 发送 HTTP 调用。完成后，加载的数据将被返回给收集器。而一旦所有加载器都完成，收集器就会把收集到的所有数据返回给它的调用者（在这里也就是 Web 服务器）。(5) Web 服务器同步调用情感分析器，传递原始数据，并期望返回摘要。或者，Web 服务器也可以在第二步直接调用协调器或情感分析器，并且委托当前步骤。(6) 一旦情绪分被计算出来并传回 Web 服务器，就为这个结果构建一个 HTTP 响应并将其发送回客户端

每个外部服务都需要在内部网络之外进行 HTTP 调用，每个 HTTP 调用都会有一些延迟，并且对于不同的服务来说，延时时间也是不同的。这里可以并行调用所有服务，但即便如此，如果需要所有的数据才能做出决定，那么总延迟将与这些服务中最慢的延迟一样高。

延迟是一个大问题。例如，你有可能向客户提供**服务水平协议**（Service-Level Agreement, SLA），并承诺每月里 95%的调用请求都会在 750 毫秒内得到回复。但遗憾的是，在流量高峰期间，某些外部服务可能需要 3 秒才能做出应答。

更糟糕的是，如果设置的 HTTP 调用的响应超时为 3.5 秒，则意味着必须在 3.5 秒内向客户端返回应答，否则负载均衡器将终止调用。你可能认为调整超时阈值就足够了，但假设不能修改这个超时阈值，否则就会因为有限的资源而无法支持流量负载。因此，假设需要大约 250 毫秒来处理单源数据，如果需要 3 秒才能获取到数据，考虑到还需要处理请求，进行一些后续处理以及返回响应，这必然导致多个 503 [1]错误的产生，而且这也违反了 SLA。

如果提供的是付费服务并且违反了 SLA，你将不得不向客户退款，整个请求也就变得毫无价值。所以，这种情况应尽量避免发生。

1 “服务不可用”(Service Unavailable)的 HTTP 状态码。

为了让这个例子保持简单，这里假设每天都只在某个时间为单个公司（每个 HTTP 调用只会请求一家公司）提供情感分析服务，并且只对前一天的数据进行处理。可以想象，在股市开盘前，股民将利用收集到的昨天的信息来决定是否投资一家公司。此外，这里假设只为《财富》100 强公司提供预测服务。

7.2 第一次尝试：记住数据

从前面的讨论中就可以知道，我们无法承受每次接到请求时就一遍一遍地计算各个中间结果，代价实在是太大了。因此，最自然的做法就是在计算出这些中间结果后对它们进行存储，并当再次需要中间结果时查找它们。

显然，幸运的是摘要生成函数只需要一个参数，即公司的名称（或内部 ID），域[1]相对较小[2]。因此，我们可以轻松地根据需要找到中间结果，并且可以多次重复地使用它们。如果应用程序在没有重启的情况下运行了足够长的时间，那么在经过必须实时计算结果（预热期间，延迟会很高）的初始预热期之后，就会有足够多的中间结果来快速响应调用，并且不会由于外部 HTTP 调用而产生额外的延迟。

我们再来看看这些假设是如何改变架构的。如图 7.2 所示，其中加上了缓存这一非常有用的服务，它能让你的公司避免由于无法遵守 SLA 而倒闭。

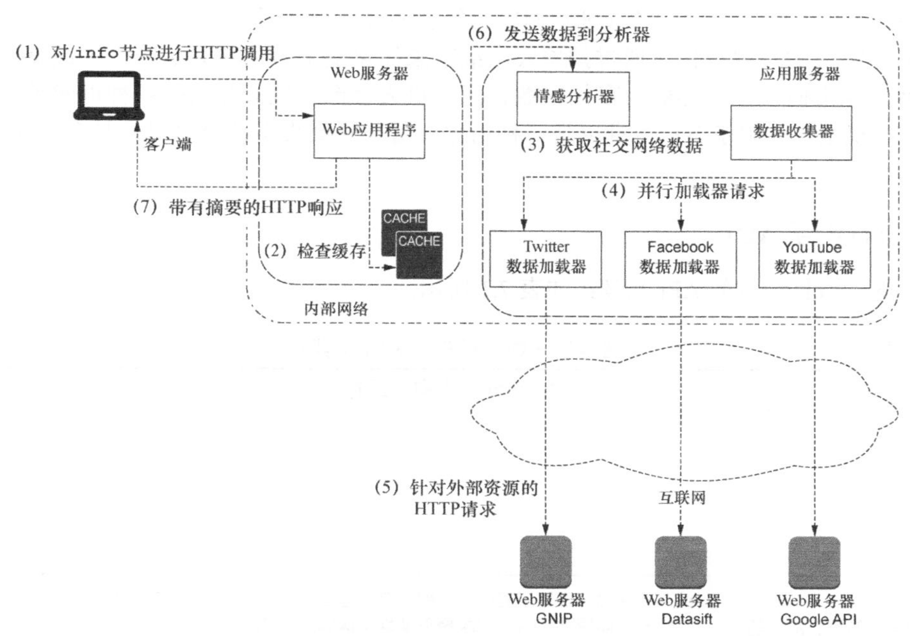

图 7.2 随着缓存的引入，Web 服务器在向应用服务器发出调用之前，会先检查结果是否已经被计算过。如果结果已经被计算过，就跳过图中的步骤（3）～步骤（6）。注意，如果允许部分结果的话（比如某个外部服务关闭了），则可以为单个加载器添加缓存。另外，理论上缓存应该被添加到“数据处理器”而不是 Web 服务器（并将与数据收集器的接口委托给数据处理器，从而让 Web 服务器只需要直接调用数据处理器就行了）。然而，在 Web 服务器（物理上的同一台机器）上添加缓存有着若干优点

因为与 HTTP 相关的细节对分析并不是很重要，所以为了摆脱所有细节，我们选择将那部

1 函数可能的输入集合。
2 如前所述，在这个例子中，我们只服务《财富》100 强公司。

分架构抽象到一个可以被情感分析器调用的魔法函数中，并且这个函数只会根据提取的所有社交数据返回我们所需的内容。图 7.3 展示了这个情感分析器的简化架构。

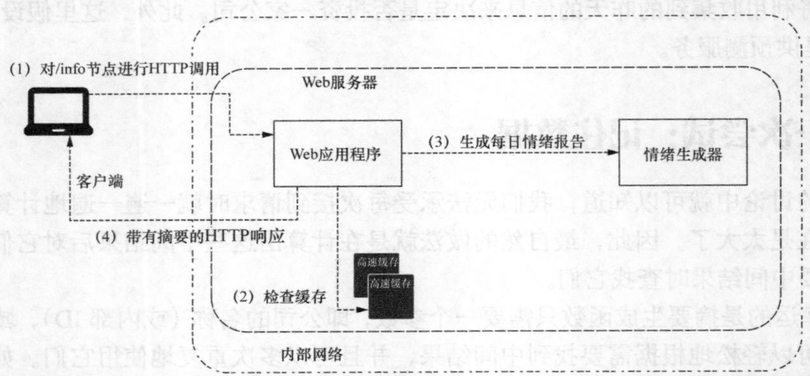

图 7.3 将与摘要生成相关的所有细节抽象为一个临时组件（即“情绪生成器”）后的示例应用程序的架构。可以想象，“情绪生成器”是托管在 Web 服务器上的，并且可以与 Web 应用程序同步调用

现在看起来是不是干净多了？记住，之所以将所有复杂性隐藏在“情绪生成器”中，是因为在这里我们只想专注于缓存机制，而对如何计算这种情绪分的细节并不感兴趣。但尽管如此，这并不意味着只能在内存或独立应用程序中使用缓存。相反，Web 应用程序绝对是添加若干缓存层的最佳用例，这在一开始的详细示例中已经表述得很清楚了。

此外，重要的是要记住，通过抽象底层细节来简化复杂事物是算法分析中最重要的技术。例如，我们经常假设某些容器会存储整数，而不再去考虑可以被存储的各种可能类型的条目。甚至 RAM 模型（见附录 B）本身也是一种简化，用来隐藏真实计算机可能具有的无数不同配置的细节。

7.2.1 描述与 API

缓存这一数据结构的 API 和契约如表 7.1 所示。

表 7.1 缓存这一数据结构的 API 和契约

<table>
<tr><th colspan="2">抽象数据结构：缓存</th></tr>
<tr><td>API</td><td><pre>class Cache {
  init(maxSize);
  get(key);
  set(key, value);
  getSize();
}</pre></td></tr>
<tr><td>与外部客户端签订的契约</td><td>缓存会存储一定数量的条目（API 中构造函数的 maxSize 参数），并始终允许添加新条目，可根据具体缓存中对逐出策略的实现来保留元素[a]。
在调用 set 方法时，如果缓存中已经存在具有相同键的条目，那么新值将覆盖掉旧值。</td></tr>
</table>

a．缓存的逐出策略被用来决定应该从已经满了的缓存中清除哪个元素，从而为新条目腾出空间。

7.2.2 请保存新数据

既然有了针对示例的第一版解决方案，你现在可能想要知道这些结论是否也适用于一般情况。为此，我们需要讨论一些迄今为止一直避而不谈的问题。例如，诸如矩阵乘积或数值积分的计算是否真的是静态的、孤立的且与时间无关的。如果答案是肯定的，那么很幸运，因为只需要计算一次结果（对于每个输入）就行了，并且这个结果是永远有效的；否则，就可能存在一些必须进行处理的可能由时间（如一周或一个月中的某一天）或任何其他外部因素（比如会随着新下订单和日期的变化而同步改变的每日订单总和）导致的情况。在这些情况下，就必须在重用已经计算过的值时非常小心，因为这些值可能已经**过时**了。这也就意味着在某些情况下，计算并存储在缓存中的值可能不是最新的，甚至可能已经与原问题毫无关系。

如何处理这些陈旧的缓存在很大程度上取决于上下文。在某些情况下，当一定的误差幅度可以接受时，即使是陈旧的值，也可以提供让人接受的近似结果。例如，如果要计算每日销售额的聚合并将它们显示在实时图表中，则可能需要每分钟或每 10 分钟同步一次数据，从而避免每次将图表显示在（可供数十名员工同时使用的）报告工具中时都重新计算所有聚合的情况发生（可能会按照产品或商店进行分组）。

Web 缓存应该是可以用来解释为什么这种“受控过时”能被接受的最好例子了。HTTP 标准允许服务器（内容的提供者）向资源（网页，但也包括图像、文件等）添加头字段[1]，从而让客户端（通常是浏览器）知道什么时候可以从缓存中读取某个资源，并且让中间缓存节点知道由服务器返回的 HTTP 调用（通常是 GET 请求）的响应是否能够被缓存[2]，以及可以被缓存多长时间。

反之亦然，对于一个时间和安全都很关键的应用程序，如核电站的监控应用程序（出于某种原因，这个例子在传达一种非常关键的感觉方面效果特别好），则不允许接收近似值和陈旧的数据（因为肯定不能用几秒前的数据）。

另外两个还没有被解决的问题是，数据变得陈旧的原因是什么？是否有一种快速的方法可以知道这个变化何时会发生？如果数据只是太旧了，那么可以在将其写入缓存的同时存储一个时间戳，并在读取时检查它。如果数据因为太旧而不再相关，那么可以重新计算并更新缓存。如果还有其他外部条件，例如配置更改或某些事件发生（如新订单或微积分所需精度的修改），只要能够检查并确保这些条件，就仍然可以继续使用缓存。毕竟检查操作相对于从头开始重新计算便宜很多。

在本章其余部分，我们将通过假设缓存的内容不会过时来简化问题。处理陈旧的内容可以看作一项正交任务，它可以增强构建的基本缓存机制，但它在很大程度上与你为这个机制所做的选择无关。

7.2.3 处理异步调用

承认存在过时的数据并讨论如何解决它们，是把缓存解决方案推广到不只前面那个精心制作的例子的起点，因此接下来要做的就是泛化计算模型。到目前为止，我们都一直假设代码仅在单线程环境中执行，因此调用会由同步队列进行处理并依次执行。这个模型不仅不切实际，也是一种浪费。现实世界中的应用程序无法承受因为之前的调用正在被处理而导致等待延迟，进而让客户端挂起的情况。当然，你也可以像图 7.4 那样，通过运行多个流程的副本来绕过这一点，但这样做会导致每个副本都有自己的缓存，并且不同的调用会击中不同的缓存。此时缓存就不会非常有效了，因为如果两个线程获取的是相同的请求，那么它们都将无法从缓存中读

1 理想情况下，所有 HTTP 响应应该添加 Cache-Control、Expires 和 Last-Modified 头字段，以确保客户端能够尽可能多地从缓存中获取资源。

2 并非所有数据都可以无限制地共享，这也就是为什么会存在与单个用户或 IP 共享的私有缓存，以及共享给所有对资源感兴趣的用户的公共缓存（如用于静态的匿名内容）。

取结果。如果情绪生成器是同步工作的，一次只能处理一个请求，那么在这种更糟糕的情况下，速度还会下降。

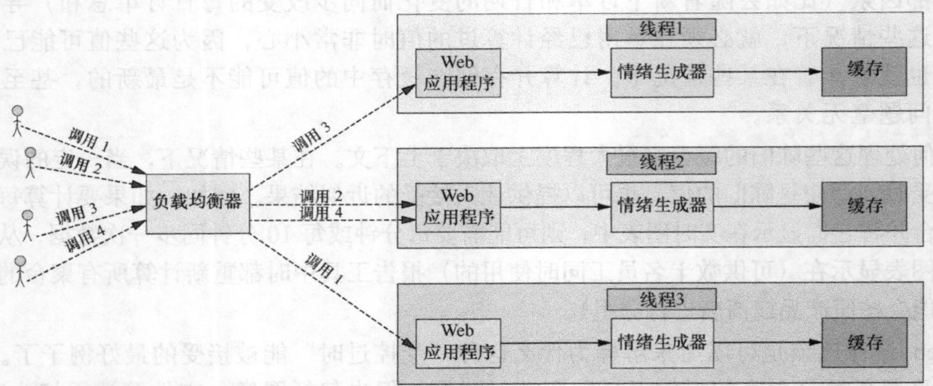

图 7.4　每个线程都有一个缓存运行的应用程序的一种可能配置。其中每个线程都托管着一个完整的流程（Web 服务器、情绪生成器和缓存），并且一次只同步地处理一个调用。负载均衡器将确保把调用分配给正在运行的若干线程，并且在为各个 Web 服务器转发下一个调用之前等待响应（在这里，线程 2 中的 Web 应用程序会在负载均衡器转发第 4 个调用前返回对第 2 个调用的响应）

基于图 7.4 中的 3 个线程，假设当情绪生成器收到另外 4 个分别针对 Google、Twitter、Facebook、Google 的请求时（其中，针对 Google 的请求有 2 个），缓存已经存储了针对 Twitter 和 Facebook 的中间结果，那么对于第一个请求来说，就必须从头开始计算所有内容，但对于后面的两个请求，由于已经在缓存中包含了需要的所有内容，因此可以立即输出结果。不过，在同步架构中，这两个调用都必须等第一个调用（以及在此期间所有可能堆积的其他调用）完成之后才会由情绪生成器进行处理并返回。在异步架构中，Web 应用程序可以为每个情绪分析请求异步调用情绪生成器，之后再将包含中间结果的响应"组合"起来，从而可以在收集到调用的所有信息后立即返回，并计算最终结果。但是，如果在上面的示例序列中，在第一个请求仍在计算中间结果的同时需要再次处理对 Google 的请求，会发生什么呢？

如果第一个调用尚未完成，则不会向缓存中添加任何关于 Google 的值。因此，当第二个调用到来时，Web 应用程序会发现缓存未命中，因此调用情绪生成器，从社交网络中再次检索所有数据并计算情绪分。

之后，无论哪个调用先完成，结果都会被存储在缓存中。当另一个调用也得到最终产生的结果时，它也会尝试将结果存储在缓存中。根据缓存的实现，这可以简单地覆盖掉旧的结果（由于各种原因，这两个结果可能会有所不同）、丢弃新结果或在最坏情况下导致重复[1]。

先不考虑如何处理碰撞的问题，这里最糟糕的是再次计算了本可以从缓存中得到的结果。而这也就反过来意味着不必要的高延迟，并且在某些情况下会产生额外的成本（在这个例子中，数据提供商会对来自社交网络的数据收取费用）。

7.2.4　将缓存的值标记为"正在加载"

为竞争条件找到完美的解决方案并不容易，在某些情况下甚至不可能存在解决方案。在这里，如果考虑图 7.2 所示的完整详细架构，那么不同的 HTTP 调用将有不同的延迟。因此，我们无法确定对 Google 进行检索的两个情绪调用会先返回哪一个。虽然可以合理地假设第一个调用

1 我们将在 7.7 节中对这个例子进行探讨，图 7.12 对这种情况进行了说明。

先完成，但是如果出于任何原因，这个调用中的数据收集器[1]使用的时间超过了平均水平，则可能导致效率低下。不过，这还不是最坏的情况。如果对/sentiment 端点的第二次调用需要等待并重用第一次调用/sentiment 端点后得到的计算结果，而数据收集器的调用由于某种原因失败了，那么最终结果将是，对 Web 服务器的两次 Web 调用都是失败的。

也就是说，为了避免浪费资源，即使在处理多次调用时，也需要做到更好。为了处理 7.2.3 节中描述的情况，我们可以为缓存值添加“加载”状态，以标记当前正在计算的缓存中的条目。当第一次调用/sentiment/Google 端点时，检查缓存并发现未命中，于是就需要为 Google 创建一个新条目并将其标记为“进行中”。

当第二次检查缓存时，已经知道值正在被计算，因此可以对缓存进行一些简单的时间轮询，每隔几百毫秒检查一次，直到这个条目有值为止。你也可以实现一种发布者—订阅者机制，让 Web 应用程序在缓存中进行订阅，从而让缓存知道应用程序对条目“Google”感兴趣，并且当这个条目的值被计算出来时，缓存就会通知该条目的所有订阅者。

无论采用哪种实现方式，上述竞争条件的问题都无法完全解决。但在许多情况下，避免重新计算正在进行计算的值，相比产生额外的延迟和更多的 500 错误还是值得的。

7.3 内存（真的）不够

请先停下来回顾我们到目前为止所讨论的内容。

- 存在一个复杂的问题，它在内部有许多会被频繁地重复使用的中间结果。
- 为了利用这一事实，你需要有一种机制来记住这些中间结果，从而只计算它们一次（或是尽可能减少计算次数）。

看起来很简单，对吧？对于前面提到的那个例子来说，可以将它描述为：可能的条目数量非常少（最多 100 个），并且对于每个条目都只存储计算出的情绪分。这样就可以知道缓存似乎只需要很少的内存就能存储所有的内容了。

然而，如果要为图 7.2 中的数据收集器创建一个缓存，并以原始格式存储从各个主要社交网络收集的提及一家公司的所有信息，则会发生什么呢？对于那些“最酷”的公司来说，这可能代表着数百万条消息，于是每家公司平均需要数千字节（假设多媒体内容将被存储为链接，或者根本不存储）。即使只有一百家公司，大小也会在 GB 级别。

同样，请考虑 Facebook 这样的应用程序应该如何工作。当你尝试访问状态墙时，算法会根据你朋友的状态墙、你的偏好、你关注的页面等，计算出将要向你展示的最佳内容。

这是一个非常复杂且消耗资源的算法，因此我们希望尽可能多地缓存其结果。通常来说，如果同一用户在 1～5 分钟内再次访问自己的状态墙，则并不一定需要重新计算结果。（也许可以有一种增量更新机制，在只有新帖子被发布时才显示它们，但这就是另一个话题了，与这里讨论的内容无关）。

接下来，让我们考虑一下需要存储 10 亿个状态墙的缓存机制。即使只存储每个状态墙的前 50 个帖子，并且对于每个帖子都只存储它们的 ID（通常只需要几字节的存储空间），缓存也仍然需要 TB 级别的存储空间。

这些例子展示了缓存如何轻而易举地就达到了很难或不可能被存储在 RAM 中的大小。当然，在这种情况下仍然可以使用 NoSQL 数据库或诸如 Memcached、Redis、Cassandra 的分布式缓存来完成。但即便如此，随着存储的条目越来越多，检查缓存的速度也会越来越慢。这一点

1 如图 7.1 和图 7.2 所示的软件组件。

在讨论典型的缓存实现时将变得更清晰。

假设有这样一种情况，你需要不断地接收不同的输入，而这会导致不断有新条目被添加到缓存中。众所周知，并不能无限制地向缓存中添加新条目。系统是有限的，无限数量的条目总会在某个临界点使缓存饱和。

因此，某些时候，一旦缓存被填满了，如果还想添加新条目，就需要清除某些现有的条目。显然，这就会引申出一个问题，即“应该清除哪些条目？”。一个奇怪的答案是，最好清除那些不再被请求的条目，或是那些被请求次数很少的条目。

遗憾的是，尽管人工智能已经取得惊人的进步，并在预测方面表现不错，但是计算机也没有超能力，所以并不能准确地预测出未来需要哪些元素，以及哪些元素再也不需要[1]。

不过，我们可以通过一些假设来尝试做出有根据的猜测。其中一个合理的假设是，如果一个条目在很长时间内都没有被再次访问，那么它的价值要比最近被访问过的那些条目小。取决于缓存的大小和上次访问条目所经过的时间，我们可以推断出最旧的条目在某种程度上已经过时，并且很可能永远都不再需要。

另外，根据上下文，相反的情况也有可能成立，长时间未被访问的条目可能很快就会被用到。但是在这种情况下，删除较新的元素通常所起的作用并不是很好，必须找到一些其他的标准才行。

如果只查看上次访问的时间戳，则有可能丢弃掉一些其他有用的信息。例如，如果有一个条目曾被多次访问但在最近几分钟内没有被访问过，而其他所有较新的条目即使只被访问过一次，它们也将被认为更有价值。请你仔细想想，如果一个条目只被用了一次，则说明它已经被计算过了，但它从来没有从缓存中被读取过，所以缓存它并不会带来什么好处。过了一段时间后，如果该条目还没有被访问，那你就应该思考是否还需要保留它了。因此，另一种不同的方法是根据条目的访问频率为各个条目分配一个值。

接下来的几节将详细讨论这些情况，同时详细介绍这些缓存的实现。

7.4　清除陈旧数据：LRU 缓存

这里要描述的第一种类型的缓存，或者更确切地说逐出策略，名为 LRU（Least Recently Used）缓存。顾名思义，这种缓存会不断地清除其中最近最少使用的条目。

那么要实现这个数据结构，需要做些什么呢？需要优化的操作如下。

- 存储给定公司名称的条目（很明显）。
- 检查是否为公司名称存储了条目。
- 按公司名称检索条目。
- 获取存储的元素的数量。
- 获取最旧的条目并将其从缓存中清除。

正如我们在 7.3 节中解释的那样，这种数据结构只能同时存储一定数量的元素。根据不同的缓存实现，它的实际大小可以是在创建时决定的，也可以被动态更改。这里用 N 来表示可以存储在缓存中的元素的数量。当缓存已经满负荷时，如果还需要添加一个新条目，则必须删除一个现有条目。LRU 缓存优先删除最近最少使用的条目。

1 当然，有很多像机器学习这样的技术可以提供良好的预测，但总是有一定程度的误差，尤其是像预测这样的领域，用户的行为可能快速且意外地发生改变。

接下来推理一下，在迄今为止你所看到的基本数据结构中，哪一种能够保证最佳性能呢？处理缓存的大小很容易，保留一个变量并在常数时间内更新它就行了，因此在这里的分析中，我们不再进一步提及这个操作。

可通过公司名称来查找条目，因此只需要分析后一个操作就行了。

按公司名称存储和查找条目这两个操作很明显就是关联数组的功能，因此哈希表可用来执行这两个操作。然而，哈希表在检索它们所包含的最小（或最大）元素时并不具有很好的性能[1]。

事实上，除非缓存的预期寿命很短，并且可以保证平均而言缓存不会被完全填充，否则通常来说，这个删除最旧元素的操作可能需要线性时间，这会减慢每次插入新条目的速度。

使用数组并不是一个好主意，因为它不会加速任何操作，或者最多加速一个操作，但它同时也需要从一开始就分配最大容量的所有内存空间。

链表在保持插入顺序方面看起来很不错，但它在查找条目时就不是很好用了。

如果查阅过附录 C，那么你可能还记得有一种数据结构在所有的这些不同操作之间提供了权衡，它就是平衡树！通过使用平衡树，我们能够保证在最坏情况下所有的这些操作都可以在对数时间内完成。

因此，根据表 7.2，我们可以得出以下推断。

- 在一般情况下，平衡树似乎是最好的折中方案。
- 如果已知缓存足够大（且插入的新元素足够少），则由于很少需要删除最旧的条目，因此哈希表就是最佳选择。
- 如果删除旧条目比存储新条目或查找缓存元素更重要，那么链表将是不错的选择。但在这种情况下，缓存也就基本上没用了，而且向它添加新元素也没有任何好处。
- 在所有情况下，存储 n 个条目所需的内存空间都是 $O(n)$。

那么问题来了，我们还能做得更好吗？

表 7.2 对比具有 n 个元素的缓存与其他几种实现的性能（一）

	数组（无序）	数组（有序）	链表	哈希表	平衡树
存储一个条目	$O(1)$	$O(n)$	$O(n)$	$O(1)$[a]	$O(\log n)$
按名称查找条目	$O(n)$	$O(\log n)$[b]	$O(n)$	$O(1)$[a]	$O(\log n)$
删除最旧的条目	$O(n)$[c]	$O(n)$	$O(1)$	$O(n)$	$O(\log n)$

a. 摊销时间。

b. 定位条目需要 $O(1)$的时间，但你需要考虑到，在静态数组中删除最左边的元素后，其余元素必须依次向左移动一个位置。

c. 使用二分查找。

7.4.1 有时必须要重复解决问题

怎样才能做得更好呢？任意一种数据结构都无法同时优化这三个主要操作。

但是，如果告诉你可以设计一个 LRU 缓存，并且这些操作都只需要 $O(1)$的摊销时间[2]，你会怎么设计它呢？

在继续阅读之前，请用几分钟时间思考一下应该如何实现它。

---

1 详见第 2 章和附录 C。

2 严格来说，将 n 个操作的摊销时间设为 $O(n)$更正确，因此单个调用通常只需要常数时间，但其中的很少一部分可能需要花费更长的时间，最长可以达到 $O(n)$。

这里有两个提示（请尽量在阅读之前试着设计一个解决方案）。

(1) 可以根据需要使用尽可能多的额外内存（但目标仍然是保持在 $O(n)$之内）。

(2) 链表非常有用，并且你在附录 C 中也会遇到一个用到它的特定数据结构。不过，单独使用链表仍然是不够的。

上述两个提示都指向同一个想法——单个数据结构不足以构建出最有效的问题解决方案。

一方面，存在着一个特别适合快速存储和检索条目的数据结构。对于这两个操作来说，哈希表几乎不可能被击败。另一方面，哈希表在维护事物的顺序方面表现欠佳，好在有其他数据结构可以很好地处理这个问题。根据想要保留的顺序类型，你有可能用到树或链表。

根据这个新提示，我们不妨想一想，如何利用两个数据结构实现设计呢？能否将哈希表和另一个数据结构结合起来优化缓存上的所有操作呢？

7.4.2　时间排序

事实证明，有一种非常简单的方法。在深入探讨相关内容之前，如果你不记得数组和列表操作的确切运行时间，以及单链表和双链表的区别，请查看附录 C。

假设只需要对缓存条目进行排序，也就是得到元素从最少使用到最近使用的顺序。由于这个顺序仅取决于元素被插入的时间，新元素不会改变旧元素的顺序；因此不需要任何花哨的东西，而只需要一个列表或队列这样的支持 FIFO 的结构。要知道，当事先不知道会被存储的元素数量或者可以动态变化时，链表通常是最佳选择。队列虽然对在头部插入以及从尾部移除进行了优化，但其通常使用数组来实现（因此在维度上更静态）。

链表也可以用来支持在数据结构的末端执行快速的插入或删除操作。然而，这里需要的是一个双向链表，如图 7.5 所示。可在这个数据结构的头部插入元素，并从尾部删除元素。通过始终保留指向尾部的指针，以及从每个节点到其前驱节点的链接，就可以完成在 $O(1)$的时间内从尾部删除元素的操作。

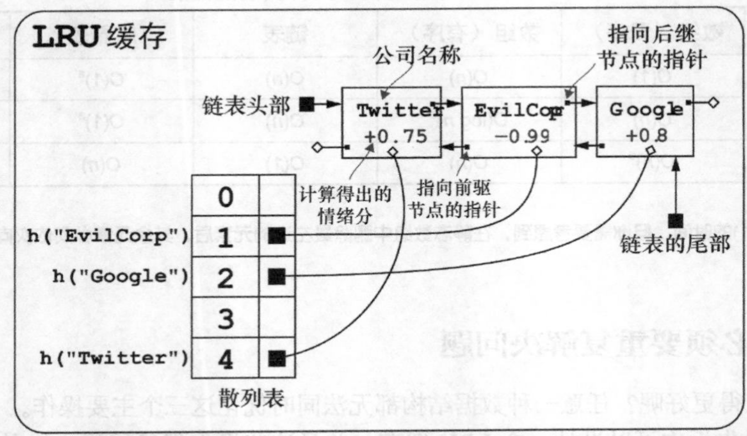

图 7.5　LRU 缓存的结构。你可以看到存储在缓存中的并在每次操作后都需要更新的树状数据元素。注意，哈希表中的各个元素都指向链表中的一个节点，这个节点中存储了所有数据。为了得到从链表条目到相应的哈希条目的映射，就必须对存储在节点中的公司名称（也就是哈希表的键）进行哈希处理。为简单起见，此图和后续的图均不考虑碰撞解决方案

代码清单 7.1 展示了用链表来实现 LRU 缓存的部分伪代码。

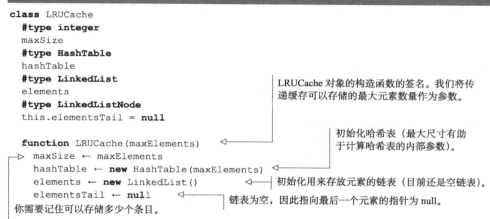

代码清单 7.1 LRU 缓存的构造函数

```
class LRUCache
  #type integer
  maxSize
  #type HashTable
  hashTable
  #type LinkedList
  elements
  #type LinkedListNode
  this.elementsTail = null

  function LRUCache(maxElements)
    maxSize ← maxElements
    hashTable ← new HashTable(maxElements)
    elements ← new LinkedList()
    elementsTail ← null
```

- LRUCache 对象的构造函数的签名。我们将传递缓存可以存储的最大元素数量作为参数。
- 你需要记住可以存储多少个条目。
- 初始化哈希表（最大尺寸有助于计算哈希表的内部参数）。
- 初始化用来存放元素的链表（目前还是空链表）。
- 链表为空，因此指向最后一个元素的指针为 null。

由于链表包含用来指向其他节点的指针和节点对象本身，因此与使用链表相比，使用数组来实现静态队列可以节省一些额外的内存。不过，这是一个取决于所使用编程语言的实现细节，并且无论如何都不会改变所使用内存的数量级，它在这两种情况下都是 $O(n)$。

那么，如何在链表和队列之间进行选择呢？这就需要对设计进行更多的推理，到目前为止，我们只分别考虑了哈希表和链表，是时候让它们同步工作了。

在缓存中，我们有可能存储非常大的对象，而且我们绝对不想在两个数据结构中复制它们。一种避免重复的方法是仅将条目存储在一个数据结构中，并在另一个数据结构中引用它们。因此，你可以将条目添加到哈希表中并将哈希表中的键存储在另一个数据结构中，反之亦然。

任何一种实现方式都可以用链表或队列来提供支持。这里将使用链表。具体原因稍后介绍。

显然，为了知道应该如何选择，你还需要决定由哪个数据结构保存值，以及由哪个数据结构保存引用。在这里，我们认为最好的选择是让哈希表中的条目存储指向链表节点的指针，并且由后者存储实际的值，主要原因与我们选择链表而不是队列[1]的原因相同。

选择链表的原因还基于一种尚未考虑的情况。

LRU 缓存的中文名称是**最近最少使用**缓存，这意味着顺序不仅需要基于第一次将元素添加到缓存的时间，而且需要基于最后一次访问元素的时间。（两者可以是相同的，因为会有一些条目在被保存后从未使用过。但通常情况下，两者应该是不同的。）

仔细观察代码清单 7.2 呈现的向缓存中添加新条目的 set 方法。**当缓存未命中**（cache miss）时，即试图访问不在缓存中的元素时，只需要在缓存中向链表的头部添加一个新条目即可，如图 7.6 所示。

代码清单 7.2 LRU 缓存的 set 方法

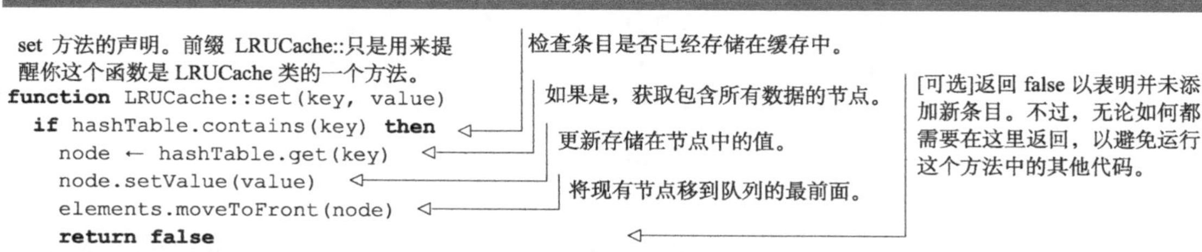

set 方法的声明。前缀 LRUCache::只是用来提醒你这个函数是 LRUCache 类的一个方法。
function LRUCache::set(key, value)
if hashTable.contains(key) then
node ← hashTable.get(key)
node.setValue(value)
elements.moveToFront(node)
return false
检查条目是否已经存储在缓存中。
如果是，获取包含所有数据的节点。
更新存储在节点中的值。
将现有节点移到队列的最前面。
[可选]返回 false 以表明并未添加新条目。不过，无论如何都需要在这里返回，以避免运行这个方法中的其他代码。

1 还存在着更多的思考过程。如果反过来的话，那么从链表节点链接到哈希表条目的方式将与哈希表的实现相关联，因为它既可以是用于开放寻址的索引，也可以是用于链式法的指针。这种与实现的耦合既不是一个好的设计，而且通常也是不能实现的，因为无法（也没有理由去）访问标准库的内部结构。

```
elsif getSize() >= maxSize then      ◁── 如果条目不在缓存中，则需要检查缓存是否已满。
  evictOneEntry()                    ◁── 此时，缓存中最多包含 maxSize -1 个元素，因此可以肯定有空
newNode = elements.addFront(key, value)   间来容纳一个新节点。于是，向链表的头部添加一个新节点。
hashTable.set(key, newNode)          ◁── 在缓存的哈希表中添加一个指向新节点的条目。
if elementsTail == null then         ◁── 如果指向链表尾部的指针为空，即链
  elementsTail ← newNode                 表为空，则使尾部指针指向新元素。
return true                          ◁── 返回 true 以表明新条目已被添加到缓存中。
```

如果缓存已满，则需要从缓存中删除一个元素。set 方法的实现定义了缓存的逐出策略。对于 LRU 缓存来说，我们将删除最旧的元素。

但是，当遇到图 7.7 所示的**缓存命中**（cache hit）时，即访问一个已经存储在缓存中的元素时，就需要将现有的链表元素移到链表的前面。而为了能够高效地做到这一点，就需要让其中的两个步骤都只用到常数时间[1]。第一个步骤是找到指向现有条目的链表节点的指针（你已经知道，这个元素可能位于链表中的任何位置），第二个步骤是从链表中删除一个元素（这里需要用到双向链表。而对于基于数组的队列实现来说，在队列中执行删除操作需要线性时间）。

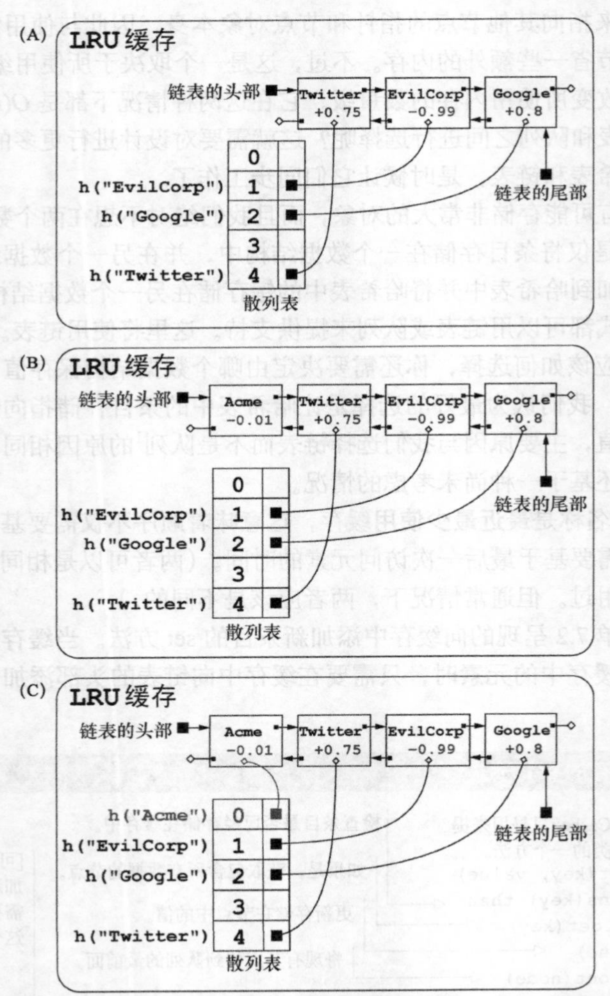

图 7.6 缓存未命中时的添加操作。(A) 添加新元素前的缓存。此时查找"Acme"，遇到缓存未命中。(B) 将"Acme"作为新节点添加到链表的头部。(C) 在哈希表中创建一个新条目并指向链表的新头部

1 请记住，这里仍有为查找条目而计算各个哈希值的时间。有关这个主题的更多信息，请参见附录 C。

(A)
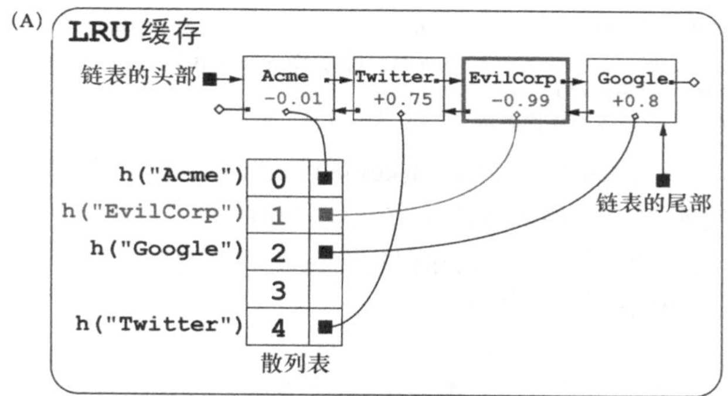

(B)
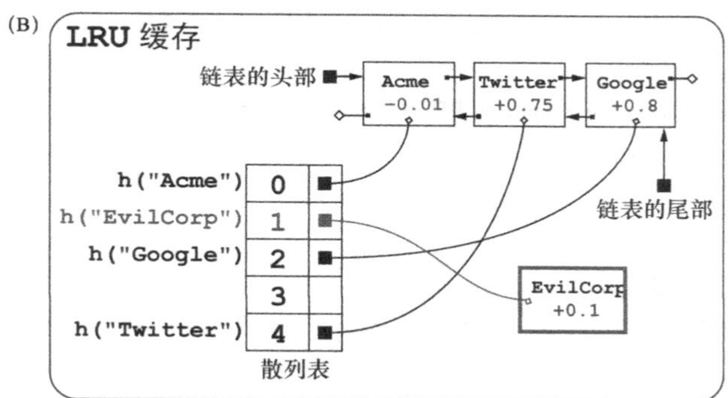

(C)
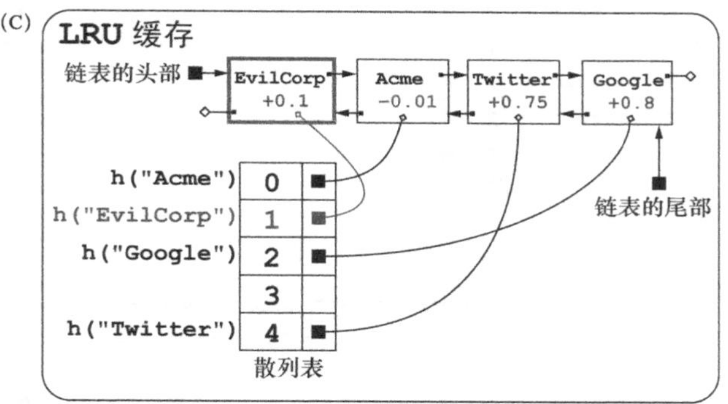

图 7.7 在缓存命中时更新缓存条目。（A）缓存的初始状态。如果此时查找需要更新的条目"EvilCorp"，就会遇到缓存命中。这个查找操作发生在哈希表上，条目和链接均以灰色显示。（B）对 EvilCorp 的链表节点用新数据进行更新，并且从链表中移除这个节点，相应的链接也已经被更新。（C）该节点现在被重新添加到链表的头部，此时不需要更新哈希表

如果缓存已满，那么还需要删除最近最少使用的条目，然后才能添加新条目。接下来，如代码清单 7.3 与图 7.8 所示的删除最旧条目的方法，就会在常数时间内访问链表的尾部以获取将要被删除的条目。哈希表中的定位和删除操作则需要用到额外的成本来哈希条目（或其 ID）。（这个操作需要的时间可能并不是常数。例如，对于字符串来说，这个时间取决于字符串的长度。）

代码清单 7.3 LRU 缓存的 evictOneEntry（私有）方法

```
function LRUCache::evictOneEntry()
  if hashTable.isEmpty() then          ◁ 检查缓存是否为空。
    return false                       ◁ 如果为空，则返回 false 以表明操作失败。
  node ← elementsTail
  elementsTail ← node.previous()       ◁ 更新指向最近最少使用元素的指针。这里存在着一个不变量：如果缓存不为空，则尾部指针不为 null。
```

```
  if elementsTail != null then          ◁— 如果新的尾部指针不为空，则更新它以指向下一个
    elementsTail.next ← null                元素。（作为新的尾部节点，这个值必须为 null。）
  hashTable.delete(node.getKey())       ◁— 从哈希表中删除条目。
  return true  ◁— 返回 true 以表明操作成功。
```

API 中还有一些尚未讨论的方法，如 get(key)和 getSize 方法。不过，它们的实现非常简单。如果直接将值保存在哈希表中，那么这两个方法就只是哈希表中同名方法的包装器。相反，如果将值保存在链表中，并且在哈希表中只保存指向链表节点的指针，那么在 get(key)方法中还需要解析这种间接关系，如代码清单 7.4 所示。

代码清单 7.4 LRU 缓存的 get(key)方法

```
function LRUCache::get(key)             在哈希表中搜索参数 key。get(key)方法的
  node ← hashTable.get(key)          ◁— 输出是链表中的一个节点或是 null。
  if node == null then
    return null   ◁— 如果 node 为 null，则表明这个键没有被存储在哈希表中。因此，该条目不在缓存中。
  else
    return node.getValue()  ◁— 否则，只需要返回存储在链表节点中的值就行了。
```

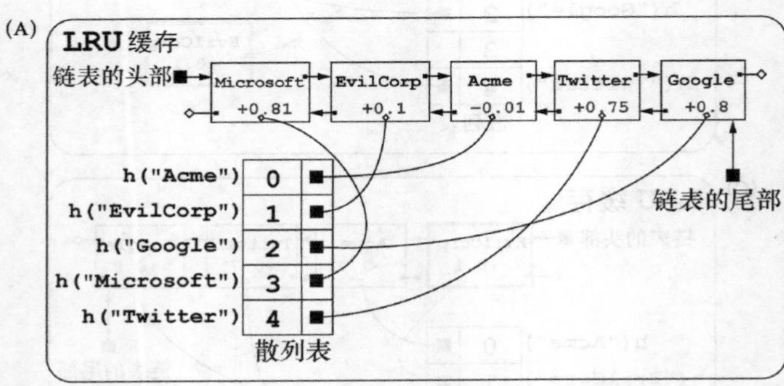

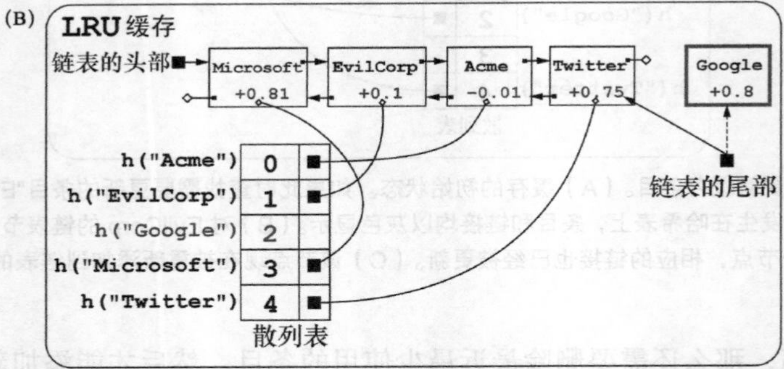

图 7.8 删除 LRU 缓存中的条目（进而得到图 7.6 中的“添加未命中”状态）。（A）缓存已满的初始状态。（B）更新指向链表尾部的指针，以及与倒数第二个节点之间来回的两个链接。哈希表中的相应条目也会被删除，因此条目的节点不会在缓存中被再次引用（基于实现的具体编程语言，这个条目可能会被自动垃圾回收，也可能需要手动销毁并释放它所占用的内存）

7.4.3 性能

上面执行的操作要么是常数时间的操作，要么是摊销常数时间的操作（基于哈希表），而这就为我们提供了一直在追寻的性能提升！

表 7.3 展示了表 7.2 的更新版本，其中包含了 LRU 缓存。

表 7.3　　对比具有 n 个元素的缓存与其他几种实现的性能（二）

	数组（无序）	数组（有序）	链表	哈希表	LRU 缓存
存储一个条目	$O(1)$	$O(n)$	$O(1)$[a]	$O(\log n)$	$O(1)$[a]
按名称查找条目	$O(n)$	$O(n)$	$O(1)$[a]	$O(\log n)$	$O(1)$[a]
逐出操作	$O(n)$	$O(1)$	$O(n)$	$O(\log n)$	$O(1)$[a]

a．摊销时间。

7.5　当新数据更有价值时：LFU

我们在前面的章节中暗示过了，有时最近最少使用的条目是不太可能会被再次用到的条目，但这并不一定在所有的上下文中都成立。

可能存在某些数据在过去很受欢迎，虽然目前暂时不相关，但在不久的将来，它们就会被再次访问的情况。

想象一家在全球范围内运营的在线零售商。假设有一种产品在一个国家特别受欢迎，这种产品在这个国家的繁忙时段达到请求的高峰，而这个国家的用户活动在请求的低峰期间则几乎不会被访问[1]。

另一个例子是只针对某些产品的虚假请求高峰，如图 7.9 所示。

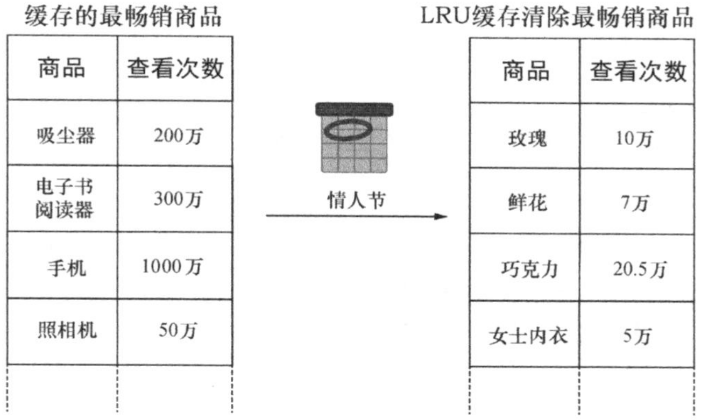

缓存的最畅销商品

商品	查看次数
吸尘器	200万
电子书阅读器	300万
手机	1000万
照相机	50万

情人节

LRU缓存清除最畅销商品

商品	查看次数
玫瑰	10万
鲜花	7万
巧克力	20.5万
女士内衣	5万

图 7.9　名为 LRU 的逐出策略旨在从缓存中清除大多数“最畅销”元素。在请求高峰期间，只存储那个时刻变得流行的最近查看元素。在图中，元素会根据它们最近被使用的时间进行排序。这里显示的查看次数只是为了说明高峰期间的最近查看元素是如何清除掉常规畅销商品的。虽然 LRU 策略从不保证畅销商品会被留在缓存中，但访问它们的频率越高，它们就越有可能被留在缓存中（因为它们很有可能在被清除之前进入队列的头部）。但在高峰期间，如果突然流行的元素的数量足够大，那么它们就可以填充整个缓存并强制清除掉常规畅销商品。不过无论如何，这个副作用都是暂时的，并且会在峰值后消退。在某些情况下，这可能是有意义的，因为在高峰期间流行的商品通常需要相比常规畅销商品更快的访问速度。稍后你将看到，LRU 比 LFU 具有更动态的周转时间

无论使用哪种方式，由于可能存在更新的数据，因此经常使用的数据最终都会从缓存中被清除掉。而这些新数据可能仅仅最近被访问过一次，它们有可能永远（或很长一段时间，总之长于缓存条目的平均生命）都不会被再次访问。

要避免这种情况的发生，一种替代策略是统计自从条目被添加到缓存以来又被继续访问的次数，并始终保留那些被访问最多的条目。

1 这个例子纯粹是为了说明对于这样的在线零售商，缓存、数据库、网络服务器等很可能会按照地理进行分片，以便更好地利用用户的这种偏好。

这种清除策略被称为 LFU（Least Frequently Used，最不经常使用），与之相对的清除策略被称为 MFU（Most Recently Used，最近最常使用）。LFU 策略具有这样的优点：存储在缓存中且不再被访问的条目将很快从缓存中被清除掉[1]。

7.5.1　如何选择缓存的清除策略

缓存的清除策略并不只有这两种。例如，Web 缓存还可以考虑获取某些信息的成本，包括延迟、计算时间，甚至就像例子中提到的那样，当需要通过外部服务来获得某些信息时的实际开销。

这只是众多示例中的一个。这里的关键点是需要根据上下文和应用程序的特征来选择最佳策略。在设计期间虽然可以部分地确定策略，但仍然需要验证和微调这个选择，因此需要进行一些剖析，以分析并收集有关缓存使用情况的统计信息（但不要惊慌，有一些工具可以自动做到这些）。

7.5.2　LFU 缓存有什么不同

再从头开始描述 LFU 缓存是毫无意义的，因为你已经了解了 LRU 缓存，有了很好的基础。

前面曾反复提到，这两种缓存的区别在于逐出策略。虽然大致来说这是正确的，但它们之间还有一些其他的不同。

如图 7.10 所示，只需要修改逐出策略，就能改变链表中元素的顺序，从而可以通过 7.4 节中的代码来实现 LFU 缓存。

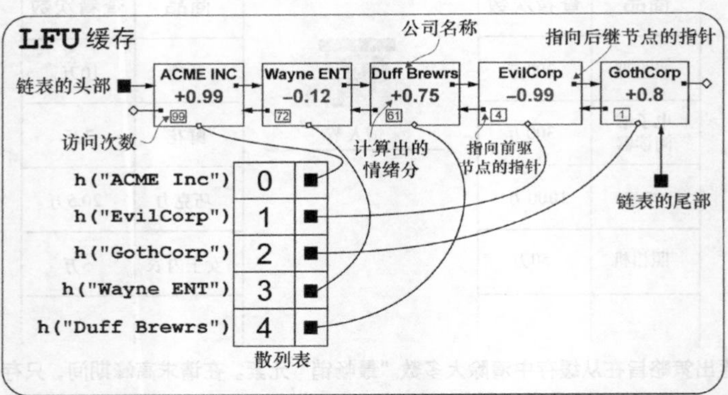

图 7.10　LFU 缓存的低效实现。在具有 n 个条目的链表中，当所有元素的访问次数都相同时，如果访问的是位于链表末尾的一个元素，你将不得不通过进行 $n-1$ 次节点交换来将被更新的条目冒泡到链表的前面

当添加一个新条目时，它的计数器会被设置为 1，这时可以将条目插入列表的尾部。而在缓存命中时，你可以增加节点的计数器并将其逐步向列表的头部移动，直至找到一个具有更大计数器的节点。

这个实现的确可以正常工作，但效率如何呢？有没有办法提高 LFU 缓存的性能呢？

显然，插入操作肯定不只需要 LRU 缓存那样的常数时间了。不过，至少查找操作仍然会继续保持常数时间，聊胜于无罢了。

但是，在某些边缘情况下，当大多数元素以相同的频率被使用时，添加或更新一个新元素的操作就会需要线性时间。

1 如果实现是正确的，你就能做到这一点。特别是，当两个条目具有相同的计数时，你需要非常小心地打破平局。在这种情况下，为较新的条目分配更高的值通常是最佳选择。

那么，我们还能做得更好吗？你有什么好的想法吗？（如果你没有任何想法，那你可能需要查看第 2 章和附录 C 中的内容）。

显然，我们不能再使用基于 FIFO（先进先出）的队列来实现逐出策略了[1]。在这里，插入的顺序不再重要，真正有关的信息是与每个节点相关联的优先级。

那么，你能想到要往哪个方向继续了吗？根据条目动态变化的优先级来保持条目顺序的最佳选择当然是优先队列，它可以是一个普通堆、一个斐波那契堆或任何其他实现。由于这里的代码将继续使用抽象数据结构，你可以思考哪种实现更适合自己的任务。这个选择取决于你使用的编程语言和（很明显）使用缓存的上下文[2]。但是，对于稍后的性能分析来说，堆的实现也应该考虑在内，因为它能为我们提供对所有操作都足够合理的性能保证，并且拥有干净、简单的实现。

看一下图 7.11，考虑这个新的实现会如何改变缓存的内部结构。你可以发现，在从 LRU 缓存切换到 LFU 缓存时，实现里有如下两个部分需要修改。

- 逐出策略（关于选择要删除哪个元素的所有逻辑）。
- 用于存储元素的数据结构。

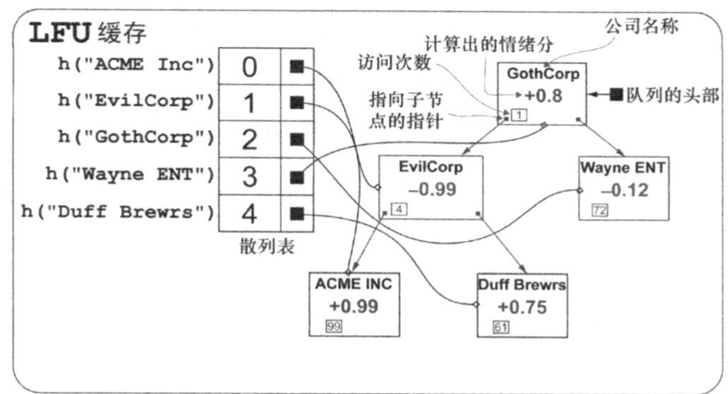

图 7.11 与图 7.10 中的示例相反的 LFU 缓存的高效实现，其中通过使用优先队列来跟踪接下来应该移除哪个元素。这里的 PriorityQueue（一种抽象数据类型）被表示为一个二叉堆。注意在这个实现里，不需要像链表那样为插入点和删除点保留单独的指针

是时候看看代码了。这里突出显示了与相应的 LRU 缓存之间的差异，以便读者能够更容易地进行比较。

LFU 缓存的初始化如代码清单 7.5 所示，几乎与 LRU 缓存相同，只不过这里创建了一个空的优先队列而不是链表。

代码清单 7.5 LFU 缓存的构造函数

```
function LFUCache(maxElements)
  maxSize ← maxElements
  hashTable ← new HashTable(maxElements)
  elements ← new PriorityQueue()
```

创建一个优先队列。另外，我们不再需要指向队列尾部的指针。这里假设优先级较低的元素朝向队列的头部（就像最小堆那样）。

在添加条目时，事情会稍微变得有点复杂。你还记得实现优先级需要小心什么吗？在这里，你需要确保在条目数最少的元素中，最旧的那个元素首先被删除，否则就可能不断地在最新添加条目的计数器还没有被继续增加的时候，就已经删除了这个新添加的条目。

1 也可以说是 FIFO+队列，因为元素也可以随时被移到队列的头部。
2 根据读与写的相对频率，可能需要对其中一个操作进行微调。

具体的解决方案如代码清单 7.6 所示，其中使用了元组<counter, timestamp>作为优先级，这里的时间戳是最后一次访问条目的时间点，被用来打破计数器平局的情况。在这里，更高的频率和更大的时间戳都意味着更高的优先级。

代码清单 7.6 LFU 缓存的 set 方法

```
function LFUCache::set(key, value)
  if hashTable.contains(key) then
    node ← this.hashTable.get(key)            ◁ 检查条目是否已经存储在缓存中（这里得到的对象与之前的类型不同）。
    node.setValue(value)
    node.updatePriority(new Tuple(node.getCounter() + 1, time()))
    return false            ◁ 不需要将节点移到队列的前面。这里需要将计数器加 1，然后更新访问的时间，并将条目向下推到队列的末尾。
  elsif getSize() >= maxSize then
    evictOneEntry()
  newNode ← elements.add(key, value, new Tuple(1, time()))   ◁ 将新条目添加到优先队列中。这里的计数器是 1，代表它是一个新条目。
  hashTable.set(key, newNode)
  return true
```

最后，代码清单 7.7 给出了逐出条目的方法。使用优先队列能让这个方法的实现更加容易，因为移除元素和更新队列的所有细节都被封装在了优先队列中。

代码清单 7.7 LFU 缓存的 evictOneEntry（私有）方法

```
function LFUCache::evictOneEntry()
  if hashTable.isEmpty() then
    return false
  node ← elements.pop()      ◁ 从优先队列中移除顶部元素，而不再处理从队列末尾移除元素的操作。这里存在着一个不变量：如果哈希表不为空，那么队列一定不能为空。
  hashTable.delete(node.getKey())
  return true
```

7.5.3 性能

如表 7.4 所示，由于现在所有的写操作都涉及堆的修改，因此除了查找操作，其他操作都不再有常数时间的保证。

值得注意的是，对于斐波那契堆来说，堆中优先级的插入和修改将在摊销的常数时间内进行，但删除顶部元素仍然需要对数时间，因此无法改善存储一个条目所需的渐近运行时间（因为也需要执行删除操作）。

表 7.4 对比具有 n 个元素的缓存与其他几种实现的性能（三）

	数组	列表	哈希表	树	LRU 缓存	LFU 缓存
存储一个条目	$O(1)$	$O(n)$	$O(1)$[a]	$O(\log n)$	$O(1)$[a]	$O(\log n)$[a]
按名称查找条目	$O(n)$	$O(n)$	$O(1)$[a]	$O(\log n)$	$O(1)$[a]	$O(1)$[a]
逐出操作	$O(n)$	$O(1)$	$O(n)$	$O(\log n)$	$O(1)$[a]	$O(\log n)$[a]

a. 摊销时间。

7.5.4 LFU 缓存的不足

当然，没有任何策略是完美的，LFU 缓存也有一些不足。最值得注意的是，如果缓存运行的时间很长，那么不再流行的旧条目的周转时间也可能变得很长。

举个例子，如果有一个最多可以存储 n 个条目的缓存，最常用的那个条目被称为 X，之前它已经被请求了 m 次，但在某个时候，它不再被访问（如断货的情况），那么要让 X 被逐出，就需要有一组至少被请求 $n*m$ 次的 n 个新条目。

代入数字的话，如果缓存中有 1000 个元素并且 X 被请求了 1000 次，那么当 X 变得不再有用之后，在将 X 逐出之前，至少需要对 1000 个全新条目进行 100 万次访问。显然，如果对缓存中已有的其他条目进行更多的访问，那么这个数字会略有下降，但平均来说，仍需要这个数量级的访问次数。

要解决这个问题，可以采用如下解决方案。

- 限制条目中计数器的最大值。
- 随着时间的推移（例如每隔几小时）重置或减半条目的计数器。
- 根据上次访问的时间计算加权频率（这也可以用来解决计数器平局的问题，并且可以避免将元组存储为优先级）。

LRU 缓存和 LFU 缓存并不是仅有的两种可用的缓存。基于 LFU 缓存，（这次是真的）只需要通过为条目的优先级选择不同的指标来修改逐出策略，就可以创建出自定义类型以适应特定的上下文了。

例如，可以决定某些公司比其他公司更重要，或者希望能够根据数据被访问的时间来对访问次数进行加权，比如从最后一次访问开始每 30 分钟将访问次数减半。

听起来可能很复杂，事实上，我们不仅可以选择如何运行缓存，还可以选择如何使用缓存。

7.6 如何使用缓存也同样重要

没错，缓存的类型只是全局的一部分。为了让缓存正常工作，我们还需要以最适合应用程序的方式使用它。

例如，如果在数据库的前面放置一个缓存，那么在执行写入操作时，就可以决定只将值写入缓存，并且仅在另一个客户端请求相同的条目时才更新数据库。你也可以决定始终都更新数据库。

另外，你还可以决定是先对数据库写入并在请求读取数据时更新缓存，还是（相反地）在写入时就更新缓存。

上面描述的这些策略因为被广泛地用于软件设计和工程，它们都有着自己的名称。

回写（Write-Behind，又称为 Write-Back）**模式**就是刚才提到的第一个例子，这是一种存储策略，其中数据在每次被修改时写入缓存，而仅在指定的时间间隔或是在某些特定条件下（如读取时），才会写入主存储器（内存、数据库等）的相应位置。

在这种情况下，缓存中的数据始终是最新的，而数据库中（或其他数据支持设备上）的数据可能是过时的。这种策略虽然有助于保持低延迟并减轻数据库上的负载，但它可能导致数据丢失。比如，只在读取时进行回写，但存储在缓存中的条目在被写入后就永远都不再被读取的情况。在某些应用程序中，这种数据丢失是可以接受的，那么在这种情况下回写模式就是首选策略。

直写（Write-Through）**模式**，又称为**预写**（Write-Ahead）**模式**，这种策略总是同时在缓存和主存中写入条目。在这种情况下，一个数据通常在数据库中只有一次写入操作，并且（几乎）永远都不会被应用程序直接读取访问。直写模式虽然比回写模式慢，但它降低了数据丢失的风险。除了一些边缘情况或是发生故障，数据丢失的风险几乎被降到了零。直写模式并不能提高写入性能（但缓存仍可以提高读取性能），但是它对于数据只被写入一次（或很少次）并且（通常在短时间内）会被多次读取的读取密集型应用程序特别有用。会话数据就是一个使用这种策略的很好的例子。

旁写（Write-Around）**模式**是只将数据写入主存而不写入缓存的一种策略。这种策略对于"写入即忘的应用程序"（这是一种很少或从不立马读取最近写入数据的应用程序）很有用。在这种配置下，要读取最近写入的数据，就会因为缓存未命中而导致成本高昂。

直读（Read-Through）**模式**是指只有在读取条目时才将条目写入缓存的一种策略，在这种情况下，数据已经被写入另一个更慢的内存支持设备上。与此对应的写入策略可以是回写模式或旁写模式。这种策略的特殊性在于，在直读过程中，应用程序仅从缓存接口进行读取，**缓存存储**则被委托用于当缓存未命中时从主存中读取数据。

提前刷新（Refresh-Ahead）**模式**是一种在缓存中使用的缓存策略，由于缓存中的元素有可能过时，因此它们在一定时间后会被视为过期[1]。这种策略会主动（异步地）从主数据源读取即将到期的高请求缓存条目并更新它们，因此也就意味着应用程序感受不到数据库读取的缓慢和缓存存储的痛苦。

缓存在旁（Cache-Aside）**模式**的缓存位于应用程序一旁，且仅与应用程序进行对话。与直读模式不同的是，在这种情况下，检查缓存或数据库的责任落在了应用程序身上。应用程序将首先检查缓存，如果未命中，则做一些额外的工作来检查数据库并将需要从缓存中读取的值存储到数据库中。

选择最佳策略与选择最佳缓存实现同样重要，因为不明智的策略选择会使数据库（或任何主存储器）过载甚至崩溃。

7.7 同步简介

到目前为止，我们都一直假设缓存对象是在单线程环境中使用的。

如果在并发环境中运行代码清单 7.6 中的代码，会发生什么呢？如果熟悉并发代码，你就可以知道，其中可能遇到竞争条件的问题。

为了方便，我们将代码复制到了代码清单 7.8 中，并进行了一些少量的简化。

代码清单 7.8 LFU 缓存的 set 方法的简化版本[2]

```
function LFUCache::set(key, value)
  if (this.hashTable.contains(key)) then                     #1
    node ← this.hashTable.get(key)                           #2
    node.setValue(value)                                     #3
    return node.updatePriority(node.getCounter())            #4
  elsif getSize() >= this.maxSize                            #5
    evictOneEntry()                                          #6
  newNode ← this.elements.add(key, value, 1)                 #7
  hashTable.set(key, newNode)                                #8
  return true
```

假设有两个并发调用，作用是添加两个新条目（它们都没有在缓存中），并且缓存中已经包含 maxSize−1 个元素。也就是说，下一个新元素将把缓存填充到其最大容量。

现在，这两个调用将并行地进行，假设 A 调用是第一个到达代码清单 7.8 中第 5 行的请求。因此判断条件为 false，然后移到第 7 行。但在 A 调用执行第 7 行代码之前，B 调用到达第 5 行，你猜会怎么着？if 条件仍然被判定为 false，所以 B 调用这时也将移到第 7 行，并执行第 7 行和第 8 行中的代码。

1 这种缓存在**最终一致性**（eventually consistent）系统中特别有用。最终一致性放宽了对一致性的约束，允许缓存中的数据相对于存储在数据库中的同一条目的最新版本稍微不同步。如果这些稍微不同步的信息仍然可以使用，那么这种策略就会很有用。例如，对于购物车功能来说，即使其中的数据在 100 毫秒甚至一秒的时间内不保持同步，也仍然能够保证条目的可用性。

2 从这个代码清单开始，本章后续的代码清单都没有任何注释内容，只有编号。

此时，缓存中的元素比允许的最大数量还要多一个。图 7.12 展示了这种情况。好消息是，第 5 行代码已经以正确的方式进行了处理。在这里，也就是检查当前大小是否大于或等于允许的最大尺寸。如果只是检查相等性的话，那么在这个竞争条件发生后，就会导致缓存被无限增长，直到溢出系统里的堆。

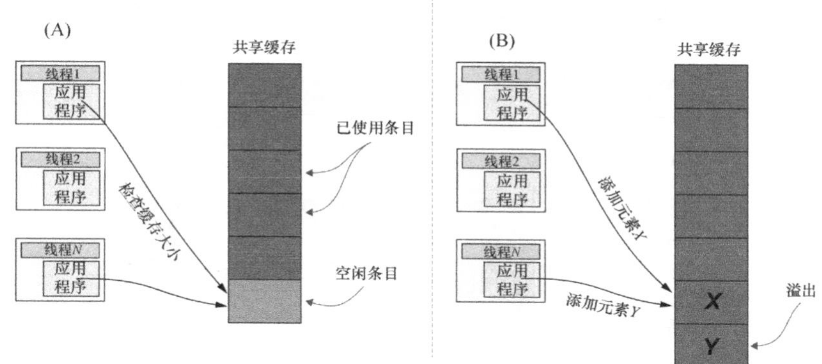

图 7.12 在多线程环境中使用未实现同步的共享缓存。(A) 两个线程同时尝试将一个新元素添加到只有一个空闲位置的缓存中。当各个线程中的 LFUCache::set 方法同时检查缓存大小时（代码清单 7.8 的第 5 行代码），它们都会发现缓存未满。(B) 在没有同步的情况下，两个线程都会分别把一个元素添加到缓存中（第 7 行代码），且不会有元素被逐出。根据缓存（和 elements.add 方法）的实现，这可能导致缓存溢出，或是两个新值中的一个被另一个覆盖。在这里，你一定要知道的是，即使缓存清除旧元素的逻辑是在内部处理的（这也是应该的，应用程序只需要关心元素的读写，只有缓存才应该决定何时需要执行清除操作），但只要缓存的方法不是同步的，竞争条件就可能并且也一定会发生在这些方法中

类似地，如果两个并行调用设置的是相同的键，那么在第 1 行代码中就可能导致竞争条件。

更有甚者，情况还会变得更糟。请考虑一种解决这个问题的方案，就是在第 7 行代码之前添加另一个检查，但这起作用吗？这个检查的出现只是以某种方式降低了竞争条件可能出现的概率，而不能真正地解决问题。

这里真正的问题是，set 操作并不是**原子的**（atomic）。也就是在设置新条目（或更新旧条目）的同时，可能存在另一个线程为另一个条目执行相同的操作，或是为相同的条目执行相同的操作，甚至执行从缓存中逐出元素这种完全不同的操作。

当你在单线程环境中执行操作时，也就是同步调用缓存的方法时，不会有任何问题。这是因为对每个方法的调用都会在执行其他用来更改缓存的操作之前被完成，从而让你有了包含原子性的错觉。

在多线程环境中，必须小心并明确地规范这些方法的执行以及对共享资源的访问，从而让所有改变对象状态的方法都在模拟被完全隔离的情况下执行（因此不会有其他操作可以同时修改资源，也有可能不允许其他操作同时从中读取数据）。图 7.13 展示了如何修改工作流程以防止前面讨论的竞争条件的发生。

对于像缓存这样的复合数据结构，你需要格外小心，因为你还需要确保构建它的基本数据结构也是线程安全的[1]。

因此，对于 LFU 缓存，你需要确保优先队列与哈希表都支持并发执行。

现代编程语言提供了从锁到信号量，再到闭锁这样的大量机制来确保线程安全。

有关这个主题的内容需要单独一整本书才能完全覆盖，所以这里仅通过一个例子来进行展示。我们在后面的内容中将展示如何在 Java 中解决这个问题。在本书的 GitHub 仓库中，你可以

1 或者换句话说，它们可以安全地运行在多线程环境中，而不会导致竞争条件的发生。

找到提供线程安全的 LRU/LFU 缓存的完整代码。

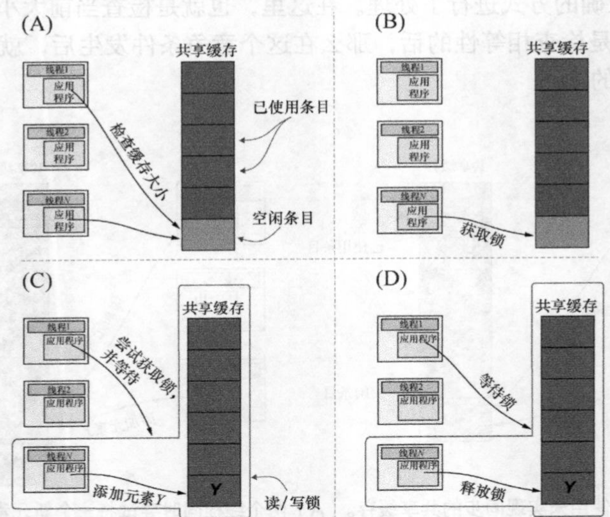

图 7.13 使用了同步实现的可以避免竞争条件的缓存。在图 7.12 所示的例子中，同步数据结构要求任何线程在能够写入值（C）之前都必须先获得它的锁（B）。如果另一个线程在线程 *N* 仍使用锁时尝试获取它，则需要一直等待，直到锁被释放（D）

7.7.1 （在 Java 中）解决并发问题

与其他章不同，本章将再次使用特定的编程语言（而不是伪代码）来展示一些代码，这是因为我们觉得某些概念只有在真实编程语言的具体上下文中才能有效地解读。

由于许多编程语言都支持相同的概念，因此很容易将这部分逻辑移植到你所偏好的环境中。让我们从代码清单 7.9 实现的类的构造函数开始。

代码清单 7.9 LFU 缓存的构造函数的 Java 实现

```
LFUCache(int maxSize) {
  this.maxSize = maxSize;                                                  #1
  this.hashTable=new ConcurrentHashMap<Key, PriorityQueueNode >(maxSize);  #2
  this.elements = new ConcurrentHeap<Pair<Key, Value>, Integer>();         #3
  ReentrantReadWriteLock lock = new ReentrantReadWriteLock();              #4
  this.readLock = lock.readLock();                                         #5
  this.writeLock = lock.writeLock();
}
```

与代码清单 7.5 相比，这里的代码除了切换到 Java 之外，还有一些明显的变化。

你可以注意到，第 2 行和第 3 行代码使用的是 ConcurrentHashMap 而不是简单的 HashMap，ConcurrentHeap[1]类也是如此。这是为了保证内部数据结构也是同步的，从而保证操作的原子性和隔离性。尽管严格来说，如果能够正确地处理 LRUCache 方法的同步，就不可能存在对其内部字段的并发访问，因此也就可以直接使用常规的单线程数据结构来实现了。如果在这里使用了并发版本，你反而需要非常小心，因为这可能导致错误和死锁[2]的发生。

---

1 Java 标准库并没有提供 ConcurrentHeap 类的实现，所以你无法直接在 JRE 中找到这个类。我们在本书的 GitHub 仓库中提供了一个同步堆的版本。

2 所有线程都被阻塞以等待某些共享资源，但没有一个线程可以获取它们的占用情况。这会导致应用程序无响应、卡住并最终崩溃。

7.7.2 锁简介

在代码清单 7.9 的第 4 行，你可以看到一个全新属性 lock，且这个属性的类型你之前没有遇到过，即一个 ReentrantReadWriteLock 类型的对象。在解释什么是可重入锁之前，我们应该先明确一件事。这是一种用来处理对 LFUCache 方法的并发访问的机制。Java 提供了若干不同的方法来做到这一点，例如可以将方法声明为同步的，或是使用信号量、闭锁等。这些机制的选择取决于上下文，有时会有不止一种方法可以完成工作。笔者更喜欢在这种情况下使用可重入**读/写锁**，而不是将方法声明为同步的，因为这能让我更加灵活地决定何时在读取或写入操作里使用锁。稍后你将看到，如果做得不对，就会对性能产生很大的影响。

但首先，我们来定义一下锁是什么，以及可重入意味着什么。

锁是一种并发机制，它的名称很好地概括了它的功能。你可能已经听说过数据库锁，其原理与代码里的锁完全相同。如果一个对象（类的一个实例）有一些代码被包裹在一个锁中，那就意味着对于那个实例，无论对该方法进行多少次调用，被锁包含的代码部分都只能在同一时间被调用一次，因此所有的其他调用都需要等待。

在上面的例子中，这也就意味着在对 set 方法的两次调用中，如果第一次调用正在执行，那么第二次调用就需要等待第一次调用结束后才能执行。

可以看出，这是一种十分强大的机制，但它也很危险。因为如果没有释放锁，则可能导致所有的其他调用都被永远地挂起（**死锁**）。此外，即便只是简单地使用锁过多，也会显著地降低性能，从而引入不必要的高延迟。

锁在本质上是通过使用等待队列来调节对共享资源的访问，从而将执行从并行转移为同步。

深入解释锁的工作原理、死锁是如何发生的以及如何预防死锁，已经超出了本书的讨论范围。我们鼓励感兴趣的读者继续阅读更多关于这一主题的文献[1]，因为锁对于现代编程和 Web 应用程序正变得越来越重要，并且它对于在 GPU 上并行运行的计算密集型应用程序也变得越来越重要。

那么，可重入是什么意思呢？顾名思义，通过使用可重入锁，线程可以多次进入（或锁定）资源。每次进入（或锁定）资源时，对计数器加 1；而当释放资源时，对计数器减 1。因此，当这个计数器变为 0 时，锁也就被释放了。为什么可重入锁很重要呢？因为如果同一个线程多次尝试锁定同一个资源，就有可能导致死锁的发生。

7.7.3 获取锁

既然了解了什么是锁，下面让我们在代码清单 7.10 中看看 set 方法修改后的版本。

代码清单 7.10 LFU 缓存的 set 方法的 Java 实现

```
public boolean set(Key key, Value value) {
  writeLock.lock();                                                    #1
  try {                                                                #2
    if (this.hashTable.contains(key)) {
      PriorityQueueNode node = this.hashTable.get(key);
      node.setValue(value);
      return node.updatePriority(node.getCounter());
```

1 如果对 C++很熟悉或是想要了解更多相关的信息，那么《C++并发编程实战》是非常不错的起点。如果对函数式编程更感兴趣，那么 *Concurrency in .NET*（Riccardo Terrell 著，曼宁出版社，2018 年）非常值得你阅读。

```
  } else if (this.getSize() >= this.maxSize) {
    this.evictOneEntry();                                      #3
  }
  PriorityQueueNode newNode = this.elements.add(key, value, 1);
  this.hashTable.put(key, newNode);
  return true;
} finally {                                                    #4
  writeLock.unlock();                                          #5
}
}
```

可以看到，一旦进入 set 方法，就锁定资源（整个缓存）以执行写入操作。这是什么意思呢？当在资源上设置写锁时，持有锁的线程是唯一可以写入和读取该资源的线程。这意味着所有的其他线程，无论是尝试读取还是写入资源，都将不得不等到当前持有锁的线程释放该资源之后才能执行。

这里的第二条指令是 try，set 方法的末尾（用 4 和 5 标记的代码行）是一个 finally 块，我们在其中释放了锁。这对于防止死锁是必需的，因为只要 try 内部的任何操作失败，这样的代码就会在退出函数之前释放锁，从而让其他线程可以获取锁而不再被阻塞。

在这个例子中，就像存储对 LRU 的链表节点的引用一样，仍然使用哈希表来存储对优先队列节点的引用。对于 LRU 缓存来说，如 7.4.2 节所述，为了保持所有操作的常数运行时间，这样做是有意义的；而对于 LFU 缓存来说，可以直接将值存储在哈希表中。这样虽然能让实现变得更简单，但需要以牺牲操作的运行时间为代价。

在阅读后续的解释之前，请先花一点时间思考一下为什么会有这样的代价。显然，原因也很简单：在 set 和 get 方法中，我们需要在优先队列上调用 updatePriority 方法。如果有这个需要更新的节点的引用，那么如 2.6.1 节和 2.6.2 节所示，pushdown 和 bubbleUp 方法都会用到对数时间。

然而，在堆中查找元素通常需要线性时间。不过，2.6.8 节已经展示了可以在优先队列中使用辅助哈希表，从而在摊销的常数时间内执行搜索操作。因此，updatePriority 方法会以摊销的对数时间运行。

前文提到，你应该尽可能少地使用锁，那么问题出现了：可以稍后在函数的其他地方获取锁吗？

这个问题的答案要看具体情况。你需要确保在检查哈希表中的键时，没有其他线程在其中执行写入操作。如果哈希表使用的是并发结构，那么你可以将写锁的获取移到 if 的第一个分支内。不过，这样的修改会导致函数的其余部分也需要修改（因为逐出一个条目以及添加一个新条目都应该是原子操作）。另外，对哈希表的使用也需要小心，因为这里引入了第二个要被锁定的资源，而这可能导致死锁。

所以，一言以蔽之，“简单为王”（因为复杂的逻辑并不会带来更多的优势）。

7.7.4　重入锁

接下来，终于可以解释例子中的可重入锁是如何防止死锁的了。观察代码清单 7.10 中用 3 标记的代码行，当前线程调用了 evictOneEntry 方法来从缓存中删除一个元素。在这个例子中，我们出于充分的理由把这个方法定义成了私有方法，但想象一下，如果需要将其作为公共方法，从而让客户端可以决定对缓存中的空间进行释放，你应该怎么做呢？（你可能会由于内存或垃圾回收的问题，需要动态地缩小缓存。但很明显，我们并不希望完全重新启动缓存并丢失其中的所有内容。）

在这种情况下，evictOneEntry 方法也应该是同步的，因此你同样需要在其中获取写锁。而对于不可重入锁来说，evictOneEntry 方法会尝试获取写锁，但是 set 方法已经获取了写锁，并且在 evictOneEntry 方法完成之前无法释放。长话短说，这时线程就会一直等待一个永远都不可能被释放的资源，所有的其他线程也将很快被卡住。这是导致死锁的一种常见方式，而且很容易让你陷入这种境地。这就是为什么我们应该小心同步机制。

而如果使用的是可重入锁，因为 evictOneEntry 和 set 方法的调用属于同一个线程，所以 evictOneEntry 方法的第 1 行能够获取 set 方法持有的锁，从而继续执行。这就避免了死锁的发生！

7.7.5 读锁

本节讨论读锁。前文提到，读锁对性能很重要，为什么呢？让我们先来回顾一下代码清单 7.11 中的 get 方法。

代码清单 7.11 LFU 缓存的 get 方法的 Java 实现

```
public Value get(Key key) {
  readLock.lock();                                                      #1
  try {
    PriorityQueueNode node = this.hashTable.get(key);
    if (node == null) {
      return null;
    } else {
      node.updatePriority(node.getCounter() + 1);                       #2
      return node.getValue();
    }
  } finally {
    readLock.unlock();                                                  #3
  }
}
```

上述代码在从缓存的内部字段中读取数据之前，会先获取一个读锁，并在退出函数前的最后一步释放它。

似乎这与 set 方法里是一样的？不过，既然这里的唯一区别是使用了读锁，那么肯定会有所不同。

一次只能有一个线程可以持有一个写锁，但一个读锁可以同时被多个线程持有，唯一的前提是没有线程持有写锁。

当从数据结构（或数据库）中读取数据时，我们并不会对它们进行修改。因此，如果有一个、两个、10 个或 100 万个线程同时从同一资源进行读取，它们将始终获得一致的结果（只要正确实现了不变量，并且没有改变资源的副作用即可）。

由于对资源进行写入时也会修改资源，因此在这个过程中，所有读取和写入操作不能并行进行，因为这会导致不同的方法基于不一致的数据进行操作。于是，共有 4 种与锁相关的组合（读-读、读-写、写-读和写-写），如表 7.5 所示。

表 7.5 请求锁与持有锁的组合

请求锁/持有锁	读	写
读	允许	需要等待
写	需要等待	需要等待

如果任何（其他）线程持有读锁，则仍然可以获取另一个读锁，但写锁需要等待所有读锁都被释放才能获取。

如果任何线程持有写锁，那么所有其他线程需要等待才能获取写锁或读锁。

所以，区分缓存的读锁和写锁的好处是，所有对 get 方法的调用可以并行执行，但只有对 set 方法的调用才会造成阻塞。如果不进行这种区分，对缓存的访问将导致完全同步，此时一次只能有一个线程可以获取缓存中的内容。而这会在应用程序中带来不必要的延迟，从而降低使用缓存的优势，甚至可能适得其反。

7.7.6　解决并发的其他方法

使用锁机制并不是解决并发的唯一方法。锁可以用来处理对改变资源的代码段的访问，从而保证这些用到修改操作的指令在各个时刻都只由一个且仅有一个线程执行。

函数式编程则支持另一种完全相反的方法——从资源中完全消除可变性。

事实上，函数式编程的原则之一就是所有对象都应该是不可变的。这样做有若干优点，例如可以更容易地理解代码，因为在分析一个函数时，可以保证不会有其他方法影响这个函数的功能，还完全消除了竞争条件。但是这个原则也有一些缺点，例如会使得某些诸如保持运行状态的操作变得更加困难，以及使得大型对象中的状态更新更加昂贵。

谈及并发，拥有不可变对象意味着可以读取资源而不必担心有其他线程会在此时对它进行修改，并且不需要设置锁机制。

不过，代码的编写仍然比较复杂[1]。在函数式编程的世界中，像 set 这样的方法返回的就不再是一个布尔值，而是缓存本身的一个新实例，并且其中的内容已经被更新。

7.8　缓存应用程序

如果要列出的是那些不使用缓存的系统示例，那么本节肯定会更短！缓存无处不在，从处理器到你可以想象的各个高级应用程序的各层，都存在着它们的身影。

不过，在底层的硬件上，缓存的工作方式会略有不同，因此这里只讨论软件缓存。

如前所述，许多单线程和多线程应用程序使用临时的内存缓存来避免重复执行那些昂贵的计算。

（在面向对象[2]语言中），这种缓存通常是由库提供的对象，并且会在使用它们的同一个应用程序的堆中分配动态内存。在多线程应用程序的情况下，缓存可能会在自己的线程中运行，并在多个线程之间共享（不过，这种配置需要特别注意防止竞争条件的发生）。

更进一步，就是将缓存从应用程序中独立出来，让它拥有自己的进程，并通过某种诸如 HTTP、Thrift 或 RPC 的协议与它通信。

一个典型的例子是 Web 应用程序中的若干层缓存。

- 用于缓存和传送静态内容（以及一些动态内容）的 CDN。
- 用于缓存来自 Web 服务器内容的（通常是整个页面，也可能是 CDN 本身）的 Web 缓存。
- 用于存储昂贵的服务器计算结果的应用程序缓存。
- 用于存储数据库中最常用的行、表或页面的数据库缓存。

最后，对于每秒处理数以千计（或更多）请求的大型应用程序，缓存需要与 Web 堆栈的其

1 当两个线程同时尝试更新共享缓存时，虽然仍然可能遇到竞争条件，但这种情况可以用**乐观锁**（optimistic lock）来解决，也就是在资源上加上（极端简化的）版本控制。要想进一步了解乐观锁，你可以查看**比较并交换**（Compare and Swap，CAS）算法。通过使用不变性再加上乐观锁，在许多常见的上下文或编程语言中，你都能获得合理的性能提升。

2 在 Java 等编程语言中，类和对象都是最基本的构建块。

余部分一起进行扩展。也就是说，为了能够平稳运行，单个进程可能不再足以容纳应用程序所需的缓存的所有条目。例如，假设每秒需要访问数据库 100 万次，如果在它前面的是一个只能存储 100 万个元素的缓存，那么它就会因为周转时间太短而几乎没有任何作用，于是所有的请求基本上能够访问到数据库，进而在几分钟内将其击垮。

为了解决这个问题，分布式缓存登场了。诸如 Cassandra 的缓存使用多个称为节点的独立的缓存进程，以及一个负责将请求路由到正确节点的称为协调器的进程（有时是一个特殊的节点）。分布式缓存使用一种名为**一致哈希**（consistent hashing）[1]的特殊哈希函数来决定哪个节点应该存储哪个条目。

Web 客户端也广泛使用了缓存。浏览器有自己的缓存（虽然它们的工作方式会略有不同，因为是将内容存储在磁盘上），但它们也有一个 DNS 缓存用来存储与浏览的地址相对应的 IP 地址。最近，浏览器在本地和会话存储中添加了更多的缓存，以及非常有前途的服务工作器缓存。

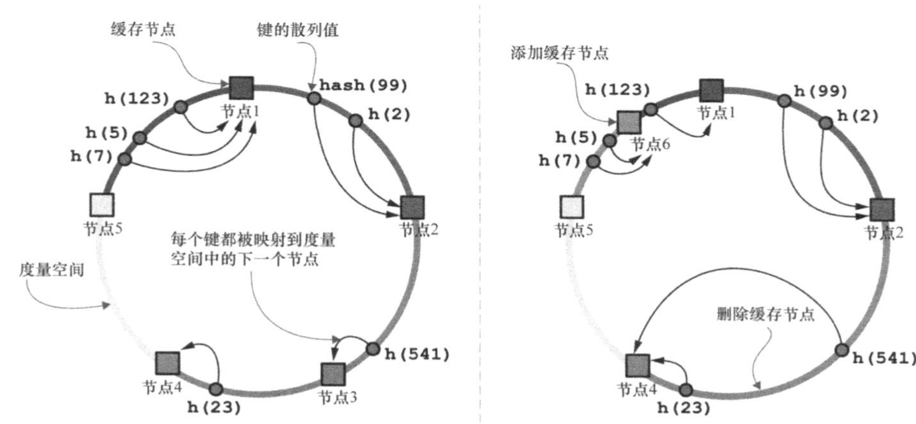

图 7.14　使用一致哈希来分配键的缓存节点数组。左图为初始的节点数组，其中的节点和键被映射到了相同的度量空间（ID 空间），该空间通常被表示为一个圆圈（只需要对哈希值执行模运算就行了）。键被分配给圆圈中的下一个节点，即节点 ID 值大于键的哈希值的最小节点。在右图中，当删除或添加缓存节点时，只需要重新映射一小部分键就行了

7.9　小结

- 缓存在计算堆栈的各层无处不在，从处理器中的硬件缓存到互联网上的分布式 Web 缓存，都有着它们的身影。
- 无论是在 GPU 上运行复杂的向量代数还是需要连接到外部订阅服务，如果可以合理地假设刚刚计算的结果可能在不久的将来被再次使用，那就应该将其存储在缓存中。
- 缓存在计算堆栈的所有层都非常有用。虽然在单台计算机上本地运行的独立应用程序中的它们经常被忽略，但是为了让 Web 应用程序可以扩展到处理每天数十亿个请求，缓存变得至关重要起来。
- 基于不同的逐出策略，产生了不同类型的缓存。缓存通常都有固定的最大尺寸，当达

1 一致哈希是一种特殊的哈希算法，它能保证当一个节点被删除时，只有托管在该节点上的键需要被重新映射。请参见图 7.14 以了解其工作原理。一致哈希不仅可以用于缓存，如果应用于哈希表，则一致哈希还可以保证当一个包含 n 个槽的哈希表被调整大小时，只需要重新映射所存储键的 n 分之一即可。这对于分布式缓存尤为重要，否则就会由于可能需要重新映射数十亿个元素，导致整个缓存崩溃。

到最大尺寸时，逐出策略就会规定哪些条目必须从缓存中被清除掉，从而为新条目腾出空间。

- 将缓存添加到系统中进行使用也有不同的方法。你在前面已经看到了直写模式、直读模式、旁写模式、回写模式、提前刷新模式以及缓存在旁模式之间的区别。
- 当需要在多个线程之间共享资源（在这里是缓存）时，我们需要非常小心地设计缓存以避免出现竞争条件、不一致数据或（更糟糕的）死锁情况的发生。
- 如果使用函数式编程，那么在处理并发方面可能会更简单。

第二部分

多维查询

本书中间部分章节的共同点是都会处理**最邻近搜索**（nearest neighbor search）问题。它首先作为另一个特殊的搜索算法被引入，然后被用来作为更高级算法的构建块。

这部分内容首先描述我们在处理多维数据时发现的问题和挑战，例如，如何索引这些数据并执行空间查询。这里将再次展示一些和使用基本的搜索算法相比能够提供巨大改进的专用数据结构。

接下来，这部分内容将描述两种可以用来搜索多维数据的高级数据结构。

这部分内容的后半部分将检查最邻近搜索的应用。我们将从一些实际示例开始，然后重点介绍大量利用空间查询的聚类问题。当谈到聚类时，你还可以引入分布式计算，尤其是 MapReduce 编程模型。这个模型可用于处理大量数据——这些数据会因为量太大而无法由任何一台机器单独处理。

与前 7 章相比，本书第二部分的结构存在着重要差异。稍后你就会看到，关于这些主题的讨论特别丰富，因此我们无法在单独的一章中涵盖所有内容，而只能介绍其中的关键部分。因此，虽然我们在第一部分都按照相同的模式来阐释各个主题，但在这里，我们将这种模式扩展到了整个第二部分，也就是说，每一章都只涵盖讨论的一部分。

第 8 章介绍最邻近搜索问题，讨论一些关于多维查询的简单方法，并介绍用作第二部分大部分内容的示例问题。

第 9 章介绍 ***k-d* 树**（*k-d* tree），这是一种可以在多维数据集里进行高效搜索的解决方案，其中（为了可视化）侧重于处理二维情况。

第 10 章介绍 *k-d* 树的更高级版本，简单说明了 R 树（R-tree），而后深入研究了 **SS 树**（SS-tree）的各个方法的规范。在该章的最后，我们还会讨论 SS 树的性能以及如何进一步改进它们，并将它们与 *k-d* 树做比较。

第 11 章重点介绍最邻近搜索的应用，深入探讨一个用例（基于需要派送的客户地址而找到最近的仓库），同时介绍若干可以从 *k-d* 树或 SS 树的应用中受益的问题。

第 12 章重点介绍另一个用到高效最邻近搜索算法的有趣用例。其中进入了机器学习领域，并描述了 3 种聚类算法，即 ***k* 均值**（*k*-means）**算法**、DBSCAN 算法和 OPTICS 算法。

第 13 章介绍 MapReduce（一种强大的分布式计算模型），并将其应用在 3 种聚类算法上，它们分别是 ***k* 均值算法**、DBSCAN 算法和**树冠聚类**（canopy clustering）算法。

第 8 章　最近邻搜索

本章主要内容

- 在多维数据集中寻找最近的点
- 引入数据结构来索引多维空间
- 理解索引高维空间的麻烦
- 引入高效的最近邻搜索算法

到目前为止，我们在本书中使用的都是保存一维数据的容器：存储在队列、树和哈希表中的条目总是被假定为（或可转换为）数字，这是一种在大多数情况下可以利用直观的数学意义来进行比较的简单值。

在本章中，你会看到这种简化在实际数据集中并不总是成立的，以及与处理更复杂的多维数据相关的一些问题。不过请不要感到绝望，因为在接下来的章节中，我们还会描述可以帮助处理这些数据的数据结构，你将看到利用高效的最近邻搜索作为其工作流程一部分的实际应用程序，如**聚类**。

正如你即将看到的，关于这些主题的讨论特别丰富，我们无法在单独的一章中涵盖所有内容。因此，虽然本书第一部分的各章都遵循相同的模式来解释各个主题，但在这里，我们必须将这种模式扩展到整个第二部分，并且其中的每一章都只涵盖讨论的一部分。

- 第 8 章涉及对问题的介绍以及将要处理的实际示例。
- 第 9 和 10 章描述可用来实现高效最近邻搜索的 3 种数据结构。
- 第 11 章将这些数据结构应用于本章描述的最近邻搜索问题，并介绍它们的更多应用。
- 第 12 和 13 章重点介绍最近邻搜索的特定应用——聚类。

8.1　最近邻搜索问题

假设我们有一张地图，上面标有一些城市的名字（以及它们所在地区的一些仓库的位置），如欢乐港、公民市、哥谭市、欧泊城和大都会。

假设我们生活在 20 世纪 90 年代，那是互联网时代的“黎明”，电子商务刚迈出第一步。你经营着一家在线商店，通过与若干家零售商进行合作来销售本地生产的商品。零售商会向现实世界中的商店进行销售，而你则通过为他们提供在线销售的基础设施而小赚一笔。

每个仓库都会根据订单安排派送。但是，为了获得更多的流量并吸引更多的零售商加入，你提供了这样一项特殊优惠：对于 10 千米以外的每次派送，根据距离按比例减少佣金。

作为这家公司的首席架构师，你的主要目标是找到一种方法，当客户订购产品时，可以找到最近的有库存产品的仓库，并尽可能让找到的仓库保持在 10 千米以内的距离。

长话短说，为了让公司能够继续运营并保住自己的工作，你必须为所有用户找到离他们最近的仓库。

想象一下，来自哥谭市的某人试图订购一些法国奶酪，你通过查看仓库列表，计算客户的邮寄地址与每个仓库之间的距离，选择了最近的那个仓库——P-5。紧接着，来自大都会的某人购买了两块相同的奶酪，遗憾的是，你之前计算出的任何距离结果都不能再次使用了，因为源点（也就是客户的位置）是完全不同的。因此，你需要再次浏览所有仓库的列表，并计算所有的距离，然后选择仓库 B-2。如果下一个请求来自公民市，那么没办法，你还得再次计算到所有 N 个仓库的所有 N 个距离。

8.2 解决方案

这里假设只有 5 个仓库，因此为每个用户遍历所有仓库的操作并没有什么大不了的，而且也可以很快地得出结果，甚至有时可以根据直觉和经验手动处理订单。

但是假设一年后，由于业务运作良好，更多的商店决定在网络上进行销售，此时在同一区域有了近百家商店。挑战来了，客户服务部门无法每天处理数量上千的订单。因此，为每个订单都手动选择最近的仓库已经无法持续下去了。

为此，你需要编写一小段代码，自动为每个订单执行前文提到的为所有订单计算所有仓库与客户之间距离的步骤。

然而，又过了一年，业务发展得如此顺利，以至于你在完成一项交易后自认为已准备好走向全国了，于是又有数百或数千家中型和大型商店（遍布全国）加入你的平台。

为每个用户都计算几百万个距离听起来就很难完成并且非常低效，而且别忘了那时还处在 20 世纪 90 年代后期，服务器没有那么快，服务器农场也很少，数据中心对于像 IBM 这样的大型硬件公司来说很重要，但它并不是电子商务公司在当时都会用到的东西。

8.2.1 第一次尝试

一个你可以想到的方案是为每个用户都提前一次性地为所有产品预先计算好最近的仓库，但这并不会真正奏效，因为用户可以并且也一定会移动，有时候他们希望将东西送到办公室而不是家里。除此之外，商品的供应情况也会随着时间而变化，因此最近的商店或仓库并不总是最好的选择。你需要为每个客户（或至少每个城市）保留一份按距离排序的商店列表——但刚才提到了，数据中心彼时还不存在。

8.2.2 有时缓存并不是答案

这也正是缓存不会带来很大帮助的一种情况。正如我们在第 7 章中提到的那样，这样的情况虽然并不多，但总有可能发生。

既然这是一个二维问题，不妨以真实地图作为启发来尝试一种不同的方法。比如使用有规律的网格将地图划分为若干图块，这样就可以很容易地通过一个点的坐标来找到哪个图块包含它（只需要将坐标值除以图块的大小就行了，见图 8.1），并在同一图块或相邻图块中搜索最近的点就行了。这的确有助于减少需要比较的点数。不过还是存在问题，为了让这种方式可以工作，就需要数据也是按照规律进行间隔的，而实际数据集通常并不是这种情况，如图 8.1 所示。

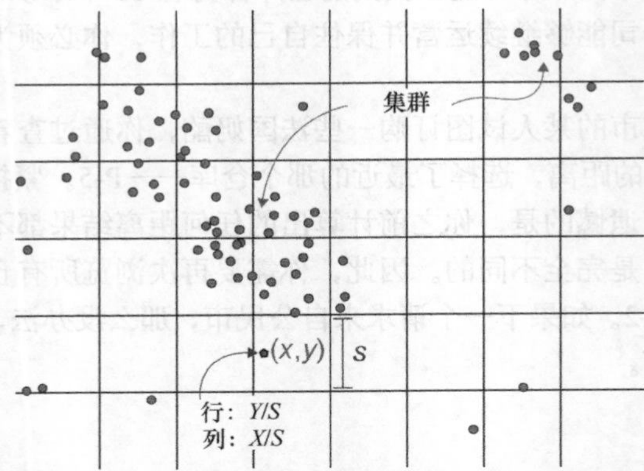

图 8.1 用规律的、大小相同的图块对二维空间进行索引。虽然找到点所在的图块很容易，但是数据集中的点的不规律分布通常会导致许多图块为空，而另一些图块的密度则很高

在由真实数据构成的集群中，密集的部分会聚集许多彼此靠近的点，稀疏的区域则只有很少的点。使用规律间隔网格的问题在于存在许多空的图块，而另一些图块上则聚集了成百上千个点，从而违背了这种方法的最初目的。为此，我们需要有一些不同的、更灵活的方式来处理这种情况。

8.2.3 简化事情以获得灵感

貌似很难找到这个问题的解决方案。有时在这种情况下，先尝试解决问题的简化版有可能带来一定的帮助，之后可以提出更通用的解决方案来解决最初的问题。

例如，假设能够把问题限制在一个一维的搜索空间里。于是只需要在一条绵延数千米的道路上为客户提供服务，而且所有的仓库也都沿着这条道路放置就行了。

为了进一步简化，假设道路完全笔直，并且覆盖的总距离足够短，你不用关心地球表面的曲率、纬度、经度等。基本上，就是假设存在一条近似的一维线段可以代表整个空间，于是一维中的欧几里得距离就可以作为城市之间真实距离的替代。

图 8.2 可以帮助你理解这个场景。可以看到，有一条起点被标记为 0 的线段，城市和仓库都位于这条线段之上。

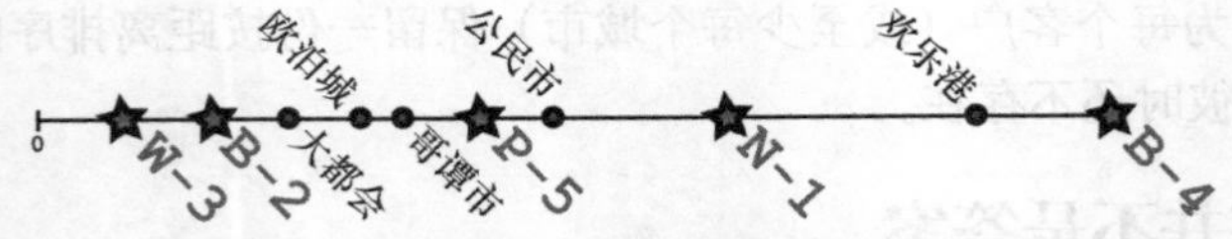

图 8.2 城市和仓库在一维空间里的一条线段上的投影

这是对其中包含着二维平面上的点的最初场景的近似模拟，而最初场景也是对现实中三维曲面上的点进行的近似模拟。根据使用状况的不同，既可以使用近似值，也可以采用考虑了地球表面曲率的更精确模型。

给定线段上的一个随机点，我们想知道它更接近哪个参考点。在一维情况下，这个问题看起来和二分查找非常相似。请查看图 8.3 以了解如何使用二分查找来找到最近的一维点。

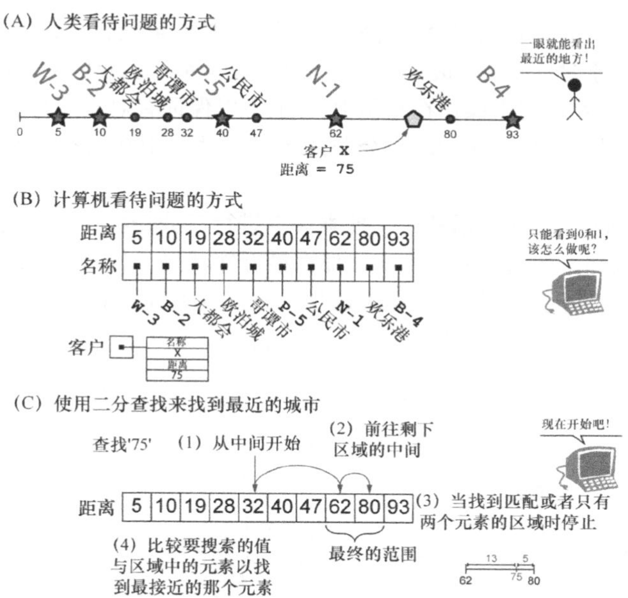

图 8.3 人类和计算机解决一维版本搜索问题的过程。每个城市、仓库、客户都是根据与一个固定点（原点，距离为 0）的距离来定义的。（A）对于一维地图，人类可以很轻松地完成。只需要在地图上放置一个点，然后找到最近的条目即可。（B）计算机则需要通过一些指令来找到一个点——对它来说只不过是有序数字序列之间的关系。对序列进行线性扫描是一种选择，但（C）二分查找是更好的选择。从序列的中间开始，检查值（75）是否等于中间的元素（32），如果不相等，就查看 32 的右边部分，也就是 40 和 93 之间的子序列。不断重复，直至找到一个完美匹配（也就是最接近的条目），或是最终得到一个只包含两个元素的子序列为止。在后面这种情况下，通过对这两个元素与值进行比较，就可以发现 80 比 62 更接近这个值，所以答案就是欢乐港

8.2.4 谨慎选择数据结构

对数组进行二分查找很简单，但数组并不具有很强的灵活性（见附录 C）。例如，如果想在 W-3 和 B-2 之间添加另一个点，则必须对 B-2 到 B-4 的所有数组条目进行移位。此外，如果是一个静态数组的话，那么可能还需要重新分配一个新数组。

好在我们已经知道了一种比数组更灵活的数据结构，并且它也能够有效地执行二分查找算法，这就是二叉搜索树（BST）。图 8.4 展示了包含示例中的城市和仓库的平衡二叉搜索树。这是因为我们需要平衡树来保证各个常见操作的对数运行时间。

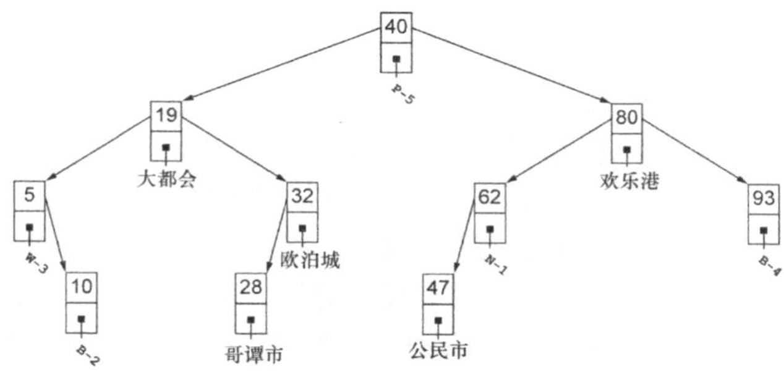

图 8.4 包含示例中的城市和仓库的平衡二叉搜索树。注意，这只是这些值可能会构成的一种平衡搜索树，对于这组值来说，至少有 32 个有效的二叉搜索树也是平衡的。作为练习，你可以尝试枚举所有这些情况。（提示：哪些内部节点可以在不改变树的高度的情况下执行旋转操作[1]？）

1 这里的旋转操作是指在红黑树上执行的平衡操作。

这个例子展示了一个包含城市和仓库的平衡二叉搜索树。可以假设每个城市都有一个大型仓库或配送中心，这样在搜索时只需要将最近的条目（城市或仓库）返回给客户（可能不在树中）即可。

事实上，插入、删除和搜索操作在平衡 BST 上可以保证有对数运行时间，这比最初的线性时间搜索要好得多。对数运行时间的增长会非常缓慢，对于 100 万个点来说，需要计算距离的次数将从 100 万次下降到大约 20 次！

图 8.5 展示了如何在图 8.5 所示的二叉搜索树上进行二分查找，从而找到与原点距离（横坐标）为 75 的点的最近邻。如果有完全匹配，那么最近邻就是二分查找的结果。对于最常见的情况，也就是当没有完全匹配时，最近邻将永远是二分查找失败的那个节点或其父节点。

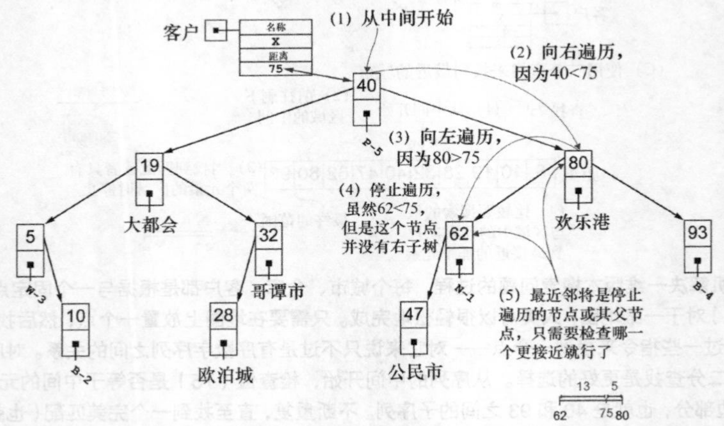

图 8.5　在二叉搜索树上使用搜索来找到目标点的（一维）最近邻

那么，当数据集被存储在二叉搜索树中时，找到一维点的最近邻的算法是什么呢？

(1) 在二叉搜索树上进行搜索。

(2) 如果存在完全匹配，那么找到的条目就是最近邻（距离等于 0）。

(3) 如果不存在完全匹配，从最后访问的条目（搜索停止的条目）与其父条目中选择更接近目标的那个就行了。

既然已经能够很好地解决一维问题，那么可以使用类似的数据结构来解决二维问题吗？

8.3　描述与 API

对于上面的那个问题，答案当然是肯定的，甚至有可能当这个问题被提出的时候你就已经察觉到了这个结果。但是，从一维到二维仍然是一个巨大的飞跃，并不存在简单的方法来想象出一个能够在二维中工作的树。不过不用担心，8.4 节将详细说明这一点。而一旦我们实现了这一飞跃，就很容易转向三维空间，并且能够转向具有任意维数的超空间。

更重要的是，这让我们不再局限于位于二维或三维几何空间中的数据集。只要能够在其上定义距离度量，维度就可以是任意值。但需要注意的是，这个距离一定要满足一些要求，即它们需要是欧几里得距离[1]。例如，我们可以有这样一种二维元素，其中第一个坐标是它们的价格，第二个坐标是它们的评分，然后就能够求得最接近目标元组(100$, 4.5 分)的条目，甚至能够得到最接近该目标元组的 N 个条目。

1 欧几里得距离是欧几里得空间中两点之间的普通直线距离。欧几里得空间可以是欧几里得平面或三维欧几里得空间以及它们对 k 维的推广结果。

在本章以及随后的章节中，我们将提供三个数据结构（三个容器）来实现高效的最近邻查询。除了这个功能，它们还将提供一些特殊操作。

- 检索距离（不一定在容器中的）目标点最近的 *N* 个点。
- 检索容器中与目标点在一定距离内的所有点（在立体几何中可以解释为超球体内的所有点）。
- 检索容器中某个范围内的所有点（位于超矩形或半超空间内的所有点）。

让我们简要介绍一下这三种数据结构。

- ***k-d* 树**（*k-d* tree）：*k-d* 树是一种特殊的二叉树，其中每个非叶子节点都代表一个将 *k* 维空间分裂成两个半空间的超平面。位于这个超平面一侧的点被存储在节点的左子树中，位于这个超平面另一侧的点则被存储在节点的右子树中。*k-d* 树的相关内容参见第 9 章。
- **R 树**（R-tree）：这里的 R 代表的是矩形（rectangle）。R 树对附近的点进行分组并定义包含它们的最小边界框（即超矩形）。容器中的点被划分为最小边界框的层次序列，每个中间节点都是一个边界框，根节点代表的边界框则包含所有的点，每个节点的边界框都完全包含其所有子节点的边界框。在第 10 章中，我们将简要描述 R 树的工作原理。
- **SS 树**（SS-tree）：与 R 树类似，但 SS 树（Similarity Search tree）使用超球体作为边界区域。超球体是用递归结构构造的，其中叶子节点只包含点，而内球体的子节点则是其他超球体。但无论是哪种方式，一个超球体都可以在距离球体中心一定范围内聚集到一定数量的 *n* 个点（或球体）。当拥有超过 *n* 个子节点或其中有一些子节点相对于其他子节点过远的时候，SS 树就会执行再平衡操作。我们将在第 10 章中详细描述这一操作是如何完成的，第 10 章用来专门讨论 SS 树。

和往常一样，所有的具体实现都应该包含通用接口，这个容器的 API 和契约如表 8.1 所示。

表 8.1　这个容器的 API 和契约

抽象数据结构：NearestNeighborContainer	

API	`class NearestNeighborContainer {`
	`  size(),`
	`  isEmpty(),`
	`  insert(point),`
	`  remove(point),`
	`  search(point),`
	`  nearestNeighbor(point),`
	`  pointsInRegion(targetRegion)`
	`}`

与外部客户端签订的契约	这个容器允许插入和删除点，并且支持你执行查询操作。 ■ 是否存在：检查一个点是否在容器中。 ■ 最近邻：返回到目标点的最近点（或可选的最近任意 *N* 个点）。目标点并不严格要求在容器中。 ■ 区域：返回容器中某个区域内的所有点，这个区域可以是超球体或超矩形。

8.4 迁移到 *k* 维空间

8.2 节展示了如何使用二叉搜索树来有效地解决一维空间中的最近邻搜索问题。如果你阅读了本书前面的内容以及附录 C 中关于核心数据结构的内容，那么现在应该已经对二叉树很熟悉了。

然而，当从一维迁移到二维时，情况会变得稍微复杂一些。这是因为在每个节点上，它的两条路径（左子节点和右子节点）之间并没有明确的分支。你在每个节点上都有带有 3 条路径（在 *n* 叉树中则会更多）的分支的三叉树中已经看到了类似的概念，并且此时路径前进的方向并不单纯地取决于比较的结果 true 或 false。那么在这种情况下，n 叉树能帮助我们解决这一问题吗？我们先来分析一下一维空间中发生的事情，之后再看看是否可以对其进行概括。

8.4.1　一维二分查找

回顾 8.2 节描述的内容，当条目位于一维空间时，执行二分查找很容易。图 8.6 举例说明了如何将条目转换为一条线上（也就是一维空间中）的点，这条线上的每个点都隐含地定义了左和右的关系。

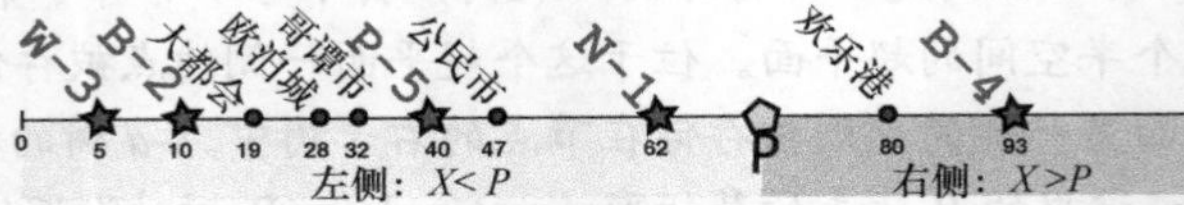

图 8.6　ℝ（实数集）上的实数。给定一个点 P，这条线就能很自然地被划分为左子集（浅灰色）和右子集（深灰色）

因此，每个节点都有一个值来对应这条线上的一个点，并且这条线上的每个点都定义了左和右。而在二叉搜索树中，每个节点都有左、右两条路径，这也就是二叉树搜索可以很简单地解决这个问题的原因！

8.4.2　迁移到更高维度

既然了解了实数的机制，那么面对 $\mathbb{R}^2$ 该怎么做呢？如果面对的是二维欧几里得空间中的点呢？或是 $\mathbb{C}$（复数集）的话，又该如何处理呢？

> **注意**　这里的 $\mathbb{R}^2$ 和 $\mathbb{C}$ 都是二维欧几里得空间，这些空间中的条目可以用一对实数来表示。

显然，关于如何能在更高维度中执行二分查找，就不像在一维情况下那么清楚了。

二分查找依赖于递归地将搜索空间分成两半，考虑笛卡儿平面中的点 P，如何将平面划分为点 P 的左、右两个分区呢？图 8.7 展示了若干种可能的方法。

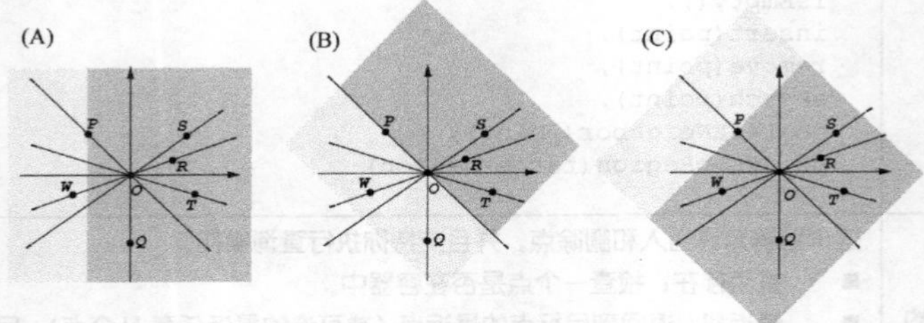

图 8.7　笛卡儿平面中的点。这里既显示了通过原点和各个点的线，也显示了若干种可能的点 P 的左、右分区。（A）用穿过点 P 的竖线分割平面。（B）画一条通过点 P 和原点的线，在这条线的两侧就能定义两个半空间。（C）使用与（B）中相同的线，但用投影在这条线上的点 P 的左右两侧来进行分割

一种在视觉上很直观的方法是沿着穿过点 P 的竖线来分割平面，这样在笛卡儿平面的表示中，两个半空间实际上就会被绘制在点 P 的左侧和右侧，见图 8.7（A）。

这个解决方案在使用点 P 作为主元时还不错，但如果主元采用的是其他点，就会出现如下两个问题。

- 参见图 8.8 中的点 R，如果画一条平行于 y 轴的竖线，并用 x 坐标来划分点，那么左边的区域里就会有点 W、P、O、Q 和 U，而右边的区域里就会有点 S 和 T。也就是说，尽管点 U 与 S 比点 U 与 O 或点 S 与 T 更近，但它们位于不同的分区中（而其他两对点则位于同一分区中）。

- 如果考虑以原点 O 对平面进行分割，那么点 Q 将位于哪个分区呢？另外，y 轴上的任何其他点呢？虽然可以将具有相同 x 坐标的点任意分配给左分区或右分区，但所有的这些点，无论在 y 轴上离原点 O 有多远，都必须对它们进行分配。

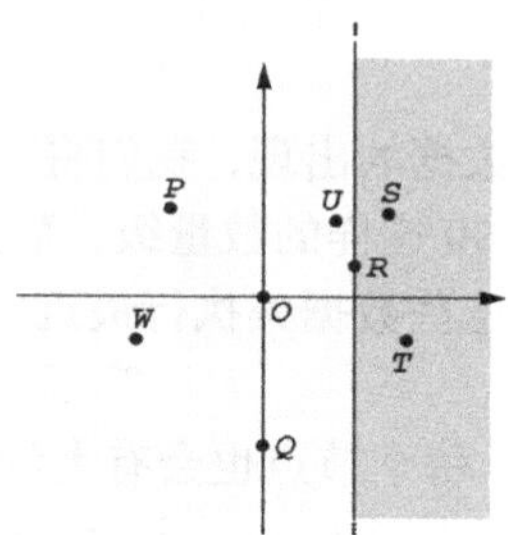

图 8.8 使用平行于 y 轴并经过给定点（在本例中为点 R）的线分割 $\mathbb{R}^2$ 空间的另一个示例

这两个示例都展示了源自相同错误的一些问题，其中完全忽略了点的 y 坐标。仅使用一小部分可用信息很明显并不好，因为每当放弃有关数据集的一些信息时，总会错失更有效地组织数据的机会。

8.4.3 用数据结构对二维空间进行建模

对所有点使用相同的单向的分割办法并不好，也许将一个平面分成 4 个象限会更好。

实际上，图 8.9 表明这的确比之前所做尝试的效果要好。当然，由于有 4 个象限，因此也就不能再使用左、右分区了。

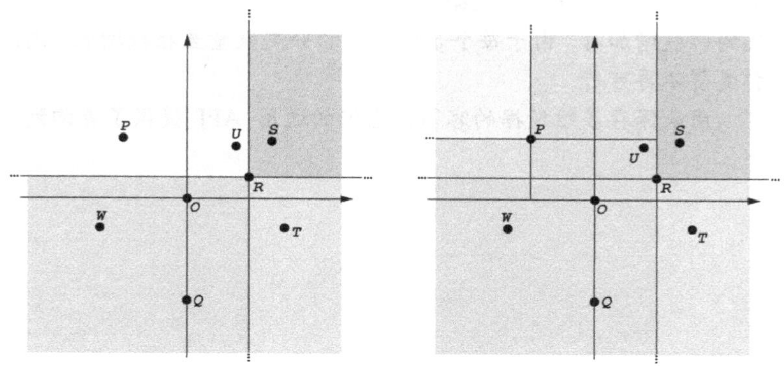

图 8.9 平面的四向分区。对于每个点，使用穿过该点且平行于坐标轴的线将其所属的区域划分为 4 个象限。以点 R 作为第一个点为例，这样就能得到 4 个无限象限（左图）。当选择下一个点 P（右图）时，就必须将左上方的浅灰色象限进一步分成 4 个部分。其中一部分是包含点 U 的有限矩形，剩下的则是平面的 3 个无限部分。以此类推，对于其他所有的点，也可以将其所属的区域进一步划分为 4 个更小的区域

这样我们就可以使用每个节点都包含 4 个子节点而不是 2 个子节点的树来对它进行建模。这时，轴上的点或经过某个点的线上的其他点就可以被分配给任何一个象限（只要始终保持一致就行）。

这似乎能够正确处理 $\mathbb{R}^2$ 的情况，并且的确能够克服我们在之前的尝试中所确定的主要限制。此外，点的分组也能够同时考虑 x 和 y 坐标（如果在图中添加更多的点，这一点将会更加明显）。

接下来的问题是，能否将这个解决方案扩展到 $\mathbb{R}^3$？要升维到三维空间，你首先需要回答这样一个问题：对于每个点，需要将平面分割成多少个子超平面？答案很简单，在一维中，每个

点都有两个分区，在二维中是 4 个象限，于是在三维中就需要 8 个卦限[1]。

因此，对于数据集中的每个点来说，都将添加一个具有 8 个子节点的节点，而每个卦限则是由沿着平行于笛卡儿轴的线进行分割并通过该点的三维空间。

一般来说，对于 k 维空间，树中的每个节点都需要 2^k 个子节点，因为每个点都会将超空间划分为 2^k 个分区。

对于真实的数据集来说，随着大数据的出现，我们将不得不处理高维空间，这也就意味着 k 可能很容易地就会达到 10、30 甚至 100 这样的数量级。数据集有数百个特征以及数百万个点并不罕见，并且在某些用例中还需要对这些数据集执行最近邻搜索（第 12 章将要介绍的聚类就是其中的一种用例）。

即使特征较少，比如只有 10 个，每个节点也会有大约 1000 个子节点。正如我们在第 2 章中讨论 d 叉堆时所看到的，当树的分支因子增长过大时，树就会变平并变得更接近于列表。

但是对于 100 维的数据集来说，每个节点的子节点的数量将接近 10^{30}。这个数字如此之大，以至于存储这个树的单个节点都变得非常具有挑战性。很明显，我们需要有更好的解决方案。但是应该怎么做呢？

在接下来的几章中，你将看到计算机科学家如何用若干种不同的方法来应对这些问题。在第 9 章中，我们将特别介绍 *k-d* 树。*k-d* 树是一种数据结构，它使用了 8.4.3 节介绍的方法的微小变体来避免树节点的指数增长。

8.5 小结

- 不能使用传统容器来处理多维数据。
- 当数据集的维数增加时，由于每个步骤产生的分支数量呈指数增长，因此使用传统方法进行索引变得不再可行。
- 有一类可以用来保存多维数据的容器，它们的通用 API 提供了查询到任意目标的最近点的方法。

---

1 根据定义，一个卦限是三维欧几里得坐标系的 8 个分区之一。通常情况下，卦限指的是 8 个超立方体，由沿着 3 个笛卡儿轴进行分裂的 $\mathbb{R}^3$ 产生，因此每个卦限可以由坐标的符号定义。例如，(+++)就是所有坐标都为正的卦限，(+−+)则是 x 和 z 为正、y 为负的卦限。

第 9 章　*k-d* 树：索引多维数据

本章主要内容

- 索引二维（或更常见的 *k* 维）数据集
- 用 *k-d* 树来实现最近邻搜索
- 讨论 *k-d* 树的优势与缺陷

本章的结构与本书的标准略有不同，这是因为此处将继续我们从第 8 章开始讨论的主题。第 8 章引入了一个问题，在多维数据中如何搜索一个（可能不在数据集中的）任意点的最近邻？

在本章中，我们将继续跟进这一主题，因此不会引入新的问题，而是继续使用第 8 章中的“最近的仓库”示例，并通过使用 *k-d* 树来展示解决它的另一种方法。

9.1　从结束的地方继续

回顾一下，在第 8 章结束的地方，我们正在为一家电子商务公司设计软件，这是一个可以在一张非常大的地图上为任意点找到最近的能够销售给定产品的仓库的应用程序。为了大致了解所需服务的规模，这里假设每天要能够为全国数百万客户提供服务，并从同样分布在整个地图上的数千个仓库中获取产品。

在 8.2 节中，我们已经确定了遍历包含所有点的列表来比较距离差的暴力解决方案并不适用于真实情况。同样，我们也看到了数据的多维结构是如何阻碍我们使用本书第一部分讨论的从堆到哈希映射的基本解决方案的。

然而，可行的解决方案确实存在。在本章中，我们将首先解释在迁移到多维空间时需要面临的问题，然后在本章和第 10 章中，深入研究一些能够有效解决这些挑战的替代方案。

9.2　迁移到 *k* 维空间：循环遍历维度

你可能觉得我们走进了死胡同，甚至在科学界的认知里，有很长的一段时间也的确是这么认为的。答案是以启发的形式被发现的，出自 Jon Louis Bentley[1]之手（和脑）。

1 Multidimensional binary search trees used for associative searching，《ACM 通讯》，第 18 卷，第 9 期，1975 年，第 509～517 页。

这个非常简单也非常聪明的想法源于第 8 章中引导我们走到这一步的分析。如果依然限制在二维空间，但不再将每个点的所在区域分割为 4 个子区域，则可以通过执行两路分割来完成，其中会依次交替地沿竖线和横线进行分割。

每一次的分割操作都会把一个区域中的点分成两组。然后在下一次分割时，在两个子区域中选择下一个主元，沿着与上一次分割时相垂直的方向进行分割。

图 9.1 展示了这个算法的若干步骤。可以看到，其中为选择的第一个主元绘制了一条穿过该点的竖线，然后为第二个主元绘制了一条横半线（因为这里正在分割的是一个半平面，而不是再次分割整个平面!），之后再次绘制了竖（半）线。

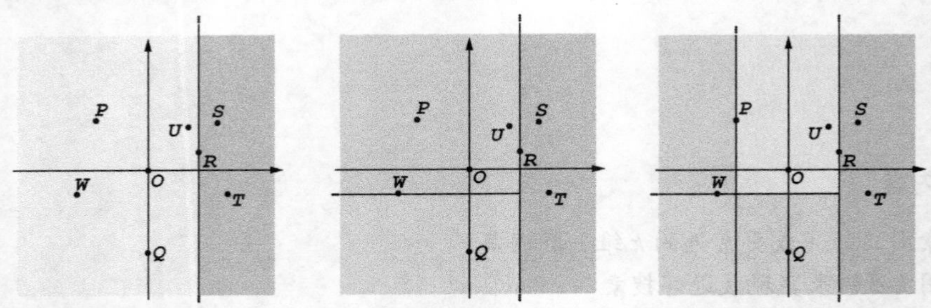

图 9.1　在二维笛卡儿空间中通过循环遍历分割的方向来分割点。对于第一次分割（左图），选择点 R 并绘制一条穿过它的竖线（平行于 y 轴，x 坐标是常数）。这样就在这条线的左侧（浅灰色）和右侧（深灰色）创建了两个半空间，其中将点 W、P、O、Q 和 U 分在了一侧，而点 S 和 T 则被分在另一侧。点 R 是这次分割的主元。接下来，在浅灰色分区中选择点 W 作为主元。这一次画一条横线（平行于 x 轴，y 坐标不变），从而将浅灰色分区分割成两个新分区，一个位于平面的左上区域，其中包含点 P、O 和 U；另一个位于平面的左下区域，其中只有点 Q。如果在点 P 进一步分割平面的左上区域，则需要再次使用竖线（右图）

注意，在笛卡儿平面中，一条通过点 $P=(P_x, P_y)$的竖线具有这样一个特性：它平行于 y 轴，并且线上所有点的 x 坐标 P_x 都具有相同的值。类似地，通过点 P 的横线由直线 $y=P_y$ 上的所有点组成。

因此，当沿着通过点 $P=(P_x, P_y)$的竖线对平面进行分割时，真正的意思是创建出两个分区，一个包含平面中所有 $L_x < P_x$ 的点 L，另一个则包含平面中所有 $R_x > P_x$ 的点 R。类似地，对于横线，则使用点的 y 坐标。

这种二元划分允许使用二叉树来对点进行索引。树中的每个节点都是一个会被选择用来划分空间中剩余区域的主元，它的左、右子树分别聚集了两个分区中的所有点，以表示沿着主元执行的分割所产生的两个子区域（可通过查看图 9.1 和图 9.4 来加以理解）。

那么，这个算法可以被推广到更高的维度吗？答案是肯定的，它自然地就支持被泛化到更高维度，这是因为它支持在每个点的单个坐标上进行分割，因此可以对 k 维空间的所有坐标进行循环，并且二叉树的第 i 层将按照第$(i \bmod k)$个维度进行分割。

这也就意味着在二维空间中，根节点将沿着 x 轴对平面进行分割，而根节点的子节点将沿着 y 轴分割其中一个半平面，然后它们的子节点则再次沿着 x 轴进行分割，以此类推。于是，在 $k > 2$ 的 k 维空间中，我们将在第 0 级（根节点处）从第一个坐标开始，在高度为 1 处使用第二个坐标，在高度为 2 处使用第三个坐标，以此类推。

这样就能够把平面划分为若干矩形区域。与最初只用竖线来分割点的想法相比，这样做能使更少的区域延伸到无穷（如果总是使用相同的坐标，那么所有区域都将是无限的!），并且可以避免将相距很远的点包含在同一个分区中。

同时，每个节点都只有两个子节点，因此可以继续保持二分法和二分查找的所有优点及性能保证。

9.2.1 构造 BST

到目前为止，我们都只是暗示了可以构造二叉搜索树（BST）来解决问题，这意味着分割或所选的主元可以被直接转换为 BST。

这里还暗示了要构造的 BST 是 *k-d* 树的重要组成部分。因此，让我们给出一个更正式的定义来阐明这两种数据结构之间的关系。

> **定义** *k-d* 树是一种特殊的二叉搜索树，其元素是从 *k* 维空间中获取的点（即具有 *k* 个元素的元组），其坐标可以进行比较（为简化起见，我们假设每个坐标的值都可以被转换为实数）。除此之外，在 *k-d* 树中，在第 *i* 层仅比较点的第 *i*（模 *k*）个坐标，从而决定遍历树的哪条分支。

简而言之，我们可以用二叉搜索树来描述 *k-d* 树，并在它的键上使用一种特殊的比较方法。被添加的值是由搜索算法给出的，从而在这种树上执行相比在其他更简单的数据结构上更有效的搜索操作。

图 9.2 展示了一维情况下示例树的构造。这是一种极端情况，因为单例（维度为 1 的元组）将导致始终使用点的 *x* 坐标（即整个单例）。

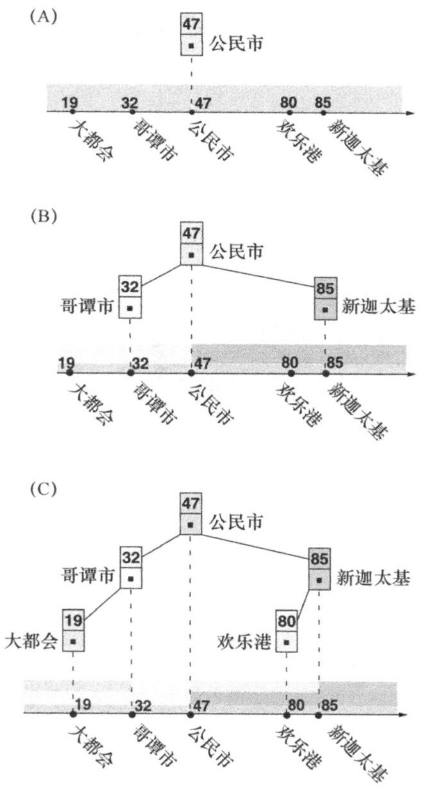

图 9.2　从一维数据集的主元构造 BST。（A）添加第一个主元，它将成为树的根节点。主元将沿 *x* 轴创建隐式的划分，并将剩余的点划分为左、右子集。一个节点所覆盖的区域是它的主元所创建分区的合集，因此根节点会覆盖整个子集。（B）通过从各个区域中选择一个点作为主元，进一步划分根节点所隐式包含的两个子区域。正如横轴上方突出显示的部分所示，现在第 1 层的这些节点都将覆盖一半的空间（而根节点仍然覆盖整个空间）。（C）添加第 2 层的节点以进一步划分空间。请注意，某些区域仍然只被第 1 层的节点所覆盖，因为这些中间节点只有一个子节点

请注意树的每个节点是如何以分层的方式对数据集的一个区域进行“覆盖”的。根节点会覆盖整个数据集，第 1 层的节点会覆盖使用根节点作为主元所创建的左、右分区，第 2 层的节

点则会覆盖使用第 1 层的节点作为主元所创建的更小分区。

在这里，术语“覆盖”表达的意思是，给定搜索空间中的条目 X（在一维中则是给定的一个实数 X），并且如果在树中（以二叉搜索树的方式）查询 X，那么在搜索 X 期间遍历的所有节点（从根节点到节点 N 的路径）都会覆盖 X。特别是，搜索停止的节点将是覆盖 X 的最小区域的那个节点。

换句话说，在树中搜索这些值时，树中的每个节点都关联了一系列值，这些值都会被遍历掉。这一系列值的范围就是节点所覆盖的区域。

请确保理解图 9.2 所示例子里的所有步骤，你甚至可以尝试自己运行一个示例（例如，通过修改主元或其顺序，并检查树的变化方式）。理解一维的情况非常重要，因为这能使理解二维的树结构变得更简单。

为了更好地展示二维情况下树的构建步骤，并突出循环地依次使用被用来进行划分的维度的优势，我们添加了几个新城市，让二维空间分布更加均匀，此外还添加了一个坐标系——原点和比例都是任意的，并且其值对于算法的结果来说完全无关。任何平移和比例尺的操作都可以被执行，因为它们都保留了欧几里得距离。

图 9.3 展示了树构建算法的前两个步骤的结果。可以看到，图 9.3 使用了与图 9.2 不同的比例尺。虽然图 9.2 中的比例尺更加现实，点之间的距离更接近城市之间的实际距离，但它也会产生一些不必要的混乱。此外，前面曾提到，只要坐标系是一致的，采用什么比例尺对算法来说并不重要。

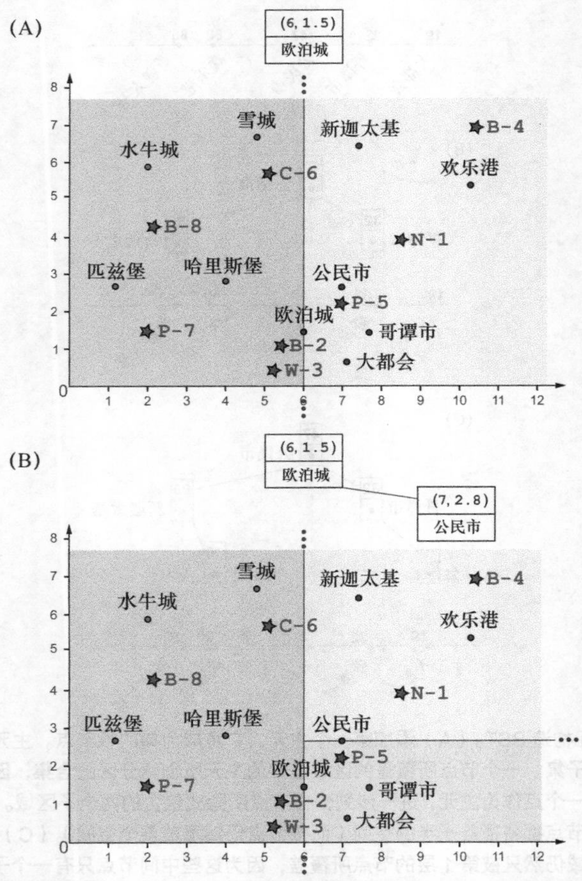

图 9.3　为城市地图构造 k-d 树的前两个步骤。（A）首先使用主元“欧泊城”来进行竖直分割，它将成为 k-d 树的根节点。（B）（由根节点创建的）右分区沿着穿过第二个主元“公民市”的横线被进一步分割，因此在 BST 中，一个右子节点将被添加到根节点，这个新节点对应另一个被分割为顶部和底部的子区域

作为主元的第一个点是“欧泊城”[1]。由于首先使用 x 坐标进行分割，因此“欧泊城”左侧的所有城市将进入一个分区，“欧泊城”右侧的所有城市将进入另一个分区。然后关注右侧的分区。选择“公民市”作为主元，这一次必须使用 y 坐标进行分割，所以右上角区域中的所有点都将进入右侧的其中一个子分区，并且右下角区域的所有点将进入另一个子分区。现在有了三个分区，并且可以继续分割其中任何一个分区。

图 9.4 展示了插入所有城市（不包括仓库）后的结果树。相同层上的边都具有相同的竖直或水平分割，并且竖直和水平的边将在任何路径中交替出现。

分割操作现在定义了 10 个明显分开的区域。这时，如果要查看仓库的分布情况，只需要看一眼它们所在的区域，就可以了解它们更可能靠近哪个城市了。

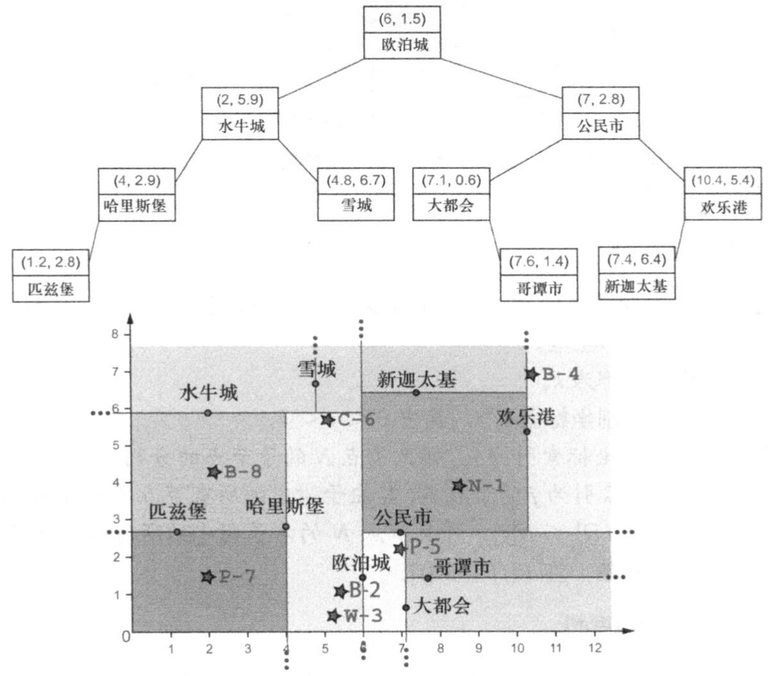

图 9.4 在添加一些城市后得到的 *k-d* 树（我们没有在树中添加仓库，这既是为了清晰起见，也是因为创建一个只有（无论是城市还是仓库的）一种条目的树并在其上搜索其他类型会更有意义）

但是，这里并没有直接匹配，并且查看区域也不足以确定最近的点。例如，如果查看图 9.4 中的 B-8，那么我们并不能很清楚地知道最近的城市是水牛城、匹兹堡还是哈里斯堡，而 C-6 尽管被哈里斯堡“覆盖”，但它看起来相比哈里斯堡更靠近雪城。

确定最近点的操作相比常规二叉搜索树（一维情况）的操作要多几个步骤，完整的算法稍后介绍。

如前所述，虽然对树和空间进行可视化变得更加困难了，但 *k-d* 树的这种构造方法能够很自然地被推广到更高的维度。

对于 k=3 的情况，仍然可以想象 $\mathbb{R}^3$ 被分成平行六面体的情况，如图 9.5 所示。但是对于 4 维以及更高维度来说，我们并没有直接的几何解释。不过，只要将 k 维的点视为元组，就可以遵循你在二维树中看到的相同步骤，而无须做出任何更改。

---

1 这里故意选择这个点，以获得更清晰的可视化。9.3.3 节将解释如何以编程的方式进行这个选择并获得平衡树。

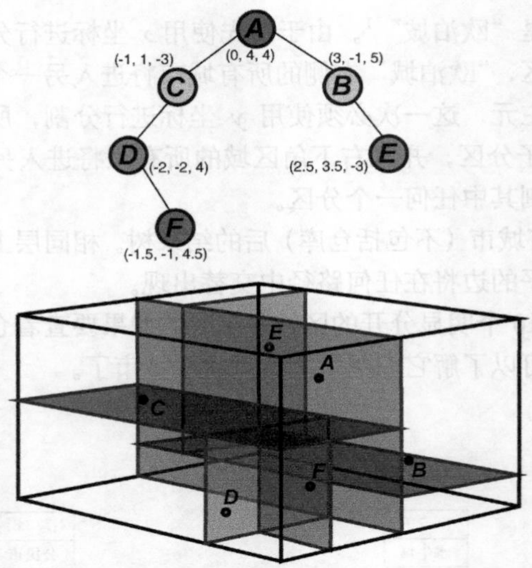

图 9.5　三维树（也就是维度为 3 的 *k-d* 树）的一个例子。为了清楚起见，分割区域并没有被突出显示，并且节点使用了与其分割平面相同的灰度来填充

9.2.2　不变量

我们可以通过若干不变量来概括 *k-d* 树的定义。*k-d* 树被定义为一种二叉搜索树，其元素是 k 维上的点，并且遵守以下不变量。

- 树中所有点的维度都为 k。
- 每一层都有一个分割坐标索引 j，其中 $0 \leqslant j < k$。
- 如果节点 N 的分割坐标索引为 j，那么节点 N 的子节点的分割坐标等于 $(j+1) \bmod k$。
- 对于每个分割坐标索引为 j 的节点 N，其左子树中的所有节点 L 对于节点 N 的分割坐标具有较小的值，即 $L[j] < N[j]$；并且节点 N 的右子树中的所有节点 R 具有更大或等于节点 N 的分割坐标值，即 $R[j] \geqslant N[j]$。

9.2.3　保持平衡的重要性

到目前为止，我们都有意识地忽略了一个细节，也就是二叉搜索树中的一个典型特征——树是否平衡。相对于一般的 BST 来说，你可以发现，在 *k-d* 树中插入元素的顺序将决定树的形状。即使是大小有限的区域，也并不代表是一个小区域，更不代表是一个很好的划分。看一下图 9.2 中的例子，你就能发现其中对点进行了“手动”的仔细选择，从而创建出了一个平衡树。但也很容易出现一个不好的插入序列的例子，于是就会创建出一个不平衡的树（例如，从树的左上角开始按顺序向右下角插入点）。

在这里，二分分割是不是一个“好的”操作，取决于它是否有将整个集合分割成两个大小大致相同的子集的能力。

如果可以设法在每一步都获得这种好的分割，那你就能够拥有一个具有对数高度的平衡树。然而，对于给定的一系列点，你仍然可以通过选择特定的插入顺序来产生一个具有线性高度的倾斜树。

稍后你将看到如何在某些条件下防止这种情况的发生。遗憾的是，二叉搜索树在插入时的再平衡操作对于 *k-d* 树来说是不可行的。

不过，在担心对树执行平衡操作之前，让我们先来详细了解一下 *k-d* 树中的 insert、remove 以及所有查询方法是如何工作的！

9.3 方法

在前面的内容中，你看到了 *k-d* 树的一些示例以及如何构造 *k-d* 树。现在，你应该已经了解了 *k-d* 树是什么样子，这个数据结构背后的主要思想以及我们应该如何使用它。

是时候深入研究 *k-d* 树的主要方法了，让我们来看看这些方法是如何工作的以及如何实现它们。在本节中，我们将展示这些方法的伪代码，你也可以在本书的 GitHub 仓库中找到实际的实现。

图 9.6 展示了一个已经构造好的 *k-d* 树，它将作为本节的起点。为了专注于算法的细节，我们将使用简化视图。为此，我们将在笛卡儿平面上省略掉坐标轴而只显示各个点。为了抽象出上下文并专注于算法，其中的点则用大写字母来表示（也暂时省略掉城市名称）。竖直分割和水平分割仍然会显示，但不会像图 9.4 那样对区域进行突出显示。因此，这里用浅灰色或深灰色来填充树中的节点（而不是边），以此表明将在某一层使用竖直分割或水平分割。

虽然图 9.6 中的坐标仍然显示在节点和点的旁边，但后续为了简洁起见，我们有时也会在图中省略它们。

让我们先从较为“简单”的两个方法开始，search 方法和 insert 方法几乎与基本 BST 中的工作方式完全相同，这里仍然通过伪代码来描述它们。但如果你已经对二叉搜索树非常熟悉了，请随意略过接下来的内容。

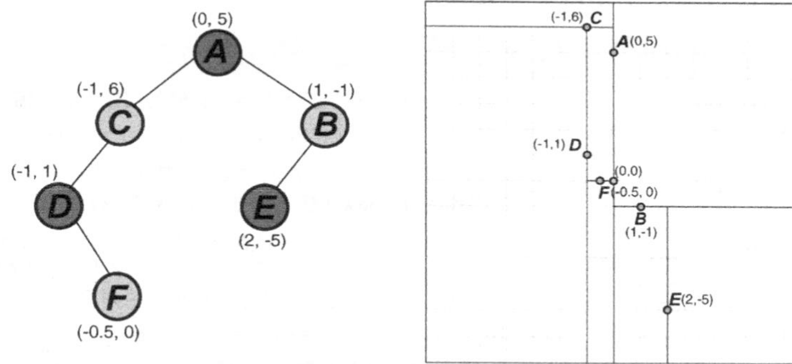

图 9.6 包含二维数据集的 *k-d* 树。左侧是树的呈现方式。右侧是（部分）二维笛卡儿平面的可视化结果，其中原点位于正方形的中心

在继续讨论之前，你需要先为 *k-d* 树及其节点定义一个模型，如代码清单 9.1 所示。

代码清单 9.1 KdTree 类

```
class KdNode
  #type tuple(k)
  point
  #type KdNode
  left
  #type KdNode
  right
  #type integer
  level
  function KdNode(point, left, right, level)

class KdTree
  #type KdNode
  root
  #type integer
  k
  function KdTree(points=[])
```

KdTree 类只包含以一个根节点和一个可选的点数组作为参数的构造函数。在介绍完插入方法后，我们再回过头来看看如何构造 *k-d* 树。现在，你只需要明白构造函数会将 root 设置为一个空条目（也就是 KdNode 的一种特殊情况：null 或是所使用编程语言中的类似值）就足够了。

为方便起见，我们假设树中也会存储定义树空间的维度 *k*。

如前所述，根节点是一个 KdNode 实例。这个数据结构会被用来对 BST 中的节点及其左、右子节点以及节点值（*k* 维空间中的一个点）进行建模。这里使用特殊值 null 来表示一个空节点（也就是一个空树）。

9.3.1 搜索

在 9.2 节中，我们隐含地描述了搜索是如何在 *k-d* 树上工作的。这个算法并没有什么特别之处，它只会对存储元组的二叉搜索树进行正常的搜索操作。唯一需要注意的是，它不会在每一步都比较整个元组，而是只使用其中的一个坐标。因此在第 *i* 层，我们将比较第 *i*（或者当 $i \geqslant k$ 时的 $i \bmod k$）个坐标。

代码清单 9.2 展示了一些能够帮助保持代码整洁的辅助方法。这些辅助方法封装了通过循环分割坐标来对树进行遍历时的逻辑，从而可以在所有的方法中进行重用，进而也让其他方法有了更好的可读性。此外，当需要修改这种比较方式时（比如发现了一个错误或者想要实现更高级的算法），只需要在代码库中修改一个地方就行了。

代码清单 9.2　辅助方法

```
function getNodeKey(node)
  return getPointKey(node.point, node.level)

function getPointKey(point, level)
  j ← level % k
  return point[j]

function compare(point, node)
  return sign(getPointKey(point, node.level) - getNodeKey(node))

function splitDistance(point, node)
  return abs(getPointKey(point, node.level) - getNodeKey(node))
```

- getNodeKey：给定一个树节点，基于节点所存储的层数，返回需要使用的坐标值。
- return getPointKey(...)：在内部，它会调用从节点的点中提取出这个值的函数。
- getPointKey：假设这个方法可以访问树的维度 *k*，那么对于层数 *i*，就需要在索引 *i* mod *k*（基于 0 的索引）处提取元组值。
- return point[j]：返回正确的元组条目。
- compare：对点与节点进行比较，如果节点的点与之匹配，那么返回 0；如果点在节点的“左侧”，则返回小于 0 的值，否则返回大于 0 的值。
- sign：sign 函数会返回数值的符号：−1 表示负值，+1 表示正值，或返回 0。
- splitDistance：计算点与其在穿过节点的分割线上的投影之间的距离。
- return abs(...)：这个距离就是两点的第 *j* 个坐标值的差的绝对值，其中 *j*=node.level mod *k*。
- 给定一个点（具有 *k* 个值的元组）以及层级的索引，返回这一层级需要用来比较的节点的元组条目。

代码清单 9.3 展示了 search 方法的伪代码。所有这些方法的伪代码都会被假定为一个以 KdNode 作为参数的内部版本，因此 KdTree 类的公共 API 将成为调用这些内部方法的适配器方法，例如 KdTree::search(target)就会调用 search(root, target)。

代码清单 9.3　search 方法

```
function search(node, target)
  if node == null then
    return null
  elsif node.point == target then
    return node
  elsif compare(target, node) < 0 then
    return search(node.left, target)
  else
    return search(node.right, target)
```

- function search：如果这个点被存储在了树中，那么 search 方法将返回包含目标点的树节点，否则返回 null。因为显式地传递了想要搜索的（子）树的根节点，所以这个函数也同样适用于子树。
- if node == null：如果 node 已经为 null，则说明正在遍历一个空树。根据定义，空树中并不包含任何点。
- elsif node.point == target：如果目标点与该节点的点相匹配，则说明已经找到正在寻找的节点。
- elsif compare(...) / else：否则需要对目标点与节点所对应的点的适当坐标进行比较。这里使用了之前定义的辅助方法，并检查它是否小于 0。如果小于 0，则说明需要在树的遍历过程中向左转，进而在它的左分支或右分支上递归运行这个方法。

这样做的好处是可以更灵活地重用这些方法。(例如，可以只在子树上而不用在整个树上执行搜索操作。)

注意，在支持尾递归优化的那些编程语言和编译器上，这个递归实现是能够进行相应的优化的（关于尾递归的更多知识参见附录 E)。

让我们一步一步地按照图 9.7 中的示例进行操作。

可以看到，首先调用的是 search(*A*, (− 1.5, − 2))，其中节点 *A* 是 *k-d* 树的根节点。由于节点 *A* 不为空，代码清单 9.3 的第 2 行中的条件检查将返回 false，因此在第 4 行代码中对 *A*.point［也就是元组(0, 5)］与目标点进行比较。显然，它们并不相等，所以移到第 6 行代码并使用 compare 辅助方法检查应该向哪个方向继续遍历。在这里，*A*.level 的值是 0，因此比较元组中的第一个值，于是有 − 1.5 < 0，我们需要遍历左子树并调用 search(*C*, (− 1.5, − 2))。

对于这个调用，执行的几乎是相同的步骤。唯一的区别是，这次 *C*.level 等于 1，因此会比较元组中的第二个值，于是有 − 2 < 6，仍然需要向左进行遍历，调用 search(*D*, (− 1.5, − 2))。

可以看到，这个调用同样经过了第 2、第 4 和第 6 行代码中的判断条件，然后左转。只不过这次有 *D*.left == null，所以调用的将是 search(null, (− 1.5, − 2))，而它将基于第 2 行代码中的判断条件返回 null。执行将通过调用栈进行回溯，因此之前的调用也会返回 null，从而说明在 *k-d* 树上并没有找到目标点。

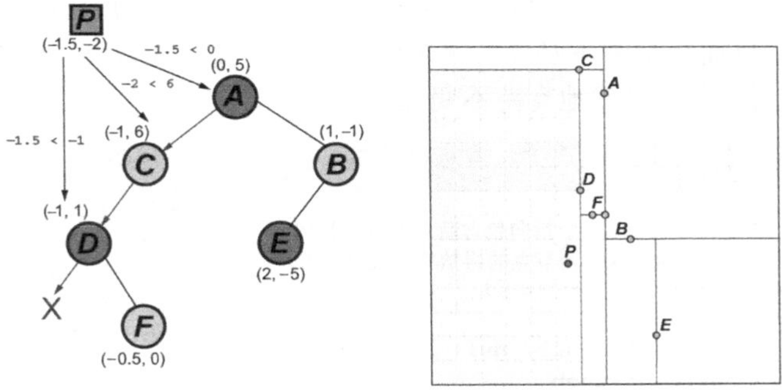

图 9.7 在（二维）*k-d* 树上搜索不成功的示例。理想情况下，搜索的点 *P* 应位于左下方被突出显示的区域，这个区域对应于节点 *D* 的左子树

图 9.8 展示了另一个示例，它会调用 search(*A*, (2, − 5))。在第一次调用时，代码清单 9.3 的第 2 行和第 4 行中的条件都为假，并且因为 2 > 0，所以第 6 行中的条件也为假。因此，这一次会在节点 *A* 处右转，首先递归调用 search(*B*, (2, − 5))，然后调用 search(*E*, (2, − 5))。这时，第 4 行中的条件为真（*E*.point 与目标点相等)，因此最终返回节点 *E* 作为原始调用的结果。

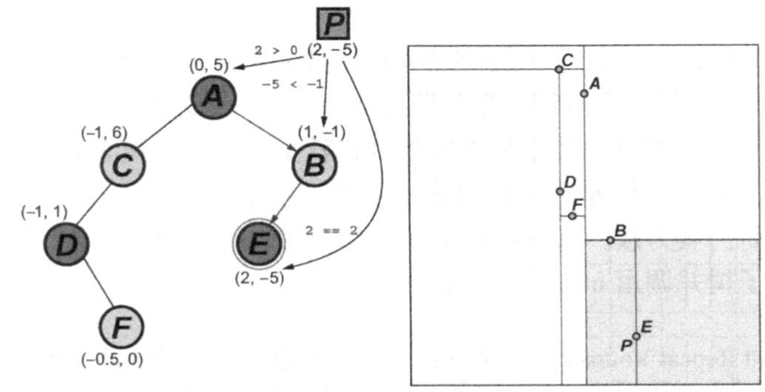

图 9.8 在（二维）*k-d* 树上搜索成功的示例。这里的点 *P* 和点 *E* 是重合的，突出显示的区域对应于以节点 *E* 为根节点的子树

那么，*k-d* 树上的搜索操作有多快呢？与普通 BST 一样，它的运行时间与树的高度成正比。因此，如果能够保持树的平衡，那么对于拥有 *n* 个节点的树来说，运行时间将是 $O(\log(n))$。

9.3.2 插入

正如你在 BST 上看到的那样，插入操作也可以分为两步来执行。第一步是搜索需要添加的点，这一步的结果是，要么找到已经被存储在这个树中的点，要么在其父节点处停止，而这也正是新添加的点应该作为子节点被添加到的那个节点。如果这个点已经在树中了，那么接下来要执行的操作取决于对重复数据采取的策略。如果不允许重复，那么可以忽略这个新点或者返回 false，否则可以有多种解决方案。比如在节点上使用计数器来跟踪一个点被添加了多少次，或是统一地向节点的一条分支上添加重复元素（例如，总是在左子分支中添加重复元素）。不过，正如你在附录 C 中看到的那样，这样做在平均情况下会导致树更倾向于不平衡的状态。

如果这个点不在树上，那么在某个节点上执行的搜索操作就会失败，而这个节点正好也是应该将这个新点作为其子节点进行插入的节点。接下来，为该点创建一个新节点并将其添加到父节点的正确分支中就行了。

代码清单 9.4 展示了一个没有重用 search 方法的 insert 方法。这种实现方式虽然并不满足 DRY[1]，但它能让这两个方法都更简单。如果要在 insert 方法中重用 search 方法，那么 search 方法还必须返回找到的节点的父节点（甚至在未找到时返回更多信息），而这些信息对于 search 方法来说并没有意义，反而会带来不必要的复杂性。另外，我们可以用一种更优雅的方式来编写 insert 方法，其中用到一种很自然地支持不变性的模式[2]。

代码清单 9.4 insert 方法

在树中插入一个新的点。这个方法将返回一个指向包含新点的（子）树的根节点的指针。默认情况下，被添加的这个新节点的层数将被设置为 0。

如果节点为空，则说明正在遍历一个空树，也就是执行了一次不成功的搜索。因此可以创建一个新节点并将其返回，从而让调用者存储对这个新节点的引用。注意，当树为空时，这也是能正常工作的，它会创建并返回一个新的根节点。

```
function insert(node, newPoint, level=0)
  if node == null then
    return new KdNode(newPoint, null, null, level)
  elsif node.point == newPoint then
    return node
  elsif compare(newPoint, node) < 0 then
    node.left ← insert(node.left, newPoint, node.level + 1)
    return node
  else
    node.right ← insert(node.right, newPoint, node.level + 1)
    return node
```

否则需要对目标点和节点所对应的点的坐标进行比较。这里使用了前面定义的辅助方法，并检查它是否小于 0。如果小于 0，则说明需要在树的遍历过程中向左转，进而在它的左分支上递归运行这个方法，并将结果设置为当前节点的新左（或右）子节点。

如果新点与该节点的点相匹配，则说明执行了一次成功的搜索并且已经存在一个副本。这里的逻辑是忽略掉重复项，但你也可以通过修改这部分代码来处理重复元素的情况。

图 9.9 和图 9.10 展示了在图 9.8 所示的 *k-d* 树上插入新点的两个示例。

我们先来对第一个例子进行解释。它从调用 insert(*A*, (− 1.5, 2))开始，这里没有为 level 参数传递任何值，因此 level 参数默认为根节点的值（也就是定义在函数签名中的 0）。

由于 *A* <> null，因此代码清单 9.4 的第 2 行中的条件并不满足。第 4 行中的条件则由于 *A*.point <> (− 1.5, 2)而仍然为假。当执行到第 6 行代码时，有− 1.5 < 0，所以 compare 方法将返回− 1，于是遍历左子树并调用 insert(*C*, (− 1.5, − 2), 1)。

---

1 不要重复自己（Don't Repeat Yourself）。这里有一些重复代码，因此代码的可维护性稍差。

2 数据结构的不变性是函数式编程的一个关键点。它有若干优点，比如在本质上是线程安全的，以及更容易调试等等。虽然这段代码并没有实现不可变的数据结构，但你可以很容易地对其进行修改来遵循这种模式。

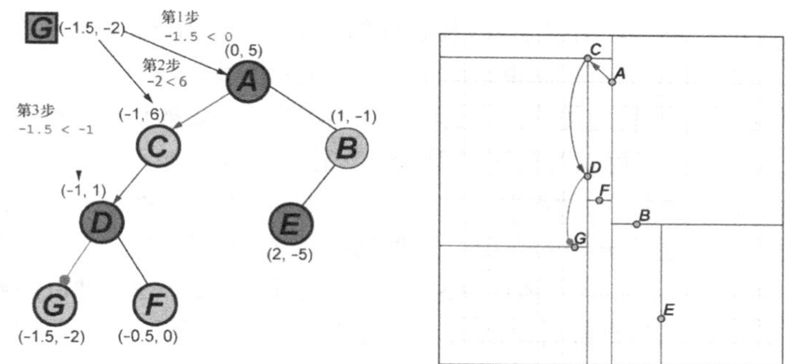

图 9.9　在（二维）*k-d* 树上插入一个新点。在图 9.8 所示的 *k-d* 树中，添加一个新点 *G*。与 BST 一样，插入操作由（不成功的）搜索组成，然后找出将要添加新节点的父节点。如果树上已经存在新的点，那么不同的碰撞解决策略将导致是忽略重复项还是正确处理它们的不同逻辑

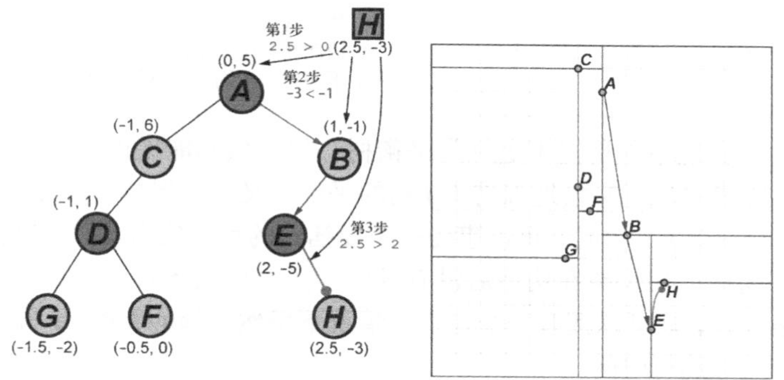

图 9.10　在（二维）*k-d* 树上插入新点的另一个示例，其中以图 9.9 中执行插入后产生的 *k-d* 树作为起点

就像你在搜索操作中看到的那样，接下来的若干次调用将以类似的方式进行，也就是依次调用 insert(*D*, (− 1.5, − 2), 2)和 insert(null, (− 1.5, − 2), 3)。对于后者，代码清单 9.4 的第 2 行中的条件为真，因此创建一个新节点 KdNode((−1.5, − 2), null, null, 3)，并将其返回给堆栈中所跟踪的上一个调用。在代码清单 9.4 的第 7 行，将 *D*.left 设置为这个新创建的 KdNode，然后返回点 *D*。

注意，在划分坐标时，如果遇到相同的值，则可以使用当前节点的右侧来打破僵局（见代码清单 9.4 的第 6 行）。这个决定在这里看起来似乎并不重要，但稍后你就会看到它在删除节点时非常重要。

看一看图 9.10 中的示例的堆栈跟踪，你可以注意到，它与前一个例子中的堆栈跟踪是相似的：

```
insert(A, (2.5, -3))
  insert(B, (-1.5, 2), 1)
    insert(E, (-1.5, 2), 2)
      insert(null, (-1.5, 2), 3)
      return new KdNode((-1.5, 2), null, null, 3)
    return E
  return B
return A
```

9.3.3　平衡树

在继续讨论人们为 *k-d* 树设计的先进方法之前，我们先来回顾一下 9.2.3 节描述的 *k-d* 树的一个关键特征：树需要是平衡的。从前文可以看到，搜索和插入操作具有 $O(h)$的运行时间，与树的高度成正比。因此，树的平衡就意味着 $h == \log(n)$。也就是说，所有的这些方法都将以对数时间运行。

然而，*k-d* 树并不是一种像红黑树或 2-3 树这样的自平衡树。因此，如果要在一个树上执行大量的插入和删除操作，那么平均而言，树将趋向于平衡，但对此我们没有任何保证。此外，如果总是通过转向同一边来解决坐标比较的关系，那么可以证明在执行许多操作后，树的平衡将被打破。

为了解决这个问题，我们可以对代码清单 9.2 中定义的 compare 方法稍加修改，让它永远都不返回 0。因此，每当遇到相等的情况时，在其中一半的情况下它会返回−1，在另一半的情况下它会返回+1，从而为树实现了更好的平衡。这种选择需要是一致的，所以不能在使用随机性的同时拥有完美的平衡。相反，如代码清单 9.5 所示，实现这个校正的一种可能解决方案是，当节点的级别为偶数时返回−1，为奇数时返回+1（反之亦然，这并不重要，只要保持一致就行）。

代码清单 9.5　重写 compare 方法

```
function compare(point, node)
  s ← sign(getPointKey(point, node.level) - getNodeKey(node))
  if s == 0 then
    return node.level % 2 == 0 ? -1 : +1
  else
    return s
```

- 方法的签名保持不变。
- 获取组件之间不同的符号，也就是旧方法计算的值。
- 如果这个值为 0，则表示比较的坐标值是一样的。因此在其中一半的情况下向左，在另一半的情况下向右。否则，只返回值为 1 或−1 的符号。

这点修改有助于实现平均情况下更好的平衡树，但仍然不能提供任何保证。到目前为止，还没有哪一种解决方案可以既轻松地保持 *k-d* 树的平衡，又同时保持 $O(h)$的插入运行时间。

然而，如果（在构造 *k-d* 树时）可以事先知道要插入的点的集合，就可以找到一个最佳的插入顺序来构建出平衡树。如果树在构造后没有发生改变，抑或插入或删除的元素的数量与树的大小相比能够忽略不计，则可以拥有一个在最坏情况下仍然平衡的 *k-d* 树，并且插入和搜索操作在最坏情况下仍有对数运行时间。

代码清单 9.6 展示了从一系列点来构造平衡 *k-d* 树的算法。

代码清单 9.6　平衡构造函数

```
function constructKdTree(points, level=0)
  if size(points) == 0 then
    return null
  elsif size(points) == 1 then
    return new KdNode(points[0], null, null, level)
  else
    (median, left, right) ← partition(points, level)
    leftTree ← constructKdTree(left, level + 1)
    rightTree ← constructKdTree(right, level + 1)
    return new KdNode(median, leftTree, rightTree, level)
```

- 从一系列点来构造 *k-d* 树。其中还传递了层级，因此可以递归地为子树调用这个方法。
- 如果 points 为空，则需要创建一个空节点，因此返回 null。
- 如果 points 只有一个元素，则以此创建一个没有子节点的叶子节点，并在这里停止递归。
- 递归地构造包含左、右分区的 *k-d* 树。
- 最后，创建这个树的根节点，并分配之前创建的左、右子树。
- 否则，先找到点集合里的中位数及其左、右分区。这里用到的辅助方法由于篇幅原因没有显示在这里，但它类似于快速排序的分割算法，且一次只对一个坐标进行操作（由层级得出索引的坐标）。

原理其实很简单：树必须保存点集合中的所有点，并且希望根节点的左、右子树在理想情况下具有相同数量的元素。为了实现这一点，你可以找到点集合中相对于点的第一个坐标的中值，并将其用作根节点的主元，剩下一半的点将位于根节点的左分支上，另一半则位于根节点的右分支上。但是，根节点的两个分支也分别是一个 *k-d* 树，因此可以对根节点的左、右子树重复执行相同的步骤。唯一需要注意的是，这时需要找到要进行比较的各个点的第二个坐标的中值，然后按照树的层级以此类推。因此，你在这个函数中需要跟踪递归的深度，而它也能告诉你当前处于树的哪一层。

代码清单 9.6 中的关键点是第 7 行中对 partition 方法的调用。调用时，你需要将 level 作为参数进行传递，这是为了知道需要使用哪个坐标来对点进行比较。如果 size(points) == n，那么这个调用的结果将包含 points 数组中值的元组以及两个包含$(n-1)/2$个元素的新数组。

left 中的各个点比 median 要“小”（相对于 level % k 索引的坐标），而 right 中的各个点都将大于 median。因此，你可以递归地通过使用这两个集合来构造出两个（平衡的）子树。

注意，这里并不能只对数组进行一次排序后，就递归地将其分成两半，这是因为它们在每一层中的排序标准都不一样！

为了能更好地理解这个函数是如何工作的，让我们考虑这样一个调用：constructKdTree([(0, 5), (1, − 1), (− 1, 6), (− 0.5, 0), (2, 5), (2.5, 3), (− 1, 1), (− 1.5, − 2)])。

这个集合里的中位数（基于第一个坐标，即所有元组的第一个值的中位数）为−0.5 或 0。因为元素的数量为偶数，所以存在着两个中位数。可通过对数组进行排序来得到这两个值。

假设选择−0.5 作为中位数，则有

```
(median, left, right) ← (-0.5,0), [(-1, 1),(-1.5,-2),(-1,6)], [(1,-1), (2.5,3),(2,5)(0,5)]
```

所以在代码清单 9.6 的第 8 行中，我们将调用 constructKdTree([(− 1, 1), (− 1.5, − 2), (− 1, 6)], 1) 来创建根节点的左子树。这时就会再次划分这个子数组，但比较的是每个元组的第二个坐标，即 y 坐标。因为中位数为 1，所以有

```
(median, left, right) ← (-1, 1), [(-1.5,-2)], [(-1,6)]
```

以此类推，在初始数组上类似地创建出其他分区。

那么，constructKdTree 方法的运行时间是多少呢？对于一个维度为 k 的 k-d 树以及一个包含 n 个元素的数组来说，这里使用 $T_k(n)$来表示运行时间。接下来，逐步检查这个方法。代码清单 9.6 的第 2～5 行都只需要常数时间，第 10 行因为只是创建一个新节点，所以也是如此。第 8 行和第 9 行是递归调用，由于将在最多具有 $n/2$ 个元素的点集合上被调用，因此可以知道它们将分别执行 $T_k(n/2)$步操作。

最后在第 7 行中，partition 方法被调用。找到中值可以在线性时间内完成，并且围绕着主元，也只需要执行 $O(n)$次交换操作就能对一个包含 n 个元素的数组进行分区。（或是创建出两个新数组，同样也只需要执行 $O(n)$次赋值操作。）

总而言之，我们将得到下面这样一个计算运行时间的公式：

$$T_k(n) = 2*T_k(n/2) + O(n)$$

有若干种方法可以求解这个方程，例如可以使用替换法或裂项法，但最简单的方法还是使用主定理来计算出结果。这些计算方法都超出了本书的讨论范畴，为此，我们把具体的计算过程留给好奇的读者，这里只给出计算结果：

$$T_k(n) = O(n*\log(n))$$

换句话说，这个平衡构造函数需要**线性对数**[1]时间。

为了完成分析，我们还需要查看这种方法所需的额外内存。显然，它需要 $O(n)$的内存来存储树。然而，其实它还需要更多的内存。因为如果不断地对数组进行分区，并为每个左、右子数组都创建一个额外的副本，那么对 partition 方法的每次调用都将用到 $O(n)$的额外内存，进而得到一个类似于计算运行时间的公式，也就是需要的内存为 $M(n) = O(n*\log(n))$。

相反，如果对数组进行原地分区，则可以得到最好的结果：

$$M_k(n) = O(n)$$

这是因为只需要在函数的内部用到常数数量的内存，再加上树所需的 $O(n)$内存就行了。

---

1 $n*\log(n)$通常被称为线性对数。

9.3.4　删除

在讨论完 search 和 insert 方法后，我们继续对容器的第三个基本操作（即删除操作，对应 remove 方法）进行探讨。删除操作在 *k-d* 树上并不常见，而且有一些实现甚至都不会提供 remove 方法。如前所述，*k-d* 树并不是自平衡的，因此当使用一组静态点来创建 *k-d* 树并避免频繁的插入和删除操作时，性能最好。

不过，我们在任何实际的应用程序中都希望能够更新数据集，因此这里将描述如何对元素进行删除。图 9.11 和图 9.12 展示了示例 *k-d* 树上的 remove 方法以及从中删除点 *D* 的结果。

与 insert 和 search 方法类似，remove 方法也基于二叉搜索树的 delete 方法。然而，有两个问题会使 *k-d* 树的版本变得更复杂，而且这两个问题都与如何在树中为要删除的节点找到替换有关。

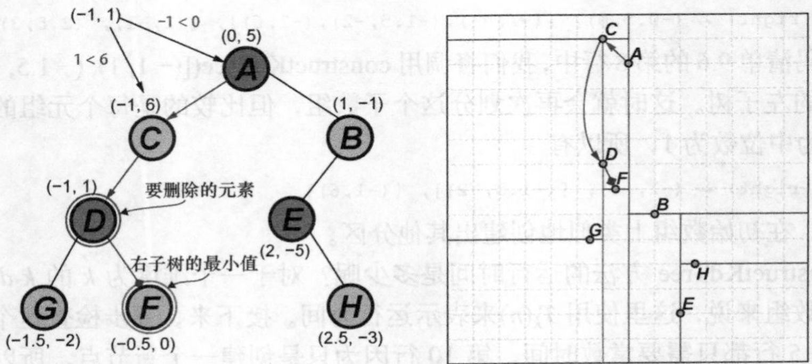

图 9.11　从示例 *k-d* 树中删除点 *D*。remove 方法与在 BST 中时一样，可通过（成功的）搜索来找到要删除的节点。然后，如果要删除的节点是具有至少一个子树的内部节点，则通过遍历来找到可以替换它的元素。在这个例子中，删除的正是一个内部节点

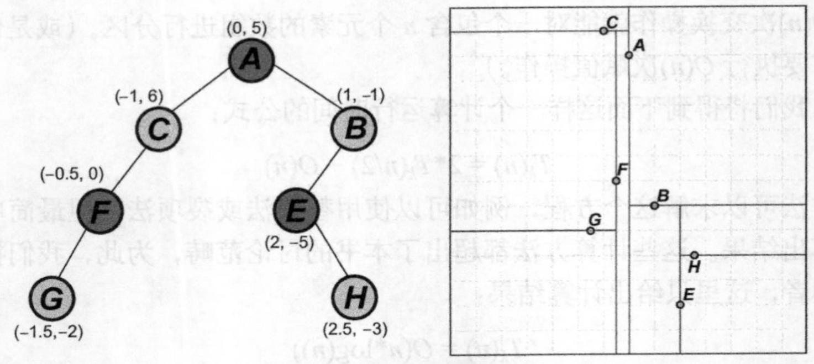

图 9.12　删除点 *D* 后得到的 *k-d* 树

要了解这些问题是什么，你需要先回顾一下前面的内容。如果在二叉搜索树中删除一个节点，则可能遇到图 9.13 所示的三种情况。

（1）需要删除的节点是叶子节点。在这种情况下，你可以安全地从树中删除该节点。

（2）需要删除的节点 N 只有一个子节点。简单地删除节点会导致树断开，但你可以通过将节点 N 的父节点连接到它的子节点（与其在节点 N 的左子树还是右子树中无关）来绕过它。这并不会违反 BST 的任何不变量。例如，在图 9.13（B）所示的情况下，节点 N 是其父节点 P 的左子节点，因此它小于或等于 P，并且以节点 N 为根节点的子树中的所有元素也都小于或等于 P，包括节点 N 的子节点 L。

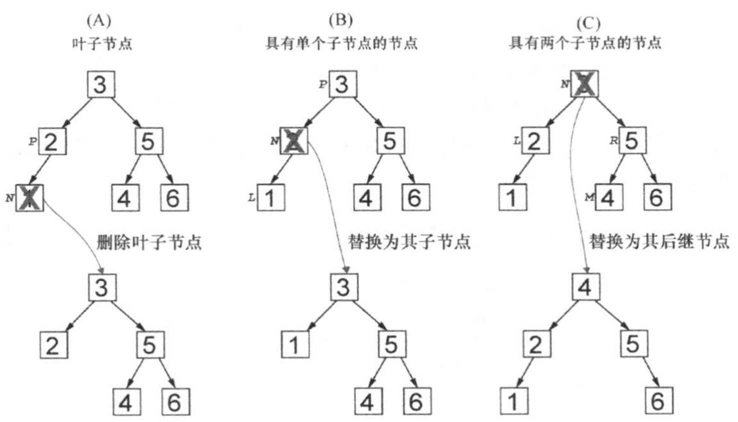

图 9.13 在二叉搜索树中删除节点时可能遭遇的情况。(A)删除一个叶子节点。(B)删除具有单个子节点的节点(如果子节点在右分支中，则对称地进行)。(C)删除具有两个子节点的节点

(3) 如果需要删除的节点 N 有两个子节点，那就不能只用它的一个子节点来替换它。例如，如果要用它的右子节点 R 来替换图 9.13 (C) 中的节点，那就需要对节点 R 的左子节点与节点 N 进行替换，这在最坏情况下需要线性时间（也是一种浪费）。

另外，我们可以通过找到节点 N 的后继节点[1]来替换它。基于构造，这个后继节点将是其右子树中的最小节点，即右子树的最左节点，称为 M。找到后，就可以删除节点 M 并将节点 N 的值替换为节点 M 的值就行了。这也不会违反不变量，因为根据定义，节点 M 将不会小于节点 N 的左分支中的任何节点（由于它不小于节点 N，因此它也不会小于其左子树中的任何节点），并且不会大于节点 N 的右分支中的任何节点（因为它是这个分支中的最小值）。

此外，节点 M 肯定处于图 9.13 中的情况 (A) 或情况 (B)。因为作为分支中最左边的节点，它肯定不会包含左子节点。这也就意味着删除节点 M 将很容易，并且递归也会在节点 M 处停止。

当从常规 BST 转移到 *k-d* 树时，第一个区别就是在每一层中都只使用了一个坐标来划分两个分支中的点。如果要替换掉第 i 层的节点 N，那么可以在这一层使用坐标 $j = i \bmod k$，因此你可以知道它的（坐标 j 的）后继节点将在节点 N 的右子树中。但是，当移到节点 N 的子节点时，这个子节点将使用另一个坐标 $j_1 = (i+1) \bmod k$ 来划分其子节点。如图 9.14 所示，这也就意味着节点 N 的后继节点不见得会在节点 R 的左子树中。

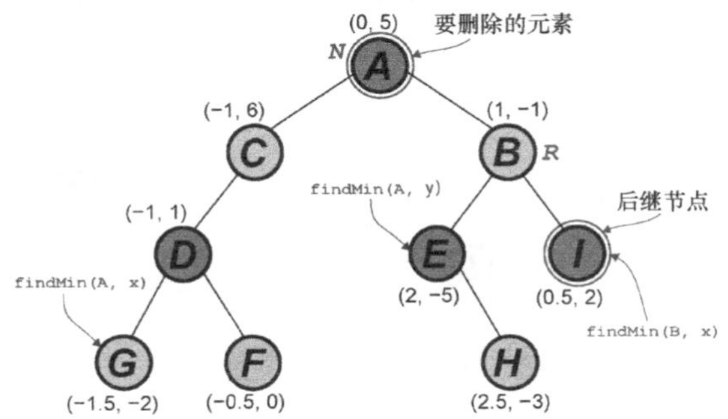

图 9.14 一个节点的后继节点的示例，或者更通用地说，这是子树中相对于某个坐标的最小值可以位于子树中任何位置的一个示例。在树和节点 *B* 上调用 findMin 方法的结果已被显式地显示出来

这并不是一个好消息，因为这就意味着虽然对于 BST 可以快速遍历节点 N 的右子树到其最

1 注意，这里也可以对称的方式使用节点 N 的前驱节点。

左边的节点，从而找到节点 N 的后继节点，但是只有当 $l \bmod k == i \bmod k$ 时，才能对第 l 层做同样的事情。而对于所有的其他层，我们都不得不遍历两个子树才能找到最小值。

代码清单 9.7 展示了 findMin 方法的伪代码。可以看到，与 BST 版本的第一个区别是需要传递寻找最小值的坐标的索引。例如，假设有 $k \geqslant 3$，那么通过调用 findMin(root, 2)就能在整个树中搜索第三个坐标具有最小值的节点。

代码清单 9.7　findMin 方法

```
function findMin(node, coordinateIndex)          ◁— 在树中查找给定索引处坐标最小值的节点。
  if node == null then         ◁— 如果 node 为 null，则说明正在遍历一个空树，所以没有最小值。
    return null
  elsif node.level == coordinateIndex then       ◁— 幸运情况：用于比较的坐标与正在寻找最小值的坐标相同。
    if node.left == null then      ◁— 最小值是当前节点，前提是它的左子树为空。
      return node
    else    ◁— 最小值也可能在其左子树中，如果左子树不为空的话。
      return findMin(node.left, coordinateIndex)
  else
    leftMin ← findMin(node.left, coordinateIndex)       ◁—
    rightMin ← findMin(node.right, coordinateIndex)     ◁— 如果处在不同于在坐标上计算分区的层，那就无法得出最小值在哪里。因此，必须在两个分支上都进行递归并找到各个分支的最小值。
    return min(node, leftMin, rightMin)     ◁— 然而这还不够。最小值也有可能是当前节点，所以必须对这三个值进行比较。假设这里的 min 函数是一个重载函数，它以节点作为参数，并通过认为 null 会大于任何非空节点来处理 null 值。
```

findMin 方法的复杂性也反映在了它的运行时间上。它不能像在 BST 中那样有对数运行时间，这是因为坐标索引相等的那些情况通常都需要遍历所有层里的所有分支，所以有$(k-1)$或 k 种可能性。

实际上，findMin 方法的运行时间是 $O(n^{(k-1)/k})$。如果 $k == 2$，则意味着 $O(n^{1/2}) = O(\sqrt{n})$。虽然这不像对数阶那样好，但仍然比线性扫描要好很多。随着 k 的增长，这个值将越来越接近 $O(n)$。

findMin 方法的这个增强版解决了坐标问题。那么，将其添加到常规 BST 的删除操作中是否就够了呢？遗憾的是，情况并非如此，还存在着另一个问题会使事情变得更加复杂。

回到图 9.13，对于 BST 来说有两种幸运的情况可以很容易地删除一个节点，即删除一个叶子节点或删除一个只有一个子节点的节点。

然而对于 *k-d* 树来说，只有叶子节点可以被很容易地删除。但是，即使要删除的节点 N 只有一个子节点 C，也不能只用它的子节点来替换掉节点 N，因为这会改变子节点 C 及其所有子树的分割方向，如图 9.15 所示。

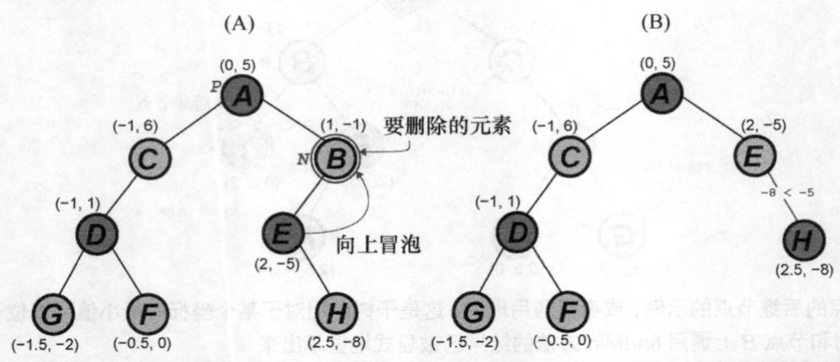

图 9.15　一个在 *k-d* 树中执行删除操作的例子，它表明了用节点的唯一左子节点来替换该节点是行不通的。（A）初始情况下的树，从中删除节点 *B*。这个节点只有一个子节点，因此在 BST 中它只需要被其子节点替换掉就行了。（B）但是在 *k-d* 树中，这样的操作会让子节点违反 *k-d* 树的不变量，因为将节点向上移动一层会改变需要执行分割操作的坐标

这个示例尝试删除一个只有一个子节点且没有右分支的节点 B（对称情况下的过程类似）。如果简单地将节点 B 替换为其子节点 E，那么节点 E 及其所有子节点都会向上移动一层。

然而，之前的节点 E 使用 x 坐标来划分其子树中的节点，于是节点 H 会在节点 E 的右侧，这是因为节点 H 的 x 坐标（2.5）大于节点 E 的 x 坐标（2）。

但在向上移动节点 E 及其子树后，就需要使用 y 坐标来划分节点 E 的子树中的节点。但是节点 H 的 y 坐标（−8）小于节点 E 的 y 坐标（−5），因此节点 H 并不应该再属于节点 E 的右分支，从而违反了 *k-d* 树的不变量。

在这种情况下，看起来还比较容易修复，但仍然需要重新计算节点 E 的子树中的各个节点，并重建这些子树。

可以肯定的是，这个操作需要 $O(n)$的时间，这里的 n 是以删除的节点为根节点的子树中的节点数。

一个更好的解决方案是将要删除的节点 N 替换为它的后继节点或前驱节点。如果节点 N 只包含右子节点，则可以使用 findMin 方法找到它的后继节点，就像我们在图 9.14 所示的例子中描述的那样。

相反，当节点 N 只有一个左子节点时，还能用它的前驱节点来替换它吗？尽管你可能认为答案是肯定的，但在这种情况下还会出现另一个问题。

前面在介绍 insert 方法时曾提到，insert 方法中用来打破平衡的方式也会对 remove 方法产生影响。

图 9.16 就展示了一个与此相关的示例。问题是，当通过向右移动来打破 insert 和 search 方法的关系时，还需要隐含地假设一个不变量[1]：对于任何内部节点 N，其左分支中的任何节点都不会具有与用于划分 N 子树的坐标相同的值。在图 9.16 中，这也就意味着节点 B 的左分支中不会有任何节点的 y 坐标等于节点 N 的 y 坐标。

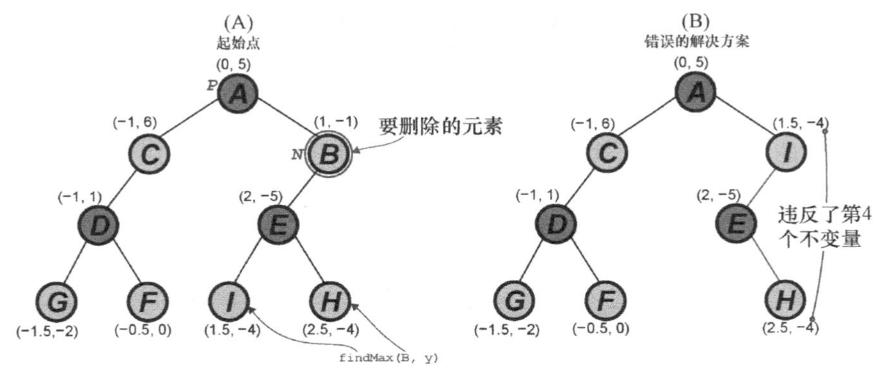

图 9.16 一个展示了为什么在删除只有左子节点的节点时，不能用左分支中的最小值来替换当前节点的例子。你在右图中可以看到，节点 H 会导致 *k-d* 树的第 4 个不变量被违反，因为这时节点 H 位于节点 I 的左分支上，但与节点 I 的分割坐标具有相同的值

如果将节点 N 替换为其左分支中的最大值，那么在节点 N 的旧左分支中就可能存在着另一个具有相同 y 坐标的节点。上面的例子就是这样的情况，其中有两个节点（节点 I 和节点 H）都具有相同的 y 坐标的最大值。

如果通过移动节点 I 来替换掉节点 B，那么搜索操作将不再正确，因为代码清单 9.3 中的 search 方法永远都不会找到节点 H。

1 9.2.2 节中的第 4 个不变量也暗示了这一点。

好在解决这个问题的方案并不太复杂。你可以在左分支上运行 findMin 方法，然后用 findMin 方法找到的节点 M 来替换掉节点 N 中的点，并将节点 N 的旧左分支设置为新创建的这个节点的右分支，如图 9.17 所示。

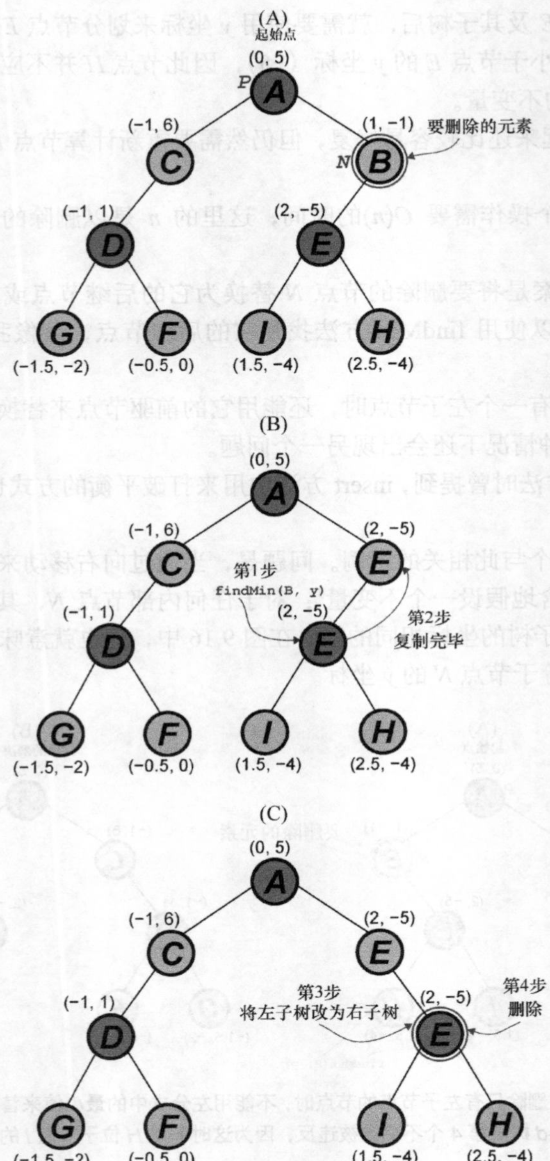

图 9.17　删除只有左子节点的节点 *N* 的正确步骤。在图 9.16 中，你已经看到了使用左分支中的最大值是行不通的。相反，你可以先找到值最小的节点 *M*，再用它来替换掉被删除的节点，然后将节点 *N* 的旧左分支设置为新节点的右分支就行了。接下来，你只需要从旧的左分支中删除节点 *M* 就行了，而这可以通过再次执行删除操作来完成（可以看出，不能对这个调用有任何的假设，因为它可能会级联并且需要进行很多次的递归调用才能完成删除操作）

接下来，我们只需要从右分支中删除旧节点 M。需要注意的是，与二叉搜索树的情况不同，这里不能对节点 M 做出任何假设，因此需要重复这些步骤并通过递归调用来删除节点 M。

代码清单 9.8 将所有这些考虑总结成了 remove 方法的伪代码实现。

代码清单 9.8 remove 方法

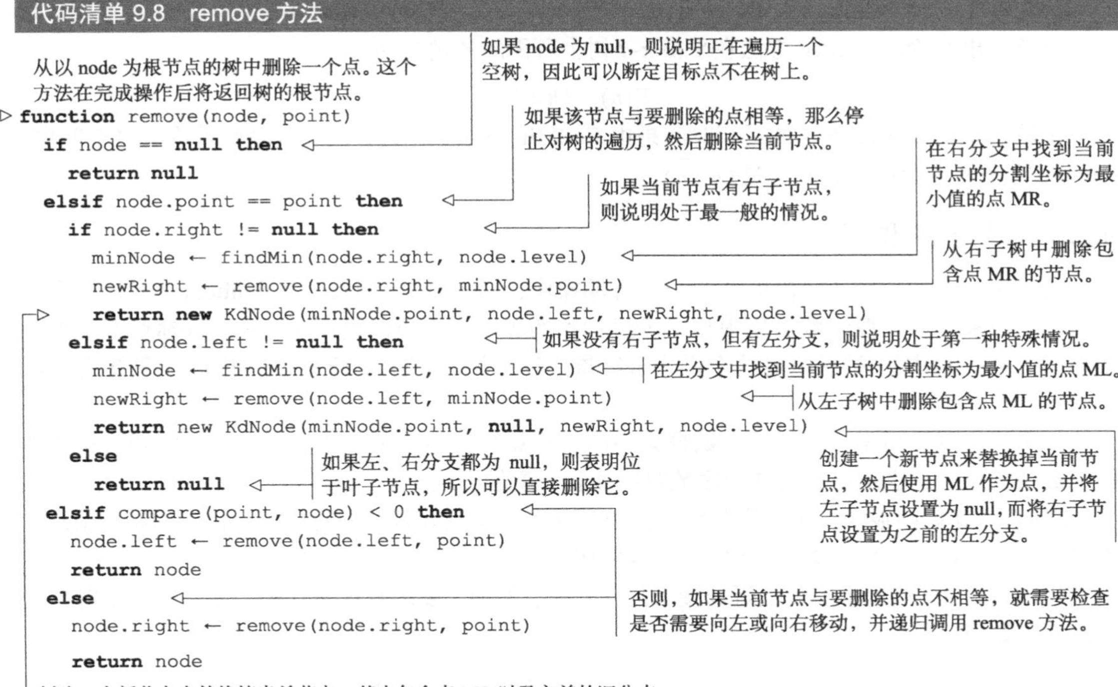

```
function remove(node, point)
  if node == null then
    return null
  elsif node.point == point then
    if node.right != null then
      minNode ← findMin(node.right, node.level)
      newRight ← remove(node.right, minNode.point)
      return new KdNode(minNode.point, node.left, newRight, node.level)
    elsif node.left != null then
      minNode ← findMin(node.left, node.level)
      newRight ← remove(node.left, minNode.point)
      return new KdNode(minNode.point, null, newRight, node.level)
    else
      return null
  elsif compare(point, node) < 0 then
    node.left ← remove(node.left, point)
    return node
  else
    node.right ← remove(node.right, point)
    return node
```

从以 node 为根节点的树中删除一个点。这个方法在完成操作后将返回树的根节点。
如果 node 为 null，则说明正在遍历一个空树，因此可以断定目标点不在树上。
如果该节点与要删除的点相等，那么停止对树的遍历，然后删除当前节点。
如果当前节点有右子节点，则说明处于最一般的情况。
在右分支中找到当前节点的分割坐标为最小值的点 MR。
从右子树中删除包含点 MR 的节点。
如果没有右子节点，但有左分支，则说明处于第一种特殊情况。
在左分支中找到当前节点的分割坐标为最小值的点 ML。
从左子树中删除包含点 ML 的节点。
创建一个新节点来替换掉当前节点，然后使用 ML 作为点，并将左子节点设置为 null，而将右子节点设置为之前的左分支。
如果左、右分支都为 null，则表明位于叶子节点，所以可以直接删除它。
否则，如果当前节点与要删除的点不相等，就需要检查是否需要向左或向右移动，并递归调用 remove 方法。
创建一个新节点来替换掉当前节点，其中包含点 MR 以及之前的旧分支。

如果查看 remove 方法的运行时间，你就能发现调用 findMin 方法的成本会推高总成本，因此它已经不再（像在 BST 中那样）是对数阶了。为了进行更严格的分析，这里再次将 remove 方法的运行时间表示为 $T_k(n)$，其中 k 是点空间的维数，n 是树中的节点数。如果正在处理的是一个平衡树，那么在仔细查看各个条件分叉时，你就会发现：

- 有大约一半的节点会在代码清单 9.8 的第 15 行和第 18 行中的条件判断上触发递归调用，因此需要的时间为 $T_k(n/2)$;
- 如果进入第 2 行或第 13 行的条件判断中的代码块，则只需要常数时间；
- 第 5 行和第 9 行中的条件判断会运行包含创建新节点［$O(1)$］、运行 findMin 方法［$O(n^{1-1/k})$］以及递归调用 remove 方法的代码块。

最后这种情况是最坏的情况。这时，你并不知道最小节点将在其分支中的哪个位置，它可能在树的下方，也可能是当前分支的根节点。因此，如果遇到了类似于图 9.15 中的情况（无论缺少左分支还是右分支，都无所谓），那么在绝对最坏的情况下，可能需要在 $n-1$ 个节点上递归调用 remove 方法。

然而，这里假设 *k-d* 树是平衡的。那么在这个假设下，左、右分支的节点数量应该差不多，因此如果一个节点的右分支是空的，那么左分支只有一个节点的概率仍然很高，但有两个节点就不太可能了，并且这个概率会随着包含 3 个及以上数量的节点而下降。因此，你可以有这样一个常数（例如 5），针对图 9.15 中的情况，如果一个节点只有一条分支，那么这条分支的高度在很大概率上不会超过常数数量的节点（例如 5）。可以假设，在平衡树中，这种不平衡的情况在调用 remove 方法期间最多发生常数次。更准确地说，在执行大量删除操作时，可以假设从第 5 行和第 9 行开始的代码块的摊销成本将是 $T_k(n/2)$。

因此，递归调用的时间为

$$T_k(n) = T_k(n/2) + O(n^{1-1/k})$$

因为有 $1-1/k > \log_2(1)=0$，并且 $(n/2)^{1-1/k} \leqslant n^{1-1/k}$，所以可以使用主定理的第三种情况，然后就能够得出结论，remove 方法在平衡 *k-d* 树上所需的摊销时间为

$$T_k(n) = O(n^{1-1/k})$$

也就是说，remove 方法的运行时间是由 findMin 方法控制的。这也就意味着在二维空间中，remove 方法的摊销运行时间将是 $O(\sqrt{n})$。

9.3.5 最近邻搜索

接下来，我们研究 *k-d* 树提供的一个有趣操作：最近邻（Nearest Neighbor，NN）搜索。首先，我们来看看只搜索数据集中相对于目标点的单个最近点的情况（通常，目标点不必被包含在同一数据集中）。稍后再将这个操作进行推广以返回数据集中任意数量的 *m*[1]个最接近目标点的点。

如果使用暴力搜索，就必须对数据集中的所有点与目标点做比较，计算它们的相对距离并跟踪最小的点。这也正是我们在无序数组中搜索元素的方式。

然而，*k-d* 树则很像一个有序数组，其中包含了关于其元素的相对距离和位置的结构信息，因此可以利用这些信息来更有效地执行搜索操作。

代码清单 9.9 展示了实现最近邻搜索的伪代码。然而，要理解这段代码，你还需要了解最近邻搜索是如何工作的。

代码清单 9.9 nearestNeighbor 方法

找到最接近给定目标点的点。这里还传递了目前找到的最近邻节点及其距离，用来帮助执行剪枝操作。如果在树的根节点上调用这个函数，则这两个值分别默认为 null 与 infinity。

```
function nearestNeighbor(node, target, (nnDist, nn)=(inf, null))
  if node == null then
    return (nnDist, nn)
  else
    dist ← distance(node.point, target)
    if dist < nnDist then
      (nnDist, nn) ← (dist, node.point)
  if compare(target, node) < 0 then
      closeBranch ← node.left
      farBranch ← node.right
  else
      closeBranch ← node.right
      farBranch ← node.left
    (nnDist, nn) ← nearestNeighbor(closeBranch, target, (nnDist, nn))
    if splitDistance(target, node) < nnDist then
      (nnDist, nn) ← nearestNeighbor(farBranch, target, (nnDist, nn))
    return (nnDist, nn)
```

如果 node 为 null，则说明正在遍历一个空树，因此目前找到的最近邻（NN）节点不会再是其他节点。

否则，有 3 个步骤需要执行：检查当前节点是否比之前找到的 NN 节点更近，遍历与目标点相同的分支，以及检查是否可以对另一条分支执行剪枝操作（或是需要对其进行遍历）。

计算当前节点的点和 target 之间的距离。

如果该距离小于当前 NN 的距离，则必须更新为 NN 及其距离所存储的值。

检查目标点是否在分割的左分支上。如果在，则左分支离目标点更近，否则更远。

很明显，你需要遍历最近的分支以搜索最近邻。为了执行剪枝操作，先做这件事并更新 NN 的距离是非常重要的。

遍历更远那侧的分支并更新 NN 及其距离。

返回到目前为止找到的最近邻。

使用代码清单 9.2 中定义的一个辅助方法来计算通过当前节点的分割线与目标点之间的距离。如果这个距离比到当前最近邻的距离更近，那么更远的那个分支也有可能包含比当前最近邻更近的点。

考虑图 9.3 和图 9.4 所示的树的各个节点所覆盖的空间都被划分为矩形区域的情况。在这种情况下，就需要先找到包含目标点 *P* 的那个区域。而这也正是搜索操作的一个很好的起点，因为覆盖这个区域的叶子节点中的点（在这个例子中是点 *G*）有可能就是最接近点 *P* 的那个点。

---

1 这种方法通常被表示为 *k*-最近邻搜索，但是此处如果使用 *k* 的话，就有可能导致与树的维度相混淆，因此这里仅使用 *m* 或 *n* 来表示需要查找的点数。

但是，这样一定就能确定点 G 是离点 P 最近的那个点吗？理想虽然很丰满，但现实仍然是残酷的。图 9.18 展示了这个算法的第一步，其中会遍历树中从根节点到叶子节点的路径，从而找到包含点 P 的最小区域。

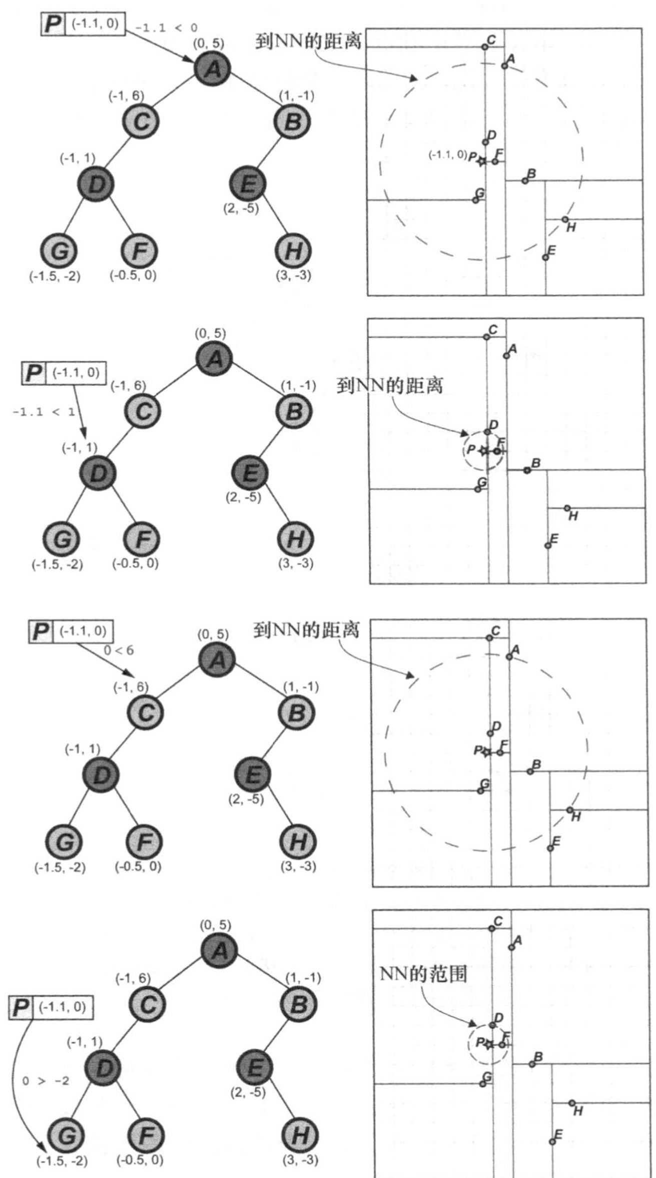

图 9.18　最近邻搜索的前几个步骤。最近邻搜索的第一阶段是对树进行搜索，其间也会跟踪遍历的各个节点（也就是点）的距离。更准确地说，如果需要找到点 P 的 N 个最近邻，则需要跟踪找到的 N 个最小距离。在这个例子中，我们将显示 N=1 的查询。因此，如果搜索成功，那么肯定有一个距离为 0 的最近邻。否则，当搜索结束时，是没有办法确定是否找到实际的最近邻的。在这个例子中，遍历过程所找到的具有最小距离的点是点 D，但是从图中可以看出，我们并不能确定树的另一个分支在由 dist(D)给出的半径内没有任何点

可以看到，我们在遍历过程中会依次检查路径上各个中间节点的距离，因为它们也有可能比叶子节点更近。虽然中间节点覆盖的区域比叶子节点覆盖的区域大，但在各个区域内，并没有任何指示表明数据集中的点会在什么地方。参考图 9.18，即使点 A 位于(0, 0)，树也将具有相

同的形状，但这时点 P 就会更接近点 A（根节点）而不是点 G（叶子节点）。

但只知道这些还不够。在找到包含点 P 的区域后，我们仍然无法确定在相邻区域内会不会存在一个或多个点比第一次遍历所找到的最近点更近。

图 9.19 完美地说明了这种情况。你可以发现，点 D（在访问过的所有点中）是离点 P 最近的点，因此真正的最近邻不可能大于点 D 和点 P 之间的距离。为此，追踪一个以点 P 为中心，半径等于 dist(D, P)的圆（对于高维度来说，它就是一个超球体）。如果这个圆与其他分区相交，那么在这些区域内也就有可能包含一个比点 D 更近的点，因此也需要在其中进行搜索。

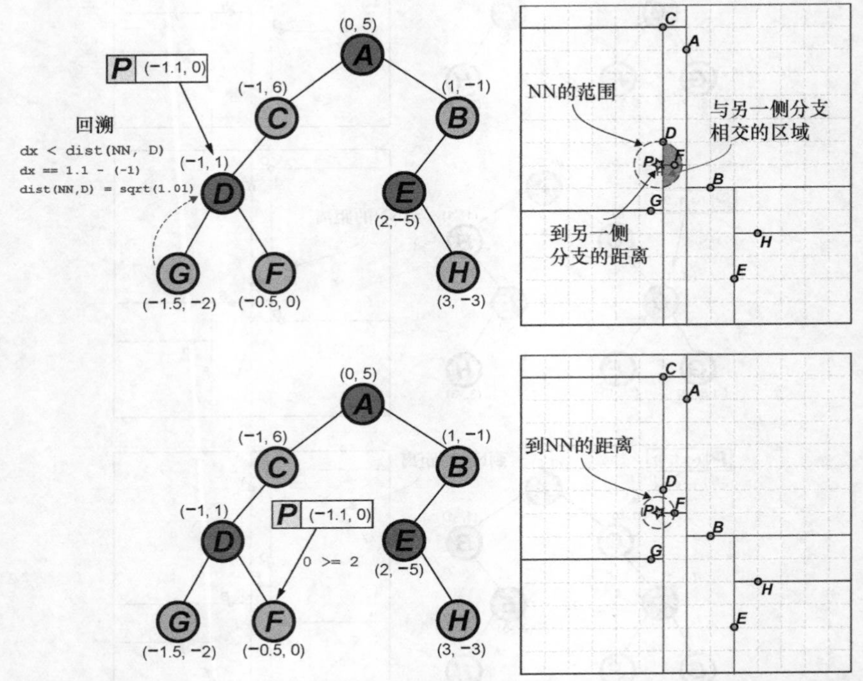

图 9.19　在一次不成功的搜索后，还需要回溯并检查树的其他分支以判断是否有更接近的点。这个点是有可能出现的，因为在遍历树时会循环遍历各个层中所要比较的坐标，所以并不总是朝着最近点的方向移动，而是基于单个坐标被迫走向某一侧的主元的位置。因此，最近邻相对于目标点 P 来说可能出现在主元的另一侧。在这个例子中，当到达节点 D 时，由于它创建了一个竖直的分割，因此需要向左移动（见图 9.18）。然而，目标点 P 与它真正的最近邻分别位于分割线的两侧。因此，当到达路径的结尾时，还需要进行回溯并查看其他分支

那么，如何判断一个区域是否与当前最近邻的超球体相交呢？正是因为各个区域都是由分割线创建的，所以答案很简单。在遍历一条路径时，先遍历分割线的一侧（点 P 所在的那一侧），但如果分割线与点 P 之间的距离小于到当前最近邻的距离，那么超球体一定与另一个分区相交。

为了确保能访问到与 NN 超球体相交的所有分区，你需要对树的遍历进行回溯。在这个例子中，也就是回到节点 D，然后检查节点 P 和通过节点 D 的竖直分割线之间的距离（也就是这两个节点对应的点的 x 坐标的差），因为这个值小于到当前 NN 的距离，所以还需要访问节点 D 的另一条分支。也就是沿着从节点 D 到离节点 P 最近的叶子节点的路径来对树进行遍历。于是接下来访问到节点 F，并且发现节点 F 相比节点 D 离目标更近，因此更新当前 NN（及其距离）。可以看到，最近邻范围的半径也变小了，圆圈标记了我们可以找到的可能出现最近邻的区域）。

那么，这样就完成了吗？没有！回溯还需要继续到根节点为止。接下来回到节点 C，但它的分割线相比 NN 范围更远（而且它也没有右分支），所以回到节点 A，如图 9.20 所示。

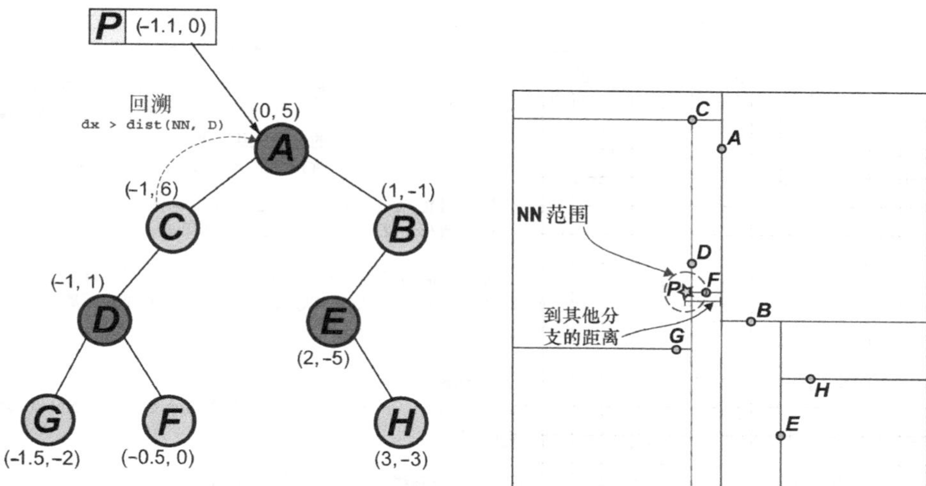

图 9.20 你需要回溯到根节点。然而，如果必须检查树的所有可能的分支，那么这样做不见得比扫描整个点的列表好。好在可以使用这里提供的各种信息来对搜索操作进行剪枝。右侧的几何表示通过视觉提示展示了为什么查看节点 A 的右子分支没有用。回看图 9.19 就能知道，如果不遍历节点 D 的右子分支，就不能排除其中是否包含最近邻

在搜索过程中，我们用到了节点 A 的左分支，这意味着点 P 在左半平面上。如果要遍历节点 A 的右子树，那么这个子树中的所有点的 x 坐标都将大于或等于点 A 的 x 坐标。因此，节点 P 到节点 A 的右子树中任意一点的最小距离都至少是点 P 到它在通过点 A 的竖线(点 A 的分割线)上的投影的距离。换句话说，点 A 右侧的任何点到点 P 的最小距离都不小于点 P 与点 A 的 x 坐标之间差值的绝对值。

因此，你可以对节点 A 的右分支上的搜索操作进行剪枝。因为节点 A 是根节点，所以整个操作也就完成了。注意，你在树上回溯的步骤越多，可以修剪的树枝（和区域）就越大，从而带来更大的节省。

这种方法也可以被推广用于找到数据集中一组任意数量的最近邻点，称为 k-最近邻搜索。

它们之间的区别如下。

- 如果想要找到 m 个最近点，则需要跟踪 m 个最短距离，而不再只跟踪单个点的距离。
- 在每一步都需要使用第 m 个最近点的距离来绘制 NN 范围，并对搜索操作进行剪枝。
- 为了跟踪这 m 个距离，你可以使用有界优先队列。我们在 2.7.3 节中描述过这部分内容，并展示了一种在数字流中找到 m 个最大值的方法。

nNearestNeighbor 方法的伪代码如代码清单 9.10 所示。

代码清单 9.10 nNearestNeighbor 方法

```
function nNearestNeighbor(node, target, n)
  pq ← new BoundedPriorityQueue(n)
  pq.insert((inf, null))
  pq ← nNearestNeighbor(node, target, pq)
  (nnnDist, _) ← pq.peek()
```

- 查找 k-d 树中最接近给定目标的 n 个点。
- 初始化一个最大堆［或任何其他（最大）优先队列］，并且设置其尺寸，使它仅包含被添加到其中的 n 个最小元素。请参阅 2.7.3 节以了解插入操作在这样的队列中是如何工作的。
- 在开始搜索之前，你需要通过添加一个“守卫”来初始化优先队列，这是一个包含无穷大作为距离的元组。因此，如果在树中找到了至少 n 个点，那么它将是第一个从队列中被删除的元组。
- 通过在根节点上使用递归的内部函数来进行搜索。
- 查看上一行中的调用所产生的队列。

```
  if nnnDist == inf then
    pq.top()
  return pq

function nNearestNeighbor(node, target, pq)
  if node == null then
  return pq
  else
    dist ← distance(node.point, target)
    pq.insert((dist, node.point))
    if compare(target, node) < 0 then
      closeBranch ← node.left
      farBranch ← node.right
    else
      closeBranch ← node.right
      farBranch ← node.left
    pq ← nNearestNeighbor(closeBranch, target, pq)
    (nnnDist, _) ← pq.peek()
    if splitDistance(target, node) < nnnDist then
      pq ← nNearestNeighbor(farBranch, target, pq)
    return pq
```

如果这个队列的头部元素仍然是无限远的距离，则需要删除它，因为这意味着向队列中添加的元素少于 *n* 个。

处理完毕后，就可以将找到的元素队列返回给调用者。

如果 node 为 null，则说明正在遍历一个空树，因此目前找到的最近邻不会再是其他节点。

如果当前节点不为 null，则可以计算当前节点所代表的点与目标点之间的距离。

将元组（当前距离，当前点）插入有界（最大）优先队列。这个辅助数据结构只负责保留最小的 *n* 个元组，因此只有在当前点的距离是目前所找到的 *n* 个最小距离时才会添加当前点。

检查目标点是否在分割的左分支上。如果在，则左分支离目标点更近，否则更远。

很明显，你需要遍历最近的分支以搜索最近邻。为了能有更多的剪枝操作，先做这件事并更新优先队列，以及跟踪第 *n* 个最近邻的距离是非常重要的。

遍历更远那侧的分支并更新 NN 及其距离。

返回到目前为止找到的点的优先队列。

使用代码清单 9.2 中定义的一个辅助方法来计算通过当前节点的分割线与目标点之间的距离。如果这个距离比到当前第 *n* 个最近邻的距离更近，那么更远的那个分支也有可能包含更近的点。

你需要获得第 *n* 个最近邻的距离，这可以通过查看有界优先队列的头部元组来实现。注意，即便队列中的元素少于 *n* 个，这个方法也仍然有效。这是由于我们添加了一个距离为无穷大的元组，在添加 *n* 个点之前，这个元组将一直位于堆的顶部。因此，只要还没有向队列中添加 *n* 个点，nnnDist 的值在这里就是无穷大。提示：这里的下画线是占位符，用来表示对元组中第二个元素的值不感兴趣。

这个方法的内部版会用到已经初始化的优先队列。队列将封装有关跟踪第 *n* 个最近邻及其距离的逻辑。我们将使用它来对搜索操作进行剪枝。

那么，最近邻搜索的运行时间是多少呢？先从坏消息开始。在最坏情况下，即使对于平衡树来说，也必须遍历整个树才能找到一个点的最近邻。

图 9.21 展示了这种退化情况的几个示例。这里的第二个示例是人为构造出来的边缘情况，其中所有点都位于一个圆上。图 9.21（A）则用了与前面示例中相同的树来展示即使在随机、平衡的树上，也可以通过仔细选择搜索的目标点来找到让方法表现不佳的反例。

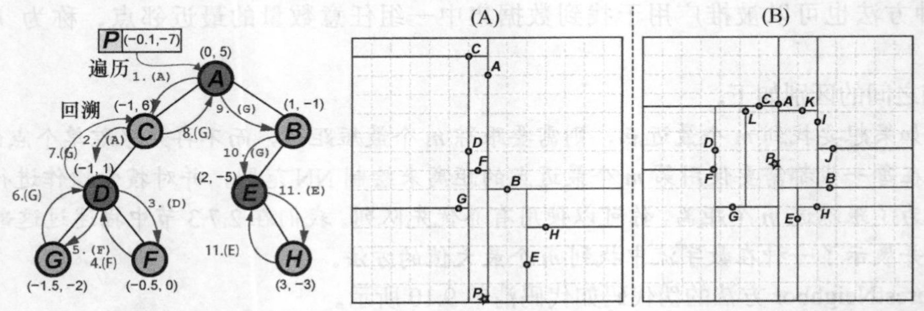

图 9.21　最近邻搜索的边缘情况，需要遍历整个树。（A）图 9.18～图 9.20 中基于 *k-d* 树的示例。通过仔细选择目标点，就可以强制算法搜索整个树（如树的呈现中所示）。（B）所有点都在一个圆上的边缘情况的几何表示，这里选择圆的圆心作为搜索的目标点。这时，从点 *P* 到分割线的距离总是比圆的半径小（也就是说，圆的半径就是到最近邻的距离）

遗憾的是，也没有什么可做的来进行优化了。所以，这个算法在最坏情况下的运行时间是 $O(n)$。这的确很糟糕，不过好在还有一线希望！

结果表明，平衡 *k-d* 树上最近邻搜索的平均运行时间为 $O(2^k + \log(n))$。关于这个概率边界的证明特别复杂，如果对此感兴趣，你可以在首次引入 *k-d* 树的 Jon Bentley 的原始论文中找到推理过程。

但尽管如此，为了能够更直观地了解为什么会是这个结果，请在二维空间中进行考虑。在二维空间中，一个点可以将其分为两个区域，两个点则可以分出三个区域，三个点可以分出 4 个区域，以此类推。通常来说，n 个点将可以分出 $n+1$ 个区域。如果树是平衡的且 n 足够大，则可以假设这些区域的大小大致相同。

但现在假设数据集覆盖了一个单位为 1 的区域[1]。在执行最近邻搜索时，首先会从根节点遍历到最近的叶子节点[2]。这个操作对于平衡树来说，意味着需要遍历 $O(\log(n))$个节点。由于假设每个区域的大小都大致相同，并且有 $n+1$ 个区域，因此最近的叶子节点所覆盖的区域也将是一个面积大约等于 $1/n$ 的矩形区域。于是，目标点与遍历期间找到的最近邻点之间的距离不会大于这个区域对角线的一半的概率会相当高，而该对角线的长度小于该区域面积的平方根，也就是 $\sqrt{1/n}$ 。

算法的下一步是通过回溯来访问其他距离在目标点当前最小范围内的所有区域。如果所有区域的大小相同且形状规则，则意味着范围内的区域只会是相邻矩形（相对于叶子节点的区域来说），并且从几何学中可以知道，在这种情况下，规则且大小相等的矩形可以被近似为矩形网格，其中每个矩形有 8 个邻居矩形。然而从图 9.22 中可以看出，虽然可能需要遍历这 8 个分支，但平均而言只需要检查其中的 4 个就行了。这是因为只有与当前区域的边相邻的那些区域才在范围之内。因此，这使得总的平均运行时间为 $O(4*\log(n))$。

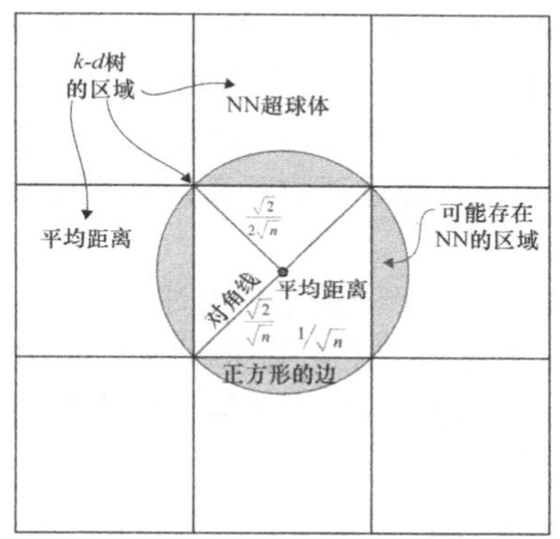

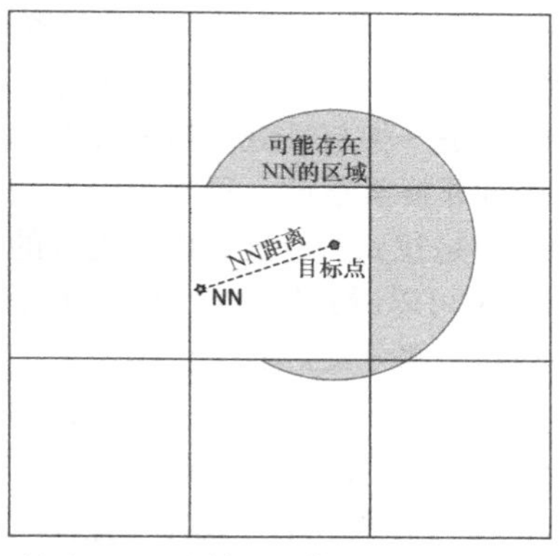

图 9.22 用正方形单元划分的完美规则 ***k-d*** 树。左图展示了可被认为是平均情况的情况，其中树的叶子节点所对应的点位于区域的中心，因此目标点在区域内的最远距离就是正方形对角线距离的一半。如果画一个外接于正方形的圆，就可以看出，它只与当前区域相邻的 4 个区域相交。右图是另一个更普通但不太乐观的例子。虽然其中距离大于平均值，但以目标点为中心的超球体只与其他 5 个区域相交。当然，在最坏的情况下，它仍然可能与最多 8 个其他区域相交

如果扩展到 $\mathbb{R}^3$ 的情况，那么每个立方体都可能有 26 个邻居立方体，其中最小距离将是 $\sqrt[3]{1/n}$ 。基于类似的考虑，为了让点位于目前找到的最小距离之内，就可以推断出只有不到 8 个区域在范围之内。对于 $\mathbb{R}^4$ 的情况也是类似的。

综上所述，在找到要搜索的目标点所在的区域后，还需要检查另外 $O(2^k)$个点，因此总的运行时间就是 $O(2^k+\log(n))$。虽然 k 是给定数据集的一个常数，因此理论上可以在大 O 分析中忽略它，但通常情况下，k 会被当作一个参数，这是因为在衡量这个算法的性能时，需要用到数据集大小和 *k-d* 树维度方面的变化。另一个很明显的原因是，对于较大的 k 值，2^k 会变得特别大以至于对运行时间产生支配作用，这是因为

1 由于可以为区域定义一个特别的单位度量，因此总是可以有这样的假设。

2 离目标点最近的叶子节点，如代码清单 9.9 所示。

$$\log(n) > 2^k \Leftrightarrow n > 2^{2^k}$$

当 $k \geqslant 7$ 时，就已经不会有足够大的数据集能满足上述不等式了。

然而，如果有 $n > 2^k$，那么这种方法仍然比暴力搜索具有优势。

下面考虑最后一个因素。剪枝在很大程度上取决于你发现的最近邻的"质量"。到当前最近邻的距离越短，可以执行剪枝操作的分支就越多，进而使速度更快。因此，尽快更新这个值（在代码中，首次访问节点时都会执行这个操作）并先遍历最有希望的那侧分支就显得非常重要了。当然，在任何时候确定最有前途的分支都是不容易的。一个不错（但不完美）的指标可能是目标点与分支分割线之间的距离。离目标点越近，点位于最近邻范围（可以找到离目标点更近的点的超球体）和分割线另一侧区域的概率就越大。这也就是我们使用深度优先搜索来遍历树的原因，它可以让算法先在小分支上进行回溯，因此在到达靠近树顶部的较大分支时，就可以对它们执行剪枝操作。

9.3.6 区域搜索

虽然 *k-d* 树主要用来执行最近邻搜索，但它们对于另一种操作也非常有效，即查询数据集与 *k* 维空间中给定区域的交集。

从理论上讲，这个区域可以是任何形状，但仅当在查询期间能够有效地对分支执行剪枝操作时，这个操作才有意义，而这在很大程度上取决于该区域的形态。

在实践中，我们感兴趣的主要有如下两种情况。

- 超球体区域，如图 9.23 所示，几何解释是查询距某个感兴趣的点一定距离内的所有点。
- 超矩形区域，如图 9.24 所示，几何解释是查询值在一定范围内的点。

处理球体区域是一种与最近邻搜索类似的情况，其中需要包含距给定点一定距离内的所有点。这和执行最近邻搜索很像，只不过并不需要更新到最近邻的距离，而且其中不再仅跟踪一个点（即 NN），而是找到所有比该距离更近的点。

你从图 9.23 中可以看到如何对分支进行剪枝。当位于一条分割线时，我们肯定会遍历搜索区域 P 的中心的同一侧分支；而对于另一侧分支，则检查 P 与其在分割线上的投影之间的距离。如果这个距离小于或等于搜索区域的半径，则表示该分支与搜索区域之间仍有相交区域，所以仍然需要遍历分支；否则，这个分支就可以被剪掉。

pointsInSphere 方法的伪代码如代码清单 9.11 所示。可以看到，它与常规的最近邻搜索非常相似。

代码清单 9.11 pointsInSphere 方法

```
function pointsInSphere(node, center, radius)
  if node == null then
    return []
  else
    points ← []
    dist ← distance(node.point, center)
    if dist < radius then
      points.insert(node.point)
    if compare(target, node) < 0 then
      closeBranch ← node.left
      farBranch ← node.right
    else
      closeBranch ← node.right
      farBranch ← node.left
    points.insertAll(pointsInSphere(closeBranch, center, radius))
```

查找容器中位于给定超球体之内的所有点，其中通过传递中心和半径来表示超球体。

如果 node 为 null，则表示正在遍历一个空树，所以没有需要被添加的点。

如果 node 不为 null，则需要执行 3 个步骤：检查当前节点是否在超球体内；遍历相对于球体中心在分割线同一侧的分支；检查是否可以对另一条分支执行剪枝操作（或是对其进行遍历）。为此，首先初始化你在这个子树中有可能找到的点的列表。

计算当前节点的点和球体中心之间的距离。

如果该距离小于球体的半径，则可以将当前点添加到结果中。

检查哪个分支在球体中心的同一侧（近），而哪个分支在另一侧（远）。

很明显，你需要先遍历最近的分支，这是因为它位于球体内部。将找到的所有点添加到当前子树的结果中。

```
if splitDistance(target, node) < radius then
  points.insertAll(pointsInSphere(farBranch, center, radius))
return points
```

遍历更远的那个分支，并将找到的所有点添加到当前结果中。

返回你在这个子树中找到的点。

使用代码清单 9.2 中定义的一个辅助方法来计算通过当前节点的分割线与球体中心之间的距离。如果这个距离比半径更近，那么更远的那个分支也将与球体相交（见图 9.23）。

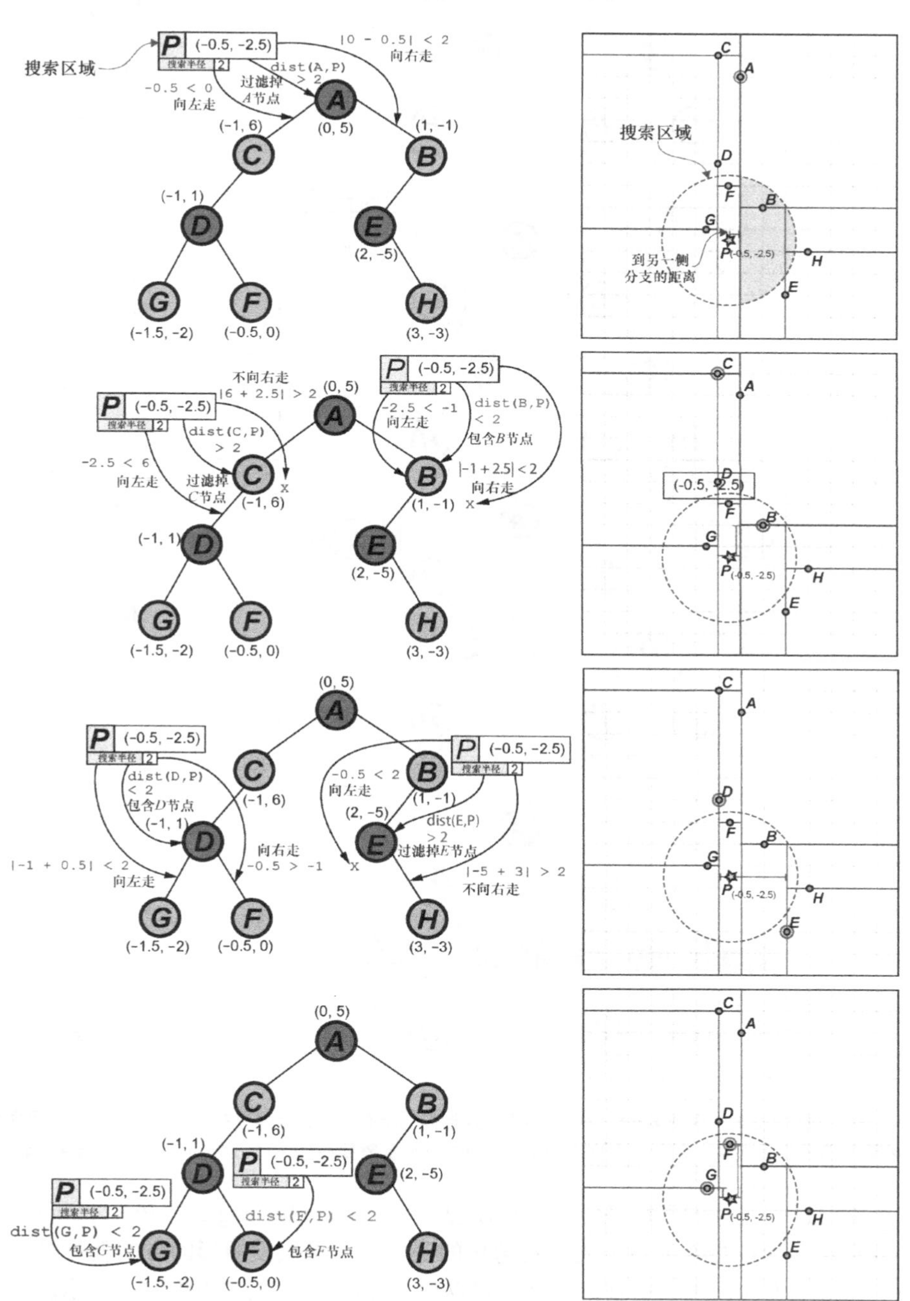

图 9.23 *k-d* 树上的区域搜索，返回 *k-d* 树中位于给定超球体内的所有点，也就是在距球体中心的给定欧几里得距离内寻找点。从根节点开始进行搜索，它不在范围之内。球体中心在节点 *A* 的左分支上，因此继续遍历这个分支。然而，虽然节点 *A* 不在球体内，但是穿过它的分割线与球体相交，因此球体的一部分也与节点 *A* 的右分支相交（我们在右上图中进行了突出显示）。在之后的步骤中，我们将同时显示在同一层的所有分支上执行的操作，从而节省空间（这也是一个很好的提示，说明这些过程可以并行地进行）

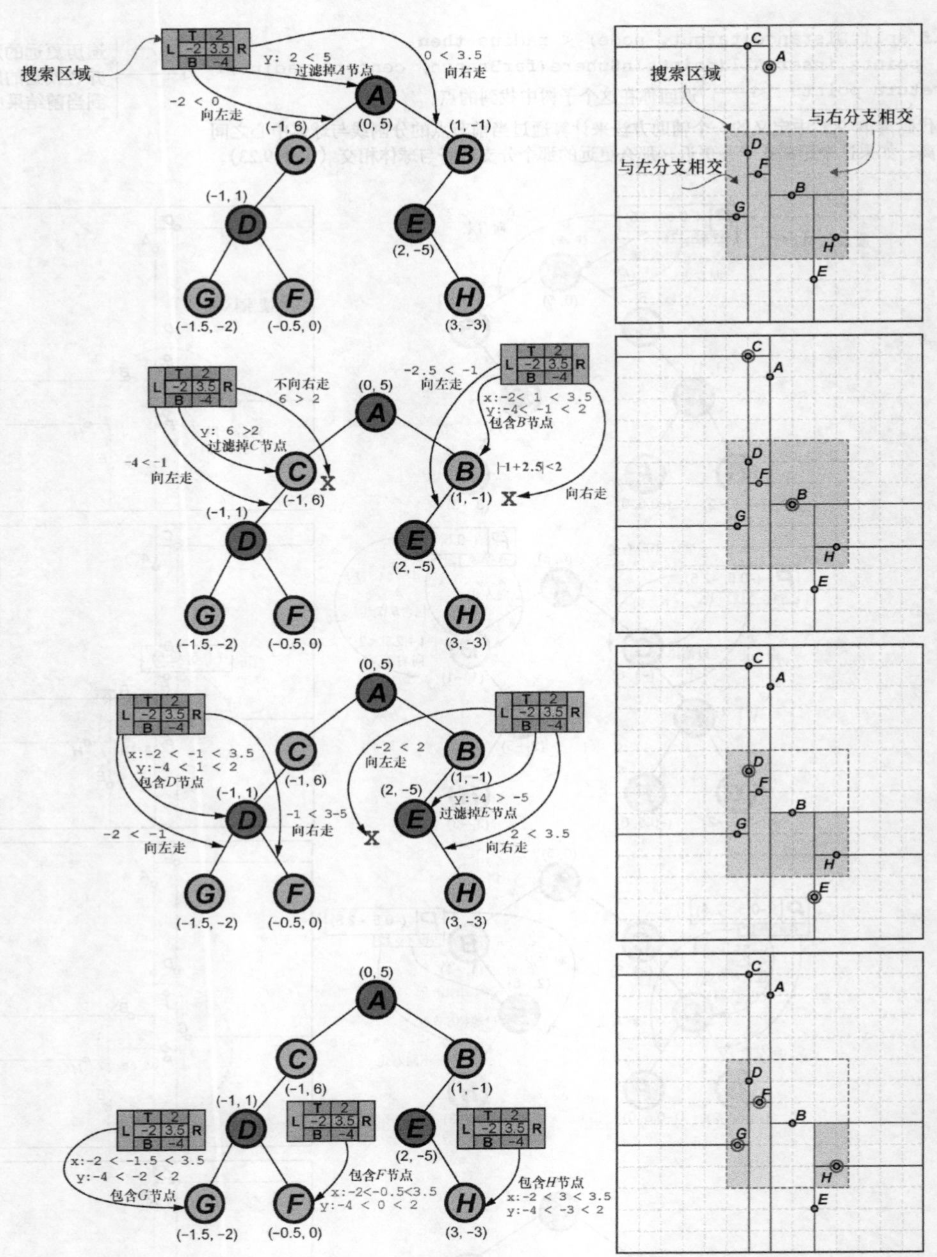

图 9.24 *k-d* 树上的区域搜索，返回 *k-d* 树中位于给定超矩形内的所有点。也就是寻找所有坐标都同时满足两个不等式的点，各个坐标都必须在范围之内。例如，在这个例子中，点的 *x* 坐标需要在−2 和 3.5 之间，*y* 坐标需要在−4 和 2 之间

另一个需要进行查询的区域是矩形。可以想象，pointsinRectangle 方法与 pointsinSphere 方法的唯一区别在于检查是否要对分支进行剪枝的逻辑。如果假设矩形的方向就是沿着用来进行分割的笛卡儿轴的方向，那么剪枝判断甚至可以说是非常容易的，如图 9.24 所示。假设当前处于横向分割，你需要了解分割线是否与搜索区域相交，如果相交的话，则两个分支都需要进行遍历。或者如果分割线在区域之上或之下，那你就能知道可以对哪个分支执行剪枝操作。这个结果可以通过简单地比较当前节点的 *y* 坐标（称为 N_y）与矩形区域的顶部（R_t）和底部（R_b）的 *y* 坐标来获得。因此，一共可能出现如下 3 种情况。

- $R_b \leqslant N_y \leqslant R_t$，说明需要遍历两个分支。
- $N_y > R_t$，说明可以对左分支进行剪枝。
- $R_b > N_y$，说明可以对右分支进行剪枝。

对于竖直分割的情况，则只需要检查 x 坐标而不是 y 坐标。同样，这个操作也可以通过对维度进行轮询而被推广到 k 维空间。

当需要在简单边界内搜索数据中的每个特征值时，这个方法非常有用。例如，如果有一个包含员工任期和工资的数据集，则可以搜索在公司工作了 2～4 年且工资在 4000～8000 元的所有员工。

代码清单 9.12 实现了这个搜索操作。其中，边界被转换成了平行于数据集特征轴的矩形，这就意味着在边界中，各个特征都独立于任何其他特征。相反，如果需要混合多个特征的条件（例如，员工在聘用期内每月的工资均低于 5000 元），那么搜索区域的边界将是通用线段，且不再平行于任何轴。

代码清单 9.12 pointsInRectangle 方法

查找容器中位于给定超矩形之内的所有点，其中超矩形将被作为参数进行传递。假设超矩形是一个被命名的元组的列表，其中每个元组都包含矩形维度的边界作为范围（最小值和最大值）。

```
function pointsInRectangle(node, rectangle)
  if node == null then
    return []
  else
    points ← []
      if (rectangle[i].min ≤ node.point[i] ≤ rectangle[i].max
          ∀ 0≤i<k) then
      points.insert(node.point)
    if intersectLeft(rectangle, node) then
      points.insertAll(pointsInRectangle(node.left, rectangle))
    if intersectRight(rectangle, node) then
      points.insertAll(pointsInRectangle(node.right, rectangle))
    return points
```

如果 node 为 null，则表示正在遍历一个空树，所以没有需要被添加的点。

如果 node 不为 null，那么需要执行 3 个步骤：检查当前节点是否在超矩形内；检查左、右分支是否与矩形相交；遍历所有相交的分支。

初始化在这个子树中可能找到的点的列表。

对于所有维度 i，如果当前节点的点的所有 i 个坐标都在矩形的边界之内，就可以将当前点添加到结果中。

如果矩形搜索区域与右分支相交，则需要在右子节点上执行对称的递归操作。

最后，返回在这个子树中找到的点。

如果矩形的边界与左分支相交，那么它要么位于当前节点分割线的左侧，要么与分割线相交。因此，你需要遍历左分支并将找到的所有点添加到当前结果中。由于篇幅受限，这里并不会提供这个辅助方法，但你可以通过参考图 9.24 来轻松地编写它。

在通用线段这种情况下，问题会变得更难解决，因此需要用到更复杂的逻辑来找到给定范围内的点，如单纯形法[1]。

这两种区域搜索的性能如何呢？正如你可以想象的那样，这个结果在很大程度上取决于搜索的区域。可从如下两种边缘情况进行全方位分析。

- 对于仅与对应于叶子节点的单个分支相交的非常小的区域，将对所有其他分支执行剪枝操作，因此只遍历通往叶子节点的路径。运行时间将为 $O(h)$，其中 h 是树的高度。对于具有 n 个节点的平衡树来说，也就是 $O(\log(n))$。
- 当区域大到足以与所有点相交时，将不得不遍历整个树，因此运行时间将为 $O(n)$。

综上所述，即使这些方法会尽可能有效地对树执行剪枝操作，我们也只能说在最坏情况下的运行时间是 $O(n)$。

9.3.7 所有方法的回顾

正如你在前面所看到的，*k-d* 树相比对整个数据集进行暴力搜索的速度要快。虽然最近邻搜

1 单纯形法是一种巧妙的优化方法，与 *k-d* 树无关，而且不会为 *k-d* 树带来任何帮助。

索（和删除）在最坏情况下的运行时间仍然是线性的（与暴力算法一样），但通常来说，平衡 *k-d* 树上的摊销性能要稍微好一些。*k-d* 树与暴力算法相比，在低维空间中带来的改进会很明显，并且在中维空间中仍然能够保持较好的性能。

在高维空间中，最近邻中包含 k 的指数项将变得占主导地位，并且为了支持这种数据结构所导致的额外复杂性也会使得 *k-d* 树不再值得我们使用。表 9.1 列出了 *k-d* 树上的主要操作及其运行时间和所需的额外空间。

表 9.1　*k-d* 树上的主要操作及其运行时间和所需的额外空间

操作	运行时间	额外内存
search	$O(\log(n))$	$O(1)$
insert	$O(\log(n))$	$O(1)$
remove	$O(n^{1-1/k})$[a]	$O(1)$
findMin	$O(n^{1-1/k})$[a]	$O(1)$
nearestNeighbor	$O(2^k + \log(n))$[a]	$O(m)$[b]
pointsInRegion	$O(n)$	$O(n)$

a．摊销时间（对于持有 k 维点的 *k-d* 树来说）。

b．当搜索 m 个最近邻时，m 是常数而不是 n 的函数。

9.4　限制与可能的改进

回顾“寻找最近仓库”的问题，在本章刚开始的时候，并不存在一个比暴力搜索更好的办法来找到多维数据集中某个点的最近邻。然后，我们通过一些不太理想的尝试，加深了对此类任务中的陷阱和挑战的理解，最后引入了 *k-d* 树。

k-d 树提供了比线性搜索更好的性能，但即便如此，它仍然存在一系列潜在的问题。

- *k-d* 树的实现很难有较好的性能。
- *k-d* 树不是自平衡的，因此当它们由一组静态点进行创建，并且插入和删除操作的数量相对于元素的总数很小时，性能最好。但遗憾的是，静态数据集并不是大数据时代的常态。
- 在处理高维空间时，*k-d* 树的性能并不好。你已经看到了，删除和最近邻搜索操作所需的时间是数据集维度 k 的指数。当有足够大的 k 值时，这会使性能不再优于暴力搜索。而如果 $n > 2^k$，那么最近邻搜索比朴素的暴力搜索执行得更好。因此，当 $k \approx 30$ 时，你需要一个包含数十亿个元素的理想数据集（具有规则分布的点）才能使 *k-d* 树表现得比暴力算法更好。
- *k-d* 树不适用于分页内存。它对本地内存的使用效率并不高，这是因为点被存储在树的节点中，因此相邻的点并不会位于相邻的内存区域。
- 虽然可以很好地处理点，但 *k-d* 树无法处理图形或任何具有非零度量的非点状对象。

高维数据集的低效率缘于这样一个事实，即在这些数据集中，数据会变得非常稀疏。同时，当在最近邻搜索期间遍历 *k-d* 树时，只能在分支不与以目标点为中心且半径等于目前找到的最小距离的超球体相交时才会对它进行剪枝，而这个超球体很可能在至少一个维度上与若干分支的超立方体相交。

要克服这些问题，我们可以尝试下面这些方法。

- 使用不同的标准来决定在哪里划分 k 维空间，并使用不同的启发式算法。
  - 不再使用通过点的分割线，而直接将一个区域分割成平衡的两个子区域（可基于点的数量或者子区域的大小。通常选择均值而不是中位数）。

   - 不在笛卡儿坐标维度中进行循环，而是在每一步都选择具有最大分布或方差的维度，并将选择存储在树的节点中。
- 每个节点都可以描述一个空间区域并（直接或间接地）链接到包含实际元素的数组，而不再将点直接存储在节点中。
- 可以对最近邻搜索进行近似。例如，可以使用**局部敏感哈希**（locality sensitive hashing）算法。
- 抑或找到划分 k 维空间的新方法，并在理想情况下减少稀疏性。

启发式算法虽然对于某些数据集来说是有帮助的，但它通常解决不了更高维空间的问题。

虽然近似解法产生不了准确的结果，但在许多情况下，次优结果就足够了，甚至会有无法定义出完美度量的情况出现，因此也就没办法得到精确的结果。例如，检索与文章最接近的文档，或是与想购买但缺货的东西最接近的商品。这里暂时不对相关的知识进行讲解。在第 10 章中，我们将通过使用 SS 树来深入研究近似解法。关于最近邻搜索的应用，参见第 11 章。

9.5 小结

- 数据集维数的增加，通常会为复杂性或所需内存带来指数级的增加。
- 上述指数级增加的情况可以通过仔细设计数据结构予以避免或限制，但是并不能完全消除。如果数据集的维数很大，则即便可以设计出一个这样的数据结构，也很难保持良好的性能。
- *k-d* 树是一种高级数据结构，它能够更有效地执行空间查询（最近邻搜索以及与球体或矩形区域的交集）。
- *k-d* 树在低维和中维空间中表现出色，但在高维空间中会因稀疏性导致性能不佳。
- *k-d* 树在静态数据集上的效果更好，因为这样可以在构建时创建出平衡树，但插入和删除操作都不是自平衡的。

第 10 章 相似性搜索树：图像检索的近似最近邻搜索

本章主要内容

- 讨论 *k-d* 树的限制
- 描述图像检索这一用 *k-d* 树难以解决的用例
- 引入一种新的数据结构：R 树
- 展示 R 树的一种可扩展变体：SS 树
- 比较 SS 树和 *k-d* 树
- 引入近似相似性搜索

本章的结构与本书的标准略有不同，这是因为此处将继续从第 8 章开始的讨论。在第 8 章中，我们提出了一个问题：在多维数据中如何搜索一个（可能不在数据集中的）任意点的最近邻？在第 9 章中，我们介绍了 *k-d* 树，这是一种专门为解决这个问题而发明的数据结构。

k-d 树目前仍然是索引能够放进内存中的低维数据集的最佳解决方案。但是，当必须对高维数据进行操作时，或者当需要处理无法放入内存的大数据集时，*k-d* 树就无能为力了，因此还需要使用一种更高级的数据结构来处理这种情况。

在本章中，我们将提出一个新问题来推动超出 *k-d* 树的限制的索引数据结构，然后介绍两种新的数据结构——R 树和 SS 树，以帮助你有效地解决这类问题。

请振作起来，因为这将是一段漫长的旅程，本章将包含迄今为止我们所介绍的一些最为先进的“材料”。

10.1 从结束的地方继续

先来简要回顾一下，在第 8 章和第 9 章结束的地方，我们正在为一家电子商务公司设计软件，这是一个可以在一张非常大的地图上为任意点找到最近的能够销售给定产品的仓库的应用程序。为了大致了解所需服务的规模，这里假设每天能够为全国数百万客户提供服务，并从同样分布在整个地图上的数千个仓库中获取产品。

在 8.2 节中，我们已经确定了暴力算法对于大规模应用程序来说并不适用，因此需要求助于一种全新的数据结构来处理多维索引。第 9 章描述了 *k-d* 树，这是一个里程碑式的多维数据索引，同时也是一个真正的规则改变者。它能够与你在第 8 章和第 9 章中使用的二维数据示例完美配合。剩下唯一的问题是由于数据集是动态的造成的，这是因为插入和删除操作会产生不平衡的树。但是，你也可以通过每隔一段时间（例如，当有1%的元素被插入或删除操作修改后）来重新构建树，并通过在后台进程中执行这个重建操作来分摊成本（在重建过程中，保持树的旧版本并且暂停任何插入或删除操作，或是当新的树被创建并“提升”为当前激活的树时，再将这些操作重新执行一遍）。

虽然在这个例子中可以找到绕过这个问题的解决方法，但对于其他应用程序来说可能就不见得有这么幸运了。事实上，*k-d* 树无法克服如下这样的一些内在限制。

- *k-d* 树不是自平衡的，因此当它由一组静态点进行创建，并且插入和删除操作的数量相对于元素的总数很小时，性能最好。
- 维度诅咒。在处理高维空间时，*k-d* 树的性能并不好。这是因为搜索操作所需的运行时间是数据集维度的指数。对于 k 维空间中的点，当 $k\approx 30$ 时，*k-d* 树并不会表现得比暴力算法更好。
- *k-d* 树不适用于分页内存。它对本地内存的使用效率并不高，这是因为点被存储在树的节点中，因此相邻的点并不会位于相邻的内存区域。

10.1.1 一个新的（更复杂的）例子

为了说明 *k-d* 树并不是一个推荐的解决方案，我们以仓库搜索为基础想象另一个不同的场景。将时间快进10年，这时，这家电子商务公司已经发展得不错了，不再只卖杂货，而且也售卖电子产品和衣服。到了2010年，客户在浏览产品目录时希望得到有价值的建议。更重要的是，公司的营销部门希望作为CTO的你，能够通过向客户展示他们真正喜欢的建议来确保销售额的增长。

例如，如果客户正在浏览智能手机（在那个时候，这是产品目录中最热门的产品，正在崛起以统治电子世界！），你的应用程序应该向他们展示价格和功能范围相似的更多智能手机。而如果客户正在查看一件鸡尾酒礼服，那么他们应该能看到更多与他们（可能）喜欢的礼服相似的衣服。

这两个问题虽然看起来（并且也的确）不同，但它们都可以归结为同一个核心问题：给定具有一系列特征的产品，找到一个或多个具有相似特征的其他产品。显然，我们从消费电子产品和服装中提取出的这些特征列表是非常不同的！

我们先来关注后者，如图10.1所示，给定一条裙子的图片，在产品目录中找到其他看起来相似的产品。即使在今天，这也是一个令人非常兴奋的问题！

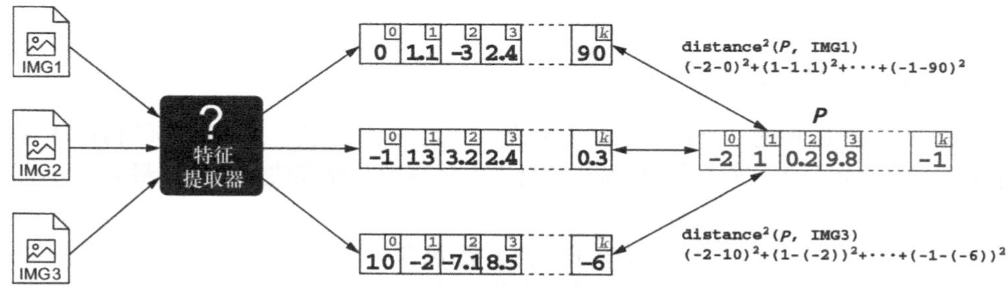

图 10.1 图像数据集的特征提取。每个图像都会被转换成一个特征向量（转换过程被表示为一个特征提取器“黑盒”，因为我们对创建这个向量的算法并不感兴趣）。然后，如果要搜索条目 *P*，则对条目 *P* 的特征向量与每个图像的向量进行比较，并根据一些度量计算出它们之间的相互距离（这里用的是欧几里得距离。注意，在查找这些欧几里得距离的最小值时，有时可以只通过计算平方距离来避免对各个条目应用平方根运算）

从图像中提取特征的方式与十几年前完全不同。2009年，我们使用数十种专门针对单个特征的算法从图像中提取边缘、角落以及其他几何特征，然后手动构建出更高级别的特征。

今天则恰恰相反，我们使用深度学习来完成这项任务：首先在更大的数据集上训练 CNN[1]，然后将其应用于产品目录中的所有图像以生成它们的特征向量。

但是，在获得这些特征向量之后，和之前一样，我们仍然面临如下问题：如何有效地搜索与给定向量最为相似的其他向量？

这与第 8 章中针对二维数据说明的问题是完全相同的，只不过这里会用到庞大的数据集（数以万计的图像或特征向量）并且每个元组都包含数百个特征。

与特征提取不同的是，搜索算法在过去十几年并没有发生太大的变化，本章介绍的数据结构是在 20 世纪 90 年代末到 21 世纪初被发明的，并且它们仍然是在向量空间中进行高效搜索的最佳选择。

10.1.2　克服 *k-d* 树的缺陷

第 9 章提到了一些可能的数据结构解决方案，它们可用于解决我们在 10.1.1 节中提出的问题。

- 可以根据点的数量或子区域的大小，将一个区域分割成平衡的两部分，而不再使用穿过数据集中的点的分割线来进行分割。
- 可以在每一步都选择具有最大分布或方差的维度，而不必在笛卡儿坐标维度中进行循环并将所做的选择存储在树的各个节点中。
- 每个节点都可以描述一个空间区域并（直接或间接地）链接到包含实际元素的数组，而不必再将点直接存储在节点中。

这些解决方案是本章即将讨论的数据结构（R 树和 SS 树）的基础。

10.2　R 树

我们要介绍的第一个基于 *k-d* 树的变体是 R 树。这里并不会深入地研究它的实现细节，而是讨论这个解决方案背后的思想，它为什么能起作用，并从高阶的角度分析它的工作机制。

R 树是 Antonin Guttman 于 1984 年在论文“R-Trees. A Dynamic Index Structure For Spatial Searching”中提出的。Guttman 受到了具有层次结构的平衡树（B 树[2]）的启发。准确来说，他以 B+树作为起点创建出了一种变体，其中只有叶子节点包含数据，内部节点仅包含键并用于分层划分数据。

10.2.1　先退一步：B 树简介

图 10.2 展示了 B 树的一个示例，严格来说，这是一个 B+树。这种数据结构旨在对一维数据进行索引并将其划分为“页”[3]，从而在磁盘上实现高效存储和快速搜索（最大限度地减少加载的页数，从而降低磁盘访问次数）。

B 树中的各个节点（内部节点或叶子节点）都包含 $d-1$～$2*d-1$ 个键，其中 d 是每个树的一个固定参数——分支因子[4]，也就是各个节点的（在这里是最少的）子节点数。唯一的例

1 卷积神经网络（Convolutional Neural Network），一种特别适合处理图像的深度神经网络。

2 B 树是一种经过优化的专门用来有效地将大型数据集存储在磁盘上的自平衡树。

3 即内存页，或简称页。

4 细心的读者一定还记得，我们在第 2 章中已经讨论了 d 叉堆的分支因子。

外是根节点，它可能包含少于 $d-1$ 个键。键被存储在有序列表中，这也是快速（对数）搜索的基础。实际上，任何具有像 $k_0, k_1, \cdots, k_{m-1}$ 这样 m 个（其中 $d-1 \leqslant m \leqslant 2*d-1$）键的内部节点，也都正好有 $m+1$ 个子节点：$C_0, C_1, \cdots, C_{m-1}, C_m$。于是，对于以 C_0 为根节点的子树中的各个键 k 都有 $k < k_0$，而对于以 C_1 为根节点的子树中的各个键 k 都有 $k_0 \leqslant k < k_1$，以此类推。

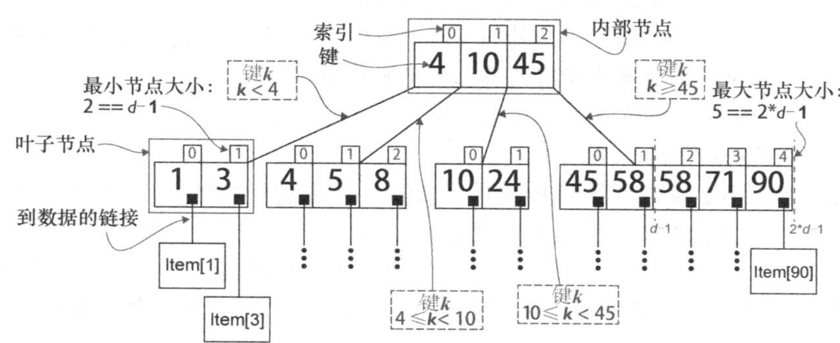

图 10.2　B+树的一个示例，该例展示了具有分支因子 $d == 3$ 的 B+树

在 B 树中，键和元素都被存储在节点中，每个键（即元素）都只会在一个节点中被存储。因此，如果数据集有 n 个元素，那么整个树就只会存储 n 个键。不过在 B+树中，内部节点只包含键，而只有叶子节点才会存储一个元素对，其中包含键和指向元素的链接。因此，这意味着要存储 n 个元素，B+树就需要有 n 个叶子节点，并且内部节点中的键也会被存储在它所有的后代节点中（见图 10.2，键 4、10 和 45 也都被存储在叶子节点中）。

在叶子节点中存储元素的链接，而不是直接将实际元素托管在树中的目的有两个：其一，节点更轻量级，因而更容易被分配和垃圾回收；其二，允许将所有元素存储在一个数组或任何其他连续的内存块中，从而利用相邻元素的内存局部性。

当这些树被用来存储大型元素的大量集合时，这些属性可以高效地使用内存分页。通过使用轻量级节点，整个树更容易被放进内存，而元素可以继续被存储在磁盘上，叶子节点则可以根据需要加载具体的数据。因为在访问了元素 X 之后，应用程序可能还需要访问它之后的某个元素，通过在内存中加载包含元素 X 的整个 B 树的叶子节点，就可以确保尽可能地减少对磁盘的读取。

显然，正是由于这些原因，B 树自被发明以来一直是许多 SQL 数据库引擎的核心。即使在今天，它也仍然是存储索引的首选数据结构。

10.2.2　由 B 树到 R 树

R 树将 B+树背后的主要思想扩展到了多维的情况。对于一维数据来说，各个节点都对应着一个线段（从其子树中最左边到最右边的键的范围，反过来也会是它的最小键和最大键）。在 R 树中，每个节点 N 都会覆盖一个矩形（或者在最一般的情况下覆盖一个超矩形），它的角是由以节点 N 为根节点的子树中所有节点的各个坐标的最小值和最大值进行定义的。

与 B 树类似，R 树也是参数化的。只不过 R 树并不需要控制代表各个节点中最小条目数的分支因子 d，而是要求其客户端在创建时提供下面这两个参数。

- M，节点中的最大条目数。这个值的大小通常被设置为让整个节点刚好能够被放进一个内存页。
- m（$m \leqslant M/2$），节点中的最小条目数。稍后你就会看到，这个参数可以间接地控制树的最小高度。

在给定这两个参数的值之后，R 树遵守下面这些不变量。

- 每个叶子节点都包含 m 到 M 个点（根节点除外，因为可能有少于 m 个点的情况）。
- 每个叶子节点 L 都关联一个超矩形 R_L，因此 R_L 是包含叶子节点中所有点的最小矩形。
- 每个内部节点都有 m 到 M 个子节点（根节点除外，因为它的子节点数量可能会小于 m）。
- 每个内部节点 N 都关联了一个外接（超）矩形 R_N，因此 R_N 是其边平行于笛卡儿轴且包含内部节点 N 的子节点中所有有界矩形的最小矩形。
- 根节点至少有两个子节点，除非根节点同时也是叶子节点。
- 所有叶子节点处于同一层。

上面的最后一个不变量告诉我们 R 树是平衡的，而通过第 1 个不变量和第 3 个不变量，我们可以推断出包含 n 个点的 R 树的最大高度是 $\log_m(n)$。

在进行插入时，如果从根节点到包含新点的叶子节点的路径上的任何节点都有多于 M 个的条目，那么就得对它进行拆分。于是两个新节点被创建出来，其中每个节点都只有一半的元素。

在进行删除时，如果任何节点变得小于 m 个条目，那么就得对它与它的一个相邻兄弟节点进行合并。

对于上面的第 2 个不变量和第 4 个不变量，我们需要做一些额外的工作才能保持其状态。不过，正是因为有了我们在这里为每个节点定义的外接矩形，你才能够在树上进行快速搜索。

在描述搜索方法如何工作之前，让我们先来仔细看看图 10.3 和图 10.4 中的 R 树示例。这里将限制在二维的情况下，因为这样更容易被可视化。但与往常一样，同样的思路也可以用来处理包含 3 维、4 维甚至 100 维的点的树。

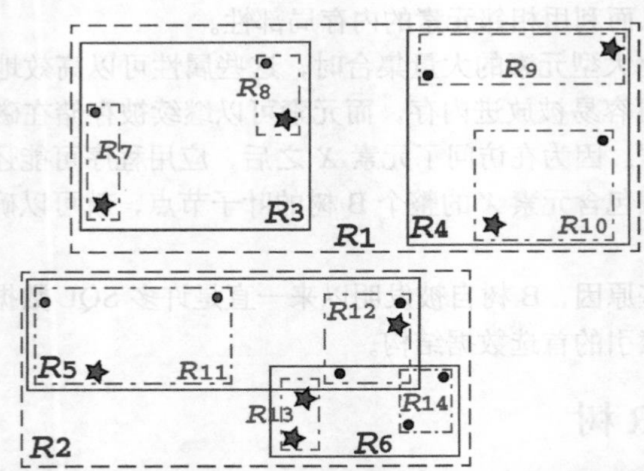

图 10.3　某城市地图的（一种可能的）R 树的笛卡儿平面表示（省略了城市名称以避免混淆）。这个 R 树包含 12 个外接矩形（R1～R12），并以层次结构进行组织。注意，矩形可以并且也的确有重叠，如图 10.3 的下半部分所示

如果将图 10.3 与展示 *k-d* 树如何组织相同数据集的图 9.4 进行比较，就可以很明显地看出这两种分割方式是完全不同的。

- R 树在笛卡儿平面中会创建矩形区域，*k-d* 树则沿着线对平面进行分割。
- 虽然 *k-d* 树会交替选择需要进行拆分的维度，但 R 树并不会循环遍历维度。相反，在每一层，创建的子矩形可以同时在任何维度甚至所有维度中对外接矩形进行分割。
- 外接矩形是可以重叠的，并且可以跨越不同的子树，甚至与兄弟节点的外接矩形共享同一个父节点。然而最重要的是，所有的子矩形都不会延伸到其父外接框之外。

- 每个内部节点都定义了一个**外接包膜**（bounding envelope），对于 R 树来说，它就是包含节点中所有子节点的外接包膜的最小矩形。

图 10.4 展示了这些属性是如何转换为树数据结构的。你可以看出，它与 *k-d* 树的区别十分明显！

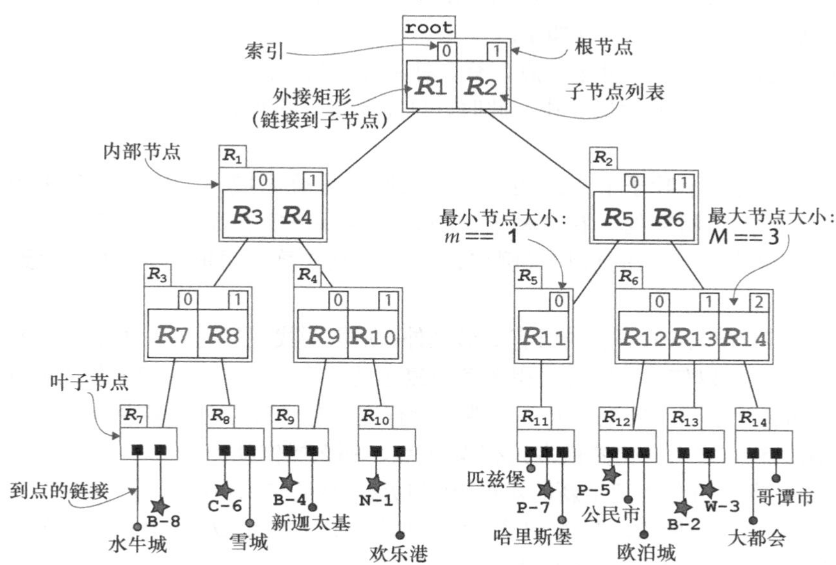

图 10.4　图 10.3 所示 R 树的树表示。这个 R 树的参数是 *m*==1 和 *M*==3。内部节点只保存外接框，叶子节点则保存实际的点（更通用的说法是 *k* 维元素）。在本章的其余部分，我们将使用更紧凑的表示，对其中的每个节点都只绘制其子节点的列表

每个内部节点都是一个矩形列表（如前所述，包含的元素个数介于 *m* 和 *M* 之间），叶子节点中则包含点（个数同样在 *m* 和 *M* 之间）的列表。每个矩形都由其子元素有效地确定，并且可以根据其子元素进行迭代定义。但出于实际原因，为了缩短搜索方法的运行时间，通常需要为每个矩形存储其外接框的数据。

由于这里的矩形只能平行于笛卡儿轴，因此它们可以由两个顶点定义，这是两个具有 *k* 个坐标的元组，一个元组用于各个坐标的最小值，另一个元组用于各个坐标的最大值。

注意，与 *k-d* 树不同，在使用 R 树处理非零度量对象时，只需要将其外接框视为矩形的特殊情况就行了，如图 10.5 所示。

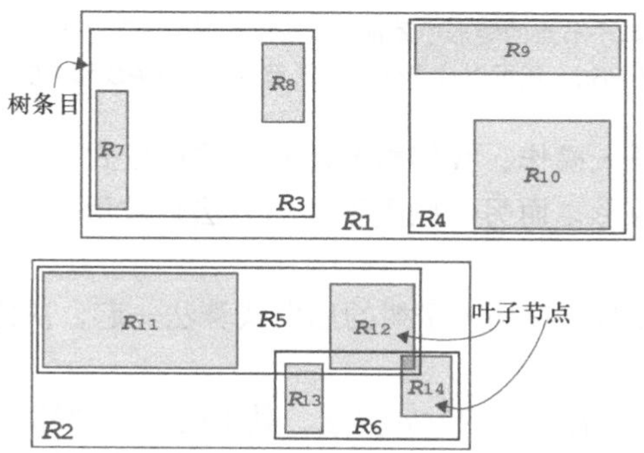

图 10.5　R 树的实体除了可以是点之外，也可以是矩形或任何非零度量实体。在这个示例中，实体 *R7*～*R14* 是树的条目，而实体 *R3*～*R6* 是树的叶子节点

10.2.3 在 R 树中插入点

当然，现在你可能想要知道如何从原始数据集中构建出图 10.5 所示的 R 树，毕竟我们刚刚介绍了它并要求你将其视为理所当然的结果。

R 树的插入与 B 树类似，由于与 SS 树相比有许多相同的步骤，因此这里不再重复介绍。概括地说，插入一个新点的步骤如下。

（1）找到应该承载新点 P 的叶子节点，有 3 种可能的情况。

a．P 恰好位于叶子节点的矩形 R 中。此时，只需要将 P 添加到矩形 R 中，然后进入下一步即可。

b．P 位于两个或多个叶子节点的边界矩形之间的重叠区域内。例如，参考图 10.6，P 可能位于 $R12$ 和 $R14$ 的相交处。在这种情况下，你需要决定在哪里添加 P。用于做出这个决定的启发式算法也将决定树的形状（例如，一种启发式算法可能是将 P 添加到元素较少的矩形中）。

c．如果 P 位于叶子节点那一层的所有矩形之外，则需要找到最近的叶子节点 L 并将 P 添加到其中（同样，这里也可以使用比欧几里得距离更复杂的启发式算法来决定要加入的叶子节点）。

（2）将点添加到叶子节点的矩形 R 中，然后检查这个叶子节点包含多少个点。

a．如果在添加新点之后，仍然最多只有 M 个点，那么操作就完成了。

b．否则，需要将 R 拆分为两个新的矩形 $R1$ 和 $R2$，然后转到步骤（3）。

（3）从父节点 RP 中移除 R，并将 $R1$ 和 $R2$ 添加到 RP。如果 RP 有 M 个以上的子节点，则需要对它进行拆分并递归地重复这个步骤。

另外，如果 R 是根节点，则很明显不能再将它从其父节点中删除。这时，只需要创建一个新的根节点并将 $R1$ 和 $R2$ 设置为其子节点就行了。

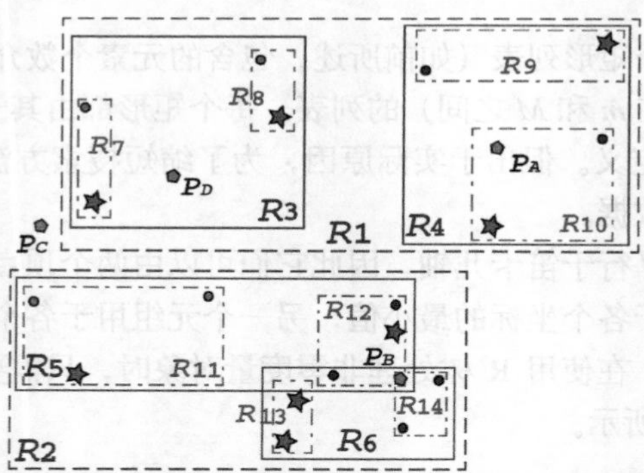

图 10.6　选择要向 R 树中的哪个叶子节点的矩形中添加点。新点可以位于叶子节点的矩形之内（PA），也可以位于两个或多个叶子节点的矩形的相交处（PB），还可以位于任何叶子节点之外（PC 和 PD）

为了完成上面概述的插入操作，我们需要用到一些启发式算法。其中一些被用来处理重叠矩形的情况并选择最近的矩形，而另一些更重要的方法则被用于在步骤（2）和步骤（3）中对一个矩形进行分割。

事实上，这些逻辑选择与选择插入子树的启发式算法一起，决定了 R 树的行为和形状（更不用说性能了）。

多年来，人们已经研究出若干种启发式算法，其中的每一种都旨在优化树的一种或多种使用场景。对于内部节点来说，用来进行拆分的启发式算法可能特别复杂，因为其中不仅需要对点进行划分，还需要划分 k 维形状。图 10.7 展示了一个简单的选择是如何很容易地导致低效拆分的。

深入研究这些启发式算法超出了本节的讨论范围，感兴趣的读者可以参考 Antonin Guttman 的原始论文。不过到了这里，你已经可以看出，处理超矩形和获得良好分割（以及删除后的合并）的复杂性是促使人们引入 SS 树的主要原因之一。

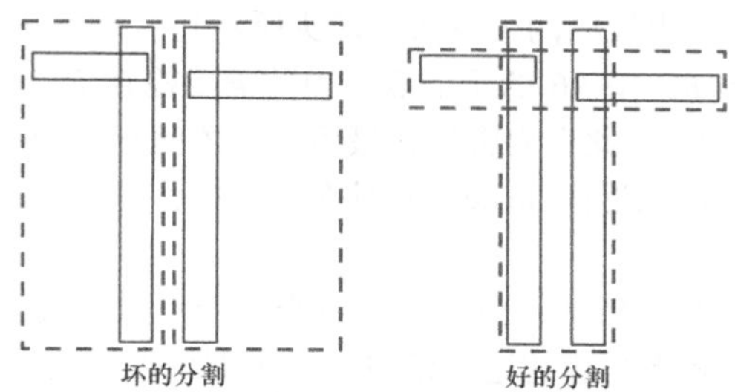

图 10.7 对内部节点的矩形进行分割的好坏示例（选自 Antonin Guttman 的原始论文）

10.2.4 搜索

在 R 树中搜索一个点或一个点的最近邻（NN）与 *k-d* 树中发生的情况非常相似，也需要遍历树并执行剪枝操作。对于 R 树来说，就是剪去不包含点的分支；对于最近邻搜索来说，则是对比当前最小距离更远的分支进行剪枝。

图 10.8 展示了示例 R 树上的一次（不成功的）点搜索。记住，不成功的点搜索是插入新点的第一步，借此我们可以找到应该被选择添加新点的一个或多个矩形。

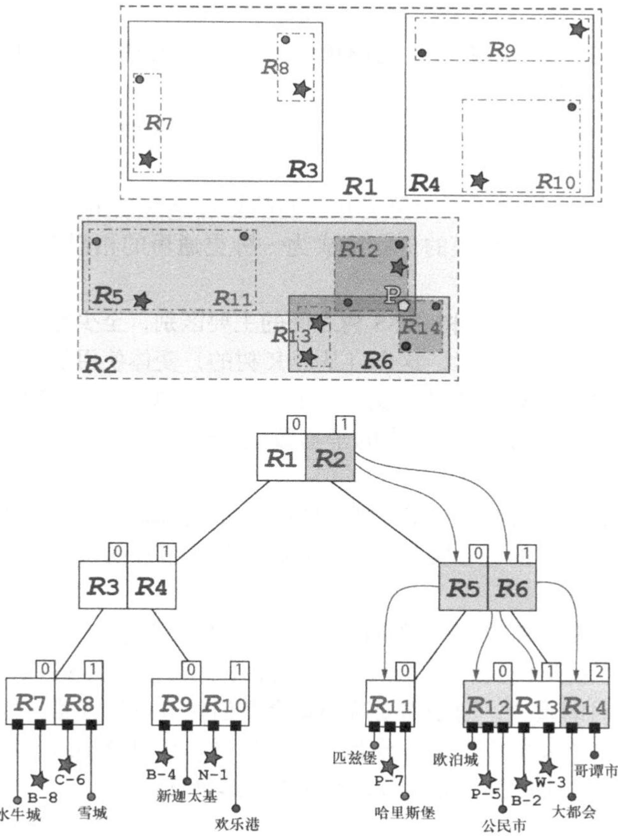

图 10.8 图 10.4 和图 10.5 所示 R 树上的一次不成功的点搜索。搜索路径在笛卡儿视图和树视图中做了突出显示，其中的箭头用来表示在树中遍历的分支。注意，这里相对于图 10.5 所示的树是更紧凑的表示

搜索会从根节点开始，对点 P 的坐标与矩形 R_1 和 R_2 的边界进行比较。由于点 P 只能位于矩形 R_2 内，因此这将是接下来遍历的唯一一条分支。

下一步，遍历 R_2 的子节点 *R*5 和 *R*6，这两者都可以包含点 P，因此需要在这一层遍历这两个分支（见图 10.8 下方从 *R*2 出发的两个浅灰色箭头所示）。

这意味着需要遍历矩形 *R*5 和 *R*6 的子节点，因此需要检查 *R*11～*R*14 的所有节点，其中只有 *R*12 和 *R*14 可以包含点 P，因此它们将是在最后一步才检查的两个矩形。由于这两个矩形都不包含点 P，因此搜索方法可以返回 false，并且在插入操作中可以选择两个叶子节点中的任何一个来存放点 P。

最近邻搜索的工作原理是类似的，只是不再检查一个点是否属于某个矩形，而是维护当前最近邻的距离，并检查各个矩形是否比这个值更近（否则可以对它进行剪枝）。这与 9.3.6 节描述的在 *k-d* 树中执行的矩形区域搜索非常相似。

不过，我们在这里并不会继续深入研究 R 树的最近邻搜索操作。现在，你应该对这种数据结构有了一个大致的了解，接下来我们准备转向它的变体——SS 树。

最后值得一提的是，R 树并不能保证在最坏情况下具有良好的性能，但在实践中，R 树通常相比 *k-d* 树表现要好，因此在很长一段时间内，R 树是多维数据集的相似性搜索和索引的事实标准。

10.3　SS 树

在 10.2 节中，我们看到了影响 R 树的形状和性能的一些关键属性。让我们在这里回顾一下：

- 分割的启发式算法；
- （如果有重叠的情况）用来选择子树，从而添加新点的标准；
- 对距离的度量。

对于 R 树来说，我们假设平行于笛卡儿轴的超矩形框会被用来作为节点的外接包膜。如果解除了这个约束，那么外接包膜的形状将成为一种更通用的相似性搜索树（即 SS 树）类型的第 4 个属性。

而且事实上，就核心而言，R 树和 SS 树之间的主要区别，至少在它们最基本的版本中，正是外接包膜的形状。如图 10.9 所示，这个（基于 R 树的）变体使用的是球体而不是矩形。

虽然看起来变化很小，但存在强有力的理论和实践证据表明，使用球体可以减少相似性（最近邻或区域）搜索所触及的叶子节点的平均数量。对于这一点，我们将在 10.5.1 节中进行更深入的讨论。

因此，每个内部节点 N 都是一个由质心和半径组成的球体。这两个属性都是唯一的且完全由 N 的子节点决定。节点 N 的中心实际上也是节点 N 的子节点的质心[1]，半径则是质心与节点 N 中的点之间的最大距离。

严格来说，当我们说 R 树和 SS 树的唯一区别是外接包膜的形状时，其实还漏了一点。为外接包膜选择不同的形状会迫使我们采用不同的分裂启发式算法。在 SS 树的情况下，我们不需要试图减少球体在分裂时的重叠，而是需要减小每个新创建节点的方差。因此，这里的分裂启发式算法会选择具有最高方差的维度来拆分有序的子列表，从而减小沿着该维度的方差（稍后我们将在有关插入的部分，也就是 10.3.2 节，更详细地解释这一点）。

---

1 质心被定义为一组点的质量的中心，其坐标是点坐标的加权和。如果 N 是一个叶子节点，那么它的中心就是所有属于节点 N 的点的质心；而如果 N 是一个内部节点，那么它的中心就是其所有子节点的质心。

与 R 树类似，SS 树也有两个参数——m 和 M，它们分别是每个节点（除了根节点）所允许拥有的最小和最大子节点数。

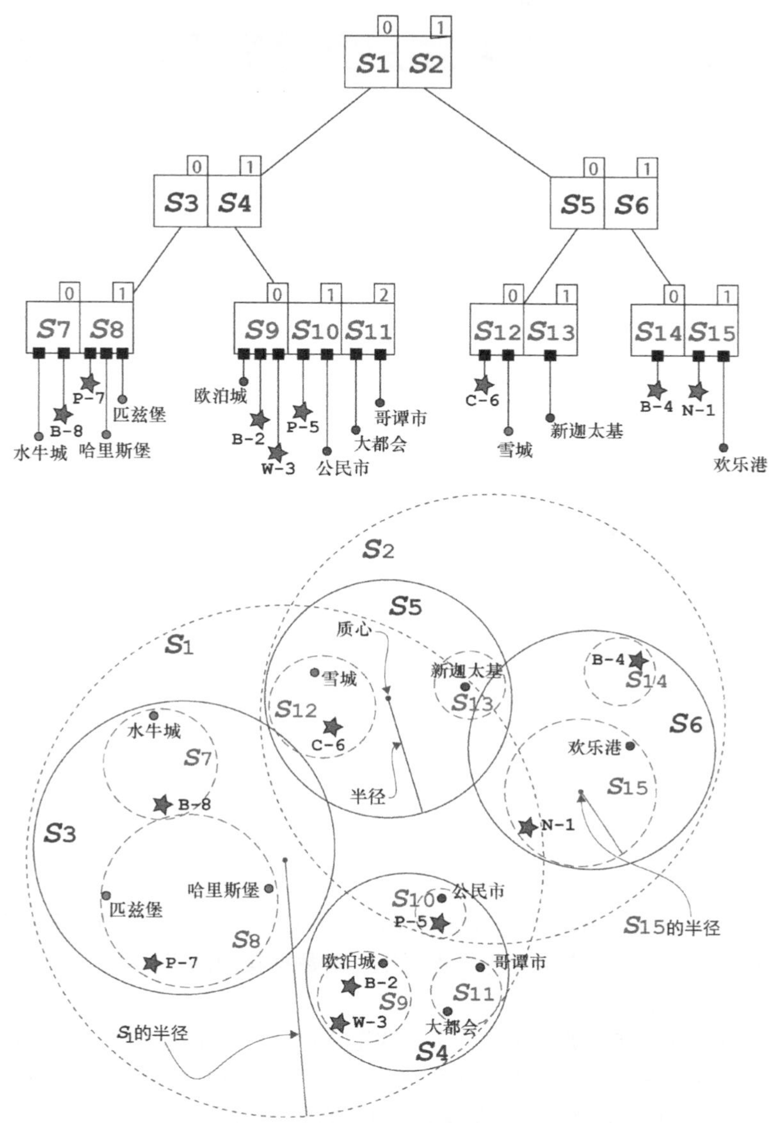

图 10.9 与图 10.4 和图 10.5 具有相同数据集的可能的 SS 树的表现。其中，参数为 $m == 1$ 和 $M == 3$。你可以看出，树结构类似于 R 树。为了避免混乱，这里只显示了几个球体的质心及其半径。对于树来说，这里依然使用了紧凑表示（参见图 10.5 和图 10.8）

与 R 树一样，SS 树中的外接包膜也有可能重叠。为了减少重叠，一些变体（如 SS^+树）引入了第 5 个属性［这个属性也被用在了 R 树的变体（如 R^*树）上］。这是另一个用来在插入时执行大量更改以重新构建树的启发式算法。我们将在本章的后面讨论 SS^+树，但现在继续重点关注普通 SS 树的实现。

与往常一样，数据结构的伪实现的第一步是提供一个伪类来进行建模。在这里，为了对 SS 树建模，就需要一个类来对树节点进行建模。一旦通过节点构建出了 SS 树，只需要一个指向树的根节点的指针，我们就能访问 SS 树了。为了方便起见，如代码清单 10.1 所示，这个指向根节点的指针，参数 *m* 和 *M* 的值，以及每个数据条目的维数 *k*，都已经被包含到 SsTree 类中。此外，我们假设所有这些值都可以被树中的每个节点获取到。

代码清单 10.1　SsTree 类与 SsNode 类

```
class SsNode
  #type tuple(k)
  centroid
  #type float
  radius

  #type SsNode[]
  children

  #type tuple(k)[]
  points

  #type boolean
  Leaf

  function SsNode(leaf, points=[], children=[])

class SsTree
  #type SsNode
  root
  #type integer
  m
  #type integer
  M
  #type integer
  k

  function SsTree(k, m, M)
```

可以看到，SS 树（与 R 树一样）有两种不同类型的节点——叶子节点和内部节点，它们在结构和行为上都有所不同。前者会存储 *k* 维元组（对数据集中的点的引用），而后者只包含到它的子节点（也就是树节点）的链接。

为了保持简单并尽可能与编程语言无关，这里在每个节点中都存储一个子节点数组 children 和一个点数组 points，并且使用一个布尔值来区分叶子节点和内部节点。对于叶子节点来说，children 数组将为空；而对于内部节点来说，points 数组将为空。

注意，我们在图 10.9 中将树节点表示成了一个“球体”的列表，其中的每个球体都有一个指向其子节点的链接。当然，这里也可以添加 SsSphere 类，并且将指向各个球体的子节点的链接作为这一新类型的字段。但这并不是一个很好的设计，因为这样做会导致数据重复（其中 SsNode 和 SsSphere 类都将保存质心和半径字段）并创建出不必要的间接层。记住，在查看这些 SS 树的图时，显示为树节点的组件的的确确是其子节点。

将此转换为面向对象编程中的代码的一种有效替代方法是使用继承。你可以定义一个公共抽象类（一个不能实例化为实际对象的类）或一个接口，以及两个（分别用于叶子节点和内部节点的）可以共享通用数据和行为（定义在基础抽象类中）但实现不同的派生类。代码清单 10.2 展示了这种模式的一种可能的伪代码描述。

代码清单 10.2 SsNode 类的另一种实现：SsNodeOO 类

```
abstract class SsNodeOO
  #type tuple(k)
  centroid
  #type float
  radius

class SsInnerNode: SsNodeOO
  #type SsNode[]
  children
  function SsInnerNode(children=[])

class SsLeaf: SsNodeOO
  #type tuple(k)[]
  points
  function SsLeaf(points=[])
```

尽管使用继承的实现可能导致一些代码重复和代码更难理解，但这提供了一个更简洁的解决方案。其中删除了决定节点类型的逻辑，而该逻辑在类的每个方法中都需要用到。

如前所述，虽然我们不会在本章的其余部分采用这个例子，但感兴趣的读者可以将它作为起点，尝试使用这种模式来实现 SS 树。

10.3.1 搜索

接下来我们开始描述 SsNode 类的方法。虽然你可能觉得很自然地应该从插入操作开始（毕竟需要在搜索前先构建出一个树），但对于许多基于树的数据结构来说，插入（或删除）条目的第一步都是搜索需要插入（或删除）的节点。

因此，在能够插入新元素之前，你首先需要用到 search 方法（以**精确地搜索元素**）。虽然稍后你会看到 insert 方法中的这一步与普通 search 方法略有不同，但在讨论过如何对树进行遍历之后，插入操作就可以更容易地描述了。

图 10.10 和图 10.11 展示了在示例 SS 树上调用 search 方法的步骤。严格来说，本章其余部分使用的 SS 树都源自图 10.9。你会发现多了几个点（灰色的星星），一些旧的点也稍微发生了移动，此外还去掉了所有点的标签并用从 A 到 W 的字母来代替它们的名称，从而让图更清晰且不再杂乱。出于同样的原因，本节和稍后的内容将把要进行搜索/插入/删除的点标识为 Z（以避免与树中已有的点发生冲突）。

继续之前的图像数据集示例，假设现在要检查特定图像 Z 是否在数据集中。方法之一是对图像 Z 与数据集中的所有图像进行比较。比较两幅图像可能需要一些时间（尤其当所有的图像都具有相同的大小，并且无法快速检查图像中的任何其他属性以排除明显不同时）。回想一下，前面曾提到数据集中有成千上万幅图像，如果按照这个思路，我们就得准备好好休息一会儿了（取决于硬件，机器可能需要工作一夜）。

但是，你肯定已经知道了这并不是真正的过程，一定还有更好的选择！

事实上，正如本章开头提到的，我们可以为数据集中的图像创建一个特征向量集合，然后提取出图像 Z 的特征向量，称为 $\boldsymbol{F}_Z$。之后就可以在特征向量空间中执行搜索，而不是在图像数据集中进行搜索。

然而，在时间、内存和磁盘访问方面，将 $\boldsymbol{F}_Z$ 与数万甚至数十万个其他向量进行比较可能既慢又昂贵。

如果存储在磁盘上的每个内存页都可以保存 M 个特征向量，那就不得不执行 n/M 次磁盘访

问并从磁盘上读取 $n*k$ 个浮点值。

而这也正是 SS 树发挥作用的地方。通过使用每个节点最多有 M 个条目且至少有 $m \leqslant M/2$ 个条目的 SS 树，就可以将从磁盘加载的页数减少到[1] $2*\log_M(n)$，并且只需要读取大约 $k*M*\log_M(n)$ 个浮点值。

代码清单 10.3 展示了 SS 树的 search 方法的伪代码，可按照图 10.10 和图 10.11 中的步骤来执行。node 最初是示例中树的根节点，因此它不是叶子节点。然后转到第 7 行代码并开始循环遍历节点的子节点，即本例中的 $S1$ 和 $S2$。

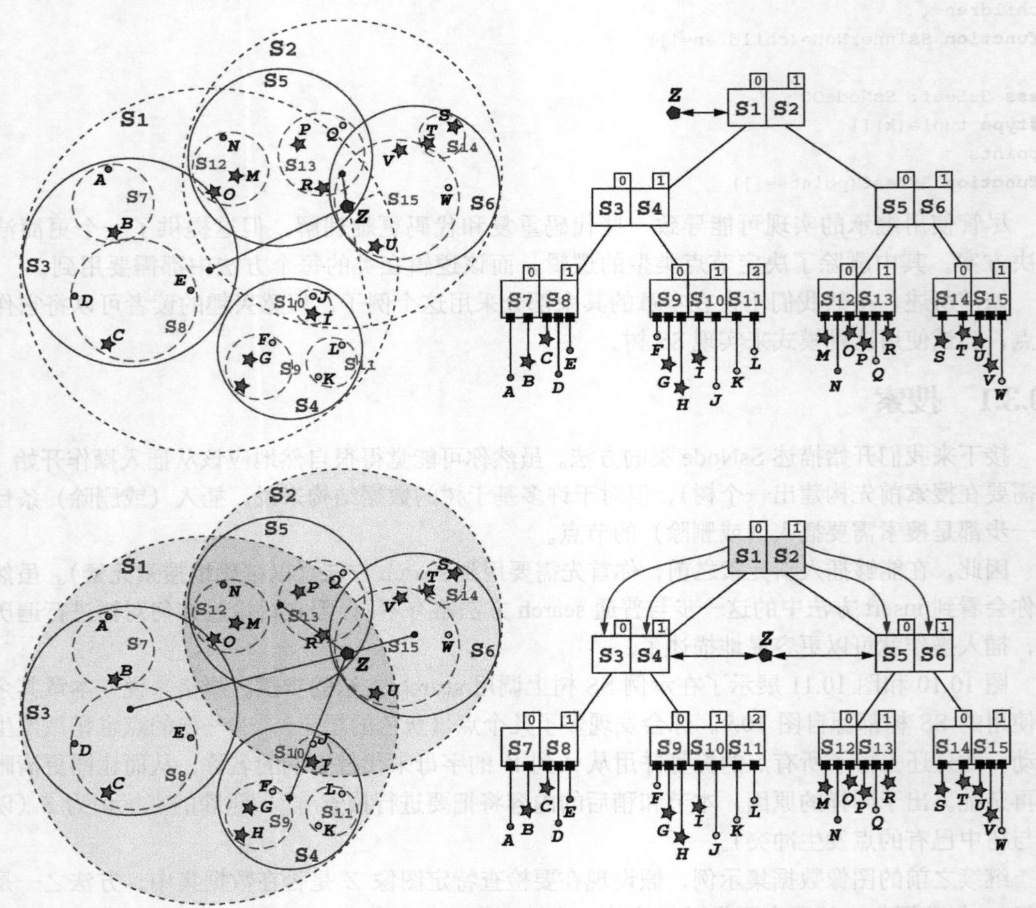

图 10.10　在 SS 树上进行搜索：搜索点 Z 的前几个步骤。其中，SS 树源自图 10.9，这里有一些微小的变化，旨在减少混乱，比如删除了条目的名称并改为使用从 A 到 W 的字母。上图：搜索的第一步是将点 Z 与树的根节点所对应的球体进行比较。对于每个球体，计算点 Z 与其质心之间的距离并检查结果是否小于球体的半径。下图：由于 S1 和 S2 都与点 Z 相交，因此需要遍历两个分支，并检查球体 S3 到 S6 是否与点 Z 相交

代码清单 10.3　search 方法

如果目标点被存储在树中，那么 search 方法会返回包含目标点的叶子节点，否则返回 null。这里显式地传递了想要搜索的（子）树的根节点，因此可以将这个函数用于子树。

```
function search(node, target)
  if node.leaf then
```

检查 node 是叶子节点还是内部节点。

1 由于树的高度最多为 $\log_m(n)$，因此如果 $m == M/2$（高度最大的选择），则有 $\log_{M/2}(n) \approx \log_M(n)$。

```
    for point in node.points do
      if point == target then
        return node
  else
    for childNode in node.children do
      if childNode.intersectsPoint(target) then
        result ← search(childNode, target)
        if result != null then
          return result
  return null
```

如果 node 是叶子节点，那么遍历其中包含的所有点，并检查是否有任何点与目标点匹配。

如果找到匹配的元素，则返回当前叶子节点。

检查 childNode 是否能够包含目标点；也就是说，判断目标点是否在 childNode 的外接包膜之内。相关的实现参见代码清单 10.4。

如果子节点中包含目标点，则对 childNode 的分支执行递归搜索。如果搜索结果是一个节点（而不是 null），则说明已经找到正在寻找的内容，因此可以返回。

如果当前节点的子节点不能包含目标点，或者如果已经位于叶子节点并且没有任何点与目标点匹配，那么将在这一行结束并返回 null 来作为搜索不成功的结果。

否则，如果正在遍历的是一个内部节点，则遍历其中所有的子节点并检查哪些子节点可能包含目标点。换句话说，对于每个 childNode，检查它的质心到目标点的距离，如果这个距离小于 childNode 的外接包膜半径，则需要递归遍历 childNode。

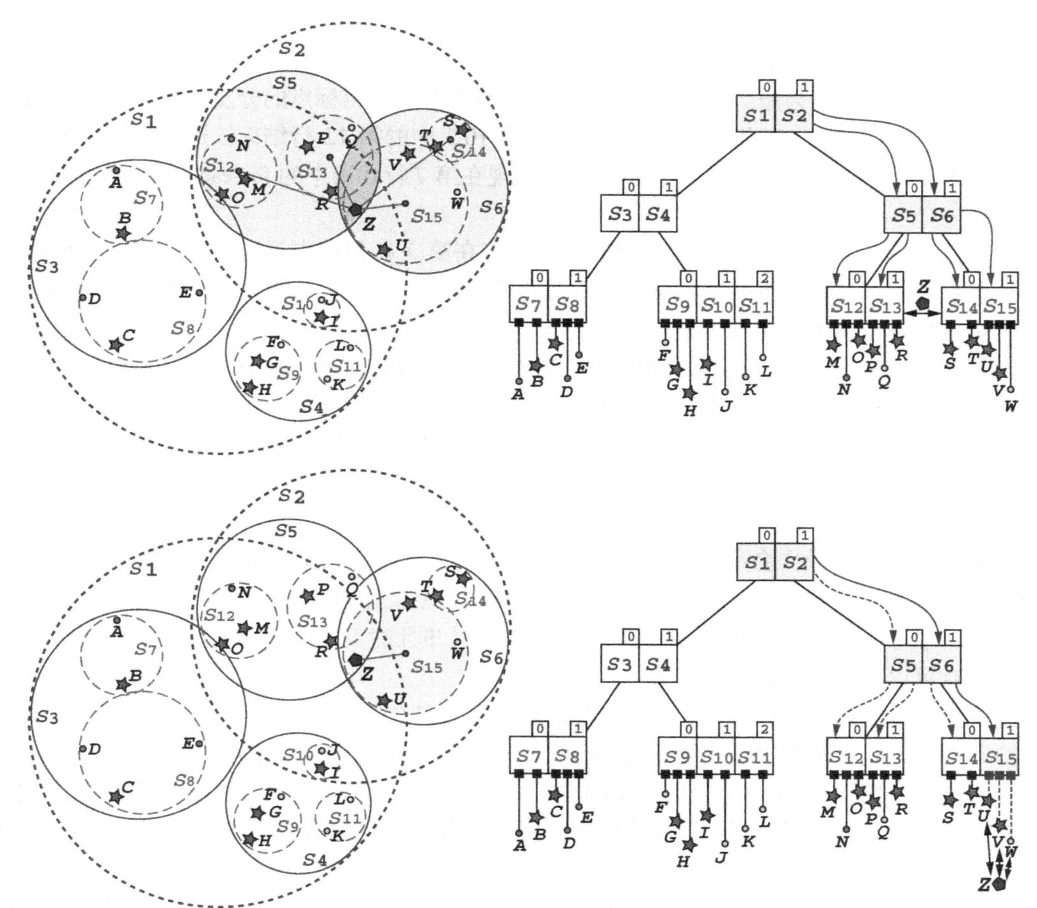

图 10.11　在 SS 树上进行搜索：在图 10.10 之后遍历整个树，直至叶子节点才结束。在各个步骤中，突出显示的球体说明当前正在遍历其子节点（换句话说，在每一步，突出显示的球体的并集就是搜索点可能存在的最小区域）

对于每个子节点来说，你需要计算目标点（图 10.11 中的点 *Z*）和球体质心之间的距离，代码清单 10.4 给出了 SsNode::intersectsPoint 方法的伪代码实现。由于我们为这两个球体计算得出的（欧几里得）距离都小于它们的半径，因此表明其中至少有一个球体（或两个球体同时）可以包含目标点。也就是说，你需要遍历分支 *S*1 和 *S*2。

代码清单 10.4　SsNode::intersectsPoint 方法

定义在 SsNode 上的 intersectsPoint 方法。该方法接收一个点作为参数，如果这个点在节点的外接包膜之内，则返回 true。

```
function SsNode:: intersectsPoint(point)
  return distance(this.centroid, point) <= this.radius
```

外接包膜是一个超球体，因此只需要检查节点质心和参数点之间的距离是否在节点的半径内。在这里，distance 可以是任何有效的距离函数，比如（默认情况下的）欧几里得距离 R^k。

观察图 10.10，你可以很明显地看到点 Z 位于球体 S1 和 S2 的相交处。

图 10.10（下半部分）和图 10.11 中接下来的几个步骤会执行相同的代码，旨在不断地循环遍历节点的子节点，直到叶子节点为止。值得注意的是，这个实现将执行节点的深度优先遍历。它会顺序地沿着路径向下尽可能快地到达叶子节点，并在需要时进行回溯。出于空间方面的原因，图 10.11 中显示的这些路径是并行遍历的。不过这也是完全可行的，只需要对代码进行稍许修改就可以了（但是，这将完全依赖于实际实现的编程语言，所以这里仍然坚持使用更简单且消耗资源较少的顺序版本）。

该方法有时候可能会遍历一个其中所有的子节点都不包含目标点的分支，例如包含 S3 和 S4 的节点就处于这种情况。因此，执行将在代码清单 10.3 中的第 12 行结束，返回 null 并回溯到调用者。因为从一开始就已经遍历了分支 S1，所以现在第 7 行代码中的 for-each 循环将继续前进到分支 S2。

当最终到达 S12～S14 的叶子节点时，执行将在第 3 行代码中运行循环，在这里也就是扫描叶子节点中的点以搜索到精确匹配。如果找到了匹配，则返回当前叶子节点作为搜索结果（当然，这里需要假设树中不包含重复项）。

代码清单 10.4 展示了检查点是否在节点外接包膜之内的方法的简单实现。可以看到，这个实现非常简单，只使用一些基本几何代数即可完成。但请注意，distance 函数是 SS 树的结构参数：既可以是 k 维空间中的欧几里得距离，也可以是其他不同的度量[1]。

10.3.2　插入

如前所述，插入操作会从搜索步骤开始。对于更基本的像**二叉搜索树**这样的树来说，不成功的搜索会返回一个唯一的可以被用来添加新元素的节点。而对于 SS 树来说，它存在着与我们在 10.2 节中简要讨论过的 R 树相同的问题：节点可以并且确实也会重叠，因此可能会有不止一个叶子节点可以添加这个新点。

这个策略对 SS 树的影响很大。前文提到，它是决定 SS 树形状的第二个属性。因此，你需要选择一种启发式算法来决定需要遍历的分支，或选择一个叶子节点来包含新点。

SS 树在最初版本中使用了一种简单的启发式算法：在每一步都选择质心最接近要插入的点的那个分支（对于那些很难遇到的稀有情况，可通过使用任意值来打破平衡）。

但这并不是一种理想的启发式算法，因为它可能导致图 10.12 所示的情况。其中一个新点 Z 可能并不会被添加到已经可以包含它的叶子节点上，而是通过将另一个叶子节点的包膜变大来添加点 Z，进而导致两个叶子节点出现重叠。虽然概率很低，但选择的叶子节点并不是最接近目标点的叶子节点也是有可能的。由于在每一层都只遍历最近的节点，因此如果树没有很好地得到平衡，就有可能在遍历方法的过程中进入一个偏斜的分支球体，其质心会离一个范围很小的叶子节点非常远。这类似于图 10.12 中的球体 S6，其子球体 S14 就离它的质心很远。

1 只要能够满足有效度量的如下要求就行了：始终为非负数，仅有点与其自身之间的距离为 null，满足对称性并遵守三角不等式。

但是，这种启发式算法极大简化了代码并缩短了运行时间。因为只需要从根节点到叶子节点进行遍历就行了，所以（这个操作）就有了 $O(\log(n))$的最坏边界。而如果要遍历所有与点 Z 相交的分支，那么在最坏的情况下，就可能需要访问所有的叶子节点。

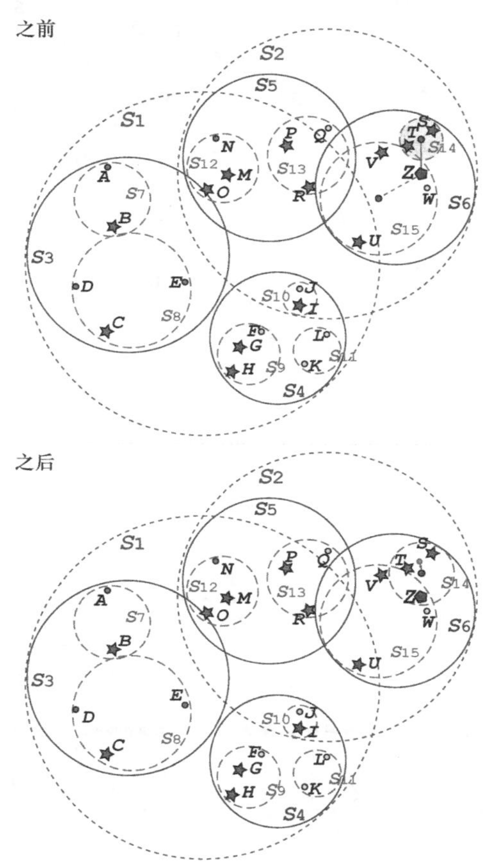

图 10.12　将插入树中的点 Z 添加到最近的叶子节点 S14 的示例。操作结束时，S14 的外接包膜因此变得更大，并与另一个已经存在的且可以直接将点 Z 包含在内的叶子节点 S15 相互重叠。观察图的下方，你可以看到 S14 的质心由于将新点添加到了球体而发生了移动

此外，如果使用其他启发式算法，那么代码也会变得更加复杂，因为可能需要以不同的方式来处理没有叶子节点以及正好有一个或多个叶子节点与点 Z 相交的情况。

因此，我们在这里将使用 SS 树的初始论文中描述的那种原始启发式算法，如代码清单 10.5 所示。因为它只遍历树中的单条路径，所以可以认为它是 10.3.1 节中描述的 search 方法的更简单版本。图 10.13 展示了它与 search 方法在同一个树上查找相同点的区别（请参考图 10.10 与图 10.11 来进行比较）。

代码清单 10.5　searchParentLeaf 方法

```
function searchParentLeaf(node, target)
  if node.leaf then
    return node
  else
    child ← node.findClosestChild(target)
    return searchParentLeaf(child, target)
```

这个方法会返回离目标点最近的叶子节点。

检查 node 是否为叶子节点。如果是，就直接返回它。

递归遍历所选择的分支并返回结果。

否则说明正在遍历的是一个内部节点，因此需要找到下一个需要遍历的分支。这里可通过调用 findClosestChild 方法来帮助做决定（参见代码清单 10.8 中的实现）。

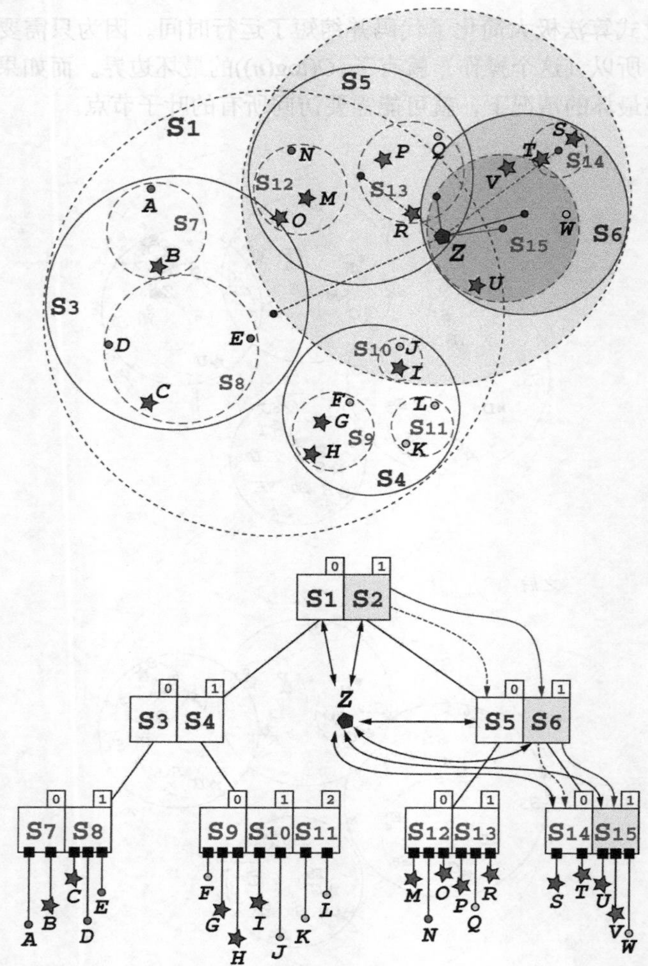

图 10.13　利用 searchParentLeaf 方法对树进行遍历的示例。与图 10.10 和图 10.11 相比，这里的步骤被压缩在了一个子图中。只遍历一条路径这一事实使得这种紧凑的表示得以成功。请注意在每一步是如何计算点 Z 与当前节点的质心之间的距离的。（此处使用了与球体相同的基于层数的颜色代码来表示距离，并且我们为距离绘制的线段的一端位于进行计算的球体的中心，因此你可以容易地发现到根节点以及第 1 层球体等之间的距离）。另请注意，这里仅选择距离最短的分支（绘制为较粗的实线）。遍历的球体分支在这两种表示中都进行了突出显示

然而，代码清单 10.5 只是为了说明这种遍历是如何工作的。实际的 insert 方法并不会将它作为一个单独的步骤来调用，而是将代码整合起来。这是因为找到最近的叶子节点只是第一步，还远远没有完成插入操作，并且可能需要对步骤进行回溯。而这也就是必须将 insert 方法实现为递归函数的原因，并且当子调用返回时，你需要在从根节点到当前节点的路径上进行回溯。

事实上，假设我们发现应该将点 Z 添加到某个已经包含 j 个点的叶子节点 L 上，由于 $j \geqslant m > 1$，因此叶子节点不能为空，但可能存在三种完全不同的情况。

(1) 如果叶子节点 L 已经包含点 Z，那么假设在不支持重复数据的情况下，你什么也不用做（否则可以参考另外两种情况）。

(2) 当 $j < M$ 时，只需要将点 Z 添加到叶子节点 L 的点列表中，并重新计算 L 的质心和半径就行了。这种情况如图 10.12 所示，其中 $L = S14$。在图 10.12 的下方可以看到，由于将点 Z 添加到了球体 $S14$ 中，因此需要对外接包膜的质心和半径进行修改。

（3）当 $j == M$ 时，这是最复杂的情况。因为如果在叶子节点 L 中添加另一个点，就会违反要求叶子节点不超过 M 个点的不变量。解决这个问题的唯一方法是将叶子节点的点分成两组，创建两个新的叶子节点，并将它们添加到叶子节点 L 的父节点 N 中。遗憾的是，如果节点 N 已经有 M 个子节点，则会遇到相同的情况。类似地，解决这个问题的唯一方法是将节点 N 的子节点也分成两组（定义两个新的球体），从其父节点 P 中删除节点 N，并将两个新球体添加到节点 P 中。显然，节点 P 现在也有可能包含 $M+1$ 个子节点！长话短说，这个过程需要回溯到根节点，只有当到达一个具有少于 M 个子节点的节点时，或者已经到达根节点时才会停止。如果必须对根节点进行拆分，则创建一个只有两个子节点的新根节点，于是树的高度将增加 1（这是唯一可能会让树变高的情况）。

代码清单 10.6 展示了用来执行刚刚所描述步骤的 insert 方法的一种实现。

- 相当于 searchParentLeaf 方法的树的遍历逻辑出现在第 10 行和第 11 行代码中。
- 第一种情况在第 3 行代码中进行处理，其中会通过返回 null 来让调用者知道不需要再执行进一步的操作。
- 第二种情况对应伪代码中的第 6 行和第 18 行，同样会返回 null。
- 第三种情况很明显最复杂，实现在第 19 行和第 20 行代码中。
- 回溯则在第 12～21 行代码中进行处理。

代码清单 10.6　insert 方法

insert 方法接收一个节点和一个点作为参数，并将这个点添加到节点的子树中。它是递归定义的，如果插入的结果不需要对 node 进行拆分，那么返回 null，否则返回由分裂节点产生的节点对。

```
function insert(node, point)
  if this.leaf then
    if point in this.points then
      return null
    this.points.add(point)
    this.updateBoundingEnvelope()
    if this.points.size <= M then
      return null
  else
    closestChild ← this.findClosestChild()
    (newChild1, newChild2) ← insert(closestChild, point)
    if newChild1 == null then
      node.updateBoundingEnvelope()
      return null
    else
      this.children.delete(closestChild)
      this.children.add(newChild1)
      this.children.add(newChild2)
      node.updateBoundingEnvelope()
      if this.children.size <= M then
        return null
  return this.split()
```

检查 node 是否为叶子节点。

如果 node 是一个叶子节点，那么检查它所包含的点是否已经有了参数点，如果答案是肯定的，就可以直接返回。

否则向叶子节点中添加这个点。

添加新点后，需要重新计算这个叶子节点的质心和半径。

如果添加了一个新点，那么还需要检查这个叶子节点现在是否拥有超过 M 个点。如果不超过 M 个点，就可以直接返回，否则需要继续执行第 22 行代码。

如果处在一个内部节点，则需要通过调用一个辅助方法来找到将要遍历的分支。

递归地遍历树并插入新点，然后存储操作的结果。

如果递归调用返回 null，则只需要更新这个节点的外接包膜，然后继续返回 null。

否则表示 closestChild 发生了分裂，因此需要将它从子节点列表中移除。

在 closestChild 原来的位置添加两个新生成的球体。

重新计算这个节点的质心和半径。

如果子节点的数量仍然在最大允许范围内，则说明完成了回溯。

如果代码执行到这里，则意味着需要对节点进行拆分。你可以创建两个新节点并返回它们。

图 10.14 和图 10.15 说明了上面的第三种情况，即在已经包含 M 个点的叶子节点中插入一个新点。大致来说，SS 树中的插入操作与 B 树中用于进行插入的算法类似，唯一的区别在于分割节点的方式不同（在 B 树中，元素列表只会被分成两部分）。当然，正如你在 10.2 节中看到的那样，在 B 树中，指向子节点的链接和顺序有着不同的处理方式。

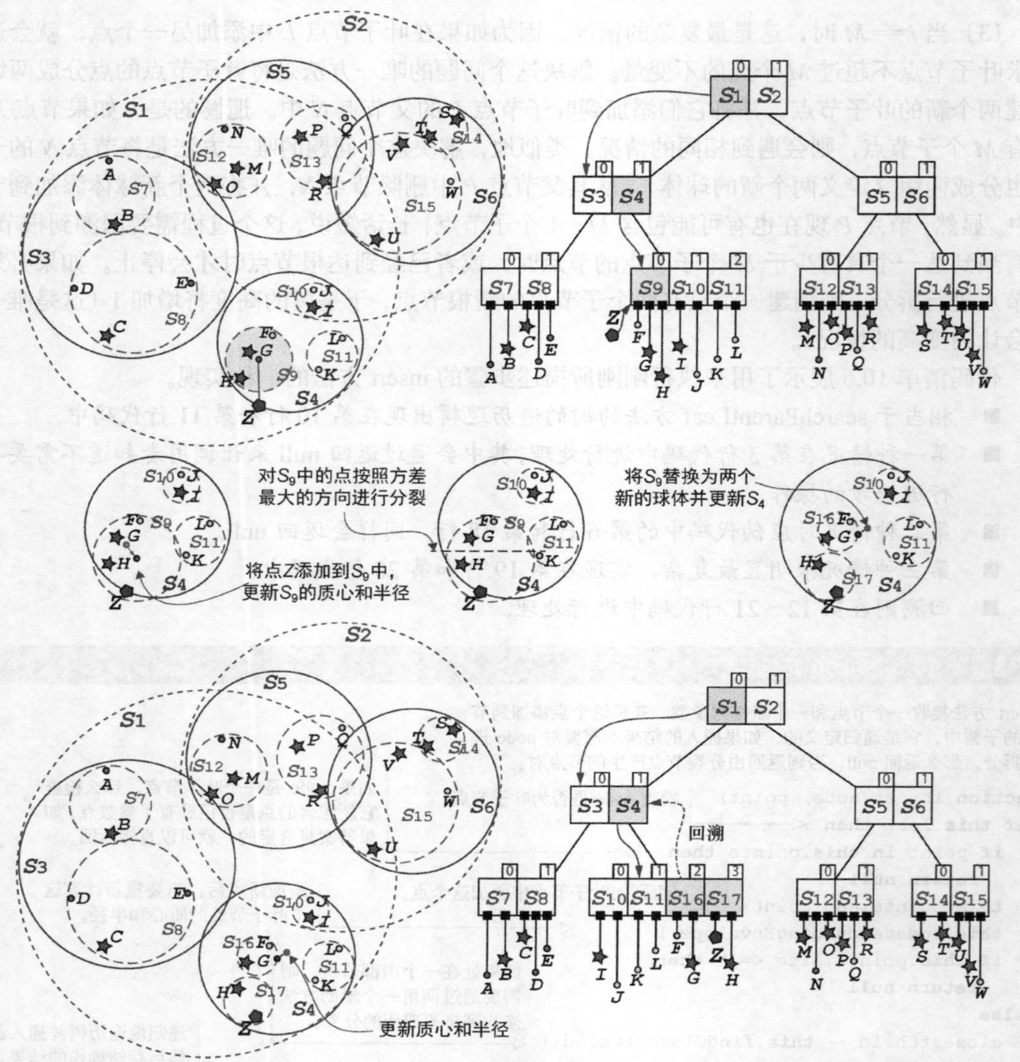

图 10.14　在一个已经满了的叶子节点中插入一个点。（上图）寻找正确叶子节点的搜索步骤。（中间图）相关区域的特写。*S*9 需要更新并重新计算质心和半径。然后可以找到具有最大方差的点并拆分这些点，使两个新的点集合的方差最小。最后，从父节点 *S*4 中删除 *S*9，并添加两个分别包含分裂后产生的点集合的新叶子节点。（下图）最终的结果是，现在需要更新 *S*4 的质心和半径并进行回溯

代码清单 10.6 使用了若干辅助方法[1]来完成插入操作。但是，还有一种情况没有进行处理，那就是当到达根节点时会发生什么呢？需要对它进行拆分吗？

我们没有在代码清单 10.6 中处理这种情况是因为需要更新树的根节点，而这是一个需要在树的类上执行的操作，只有在这里才能访问到根节点。

下面我们给出树的 insert 方法的显式实现。记住，我们实际上只会公开定义在数据结构类（如 KdTree 或 SsTree 类等）上的方法，而不会公开定义在节点类（如 SsNode 类）上的方法。通常，如果类方法只是节点方法的包装器，我们将省略它们。请查看代码清单 10.7 以了解如何处理根节点的分裂情况。另外，再次强调一下，这是唯一能让树的高度增长的情况。

1 请记住，干净代码的黄金法则之一是将长而复杂的方法分解成更小的方法，这样每个方法就可以只专注于一个目标。

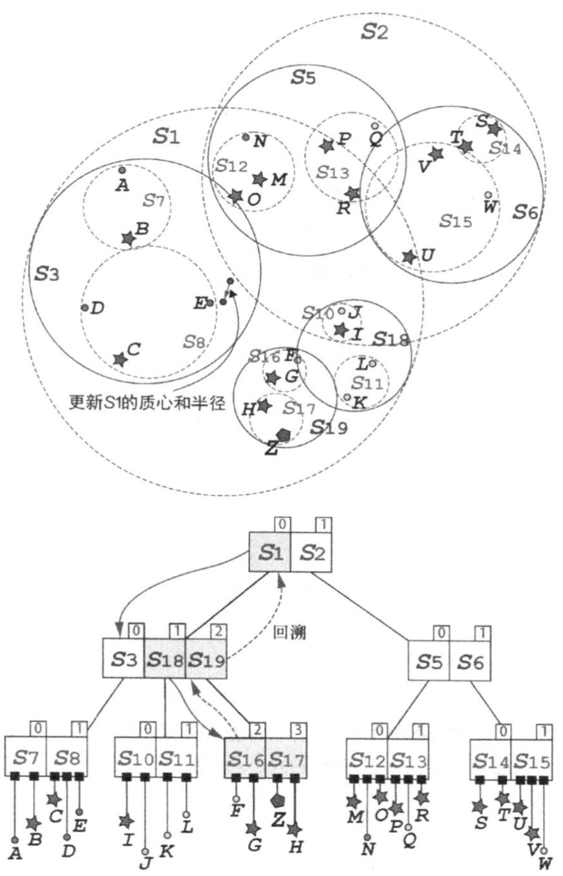

图 10.15 在分割叶子节点后，insert 方法中的回溯过程。以图 10.14 为起点，在将叶子节点 S9 拆分为节点 S16 和 S17 后，回溯到 S9 的父节点 S4，并将这两个新叶子节点添加到其中。如图 10.14 的末尾所示，S4 现在有了 4 个子节点，因此也需要对它进行拆分。这里展示了将 S4 拆分为两个新节点 S4 和 S19 的结果，它们将被添加到 S4 的父节点 S1。继续回溯到 S1，因为它现在只有三个子节点（并且 M==3），所以只需要重新计算 S1 的外接包膜的质心和半径就可以停止回溯了

代码清单 10.7 SsTree::insert 方法

定义在 SsTree 类上的 insert 方法。该方法接收一个点作为参数，并且不返回任何东西。

在根节点上调用 insert 方法并存储结果。

当且仅当 insert 方法的返回结果不为 null 时，才需要用新创建的节点替换树的旧根节点，同时以旧根节点被拆分出的两个节点作为新根节点的子节点。

```
function SsTree::insert(point)
  (newChild1, newChild2) ← insert(this.root, point)
  if newChild1 != null then
    this.root = new SsNode(false, children=[newChild1, newChild2])
```

10.3.3 插入：方差、均值与投影

下面我们来深入了解代码清单 10.6 中调用的（众多）辅助方法的细节。让我们从代码清单 10.8 中描述的启发式算法开始，该启发式算法旨在找出节点中离点 Z 最近的子节点。如前所述，这里将循环遍历节点中的所有子节点，计算它们的质心与点 Z 之间的距离，并选择最小的外接包膜。

代码清单 10.8 SsNode::findClosestChild 方法

定义在 SsNode 类上的 findClosestChild 方法。它接收一个点 target 并返回当前节点中与点 target 的距离最小的子节点。

如果在叶子节点上调用这个方法，则意味着代码有问题。在某些编程语言中，可使用断言来确保不变量（非 node.leaf）为真。

```
function SsNode::findClosestChild(target)
  throw-if this.leaf
```

```
minDistance ← inf
result ← null
for childNode in this.children do                              ◁── 循环遍历所有子节点。
  if distance(childNode.centroid, point) < minDistance then
    minDistance ← distance(childNode.centroid, point)        ◁── 如果小于，则存储新的最小
    result ← childNode                                        ◁── 距离并更新最近的节点。
return result   ◁── 在利用 for 循环遍历完所有的子节点后，返回找到的最近子节点。
```

检查当前子节点的质心与点 target 之间的距离是否小于目前找到的最小值。

正确初始化最小距离以及将要返回的节点。另一个隐式的不变量是，内部节点中至少要有一个子节点（严格来说必须至少有 *m* 个子节点），因此这里初始化的值将被至少更新一次。

图 10.16 展示了当需要对一个叶子节点进行分裂时会发生什么。首先，我们需要在包含新点后重新计算叶子节点的半径和质心。接下来，我们需要计算 $M+1$ 个点的坐标沿着 k 个轴方向的方差，从而找到方差最大的方向。这对于像 *S*9 这样的倾斜的点集合来说特别有用，并且有助于减小球体体积，进而减少重叠。

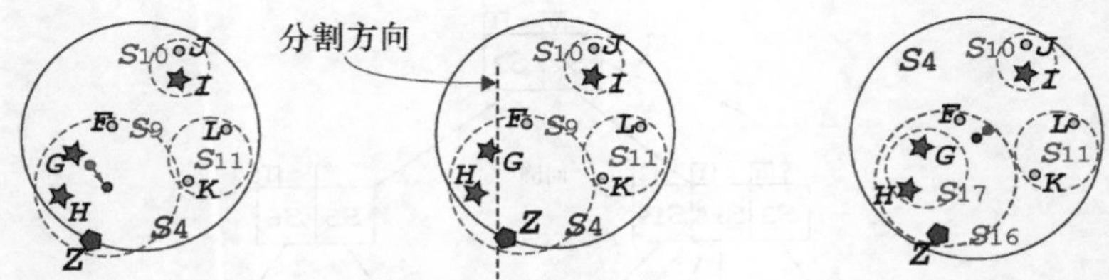

图 10.16　沿着非最优方向对叶子节点进行拆分（在这里，*x* 轴是方差最小的方向）。对最终结果与图 10.14 进行比较，你会发现，虽然 *S*4 的形状没有发生明显变化，但 *S*16 的大小几乎翻倍，并且与 *S*17 完全重叠。这也就意味着对 *S*17 进行的任何搜索都必须遍历 *S*16

仔细观察图 10.16，你会发现沿 x 轴的拆分产生了两个新的点集合，其中一侧为 G 和 H，另一侧为 F 和 Z。对结果与图 10.14 进行比较，你将明显看出什么才是更好的结果！

当然，结果并不总是那么整洁。如果最大方差的方向相对于 x 轴旋转了某个角度（例如，假设所有的点沿着叶子节点的质心顺时针旋转 45°），那么在两个轴方向上都不会产生最佳结果。然而通常来说，这种更简单的解决方案已经足够了。

那么，如何执行拆分操作呢？代码清单 10.9 描述了找到具有最大方差方向的方法，这是一种在线性空间中执行全局最大搜索的简单方法。

代码清单 10.9　SsNode::directionOfMaxVariance 方法

定义在 SsNode 类上的 directionOfMaxVariance 方法。该方法会返回节点的子节点中具有最大方差方向的索引。

```
function SsNode::directionOfMaxVariance()
  maxVariance ← 0                ◁── 正确初始化最大方差和最大方差方向的索引。
  directionIndex ← 0
  centroids ← this.getEntriesCentroids()
  for i in {0..k-1} do           ◁── 循环遍历所有方向。在 k 维空间中，方向的索引为 0～k-1。
    if varianceAlongDirection(centroids, i) > maxVariance then   ◁── 检查沿第 i 个轴的方差是否大于目前找到的最大值。
      maxVariance ← varianceAlongDirection(centroids, i)   ◁── 如果大于，则存储新的最大
      directionIndex ← i                                    ◁── 方差并更新方向的索引。
  return directionIndex
```

在循环遍历完所有的轴方向后，返回找到的最大方差方向的索引。

获取节点的外接包膜内元素的质心。对于叶子节点来说，也就是它所包含的点；对于内部节点来说，则是其子节点的质心。

很明显，我们需要在每一次迭代中计算方差。也许这是提醒你什么是方差以及如何计算方差的正确时机。给定一组实数 S，均值 μ 被定义为数值之和与数值数量的比值，即

$$\mu = \frac{1}{|S|}\sum_{s \in S} s$$

一旦定义了平均值，就可以将方差（通常表示为 σ^2）定义为 S 的平均值与其每个元素之间差的平方的平均值，即

$$\sigma^2 = \frac{1}{|S|}\sum_{s \in S}(s-\mu)^2$$

因此，对于给定的 n 个点 $P_0, \cdots, P_{n-1}$，其中 P_j 的坐标为$(P_{(j,0)}, P_{(j,1)}, \cdots, P_{(j,k-1)})$，那么沿着第 i 个轴的方向计算方差和均值的方法分别为

$$\mu_i = \frac{1}{n}\sum_{j=0}^{n-1} P_{j,i}$$

$$\sigma_i^2 = \frac{1}{n}\sum_{j=0}^{n-1}(P_{j,i} - \mu_i)^2$$

这些公式可以很容易地转换成代码，更重要的是，在大多数编程语言中，你可以在核心库中找到计算方差的方法的实现。因此，这里不再展示它们的伪代码。下面我们来看看如何在 updateBoundingEnvelope 方法（见代码清单 10.10）中使用方差和均值函数来计算节点的质心和半径。

代码清单 10.10 SsNode::updateBoundingEnvelope 方法

```
function SsNode::updateBoundingEnvelope()
  points ← this.getCentroids()
  for i in {0..k-1} do
    this.centroid[i] ← mean{point[i] for point in points}
  this.radius ←
    max{distance(this.centroid, entry)+entry.radius for entry in points}
```

定义在 SsNode 类上的 updateBoundingEnvelope 方法，该方法会更新当前节点的质心和半径。

获取节点的外接包膜内元素的质心。对于叶子节点来说，也就是它所包含的点；对于内部节点来说，则是其子节点的质心。

循环遍历（k 维）空间中的 k 个坐标。

对于每个坐标，将质心的值计算为该坐标点的值的平均值。例如，对于 x 轴来说，也就是计算节点中所有点或子节点的所有 x 坐标的平均值。

半径是节点的质心与其子节点的外接包膜之间的最大距离。这个距离包括两个质心之间的（欧几里得）距离，再加上子节点的半径。假设这里的点的半径等于 0。

这个方法能通过使用子节点的质心来计算出节点的质心。记住，对于叶子节点来说，它的子节点就是它所包含的点；而对于内部节点来说，它的子节点则是其他节点。

质心是一个 k 维的点，其中每个坐标都是它的所有子质心的坐标的平均值[1]。

有了新的质心，我们就需要更新节点的外接包膜的半径，它被定义为包含当前节点中所有子节点的外接包膜的最小半径。反过来，也可以将它定义为当前节点的质心与其子节点中任何点之间的最大距离。图 10.17 展示了为什么这个距离对于每个子节点来说都是两个质心之间的距离之和再加上子节点的半径（只需要假设点的半径为 0，就可以将这个定义推广应用于叶子节点）。

1 假设点的质心就是点本身，并且同时假设点的半径等于 0。

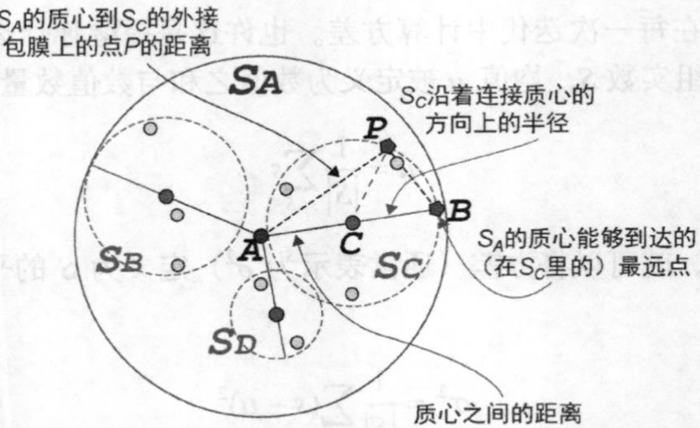

图 10.17 计算内部节点的半径。SC 中离 SA 的质心 A 较远的点是与 SA 的质心方向相反的外接包膜上的点，因此它到质心 A 的距离等于质心 A 和 C 之间的距离再加上 SC 的半径之和。如果在外接包膜上选择另一个点 P，那么它到质心 A 的距离就一定小于质心 A 和 B 之间的距离，因为定义的度量需要服从三角不等式，而三角形 ACP 的另外两条边分别是 AC 和 CP，后者也就是 SC 的半径。这对于图中的任何其他外接包膜也都是一样的

10.3.4 插入：分裂节点

接下来，你可以在代码清单 10.11 中查看 split 方法的实现。

代码清单 10.11 SsNode::split 方法

```
function SsNode::split()
  splitIndex ← this.findSplitIndex(coordinateIndex)
  if this.leaf then
    newNode1 ← new SsNode(true, points=this.points[0..splitIndex-1])
    newNode2 ← new SsNode(true, points=this.points[splitIndex..])
  else
    newNode1 ← new SsNode(false, children=this.children[0.. index-1])
    newNode2 ← new SsNode(false, children=this.children [index..])
  return (newNode1, newNode2)
```

- 定义在 SsNode 类上的 split 方法，它会返回拆分后生成的两个新节点。
- 为叶子节点列表或内部节点列表找到最佳“分割索引”。
- 如果这是一个内部节点，则需要创建两个新的内部节点，其中都包含了 children 列表的一部分。
- 返回创建的新的 SsNode 元组对。
- 如果这是一个叶子节点，那么分裂后产生的新节点也将是两个叶子节点，其中都包含了当前叶子节点的一部分点。给定 splitIndex（即“分割索引”），其中一个叶子节点将具有从 points 列表开头到 splitIndex（不包括）的所有点，另一个叶子节点则包含 points 列表中剩下的点。

split 方法看起来相对简单，因为涉及的大部分工作是由 findSplitIndex 方法完成的，见代码清单 10.12。

代码清单 10.12 SsNode::findSplitIndex 方法

```
function SsNode::findSplitIndex()
  coordinateIndex ← this.directionOfMaxVariance()
  this.sortEntriesByCoordinate(coordinateIndex)
  points ← {point[coordinateIndex] for point in this.getCentroids()}
  return minVarianceSplit(points, coordinateIndex)
```

- 定义在 SsNode 类上的 findSplitIndex 方法，它会返回用来进行节点拆分的最佳索引。对于叶子节点来说，这个索引指的是 points 列表；而对于内部节点来说，则指的是 children 列表。
- 查找条目的质心坐标沿哪些轴具有最大方差。
- 查找并返回哪个索引将导致具有最小总方差的分区。
- 按照所选的坐标对节点的条目进行排序。
- 获取当前节点的所有条目的质心列表，即叶子节点的点列表或者内部节点中子元素的质心列表。然后，提取出由坐标索引给出的各个质心的坐标。

在找到具有最大方差的方向后，就可以根据相同方向的坐标对点或子元素（取决于是叶子节点还是内部节点）进行排序[1]，然后在获得节点条目的质心列表之后，再次沿着最大方差的方向对这个列表进行拆分。稍后你将看到我们是如何做到这一点的。

1 免责声明：同时返回值且有副作用的函数并不好，这并不是最简洁的设计，使用间接排序才是更好的解决方案。但这里由于空间有限，我们采用了最简单的解决方案，请务必了解这样做的后果。

我们在这里再次用到了返回节点的外接包膜内所有条目的质心的方法，是时候定义它了！如前所述，这个方法的逻辑是基于二分法的。

- 如果节点是叶子节点，则返回其中所包含的点。
- 否则返回节点中子元素的质心。

代码清单 10.13 用伪代码定义了这个方法。

代码清单 10.13 SsNode::getEntriesCentroids 方法

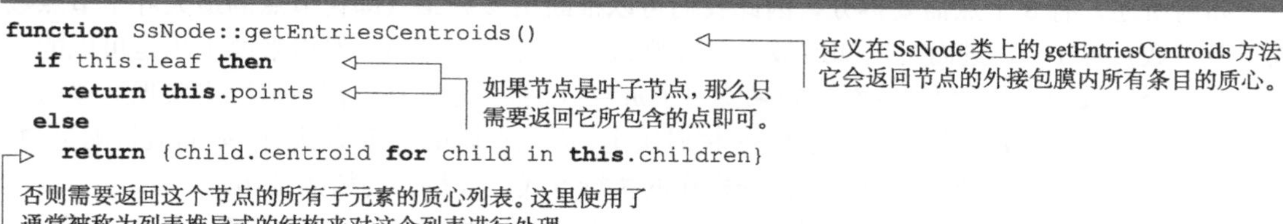

```
function SsNode::getEntriesCentroids()
  if this.leaf then
    return this.points
  else
    return {child.centroid for child in this.children}
```

定义在 SsNode 类上的 getEntriesCentroids 方法，它会返回节点的外接包膜内所有条目的质心。
如果节点是叶子节点，那么只需要返回它所包含的点即可。
否则需要返回这个节点的所有子元素的质心列表。这里使用了通常被称为列表推导式的结构来对这个列表进行处理。

在检索到分割点的索引后，我们就可以对节点条目进行分割了。这时，你需要两个不同的条件分支来分别处理叶子节点和内部节点，并且需要根据想要创建的节点类型为构造函数提供正确的参数。在构建了新节点之后，就只剩下返回它们的步骤了。

不过这还没完。虽然我们在这部分花费了不少时间，但仍然有一个涉及插入操作的难题没有讨论到，它就是 splitPoints 辅助方法。

这个辅助方法可能看起来微不足道，但要正确地实现它，实际上还挺难的。你需要好好思考一番才能做到最好。

我们先来看一个例子，然后写一些（伪）代码。图 10.18 说明了执行这个拆分操作所需的步骤。让我们从一个包含 8 个点的节点开始。这时我们并不需要知道它们是数据集中的点还是节点的质心，因为这都与这个方法无关。

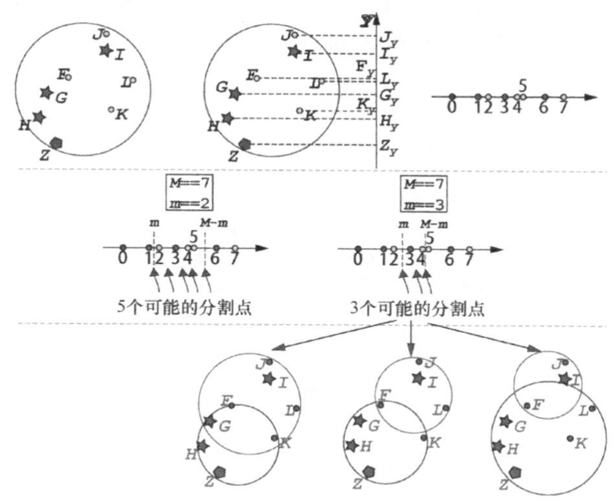
M==7
m==2
M==7
m==3
m
M-m
5个可能的分割点
3个可能的分割点

图 10.18 沿最大方差方向对一组点进行拆分。（第一排子图）外接包膜以及其中要分割的点。最大方差的方向是沿 y 轴（第一排子图的中间图）进行的，因此所有点都将被投影在该轴上。为了方便理解，第一排子图的右图对该轴进行了旋转并用索引替换了点的标签。（第二排子图）假设有 8 个点，我们可以推断 M 必然等于 7，于是 m 可以是小于或等于 3 的任意值。由于这个算法选择了单个分割索引来对其两侧的点进行分区，并且各个分区中至少要有 m 个点，因此根据不同的 m 值，就会有不同数量的分割索引可供选择。（第三排子图）$m == 3$ 情况下的三种可能的拆分结果。拆分索引可以是 3、4 或 5，选择的结果则是让两个分组的方差之和最小的那个索引

假设现已计算出最大方差的方向，并且它是沿着 y 轴的，你需要沿这个轴对点进行投影，

相当于只考虑点的 *y* 坐标（基于坐标系的定义）。

我们在图 10.18 中展示了点的投影，从而让它们在视觉上更直观。出于同样的原因，我们还在图 10.18 中将轴和投影顺时针旋转了 90°，删除了点的标签，并且从左到右对投影点进行了索引。在代码中，我们必须根据 *y* 坐标对点进行排序（正如你已经在代码清单 10.12 中看到的那样），然后只需要考虑它们的索引就行了。另一种方法是使用间接排序并保留已排序和未排序索引的表，但这会导致其余代码复杂化。

如前所述，有 8 个点需要拆分，因此我们可以推断出参数 *M*（即树节点的最大叶子节点数或子节点数）等于 7，进而可以知道最小条目数 *m* 只能等于 2 或 3（严格来说 1 也是可以的，但这样做会导致倾斜树的产生；而且如果使用了 $m == 1$，那么通常甚至都不值得去实现这些树）。

值得说明的是，*m* 的值必须在创建 SS 树时决定，因此在调用 split 方法时，*m* 的值是固定的。这里只是推理了这个选择会如何影响拆分操作的执行方式以及最终的树的结构。

事实上，这个值对于 split 方法来说至关重要，因为创建的两个分区都需要有至少 *m* 个点。因此，由于使用单个索引进行分割[1]，这个拆分索引的可能值会在 *m* 和 *M*−*m* 之间。仔细观察图 10.18 的第二排子图：

- 如果 $m == 2$，那么可以选择 2 和 6 之间的任何索引（共有 5 个选择）。
- 如果 $m == 3$，那么备选方案会在 3 和 5 之间（共有 3 个选择）。

假设现在选择了 $m == 3$。图 10.18 的第三排子图展示了三个拆分索引的拆分结果。这时，你需要选择两个节点的方差（通常采用最小方差的总和）都最小的结果来返回。但这只是沿着执行分割的方向上的最小方差，所以这里只计算了两组点的 *y* 坐标的方差。与 R 树不同，这一步并不会尝试让外接包膜的重叠最小。不过事实证明，沿着方差最大的方向进行分割以减少方差，能在某种程度上平均减少新节点的重叠区域。

另外，使用 SS⁺树就能解决外接包膜重叠的问题。

为了完成插入，请查看代码清单 10.14 以了解 minVarianceSplit 方法的实现。如前所述，它只是在 $M - 2*(m - 1)$个可能的选项中线性地对点进行搜索。

代码清单 10.14　minVarianceSplit 方法

minVarianceSplit 方法接收一个实数列表作为参数，这个方法会返回节点拆分的最佳索引值。严格来说，它会返回第二个分区的第一个元素的索引。这个拆分操作会使两组分区的方差都最小。这个方法需要假定输入是有序的。

```
function minVarianceSplit(values)
  minVariance ← inf                  ◁ 初始化最小方差的临时变量
  splitIndex ← m                     ◁ 以及用于拆分列表的索引。
  for i in {m, |values|-m} do        ◁ 遍历拆分索引的所有可能值。这里有一个约束，就是两个集合都需要至少有 m 个点，因此可以排除那些会使第一个集合以及第二个集合少于 m 个元素的选项。
    variance1 ← variance(values[0..i-1])          ◁ 对于拆分索引的所有可能值 i，选择拆
    variance2 ← variance(values[i..|values|-1])   ◁ 分前后的点，并计算两个集合的方差。
    if variance1 + variance2 < minVariance then   如果刚刚计算出的方差的总和优于
      minVariance ← variance1 + variance2         目前的最佳结果，就更新临时变量。
      splitIndex ← i
  return splitIndex                  ◁ 返回找到的最佳选项。
```

有了这个方法，我们就能完成关于 SsTree::insert 方法的代码部分了。这部分内容很多，应该是迄今为止我们所描述的最复杂的代码。请多花些时间阅读以加深理解。接下来，我们将深入研究 delete 方法。

1 对于 SS 树，可通过选择列表的拆分索引来划分有序的点列表，使索引左侧的所有点进入一个分区，而使索引右侧的各个点进入另一个分区。

10.3.5 删除

与 insert 方法类似，SS 树中的 delete 方法也在很大程度上基于 B 树的 delete 方法。不过 B 树中的这个方法通常被认为非常复杂，以至于许多教科书（为了节省篇幅）都会完全跳过这部分内容，并且通常也会尽可能地避免对它的实现。当然，更不用说比原版还要复杂的 SS 树的版本了！

但是 R 树和 SS 树相比 *k-d* 树更好的一个方面是，虽然后者只有当在静态数据集上进行初始化时才能保证平衡，但 R 树和 SS 树在支持具有大量插入和删除操作的动态数据集的情况下也可以保持平衡，因此放弃删除操作也就意味着不再需要使用这种数据结构了。

第一步（也是最简单的）当然是找到想要删除的点。或者说，找到包含这个点的叶子节点。对于 insert 方法来说，仅遍历一条到最近叶子节点的路径就行了；而对于 delete 方法来说，就需要回到 10.3.1 节中描述的 search 方法，并且与 insert 方法类似，这里也需要执行一些回溯，因此必须在这个新方法中实现相同的遍历逻辑，而不是直接执行搜索操作[1]。

一旦找到正确的叶子节点 L，并且假设的确在树中找到了点 Z（否则不需要进行任何修改），就会出现三种可能的情况——简单的情况、复杂的情况和严重复杂的情况。

情况 1：如果叶子节点包含多于 m 个点，那么只需要从叶子节点 L 中删除点 Z，并更新 L 的外接包膜就行了。

情况 2：否则，在删除点 Z 之后，叶子节点 L 将只有 $m-1$ 个点，从而违反 SS 树的不变量。对于这个问题，我们可以采用如下方法来解决。

a．如果 L 是根节点，则不需要做任何事情。

b．如果 L 至少有一个兄弟节点 S 包含超过 m 个点，那么可以将 S 中的一个点移到 L 中。虽然需要（在其所有至少包含 $m+1$ 个点的兄弟节点中）小心地选择那个最接近 L 的点，但是这个操作仍然可能导致 L 的外接包膜被显著地扩展（如果只有离 L 很远的兄弟节点才有足够多的点的话），进而导致树不再平衡。

c．如果 L 没有兄弟节点可以“借给”它一个点，那就不得不对 L 与它的一个兄弟节点进行合并。此时，由于必须选择要把 L 合并到哪个兄弟节点，因此会有不同的策略。

- 选择最近的兄弟节点。
- 选择与 L 重叠较大的兄弟节点。
- 选择（在所有轴上的）坐标方差最小的兄弟节点。

情况 2.c 显然最难处理，而情况 2.b 相对容易处理一些。好在与 B 树的一个区别是，SS 树中的节点的子节点不必有序，因此当把一个点从 S 移到 L 时不必执行旋转操作。在图 10.19 的第二排子图中，你可以看到节点 S_3“借用了”S_4的一个子节点 S_9的结果，看起来非常简单。当然，最困难的部分是决定向哪个兄弟节点借用以及应该搬走哪个子节点。

对于情况 2.b 来说，合并两个节点会导致它们的父节点减少一个子节点，因此必须进行回溯并验证这个父节点是否仍然包含至少 m 个子节点。这个过程展示在了图 10.19 的第一排和第二排子图中。好消息是，由于可以像处理叶子节点那样对内部节点进行处理，因此我们可以对叶子节点和内部节点重用相同的逻辑（以及几乎相同的代码）。

情况 1（图 10.19 的第三排子图）和情况 2.a 都很简单，你可以很容易地实现它们。当到达根节点时，由于不需要（像插入操作那样）执行任何额外的操作，因此 SsTree::delete 的包装器方法也就特别简单。

---

1 如果在各个节点中都存储一个指向其父节点的指针，则可以重用 search 方法作为 delete 方法中的第一个调用（并替换掉 insert 方法中的 searchClosestLeaf 方法），以便在需要时向上移动节点（在树中）。

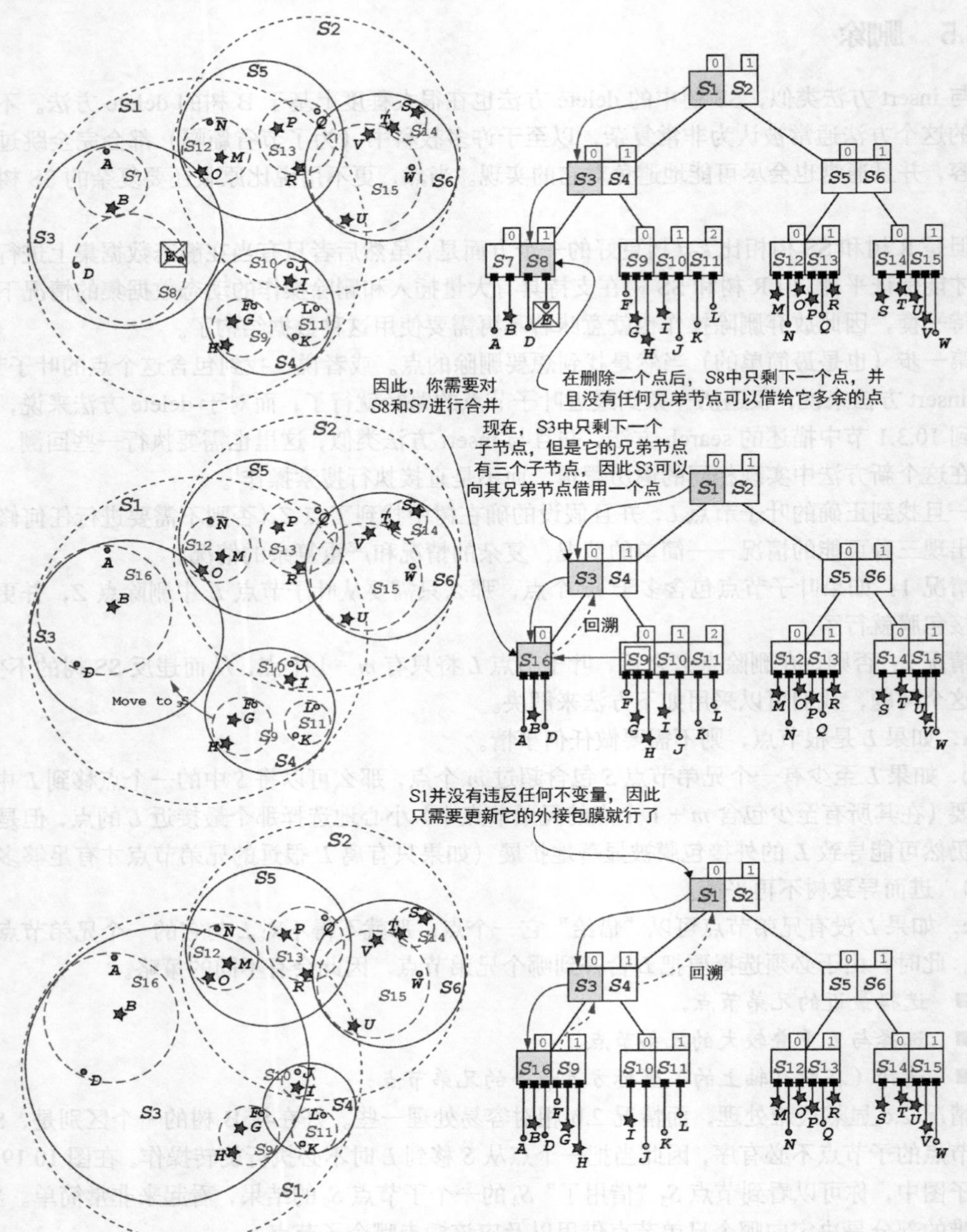

在删除一个点后，S8中只剩下一个点，并且没有任何兄弟节点可以借给它多余的点
因此，你需要对S8和S7进行合并
现在，S3中只剩下一个子节点，但是它的兄弟节点有三个子节点，因此S3可以向其兄弟节点借用一个点
回溯
Move to S
S1并没有违反任何不变量，因此只需要更新它的外接包膜就行了
回溯

图 10.19　删除一个点。这个示例按照顺序展示了前面描述的情况 2.c、情况 2.b 和情况 1

现在的例子已经够多了，是时候编写 delete 方法的主体了，如代码清单 10.15 所示。

代码清单 10.15　delete 方法

delete 方法接收一个节点和一个将要从节点所对应的子树中删除的点作为参数。它是递归定义的，并且会返回一对值。其中，第一个值用来告诉调用者是否在当前子树中删除一个点，如果当前节点现在违反了 SS 树的不变量，那么第二个值就会是 true。这里假设传入的 node 和 target 都不为 null。

```
function opbdelete(node, target)
  if node.leaf then
    if node.points.contains(target) then
      node.points.delete(target)
```

如果当前节点是叶子节点，则检查它是否包含需要删除的点，并且

删除这个点。

```
      return (true, node.points.size() < m)
  else
    return (false, false)
  else
    nodeToFix ← null
    deleted ← false
    for childNode in node.children do
      if childNode.intersectsPoint(target) then
        (deleted, violatesInvariants) ← delete(childNode, target)
        if violatesInvariants == true then
          nodeToFix ← childNode
        if deleted then
          break
  if nodeToFix == null then
    if deleted then
     node.updateBoundingEnvelope()
    return (deleted, false)
  else
    siblings ← node.siblingsToBorrowFrom(nodeToFix)
    if not siblings.isEmpty() then
      nodeToFix.borrowFromSibling(siblings)
    else
      node.mergeChildren(
        nodeToFix, node.findSiblingToMergeTo(nodeToFix))
    node.updateBoundingEnvelope()
    return (true, node.children.size() < m)
```

如果这个叶子节点不包含目标点，则需要对搜索进行回溯并遍历下一条未被探索的分支（除非 node 是树的根节点，否则返回到调用处理 node 的父节点的第 13 行代码）。但是，由于这里没有做出任何修改，因此返回(false, false)。

循环遍历 node 中与将要被删除的目标点相交的所有子节点。

递归遍历下一条分支（与目标点相交的子节点），搜索这个点并尝试将其删除。

在这种情况下，我们需要将当前子节点保存在之前初始化的临时变量中。

如果在当前节点的子树中删除了一个点，则退出 for 循环（假设树中没有重复，因此一个点只会存在于一条分支中）。

检查 node 的子节点是否都没有违反 SS 树的不变量。在这种情况下，不需要对当前节点进行任何修复。

但是，如果在该子树中删除了该点，则仍然需要重新计算外接包膜。

检查是否有任何符合条件的 nodeToFix 的兄弟节点。

如果 nodeToFix 至少有一个包含多于 *m* 个条目的兄弟节点，则将兄弟节点中的一个条目移到 nodeToFix 中。（在这之后，nodeToFix 就被修复了，因为它现在已经包含 *m* 个点或子节点。）

在返回之前，仍然需要重新计算当前节点的外接包膜。

如果执行到这里的话，则表明正处于一个内部节点，并且该节点已在节点的子树中被删除。这时就需要检查 node 是否违反关于最小子节点数的不变量。

如果没有包含超过 *m* 个条目的兄弟节点，则不得不对违反不变量的节点与其中一个兄弟节点进行合并。

相反，如果当前节点的一个子节点由于对其调用 delete 方法而违反了不变量，那么我们需要做的第一件事就是获取（被存储在 nodeToFix 中的）该子节点的兄弟节点列表，并且只需要那些包含超过 *m* 个子节点或点的兄弟节点。这时，你可以尝试将兄弟节点中的一个条目（可以是内部节点的子节点或是叶子节点的点）移到删除目标点导致子节点数太少的那个子节点中。

然后就可以返回，并让调用者知道该点在当前调用中是否已被删除，以及当前节点并不违反任何不变量。

如果递归调用返回的 violatesInvariants 为 true，则说明该点已经在这条分支中被找到并被删除。由于这个 childNode 当前违反了 SS 树的不变量，因此需要对它的父节点进行一些修复。

如果 node 不是叶子节点，则需要通过探索节点的分支来继续遍历树。首先初始化几个临时变量，以跟踪对 node 的子节点的递归调用结果。

如果节点现在包含少于 *m* 个点，则返回(true, true)，从而让调用者知道它违反了 SS 树的不变量，需要进行修复；否则返回(true, false)，以表示该点在这个子树中已被删除。

可以看到，这个方法与 insert 方法一样复杂（甚至更复杂！）。因此，与为 insert 方法所做的类似，这里也使用若干辅助方法来对 delete 方法进行分解，从而使其更简洁。

然而，我们在这里并不会详细描述所有的辅助方法。所有诸如代码清单 10.15 中用到的 findSiblingToMergeTo 的涉及寻找“最接近”节点的方法，都基于我们采用的“更接近”定义的启发式算法。正如我们在描述 delete 方法如何工作时提到的，你可以有若干不同的选择，如更短的距离（这也更容易实现）或更少的重叠区域。

出于篇幅方面的原因，这些与“更接近”相关的逻辑实现（包括近邻函数的选择）留给读者完成。参考本节和 10.3.4 节介绍的内容，你应该能够轻松地实现使用欧几里得距离作为判断节点是否更接近的标准。

因此，为了完成对 delete 方法的描述，我们将从 findClosestEntryInNodesList 方法开始。代码清单 10.16 展示了这个方法的伪代码，这只是在节点列表中进行的另一个线性搜索，旨在找到列表中任何节点里所包含的最接近条目。注意，这里返回的是父节点，因为调用者需要用到它。

代码清单 10.16　findClosestEntryInNodesList 方法

findClosestEntryInNodesList 方法接收一个节点列表和目标节点作为参数，并返回节点列表中最接近目标节点的条目以及包含该条目的节点。这里的条目指代点（如果节点是叶子节点的话）或子节点（如果节点是内部节点的话）。“最接近”的定义被封装在第 5 行和第 6 行代码所调用的两个辅助方法中。

```
function findClosestEntryInNodesList(nodes, targetNode)
  closestEntry ← null
  closestNode ← null
  for node in nodes do
    closestEntryInNode ← node.getClosestCentroidTo(targetNode)
    if closerThan(closestEntryInNode, closestEntry, targetNode) then
      closestEntry ← closestEntryInNode
      closestNode ← node
  return (closestEntry, closestNode)
```

将结果初始化为 null。这里假设当 closestEntry 为 null 时，第 6 行的辅助方法 closerThan 将返回第一个参数。

循环遍历输入的节点列表中的所有节点。

对刚刚计算的条目与目前找到的最佳结果进行比较。

如果（基于任何“更接近”的定义）新的条目更接近目标节点，就用新值更新临时变量。

返回一个元素对，其中包含最近条目及其所在的节点，从而让调用者决定如何使用它。

对于各个节点，获取其中最接近目标节点的条目。默认情况下，“最接近”可以表示为“具有最小欧几里得距离”。

代码清单 10.17 描述了 borrowFromSibling 方法，这个方法旨在从当前违反最小点数或最小子节点数不变量的节点的一个兄弟节点中获取一个条目（对于叶子节点是一个点，对于内部节点则是一个子节点），并移动给它。显然，这里需要选择一个包含多于 m 个条目的兄弟节点，从而避免只是简单地转移问题（兄弟节点在执行完移动操作后会减少一个条目，很明显这里不希望这个节点也违反不变量!）。对于这个实现，我们假设在输入中传递的 siblings 列表中的所有元素都是非空节点，并且至少都有 $m+1$ 个条目。当然，siblings 列表不会为空。如果想要用支持断言的编程语言来实现这个逻辑，则可以通过添加断言来验证这些条件[1]。

代码清单 10.17　SsNode::borrowFromSibling 方法

定义在类 SsNode 中的 borrowFromSibling 方法接收一个包含当前节点的兄弟节点的非空列表作为参数，并将与当前节点最近的条目从其兄弟节点移到当前节点中。

```
function borrowFromSibling(siblings)
  (closestEntry, closestSibling) ←
    findClosestEntryInNodesList(siblings, this)
  closestSibling.deleteEntry(closestEntry)
  closestSibling.updateBoundingEnvelope()
  this.addEntry(closestEntry)
  this.updateBoundingEnvelope()
```

在兄弟节点列表中搜索与当前节点最接近的条目。在这里，“最接近”的定义必须在设计数据结构时就确定下来。这个辅助方法将返回要移动的最近条目以及当前包含它的兄弟节点。

从当前包含它的节点中删除所选条目并更新其外接包膜。

将所选条目添加到当前节点并重新计算其外接包膜。

当这些条件被满足时，你将希望能够找到执行“偷取”操作的最佳条目，而这通常也就意味着选择离目标节点最近的那个条目。如前所述，也可以使用其他标准。但无论如何，在找到这个条目之后，只需要在来源节点和目的节点之间移动它，并对这两个节点相应地进行更新就行了。

相反，如果不满足上述条件，并且违反不变量的子节点没有可以从中借取条目的兄弟节点的话，则可能意味着发生以下两种情况。

- 没有兄弟节点。假设 $m \geqslant 2$，这种情况仅当位于根节点时才会发生，并且根节点只有一个子节点。在这种情况下，你不用做任何事情。
- 有兄弟节点，但它们正好都只有 m 个条目。在这种情况下，由于 $m \leqslant M/2$，因此如果对不合法的节点与其任何兄弟节点进行合并，就会得到一个包含 $2*m-1 < M$ 个条目的新节点。换句话说，得到一个不违反任何不变量的有效节点。

1 如果这个方法被实现为私有方法，则永远都不应该用断言来检查输入，因为断言（通常在生产环境中）会被禁用。检查私有方法的参数并不是一个好习惯，你甚至应该在传递用户输入时就避免任何不合法的输入。理想情况下，我们只需要对不变量使用断言。

代码清单 10.18 展示了如何处理这两种情况。这里首先通过检查第二个参数是否为 null 来判断当前处于前一种情况还是后一种情况。如果想要执行合并操作，则需要清理父节点（即调用了 mergeChildren 方法的节点）。

代码清单 10.18 SsNode::mergeChildren 方法

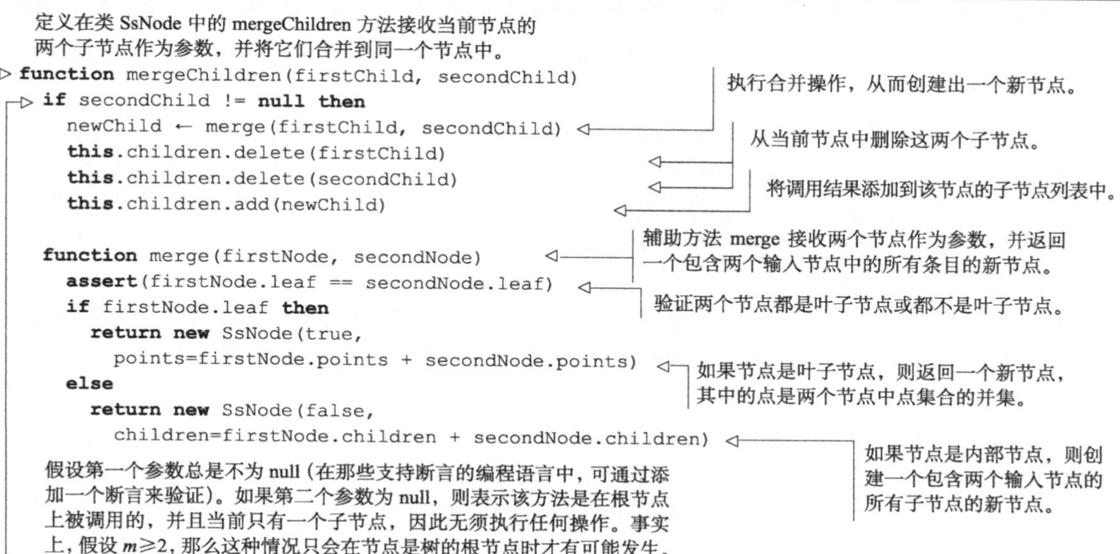

```
function mergeChildren(firstChild, secondChild)
  if secondChild != null then
    newChild ← merge(firstChild, secondChild)
    this.children.delete(firstChild)
    this.children.delete(secondChild)
    this.children.add(newChild)

  function merge(firstNode, secondNode)
    assert(firstNode.leaf == secondNode.leaf)
    if firstNode.leaf then
      return new SsNode(true,
        points=firstNode.points + secondNode.points)
    else
      return new SsNode(false,
        children=firstNode.children + secondNode.children)
```

定义在类 SsNode 中的 mergeChildren 方法接收当前节点的两个子节点作为参数，并将它们合并到同一个节点中。
执行合并操作，从而创建出一个新节点。
从当前节点中删除这两个子节点。
将调用结果添加到该节点的子节点列表中。
辅助方法 merge 接收两个节点作为参数，并返回一个包含两个输入节点中的所有条目的新节点。
验证两个节点都是叶子节点或都不是叶子节点。
如果节点是叶子节点，则返回一个新节点，其中的点是两个节点中点集合的并集。
如果节点是内部节点，则创建一个包含两个输入节点的所有子节点的新节点。
假设第一个参数总是不为 null（在那些支持断言的编程语言中，可通过添加一个断言来验证）。如果第二个参数为 null，则表示该方法是在根节点上被调用的，并且当前只有一个子节点，因此无须执行任何操作。事实上，假设 $m \geq 2$，那么这种情况只会在节点是树的根节点时才有可能发生。

这是 delete 方法的最后一部分伪代码。不过，在结束本节之前，我们想提醒大家再看一下图 10.19。其中的最终结果是一个有效的 SS 树，它没有违反任何不变量。但结果不是很完美，对吧？现在，*S*3 成了一个巨大的球体，它几乎占据其父节点的外接包膜中的所有空间，并且它不仅与其兄弟节点相互重叠，而且与其父节点的另一条分支也有着明显的重叠区域。

回想一下，我们在对 delete 方法进行描述的过程中提到了对于情况 2.b 进行合并处理的风险。遗憾的是，这也是节点合并以及在兄弟节点之间移动节点或点的常见副作用。特别是，当要移动的条目的选择受到限制时，就有可能选择一个较远的条目进行合并或移动，并且如图 10.19 中的示例所示，从长远看，在执行多次删除操作之后，树很可能变得不再平衡。

如果想让树保持平衡并且性能仍然可以接受，你需要做得更好。在 10.5 节中，你将看到一个可行的解决方案：SS^+树。

10.4 相似性搜索

在分析如何提高 SS 树的平衡性之前，我们先来讨论一下它所包含的方法。到目前为止，你已经看到了如何构建一个这样的树，但是，它可以用来做什么呢？显然，最近邻搜索是这种数据结构的主要应用之一。像 *k-d* 树那样的范围搜索，则是 SS 树的另一个重要应用。最近邻搜索和范围搜索都属于相似性搜索的范畴，当我们在大型多维空间中进行查询时，唯一的标准就是对象之间的相似性如何。

与我们在第 9 章中讨论的 *k-d* 树一样，SS 树也允许（并且更容易）进行扩展以支持近似相似性搜索。回想一下，在 9.4 节中，我们提到了近似查询是 *k-d* 树性能问题的一个可能的解决方案。关于这部分内容，我们将在 10.4.3 节中进行更深入的讨论。

10.4.1 最近邻搜索

最近邻搜索算法类似于你在 *k-d* 树中看到的搜索算法。虽然树的结构不同，但算法逻辑的主要变化在于需要用来检查分支是否与最近邻查询区域相交的公式（以查询点为中心的球体，半径等于到当前猜测的最近邻的距离），也就是用来判断一条分支是否足够接近需要遍历的目标点的方法。此外，虽然在 *k-d* 树中会对各个节点进行检查并更新这个距离，但在 SS 树（和 R 树）中，由于只在其叶子节点中存放点，因此只有在遍历到树的第一个叶子节点后才会更新初始距离。

为了提高搜索性能，以正确的顺序遍历分支就显得非常重要。虽然这个顺序是什么并不明显，但是根据节点与查询点的最小距离对节点进行排序看起来像是不错的开始。但是这并不能保证可能包含最近点的节点（即它的外接包膜最接近目标点）实际上也包含一个离目标点非常近的点，因此也就不能确定这种启发式算法能够产生足够好的排序。但是平均而言，与随机顺序相比，它对我们仍然是有帮助的。

作为提醒，9.3.5 节讨论了如何更好地猜测最近邻距离以帮助你修剪掉更多的分支，进而提高搜索性能。事实上，如果知道在查询点距离 *D* 之内有一个点，则可以修剪掉所有外接包膜比 *D* 更远的分支。

代码清单 10.19 展示了最近邻方法 nearestNeighbor 的代码，图 10.20 和图 10.21 展示了在示例树上调用这个方法的情况。可以看到，代码非常紧凑：只需要遍历与以搜索点为中心的球体相交，并且其半径是到当前最近邻的距离的所有分支，并更新在此过程中找到的最佳值就行了。

代码清单 10.19 SS 树的 nearestNeighbor 方法

nearestNeighbor 方法会返回给定目标点的最近点。它接收一个用来进行搜索的节点以及一个要被查询的点作为参数。你还可以（可选地）传递迄今为止找到的最近邻（NN）的值及其距离来辅助执行剪枝操作。对于树的根节点上的调用来说，除非要将搜索限制在某个球形区域之内（在这种情况下，只需要将球体的半径作为 nnDist 的初始值进行传递就行了），否则这些值将默认为 null 和 infinity。

```
function nearestNeighbor(node, target, (nnDist, nn)=(inf, null))
  if node.leaf then                                  ◁ 循环遍历这个叶子节点中的所有点。
    for point in node.points do
      dist ← distance(point, target)                 ◁ 计算当前点与目标点之间的距离。
      if dist < nnDist then                          ◁ 如果这个距离小于当前最近邻的距离，则
        (nnDist, nn) ← (dist, point)                   更新为当前最近邻及其距离存储的值。
  else
    sortedChildren ← sortNodesByDistance(node.children, target)
    for child in sortedChildren do                   ◁ 按照对它们进行排序的顺序循环遍历所有的子节点。
      if nodeDistance(child, target) < nnDist then
        (nnDist, nn) ← nearestNeighbor(child, target, (nnDist, nn))
  return (nnDist, nn)                                ◁ 最后，返回更新后的迄今为止找到的最佳结果。
```

检查它们的外接包膜是否与最近邻的外接球体相交。换句话说，判断从目标点到子节点的外接包膜的距离是否小于需要剪枝的距离（nnDist）。

如果目标点与子节点之间的距离小于剪枝距离，则遍历以当前子节点为根节点的子树并更新结果。

相反，如果 node 是一个内部节点，则需要遍历它的所有子节点甚至它们的子树。请首先以相对于目标点的距离，由近到远对 node 的子节点进行排序。如前所述，这里可以使用与到外接包膜的距离不同的启发式算法。

检查 node 是否为叶子节点。叶子节点是唯一包含点的节点，因此只有在叶子节点中才会更新找到的最近邻。

上述代码表现出来的这种简单和干净并不意外。这是因为我们在数据结构的设计和创建过程中已经做了非常多的工作，现在是时候享受这么做带来的好处了！

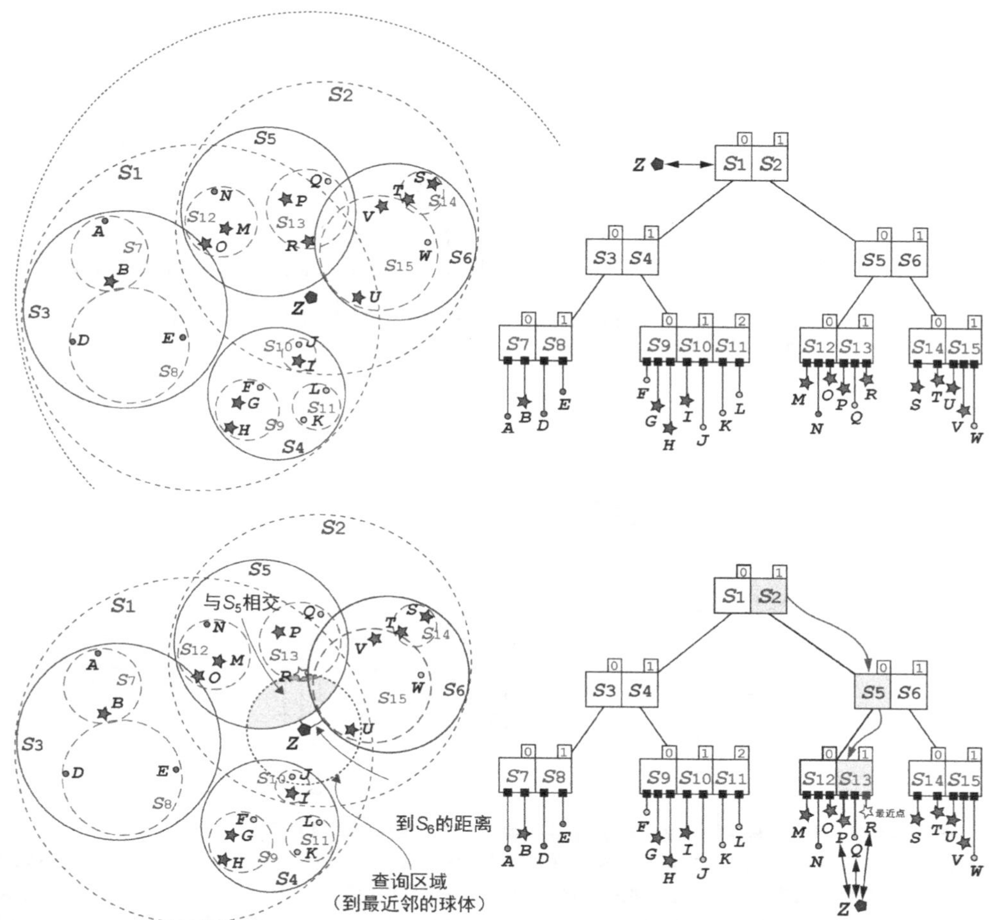

图 10.20 最近邻搜索。这里展示了在树的根节点上进行调用的第一步。(上图)刚开始时，搜索区域是一个以查询点 Z 为中心的球体，半径无限大(不过在这里为了保持一致性，我们将这个球体显示为一个包含整个树的圆)。(下图)在搜索过程中对树进行遍历，首先选择最近的分支。由于 S5 的边界相比 S6 的边界更近，因此首先访问前者(不过你可以看出，相反的选择才是最优的，但是目前这个算法还不知道)。通常，距离是根据节点的外接包膜进行计算的，但由于点 Z 与 S1 以及 S2 都相交，因此选择质心更近的那个区域。这个算法会尽可能向下执行，并在遍历到叶子节点的路径之后才进行回溯。这里展示了第一个叶子节点的路径。在这个叶子节点的位置，更新查询区域，于是得到以点 Z 为中心，半径等于到 S13 中最近点 R 的距离的球体，请将点 R 这个最近邻保存为最佳猜测结果

对于代码清单 10.19 中用到的辅助方法，花一些时间来解释 nodeDistance 方法非常重要。如果参考图 10.22，你就能发现为什么一个节点和一个外接包膜之间的最小距离等于包膜的质心与它之间的距离并减去包膜的半径。这里只是用到了几何代数中的点到球体之间的距离公式。

最近邻搜索算法可以很容易地扩展到返回 *n* 个最近邻的情况。类似于我们在第 9 章中为 *k-d* 树所做的那样，你只需要使用一个最多保留 *n* 个元素的有界优先队列，并使用这 *n* 个点中最远的那个点作为参考，计算出从该点到搜索目标的距离并作为剪枝距离就行了(如果找到的点数小于 *n*，那么剪枝距离将无穷大)。

类似地，你也可以在 search 方法中添加一个阈值参数，它将成为初始的修剪距离(而不是将无穷大作为 nnDist 的默认值)，以支持在一个较小的球形区域中进行搜索。由于这些实现非常容易，你可以参考第 9 章来完成它们。

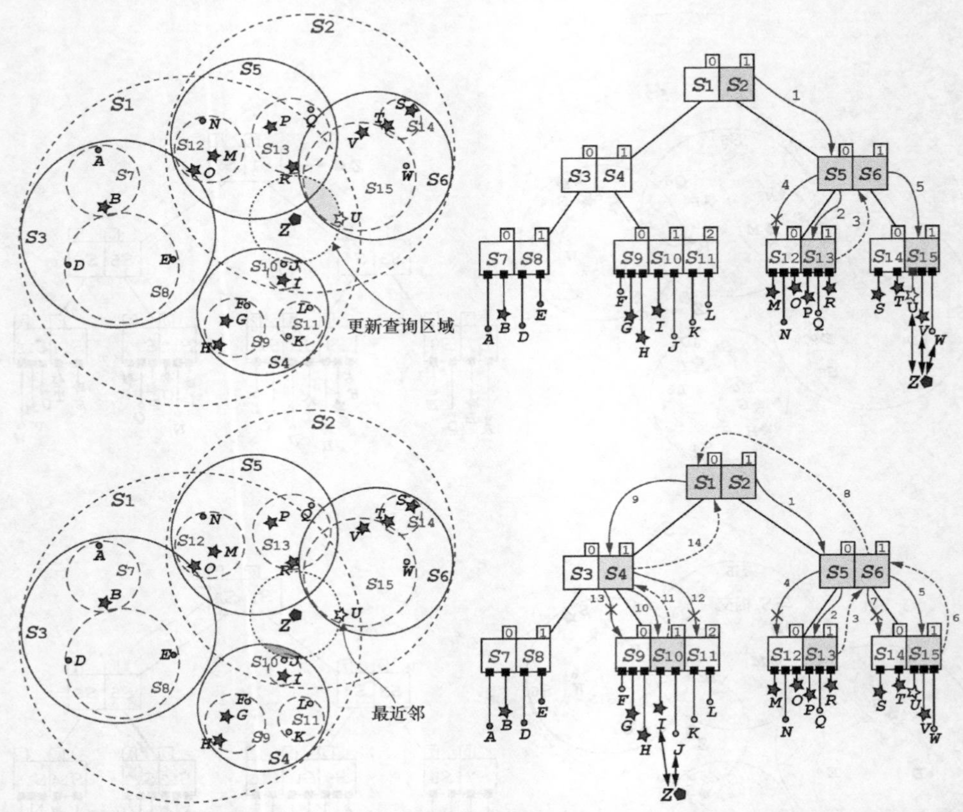

图 10.21　最近邻搜索（遍历过程中的后续步骤）。箭头的编号旨在反映递归调用的顺序。（上图）在访问 S13 并找到以点 R 作为最近邻的最佳猜测之后，点 R 会因为 S12 在更新的搜索区域之外而跳过它。然后进行回溯，到达 S5 的兄弟节点 S6，这是一个仍然与搜索区域有非空交集的区域。（下图）快进到遍历结束。因为点 Z 同时位于 S1 中，所以还需要遍历 S1 的分支。事实上，搜索区域与 S1 的一个叶子节点 S10 相交，因此需要对它到 S10 的路径进遍历。可以看到，点 J 也是一个非常接近点 Z 的最近邻，因此找到真正的最近邻的可能性并不会随着调用的顺序而依次降低

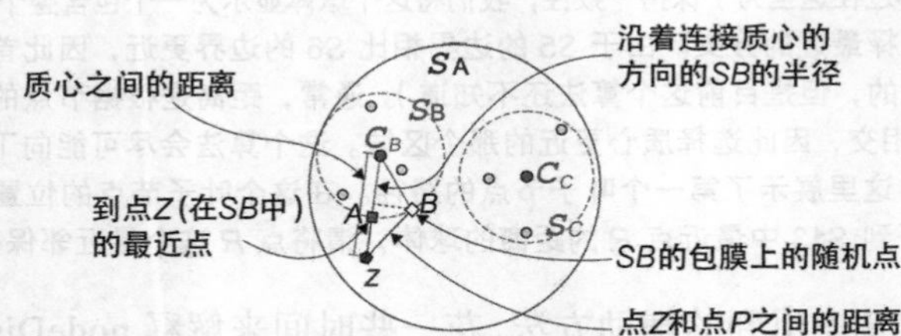

图 10.22　到外接包膜的最小距离。请考虑三角形 ZBC_B，基于三角不等式，因为 $|C_BB|+|BZ|>|ZC_B|$，但是 $|ZC_B|==|ZA|+|AC_B|$ 且 $|AC_B|==|C_BB|$（它们都是半径），所以最终有 $|C_BB|+|BZ|>|ZA|+|AC_B| \Rightarrow |BZ|>|ZA|$。于是，最小距离就是沿着连接 SB 的质心到点 Z 的方向上，从点 Z 到 SB 的线段的长度

10.4.2　区域搜索

区域搜索也类似于 *k-d* 树，除了点只会被存储在叶子节点中导致的结构变化之外，剩下唯一的区别是如何计算各个节点与搜索区域之间的交集。

代码清单 10.20 展示了 SS 树中的这个方法的通用实现，其中假设作为参数进行传递的区域包括一个方法用来检查区域本身是否与超球面（节点的外接包膜）相交。有关搜索中常见的区域类型及其代数含义的详细说明和示例，请查阅 9.3.6 节。

代码清单 10.20 SS 树的 pointsWithinRegion 方法

```
func tion pointsWithinRegion(node, region)        ◁ pointsWithinRegion 方法接收一个需要在其上执行搜索的节点以及搜索区域作为参数。它会返回存储在以 node 为根节点的子树中且位于搜索区域内的点列表（也就是这个区域与 node 的外接包膜之间的交集）。
  points ← []        ◁ 将返回值初始化为空列表。
  if node.leaf then        ◁ 检查 node 是否为叶子节点。
    for point in node.points do        ◁ 循环遍历当前叶子节点中的所有点。
      if region.intersectsPoint(point) then        ◁ 如果当前点在搜索区域内，则将其添加到结果列表中。提供一个正确方法来检查点是否在区域内的任务由这个代表区域的类完成（因此不同形状的区域可以用不同的方式来实现这个方法）。
        points.insert(point)
  else
    for child in node.children do        ◁ 相反，如果节点是内部节点，则循环遍历其子节点。
      if region.intersectsNode(child) then        ◁ 检查搜索区域是否与当前子节点相交。类似地，代表区域的类需要实现这个检查逻辑。
        points.insertAll(pointsWithinRegion(child, region))        ◁ 只要有任何交集（因此可能会有共同点），就应该在当前子节点上递归调用此方法，然后将找到的所有结果（如果有的话）添加到这个方法调用返回的点列表中。
  return points        ◁ 这时，只需要返回从这个方法调用中收集的所有点就行了。
```

10.4.3 近似相似性搜索

正如我们多次提到的，*k-d* 树、R 树以及 SS 树中的相似性搜索都会遭遇**维度诅咒**的问题。换言之，这些数据结构上的方法的性能会随着搜索空间的维度数量的增长而呈指数级下降。*k-d* 树还存在额外的稀疏性问题，并且这个问题在面对高维度时会变得更加相关。

虽然使用 R 树和 SS 树可以改善树的平衡，从而带来更好的树以及更快的构建速度，但我们仍然有许多可以做的事情来提高相似性搜索的性能。

这些近似相似性搜索方法是我们在准确性和性能之间做出的权衡。下面这些不同的（有时是互补的）策略可用来进行更快的近似查询。

- **降低对象的维度**——通过使用 PCA 或离散傅里叶变换等算法，可将数据集中的对象投影到另一个低维空间中。这个策略背后的想法是在空间中只保留基本信息来区分数据集中不同的点。显然，这种方法对于动态数据集来说不太有效。
- **减少遍历的分支数量**——正如你在前面所看到的，剪枝策略非常保守，这也就意味着只要有一线可能（即使可能性非常小），就应该在这条分支中查找比当前结果更近的邻居。通过使用更积极的剪枝策略，你将能够减少所触及分支（以及最终的数据集点）的数量，当然前提是要接受结果可能不是最准确的情况。
- **使用提前终止策略**——在这种策略下，当判断当前结果已经足够好时停止搜索。决定什么是“足够好”的标准可以是阈值（例如，当找到比某个距离更近的最近邻时），或是与找到更好匹配的概率相关的停止条件（例如，如果相对于查询点从近到远来访问分支，则这个概率会随着访问的叶子节点数的增加而降低）。

这里关注第二种策略，即剪枝标准。具体来说，我们将提供一个带有称为**近似误差**的给定参数ϵ（$0 \leqslant \epsilon \leqslant 0.5$）的方法，它可以用来保证在一个近似的 n 最近邻搜索中所返回的第 n 个最近邻，将在真正的第 n 个最近邻的$(1+\epsilon)$的范围之内。

为了解释这一点，我们先来看看最简单的最近邻搜索[1]，即 $n == 1$ 的情况。假设在点 P 上调用的近似最近邻搜索方法会返回点 Q，而点 P 的真正最近邻是另一个点 $N \neq Q$。因此，如果点 P 与其真正的最近邻（点）N 之间的距离为 d，那么点 P 和点 Q 之间的近似搜索距离

1 通过考虑第 n 个最近邻的距离，就可以很容易地扩展到 n 最近邻搜索。

最多为$(1+\epsilon)*d$。

要保证这个条件也很容易。当对一条分支进行剪枝时，不再检查目标点与分支的外接包膜之间的距离是否小于当前的最近邻距离，而是对那些不小于 $1/(1+\epsilon)$乘以最近邻距离的分支进行剪枝。

如果用 Z 表示查询点，用 C 表示当前最近邻，并用 A 表示被剪枝的分支中离 Z 最近的点（参见图 10.21），则有

$$d(Z,A) \geqslant \frac{1}{1+\epsilon} \cdot d(Z,C) \Rightarrow \frac{d(Z,C)}{d(Z,A)} \leqslant 1+\epsilon$$

因此，如果分支中到最近点的距离大于当前最近邻距离在$(1+\epsilon)$上的倒数，则可以保证分支中可能存在的最近邻距离相比当前最近点不会超过ϵ倍的距离。

当然，数据集中也有可能包含若干与真正的最近邻只相差$(1+\epsilon)$倍的点，因而不能保证得到第二个最近的点，也就不能保证得到第三个最近的点，以此类推。

然而，这些点存在的概率与半径为 nnDist～nnDist/$(1+\epsilon)$的环形区域的大小成正比，所以设置的ϵ越小，没有找到最近点的概率就会越小。

更准确的概率估计可由上面提到的环形区域与跳过的节点的外界包膜的相交区域给出。图 10.23 说明了这个想法，并展示了 SS 树、*k-d* 树以及 R 树之间的区别。当内半径恰好与区域相切并且球体相对于任何矩形都具有更小的交集时，概率最大。

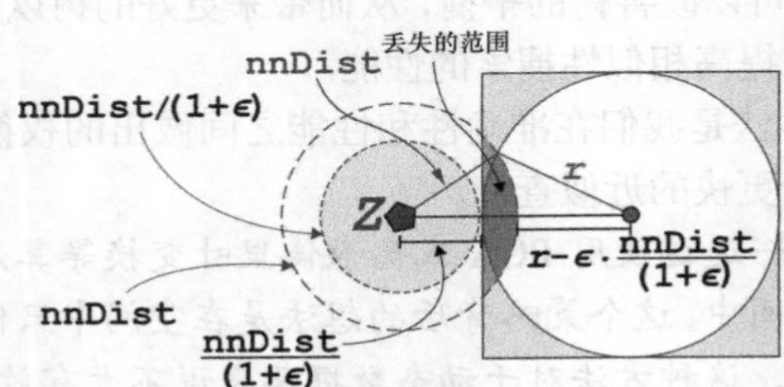

图 10.23　使用近似误差时丢失 j 个点的概率，与剪枝后的搜索区域［半径为$(\epsilon/(1+\epsilon))$*nnDist 的环形区域］和当前区域（而不是半径减小后的内部球体）相交节点的外接包膜的交集大小成正比。其中，最大概率对应与内部球体相切的区域。这个图展示了球形外接包膜的交集相对于矩形外接包膜来说更小

如果设置$\epsilon=0.0$，那么作为一个特例，它就是精确的搜索算法，因为 nnDist/$(1+\epsilon)$此时等于 nnDist；相反，如果设置$\epsilon>0.0$，遍历过程就会看起来更像图 10.24 所示的情况，其中使用与图 10.20 和图 10.21 中的示例略有不同的例子展示了近似最近邻搜索是如何错过最近邻的。

在许多领域，你不仅可以很好地使用近似搜索，甚至搜索结果也足以满足需求。以最早提到的在图像数据集中进行搜索为例。在这种情况下，真的可以确定完全匹配比近似匹配更好吗？如果使用的是地理坐标（比如在地图上），那么一个小小的 ϵ 因子的误差就可能产生可怕的后果（在最好的情况下，后果是花更多的成本走了更长的路，但情况也有可能变得像安全问题那样糟糕）。但是，当任务是找到最类似的衣服进行购买时，我们甚至都不能保证这些度量的精度。可能存在若干特征向量能让两件衣服比较接近，但最终还是依靠人眼来决定图像看起来是否更相似！

因此，只要近似误差 ϵ 不是太大，“最相似图像”的近似结果就有可能与精确结果一样好，甚至更好。

感兴趣的读者可以找到大量有关近似相似性搜索主题的文献，从而深入研究只能在这里进行粗浅描述的概念。例如，建议将 G. Amato 的杰出成果作为起点[1]。

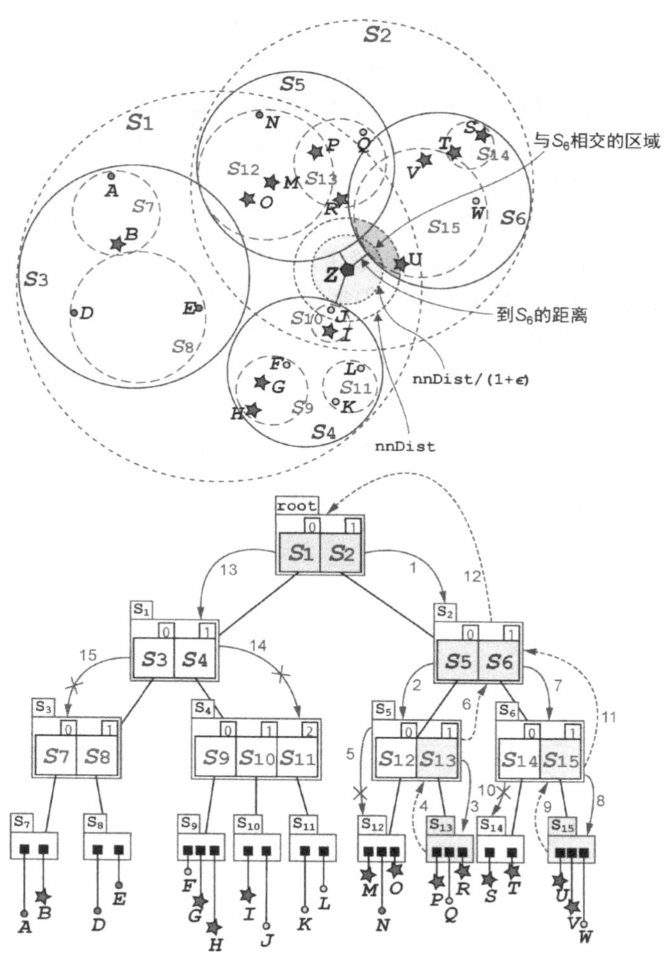

图 10.24 近似最近邻搜索。这个例子与图 10.20 和图 10.21 中的示例类似（几乎相同）。这里展示了树的详细表示，从而使遍历中经过的路径更加清晰。节点 *S4* 包含了点 *J* 这一真正的最近邻，但是它相比 *S5* 以及 *S6* 离查询点 *Z* 更远，并且在近似查询区域之外（显然，这里的 ϵ 是特别定制的，从而导致这一情况的发生。在这个例子中，$\epsilon \approx 0.25$）。这里对箭头按照遍历的顺序进行了编号

10.5 SS+树[2]

到目前为止，我们使用的都是 White 和 Jain 的原始论文[3]中所描述的最原始的 SS 树结构。与 R 树（和 *k-d* 树）类似，SS 树也已经开发出许多不同的变体来减少节点重叠，进而减少在树上搜索遍历的叶子节点的数量。

1 Approximate similarity search in metric spaces（“度量空间中的近似相似性搜索”），Giuseppe Amato，多特蒙德工业大学，德国，2002 年。

2 本节包含侧重于理论的高级材料。

3 Similarity indexing with the SS-tree（“使用 SS 树进行相似性索引”），David A. White 与 Ramesh Jain，《第十二届国际数据工程大会论文集》，IEEE，1996 年。

10.5.1 SS 树会更好吗

相对于 *k-d* 树来说，SS 树的主要优点在于其本身是自平衡的，因此所有的叶子节点都有相同的高度。此外，使用外接包膜而不是平行于单独某个轴的分割也减轻了维度诅咒。这是因为 *k-d* 树只允许同时沿着一个方向对搜索空间进行划分。

R 树也使用了外接包膜，但形状不同，R 树使用的是超矩形而不是超球体。虽然超球体可以更有效地存储并允许更快地计算它们的具体距离，但超矩形可以在不同方向上不对称地增长，而这也就允许使用更小的体积来覆盖节点。相反，超球体在所有方向上都是对称的，通常来说比较浪费空间，因为其中存在一个大却没有任何点的区域。事实上，如果比较图 10.4～图 10.8 就会发现，矩形外接包膜相比 SS 树的球形边界更紧密。

另外，有人已经证明球形区域的分解使得需要被遍历到的叶子节点的数量变小了[1]。

如果要比较球体和立方体在 k 维空间中的体积增长情况，那么对于不同的 k 值，公式如下：

$$V_{\text{Cube}} = r^k, V_{\text{Sphere}} = \frac{r^k \pi^{k/2}}{(k/2)!}$$

可以看到，球体比立方体增长得更慢，如图 10.25 所示。

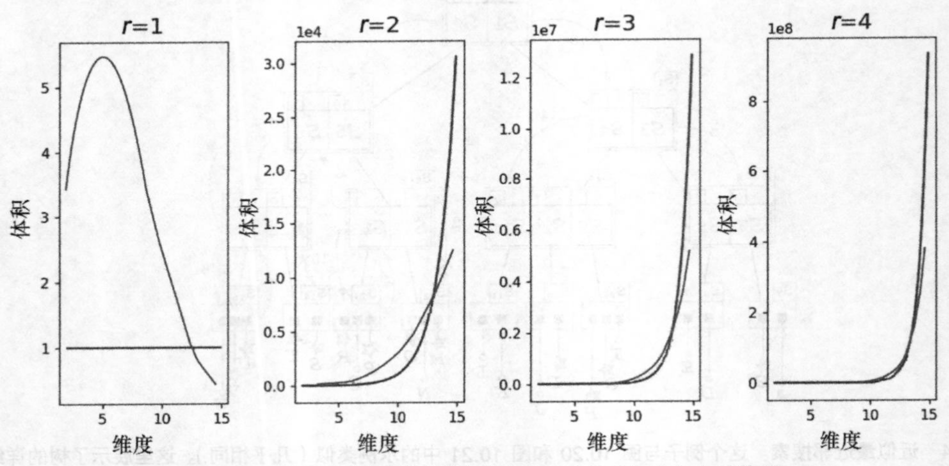

图 10.25 不同半径的球体（浅灰色）与立方体（深灰色）的体积

另外，如果一组点沿着所有方向都均匀分布，并且形状为球形集群，那么超球体就是浪费体积最小的外接包膜类型。如图 10.23 中的二维空间所示，半径为 r 的圆内接在边长为 $2r$ 的正方形中；如果这些点都分布在一个圆形集群中，那么正方形中不与圆相交的所有区域（以浅灰色突出显示）就都是空的，因此也就被浪费了。

实验已经证实，使用球形外接包膜的 SS 树在沿所有方向都均匀分布的数据集上表现得更好，而矩形外接包膜在倾斜的数据集上表现得更好。

R 树和 SS 树都不能为其方法提供最坏情况下的对数上限。在（虽然不太可能，但仍然有可能发生）最坏情况下，依然需要遍历树中的所有叶子节点，并且这时最多有 n/m 个叶子节点，这也就意味着这些数据结构的各个主要操作都有可能用到与数据集大小呈线性的时间。表 10.1 总结了它们的运行时间，并将它们与 *k-d* 树做了比较。

---

1 Analysis of an algorithm for finding nearest neighbors in Euclidean space（“在欧几里得空间中寻找最近邻的算法分析”），John Gerald Cleary，《ACM 数学软件汇刊》，第 5 期，第 2 卷，1979 年，第 183～192 页。

表 10.1 *k-d* 树、R 树、SS 树上的主要操作以及它们在具有 *n* 个元素的树上的操作成本

操作	*k-d* 树	R 树	SS 树
search	$O(\log(n))$	$O(n)$	$O(n)$
insert	$O(\log(n))$	$O(n)$	$O(n)$
remove	$O(n^{1-1/k})$[a]	$O(n)$	$O(n)$
nearestNeighbor	$O(2^k + \log(n))$[a]	$O(n)$	$O(n)$
pointsInRegion	$O(n)$	$O(n)$	$O(n)$

a．摊销时间（对于持有 *k* 维点的 *k-d* 树来说）。

10.5.2 缓解超球体的限制

现在问题来了，我们可以做些什么来缓解使用球形外接包膜的缺点呢？也就是说，在拥有对称数据集时获得优势，并限制倾斜数据集的劣势。

要处理倾斜的数据集，可使用椭球体而不是球体，这样集群就可以在各个方向上独立增长。然而，这会使搜索复杂化，因为需要计算沿着连接质心到查询点的方向的半径，但这在通常情况下都不会位于任何轴上。

减少区域浪费的另一种方法是试图减少使用的边界球体的体积。到目前为止，我们一直使用的球体中心是一组点的质心，其半径是到最远点的距离，所以球体将覆盖集群中的所有点。然而，这并不是覆盖所有点的最小可能球体。图 10.26 给出了这种差异的一个示例。

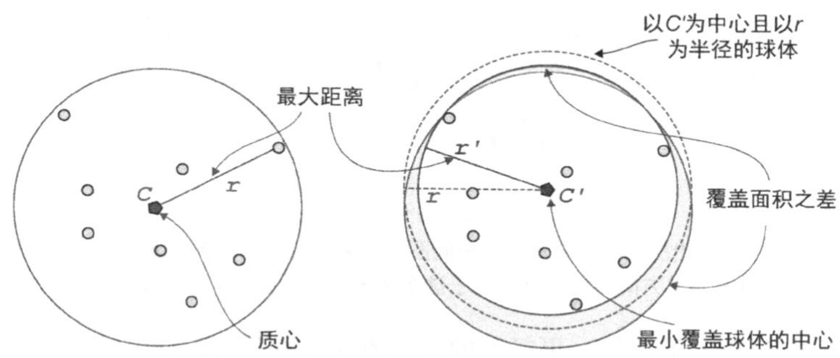

图 10.26 以集群质心为中心的最小半径球体（左图）与一组点的最小覆盖球体（右图）之间的差异

然而，在更高维度上计算这个最小的封闭球体是不可行的，因为用于计算其中心（和半径）的精确值的算法与维度是指数相关的。

好在我们可以做到的是，以集群的质心作为初始的猜测起始点，计算出最小封闭球体的近似值。从非常概括的角度看，近似算法会在每次迭代中尝试将中心移向数据集中最远的点。在每次迭代之后，这个点可以移动的最大距离就会缩短，并且由于受到上一次更新的跨度的限制，因此可以保证收敛。

这里并不会深入研究这种方法。感兴趣的读者可以从 Fischer 等人的一篇文章[1]开始，阅读更多关于这种方法的信息。现在，我们将转向另一种可以改善树平衡的方法：减少节点的重叠。

10.5.3 改进拆分启发式算法

你在 10.3 节中已经看到了，拆分与合并节点，以及从兄弟节点中“借用”点或子节点，都有可能得到外接包膜超出必要范围的倾斜集群，并增加节点的重叠。

1 Fast smallest-enclosing-ball computation in high dimensions（“在高维中快速计算最小封闭球体”），Fischer、Kaspar、Bernd Gärtner 与 Martin Kutz，欧洲算法研讨会，施普林格，柏林，海德堡，2003 年。

为了抵消这种影响，Kurniawati 等人在他们关于 SS⁺树的研究[1]中引入了一种新的拆分启发式算法，这种算法不再沿着最大方差方向对点进行划分，而是试图找到两组点，使它们分别拥有更接近的附近点。

为了得到这个结果，这里使用了 k 均值聚类算法的一个变体，其中包含如下两个约束。

- 集群的数量是固定的且等于 2。
- 每个集群的最大点数一定是 M。

在第 12 章中，我们将更深入地讨论聚类和 k 均值算法，具体的实现细节参见 12.2 节。

在具有 n 个点的数据集上最多进行 j 次迭代的 k 均值算法的运行时间是 $O(jkn)$[2]，其中 k 是质心的数量。

由于对于拆分启发式算法有 $k == 2$，并且要拆分的节点中的点数是 $M+1$，因此运行时间是 $O(jdM)$。我们在 10.3 节中描述的原始的拆分启发式算法的运行时间为 $O(dM)$，为此，可通过控制最大迭代次数 j 来权衡结果的质量与性能。图 10.27 展示了这种启发式算法带来的影响，以及为什么增加运行时间是值得的。

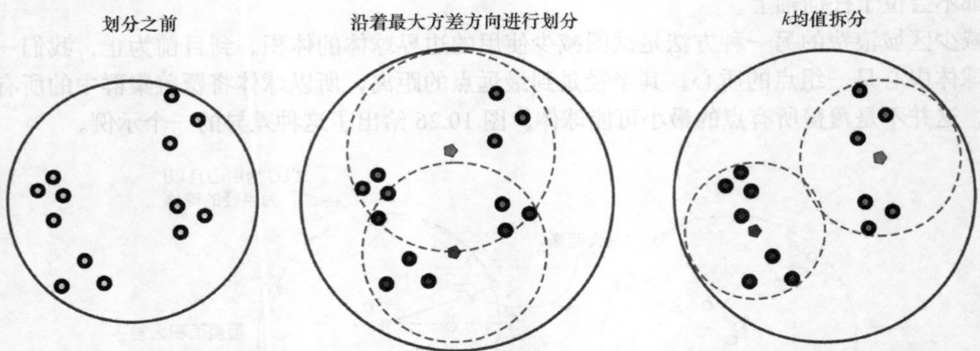

图 10.27　对比 SS 树版本中的原始拆分启发式算法（中间图）和 k 均值拆分启发式算法（右图）产生的分区。对于原始的拆分启发式算法来说，最大方差方向沿着 y 轴。对于这个例子，我们假设 $M == 12$ 以及 $m == 6$

尽管近年来人们开发出了更新、更复杂的聚类算法（如第 12 章中的 DBSCAN 和 OPTICS 算法），但 k 均值算法仍然是 SS 树的完美匹配算法。因为它非常自然而然地会生成球形集群，并且每个集群的质心都等于集群里所有点的质心。

10.5.4　减少重叠

k 均值拆分启发式算法是减少节点重叠、保持树平衡以及执行快速搜索的有力工具。然而，正如我们在 10.5.3 节开始时提到的那样，在删除点时也可能导致节点不平衡，特别是在合并期间或是在兄弟节点之间移动点或子节点时，就会出现这一现象。此外，有时候节点重叠可能是树上若干操作的共同结果，并且涉及的节点不止两个，甚至不是一个数量级。

最后，k 均值拆分启发式算法本身并没有将最小化节点重叠作为目标，并且由于 k 均值的内在行为，这种算法有可能产生具有较大方差的节点与具有较小方差的节点完全重叠的情况。

为了说明这种情况，图 10.28 的上半部分展示了几个节点及其父节点，它们之间有很大的重

1 “SS⁺树是一种改进的索引结构，用于在高维特征空间中执行相似性搜索。”*Storage and Retrieval for Image and Video Databases V*，第 3022 卷，国际光学与光子学学会，1997 年。

2 严格来说，你还应该考虑到计算各个距离所需的 $O(d)$步操作，因此如果 d 是可变的，那么运行时间就是 $O(djkn)$。对于 SS 树来说，你已经看到了当空间维度增长时算法运行时间的变化情况。这里的线性依赖绝对是个好消息，因此可以按照惯例忽略（因为维度是固定的）而不改变结果。

叠。为了处理这种情况，SS^+树引入了如下两个新元素。

- 一个用来发现此类情况的检查。
- 一种新的启发式算法，旨在将 k 均值应用于节点 N 的所有子节点（无论它们是点还是其他内部节点。对于后者，节点 N 将使用它们的质心执行聚类操作），并且创建出来的新集群将用来替换节点 N 的子节点。

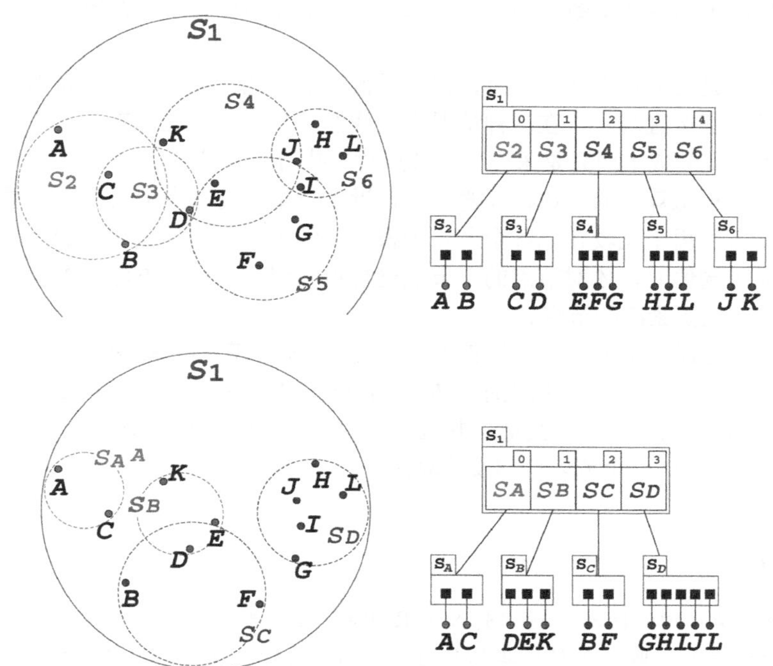

图 10.28 可以触发孙子节点的拆分启发式算法并降低节点重叠的示例。这里我们假设 $m == 2$ 以及 $M \geqslant 5$。k 均值拆分启发式算法将运行在点 A 到点 K 上，$k == 5$。注意，k 均值拆分启发式算法可以（有时会）输出比初始质心数量更少的集群。这里只返回了 4 个集群

为了检查重叠的情况，我们需要做的第一件事是计算两个球体相交的体积。但遗憾的是，在一般的 k 维情况下，计算两个超球体的精确重叠不仅需要大量的工作和良好的微积分技能来推导出公式，还需要强大的计算能力。因为这是一个包含积分的公式，所以其计算成本很明显可以大到让人产生是否需要在启发式算法中使用它的疑问。

另一种方法是检查两个外接包膜中是否有一个被完全包含在另一个当中。检查一个球体的中心是否被包含在另一个球体中，以及较小球体的质心到较大球体的质心的距离是否小于 $R-r$，其中 R 是较大球体的半径，r 则是较小球体的半径。

这个检查的变体可以用来设置两个质心的距离与 $R-r$ 之间的比例的阈值，当这个比例接近 1 时，就可以将设置的阈值作为重叠体积的近似值。

只要满足检查的条件，就执行重组算法。要深入了解这种启发式算法的细节，你需要对 k 均值算法有很好的理解。我们鼓励读者参考第 12 章来了解这种聚类算法。在这里，我们将使用一个例子来说明这种启发式算法是如何工作的。

在这个例子中，对启发式算法在节点 S_1 上进行调用，聚类则运行在其子节点 A 到 K 上。如前所述，这些子节点也可能是其他内部节点的质心，算法并没有太大的不同。

结果如图 10.28 的下半部分所示。你可能想要知道为什么现在节点 S_1 中只剩下 4 个子节点。

这是因为即使在调用 k 均值算法时传递了初始化的聚类数量［即 k 的值，等于 5（S_1 中当前子节点的数量）］，这个聚类算法也可能输出少于 k 个聚类。也就是说，在任何时候，在点的分配过程中，如果一个质心没有被分配到任何点，它就会被删除，并且算法会在少一个集群的情况下继续执行。

检查和重组算法都非常消耗资源，后者甚至需要 $O(jMk)$次比较或分配操作，其中 j 是在 k 均值算法中使用的最大迭代次数。因此，建议在拆分节点后检查重叠情况，但不要经常应用重组算法。

当一个条目在兄弟节点之间移动时，你可以很轻松地执行检查算法；而当对两个节点进行合并时，情况就不那么直观了。在这种情况下，我们总是可以通过检查、合并节点的所有兄弟节点对，或是为了限制成本而只是采样一些节点对来执行检查算法。

为了限制执行重组算法的次数，并避免在最近重新聚类的节点上再次执行重组算法，我们可以引入一个阈值，用来比较在以各个节点为根节点的子树上添加或删除的点的数量，并且只有当这个数量超过阈值时，才对节点的子节点进行重新组织。这些方法已被证明可以有效地减少树的方差，并产生更紧凑的节点。

笔者想用一条建议来结束关于这些变体的讨论。从实现基本的 SS 树开始（你应该已经准备好实现自己的版本了），在你的应用程序中对它们进行剖析（就像我们在第 2 章中对堆所做的那样），并且只有当它们的结果非常关键，并且它们的运行时间能够减少 5%～10%时，才尝试实现本节介绍的 SS^+树中的一个或多个启发式算法。

10.6　小结

- 为了克服 *k-d* 树的问题，我们引入了 R 树和 SS 树等替代数据结构。
- 最好的数据结构取决于数据集的特性、它们需要被如何使用、数据集的维度是什么、数据的分布（形状）是什么、数据集是静态的还是动态的，以及应用程序是不是搜索密集型的。
- 尽管 R 树和 SS 树在最坏情况下的运行时间没有任何保证，但在实践中，它们在许多情况下都比 *k-d* 树表现得更好，尤其对于高维数据。
- SS^+树通过使用减少节点重叠的启发式算法来改进树的结构。
- 可通过使用近似相似性搜索来牺牲搜索结果的质量，从而换取性能。
- 在许多领域，这些搜索结果的准确性并不重要，因为要么可以接受一定的误差范围，要么没有强大的相似性度量可以保证准确的结果就是最佳选择。
- 一个这种领域的例子就是图像数据集中的相似性搜索。

第 11 章 最近邻搜索的应用

本章主要内容

- 让抽象算法能够处理实际系统的复杂性
- 使用最近邻搜索为“最近的枢纽”问题设计解决方案
- 为最近邻搜索添加过滤以支持业务逻辑和动态数据来源
- 处理故障网络及其错误，并部署到现实世界中
- 将最近邻搜索应用到像物理和计算机图形学这样的其他领域

是时候收获前面播种的知识，并开始解决我们在前几章中描述的问题了。与往常一样，在深入研究理论之后，我们将举一个“现实生活”中的例子。在本章中，我们将逐步构建一个针对“最近的枢纽”问题的解决方案，其中涉及许多实际应用程序将要面临的问题。但请不要误会，这里并不能解决所有问题，并且本章不会对所有你可能要面对的问题进行描述，因为本书不是一本关于如何运营电子商务应用的手册。只有通过练习、卷起袖子动手并在尝试中解决各种问题，你才能真正掌握所学的知识。除了一些现实世界中的较有技术挑战的例子之外，你还可以在本章中找到一个上手进行分析的示例，这个例子能让你从“纸上谈兵”到了解如何应对现实中的各种复杂因素。

11.1 应用程序：查找最近的枢纽

你已经了解了如何实现 *k-d* 树（见第 9 章）和 SS 树（见第 10 章），接下来你可以专注于使用这些结构所能解决的问题。回到最初的那个例子：编写一个应用程序来实时找到离客户最近的仓库、商店或零售商。这里将用到第 8 章提到的地图的另一种变体，用于标注一些（真实的）城市和周围地区的一些虚拟商店。在这个示例中，当客户在网站上购买一件商品后，我们要能找到可以对这件商品进行派送的最近商店。因此，这里只显示各家商店所售商品的种类，而不显示商品的名称或品牌。

鉴于前几章所做的各项工作，实际上你已经可以不用编写任何代码就能完成本章了。*k-d* 树、SS 树或其他类似的数据结构都可以处理这里所需的各项操作，你只需要为完整的仓库列表创建一个容器，然后对每个客户的请求在这个容器中查询它并找到最近的枢纽就行了。

但是，如果零售商的库存是动态的，并且商品可能在某个地方缺货或在另一个地方被重新进货，那么当前的模型将不能正常工作。这时，我们需要在树节点上以及搜索方法中进行一些微小的修改。这些细节将在本章的后面讨论。首先，我们来看看如何为这个电子商务问题的基本版本编写解决方案。

11.1.1　解决方案的初稿

一开始，可通过给定一个假设来简化我们的场景。这个假设就是所有的商店都能够随时了解所有货品的库存。图 11.1 展示了这个场景下订单处理工作的可能流程。当然，这个假设在现实中并不会发生，但简化问题通常有助于我们勾勒出可以进行迭代的第一个解决方案，并在之后的迭代中依次加入你在实际情况中发现的约束，并推理这些约束如何影响应用程序以及如何应对它们。

- 商店的库存是动态的，因此需要检查离客户最近的商店是否销售这件商品并且有库存。
- 考虑到送货成本和其他一些因素，你可能选择另一家商店进行派送而不是选择最近的那一家。
- 如果需要将 HTTP 调用作为工作流程的一部分，那么你还需要格外小心以避免网络问题，并且你需要仔细地选择算法来应对容错和超时等问题。

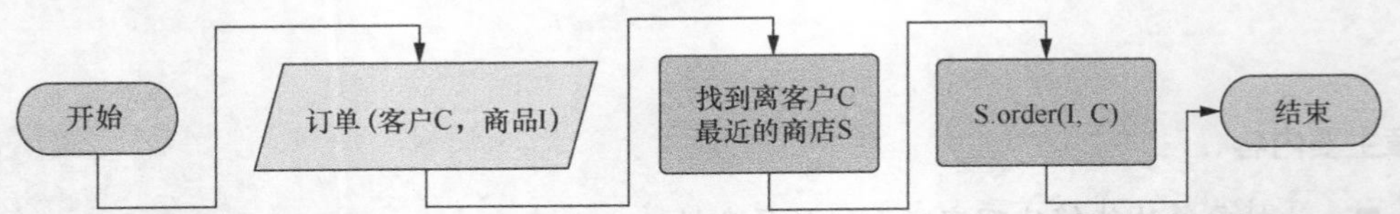

图 11.1　电子商务网站上的订单的简化版处理流程。在收到客户的订单后，查找最近的商店（假设一定存在能够销售所订购商品的商店），然后下单。因为假设所有操作都是有效的，所以这是一个非常线性化（且不切实际）的工作流程

在这个设置中，问题的核心是每次在网站上下订单时，都需要保持最新的商店列表并检索离客户最近的商店。

代码清单 11.1 为商店定义了一个辅助类。代码清单 11.2 则展示了上面这些简单的操作。

代码清单 11.1　Shop 类

```
class Shop
  #type string
  shopName
  #type Array<Item>
  items
  #type tuple(k)
  point

  function Shop(shopName, location, items)     ◁ Shop 类的构造函数。
  function order(item, customer)               ◁ 进行实际购买的逻辑。（order 方法的细节不能一概而论，且与这里的讨论无关。例如，order 方法会对库存进行更新，并开始将货物派送给客户的过程。）
```

代码清单 11.2　addShop 方法与 BuyItem 方法

```
addShop 方法接收容器中树的根节点、商店的名称及其位置（二维点），以及可选的商品列表作为参数。
▷function addShop(treeRoot, shopName, shopLocation, items=[])
  shop ← new Shop(shopName, shopLocation, items)      ◁ 创建一个新的 Shop 实例。
  if treeRoot == null then                             ◁ 如果树是空的，
    return new Node(shop, null, null, 0)               ◁ 则需要创建一个新的根节点。
  else
    return insert(treeRoot, shop, treeNode.level + 1)  ◁ 否则需要在树中插入新的商店（insert 方法将为其创建一个新节点）。

▷function buyItem(treeRoot, customerLocation, item)
▷ closestShop ← nearestNeighbor(treeRoot, customerLocation)
  closestShop.order(item, customerLocation)            ◁ 完成订单。
查找离客户最近的商店并将其存储到临时变量 closestShop 中。
定义当客户购买商品时调用的方法。
```

辅助类 Shop 封装了与零售商（即商店）相关的信息。在本章的后面，当开发最终的解决方案时，Shop 类将变得更加有用。为了与前面保持一致，这里将在 point 字段中存储商店的位置。

然而，从前面的代码中可以看出，这里需要对 Node 对象以及前面章节中定义的一些方法的 API 进行一些调整。

例如，Node 类需要包含对商店的引用，如代码清单 11.3 所示，而不是直接指向一个点。另外，诸如 insert 的方法将把 Shop 实例而不是一个点作为参数进行传递，因此新的方法签名将是下面这个样子。

```
function insert(node, newShop, level=0)
```
[1]

代码清单 11.3 重新定义 Node 类

```
class Node
  #type Shop
  shop
  #type Node
  left
  #type Node
  right
  #type integer
  Level

  function Node(shop, left, right, level)
```

应用程序代码看起来很简单，但请不要被误导，因为所有的复杂性都被隐藏在了 order 方法中，这个方法会被用来执行与向商店下订单有关的所有操作。这可能也就意味着必须与各个商店自己的 Web 应用程序[2]进行交互。因此，你首先需要一个通用 API，并且所有商店的服务都要遵守这个 API[3]。

11.1.2 天堂里的麻烦

我们终于定义了一个简单的方法，从而让你可以通过使用它来找到离客户最近的商店，并让商店知道购买情况，以便商店将货物运送给客户。

注意，代码清单 11.2 非常简单。与生活类似，在信息技术中，简单通常也是一件好事。简单的代码通常意味着可维护且更灵活。问题在于，有时事情看起来很棒，但是当部署应用程序并将其开放给真实流量时，经常会出现一些我们没有想到甚至没有预料到的问题。例如，在现实世界中，必须对各个商店的动态库存进行处理，并且更糟糕的是，我们还会遇到竞争条件[4]。

到目前为止，我们一直忽略的第一个问题是，并非所有商店都有所有商品的库存。因此，仅仅找到离客户最近的商店是不够的，我们还需要找到能够实际销售和交付客户所购买商品的最近的商店。另外，如果客户购买了多件商品并且需要一次性交付它们（以节省运费或只是为了减少用户流失），那么你可能还希望能够尽可能过滤出同时拥有这些商品的商店。但随之而来的是另一个问题：假设客户购买了商品 A 和 B，有一家商店同时拥有这两件商品并且可以发货，但距离客户 100 千米，而另外两家商店各自只有其中的一件商品但距离客户只有 10 千米，那么应该选择什么解决方案呢？在距离较近但交货时间更长或成本更高的商店与另一家距离较远但成本更低且最终对客户更好的商店之间，应该如何选择呢？

如果查看制定的系统架构（见图 11.2），你就会发现更多的问题。到目前为止，商店数

1 这里对实现进行了省略，与第 9 章和第 10 章中的不同之处仅在于用 newShop.point 替换了各个 newPoint，并使用 newShop 而不是 newPoint 作为 Node 构造函数的参数。

2 当然，你有可能还需要为所有商店提供 IT 基础设施来作为服务的一部分。这也是现实中有可能发生的情况，尽管在技术和财务上，这会更具挑战性。

3 这可能是最容易的方法，因为各个商店都可以通过编写一个适配器来弥合其内部软件和接口之间的差异。

4 竞争条件是指当系统尝试同时执行两个或多个操作，但操作的结果需要取决于它们以特定顺序执行时发生的情况。换句话说，如果同时执行操作 A 和 B 会发生竞争条件，并且如果操作 A 在操作 B 之前完成就可以得到正确结果的话，那么如果操作 B 在操作 A 之前完成，就会得到错误的结果。

据集被视为本地数据，但通常情况下并非如此，各个商店都可以拥有自己的系统并与我们进行交互。

- 例如，商店可以线下销售商品。如果允许发生这种情况，那么关于商店库存的信息就有可能过时。同样，如果商店重新进货，则我们的信息也有可能不同步。
- 在代码清单 11.2 和图 11.2 中，我们假设对 shop.order 方法的调用总会成功。但由于它可能是通过 HTTP 进行的远程调用，因此这个调用在查询商店库存中某些商品的可用性时，有可能因为各种原因而失败。例如，请求可能超时，商店的应用程序可能崩溃且无法访问等。如果不对响应进行检查，那就永远不会知道订单是否下达成功。但是，如果进行了检查，但没有得到回应，该怎么办呢？

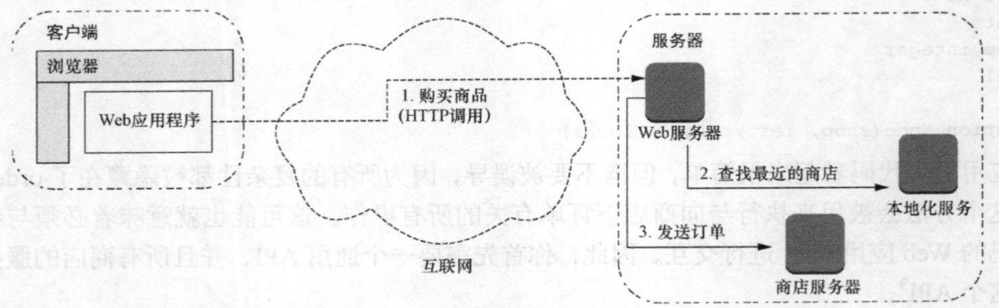

图 11.2　第 8 章和 11.1 节中描述的电子商务应用程序的简化架构

这些都是极具挑战性的问题，我们将在 11.2 节中试着解决它们。

11.2　中心化应用程序

我们先暂时搁置架构的问题，假设可以在内部（在运行 Web 应用程序的同一台虚拟机上）处理商店的所有订单，以便可以先专注于第一个问题：在某些时候，应该如何选择哪家商店或商店组合来最好地服务客户？*k-d* 树、SS 树或任何其他数据结构都不能解决这个问题。这是一个与业务相关的决策，它会随着时间的推移或公司内的其他因素而变化。

不过，这里可以为容器提供一种方法来处理这个问题。可通过在代码中传递某些条件来过滤最近邻搜索中的点，从而允许使用容器的人根据业务规则，自定义过滤条件并将这些条件作为搜索方法的参数进行传递。

11.2.1　过滤点

为了创建客户可以自定义业务逻辑的钩子函数，我们提供了一个模板方法，它可以根据业务需求进行有效的自定义。

代码清单 11.4 展示了针对 *k-d* 树的经过修改以允许过滤点的最近邻搜索的代码。

代码清单 11.4　filteredNearestNeighbor 方法

如果节点为 null，则说明正在遍历一个空树，因此在树的这个分支中不会找到最近邻。但仍然有可能通过回溯，在另一个分支被访问时找到最近邻。

在满足断言条件时找到最接近给定目标点的点。这里还传递了目前找到的最近邻（NN）节点及其距离，以帮助你进行剪枝。如果在树的根节点上调用这个方法，那么这两个参数的默认值将分别为 null 与 infinity。

```
function fNN(node, location, predicate, (nnDist, nn)=(inf, null))
  if node == null then
    return (nnDist, nn)
  else
```

如果节点不为 null，则需要执行 3 个步骤：首先检查当前节点是否比之前找到的 NN 更近，然后遍历与目标点相同的分支，最后检查是否可以对另一条分支进行剪枝（抑或是否需要对其进行遍历）。

```
  dist ← distance(node.shop.point, location)
  if predicate(node) and dist < nnDist then
    (nnDist, nn) ← (dist, node.shop)
  if compare(location, node) < 0 then
    closeBranch ← node.left
    farBranch ← node.right
  else
    closeBranch ← node.right
    farBranch ← node.left
  (nnDist, nn) ← fNN(closeBranch, location, predicate, (nnDist, nn))
  if splitDistance(location, node) < nnDist then
    (nnDist, nn) ← fNN(farBranch, location, predicate, (nnDist, nn))
  return (nnDist, nn)
```

计算当前节点的点和目标点之间的距离。

如果当前节点满足断言条件，并且它到目标点的距离小于到当前 NN 的距离，则必须更新 NN 及其距离。

检查目标点是否在分割的左分支上。如果在，则左分支离目标点更近，否则更远。

显然，我们需要先遍历最近的分支来搜索最近邻。要执行剪枝操作，先做这件事并更新 NN 的距离是非常重要的。

使用代码清单 9.2 中定义的一个辅助方法来计算通过当前节点的分割线与目标点之间的距离。如果这个距离比到当前最近邻的距离更近，则更远的那个分支也有可能包含比当前最近邻更近的点（见图 9.19）。

遍历更远的那个分支并更新 NN 及其距离。

返回到目前为止找到的最近点。

可以看到，这里（相对于代码清单 9.9 中的常规方法来说）传递了一个额外的参数，它是一个在判断当前节点为最近邻之前需要进行评估的断言。

除了传递这个新的参数，这段代码与基本版本的唯一区别在于第 5 行代码是在当前节点上对断言进行计算的。

这个版本的方法让我们可以过滤一个点并解决我们前面提到的第一个问题，从而保证选择的商店一定有客户订购的商品。

例如，我们可以重新定义代码清单 11.3 中的节点，并将代码清单 11.5 中定义的断言方法 hasItemX 传递给 fNN 方法。我们还可以定义一个更为通用的 hasItem 方法，它接收一件商品和一个商店作为参数，并使用柯里化[1]技术创建出一个用来检查商店里是否包含某件特定商品的一元断言，如代码清单 11.6 所示。

代码清单 11.5　hasItemX 方法

定义一个以节点为参数的方法来检查商店是否包含某件特定（固定）的商品 X。

```
function hasItemX(node)
  return X in node.shop.items
```

只需要检查与商店关联的商品列表是否包含商品 X 就行了。

代码清单 11.6　改良版的 hasItemX 方法

hasItemX 方法的通用版本以商品和节点作为参数。

```
function hasItem(item, node)
  return item in node.shop.items
nn = fNN(root, customerLocation, hasItem(X))
```

检查与商店关联的商品列表是否包含 item。

将 hasItem 的柯里化实例传递给 fNN 方法，从而查找商店库存中包含商品 X 的最近点（这里的 X 是包含需要查找的商品的变量）。

要找到可以派送黑皮诺酒的最近的商店，你可以像下面这样调用 fNN 方法：

```
fNN(treeRoot, customerPosition, hasItem("Pinot noir"))
```

遗憾的是，虽然这种过滤机制允许过滤掉不包含所需商品的商店，但它还不足以判定是选择一家运输成本更高但更近的商店，还是选择一家运输成本虽然低但距离有两倍远的商店，并且通常情况下，这种方法无法根据复杂条件来对不同的解决方案进行比较。

1 柯里化是一种函数式编程技术，它允许将包含 *n* 个参数的函数的执行转换为一元函数的 *n* 次执行序列。例如，它允许定义一个泛型函数，比如将数字 *a* 和 *b* 相加的 add(*a*,*b*)函数，然后通过固定第一个参数来创建新函数，如 add5 = add(5)。当然也可以直接调用原始函数，比如将 4 和 3 相加的 add(4)(3)。虽然并非所有编程语言都支持柯里化，但你可以通过许多变通方法来实现它。

11.2.2 复杂的决定

如果真正需要的不仅仅是根据一些标准来对商店进行筛选，而是选择其中最好的选项，那就还需要寻求更强大的机制。

这里主要有以下两个选择。

- 使用 *n* 最近邻搜索算法找到满足条件的 *n* 个商店的列表，然后对这个列表进行处理，从而决定哪一个可能的解决方案是最佳选择。
- 替换传递给 fNN 方法的断言。如代码清单 11.7 所示，不再使用二元函数的一元断言，而是用另一个函数将当前节点和目前找到的最佳解决方案作为参数，并返回哪个商店更好。

代码清单 11.7 filteredNearestNeighbor 方法的另一个版本

```
function fNN(node, location, cmpShops, (nnDist, nn)=(inf, null))
  if node == null then
    return (nnDist, nn)
  else
    dist ← distance(node.shop.point, location)
    if cmpShops((dist, node.shop), (nnDist, nn)) < 0 then
      (nnDist, nn) ← (dist, node.shop)
    if compare(location, node) < 0 then
      closeBranch ← node.left
      farBranch ← node.right
    else
      closeBranch ← node.right
      farBranch ← node.left
    (nnDist, nn) ← fNN(closeBranch, location, cmpShops, (nnDist, nn))
    if splitDistance(location, node) < nnDist then
      (nnDist, nn) ← fNN(farBranch, location, cmpShops, (nnDist, nn))
    return (nnDist, nn)
```

找到最接近给定目标点的点。这里可以通过 cmpShops 方法来比较两个商店并返回哪个更好。我们假设返回值会遵循比较函数的标准约定：-1 表示第一个参数较小，1 表示第二个参数较小，0 则表示它们相等。

如果 node 为 null，则说明正在遍历一个空树，因此目前找到的最近邻不可能再是其他节点。

如果 node 不为 null，则需要执行 3 个步骤，首先检查当前节点是否比之前找到的 NN 更近，然后遍历与目标点相同的分支，最后检查是否可以对另一条分支进行剪枝（抑或需要对其进行遍历）。

计算当前节点的点和目标点之间的距离。

使用 cmpShops 方法判定哪个商店更能满足我们的需求。

检查目标点是否在分割的左分支上。如果在，则左分支离目标点更近，否则更远。

显然，我们需要先遍历最近的分支来搜索最近邻。要执行剪枝操作，先做这件事并更新 NN 的距离是非常重要的。

遍历更远的那个分支并更新 NN 及其距离。

返回到目前为止找到的最近点。

使用代码清单 9.2 中定义的一个辅助方法来计算通过当前节点的分割线与目标点之间的距离。如果这个距离比到当前最近邻的距离更近，则更远的那个分支也有可能包含比当前最近邻更近的点（见图 9.19）。

当然，这里也可以将这两种方法结合起来使用。

前一个解决方案并不要求对容器进行任何更改，因此不需要再进一步对它进行开发。根据业务规则，你可以使用排序、优先队列或任何你喜欢的选择器算法来决定哪个解决方案更好。这种机制有一个优势，就是允许你尝试在不同商店分别订购不同商品的解决方案，并查看它们是否比最好的“一站式”解决方案更有效。

相反，当传递给 fNN 方法的参数是比较函数时，就不再有这种灵活性了。这时，你需要检查所有商品都由同一家商店发货的解决方案。

如果这不是一个问题，并且可以保证总能找到包含所有商品的商店（或者如果能对找不到商品的情况进行单独处理的话），那么“比较方法”机制的优点是需要更少的额外内存并且在总体上速度更快。

如前所述，我们的想法是将所有的业务逻辑封装在一个二元函数中，旨在将最近邻搜索中的当前节点与当前找到的最佳解决方案进行比较。这里还假设了这个断言能够执行任何必要的过滤，例如确保当前节点的商店拥有所有商品的库存。如代码清单 11.7 所示，这种解决方案对搜索方法的更改很少。其中只是简单地将两个步骤（当前解决方案和最佳解决方案的过滤与比较）汇总在了一起，并且在执行最近邻搜索期间，不再只是检查距离，而是使用作为参数传递给 fNN 方法的 cmpShops 方法来决定哪个商店更近。

所以现在，业务逻辑的核心就在于这个方法，而这也反过来决定了过滤哪些商店以及应该如何选择最佳结果。

在这个方法中，我们应该解决的是下面这些边缘情况。

- 如果当前节点被过滤掉，则使用当前找到的最近邻。
- 如果到目前为止还没有找到最佳解决方案（nn == null），则应该总是选择当前节点，除非它也被过滤掉。

代码清单 11.8 提供了这种比较方法的一个可能的通用实现，包括过滤掉不包含所有商品的商店，并通过使用未指定的启发式方法来检查距离，从而决定哪个商店更好。图 11.3 用流程图总结了这种比较方法的逻辑。

代码清单 11.8 比较方法的一个可能版本

```
function compareShops(boughtItems, (dist, shop), (nnDist, nnShop))
  if shop == null or not (item in shop.items ∀ item in boughtItems) then
    return 1
  else if nnShop == null then
    return -1
  else if dist <= nnDist and heuristic(shop, nnShop) then
    return -1
  else
    return 1

fNN(root, customerPosition, compareShops(["Cheddar", "Gravy", "Salad"]))
```

- 一个被用来决定在搜索中哪个商店更好的比较方法。它接收两个商店（当前节点和目前找到的最近邻）及其距离作为参数。
- 如果 shop 为 null，或者其中不包含购买列表（boughtItems）中的所有商品，则返回 1，从而让调用者知道当前节点的最近邻仍然是最佳解决方案。
- 如果还没有找到最近邻，则返回-1，表示有节点总比没有好。
- 如果当前节点的距离不比已经找到的近，则可以通过启发式方法比较这两个商店，看看哪个更好。这个启发式方法封装了所有的业务逻辑。例如，如果一家商店的运输成本较低，或者如果可以按较低的价格出售商品，抑或任何其他特定域的条件。
- 如果所有的判定都失败了，则只能继续坚持当前保存为最近邻的结果。
- 调用（可过滤的）最近邻方法的示例：找到销售列表中包含所有这 3 件商品的最合适的商店。

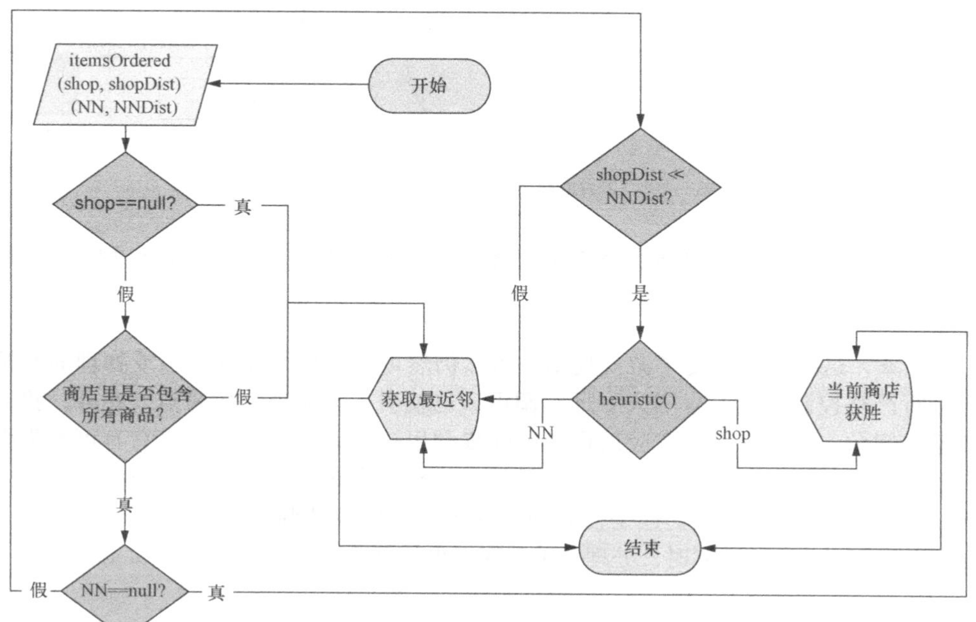

图 11.3 代码清单 11.8 中定义的比较方法的逻辑

值得再次澄清的是，启发式算法的选择与你在这里看到的任何数据结构都没有关联，反之亦然，这些算法也并不依赖于这个方法。它只是一个启发式方法，其中封装了所有特定域的逻辑，因此它会随着应用程序的不同而变化。根据你编写它的方式以及对 Shop 类的建模方式，你可以对搜索方法的行为进行自定义以解决具体遇到的问题。

11.3　迁移到分布式应用程序

到目前为止，一切进展顺利，其中假设我们控制了所有的应用程序，也解决了“最近的枢纽”问题，并且可以确保注册订单和启动向客户派送商品的流程的系统始终可用且永远都不会失败。

要是事情真的这样顺利就好了！然而，不但系统（应用程序、计算机、网络等）会失败，而且很有可能对于这里描述的电子商务应用程序来说，一些关键部分甚至都不在我们的控制之下。也就是说，这里正在处理的是一个分布式应用程序，其中包含了运行在不同机器（它们可能彼此相距很远）上的不同服务，并通过网络上的远程调用进行通信。图 11.4 建立在图 11.2 所示的简化架构之上，描述了一种更现实的情况：商店的服务器位于不同的机器上，因此也就位于不同的寻址空间中，于是只能通过远程调用（通过 HTTP 或是像 IPFS[1]这样的任何其他通信协议）进行访问。

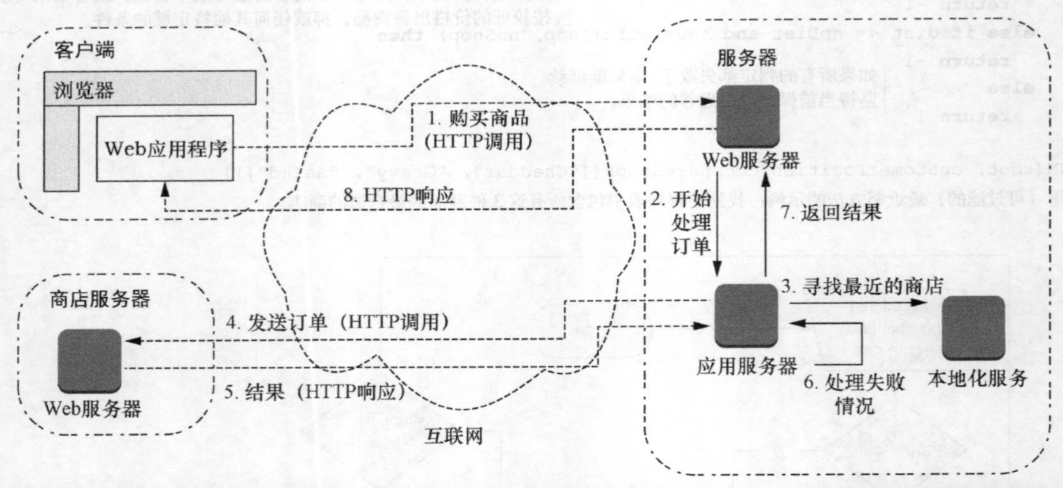

图 11.4　更现实的电子商务应用程序的设计。其中考虑了分布式架构的复杂性，并引入了单独的应用程序服务器来处理对商店服务器的 HTTP 调用失败的情况

可以想象，这些情况改变了游戏规则。虽然仍然可以对运行在（虚拟或物理的）机器上的内容进行严格控制，但一旦引入了远程调用，也就引入了额外的故障点。此外，我们还需要处理延迟问题。例如，如果在应用程序中同步调用一个方法，并且知道它有可能失败，那么我们也希望能够知道它为什么会失败。另外，虽然已经知道某些计算会花费一些时间（或者进入一个永久循环），但我们还是需要确定这个方法已经被调用并且开始工作。

当考虑到所有的这些因素时，处理订单就变得更加复杂起来，如图 11.5 所示。

1 IPFS（InterPlanetary File System）是一种点对点的超媒体协议。

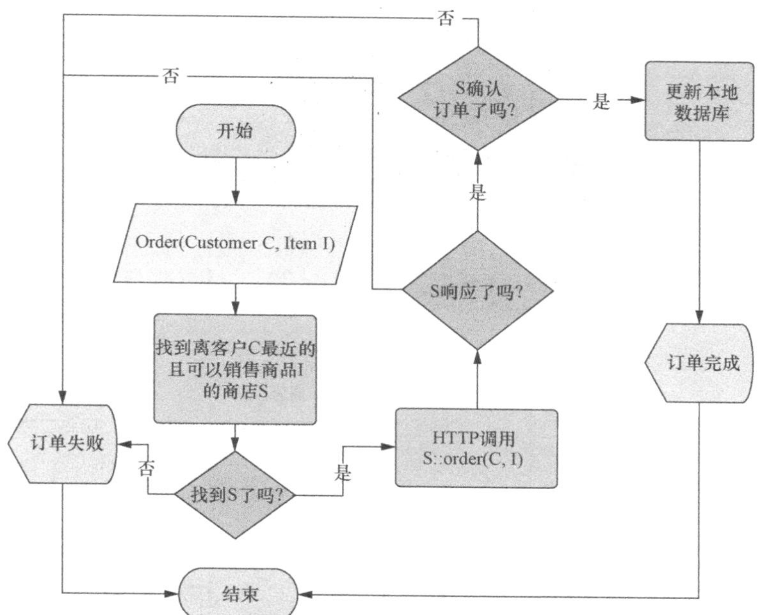

图 11.5 将一些可能的失败情况考虑在内的订单处理流程。整个执行过程不再是线性的，处理订单的逻辑变得更加复杂

11.3.1 处理 HTTP 通信的问题

当转向分布式系统时，另一个产生不确定性的来源是网络上的通信活动。我们虽然知道发送了一个 HTTP 请求，但是如果没有得到结果，我们就无法知道消息是否到达，是网络坏了，还是服务器坏了，抑或正在执行一项耗时的任务[1]？

因此，我们必须决定如何处理这种不确定性。是要等到响应（同步布局），还是在等待响应时做其他事情，抑或只发送请求而不再等待远程服务器的任何答复？

这一沟通渠道是用户交互工作流的一部分，因为用户会等待响应，而他们的耐心通常是有限的。没人会等上 10 分钟（哪怕两分钟）才单击页面上的“重新加载”按钮。

事实上，对于电子商务页面，用户希望在合理的时间内看到实时更新。于是 Web 服务器对于收到的调用通常不会有很长的超时时间。也就是说，它们会在若干秒（通常少于 10 秒）后返回 408 错误。

这就带来了额外的挑战，因为如果对商店服务器的调用保持更长的超时时间，客户端的 HTTP 调用就可能失败，即使之后对商店服务器的调用成功了[2]，于是也就带来了数据差异，甚至可能导致客户购买同一商品两次。图 11.6 所示的序列图足以说明这种情况。

如果商店的服务器将超时时间设置为 8 秒[3]，则我们需要在两秒内完成所有剩余的操作，而这可能就只剩下不到 1 秒的时间来执行最近邻搜索。

1 显然，如果得到了结果，我们就可以通过检查 HTTP 代码来了解是否存在网络错误。这里假设被调用者正确执行了 HTTP 代码的规则，从而在发生错误时返回远程服务失败的原因。

2 在 HTTP/1.1 中就会出现这种情况，调用者不能取消请求。相反，HTTP/2 规范引入了取消发送请求的可能性。

3 如前所述，在使用 HTTP/1.1 规范的情况下，我们无法确定设置在服务器上的超时时间。因此，我们必须根据商店服务器的设置（尤其是最长的超时时间）进行配置。在上面的示例中，我们可以假设 8 秒是保证对任何此类服务器的请求失败的最长时间。

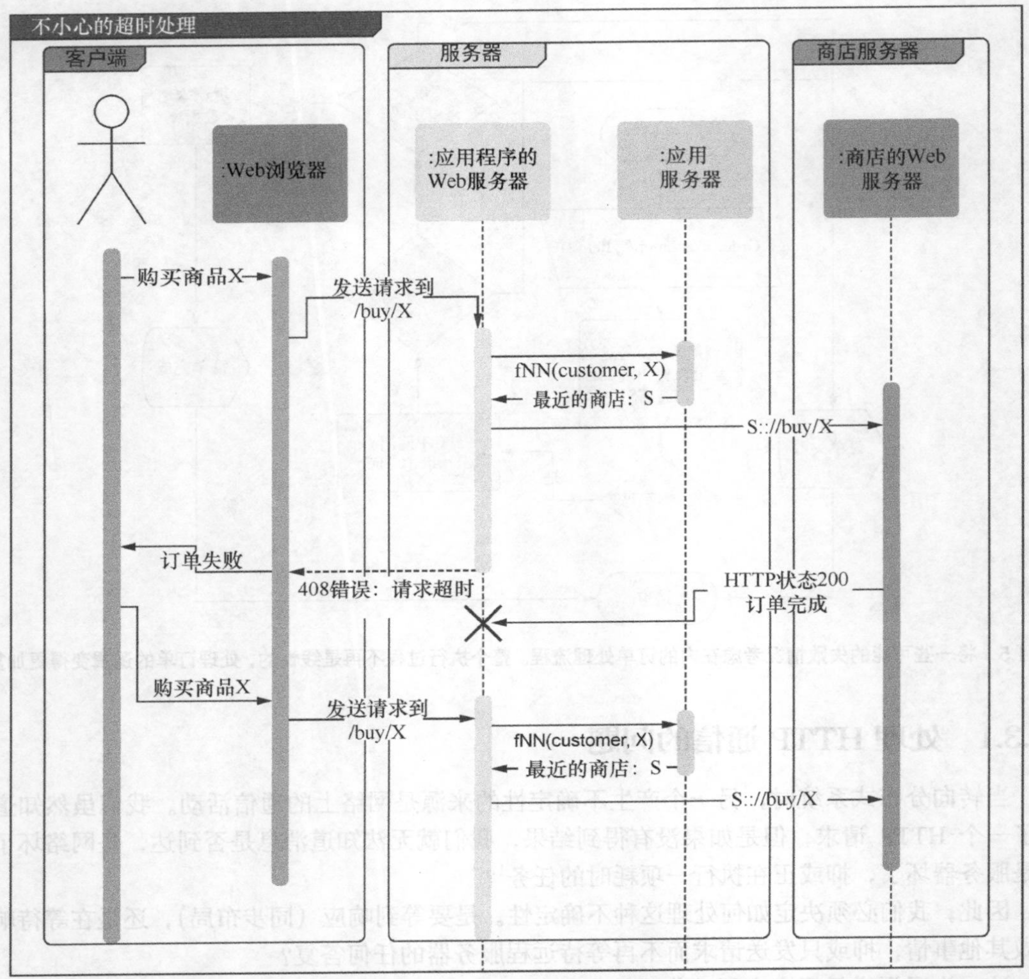

图 11.6 序列图。其中展示了当涉及对外部服务的调用时，超时处理不当是如何导致可怕后果的。应用程序的 Web 服务器在收到来自外部服务的答复之前超时了，因此用户看到订单没有通过，而商店的服务器已经注册了这一订单。如果用户再次尝试订购商品，则会出现重复购买商品的情况

简而言之，当转向分布式架构时，你需要注意更多的因素，而不仅仅是如何使用算法。然而，搜索算法的选择更为重要。错误的选择会对 Web 应用程序产生可怕的后果。

因此，这意味着我们需要对实现的算法格外小心。

- 不同的数据结构在平均情况下和最坏情况下有不同的性能。你可以采用平均最快的算法，在最短的时间内服务尽可能多的请求；或者采用在最坏情况下拥有最好性能的算法，从而确保所有请求都能够在分配的时间内完成（虽然平均而言可能会更慢）。
- 如果要搜索的数据集在不断增长，那么在达到某个阈值之后，该数据集就有可能变得太大，以至于无法在可用的时间内执行最近邻搜索。此时，你需要考虑的是其他扩展应用程序的方法，如数据的地理分片，或者使用一种近似算法，利用并行化的随机分片并基于各个分片返回的解决方案找到最佳值。
- 如果使用的是近似算法，那么通常需要在性能和准确性之间进行权衡。在这种情况下，你需要确保对于结果的质量是可以做出妥协的，从而在可以承受的等待时间内获得答案。

11.3.2 保持库存同步

你有可能觉得目前的情况还不够复杂，这里还有一个尚未考虑但会让人不安的问题：我们应该从哪里获得有关商品可用性的信息呢？

到目前为止，我们一直假设信息被存放在 *k-d* 树（或 SS 树）的节点中，但真实情况可能并非如此。例如，当客户向商店下订单时，商店的库存会下降，但容器中的库存副本并没有反映这一点。

除此之外，还有许多问题需要考虑：商店可以通过其他渠道（其他电子商务网站或实体店）销售商品，因此当这些情况发生时，我们也需要更新库存副本。这里的交互需要通过网络来进行，因此还需要注意竞争条件，以避免重复下订单或错过订单的情况发生。

虽然可以尝试找到这两个问题的解决方法，但我们不妨先来看看另一种思路。图 11.7 展示了应用程序的另一个更加复杂的架构，其中包括一个数据库（可以是 Memcached、SQL DB 或它们两者的组合）以及另一个能够持续运行（可以是独立于主应用程序的守护进程）并定期向商店服务器询问更新库存的服务。当异步地接收到响应之后，这个服务将使用新值更新本地数据库。

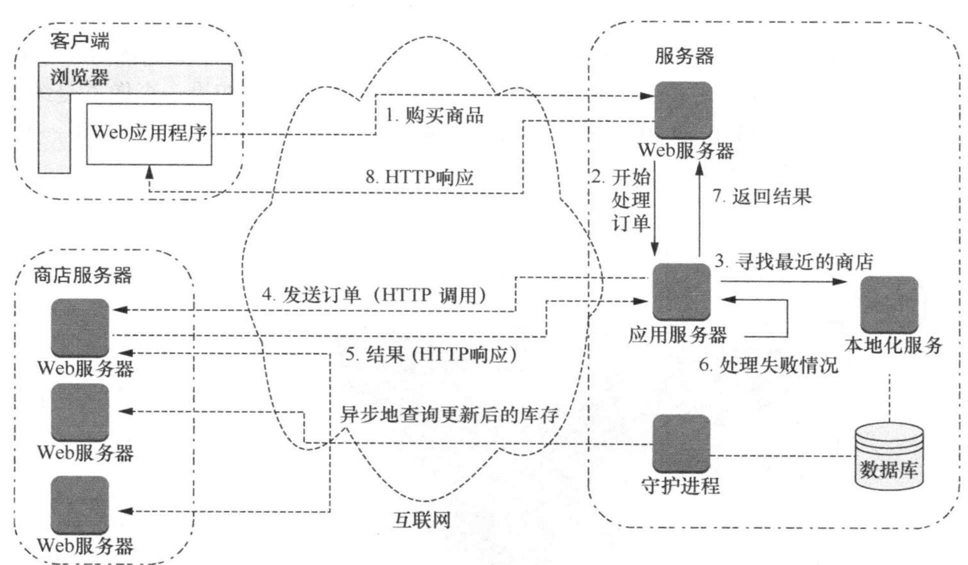

图 11.7 一种更高级的架构设计，其中包括一个异步轮询商店服务器，从而将本地数据库同步到最新库存的守护进程

这也就意味着在执行最近邻搜索时，我们需要确保内存中的库存副本是最新的。我们还必须在性能和准确性之间做出妥协，因为数据库调用（即使通过快速缓存进行调节也）有可能速度太慢，我们希望在服务器上运行另一个守护进程，这个守护进程位于应用服务器的一个线程上，旨在从数据库中仅获取上次更新之后被修改的值的数据差异，并通过（保存在某些共享内存区域内的）商店列表更新这些值。

11.3.3 经验教训

我们已经深入研究了这个电子商务应用程序，从中心化应用程序的粗粒度设计迭代到了分布式系统的各种细节。

虽然这里的讨论并非详尽无遗，但我们希望这些讨论有助于你了解从算法到使用算法的完整、生产就绪应用程序的设计过程的构建方式。希望上面的讨论能为你在开发 Web 应用程序时提供有用的指导。

接下来，是时候继续向你展示更多的问题了，对于这些上下文完全不同的问题来说，你也可以使用最近邻搜索来解决。

11.4 其他应用程序

地图并不是唯一用到最近邻搜索的应用领域，甚至最邻近搜索最初都不是为了解决 *k-d* 树而发明的，只是碰巧这种数据结构在地图领域可以工作得很好，但这些容器通常被用来解决更高维空间中的问题，而不只是解决二维或三维空间中的问题。

为了让你了解到更多可以利用这些算法的领域，接下来我们将简要介绍一些来自不同领域的示例。

11.4.1 色彩还原

问题很简单：有一幅使用特定调色板的 RGB 位图，例如常见的 1600 万色 RGB 位图，其中图像的每个像素都有 3 个通道分别与红色、绿色和蓝色相关联，并且各个颜色都与介于 0 和 255 之间的强度值相关联。图 11.8 展示了 RGB 位图是如何编码的。例如，如果一个像素是纯红色的，那么它将与元组(R=255, G=0, B=0)[1]相关联，深蓝色是(0, 0, 146)，黄色是(255, 255, 0)，黑色是(0, 0, 0)，白色是(255, 255, 255)。

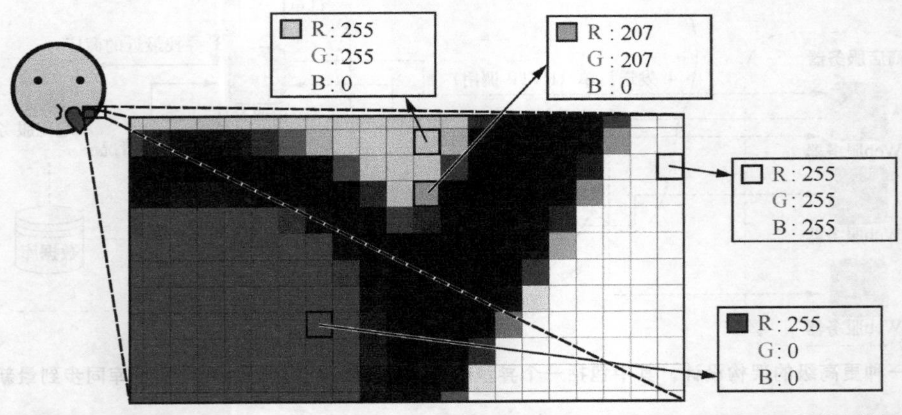

图 11.8　RGB 位图。图像由微小的点（也就是像素）组成，每个像素的颜色由红、绿和蓝这三种基色的组合决定，每种颜色的强度在 0 和 255 之间

要存储这样的图像，每个像素需要 3 字节[2]的空间。于是对于分辨率为 1208×720 像素的图像说来[3]，就意味着需要 27 649 800 字节，超过 2 MB，而 1920×1080 像素的图像[4]在 1600 万色下需要接近 6 MB 的空间。

---

1 代表红色通道的强度最大，而其他两个颜色通道的强度较小。

2 前提是未压缩地进行存储。JPG 或 WEBM 等格式会存储图像的压缩版本，图像质量略有下降，但使用的内存明显减少。

3 被称为高清图像。

4 被称为全高清图像。

假设需要出于特定目的而存储图像，例如用于训练机器学习模型的路标图像。为了节省空间，我们也可以使用有可能导致信息丢失的压缩格式，或是将数据转换到不同的空间[1]，或是减小用于每个像素的颜色数量。

如果不关心背景颜色，那么由于路标本身仅使用非常有限的一组颜色，因此可以将使用的颜色向下采样到 256 颜色标度[2]。这样做可以节省到只使用原来三分之一的存储空间，从而意味着每存储 1000 张图片可以节省大约 4GB 的空间（如果是在云上存储或处理它们，则意味着节省大量的时间和金钱）。

那么，问题来了，如何通过保持最高保真度将每幅图像从一种颜色标度转换为另一种颜色标度呢？

这明显需要选择 256 个颜色桶并将 1600 万种原始颜色“分配”到 256 个颜色桶中。其中的关键在于选择目标颜色标度。当然，有很多方法可以做到这一点，比如可以对原始的 1600 万个标度进行均匀采样，并为所有图像选择相同的 256 色；或者为每幅图像分别确定减少信息丢失的最佳比例。

在确定了 256 种颜色的最佳选择之后，如何将各个像素从一个标度转换到另一个标度呢？

这正是最近邻搜索发挥作用的地方。创建一个 *k-d* 树或 SS 树，其中包含用于目标标度的 256 种选定颜色。你可能已经知道了，这里的搜索空间的维度是 3。

对于原始图像中的各个像素，在树中搜索其最近邻，并将颜色的索引存储在最接近像素原始颜色的目标颜色标度中。代码清单 11.9 使用 SS 树展示了这些操作的伪代码。

代码清单 11.9　使用最近邻搜索对图像颜色进行下采样

```
tree ← SsTree(sampledColors, 3)
for pixel in sourceImage do
  (r, g, b) ← pixel.color
  sampled_color ← tree.nearestNeighborSearch(r, g, b)
  destIndex[pixel.index].color_index ← sampled_color.index
```

用包含 256 种采样颜色的列表创建一个 SS 树。这里为了清楚起见（当然也可以从列表中的点推断出来），显式地传递了搜索空间的维度。我们假设容器中的各个采样颜色都与目标颜色标度中的索引相关联。

遍历原始图像中的所有像素。

在最一般的情况下，像素可以被建模为具有更多字段而不仅仅是颜色的对象，例如它们在图像中的位置等。不过这里只需要用到用于最近邻搜索的 RGB 组件。

遍历原始图像中的所有像素。

在目标图像中，根据目标颜色标度中最接近像素原始颜色的采样颜色的索引来设置转换后的像素的颜色索引。

一旦有了正确的数据结构，你就会看到执行这些高级任务是多么简单！这是因为所有的复杂性都被封装在了 SS 树（或 *k-d* 树，或其他类似的数据结构）的实现中，为此，本书的主要目标就是帮助你识别可以使用这些数据结构的情况。知道了这一点，你就有可能成为一名杰出的开发人员，写出更快、更可靠的代码。

11.4.2　粒子的相互作用

在粒子物理模拟中，科学家需要对大量原子、分子或亚原子在封闭环境中相互作用的系统进行建模，从而模拟温度变化时气体的演变、激光束撞击气体的结果等。

图 11.9 展示了这种模拟的简化版本。由于在平均 25℃的室温下，每立方米的空气中大约有 10^{22} 个分子；因此可以想象，即使使用很小的空间以及稀薄的气体，模拟中的每一步也需要处理几十亿个元素。

1 JPG 算法能将图像从像素空间转换到频率空间。

2 虽然如果想要训练出一个健壮的模型，你不太可能这样做，但这里只是为了说明这一点。

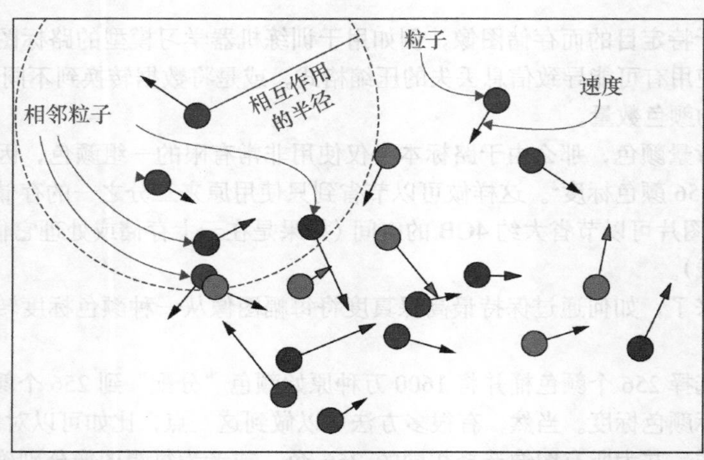

图 11.9　粒子相互作用的简化表示。有若干不同类型的粒子在封闭环境中相互作用（例如，密封空间中的气体粒子）。每个粒子都有一个与之相关的速度。为了节省计算资源，这里对于各个粒子都只计算其与最近邻的相互作用

这些粒子模拟都是为了计算粒子之间的相互作用。但是在有如此大量元素的情况下，依次检查各个粒子是如何与任何其他粒子相互作用的变得根本不可行。因为一共需要检查大约 10^{40} 个粒子对，这个数量级对于任何传统计算机来说难度都太大了[1]。

此外，计算所有的粒子对并不总是有意义的。例如，电力和重力的作用范围是有限的，因此在一定半径之外，两个粒子之间相互作用的幅度可以忽略不计。

你应该已经知道了，这是 *n* 最近邻搜索的完美用例，可通过假设各个粒子只会受到与其最近的 *n* 个粒子的影响来进行近似模拟（并且可通过调整 *n* 来对速度与精确度进行平衡），或者只检查各个粒子与 4 种基本力（或它们的子集，取决于粒子的类型）作用半径内的粒子的相互作用。

代码清单 11.10 描述了这种模拟的一个可能实现，它利用 SS 树来执行基于范围的查询，并为每个粒子过滤出周围与计算交互相关的粒子。这里不使用 *k-d* 树（或等效的其他数据结构）的原因在于，在模拟的每一步之后都需要进行更新（因为粒子的位置会发生变化），但即便如此，使用它们也仍然可以获得令人印象深刻的加速效果。

代码清单 11.10　粒子的相互作用与范围搜索

初始化 *n* 个粒子。根据不同的模拟情况，这里可能需要随机初始化或设置特定的配置。

定义一个用来运行模拟的函数，你需要把粒子的数量以及一个用来判断模拟是否完成的断言（可能是基于迭代次数或诸如系统进入稳定状态的其他条件）传递给这个函数。

在模拟的每一步，用系统的当前配置初始化一个新的 SS 树（或其他类似的数据结构）。粒子的位置在每一步都会发生变化，因此需要不断地更新树或创建一个新树。这里假设模拟是在三维环境中进行的，但在特定情况下，元组的维度也有可能是不同的。

```
function simulation(numParticles, simulationComplete)
  particles ← initParticles(numParticles)
  while (not simulationComplete)
    tree ← SsTree(particles, 3)
    forces = {ō for particle in particles}
    for particle in particles do
```

在模拟完成之前运行循环。

初始化一个数组，并在其中保存位于各个粒子上的合力。这个数组中的每个元素都是一个三维向量（基于上述假设），同时也是一个包含作用在粒子上的所有力的向量和。最初的元素将被设置为 **0**，即零向量。

对每个粒子进行迭代。

1 量子计算机可以为这种情况提供帮助，参见由 Sarah C. Kaiser 和 Christopher E. Granade 共同撰写的 *Learn Quantum Computing with Python and Q#*（曼宁出版社，2021 年）。

```
    neighbors ← tree.pointsInSphere(particle.position, radius)
    for neighbor in neighbors do
      forces[particle] += computeInteraction(particle, neighbor)
  for particle in particles do
    update(particle, forces[particle])
```

在这种配置中，粒子 A 和 B 之间的力会被计算两次。一次是当 particle == A 且 neighbor == B 时，另一次是当 particle == B 且 neighbor == A 时。尽管效率低下，但这并不影响结果。只需要进行一点小小的改变，就能够跟踪更新的粒子对，并确保只计算一次交互的力。

对于所有选定的相邻粒子，计算两个粒子之间的相互作用所产生的力。

在计算完所有的力之后，再次循环遍历所有粒子并更新它们的位置和速度。这里还应该考虑与环境边界的交互。例如，假设发生的是弹性碰撞，那么当粒子碰撞到墙壁时，你需要对速度进行反转（或者在非弹性碰撞的情况下，就会产生更复杂的相互作用）。

对于所有的粒子，找到它的相邻粒子，即其他与当前粒子更相关并且会影响到当前粒子的粒子。在这个示例中，我们使用特定半径（比如与交互不再相关的阈值）内的球形范围来进行搜索。显然，这个值取决于问题本身。你也可以决定只计算与 m 个最近点的交互。

11.4.3 多维数据库查询的优化

正如你在第 9 章中看到的那样，*k-d* 树支持多维范围查询（Multi-Dimensional Range Queries，MDRQ），也就是可以在多维搜索空间的两个或多个维度中选择搜索区间。

这些查询在业务应用程序中十分常见，并且许多数据库都支持使用优化技术对它们进行加速。虽然在 MySQL 中找不到这些优化，但 PostgreSQL 从版本 9 就开始支持最近邻搜索索引了，Oracle 则在可扩展索引中实现了它们。

当索引一个有单个键字段（与许多非键字段）的表时，我们可以使用二叉搜索树，在基于索引字段的搜索中提供快速（对数）查找。

当需要使用复合键来索引表时，这个用例的一个很自然的扩展就是使用 *k-d* 树。在遍历树时，你可以循环遍历复合键中的所有字段。此外，*k-d* 树还提供了精确匹配、最佳匹配（最近邻搜索）以及进行范围搜索的方法，同时支持部分匹配的查询（简称部分查询）。

k-d树上的部分查询

尽管没有在容器的 API 中包含部分查询，但要实现它们也很简单。只需要对查询中的字段执行常规的精确匹配查询，并且在与查询中未被过滤掉的键的字段所对应的层中同时跟踪两个分支就行了。

例如，如果对地理空间数据使用 *k-d* 树，并且在平行于 x 轴的线上查找所有点，则有 $x==C$。于是就会在奇数层（在 y 轴上进行拆分）遍历节点中的两个分支，在偶数层（对应于在 x 轴上进行拆分）则只遍历包含 C 的分支。

图 11.10 和图 11.11 展示了部分查询在 *k-d* 树上是如何工作的。

你也可以使用现有的 pointsInRectangle 方法，为那些不打算限制的字段传递一个从最小值到最大值的范围。例如，对于上面的示例，你可以设置如下范围条件。

{x: {min:C, max:C}, y:{min=-inf, max=inf}}

许多 SQL 查询可以被直接转换为对数据结构方法的调用。让我们通过几个例子来说明这是如何实现的。

首先，设置上下文。假设有一个包含姓名、生日和工资三个字段的 SQL 表。对于主键[1]来说，使用前两个字段就足够了，但我们还想为工资创建一个索引。因为无论出于何种原因，我们都会对工资进行大量的查询。我们的索引将使用具有相同字段的三维树。

表 11.1 展示了一些 SQL 片段被转换为对 *k-d* 树方法的调用的示例。

1 当然，如果有很多数据，则有可能保证不了这两个字段是唯一的，因为总会出现两个人的出生日期和姓名都相同的情况。不过为了让例子更简单，这里假设不会出现这种情况。

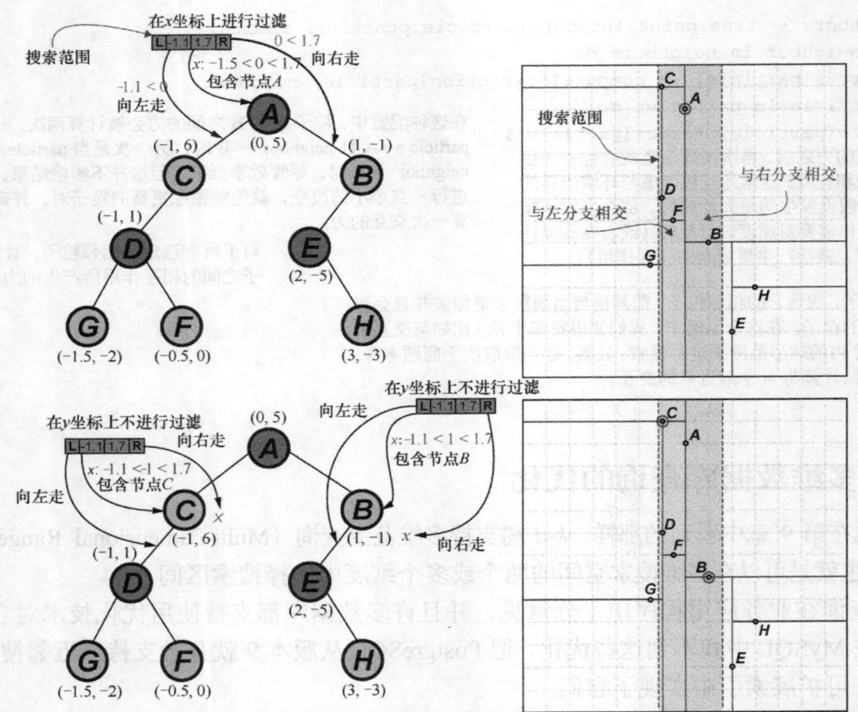

图 11.10　在 *k-d* 树上运行部分查询的一个示例。这个示例展示了如何对具有字段 *x* 和 *y* 的二维树进行部分查询。其中搜索只在 *x* 上指定了条件，即 *x* 值在−1.1 和 1.7 之间的所有点，并且与 *y* 值无关。第一步，在根节点上过滤 *x* 坐标，因为第一次拆分是在 *x* 坐标上进行的。第二步，在节点 *C* 和节点 *B* 上不执行任何过滤，因为这两个节点是在 *y* 坐标上进行拆分的，部分查询仅限制了 *x* 的范围。不过，这里仍然会检查节点 *C* 和节点 *B* 的 *x* 坐标以确定它们是否应该被包含在结果中

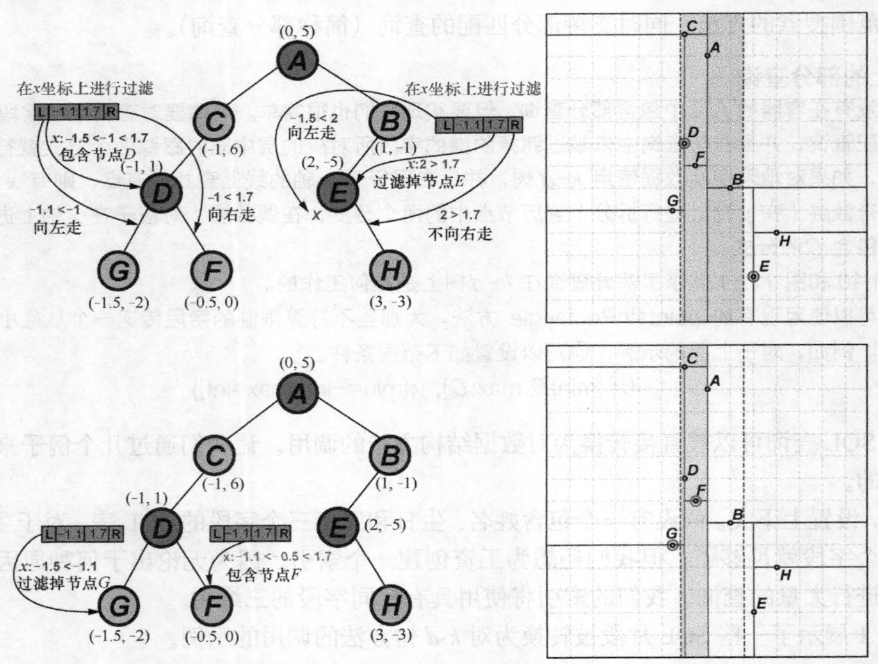

图 11.11　基于图 11.10，继续在 *k-d* 树上运行部分查询。图 11.11 的上半部分显示了另一个过滤步骤。这时，由于节点 *D* 和节点 *E* 的分割坐标再次回到 *x* 轴，因此可以对要搜索的分支进行剪枝。最后一步，由于处在叶子节点这一层，因此只需要检查节点 *G* 和节点 *F* 是否应该被添加到结果中就行了（只有节点 *F* 会被添加）

表 11.1 将 SQL 查询转换为对 *k-d* 树方法的调用（假设使用 *k-d* 树对本节描述的表实现了多重索引）

操作	精确匹配搜索
SQL[1]	`SELECT * FROM people WHERE name="Bruce Wayne" AND birthdate="1939/03/30" AND salary=150M`
k-d 树	`tree.search(("Bruce Wayne", "1939/03/30", 150M))`
操作	**范围搜索**
SQL	`SELECT * FROM people WHERE name>="Bruce" AND birthdate>"1950" AND birthdate<"1980" AND salary>=1500 AND salary<=10000`
k-d 树[2]	`tree.pointsInRectangle({name:{min:"Bruce", max: inf}, birthdate:{min:"1950", max:"1980"}, salary:{min: 1500, max:10000}})`
操作	**部分搜索**
SQL	`SELECT * FROM people WHERE birthdate>"1950" AND birthdate<"1980" AND salary>=1500 AND salary<=10000`
k-d 树	`tree.partialRangeQuery({birthdate:{min:"1950", max: "1980"}, salary:{min: 1500, max:10000}})`
k-d 树[3]	`tree.pointsInRectangle({name:{min:-inf,max:inf},birthdate:{min:"1950", max:"1980"}, salary:{min: 1500, max:10000}})`

11.4.4 聚类

最后我们来谈谈最近邻搜索的最为重要的应用之一：聚类。聚类非常重要，以至于我们将用一整章（见第 12 章）来解释两种会在其代码中使用最近邻搜索的聚类算法：DBSCAN 和 OPTICS。

在第 12 章中，我们将具体描述什么是聚类。目前你可以认为聚类是一种无监督学习方法，机器学习模型会被输入一组未标记的点，输出则是将这些点分组到各个有意义的类别中的结果。例如，可以给定包含若干人的数据集（年龄、受教育程度、财务状况等），并开发一个聚类算法，将他们分组到具有相似兴趣的类别。不过，这个聚类算法无法告诉我们这些类别是什么。这是数据科学家要做的工作，他们需要研究算法的输出并查看类别是否匹配中产阶级，或是匹配大学毕业生，等等。这类算法通常被用来为在线广告进行用户定位。

聚类也会被用作其他更复杂算法的初始步骤，因为它提供了一种将大型数据集分解为相似组的廉价方法。你将在第 12 章中看到这一点以及更多相关内容。

11.5 小结

- 最近邻搜索可用于改善物理资源的地理匹配，例如查找离客户最近的商店。
- 当从理论转向实际应用时，必须考虑许多其他因素并调整最近邻搜索算法以满足业务逻辑。例如，允许对搜索的资源进行过滤，或是根据某些因素对结果按照商业规则进行加权。
- 你还必须处理 IT 系统受到的物理限制，包括内存限制、CPU 可用性以及网络限制。
- 分布式 Web 应用程序带来了设计系统时需要考虑的新问题。仅仅提出一个好的算法是不够的，你还需要选择并设计一个适用于正在构建的真实系统的算法。
- 最近邻搜索在从粒子物理学的模拟到机器学习在内的许多其他领域都很有用。

---

1 通常来说，SELECT *的用法并不受欢迎，而且我们有充分的理由不这么做。这里只是为了简化代码，但你应该总是只选择实际需要使用的字段。

2 基于代码清单 9.12 中的实现，传递一个从最小值对象到最大值对象的元组。

3 作为显式实现部分查询的替代方法，我们可以使用 pointsInRectangle 方法并对不受限制的字段选择相应的搜索范围。

第 12 章 聚类

本章主要内容

- 分辨不同类型的聚类
- 分区聚类
- 理解和实施 *k* 均值算法
- 基于密度的聚类
- 了解和实现 DBSCAN
- OPTICS：将 DBSCAN 提炼为分层聚类
- 评估聚类的结果

在前面的章节中，我们描述、实现和应用了 3 种用来有效解决最近邻搜索问题的数据结构。当转向应用程序时，我们提到了聚类是高效最近邻搜索会带来影响的主要领域之一。之前我们没有时间来讨论这部分内容，现在终于到了锦上添花的时候。在本章中，我们将首先简要地介绍聚类，解释它是什么以及它在机器学习和人工智能方面的地位。这时，你将看到若干不同类型的聚类，它们可以分别采用完全不同的方法来实现。接下来，我们将详细介绍并讨论 3 种使用不同方法的算法。通过阅读本章，你将接触到这个主题的理论基础，了解可以实现或是可以把数据集分解为更小的同质群的算法，并在此过程中更深入地了解最近邻搜索和多维索引的相关概念。

但在开始之前，我们先来快速了解一个可以用于激发使用聚类问题的示例。在本书第二部分的前几章中，我们开发了一个关于电子商务网站的示例。接下来，是时候将公司带入 21 世纪并增设数据科学团队了。事实上，为了能让销售蓬勃发展，我们需要对客户进行细分，了解客户的行为，并对客户进行分类（基于对他们的了解）[1]。例如，我们可以了解他们的购买习惯、财务状况以及人口统计信息，因为年龄、受教育程度、居住的国家或地区是影响人们品位和消费能力的主要因素。

客户细分旨在将客户划分为具有相似购买力、相似购买历史或相似预期行为的同质群。聚类就是这个过程中的一个步骤，其中的组是由原始的、未标记的数据形成的。聚类算法不会输出关于组的描述，而是返回整个客户群的分区，然后数据科学家会根据需要对不同的形态类型进行进一步分析，从而了解这些组是如何构成的。一旦获得了这些相应的知识，营销团队就可

1 正因如此，无论是线上还是线下的所有公司，都试图尽可能多地发现有关用户的信息。数据在这个时代至关重要。

以针对这些群体（或者其中的部分群体，如果某些群体对公司的经营业绩至关重要的话）定制有针对性的活动。例如，在流媒体播放网站（如 Netflix）上，数据科学家能够识别出一组有可能看喜剧的用户，而另一组则包含对动作片更感兴趣的用户，以此类推。

在现实世界的例子中，客户有数百个被用于考虑营销细分的特征。在本章中，为了可视化和便于解释，我们将使用一个简化的示例，其中只有两个特征：年收入以及在我们的电子商务网站上的每月平均支出。本章的后面将再次提到这个例子，但首先我们需要提供更多的上下文以及执行聚类分析的工具。

12.1 聚类简介

近年来，尤其是本世纪第一个十年的下半叶，人工智能的一个分支发展迅猛，以至于现在媒体和舆论都认为它是人工智能的代名词。显然，这里所说的就是**机器学习**（machine learning），而它最近（自 2015 年以来）也越来越多地被视为**深度学习**（deep learning）的代名词。

事实上，深度学习只是机器学习的一部分，它汇集了所有使用**深度**（“多层”）神经网络构建的模型，而机器学习又只是人工智能的一个分支。

具体来说，机器学习是专注于开发数学模型的分支，这些模型会从数据中学习系统的特征，这些特征随后被用来描述系统。

机器学习和深度学习可以实现令人印象深刻、引人注目甚至有时难以置信的结果（在笔者撰写本书时，已经出现了用 GAN[1]创建的栩栩如生的人脸、风景甚至电影），但它们不能也不会被用来建立“智能”代理。那种在《霹雳五号》或《战争游戏》等电影中带来的更接近于人类意识的浪漫理念，是**通用人工智能**（general artificial intelligence）的目标。

12.1.1 机器学习的类型

机器学习模型的主要分类依据基于它们执行的“学习”的类型，具体来说就是在训练期间向模型提供反馈的方式。

- 监督学习（supervised learning）——这些模型是在已标记数据上进行训练的，即对于训练集中的所有条目，都有一个与条目相关联的标签[用于**分类**（classification）算法]或一个值[用于**回归**（regression）算法]。在训练过程中，可通过调整模型的参数来提高模型将正确的类型或值与新条目相关联的准确度。监督学习的一些例子包括对象检测(分类)或对商品价格进行估计（回归）等。
- 强化学习（reinforcement learning）——不再提供与数据相关的明确标签，而是让模型执行某些任务，并且仅在最后接收有关结果的反馈（说明成功或失败）。强化学习的一些例子包括博弈论（例如，让一个代理去学习如何下国际象棋或围棋）和机器人技术的许多应用（例如，让机械臂学会保持平衡）。
- 无监督学习（unsupervised learning）——与监督学习和强化学习不同，无监督学习不提供任何关于数据的反馈，无监督学习的目标是通过推断数据的内部结构(通常是隐藏的)来理解数据。无监督学习的主要形式就是聚类。

显然，我们在本章的其余部分将关注无监督学习。实际上，聚类算法会采用未被标记的数

1 GAN（Generative Adversarial Network，生成对抗网络）是一种特殊类型的深度神经网络，旨在通过训练两个竞争模型来生成人工内容（基于训练集）并对人工内容与真实内容进行区分，它们的共同进化可以提高所生成的人工内容的逼真度。

据集，并尝试尽可能多地收集有关其结构的信息，从而将相似的数据点组合在一起，同时对不同的数据点进行分割。

尽管一开始似乎不如监督学习或强化学习那么直观，但聚类有几个非常自然的应用场景，描述聚类的最好方法就是举例说明其中的一些场景。

市场细分——通过购买数据来找出相似的用户群。由于这一组用户的行为方式类似，因此营销策略很有可能在整组中（如果细分正确的话）始终如一地有效（或失败）。

聚类算法不会为分组输出标签，也不会告诉我们一组是“25 岁以下的学生”，或另一组是“对漫画充满热情的中年作家”。聚类算法只是将相似的人聚集在一起，然后由数据分析师进一步检查这些分组以更多地了解它们的构成。

查找异常值——查找突出的数据值。根据上下文，它们可能是信号中的噪声，也可能是雨林中的一种新花卉，甚至可能是客户分析中的新模式或新行为。

预处理——在数据中找到聚类，并分别处理各个聚类（可以并行地进行处理），而这很明显可以带来加速效果。聚类操作减少了在任何单个时间内所需的最大空间量，因此当一个大型的数据集不能被放进内存，或是无法被单台机器处理时，就可以把它分解成若干更小的可以处理的部分。有时候，你甚至可以使用快速聚类算法[如**树冠聚类**（canopy clustering）算法]来为较慢的聚类算法提供预处理。

12.1.2 聚类的类型

聚类是一个 NP 困难问题，因此在计算上很难获得准确的解（至少对于今天的真实数据集来说是不可能的）。此外，这类问题甚至很难定义可以用来评估解决方案质量的客观指标！图 12.1 解释了这个概念，对于某些集群的形状，凭直觉就可以知道两个环应该属于不同的集群，但是很难想出一个可以客观地说明这一点的度量函数（如最小距离函数就不行），而这对于高维数据集来说将变得更加困难（这时甚至直觉也无法帮助我们验证这些指标，因为很难表示和解释超过三维空间的任何内容）。

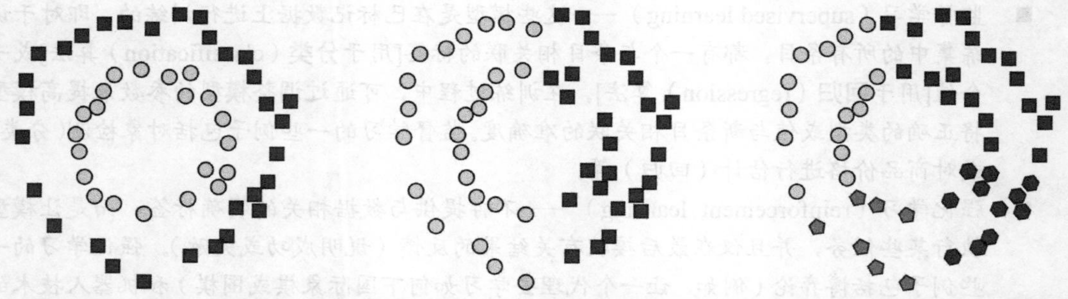

图 12.1 难以进行聚类的数据集。左图是符合我们直觉的理想聚类，其他两幅图则是根据一些指标（如接近度或亲和力传播）产生的非最佳结果

鉴于上述原因，所有聚类算法都是启发式算法，它们或多或少都会快速收敛到局部最优解。

在标记为“聚类”的类别下，我们可以对若干使用完全不同方法的数据分区算法进行分组。这些方法可以几乎透明地被应用于 12.1.1 节中描述的问题。显然，每种方法都有优缺点，因此我们应该更好地根据需求来选择最合适的算法。

第一个相关的区别是硬聚类与软聚类，如图 12.2 所示。

- 在硬聚类中，输出会为每个点分配一个且只有一个聚类（如果聚类算法也可以检测到噪声的话，那么最多分配一个聚类）。
- 相反，在软聚类中，对于每个点 P 和每个分组 G，输出都会提供点 P 属于分组 G 的概率。

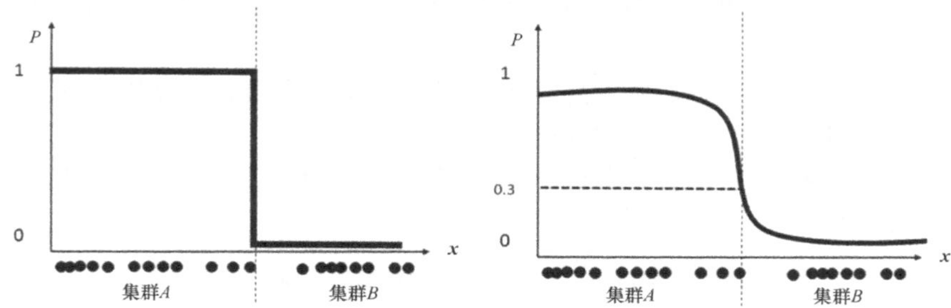

图 12.2 硬聚类与软聚类的区别可以用它们所采用的函数来解释。硬聚类的输出会为各个点是否属于某个聚类而分配 0 或 1 的值，约束条件是这个点只能在一个点-聚类组合上被分配 1。相反，软聚类采用的函数则输出介于 0 和 1 之间的概率（介于 0 和 1 之间的任何值），并且对于每个点来说，它可以在多个聚类中都有非零值

分类聚类算法的另一个主要标准旨在将**分区聚类**（partitioning clustering）与**分层聚类**（hierarchical clustering）区分开来。

- 分区聚类又称为**平面聚类**（flat clustering），由于要将输入数据集划分为多个分区，因此不会出现一个集群是另一个集群的子集的现象，更不会与任何其他集群相交。
- 分层聚类会产生具有层次结构的集群，你可以根据算法设置的参数在任何给定点对它们进行解释和“切片”。

显然，上面介绍的两个分类标准是正交的，因此只能选择使用硬分区聚类算法（如 *k* 均值算法）或软分层聚类算法（如 OPTICS 算法）。

其他可用于对这些算法进行分类的标准如下：基于质心与基于密度的聚类算法以及随机性与确定性聚类算法。

在 12.2 节中，我们将首先描述一种用于划分聚类的算法（*k* 均值算法，它是所有其他聚类算法的祖先），然后转向另一种平面聚类算法 DBSCAN，最后继续讨论分层聚类并介绍 OPTICS 算法——一种基于密度的算法。表 12.1 总结了这 3 种聚类算法的“身份信息”。

表 12.1　本章介绍的 3 种聚类算法

类别	*k* 均值算法	DBSCAN 算法	OPTICS 算法
成员区分	硬聚类	硬聚类	软聚类
结构	平面聚类	平面聚类	分层聚类
战略	基于质心	基于密度	基于密度
决定论	随机性	确定性	确定性
异常值检测	没有	有	有

不用担心，在接下来的内容中，我们将详细解释这些属性的含义，并提供示例来让这些区分更加清晰。

12.2 *k* 均值算法

k 均值算法是一种分区算法，用于在预定数量的球形集群中收集数据。*k* 均值算法的成功历史可以追溯到 20 世纪 50 年代。

图 12.3 说明了 *k* 均值算法的工作原理。*k* 均值算法的执行过程可以大致分解为如下 4 个步骤。

（1）**初始化**——创建 *k* 个随机质心作为球形集群的中心，它们可以是属于或不属于数据集的随机点。

（2）**分类**——对于数据集中的各个点，计算它们到各个质心的距离，并对这些点按照它们到质心的距离进行分配。

（3）**重新定位**——分配给质心的点会形成集群。对于每个集群，计算其质心（如 10.3 节所述），然后将集群的中心更新为计算出的新质心。

（4）重复进行**分类**与**重新定位**，直到在步骤（2）中不会有点被切换到不同的集群，或是达到最大迭代次数为止。

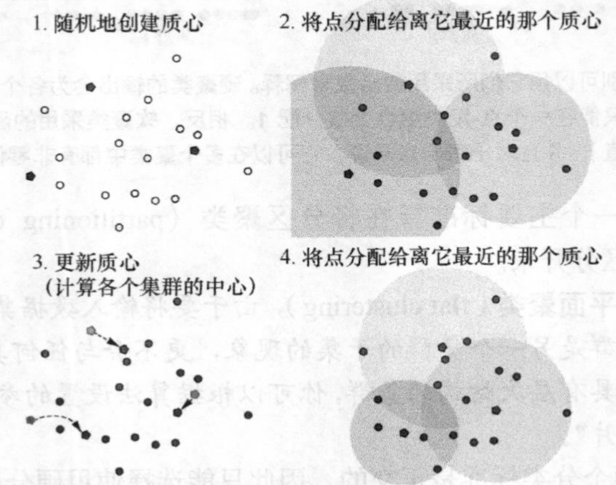

图 12.3　*k*==3 的 *k* 均值算法的执行过程。数据集中的点最初是黄色的。步骤 1：随机创建 *k* 个质心（形状为五边形）。每个质心都被分配了不同的颜色。步骤 2：测量每个点到所有质心的距离，并将点分配给离它最近的那个质心。在这一步的最后，每个质心 *C* 都会定义一个集群，也就是一个以质心 *C* 为中心的球体，半径是到分配给质心 *C* 的最远点的距离。将集群以与其质心相同的颜色突出显示。步骤 3：更新质心（计算各个集群的中心）。步骤 4：重复步骤（2）和步骤（3）一共 *j* 次，在这个过程中，一些点将被切换到不同的集群中

k 均值算法的步骤 2～步骤 4 是确定性启发式算法，旨在计算点和质心之间的精确距离，然后将质心更新为各个集群的中心。然而，*k* 均值算法也是蒙特卡罗随机性算法，因为它的第一步就使用了随机初始化。事实证明，这一步对算法至关重要。最终结果在很大程度上会受到质心的初始选择的影响。错误的选择会明显降低收敛速度，又因为最大迭代次数是有限的，所以这有可能导致提前停止和糟糕的结果。更重要的是，由于这个算法将删除没有被分配到点的质心，因此非常糟糕的初始选择（如几个质心彼此靠近），有可能导致启发式算法在早期阶段就使质心数量发生不必要的减少（见图 12.4）。

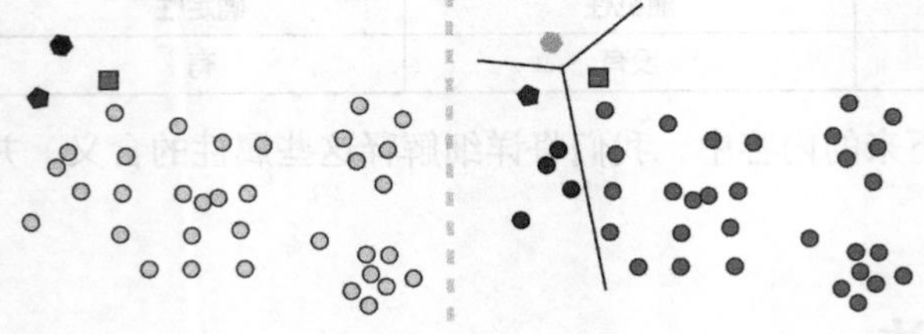

图 12.4　一种非常不理想的初始质心（显示为多边形）的选择。所有质心聚集在数据集的一角。直线显示了由每个质心确定的区域之间边界的近似值（在理想情况下，由这些线分隔的质心之间的距离是相同的）。由于用六边形表示的质心相比其他两个质心更远，因此不会为其分配任何点，于是将它从质心列表中删除。虽然在接下来的更新步骤中，剩下的两个质心将被（缓慢地）重新平衡，方块将向右侧被移到集群的中心，但这个结果仍不太平衡

为了缓解这个问题，我们在实践中总是将 *k* 均值算法与随机重启策略一起使用。也就是说，让 *k* 均值算法在数据集上运行多次，每次都使用不同的随机的初始化质心，然后对结果进行比较并选择最佳的聚类结果（12.5 节将介绍更多相关内容）。

代码清单 12.1 展示了执行 *k* 均值聚类算法的主方法的代码。这里将主要步骤分解为单独的函数，以便得到更简洁、更易于维护的代码，并深入研究这些步骤。你也可以在本书的 GitHub 仓库中查看这个方法的实现。

代码清单 12.1　*k* 均值聚类算法

初始化质心列表。可使用不同的策略进行随机初始化，并且非随机初始化函数也是可行的（更多的介绍参见代码清单 12.2）。

kmeans 函数接收一个点的列表和一个整数作为参数。这个整数就是我们应该创建的聚类的数量（每个质心都代表一个聚类）。这里还传递了 maxIter（即最大迭代次数）作为参数。这个函数会返回一对值，其中包含质心列表以及与每个点关联的质心索引列表。

初始化与每个点关联的质心索引列表。从一开始，所有的点都属于包含整个数据集的同一个大的集群。

更新点到集群的分配，并将结果存储在一个临时变量中，从而对新分类与上一次迭代中的分类进行比较。

```
function kmeans(points, numCentroids, maxIter)
  centroids ← randomCentroidInit(points, numCentroids)
  clusterIndices[p] ← 0 (∀ p ∊ points)
  for iter in {1, .. , maxIter} do
    newClusterIndices ← classifyPoints(points, centroids)
    if clusterIndices == newClusterIndices then
      break
    clusterIndices ← newClusterIndices
    centroids ← updateCentroids(points, clusterIndices)
  return (centroids, clusterIndices)
```

重复主循环（最多）maxIter 次。

如果没有点在这次分配中切换集群，则说明算法已经收敛并且可以退出。

否则，用临时变量中的值覆盖原来的值。

根据新分类更新质心。

当算法收敛之后，就返回各个集群的质心与相应的分配。

这个算法可以看作一种收敛到（局部）最优的搜索启发式算法，其中使用了比你平常看到的稍微复杂的函数来计算分数与梯度步长。在代码清单 12.1 中，第 6 行代码中的停止条件用来检查算法是否已经收敛。如果分类在上一步中没有发生改变，那么质心就与上一步相同，因此任何进一步的迭代都是徒劳的。由于这些函数在每一步的计算都非常昂贵，而且无论如何都不能保证收敛的发生，因此需要通过设置最大迭代次数来限制执行，从而添加另一个停止条件。如前所述，这里将更新和分数计算函数的逻辑抽象到了不同的方法中。但在研究这些方法之前，我们先来看看非常有趣的随机初始化步骤，这一步的重要性通常被低估了。代码清单 12.2 展示了 randomCentroidInit 方法的实现。

代码清单 12.2　randomCentroidInit 方法

randomCentroidInit 方法接收数据集中的点列表以及我们应该创建的质心数作为参数。它会返回生成的质心列表。

通过从数据集中随机采样（不同的）numCentroids 个点来初始化质心列表。

```
function randomCentroidInit(points, numCentroids)
  centroids ← sample(points, numCentroids)
  for i in {0, .. , numCentroids-1} do
    for j in {0, .. , dim-1} do
      centroids[i][j] ← centroids[i][j] + randomNoise()
  return centroids
```

（用索引）遍历质心列表。

通过添加一些随机噪声来更新当前坐标。

返回质心列表。

对于各个质心，遍历其在各个维度上的坐标[这里假设坐标的数量 dim 是一个类变量，否则需要用|centroids[*i*]|进行处理]。

虽然有不少可行的替代方案也能够初始化质心（例如，在域的边界内随机绘制各个坐标，或者使用实际数据集中的点），但可以带来若干优势的解决方案是随机地从数据集中抽取 *k* 个点。

■ 首先，这样做不用担心域的边界。如果各个质心的坐标是完全随机生成的，则必须扫描数据集以得到所有坐标的允许范围。

■ 即使得到数据集的边界，随机采样点也有可能出现在稀疏或空白区域中，因此稍后可能会将它们删除。相反，通过从数据集中平均地抽取点，质心将更靠近数据中的点，并且质心被绘制在点密度较高的区域中的概率也更高。

■ 随机抽取这些点有助于避免所有的质心都集中于较密集的区域。

代码清单 12.2 中的代码也很直观，不过有几个有趣的问题有必要讨论一下。

我们在第 2 行代码中使用了一个通用的采样函数，用来从一个集合中抽取 *n* 个不重复的元素。这个函数的细节在这里并不重要，因此你不用太关心。大多数编程语言会在其核心库中提供这样的功能[1]，所以通常来说不用专门去实现[2]。

接下来我们可以看一下代码清单 12.3 中描述的分类步骤。classifyPoints 方法会对所有的点–质心对进行暴力搜索，目标是找到离各个点最近的质心。到了这里，当你听到“暴力”这个词时就应该非常注意了，并且要条件反射地想：我还能做得更好吗？

代码清单 12.3 classifyPoints 方法

classifyPoints 方法接收数据集中的点列表以及当前的质心列表作为参数。它会返回与数据集中的各个点相关联的质心（严格来说是质心的索引）列表。

```
function classifyPoints(points, centroids)
  clusters ← []
  for i in {0, .. , |points|-1} do
    minDistance ← inf
    for j in {0, .. , |centroids|-1} do
      d ← distance(points[i], centroids[j])
      if d < minDistance then
        minDistance ← d
        clusters[i] ← j
  return clusters
```

- 初始化集群的分配列表。
- 遍历数据集中所有点的列表（质心的索引）。
- 将（points[*i*]与任何质心之间的）最小距离初始化为最大的可能值。
- 遍历质心列表（质心的索引）。
- 计算当前点和当前质心之间的距离并将其存储在临时变量中。
- 检查计算出来的距离是否小于目前找到的最小距离。
- 如果小于，则更新 minDistance 的值并将第 *i* 个点分配给第 *j* 个质心。
- 返回集群列表。

k 均值（聚类）算法的最后一个辅助方法（即更新质心的方法）如代码清单 12.4 所示。

代码清单 12.4 updateCentroids 方法

updateCentroids 方法接收数据集中的点列表以及当前集群（质心）的点的分类信息作为参数。它会返回各个集群新计算出的质心的列表。

```
function updateCentroids(points, clusterIndices)
  centroids ← []
  for cIndex in uniqueValues(clusterIndices) do
    for j in {0, .. , dim-1} do
      centroids[cIndex][j] ←
               mean({points[k][j] | clusterIndices[k] == cIndex})
  return centroids
```

- 初始化质心数组。
- 遍历所有（点所对应的）质心的索引。如果集群的索引是从 0 到某个值 *m* 的话，并且其中不会有任何“空洞”，则这个范围可以表示为 0～max(clusterIndices)。
- 循环遍历各个坐标（这里假设坐标的数量 dim 是一个类变量，否则需要用|centroids[*i*]|进行处理）。
- 各个质心的坐标将被计算为分配给质心的所有点在相应坐标处的平均值。
- 返回所有质心。

正如前面多次提到的，更新质心时只需要计算各个集群的中心。这也就意味着需要按照分配给各个点的质心来对它们进行分组，然后在每一组中计算出点的坐标的平均值。

这个伪代码实现不会应用任何逻辑来删除没有任何点被分配到的质心，这些质心只会被忽略掉。另外在这个实现中，关于质心数组的一个问题没有被处理：这里假设质心数组只会被初始化为空数组，并且支持在向其中添加新元素时动态调整大小。但是很明显，在实现中

1 例如，在 Python 中，你可以从 random 模块中导入 sample 方法；而在 JavaScript 中，你可以使用 underscore 库中的 sample 方法。

2 如果真的需要去实现，请参考《概率编程实战》（人民邮电出版社，2017 年）的第 11 章。

这两个问题都应该被处理，这取决于各种编程语言允许的初始化方式以及重新调整质心数组大小的实现方式。

如果想要了解 k 均值算法的具体实现，你可以在本书的 GitHub 仓库中找到相应的 Python 版本。

12.2.1 k 均值算法的问题

图 12.5 展示了将 k 均值算法应用于人工数据集的结果。这个数据集是经过精心设计的，代表了 k 均值算法所擅长处理的理想情况。其中，集群都能够很容易（并且线性[1]）地被分离出来，并且它们都是近似球形的。

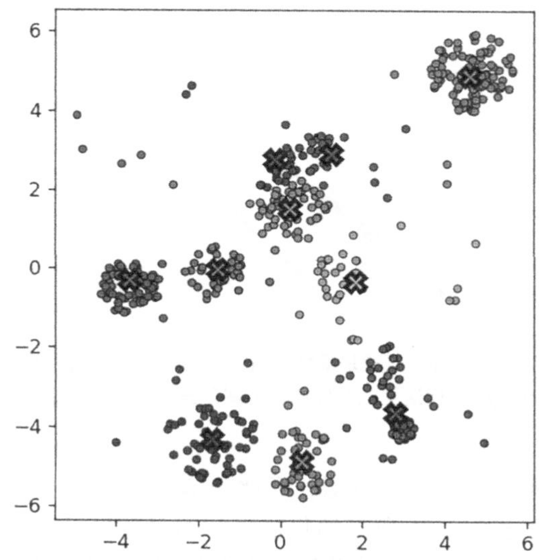

图 12.5 k 均值算法产生的典型聚类。数据集中的点被绘制为圆形，质心则显示为✖

首先，我们来看看 k 均值算法的优点。图 12.5 展示了它是如何正确识别具有不同密度的集群的，例如左下角的红色和橙色的点之间的平均距离相比右上角的青色集群更大（因此密度也就较低）。虽然这看起来是理所当然的事情，但并非所有的聚类算法都能很好地处理异构分布。比如，你在 12.3 节中将了解到为什么 DBSCAN 算法会有这个问题。

优点也就这些了。我们还可以看到有一些点并不靠近任何球形集群。这是因为我们还专门向数据集中添加了一些噪声点，从而展示出 k 均值算法的关键问题之一：无法检测到异常值。实际上如图 12.5 所示，异常点会被添加到最近的聚类中。而由于质心会被计算为集群的中心，并且均值函数对异常值非常敏感，因此如果在执行 k 均值算法之前不过滤掉异常值，那么产生的不良后果将是集群的质心被异常值“带偏”到远离它们应该位于的最佳位置。对于这种现象，你在图 12.5 所示的若干集群中都能看到。

然而，异常值的问题还不是 k 均值算法最严重的问题。如前所述，这个算法只能生成球形集群。但遗憾的是，在实际数据集中并非所有的集群都是球形的！图 12.6 展示了 k 均值（聚类）算法无法识别出最佳聚类的三个示例。

---

1 在 d 维空间中，要使两个集合 S_1 和 S_2 可以在线性时间内进行分割，就需要存在至少一个 d−1 维的超平面能够对空间进行划分，并使 S_1 中的所有点都在这个超平面的一侧，而使 S_2 中的所有点都在这个超平面的另一侧。

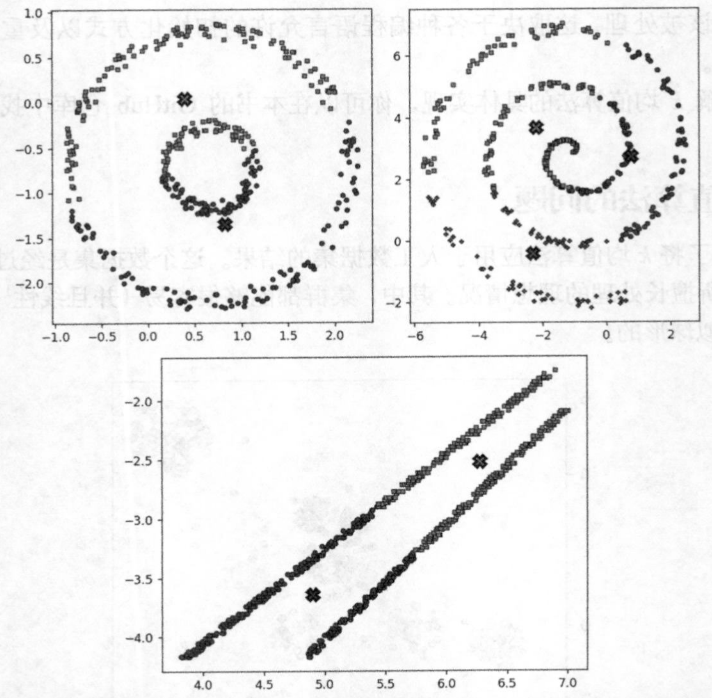

图 12.6 k 均值算法产生的聚类结果永远都不可能是最优的。(左上图) 集群形状为两个同心环 (两个质心) 的情况。(右上图) 集群形状为一个螺旋 (3 个质心，但这里的最佳解决方案是只有一个集群) 的情况。(下图) 两个彼此接近的线性集群

非线性可分集群不能用球形集群来近似，因此 k 均值算法不能分离非凸集群，如 (集群形状为) 两个同心环的情况。此外，在所有的集群形状不是球形且无法使用距质心的最小距离来正确对点进行分离的情况下，使用 k 均值算法并不能找到一个很好的解决方案。

k 均值算法的另一个问题在于集群的数量是一个超参数，即这个算法无法自动确定正确的集群数量[1]，而是将质心的数量作为参数。这就意味着，除非从领域知识中获得一些洞察力并找出应该对数据集进行聚类的正确类别数，否则为了找到数据集聚类的正确数量，就需要多次执行这个算法并尝试不同的质心数量，以及使用某种度量来比较结果 (视觉比较只适用于二维和三维数据集)。

这些问题很明显带来不少的限制。虽然可以在某些领域假设甚至证明数据可以用球形集群来很好地进行建模，但即使在最好的情况下或是在球形聚类仍然是很好的近似方式的中间情况下，也会有另一个问题限制这个算法的应用，即维度诅咒。

12.2.2 维度诅咒再次来袭

在第 9 章学习 k-d 树时，我们遇到过维度诅咒的问题。这表明一个数据结构只适用于中低维空间，在高维空间中则表现不佳。

这个问题出现在 k 均值算法中也并非巧合。因为这个算法是一种搜索启发式算法，旨在最小化点到聚类质心的欧几里得距离。然而，在高维情况下，则会出现如下问题。

- 体积和表面之间的比例呈指数增长。
- 一个均匀分布的数据集中的大多数点并不靠近质心，而是位于远离质心的集群的表面。

1 虽然 k 均值算法可以丢弃一些质心，但这种效果非常有限且不可预测。

- 如果数据均匀分布在超立方体中（各个特征均匀分布在固定范围内的域中），那么在高维空间中，大多数的点会靠近超立方体的表面。
- 用内切超球体逼近一个超立方体会导致遗漏大部分的点。
- 为了包含所有的点，你需要超立方体的外切超球体，然而（正如你在 10.5.1 小节中看到的那样）浪费的体积会随着维度数量的增加而呈指数增长。
- 在维度数量远大于 10 的 *d* 维空间中，在数据分布的某些合理假设下，最近邻问题变得不再明确[1]。因为在高维空间中，目标点到最近邻和最远邻的距离的比例几乎总是 1。例如，如果点与点之间是等间距的（就像被放置在网格中那样），那么在二维空间中，最接近的点与任何质心的距离都相同，这也就意味着找到一个点的最近邻变得非常具有挑战性。

简而言之，对于高维数据集来说，除非集群的分布总是球形的，否则包含所有点所需的球体会非常大，这可能导致它们中的很大一部分体积是相互重叠的。此外，对于接近均匀分布的数据集来说，当用到许多质心时，对最近质心的搜索可能并不准确，而这反过来又会让一些点可以来回地被分配给不同的几乎同样近的质心，进而导致收敛速度变慢。

总之，你需要记住的是，*k* 均值算法只适用于中低维（最多大约 20 维），并且可以确定能用超球体来准确地逼近集群的数据集。

12.2.3 *k* 均值算法的性能分析

但是，当能够确定数据集满足应用 *k* 均值算法的先决条件时，这个算法将是一种可行的选择，并且可以快速地产生良好的结果。

假设有一个包含 *n* 个点的数据集，其中每个点都属于一个 *d* 维空间（因此每个点都可以表示为 *d* 个实数的元组），我们希望将这些点划分为 *k* 个不同的集群。

查看代码清单 12.1 中的各个子步骤，我们可以得出如下结论。

- 随机初始化步骤需要 $O(n*d)$次赋值操作（*n* 个点的 *d* 个坐标）。
- 初始化集群索引需要 $O(n)$次赋值操作。
- 主循环会重复 *m* 次，其中 *m* 是允许的最大迭代次数。
- 将点分配给质心需要 $O(k*n*d)$次操作，因为对于每个点都需要计算 *d* 维（平方）距离 *k* 次，并且每次计算都需要 $O(d)$次操作。
- 比较两个点的分类需要 $O(n)$的时间，但这个时间可以在小心实现的分区方法中被摊销掉。
- 更新质心需要为每个质心计算 *d* 次（每个坐标[2]一次）最多 *n* 个点的平均值，因此总共需要 $O(k*n*d)$次操作。如果可以假设点在集群之间均匀分布，那么各个集群最多包含 n/k 个点，因此最坏情况下的平均运行时间就是 $O(k(n/k)*d)=O(n*d)$。

综上所述，*k* 均值算法的运行时间为 $O(m*k*n*d)$，并且需要 $O(n+k)$的额外内存来存储点的分类和质心列表。

12.2.4 用 *k-d* 树来加快 *k* 均值算法

在描述 *k* 均值算法的代码时，在划分步骤中需要把每个点都分配给一个质心，这是针对点与质心的所有组合的暴力搜索。那么，还有速度更快的方法吗？

在 10.5.3 节中，我们看到了在把 *k* 均值算法作为拆分启发式算法时，能让 SS⁺树更平衡，进

1 When is “nearest neighbor” meaningful?（“‘最近邻’在什么时候有意义？”），Kevin Beyer 等人，数据库理论国际会议，施普林格，柏林，海德堡，1999 年。

2 在为矢量计算设计的 GPU 和处理器上，你可以效率非常高地在 *d* 维元组的所有坐标上同时执行操作。

而提升性能。那么，有没有可能反过来也可以带来收益呢？也就是说，有没有更有效的方法代替暴力搜索呢？

如果想一想你就能发现，这个算法需要对所有的点在质心集合中找到点的最近邻，而我们已经知道有一两个数据结构可以提高这种搜索的速度！

但在这个上下文中，我们建议使用 *k-d* 树而不是 SS$^+$树。原因有 3 个。在阅读下面的内容之前，请先停下来，想想为什么我们更偏好 *k-d* 树。如果你找不到这 3 个原因，或者不完全清楚为什么这 3 个原因是成立的，那么可以回顾详细解释了这些概念的 9.4 节和 10.1 节。

k-d 树相比 SS$^+$树更适合最近质心搜索的原因如下。

- 数据集（质心）很小，因此它有很大的可能被放进内存。而如果剩下的两点也成立的话，*k-d* 树就是这种情况下的最佳选择。
- 搜索空间的维度不会太高，并且真实情况也确实如此。这是因为 *k* 均值算法也会受到维度诅咒的限制，所以无论如何，这个算法都不会被应用于高维数据集。
- *k-d* 树可以提供相比暴力搜索更好的理论最坏情况的上限。对于 *k* 个 *d* 维质心来说，也就是 $O(2^d+d*\log(k))$。相反，SS+树并不能在最坏情况下提供优于线性的运行时间。

此外，由于使用的数据结构必须能够在 *k* 均值算法的主循环的每次迭代中从头开始创建，因此不用处理有可能导致 *k-d* 树随着时间的推移而变得不平衡的动态数据集的情况。

事实上，必须在每次迭代中创建一个新的数据集是使用这种算法的最大缺陷，因为这带来了不得不需要额外付出的代价。此外，我们还需要 $O(k)$的额外内存。虽然这并不会显著改变算法的渐近内存使用情况，但在实践中，特别是当质心数 *k* 很大时，这部分额外内存也会非常关键。

然而在大多数应用程序中，预期 $k \ll n$ 是合理的。也就是说，质心的数量将比点的数量小若干数量级。

代码清单 12.5 展示了如何修改 classifyPoints 方法的伪代码以使用 *k-d* 树代替暴力搜索。

代码清单 12.5　使用 *k-d* 树的 classifyPoints 方法

```
function classifyPoints(points, centroids)
  clusters ← []
  kdTree ← new KdTree(centroids)
  for i in {0, .. , |points|-1} do
    clusters[i] ← kdTree.nearestNeighborIndex(point)
  return clusters
```

classifyPoints 方法接收数据集中的点列表以及当前的质心列表作为参数。它会返回与数据集中的各个点相关联的质心（严格来说是质心的索引）列表。

将集群的分配列表初始化为一个空列表。

创建一个 KdTree 实例，并使用质心列表对其进行初始化

遍历数据集中所有点的列表（即它们的索引）。

通过查询 KdTree 来获取该点的最近质心的索引。

返回集群列表。

可以看到，这里的代码相比代码清单 12.3 短得多，这是因为搜索的大部分复杂性都被封装在了 KdTree 类中。

注意，由于需要找出离所有点更近的质心的索引，这里假设 KdTree 对象可以跟踪初始化数组中的点的索引，并且 KdTree 类提供了一个查询方法来返回最近的点的索引，而不是点本身。即便这些假设不成立，解决方法也不难找到。你只需要保留一个将质心与其索引相关联的哈希表，并添加一个额外的步骤以获得 KdTree 所返回质心的索引就行了。

在性能方面，由于为质心创建 *k-d* 树需要 $O(k*\log(k))$个步骤，而每个步骤最多需要 $O(d)$次操作（因为处理的是 *d* 维点），因此整个分类过程需要 $O(d*k*\log(k)+n*2^d+n*d*\log(k))=O(n*2^d+d*(n+k)*\log(k))$个步骤，而不再是 $O(n*k*d)$次操作。

事实上，可通过计算得出让 $O(n*2^d+d*(n+k)*\log(k))<O(n*k*d)$成立的条件。然而在这里，我们可以非正式地利用一些直觉得出如下结论。

（1） $n*2^d < n*k*d \Leftrightarrow d \ll k$ 。

（2） $d*(n+k)*\log(k) < n*k*d \Leftrightarrow (n+k)*\log(k) < n*k \Leftrightarrow n < n*k/\log(k)-k$ 。可以证明当 $n>k$ 时这一定成立，但是在对两侧的公式进行绘制后得出的差异表明，对于固定的 *n* 来说，差异会随着 *k* 的增大而增长。因此，当质心越多时，节省就会越明显。

整个算法都假设集群是均匀分布的，且每个集群大约有 *n/k* 个点，于是有 $O(m*(n*2^d+d*(n+k)*\log(k)+n*d))=O(m*(n*2^d+d*(n+k)*\log(k)))$。在理论上以及常数乘数和实现细节上，你都可以看出，使用 *k-d* 树这样的数据结构改进最近邻搜索是一个不错的主意。

然而，正如我们所看到的，如果理论上的余量很小，那么有时更复杂的实现只有在面对大的甚至非常大的输入时才能击败渐近情况更差的解决方案。为了仔细检查在实践中是否值得在每次迭代中都创建和搜索 *k-d* 树，我们进行了一些剖析，你可以在本书的 GitHub 仓库中找到相应的结果。

在剖析过程中，我们再一次使用了 Python 的实现以便进行比较。显然，不用再提，这些结果只对 Python 语言和这个特定的实现有意义。但尽管如此，它还是证明了一些事情。

对于 *k-d* 树来说，它使用了 SciPy 在 scipy.spatial 模块中提供的实现。回顾本书的前几章，你可能还记得当时提到的一条黄金法则：在从头开始实现某些东西之前，最好先看看有没有一些值得信赖的东西可以直接使用。在这里，SciPy 的实现不仅可能比我们自己编写的版本更可靠、更高效（因为 SciPy 的代码已经经过长时间的测试和调整），而且它还实现了 query 方法，以执行最近邻搜索并返回点的索引（相对于插入顺序）。而这也正是 *k* 均值算法所需要的，这个实现能让我们不用为了获得点的索引而存储额外的数据。

图 12.7 展示了在 Python 中分别使用暴力搜索和 *k-d* 树的最近邻搜索实现的 classifyPoints 方法的剖析结果。

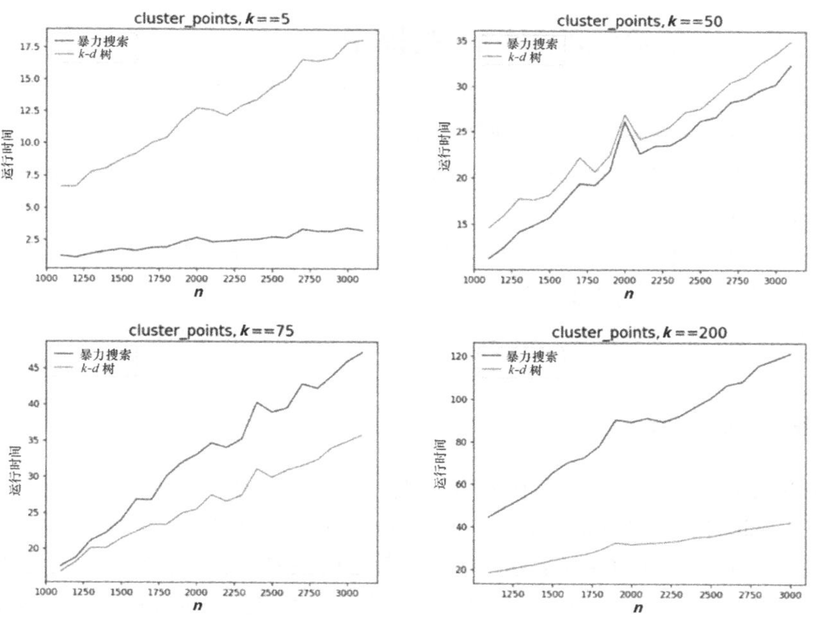

图 12.7 比较使用暴力搜索和 *k-d* 树的最近邻搜索实现的 classifyPoints 方法的剖析结果。运行时间被显示为一个拥有固定 *k* 值（质心数）的 *n*（点的数量）的函数。（左上图）*k*= =5，使用 *k-d* 树的方法总是更慢，且运行时间的增长速度更快。（右上图）*k*= =50，使用 *k-d* 树的方法仍然较慢，但运行时间的增长与暴力搜索类似。（左下图）*k*= =75，使用暴力搜索的方法一开始花费的时间是相似的，但随着 *n* 的增长，代表运行时间的曲线会发散并且 *k-d* 树的实现会增长得更慢。（右下图）*k*= =200，即使对于较小的 *n* 值来说，*k-d* 树的实现也只用到了暴力搜索的一半时间，而且运行时间的增长速度要慢得多

如果仔细查看图 12.7 中的 4 个子图，你就能注意到 *k-d* 树实现的那条线在 *k* 值不同的情况

下一直都很稳定，而暴力搜索实现的那条线的斜率则随着 k 值的增长而变得更加陡峭。

如果从不同的角度观察数据，比如保持 n 固定并将运行时间绘制为 k 的函数，那么这种趋势将更加明显，如图 12.8 所示。

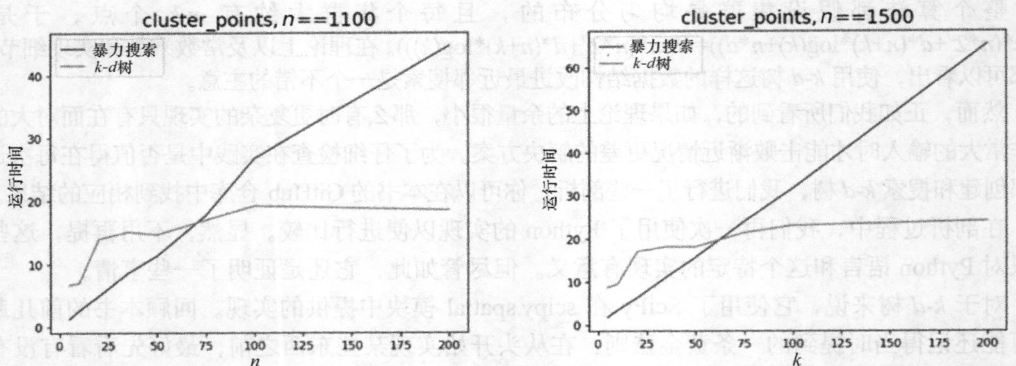

图 12.8 比较使用暴力搜索和 k-d 树的最近邻搜索实现的 classifyPoints 方法（左图）与 k_means 方法（右图）的运行时间。运行时间被显示为一个拥有固定 n 值（数据集的大小）的 k（质心数）的函数。这两个子图是当 $n==1100$ 与 $n==1500$ 时绘制的，但对于 $n>1000$ 的所有测试值来说，它们也都具有相同的趋势。通过这两个子图你可以很明显地看出，classifyPoints 方法占用了 k-means 方法实现的大部分运行时间

因此，至少在 Python 中可以说，通过使用 *k-d* 树来实现对点进行分区的子步骤优于普通的暴力搜索。

12.2.5 关于 *k* 均值算法的最后一些提示

为了结束关于 k 均值算法的讨论，我们先来总结一下得出的结论。

- k 均值算法是一种基于质心的硬聚类算法。
- 如果使用辅助的 *k-d* 树来进行实现，那么 k 均值算法的运行时间为 $O(m*(n*2^d+d*(n+k)*\log(k)))$。
- 即使数据集不具有均匀分布，k 均值算法也仍然适用于集群的形状是球形且可以根据先验来估计集群数量的中低维数据。
- k 均值算法在高维数据上，以及当集群不能用超球面来近似时效果不佳。

12.3 DBSCAN 算法

介绍 DBSCAN 算法的论文直到 1996 年才发表，其中提出了一种解决聚类问题的新方法[1]。DBSCAN 是 Density-Based Spatial Clustering of Applications with Noise（噪声应用的基于密度的空间聚类）的首字母缩写，DBSCAN 算法与 k 均值算法的主要区别仅从名字看就已经非常明显了。k 均值算法是一种基于质心的算法，因此集群被构建为围绕被选为质心的点的凸集；而基于密度的 DBSCAN 算法则将集群定义为彼此靠近的点的集合，这些点互相足够接近，从而使集群中任

1 A density-based algorithm for discovering clusters in large spatial databases with noise（"用于在有噪声的大型空间数据库中发现集群的一种基于密度的算法"），Martin Este 等人，第二届知识发现与数据挖掘国际会议（KDD），第 96 卷，第 34 号，1996 年。其中使用的方法与发表于 1972 年的另一篇论文密切相关：On the theory and construction of k-clusters（"关于 k 聚类的理论和构造"），Robert F. Ling，《计算机期刊》，第 15 卷，第 4 期，1972 年，第 326～332 页。

何区域的点的密度都高于某个阈值。顺便说一下，这个定义的自然扩展为低密度区域中的那些点引入了噪声（又称为**异常值**）的概念。在稍后的内容中，我们将正式定义这两个类别。

与 k 均值算法一样，DBSCAN 算法也是一种平面硬聚类算法，这也就意味着每个点都会以 100%的置信度被配给（至多）一个聚类（或者对于异常值来说就是没有聚类），并且所有的聚类都是同一层中的对象，各组之间不会有层次结构。

在 k 均值算法中，质心的随机初始化在算法中起主导作用（好的选择可以加速收敛），因此在得出最佳聚类之前，我们经常需要对算法的若干次随机重启进行比较。DBSCAN 算法则不用这样做，其中的点会以某种方式被随机遍历到。不过这一变动对最终结果的影响（即使有的话也）很小。因此，DBSCAN 算法也可以被认为是确定性算法[1]。

最后，DBSCAN 算法通过引入两个点相互连接所需的最小点密度扩展了**单链接聚类**[2]（Single Linkage Clustering，SLC）的概念。这减少了**单链接链效应**（single-link chain effect），这是 SLC 中最坏的副作用，它会导致由于（噪声）点的一条细细的连线而让多个独立的集群被错误地归类为单个集群。

12.3.1 直接可达与密度可达

我们需要先从几个定义入手，以帮助你了解 DBSCAN 算法的工作原理。在阅读时，请参考图 12.9。

- 图 12.9 中的点 p 被称为核心点，这是因为在距离它 ε 的距离内至少有 minPoints 个点（包括点 p 本身，在这个例子中，minPoints==3）。
- 点 q 从点 p **直接可达**，这是因为点 q 与点 p（即核心点）的距离不超过 ε。一个点只能从一个核心点直接可达。
- 如果每个点 w_{i+1} 都可以从点 w_i 直接可达，那么点 w 就可以通过一条包含核心点的路径 $p=w_1,\cdots,w_n=w$ 从核心点（如点 p）**可达**（或等效地**密度可达**）。从直接可达的定义可知，路径中除点 w 外的所有点都需要是核心点。
- 根据定义，任何两个密度可达的点都在同一个集群中。
- 如果有任何点 r 不能从数据集中的任何其他点可达，那么点 r（以及所有类似于点 r 的点）就会被标记为异常值（或等效地称为噪声）。

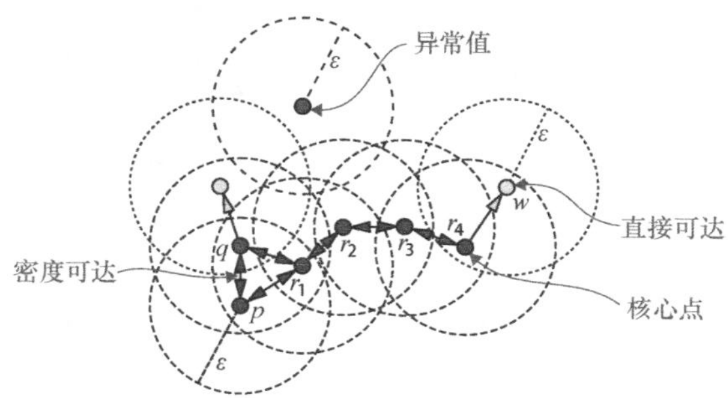

图 12.9 给定半径 ε 和阈值 minPoints（核心区域中的最小点数）等于 3 的核心点、直接可达点以及可达点。在这里，核心点需要在距离 ε 内至少有两个邻居点

DBSCAN 算法是围绕着每个核心点在特定距离内至少有一定数量邻居点的核心点的概念而

1 严格来说，如果 DBSCAN 算法的两次执行以相同的顺序遍历所有的点，那么最终结果将完全相同。而如果要让 k 均值算法被认为是确定性算法，则需要用确定性的初始化替换随机初始化。

2 单链接聚类（SLC）是一类自下而上的分层聚类算法，其中的每一步都会对最小距离的聚类进行合并（各个点最初都属于它们各自的聚类）。

构建的。你也可以从另一个角度看出，核心点是至少具有最小密度的区域中的点。

彼此可达（相邻）的核心点（见图 12.9 中的点 p、点 q 等）都属于同一个集群。这是为什么呢？因为这里假设高密度区域（而不是域中大多数的低密度区域）定义了集群。因此，与核心点 p 的距离不超过 ε 的所有点也都与点 p 属于同一个集群。

12.3.2　从定义到算法

从 12.3.1 节中的定义转移到算法是非常简单的。

对于给定的点 p，你需要检查它的邻居点中有多少个位于半径为 ε 的圆之内。如果有超过一定数量的邻居点，就将点 p 标记为核心点，并将其所有邻居点都添加到同一个集群中，否则就什么都不做。图 12.10 说明了如何在数据集中的每个点上不断地重复这个步骤，并借助一个集合来跟踪接下来要为当前集群（以任何顺序）处理的点。

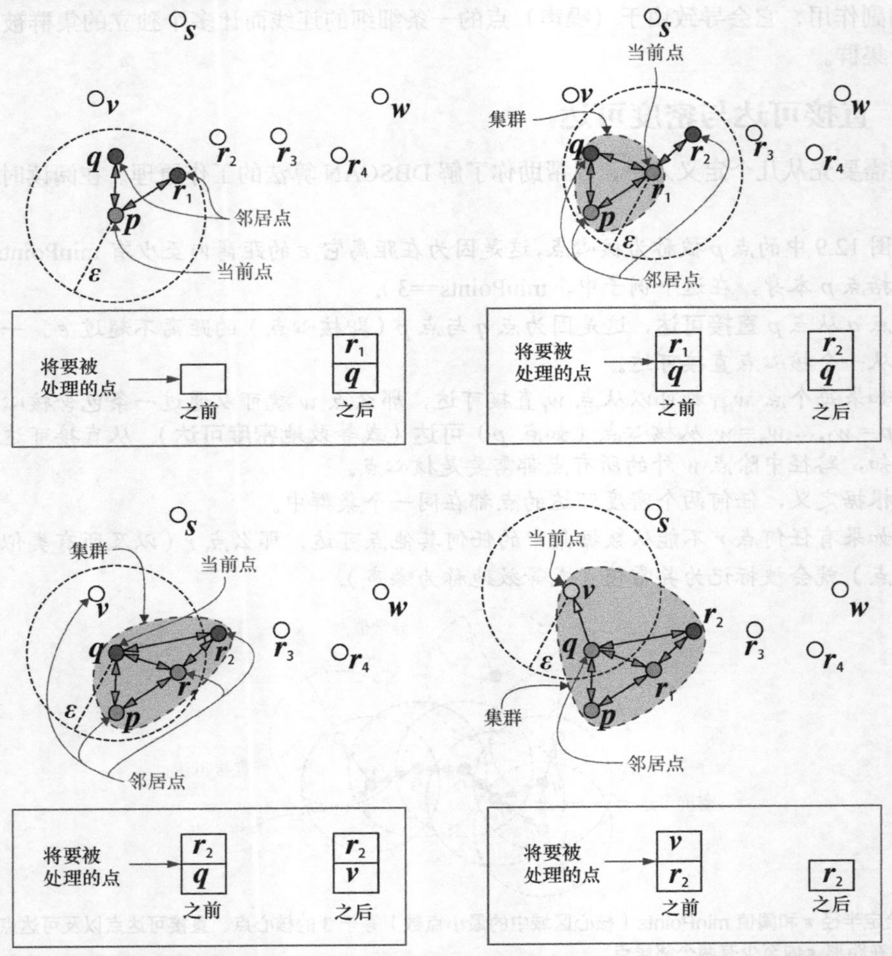

图 12.10　DBSCAN 算法的主循环中的一些步骤。当核心点被处理时，所有还未被发现的邻居点都会被添加到当前集群中，并且会被添加到将要被处理的点的集合（不是队列）中。反之，如果当前处理的点不是核心点，如最后一步中的点 v，则不用采取进一步动作

接下来需要解答的问题是，当处理一个不是核心点但从核心点 p 直接可达的点 w 时，会发生什么？如果在处理点 w 时不采取任何动作，这样可行吗？

从图 12.9 和图 12.10 可以看出，如果点 p 是一个核心点并且点 w 从它直接可达，那么点 w

和点 p 之间的距离必然最多为 ε。在检查点 p 时，由于要将点 p 的所有位于半径为 ε 的圆之内的邻居点都添加到与点 p 相同的集群中，因此点 w 将处在与点 p 相同的集群中。

如果有两个核心点 p 和 q，且它们之间密度可达，并且都与点 w 可达，该怎么办呢？根据定义，在点 q 和点 p 之间一定存在一条由核心点组成的链 $w_1,\cdots,w_n$，因此路径中的各个核心点都将被依次添加到与点 q 相同的集群中，最后当到达点 w_n 时，点 p 也会被添加进去。

如果点 p 和点 q 虽是核心点但彼此不可达，而它们都与点 w 可达，又该怎么办呢？点 w 会成为核心点吗？

可通过**归谬法**[1]来进行推理。假设点 w 从点 p 可达，其中点 p 是一个在点 w 之前已经处理过的核心点，则存在一条由依次可达的核心点组成的链 $p_1,\cdots,p_n$，用于将点 p 连接到点 w。

同时假设在处理点 p_n 时点 w 已经被添加到与点 p 不同的另一个集群中，这意味着存在另一个核心点 q，并且点 w 从点 q 可达（因此存在一条由核心点组成的链 $q_1,\cdots,q_k$，以此类推），但点 p 与点 q 不可达，也就是说，它们位于不同的集群中。

于是，点 w 既可以是核心点，也可以不是核心点。

如果点 w 是核心点，那么根据定义，将存在一条由核心点 q、$q_1,\cdots,q_k$、w、$p_1,\cdots,p_n$ 和 p 组成的链，其中所有点都可以彼此可达。因此，点 p 从点 q 可达，而这与最初的假设背道而驰。

由此可见，点 w 不可能是核心点，并且它必须是至少从两个不同的核心点可达的非核心点，如图 12.11 所示。

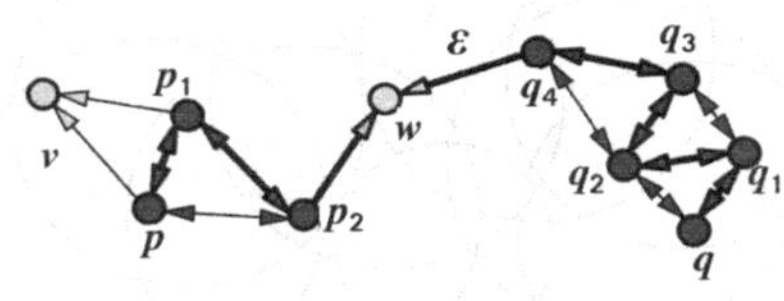

图 12.11　边缘点 w 从至少两个不同的集群直接可达。在本例中，minPoints 被设置为 4。从点 q 到点 p 的路径已用加粗的箭头进行了突出显示

在这种情况下，可达点可以被添加到任何一个集群中，差异则仅仅是一个点。这也就意味着两个集群会被一个低于阈值密度的（尽管不完全是空的）区域隔开。

最终结果并不会受到各个点的处理顺序的影响，因为迟早你会发现密度可达的点都属于同一个集群。不过，仍然有一种高效的方法可用来处理点。根据遵循的顺序，你可能需要使用不同的方法来跟踪集群。

你应该避免使用的一种方法是，如果以完全随机的顺序处理点，则需要跟踪分配给各个点的集群（每个点最初都在它们各自的集群中），并且需要跟踪哪些集群需要合并（每处理一个核心点，就需要尝试[2]合并至少 minPoints−1 个集群）。而这会让处理过程变得非常复杂，并且需要使用一种特殊的数据结构（即第 5 章中描述的不交集）来进行处理。

相反，如果在处理完点 p 后就立即处理核心点 p 的各个邻居点，如图 12.10 所示，则可以按照顺序构建出集群，并依次向集群中添加一个个的点，直到不能再添加为止。此外，你不需要合并集群或跟踪集群的合并历史。

---

1 归谬法（reduction to absurdity）源自拉丁语 Reductio ad absurdum，是一种逻辑论证，旨在通过表明如果某个情况为假，则会导致不可能的结果来证明陈述。

2 因为核心点的一些邻居点可能已经被合并了。

按照这个顺序，在图 12.11 所示的例子中，像 q 和 p 这样的点将永远不会被添加到同一集群中，并且像 w 这样的边缘点会被合并到哪一个集群也变得不再重要。因为事实上，只有边缘点才是 DBSCAN 算法不能完全确定的点，它们可以被添加到任何可以到达它们的集群中，并且它们最终被添加到的集群取决于处理数据集的点所使用的顺序。

最后，还有一个问题需要解答：需要迭代 DBSCAN 算法的主循环多少次呢？答案是与点的数量相同。这与 k 均值算法完全不同，k 均值算法会在整个数据集上执行包含好几个步骤的多次迭代。虽然 k 均值算法是一种搜索启发式算法，并且可以通过调整一些参数来移到局部最小值[1]，但 DBSCAN 算法是仅进行一次遍历的确定性算法，并且它会根据不同区域的点的密度来计算出最佳分区（同时识别出异常值）。

12.3.3 实现

你已经了解了 DBSCAN 算法是如何工作的，下面开始编写 DBSCAN 算法的实现代码，如代码清单 12.6 所示。

代码清单 12.6 DBSCAN 算法

dbscan 方法接收一个点列表、定义核心点的密集区域的半径，以及密集区域中的一个点成为核心点所需的最小点数作为参数。它会返回与点相关联的集群索引数组（或等效地将点关联到集群索引的字典）。

将当前集群的索引初始化为 0。这里使用特殊值 0 来表示一个点还未被处理，另一个特殊值-1 则被用来标记异常值。集群的有效索引是从 1 开始的。

```
function dbscan(points, eps, minPoints)
  currentIndex ← 0
  clusterIndices ← 0 (∀ p ∈ points)
  kd ← new KdTree(points)
  for p in points do
    if clusterIndices[p] != 0 then
      continue
    toProcess ← {p}
    clusterIndices[p] ← -1
    currentIndex ← currentIndex + 1
    for q in toProcess do
      neighbors ← kd.pointsInSphere(q, eps)
      if |neighbors| < minPoints then
        continue
      clusterIndices[q] ← currentIndex
      toProcess ← toProcess + {w in neighbors | clusterIndices[w] ≤ 0}
  return clusterIndices
```

初始化与每个点相关联的质心索引列表。一开始，所有的点都被标记为未处理状态。

创建一个 k-d 树来加速范围查询。可使用完整的数据集来进行初始化。

循环遍历数据集中的所有点。

如果点 p 的集群索引不再为 0，则说明该点已经被处理过，可以跳过。

初始化在构建当前集群时必须处理的点的集合。一开始，点 p 是这个集合中唯一的点。

通过一开始就将点 p 标记为异常值来将该点标记为已处理状态。

执行范围查询，收集以点 q 为中心的超球体中的所有点。在这个实现中，假设返回值中包含点 q 本身（与代码清单 9.11 中的实现不同）。

循环遍历要处理的点列表中的所有点。

通过设置集群索引将点 q 添加到当前集群中。

（通过它们的集群索引）返回数据集中点的分类。

如果点 q 的邻域（包括点 q 本身）中的点数小于 minPoints，则不需要做任何事情（此时的点 q 仍然被标记为噪声）。

通过添加点 q 的所有尚未处理的邻居点来更新将要处理的点列表。

创建一个新的集群，也就是增加当前集群的索引。这个实现没有要求所有集群的索引都是连续整数，也就是说，每当发现点 p 是异常值时就跳过当前索引。而连续的整数索引也可以很容易地被处理，例如可以通过使用布尔值标志来进行处理。

我们在第 11 章中曾提到，k-d 树和 SS 树等数据结构经常被用于聚类。对于 k 均值算法和 DBSCAN 算法来说，它们也会使用多维索引结构来加速范围查询。在定义**核心点**的时候，你可能就已经猜到了这一点，因为要确定一个点 p 是不是核心点，就需要检查在点 p 的某个指定半径内的邻域中有多少个数据集的点。

对于 k 均值算法来说，需要执行的是最近邻搜索。DBSCAN 算法则通过执行范围查询来找到超球面内的所有点。

1 正如你在前几节中看到的那样，k 均值算法最小化的成本函数可用于计算到质心的欧几里得距离（以及间接的集群内欧几里得距离）。

在本书的 GitHub 仓库中，你可以找到这个方法的 Python 实现以及一个用来验证这种算法的 Jupyter Notebook。

显然，对于 DBSCAN 算法和 k 均值算法来说，是可以通过使用暴力线性搜索来找到各个点的邻域的。然而，对于 k 均值算法来说，使用树的加速效果虽然很好但并不重要（以至于通常 k 均值算法的实现并不会关心这一点）。不过，对于 DBSCAN 算法来说，使用树带来的性能提升是巨大的。你能猜到原因吗？在进一步阅读解释之前，请先尝试考虑原因。

DBSCAN 算法能够将搜索范围扩展到整个数据集，而对于 k 均值算法来说，你只需要在 k 个质心中寻找最接近的质心就行了（并且通常有 $k \ll n$）。

如果输入数据集中有 n 个点，那么考虑到整个算法的运行时间，差异将在 $O(n^2)$和 $O(n*\log(n))$ 之间，其中假设每次执行范围查询都需要 $O(\log(n))$的时间[1]。提醒一下，如果数据集中有 100 万个点，则意味着从大约 10^{12}（1 万亿）次操作下降到大约 6×10^6（600 万）次操作。

12.3.4 DBSCAN 算法的优缺点

前文提到了 DBSCAN 算法的一些特性，这些特性有助于我们克服其他聚类算法（如 k 均值算法或单链接聚类）的一些限制。

- DBSCAN 算法能够（基于调用的超参数）确定集群的数量，k 均值算法则需要将这个值作为参数来提供。
- DBSCAN 算法只需要两个可以由域导出的（可通过进行预扫描来收集数据集的统计信息）参数。
- DBSCAN 算法可以通过识别异常值来处理数据集中的噪声。
- DBSCAN 算法可以找到任意形状的集群，还可以划分非线性的可分离集群（见图 12.12，你可以与图 12.6 所示的 k 均值算法的结果进行比较）。
- 通过调整 minPoints 参数，可以减少单链接效应。
- DBSCAN 算法几乎完全是确定性的，点的处理顺序几乎无关紧要。不同的处理顺序只能改变同样接近多个集群的集群边缘上点的分配（见图 12.11）。

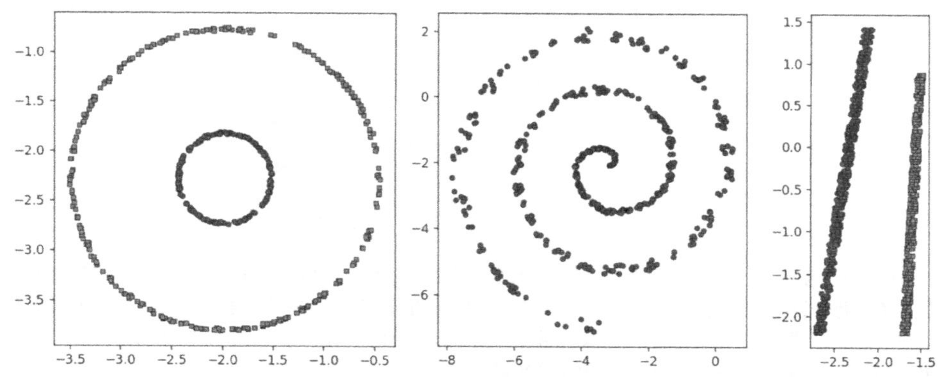

图 12.12 图 12.6 中的 3 个能让 k 均值算法执行失败的示例数据集，可通过使用 DBSCAN 算法来处理它们，只需要选择正确的参数，就可以得到恰当的聚类结果

好消息也就这么多了。可以想象，正如每朵玫瑰都有刺一样，DBSCAN 算法也有一些不足，如下所示。

1 这些查询的运行时间正如你在第 9 章中看到的那样，在最坏的情况下不会超过 $O(n)$。然而，超球体范围查询的运行时间取决于球体的半径，在 ε 值的某些假设下，$O(\log(n))$是相对准确的关于平均运行时间的估计。

- DBSCAN 算法几乎完全是确定性的，但也不完全是。对于某些应用程序来说，将两个或多个集群边界处的点随机分配给某个集群可能会有问题。
- DBSCAN 算法也会遇到维度诅咒的问题。如果使用的度量是欧几里得距离，那么正如你在 12.2.2 节中看到的那样，在高维空间中，当一个点的所有邻居点都距离相同时，距离函数就几乎不起什么作用了。幸运的是，DBSCAN 算法还可以使用其他指标来判断距离。
- 如果数据集具有任意个密度不同的区域，那么通过选择一组合适的 ε 与 minPoints 参数，使所有的集群都能够被正确划分将变得具有挑战性，有时甚至是不可能完成的。图 12.13 就展示了这样的一个示例，旨在说明 DBSCAN 算法产生的结果是如何对所选参数敏感的。图 12.14 展示了另一个示例，其中包含密度不同的区域，而这就使得无法为 ε 选择一个能够正确聚类两个区域的值。
- 类似地，成功执行 DBSCAN 算法的一个问题在于，当没有关于数据集的先验知识时，要找到参数的最佳值将非常具有挑战性。

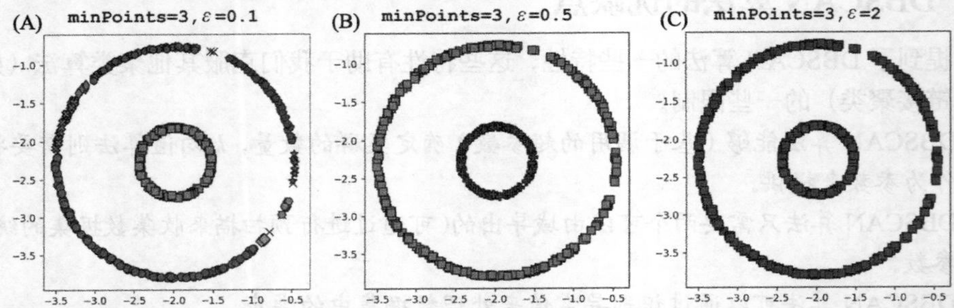

图 12.13 使用图 12.12 中的第一个示例数据集，显示 DBSCAN 算法的结果对于参数（尤其是 ε）选择的敏感程度。所有示例都在同一数据集上执行 DBSCAN 算法，并且参数 minPoints 会被设置为 3（域的维度加 1）。（A）对 ε 使用太小的值会导致密集区域太小，因此数据会被划分为太多的小集群。用 *X* 形状标记绘制的一些点甚至会被标记为异常值。（B）当你为域选择正确的参数值时，DBSCAN 算法的结果会将数据完美地划分为两个同心环。（C）当半径 ε 被设置得非常大以至于内部点的密集区域会延伸到外环上的点时，整个数据集就会被错误地分配到同一个集群中

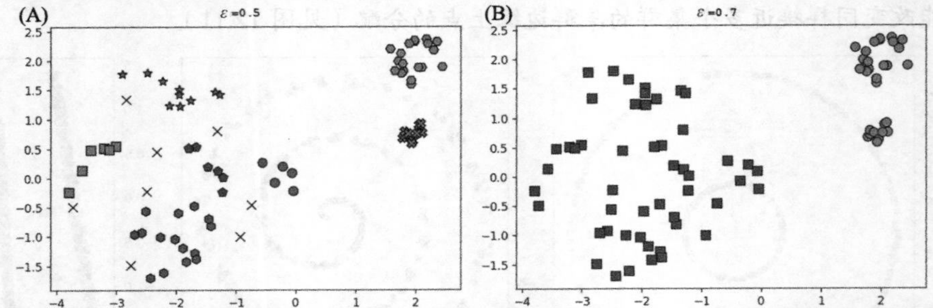

图 12.14 具有不同密度区域的数据集示例，此时无法找到一个适合于所有区域的 ε 值。数据集在左侧区域有一个低密度集群，在右上角有两个彼此靠近的高密度集群。（A）在 ε 值较低的情况下，低密度集群会被分解成许多被噪声包围的小集群。（B）当 ε 的值被调高之后，右侧的两个集群被合并到一起。此时没有一个合适的 ε 值能同时让右上角的两个集群被正确分离，而且左侧的那个集群无法被识别为单个集群

机器学习中经常发生的超参数[1]调优至关重要，但也并不总是那么容易。设置 minPoints 通常很简单。根据经验，对于 d 维数据集，选择 minPoints $>d$ 且在 $2*d$ 左右的值通常效果不错。对于特别嘈杂的数据集来说，建议为这个参数使用较大的值来加强噪声过滤。不过，要确定 ε 的正确值通常比较困难，需要掌握深入的领域知识或进行广泛的调整。从图 12.13 可以看出，如果

1 在机器学习中，传递给算法并在学习开始之前固定的参数通常被称为超参数，以便将它们与模型中算法生成的参数（如神经网络的权重）区分开。

保持固定的 minPoints，过小的 ε 值（对于给定的数据集来说）就会导致数据集被过度分裂成小集群，而太大的 ε 值则会产生相反的效果，甚至降低算法发现不同集群的能力。

显然，对这种调整的需要会让我们回到类似于使用 k 均值算法的情况，即需要提前知道预期有多少个集群。虽然在这个二维示例中似乎能够很容易地找到“正确”的集群数，但是当移到更高维的空间时，就会失去使用直觉并确定正确值的可能性，从而使得确定那些基于聚类数量的算法的超参数变得不再容易。

接下来，我们将研究两种不同的方法来处理超参数并解决它们存在的问题。

12.4 OPTICS 算法

正如你在 12.3 节中看到的那样，作为一种强大的算法，DBSCAN 算法能够识别任何形状的非线性可分集群。然而，DBSCAN 算法有一个与调节密度阈值相关的参数的弱点，就是很难找到 ε 的最佳值，即确定哪些点相互可达的核心区域的半径。当一个数据集具有密度不同的区域时，我们甚至有可能都找不到一个能够对整个数据集都适用的值（见图 12.14）。

无论是尝试手动还是半自动搜索这个值（见 12.5 节），都无所谓。如果仅坚持使用 DBSCAN 算法，那么算法将不能处理非均匀的数据集。

好在没过多久，计算机科学家们就有了一个可以在这种情况下提供帮助的新想法，他们发现了这里缺少的一个关键步骤——“用于识别聚类结构的排序点”[1]，Mihael Ankerst 等人将他们发明的这种算法命名为 OPTICS。

我们在讨论 DBSCAN 算法时提到了点的处理顺序。对于 DBSCAN 算法来说，唯一重要的是同一集群中的点（彼此可达的核心点）会被一起进行处理。然而，正如你在前面所看到的，这更多的是一个优化问题，因此当可以找到一对直接可达的点时，不需要保留一个不交集并对集群进行合并，因为处理的顺序只会影响到分配集群边缘的非核心点。

OPTICS 算法背后的思想则相反，Mihael Ankerst 等人认为这个顺序非常重要，特别是通过添加最接近集群的未处理点（只要能从集群可达）来继续扩展当前集群的“边界”是有意义的。

图 12.15 在一个简化的场景中说明了这个概念。为了能够选择正确的点，很明显需要跟踪集群中所有未发现的邻居点的距离[2]，为此 Mihael Ankerst 等人引入了两个定义：对于每个点，它们都会与核心距离以及可达距离相关联。

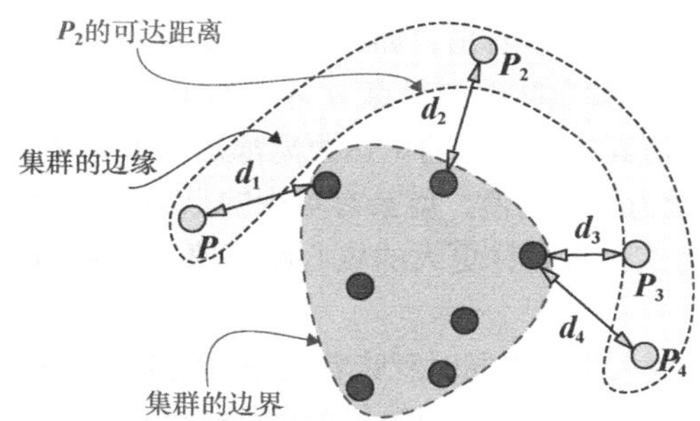

图 12.15 考虑未发现点（点 P_1～P_4）与某个集群中的点的距离。OPTICS 算法的关键思想是从最近到最远依次“发现”这些点。在这个示例中，P_3 将是下一个需要处理的点

1 OPTICS: ordering points to identify the clustering structure（“OPTICS：用于识别聚类结构的排序点”），Mihael Ankerst 等人，ACM 数据管理国际会议（SIGMOD）记录，ACM，第 28 卷，第 2 期，1999 年。

2 这里采用的是“集群中的点的邻居点”的定义，即一个点是当前集群中任何点的邻居点（因此可达）的情况。

12.4.1 定义

点 p 的核心距离是该点被视为核心点的最小距离。在 12.3 节中，我们在关于 DBSCAN 算法的内容中给出了核心点的定义，由于核心点取决于参数 ε（密集区域的半径）和 minPoints（定义密集区域所需的最小点数，简称 M），因此核心距离的定义也取决于这两个超参数。

$$核心距离_{\varepsilon,M}(p)=\begin{cases}未定义 & |N_\varepsilon(p)|<M\\ |N_\varepsilon(p)|中的第M小的距离 & 其他\end{cases}$$

显然，如果一个点不是核心点（因此在它的 ε 邻域中有小于 M 个点），那么它的核心距离就是未定义的。反之，它的核心距离将是其第 M 个最近邻的距离[1]。在这种情况下，核心距离可解释为能够分配给参数 ε 以使点 p 成为核心点的最小值（在给定的 minPoints 保持不变的情况下）。

在定义了核心距离之后，就可以用它来定义一种新的度量标准，即两点之间的可达距离。

$$可达距离_{\varepsilon,M}(p,q)=\begin{cases}未定义 & |N_\varepsilon(p)|<M\\ \max(核心距离_{\varepsilon,M}(q),\text{distance}(q,p)) & 其他\end{cases}$$

可达距离是不对称的。给定一个点 q，那么点 p 到点 q 的可达距离可解释为“为了让点 p 从点 q 密度可达的 ε 的最小值”。因此，它必须至少是点 p 的核心距离，或是点 p 和点 q 之间的实际距离。此外，如果点 p 和点 s 是最近邻关系（特别是在没有比点 q 更接近点 p 的点时），那么这个值就是为了能让点 p 和点 q 属于同一个集群的可以分配给 ε 的最小值。

12.4.2 OPTICS 算法的核心思想

在给出这两个定义之后，我们就能够很容易地描述 OPTICS 算法了。OPTICS 算法的核心思想类似于 DBSCAN 算法——仅当从集群中已有的点可达时才将点添加到当前集群中。然而，OPTICS 算法也有独特之处，比如不仅对点进行平面分区，而且会构建出分层聚类。

OPTICS 算法与 DBSCAN 算法接收相同的参数，但在这里，ε 的含义不同——旨在确定核心距离和可达距离的最大半径。出于这个原因（以及为了消除歧义），在本章的其余部分，OPTICS 算法的这个参数将被称为 $\varepsilon_{\max}$。通过使用这种方法，OPTICS 算法就可以同时为不限数量的 ε 值（0 和 $\varepsilon_{\max}$ 之间的所有值）构建出基于密度的聚类，因此也就支持无限数量的密度状况。

另外，从 12.4.1 节的公式中可以看出，如果一个点的 ε 邻域内没有足够的点，那么这些距离将被设置为“未定义”。这也就意味着如果点 q 不是核心点，即在半径 $\varepsilon_{\max}$ 内最多只有 $M-1$ 个邻居点，那么从点 q 到任何其他核心点的可达距离都是“未定义”。

因此，如果将 $\varepsilon_{\max}$ 设置为较大的值，就会有更少的点被标记为噪声，并在某种程度上留下更大的选择余地。这是因为这里将允许更大的核心距离值，并且拥有更多具有定义可达距离值的点。

但是，核心密度区域的较大半径也同时意味着这些区域将包含更多的点，从而使算法变慢。

实际上，在算法的主要部分，对于处理的每个点都需要更新其 ε 邻域内所有未发现点的可达距离。因此其中包含的点越多，算法就越慢。

正如前面曾简要提到的那样，OPTICS 算法的主循环会通过添加离集群边缘最近的点来对当

---

1 这里假设将点 p 视为该点自身的邻居点。严格来说，要让点 p 成为核心点，就需要保证在点 p 的 ε 邻域内有 M 个点；而为了计算核心距离，就需要用到点 p 的第($M-1$)个邻居点。

前集群[1]C 进行增长，而这也就是与当前集群 C 中已经存在的任何点的可达距离最小的点。由于从集群的种子（为新集群处理的第一个点）可达的所有点都会被添加到其中，因此集群会以类似于 DBSCAN 算法的方式形成。然而，形成这些集群并不是 OPTICS 算法的直接目标。

当一个新点被“发现”和处理时，它与集群的可达距离是不变的。在这里，请不要混淆从集群到点的距离与两点之间的可达距离。对于点 q 和当前集群 C 来说，q 到 C 的可达距离将被定义为从 q 到 C 中所有点 p 的可达距离的最小值：

$$\text{可达距离}_{\varepsilon,M}(p,C)=\min\{\text{可达距离}_{\varepsilon,M}(p,q)\forall p \mid p\in C\}$$

如果正在处理一个点 p，请更新其 ε 邻域内所有点的可达距离，并保留一个优先队列来包含当前集群 C 中任何点的 ε 邻域内所有未发现的点，这样就可以得出以下结论。

（1）我们已经正确存储了集群边缘的所有点（所有至少在集群中有一个邻居点的点）的可达距离。

（2）存储的值是从已经处理的任何点到点 q 的最小可达距离（尽管我们只关心当前集群）。

（3）队列的顶部是离当前集群 C 最近的点。

严格来说，队列的顶部是与值 ε_q 相关联的点 q（从当前集群 C 到点 q 可达的最小 ε 值）。因此，对于任何其他到集群边缘的点 w，都有 $\varepsilon_q \leqslant \varepsilon_w$。

（4）任何其他待处理的点与当前集群 C 的可达距离都与这个值相同或更大。

代码清单 12.7 和代码清单 12.8 描述了 OPTICS 算法的主要部分。

代码清单 12.7 OPTICS 算法

optics 方法接收一个点列表、定义核心点的密集区域的（最大）半径，以及密集区域中的一个点成为核心点所需的最小点数作为参数。它会返回一个包含两个值的元组，其中一个值是处理点的顺序的数组（一个索引数组），另一个值是包含每个点的可达距离的数组。

```
function optics(points, epsMax, minPoints)
  reachabilityDistances ← null (∀ p ∊ points)
  ordering ← []
  kdTree ← new KdTree(points)
  for p in points do
    if p in ordering then
      continue
    ordering.insert(p)
    neighbors ← kdTree.pointsInSphere(p, epsMax)
    if |neighbors| >= minPoints then
      toProcess ← new PriorityQueue()
      toProcess, reachabilityDistances ← updateQueue(
          p, neighbors, toProcess,
          reachabilityDistances, epsMax, minPoints)
      while not toProcess.isEmpty() do
        q ← toProcess.top()
        ordering.insert(q)
        toProcess, reachabilityDistances ← updateQueue(
          q, kdTree, toProcess, ordering,
          reachabilityDistances, epsMax, minPoints)
  return ordering, reachabilityDistances
```

将所有点的可达距离初始化为 null。

初始化点的顺序列表。一开始这是一个空数组，可在处理元素时将它们添加到这里。

创建一个 k-d 树来加速范围查询。可使用完整的数据集来进行初始化。

循环遍历数据集中的所有点。

检查点 p 是否尚未被处理。如果已被处理，则跳过。

否则，将点 p 添加为顺序列表中的下一个点。

执行范围查询，收集以点 q 为中心的超球体中的所有点。在这个实现中，假设返回值中包含点 q 本身（与代码清单 9.11 中的实现不同）。

检查点 p 是否为核心点。上一行代码中的查询会返回至少 minPoints 个点。

针对从点 p 可达的点创建一个新的优先队列，接下来将处理这个优先队列。

（通过添加从点 p 直接可达的所有点来）更新队列以及点 p 的邻居点的可达距离。

按可达距离排序，循环遍历队列中的所有点。

从队列中获取（与已处理的点的集合）可达距离最小的点 q。

将点 q 添加为顺序列表中的下一个点。

（通过添加从点 q 直接可达的所有点来）更新队列以及点 q 的邻居点的可达距离。

返回点的顺序及其可达距离。

OPTICS 算法的核心（图 12.16 通过一个简化示例做了说明）是一个遍历数据集中所有点的

---

1 严格来说，对于允许的所有可能的密度值，也会同时增加无数的集群。但为了简单起见，我们将在描述中关注单个集群，即可以通过 $\varepsilon=\varepsilon_{\max}$ 获得的那个集群。

循环。其中的点是以连续的、可达的点块进行处理的（起点是随机选择的，也可根据点在数据集中的位置进行选择），并且非核心点会被“跳过”（类似于 DBSCAN 算法中的情况）。

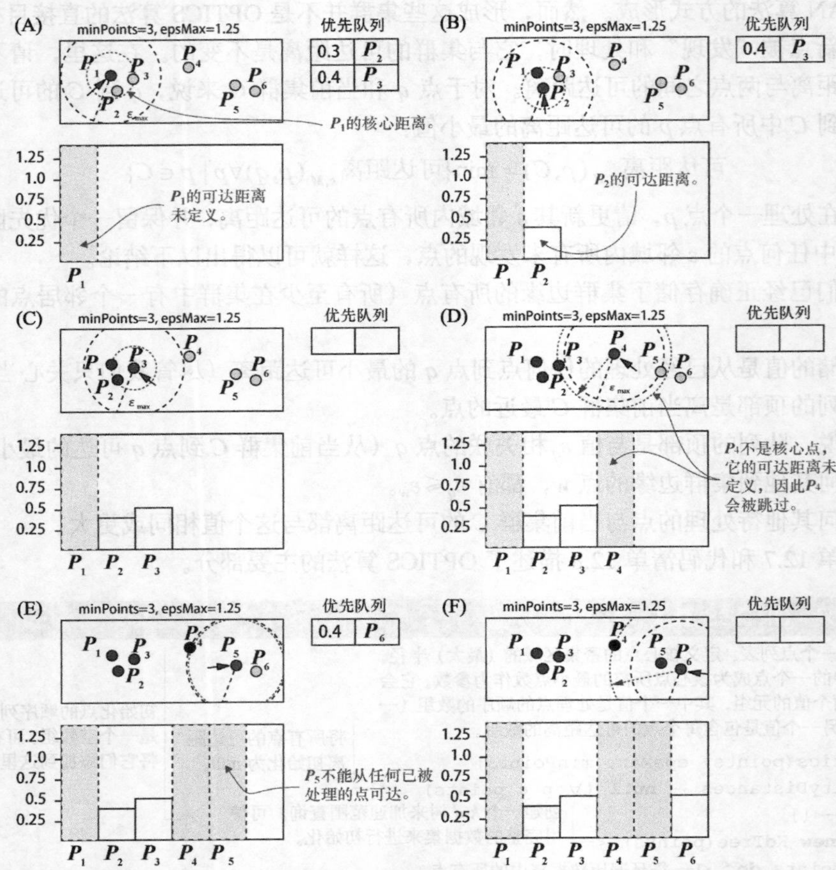

图 12.16 OPTICS 算法是如何构建可达距离的顺序和列表的。注意，你完全可以选择任意点作为第一个点，甚至可以随机选择。这里选择从 P_1 开始只是为了能够更方便地提供一个更简洁的示例。同样，在步骤（E）中，也可以选择 P_6 而不是 P_5。不过，这样做仍然无法计算从 P_5 到 P_6 的可达距离（反之亦然）。为 ε_{max}（图中的 epsMax）选择一个更大的值有助于避免这些情况

从已经处理的点可达的点被保存在优先队列中，可根据它们的可达距离进行获取（与任何已处理点的最小可达距离处在队列的头部）。

不过这里仍然缺少了一段关键代码，即 updateQueue 方法，这是实际更新可达距离（以及优先队列）的地方。代码清单 12.8 提供了这部分代码。这个方法的主要目的是遍历点 p（当前正在处理的点）的 ε 邻域内的所有点 q，并通过检查点 p 是否比之前处理的任何其他点都更靠近来更新点 q 的可达距离。

代码清单 12.8 updateQueue 方法

执行范围查询，收集以点 q 为中心的超球体中的所有点。

updateQueue 方法接收一个点 p、一个包含数据集中所有点的 k-d 树、一个从当前集群可达的点的队列、一个包含已处理点的数组、一个包含数据集可达距离的数组，以及 ε 和最小点数作为参数。它会返回一个包含队列和（有可能在此调用期间被更新的）可达距离数组的元组。

检查点 p 是否为核心点［当且仅当上一行代码中的查询返回至少 minPts（minPoints）个点时］。如果不是核心点，则返回而不执行任何操作。

```
function updateQueue(p, kdTree, queue, processed, rDists, eps, minPts)
  neighbors ← kdTree.pointsInSphere(p, eps)
  if |neighbors| < minPoints then
```

```
    return queue, rDists
  for q in neighbors do
    if q in processed then
      continue
  newRDist = max(coreDistance(p, eps, minPts), distance(p, q))
    if rDists[q] == null then
      rDists[q] ← newRDist
      queue.insert(q, newRDist)
    elsif newRDist < rDist[q] then
      rDist[q] ← newRDist
      queue.update(q, newRDist)
  return queue, rDists
```

计算点 q 到点 p 的可达距离。

循环遍历点 p 的 ε 邻域内所有未处理的点。

检查点 q 与之前被处理的点的可达距离是否为 null。

如果可达距离为 null，则说明点 q 还没有被添加到队列中，所以插入它并设置其可达距离。

检查点 q 到点 p 的可达距离是否小于与先前处理的点的距离（即判断点 p 是否比那些点更接近点 q）。

返回更新后的队列和可达距离数组。

如果是这种情况，则更新点 q 的可达距离及其在队列中的优先级。

从图 12.16 中可以看出，这里使用优先队列来跟踪点的（中间态的）可达距离，并且仅在处理点时才使这些距离保持不变。你还可以看到，每个集群中要处理的第一个点的可达距离肯定要么是未定义的，要么大于 ε_{max}。

到目前为止，我们的讨论都非常抽象。要了解计算可达距离和数据集的处理顺序的真正目的是什么，以及如何使用它们来构建出分层聚类，就需要认真看一下图 12.17，其中展示了可被认为是 OPTICS 算法的输出（还需要在主算法之后进一步执行）的可达状态图。

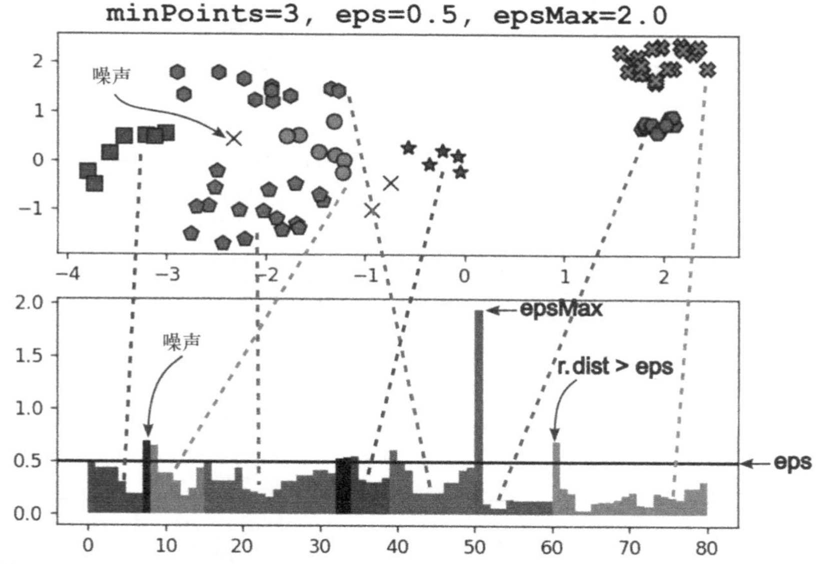

图 12.17　可达状态图。上图展示了聚类数据集，下图展示了数据集中点的可达距离，展示顺序与 OPTICS 算法处理点的顺序相同。异常值被显示为黑色（以 *X* 作为标记），集群则被显示为相同的灰度。可达距离由 OPTICS 算法的给定参数 minPoints 和 ε_{max}（图中的 epsMax）计算得出。除此之外，还有一个参数 ε（图中的 eps）可以决定可达距离的阈值，从而决定实际的集群划分

12.4.3　从可达距离到聚类

从图 12.17 中可以看出，你应该注意的第一件事就是可达状态图由 3 个参数确定：minPoints、传递给 OPTICS 算法的 ε_{max} 以及用作可达距离阈值的 ε。很明显，$\varepsilon \leqslant \varepsilon_{max}$。

为可达距离设置阈值 ε 意味着确定点周围的核心区域的半径等于 ε。这也就相当于以这个特定值为半径执行了 DBSCAN 算法。

图 12.17 所示的可达状态图是一种由两个相互关联的图表组成的特殊图。上方的图表展示了通过将阈值设置为 ε 而获得的最终（平面）聚类；下方的图表则展示了可达距离的有序

序列，并解释了聚类是如何产生的。这里对集群和可达距离用相同的颜色进行了填充，以方便读者能够更容易地知道上方图表中的哪些点与下方图表中的柱状图相匹配（对异常值用黑色进行标记，并且为了方便起见，也为了能够正确地绘制出所有值，这里使用 ε_{max} 而不是"未定义"作为异常值的可达距离）。这样做的结果是，我们实际上放宽了对这些点的可达标准的要求，但因为它已经是可以分配给阈值 ε 的最大可能值，所以不会在以下步骤中修改任何内容。

那么，在给定 $\varepsilon \leqslant \varepsilon_{max}$ 的情况下，应该如何形成这些集群呢？图 12.18 说明了这个算法背后的思想。一开始，按照 OPTICS 算法处理点的顺序来查看可达距离，从而可以确信下一个点的可达距离是所有未发现的点中最小的。（记住，存储的可达距离是点到集群的距离，这也是顺序非常重要的原因！）

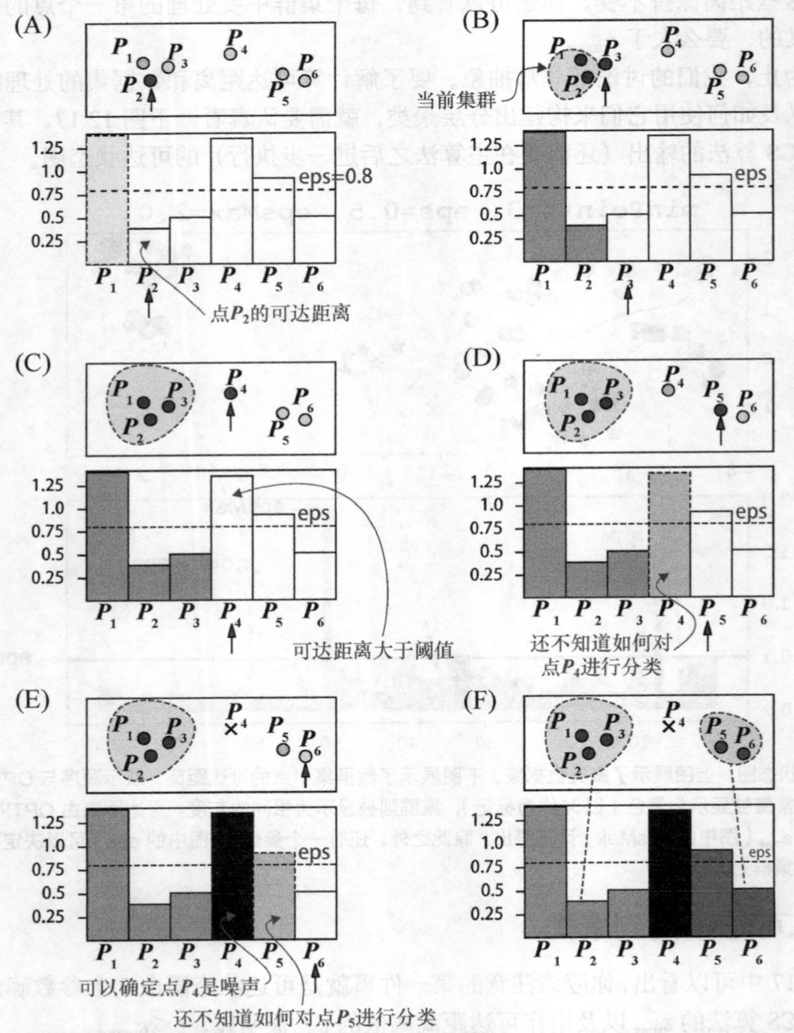

图 12.18 从可达距离推导出平面聚类的算法示例。注意，虽然可达距离在图表中是从左到右排列的，但从随机选择的条目开始，即可按照可达距离的顺序来检查点（因此在这个例子中，我们只是为了方便而选择了点的特定顺序）

让我们从处理的第一个点 P_1 开始，然后创建一个新的集群 C_1。作为新集群中的第一个点，点 P_1 的可达距离是不确定的，所以仍然判断不出 P_1 是异常值还是集群的一部分。我们只能在下一步

中检查完下一个点 P_2（从 C_1）的可达距离后，才能做出判断，如图 12.18 的步骤（A）所示。

由于这个可达距离的值小于 ε（在本例中为 0.8），因此将点 P_2 添加到 C_1 中并移到下一个也会被添加到 C_1 中的点 P_3，如图 12.18 的步骤（B）和（C）所示。从视觉的角度看，在可达状态图中，点 P_2 的可达距离低于 $\varepsilon = 0.8$ 的阈值线（平行于水平轴）。

当查看点 P_4 时，你会发现它到 C_1（或严格来说，是到点 P_4 之前被处理过的所有点）的可达距离大于 ε，因此点 P_4 从 C_1 不可达。而由于这些点是按照可达距离的顺序进行处理的，因此从当前集群的角度看，这也就意味着如果核心区域的半径等于 ε，那么 C_1 中的点就不会与待处理点可达，因此“关闭”当前集群并创建一个新集群。

为点 P_4 创建一个新的集群，但如何对它进行分类呢？当检查点 P_5 的可达距离[见图 12.18 的步骤（D）]时，你可以发现它也大于 ε，这意味着算法一定会发现 P_4 是一个异常值（因为在给定参数 minPoints 和 ε 的情况下，数据集中的任何点与它都不可达）。注意，这里用到的半径是 ε。更大的值 ε_{max} 只是让 OPTICS 算法将可达距离大于 ε_{max} 的点过滤为噪声，而对于可达距离最大为 ε_{max} 的点，则只是推迟到下一步才做决定。在实践中，这允许可达距离只计算一次，并在之后的步骤中只需要很少量的计算，就能尝试若干不同的 ε 值（最大为 ε_{max}）。

接下来对点 P_6 再次重复这一过程[见图 12.18 的步骤（E）]，由于它的可达距离（到点 P_5）小于 ε，因此可以知道它从点 P_5 是可达的，于是将它们添加到同一个集群中[见图 12.18 的步骤（F）]。如果有更多的点需要处理，就以同样的方式继续下去。

最后，在开始介绍代码清单 12.9 所示的实现之前，请注意，如果从同一个点开始执行 OPTICS 算法两次，那么数据集将以相同的顺序被处理，并且结果也是相同的（除非有可达距离相同的情况）。因此，OPTICS 算法可以被认为是确定性算法。

代码清单 12.9 opticsCluster 方法

初始化当前集群的索引。

opticsCluster 方法接收 optics 方法产生的顺序和可达距离，以及一个满足 eps≤epsMax 的值作为参数。它被用来从 OPTICS 算法计算出的（无限多个）可能的聚类中提取出平面聚类。它会返回与点相关联的集群索引数组（或等效地将点关联到集群索引的字典）。

```
function opticsCluster(ordering, reachabilityDistances, eps)
  currentClusterIndex ← 0
  incrementCurrentIndex ← false
  clusterIndices ← -1 (∀ p ∊ points)
for i in {0, .. |ordering|} do
  if reachabilityDistances[ordering[i]] == null or
      reachabilityDistances[ordering[i]] > eps then
    incrementCurrentIndex ← true
  else
    if incrementClusterIndex then
      currentClusterIndex ← currentClusterIndex + 1
      clusterIndices[ordering[i-1]] ← currentClusterIndex
    clusterIndices[ordering[i]] ← currentClusterIndex
    incrementCurrentIndex ← false
  return clusterIndices
```

初始化用于跟踪前一个集群是否结束的标志。

初始化集群分配的索引。一开始，所有的点都会被标记为异常值。

按处理的顺序循环遍历所有的点。

检查点的可达距离是否未定义或大于核心半径 ε。

如果是这样的话，则需要关闭当前集群。

否则，检查是否需要（通过增加当前索引来）启动一个新集群。

如果 incrementClusterIndex 为 true，则说明在新集群中找到了第一个具有非零可达距离的点。这也就意味着当前点按照序列中的前一个点可达。（缘于 OPTICS 算法的工作方式，前一个点的可达距离要么为 null，要么非常大）。因此，你需要在当前集群中包含前一个点。

执行索引的递增操作。

将序列中的第 i 个点添加到当前集群中。

由于将当前点添加到了集群中，因此需要检查下一个点是否也可达。

返回一个平面聚类，也就是一个包含各个点的聚类索引的数组。

关于 opticsCluster 方法的一个提示：在原始论文中，Mihael Ankerst 等人提出了一种稍微不同的方法——使用点的核心距离来决定是否应该启动一个新的集群。这里提出的版本基于这样的考虑：如果点 q 的可达距离未定义或高于阈值 ε，而处理顺序中的点 q 的后继点 p 的可达距离低于 ε，那么点 q 必然是一个核心点。这是因为点 p 到点 q 之前处理的点的集合的可达距离，肯定要么“未定义”，要么大于点 q 的，否则点 p 会在点 q 之前被处理。因此，点 p 的可达距离就

是点 p 和点 q 之间的可达距离，根据 12.4.1 节中的定义，只有当点 q 是核心点时，可达距离才会有定义。

12.4.4 分层聚类

现在你应该了解了如何从 OPTICS 算法的结果中生成平面聚类，并且应该能熟练地使用这个算法了。不过，说到“OPTICS 算法是一种分层聚类算法”，这又是什么意思呢？平面聚类又是如何由 OPTICS 算法生成的呢？

分层聚类算法会生成数据集的多层分区。这个结果通常用树状图来表示，树状图是一种包含层次结构的树状结构。笔者喜欢将探索树状图视为类似于取核的过程，这是因为我们可以只取一部分树状图并检查与这部分相关的平面聚类。

抽象的类比已经足够了，接下来我们通过深入研究一个例子来阐明分层聚类算法是如何工作的！

图 12.19 展示了与图 12.17 中相同的可达距离和顺序以及获得的可达状态图，但其中的 ε 值有所不同。这里使用了更大的半径值，因此很明显，点附近的可达区域更大了，并且生成了更少的集群。

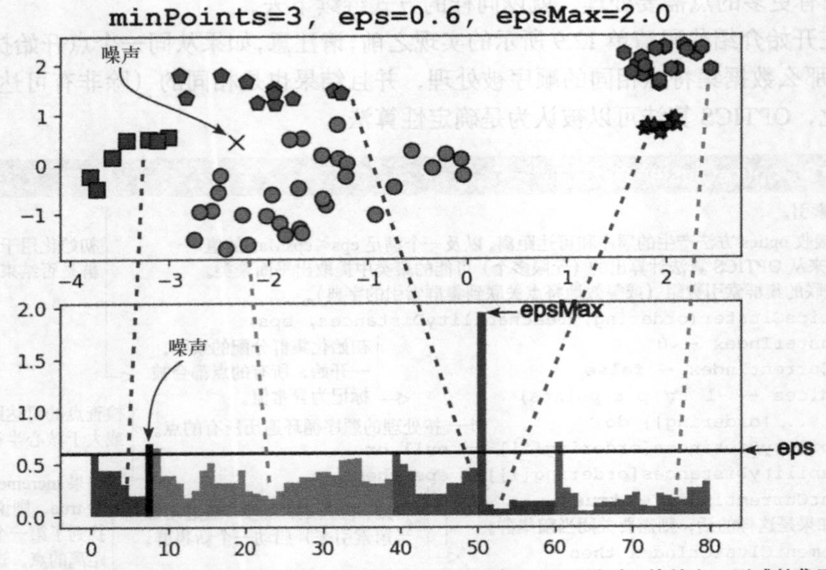

图 12.19 与图 12.17 相似的可达状态图，但对 ε 有不同的选择。可以看到，值越大，形成的集群就越少

这种聚类是否比图 12.17 中的那种方式更有意义呢？这个问题仅靠图 12.17 很难回答，而且要回答这个问题，你可能还需要一些领域知识和工具。但由于数据集的左半部分现在只有一个被 3 个集群包围的噪声点，因此可以认定数据集左半部分的点是能够构成一个集群的。为了得到这个结果，我们可以尝试更大的 ε 值，如图 12.20 所示。

设置 ε= =0.7 就能让左半部分的点合并为一个集群，但这也带来了另一个问题：右边的两个集群也被合并了！发生这种情况是因为可达距离图中的两个峰值（图 12.20 对它们进行了突出显示）分别标记了同一个图中的集群 C_1 和 C_3 的边界，而这两个峰值都小于 0.7，因此这两个小集群从旁边的更大集群都是可达的。

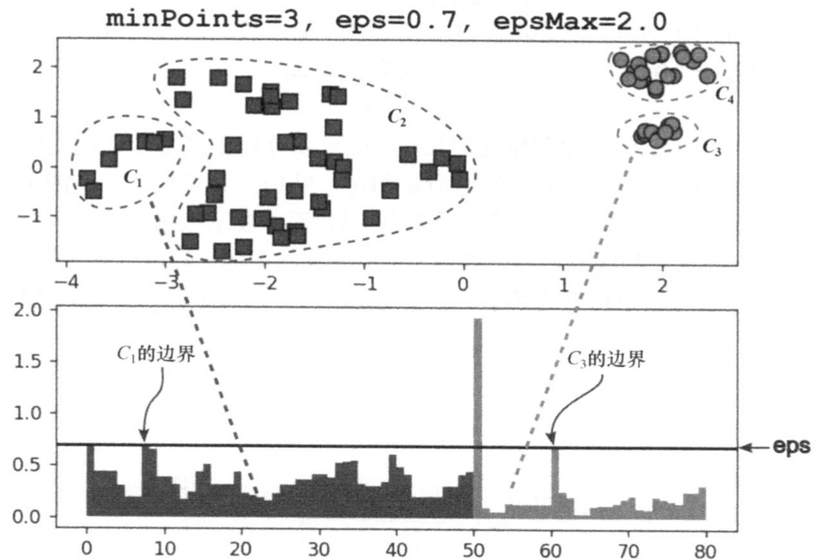

图 12.20 来自 OPTICS 算法的相同输出结果的另一个可达状态图，其中 ε 值更大，为 0.7。这个值太大了，以至于想要保持为不同集群的 C_3 和 C_4 也被合并了

那么，有没有办法让 C_3 与 C_4 分离但让 C_1 与 C_2 合并呢？对于 DBSCAN 算法来说，从图 12.14 就能看出这是不可能的。而对于 OPTICS 算法来说，只有当 ε 的值小于 C_3 的阈值但大于 C_1 的阈值时，才能在进行平面聚类时分离其中一个并且合并另一个。但是，如图 12.21 所示，情况并非总是如此。

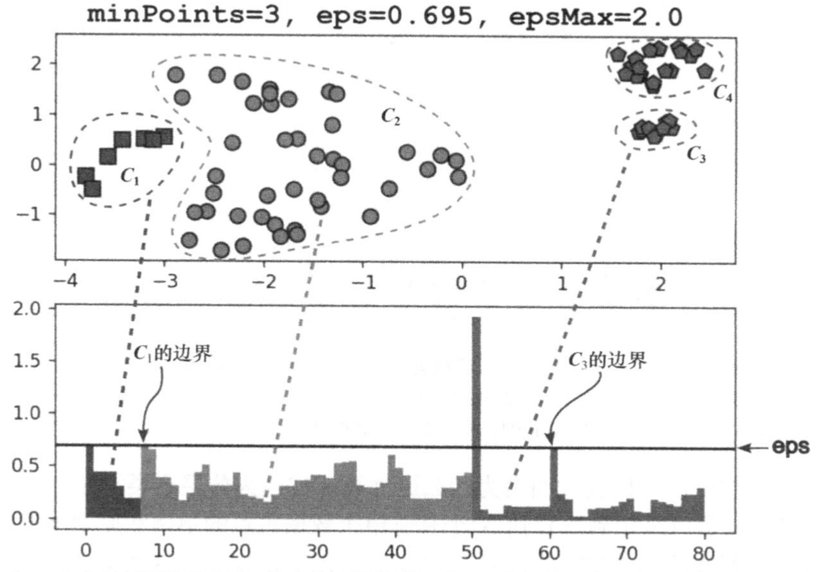

图 12.21 另一个 ε==0.695 的可达状态图。这个值小于集群 C_1 与 C_2 之间的可达距离，但并不足以让集群 C_3 和 C_4 保持分离

看样子似乎又回到了 DBSCAN 算法的老问题，我们无法找到一个可以适用于整个数据集的 ε 值，因为其中“一半”的区域（$x<0$ 的部分）具有比数据集的其余部分明显更低的密度（你还

可以从可达距离看出这一点），而这也正是分层聚类能够发挥作用的地方。在执行 OPTICS 算法之后，你将得到处理顺序和可达状态图。这个结果并不能直接提供聚类信息，但我们可以（或者说能够暗示）通过一个特定的 ε 值（取值区间为$[0，\varepsilon_{\max}]$），对可达状态图进行"切割"以获得一组平面聚类。

如果尝试所有可能的 ε 值并跟踪生成的聚类，就可以分析分区是如何演变的。执行这个分析的最佳方法是使用树状图，比如图 12.22 所示的树状结构。为了更清晰，图 12.22 中的 x 轴只显示了图 12.17 底部的 8 个集群（以及一些噪声点），而非展示数据集中的每个点都有一个条目的情况。请注意观察图中的集群和噪声点是如何沿着树状图的 x 轴进行排序的。图 12.22 中的所有点都遵循与可达状态图中相同的顺序（也就是说，与 OPTICS 算法处理点的顺序相同）。

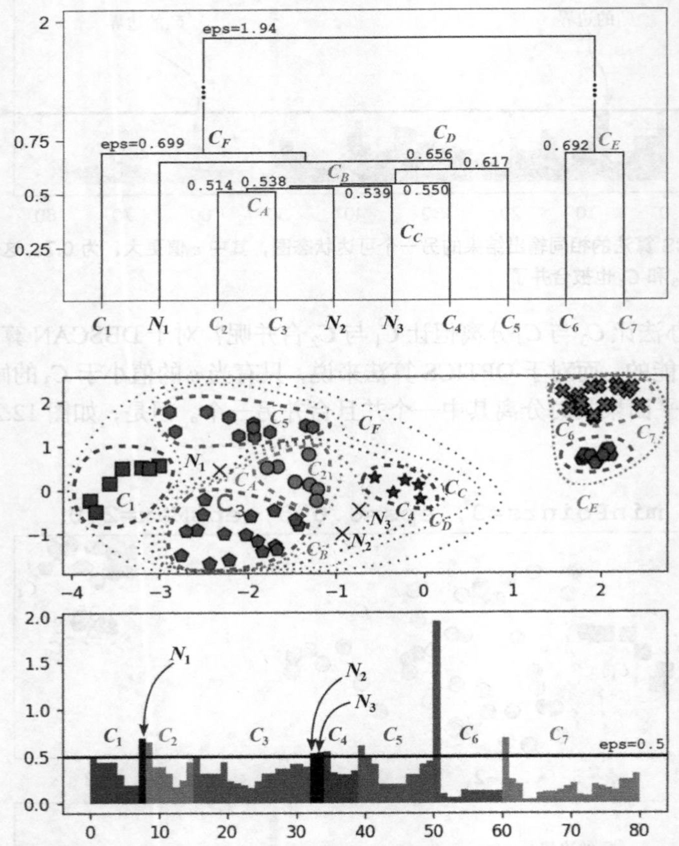

图 12.22 在示例数据集上，根据 OPTICS 算法生成的结果构建出的树状图，其中的参数为 $\varepsilon_{\max}$=0.2 以及 minPoints=3。为了清晰可见，这里省略了树状图的底部（ε<0.5 的部分）。由 ε= =0.5 形成的集群被分别命名为 C_1～C_7，它们被视为图中的基本单位（通常来说会从点开始），从它们合并而来的超集群被分别命名为 C_A～C_F

通过查看这个树状图，你就能明白为什么这种算法被称为分层聚类算法：它会跟踪从包含整个数据集的单个集群（从上到下）到 N 个具有单个数据集点的单例和原型集群的层次结构。从树状图的顶部移到底部也就意味着探索 ε 的所有可能值，以及与这些值相关的平面聚类。当你在图 12.17 与图 12.19 中选择 $\varepsilon=0.5$ 或 $\varepsilon=0.6$ 时，也就相当于切割树状图的一部分，并且获得在这个值上形成的集群的数量。然而，正如你已经看到的那样，用一条垂直于 ε 轴的线（即 ε 是整个数据集中的一条常量线）来切割这样一部分，其实并不适用于非均匀数据集。

不过，拥有层次结构的集群的好处在于，你不必为整个数据集在同样的高度切割树状图！

换句话说，你可以在树状图的不同分支中使用不同的 ε 值。那么，应该如何判断是哪些分支和值呢？当使用二维数据集的时候，可通过直觉来判断。但在更高维度上，这些信息可以源自领域知识，也可以通过某种度量来得出。例如，在这个示例中，可以考虑第一次拆分后的分区树状图（即 C_E～C_F）并比较它们的平均密度。由于这两个分支之间的密度明显不同，因此可以根据各个子集的统计数据得出各个分支中不同的 ε 值。密度越低（或等效地平均可达距离越长）的地方，ε 的值越大。

如果结果还不令人满意，那么可以继续重复遍历树状图的各个分支并执行这个步骤，直到满足如下条件为止。

- 到达一个其中两个分支都具有类似特征的点。
- （如果能从领域知识中得到相关信息的话）得到所需数量的集群。
- 对定义的一些度量的结果感到满意（见 12.4.5 节）。
- 或者为可以遍历树的最大深度选择一个阈值，然后达到这个阈值。

图 12.23 展示了这个步骤，其中假设在第一次拆分之后，就已经对遍历树状图感到满意了。于是可以看到，这里的结果是一个穿过可达状态图和树状图的“阶跃函数”，而不像之前那样是一条线。在图 12.23 中，虽然结果只保留了 3 个集群——C_F、C_6 和 C_7，但图中依然保留了 C_F 的所有子集群的边界。

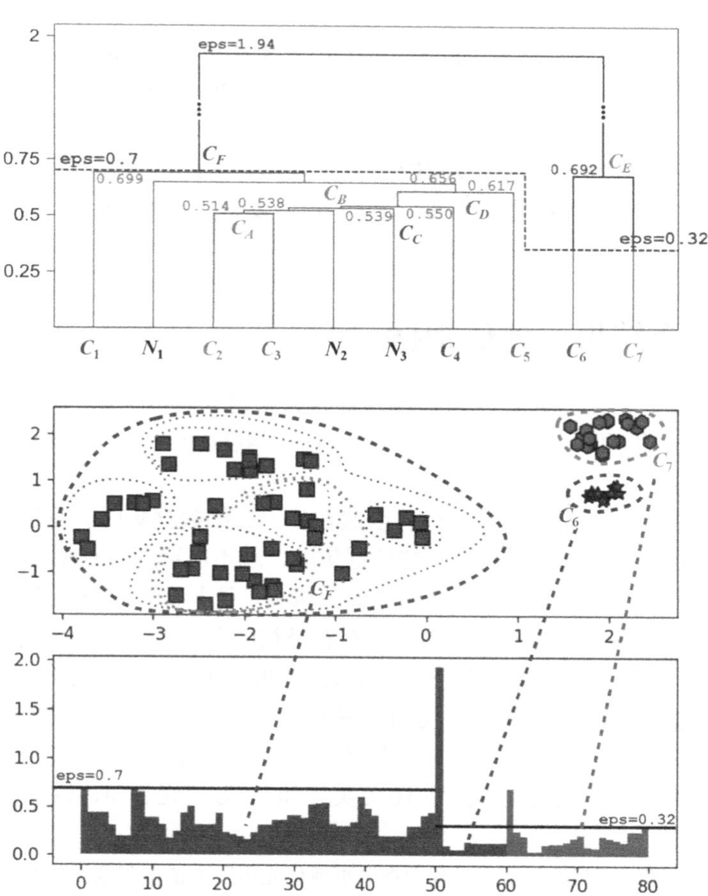

图 12.23 在示例数据集上，根据 OPTICS 算法生成的结果构建出的树状图，其中的参数为 ε_{max}=2.0 以及 minPoints=3。为了清晰可见，这里省略了树状图的底部（ε<0.5 的部分）。在这里，我们为树状图中的两个分支分别应用了两个不同的阈值

12.4.5 性能分析和最终的考虑

与平面聚类相比，分层聚类的功能更加强大，但也会消耗更多的资源。Mihael Ankerst 等人估计核心 OPTICS 算法的运行速度大约相比 DBSCAN 算法（在相同的数据集上）慢 38%，而且还要求保存这个分层聚类以及构建和探索树状图，这显然需要额外的内存和计算量。

对于核心 OPTICS 算法，快速浏览代码清单 12.6 和代码清单 12.7 就可以看出，代码只会为每个点处理一次（因为每个点都会在优先队列中被添加和删除一次），并为每个处理的点运行一次区域查询。但是，优先队列中的条目可能会被更新多次，具体情况是每个点在被处理时都会被更新。另外，优先队列的大小取决于密集区域的大小，因此 ε_{max} 越大，队列中的点就越多。于是，队列可能会从第一次迭代就包含所有的点（当 $\varepsilon_{max} \geqslant$ **最大成对距离**时），并且在每次处理一个点时都可能更新队列中的所有点。类似地，即便使用了像 *k-d* 树这样的在最坏情况下也有保证的数据结构，最近邻搜索所需的时间也仍然取决于 ε_{max}。如果搜索区域的半径足够大，这些查询将成为针对数据集的线性扫描。

出于这些原因，OPTICS 算法在最坏情况下的运行时间是二次方阶的！不过，当选择一个合适的 ε_{max} 值时，是能够在摊销对数线性时间内执行完最近邻搜索的，并且类似地，优先队列的大小也变得有界[1]。因此，通过明智地选择 ε_{max} 值，对于具有 n 个点的数据集来说，平均运行时间可以降低至(n*log(n))。

Mihael Ankerst 等人的原始论文中包含了对 OPTICS 算法及其背后理论，以及从可达状态图构建出分层聚类结构的自动化过程的更正式描述。如果你想加深对 OPTICS 算法的理解，不妨以这篇论文为起点。

如果有兴趣深入研究的话，你可以阅读关于算法 DeLi-Clu[2]的资料，这是一种使用了单链接聚类的思想来扩展 OPTICS 算法的高级算法，它不再需要 ε_{max} 参数，同时优化了 OPTICS 算法并改进了其运行时间。

12.5 评估聚类结果：评估指标

到现在为止，我们已经了解了 3 种不同（并且越来越复杂和有效）的聚类算法以及它们的优缺点。尽管它们彼此不同，但所有这些算法都有一个共同点：它们需要设置一个或多个超参数才能获得最佳结果。

手动设置这些超参数非常具有挑战性。虽然在使用二维数据集时，可通过查看生成的聚类来确定这样做是否还行，但在面对更高维的数据集时，就不能再通过直觉来判断了。

是时候定义一种更正式的方法来评估聚类的质量了。让我们来讨论一下评估指标。

为了能够最好地展开这个讨论，我们先来看看最初的那个例子。电子商务网站的客户细分主要基于两个特征：年收入和平均每月支出。图 12.24 展示了具有真实分布的合成数据集（基于一个真实网站的数据）。数据集已经过预处理，并且还对点进行了规范化。数据的预处理是数据科学中的标准步骤，它有助于确保具有较大值的特征在最终决策中具有相同的权重。例如，在这个例子中，我们可以合理地假设年薪在 10 万美元和 20 万美元之间，（在电子商务网站上的）

1 此外，如果使用的是斐波那契堆，那么当我们在“更新优先级”方法中降低优先级时，将只会用到分摊后 $O(1)$的运行时间，因此即使是线性对数数量的调用，也最多只需要 $O(n$*log(n))的总时间。

2 DeLi-Clu: boosting robustness, completeness, usability, and efficiency of hierarchical clustering by a closest pair ranking（“DeLi-Clu：通过最近配对排序来提高分层聚类的鲁棒性、完整性、可用性以及效率”），Achtert、Elke、Christian Böhm 与 Peer Kröger，亚太知识发现和数据挖掘会议，施普林格，柏林，海德堡，2006 年。

平均每月支出在 500 美元和 1000 美元之间。这样的值会让一个特征具有的权重比另一个特征大三个数量级，导致数据集呈现一边倒的状态。换句话说，如果使用欧几里得距离来衡量两个点之间的距离，那么年薪的差异对两个客户之间最终距离的贡献将远远超过平均每月支出的差异，从而导致第二个特征变得不再重要。针对这种现象，我们可以对每个点减去特征的平均值，然后除以特征的标准差，这被称为归一化[1]。

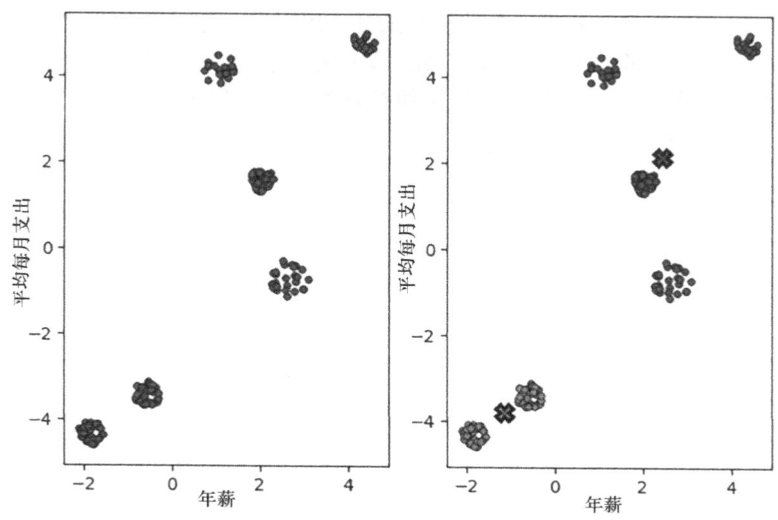

图 12.24 经过特征缩放的电子商务网站客户的合成数据集。其中，右侧显示了数据集的一种可能的（坏）聚类结果

图 12.24 的右侧展示了数据集的一种可能的聚类结果。即使不是领域专家也能看出，这是一种不好的选择。

那么，我们能否写出一种方法或数学公式来表达这种选择的（较差）质量呢？

不妨先来考虑一下，不良聚类的后果是什么呢？观察图 12.24，可以看到，应该属于不同集群的点（例如右上象限中的 4 个集群）反而被分在了一组。于是，彼此相距较远的点被分在了同一个集群中。回顾一下 k 均值算法的定义，它的目标是最小化点到其质心的欧几里得平方距离。当创建的质心太少时，即使点与质心之间的距离很远，也不得不将它分配给这个质心。因此，各个聚类中的点到其质心的平均距离将高于选择正确的质心数量时的平均距离！

如果使用不同的质心数量多次执行这个算法，就可以计算点到质心的平均（或中值）距离，并选择距离较小的质心数量。那么，这能代表结果很好吗？

虽然这样做能够更接近好的选择，但并不能完全保证结果是最好的。只需要想一想你就能知道，无论上次测试的 k（质心数）的值是多少，如果在新的测试中选择多一个质心，即 k+1 的情况，那么平均距离就一定会下降一些。这是因为每个质心在它代表的集群中所包含的点将越来越少。如果将这个值推向极端，则通过选择 k=n（数据集中的每个点都有一个质心）就能得到平均到质心的距离为 0 的情况（因为每个点都有自己的质心）。

那么，如何平衡这一点呢？事实上，我们并不能很轻易地达到平衡，但有一种简单的经验方法可以帮助我们选择最佳值。稍后你就会看到。

在此之前，我们需要先明确另一件事：点到质心的距离只是众多可能的指标之一。顺便说

1 又称为均值方差归一化（z-score normalization），这种操作具有生成均值为零并且方差为单位方差的数据的优势。此外，还有许多其他的方法可以执行特征缩放，要了解更多信息，建议参阅《机器学习实战》（人民邮电出版社，2013 年）。

一句，这个指标仅适用于基于质心的聚类算法，而不适用于 OPTICS 或 DBSCAN 算法。一个可以适用于所有这些算法的类似指标是集群内距离，即同一个集群中点之间的平均成对距离。另一个在处理分类特征时非常有用的有趣度量是总内聚（类似于到聚类中心的距离，但使用的是余弦距离而不是欧几里得距离）。

在本节的其余部分，我们将继续采用集群内平均距离作为度量。现在是时候介绍**肘部法则**了，这是一种被用在聚类和机器学习中的经验工具，用于发现超参数的最佳值。

图 12.25 展示了将肘部法则应用于客户数据集的示例，旨在根据集群内平均距离确定集群的最佳数量。另外，如果使用 DBSCAN 算法来执行聚类操作，那么也可以使用相同的方法来确定 ε 或 minPoints 的最佳值。

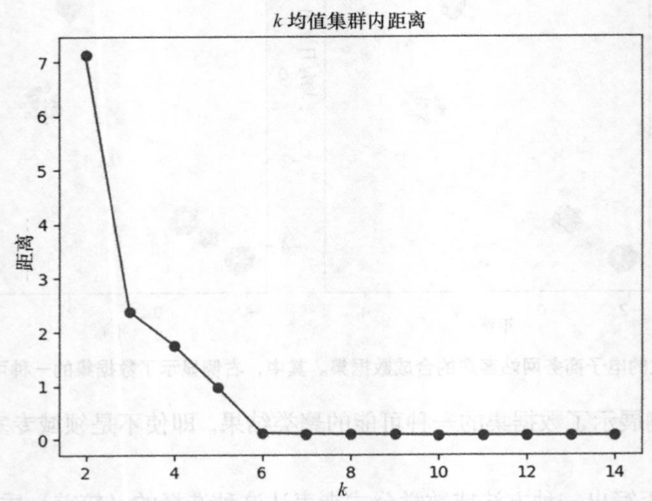

图 12.25　利用肘部法则来决定图 12.24 中的数据集应该拆分为多少个集群

图 12.25 看起来像是一条弯曲的手臂，而要选择的正是肘部对应的值，这个点是函数值增长急剧变化的地方。

对于这个例子来说，最好的值为 k=6。在此之后，值几乎没有任何变化。对于真实数据集来说，这个变换过程可能不太整齐（在这里，由于集群非常紧凑且彼此相距较远，因此在到达最佳集群数量之后，再添加另一个质心的改进几乎为零），但通常也会有一个类似于分水岭的点。在这个点的左侧，曲线的斜率会更接近（或大于）−45°，在右侧则更接近 0°。

当然，要成功实现这个方法，我们还需要考虑一些细节。首先，由于 k 均值算法是一种随机方法，因此对于每个 k 值都运行若干次就很重要了。然后可以选择这些运行中的最佳值（也可以存储生成的聚类），或者选择平均值或中值，这取决于你的目标是什么[1]。此外，我们还需要根据问题来仔细选择最佳的度量方式。比如，你可能希望集群内点的距离最小，从而确保集群中的点尽可能同质。再比如，你还可能希望不同集群之间的距离最大，以保证在不同的组之间有一个整齐的分隔。

代码清单 12.10 总结了成功应用肘部法则所应执行的步骤（不包括绘图，很明显这里也不包含这一步）。

1 如果正在优化当前数据集的选择，那么选择最佳结果是有意义的。如果必须在具有相似特征的多个数据集上执行该算法，那么你可能需要找到一个能够很好地进行概括的值，通常在这种情况下，使用中值是不错的选择。

代码清单 12.10 肘部法则

kmeansElbow 方法接收点列表、要测试的 *k* 值（应该创建的聚类的数量）列表（即 numCentroids）、maxIter（*k* 均值算法的最大迭代次数）以及 runsPerK（对于每个测试的 *k* 值需要执行多少次算法）作为参数。它会返回一个关联数组，其中包含了为每个测试的质心数获得的集群内距离度量的最佳值。

```
function kmeansElbow(points, ksToTest, maxIter, runsPerK)
  results ← {}                                  ◁— 初始化结果关联数组。
  for k in ksToTest do                          ◁— 循环遍历 k 的所有值以进行测试。
    M ← []                                      ◁— 初始化一个数组以跟踪结果（因为需要为所有的 k 值执行算法多次）。
    for i in {1,..,runsPerK} do                 ◁— 重复 runsPerK 次。
      (centroids, clusters) ← kmeans(points, k, maxIter)   ◁— 使用给定的输入和超参数执行 k 均值算法。
      M[i] ← intraClusterDistance(points, centroids, clusters)   ◁— 计算输出的集群内距离度量。
    results[k] ← min(M)                         ◁— 从当前质心数量的所有运行中选择的集群内距离度量的最佳结果。
  return results                                ◁— 返回结果（另外，也可以保存与各个 k 值的最佳度量值相对应的聚类，并返回聚类列表）。
```

结果解释

为了查看肘部法则是否有效，这里存储了为所有测试的 *k* 值（图 12.25 中绘制的值）生成的最佳度量值的聚类结果。图 12.26 展示了其中的一部分以验证选择是否合理。可以看出，当 *k*=5 时，质心的数量的确太少了，有两个集群被分给了同一个质心（左图的左下角）；而当 *k*=7 时，有一个“自然”的集群被分给了两个质心（右图的中间）。

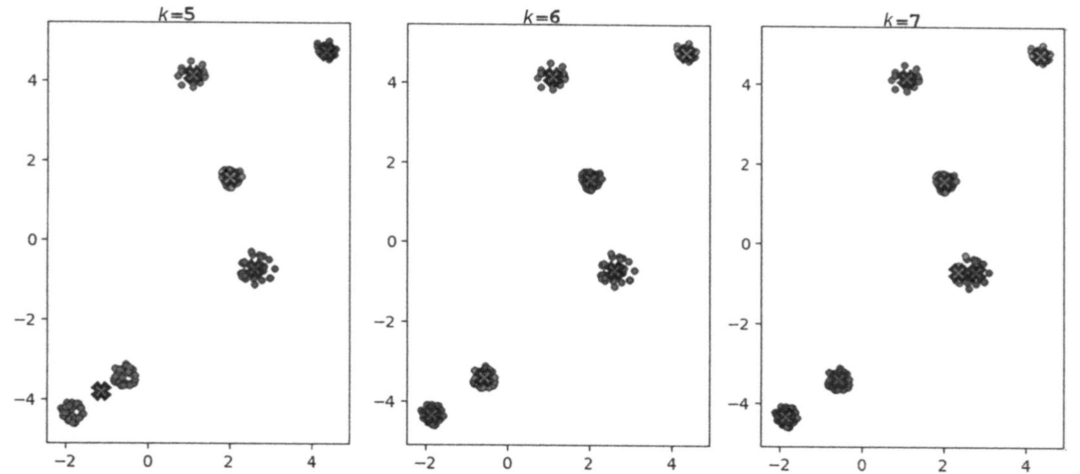

图 12.26 当 *k* 等于 5、6、7 时，示例数据集的最佳 *k* 均值聚类结果。可以看到，6 是最理想的值，此外还是具有足够数量的质心且能够将数据集自然聚类的最小值

在确定了 6 个集群是数据集的最佳选择之后，我们就可以尝试解释聚类的结果了。例如，可以看到，聚类结果图的右上角是由年收入高且在网站上大手笔消费的客户组成的。在这个集群的左侧，还有另一个有趣的群体：尽管年收入较低，但每月在网站上的支出几乎与最富有的群体一样多。在聚类结果图的左下角，你可以看到两组低收入人群，他们并不会在网站上花费很多的钱。于是这两组人群可以归到一起进行针对性营销，或是做进一步分析以了解其中的差异和更适合各个群体的目标产品。但是，考虑到他们带来的影响有限，营销部门更愿意让数据科学团队专注于聚类结果图中的这两个集群。可通过开展有针对性的活动来鼓励他们进行消费，并且可以让他们填写有助于营销团队提高客户满意度的调查表。

这只是一个展示了通过聚类可以帮助公司蓬勃发展的简单例子，还有很多其他的聚类方式可以带来更多的信息。现在轮到你为数据使用这些强大的技术了。

12.6　小结

- 聚类是无监督学习的主要应用，它被用来帮助机器理解未标记的数据，从而发现原始数据中的模式。
- 聚类的一些应用包括营销细分、噪声检测以及数据预处理。
- 传统的聚类算法——k均值算法是最容易实现的，但它在聚类的形状上有一定的局限性。它只能发现凸聚类，并且不能处理非线性可分的数据。
- 相比 k 均值算法，DBSCAN 算法是一种不同的聚类算法，它基于点的密度来识别分组。DBSCAN 算法可以处理任何形状和非线性可分的数据，但它并不适用于具有异质密度区域的数据集。此外，为这种算法选择最佳的超参数值既困难也不直观。
- OPTICS 算法是一种基于 DBSCAN 算法的较新算法，它会构建出层次聚类并允许处理不同密度的数据集，它还使选择参数的最佳值变得更容易。
- 要评估数据集的聚类质量，可使用像集群内距离、集群间距离或总内聚这样的评估指标。
- 肘部法则是一种通过提供图形反馈来决定算法的最佳超参数值的工具。

第 13 章　并行聚类：MapReduce 与树冠聚类

本章主要内容

- 了解并行计算与分布式计算的区别
- 掌握树冠聚类
- 通过树冠聚类使 *k* 均值算法并行化
- 使用 MapReduce 计算模型
- 使用 MapReduce 来编写分布式版本的 *k* 均值算法
- 使用 MapReduce 版本的树冠聚类
- 使用 MR-DBSCAN 算法

我们在第 12 章中介绍了聚类，并描述了几种不同的数据聚类算法，如 *k* 均值算法、DBSCAN 算法和 OPTICS 算法。

这些算法使用的都是单线程方法，所有操作都是在同一个线程[1]中顺序执行的。但是，真的有必要按顺序执行这些算法吗？

在本章中，我们将回答上述问题并给出替代方案、设计模式及示例，让你知道如何去发现并行化代码的机会，以及如何使用行业内的最佳实践来轻松地实现巨大的速度提升。

学完本章的内容，你将了解到并行计算与分布式计算的区别、掌握树冠聚类并学习到 MapReduce 这一采用分布式计算的计算模型，你还将能够对前几章介绍的聚类算法进行重写，从而使它们能够在分布式环境中工作。

13.1　并行化

尽管（附录 B 中介绍的）RAM 模型在传统上是单线程的，并且算法分析也通常侧重于顺序执行以及提高单进程应用程序的运行时间，但并行化能够在适合的时候实现巨大的速度提升，并且每个软件工程师都应该能够随时使用这种技术。

编程面试中的多线程

在编程面试中，当谈到算法分析时，不同的面试官可能会在是否使用多线程上存在分歧。作为个人经历，笔者在同一轮面试中，曾遇到两个立场相反的面试官，其中一个面试官认为并行化对于解决正在

1 不过，包含多个处理器的机器可以通过优化使其中一部分操作在不同的内核上并行地执行，但这种并行化会受到芯片上的内核数量的限制。目前，即使对于最强大的服务器来说，也最多只有大约 100 个内核。

讨论的问题来说属于“作弊”行为，另一个面试官则期望被面试者使用并行化技术来解决这个问题。当然，具体的情形取决于问题以及面试官想要引导的方向，但是提前向面试官询问关于多线程和并行化的选择通常来说都不算错。（前提是你得知道自己在说什么！）

为了能够更直观地了解这里谈论的速度提升的情况，笔者曾经目睹一个应用程序通过不再依次处理数据集，而是简单地利用 Kubernetes 和 Airflow 来将数据集分成各个小块并分别进行下载和处理，就让总的运行时间从 2 小时下降至不到 5 分钟。当然，拆分数据且单独处理更小的数据块并不总是可行的，能否这样做取决于领域知识和算法实现。

于是，我们有了这样一个问题：聚类是一个可以并行执行的领域吗？

能否对数据集进行分解并将第 12 章讨论的算法分别应用于各个区域呢？

13.1.1 并行计算与分布式计算

在开始之前，我们需要声明一下：通常用到的**并行计算**（parallel computing）这个术语，只是为了表明在同一系统中的多个 CPU 上执行的计算，也就是多线程的情况。如果考虑在通过网络通信的多台机器上使用多个 CPU，那么指的就是所谓的**分布式计算**（distributed computing）。图 13.1 展示了这种差异。

并行计算

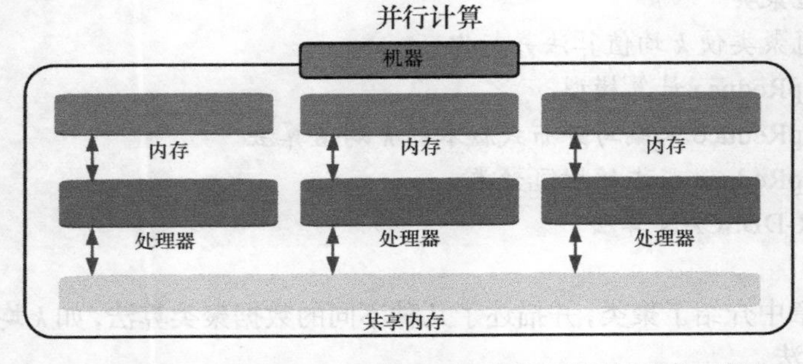

分布式计算

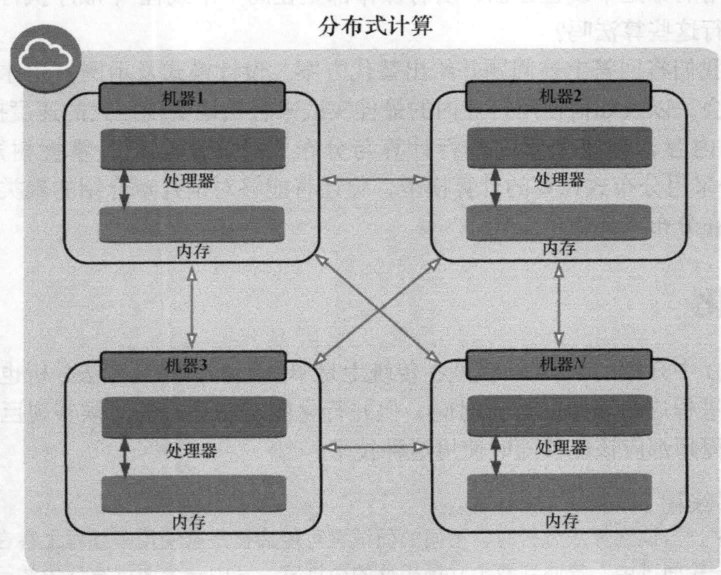

图 13.1 并行计算模型与分布式计算模型的区别

并行计算会受到单台机器上 CPU 数量的限制，而分布式计算则是一种能够横向扩展系统并且处理海量数据集的更好方法。另外，如果数据集能够被放入单台机器的内存中，那么使用并行计算的速度明显相对来说更快，这是因为进程可以通过共享内存进行通信，而分布式系统中的节点需要通过网络来交换信息（在编写本书的时候，延迟大约在 100 ns 和 150 ms 之间[1]）。

本章将经常使用术语“并行计算机”同时指代两者。这里提出的计算模型是一个可以在单台机器或分布式系统的线程上无缝运行的软件抽象，而它们唯一的区别是输入的大小以及所需的资源，而不是使用的算法。

13.1.2 并行化 *k* 均值算法

现在，我们尝试回答一个更具体的问题：可以让 *k* 均值算法成为一种并行算法吗？

分别查看算法的各个步骤有助于我们对整个问题进行“分而治之”。要了解 *k* 均值算法的描述与实现，请参考 12.2 节的内容。

算法的第一步是**初始化**，旨在建立质心的初始猜测。如果这一步是完全随机的，那么这个步骤就与数据集无关，因此它的运行时间仅与集群的数量 *k* 成正比。所以，完全随机化的版本并不值得进行并行化处理。相反，当点是从非可置换分布中独立选择时，并行化就有可能变成非常必要的一步操作。在 13.3.2 节中，你将看到如何对这一步进行分布式拆分。

算法的第二步是**重新居中**，即计算各个集群的质心。先解决这个问题是因为在这一步，所有的集群都是独立处理的，计算集群的质心只需要用到其中的点。因此，你一定可以将这一步按照每个集群都使用一个进程来进行并行化处理，这样执行的时间便可由运行时间最长的那个线程定义。假设顺序版本需要 $n*d$ 次加法与 $k*d$ 次除法，其中 n 是数据集中的点数，d 是维度（各个点的基数）；那么如果集群是均匀分布的（当然这是最好的情况），则每个进程将执行 $d*n/k$ 次加法与 d 次除法。如果所有的线程都同时完成，并以与原始算法相同的速度运行，那么你就能够获得 k 倍的速度提升。

算法的第三步是**分类**，并行化这一步相对比较复杂。理论上，需要检查所有点与质心的距离，从而将它们分配给正确的质心。不过，请仔细考虑一下，真的需要所有的点吗？参考图 12.3，很明显，一个点只会切换到与其当前分配相邻的那个集群，而永远都不会切换到更远的集群。此外，如果质心 c' 远离另一个聚类 C（假设这个聚类的质心没有移动），那就不可能将 C 中的点分配给 c'。但是，对于这里所做的假设，你需要额外小心，因此这一步的并行化将变得非常复杂。

即使只对 *k* 均值算法的第三步进行并行化，你也可以获得相对于顺序版本更好的速度提升。

我们还能做得更好吗？当然能！至少有两种不同的方式！要了解如何才能做得更好，我们首先需要引入一种新算法以及一个能够改变游戏规则的编程模型。

13.1.3 树冠聚类

如果可以在执行任何真正的聚类算法之前先运行一个快速的、粗粒度的伪聚类，从而对数据的分布情况进行了解，结果会怎样呢？

树冠聚类就通常被用于这个目的。它会像 *k* 均值算法那样将点分组为若干球形区域（在二维示例中为圆形区域），但不同的是，这些区域可以相互重叠，并且大多数的点会被分配给多个区域。

树冠聚类算法相比 *k* 均值算法更快、更简单，因为它只遍历数据一遍，并且不用为树冠（球

---

1 考虑 WAN 或高性能云服务，如果配置得当，则数据中心的本地集群甚至可以将这个延迟再降低两个数量级，也就是降低至 1 ms。

形的伪集群）计算质心，更不需要对每个点与各个质心进行比较。相反，它选择数据集中的一个点作为所有树冠的中心，并将其周围的点添加到树冠中。

如果不使用 k 维空间中点的精确距离度量，而是使用快速的近似度量，则树冠聚类算法还可以更快。虽然这会给出不太精确的结果，但是在下一步，你可以通过使用恰当的聚类算法来进行修正。正如你在 13.1.4 节中将要看到的那样，使用树冠聚类来引导其他算法，既可以加快收敛速度，又可以减少运行时间[1]。

图 13.2 通过一个例子展示了树冠聚类是如何工作的，代码清单 13.1 则给出了对应的伪代码。

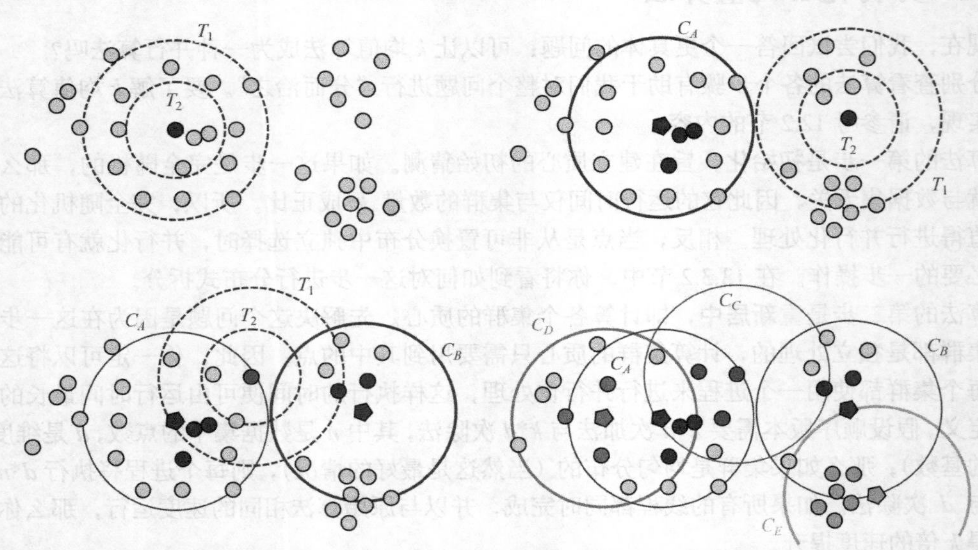

图 13.2　在数据集上运行树冠聚类的一个例子。前 3 个子图展示了从随机选择的点开始进行的树冠创建过程。使用除黄色外的纯色填充的圆圈是从可能的质心列表中删除的点，而五边形则是树冠的质心。纯色的点将从列表中被删除掉，因为其处在质心的内半径（T_2）之内（如前 3 个子图所示）。最后一个子图显示了在执行若干步骤后创建的集群。注意，其中仍然存在一些黄色的点，因此至少还要再创建 3 个以上的树冠（它们将与最后一个子图中显示的 5 个部分发生重叠）以包含这些点

代码清单 13.1　树冠聚类

```
function canopyClustering(points, T1, T2)
  throw-if T1 <= T2
  centroids ← points
  canopies ← []
  while not centroids.isEmpty() do
    p ← centroids.drawRandomElement()
    canopy ← {p}
    for q in points do
      dist ← distance(p, q)
      if dist < T1 then
        canopy.insert(q)
        if dist < T2 then
          centroids.remove(q)
    canopies.add(canopy)
  return(canopies, centroids)
```

- canopyClustering 方法接收一个点列表和两个阈值 T_1、T_2 作为参数。它会返回树冠列表，即重叠的点的集合。
- 检查 T_2 的半径是否小于 T_1，若不小于，则抛出错误。
- 将潜在的树冠中心集合初始化为整个数据集。
- 将输出（即树冠列表）初始化为空列表。
- 如果在可能的树冠质心列表中仍然有点的话。
- 就从质心列表中随机提取一个点并将其从列表中删除。
- 将当前树冠初始化为只包含点 p 的单例。
- 循环遍历数据集中的所有点（严格来说会跳过点 p）。
- 计算点 p 和点 q 之间的距离。
- 检查点 q 是否相比阈值 T_1 更接近点 p。
- 如果更接近，就将点 q 添加到当前树冠中。
- 如果点 q 到点 p 的距离比阈值 T_2 还小，就将其从可能的质心列表中删除，因此点 q 不再是新树冠的质心。
- 将当前树冠添加到方法结果中。
- 返回创建的树冠列表及其质心列表。

---

1 既可以减少需要的迭代次数，又可以减少每次迭代时执行的操作次数。

大致来看，可通过以下几个简单的步骤来描述树冠聚类算法。

(1) 从数据集中选择并移除一个随机点 p，并用它来初始化一个新的树冠（见代码清单 13.1 的第 6 行和第 7 行代码）。

(2) 对于剩下的点 q，检查点 p 和点 q 之间的距离是否小于阈值 T_1（见代码清单 13.1 的第 8～10 行代码）。如果小于的话，就将点 q 添加到当前树冠中（见代码清单 13.1 的第 11 行代码）。

(3) 如果这个距离也小于第二个阈值 T_2，就从可能的树冠质心列表中删除点 q（见代码清单 13.1 的第 12 行和第 13 行代码），因此点 q 不再是新树冠的质心。

(4) 重复步骤 (1) ～步骤 (3)，直到没有剩余的点为止（见代码清单 13.1 的第 5 行代码）。

这个过程会产生半径（最多）为 T_1 的球形团块。内半径 T_2 确定了一个临界距离，在这个临界距离内，点可以被认为是彼此相关的（即它们在同一个集群中）。虽然点 q[在上面的步骤 (2) 和步骤 (3) 中]可能会被添加到不同的树冠中，但如果它在当前树冠的质心 c 的内半径之内，就可以确信(q,c)对是最相关的。另外，即使选择点 q 作为质心，也无法形成更适合点 q 的树冠。

接下来的主要问题就是“为什么可以依赖这些距离以及如何决定 T_2（和 T_1）的值”。这些参数通常需要经过调整（尝试若干不同的参数，并检查树冠的数量与质量）才能得到，有时候，对这些距离的良好初步估计来自经验和领域知识。例如，如果正在对有关手机信号网格的地理数据进行聚类，并且知道不会有任何两个网格之间的距离超过几千米，我们就可以大概知道 T_1 是什么值了。

确定这些值并没有看起来那么重要，找出可能的最佳值也不重要，重要的是为这两个参数找到可以让我们接受的值。正如前面所提到过的，树冠聚类算法只提供粗粒度的聚类结果。

13.1.4 应用树冠聚类

事实上，树冠聚类通常被用作 k 均值算法的预处理步骤，但它也可以被用在 DBSCAN 和 OPTICS 算法中。另外，在这两个算法上使用树冠聚类还有另一个优势，稍后你就会看到这一点。首先，我们来看看如何将树冠聚类算法和 k 均值算法结合起来。

最简单的方法非常直观。可采用树冠聚类算法输出的用于（有重叠的）粗粒度的集群，并为各个集群计算它们的质心。因为这些集群可以相互重叠，所以一些点会属于多个集群。这些树冠不能被当作 k 均值算法的迭代结果！但是，可使用它们的质心来引导 k 均值算法，也就是用更平衡的选择替换掉默认的（随机）初始化步骤。

也可以使用粗略的 T_1 值与 T_2 值来执行树冠聚类算法，并且用从输出区域中得到的初始质心的一部分来改进初始化步骤。如果树冠聚类算法返回 $m \leqslant k$ 个伪集群，那就使用 k/m 个质心。在实践中，这种引导为 k 均值算法的收敛提供了相当大的速度提升。

请回顾我们在第 12 章中讨论的内容，DBSCAN 算法（见 12.3 节）在被应用于密度不均匀的数据集时有弱点，而 OPTICS 算法（见 12.4 节）则可以部分地解决这个问题，但代价是计算量非常大，此外还需要对一些参数进行实验。理想情况下，我们可以在不同密度的区域上单独执行 DBSCAN 算法，并分别为每个区域调整其参数（或仅调整 ε 的值）。

使用树冠聚类作为第一步可以帮助我们解决这个问题。因为可以预期较小的区域具有更均匀的密度，并且具有不同密度的区域更有可能被分配给不同的伪集群，所以我们可以分别在各个伪集群上执行 DBSCAN 算法。

然而，在计算了这些区域的所有集群之后，我们还是没有完成聚类操作。这是因为伪集群可能会有重叠，所以最后得到的集群也可能会有重叠。除了要检查是否应该合并重叠的集群之外，还有一个地方需要注意。如图 13.3 所示，在两个不重叠的集群中，点可能在彼此的 ε 邻域内！因此，你还需要检查这些伪聚类的超球面彼此之间的距离是否比这些区域使用的 ε 值大（这里假设 DBSCAN 算法在执行时会使用不同的超参数值）。

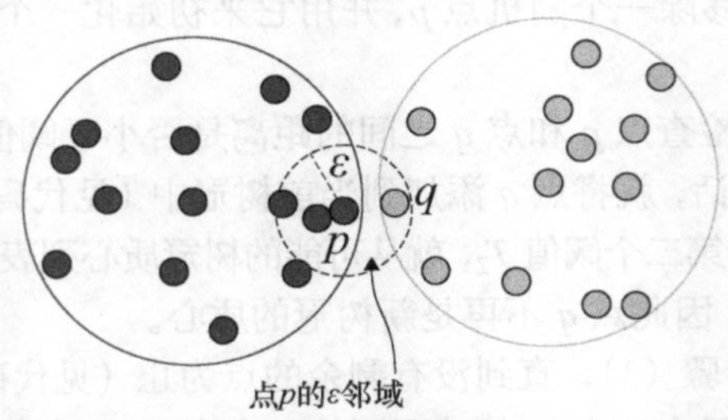

图 13.3　不重叠的树冠伪集群仍然可以被 DBSCAN 算法认为属于同一个集群，只要两者的点都靠近它们的边界，并且最近的点在彼此的 ε 距离之内即可

好消息是，对于这样的树冠来说，并不需要检查所有点的笛卡儿积[1]组合，而只需要检查各个集群的外环内距离树冠中心的距离大于或等于 $T_2-\varepsilon$ 的那些点就行了。

现在需要回答的一个新问题是：虽然可以在各个伪集群上并行地执行 DBSCAN 算法，但是为了对所有的结果进行汇总，就需要检查产生的所有集群对，并查看这些集群的外环内的所有（过滤出的）点的笛卡儿积，这一步是否需要在单台机器的单个线程中进行呢？也就是用顺序执行来检查呢？

13.2　MapReduce

在很长的一段时间里，由于受到硬件的限制和缺乏软件基础设施，至少从实际角度看，工程师为了能够有效地并行执行 DBSCAN 等算法付出了很多努力。当时最常用的分布式编程模型是网格计算，不过后来人们发明了另一种不仅可以使计算更快，而且可能更健壮的方法，那就是在 21 世纪初被 Google 申请专利并得到大规模使用的 MapReduce 编程模型。

虽然 MapReduce 有许多种实现（或者应该说，有若干种产品利用 MapReduce 来提供编排分布式资源，进而解决任务的工具，如 Apache Hadoop、Hive、CloudDB 等），但笔者认为 MapReduce 的主要价值在于其提供的模型，这种模型可以被应用到无数的任务中。

下面我们通过一个例子来解释 MapReduce 是如何工作的。

13.2.1　MapReduce 是如何工作的

假设在一个慵懒的下午，唐老鸭（迪士尼经典角色之一）像往常那样正在吊床上打瞌睡，突然一个比平时更响亮（而且比平时更烦人！）的电话铃声叫醒了他。在接电话之前，唐老鸭就已经知道了这是他最亲爱的史高治叔叔让他尽快赶到钱仓。唐老鸭很乐意地答应了这个善意的请求，因为他害怕被断绝关系（从而被债务压垮）。

长话短说，和往常一样，史高治叔叔有一个漫长且无聊的任务想让唐老鸭来完成。由于需要唐老鸭守卫钱仓的主房间并且将所有的硬币都移到另一个（巨型）保险箱里，史高治叔叔想充分利用这一次机会，因此，他希望唐老鸭能够在第二天早上之前对钱仓中的所有硬币进行统计并分类。

这里讨论的是数百万枚硬币，因此一个一个数是不可能的。当唐老鸭恢复知觉时（当史高治叔叔告诉他任务时，可以理解唐老鸭昏倒了），他认为自己需要所有能够得到的帮助。所以他

1 两个集合的笛卡儿积是将这两个集合相乘后形成的一个新集合，其中包含所有的有序对。这些有序对的第一个元素属于第一个集合，第二个元素则属于第二个集合。

跑到吉罗的商店里，并说服吉罗制造一些能够学习如何识别不同的硬币并对其进行分类的计数机器。

这是一个“经典”的并行化步骤：将软件的工作对象（成堆的硬币）分解为多个副本（计数与分类过程），并为每一堆硬币记录统计出的各种硬币及其数量。例如，其中一台计数机器可以生成下面这样的结果列表：

```
£1: 1034 pieces
50¢: 53982 pieces
20p: 679 pieces
$1: 11823 pieces
1¢: 321 pieces
```

那么，问题解决了吗？遗憾的是并没有。计数机器非常昂贵，而且需要时间来制造。因此，即使像吉罗这样的天才也只能通过为之前制造的一些不太好的机器人服务员快速重新布线来提供一百台这样的计数机器。于是，虽然现在数钱的速度变得相当快了，但是每台计数机器都有一大堆硬币，因此也就产生了一长串的硬币种类和数量。图 13.4 展示了这种情况。当计数机器完成工作后，就需要唐老鸭自己动手把上百个列表中的数百个条目加起来。

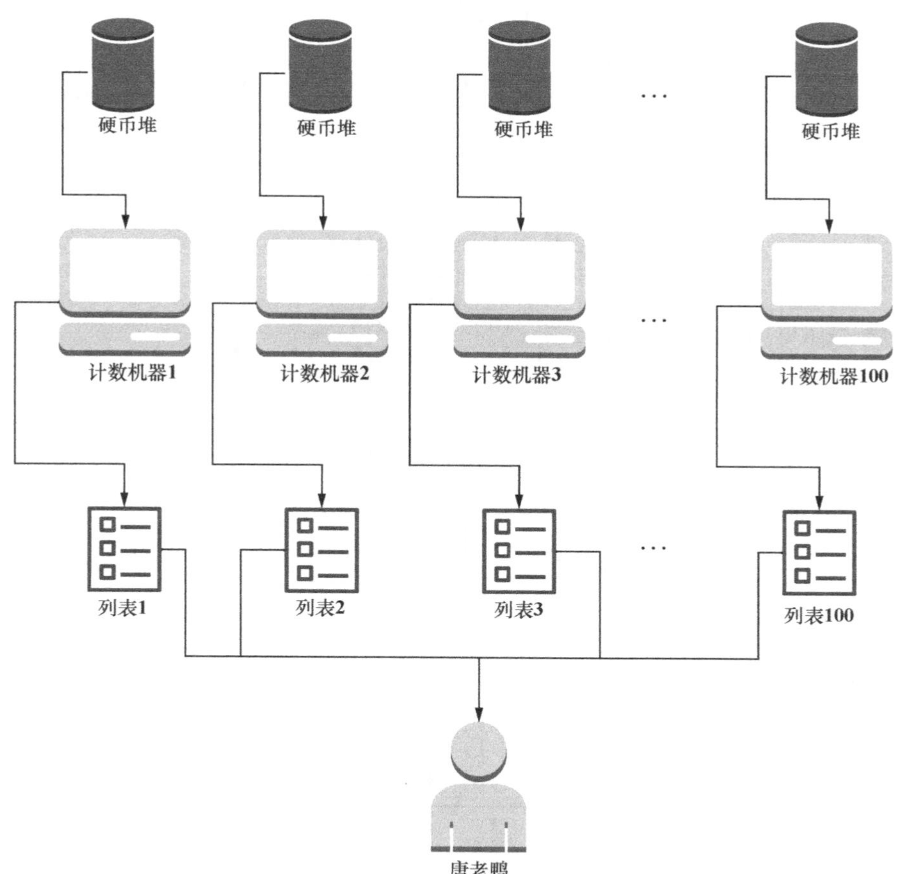

图 13.4　并行计数硬币的第一次尝试。在这种配置中，可怜的唐老鸭仍然需要汇总上百个列表，并且每个列表中都有数百个条目

在再次昏倒并被史高治叔叔唤醒后，可怜的唐老鸭再次爬到吉罗的实验室，发出了寻求（更多）帮助的绝望呼喊。

遗憾的是，吉罗也没办法制造更多的计数机器了！但是，如果真的不能解决这个问题，那他也就不再是一个真正的天才了。

为此，他不需要建造任何新的东西，而是只需要获得一些帮助并使用不同的算法就行了。吉罗在脑海里快速计算了一下，他估计大约会有两百种不同类型的硬币。于是他召集所有家人，并给他们安排了这样一个任务：所有人都只需要处理 5 种硬币，但不用去数有多少个。所有的人都会收到几个（一共一百个）来自计数机器的清单，但每个清单中只有 5 种硬币以及在单台计数机器中找到的硬币数量。

为了实现这一点，他为每台计数机器提供了用来定位麦克达克家族全体成员的地址，例如像 huey.mcduck@duckmail.com 这样的电子邮件地址，他还为每台计数机器提供了一个列出了各个家庭成员分别要处理的硬币类型的字典。为了简化起见，我们可以假设为每个成员都分配了来自同一国家的所有硬币。如图 13.5 所示，Huey 会处理所有的美元，Dewey 会处理所有的英镑，而 Louie 会处理所有的欧元，以此类推。但是，在实际应用中，谁都可以处理任意硬币面额的组合。

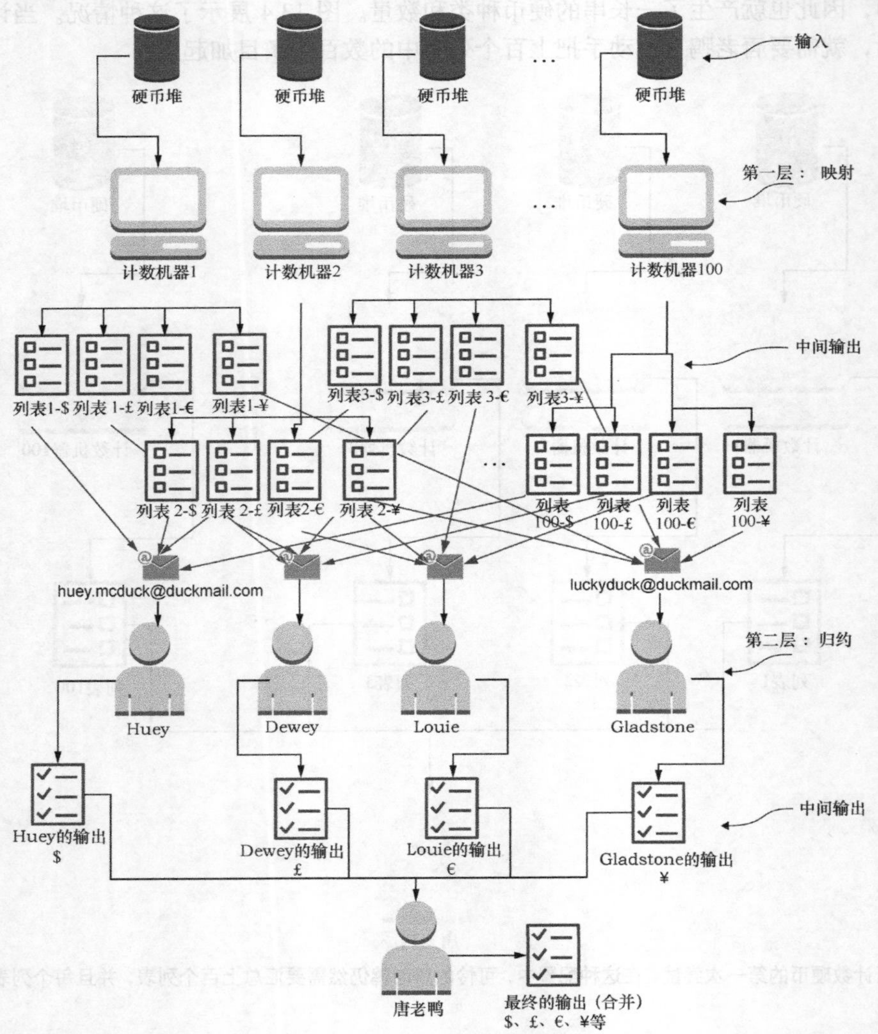

图 13.5　修改后的硬币计数过程，其中使用了 MapReduce 和一些其他的帮助。现在，每台计数机器都会生成多个列表，它们被分别送到所有麦克达克家族成员的手中。换言之，他们每个人都必须检查 100 个列表（但每个列表中只有几个条目），并对每个列表中的值进行汇总

当完成计数后，计数机器就会给每一位麦克达克家族成员发送一封电子邮件，其中包含他们所要负责的各种类型硬币的数量。然后，每一位麦克达克家族成员必须对所有列表中各种类型的硬币的数量进行求和，并将最终结果发送给史高治叔叔。在这个过程中，每个人只需要处理几百个整数的加法就行了，虽然这是一项乏味的工作，但应该不需要花太多的时间。

例如，假设 Daisy 需要处理 1 美元、50 美分、25 美分和 1 美分的硬币，则所有的计数机器都会向她发送一个像下面这样的列表：

```
25¢: 1.034 pieces
$1: 11823 pieces
50¢: 53982 pieces
1¢: 321 pieces
```

图 13.5 展示了修改后的范式。虽然一开始由一个人处理所有的列表会产生计算上的瓶颈，但现在由于在工作流中引入了一个新的中间层，并为了让各个实体都只需要做有限的工作而对整个工作进行了分解，因此一切都变得简单了起来。

但是，这里的关键在于第一层的输出结果必须是可以分组的，并且这些组可以在第二层被分别处理。

13.2.2 先映射，后归约

是时候放弃动画中的角色，举一个更真实的例子了：这个并行计算的两层都将由机器来执行。第一层的操作被称为 map（映射），因为它会将输入数据集（更准确地说，由一台计数机器处理的部分数据集）中的各个条目通过提取与最终计算结果相关的信息**映射**为其他的东西。在上面的例子中，映射器可能只是一个运行了“硬币识别”的软件，并且不用保留计数结果[1]。同时，它会向第二层的计数机器发送包含未排序的硬币出现的列表，比如：

```
$100: 1
50¢: 1
$100: 1
$1: 1
25¢: 1
…
```

在这里，映射器提取出来的信息只是某个硬币的存在情况。

然后，第二层的机器将专门用于计数。第二层的各台计数机器将接收特定组合的硬币所出现的所有条目，并对它们进行处理（例如对它们进行计数，但也可以对这些数据进行汇总或过滤）。因此，这一步被称为 reduce（归约），因为它会将信息限制在一组同类的条目中，并通过对它们进行组合（也就是**归约**）来获得最终结果。

如前所述，经典的“平面”并行计算的主要缺点是，对所有的并行线程/进程/机器的结果进行组合将成为整个进程的瓶颈。如果单个进程必须生成若干线程，并在得到它们的结果后将它们组合起来，那么这个进程仍然需要至少顺序访问整个数据集一次。另外，即使对组合中间结果的过程也进行并行化，归约的过程也仍然是一个瓶颈，如图 13.6（B）所示。从图 13.6（A）可以看出，对于普通的并行操作来说，“中间输出”会被全部发送到协调器，而协调器必须将它们全部收集起来并分类才能将数据发送到第二层的机器上。

1 通常，映射器输出的各个键的计数将由第三个抽象模型（即组合器）完成，它有点像在与映射器相同的机器上运行的一个小型归约器，并且只处理单个映射器的输出。所以，映射器将发送一个只包含若干条目的列表，而不是发送一个包含大量值为 1 的条目的列表，从而减少带宽和归约器的工作量。

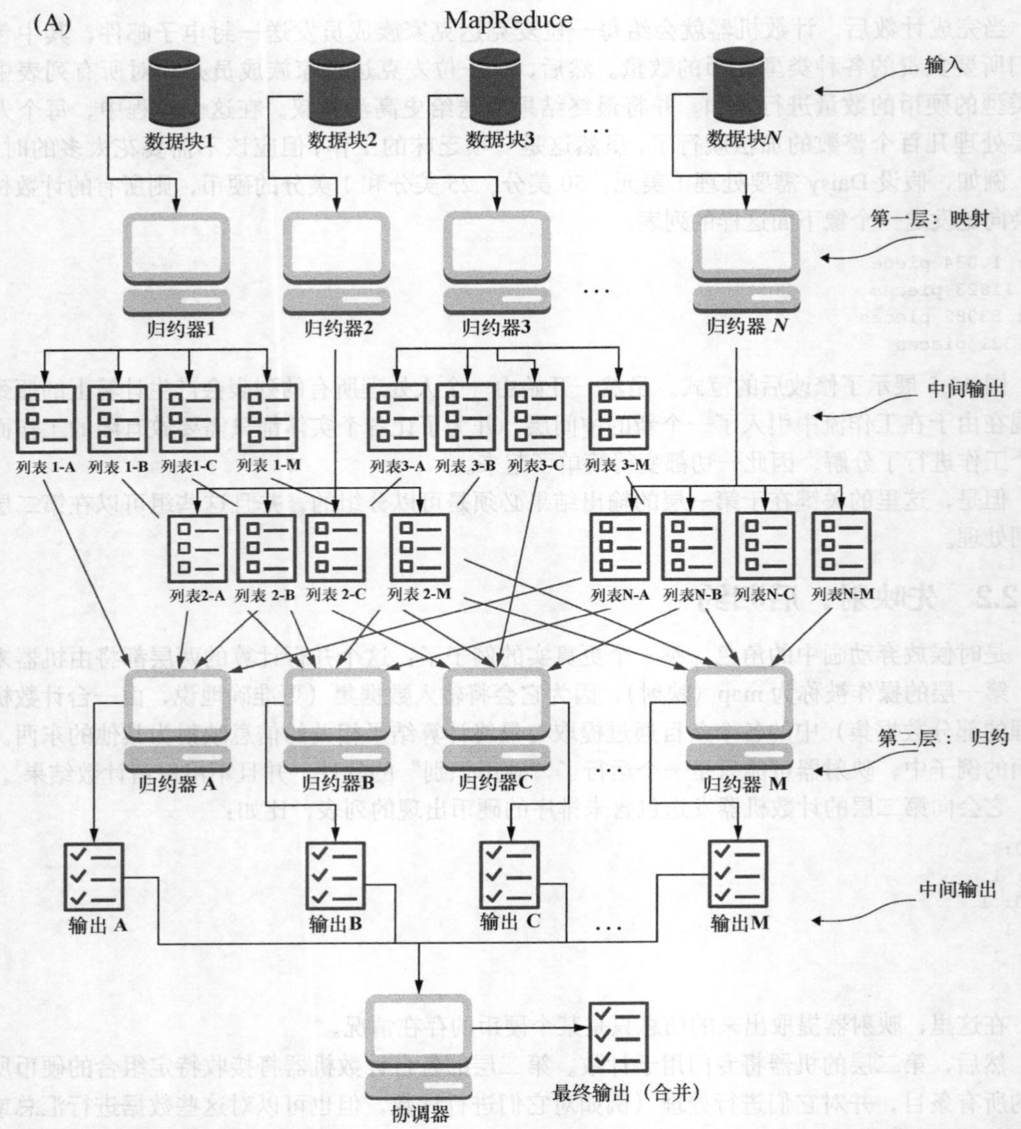

图 13.6　对并行计算的“经典”方法与 MapReduce 进行比较。这里假设在这两种情况下数据都已经被分解成块并且可以“按位置”进行传递，即提供了类似文件句柄的东西，而不再需要用协调器读取数据。在基本的并行方法中，可使用进程（要么在线程上运行，要么在不同的机器上运行）来进行处理，其中协调器需要轮询所有的线程并理解它们的结果。协调器可以自己组合这些结果，也可以生成更多进程来组合它们[见图 13.6（B）]，但无论采用哪种方式，协调器都会成为瓶颈

在 MapReduce 中，每个步骤在本质上都是并行的。数据已经被分解成可以被独立处理的片段，结果由各个映射器自己路由到相应的归约器，而无须通过一个中央协调器来进行处理。

确切来说，归约器从所有映射器中读取信息，而映射器的任务是为所有的归约器在特定位置（每个归约器使用的地址都不同。例如，每个映射器都会为所有的归约器创建不同的文件夹或专用的虚拟磁盘）创建临时文件。

除了速度，MapReduce 还有另一个优势。如果一台机器崩溃了，那么只需要重新计算这台机器的部分就行了，而无须重新启动整个计算。反过来，这也可以通过分配冗余资源来预防性地应对故障，从而帮助我们提高可用性并减少延迟。

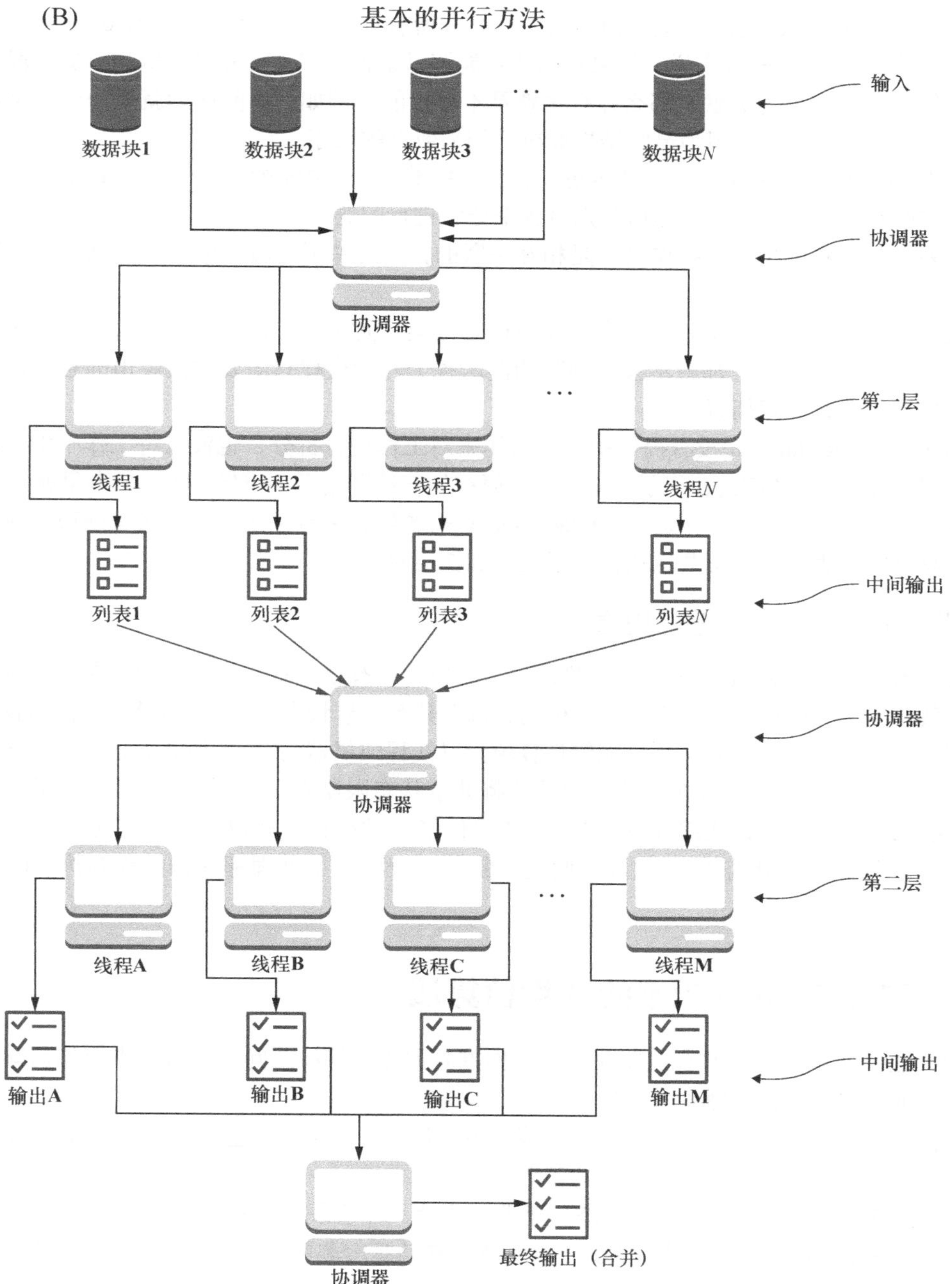

图 13.6（续）

有一点需要明确：MapReduce 中也存在一个协调器，它是一个用来控制计算的领导节点（它会轮询计算节点、请求已有资源、将输入块分配给映射器、计划如何将中间结果路由到归约器、处理错误以及从错误中恢复）。然而，与基本并行方法的不同之处在于，这个特殊的节点实际上并不会读取输入，也不会计算它们，中间结果更不会通过这个节点，因此这个节点不是计算的瓶颈。对此，反对意见可能是，这个节点仍然是可用性方面的瓶颈，因为如果领导节点崩溃了，那就无法完成计算。但是，通过使用副本（不论是主副本还是实时副本），就一定可以利用（有限的）冗余来获得可用性方面的保证。

当然，MapReduce 也有一些缺点。首先，并非所有计算都适合使用 MapReduce 来完成（或完全适合并行执行）。一般来说，如果数据条目能够以某种方式连接并且分散的数据片段会相互影响它们对最终结果的贡献，那么并行化就是不可行的。例如，时间序列就是一个通常需要顺序处理数据的很好例子，因为最终结果取决于相邻数据的顺序。

对于 MapReduce 来说，要求甚至更高。为了能够从应用中获得优势，我们还需要按照某些属性或字段对数据进行分组，然后分别对各个分组进行归约。

此外，归约器中执行的操作必须是相互关联的，因此映射器输出的中间子列表的顺序无关紧要。

值得注意的是，如果不想对所有的硬币进行分类，而是只想计算它们的数量（不区分它们的类型）或计算总金额，那就不会用到归约器。各个并行进程只需要输出硬币的总数，然后用一个中央进程将它们相加就行了。

其次，MapReduce 并没有提供中心化实体来对工作进行拆分，也没有将工作平均分配给各个归约器。因此，有的归约器可能会非常忙，而有的归约器则无事可做。回到故事里就是，Daisy 需要处理所有的美元；而（幸运的）Gladstone 只需要处理来自小国的各种稀有硬币，由于得到的几乎总是空列表，因此总共也执行不了几次加法运算。

13.2.3　表面之下，还有更多

我们看到了 MapReduce 的一些优势，但它的成功还有更多是你看不到的。在第 7 章讨论缓存和多线程时，我们还讨论了锁与同步机制。每个具有共享状态的并行计算都会用到同步机制，例如聚合结果、分解数据并将其分配给计算单元（线程或机器），抑或检查处理是否完成。

MapReduce 的关键优势在于其在本质上将共享状态限制在了最低限度（通过采用不变性方法[1]和纯函数[2]这样的函数式编程理念），它还提供了一种编程范式以及一种指定问题的方法，进而强制以消除共享状态[3]的方式陈述问题，然后在表面之下处理那些仍然需要执行的少量同步操作。

13.3　MapReduce 版本的 *k* 均值算法

为了让任何算法都能够有效地并行化，你首先需要回答如下问题：数据点会如何影响计算以及在任何时候真正需要哪些数据来执行某个步骤？

在使用 *k* 均值算法与树冠聚类算法的情况下，计算的各个步骤也正好决定了 MapReduce 的实现。下面我们先来检查 *k* 均值算法的各个步骤[4]。

- 在**分类**步骤中，在将点分配给树冠或集群时，对于每个点来说，操作都是独立计算的，唯一重要的是质心列表。因此，只要将所有的质心都传递给各个映射器，就可以随意地对数据进行分片。
- 在**重新居中**步骤中，你需要更新 *k* 均值算法的质心，对于每个质心来说，由于只用到分

1 使用不可变数据结构的方法。与其修改调用它们的对象 A，不如创建一个新对象 B 作为将调用方法应用于对象 A 的结果。例如，向列表 L_1 中添加元素的不变性方法将创建一个全新的列表 L_2，其中包含 $|L_1| + 1$ 个元素，并保持 L_1 不变。

2 纯函数是指任何没有副作用的函数，它可以接收零个、一个或多个输入，并在不依赖于对输入或全局状态进行修改的情况下，（可能以元组的形式）返回输出。在某种程度上，纯函数与数学函数是一样的。

3 这也正是 MapReduce 不能被应用于那些不能以消除共享状态的方式陈述的那些问题的原因。

4 注意，这里将要列出的 *k* 均值算法的步骤是按照并行化的难易程度，从简单到复杂进行排序的。

配给它的那部分数据，并且由于每个点都只能被分配给一个质心，因此我们可以对数据集进行分区并分别处理各个组。

- 均值算法的**初始化**相对比较麻烦。在这一步，你需要从完整的数据集中随机抽取点，看起来这并不适合并行化。然而，我们可以通过采用一些可能的策略来分配计算负载。
  - 对数据集进行随机分片，然后在每个分片中独立地绘制质心（尽管要获得样本的整体均匀分布可能很难）。
  - 先执行树冠聚类算法并将这些树冠的质心提供给 *k* 均值算法作为质心的初始选择。于是问题就变成了，可以在树冠聚类上进行分布式计算吗？虽然比较麻烦，但事实证明这一点是可以做到的。

由此可见，并行化树冠聚类是这里的关键，也是最麻烦的部分。具体如何处理，我们将在本章的后面进行讨论，但在深入研究这一步之前，让我们先对分布式 *k* 均值算法进行描述。

- 使用树冠聚类来初始化质心。
- 迭代最多 *m* 次。
  - 点的分类。
    - 对数据集进行分片，并将分片与质心列表一起发送给映射器。
    - 每个映射器会将点分配给一个质心，然后把数据发送给归约器，从而按照选择的质心进行聚合（理想情况下，每个质心都会有一个归约器）。
  - 质心的更新。
    - 每个归约器都会计算其集群的质心并返回新的质心。

代码清单 13.2 对上述内容做了总结[1]，图 13.7 则通过一个例子进行了展示。

代码清单 13.2　MapReduce 版本的 *k* 均值算法

初始化 numClusters 个归约器，即每个质心都有一个归约器。归约器会运行 centerOfMass 方法（旨在计算一组点的质心），并在整个方法的生命周期内保持活动状态，但它们不会保存任何数据。

初始化 numShards 个映射器。这些映射器都会运行 classifyPoints 方法，并保存数据集的一个分片的副本。映射器将在这个方法的整个生命周期内保持活动状态（并保存相同的输入副本）。

将数据集分解成 numShards 个随机分片。通常来说，这一步是由 MapReduce 的主节点自动完成的，但这里用到了它的自定义版本。

MRkmeans 方法接收一个点列表、代表数据集应该被分片为多少块的值、预期的集群数量，以及用于树冠聚类初始化步骤的两个阈值 T_1、T_2 作为参数。

使用分布式版本的树冠聚类初始化质心。

```
function MRkmeans(points, numShards, numClusters, maxIter, T1, T2)
  shards ← randomShard(points, numShards)
  centroids ← MRcanopyCentroids(points, numClusters, T1, T2)
  mappers ← initMappers(numShards, classifyPoints, shards)
  reducers ← initReducers(numClusters, centerOfMass)
  for i in {0, .., maxIter-1} do
    newCentroids ← mapReduce(centroids, mappers, reducers)
      if centroids == newCentroids then
        break
      else
        centroids ← newCentroids
  return combine(mappers, centroids)
```

重复主循环最多 maxIter 次。

如果质心没有发生改变，则说明算法已经收敛，可以退出主循环。

否则，用临时变量中的值覆盖原来的值。

在给定当前质心的情况下，最后一次通过使用组合器或运行映射器来获得点的最终分类。

使用已经创建的映射器和归约器运行一次迭代中的 MapReduce。映射器将以当前的质心列表作为输入（此外，每个映射器还包含了数据集点的一个分片）。归约器则从映射器中读取它们的输入（一个集群中的所有点）。每个归约器都会输出一个质心的坐标，而所有的归约器一起产生的结果则被组合成一个列表，然后将其赋给一个临时变量。

---

1 记住，这并不是真正的实现。因此，我们在这里采取了一些捷径来尝试更清楚地解释 MapReduce 的基本思想。然而在实际工作中，MapReduce 中的作业与这段代码相比会有所不同。

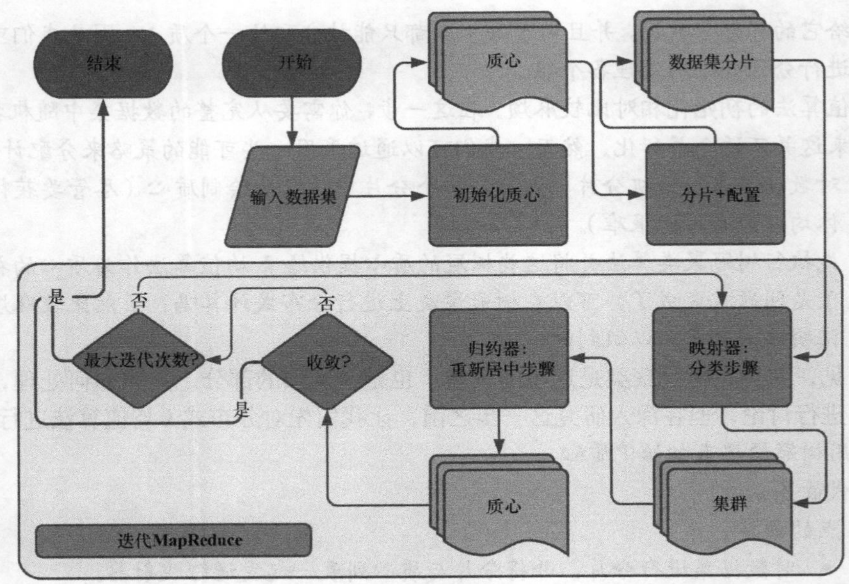

图 13.7 用迭代的 MapReduce 实现的 k 均值算法的工作流程图

首先应该知道的第一件事是，这里并不是在谈论普通原始版本的 MapReduce。这里的计算基本模型依然是 MapReduce，但由于 k 均值（启发式）算法会让一些步骤重复 m 次，因此需要进行多次计算。从图 13.7 中可以看出，每个 MapReduce 作业的输出（即质心列表）也是下一个作业的输入。另外，在对数据集进行分片并将其分发给映射器时，并不需要在每个作业开始时重新执行，因为分配给映射器的分片并不会发生改变。

基于这些原因，与其单独运行 m 次 MapReduce，不如使用这种编程模型的（在这个上下文中）一个更有效的变体，即**迭代版** MapReduce。

迭代版 MapReduce 背后的思想是只启动映射器和归约器一次，在映射器配置期间对数据进行分片，并且只为一个映射器分配点的分片一次。然后迭代经典的 MapReduce 流程，直到需要停止时为止，并在迭代中将当前的质心列表作为输入传递给所有的映射器。因此，在每个作业中要传递给各个映射器的数据量将比数据集的尺寸小若干数量级，理想情况下，应显著小于每个分片的大小。这里可以将要创建的映射器的数量作为参数传递给增强版本的 k 均值算法，并根据数据集的大小和各个映射器的容量对这个参数进行调整。

图 13.8 很好地说明了这里的计算是如何进行的。每个映射器都会对分配给它的那部分点执行分类步骤。接下来，归约器（理想情况下，每个集群都有一个归纳器）将从所有的映射器中读取数据。注意，第 i 个归约器只会获得分配给第 i 个质心的点（如果分配给归约器的质心有多个的话，归约器就会读取多个点）。

可以看到，归约器只需要属于一个集群的所有点[1]来计算这个集群的质心，因此它们并没有获得有关当前质心的任何信息。（实际上，在图 13.8 的归约步骤中，旧的质心被显示为半透明的多边形。）

每个归约器都会输出计算得到的质心（并且只会返回质心，而不会返回任何的点，从而节省了带宽，进而节省更多的时间），MapReduce 的主节点会将 k 个结果（其中 k 是质心，也就是归约器的数量）组合到一个列表中，这个列表在下一次迭代中将再次被提供给映射器！

---

1 严格来说，计算一组值的平均值也可以是分布式的。只需要有一个组合器能够把分片的质心和各个分片中的点数作为输入，就能计算所有的质心。

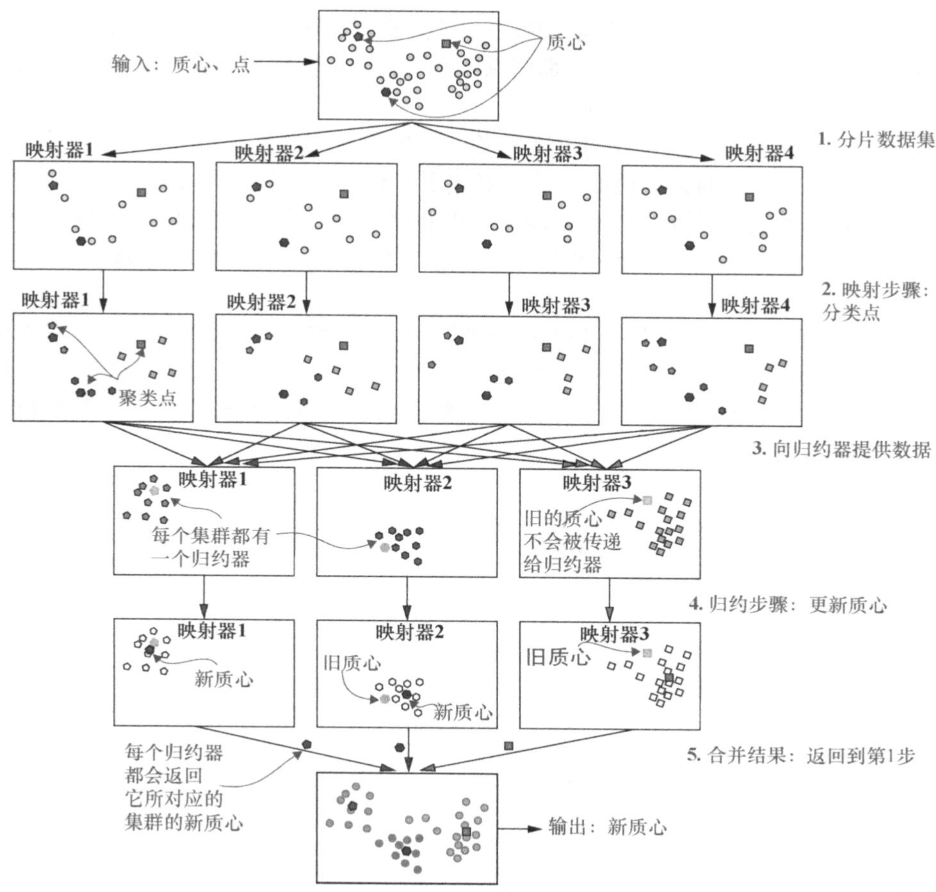

图 13.8　使用迭代版 MapReduce 实现的 k 均值算法的主循环迭代过程。与图 13.7 对应，这里显示的第 1 步是图 13.7 中的“分片+配置”步骤，其余部分则显示了迭代版 MapReduce 的单次迭代的逻辑

循环结束时的结果只有质心，因此可以在循环之外再最后运行一次映射器，从而获得分配给各个集群的点（见代码清单 13.2 的第 10 行代码，这一步假设用到了一组新的归约器，它们都是虚拟的传递节点，并且会直接返回输入它们的信息）。

k 均值算法的这种实现会使用树冠聚类来获得优于随机方式的初始质心选择，进而引导收敛。分类和重新居中步骤的并行化可以带来非常大的改进，并且获得的这部分改进很有可能已经足以满足你的需求。

虽然树冠聚类算法相比 *k* 均值算法的迭代速度更快，并且可以通过使用廉价的近似度量而不是欧几里得距离来提高速度，但对于大型数据集来说，即使通过 MapReduce 实现了 *k* 均值算法，但只要是在单台机器上执行树冠聚类算法，其中的风险就仍然会浪费并发式计算带来的大部分收益。除此之外，有时存在不能放进任何一台机器的庞大数据集，进而导致整个策略都不可行。

幸运的是，树冠聚类也可以使用 MapReduce 来进行处理！

13.3.1　并行化树冠聚类

因为树冠聚类算法只有一个步骤（从数据集中绘制树冠质心并过滤掉距它们一定距离的点，以避免它们被选为质心），因此将它重新设计为支持分布式算法会有点麻烦。其中的问题在于，在唯一的这一步中，对于从数据集中提取的各个质心，都需要遍历整个数据集来进行过滤。理论上，只需要为每个质心处理其树冠中的那些点就行了，但可惜的是，我们并不能提前识别出哪些点是质心！

为了得到一个好的解决方案，我们再来思考一下树冠聚类的真正目标：得出一组彼此之间不会比某个阈值 T_2 更近的树冠质心。关键点在于，任何两个树冠的中心之间的距离都必须大于这个阈值，只有这样树冠才不会出现太多的重叠。这个距离有点类似于 DBSCAN 算法中的"核心距离"，并且前文提到，我们可以假设半径在阈值 T_2 之内的点属于同一个集群的概率更高。

假设对初始数据集进行分片，如图 13.9 的顶部所示。如果将树冠聚类单独应用于各个分片，你就能获得一定数量的质心，但不同的映射器会有不同的质心。另外，如果将这些质心重新组合在一起，则由于来自不同分片的质心之间并没有相互比较，因此无法保证它们遵守彼此之间的距离不小于阈值 T_2 的约定。

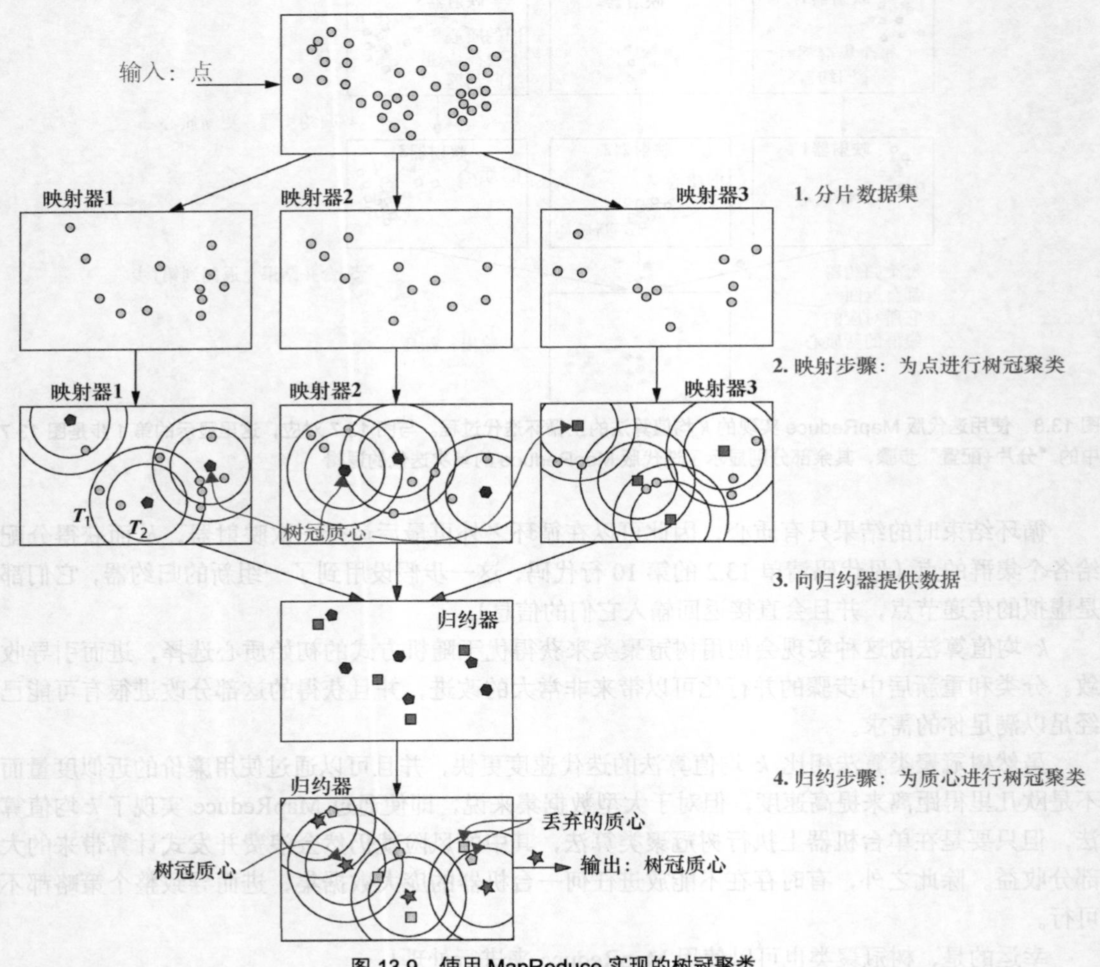

图 13.9　使用 MapReduce 实现的树冠聚类

不过，现在还不是放弃的时候！好在这个问题有一个非常简单的解决方案，而这个解决方案仍然是使用树冠聚类来完成的！

事实上，如果将各个映射器的所有质心都收集在一起，则可以通过再次将树冠聚类算法应用于这个新的（较小的）数据集来改进我们的选择。这一次执行后，我们就能保证输出中不会再有两个点之间的距离小于阈值 T_2 了。图 13.9 中的最后一个子图解释了第二次执行是如何工作的。这个解决方案非常高效，因为新数据集（仅包含映射器生成的质心）的大小比原始数据集小若干数量级（假设正确选择了阈值 T_1 与 T_2），因此在第 3 步可以启动一个单独的归约器，并在这个归约器上为第 2 步中的所有质心进行树冠聚类。

现在只剩下一个问题了！当被用作 *k* 均值算法的初始步骤时，树冠聚类的目标（以及不同的输出）与其被当作独立的、粗粒度的聚类算法时略有不同，如下所示。

- 对于 *k* 均值算法来说，只需要一个质心列表就足够了。
- 当作为独立算法时，则需要为每个树冠返回属于该树冠的点。

因此，我们需要区别对待这两种情况。

13.3.2 使用树冠聚类来进行质心的初始化

我们先来看看将树冠聚类作为 *k* 均值算法的初始化步骤的情况。代码清单 13.3 总结了执行这项任务的 MapReduce 作业的一种可能实现。乍一看，除了 13.3.1 节中展示的内容之外，我们并不需要做任何其他事情，只需要返回归约器的输出（质心列表）即可。

代码清单 13.3　MapReduce 版本的树冠质心生成

初始化 numShards 个映射器。这些映射器都会运行 canopyClustering 方法，并保存数据集的一个分片的副本。映射器将在这个方法的整个生命周期内保持活动状态（并保存相同的输入副本）。

将数据集分解成 numShards 个随机分片。通常来说，这一步是由 MapReduce 的主节点自动完成的，但这里用到了它的自定义版本。

MRcanopyCentroids 方法接收一个点列表、所需质心的数量，以及两个阈值 T_1 和 T_2 作为参数来进行初始化。参数 numShards 代表分片的数量。

初始化一个归约器，它将在所有映射器返回的所有质心集合上再次运行 canopyClustering 方法。这个节点将在整个方法的生命周期内保持活动状态，但其不会保存任何数据。

```
function MRcanopyCentroids(points, numCentroids, T1, T2, numShards)
  shards ← randomShard(points, numShards)
  mappers ← initMappers(numShards, canopyClustering, shards)
  reducers ← initReducers(1, canopyClustering)
  while true do
    centroids ← mapReduce(T1, T2, mappers, reducers)
    if |centroids| == numCentroids then
      break
    elsif |centroids| > numCentroids then
      delta ← random(T2)
      T2 ← T2 + delta
      T1 ← T1 + delta
    else
      T2 ← T2 - random(T2)
  return addRandomNoise(centroids)
```

重复，直到收敛为止（最好设置最大迭代次数，并保存找到的最接近的结果）。

如果质心的数量与期望的结果匹配，则退出循环。

否则，检查算法返回的质心是否比需要的多。

如果需要更多的质心，可尝试减小内环阈值。

在向质心添加一些随机噪声后返回（正如我们在第 12 章中提到的那样，对于 *k* 均值算法来说，我们希望质心尽可能靠近数据集中的点，但质心不应该是数据集中的点）。

由于需要获得更少的质心，我们可以尝试提高阈值来让树冠更大，从而让每个树冠的内环都有更多的点。由于 T_1 必须大于 T_2，因此需要相应地增大 T_1 以保证这一点。添加的随机值需要是 T_2 的某个函数，因为只有这样才能保证增量是有意义的。

使用已经创建的映射器和归约器来运行 MapReduce。映射器将接收当前的阈值作为输入（此外，每个映射器还会包含数据集点的一个分片）。归约器则从映射器中读取其输入（也就是为每个分片选择的树冠质心）并返回一个改良后的质心列表。

但是，还有一个问题总会存在！如何决定树冠聚类应该返回多少个质心呢？

答案是并不能直接控制，只能通过传递给算法的两个距离阈值在某种程度上进行控制。最终的算法是随机启发式的，因此在每次执行时，即使超参数的值相同，创建出的树冠数量也会有所变化。

因此，我们需要跳出框架来处理这个问题。由于每次执行的结果都有很强的随机分量，因此可以多次执行树冠聚类算法，从而得到更接近预期的结果。但是这还不够，因为不同执行之间的差异是有限的，如果从“错误”的阈值开始，那么算法将总是输出太多（或太少）的质心。

有两种方法能够解决这个问题：在每次执行之后都手动调整这些阈值，抑或在阈值范围内进行某种搜索以尝试不同的阈值。对于后者，你可以在每次执行时都为最初选择的阈值 T_1 和 T_2 添加一个随机值，也可以根据返回的树冠数量对阈值进行调整（在上次执行中，如果选择的质心太少，就降低 T_2；而当获得的质心太多时，就提高 T_2）。如果想要非常高级，你甚至可以使用机器学习来找到阈值的最佳值。

第一种方法执行的是暴力的完全随机搜索；更有目标方向的第二种方法看起来不错，因为这种方法会将搜索引导至对目标更有效的值。这里可以使用一个更简单的基于**梯度下降**（gradient descent）[1]思路的算法来进行处理，从而决定更新的方向，而不用关心斜率或梯度的问题。例如，可以运行一个循环，然后通过对我们从树冠聚类中得到的结果与需要的质心数量进行比较来调整内环阈值（并且在需要时还可以调整外环阈值）。

然而，考虑到这个算法中的随机因素，这显然仍然只是一个针对 T_2 的可能值进行的简单搜索，并且有可能导致无限循环。为了避免这种情况的发生，你可以添加一个检查不超过最大迭代次数的停止条件（和一个参数）。同时，你还可以将最接近请求的结果存储在每次执行时都会更新的一个临时变量中，并在达到最大迭代次数而没有找到一组恰好具有 numCentroids 个树冠时返回这个结果。在大多数情况下，返回 101 个质心而不是期望的 100 个质心是可以接受的（关键是让调用者有机会对这个结果进行检查并做出决定）。

这部分逻辑将留给读者作为练习，请扩展代码清单 13.3 以自动化处理阈值选择逻辑。本书将继续描述完整版本的分布式树冠聚类算法，也就是那个不仅返回树冠的质心，而且包含与各个树冠相关的（重叠的）点的集合的算法。

13.3.3　MapReduce 版本的树冠聚类

分类步骤会把每个点都分配给一个或多个树冠，这一步可以通过以下三种不同的方式来实现。

- 先执行代码清单 13.3 中描述的方法，再执行分类步骤。然而，由于分类涉及所有的点，因此如果不对这一步进行分布式处理，那么通过并行运行来获取质心的大部分优势就会被浪费掉。
- 与质心初始化方法相同，但使用不同的 MapReduce 作业。
- 在 13.3.2 节描述的同一个 MapReduce 作业中，在归约器选择应该保留哪些质心的同时，也让它负责执行分类操作。这时候，归约器将从映射器中获取分配给各个质心的所有点的列表，因此与其再次循环遍历数据集中的所有点，不如重用这些列表（在本节的后面，你将看到这两个操作是如何被结合起来的）。

上面的第一种方式非常简单，在选择质心的相同方法中实现分类步骤，可带来如下两个主要优势。

- 理论上，可以重用相同的映射器，这些映射器在对树冠质心列表进行传递时，就已经保留了它们的数据分片。
- 在归约器中执行的质心过滤逻辑存在一个问题，不过到目前为止，我们一直忽略了这个

1 梯度下降是一种用于寻找函数 f 的（局部）最小值的优化算法。它会以系统性的方式探索函数的范围，在当前点 x 处采取与函数 f 的梯度成比例的一个步骤，而这个步骤在几何上可以被（简化）解释为函数 f 在点 x 处最大变化的方向。

问题。但是，同时执行质心过滤和分类操作可以有效地解决这个问题。

图 13.10 展示了在上述算法的归约步骤中过滤掉一个或多个质心时可能发生的情况。到目前为止，我们一直没有提到这个问题，这是因为它只有在将点分配给树冠时才会对算法产生影响；而在 k 均值算法的初始化步骤中，这类只关心质心的操作是无关紧要的。

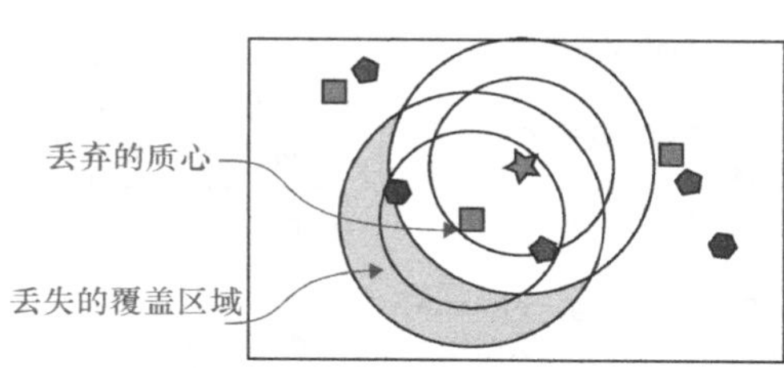

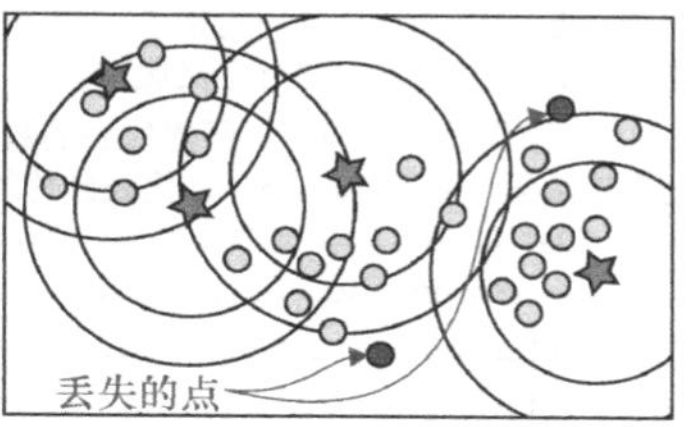

图 13.10　在 MapReduce 版本的树冠聚类的归约步骤中过滤掉质心会如何影响树冠覆盖的数据集。（左图）当质心 C 因为太靠近已选择的质心而被丢弃时，质心 C 的树冠所覆盖的部分区域将不再被覆盖。（右图）这样做还有可能导致某些点处于任何树冠之外

这个问题表明，当过滤掉在映射步骤中选择的任何一个质心时，树冠中的一小部分点有可能不再被覆盖，甚至不会被其他质心覆盖。参见图 13.10 的左图，其中标记为星形的质心是从质心列表中绘制出来的，因此处在这个内半径 T_2 之内的其他质心都会被过滤掉。但是，以灰色突出显示的区域不会再被以另一个质心（星形）为中心的树冠覆盖。

虽然有时丢失的覆盖区域会被其他树冠覆盖，但这并不一定会发生。图 13.10 的右图就展示了这样的一个例子，其中，在选择了将要保留的质心后，就会有若干点不再被覆盖。

针对这个问题，我们可以采用的解决方案有如下几种。

- 将“丢失”的点视为异常值（这不太可靠，因为这些点有可能位于某个无法被单个树冠覆盖的大集群里）。
- 放大树冠。在进行树冠聚类期间，每当选择一个新的质心时，就对要丢弃的质心进行标记。在这个阶段，我们是可以跟踪各个树冠的外半径的，然后通过改变外半径来让树冠足够大，进而覆盖掉移除了质心的树冠中的所有点。为此，最简单的办法是将所有树冠的半径设置为 T_1+T_2，但这显然会增加树冠之间的重叠。
- 在分类步骤结束时遍历未分配的点（不在任何幸存质心的距离 T_1 之内的点）并将它们分配给最近的质心。这种解决方案能把树冠的重叠保持在最少状态（每个树冠的半径最多为 T_1+T_2，最小为与这些新点的最远距离），但相应的成本也会更高。
- 如果能够在与选择质心相同的 MapReduce 作业中执行分类操作，则可以找到一种有效的解决方案。在这种情况下，映射器将再生成一个包含与各个质心相关联的点的集合的列表，并将这些集合与各个分片的质心列表一起传递给归约器。在归约器中，执行树冠聚类算法的一个特定变体：当绘制质心 c 时，在质心 c 的半径 T_2 之内的所有其他质心的集合都会被合并，然后分配给质心 c 的树冠。就性能而言，这是最好的解决方案，因为这样可以为所有分片中的所有点节省一次迭代，并且仍然只需要一个归约器。缺点是，你需要将许多的树冠列表传递给归约器，还需要使用一个特殊的用来处理合并质心的树冠聚类算法。

代码清单 13.4 总结了一个利用 MapReduce 的树冠聚类的实现。其中，分类步骤也在同一个方法里被执行，但在第二个 MapReduce 作业中选择质心。第 2～5 行代码执行与代码清单 13.3 中相同的算法，旨在进行树冠质心的分布式计算。第 6～9 行代码则将每个点 p 分配给所有树冠

质心与点 p 的距离在 T_1+T_2 之内的树冠。正如前面所提到的，选择一个较大的半径可以保证不会有任何点没有被覆盖。

代码清单 13.4　MapReduce 版本的树冠聚类

初始化 numShards 个映射器。这些映射器都会运行 canopyClustering 方法，并保存数据集的一个分片的副本。映射器将在这个方法的整个生命周期内保持活动状态（并保存相同的输入副本）。

将数据集分解成 numShards 个随机分片。通常来说，这一步是由 MapReduce 的主节点自动完成的，但这里用到了它的自定义版本。

MRcanopyClustering 方法接收一个点列表、所需质心的数量，以及两个阈值 T_1 和 T_2 作为参数来进行初始化。参数 numShards 代表分片的数量。

初始化一个归约器，它将在所有映射器返回的所有质心集合上再次运行 canopyClustering 方法。这个节点将在整个方法的生命周期内保持活动状态，但其不会保存任何数据。

```
function MRcanopyClustering(points, T1, T2, numShards)
  shards ← randomShard(points, numShards)
  mappers ← initMappers(numShards, canopyClustering, shards)
  reducers ← initReducers(1, canopyClustering)
  centroids ← mapReduce(T1, T2, mappers, reducers)
  mappers.setMethod(classifyPoints)
  reducers ← initReducers(|centroids|, join)
  canopies ← mapReduce(T1+T2, mappers, reducers)
  return (canopies, centroids)
```

初始化一组归约器，归约器的数量与你在第一个 MapReduce 作业中创建的树冠的数量相同，将这些归约器应用于这些树冠。每个归约器都会获得分配给单个特定树冠（质心）的点，并返回一个分配给这个树冠的所有点的列表。

更新运行在映射器节点中的方法。理想情况下，由于可以重复使用相同的机器，因此不需要再次对数据集进行分片，也不需要将分片转移到新的机器上（然而，这种操作并非包含在所有的 MapReduce 实现中）。新的运行方法是一个旨在遍历所有点并检查这些点与哪些质心在距离 T_1+T_2 之内的简单分类步骤。对于这个方法，所有的映射器都会将树冠质心列表（及其初始数据集的分片）作为输入。

返回质心列表和树冠列表。

运行新的 MapReduce 作业并获得最终的树冠列表（与质心保持相同的顺序）。

使用已经创建的映射器和归约器来运行 MapReduce。映射器将接收当前的阈值作为输入（此外，每个映射器还会包含数据集点的一个分片）。归约器则从映射器中读取其输入（也就是为每个分片选择的树冠质心）并返回一个改良后的质心列表。

这个执行分配逻辑的 classifyPoints 方法[1]将分别在各个分片的映射器中运行。与 k 均值算法类似，只要映射器有完整的质心列表，这一步就可以在所有的点上独立执行。

这些映射器的输出是一个列表的列表，其中的每个条目都是一个质心。也就是说，这些映射器的输出是与某个质心相关联的点的列表。注意，每个点都可以与至少一个，也有可能多个质心相关联。每个映射器都会输出多个质心的条目，而每个质心都将在若干映射器中被分配一些点。正因为如此，在这个 MapReduce 作业中，你需要为每个树冠（质心）提供一个归约器。

然后，每个归约器都会在单独的树冠上工作，以合并所有映射器生成的树冠列表。最终的结果将是所有的归约器所产生的树冠列表。

针对代码清单 13.4 的第 6～8 行，图 13.11 专门做了说明。

有关树冠集群的讨论到此结束，我们鼓励读者尝试使用 MapReduce 的开源实现（如 Hadoop）写出这个算法的 MapReduce 作业，你也可以去看看 Apache 基金会的一个分布式线性代数框架——Mahout，其中实现了一个分布式版本的树冠集群。

---

1 classifyPoints 方法的实现在这里被省略了。这个方法可基于代码清单 12.3，通过修改检查条件而得到。只不过在这里，我们不再寻找最近的质心，而是寻找处在一定距离内的所有质心。此外，这个方法也是解决未分配的点问题的地方。最简单、最粗暴的解决方案是使用等于 T_1+T_2 的阈值距离。

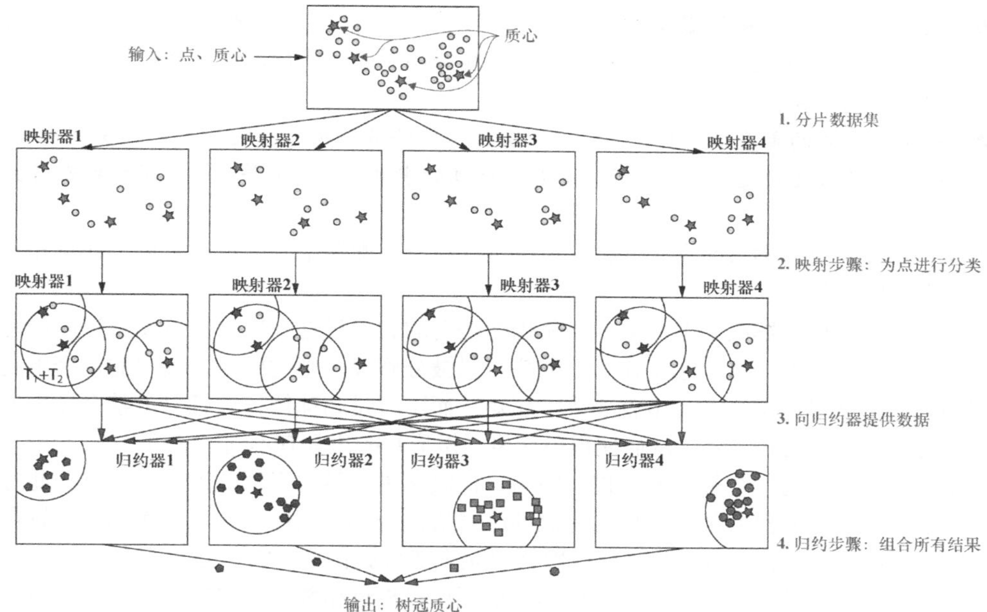

图 13.11 给定质心列表，将点分类给树冠的 MapReduce 作业

13.4 MapReduce 版本的 DBSCAN 算法

到目前为止一切顺利，第一个被尝试改进成分布式聚类的是 k 均值聚类。幸运的是，由于其步骤可以为每个点（分类）或集群（重新居中）单独执行，因此 k 均值算法的确能够被重写为分布式算法。后面我们会将 MapReduce 应用在树冠聚类上，即使是树冠聚类的第一步——绘制树冠质心，也不能立即并行化，而是需要进行更深入的推理才能获得最佳聚类。

为了让整个主题更加完整，我们将在本节中讨论如何把 MapReduce 范式应用于一个在本质上（至少乍一看）不能并行的聚类算法：DBSCAN 算法。

正如你在 12.3 节中看到的那样，在 DBSCAN 算法中，聚类是通过探索和利用点之间的关系来进行计算的，因此这些点是相互关联的。对数据集进行分片会改变大多数点的 ε 邻域，从而导致一些核心点由于它们的 ε 邻域分散在若干分片中而无法被识别出来。

虽然可以考虑使用 MapReduce 作业来创建一个分布式计算模型，从而计算出所有点的 ε 邻域的范围，但 DBSCAN 算法的核心依然依赖于顺序遍历各个点及其邻居点的过程，因此需要用另一种方式将其并行化。

在 13.1.4 节中，你就已经发现了可以使用树冠聚类作为第一步，从而将 DBSCAN 算法分别应用于各个树冠，然后当存在靠近其边界或是位于彼此的 ε 邻域的重叠区域的点时，就对这些树冠进行迭代合并。

鉴于如下几个原因，这种方法也是有问题的。

- 很难跟踪需要检查的树冠以及树冠内将要比较的点。你需要对所有的树冠对进行比较，才能知道它们是否重叠或者它们之间的距离是否小于 ε。除此之外，每对树冠的所有点也需要与另一个树冠进行比较。
- 根据不同的包膜形状（超球面），计算一个树冠的外环中的点与另一个树冠之间的距离是很复杂的（可参考 10.4.3 节和图 10.23，以了解这在二维中的复杂几何含义；对于更高维度的超球体，这种计算将变得更加复杂）。

- 获取正确传递给树冠聚类的阈值也很麻烦。缘于树冠的球形形状，我们不得不使用大于需要的 T_1 半径，才能让树冠之间存在显著的重叠，进而才能捕捉到不同树冠中的集群之间的关系。
- 当树冠之间的重叠很大时，同一个点会被分配给多个树冠，因此对于许多树冠对来说，就需要多次处理这些点。这很容易变成计算的噩梦，你为了并行化所做的所有努力都会付诸东流。

因此，这个解决方案只能在某些特定情况下，在特定配置中才能正常工作，并且几乎不能在高维数据集中工作。

但尽管如此，这个解决方案的基本思路仍然是对的。不过这一次，你可以通过简单地改变对数据集进行分片的方式来让它工作。数据集可以被分解成规则的网格，其中的每个单元格都有相同的大小。这时，每个单元格就变成了超矩形而不再是超球体，并且对于整个域来说，每个坐标都可以进行不同的划分，从而使得单元格（矩形）的边具有不同的长度。

这是对树冠处理的一个很好的改进，因为这样做能更容易地识别靠近边界的点。此时，只需要检查点和边界之间沿着某个坐标的差值的绝对值是否小于阈值就行了，而不用计算点和超球体之间的距离。另外，将数据集划分成网格单元也变得更容易，成本更低。

除此之外，这样做还有另一个好处！你不用再比较靠近相邻单元格边界的点了，而是只需要将单元格定义为具有稍微并且精确的重叠，也就是为矩形区域中的每个坐标边都扩展出 ε 就行了，从而进行精确的重叠，如图 13.12 所示。

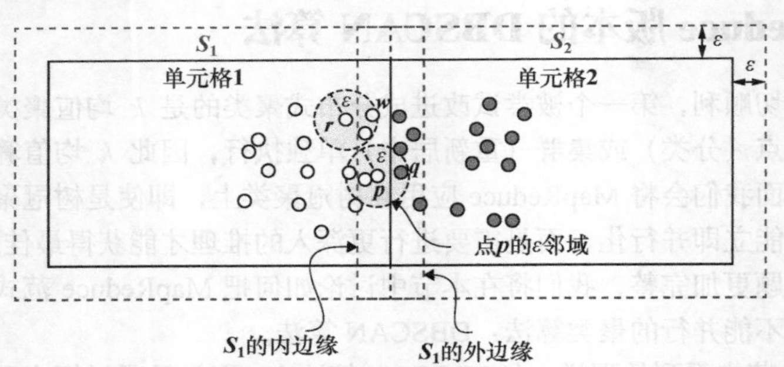

图 13.12　MapReduce 版本的 DBSCAN (MR-DBSCAN)算法的分片数据。在将域划分为大小相同的单元格之后，每个分片都包含单元格中的所有点以及距离其边界 ε 的所有点。在实际工作中，我们不会直接采用单元格，而是采用通过拉伸获得的一个矩形来完成。对这个矩形沿着单元格的所有方向进行拉伸，于是矩形每条边的长度就是相应单元格的边长加上 2ε。如此一来，靠近单元格边界的核心点的整个 ε 邻域都会被包含在各个分片中

你可以看出，此时相邻单元格之间的重叠长度是 2ε，并且重叠部分的各个点的 ε 邻域肯定会被两个相邻单元格中的其中一个所包含（例如，图 13.12 中的点 p 的 ε 邻域就被完全包含在了分片 S_1 中）。诀窍在于，如果点 p 是其中一个分片的核心点，那么它也一定会是分片合集的核心点，因此它在单元格边界两侧的邻居点都从点 p 直接可达[1]，并且它们最终都会在同一个集群中。因此，如果将点 p 同时分配给分片 S_1 的集群 C_1 和分片 S_2 的集群 C_2，那就说明集群 C_1 和 C_2 应该被合并。反之亦然，如果考虑分片边界之外的任何点，例如图 13.12 中的点 r，这个点位于 S_1 内边缘的左侧，就可以得出以下结论。

- 点 r 与分片边界的距离大于 ε，因此它的 ε 邻域不会与 S_1 的外边缘相交。
- 如果 S_2 中有一个点 z 从点 r 可达，那就必须存在一条从点 z 和点 r 都可达的核心点的链（可达性的定义参见 12.3.1 节）。另外，至少存在一个点 w，它位于 S_1 的内边缘和外边

1 有关可达性的定义和示例，参见 12.3.1 节。

缘之间，因为这个大小正好是延伸出来的 2ε 距离，而这也正是核心点的 ε 邻域的直径。

■ 因此，你可以忽略点 r。因为当检查点 w 时，你肯定会将它的集群合并给点 z。

上面这个（非正式）证明[1]的结果表明，不必对单元格中的所有点与相邻单元格的边界进行比较，你只需要跟踪离单元格边界 ε 远（或分片边界两侧的 2ε 距离内）的核心点就行了，并合并那些在任何相邻单元格的内边距或外边距内都有核心点的集群。

图 13.13 展示了一个 MapReduce 作业是如何使用 DBSCAN 算法对二维数据集进行分布式聚类的例子，其中还展示了本节讨论的归约逻辑，代码清单 13.5 则用伪代码描述了所需执行的步骤。

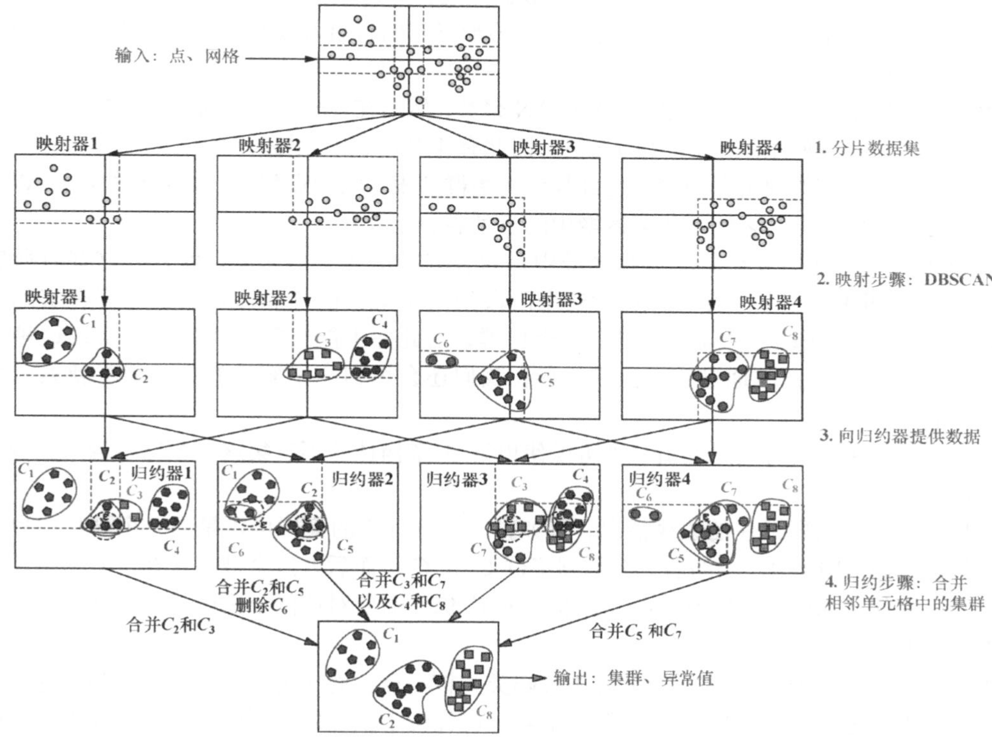

图 13.13 使用了 4 个单元格的 MapReduce 版本的 DBSCAN 算法。每个（扩展后的）单元格都会用到一个映射器，而每一对相邻的单元格则需要一个归约器。由于示例中的数据集很小，并且只使用了 4 个具有较大 ε 值的单元格，因此边距内的点所占的比例高得不切实际。在实际情况下，边距内的点相对较少，并且通过分布式算法进行处理可以节约若干数量级的时间

代码清单 13.5 MapReduce 版本的 DBSCAN 算法

将数据集分解成 numShards 个标准单元格，并在单元格的各个方向上扩展 eps 的长度以定义一个分片，所有的这些分片都会被保存到 shards 变量中。由于需要基于网格的分片，因此我们还需要一个自定义的分片函数。这个函数会返回分片的邻接列表（也可以是相邻分片对的不重复列表），以及每对相邻分片的边缘区域中的点列表。

初始化 numShards 个映射器。这些映射器都会执行 DBSCAN 算法，并保存数据集的一个分片的副本。映射器将在这个方法的整个生命周期内保持活动状态（并保存相同的输入副本）。

MRdbscan 方法接收一个点列表、代表数据集应该被分片为多少个单元格的值、用于定义密集区域的半径，以及最小点数作为参数。

```
function MRdbscan(points, numShards, eps, minPts)
  shards, adjList, marginPoints ← gridShard(points, numShards, eps)
  mappers ← initMappers(numShards, dbscan, shards, eps, minPts)
```

1 关于算法的正式证明和详细描述，参见 MR-DBSCAN: A scalable MapReduce-based DBSCAN algorithm for heavily skewed data（“MR-DBSCAN：一种可扩展的基于 MapReduce 的 DBSCAN 算法，用于严重倾斜的数据”），Yaobin He 等人，《计算机科学前沿期刊》，第 8 卷，第 1 期，2014 年，第 83～99 页。

```
reducers ← initReducers(adjList, mergeClusters, marginPoints)
clusters, noise, mergeList ← mapReduce(mappers, reducers)
return combine(clusters, noise, mergeList)
```

使用已经创建的映射器和归约器运行 MapReduce。映射器将使用它们已经持有的数据分片作为输入。归约器则从映射器中读取它们的输入（每个分片中的集群以及异常值）。此外，归约器中还保存了有关哪些点会位于各对相邻分片之间的边缘区域的信息。每个归约器都会输出一个需要进行合并的集群列表，以及一个要为每对分片保留的异常点列表。

在返回之前，我们需要通过合并集群（可能以全局方式重新索引集群）并修复异常值列表来组合源自归约器的结果。

为邻接列表中的每一对分片初始化一个归约器。归约器会运行 mergeClusters 方法，它们将在整个方法的生命周期内保持活动状态。此外，它们还会保存有关需要处理的相邻分片的数据，以及这些分片之间的边界点。

这个分布式算法会首先根据标准网格对数据集进行分片，然后将每个网格的单元格沿着所有方向向外扩展 ε 的距离，最后利用这些扩展矩形（它们将沿着公共边缘与相邻单元格重叠）内的所有点构成分片。

每个映射器都会在其分片上进行 DBSCAN 聚类，然后在下一步中为每对相邻的分片启动一个归约器（这个示例使用的是 2×2 的网格，因此有 4 对相邻单元格）。

归约器会从所有的映射器中接收已经找到的集群列表、噪声点列表（如果有的话），以及归约器将要处理的两个分片之间的边缘区域中的点列表。

接下来，归约器检查在共享边缘区域中是否存在核心点。如果有，就合并这些点所属的两个集群。在图 13.13 中，我们特意为这个阶段使用了集群的全局增量索引，但在实际工作中，由于事先并不知道映射器会找到多少个集群，因此并不能仅靠一次遍历就实现这种全局索引！合并集群可以在本地进行，但有时候，我们还会用到一个额外的步骤来重新索引全局的所有集群。

注意，如果集群具有全局索引，则可以使用第 5 章描述的不交集这种数据结构来处理合并集群的逻辑。

这里还有一些需要记住的边缘情况。例如，一个分片中的集群可以是另一个分片中更大集群的子集。在图 13.13 中，归约器 2 会得到集群 C_1 和 C_6，而后者完全被包含在前者之中。在这种情况下，即使边缘区域中没有核心点，也很明显[1]仍然需要对这两个集群进行合并（也可以等效地删除集群 C_6）。

类似地，如果一个点 p 在一个分片中被归类为核心点，而在另一个分片中被归类为噪声，则不会出现需要进行合并的集群，这是因为点 p 已经位于正确的集群中。但这时候你必须格外小心，因为需要将点 p 从异常值列表中删除。

各个归约器的输出是要进行合并的本地集群的一个列表，或是一个用来跟踪合并信息的不交集。通过简短的、进一步的组合步骤，就可以根据归约器的输出生成包含分配给最终集群的点和异常值的列表。

这个 MapReduce 作业的伪代码看起来比本章中的任何其他作业都要简单。但请不要上当，因为其中的大部分复杂性都被隐藏在了 gridShard、dbscan 和 mergeClusters 方法中。

dbscan 方法与 12.3 节中描述的方法完全相同。在大多数编程语言中，我们可以在不做任何修改的情况下重复使用 dbscan 方法。而 gridShard 方法的最简单版本只会迭代点并通过执行模除操作来计算单元格的索引，本节稍后将解决一些与这个方法相关的问题，但并不会深入探讨其实现细节。

最后，mergeClusters 方法是第 5 章描述的不交集数据结构的一个很好的应用。代码清单 13.6 展示了这个方法的一种可能实现，其中，参数 clustersSet 被视为在所有归约器之间共

1 C_6 并不符合与 C_1 进行合并的条件，因为前者在边缘区域中的点都不是核心点。因此，这里还需要明确地进行一些额外的检查（例如，对于每个集群对，验证其中的一个是否是另一个的子集）以识别这种情况。

享的不交集的一个实例。虽然这在实际工作中是不可能实现的[1]，但它在概念上等同于在归约器完成工作后，让归约器返回要合并集群的列表，并在组合器阶段对不交集执行操作。出于这个原因，这里可以将 clustersSet 视为一个 facade，它的出现能够简化发出需要对一对集群进行合并的消息，并将这对集群发送到合并器的过程。不交集在合并器中被创建，并执行合并操作。

代码清单 13.6 mergeClusters 方法

检查点 p 在第一个分片中是否被分类为噪声（即异常值）。

对两个分片相交处的所有边缘点进行遍历。这里假设 marginPoints 是处理此类操作的类的实例，旨在抽象出与这个方法无关的复杂性。

mergeClusters 方法接收两个分片（被扩展后的两个相邻单元格）、一组边缘点，以及集群列表上的一个不交集作为参数。这里假设集群已经被全局重新索引，并且 clustersSet 是一个 facade，它会发出包含一对需要进行合并的集群的消息。

检查点 p 是否为两个分片的至少其中一个分片里的核心点（这里假设映射器创建的分片对象会处理这个方法）。如果不是，则可以忽略这个点。

```
function mergeClusters(shard1, shard2, marginPoints, clustersSet)
  for p in marginPoints.intersection(shard1, shard2) do
    if shard1.isCorePoint(p) or shard2.isCorePoint(p) then
      if shard1.isNoise(p) then
        shard1.markNoise(p, false)
      elsif shard2.isNoise(p) then
        shard2.markNoise(p, false)
      else
        clustersSet.merge(shard1.getCluster(p), shard2.getCluster(p))
  return clustersSet, shard1, shard2
```

如果是，则说明点 p 在分片 shard2 的一个集群中，只需要将其从分片 shard1 的异常值列表中删除即可。

如果点 p 在任何一个分片中都不是异常值，则表示它在两个分片中都被分配给了一个集群，因此需要合并这两个集群。

如果点 p 是分片 shard2 中的异常值（记住，点 p 在这里只有可能是其中一个分片中的异常值，因为它至少在一个分片中会是核心点）。

与修改相关的信息都在集群集合与两个分片中。假设这里是按值传递这些结构的（至少分片是按值传递的），我们可以在方法结束时返回它们。

这个实现会遍历两个分片之间的边缘区域中的所有点（请以图 13.12 作为参考），并检查所有的这些点是不是至少其中一个分片中的核心点。然后还需要确保核心点不是另一个分片中的噪声点（作为边缘情况进行处理），最后合并两个集群（分片 shard1 中的 C_1 和分片 shard2 中的 C_2）。当然，也可以检查 C_1 或 C_2 是不是另一个分片的子集，并以不同的方式处理这种情况。

在结束关于 MapReduce 版本的 DBSCAN 算法的讨论之前，我们还需要注意最后一个细节，即分片的步骤。在继续阅读之前，请先停下来思考一下这个案例与你之前看到的例子有什么不同，以及在这一步可能会遇到哪些问题。

发现问题了吗？根据矩形网格来确定分片的点并不比你之前看到的随机分片成本低！实际上，在运行甚至配置 MapReduce 作业之前，为了执行这个分片操作，你需要运行一个单线程的进程来创建整个网络，并将每个点按照其位置分配给各个分片。如果网格中有 m 个单元格，并且数据集中包含 n 个点，而每个点具有 d 个坐标，那么在最坏情况下，这一步将需要 $O(n*d*m)$ 次比较操作。

我们可以使用 R 树来提高分片的速度。如第 10 章所述，R 树可以被用来保存非零度量的对象，也就是类似于矩形的形状（见图 10.5）。因此，我们可以创建一个 R 树，其中的元素是网格单元格，然后为每个点找到最近的单元格。然而，由于 R 树在最坏情况下的运行时间是线性的，因此这并不会改进最终结果。（但在大多数情况下，R 树在实践中相比最简单的搜索要快。）

于是，为了能够真正地提高速度，我们还需要使用一个新的 MapReduce 作业来处理分片步骤。你已经知道了各个点都可以独立地与单元格进行比较。因此，如果将数据集拆分为随机分

1 在 MapReduce 模型中拥有共享对象是没有意义的！你能解释一下这是为什么吗？（提示：除了面临技术挑战之外，真的需要引入共享状态吗？）

片，则每个分片都可以由一组映射器处理。同时，归约器会按照（扩展后的）单元格[1]对点进行分组，最终生成新的（不是随机的）分片，之后就可以在 MR-DBSCAN 作业（见图 13.13）的第一个步骤中使用这些分片了。作为进一步的优化措施，由于这个（分片）作业中的归约器已经拥有一个单元格中的所有数据，因此可以将相同的机器用于 MR-DBSCAN 作业中的映射器。

值得一提的是，相邻单元格的数量会随着维度的增加而线性增长，这是因为 d 维超立方体的面数等于 $2*d$，而这也就意味着分片算法可以被扩展到更高的维度中。

最后，由于这里将分片步骤作为一个单独的 MapReduce 作业来执行，因此必须使用规则的网格。不过，He 等人在他们的论文中提出的 MR-DBSCAN 算法使用了一种不同的、更复杂的方法来进行分片：在第一次遍历数据集时收集数据集中的统计数据，然后将域分成不规则的平行矩形的集合（见图 13.14），这些平行矩形具有均匀的密度；最后，利用收集到的统计数据，根据不同单元格中的不同密度为 DBSCAN 聚类调整参数。

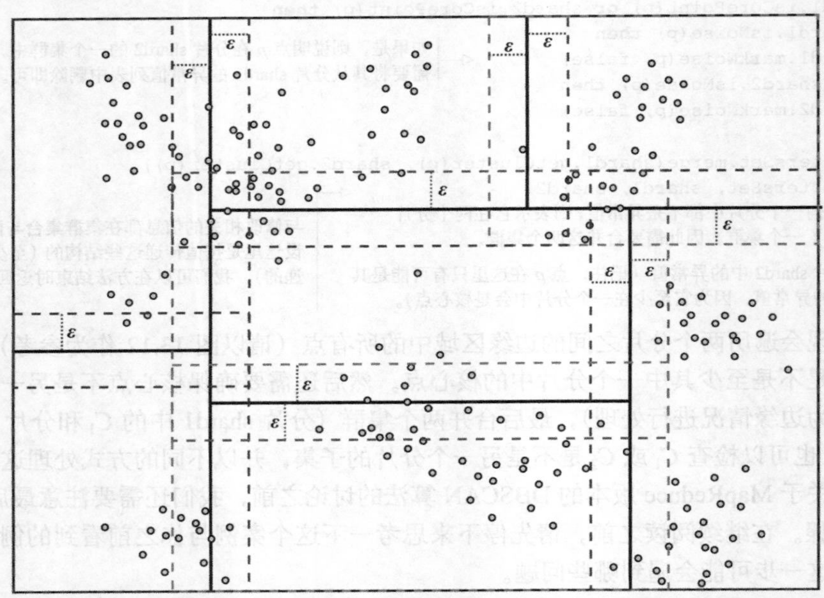

图 13.14　在 MR-DBSCAN 算法中对数据集进行分片的不规则形状的示例网格。注意，分片（虚线矩形）是通过在各个方向上将单元格扩展 ε（密集区域的半径）的距离来进行构建的

13.5　小结

- 树冠聚类是一种算法，用于计算数据集的粗粒度的伪聚类。与 k 均值算法等更准确的聚类算法相比，树冠聚类算法具有成本非常低的优点。
- 理解并行计算（在同一台机器的多个线程中运行软件）与分布式计算（利用多台机器甚至云上的资源来共同运行软件）。
- MapReduce 是一种计算模型，旨在利用云对大型数据集的处理进行扩展。
- 均值算法、树冠聚类算法和 DBSCAN 算法都可以使用 MapReduce 模型重写为分布式算法。

1 MR-DBSCAN: A scalable MapReduce-based DBSCAN algorithm for heavily skewed data（“MR-DBSCAN：一种可扩展的基于 MapReduce 的 DBSCAN 算法，用于严重倾斜的数据”），Yaobin He 等人，《计算机科学前沿期刊》，第 8 卷，第 1 期，2014 年，第 83～99 页。

第三部分

平面图与最小交叉数

本书的最后一部分将使用**图**（graph）这种数据结构作为主线。不过，图数据结构更多地被用来作为比较各章不同技术的试金石，我们将讲解的重点放在了**优化算法**（optimization algorithm）上。

这里并不会深入研究图的基础知识，不过我们仍然会以简要介绍它们的基本概念和一些遍历图的基础算法作为这一部分的开始。

讨论下面这些在行业中具有广泛应用的有趣但经常被忽视的问题是非常重要的。例如，在二维平面中显示图形。这其实是一个在传统计算机上无法有效解决的难题。不过对于它来说，近似解通常就足够了。而这也就为我们提供了一个很好的理由来介绍**优化算法**，这也正是第三部分的主题。

本书的最后几章将描述 3 种被广泛用于解决优化问题并旨在推动当今人工智能和大数据研究的优化技术：**梯度下降**（gradient descent）、**模拟退火**（simulated annealing）和**遗传算法**（genetic algorithm）。

第 14 章对**图**做了简短介绍。该章浓缩了用来理解第三部分所需的基本数据结构的基础知识，此外还说明了**深度优先搜索**（DFS）、**广度优先搜索**（BFS）、**迪杰斯特拉算法**以及 A*算法，并且描述了如何使用它们来解决“最短路径”问题。

第 15 章介绍了**图嵌入**（graph embedding）、平面性以及剩下各章尝试解决的两个问题：找到在对图进行嵌入时的**最小交叉数**（Minimum Crossing Number，MCN）以及如何更好地绘制图。

第 16 章描述了一种在机器学习中经常被用到的基本算法——**梯度下降**（gradient descent）算法，此外还展示了如何将这种算法应用于图和嵌入。

第 17 章在第 16 章的基础上，介绍了**模拟退火**。这是一种更强大的优化技术。当必须处理不可微函数或具有多个局部最小值的函数时，它能够帮助我们克服梯度下降的缺点。

最后，第 18 章描述了**遗传算法**，作为一种更高级的优化技术，它有助于提高收敛速度。

第 14 章　图简介：寻找距离最短的路径

本章主要内容

- 从理论的角度介绍图
- 学习实现图的各种策略
- 寻找最佳的送货路线
- 图的搜索算法：BFS 和 DFS
- 使用 BFS 找到经过最少节点的路径
- 使用迪杰斯特拉算法找到最短路径
- 使用 A*算法寻找最快路径以实现优化搜索

附录 C 描述了树的基础知识，并且我们在前面的章节中已经使用了若干种树的数据结构，如二叉搜索树、堆、*k-d* 树等。因此，你现在应该对它们非常熟悉了。图可以被认为是树的泛化，实际情况则恰恰相反，树其实是图的一种特殊情况。树实际上是一个连通的、无环的无向图。图 14.1 展示了图的两个示例，其中只有一个是树。如果你还不能确定哪个是树的话，请不要担心，因为本章将仔细研究树的定义中这些属性的含义，它们将能够帮助我们更好地解释图的属性并理解这些例子。

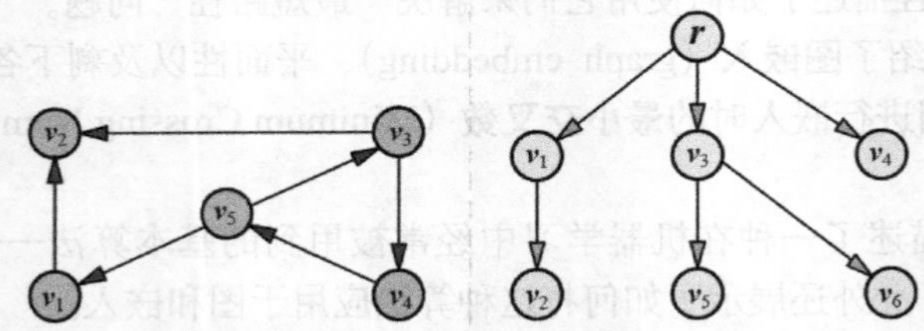

图 14.1　两个图结构，其中只有一个同时也是一个树

为了能够知道哪一个图是树，我们需要遵循一个有意义的顺序来进行分析。为此，我们需要先给出图的正式定义，并了解如何对它们进行表示。

一旦奠定了这个基础，就可以开始用图来建模有趣的问题并开发出相应的算法来解决它们。

具体来说，这里将重点关注“最短路径”问题。我们在第 8～11 章中开发了一个电子商务平台的示例，其中引入了 *k-d* 树和最近邻搜索来找到距离最近的配送中心，从而使包裹有尽可能短的运输距离。但尽管如此，要将订单交付给客户仍然有一些问题需要解决。如果每次投递都非常浪费时间和汽油，就会导致利润下降。

相反，如果能够优化路线，就可以为每个包裹节省一笔费用，并在成千上万次投递中节省大量的资金。

在本章中，为了解决这个问题，我们将通过使用图来找到进行单次送货（从仓库到客户手中）的最佳路线。我们将在不同的抽象层次上解决这个问题，展示像 BFS、迪杰斯特拉算法和 A*算法这样的搜索算法是如何工作的。

14.1 定义

图 G 通常可以使用两个集合来进行定义。

- 一组**顶点**（vertice）V：一些独立的、不同的实体，它们可以出现在任何多重性中。一个图可以有任意数量的顶点，但一般来说，图并不支持重复的顶点。
- 一组连接顶点的**边**（edge）E：一条边由一对顶点进行定义，这对顶点中的第一个通常被表示为**源**（source）顶点，第二个则被表示为**目标**（destination）顶点。

因此，$G=(V,E)$的写法能让我们更清楚地明白图是由某些顶点和边的集合组成的。例如，图 14.2 中的图结构的正式写法是

$$G=([v_1,v_2,v_3,v_4],[(v_1,v_2),(v_1,v_3),(v_2,v_4)])$$

源顶点和目标顶点相同的边被称为**环**（见图 14.3）。**简单图**（simple graph）中不能有任何环，也不能在同一对顶点之间有多条边。相反，**多重图**（multi-graph）允许在两个不同的顶点之间有任意数量的边。简单图和多重图都可以被扩展为支持环。

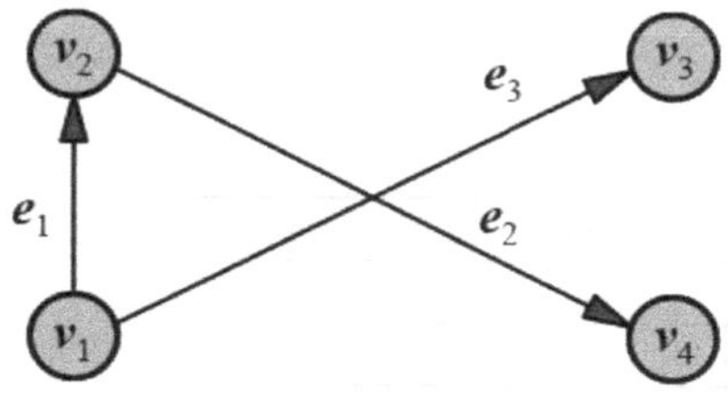

图 14.2 （有向）图的示例

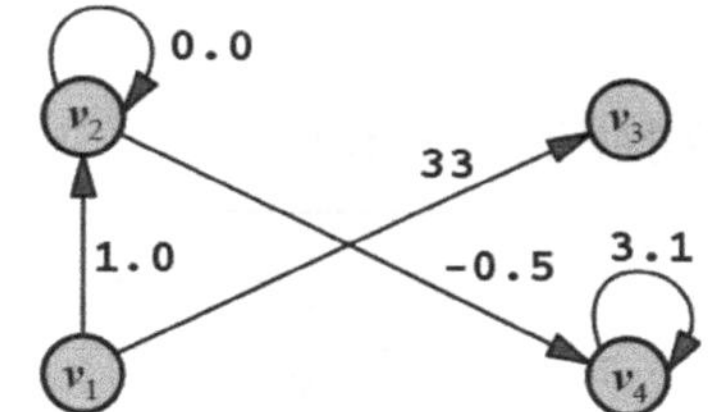

图 14.3 带环的有向加权图（为了清晰起见，这里省略了边的标签）

我们不关心多重图，而是专注于没有环的简单图。

于是，前面的定义可以更正式地被表达为，给定边的集合 E：

- 对于简单图来说，有 $E\subseteq\{(x,y)\mid(x,y)\in V^2\wedge x\neq y\}$；
- 对于支持环的简单图来说，有 $E\subseteq V^2$。

也可以将权重与每条边相关联。在这种情况下，图被称为**加权图**（weighted graph）或**网络**（network）。其中的每条边都由三元组进行定义，并且边的集合会变为

- 对于简单图来说，有 $E\subseteq\{(x,y,w)\mid(x,y)\in V^2\wedge w\in\mathbb{R}\wedge x\neq y\}$;
- 对于支持环的简单图来说，有 $E\subseteq V^2\times\mathbb{R}$。

图 14.3 展示了一个带有环的加权图的示例。

14.1.1 图的实现

前文对图给出了正式的定义，然而当从理论走向实践时，我们往往不得不面对新的问题和各种制约因素。

尽管数学符号能够清楚地表明应该如何在纸上表示图形，但我们仍然需要决定将它们存储到数据结构中的最佳方式是什么。

根据上下文，有这样一个问题需要回答：应该存储顶点和边的标签，还是应该为顶点分配自然数作为索引并按照索引对的自然顺序对边进行枚举？

虽然存储顶点相对容易（可以使用列表，也可以通过字典将各个顶点与其标签相关联），但还有一个非常重要的问题：应该如何存储边呢？

这个问题并不像看起来那么简单。需要注意的是，在某些时候，你可能想要检查两个顶点之间是否存在边，或是想要找出某个顶点的所有出边。如果只是将所有的边都存储在一个列表中，无论是有序的还是无序的，那就不得不扫描整个列表才能找出答案。

即使使用有序列表，这也意味着上述操作需要访问 $O(\log(|E|))$个元素，而列出所有进入顶点的边则需要 $O(|E|)$的时间。

毫不意外地，事实上你可以做得更好。我们可以使用如下两种主要策略来存储图中的边。

- **邻接表**（adjacency list）：对于每个顶点 v，都存储一条边(v,u)的列表，其中 v 是源顶点，u 是目标顶点（也就是图 G 中的另一个顶点）。
- **邻接矩阵**（adjacency matrix）：这是一个$|V|\times|V|$的矩阵，其中的单元格(i,j)包含从第 i 个顶点到第 j 个顶点的边的权重（在未加权图的情况下为 true/false 或 1/0，用以说明这两个顶点之间是否存在未加权边）。

在讨论这两种主要策略的优缺点之前，让我们先用一个例子来说明它们。以图 14.2 中的图结构为例，邻接表的表示是用字典对顶点到边的列表进行映射：

```
1 -> [(1,2), (1,3)]
2 -> [(2,4)]
3 -> []
4 -> []
```

邻接矩阵的表示则是：

	V1	V2	V3	V4
V_1	0	1	1	0
V_2	0	0	0	1
V_3	0	0	0	0
V_4	0	0	0	0

可以看到，这两种表示方式完全不同。一个可以马上被发现的问题是，在邻接矩阵中，大多数单元格是用 0 填充的。这是因为图 14.2 中的图结构虽然可以有很多的边，但实际上，其中只有少量的边。

由于边是用一对顶点表示的，因此在简单图中，边的最大数量是 $O(|V|^2)$。那么，边的最小数量是多少呢？

边的最小数量可以是任意值，一个图甚至可以（假设）没有任何边。不过，一个连通图必须有至少$|V|-1$ 条边。

下面我们给出一个在本节后面十分方便使用的定义，请务必记住。

如果$|E| = O(|V|)$，则称图 $G = (V,E)$是**稀疏的**；如果$|E| = O(|V|^2)$，则称图 G 是**稠密的**。

换句话说，稀疏图具有与顶点数量相当的边，因此它们彼此之间是松散连接的；而在稠密图中，每个顶点都会连接到其他大多数的顶点。

表 14.1 总结了图的两种不同表示方法的优缺点。简而言之，邻接表的表示方法更适合稀疏图，因为需要更少的内存，并且对于稀疏图，有$|E|\approx|V|$，因此可以有效地执行大多数操作。

表 14.1 图的两种不同表示方法的优缺点

操作	邻接表	领接矩阵
搜索边	$O(1)$	$O(1)$
删除边	$O(\|V\|)$	$O(1)$
出边列表	$O(\|E\|)$	$O(\|V\|)$
入边列表	$O(\|E\|)$	$O(\|V\|)$
需要的空间	$O(\|E\|+\|V\|)$	$O(\|V\|^2)$
插入顶点	$O(1)$	$O(\|V\|)$[a]
删除顶点	$O(\|V\|+\|E\|)$[b]	$O(\|V\|)$[a]

a. 这是一个乐观的界限，其中假设邻接矩阵可以动态地调整大小，否则更真实的界限是 $O(|V|^2)$。

b. 需要检查所有的边以删除那些目标顶点是被删除的点的边。

对于稠密图来说，由于边数接近于可能的最大值，邻接矩阵的表示方法更加紧凑和高效。此外，这种表示允许图上的一些算法能够更有效地被实现，例如连通组件的搜索或是传递闭包。

一般来说，当不能对图进行假设时，除非上下文另有要求，否则优先使用邻接表的表示方法，因为这种方法更灵活并且更容易支持添加新顶点的操作。

14.1.2 作为代数类型的图

对于图的不同表示方法，还有一个与边的存储方式直接相关的特性：一致性。

严格来说，使用邻接表的表示方法更容易发生不一致的情况，但在某些情况下，即使使用邻接矩阵，也仍然可能发生不一致的情况。

无论图的表示方法是什么，请考虑这样一个图：$G=([1,2],[(1,2),(1,3),(2,2)])$。

图 G 有两个顶点[1,2]，但它有一条边的目标顶点是顶点 3。这种情况的出现有可能出于各种原因，例如在删除顶点 3 的时候没有完全删除干净，或是在添加边时发生错误，这些都有可能导致这种情况的出现。

此外，图 G 还有一个环[即边(2,2)]。如果图 G 是一个不支持环的简单图，那么这就是另一个错误。

当然，我们可以通过在 Graph 类的方法中添加验证来防止这些情况的发生，但图结构本身并不能保证这些错误不会发生。

为了避免这些限制，可将图定义为代数类型[1]。于是，图就会被定义为

- 空图；
- 单例，即没有边的单个顶点；
- 两个图 G 和 G'之间的连接，即源顶点在图 G 中、目标顶点在图 G'中的一条或多条边；
- 两个图 $G=(V,E)$和 $G'=(V',E')$ 的并集，即顶点集合和边集合的并集，得到 $G''=(V\cup V', E\cup E')$。

用这种方式进行表示可以防止不一致性的出现，还可以保证不会得到格式错误的图，甚至允许将算法正式定义为在图上执行的转换，从而可以在数学上证明它们的正确性。

请试着将图理解为一种代数类型，这是一个非常有用的可以让你更深入地理解这种数据结构的练习。不过，我们也承认，考虑到这些定义所花费的时间，它的实际用途是有限的。此外，它只能被用在那些提供类型模式匹配的函数式编程语言中，如 Scala、Haskell 或 Clojure[2]。

---

1 代数类型是一种特殊的复合类型，它由其他类型组合而成，通常具有可以进行“归纳”的定义，具有一个或多个基本类型，以及将这些基本类型组合起来的运算符。

2 有关 Haskell 的示例，请参阅 Algebraic graphs with class (functional pearl), Andrey Mokhov, *ACM SIGPLAN Notices*, ACM，第 52 卷，第 10 期，2017。

14.1.3　伪代码

代码清单 14.1 给出了 Graph 类的伪代码。它使用了邻接表，并把边和顶点建模为各自的类，同时允许通过更改这些模型的细节来实现不同类型的图（例如，允许加权边）。

代码清单 14.1　Graph 类

```
class Vertex
  #type string
  label

class Edge
  #type Vertex
  source
  #type Vertex
  dest
  #type double
  weight
  #type string
  label

class Graph
  #type List[Vertices]
  vertices
  #type HashTable[Vertex->List[Edge]]
  adjacencyList

  function Graph()
    adjacencyList ← new HashTable()

  function addVertex(v)
    throw-if v in vertices
    vertices.insert(v)
    adjacencyList[v] ← []

  function addEdge(v, u, weight=0, label="")
    throw-if not (v in vertices and u in vertices)
    if areAdjacent(v, u) then
      removeEdge(v, u)
    adjacencyList[v].insert(new Edge(v, u, weight, label))

  function areAdjacent(v, u)
    throw-if not (v in vertices and u in vertices)
    for e in adjacencyList[v] do
      if e.dest == u then
        return true
    return false
```

当添加一个新的顶点时，如果它不是重复的，则首先需要将它添加到顶点列表中。

之后还需要为新顶点初始化邻接表，这可以简化之后的方法！

检查顶点是否相邻，即检查是否存在从顶点 v 到顶点 u 的边。

如果相邻，则首先删除旧的边（这个方法虽然被省略了，但它可以从 areAdjacent 方法进行派生）。

将基于参数创建的新边添加到源顶点的邻接表中。

遍历源顶点的邻接表中的所有边。

如果找到目标顶点与顶点 u 相匹配的边，则可以返回 true。如果没有找到匹配的边，则表示顶点不相邻。

至于具体的实现，你可以在本书的 GitHub 仓库中找到 Java 版本，你还可以在 JsGraphs 库中找到 JavaScript 版本。

14.2　图的属性

前文提到，图与树非常相似，它们都是由通过关系（边）来连接的实体（顶点）组成的，但它们仍然有一些区别，如下所示。

- 在树中，顶点通常被称为节点。
- 在树中，边在某种程度上是隐含的。因为它们只能从一个节点到达这个节点的子节点，所以谈论父子关系相比显式地列出边更常见。也正因为如此，树使用邻接表来隐式地表示自身。

此外，树还有一些其他的特征，因此它们才能成为整个图集的子集。具体来说，任何树都是简单的、无向的、连通的无环图。

在 14.1 节中，我们给出了**简单图**的定义。实际上，一个树在两个节点之间既不能有多条边，也不能存在环，节点只允许自身与其各个子节点之间有一条边。

现在我们来看看其他 3 个属性的含义。

14.2.1 无向

如前所述，当图的所有边只能从源顶点（边元组中的第一个元素）到目标顶点的单一方向上进行遍历时，图就是有向的；相反，在无向图中，边可以在两个方向上进行遍历。无向图与有向图的差异如图 14.4 所示。

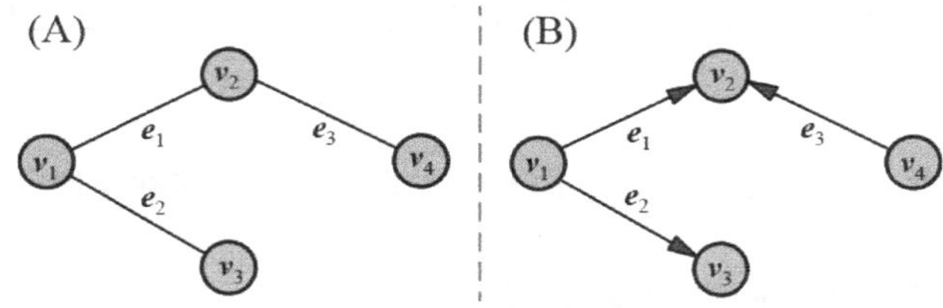

图 14.4 无向图（A）与具有相同顶点的有向图（B）。这两个图是不等价的，尤其是后者不能转换为等价的无向图

通过将所有的无向边(u,v)扩展为一对有向边(u,v)和(v,u)，我们可以轻松地用有向图来表示无向图，但反过来不一定可行，许多有向图无法转换为相应的同构无向图[1]。

因此，除非在应用程序上下文中另有说明，否则使用有向图的表示方式即为限制最少的选择。

值得注意的是，如果使用邻接矩阵 $\boldsymbol{A}$，则无向图可以只用一半的矩阵来表示，因为它们总是有一个对称的邻接矩阵，即对于所有的顶点对 u 和 v 来说，都有 $\boldsymbol{A}[u,v]=\boldsymbol{A}[v,u]$ 。

14.2.2 连通

如果给定任意一对顶点(u,v)，都存在一个顶点的序列 $u,(w_1,\cdots,w_K),v$ ，其中 $k\geqslant 0$，并且序列中任意相邻顶点之间都存在一条边，那么这个图就是连通（connected）的。

对于**无向**图来说，这就意味着在连通图中，所有顶点都可以到达任何其他顶点；而对于**有向**图来说，这意味着每个顶点都至少有一条入边或一条出边。

但不论是哪种图，这都意味着边的数量至少为$|V|-1$。

图 14.5 展示了连通和断开的无向图的几个示例。事实上，连通图的概念对于无向图是非常有意义的，而对于有向图来说，则可以引入**强连通分量**（strongly connected component）的概念，如图 14.6 所示。

在**强连通分量**中，每个顶点都可以从任何其他顶点到达。因此，强连通分量中必然包含环（见 14.2.3 节）。

---

1 任何存在边(u,v)但没有反边(v,u)的有向图，都不能转换为同构无向图（即形状相同的无向图，它具有相同的顶点集合且以相同的方式进行连接）。

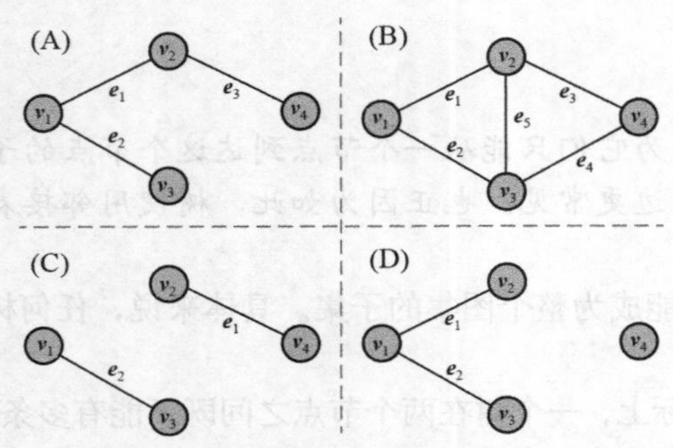

图 14.5 连通图［图（A）和图（B）］与非连通图［图（C）和图（D）］

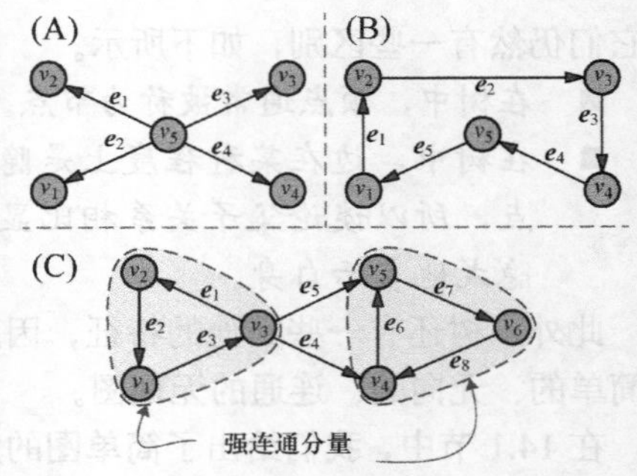

图 14.6 只有图（B）是强连通的，图（C）有两个强连通分量

强连通分量的概念特别重要。有了它，我们就能定义一个强连通分量的图，而这个图将明显小于原始图，因此可以在这个小图上执行各种算法。我们可以通过提前对图进行高级别的检查来获得很大的加速效果，之后（可能）再研究各个强连通分量内的交互。

至少在图论中，树通常会被视为无向图。但是在实现的过程中，通常各个节点都会存储到其子节点的链接，而存储到其父节点的链接的情况并不多见。如果对父节点的引用没有被存储在子节点中，那么每条边都将不能从子节点遍历到父节点，因此事实上这些边是有向的。

14.2.3 无环

在图中，环是由边 $(u,v_1),(v_1,v_2),\cdots,(v_K,u)$ 构成的非空序列，这种序列会在同一个顶点开始和结束。

无环图（见图 14.7）是指那些没有环的图。

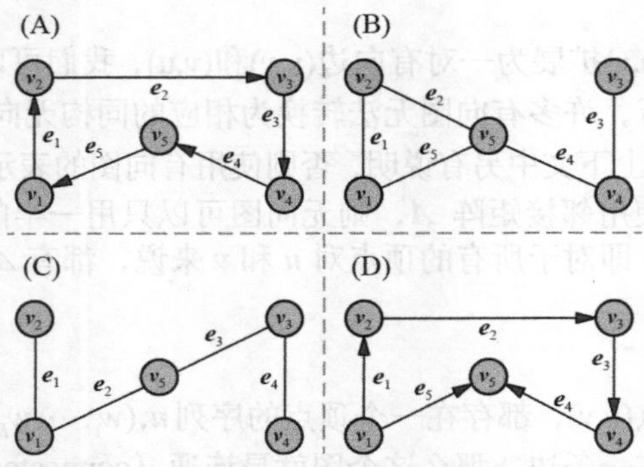

图 14.7 有环图［图（A）和图（B）］与无环图［图（C）和图（D）］

有向图和无向图都可以有环，于是就有了一个让大家都特别感兴趣的无环图的子集：**有向无环图**（Directed Acyclic Graph，DAG）。

DAG 包含一些十分有趣的属性。比如，必须至少有一个顶点没有入边（否则就会变成环）。此外，由于图是无环的，因此边的集合会在其顶点上定义一个偏序。

事实上，对于给定的有向无环图 $G=(V,E)$来说，这个偏序就是一个对于任何一对顶点(u,v)都成立的小于或等于关系。也就是说，下面这 3 个条件中总会有一个成立。

- $u \leqslant v$，表明有一条从顶点 u 开始到顶点 v 的包含任意条边的路径。
- $v \geqslant u$，表明有一条从顶点 v 开始到顶点 u 的包含任意条边的路径。
- $u <> v$，表明它们不可比较，因此从顶点 u 到顶点 v 没有任何路径，反之亦然。

图 14.8 展示了两个普通的 DAG 和一个链图。其中，链图是唯一一种会在其顶点上定义总序的 DAG。

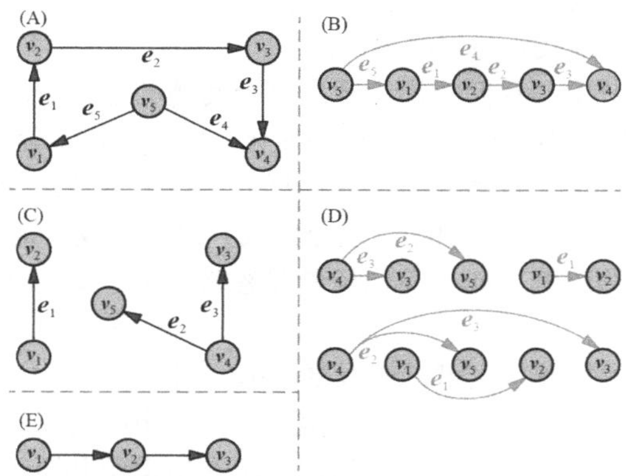

图 14.8 DAG 的几个示例。（A）连通的 DAG。（B）图（A）的拓扑排序。注意，拓扑排序的输出是一个只包含顶点的序列，而不包含边。不过在这里，拓扑排序后的顶点被水平列出（从左到右），这是为了展示它们只能从左到右进行移动。（C）非连通的 DAG。（D）图（C）的两种可能的拓扑排序结果。（E）链图。对于这个 DAG 来说，它只有一种可能的拓扑排序结果

DAG 上的偏序提供了**拓扑排序**（topological sorting），即对于图中的任何边，边的起点都会出现在其终点之前的顶点的顺序。通常情况下，每个图都会有若干等效的拓扑排序结果。对于所有的链图来说，比如图 14.8（E），显然只有唯一的拓扑排序结果。不过，即使一个图不是链图，它也有可能只有一种拓扑排序结果［见图 14.8（A）和图 14.8（B)］。

DAG 和拓扑排序在计算机科学中有许多基本应用，如（各个层级的）调度以及解决链接器中的符号依赖关系等。

14.3 图的遍历：BFS 与 DFS

要在图上进行搜索或应用其他的许多算法，就需要沿着图中的边遍历整个图。

与树一样，根据遍历出边的顺序，遍历图也分为多种不同的方法。不过对于树来说，要从哪里开始遍历总是很清楚的，因为都要从根节点开始。只要是从根节点开始的遍历，就一定能遍历整个树，并到达树的所有节点；相反，图中则没有类似于树的根节点这样的特殊顶点。根据选择的作为起点的顶点，通常来说，我们并不能确定是否存在可以访问到所有顶点的边序列。

在本节中，我们将关注简单有向图，并且不会做任何假设。这里并不会局限于强连通图，而且通常来说，不会有相应的领域知识来帮助选择应该从哪个顶点开始进行搜索。因此，我们并不能保证一次遍历就可以覆盖图中所有的顶点，而是通常需要从不同的起点多次“重启”，这样才可以访问到图中所有的顶点。在讨论 DFS 时，我们将展示这一点。

不过，起初我们将专注于一个特定的用例，旨在将起点视为一个“给定”值（从外部选择，而算法对此并不了解）并从中遍历图，然后基于这些假设讨论图上最为常用的两种遍历策略。

14.3.1 优化配送路线

是时候回到本章开头提出的那个问题了：处理从源点（仓库或工厂等储存货物的地方）到目的地（客户的地址）的投递。

显然，这里做出的依次处理投递的假设已经是一种简化了。通常来说，这样做的成本很高，

因此投递公司会试图同时处理来自同一个仓库到邻近目的地的订单，从而将成本（汽油、员工的时间等）分散到若干订单中。

然而，找到通过多个点的最佳路线是一个计算困难的问题[1]。不过，在单独的源点和单个目的地的情况下，是可以有效地找到最佳路线的。

在本节和接下来的几节中，我们将逐步开发这个问题的通用解决方案。具体的做法是，首先从一个更简化的场景开始，然后逐步消除这些简化，同时提供更复杂的算法来解决这些情况。

因此，要开始这里的讨论，就需要先考虑目标——什么是“最佳”路线？例如，可以假设最佳路线就是最短路线，但你也可以根据需求分别找到最快或成本最低的路线。

假设想要找到的是最短路线。如果简化场景并忽略堵车、道路状况、限速等因素，就可以假设距离越短，速度越快。

但即使是这个简化后的场景，也可以变得更简单。例如，图 14.9 展示了旧金山市中心的一部分，其中的街区形成了规则的网格。这也是美国许多城市的常见情况，但在世界其他地方则不一定如此。例如，在欧洲，许多城市中心的规划早在中世纪甚至更早的时候就被设计好了，因此道路的情况并不太规律。

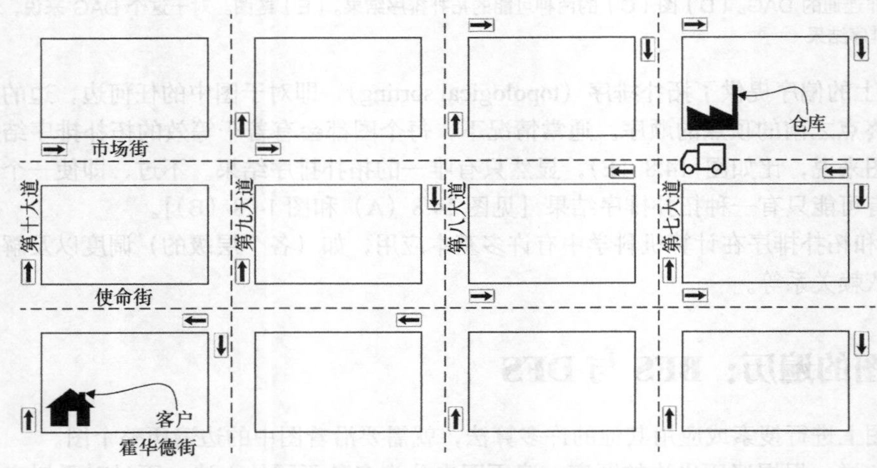

图 14.9　旧金山市中心的一部分，其中的街区形成了规则的网格

目前我们可以假设这种理想情况是为了让研究更容易。如果街区都相同，并且可以用正方形（或边的比例接近正方形的矩形）来近似，我们就不用再担心实际距离了，只需要计算经过的街区数量，即可计算出路线的长度。如果不包括单行道的话，这个问题还会更简单！一旦有了适用于这个简化场景的最小可行解决方案，我们就可以考虑扩展它以涵盖生活中更多类似的情况。

图 14.10 展示了基于图 14.9 所示的地图构建的图数据结构，其中在每个道路的交叉口都添加了一个顶点，从顶点 v 到顶点 u 的边表示从使用 v 建模的交叉口到使用 u 建模的交叉口，有一条路可以朝着那个方向前进（反之，从 u 到 v 则不一定存在这样的一条路）。

如果我们可以在所有道路上双向行驶，那么只需要从仓库沿市场街向西前进，然后在第十大道的路口处向南前进，就能到达目的地了。

然而，鉴于图 14.9 中的路标，这是不可能的，需要绕道，于是广度优先搜索算法就派上用场了。

1 听说过“旅行商问题”（Traveling Salesman Problem，TSP）吗？它是被研究较多的难题之一。

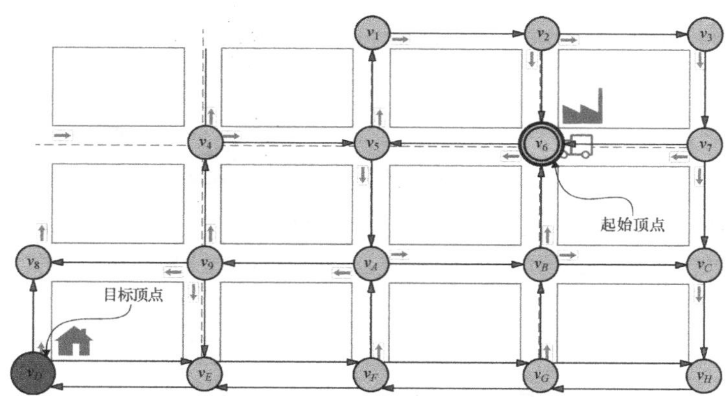

图 14.10 基于图 14.9 所示的地图构建的图数据结构。我们为每个道路的交叉口都添加了一个顶点（为了更好的可读性而省略了一些顶点），并且用边来连接由单行道连接的相邻交叉口（双行道则用一对边进行建模）

14.3.2 广度优先搜索

代码清单 14.2 展示了**广度优先搜索**（Breadth First Search，BFS）算法的伪代码，顾名思义，BFS 算法的目标是尽可能地扩大搜索范围：首先以访问过的顶点作为前沿边界，然后将前沿边界扩展到相邻的顶点。这个过程如图 14.11 所示，其中使用图 14.6（C）所示的图数据结构演示了这个算法的前几个步骤。

代码清单 14.2 bfs 方法

为每一个顶点 *u* 创建另一个哈希表以跟踪到达 *u* 的顶点。这个哈希表可以用来重建从起点到终点的路径。

创建一个新的哈希表来跟踪各个顶点到起始顶点的距离，也就是从起始顶点到其他各个顶点所需遍历的最小边数。

将起始顶点添加到队列中，从而能在第一次迭代时获取它。

```
function bfs(graph, start, isGoal)
  queue ← new Queue()
  queue.insert(start)
distances ← new HashTable()
parents ← new HashTable()
for v in graph.vertices do
  distances[v] ← inf
  parents[v] ← null
distances[start] ← 0
while not queue.empty() do
  v ← queue.dequeue()
  if isGoal(v) then
    return (v, parents)
  for e in graph.adjacencyList[v] do
    u ← e.dest
    if distances[u] == inf then
      distances[u] ← distances[v] + 1
      parents[u] ← v
      queue.enqueue(u)
return (null, parents)
```

bfs 方法接收一个图、一个起始顶点和一个断言（isGoal）作为参数。这个断言接收顶点作为参数，并在达到目标时返回 true。bfs 方法会返回一对值，其中包含了目标顶点和一个由最短路径进行编码的字典。

初始化一个简单的 FIFO 队列。

将顶点（与自身）的距离初始化为无穷大（或等效地初始化为可以存储的最大值）。

将起始顶点（与自身）的距离设置为 0。

开始运行一个循环，直到队列为空为止。缘于第 3 行代码，这个循环将至少运行一次。

从队列的头部出队（与提取优先队列的顶部元素等效）。这个顶点将成为当前顶点。

如果达到目标，则任务完成，因此需要返回当前顶点。isGoal 函数可以抽象出检查找到目标顶点的逻辑。该逻辑可以是到达一个或多个特定的目标顶点，或是到达满足某个条件的顶点。

迭代当前顶点的出边。

如果这个顶点还没有被发现（它与自身的距离还没有被设置过），那么从起始顶点到顶点 *u* 的边数较少的路径肯定会经过顶点 *v*（因为正在扩张搜索边界）。注意，因为所有的边都被设置了距离（值为 1），所以这个条件只有在第一次发现一个顶点时才成立，这也是从源顶点到达顶点 *u* 的边数最少的情况。

当第一次发现一个顶点时，设置它（与自身）的距离和父顶点，并将它添加到队列中，以便在稍后的迭代中访问它。

如果无法达到目标，则需要返回 null 或等价地返回另一个用于表明搜索失败的值。

这个算法的核心是保留下一个将要访问顶点的队列，即**前沿边界**。顶点将按照特定的顺序被保存，从而可以让顶点以距离源顶点由近及远的顺序进行处理。这里可以用一个优先队列来作为跟踪前沿边界上的顶点的容器，但其实没有必要这么做。因为用来计算各个顶点与源顶点之间距离的度量只会用到所经过的边的数量，所以这个算法会很自然地以需要处理的顺序来发现顶点。此外，各个顶点（与自身）的距离都会在被发现时（在访问一个顶点的邻接表且第一次找到这个顶点时）计算。

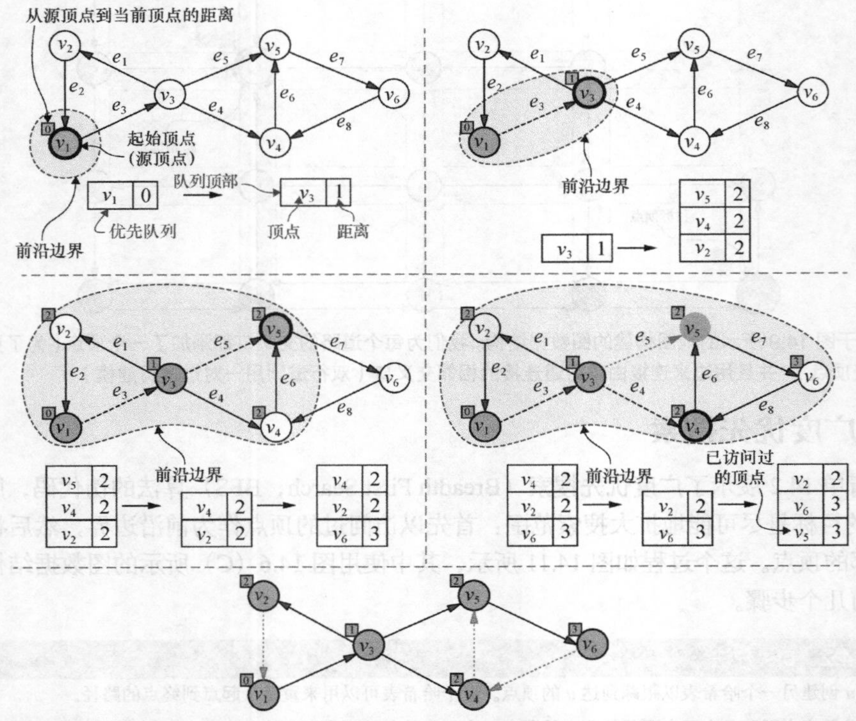

图 14.11　进行中的 BFS（1）。在这个示例中，源顶点只有 1 个，所有顶点都会计算源顶点与它们之间的距离。这个算法显式地维护了一个带有前沿边界顶点的队列，然后对其进行探索，因此顶点会很自然地按照它们与源顶点之间的距离来排序。尽管从概念上讲，这个算法的行为与使用优先队列一样，但由于存在这个顺序，因此使用常规队列就行了。在前 4 个子图中，从源顶点到当前顶点（位于左侧队列头部的那个顶点）的边由虚线边表示，而最后一个子图中的虚线半透明边则是那些没有被包含在从源顶点到图的其余部分的最短路径中的边

所以，除了第 2～9 行的初始化代码之外，BFS 算法的核心就是第 10 行的循环代码。在这里，顶点 v 会出队并被访问。在（可选地）检查了是否已经达到目标之后（如果是，就返回顶点 v），开始探索顶点 v 的邻域（也就是它的邻接表，或者说它的所有出边）。如果找到一个还没有被发现的顶点 u，那么它与源顶点之间的距离就是顶点 v 的距离再加上 1，因此设置顶点 u 的距离并将该顶点添加到队列的尾部。

那么，应该如何确定顶点 u 会以正确的顺序被访问呢？换句话说，如何确定顶点 u 被访问的时间一定是在所有相比顶点 u 更靠近源顶点的顶点被访问之后，并且在所有相比顶点 u 更远离源顶点的顶点被访问之前呢？

这可以通过对顶点的距离进行归纳来证明。归纳的基础是初始情况，即添加了距离为 0 的源顶点。源顶点是唯一一个距离为 0 的顶点，因此之后添加的任何顶点都比源顶点更靠近自身（或尽可能更近）。

至于归纳的步骤，我们可以假设对于距离为 $d-1$ 处的所有顶点的处理都是正确的，然后证明距离为 d 处的顶点 v 也能被正确处理。也就是证明从队列中提取出顶点 v 的时机，一定在距离为 $d-1$ 处的所有顶点之后，并且在距离为 $d+1$ 处的所有顶点之前。由于距离为 $d+1$ 处的顶点还没有被访问到，因此队列中不存在距离为 $d+2$ 的顶点，这是因为只有在检查被访问过的顶点的邻接表时，才会将新的顶点添加到队列中（因此，新添加的顶点的距离相对于其父顶点仅增加 1 个单位）。反过来，这也就保证了顶点 u 会先于任何与源顶点距离为 $d+2$（或更远）的顶点被访问。

此外，对于归纳的假设来说，我们已经确信距离为 $d-1$ 处的所有顶点都会在顶点 v 之前被访问，因此距离为 d 处的所有顶点都已经位于队列中，它们将在顶点 u 之前被访问。

这个属性允许我们使用简单队列而不是优先队列来实现 BFS 算法。这非常棒，因为前者在最坏情况下需要 $O(1)$的运行时间来入队和出队（而堆则需要 $O(\log(n))$的运行时间），所以能够使 BFS 算法的运行时间保持为线性。BFS 算法在最坏情况下的运行时间为 $O(|V|+|E|)$，即顶点数和边数之间的最大线性比例。对于连通图来说，$O(|V|+|E|)$可以被简化为 $O(|E|)$。

前文曾提到，由于要检查搜索是否已经达到目标（见代码清单 14.2 的第 12 行代码），因此目标顶点的这个概念是可选的。也就是说，可以使用 BFS 算法来计算从单个源顶点到图中所有其他顶点的路径和距离[1]。值得注意的是，到目前为止，还没有任何已知的算法能比 BFS 算法更有效地找到前往单个目的地的最短路径。换句话说，计算单源-单目的地的最短路径的渐近成本，与计算单源-所有顶点的最短路径是等效的[2]。

如果对所有顶点对之间的距离都感兴趣，那么还有相比将 BFS 算法运行|V|次更好的选择（但这部分内容超出了这里的讨论范围）。

14.3.3　重建到目标的路径

很多时候，除了计算某个顶点与源顶点的最短距离之外，我们还对到这个顶点的最短路径感兴趣。也就是说，从源顶点到目标顶点应该按照什么顺序以及使用哪些边呢？

如图 14.11 的底部所示，如果利用已访问的顶点和已发现的顶点之间的“父子”关系，就可以得到一个树。这是因为每个顶点 u 都只有一个父顶点，即发现顶点 u 时正在访问的顶点 v（见代码清单 14.2 的第 15 行代码）。

这个树包含了从源顶点到所有其他顶点的最短路径，但是 BFS 算法的输出只有一个字典，应该如何从返回的 parents 容器中重建这些路径呢？

路径重构方法的伪代码如代码清单 14.3 所示。它会从目标顶点（路径中的最后一个顶点）开始向后重构路径，并在每一步都寻找当前顶点的父顶点。在简单图中，由于一对有序顶点之间只存在一条边，因此如果知道了是从顶点 v 移到顶点 u，那么遍历的边也会被隐含地包括在内。而在多重图中，则必须跟踪我们在每一步选择的边。

代码清单 14.3　路径重构方法

初始化将要返回的路径，这是一个被访问过的顶点的列表（从目标顶点开始的逆序）。

检查目标顶点是否可以从源顶点到达。如果不可以，返回 null。

reconstructPath 方法接收 bfs 方法生成的 parents 字典和目标顶点作为参数。它会返回从源顶点（在这里，源顶点隐含地由父顶点确定）到目标顶点的路径。

在路径中从后向前移动，从当前顶点移到其父顶点（即发现当前顶点时正在访问的顶点）。

```
function reconstructPath(parents, destination)
  if parents[destination] == null then
    return null
  current ← destination
  path ← [destination]
  while parents[current] != null do
    current ← parents[current]
    path.insert(current)
  return reverse(path)
```

循环，直至到达源顶点，这是一个父顶点为 null 的顶点（bfs 方法的工作方式保证了至少有一个这样的顶点）。

将这个父顶点添加到路径中。

在循环之后、返回路径之前，还需要反转路径，这是因为此时列表中包含的是从目标顶点到源顶点的路径。

在代码清单 14.3 中，我们假设 parents 字典中的数据是正确的，图也是连通的，并且还有一条从源

1 可以删除对目标顶点的检查，也可以传递一个始终返回 false 的 isGoal 函数作为参数。

2 为了清楚起见，这与计算经过若干或所有顶点的最佳路线不同。对于单源-所有顶点，我们仅独立地计算从源顶点到所有顶点的最佳路径。

顶点到目标顶点的路径。如果所有这些假设都成立，那么当前顶点的父顶点为 null 的情况只有两种：当前顶点是目标顶点（在这种情况下，也就意味着目标顶点无法从源顶点到达），或者当前顶点是源顶点。

如果 parents[destination] != null，（缘于 BFS 算法的工作方式）则意味着可以通过从源顶点遍历一条路径来到达目标顶点，并且可以通过归纳来证明在这两个顶点之间一定存在一条由顶点组成的链。

让我们看看 BFS 算法对运行结果的影响。在图 14.11 中，bfs 方法使用 v_1 作为源顶点，因此返回的 parents 字典中的数据会是下面这个样子：

$$[v_1 \to \text{null}, v_2 \to v_3, v_3 \to v_1, v_4 \to v_3, v_5 \to v_3, v_6 \to v_5]$$

如果从 v_5 开始，则可以看到 parents$[v_5] == v_3$，这也就意味着在路径中需要将 v_3 添加到 v_5 之后，然后查看 v_3 的父顶点，以此类推。

于是在执行代码清单 14.3 的第 9 行代码之前，有 path $== [v_5, v_3, v_1]$，将其反转即可得到正在寻找的顶点序列。

14.3.4　深度优先搜索

BFS 使用一种清晰的策略来遍历图。它会从离源顶点最近的顶点开始，像波一样向所有方向传播。在遍历的同心环中，先被遍历的是距离为 1 的所有顶点，然后是所有顶点距离为 2 的环，以此类推。

当需要找到从源顶点到图中其他顶点的最短路径时，这种策略非常有效。但是很明显，这并不是遍历图的唯一可能的策略。

例如，另一种策略是“深入”遍历的路径。就像在迷宫中寻找出口那样，这时你会尽可能远离源头，然后在每个交叉口选择方向，直到进入死胡同为止（用图论中的话来说，就是直至到达一个不具备任何还未被遍历的传出边的顶点）。此时，回溯到前一个分叉点（前一个至少还有一条未被遍历的边的顶点），然后选择一条不同的路径。

这就是深度优先搜索（Depth First Search，DFS）背后的理念，与 BFS 基本相反。代码清单 14.4 描述的 dfs 方法并不能用于寻找最短路径，但其在图论和实践中有许多重要的应用。

代码清单 14.4　访问顶点（及其邻域）的 dfs 方法

```
function dfs(graph, v, time=0, in_time={}, out_time={})
  time ← time + 1
  in_time[v] ← time
  for e in graph.adjacencyList[v] do
    u ← e.dest
    if in_time[u] == null then
      (time, in_time, out_time) ← dfs(graph, u, time, in_time, out_time)
  time ← time + 1
  out_time[v] ← time
  return (time, in_time, out_time)
```

- 如果一个顶点的 in_time 仍然是 null，则表明它还没有被发现（假设这个参数已被正确初始化）；而如果边的目标顶点 u 还没有被发现，则应该遍历边 e 并访问顶点 u。
- 增加“时间”计数器，它在跟踪顶点的发现顺序时会被用到。
- dfs 方法接收一个图、一个起始顶点和一些时间参数来跟踪各个顶点的发现时间，它会返回这些更新后的时间参数。
- 当前顶点正在被访问，所以记录一下。
- 遍历顶点 v 的所有出边。
- 在顶点 u 上递归调用 dfs 方法，更新包括时间计数器在内的所有辅助数据。
- 在遍历完所有的出边后，为 time 增加一个额外的单位（注意，time 可能在进行递归调用时就已经被增加了）。
- 由于即将永远地离开这个顶点（已经遍历了它的所有出边），因此可以设置它的 out-time。
- 返回与时间相关的更新值。

图 14.12 基于用来说明 BFS 的同一图结构，展示了进行 DFS 遍历的一个例子，这个例子使用相同的顶点 v_1 作为起点。可以看到，访问的顶点序列是完全不同的（这并不仅仅是因为决定先遍历哪条边的关系）。其中最需要注意的细节是，这里使用堆栈而不是队列来跟踪下一个将要访问的顶点。

与 BFS 类似，DFS 也不能保证单次遍历就能访问到图中的所有顶点。如图 14.13 所示，如

果选择从顶点 v_4 而不是顶点 v_1 开始遍历，则由于图中有两个强连通分量，而且第一个分量不能从顶点 v_4 到达，因此这也就意味着在这个遍历中不能访问到顶点 v_1～v_3。

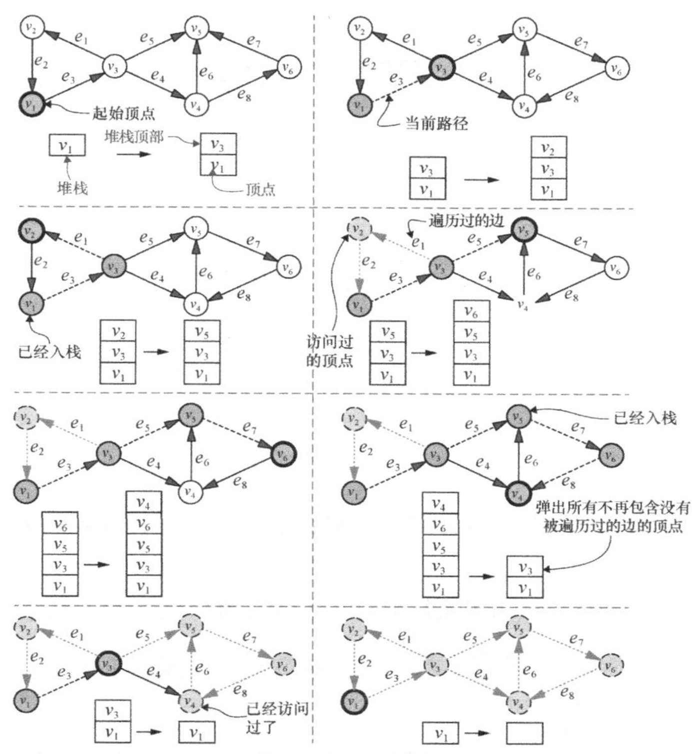

图 14.12 进行中的 DFS（2）。这个算法将隐式地（通常由递归实现来维护，否则就显式地）维护一个堆栈，这个堆栈中包含了将要遍历的下一个顶点。如果堆栈被显式地保存，那么你还需要记住哪些边已经被遍历过了

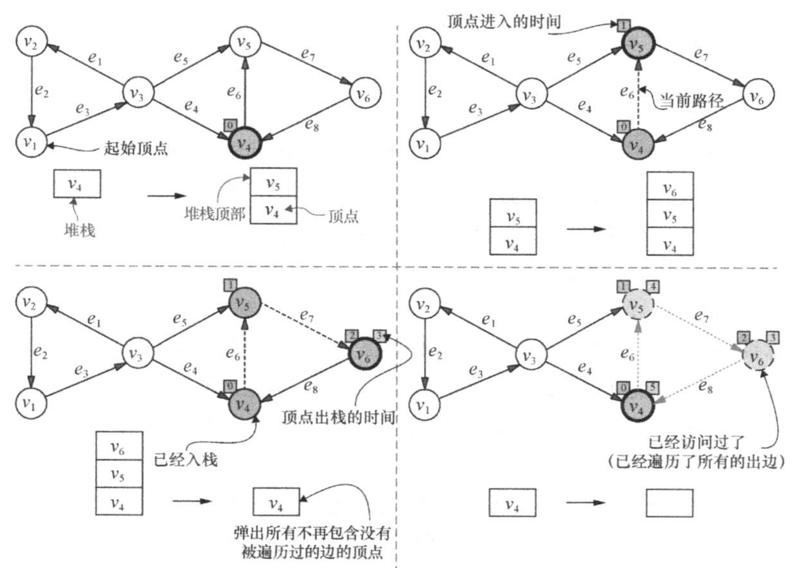

图 14.13 进行中的 DFS（3）。起点在图的遍历中至关重要。例如，如果遍历从顶点 v_4（也可从顶点 v_5 或 v_6）开始，则 DFS 和 BFS 都不能保证可以到达所有顶点。在这里，顶点还被标记上了它们被处理的时间以及它们从堆栈中被移除的时间。这些值与好几种算法相关

为了完成对图的遍历，我们需要在剩下的还没有被访问过的顶点中开始另一次遍历。如图 14.14 所示，新的遍历将从顶点 v_3 开始，并且要避开在第一次遍历时访问过的顶点。

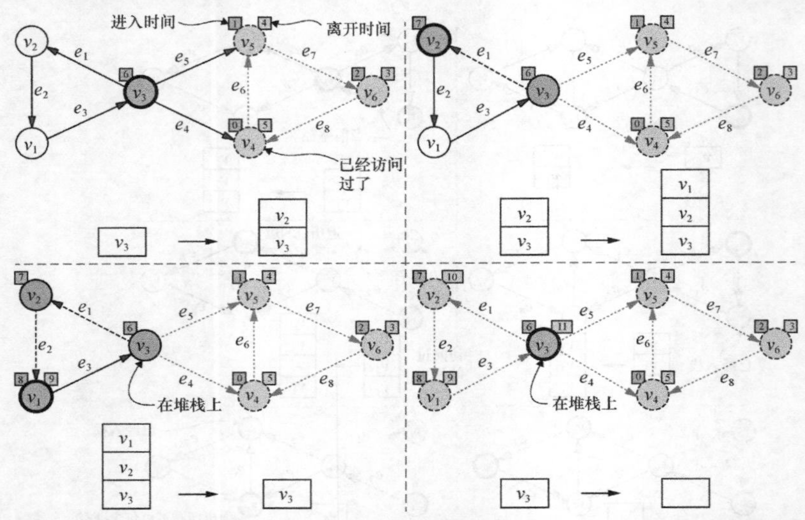

图 14.14　进行中的 DFS（4）。对于这个例子来说，我们可以通过随机选择一个左侧顶点来重新启动 DFS，从而恢复遍历过程并到达所有的顶点

代码清单 14.5 展示的 dfs 方法用于执行图的完整 DFS 遍历以及重新启动 DFS。

代码清单 14.5　dfs 方法

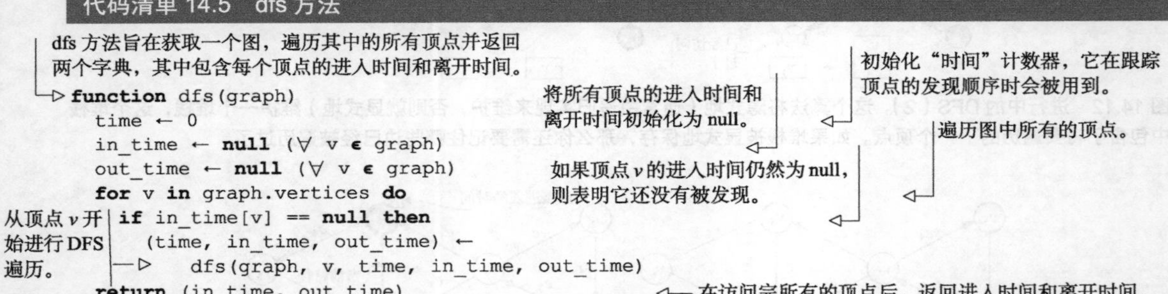

dfs 方法旨在获取一个图，遍历其中的所有顶点并返回两个字典，其中包含每个顶点的进入时间和离开时间。
初始化"时间"计数器，它在跟踪顶点的发现顺序时会被用到。
将所有顶点的进入时间和离开时间初始化为 null。
遍历图中所有的顶点。
如果顶点 v 的进入时间仍然为 null，则表明它还没有被发现。
从顶点 v 开始进行 DFS 遍历。
在访问完所有的顶点后，返回进入时间和离开时间。


```
function dfs(graph)
  time ← 0
  in_time ← null (∀ v ∊ graph)
  out_time ← null (∀ v ∊ graph)
  for v in graph.vertices do
    if in_time[v] == null then
      (time, in_time, out_time) ←
          dfs(graph, v, time, in_time, out_time)
  return (in_time, out_time)
```

当然，你也可以给 dfs 方法传递一个回调函数，这样在遍历期间，你就可以在访问各个顶点时调用这个回调函数了。这样做可以处理许多事情，例如更新图（修改顶点的标签或任何其他关联的属性），或是在图上任意执行某些操作。你唯一需要做的，就是在代码清单 14.4 和代码清单 14.5 中将这个回调函数作为额外的参数传递进来，并在代码清单 14.4 中对这个回调函数在方法的开头进行调用就行了。

你可以注意到，我们在图 14.13 和图 14.14 中添加了访问和离开（在遍历了整个邻接表之后）顶点的"时间"。这些值是运行诸如计算拓扑排序（对于有向无环图，只需要按照时间反向对顶点进行排序就行了）、找出环（如果当前访问的顶点的邻居顶点有进入时间，但没有离开时间的话）、计算连接组件的应用程序的基础。

在性能方面，对于 BFS 来说，算法也具有线性运行时间 $O(|V|+|E|)$，并且需要 $O(|V|)$次递归调用（也就是等效的、用于堆栈的、大小为 $O(|V|)$的额外空间）。

14.3.5　再次比较队列与堆栈

在查看这些遍历算法时，我们首先应该明确的是这些算法的用途以及应用它们的上下文在本质上是不同的。当源顶点 S 已知并且希望找到与某个目标（这个目标可以是一个特定的顶点，也可以是从源顶点 S 到达所有顶点，或是其他任意条件）的最短路径时，你就会用到 BFS 算法。

然而，DFS 算法主要被用在需要接触所有顶点且不在乎从哪里开始的情况。DFS 算法能提供有关图结构的具体信息，并且会被用来作为像是为 DAG 找到拓扑排序或是计算有向图的强连通分量这样的多种算法的基础。

这两个算法的有趣之处在于，它们的基础版本（仅执行遍历）都可以被重写为一个类似的模板化算法，其中新发现的顶点会被添加到某个容器中，在每次迭代时，可从这个容器中获得下一个元素。对于 BFS 算法来说，这个容器是一个队列，可将按照发现顶点的顺序来处理它们；而对于 DFS 算法来说，这个容器是一个堆栈（DFS 算法的递归版本会隐式地使用这个堆栈），因此在遍历期间，我们将尝试尽可能在回溯并访问完顶点的所有邻居顶点之前远离当前顶点。

14.3.6 投递包裹的最佳路线

你现在应该已经了解了 BFS 算法的工作原理以及如何重构从源点到目的地的路径。接下来，我们回到一开始的那个例子，并将 BFS 算法应用于图 14.10，结果如图 14.15 所示。

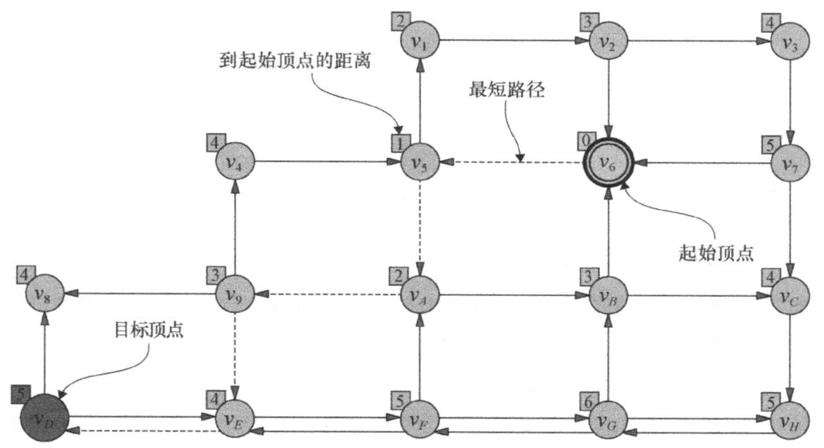

图 14.15 在图 14.10 中使用 BFS 算法计算出的到目的地的最短路径以及到所有顶点的最短距离。最短路径用虚线箭头表示，距离则显示在各个顶点的旁边

在这个例子中，最短路径非常明显，它是最接近源点和目的地之间“直线距离”的路径，也就是具有最小**曼哈顿距离**（Manhattan Distance）[1]的路径。

然而，只要删除顶点 v_9 和 v_E 之间的边，结果就会完全被改变。作为练习，请尝试为这种修改后的情况找出解决方案（可通过手动编写自己的 BFS 算法并执行来完成）。

14.4 加权图中的最短路径：迪杰斯特拉算法

简化场景能够让我们使用简单、快速的 BFS 算法来获得最短投递路径的近似解。虽然这种简化适用于像旧金山市中心这样的现代城市中心，但其并不能应用于更通用的场景。如果需要为整个旧金山地区或者在其他缺乏这种规则的城市道路的地方进行投递，那么仅使用所经过街区的数量来对距离进行近似的方法就不再有效了。

1 曼哈顿距离也称为块距离，指的是两点在笛卡儿坐标中的差的绝对值之和。这个名称的由来是因为在曼哈顿岛上，大多数街道是按照网格进行布局的，因此两个十字路口之间的最短路径就等于街区的边的总和。

例如，假设投递任务从旧金山（或曼哈顿）搬到都柏林的市中心，如图 14.16 所示。此时，街道的布局不再有规则，并且街区的大小和形状也存在很大的差异。在这种情况下，我们需要考虑的就不再是各个交叉口之间的曼哈顿距离，而是它们之间的实际距离。

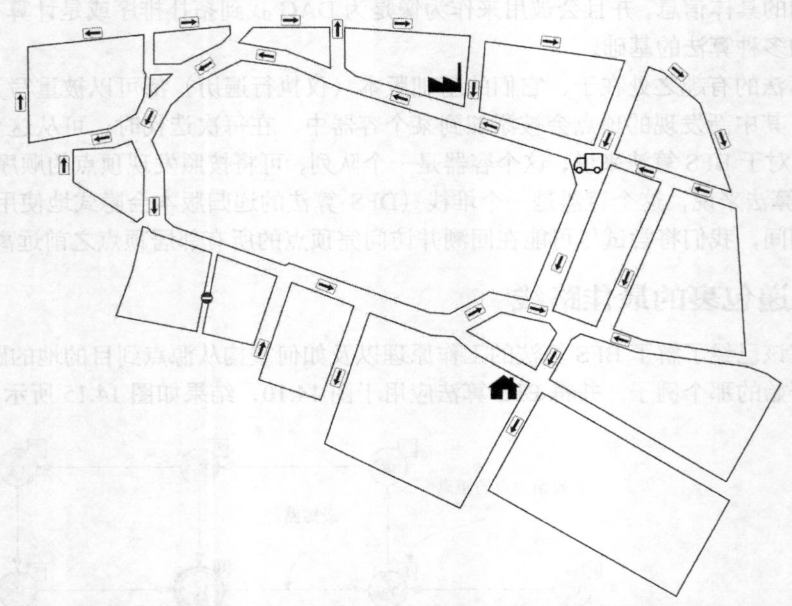

图 14.16　以都柏林市中心为例，将 BFS 算法应用于最短路径的简化已不再有效

14.4.1　与 BFS 算法的区别

与 BFS 算法一样，迪杰斯特拉算法也将图和源顶点作为输入（还可以选择目标顶点），并且计算从源顶点到目标顶点的最短距离（换句话说，迪杰斯特拉算法支持以相同的渐近运行时间，找到距离图中所有其他顶点的最短距离）。然而，与 BFS 算法不同的是，在迪杰斯特拉算法中，两个顶点之间的距离是根据边的权重来进行判定的。图 14.17 展示了一个在对图 14.16 进行建模后得到的有向加权图。

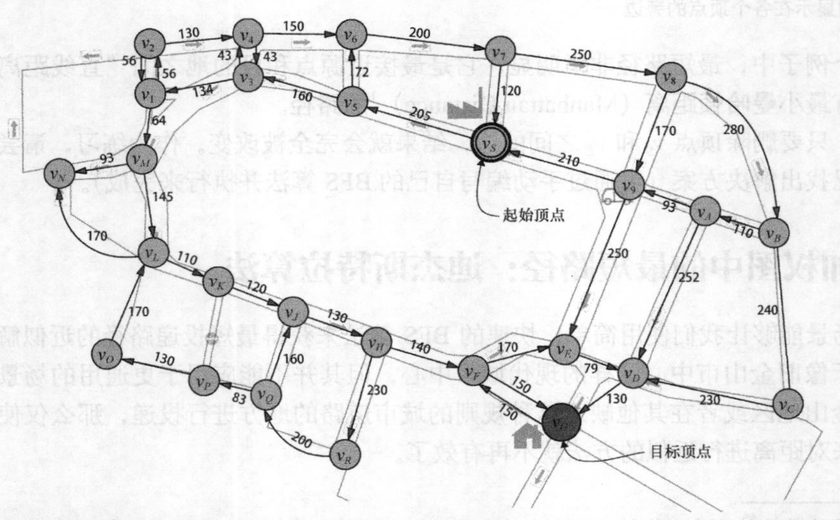

图 14.17　叠加在图 14.16 上的一个有向加权图。其中，边的权重就是边的顶点所代表的交叉口之间的距离（以米为单位）

其中，两个顶点 *u* 和 *v* 之间的最小距离是从顶点 *u* 到顶点 *v* 的所有路径中的边的权重最小和。如果不存在这样的路径，则表明没有办法可以从顶点 *u* 到达顶点 *v*，因此它们之间的距离可以被认为是无限的。

图 14.18 在一个更简单的有向图上展示了迪杰斯特拉算法的工作原理。迪杰斯特拉算法与 BFS 算法类似，但它们有如下两个主要区别。

- 使用的度量是权重的总和而不再是路径的长度。
- 要让使用的容器能够跟踪将要被访问的下一个顶点，就不能再使用普通队列了，而应该使用优先队列。

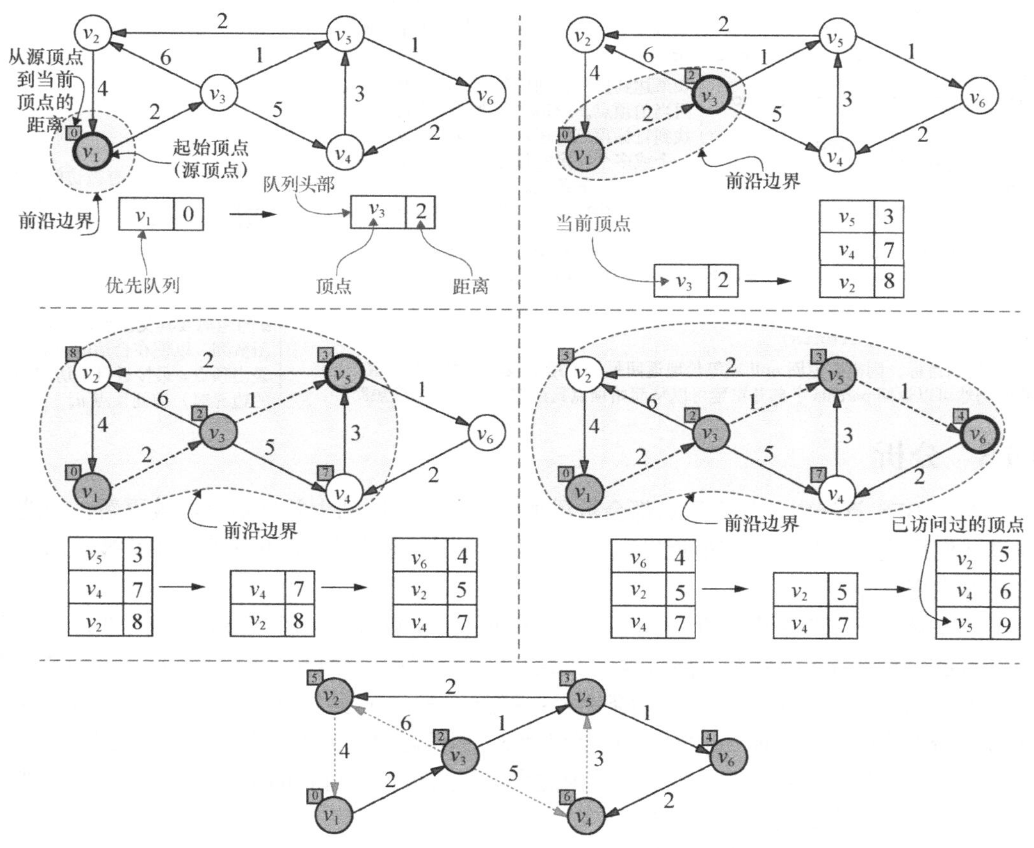

图 14.18　在有向图上执行迪杰斯特拉算法（基于图 14.10 中的示例）

其他诸如算法的逻辑和使用的辅助数据等，都与 BFS 算法类似。如此一来就非常方便了，因为我们可以基于代码清单 14.2 重写得出迪杰斯特拉算法，并且只需要进行很少的改动。如果你认为这种相似性是巧合的话，就请在阅读 14.5 节之前拭目以待吧！

14.4.2　实现

代码清单 14.6 详细描述了迪杰斯特拉算法。如果将其与代码清单 14.2 进行比较，就可以发现迪杰斯特拉算法与 BFS 算法的相似之处竟如此之多，以至于我们可以使用与代码清单 14.3 中相同的算法来重建最短路径。但如果这样做的话，你需要更加小心性能问题。

代码清单 14.6　迪杰斯特拉算法

为每一个顶点 *u* 创建另一个哈希表以跟踪到达顶点 *u* 的顶点。这个哈希表可以用来重建从起点到终点的路径。

在将大多数顶点的距离初始化为无穷大之后（或等效地初始化为可以存储的最大值），你还需要把起始顶点（与自身）的距离设置为 0。

创建一个新的哈希表来跟踪各个顶点到起始顶点的距离，也就是从起始顶点到其他各个顶点所需遍历的边的权重之和。然后将图中除了起始顶点之外的所有顶点的距离都初始化为无穷远。

将起始顶点添加到优先队列中，并使用起始顶点的距离（0）作为优先级，从而能在第一次迭代时获取它。

初始化一个优先队列，具体可以用一个堆来实现。

dijkstra 方法接收一个图、一个起始顶点和一个断言（isGoal 函数）作为参数。这个断言则接收顶点作为参数，并在达到目标时返回 true。dijkstra 方法会返回一对值，其中包含了目标顶点（如果可达的话）和一个由最短路径进行编码的字典。

开始运行一个循环，直到队列为空为止。缘于第 3 行代码，这个循环将至少运行一次。

提取位于优先队列头部的顶点。提取的顶点将成为本次迭代的当前顶点 *v*。

```
function dijkstra(graph, start, isGoal)
  queue ← new PriorityQueue()
  queue.insert(start, 0)
  distances[v] ← inf (∀ v ∈ graph | v <> start)
  parents[v] ← null (∀ v ∈ graph)
  distances[start] ← 0
  while not queue.empty() do
    v ← queue.top()
    if isGoal(v) then
      return (v, parents)
    else
      for e in graph.adjacencyList[v] do
        u ← e.dest
        if distances[u] > distances[v] + e.weight then
          distances[u] ← e.weight + distances[v]
          parents[u] ← v
          queue.update(u, distances[u])
  return (null, parents)
```

如果达到目标，则任务完成，因此需要返回当前顶点。isGoal 函数可以抽象出检查找到目标顶点的逻辑。该逻辑可以是到达一个或多个特定的目标顶点，或是到达满足某个条件的顶点。

迭代当前顶点的出边。

如果顶点 *u* 还没有被访问，那么从起始顶点到顶点 *u* 的距离可通过使路径经过顶点 *v* 来加以缩短。

如果是这种情况，则需要更新顶点 *u* 的距离及其父顶点，并且需要更新队列，以便在合适的时候（也就是当顶点 *u* 最接近目前访问的顶点的边界时）访问顶点 *u*。

如果无法达到目标，则需要返回 null 或等价地返回另一个用于表明搜索失败的值。这时，我们仍然可以返回 parents 字典并重建可以从起始顶点到达的所有顶点的最短路径。

14.4.3　分析

虽然在 BFS 算法中，每个顶点都会被添加到（普通）队列中并且不会再被更新，但迪杰斯特拉算法使用优先队列来跟踪最近发现的顶点，并且顶点的优先级[1]也有可能在其被添加到队列中之后发生变化。

上述差异缘于这两种算法的一个最根本的区别：BFS 算法只使用遍历的边数作为度量，但如果使用的是边的权重，那就有可能包含更多条边的路径相比包含较少边的路径具有更小的权重。例如，在图 14.18 中，v_1 和 v_2 之间有两条路径：路径 $v_1 \to v_3 \to v_2$ 虽然只包含两条边，但其总权重为 8；而另一条路径 $v_1 \to v_3 \to v_5 \to v_2$ 的长度虽然仅为 3，但其总权重为 5。很明显第二条路径更长，并且会访问顶点 v_3 和 v_2 之间的另一个顶点。因此当访问到 v_3 时，到 v_2 的距离将被设置为 8；然后当访问到 v_5 时，这个距离会被更新为 5。

由于这种情况的发生，在每次访问新的顶点时，都有可能更新其所有邻居顶点的优先级。

反过来，基于这里对“更新优先级”操作的实现效率，这也会影响迪杰斯特拉算法的渐近性能。具体来说，对于迪杰斯特拉算法，优先队列可以被实现为数组（有序或无序均可，见附录 C）、堆或斐波那契堆。

使用数组作为优先队列的运行时间是 $O(|V|^2)$，这是因为每个顶点在更新优先级或在被获取后对队列进行调整时，都需要 $O(|V|)$次操作。

对于剩下的两个选择，运行时间都是 $O(|V| * \log(|V|) + |E| * \mathrm{DQ}(|V|))$，其中：

- V 是顶点数；
- $|E|$ 是边数；

1 这里使用最小堆来存储边界中的顶点，并将它们与源顶点的距离作为优先级。

■ DQ(|V|)是“更新优先级”操作的（平均）运行时间。

表 14.2 总结了迪杰斯特拉算法在使用不同优先队列实现时的运行时间。

表 14.2 迪杰斯特拉算法在连通图 $G=(V,E)$上的运行时间

	数组	堆	斐波那契堆
运行时间	$O(\|E\|*\|V\|)$	$O(\|E\|*\log(\|V\|))$	$O(\|V\|*\log(\|V\|)+\|V\|)$ [a]

a．摊销时间。

理论上最好的结果是在使用斐波那契堆时获得的，这是一种针对元素优先级降低操作的摊销时间为$O(1)$的数据结构。但是，这种数据结构实现起来非常复杂，并且在实践中的效果也不好，所以最好的选择还是使用堆。正如你在 2.9 节中看到的那样，在实践中，d 叉堆是一种更有效的实现。

14.4.4 投递包裹的最佳路线

到目前为止，我们已经讨论了迪杰斯特拉算法的工作原理、实现方法及其性能。

那么，如何将这种算法应用到我们的示例中，找到将包裹交付给客户的最短路径呢？

好消息是，这实际上非常简单，一旦创建了图 14.17 所示的图结构，将迪杰斯特拉算法应用于该图结构并重建最短路径就行了。

结果如图 14.19 所示，其中计算并显示了从源顶点 v_S到所有其他顶点的最短距离。

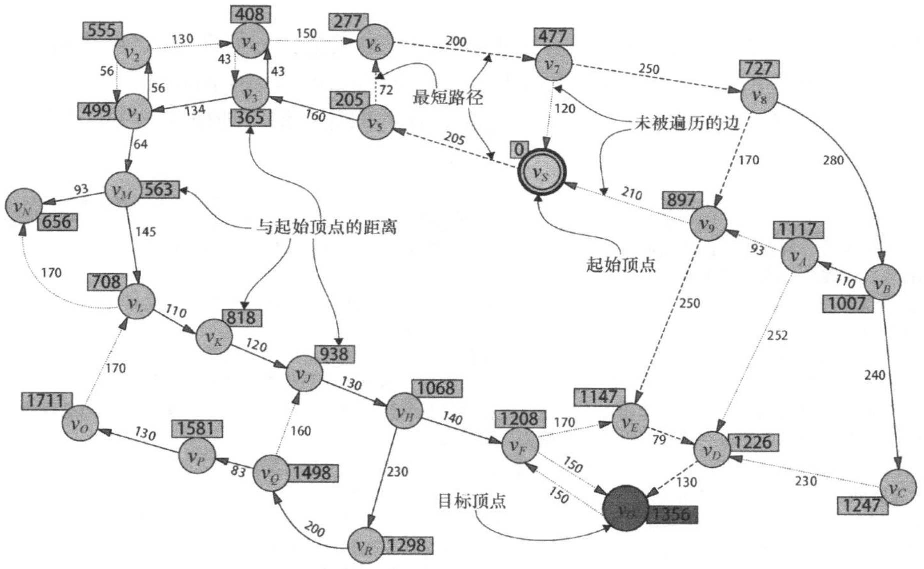

图 14.19 在图 14.17 所示的图结构上执行迪杰斯特拉算法的结果。注意，从源顶点（v_S）到目标顶点（v_G）有两条路径，它们的长度非常接近，并且很难通过肉眼找到最短（但违反直觉）的那条路径。最短路径中的边已用粗虚线做了标注，实线表示遍历过但不在最短路径中的边，剩下的点线表示那些没有被遍历到的边（很明显，在某个时候，你会发现包含这些边的任何路径都比找到的最短路径长）

注意，图 14.19 中有一些边用细点线做了标注，这些边不属于任何最短路径；而到目标顶点 v_G 的最短路径则用粗虚线做了标注。

这个例子完美地说明了为什么需要像迪杰斯特拉算法这样的算法。在顶点 v_S和 v_G之间，有两条路径的长度几乎相同，但人们根据直觉反而可能选择更长的那一条，而仅仅因为它看起来更线性。

最后一个需要考虑的因素是，虽然应用这个算法很简单，但这只是缘于这个图的一个属性——它不包含任何负权重的边。事实上，任何有负权重的边都会违反这个算法背后的假设。换言之，

如果通过在每次迭代中都选择最近的未被访问的顶点来扩展已被访问顶点的边界，那么当访问到新顶点时，就一定能够知道这是从新顶点到起始顶点的最小距离。

这种情况的出现是因为迪杰斯特拉算法（与 BFS 算法一样）是**贪心**算法，这是一种通过做出局部最优选择来找到问题解决方案的算法。因此，要决定接下来访问哪个顶点，只需要考虑已经访问过的顶点的出边就行了。贪心算法只能应用于某些问题，而具有负权重的边会使问题不再适合用任何贪心算法来解决，因为不能再用局部最优得出答案了。

具有负权重的边似乎违反了直觉，但实际上它们非常常见。如果在两个顶点之间使用消耗的汽油来测量距离，并且目标是“结束时油箱不能是空的”，那么对应于有加油站的道路的边，就有可能出现负的权重。同样，如果将成本与汽油相关联，那么可以进行多次交付或取货的优势就有可能产生负的成本，这是因为到这些顶点可以带来额外的收入。

为了处理负权重的边，我们可以使用 Bellman-Ford 算法。这是一种巧妙的算法，旨在使用动态规划技术推导出一个考虑了负权重边的解决方案。Bellman-Ford 算法相比迪杰斯特拉算法的运行成本要高，它的运行时间是 $O(|V|*|E|)$。虽然也可以被应用于非常广泛的图结构集合，但 Bellman-Ford 算法依然有一些限制。例如 Bellman-Ford 算法不能用于包含负权重的环的图结构[1]（但同时，Bellman-Ford 算法可以用来作为发现是否存在这样的环的测试）。

14.5　超越迪杰斯特拉算法：A*算法

可以看到，BFS 算法和迪杰斯特拉算法非常相似。事实上，它们都是 A*算法的特例。

A*算法（见代码清单 14.7）不仅更通用，而且可以在至少两种不同的情形下提高迪杰斯特拉算法的性能。不过，在深入研究这些情形之前，让我们先来深入地研究一下这些算法与 A*算法之间的差异。

代码清单 14.7　A*算法

如果达到目标，则任务完成，因此需要返回当前顶点。isGoal 函数可以抽象出检查找到目标顶点的逻辑。该逻辑可以是到达一个或多个特定的目标顶点，或是到达满足某个条件的顶点。

在将大多数顶点的距离初始化为无穷大之后（或等效地初始化为可以存储的最大值），你还需要把起始顶点（与自身）的距离设置为 0。

为每一个顶点的 f 分数创建一个新的哈希表，用于存放从起始顶点通过某个特定顶点达到目标的路径所需的估计成本。然后将图中除了起始顶点之外的所有顶点的这些值都初始化为无穷远。

创建一个新的哈希表来跟踪各个顶点到起始顶点的距离，也就是从起始顶点到其他各个顶点所需遍历的边的权重之和。然后将图中除了起始顶点之外的所有顶点的距离都初始化为无穷远。

将起始顶点添加到优先队列中，并使用它的距离（0）作为优先级，从而能在第一次迭代时获取它。

初始化一个优先队列，具体可以用一个堆来实现

aStar 方法接收一个图、一个顶点（起始顶点）、一个断言（isGoal 函数，它接收顶点作为参数，并在达到目标时返回 true）、一个函数 distance（它接收一条边作为参数并返回一个代表两个顶点之间距离的浮点数）以及另一个函数 heuristic（它接收一个顶点 *v* 作为参数并返回一个代表顶点 *v* 和目标顶点之间的距离估计值的浮点数）作为参数。aStar 方法会返回一对值，其中包含了目标顶点（如果可达的话）和一个由最短路径进行编码的字典。

```
function aStar(graph, start, isGoal, distance, heuristic)
  queue ← new PriorityQueue()
  queue.insert(start, 0)
  distances[v] ← inf (∀ v ϵ graph | v <> start)
  fScore[v] ← inf (∀ v ϵ graph | v <> start)
  parents[v] ← null ( v ϵ graph)
  distances [start] ← 0
  fScore[start] ← heuristic(start)
  while not queue.empty() do
    v ← queue.top()
    if isGoal(v) then
```

开始运行一个循环，直到队列为空为止。缘于第 3 行代码，这个循环将至少运行一次。

为每一个顶点 *u* 创建另一个哈希表来跟踪到达顶点 *u* 的顶点。这个哈希表可以用来重建从起点到终点的路径。

提取位于优先队列头部的顶点。提取的顶点将成为本次迭代的当前顶点 *v*。

---

1 如果一个图中包含一个负权重的环（即一条边的权重之和为负的环），那么讨论最短路径就毫无意义了，因为我们可以通过反复地遍历这个环来随意降低总成本。

```
    return (v, parents)
  else
    for e in graph.adjacencyList[v] do
      u ← e.dest
      if distances[u] > distances[v] + distance(e) then
        distances[u] ← distance(e) + distances[v]
        fScore[u] ← distances[u] + heuristic(u)
        parents[u] ← v
        queue.update(u, fScore[u])
return (null, parents)
```

迭代当前顶点的出边。

如果顶点 *u* 还没有被访问，那么从起始顶点到顶点 *u* 的距离可通过使路径经过顶点 *v* 来加以缩短。

同时还要更新顶点 *u* 的 f 分数，f 分数是从源顶点到达当前顶点 *u* 所需的成本与从当前顶点 *u* 到达目标顶点所需的预期成本之和。

如果无法达到目标，则需要返回 null 或等价地返回另一个用于表明搜索失败的值。这时，我们仍然可以返回 parents 字典并重建可以从起始顶点到达的所有顶点的最短路径。

如果是这种情况，则需要更新顶点 *u* 的距离及其父顶点，并且需要更新队列，以便在合适的时候（也就是当顶点 *u* 最接近目前访问的顶点的边界时）访问顶点 *u*。

正如你在代码清单 14.7 的第 1 行中看到的那样，A*算法的这个通用定义需要两个额外的参数：一个是距离函数，另一个是启发式函数。它们被用来在代码清单 14.7 的第 13 行中计算 f 分数，f 分数是从源顶点到达当前顶点 *u* 所需的成本与从当前顶点 *u* 到达目标顶点所需的预期成本之和。

通过控制这两个参数，我们可以获得 BFS 算法或迪杰斯特拉算法。对于这两个算法来说，启发式函数将永远等于 0，也就是 lambda(*v*)→0。由此可以看出，这两个算法都完全忽略了有关到目标顶点的距离的任何概念或信息。

这两个算法对于距离的度量则有所不同。

- 迪杰斯特拉算法使用边的权重作为距离函数，因此需要的参数是像 distance = lambda(e) → e.weight 这样的方法。
- BFS 算法则只考虑遍历的边数，相当于认为所有边的权重都相同且等于 1！因此可通过传递 distance = lambda(e) → 1 来完成对距离的度量。

在实践中，在 99.9%的情况下最好直接实现迪杰斯特拉算法或 BFS 算法，而不是把它们作为 A*算法的特例。黄金法则就是，越简单越好。

> **注意** 请不要让你的代码比需要的更通用。在有 3 个或以上不同变体都可以由相同的通用代码的微小改变来实现之前，不应该考虑编写通用版本[1]。

观察代码清单 14.7 所示的 A*算法的通用版本，此类通用代码通常会产生一些额外的开销，例如调用像 distance 这样的方法以及 lambda 方法，而不是直接获取边的长度信息；或者（对于 BFS 算法来说）使用优先队列而不是更快的普通队列等。此外，通用代码还会变得越来越难以维护和理解。

综合以上考虑，你应该明白 A*算法被开发出来并不是为了提供一种通用的参数化方法，而是为了适用于某些特定场景。

事实上，就像我们已经提到的那样，实现 A*算法至少有两个很好的理由，因为在这两种情况下，A*算法可以提供强于迪杰斯特拉算法的优势。

但是，这并不代表 A*算法总会优于迪杰斯特拉算法。一般情况下，迪杰斯特拉算法会渐进地与 A*算法一样快。

A*算法仅在拥有可以按照某种方式使用额外信息的情况下才能获得优势。

可使用 A*算法来让搜索更快地推向目标的第一种情况是，当获得有关所有顶点或某些顶点到目标顶点的距离信息时。“一图胜千言”，图 14.20 展示了这种情况！注意，在这种特殊情况下，关键因素在于顶点（模拟现实世界中的物理位置）携带的额外信息（它们的固定位置）能够帮助

---

1 当然，使用模板或策略之类的模式有助于保持代码库的 DRY 原则，并且更易于维护。但关键问题在于，实现通用的方法或类会使代码变得不再那么干净和易于维护，因此需要进行权衡。

我们估计它们与最终目标之间的距离。这并不总是能够得到的，比如对于通用图来说，就不存在此类信息。

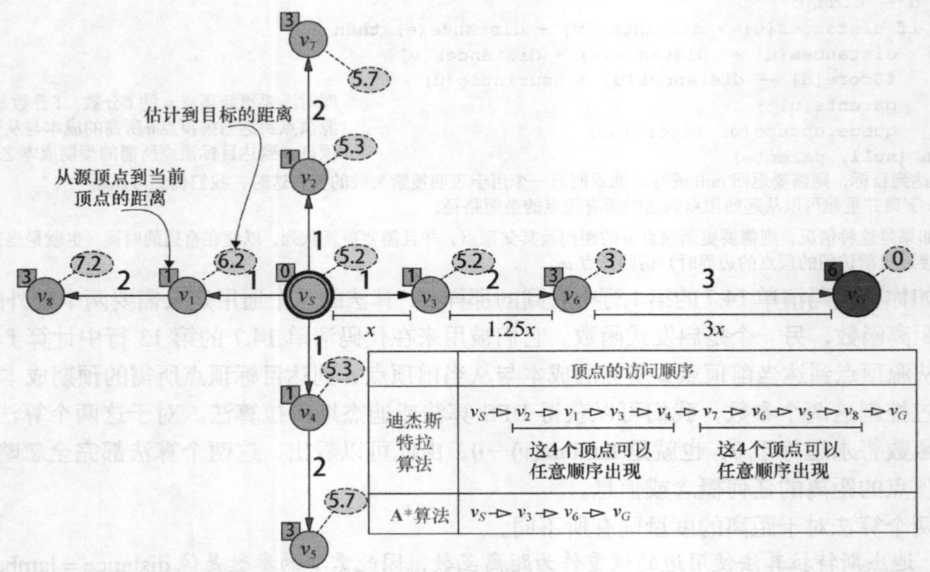

图 14.20　一个展示了 A*算法相比迪杰斯特拉算法更快的示例。虽然这只是一个边缘案例，但在许多情况下，如果有了一些领域知识，A*算法就可以利用这些领域知识对搜索分支进行剪枝，从而获得显著的加速效果

换句话说，这里的额外信息并非来自图结构，而是来自领域知识。

另一个坏消息是，并不能先验保证 A*算法一定比迪杰斯特拉算法表现更好。相反，我们很容易就能举出一个让 A*算法表现得和迪杰斯特拉算法一样糟糕的例子。请查看图 14.21 以了解如何调整上面这个示例来愚弄 A*算法！这里的关键在于启发式函数获取的额外信息的质量，估计值越可靠并且越接近真实距离，A*算法的性能就越好。

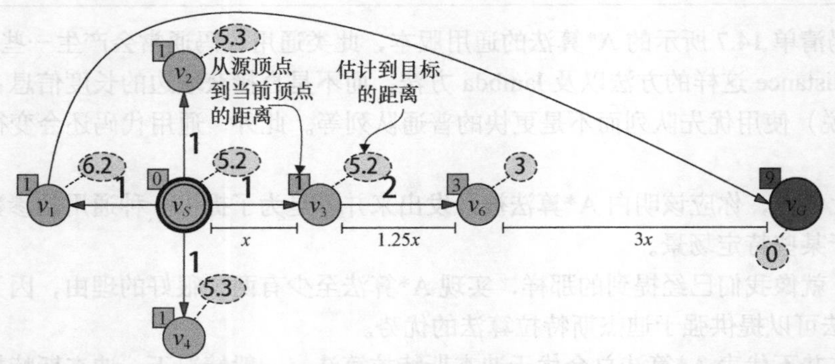

图 14.21　A*算法肯定不能快过迪杰斯特拉算法的边缘情况。这两个算法在访问到从 v_1 到 v_G 的这条边之前，都会访问所有的顶点（A*算法始终以相同的顺序进行遍历，迪杰斯特拉算法则以部分随机的顺序进行遍历）

14.5.1　A*算法到底有多好

如果在课堂上并且正在做现场演示，那么下一个问题就应该是，“能否举一个 A*算法始终比迪杰斯特拉算法表现更差的示例？”

事实证明这是可以的，也很容易。以图 14.21 为例，将从 v_1 到 v_G 的边的权重改为小于 2 的任何值，并同时保持相同的估计值，就可以确定 A*算法在达到目标之前会访问到所有的其他顶点；而迪杰斯特拉算法则永远都不会访问到 v_6，并且根据迪杰斯特拉算法处理 v_S 的边的顺序，它还有可能跳过 v_2 到 v_4 的那些顶点。

这个例子的关键点是启发式函数高估了从 v_1（和其他顶点）到目标顶点的距离。结果由于 A*算法基于估计成本来寻找最小距离，而这个值可能与实际成本不同，并且在这个估计值总是让人悲观的情况下，我们就会遇到麻烦。

事实上，上面这个例子展示了使用错误的估计值是如何导致搜索变慢的。虽然这很不方便，但有时仍然可以接受。然而，情况可能变得更糟，因为我们还可以找到 A*算法返回的成本不是最优解的示例。在图 14.22 中，由于 v_3 的估计值过大，因此 v_G 在访问 v_3 之前，会通过不同的路径到达。记住，一旦到达目标顶点，搜索就会停止并因此返回错误的（非最佳）路径。

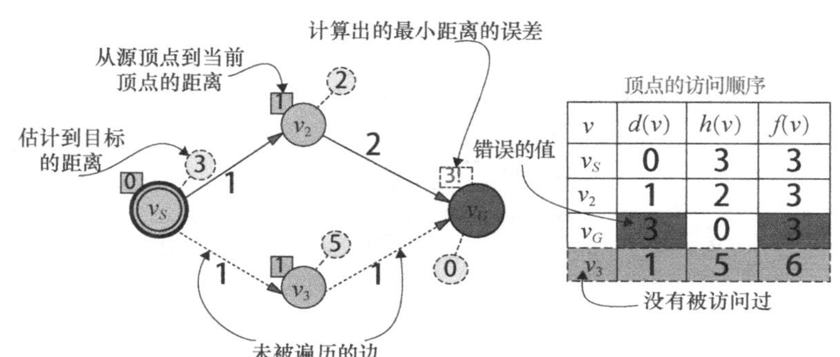

v	$d(v)$	$h(v)$	$f(v)$
v_S	0	3	3
v_2	1	2	3
v_G	3	0	3
v_3	1	5	6

图 14.22　A*算法的另一种边缘情况，此时 A*算法会返回非最优解。这是由于 v_3 的估计值过大，因此在访问到 v_3 之前，就已经有可能通过不同的路径到达目标顶点。一旦到达目标顶点，搜索就会停止并返回错误的（非最佳）路径

虽然有时这仍然被认为是可以接受的，但在实践中我们通常还是希望尽可能地避免这种情况。

事实上，当启发式函数满足两个条件时，就可以证明 A*算法是**完备的**[1]并且是**最优的**，即启发式函数必须是**可接受的**并且是**一致的**。

- 可接受的（也称为**乐观的**）是指启发式函数永远都不会返回高估实现目标的成本。
- 一致的是指如果给定顶点 v 及其任何后继顶点 u，且启发式算法是一致的，那么 u 的估计成本至多是 v 的估计成本加上从 v 到 u 的成本。用公式来描述的话，也就是 $\text{heuristic}(u) \leqslant \text{distance}(v,u) + \text{heuristic}(v)$。

正如本书的一位审稿人所建议的那样，有一种更清晰的方法可以帮助我们记住这两个条件之间的区别：**可接受的**意味着不会高估路径的成本，而**一致的**则意味着不会高估边的成本。

在计划使用 A*算法时，首先需要保证的就是提供既可接受又一致的启发式函数，这是确保找到最优解的充分必要条件[2]。

所有这一切理论对于向客户投递包裹这个问题意味着什么呢？为了提高最佳路线的搜索速度，可使用“到客户地址的直线距离”作为启发式函数，但这会引导搜索算法选择偏向于更接近目标的路径而不是那些远离目标的路径，反过来则会尽可能地在达到目标之前访问更少的顶点。

图 14.23 展示了 A*算法是如何为之前应用了迪杰斯特拉算法的那个示例（见图 14.19）找到最佳路径的。在执行迪杰斯特拉算法时，可访问到所有与源顶点的距离小于 1356（从源

1 完备性保证了在到达目标顶点之前只需要访问有限数量的顶点。

2 对于树结构来说，具有可接受性是充分条件。解释这是为什么。提示：在一个树中，有多少条从根节点经过给定节点 u，最后到达目标节点的路径呢？

顶点到目标顶点的最短路径的总距离）的顶点，而 A*算法则可以更快地到达目标。虽然 A*算法仍然会访问到一些不在最短路径中的顶点，但其不会访问到 v_A、v_B、v_C、v_F、v_N、v_R 这些已被迪杰斯特拉算法访问过的顶点。

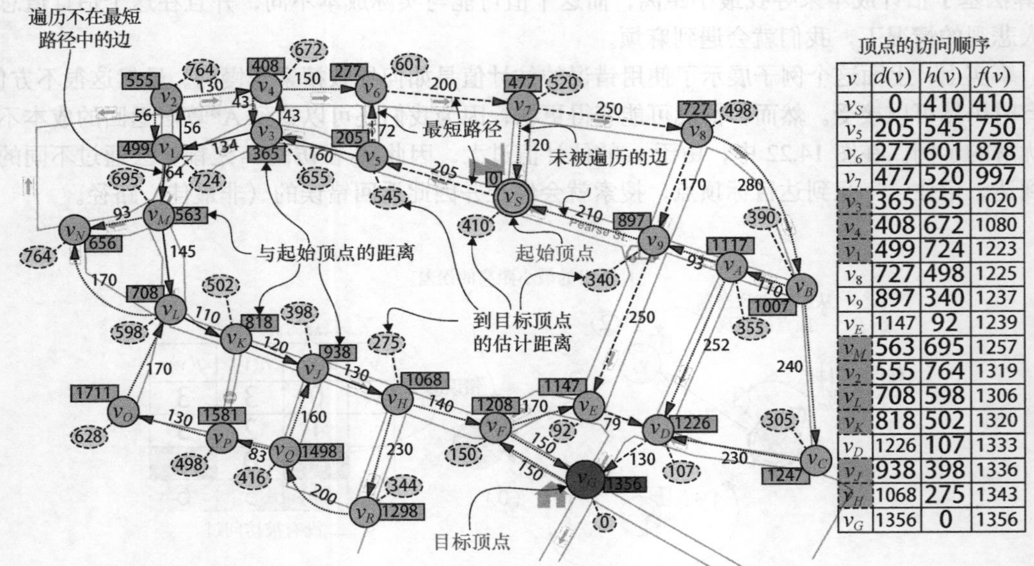

v	$d(v)$	$h(v)$	$f(v)$
v_S	0	410	410
v_5	205	545	750
v_6	277	601	878
v_7	477	520	997
v_3	365	655	1020
v_4	408	672	1080
v_1	499	724	1223
v_8	727	498	1225
v_9	897	340	1237
v_E	1147	92	1239
v_M	563	695	1257
v_2	555	764	1319
v_L	708	598	1306
v_K	818	502	1320
v_D	1226	107	1333
v_J	938	398	1336
v_H	1068	275	1343
v_G	1356	0	1356

图 14.23　将 A*算法应用于图 14.19 所示的图结构。在执行迪杰斯特拉算法时，可访问到所有与源顶点的距离小于 1356 的顶点，而 A*算法虽然仍然会访问一些不在最短路径中的顶点（在右侧的表格中已用灰色背景突出显示），但其能够更快地到达目标顶点，并且不会访问到 v_A、v_B、v_C、v_F、v_N、v_R 这些顶点

在这个特定的示例中，使用 A*算法可以少遍历迪杰斯特拉算法所遍历的 23 条边中的 6 条边，效果非常好（节省了 25%），特别是考虑到这两条路径的权重非常接近。

将道路距离作为边的权重，将直线距离作为启发式函数，就可以保证直线距离肯定是乐观的，因为道路距离永远都不会更短，最多只能相同。

直线距离还是一种一致的启发式函数。事实上，如果将选择的顶点应用于一致性条件，就能得到

$$\text{straight\_line}(u,\text{goal}) \leqslant \text{road\_distance}(v,u) + \text{straight\_distance}(v)$$

因为有 $\text{straight\_line}(v,u) \leqslant \text{road\_distance}(v,u)$，所以上面这个公式显然是成立的。而直线距离是欧几里得距离，因此也遵守三角不等式[1]。

尽管这个条件始终成立，但顶点 u 的启发式函数的值仍然可以大于分配给其父顶点 v 的值。例如，观察图 14.23 中的顶点 v_E 和 v_D。其中，顶点 v_D 和目标顶点之间的直线距离大于顶点 v_D 的父顶点 v_E 到目标顶点的距离。发生这种情况是因为并非所有顶点都由一条边（更确切地说是两条有向边）连接，因此对于 v_E（这是离目标顶点最近的顶点）来说，只能通过绕道才能到达 v_G，因此首先需要经过 v_D。

可以证明，如果图是全连通的，那么也可以根据顶点到目标顶点的直线距离来访问顶点。也就是说，启发式函数的值在这个遍历过程中会单调递减。

再次提醒，有用的图结构大多不是完全连接的，好在并不需要这个严格的条件就能让 A*算法找到最佳解决方案，但你仍然可以使用一致的且可接受的启发式函数。

---

1 给定属于欧几里得空间的 3 个点 A、B 和 C，$\text{distance}(A,C) \leqslant \text{distance}(A,B) + \text{distance}(B,C)$ 始终成立。

这些属性可以保证 A*算法能够找到最佳解决方案，那么是否也应该尽可能地获得最准确的估计值呢？可能存在许多可接受的且一致的启发式函数，如果选择具有更精确估计值的算法，那么算法是否能更快地找到最佳路径呢？

不用说，当必须每小时计算数千条路线时，使用更高效的搜索算法可以避免大量的计算，并让货物更快地离开工厂，从而节省资金。

A*算法在性能上的理论可以再一次保证，如果固定了启发式函数和距离，那么对于任何一致的启发式函数来说，A*算法不仅是最优的，而且也是效率最高的。这就意味着不会有其他算法可以保证访问比 A*算法更少的顶点。

换句话说，估计值越接近顶点到目标的实际距离，算法到达目标的速度就越快。请尝试为图 14.23 所示的图结构提出一个更好的启发式函数。（提示：还有什么比直线距离更精确呢？）

虽然我们很高兴有了一种方式能够保证 A*算法找到最优解，但这里也提到了，有时满足于次优解是可以接受的。尤其是当遍历成本很高或存在受到限制的响应时间时，你可以选择一个非可接受的但可以保证收敛更快的启发式函数。

14.5.2 将启发式函数作为平衡实时数据的一种方式

关于最优搜索的讨论到此结束。前文还提到，在另一种情况下，A*算法可以被证明特别有用。下面我们简要地探讨一下这种情况。

包含这种启发式函数带来的强大功能是可以使用不同的距离度量，并传达有关域的更多信息。启发式函数甚至可以组合多个数据，只要启发式函数返回的值经过适当缩放能够与边的距离有意义就行了。例如，假设使用米作为边的权重，那么如果启发式函数返回的是估计的秒数（或毫米），结果将毫无意义（并且会导致糟糕的性能）。但是，毫米可以换算为米，或者如果启发式函数传达了有关从各个顶点到达目标顶点所需的平均时间的信息，则可以将其乘以道路的平均速度或最小速度来获得距离，然后添加至各条边的权重。

但是，也可以通过对距离和启发式函数的目的更多地进行解耦来将算法提升到一个新的水平。想象一下正在实时计算旅途中的最佳路线，而不是像汽车导航器那样提前算好。

首先，将度量标准从距离转换为行驶时间。穿越道路所需的时间会因为交通、天气以及部分区域在某些时段禁止通行等而发生变化。

好在遵循某条路线所需的平均时间是可以预先知道的，因此可以将其作为基准来与实时决策进行平衡。

例如，假设现在计划着更大规模的投递业务，并且需要将一些货物从那不勒斯运送到佛罗伦萨。当到达罗马时，通常较快的路线是那条经过城市东部的高速公路，时间需要 3 小时左右。但是，导航器发现在那条路线上接下来的 10 千米内都会出现交通拥堵，而从西侧绕过罗马的道路则很畅通。如果导航器刚刚使用的是迪杰斯特拉算法，那么下一条被扩展的边就是行驶接下来 10 千米所需时间更短的那条边，于是选择从西侧绕行。

但遗憾的是，这会使整个行程增加至少 1 小时。A*算法可以在这种情况下提供帮助，它能够平衡无拥堵高速公路路段的短期优势与更短且通常更快的路线的长期收益。

虽然这个例子非常简单，但它至少能够表明 A*算法可以更好地平衡长期成本与当前选择。正因为如此，A*算法是人工智能中最为先进的算法之一，它经常被用来在视频游戏中执行寻路操作[1]。

另一种改进这些导航算法的方法是考虑如何“在真空中”处理对最短路径的请求。尤其是

1 A*算法、迪杰斯特拉算法和 BFS 算法的其他应用范围包括 IP 路由、图论甚至是垃圾收集。

在高峰时段，当许多用户请求相似位置之间的最短路径时，建议所有用户都使用相同的路线有可能导致一些道路上不必要的高流量，而另一些道路上的流量则非常低。如果一个更平衡的路由系统能够考虑到所有涉及相同路段的请求，并将交通分散到多条路线上，从而最大限度地减少因车辆行驶在同一条道路上而导致的拥堵，不是更完美吗?

这个野心太大了，超出了本书的讨论范围，也超出了传统计算机的范畴。这也就是量子开发人员[1]致力于实现这一目标并取得令人鼓舞的成果的原因。

14.6　小结

- 图是一种可以对许多问题进行建模的数据结构，对于通过某种邻近关系而相互连接起来的实体来说，图的效果很好。
- 虽然通常邻接表对于大多数问题来说有不错的效果，但对于稠密图来说，邻接矩阵才是更好的选择。
- 探索图的方法有很多种，但最为常见的是广度优先搜索（BFS）和深度优先搜索（DFS）。
- 当需要根据边的最小权重而不仅仅是最小边数来计算最短路径时，可以使用迪杰斯特拉算法对 BFS 算法进行扩展。
- 当除了边的权重之外还有额外的信息，并且这些信息可以传递到启发式函数以估计各个顶点到目标顶点的距离信息时，A*算法相比迪杰斯特拉算法更有优势。

1 图论是可以被量子计算彻底改变的领域之一。有关实用量子计算的介绍，参见 Johan Vos 编写的 *Quantum Computing for Developers*（曼宁出版社，2021 年）以及由 Sarah C. Kaiser 和 Christopher E. Granade 共同编写的 *Learn Quantum Computing with Python and Q#*（曼宁出版社，2021 年）。

第 15 章　图嵌入与平面性：绘制具有最少相交边的图

本章主要内容

- 在二维平面上进行图嵌入
- 定义图的平面性
- 引入完全图和完全二分图
- 讨论判定图是否为平面图的算法
- 定义非平面图的最小交叉数
- 实现算法以检测交叉边

在正式介绍完图的相关内容后，接下来就是绘制图了。到目前为止，我们一直是以抽象的方式对图进行讨论，但在某些时候，则必须以某种方式将它们可视化才能描述最短路径算法的工作原理。在第 14 章中，我们是通过手动来完成这种可视化的，那么有没有一种可以将这些数据结构嵌入欧几里得空间（特别是二维平面）的自动化方法呢?

并不是所有的图应用都需要这种自动化，也并非总能实现这种自动化。不过在许多应用中，如何在表面上放置图的顶点和边至关重要。以图 15.1 所示的**印制电路板**（Printed Circuit Board，PCB）为例，电子元件（顶点）和导电轨道（边）在印制电路板上的放置方式不但对电路的良好运行非常重要，而且对优化制造工艺并减少铜的使用量，进而减少总成本也非常重要。

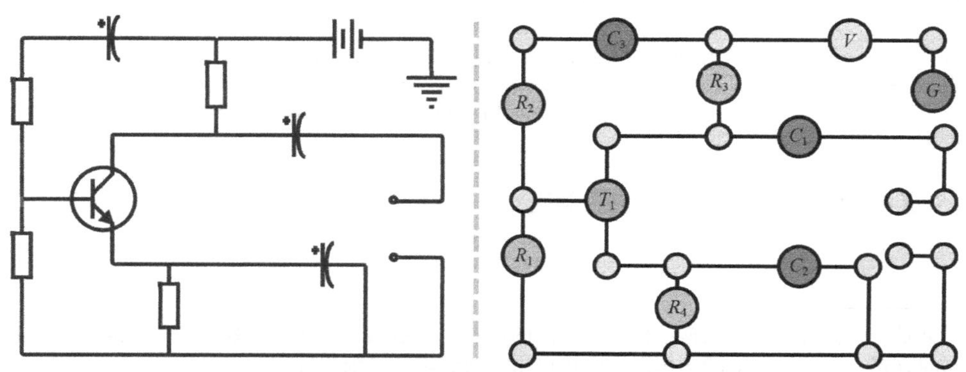

图 15.1　一个电子电路以及有可能从中导出的电路布局的图嵌入示例。图中所有的电子元件都有一对顶点，并且在连接处也已经用图中的顶点进行了建模（为了与事实对应，这里被限制为只能使用水平和竖直的线段来表示导电轨道）

在本章中，我们将逐步介绍有关图嵌入的各种主要概念，重点介绍二维平面、平面图，以及当图是非平面图时如何使相交边最少。

在解释这些概念的同时，我们还会为构建一个接收图并将其完美地显示在屏幕上（或等效地绘制在纸上）的应用打下基础。

15.1　图嵌入

图是一种神奇的数据结构。在第 14 章中，我们仅仅触及图结构的皮毛，谈到了迪杰斯特拉算法和 A*算法。图还有很多很酷的应用，其中不乏你可能听说过的知识图谱[1]或 Neo4J 这样的图数据库[2]。

但是，图也可以用来对更具体的应用进行建模，例如印制电路板就可以表示为图，其中电子元件是顶点，导电轨道（通常由铜制成）则是边[3]。除此之外，我们经常需要对图标进行可视化以便更好地理解它们，比如图 15.2 所示的流程图（你不用奇怪，流程图也是图!）。

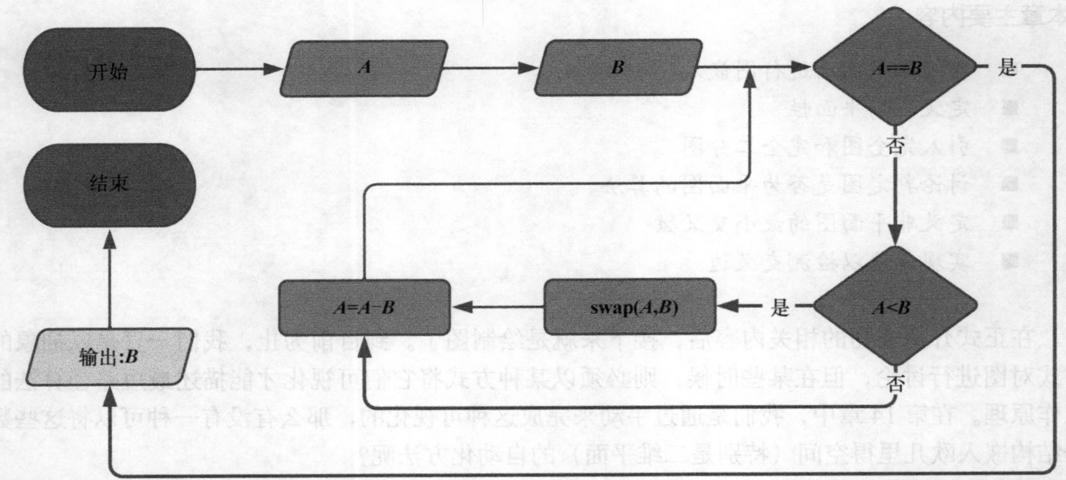

图 15.2　流程图[这个例子旨在展示计算两个数的最大公约数（Greatest Common Divisor，GCD）的算法]是一种特殊类型的图

一旦将流程图可视化，我们就能很容易地遵循流程并对其整体结构有一个大致的了解。下面是用图的顶点和边对图 15.2 所示的流程图做出的正式定义：

```
G = (
V = [Start, A, B, A==B, A<B, swap(A,B), A=A-B, Output: B, End],
E = [Start -> A, A ->  B, A==B -[Yes]-> Output: B, A==B -[No]-> Output: B,
    ➥A<B -[Yes]-> swap(A,B), A<B -[No]-> A=A-B, swap(A,B) -> A=A-B, A=A-B ->
    ➥A==B, Output: B -> End]
)
```

这个定义与图比起来哪个更容易理解呢?

1 知识图谱是一种极为先进的数据结构，它以图的形式组织数据，并在单个数据结构中提供数据本身和理解数据的方式。例如，谷歌的知识图谱就可以用于通过语义来细化搜索。

2 图数据库利用了现代数据是高度互连的这一事实，它允许以语义的方式组织和查询信息，并允许使用图中的边来模拟数据片段（图中的顶点）之间的动态关系。图数据库可以被认为是类似于经典的 SQL 数据库这样的关系数据库，不过图数据库更灵活，也更强大。

3 在这种情况下，对于 PCB 来说，边只能是由垂直线段构成的折线。

笔者认为至少在理解和进行手动处理时，绘制图更具有基本价值。虽然情况并非总是如此[1]，但有很多示例表明，可视化图对于我们来说是非常有必要的，如流程图、UML 图、PERT 图等。

注意，并非所有可视化都是有用的。请观察图 15.3 并与图 15.2 进行比较。它们之间的差别有可能让你觉得与其使用图 15.3 中的图，还不如直接查看图的定义。

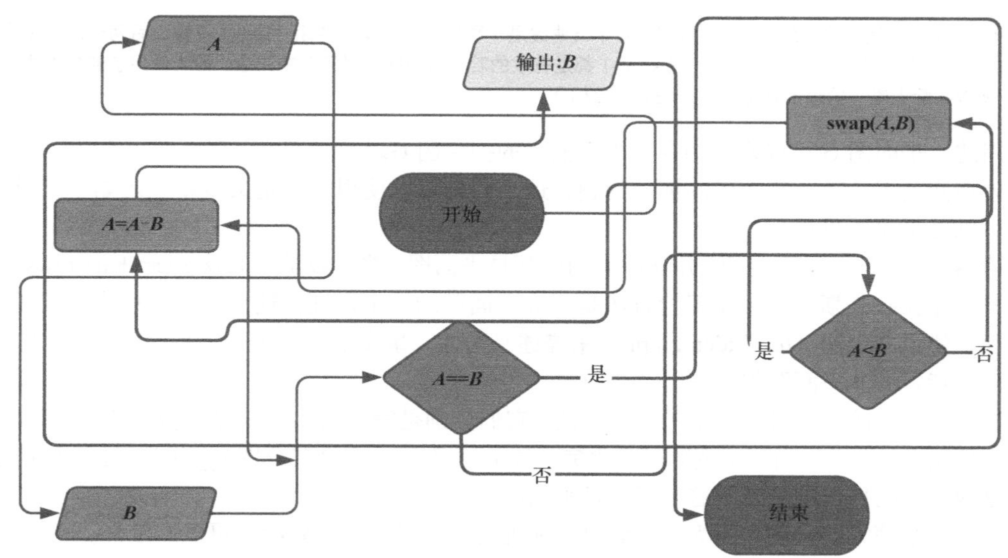

图 15.3　与图 15.2 相同的流程图，只是布局不同

这两种布局之间的主要区别在于，在图 15.3 中，边包含着多次相交，因此很难跟随并理解它们。在图 15.2 中，所有边没有交叉，而这也就是**平面图**（planar graph）的**平面嵌入**（planar embedding）！我们马上就会给出这两个词的含义。不过在此之前，还有一点值得注意，其实绘制的图也有可能变得更糟：至少在图 15.3 中，边还不会与顶点互相重叠。

15.1.1　一些基础定义

我们已经知道了只要绘制出不包含边相交的图，就能够使可视化更加清晰。但是，能不能总是避免出现交叉情况呢？

在回答这个问题之前，我们先给出一些将在本章和后续章节中使用的定义。

在平面上绘制图可以被认为是在二维欧几里得空间中放置顶点。你可以非正式地将各个顶点想象成 $\mathbb{R}^2$（所有实数对的集合）中的一个点，各条边则是两个顶点之间的弧（或折线）。

你也可以更正式地将平面嵌入定义为抽象图 G 和平面图 G' 之间的同构（进行 1∶1 映射）。

因此，平面图可以定义为分别表示为顶点和边的一对有限集(V,E)，其中：

- V 是 $\mathbb{R}^2$ 的子集；
- 所有的边 $e \in E$ 是一条穿过两个顶点的**若尔当曲线**的一部分；
- 不会有两条边具有相同的顶点对；
- 不会有边与顶点（除了终点）或任何其他边相交。

若尔当曲线是平面上的一种简单且封闭的曲线，同时也是平面内非自相交的连续环。图 15.4 展示了相关的几个例子。

---

1 例如，没有人能够只看一眼就理解 Google 的知识图谱（特别是考虑到其中包含着大量的顶点和边）。这种类型的图或图数据库通常不应该由人脑处理，而是应该通过算法来处理。

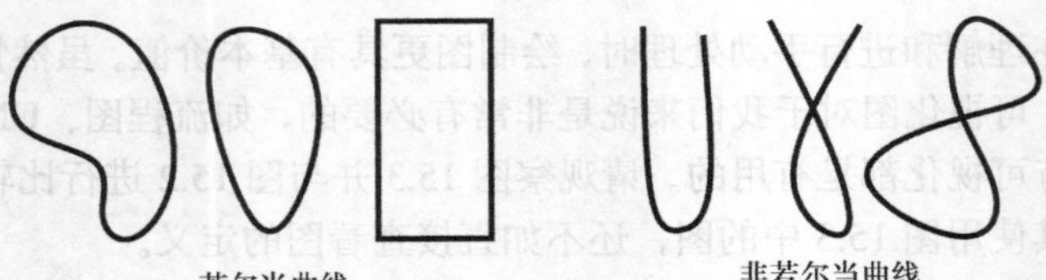

图 15.4　若尔当曲线与非若尔当曲线的示例。若尔当曲线是一种边界没有交点的闭合曲线（不像最后两个示例曲线那样被“扭在一起”）。请注意，矩形（或任何多边形）都是有效的若尔当曲线。对于图中的边，因为使用了若尔当曲线的一部分，所以实际上唯一的限制就是不能在任何点自相交

因此，平面图 *G'* 可以定义为存在平面嵌入的抽象图 *G*。

现在回到本小节开头提出的那个问题，这个问题可以使用上述定义重新表述如下：所有的图都可以是平面图吗？

遗憾的是，答案是否定的。并非所有的图都是平面图。波兰数学家 Kazimierz Kuratowski（卡齐米日 · 库拉托夫斯基）给出了检查图是否为平面图的一个定理。这个定理（称为库拉托夫斯基定理）使用**禁止图**（forbidden graph）来描述平面性。事实上，对于一个平面图来说，它不能包含两个特定的非平面图作为子图。

这两个特定的图是最为简单的非平面图，它们分别是完全图 k_5 和完全二分图 $k_{3,3}$。库拉托夫斯基定理指出：当且仅当一个图既不包含完全图 k_5 也不包含完全二分图 $k_{3,3}$ 作为子图，同时也不包含这两个图的任何**细分**时，这个图才是平面图。

这是一个伟大的发现，但为了能够更好地理解它，我们还需要给出更多的定义。

15.1.2　完全图与完全二分图

完全图（complete graph）是这样一种图，其中的所有顶点都通过一条边连接到图中的其他顶点。在这些图中，简单图的边数最大，是顶点数的二次方，即 $|E|=O(|V|^2)$。

但请注意，完全图中并不包含环。因此，具有 *n* 个顶点的完全图的实际边数为 $n*(n-1)/2$，其中 $|V|=n$。

完全图是用 *K* 和一个代表图中顶点数的下标来表示的。因此，K_5（见图 15.5）表示具有 5 个顶点的完全图，K_n 则表示具有 *n* 个顶点的完全图。

二分图（bipartite graph）是一种连通图，其中的顶点可以分成两组，称为 *A* 和 *B*，并且 *A* 组中的顶点只能连接到 *B* 组中的顶点（换句话说，*A* 组中的各个顶点不能与 *A* 组中的另一个顶点有任何边，对于 *B* 组来说亦如此）。

完全二分图（complete bipartite graph）则刚好包含两组顶点之间所有可能的边。同样，在完全二分图中，环也是不允许的。

因此，$K_{n,m}$ 就是具有两个分区的通用完全二分图，这两个分区分别包含 *n* 和 *m* 个顶点；而 $K_{3,3}$（见图 15.6）就是具有两个分区的完全二分图，其中的每个分区都有 3 个顶点。

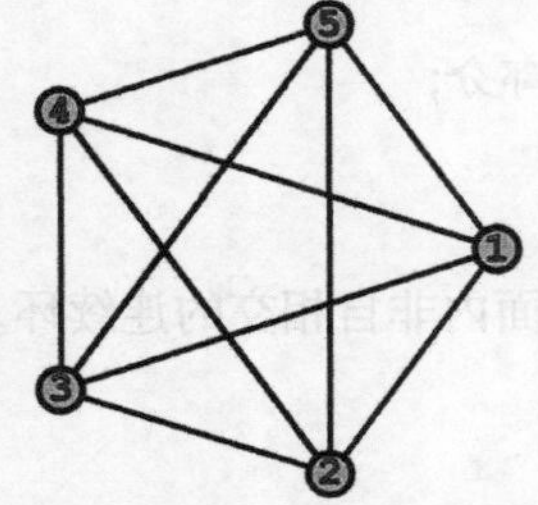

图 15.5　具有 5 个顶点的完全图

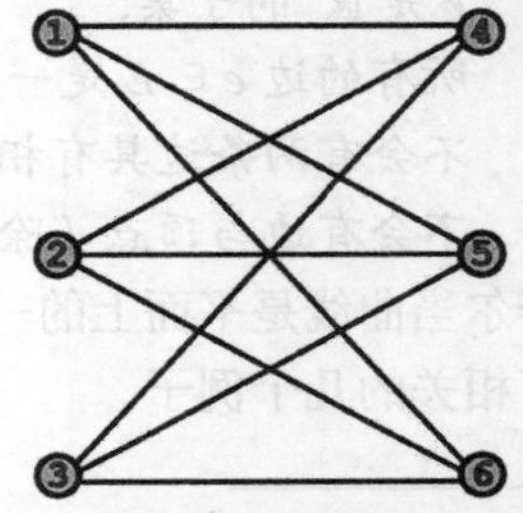

图 15.6　每个分区都有 3 个顶点的完全二分图

当一个完全二分图的分区大小分别为 n 和 m 时，边数恰好为 $n \times m$。

通用的**嵌入**（不一定是平面嵌入）被定义为类似于我们在 15.1.1 节中所做的事情。嵌入是抽象图 G 与平面图 $G' = (V, E)$ 之间的同构 Γ，其中：

- V 是 $\mathbb{R}^2$ 的子集；
- 所有的边 $e \in E$ 是若尔当曲线在两个顶点之间的一部分；
- 不会有两条边具有相同的顶点对；
- 不会有边与（除了其自身顶点对之外的）顶点相交。

上述定义与 15.1.1 节给出的平面图和平面嵌入的定义类似，只是放弃了对边不能交叉的要求。

15.2 平面图

库拉托夫斯基定理是根据平面图中不能包含的内容来定义平面图的，所以看起来有一点违反直觉。然而，这个定理是我们完成如下工作的重要工具。

（1）认识到两类图（完全图和完全二分图）是非平面图（除了它们的最小样本）。因此，当面对这两类图时，我们不用再试图找到避免交叉绘制的方法。

（2）利用数学知识证明图何时是非平面图。

尽管这是一个用于数学证明的绝佳工具，但要用于自动检查图是否为平面图的算法，情况则完全不同。

在本节中，我们还将介绍如何实现平面性测试算法。在此之前，让我们先来完成对库拉托夫斯基图的讨论。

查看图 15.5，K_5 的嵌入有 5 个因为边交叉而产生的点。然而，对于每个抽象图 G 来说，都有无数种可能的嵌入。可以想象，只需要将任意顶点向任意方向稍微移动一点，甚至使用边的不同曲线（与线段相比，曲线可以有无限多种可能性），就可以有无数种方法来绘制抽象图 G。

这显然也适用于 K_5。现在的重点是，所有这些嵌入是否就边的相互交叉方式而言是等效的呢？

我们已经知道了一种绘制 K_5 的方法，其中有 5 对边交叉，所以如果能找到另一种嵌入的方法，使边的交叉数量更大或更小，就有证据可以说明并非所有的嵌入都是相同的。

长话短说，图 15.7 显示了 K_5 的另一种更好的嵌入，其中只在两条边之间有一个交叉点。

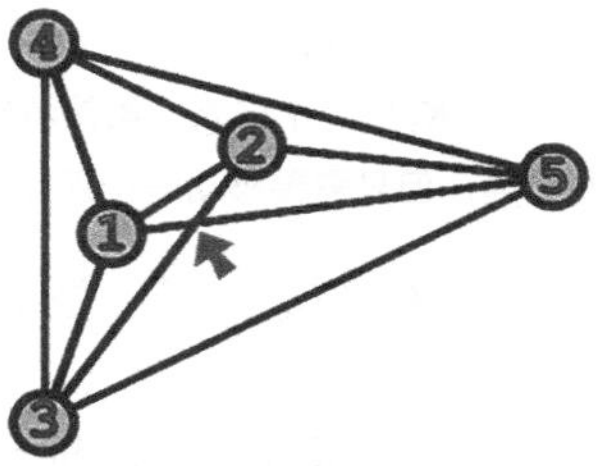

图 15.7 K_5 的另一种更好的嵌入。在这种情况下，只有一个交叉点（已用粗箭头标注）。注意，仍然会有无数个嵌入与这个嵌入等价

因此，这个问题的答案是否定的，它们并不都是等价的。实际上，为图找到“最佳”[1]可能的嵌入将是本书接下来所讲内容的目标[2]。

15.2.1 在实践中使用库拉托夫斯基定理

库拉托夫斯基定理指出，K_5 和 $K_{3,3}$ 是没有平面嵌入的“最简单”图。这里的“最简单”是什么意思呢？“最简单”在这里的意思是，不会再有任何更小的图（意味着更少的顶点或边）是非平面图，因此 K_5 或 $K_{3,3}$ 的所有子图都会有一个平面嵌入。

1 我们还必须讨论是什么让嵌入变得最好或更好。不过，“有更少的交叉点”是一个很好的起点。

2 虽然这里提出了解决这个问题的方法，但我们仍然会介绍一些新的算法和技术，这些算法和技术也可以被应用于除了图之外的其他领域。

笔者一直对这个定理中的两个基本情况感到好奇。因为这两个基本情况从本质上看是异构的，所以不可能找到单个基本图来包含它们。但同时非常了不起的是，任何其他的非平面图都可以由这两个图进行重构。

你可能想要知道，为什么这两个图不可能在没有交点的情况下进行绘制，以及为什么不会再有任何更简单的图是非平面图？好在库拉托夫斯基已经证明了这一点，所以我们可以相信这个定理。

如果仍然有疑问，你可以尝试打乱图 15.7 中的顶点，看看能不能找到一个平面嵌入。别着急，慢慢来。因为这要花费很长的时间，直到最后你才会意识到这是不可能的！

声明中的另一半是，“不会再有任何更小的非平面图，因而很容易就能展示出来”。对于 K_5 来说，我们先来看一个顶点较少的图，也就是图 15.8 中的 K_4。

乍一看，当天真地画出这个图时，它将有一对交叉边。然而，我们可以很容易地将其中一个顶点移过交叉点，从而得到一个平面嵌入。

另一种情况是判定当边数少于 K_5 时会不会有非平面图。然而，如果看一下图 15.7，你就能很明显地发现，只要删除边 1→5 或 2→3，就能删除图中的交叉点，如图 15.9 所示。由于完全图是对称的且与标记无关的[1]，因此无论从 K_5 中删除哪条边，都可以得到等效的嵌入（忽略标签）。

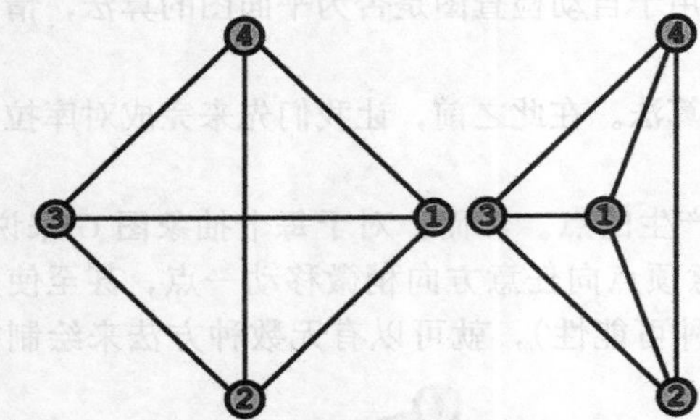

图 15.8　K_4 的两个嵌入。虽然看起来是非平面图的很好候选，但只需要移动一个顶点，就能找到平面嵌入了

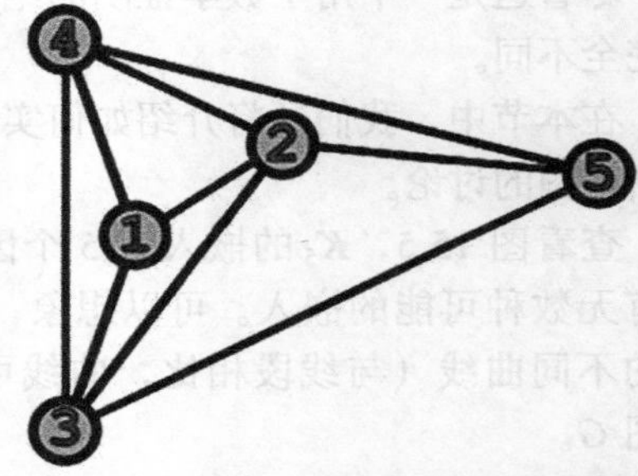

图 15.9　在从 K_5 中删除一条边后，得到的任何图都可以被嵌入平面中而不会有任何边相交

总之，K_5 的最大子图是平面图，因此任何其他具有 5 个或更少顶点且少于 9 条边的图也都是平面图。

对于 $K_{3,3}$ 来说，情况也相似。研究子图是一种很好的习惯，这可以让我们更好地理解二分图和嵌入的相关知识。

15.2.2　平面性测试

检查一个图是不是平面图比想象中的还要棘手。即使要检查嵌入是不是平面的，也不是那么容易。这是人脑可以轻松执行的任务之一，但用算法来进行复刻则不是那么简单。如果想避免求助于计算机视觉（通常对于这类任务我们都会这样做[2]）的话，就需要限制绘制边的方式，例如限制为直线段或贝塞尔曲线，从而方便通过使用数学公式来计算它们是否相交。但尽管如此，检查大图上的交叉点的数量所需的计算工作量仍然非常大。

---

1 如何标记顶点并不重要，因为顶点是同构的。也就是说，它们之间彼此等价，并且每个顶点都与所有其他顶点相邻。

2 除了计算量大之外，即使最先进的计算机视觉，也仍然需要大型数据集和进行长时间的训练，而且很明显，这并不能提供确定性的算法。

这还只是针对单个嵌入的情况。确定一个图是不是非平面图意味着需要证明对于可以提出的任何可能的嵌入来说，都至少存在一个交叉点。

前面已经介绍了库拉托夫斯基定理在平面图上是如何工作的，并且提供了一种能够确定图是否为平面图的方法。

然而，平面性已经被研究了很长时间。事实上，欧拉（Euler）早在 18 世纪就提出了一个不变量，柯西（Cauchy）则在 1811 年对它进行了证明，为图成为平面图提供了一些必要条件。

尽管这些条件不是充分条件，不能用来证明平面性，但它们的计算成本很低，并且在违反时能排除平面性。

其中，可以在测试时更容易实现的两个条件如下。

- 给定一个至少有 3 个顶点的简单连通图 $G=(V,E)$，仅当$|E|\leqslant 3|V|-6$ 时，G 才是平面图。
- 如果$|V|>3$ 且 G 没有任何长度为 3 的环，那么仅当$|E|\leqslant 2|V|-4$ 时，G 才是平面图。

因此，作为平面性测试算法的第一步，我们可以在线性时间 $O(V+E)$内检查上述两个条件[1]。只要其中的任何一个条件不成立，我们就能够知道答案是“非平面图”。

有若干算法可以测试平面性。虽然它们并不都特别容易实现，并且其中也有不少是低效的；但是在 1974 年，Hopcroft 和 Tarjan 推导出了即使在最坏情况下执行，也仍然有很好表现的一个高效算法。

稍后你就能看到，在这个算法被发明之前，人们开发出的低效算法需要 $O(|V|^3)$甚至更长的渐进时间。

尝试和改善这种情况的一种办法是使用分治策略将原始图分解为可以单独测试的更小子图。这得益于以下两个引理：

- 一个图是平面的，当且仅当它的所有连通分量都是平面的；
- 一个图是平面的，当且仅当它的所有双连通分量都是平面的。

我们在第 14 章中给出了**连通图**的定义：当从任何顶点 $v\in G$ 都可以找到其他任何顶点 $u\in G$ 的路径时，图 G 就是连通的。如果一个图不是连通的，则可以定义它的连通分量是连接图 G 的最大不相交子图。

双连通图（biconnected graph）是具有附加属性的连通图，即不存在任何单个顶点 $v\in G$，能够使得从图 G 中删除顶点 v 会让图不再连通。双连通图的等价定义是：如果对于任何一对顶点 $u,v\in G$，在它们之间同时存在两条不相交的路径，那么图 G 就是双连通的。因此，除了顶点 u 和 v，这两条路径不能有任何共同的边，也不能有任何共同的顶点。

上面第一个引理的证明特别简单。对于不连通的图，由于其连通分量之间没有边，因此只需要保证各个分量在绘制时不与其他分量重叠就行了。

基于这两个引理，我们可以将任何图 G 拆分为双连通分量，然后分别对这些分量应用选择的平面性测试就行了。

15.2.3 用于平面性测试的朴素算法

前面不止一次提到，基于库拉托夫斯基定理的（低效）算法实现起来相当简单，我们不妨就从这里开始吧。代码清单 15.1 展示了一个模板方法，其中封装了各种平面性测试算法，旨在确保将图分解成连通（最好是双连通）分量，并在各个分量上运行测试。

---

1 如果有关于图大小的信息，则可以在常数时间内检查第一个条件。

代码清单 15.1　平面性测试的模板方法

planarityTesting 方法是一个元函数，它接收一个图和平面性测试算法作为参数，并将平面性测试算法传递给图的所有双连通分量。如果有任何平面性测试结果是失败的，就表明这个图是非平面图。

```
function planarityTesting(graph, isPlanar)
  components ← biconnectedComponents(graph)
  for G in components do
    if not isPlanar(G) then
      return false
  return true
```

将图分解成双连通分量（也可以使用连通分量来保持简单）。

循环图中的各个分量。

如果有任何一个分量是非平面的，那么整个图就是非平面的。

如果所有分量都是平面的，则返回 true。

在第 14 章中，你已经看到了如何使用 DFS 算法来找到图的连通分量。寻找双连通分量稍微复杂一些，但仍然可以使用 DFS 算法的改进版来完成。

接下来，我们定义对所有双连通（或连通）分量进行平面性测试的实际方法。代码清单 15.2 展示了基于库拉托夫斯基定理的平面性测试方法。

代码清单 15.2　基于库拉托夫斯基定理的平面性测试方法

最后，如果这个图是同构于 K_5 或 $K_{3,3}$ 的，那么它肯定是非平面图。

检查边和顶点的数量是否违反欧拉定理对平面图的约束。如果违反了，那么这个图就不可能是平面图。

由于这个算法利用了图的归纳特性，因此需要从基本情况开始。少于 5 个顶点的图绝对是平面图。

```
function isPlanar(graph)
  if |graph.vertices| < 5 then return true
  if violatesEulerConstraints(graph) then return false
  if isK5(graph) or isK3_3(graph) then return false
  for v in graph.vertices do
    subG ← graph.remove(v)
    if not isPlanar(subG) then return false
  for e in graph.edges do
  subG ← graph.remove(e)
  if not isPlanar(subG) return false
return true
```

循环遍历图中的顶点。

通过删除顶点 v 以及与顶点 v 相邻的所有边来创建子图。

如果这样创建出来的子图是非平面图，那么 graph 也是非平面图。

循环遍历 graph 中的所有边。

通过删除当前边来创建一个子图。

如果生成的子图不是非平面图，那么 graph 也是非平面图。

如果一直执行到这一行，那么该图就是平面图。

这个算法利用了图的归纳定义。虽然树也可以通过归纳顶点的数量来进行定义（通过将子节点添加到根节点来构造更大的树），但对于图 $G=(V,E)$来说，它有两种不同的归纳定义方式。

正如你在第 14 章中看到的那样，它们分别是：

- $G'=(V+v,E)$，旨在向图 G 中添加一个新顶点；
- $G'=(V,E+(u,v))\,|\,u,v\in V$，旨在向图 G 中添加一条新边。

因此，在分解图 G 时，我们需要考虑如下两种类型的子图。

- **导出子图：** 所有通过依次移除图 G 中的各个顶点（归纳规则 1）以及与该顶点接触的边而得到的图。
- **生成子图：** 所有通过依次删除图 G 中的各条边（归纳规则 2）而得到的图。

针对这两种类型的子图，分别使用代码清单 15.2 的第 5～7 行代码以及第 8～10 行代码进行递归检查。由于算法是递归的，因此需要提供基本情况。虽然可以使用空图作为基本情况，但由于我们已经知道了所有具有 4 个或更少顶点的图都是平面图，因此可以提前停止递归（见代码清单 15.2 的第 2 行代码），从而节约计算资源。

剩下唯一要做的就是检查当前输入是不是非平面图。在这里，我们使用另一个（实际上是两个）基本情况来解决这一点。代码清单 15.2 的第 4 行旨在检查递归是否带来 K_5 或 $K_{3,3}$（基于库拉托夫斯基定理，我们可以知道这就意味着非平面）。但是，除了进行这一检查，我们在代码清单 15.2 的第 3 行还添加了另一个平面性检查，即欧拉不等式。正如你在 15.2.2 节中看到的那样，如果正在检查的图的边比顶点多很多，那么该图肯定是非平面图。

要想了解执行这些检查的辅助方法是如何工作的，你可以先看一下代码清单 15.3～代码清单 15.5。

代码清单 15.3 平面性测试的辅助方法：欧拉不变量

检查图上的欧拉不变量。

```
function violatesEulerConstraints(graph)
  (n,m) ← (|graph.vertices|, |graph.edges|)
  if m > 3 * n - 6 then
    return true
  if not hasCycleOfLength3(graph) and m > 2 * n - 4 then
    return true
  return false
```

存储图中顶点数和边数的临时变量。

第一个约束：如果一个图是平面图，则一定有$|E| \leqslant 3|V|-6$。

第二个（更严格的）约束：如果一个图是平面图并且没有任何长度为 3 的环，则一定有$|E| \leqslant 2|V|-4$。

代码清单 15.4 平面性测试的辅助方法：K_5 检查

```
function isK5(graph)
  if |graph.vertices| == 5 and |graph.simpleEdges| == 10 then
  return true
  return false
```

K_5 有 5 个顶点和 10 条边（并且不包括环）。这里假设 graph.simpleEdges 会返回图中除了环以外的所有边。

isK5 方法接收一个图作为参数，并检查这个图是否为具有 5 个顶点的完全图。

代码清单 15.5 平面性测试的辅助方法：$K_{3,3}$ 检查

isK3_3 方法接收一个图作为参数，并检查这个图是否为一个具有两个分区且每个分区都有三个顶点的完全二分图。

```
function isK3_3(graph)
  (n,m) ← (|graph.vertices|, |graph.simpleEdges|)
  if n == 6 and m == 9 then
    if isBipartite(graph) and partitionsSize(graph) == (3,3) then
      return true
  return false
```

$K_{3,3}$ 有 6 个顶点和 9 条边（并且不包括环）。这里假设 graph.simpleEdges 会返回图中除了环以外的所有边。

存储图中顶点数和边数的临时变量。

但这还不够，我们还需要检查图是不是二分图以及两个分区的大小是否正确。

检查欧拉约束的方法如代码清单 15.3 所示，其中直接使用了 15.2.2 节中的公式。这里最难的部分是验证一个图中有没有任何长度等于 3 的环。好在这个逻辑可以用 DFS 算法的改进版来完成，它会返回所有的环，并保证算法在线性时间 $O(V+E)$内运行。由于代价非常大并且需要付出不小的努力来编写和维护代码，因此包含第二个检查所带来的好处是有争议的，甚至有可能是不值得的。为此，我们一开始可以只用检查第一个约束条件，并删除第 5 行代码中的 if 语句。

代码清单 15.4 展示了检查一个图是否同构于 K_5 的方法。这个图很明显需要 5 个顶点和 10 条边。注意，这里谈论的是简单边，即其中源顶点和目标顶点都不相同的边（因此不会有环）。

代码清单 15.5 展示了检查一个图是否同构于 $K_{3,3}$ 的方法。这个方法稍微有点复杂，因为只检查顶点和边的数量是否正确是不够的，还需要检查图是不是二分图以及两个分区的大小是否都为 3。

于是我们来到需要实现的最后一步：检查一个图是不是二分图并获取两个分区。

为此，我们可以利用二分图的一个属性：当且仅当可以恰好用两种不同的颜色对其顶点进行着色时，一个图才是二分图，因为只有这样才能保证任何一对相邻的顶点都具有不同的颜色。图 15.10 通过几个例子说明了这个定义。

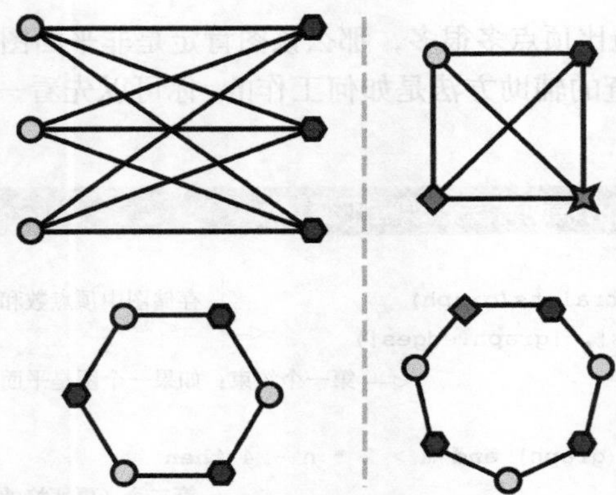

图 15.10　二分图与着色。所有的图都用尽可能少的颜色进行着色。左侧是二分图。右侧则是非二分图。可以看出，对于右侧的图来说，两种颜色是不够的（这里还使用不同的形状和颜色对顶点进行了标注，从而使这些差异有了更好的可视化效果）

可通过修改 BFS 算法来轻松地完成图的着色，步骤如下。

(1) 将源顶点表示为红色六边形。

(2) 每当从队列中提取一个顶点时，就用相反的颜色对它的所有邻居顶点进行着色。也就是说，如果当前顶点是红色六边形，就用蓝色正方形（见图 15.10）进行着色，反之亦然。

(3) 如果任何相邻顶点已经用与当前顶点相同的颜色进行了着色，那么这个图就不是二分图。

代码清单 15.6 展示了一个旨在返回两个分区的方法的伪代码，此外还检查了一个连通图是不是二分图。对于这个方法，你也可以查看我们在本书的 GitHub 仓库中提供的 Java 实现，或者查看由 JsGraph（一个 JavaScript 库）提供的 JavaScript 实现（本章中的大多数嵌入示例就是用这个 JavaScript 库绘制的）。

代码清单 15.6　检查一个连通图是不是二分图

```
function isBipartite(graph)
  queue ← new Queue()
  queue.insert(chooseRandomVertex(graph))
  colors ← new HashTable()
  colors[queue.peak()] ← red
  while not queue.empty() do
    v ← queue.dequeue()
    for e in graph.adjacencyList[v] do
      u ← e.dest
      if colors[u] == colors[v] then
        return (false, null, null)
      if u not in colors then
        colors[u] = (blue if colors[v] == red else red)
        queue.enqueue(u)
  return (true, {v | colors[v] == red}, {v | colors[v] == blue})
```

- isBipartite 方法接收一个图作为参数，如果这个图是二分图，就返回 true 和两个分区。这个图必须是连通的非空图。
- 初始化一个简单的 FIFO 队列。
- 将图的一个随机顶点添加到队列中，从而能在第一次迭代时获取它。
- 创建一个新的哈希表以跟踪各个顶点的颜色。
- 为起始顶点（当前位于队列的头部）选择红色。
- 开始运行一个循环，直到队列为空为止。缘于上面的第 3 行代码，这个循环将至少运行一次。
- 从队列的头部出队一个顶点。这个顶点将成为当前顶点。
- 迭代当前顶点的出边。
- 如果邻居顶点已经使用与顶点 v 相同的颜色进行了着色，那么该图就不是二分图。
- 如果顶点 u 还没有被着色，则可以给它分配另一种不同的颜色并将该顶点添加到队列中。
- 如果能执行到这里，就表明该图是二分图，因此可以很容易地根据顶点的颜色对顶点进行划分。

15.2.4 提高性能

性能是旨在测试图的平面性的这个简单算法的瓶颈。我们已经知道了这个算法的效率很低，但到底有多低呢？

这是一个递归算法，每次执行这个递归算法时，都可能产生多次递归调用。递归的深度在原始图 $G=(V,E)$的大小上是线性的，这是因为算法会依次删除一个顶点或一条边。

递归树的宽度（递归调用的数量）在当前运行的图 $G'=(V',E')$的大小上也是线性的，这是因为两个 for 循环会循环遍历 G'中的所有顶点和边。

于是可以得出运行时间的计算公式：当$|V'|=n$、$|E'|=m$ 时，有

```
T(n,m)=n*T(n-1,m)+m*T(n,m-1)
T(0,0)=1
T(0,*)=1
T(*,0)=1
```

对于像 $T(n)=n*T(n-1)$ 这样的递归关系[1]来说，具体的解取决于基项的值。就像本例这样，如果有 $T(0)=1$，那么当只有一个变量时，$T(n)$至少是 $T(n)=n$；而如果有两个变量的话，那么函数增长得就会更快。

在算法运行时间的计算公式中，我们最不想要的就是阶乘。这是一个比指数函数增长得更快的函数。这也就意味着代码清单 15.2 所示的算法只能用于小图。

当你在计算中看到阶乘出现时，通常意味着进行了多次重复计算。

这个算法也是这样。我们先来看一个例子，这个例子将一个只有 3 个顶点的小图 $G=(\{1,2,3\},E)$作为初始图。在这个例子中，我们不关心边，而是专注于顶点的递归情况。

在代码清单 15.2 中，第 5 行的 for 循环将发出 3 次调用[2]，分别用于执行下面这 3 个图[3]：

```
(V',E')=({2,3},E-{1}),({1,3},E-{2}),({1,2},E-{3})
```

这 3 个图又会分别产生两轮调用：

```
({3}, E-{1,2}),({2},E-{1,3})
({3}, E-{1,2}),({1},E-{2,3})
({2}, E-{1,3}),({1},E-{2,3})
```

可以看到，在第二轮调用中，每个图都出现了两次。如果再加上对于边的递归，情况就会变得更糟。

通常这种扩张方式在递归接近基本情况的很久之前就会导致内存崩溃。

解决这个问题的最常见策略是通过下面任意一种方式来避免重复计算。

- 定义一个更好的递归以避免重复（并不总是可行）。
- 修剪搜索树，避免重复工作，即采用**分支定界**（branch and bound）法。
- 计算并存储较小用例的结果，并在计算较大问题时读取它们，即采用**动态规划**（dynamic programming）法。

在这里，我们可以合理地选择第三种方式，并使用**记忆化**（memoization）[4]来为较小的问题提供针对算法结果的缓存。

这的确能带来一些改进。不过，正如你稍后将看到的那样，为平面性测试开发的最有效算法会在各个步骤中对要添加或删除的边进行排序以保证具有线性数量的步骤。（因此我们实际上使用了第一种方式来避免重复计算。）

但无论如何，通过避免重复计算，我们能够保证各个不同的子图最多被检查一次，这样步骤的数量便可以由可能存在的子图数来定义。对于具有 n 个顶点和 m 条边的图来说，存在 2^n 个

1 递归关系是由递归定义的值序列的方程，值序列中的每一项都被定义为前面项的函数。请查看附录 E 以了解更多有关如何解决递归关系的信息。

2 在这个例子中，我们假设代码清单 15.2 的第 2 行使用空图作为停止递归的基本情况。

3 这里的 $E-\{1\}$是 $E-\{(1,v)|v\in\{2,3\},(1,v)\in E\}$的缩写。其他的顶点亦如此。

4 有关递归与使用记忆化来防止堆栈溢出的内容，详见附录 E。

导出子图（因为有 2^n 个顶点的子集）和 2^m 个**生成子图**（因为考虑到边的子集）。因此，总的子图数量是以 2^{n+m} 为上界的，这比阶乘要好，但仍然太大了，所以这个算法无法用于任何具有超过大约 20 个顶点的图。

还有一些其他的小改进可以添加到算法中。虽然没有避免重复计算那么有影响，但这些小改进也有助于加速算法。例如，可以改善停止条件，并且不需要等到到达 K_5 或 $K_{3,3}$ 就可以停止递归，任何具有 5 个或更多顶点的完全图，以及任何两个分区都具有 3 个或更多顶点的完全二分图，都肯定是非平面图。

不过，这些情况中的大多数已经被欧拉不变量捕获了。

代码清单 15.7 展示了改进后的这个算法的伪代码。你也可以在本书的 GitHub 仓库中找到相应的 Java 实现，或者查看由 JsGraph 提供的 JavaScript 实现。

代码清单 15.7 带缓存的平面性测试

不再只寻找 K_5 或 $K_{3,3}$，而是检查图是不是完全图（因为此时这个图中至少有 5 个顶点，所以它肯定是非平面图）或完全二分图（在这里还需要检查两个分区的大小，要求不能小于 3）。

如果边和顶点的数量违反欧拉对平面图的约束，就可以判断出这个图不是平面图。在返回之前，需要更新缓存，这样这个图就不会在另一个计算分支中被再次检查了。

```
function isPlanar(graph, cache={})
  if graph in cache then return (cache[graph], cache)
  if |graph.vertices| < 5 then return (true, cache)
  if violatesEulerConstraints(graph) then
    cache[graph] ← false
    return (false, cache)
  if isComplete(graph) or isNonPlanarCompleteBipartite(graph) then
    cache[graph] ← false
    return (false, cache)
  for v in graph.vertices do
    subG ← graph.remove(v)
    (planar, cache) ← isPlanar(subG, cache)
    if not planar then
      cache[graph] ← false
      return (false, cache)
  for e in graph.edges do
    subG ← graph.remove(e)
    (planar, cache) ← isPlanar(subG, cache)
    if not planar then
      cache[graph] ← false
      return (false, cache)
  cache[graph] ← true
  return (true, cache)
```

检查图是否在缓存中。只要图是可序列化的，缓存就可以简单得像字典一样。

循环遍历图中的顶点。

当执行递归调用时，也需要更新缓存。除了与缓存相关的代码之外，算法本身保持不变。

循环遍历图中的所有边，并遵循与顶点相同的模式。

如果一直执行到了这一行，那么图就是平面图，更新缓存并返回 true。

15.2.5 高效的算法

代码清单 15.7 中的算法仍然太慢，不能用于大图。但尽管如此，它仍然是一个可以在小图上运行的、可行的低成本[1]选项。

我们现在已经有了许多用于平面性测试的更好算法。虽然它们分别采用不同的方式来保证在线性时间内提供答案（和平面嵌入），但它们也有一些共同点，那就是都相当复杂。

详细描述它们超出了本章的讨论范围，但在这里，我们仍将简要描述其中一些突出的算法，从而为感兴趣的读者提供参考[2]。

注意，实现这些算法需要付出相当多的努力。另外，如果可以对约束条件进行放松，并且

1 站在编写和维护代码的角度。

2 更全面的总结详见 *Handbook of Graph Drawing and Visualization*，Chapman and Hall/CRC 出版社，2013 年，第 1～42 页。

可以接受提供合理的但不保证是平面的嵌入算法，那么通常可以使用更简单的启发式算法来生成嵌入（稍后将详细介绍）。

前面提到过，第一个用于平面性测试的线性时间算法是由 Hopcroft 和 Tarjan[1]在 1974 年发明的，它改进了他们之前开发的一个变体[2]。这个算法背后的思想主要基于顶点的加法，因此它会自下而上开始，并为使用原始子图的各个增量构建的导出子图[3]保留那些可能的平面嵌入。

前面还提到，这种策略定义了一种不同的递归方法，它是自下而上而不是自上而下的，使用的是增量法而不是分治法。但最重要的是，这个算法通过小心地依次重新构造原始图的顶点，避免了分析所有的子图，并且只执行线性数量的步骤。

这个算法的核心是，在添加顶点时跟踪子图的那些可能的嵌入。

2004 年，Boyer 和 Myrvold 发明了一个全新的算法[4]。这是一种边添加方法，因此需要依次添加边而不是顶点。这个算法仍然是线性的，运行时间为 $O(|V|+|E|)$，但其最大优势在于可以避免针对特定数据结构的任何要求存储候选的嵌入。这个算法目前是为（平面）图寻找平面嵌入的最为先进的解决方案之一。

我们要介绍的最后一个算法是由 Fraysseix、de Mendes 和 Rosenstiehl 发明的平面性测试算法[5]，这个算法根据深度优先搜索树中边的左右顺序来判定平面图，并且它的实现是基于一个 DFS 方法的，当然我们对这个 DFS 方法也会相应地进行修改。同时，这个算法使用了 Trémaux 树，这是一种特殊的由图的 DFS 访问产生的生成树。

15.3 非平面图

目前，我们已经学习了一种平面性测试算法，接下来我们就可以更自信地查看如何在屏幕上很好地可视化图了。一些平面性测试算法还会同时输出平面嵌入，这为我们提供了一个很好的起点。

不过，道阻且长。请考虑以下两个问题。

- *减少交叉边的数量是唯一应该遵循的标准吗？*
- *既然已经知道了不是所有的图都是平面图，那么应该放弃非平面图吗？*

我们先来关注第一个问题：你是怎么认为的？花点时间想象一下良好的可视化还有哪些其他特征，或者说如果只关心这些特征可能会出现什么问题。

然后看看图 15.11，证实一下自己的想法！

通过观察图 15.11，你就能发现有 3 个不同的原因会导致可视化的外观和可理解性变差。

（1）最明显的原因是无法阅读任何文本。这是因为元素之间的距离非常远，以至于需要对图进行缩小才能看到完整的图。

（2）有一些边过于扭曲，因而很难理解它们。

（3）与图 15.1 相比，元素的相对位置无法表明流向。相邻节点之间彼此相距较远，并且还包含一些其他不相关的步骤。

---

1 Efficient planarity testing（“高效的平面性测试”），John Hopcroft 与 Robert E. Tarjan，《ACM 杂志》，第 21 卷，第 4 期，1974 年，第 549～568 页。

2 Implementation of an efficient algorithm for planarity testing of graphs（“用于图的平面性测试的有效算法的实现”），R. E. Tarjan，未正式发表，1969 年 12 月。

3 你已经看到了，可通过从原始图中删除一个或多个顶点来获得导出子图。

4 On the cutting edge: simplified $O(n)$ planarity by edge addition（“在最前沿：通过添加边来简化 $O(n)$平面性”），John M. Boyer 与 Wendy J. Myrvold，《图算法与应用杂志》，第 8 卷，第 3 期，2004 年，第 241～273 页。

5 Trémaux trees and planarity（“Trémaux 树与平面性”），Hubert de Fraysseix、Patrice Ossona de Mendez 与 Pierre Rosenstiehl，《国际计算机科学基础杂志》，第 17 卷，第 5 期，2006 年，第 1017～1029 页。

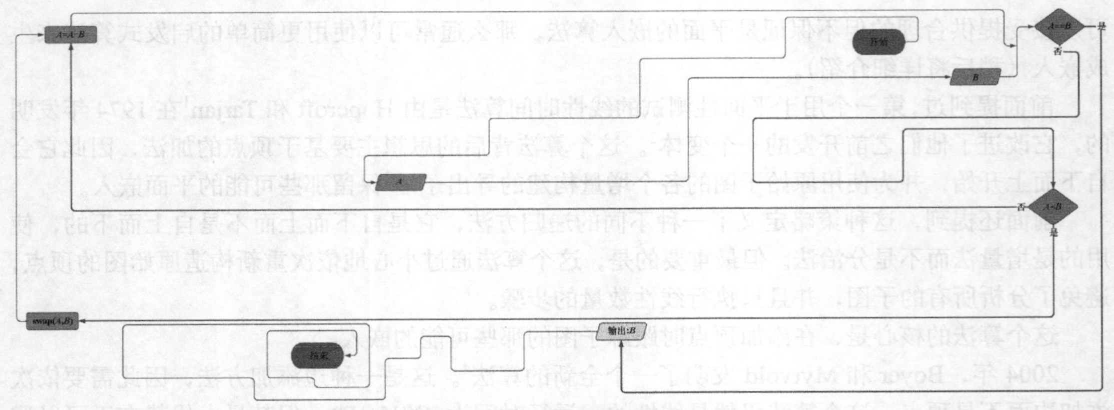

图 15.11　图 15.1 所示流程图的另一个莫名其妙的嵌入

以上就是图 15.11 所示图结构的问题所在。那么，能不能将这些因素转换为需求以获得更好的可视化呢？你可以试着这样做：

- 将相邻顶点（也就是由边连接的顶点）尽可能在平面上靠近放置。当然，这一点也需要平衡，因为顶点也不能靠得太近（否则它们会相互重叠或隐藏它们之间的边）。此外，如果顶点 v 与许多其他顶点相邻，就可能没办法把这些顶点都聚集在顶点 v 的周围。
- 以最简单的方式绘制边，用椭圆线段或弧形线段都行。
- 减少边的交叉数量。如果图是平面图，那么目标就是不包含任何交叉点；而如果图是非平面图，那么目标就是使交叉点尽可能少。

在接下来的章节中，你将看到如何将这些要求转换为数学表达式，进而能够对反映了图到底有多好的**成本函数**进行建模。

不过，在本章剩余部分，我们将深入讨论上面提到的第三个要求。

正如你刚才看到的那样，有些图是没办法在没有任何边交叉的情况下找到嵌入的。

高维空间中边的交叉点

抽象数据类型可以理解为蓝图，而数据结构则会把将其中的规范转换为真实代码。

抽象数据类型是从使用者的角度进行定义的，因此需要使用可能的值、可能的操作以及与这些操作对应的输出和副作用来描述其行为。

如果要更正式地描述抽象数据类型，则应该是："由一组类型、这组类型的指定类型、一组功能以及一组公理构成的合集"。

对于数据的具体表示——数据结构来说，则恰恰相反，我们是从实现者而不是使用者的角度对其进行描述的。

有趣的是，如果从平面移到三维空间，那么要找到 $\mathbb{R}^3$ 中没有边交叉的嵌入就很简单了。考虑下面的若尔当曲面 $C(t)$：

$$C(t)=\begin{cases} x=t \\ y=t^2, & t\geqslant 0 \\ z=t^3 \end{cases}$$

你可以将各个顶点映射到曲线上不同的点，并将边绘制为顶点之间的线段。接下来就可以证明，从 $C(t)$ 中随机选择的一组 4 个点是没办法放在同一平面上的。因此，点与点之间的线段是不能相互交叉的。

然而，对于非平面图 G 来说，我们可以定义**交叉数**（crossing number），它是图 G 在 $\mathbb{R}^2$ 中

所有可能的嵌入中，边的交叉数量的最小值。

显然，平面图的交叉数等于 0。本章前面介绍的两个非平面图 K_5 和 $K_{3,3}$ 的交叉数则等于 1。

15.3.1 找到交叉数

库拉托夫斯基定理告诉了我们图是平面图的充分必要条件是什么，但它对于计算非平面图的最小交叉数并没有提供多少帮助。对寻找非平面图的交叉数的研究远远少于对平面性测试或嵌入的研究。虽然已经有了若干有效的算法可以为平面图提供平面嵌入，但目前还没有出现一种有效的算法能找到通用图的最小交叉数。

事实上，确定泛型图（generic graph）的交叉数已经被证明是一个 NP **完全**问题。

但是，如果缩小范围，则会有一些特殊情况[1]。例如，人们最近已经证明了[2]存在一种简单的算法，可以检查非平面图是否具有一个交叉点。

假设图 G 是一个非平面图（因此根据库拉托夫斯基定理，它至少有 5 个顶点），删除其中各对不相邻的边[3]，如 $a \to b$ 与 $c \to d$，并添加一个新的顶点 v 以及 4 条新边 $a \to v$、$v \to b$、$c \to v$、$v \to d$。

如果得到的新图是平面图，那么原图的交叉数正好等于 1。

在这个领域，有趣的结果都集中在了完全图和完全二分图上。其中，Guy 猜想和 Zarankiewicz 猜想给出了这些图的交叉数的计算公式，但到目前为止，这两个猜想都还没有得到证明。

Guy 猜想给出了具有 n 个顶点的通用完全图的最小交叉数：

$$Z(K_n)=\frac{1}{4}\cdot\left\lfloor\frac{n}{2}\right\rfloor\cdot\left\lfloor\frac{n-1}{2}\right\rfloor\cdot\left\lfloor\frac{n-2}{2}\right\rfloor\cdot\left\lfloor\frac{n-3}{2}\right\rfloor$$

Zarankiewicz 猜想则给出了两个分区分别具有 n 个和 m 个顶点的完全二分图的估计：

$$Z(K_{n,m})=\frac{1}{4}\cdot\left\lfloor\frac{n}{2}\right\rfloor\cdot\left\lfloor\frac{n-1}{2}\right\rfloor\cdot\left\lfloor\frac{m}{2}\right\rfloor\cdot\left\lfloor\frac{m-1}{2}\right\rfloor$$

如今，这两个公式都已经被证明是交叉树的上界，这也就意味着这些图的交叉数不会大于使用公式计算出来的值。但遗憾的是，它们还没有被证明是交叉树的下界。

如果将这些结果应用于我们已经介绍的两个图中，则可以得到

$$Z(K_5)=\frac{1}{4}\cdot\left\lfloor\frac{5}{2}\right\rfloor\cdot\left\lfloor\frac{4}{2}\right\rfloor\cdot\left\lfloor\frac{3}{2}\right\rfloor\cdot\left\lfloor\frac{2}{2}\right\rfloor=1$$

$$Z(K_{3,3})=\left\lfloor\frac{3}{2}\right\rfloor\cdot\left\lfloor\frac{2}{2}\right\rfloor\cdot\left\lfloor\frac{3}{2}\right\rfloor\cdot\left\lfloor\frac{2}{2}\right\rfloor=1$$

因此，对于图 K_5 和 $K_{3,3}$ 来说，这个计算结果与我们前面提到的内容以及我们的经验是一致的。事实上，Guy 猜想在 $n \leqslant 12$ 时就已经被证明是正确的；而当 $n,m \leqslant 7$ 时，Zarankiewicz 猜想也被证明是正确的。

例如，考虑图 15.12 所示的图 K_6，预期的和已证明的交叉数都是 3。

不过，要得到边的交叉数最小时的嵌入则困难得多，如图 15.13 所示。

1 A survey of graphs with known or bounded crossing numbers（“对已知或有界交叉数的图的研究”）， Kieran Clancy、Michael Haythorpe 与 Alex Newcombe，arXiv preprint arXiv:1901.05155，2019 年。

2 QuickCross - Crossing Number Problem（“QuickCross——交叉数的问题”），Michael Haythorpe。

3 如果两条边至少有一个共同的顶点，那么它们就是相邻的。因此，在一对不相邻的边中，所有 4 个顶点都是不同的。

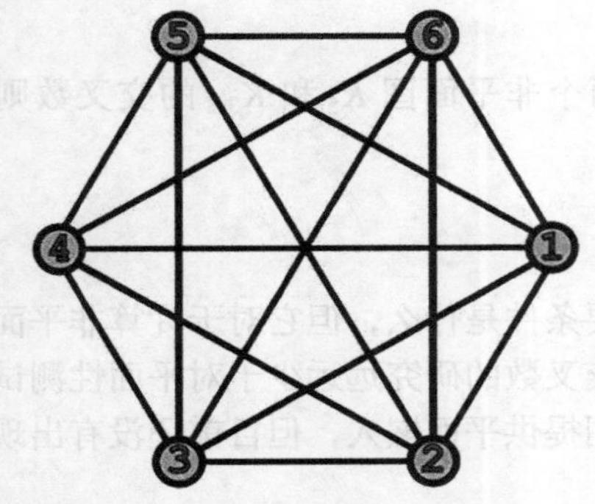

图 15.12　K_6 的朴素嵌入，这种布局有 15 对交叉边

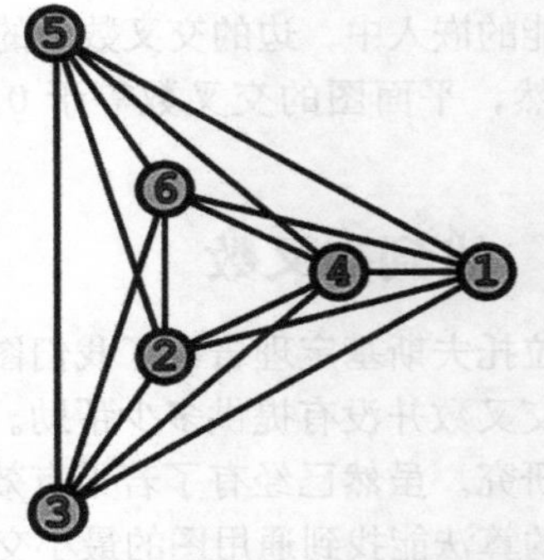

图 15.13　K_6 的最小交叉嵌入，其中只有 3 个交叉点

15.3.2　直线交叉数

你有没有发现，目前所有的图都是用线段绘制的。虽然这能很好地满足需求，并且总是能绘制出具有最少交叉点的图，但也会出现例外。

实际上，这里需要引入一个新的定义：图 G 的**直线交叉数**（rectilinear crossing number）是图 G 的直线绘制中的最小边交叉数。图 G 的直线绘制也就是图 G 在平面上并且边被绘制为直线线段时的嵌入。

当把边限制为直线线段时，实际上也就仅仅用到了一小部分可能的嵌入。因此很明显，图的直线交叉数永远都不会小于图的交叉数。

那么，这个数会更大吗？人们已经证明，对于任何具有小于或等于 3 的交叉数的图 G，都可以得出具有最小交叉数的直线图。换句话说，只要交叉数 cr(G)小于或等于 3，直线交叉数 rcr(G)就会与图的交叉数 cr(G)相同。

这意味着平面图可以无差别地被绘制为直线图或曲线图，虽然这还不错，但结果也不能一概而论。实际上，cr(G)=4＜rcr(G)的图是存在的。图 15.14 展示了发表于 1993 年的一篇论文[1]中用来证明这一点的原始示例。图 15.14 的左半部分是图的直线图，其中有 12 条边相交。12 也是图的直线交叉数，并且对于只允许画直线线段的边，无论移动多少个顶点，都不再能得到更少的交叉点。

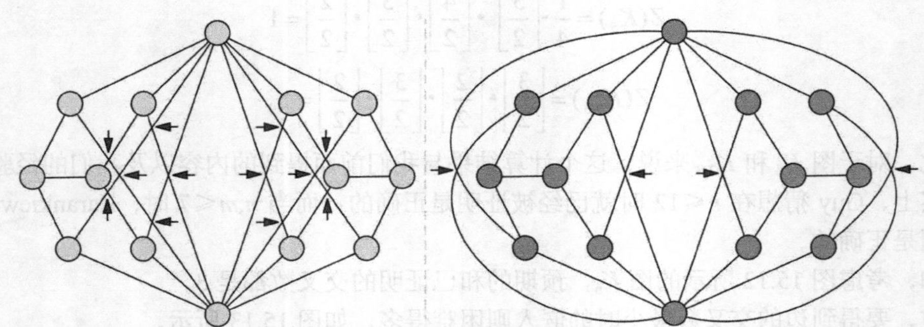

图 15.14　直线交叉数大于图的交叉数的最简单图，其中的交叉点用小箭头进行了突出显示

另外，图 15.14 的右半部分显示，只需要使用 3 次贝塞尔曲线并将一些边移到左边那个嵌入的外表面，就可以将交叉点减少到只剩下 4 个。

1 Bounds for rectilinear crossing numbers（“直线交叉数的界限”），Daniel Bienstock 与 Nathaniel Dean，《图论杂志》，第 17 卷，第 3 期，1993 年，第 333～348 页。

有趣的是，将这个图作为起点，就可以构建出图的交叉数等于 4，但直线交叉数为任意大（可以达到无穷大）的图。

对于完全图，已知当 $n \geqslant 10$ 时，有 $\mathrm{rcr}(K_n) > \mathrm{cr}(K_n)$。不过遗憾的是，对于 K_5 和 K_6 来说，我们并不能做得更好。即便使用通用的若尔当曲线，K_6 可以获得的最佳嵌入也仅仅是图 15.15 所示的嵌入，其中仍然有 3 个交叉点。

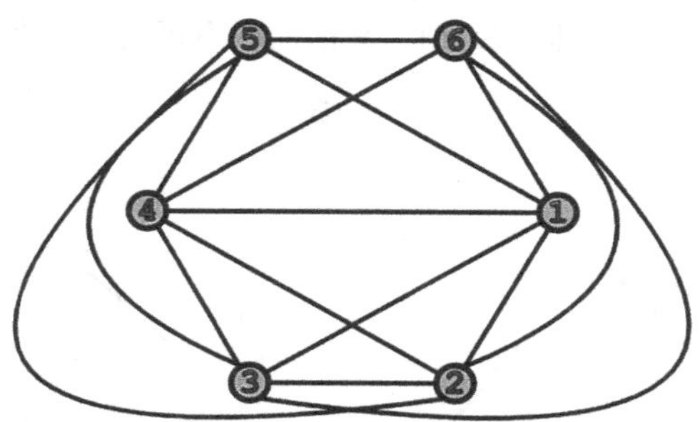

图 15.15 K_6 的另一种最小交叉嵌入，允许使用曲线绘制边可以让顶点保持更规则的布局

但尽管如此，使用曲线也仍可以为顶点选择更简单也更规则的布局。

所以，长话短说，如果只能使用直线线段来绘制大图，那就不得不接受比实际可能更多的交叉点，这是因为对于许多图来说，直线交叉点的数量大于交叉点的数量。那么这是否就意味着应该放弃这种绘制图的方式呢？答案是否定的！

首先，正如你已经看到的那样，对于所有平面图和所有交叉数小于 4 的图，都可以使用直线进行绘制而不会有任何损失。此外，并非所有其他 $\mathrm{cr}(G) \geqslant 4$ 的图的 $\mathrm{rcr}(G)$ 都比 $\mathrm{cr}(G)$ 差。

事实证明，我们通常对绘制平面图或类平面图更感兴趣，因为流程图、PERT 图、工作流图等通常都是相当稀疏的图，因此这些图不太可能存在很大的交叉数。毕竟，根据欧拉不变量，平面图必然是稀疏的（因为边的数量与顶点数呈线性关系）。

其次，即使使用曲线嵌入，也可以获得更少的交叉点，但这并不意味着能够很容易地找到这样的嵌入。事实上，由于需要优化更多的参数，这些图用算法通常很难找到。在这种情况下，除了顶点的位置，还必须找到减少交叉点数量的理想曲线。如果使用贝塞尔的二次曲线或三次曲线，则需要为每条边添加至少一个或两个参数，从而使搜索空间变得更大，但这同时也提高了搜索的难度。实际上，参数的数量将从 $O(V)$ 变为 $O(V+E)$，后者在最坏情况下也就是 $O(V^2)$。

最后，使用曲线需要更大的计算量。检查两条线段是否相交比检查两条曲线是否相交要容易得多（通过对顶点的位置进行一些限制，前者可以变得更容易）。这也就意味着即使是计算候选解决方案中的交叉点的数量，曲线图的成本也会更高。

在后续章节中，我们将继续专注于直线图的绘制方法，并展示如何将它们扩展到曲线图。

15.4 边的交叉点

在本节中，我们将讨论直线绘图的变体。不过由于边都会被绘制为线段，因此检查它们是否相交也就变得非常容易了。

我们还将介绍贝塞尔曲线，并简要解释它们是如何工作的、允许的曲线子集以及如何检查这个子集中的交叉点。

15.4.1 直线线段

让我们先从两条线段之间的交叉点开始。毕竟前面已经讲明，我们将继续专注于直线图，因此我们将花更多的篇幅讨论这种情况。

图 15.16 展示了一种成本较低的筛选不相交线段对的初始策略。假设基于两条线段分别画一个平行于轴的框，如果框不相交，那么很明显，这两条线段就不会相交。换句话说，观察两条线段在笛卡儿轴上的投影，如果它们在 x 轴和 y 轴上都不相交，那么这两个框也就不会相交。

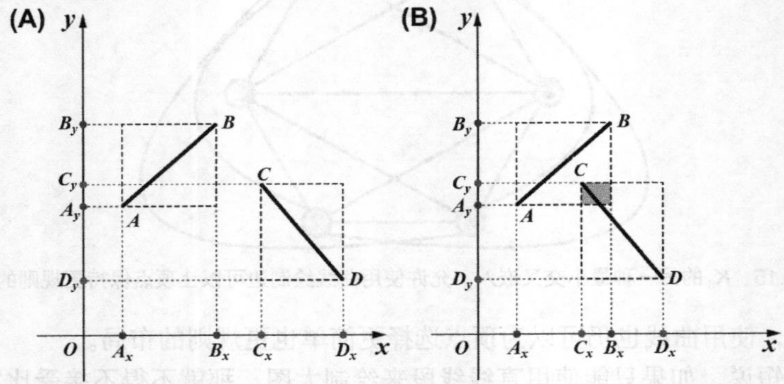

图 15.16　非相交线段的示例。针对边界框的检查只能排除交叉点，但不能确认交叉点是否存在

这种根据投影的线段不相交的条件，只能证明两条线段不相交，但是反过来并不能证明两条线段就是相交的。图 15.16（B）就展示了一种边界框相交但线段不相交的情况。

于是出现一种不对称的情况。

■　如果发现线段的投影在任意两个轴上不相交，就可以得出线段不相交的结论。

■　否则，无法做出线段是否相交的任何假设，因此还需要进行进一步调查。

好在有许多种方式可以做到这一点，例如，可以检查一条线段的两端是否分别落在另一条线段的两侧，如图 15.17 所示。

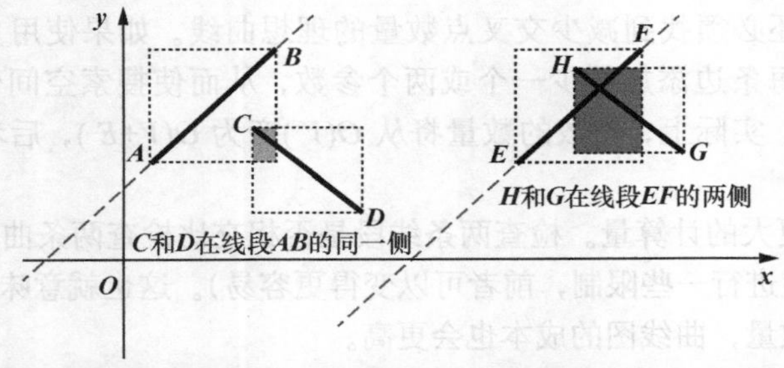

图 15.17　线段的交点。如果边界框有交点，则需要判定变为线段 *CD*（或 *HG*）的顶点是否分别在线段 *AB*(或 *EF*)的两侧，反之亦然

然而，这需要对边的情况（如平行线段）进行多次判定，所以笔者更喜欢使用自己最近发现的另一种不同的、更优雅的新方法。

这种新方法的要点如图 15.18 所示。不再涉及边界框，而是寻找穿过两条线段的延长线的交点，然后检查交点是否在这两条线段上。实际上，这时会有 3 种可能的情况。

■　两条线段的交点 P 位于这两条线段之外。

■　交点 P 只位于这两条线段中的一条上，但不在另一条上。

■　交点 P 同时位于这两条线段上。

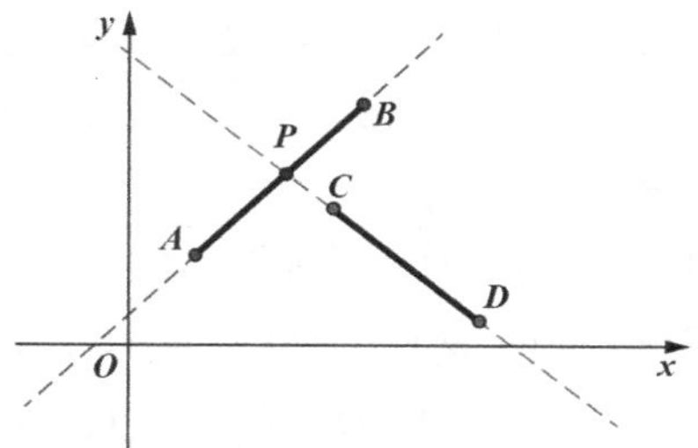

图 15.18 检查两条线段的交点是否在这两条线段之内（一）

只有在上述第三种情况下，才会出现交点。

那么如何才能找到交点 P 呢？首先，更准确地说，这里使用的是向量与半线而不是直线。

定义向量 $\boldsymbol{v}=BA=(B_x-A_x,B_y-A_y)$ 和 $\boldsymbol{w}=DC=(D_x-C_x,D_y-C_y)$。这两个向量将从线段上的第二个点开始，到第一个点结束。向量是可以随意平移的，因此可以将 $\boldsymbol{v}$ 移到从 $\boldsymbol{w}$ 结束的地方开始，反之亦然，并计算它们的和或乘积。例如，考虑图 15.19（A）中的向量 $\boldsymbol{u}$（稍后就会对其进行定义），为了方便，我们将其显示为与 $\boldsymbol{v}$ 共享点 A，这样两个向量的正交性就很明显了。

假设向量 $\boldsymbol{v}$ 与 $\boldsymbol{w}$ 不平行（可通过它们的叉积来进行简单的验证），穿过它们的线将在点 P 处相交，这个点可能在线段内，也可能不在线段内。但无论是哪种情况，都一定存在两个实数 h 和 g，使得缩放向量 $h*\boldsymbol{v}$ 和 $g*\boldsymbol{w}$ 的起点分别为点 B 和 D 并且都在点 P 处结束，如图 15.19（B）所示。

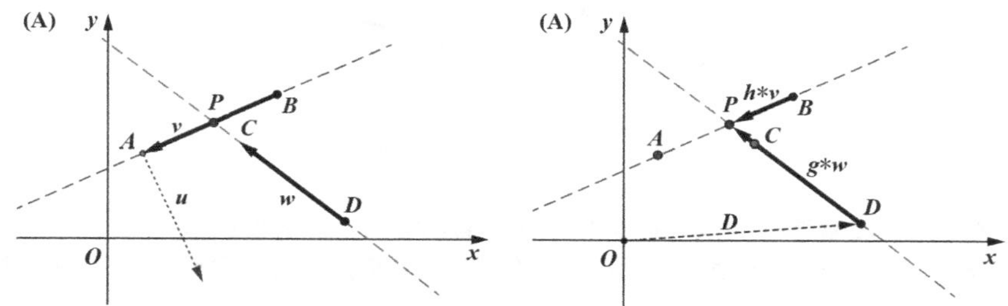

图 15.19 检查两条线段的交点是否在这两条线段之内（二）

换句话说，点 P 的坐标可以用两个向量来表示，并且下面的等式一定成立。

$$B+h*\boldsymbol{v}=D+g*\boldsymbol{w}$$

注意，其中的 B 和 D 也可以视为向量——它们分别是从原点到点 B 和点 D 的向量。

下面给出向量 $\boldsymbol{u}$ 的定义：

$$\boldsymbol{u}=(-v_y,v_x)=(A_y-B_y,B_x-A_x)$$

向量 $\boldsymbol{u}$ 有一个特殊的性质，就是与向量 $\boldsymbol{v}$ 的点积为零：

$$\boldsymbol{u}\cdot\boldsymbol{v}=\boldsymbol{v}\cdot\boldsymbol{u}=v_xv_y-v_yv_x=0$$

回到上面的等式，在两边同时乘以一个不为 null 的向量 $\boldsymbol{u}$（只要 A 和 B 是不同的点就行了，因为根据假设，顶点不可能是同一个点），就能得到

$$B\cdot\boldsymbol{u}+h*\boldsymbol{v}\cdot\boldsymbol{u}=D\cdot\boldsymbol{u}+g*\boldsymbol{w}\cdot\boldsymbol{u}\rightarrow B\cdot\boldsymbol{u}=D\cdot\boldsymbol{u}+g*\boldsymbol{w}\cdot\boldsymbol{u}$$

于是就消除了未知的 h，并得出求解 g 的方程。

$$g=\frac{(B-D)\cdot\boldsymbol{u}}{\boldsymbol{w}\cdot\boldsymbol{u}}=\frac{(B_x-D_x,B_y-D_y)\cdot(A_y-B_y,B_x-A_x)}{(D_x-C_x,D_y-C_y)\cdot(A_y-B_y,B_x-A_x)}$$

$$=\frac{(B_xA_y-B_xB_y-D_xA_y+D_xB_y+B_yB_x-B_yA_x-D_yB_x+D_yA_x)}{D_xA_y-D_xB_y-C_xA_y+C_xB_y+D_yB_x-D_yA_x-C_yB_x+C_yA_x}$$

$$=\frac{D_x(B_y-A_y)+D_y(A_x-B_x)}{(D_x-C_x)(A_y-B_y)+(D_y-C_y)(B_x-A_x)}$$

类似地，我们可以定义向量 $\boldsymbol{z}=(-w_y,w_x)$，使得 $\boldsymbol{z}\cdot\boldsymbol{w}=0$，并推导出 h 的计算公式。

$$h=\frac{(D-B)\cdot \boldsymbol{z}}{\boldsymbol{u}\cdot \boldsymbol{z}}=\frac{B_x(D_y-C_y)+B_y(C_x-D_x)}{(B_x-A_x)(C_y-D_y)+(B_y-A_y)(D_x-C_x)}$$

剩下要做的就是推理这两个解的含义。看看图 15.19，你能在这个例子中分辨出是 h 还是 g 会大于 1 吗？

可以发现，在这个特定的示例中，向量 $\overrightarrow{BP}$ 小于向量 $\overrightarrow{BA}$，因此 h 的值必然介于 0 和 1 之间。另外，g 一定大于 1，因为向量 $\overrightarrow{DP}$ 比向量 $\overrightarrow{DC}$ 长。

对于前一种情况来说，点 P 很明显在线段 BA 之内；对于后一种情况来说，点 P 很明显在线段 DC 之外。

如果值为 0 或 1，则表明点 P 与线段的一个端点是重合的。如果 h 和 g 分别等于 0 或 1，则表明另一种边缘情况：这两条线段有一个共同的顶点。图 15.20 对这两种边缘情况做了展示。

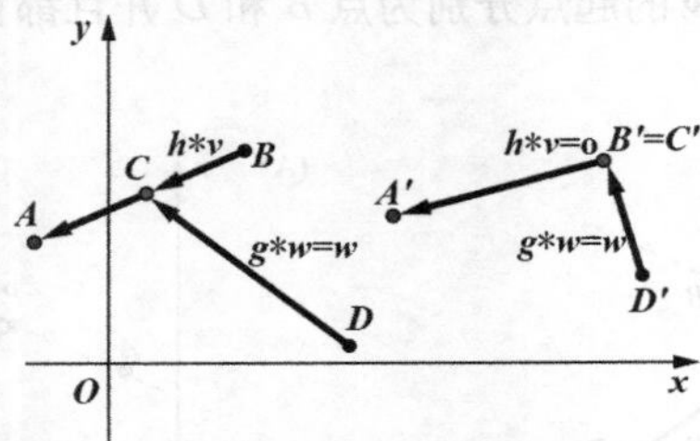

图 15.20　向量方法的两种边缘情况。在第一种情况下，对于线段 *AB* 和 *CD*，存在 0≤*h*≤*1* 和 *g*==1，这表明点 *C* 位于线段 *AB* 上。在第二种情况下，对于线段 *A'B'* 和 *C'D'*，存在 *h*==0 和 *g*==1，这表明此时存在两个相同的端点，并且实际上也的确存在 *B'*==*C'*

总之，如果假设 4 个点都是不同的，那么当且仅当 $0\leqslant h\leqslant 1$ 和 $0\leqslant g\leqslant 1$（但最多只有一个值为 0 或 1）时，这两条线段相交。

代码清单 15.8 展示了如何计算一条线段相对于另一条线段的缩放系数（h 或 g，这取决于传递的点的顺序）。代码清单 15.9 则使用这个系数来检查图中的两条边之间的交点。

代码清单 15.8　vectorScalingFactor 方法

```
function vectorScalingFactor(A, B, C, D)
  v = (B.x-A.x, B.y-A.y)
  w = (D.x-C.x, D.y-C.y)
  u = (-v.y, v.x)
  return ((B.x-D.x) * u.x + (B.y-D.y) * u.y) / (w.x * u.x + w.y * u.y)
```

vectorScalingFactor 方法接收 4 个点作为参数。这个方法假设这 4 个点分别是线段 *AB* 和 *CD* 的端点，并返回需要应用于向量 $\overline{CD}$ 的缩放系数，以使其结束在线段 *AB* 上。

代码清单 15.9　segmentIntersection 方法

为了节省空间，这里假设边的 source 和 target 属性将分别返回 *x* 和 *y* 两个字段来代表点的坐标。

edgesIntersection 方法接收两条边作为参数，当且仅当边的线段表示相交时才返回 true。

```
function edgesIntersection(e1, e2)
  h = vectorScalingFactor(
     e1.source, e1.destination, e2.source, e2.destination)
  g = vectorScalingFactor(
     e2.source, e2.destination, e1.source, e1.destination)
  return 0 ≤ h ≤ 1 and 0 ≤ g ≤ 1 and not (h in {0,1} and g in {0,1})
```

根据前面的讨论，如果 *h* 和 *g* 都在 0 和 1 之间，则表示存在交点，但如果这两个值都正好是 0 或 1，则表示边是相邻的。

15.4.2 折线

在第 15 章的示例中，一些流程图是使用折线绘制的，这里使用的是所有折线的一个子集，其中要求所有线段都必须平行于笛卡儿轴。在这种配置中，检查交叉点就变得更容易了，因为虽然对于每条边来说都需要考虑组成它的几条线段，但检查只能是垂直或水平的两条线段的交叉点就变得容易多了，只需要检查它们的断点坐标就行了。

不过与之前相比，这种呈现方式的一个重要区别是，两条边之间的交点数不再只能是 0 或 1，因为它们可能会相交多次，而这也正是我们更偏好其他样式而不使用折线的另一个原因。

15.4.3 贝塞尔曲线

贝塞尔曲线给出了一种有趣且灵活的折线替代方案。这些曲线带来了一个非常有价值的解决方案，因为它们可以根据可用的计算资源来进行不同程度的精度绘制。贝塞尔曲线有一个漂亮的数学公式，灵活且精确。深入了解它们是如何工作的超出了本书的讨论范围，但这里将尝试提供足以让你入门的快速介绍。对于想要深入研究这个主题的读者来说，可参考如下两个免费的在线资源。

- Computer aided geometric design（“计算机辅助几何设计”），Thomas W. Sederberg，2012 年。
- A Primer on Bézier Curves（“贝塞尔曲线入门”）。

我们先从贝塞尔曲线的几何定义开始。图 15.21 展示了如何绘制二次贝塞尔曲线。

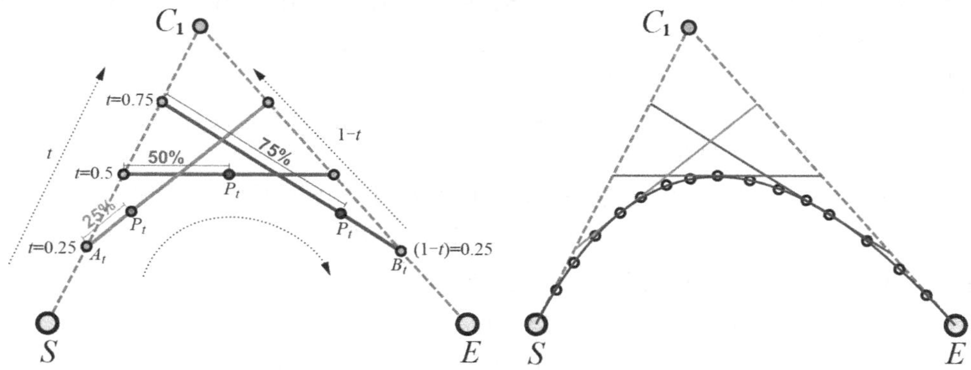

图 15.21 绘制二次贝塞尔曲线。二次贝塞尔曲线需要三个点：两个端点（S 和 E）和一个控制点（C_1，为了清晰起见，这里用 C 来指代）。首先，绘制出端点和 C 之间的两条线段 SC 和 EC。然后，根据条件画出一条端点分别在线段 SC 和线段 EC 上的新线段。这里的条件是：如果这条新线段对于前者的端点（称为 A）有 $SA/SC=t$，那么另一个端点 B 就必须满足 $EB/EC=(1-t)$。最后，在线段 AB 上选择一个点 p，使得 $AP/AB=t$

根据图 15.21，二次贝塞尔曲线需要三个点：两个端点（图 15.21 中的 S 和 E）和一个控制点（图 15.21 中的 C_1）。首先，绘制出端点和控制点 C_1 之间的两条线段。然后，在这两条线段上选择两个点，条件如下：如果线段 SC_1 上的点（称为 A）满足 $SA/SC_1=t$，那么线段 EC_1 上的端点 B 就必须满足 $EB/EC_1=(1-t)$。点 A 和 B 是另一条线段 AB 的端点，在其上选择一个点 P_t，使得 $AP_t/AB=t$。

如果 $t==0$，则 $P_t==A$；而如果 $t==1$，则 $P_t==B$。所有的这些介于 0 和 1 之间的 t 值所对应的点 P_t，便构成了点 A 和 B 之间的二次贝塞尔曲线。

可以看到，线段 A_tB_t 将始终与这条曲线相切。

对于三次贝塞尔曲线来说，这个过程更复杂，如图 15.22 所示。这时有两个控制点 C_1 和 C_2，首先绘制出线段 C_1C_2 并在该线段上选择一个点 C_t，得到的两条子线段的比例 $t=C_1C_t/C_tC_2$。

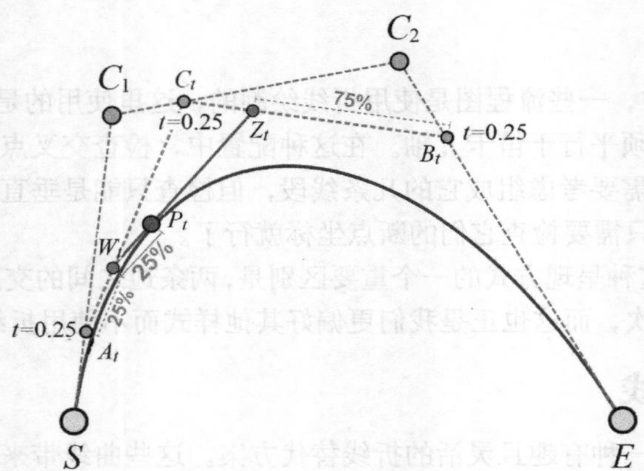

图 15.22　绘制三次贝塞尔曲线。可以看出，与二次贝塞尔曲线相比，三次贝塞尔曲线变得更复杂了

然后，在端点和最近的控制点之间的线段上选择两个点 A_t 和 B_t，使得 $SA_t/SC_1=t$ 且 $C_2B_t/C_2E=t$。

最后，根据 A_t、B_t 和 C_t 这三个点，执行与二次贝塞尔曲线相同的绘制步骤并选择点 P_t。

严格来说，贝塞尔曲线是一种迭代的线性插值：在选择点 A_t、B_t 和 C_t 时，应用线性插值（改变比例 t）。同样，你也可以在生成的点之间的线段上进行这种操作。

因此，如果从两条线段（二次曲线）开始，就可以通过应用两次线性插值来找到曲线上的点。而对于三条初始线段（三次曲线）来说，则选择三个点，而这三个点又定义了两条新的线段，以此类推，最终应用三次线性插值。

按照以上定义，即使是直线段也可以表示为贝塞尔曲线。只不过没有控制点，而且只有一条线段，因此只应用一次线性插值。

在这种边缘情况下，你很容易就能看出，通用点 P_t 可以由下面这个方程给出。

$$P_L(t) = E \cdot t + S \cdot (1-t), t \in [0,1]$$

这里不再推导二次曲线，而仅仅给出相应的方程。

$$P_Q(t) = E \cdot t^2 + C_1 \cdot 2 \cdot t \cdot (1-t) + S \cdot (1-t)^2, t \in [0,1]$$

一般来说，对于具有 $n-2$ 个控制点的贝塞尔曲线，其中的点可以表示为

$$P(t) = \sum_{i=0}^{n} Q_i \cdot \binom{n}{i} \cdot t^i \cdot (1-t)^{(n-i)}, t \in [0,1]$$

其中的约定如下：$S=Q_0$、$E=Q_n$ 并且 $C_i=Q_i$ $(\forall i=1,\cdots,n-2)$。

15.4.4　二次贝塞尔曲线之间的交点

在这里的示例中，我们仅使用了对称二次贝塞尔曲线这一贝塞尔曲线的子集。这种曲线的控制点恰好位于两个端点之间的相同距离处。这样就可以对推理曲线的方式以及寻找交叉点的方式进行简化了。

查看图 15.23，你就能发现一些有趣的事实，比如：

- 曲线是抛物线的一部分；
- 可以使用单个实数值（与通过端点的直线的距离）来存储点 C；
- 与线段 SE 平行的曲线切线正好在这条线段与点 C 的中间位置。

稍后你就会看到为什么上面的第三点在这里特别重要。

下面首先简要地概述可以用来检查贝塞尔曲线之间交点的方法。

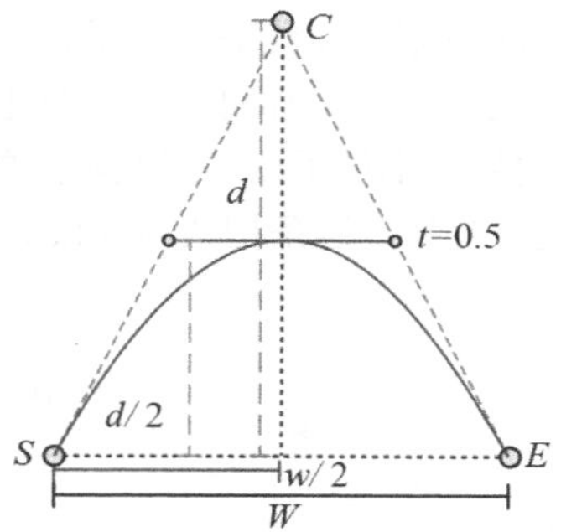

图 15.23 二次贝塞尔曲线，其中的控制点与两个端点的距离相同。与线段 *SE* 平行的曲线切线和这条线段的距离为 *d*/ 2，其中的 *d* 是点 *C* 到线段 *SE* 的距离

- **贝塞尔细分**。这是一种基于**凸包**（convex hull）[1]的方法。对于具有 *n*–2 个控制点的贝塞尔曲线来说，凸包是具有 *n* 条边的多边形，其中的顶点是端点与控制点。图 15.24 说明了如何通过比较两条曲线的凸包来计算这两条曲线的交点。如果它们不重叠，那么曲线就不相交，否则可以将曲线分成两半，并检查曲线的其中一半是否与另一条曲线的那一半重叠。对这一步进行迭代，直到任何一对截面之间都没有重叠为止，或者直至曲线被分割成小到可以用线段进行近似的截面（在一定的可接受误差范围内）。接下来，你可以在截面中使用 15.4.1 节介绍的算法来检查是否存在一对相交的线段。
- **贝塞尔剪裁**。对于通用贝塞尔曲线来说，这是最有效的但也是最复杂的方法。
- **区间细分**。类似于贝塞尔剪裁，但区间细分能够更好地适应这里更严格的要求。此外，在这种情况下，我们首先需要找到曲线的垂直和水平切线。通过使用分割点是那些切线平行于一个轴的端点来分割曲线，就可以保证曲线在各条线段中都是单调的（因为函数只能在这些点改变其趋势），并且对于 *x* 轴上的所有点来说，在这些线段中，都只有一个点属于曲线。图 15.25 说明了区间细分是如何处理通用贝塞尔曲线的。反过来，你也可以使用这些属性沿 *x* 轴将各条线段分成两半，并计算出曲线上的那个点以进一步对曲线进行分割。这个点将是各条线段的边界框的角，因此可以很容易地比较两条曲线的边界框。这是因为它们都平行于笛卡儿轴，所以只需要检查一些不等式就可以确定它们是否相交了。

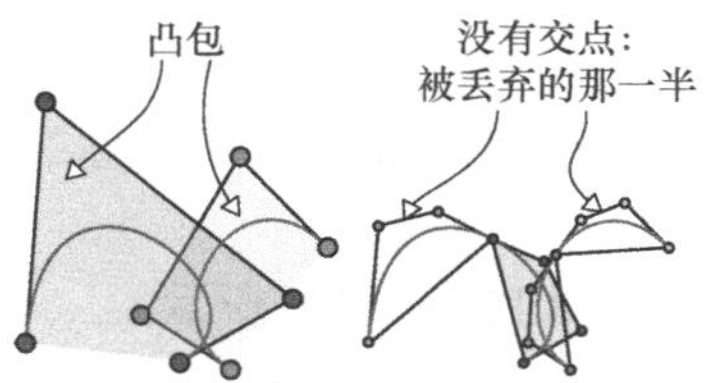

图 15.24 贝塞尔细分方法的执行过程（第一次迭代）。其中显示的点是三次曲线的实际控制点。这种方法显然也可以应用于二次曲线、四次曲线或通用曲线

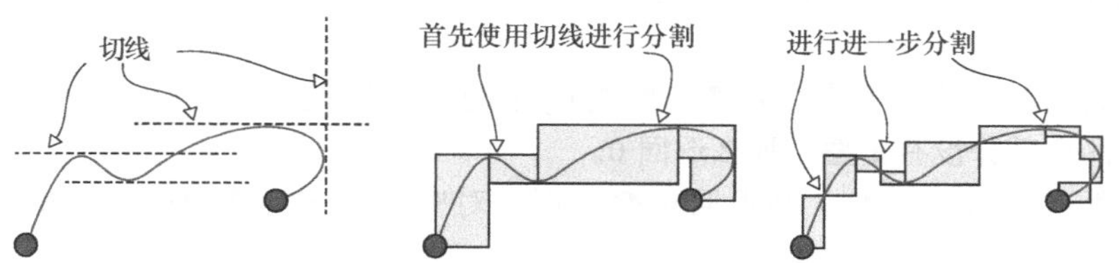

图 15.25 作用于通用贝塞尔曲线的区间细分方法

1 一个图形的凸包指的是包含这个图形的最小凸集。

将区间细分方法应用于对称二次贝塞尔曲线非常简单，因为这些曲线最多包含两个点，并且它们的切线也将平行于某个坐标轴。此外，你可以很容易地为这些曲线计算初始的、粗粒度的边界框。如图 15.26 所示，这些边界框都位于由穿过其端点的线所界定的矩形内，并且平行于与曲线顶点相切的那条切线（前文曾提到，这条切线与线段 *SE* 的距离为 *d*/2），并且线段 *SE* 的垂线也会通过这些端点。

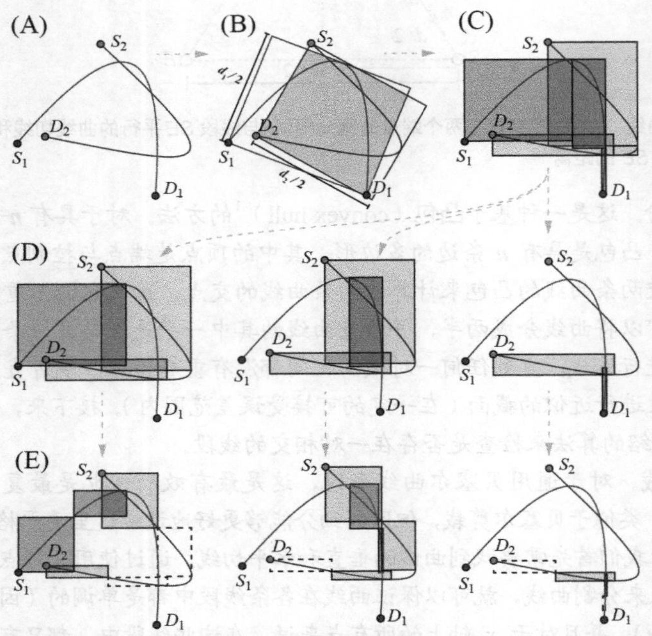

图 15.26　（A）用于检查两条对称二次贝塞尔曲线之间的交点的区间细分方法。（B）使用已知的曲线在顶点处的切线来计算边界框。可以看到，这里存在着重叠。（C）因此，需要进一步计算出与轴平行的曲线切线，并将它们作为分割曲线的枢轴点。现在每个部分都是单调的，并且可以用一条线段进行插值。来自两条曲线的那一对分割部分最多在一个点上相交。（D）对于曲线 C_1 中的各个部分，只使用曲线 C_2 中的重叠部分来计算交点（然后将三种情况下的结果相加）。（E）可通过将各个部分对半分来进一步拆分。这时只有一些小的分区仍然有重叠。接下来就可以不断地迭代步骤（D）和步骤（E），直到剩下的部分变得足够小，以至于能使用线段对曲线在误差的给定阈值内进行近似为止

于是，我们可以非正式地定义一个用来检查两条对称二次贝塞尔曲线的交点的算法，步骤如下。

（1）计算两条曲线的边界框，如图 15.26（A）所示。

（2）如果边界框不相交，则返回 0。

（3）如果边界框相交，就计算各条曲线的垂直和水平切线，并使用它们将曲线分成两三个部分（取决于两条曲线是都有切线还是只有其中一条有切线）。

（4）递归。

a．对于曲线 C_1 的各个部分，检查与曲线 C_2 中的哪些部分重叠。

b．如果两个部分没有重叠，那么返回 0。

c．如果两个部分有重叠，则返回重叠的那一对中（在进行递归调用后得到的）交叉点的总和[1]。

---

1 请记住，虽然两条线段最多只能在一个点相交，但两条抛物线最多可以在 4 个点相交。一旦沿着切点对两条曲线进行分割，那么各个部分最多穿过另一个部分一次。

i. 对于每一对重叠部分，将这些重叠部分对半分。

ii. 如果截面小到可以用线段来近似，则计算线段的交点，否则递归检查拆分后产生的 4 个部分。

对这个算法与 15.4.1 节介绍的用于线段相交的算法进行比较，它们的主要区别在于这个算法是递归的（等效于迭代的），而对于线段来说，只需要执行常数数量的操作就行了。

这也就意味着，如果使用曲线而不是线段的话，那么优化算法在每次迭代中计算边的交叉点的成本将高得多。

此外，对于二次曲线来说，每对边都有 4 个可能的交叉点。而对于三次曲线来说，情况会更糟，其中有更多的参数需要优化，而每次修改都会产生更大的差异。

这也就是为什么这里专注于用直线进行绘图。在决定使用更具挑战性的曲线嵌入之前，你应该仔细检查需求并对收益和成本进行权衡。

15.4.5 顶点与顶点相交以及边与顶点相交

到目前为止，我们还没有讨论如何通过检查不存在任何一对顶点在同一位置，以及不会有边与顶点相交来验证嵌入。

如前所述，绘制边的方法有很多，绘制顶点的方法也有很多。它们可以绘制成点状图形，也可以绘制成圆形，还可以绘制成正方形、八边形或其他任何类型的多边形等。根据这些不同的选择，我们需要使用不同的算法来进行处理。

在这里，假设顶点是用圆进行绘制的（点状顶点是其中的一种边缘情况，即一个半径接近于 0 的圆），而边则是用线段进行绘制的。这样的假设能够提供处理最简单解决方案的工具，并且如果需要的话，也可以此为基础构建出更复杂的系统。

对于顶点的问题，特别是如果选择使用正方形或正多边形的话，则始终可以考虑使用多边形的**外接圆**[1]或**最小边界圆**[2]来进行判断，并将约束修改为处理这些圆而不是顶点的实际形状。

使用圆能让处理过程变得简单，因为如此一来，只需要检查两个顶点之间（它们的中心之间）或顶点与边之间的距离就行了。

对于两个顶点的情况，算法很简单，只需要检查它们的中心之间的距离是否大于它们的半径之和就行了，如图 15.27 所示。

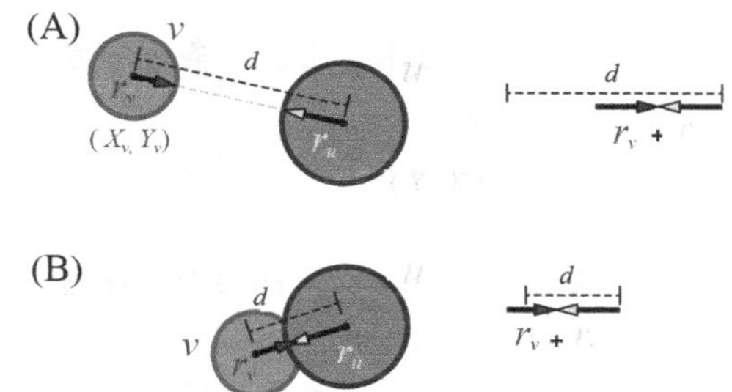

图 15.27 一个顶点与另一个顶点的交集。对于两个重叠的圆来说，它们的中心之间的距离 d 必须小于这两个圆的半径之和。如果 $d>r_v+r_u$，即（A）中的情况，那么很明显这两个圆是不相交的；而如果 $d\leqslant r_v+r_u$，即（B）中的情况，那么这两个圆就会有重叠

为了确保边不会与（不是边的端点的）顶点重叠，就需要确保边与顶点之间的距离大于顶

1 外接圆是经过多边形所有顶点的圆。

2 最小边界圆是覆盖集合中所有点的最小圆。

点的半径。

反过来，当用线段绘制边时，就需要检查 3 个距离。如果线段的两个端点（见图 15.28 中的 S 和 E）与顶点的中心（称为 C）之间的距离小于顶点的半径，就可以得出肯定存在一个交点的结论。但是，即使这个距离大于顶点的半径，顶点也可能位于线段的中间某处，从而与边相交，因此还需要检查通过线段的线与顶点中心之间的距离，也就是顶点与线段的最近距离处的点的距离。

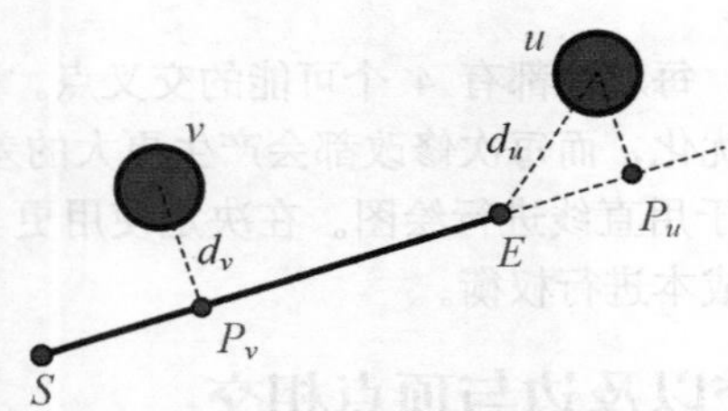

图 15.28　顶点与线段的交点。在考虑线段与顶点之间的距离时，在某些情况下（见图中的顶点 v），需要用到线段与点之间的距离；而在另一些情况下，则需要用到点与端点之间的距离

可使用下面这个公式（这里不再进行推导）计算点与线段之间的距离。

$$\text{dist}(\overline{SE}, C) = \frac{\left|(E_y - S_y)C_x - (E_x - S_x)C_y + E_x S_y - E_y S_x\right|}{\sqrt{(E_x - S_x)^2 + (E_y - S_y)^2}}$$

最后，我们还需要检查通过线段的线与顶点的最小距离线（通过顶点的线到线段的垂线）之间的交点是在线段之内还是之外，可使用为了判断线段是否相交而开发出来的相同算法处理这种情况。换言之，使用点 S 和 E 以及 v 和 P_v（或 u 和 P_u），并检查乘数因子是否在 0 和 1 之间就行了。

15.5　小结

- 图是抽象的数据结构。可通过将图嵌入几何空间以使它们可视化。
- 嵌入是欧几里得空间中的顶点与点之间，以及同一空间中的边与（若尔当）曲线之间的映射。
- 如果一个嵌入将图映射到平面，并且不会出现一条边与另一条边或顶点（除了端点）相交的情况，则称这个嵌入为平面嵌入。
- 虽然可以在三维的欧几里得空间中嵌入各种图并且保证不会有边相交，但并非所有的图都是平面图。
- 如果将边的形状限制为直线线段而不是通用的若尔当曲线，那么对于某些图来说，是不可能找到具有尽可能少的交点的直线图的。
- 计算边是否交叉以及如何交叉并不容易。在直线图中，计算的成本较低，这是因为只需要对向量进行常数数量的操作就行了；而当使用曲线时，则要用到递归算法（或相应的迭代算法）。

第 16 章　梯度下降：（不仅是）图的优化问题

本章主要内容

- 开发一个随机启发式算法以找到最小交叉数
- 引入成本函数来展示启发式算法是如何工作的
- 解释梯度下降并实现其通用版本
- 讨论梯度下降的优势与缺陷
- 将梯度下降应用于图嵌入问题

当提到**梯度下降**（gradient descent）这种技术时，你有什么想法？是没听说过，还是听说过但不记得梯度下降是如何工作的？如果是这样的话，没关系。不过，如果提到机器学习、分类问题或神经网络，那么很有可能你已经知道它们的含义，这些术语甚至能够更好地激发你的兴趣。

梯度下降（或这个主题的变体）是许多机器学习算法（比如上面提到的那些算法）在幕后使用的一种优化技术。但是早在被用作监督学习的支柱之前，这项技术是为了解决优化问题而被设计出来的，而你在图上遭遇的那些问题也正是梯度下降技术所要解决的问题。

如果你还没有听说过梯度下降，或者想要深入地研究这个主题并了解更多有关梯度下降是如何工作的信息，本章是非常不错的参考资料。

虽然我们在第 15 章中发现了对于平面图来说，存在着一些有效的算法可以在线性时间内找到平面嵌入；但并非所有的图都是平面图，而且在平面上绘制图的边时也并不总能保证边不存在相交的情况。

更糟糕的是，每个非平面图在平面上进行绘制时都有最小数量的交点，并且对于任何通用图来说，也没有（更不可能有[1]）任何有效的算法可以找到这个数字（或找到尽可能少的交点的嵌入）。

实际上，最小的边交叉问题是 NP 困难问题，并且到目前为止，我们仍没有办法对具有超过 20 个顶点的多种非平面图的交叉数进行验证。

看起来我们已经无能为力了，那么还有没有什么办法呢？

本章将介绍如何通过启发式算法来嵌入具有尽可能少（接近交叉数）的交叉点的图。参考图 16.1，当应用于图 K_4 时，这些启发式算法的目标就是找到位于右侧的那个嵌入，或找到其他没有边交叉的等效嵌入。这里将从简单的暴力算法开始，然后改进它们以更快地获得更好的结果（更少的交叉点）[2]。之后我们还将讨论优化的工作原理。

1 除非有人能证明 P=NP。这个等式虽然不知道是否成立，但通常被认为不太可能成立。

2 细化过程参见后续几章的内容。在后续几章中，我们将介绍一些新的优化算法。

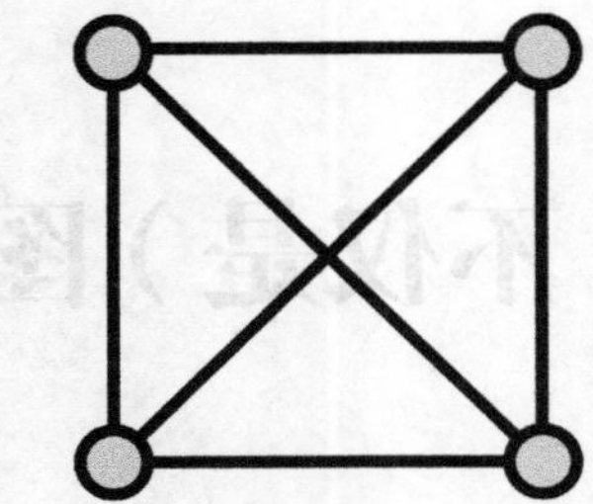
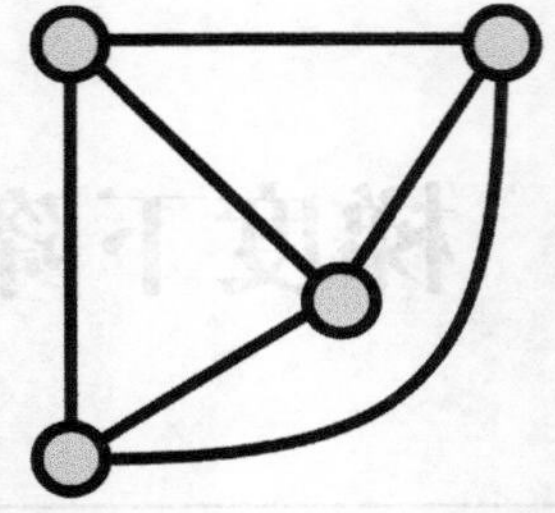

图 16.1　完全图 K_4 的两个嵌入。左边的嵌入因为有一对边交叉，所以并不是最优的

在接下来的内容中，我们将定义优化问题的类别，这对我们的日常生活有着深远的影响。网络路由、投递安排、电路板印制以及组件设计等问题都可以用图、成本函数以及一种用来找到最小成本配置的优化算法来表示。本章将讨论三种不同的优化技术，旨在找到这些问题的近似解决方案，它们分别是**随机抽样**（random sampling）、**爬山法**（hill climbing）和**梯度下降**（gradient descent）。

16.1　用于交叉数的启发式算法

回到本章开头的那个问题，有没有什么办法可以摆脱交叉数分析的困境呢？事实上，目前还没有办法做到这一点，除非放宽对保证正确答案并返回带有图的**最小交叉数**（或**最小直线**[1]**交叉数**）的确定性算法的要求。

事实上，处理 NP 困难问题的常用策略是使用启发式算法。这些算法通常以一种非确定性方式运行，并且能够在合理的时间内提供次优的答案。

> **注意**　第 3 章和第 4 章提到过随机算法，如果你需要复习，可以查看附录 F，其中提供了关于随机算法的简要总结。

16.1.1　刚才提到启发式了吗

启发式的概念有可能令人困惑。为什么要接受一种不返回正确答案的算法呢？有时候，我们的确不用接受这种算法。在有些问题上，即使需要等待更长的时间，也必须得到绝对正确的答案。例如，如果正在运营一座核电站或设计一种新药，那么在尝试所有可能的（和合理的）配置之前，很明显我们并不想选择次优的解决方案。

但在其他一些时候，我们不可能得到正确的答案。指数算法无法处理包含几十个元素（甚至更多元素）的输入，并且没有办法让程序在这种情况下输出答案。

不能让计算机更快吗

即使是每秒可以执行约 10^{16} 次操作的超级计算机，对于大小为 100 个元素的输入，执行需要 $O(2^n)$ 步的指数算法，也需要花费 $O(10^{14})$秒，大约 300 万年！

假设能让计算机的速度提高 100 万倍（即使摩尔定律成立，也还需要 30 年），虽然解决问题的能力的确会提高一点点，但计算 100 个元素仍然需要 3 年，计算 110 个元素则需要 3000 年，而计算 120 个元素甚至需要 300 万年！

---

1 我们在第 15 章曾提到，如果只将边绘制为线段，那么对于某些图来说，是没法获得具有最少交点的嵌入的。这就是引入直线交叉数的原因，直线交叉数代表了图的所有可能的直线图中边交叉的最小数量。

对于更简单的问题来说，即使等待的时间不像人类的历史那么长，但也仍然可能太长了。想象一下，如果 3 天之后才能得到明天的天气预报，那它也就没什么用处了。

所以，在所有这些情况下，只要能在合理的时间内得到一个即使相对次优的答案，我们也多半愿意接受，但这还不是全部原因。

使用启发式算法的另一个重要考虑因素是，尽管不能保证返回所有输入的最优解，但一些启发式算法能够在合理的时间内为整个问题空间的一个子集返回最优结果，并且在某些情况下，它们能够被证明在实践中运行得也非常良好。

这怎么可能呢？这是因为 NP 困难理论是关于**最坏情况性能**的，对于某些问题来说，只有少数极端情况很难解决。而对于实际应用来说，通常只处理**平均情况难度**。也就是说，平均而言，我们在实际场景中看到的是解决真实问题的难度。

前面已经为图结构开发了许多启发式算法，例如，解决旅行商问题[1]，在图上找到一个集群[2]，等等。当然，并非所有启发式算法都是相同的。它们通常是我们在性能和准确性之间做出的权衡，并且对于其中的一些算法，由于可以证明其精度是有界限的，因此它们输出的解决方案肯定是特定范围内的最优解。

那么，可以使用什么样的启发式算法来找到一个好的（或至少看起来不错的）图嵌入呢？

现在，请你先记住：每个问题都可以有许多不同的近似算法，但并不是所有的算法都一样好。

这里将从一个简单的启发式算法开始，它并不理想，但它将服务于这样一个目的：让我们了解问题的场景，然后就可以对它进行迭代以提高性能了。

在开始第一次尝试之前，请在继续阅读前考虑一下，并尝试发散自己的思路。或许你能够取得突破并提出新的解决方案！

如果准备好了，就请开始吧！这里将重用你在前几章中看到的算法，特别是在聚类中使用的辅助方法。

你还记得 k 均值算法[3]吗？当我们在 n 维空间中选择 k 个点的初始质心时，我们曾遇到相似的问题。解决方案看起来比现实中的更容易，不是吗？不过在这个过程中，我们也看到了一个好的初始点选择对于获得快速收敛和好的结果是多么重要。

请查看 12.2 节，特别是代码清单 12.1 和代码清单 12.2，以了解如何实现质心的随机初始化。

在这里，对于图嵌入来说，有一个类似的问题：需要选择一定数量的二维点，并且你选择它们的方式将直接决定结果（只不过这一次，我们不会在选择之后执行优化算法了）。

其中一个重要的区别是，对于 k 均值算法来说，存在着一个潜在的分布，并且通过选择来让质心相对于这个分布进行均匀分布会很难，你需要格外小心。

对于图嵌入来说，可在平面上的一个有限区域内绘制点，这个有限区域通常就是矩形[4]，并且这些点会被用来确定边的交叉点数量。

现在我们可以更正式地定义这个问题：给定一个简单的图 $G=(V, E)$，其中有 $n=|V|$个顶点和

---

1 给定一个城市列表和每对城市之间的距离，找到最短的可能路线，要求该路线恰好访问每个城市一次并返回到始发城市。不用多说，这是一个 NP 完全问题。

2 在图中找到最大的顶点子集，使得子集中的每个顶点都与同一子集中的所有其他顶点相邻。换句话说，找到给定图的最大完全子图。

3 见第 12 章和第 13 章。

4 在绘制点的区域上保持一定的灵活性是很有意义的，因为这样就可以根据图的大小来获得更好的结果，从而避免嵌入太密集或太稀疏。

$m=|E|$条边，我们需要在边角[1]为(0, 0)和(W, H)的一个有限矩形内绘制 n 个随机点，并且要求满足以下条件。

- 每个点(x, y)都满足 $0 \leqslant x < W$ 和 $0 \leqslant y < H$。
- 边将被绘制为直线线段。
- 顶点将被绘制为以这 n 个点为中心的点（或圆）。
- 不会有两个顶点被分配给同一个中心，所以给定两个点(x_1, y_1)和(x_2, y_2)，要么有 $x_1 \neq x_2$，要么有 $y_1 \neq y_2$。
- 没有顶点会位于边的路径上。
- 假设图 G 没有环[2]。而如果图 G 有一个环，则总是可以在不与任何其他边相交的情况下绘制这个环。

图 16.2 展示了几个基于上述约束条件选择有效和无效顶点的例子。具体来说，一旦选择了所有点，就必须检查以上第 4 点和第 5 点中的约束条件。这里将推迟关于检查这两个约束条件的讨论。现在，假设已经有了用于这些检查的辅助方法，如果发现这些约束条件中的任何一个被违反了，则有两种修正策略可供选择。

- 修正顶点的位置，例如稍微随机地移动一下那些与边重叠或相交的点。
- 丢弃违反约束条件的解决方案并重新开始。

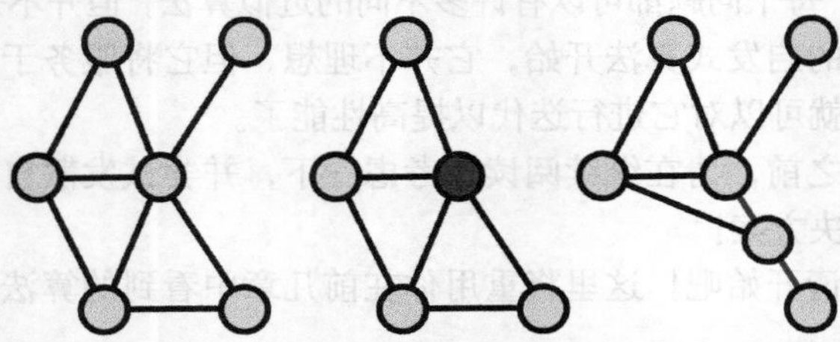

图 16.2　同一个图的三个不同的嵌入。左边是一个有效的嵌入。中间的嵌入无效，因为两个顶点被分配在相同的位置。而在右边的嵌入中，有一个顶点与一条边相交了（这个顶点并不是这条边的端点）

注意，如果将顶点绘制为圆（见图 16.2）而不仅仅是点，则需要对顶点提出更强的约束，即要求两个圆之间也不能相交。

现在，正如你在 k 均值算法中看到的那样，依靠随机算法有可能很幸运，但通常情况下则不会那么幸运。图 16.3 显示了完全图 K_6 的一种特别不好的分配情况。我们在第 15 章中曾提到，这种完全图在平面上进行绘制时是可以只有 3 个交点的。

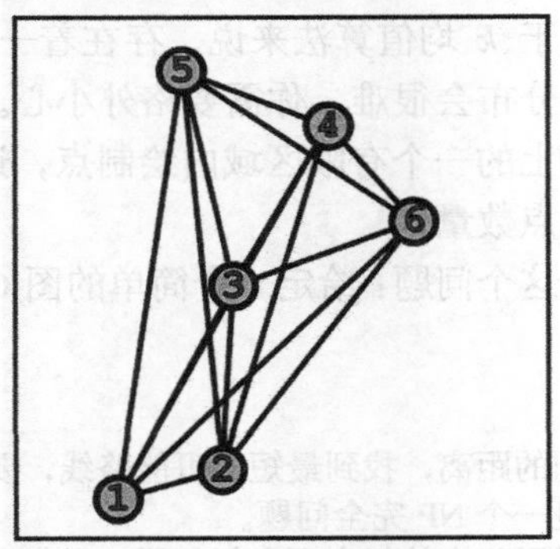

图 16.3　完全图 K_6 的随机嵌入。请注意其中对位置的选择，这导致结果变得十分糟糕

1 分别对应左上角和右下角，这里遵循在大多数编程语言中索引屏幕行和列的方式。

2 如果还记得第 14 章的内容就会知道，环是开始和结束于同一顶点的边。

在 k 均值算法中，用来提高幸运概率的一种方法是使用随机重启技术。也就是执行算法（或进行随机初始化）若干次，然后保存找到的最佳解决方案。

这个策略看起来对这个问题也很有帮助，工作流程如下。

（1）随机生成顶点的位置。

（2）检查分配是否遵守边和顶点的约束（如果不遵守，则丢弃当前分配）。

（3）计算边相交的数量。

（4）如果是目前最好的结果，则保留，否则丢弃。

（5）从步骤（1）重新开始。

以上工作流程如图 16.4 所示，代码清单 16.1 是具体的实现。这种启发式算法被称为**随机抽样**（random sampling）。

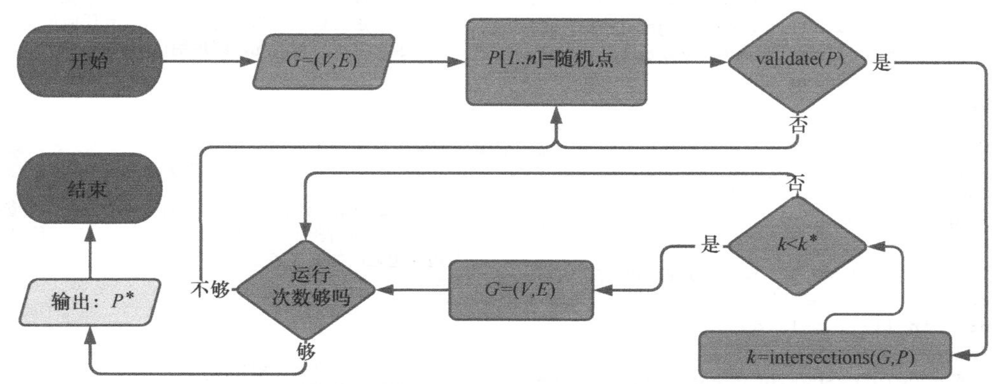

图 16.4 生成随机嵌入并选择边交叉点最少的算法的流程图

代码清单 16.1 用于最小交叉数（crossing number）嵌入的随机抽样算法

将找到的交叉点数（number of intersections）的最佳结果初始化为最大可能的值。

randomEmbedding 方法接收一个图、一个矩形边界（由参数 W 和 H 决定）和运行次数作为参数，并返回一个所有顶点都被编码为二维点分配的嵌入。

```
function randomEmbedding(graph, W, H, runs)
  kBest ← inf
  for i in {1..runs} do
    embedding ← []
    for j in {0..|graph.vertices|-1} do
      x ← random(0, W)
      y ← random(0, H)
      embedding[j] ← (x,y)
    if not validateEmbedding(embedding, graph) then
i--
else
k ← edgeIntersections(graph, embedding)
if k < kBest then
kBest ← k
embeddingBest ← embedding
return embeddingBest
```

重复 runs 次。

初始化点数组。到了最后，点数组中将包含与顶点一一对应的点，并且它们是以与图中相同的顺序进行存储的。它也可以是一个字典，其中保存了从顶点到点的映射。

对于图中的所有顶点，

在大小为 W*H 的矩形区域内均匀地绘制一个二维点。random 方法将返回一个浮点数或整数，具体取决于实现与需求。

将这个二维点添加到 embedding 数组中。

如果顶点坐标的分配得不到验证（不仅没有遵守约束，而且至少会出现一个顶点与另一个顶点或一条边相交的情况），则丢弃这个分配（可通过递减 i 来重置循环中的此次迭代）。

计算边相交的数量。这个方法是通用的，因此它可以支持直线边与曲线边，不过我们在这里假设所有边都是直线边。

如果这是目前找到的最好结果，就对它进行存储。

返回交点最少的分配。

最后我们再提醒一句，这里并不需要假设图是连通的，但在应用启发式算法前，将图分解为连通分量可以改善最终结果。

代码清单 16.1 抽象了两个重要的辅助方法——validate 方法和 edgeIntersections 方法，这两个方法都可以根据操作的具体上下文来分别实现。

然而对于这两个方法，我们也可以先给出一个通用的定义，之后再抽象出更具体的定义。代码清单 16.2 和代码清单 16.3 展示了这两个方法的定义。

代码清单 16.2 validateEmbedding 方法

validateEmbedding 方法接收一个图和一个嵌入作为参数，目的是进行验证。如果嵌入通过了检查，就返回 true，否则返回 false。

```
function validateEmbedding(graph, embedding)
  n ← |graph.vertices|
  for i in {0..n-2} do
    for j in {i+1..n-1} do
      if vertexIntersectsVertex(embedding[i], embedding[j]) then
        return false
  for edge in graph.edges do
    for vertex in graph.vertices do
      if vertex <> edge.source and vertex <> edge.destination and
          edgeIntersectsVertex(
            embedding[indexOf(edge.source)],
            embedding[indexOf(edge.destination)],
            embedding[indexOf(vertex)]) then
          return false
  return true
```

循环遍历所有的顶点对。

检查两个顶点是否相交。这个检查取决于上下文，既可以只是确保两个点不相同，也可以检查用于绘制顶点的圆是否存在交集。如果检查失败，嵌入将被拒绝。

循环遍历图中的所有边。

对于每条边，循环遍历所有的顶点，以确保顶点不会以穿过边的方式进行绘制。

如果顶点不是边的端点之一，则需要确保边不会被绘制在顶点的圆上（否则看起来就有可能像两条与该顶点相邻的边）。只要有任何顶点或边发生了这种情况，就拒绝这个嵌入。

代码清单 16.3 edgeIntersections 方法

```
function edgeIntersections(graph, embedding)
  m ← |graph.edges|
  k ← 0
for i in {0..m-2} do
  edge1 ← graph.edges[i]
    for j in {i+1..m-1} do
      edge2 ← graph.edges[j]
      if edgeIntersection(edge1, edge2) then
        k ← k + 1
return k
```

edgeIntersections 方法接收一个图和一个嵌入作为参数，目的也是进行验证，同时返回在使用当前嵌入绘制图时，边与边之间的交叉点数。

进行一些基本的初始化。

循环遍历所有的边对。

如果这对边在绘制时相交，就将相交计数器加 1。

我们在代码清单 16.2 和代码清单 16.3 中使用的辅助方法的实现已在 15.4 节中讨论过。

注意，检查一个顶点是否与另一个顶点或一条边相交的辅助方法是依赖于上下文的，具体逻辑基于如何绘制顶点。如果它们是用圆进行绘制的，则需要确保绘制的各对顶点的圆之间没有交集，并且不会有任何边被绘制在顶点的圆上（否则看起来就有可能像两条与该顶点相邻的边）。

与之面的方法一样，这里也抽象出了检查边的实际算法，这样就可以根据上下文来决定是使用线段还是贝塞尔曲线来绘制边。

16.1.2 扩展到曲线边

在 16.1.1 节中，我们添加了将边绘制为线段的约束。作为结果，我们可以对嵌入进行优化以减少直线图的交点，但交点的总数只能降低到图的直交叉数。正如我们在第 15 章中提到的那样，有许多图的直线交叉数大于交叉数（而这个值是图的任何平面嵌入中交叉点数的绝对最小值）。

上面的代码并没有明确地对直线图的要求进行限制，这是为了让代码尽可能保持抽象。然而，如果想为边使用曲线，就需要对代码清单 16.1 进行一些修改，因为这时还需要决定如何对每条边进行建模。这可以通过多种方式来完成，其中最简单的方式是随机选择一些参数来确定每条边的绘制方式，然后可以对这些参数进行优化，使交叉点数最少。

不过，我们首先需要确定都有些什么参数。为了简单起见，这里限制为贝塞尔曲线。二次贝塞尔曲线需要用 3 个参数（两个端点加上一个控制点）来进行描述，三次贝塞尔曲线（见图 16.5）则更灵活，因为需要两个控制点，所以总共有 4 个二维点（也就是 8 个标量参数）。

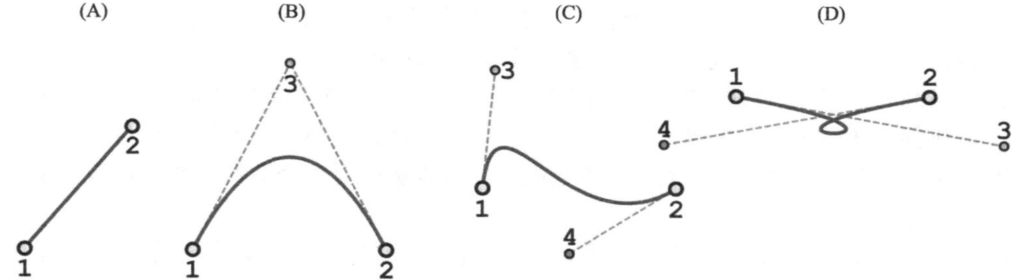

图 16.5 贝塞尔曲线的示例。线段（A）可以被认为是具有零个控制点的边缘情况，而二次贝塞尔曲线（B）则有一个控制点。三次贝塞尔曲线（C）和（D）更灵活，它们分别有两个控制点（以及两个端点）

我们在 15.4.3 节中讨论了这些呈现方式的细节，通过选择这些曲线的子类别（二次对称贝塞尔曲线，如图 16.6 所示），就能描述如何扩展代码清单 16.1 中的算法以接收额外的参数了。

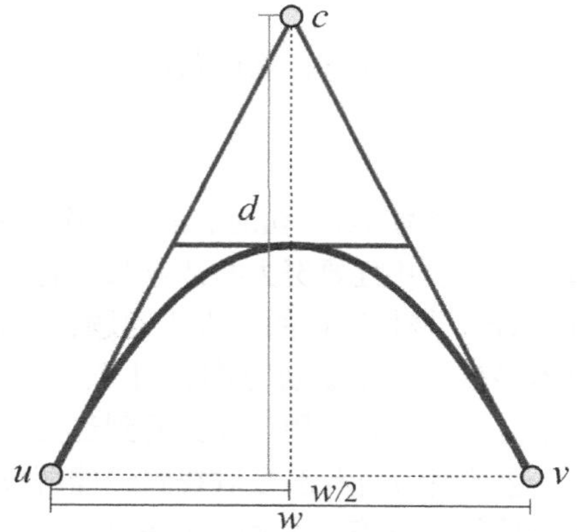

图 16.6 在顶点 *u* 和 *v* 之间绘制一条二次贝塞尔曲线的边。其中，点 *C* 是曲线的控制点。对于这个例子，我们选择了一个两点之间所有可能的二次贝塞尔曲线的子集。具体来说，这些曲线的控制点位于与线段 *uv* 垂直的一条线上，并且这条线也会经过线段 *uv* 的中点（换句话说，这是一条由平面上与顶点 *u* 和 *v* 距离相同的点组成的线）

具体来说，为了忠实于完全随机算法的选择，我们可以随机选择每条边的控制点。不过，这样做会导致选择的自由度过大，以至于边的形状比较奇怪，从而减慢算法收敛到良好解决方案的速度。

一种可能的、更可行的替代方案是限制可以使用的曲线，例如只能使用控制点与边的两个端点距离相同的二次曲线。图 16.6 所示的这种选择允许我们在灵活性和复杂性之间进行平衡，于是我们只需要在每条边的模型中添加一个实数，即控制点到端点之间的线段的距离（在图 16.6 中用 d 表示）。另外，建议（但不是绝对必要）限制 d 的可能值，使其绝对值处于与 w 相同的数量级。另外，d 如果是负值，就会导致边的凸度翻转（在图 16.6 中，如果 d 为负值，曲线将被绘制在经过顶点的线段 uv 的下方）。

16.2 优化的工作原理

随机抽样似乎是有效的。如果尝试过 JsGraphs 库中实现的版本，就能发现（平均而言），由支持重新启动的随机算法提供的交叉数优于只执行一次的随机算法返回的交叉数。原因从直觉上也很容易理解：抛硬币 100 次总比只抛一次更容易得到硬币的正面。

要在更正式的框架中查看这是如何运作的，就需要可视化优化的过程。这是一个工作量并不小的任务，因为如果一个图有 n 个顶点，那么在这里需要优化的就是一个包含 $2n$ 个参数的函数。因为对于每个顶点来说，它的 x 和 y 坐标都是可以改变的。

目前，我们已经熟练掌握了在二维图中如何可视化带有一个参数的函数，其中 x 轴通常是参数，y 轴则显示函数的值。如果使用了两个参数，那么我们仍然可以有意义地进行可视化。在 AR/VR 成为主流之前，我们只能使用三维绘图的二维投影来对两个参数的情况进行可视化，这虽不理想但仍然可行（见图 16.8）。

当有 3 个参数时，问题就变得更加困难了。一种解决方法是将“时间”作为第 4 维引入，因此这个图就可以显示为根据第 3 个参数而变化的三维波。

当有 4 个或更多的参数时，这个解决方案除了难以理解之外，并不能解决这个问题。在这种情况下，我们通常可以做的是固定 k 个变量中的 $k-2$ 个变量，并查看函数在剩下的两个变量变化时的行为。

这里将对图嵌入问题执行类似的操作，从而展示优化过程是如何工作的，进而帮助你更好地理解这个问题。

但首先，在这种情况下我们需要讨论的是什么函数呢？

16.2.1　成本函数

我们所要优化的目标被称为**成本函数**（cost function）。这个名称足以很好地表达每个解决方案（尝试的所有解决方案）都有成本，并且要努力将成本最小化这一意图。

优化问题（optimization problem）是指这样的一大类问题：为它们找到解决方案就相当于探索整个问题空间并最终选择成本最低的那个解决方案。对于这些问题来说，通常都会有多种成本函数的定义。其中的一些相比另一些更好（稍后你会看到这是为什么）。所以许多时候，花费时间和明智地做出选择很重要，这是因为两者都会对找到最佳解决方案的速度产生很大的影响，有时甚至影响到是否能够找到最佳解决方案。然而通常来说，无论成本函数的具体选择如何，大多数优化问题已经被证明是 NP 困难的。

为图嵌入问题选择的成本函数旨在减少给定嵌入的边的交叉点数。不过，这个选择对于其中的一些优化算法是有问题的，稍后你就会看到。

所以在图 16.7 中，你可以看到完全图 K_4 的一个有 8 个自由度的嵌入。其中固定了 7 个自由度，因此只能改变顶点 v_4 的水平位置。

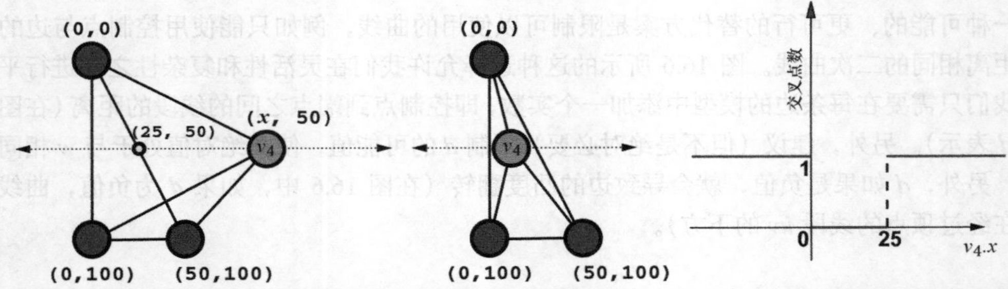

图 16.7　完全图 K_4 的特定嵌入的“交叉点数”的成本函数。在 4 个顶点中，有 3 个顶点的位置是固定的，而对于剩下的那个顶点（图中的 v_4）来说，只能改变其水平位置。在这些假设下，作为顶点 v_4 的 x 值的成本函数就是一个不连续函数：当 $0<x<25$ 时等于 0，而当 $x<0$ 或 $x>25$ 时等于 1。请注意，当 $x==0$ 和 $x==25$ 时有两个不连续点，因此可以假设解决方案在这两个点上的成本是无限大的，这是因为顶点 v_4 此时正好位于其他顶点之间的一条边上

这个成本函数看起来像阶跃函数（step function），当顶点 v_4 进入由其他三个顶点组成的子图时（见图 16.7 的中间图），函数值突然从 1 变为 0。

如果允许顶点 v_4 同时进行垂直和水平移动，则可以得到一个显示为曲面的三维图。图 16.8 展示了完全图 K_5，或者更准确地说，展示了这个图的一种可能的特定嵌入。

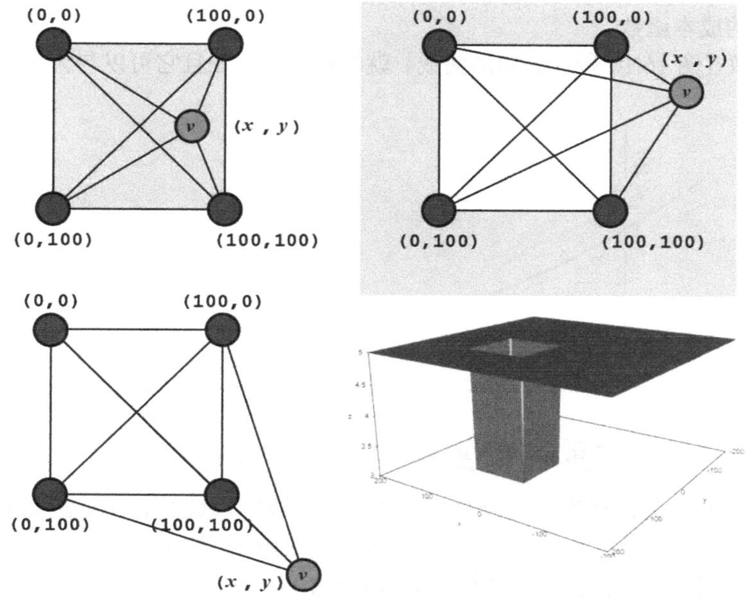

图 16.8 完全图 K_5 的一种特定嵌入的"交叉点数"的成本函数。其中有 4 个顶点的位置被固定了，只有顶点 v 可以自由移动。如果将顶点 v 移到由其他顶点创建的正方形之内，那么交叉点数将始终为 3。但如果顶点 v 在正方形之外，这个值就会变为 5

注意，这里存在着一个当成本函数的值发生变化时就会不连续的曲面。当|x|==|y|时（即顶点 v 位于穿过正方形对角线的直线上），或者当 x 或 y 等于 0 或 100 时（即顶点 v 位于正方形的周长上），对于曲面上的这些点来说，成本将是无限大的，这是因为前面提到的约束为这些无效情况分配了无限大的成本。

此外，你可以看出，无论如何努力都没有办法找到顶点 v 的一个合适位置以保证这个嵌入具有最小可能的交叉点数。这是因为在 K_5 的直线绘图中，其他 4 个顶点的位置并不在这些地方。

发生这个现象的底层原因是，在寻找最佳嵌入时（没有顶点被固定），只能达到成本函数的**局部最小值**（local minimum）。也就是说，在 *n* 维的问题空间中，成本函数具有低于周边位置的价值，但这并不是整体最低的位置。

如果可以在图的通用配置（不是图 16.8 所示的嵌入）中对成本函数进行二维投影，则结果可能看起来会像图 16.9 所示的这样。

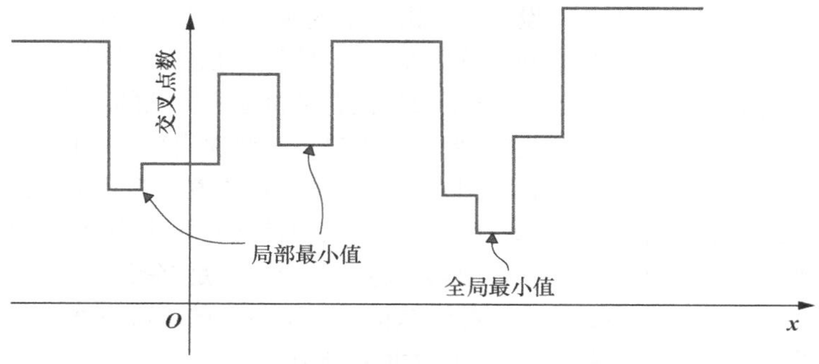

图 16.9 一维函数的局部最小值和全局最小值

16.2.2　阶跃函数与局部最小值

局部最小值并不是真正的好结果。理想情况下，我们希望有一个全局最小值以及一个能够平滑收敛到该值的成本函数。

例如，凸函数（图 16.10 所示的碗形曲线）就非常合适，并且它可以与大多数机器学习算法一起正常工作。

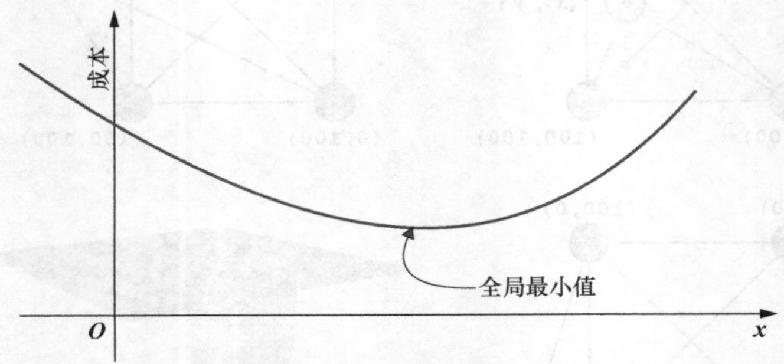

图 16.10　具有单一且合适的全局最小值的凸函数

这是为什么呢？因为优化算法可以被想象成一个在成本函数的表面上滚动的弹珠。当然，弹珠有不同的重量和摩擦力，甚至一些弹珠还会在某些表面上被卡住，因此需要稍微晃动一下它们。类似地，我们也有着许多不同的机器学习算法。

但无论如何，如果在一个看起来像图 16.9 所示的成本函数的表面上释放一个弹珠，那么它很有可能仅停留在它被放置的那个平台上。而如果稍微推它一下，它就可能落入一个相当于局部最小值的坑中并被卡在那里，除非把它捡起来重新放在别处。

反之，如果在图 16.10 所示的光滑表面上释放一个弹珠，那么效果就像把它扔进一个碗里一样，它一定会滚落到碗底，虽然在滚动过程中会有一些晃动。

16.2.3　优化随机抽样算法

通过使用“弹珠”来进行类比，优化问题可以描述如下。

- 成本函数与弹珠路径类似。到达最优成本的路径越平滑，算法就可以（在理论上）工作得越好。注意，在起点和终点之间是可以建立起若干条“路径”的，而设计可能的最佳路径就是解决方案的一部分。
- 优化算法就像沿着路径滚动的弹珠。不过，为了更准确地进行类比，我们可以说弹珠、弹珠的抛掷方式，以及弹珠与路径之间的交互方式都是优化算法的一部分。

那么**随机抽样算法**呢？应该如何在这个类比中描述它呢？不管成本函数如何，随机抽样算法都会做同样的事情。想象一下，假设路径是由沙子或泥土组成的，所以当一个弹珠被扔到路径上时，它就会在沙子上压出一个小洞，然后停在自身降落的地方。这种机制与成本函数的形状无关，即使对于图 16.10 中那个光滑的凸函数来说，随机抽样算法的工作原理也是一样的。

图 16.11 展示了随机启发式算法（在初始化后不执行任何优化）的工作原理。

随机启发式算法就像在泥泞的（看不到终点在哪里的）赛道上扔几十个、数百个或上千个弹珠。这时，它们会完全停留在降落的地方，并且最终只能选择那个降落到最接近终点的弹珠。这里的关键在于要进行很多次尝试，以希望其中能有一个可以足够接近最优解的弹珠。当然，路径可能会很长，以至于无论尝试多少次都无法接近一个更好的解决方案。指数阶的问题就是这种情况，可能的解决方案的数量在输入足够大时将无比巨大。

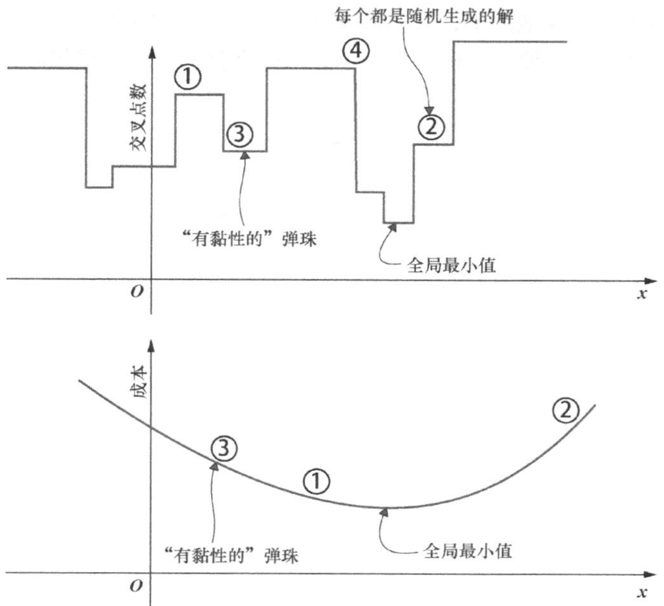

图 16.11 用弹珠的类比来解释通用的随机启发式算法是如何工作的

此外，在使用完全随机的算法时需要格外小心。因为有可能在同一位置扔若干弹珠，于是也就可能得到相同的解决方案多次。

如果硬要找出这种算法（除了成本非常低）的一个优势的话，那就是成本函数的形状对算法并不重要。这种算法不需要设计一条好的"路径"，因为弹珠在初始化后就不会再进行任何的"滚动"。

同时，这也是最糟糕的地方。如果有一个不错的成本函数可以平滑地下降到全局最小值的话，这种算法就无法利用这一点。

如果回到弹珠的情况，那么或许可以找到一种解决方法。只要曾经在沙滩上玩过弹珠，就会知道当弹珠被困在沙坑里时该怎么办，只需要轻轻推动弹珠，让它离开那里并再次开始滚动就行了。而相应的操作对于随机算法来说，就是**局部优化**（local optimization）。可通过让子启发式算法执行局部优化来得到更好的结果。例如，可以尝试在距离随机分配的初始位置很近的地方一点一点地移动顶点，并检查交叉点数是否减小。

上述算法被称为**爬山法**（hill climbing）。在我们的例子中，因为试图取得的是一个函数的最小值而不是最大值，所以也可以称为**下山法**（hill descent）。

图 16.12 可视化了这个类比。在这个例子中，尽管只是轻轻地推动弹珠，使其移动了一段很小的距离（毕竟是一条泥泞的路径），但仍然得到了一些改进。因此我们真正要做的就是在每个解决方案周围的小范围内探索成本函数，如果可以找到成本更低的位置，就把"弹珠"移到那里。

如果仔细观察图 16.12，你就会注意到，成本函数在这种情况下的形状确实很重要。对于可微分的凸函数来说，总能得到更好的结果；而对于阶跃函数（这个例子中的"最小交叉点数"）来说，有时候弹珠会被卡在局部最小值中，并且有时它们会位于平台上，因此移动它们并不能得到更好的结果。

这里必须指出的另一件事是，在使用这个算法时，必须在两个方向上进行移动尝试。随机探索解决方案周围的区域，只是盲目地寻找类似的解决方案，一点也不理性。例如，观察图 16.12 的下半部分，通过查看弹珠和成本函数的形状就能知道，要获得更好的结果，就应该增大解决方案①和③中的那个唯一参数的值，并在解决方案②中减小这个参数的值。而下山法则尝试在所有解决方案中增大或减小这个参数的值，然后看看会发生什么。对于有多个参数的函数来说，要么搜索当前解周围的所有区域，要么随机探索一个方向并在找到更好的结果时移动“弹珠”。

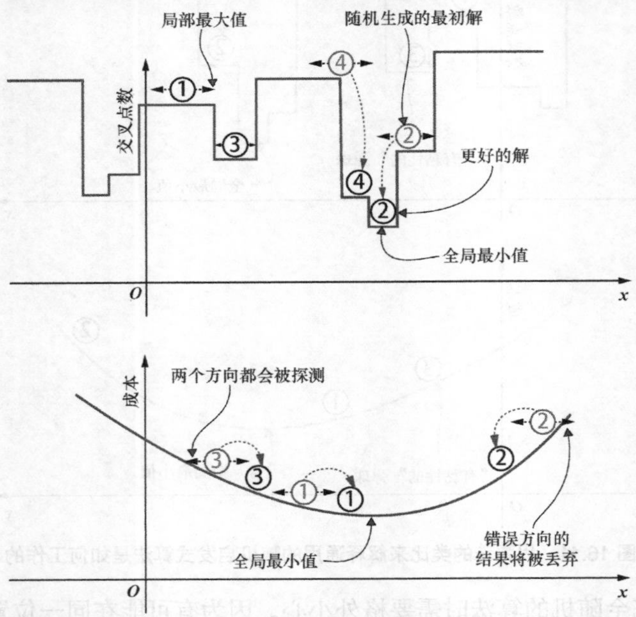

图 16.12　用弹珠的类比解释具有局部优化功能的通用随机启发式算法是如何工作的。注意，这里需要在两个方向上尝试更新 x，并检查能否得到更好的结果

将下山法应用于这个图问题，意味着需要在所有的方向上移动一个顶点，并且每次都需要计算新嵌入的边的交叉点数。而这在使用二维的成本函数时会变得非常糟糕。记住，随着搜索空间维数的增长，遭遇“维度诅咒”（见第 9～11 章）是必然的。对于具有 n 个顶点的图来说，将有 $2n$ 个参数需要调整。

为此，我们迫切需要一种更有效的算法。

16.3　梯度下降

为什么在尝试进行局部优化时可以“出去钓一会儿鱼”呢？这是因为对于具有 n 个顶点的图来说，由于处在 $2n$ 维空间中，因此如果需要在每个方向[1]上都尝试随机移动的话，就会有特别多的步骤需要执行！

在二维空间中，成本函数取决于单个变量，于是要探索的方向也就显而易见了！

但是在多维空间中，由于无法可视化曲面的形状，我们如何才能知道应该调整哪些参数以及在哪个方向上进行调整呢？

这个问题的数学解决方案被称为**梯度下降**。梯度下降是一种可以（在特定条件下）被应用于不同类别的优化问题的技术。

背后的思想很简单。通过查看函数在给定点的斜率，然后朝着函数值减小最快的方向移动就行了。梯度下降的名称来源于这样一个事实：对于可微函数，最陡的方向也就是梯度的方向。

1 这里没有分析之前讨论成本函数时提到的在成本函数的表面上移动弹珠的情况。这里的描述是适用于整个优化问题类别的通用描述。对于最小交叉点数嵌入的这个特定问题来说，探索成本函数周围区域的方式实际上也就是移动每个顶点。

图 16.13 以单变量可微函数为例简要说明了梯度下降。

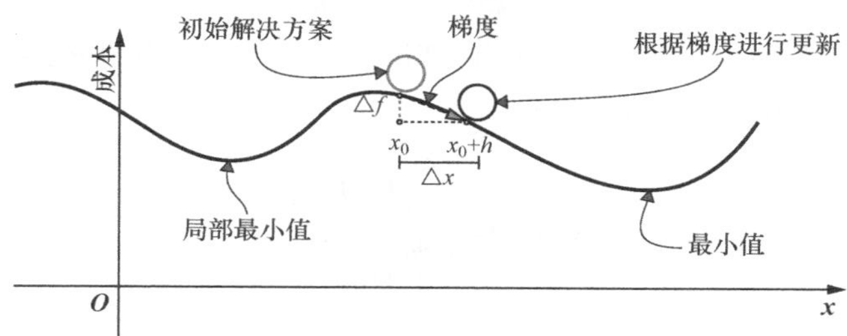

图 16.13 梯度下降。Δf 是成本函数因参数变化 Δx 而引起的变化

在更正式地讨论梯度之前，我们先来看看如何在弹珠示例中构建它。虽然可以轻轻推动弹珠以使它们移动一小段距离，但是之后它们就会再次停在沙子中。就像在沙子里玩弹珠时发生的那样，每次推动都仅移动很短的距离，因此需要进行许多次推动才能达到目标。而如果每次都朝着正确的方向轻轻推动弹珠，那么它们就能朝着终点（或目标）更进一步。但为了让游戏更有趣，在整个游戏中我们只能看到当前位置旁边的一小段路径，就好像在迷雾中玩耍那样。

梯度下降是使用微积分来进行正式描述的。不过，即使不了解微积分，你也不用担心，因为在应用梯度下降时通常用不到，并且有很多库已经实现了微积分的功能。实际上，编写一个自定义版本更没有必要，因为还需要进行一些微调和高度优化才能充分利用 GPU 的性能。

16.3.1 梯度下降中的数学描述

如果学过微积分，那么你可能还记得导数的概念。给定一个单变量的连续函数 $f(x)$，它的导数被定义为函数 f 如何响应参数 x 的微小变化而变化的比例，这可以正式地写为

$$f'(x)=\frac{\partial f}{\partial x}=\lim_{\Delta x\to 0}\frac{\Delta f}{\Delta x}=\lim_{h\to 0}\frac{f(x+h)-f(x)}{h}$$

这个导数的值在给定的函数和特定的值 x 上可以是有限的或无限的，甚至可以是没有定义的。如果函数 f 的一阶导数总有定义，则称函数 f 为可微函数。

对于可微函数，有一些公式可以找到导数的精确数学定义，并且导数本身也是函数。例如，如果 $f(x)=x$，那么 $f'(x)=1$（常数函数）；二次函数 $f(x)=x^2$ 的导数是 $f'(x)=2x$；指数函数 $f(x)=e^x$ 的导数是 $f'(x)=e^x$（没错，结果是指数函数本身）。

关于函数导数[1]的几何解释有很多有趣的结果，这里不再一一介绍。

最重要的结果是，如果计算出函数在给定点的一阶导数的值，就可以得知函数在这个点是否会增长以及增长多少。换句话说，我们可以判断出如果稍微增大 x 的值，$f(x)$是否也会增大、减小抑或保持不变。

因此，导数可以被应用到优化算法中。例如，在图 16.13 中，如果计算成本函数的一阶导数在点 x_0 处的值，就会得到一个负值，这说明当 x 变小时 f 会增长。而由于我们想要向 f 的更小值的方向移动，因此应该通过为 x 分配一个更大的值来获得更好的结果。

可以不断重复这个步骤，从而沿着成本函数的表面走下坡路。

虽然这看起来很容易进行计算，但是在多维空间中，计算会变得非常复杂。对于 n 维函数 g，函数 g 在给定点的梯度将是一个向量，而其中的各个分量就是函数 g 的偏导数在那一点计算出的值。

例如，对于一个二维域（后面的图 16.15 对这个二维域进行了可视化）来说，$g(x, y)$沿着 x 的偏导数被定义为

1 注意，尽管前面只提到一阶导数，但这里也可以包括高阶导数。

$$g'_x(x,y) = \frac{\partial g}{\partial x} = \lim_{h \to 0} \frac{g(x+h,y) - g(x,y)}{h}$$

函数 g 在点 $P_0=(x_0,y_0)$处的梯度则被定义为一列两行的向量，其中的分量是函数 g 在点 P_0 计算出的分别关于 x 和 y 的偏导数，即

$$\nabla g(P_0) = \begin{bmatrix} \frac{\partial g}{\partial x}(P_0) \\ \frac{\partial g}{\partial y}(P_0) \end{bmatrix}$$

函数梯度的几何解释是，它是一个指向函数增长最快方向的向量。这也就是梯度下降实际上使用负梯度$-\nabla g$ 的原因，目标方向与梯度的方向正好相反。

16.3.2 几何解释

代码清单 16.4 简要描述了梯度下降算法。

代码清单 16.4　gradientDescent 方法

如果所有的导数都为 0，那么说明要么处于平台区域，要么处于最小点，因此梯度下降无法进一步改善结果。实际上，这里应该检查的是差值的范围是否小于某一精度，这既因为计算机的算术运算具有有限的精度，也因为当梯度非常小时，带来的改进有可能可以忽略不计，因而也就不值得再浪费计算资源了。

创建一个新点 P，点 P 的坐标等于点 P_0 的坐标减去根据 f 的梯度计算出的差值。这个梯度具体来说，也就是计算 f 相对于其第 i 个坐标的偏导数在点 P_0 处的值。在这里，梯度的值还需要乘以学习率 alpha。

gradientDescent 方法接收函数 f、起点 P_0、学习率 alpha 以及要执行的最大步数 maxSteps 作为参数。它会返回域中的一个点，理想情况下，也就是 f 具有（局部或全局）最小值的那个点。

开始迭代，最多运行主循环 maxSteps 次。

循环点 P_0 的所有坐标。

在每一步结束时，更新当前点。

```
function gradientDescent(f, P0, alpha, maxSteps)
  for _ in {1..maxSteps} do
    for i in {1..|P0|} do
      P[i] ← P0[i] - alpha * derivative(f, P0, i)
    if P == P0 then
      break
    P0 ← P
  return P0
```

这里最重要的是要理解当进行梯度下降时，并不会有完整的成本函数视图，因此其实“弹珠”不会在表面上“移动”，而是在每一步都根据该点处的斜率，计算输入的变量应该改变多少。可参考图 16.14 以了解具体的步骤，并参考图 16.15 以了解二维函数域的这个平面。

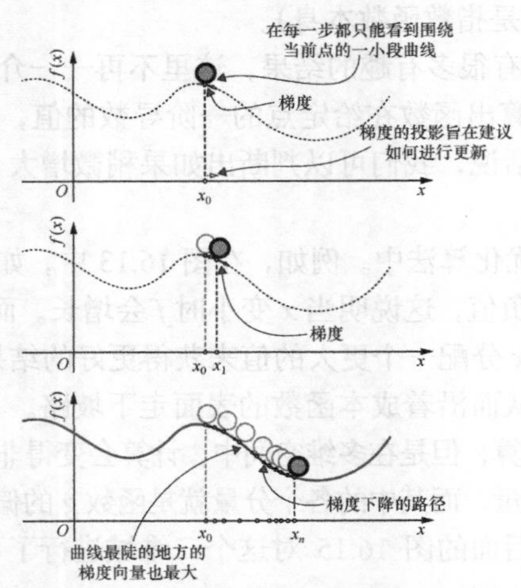

图 16.14　梯度下降的步骤。从中可以看到每次更新后，通过连接梯度向量而形成的路径。更大的向量意味着梯度更大（曲线更陡），因此 Δx 变量的步长更新也更大

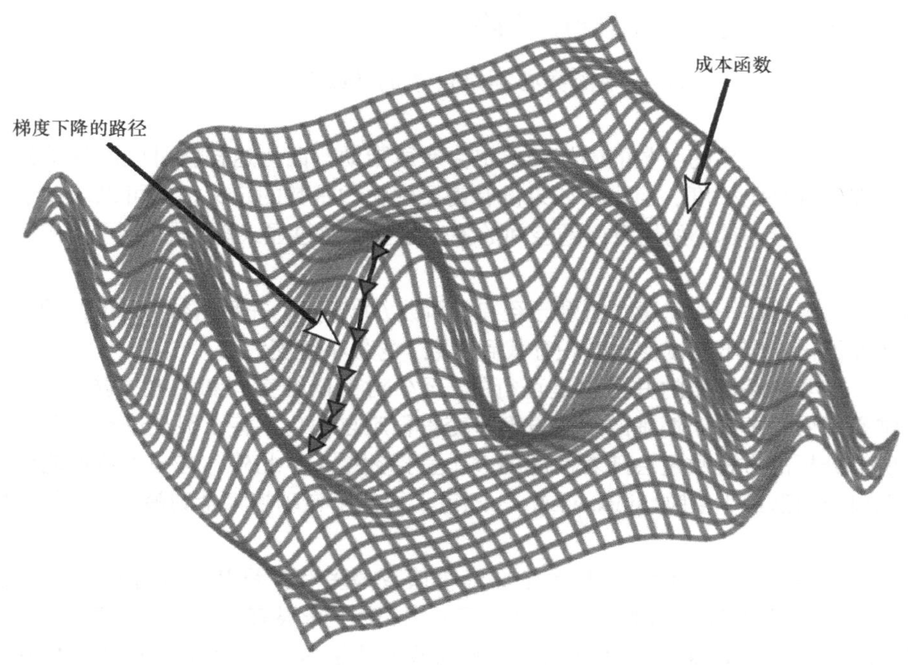

图 16.15 对包含两个变量的函数进行梯度下降的情况（其中的成本函数定义了一个曲面）

用弹珠来进行类比的话，就好比赛道被浓雾笼罩，只能看到几十厘米的距离，也就是刚好能够看到下一步可以瞄准前进的地方。而如果用力推动弹珠，就有可能导致偏离路径或是朝着错误的方向前进。

这个算法本身其实非常简短和简单，不是吗？这是一种迭代优化算法，所以有一个循环需要执行，并且需要传递允许的最大步数以保证不会永远地循环下去。

重复相同的更新步骤，直到达到函数的最小值为止，或是达到一定次数为止。这个步骤本身也很简单：计算函数 f 沿问题空间的所有方向的一阶偏导数，并根据坐标计算出函数坐标的梯度。

如前所述，我们也可以在达到函数的最小值时停止。在微积分中，一个十分重要的理论是费马定理，这个定理证明了可微函数域中的一个点对应函数最小值或最大值的条件如下：当且仅当该函数的导数在该点为 0 时。因此，我们可以检查是否所有的偏导数都为 0（或者更实际地，检查它们的值是否低于某个精度）。

可通过使用函数 f 的梯度来决定应该移动多少（以及朝哪个方向移动）。当函数 f 快速变化时，自然会走一大步；而当函数 f 变化缓慢时，就只走一小步。对于弹珠来说，弹珠会在陡峭的笔直路段快速滚动，在转弯附近则需要小心以避免偏离路径。

至于起点 P_0 的选择，则有许多不同的方法。但是，除非有特定的领域知识，否则最好随机选择这个点，并且可以进行多次优化，每次都从一个新的随机选择的点开始，并跟踪所有结果中的最佳结果。

看到了吗？这里又回到了随机抽样，只不过在每次抽样后都需要应用更复杂的局部优化启发式算法。

16.3.3 什么时候可以应用梯度下降

为了能够应用梯度下降，成本函数必须是可微的（或者至少在计算梯度的点的附近是可微的）。

此外，知道所要优化的函数的确切公式也会有所帮助，因为这样就可以用数学公式来推导出偏导数并准确计算出梯度。但是，如果没有需要优化的函数的定义，则可以求助于导数的数学极限定义，并在越来越小的增量问题空间的各个坐标上通过显式地评估 Δf 与 Δx_i 之间的比例来计算出梯度。

此时可能出现这样一个问题：如果已经有了函数 f 的定义，并且函数 f 是可微的，那么为何还要进行迭代优化，而不直接使用微积分找到函数 f 的最小值呢?

理论上，这当然是可能的并且也是可行的，至少对于低维空间和某些方法来说是可行的。然而在高维空间中，要找到精确的解决方案将变得很难自动化，甚至很难进行计算。要找到全局最小值所需分析的方程数量会随着问题的大小呈指数增长。此外，这些函数可能会有数百、数千甚至无限个局部最小值[如 $\sin(x+y)$或 $x*\sin(y)$]，而为了自动搜索全局最优值，就需要检查所有这些点。

一般来说，当有机会设计一个具有全局最小值或最多有少量几个局部最小值的成本函数时（如果它们的成本大致相同的话，就更好了），梯度下降很有效。正如稍后你将在 16.4 节中看到的那样，这也就是梯度下降可以完美地与我们为监督学习设计的那些成本函数一起工作的原因。

16.3.4 梯度下降的问题

在代码清单 16.4 中，需要注意的重要一点是，其中提供了学习率 alpha（α）。这是梯度下降算法的一个超参数，被用来调节每次采用的步长有多大。就像在弹珠类比中，如果看不清很长的路径，那么虽然走一大步可以加快速度，但也有可能使弹珠偏离路径。类似地，在梯度下降中，大步长也有可能导致错过最小值，如图 16.16（A）所示。更糟糕的是，在某些情况下，它们可能导致循环或远离最佳解决方案，如图 16.16（B）所示。

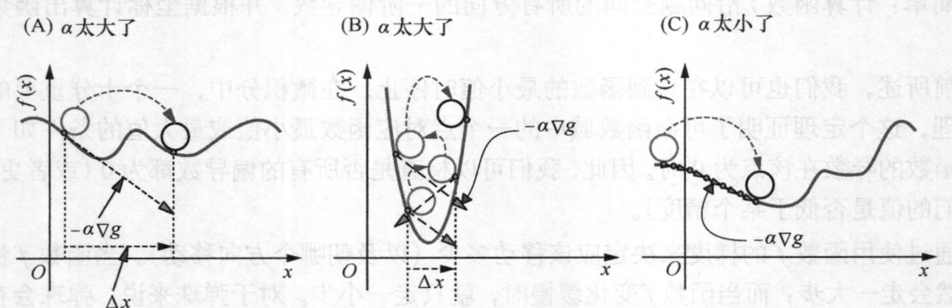

图 16.16 梯度下降。Δf 是成本函数因参数变化 Δx 而引起的变化

反之亦然，如图 16.16（c）所示，当α太小时，收敛速度会太慢，因此优化算法不能在合理的时间内（或在允许的最大迭代次数内）达到最小值。

α究竟是太大还是太小取决于上下文，特别是取决于我们尝试优化的特定函数。

如果不能传递学习率，那么对于图 16.16（B）中的成本函数来说，由于曲线的斜率很大，因此优化后并不能收敛到最小值（而是发散开）。同时对于像图 16.14（C）这样的例子来说，收敛速度会特别慢，并且算法有可能陷入局部最小值。

而有了学习率，我们就可以通过调整[1]alpha 这个超参数来使优化算法适应需要优化的函数。

然而，一种更好的解决方案是让 alpha 成为一个变量，例如随着步骤的执行而逐渐减小的值。这个值最初很大，因此可以让优化算法快速探索一个广泛的区域并跳出可能的局部最小值，然后这个值会越来越小，因此最终可以进行微调并避免围绕一个固定点（最小值）来回振荡。

另一个不错的选择是引入动量的概念。在动量梯度下降中，不再仅仅基于当前的梯度进行移动，而是通过计算最后几次梯度的线性组合的差值来让更新更加平滑（旧的梯度在最终结果中相对新的梯度来说具有更低的权重）。

顾名思义，梯度下降具有动量（就像在运动学中发生的那样）也就意味着如果速度很快，则说明正在以大步长更新坐标，而当曲线的斜率发生变化时，速度将逐步平滑地改变而不是突然改变。

将动量添加到点的更新规则中的最简单公式如下：

$$P_{t+1} \leftarrow \beta * P_t - \alpha * (1-\beta) * \nabla g(P_t)$$

其中，P_t是问题空间中的一个点，具体来说，也就是算法在时间 t 到达的点；而β的值越大，更新就会越平滑（越慢）：

$$\begin{aligned} P_2 &\leftarrow \beta * P_1 - \alpha * (1-\beta) * \nabla g(P_1) \\ &= \beta^2 * P_0 - \alpha * \beta * (1-\beta) * \nabla g(P_0) - \alpha * (1-\beta) * \nabla g(\beta * P_1 - \alpha * (1-\beta) * \nabla g(P_1)) \end{aligned}$$

因此，如果 β=0.99，那么 P_2 的值中就有 98%是由 P_0 给出的；相反，如果 β=0.1，那么 P_0 对 P_2 的直接影响就只剩下 1%。

16.4 梯度下降的应用

如前所述，梯度下降是一种优化技术，在给定成本函数的情况下，它有助于我们找到与最优（或几乎最优）成本对应的解决方案（问题空间中的一个点）。

因此，梯度下降只是用来解决问题的过程的一部分，并且可以被应用于若干不同的问题和技术。

你在前面已经看到了，整个算法不仅基于所使用的成本函数，也取决于优化的目标。

我们还讨论了如何通过优化成本函数来找到定义明确的问题的成本最低的解决方案，而这类算法只要可以找到一个可微的成本函数，就能从梯度下降的应用中获得帮助。

不过最近，另一类使用梯度下降的算法开始变得流行起来，即机器学习算法。

> **注意** 笔者一直觉得机器学习这个名字有一定的欺骗性，因为它会以某种方式暗示这个分支涉及的是像人类一样可以进行学习的机器。然而，虽然它们之间有一些相似之处，但情况并非如此。

当应用梯度下降来解决诸如旅行推销员或图嵌入的问题时，会有一个静态的（通常也是巨大的）域，于是相应的目标就是在这个域中找到一个点。相反，机器学习中则有一个数据集，我们希望通过“学习”一个能描述数据集的模型来对它进行理解，并且（更重要的是）还能泛化到处理不在数据集中的输入。

下面我们以一个广泛应用了梯度下降的领域——监督学习为例展开讨论（其中比较有名的例子如图 16.17 所示）！

---

1 调整算法的超参数是使用启发式算法所要面临的挑战之一。这些超参数并没有单一的适用于所有问题和实例的值，而且对它们的调整通常也很难自动化。这是一个需要算法专家的经验真正发挥作用的领域。

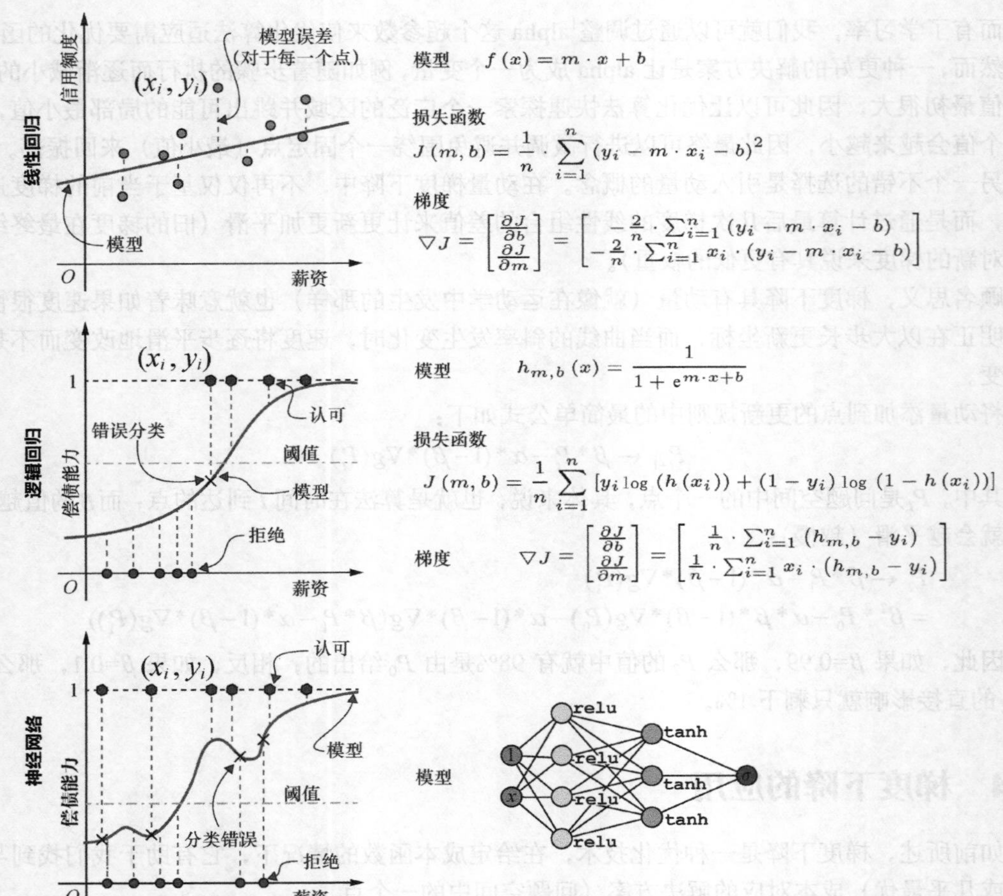

图 16.17　监督学习中常用的一些方法。它们都使用梯度下降来进行学习。注意，这里的模型是任意选择的，并且损失函数也有其他可能的选择。为简洁起见，这里省略了神经网络的梯度和损失函数。另外，虽然这里只展示了监督学习，但也有使用梯度下降的聚类算法

监督学习的目标是开发出这样一个数学模型[1]，它可以简洁地描述当前的数据集，并且能够预测新的、与其从未见过的输入对应的输出。这个输出可以是一个具体的值（线性回归）、一个类别（逻辑回归）或一个标签（聚类）。

对于所有这些类型的机器学习算法来说，到目前为止，在你所看到的优化问题中，还有一个额外的步骤没有讨论。那就是在探索问题空间时，还需要选择想要使用的模型，而这实际上是你需要做的第一件事。

为了更好地解释这一点，下面我们将讨论线性回归的一些细节。

例子：线性回归

说到具有欺骗性的名字，就不得不提线性回归。这个名字的由来也很有趣，值得你在网上搜一搜。

但真正重要的是，线性回归是一个模型，它被用来描述一个或多个输入（也称为**自变量**）与输出的实数（也称为**因变量**）之间的关系。

1 它只是一个从域到范围的函数。但不管这个函数有多么复杂，它都依然是输入（可能是多维的）和输出之间的确定性映射。

这个“模型”已被提到多次，比如前面的图 16.17。那么，它到底是什么呢？

这个“模型”是数学函数的一种类型，可通过选择它来对数据集中的因变量和自变量之间的真实关系进行近似。

例如，可能有这样一个数据集，其中已将汽车的某些特征（制造年份、发动机、行驶里程等）与市场价格相关联。只有在了解了前者与后者的关系后，你才能将自己从经销商那里发现的汽车描述（与数据集中的自变量相同的特征）作为输入，查看汽车的价格是否公道（从而避免花冤枉钱）。

这时，你需要选择最适合数据的模型[1]。为简单起见，这里限制它是一个具有单个参数（如发动机功率）的函数。如图 16.18 所示，可选择常数函数（$y=m$，一条平行于 x 轴的线）、线性的 $y=mx+b$、二次曲线（$m_1*x^2+m_2*x+b$）或其他更复杂的模型。

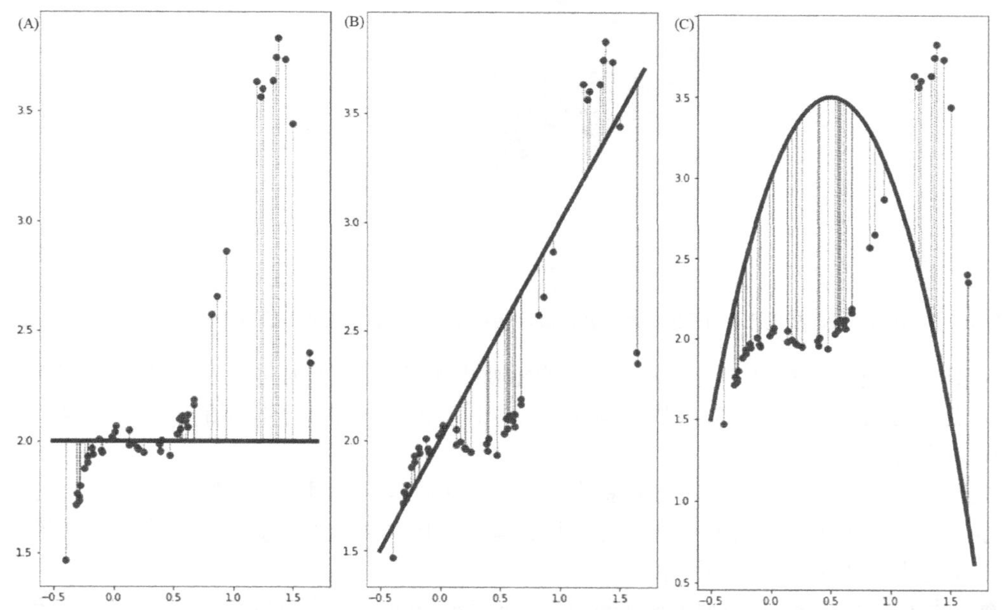

图 16.18　使用越来越复杂的模型（常数、直线和二次曲线）对数据集进行线性回归。可以看到，高阶模型不一定能够更好地拟合数据

模型越简单，一般来说，“学习”所需的数据点就越少。这是因为在选择了模型的复杂度之后，就会有一系列的函数可供使用。因此，你仍然需要学习具体的参数才能知道最适合数据集的函数是什么。

例如，如果选择的是一条直线，则必须确定参数 m 和 b 的值。函数既可以是 $y=x+1$，也可以是 $y=-0.5*x+42$。

选择这些参数的方式就是进行**训练**，而这除了使用梯度下降之外别无他法。

实际上，线性回归中也定义了一个成本函数（在机器学习中通常被称为**损失函数**），它被用来衡量模型预测的值与数据集中的每个点所关联的因变量（以及来自真实数据的实际值）之间的距离[2]。

这个函数通常是平方误差之和或它的一些变体。如图 16.17 和图 16.19 所示，可沿着 y 轴使

1 通常可以尝试不同的模型并根据它们的性能来做出选择，但这远远超出了这里的讨论范围。

2 实际上，数据集的一个子集会被称为训练集。在这里，你只需要记住应该留下数据集中的一些点，以便后面评估模型的质量，这一点非常重要。

各个点与模型的线之间的平方距离最小，而这也就给出了一个具有全局最小值的凸函数。显然，这是一个百分百应该使用梯度下降的场景！

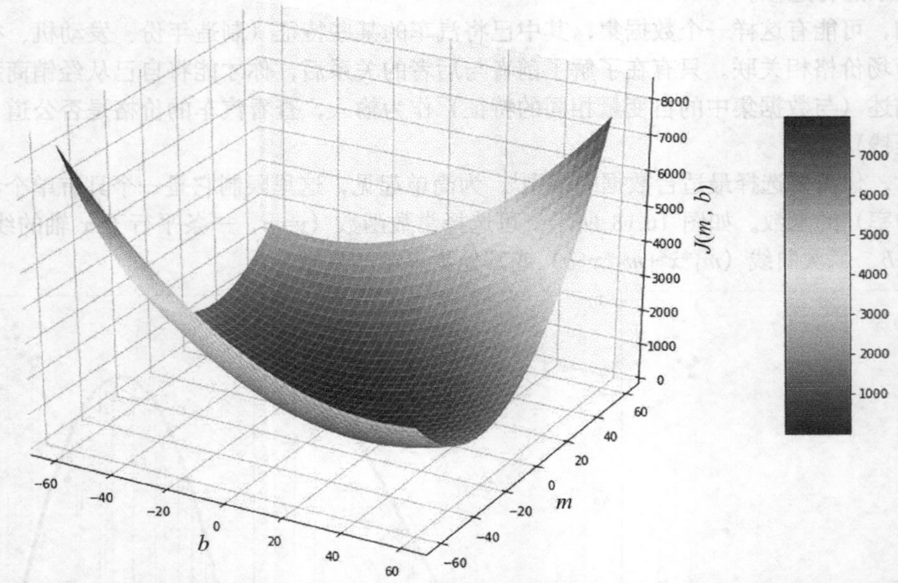

图 16.19 图 16.18（B）所示例子的成本函数。其中使用了误差平方，成本则是基于参数 m 和 b 的一个函数

从图 16.17 和图 16.19 中可以看出的一个重要事实是，损失函数取决于参数 m 和 b[1]而非数据集中的点。因此，在计算损失函数的偏导数时，计算的也就是关于模型的参数，并且可通过梯度下降来进行更新。

关于线性回归和监督学习还有很多的内容，而这通常需要用一本完整的书来进行介绍！

事实上，如果想深入研究机器学习，那么有许多图书可供查看。下面列出了一些笔者个人觉得非常有用的建议你参考的图书。

- 由 Luis Serrano 撰写的 *Grokking Machine Learning*（曼宁出版社，2021 年）对于初学者来说是非常不错的起点。
- 由 DeepMind 公司的 Andrew W. Trask 撰写的 *Grokking Deep Learning*（曼宁出版社，2019 年）是深入深度学习世界的理想之选。
- 由 Keras 库的作者 François Chollet 撰写的《Python 深度学习（第 2 版）》（人民邮电出版社，2022 年）可以帮助你学习如何使用 Python 来构建图像和文本分类模型以及它们的生成器。
- 由蔡善清等人撰写的《JavaScript 深度学习》（人民邮电出版社，2021 年）可以帮助你使用 TensorFlow.js 构建运行在浏览器中的网络模型。

当然，还有很多非常棒的参考书，这里不再一一列举。

16.5 使用梯度下降进行图嵌入

我们已经详细讨论了梯度下降的工作原理及其优缺点，你应该已经十分清楚地了解到如何

1 在使用线性模型时，我们通常用 $\boldsymbol{W}$ 或 $\boldsymbol{\Theta}$ 来表示模型的参数向量。请记住，这些参数才是机器学习算法真正的目标。

才能将其应用到前面的案例研究中。这还是一种为图找到直线绘图的启发式算法，旨在使边之间的交叉点最少。

然而真正的答案是，梯度下降并不会带来真正的帮助。查看图 16.7～图 16.12 中的实例，很明显“最小交叉点数”的成本函数是阶梯形的，其中包含着平台区域（梯度为空）和一些陡坡。

那么，为什么还要引入梯度下降呢？如果你还没有猜到原因的话，请先花一分钟的时间回顾一下自己在最近几章中学到的内容，然后深入研究这里的下一个挑战。

在揭示这个挑战之前，我们还需要强调一下，16.3 节和 16.4 节的讨论能够让你了解什么是更好的成本函数，此外还提供了一个半正式的表征。即使这些内容带来的回报只有这么多，我们也没有浪费时间，因为这里建立的框架有助于我们描述和理解本章以及接下来的两章中将要介绍的算法。

好处其实还有很多。如果你阅读了第 15 章，就会知道我们在 15.3 节中推断了什么才是一个良好的嵌入，以及一个嵌入比另一个嵌入更好的含义。边的交叉点数是一种可能，也是很重要的一个因素。但还有许多其他需要考虑的因素，例如相邻的顶点应该彼此靠近，而当一对顶点之间没有边时，它们就应该彼此远离。

以美观的方式绘制图的重要性与减少边的交叉点数不分上下。

以美观的方式绘制图可以使图看起来更干净、更容易理解，还可以帮助我们更好地利用可用的空间（尤其是在动态网站上），甚至可以帮助我们制作出更有意义的图。

最后但也很重要的一点是，美观的外观可以用更好的成本函数来表示，而这也就代表着一个更平滑的成本函数，因此可以使用梯度下降等优化算法来加以优化。

16.5.1 另一种标准

当使用直线绘图时，你可以将顶点想象成离子（一种带电粒子）。当两个顶点之间有一条边时，粒子相互吸引（就像它们具有相反的电荷一样），而没有通过边来连接的一对顶点则相互排斥。

然后尝试找到一个平衡点，即一种粒子的配置，它能够使所有的力都相互平衡，让系统保持在稳定状态。但很多时候，与其明确地计算[1]这个平衡点，不如尝试通过使用启发式算法来模拟系统中的演化，从而得到近似解。

事实证明，有一整类图嵌入算法采用了这一原理，即所谓的**力导向图绘制**（force-directed graph drawing）算法。

这类算法的目标是在二维空间中放置图的顶点，并使得相邻的顶点大致处于相同的距离（因此，所有的边在平面上的长度是相同的）。当然在这个过程中，边的交叉点也是越少越好。这个结果可通过计算相邻顶点之间的力（引力）和所有非相邻顶点之间的力（斥力）来完成。在计算过程中，可基于它们的相对位置，根据计算的力和一些参数来更新系统（即位置），从而尝试最小化整个系统的能量。

为了进一步完善最初的类比，我们可以使用弹簧（或万有引力）作为边的物理对应物，并且所有顶点对之间也具有较弱的电荷斥力[2]。注意，所有的这些力都取决于顶点之间的距离。只要保持这个特性，就可以用不同的公式替换它们。图 16.20 解释了这类系统是如何工作的。

---

1 数学解决方案旨在找到描述系统的微分方程为零的点。

2 实际上，粒子之间的电力比万有引力强若干数量级。但这里的类比并不是为了进行精确的描述，而只是为了生动和直观。为此，我们重用了一个经过充分研究的框架来进行描述。

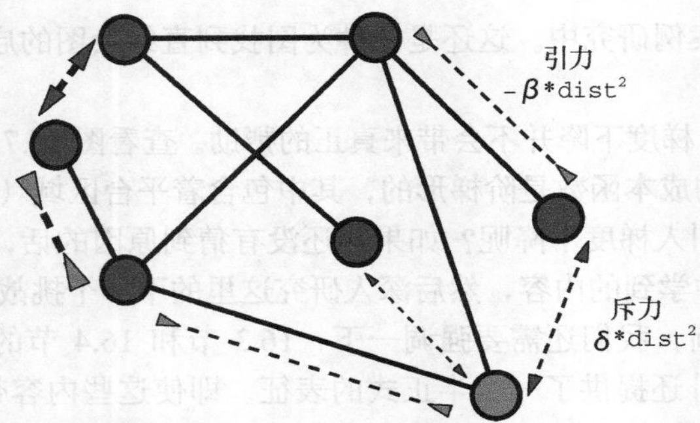

图 16.20　使用了物理模拟的力导向图绘制算法。其中使用了作用在顶点上的引力与斥力来提供一个美观的嵌入。注意，当顶点更接近时，力会更大（更粗的线）。为了清楚起见，这里并没有显示作用在所有顶点对上的所有力，而只是举了几个例子

接下来就需要将这些标准形式写成成本函数的公式。这个公式将被用来描述问题，然后就可以尝试使用梯度下降或本书稍后将要讨论的其他算法来对它进行探索。

$$J(V)=\delta\cdot\sum_{v\in V}\sum_{u\in V/\{v\}}\|u-v\|_2^2-\beta\cdot\sum_{v\in V}\sum_{u\in \mathrm{adj}(u)}\|u-v\|_2^2$$

其中，求和公式内的项是 2 范数的平方，当根据两点的（向量）差进行计算时，这给出的是两点之间距离的平方，即

$$\|u-v\|_2^2=(u_x-v_x)^2+(u_y-v_y)^2$$

至于为什么使用平方距离，原因不仅仅在于计算成本更低[1]，更重要的原因是平方根的导数很麻烦。当然，函数曲面的形状也会有所不同。

这样一来，相对于阶跃函数来说，这就是一个巨大的改进。这个函数至少是可微的，因此可以精确计算出关于通用顶点 w 的 x 和 y 坐标的偏导数，即

$$\frac{\partial}{\partial w_x}J(V)=-4\cdot\delta\cdot\sum_{u\in V/\{w\}}(u_x-w_x)+4\cdot\beta\cdot\sum_{u\in \mathrm{adj}(w)}(u_x-w_x)$$

$$\frac{\partial}{\partial w_y}J(V)=-4\cdot\delta\cdot\sum_{u\in V/\{w\}}(u_y-w_y)+4\cdot\beta\cdot\sum_{u\in \mathrm{adj}(w)}(u_y-w_y)$$

标量 β 和 δ 是算法的超参数，可用于平衡引力与斥力的重要性——可通过调整它们的值来获得期望的结果。这个调整过程既可以手动完成，也可以自动完成。

当然，找到合适的值并不总是那么容易。例如，稀疏图就适合使用较大的引力参数来防止顶点漂移；但对于稠密图来说，如果 $\beta>\delta$，那么所有的顶点最终都将收敛到图的中心。

一种可能的替代方法是根据图中的顶点和边，以及嵌入图的画布的大小来决定边的理想长度（或这种长度的理想范围）。这样优化过程就会避免采用那些使所有顶点都聚集得太近的解决方案：

$$J(V)=\delta\cdot\sum_{v\in V}\sum_{u\in V/\{v\}}\|u-v\|_2^2-\beta\cdot\sum_{v\in V}\sum_{u\in \mathrm{adj}(u)}[\|u-v\|_2-(\text{边的理想长度})]^2$$

这些成本函数的目的都不是减小交叉点的数量，但是你可以想象，具有较短的边并保持相邻顶点彼此靠近将有助于间接地减小交叉点的数量。不过，这两个公式都不太理想，因为它们并不是碗形的，因此会有若干局部最小值。虽然不能轻易地改进这个缺点，但仍然有一

1 计算平方根是众所周知的昂贵操作。

个解决方法：可使用随机重启算法来多次随机选择顶点的初始位置，并使用梯度下降来让成本函数下降。

16.5.2 实现

持之以恒才是关键！如果重复梯度下降的步骤若干次（或者很多次，这取决于上下文！），每次都从不同的位置开始，甚至使用不同的学习率，那么最终的结果有可能还不错。

在第 17 章中，你将看到一种更复杂的技术，它能让优化更加灵活，并提高获得较好结果的概率。

我们先来看看实现单次迭代的梯度下降的解决方案，如代码清单 16.5 所示。

代码清单 16.5 forceDirectedEmbedding 方法

对于每个顶点，使用梯度下降规则更新其 *x* 和 *y* 坐标。这里必须使用一个新变量来保存这些新值，原因是，为了使梯度下降有效，就需要在更新之前使用当前迭代中的坐标来计算所有的梯度。

forceDirectedEmbedding 方法接收一个图、学习率 alpha 以及可以执行的最大步数 maxSteps 作为参数。它会返回域中的一个点，也就是所有顶点坐标的分配情况。

```
function forceDirectedEmbedding(graph, alpha, maxSteps)
  for v in graph.vertices do
    (x[v], y[v]) ← randomVertexPosition()
  for _ in {1..maxSteps} do
    for v in graph.vertices do
      x1[v] ← x[v] - alpha * derivative(graph, v, x)
      y1[v] ← y[v] - alpha * derivative(graph, v, y)
      if x == x1 and y == y1 then
        break
      (x,y) ← (x1, y1)
  return (x,y)
```

循环遍历所有的顶点并随机分配位置。

开始迭代，最多运行主循环 maxSteps 次。

再次循环图中的所有顶点。

检查是否已经到达一个最小点，其中梯度为零并且没有任何新的更新被执行（通常来说，这里还应该传递容差阈值 epsilon，并检查新旧位置的差异之和是否小于 epsilon）。

每次迭代结束时，更新当前坐标。

代码清单 16.5 是代码清单 16.4 所示的通用梯度下降法的一个副本。虽然仍然可以使用那个通用方法，但这里的这个新方法是根据一个更具体的域来进行优化的。另外，我们相信，这个新方法能够更清楚地表达出梯度下降法在内部是如何工作的。

例如，你可以看到这里并没有使用成本函数，而是只要能够计算其偏导数就行了。现在，你应该更清楚地了解了为什么我们要在成本函数中使用平方距离而不是平方根。

这里的梯度可以用上面提供的公式（或类似的其他公式，假设使用的是不同的成本函数）来轻松计算出偏导数。这个计算过程只需要在顶点上运行两个 for 循环就行了，因此这里不再展示这部分代码。

要把这个新方法应用于随机重启算法也很容易。只需要决定要进行多少次尝试，然后循环调用 forceDirectedEmbedding 方法就行了。

需要注意的是，在这种情况下需要明确地定义成本函数，这是因为（见代码清单 16.6）在每次调用 forceDirectedEmbedding 方法之后，都必须检查返回的解决方案的成本，并与目前最好的结果进行对比。

代码清单 16.6 forceDirectedEmbeddingWithRestart 方法

```
function forceDirectedEmbeddingWithRestart(graph, alpha, runs, maxSteps)
  bestCost ← inf
  for _ in {1..runs} do
    (x,y) ← forceDirectedEmbedding(graph, alpha, maxSteps)
    if cost(graph, x, y) < bestCost then
      (bestX, bestY, bestCost) ← (x, y, cost(graph, x, y))
  return (bestX,bestY)
```

对梯度下降的讨论到此结束。在后续章节中，我们将探索基于成本的解决方案的其他优化算法。

16.6 小结

- 许多问题，包括机器学习中的许多问题，都需要定义一个恰当的成本函数来衡量解决方案的好坏，可通过执行优化算法来尝试找到成本最低的解决方案。
- 梯度下降是基于成本函数的几何解释。对于可微函数，我们假设问题的每个解决方案都可以解释为 n 维空间中的一个点，并且可以通过计算当前点的成本函数的梯度来进行单步梯度下降。
- 那些成本函数位于局部最优值的点，通常是优化算法（特别是梯度下降法）的克星。因为优化算法将陷入局部最小值中，从而再也不能找到全局最优解。
- 交叉数并不能很好地作为成本函数，因为我们得到的将是一个具有大量局部最小值平台的阶跃函数。
- 作为替代方案，我们可以将问题映射到力导向图绘制算法中进行模拟。力导向图绘制算法专注于更好地绘制图，此外还会间接地对交叉数进行优化。

第 17 章　模拟退火：超越局部最小值的优化

本章主要内容

- 模拟退火简介
- 使用模拟退火改进投递计划
- 旅行商问题简介
- 将模拟退火应用于最小交叉嵌入
- 使用基于模拟退火的算法更好地绘制图

如果你阅读过第 15 章和第 16 章的内容，那么应该对图嵌入和优化问题比较熟悉。在第 16 章中，我们解释了如何将图嵌入重新表述为一个优化问题，并介绍了梯度下降——一种可以用来为这类问题找到（接近）最优解的优化技术。我们还讨论了图嵌入问题的两种解决方案——交叉数优化和力导向图绘制，梯度下降特别适合于后者，而对前者不能有效执行。

不过，在介绍梯度下降的过程中，我们也发现了一个问题，即有可能陷入局部最小值中，而这也是我们最不想看到的情况，因为要处理的成本函数通常包含大量的局部峰值。

前面已经介绍了关于这个问题的一种解决方法：使用随机重启多次执行梯度下降，并在每一个执行中都选择不同的起点来提高获得更优结果的概率。

但是，即便使用了这种技术，也有可能出现梯度下降的所有迭代（在最好的情况下）都从起点开始并沿着最陡路径来到最近的局部最小值而结束的情况。相反，如果可以保证有一些非空[1]的概率来跨过局部最小值，那么即使是单次执行，也可以找到更好的解决方案。

在本章中，我们将讨论一个一定可以做到这一点，甚至可能做得更好的算法。这个算法还能克服一些限制梯度下降适用性的约束。在阅读本章之后，你将了解**模拟退火**这种强大的优化技术，以及如何将其应用于图上的一些最为困难的问题，同时形成自己的对模拟退火与其他优化技术进行权衡的思路。

模拟退火算法非常强大。在所有已经描述过的算法中，它是唯一能够平衡窄搜索与宽搜索、探索大部分问题空间并设法取得局部进展的算法。

这个算法早在 20 世纪 70 年代就有了，这也就解释了为什么它是优化问题中最受欢迎的启发式算法。虽然在过去的二三十年里，人们已经开发出一些像**遗传算法**（见第 18 章）或**人工免疫系统**（Artificial Immune System，AIS）这样的优化技术（它们通过使用不同的受生物学启发

1 严格来说，基于函数周围的形状和学习率，即使是梯度下降也可以越过局部最小值，详情参见图 16.16。

的方法来加速收敛），但模拟退火算法的使用率仍然很高，并且最近也通过**量子退火**（quantum annealing）算法再次变得流行。

最后但也同样重要的是，通过了解**旅行商问题**（简称 TSP）以及如何在合理的时间内找到接近最优的解决方案，就能提高涉及多个目的地的投递能力。继续之前关于电子商务公司需要优化物流的讨论，这样就不用再考虑每次送货的单程路线，而是可以优化送货卡车依次穿越多个城市的路线，从而只需要在仓库进行一次装载，就可以进行多次投递而不用不断地返回。

17.1　模拟退火

在第 16 章中，我们介绍了局部优化技术，它可以作为改进随机抽样算法的一种方法。之后我们详细讨论了梯度下降，并提到了关于梯度下降的一种随机优化技术。如果还记得弹珠类比的话，你将发现梯度下降总会沿着赛道上最陡峭的路径（由成本函数生成的曲面）移动弹珠（解决方案），并最终停在山谷中。图 17.1 对比了梯度下降与名为**下山法**[1]的局部随机优化技术。后者会随机选择一个方向，并通过在该方向上进行短的（也是随机的）位移来检查是否存在改进。如果还能有改进，则转移到新的解决方案：否则不进行任何修改，并在下一次迭代中进行另一次尝试。正如我们在第 16 章中所解释的那样，对于梯度下降来说，如果学习率足够大，那么理论上也是可以越过局部最小值的，不过也有可能什么都不会发生。

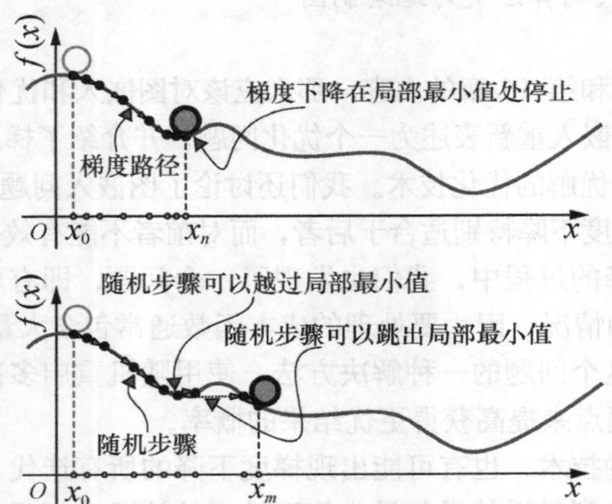

图 17.1　梯度下降与局部随机优化技术。虽然梯度下降的步骤与曲线的坡度成正比，但随机步骤（在合理的半径内）总是随机的。因此，局部随机优化更容易越过局部最小值，甚至摆脱局部最小值（严格来说，根据特定的学习率和成本函数的形状，梯度下降也能达到这种效果，正如我们在第 16 章中所解释的那样）

但请注意，图 17.1 并没有显示局部随机优化尝试走向错误方向的那些失败尝试。总体而言，这样做的结果是，在到达同一点时需要比梯度下降更多的步骤，这是因为局部随机优化并不总是朝着变化最大的方向前进，而是随机地四处游荡。这在二维域中或三维曲面上将更为明显，如图 17.2 所示。

事实上，这种方法与第 16 章讨论的梯度下降存在一些相同的问题，比如也有可能陷入局部最小值或平台上。更糟糕的是，这种方法还会以一种更慢的方式到达那里。

1 原名是爬山法，优化目标是找到最大值。但是，因为这里的目标是降低成本，所以我们换了个名字来更清晰地加以表述。

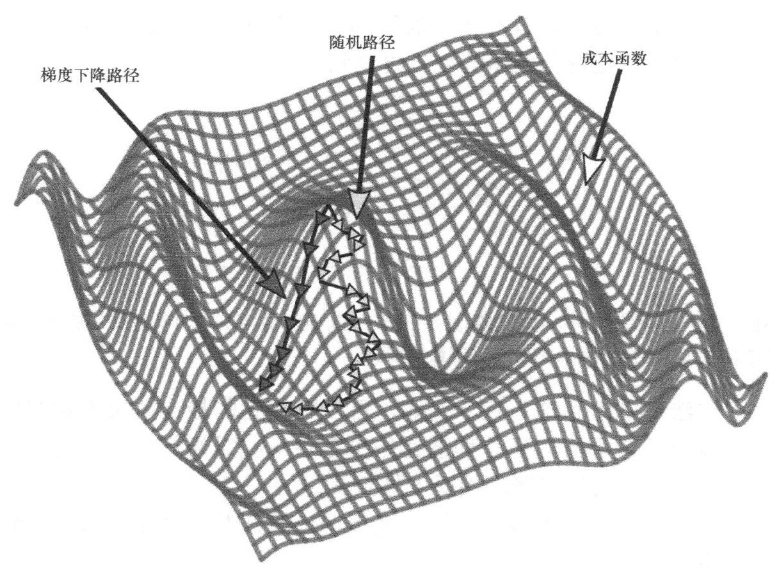

图 17.2　在有两个参数的成本函数上执行梯度下降与局部随机优化。你能猜出其中的哪一种技术需要更多的步骤吗?

而从好的方面看，局部随机优化也有一些优点。首先，可以释放成本函数必须可微的约束，甚至可以忽略函数的定义，只要有办法计算就行了[1]。这对于像嵌入的边交叉这样的函数来说就特别有用，因为这个函数是阶跃函数，它在值突然变化的点不可微，而在其他地方则具有相同且等于零的导数。

如图 17.2 所示，其中最明显的缺点就是局部随机优化相比梯度下降需要更多的步骤，因为前者要走很长的弯路。另一个问题是，由于局部随机优化不采用函数下降更快的方向，因此最终可能处在与梯度下降不同的位置。又由于无法预测将要停在哪里，因此也就无法预测找到的最终值是更好还是更差。而唯一能解决这个问题的策略就是坚持。通过增加运行次数并在多次运行之间跟踪最佳结果或许能带来不错的效果（运行的次数越多，就可以预期最终得到的解决方案越好）。

不过，仍然存在一些即使是随机算法也仍然无法避免的问题（这些问题在梯度下降法中也是存在的）。

例如，随机算法虽然有可能跳出局部最小值，但这一点得不到保证。由于这两种算法都是贪心算法[2]，因此它们仅在找到对应于较低成本的点时才会从当前位置进行移动，而随机步骤的范围有可能不够宽，从而无法跳出局部最小值。你在图 17.1 中就可以看到这一点，与其他的更新相比，当算法要做出“跳跃”动作以脱离局部最小值的时候，就会用到很大的一个范围。而即使允许如此大的增量（取决于算法是如何通过其超参数来进行配置的），也可能需要进行很多次随机尝试才能在正确的方向和足够远的地方产生一个步骤。

17.1.1　有时候需要先向上爬才能到达底部

图 17.3 展示了局部随机优化的一个更麻烦的配置示例。其中，随机算法被卡住的当前最小值与成本函数中具有更低值的下一个点（最接近的改进）之间的距离太远了，不可能一步就过

1 虽然没有静态公式，但可以借助在外部计算指标或运行模拟（在强化学习中，成本就是通过运行模拟来确定的）的动态成本函数。

2 贪心算法总是能够做出局部最优选择（例如，它们只选择成本较低的位置）。但遗憾的是，这并不总能促使我们获得最佳结果。

去。在这种情况下，为了能过去，算法需要忽略当前是否处于最小值，爬过这座山并看看下一个山谷（或更下一个山谷）是否有更深的地方可以到达。

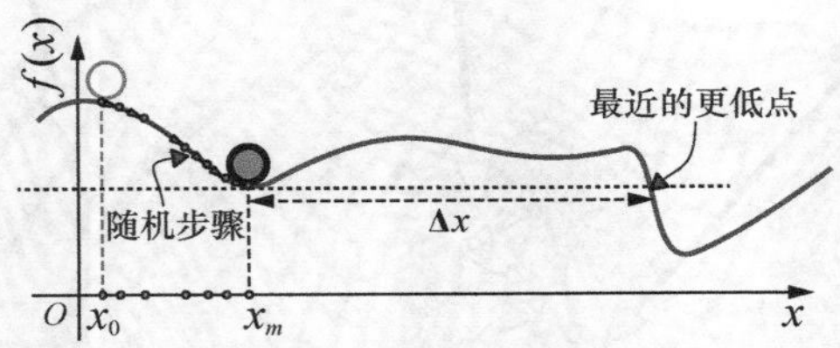

图 17.3　随机局部优化与梯度下降的一个共同限制就是只会下坡。而如果下一个具有更好的成本函数值的位置太远，那么算法将无法在短时间内到达这里，因而被卡在局部最小值处

当然，有许多方法可以做到这一点。例如，可以将找到的最佳解决方案存储在某个地方并继续探索，从而越过局部最小值。另一种选择是决定在某些时候进行上坡也是好的选择。可以系统地进行计划，每隔几步或根据概率接受上坡行为。

模拟退火算法使用了后一种策略。不过，模拟退火算法并不会跟踪目前找到的最佳解决方案，但这一步非常简单。

这种启发式算法[1]得名于冶金行业常用的一种技术——退火。这种技术由重复的循环组成，其中材料会被反复加热，然后可控地进行冷却以提高强度。整个过程就像铁匠通过放进冷水进行淬火来锻造一把铁剑那样。

模拟退火算法的执行过程也非常相似。在其最简单的版本中，只有冷却阶段，但也存在当温度升高或系统冷却时包含其他阶段的变体。

另外，系统的温度与模拟系统的能量及其被允许转换到更高能量状态的概率（换句话说，转换到更高成本函数值的解决方案）直接相关。

图 17.4 展示了模拟退火优化过程在三维曲面上的一条可能的路径。这一次，算法能够使自己脱离局部最小值，即采取了反直觉的爬坡操作。这是模拟退火算法与贪心算法（包括 17.1 节中总结的算法）最大的区别，也是这种优化技术的真正优势。

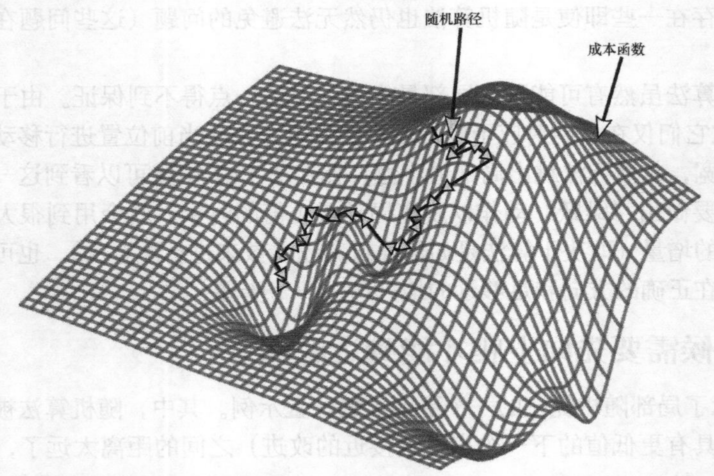

图 17.4　模拟退火优化过程在三维曲面上的一条可能的路径。注意，这是一个人为的例子。在实际的运行过程中，算法会在初始阶段到处移动，直到后来当温度下降时，才会收敛到其中的一个最小值

1 模拟退火算法可视为一种特殊的启发式算法，也就是元启发式（meta-heuristic）算法。所有基于模拟退火来解决特定问题的算法都是元启发式算法。

不过，图 17.4 展示的路径虽然是可能的[1]，但其并不是模拟退火的典型路径，较为常见的应是一条更加混乱并且会让这个图显得杂乱无章的路径。

在实际应用中，这个算法更有可能在刚开始时来回跳跃，从而探索附近的若干区域，并且经常向上爬坡。随着冷却过程开始，到达更高位置的概率将变小，同时可以直接或间接地减小随机步骤的长度。总体而言，在经过初始的探索阶段后，算法就会进入微调阶段。

图 17.5 展示了整个模拟退火过程，这里并没有夸大其中的混乱！

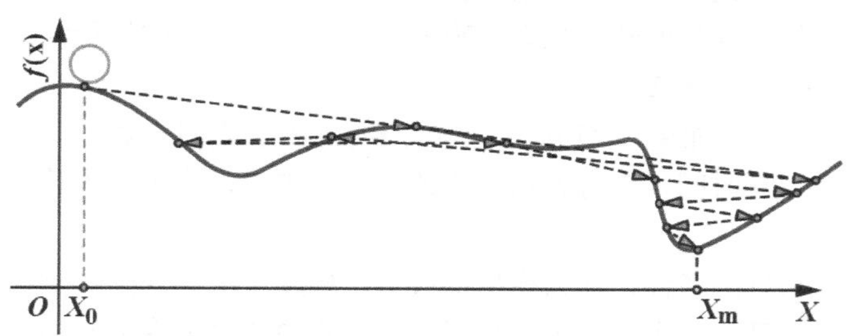

图 17.5 模拟退火过程。刚开始时，步骤的范围比较大，这时能够接受较差结果的概率比较大。在经过冷却后，微调开始发挥作用，仅以（或大概率以）较小的步骤来获得更好的结果

17.1.2 实现

代码清单 17.1 展示了模拟退火的通用实现。

代码清单 17.1 模拟退火的通用实现

simulatedAnnealing 方法接收成本函数 C、起点 P_0、起始温度 T_0、概率函数 acceptance 以及要执行的最大迭代次数 maxSteps 作为参数。它会返回域中的一个点，理想情况下，也就是具有（局部或全局）最小值的那个点。

开始进行迭代，主循环最多运行 maxSteps 次。

```
function simulatedAnnealing(C, P0, T0, acceptance, maxSteps)
for k in {1..maxSteps} do
T ← temperature(T0, k, maxSteps)
P ← randomStep(P0.clone(), T)
if acceptance(C(P), C(P0), T) > randomFloat(0,1) then
P0 ← P
return P0
```

根据初始温度和当前迭代来设置系统温度。

在域中创建一个系统应该过渡到的新点 P。

如果从 P_0 转移到 P 的概率高于一个介于 0 和 1 之间的随机浮点数，就将当前状态更新为 P。

这个算法看起来非常简单，也非常简洁。这里一如既往地将泛型方法呈现为模板方法，并尽可能多地将子例程抽象为稍后可以根据上下文来实现的辅助方法。

其中一共有 3 个辅助方法。在 17.1.3 节中，我们将讨论计算温度是如何演变的函数并给出接收转变概率的函数。下面我们先来谈谈 randomStep 函数，这是一个旨在构建出算法可以过渡到的下一个暂定解决方案的函数。

显然，这个函数依赖于域。问题空间的大小和解决方案的类型都将决定如何改变当前的解决方案（问题空间中的一个点）。例如，对于图嵌入问题来说，可以在嵌入图的最大区域内沿着两个轴随机地移动各个顶点。

但是，正如你在代码清单 17.1 的第 4 行中看到的那样，这个函数也添加了对温度的依赖！

前面曾提到，我们可以“直接或间接”地调整随机步骤的长度。这里给出的简单答案是，如果选择直接调整，你需要非常小心。为了解释其中的原因，我们有必要详细解释其他两个函

1 通过使用正确的配置以及一个稍后你就会看到的小范围的转换函数。

数，并帮助你理解为什么模拟退火是有效的。

17.1.3　为什么模拟退火是有效的

如果觉得模拟退火的工作方式“有点”违反直觉，那么你并不孤单。毕竟，如果算法可以迈出一大步，并且在无须使用任何成本函数（无论是先验的还是在运行时获得的知识）的情况下仍可以移动到更糟糕的位置，那么在开始冷却时，如何才能知道最终会进入全局最小值的区域，而不是陷入某个局部最小值呢？答案是我们不知道，也不能保证。但是，对于大多数情况来说，如果执行算法的时间足够长并且有正确的配置，那么算法的执行结果将非常接近全局最优，并且相比梯度下降会做得更好。

这个命题中有很多的“如果”。实际上，与大多数启发式算法一样，当被掌握在知道如何正确调整并且有足够的计算时间来进行大量迭代的人的手中时，模拟退火算法在实践中总能得出很好的结果。

如果确实能有这么好的条件，那么模拟退火对于梯度下降会受到影响的场景来说就是很好的选择。这里并不是说其中一个会比另一个好，只是想说明（就像所有的工具那样）既存在着梯度下降效果更好的问题，也存在着很难或不能被梯度下降解决的其他问题。我们先来看看为什么模拟退火是有效的。

模拟退火的关键是允许向上移动（见代码清单 17.1 的第 2～5 行代码），即朝向成本函数的更差值的概率机制。具体来说，也就是根据温度和增量的大小来返回接受正增量的那个概率函数。

假设在给定的迭代中，当温度为 T 时，算法试图从当前点 P_0 过渡到点 P，则概率函数 $A(P_0,P,T)$ 可以表示为

$$A(P,P_0,T)=\begin{cases} e^{-\frac{C(P_0)-C(P)}{kT}} & \text{如果} C(P)\geqslant C(P_0) \\ 1 & \text{其他情况} \end{cases}$$

其中，$C(P)$ 是解决方案 P 的成本，$C(P_0)$ 则是解决方案 P_0 的成本。k 是一个常数，可根据初始温度和成本函数中的最大增量对它进行校准，从而使能够接收正增量的概率在算法的初始阶段（当系统温度接近初始温度时）的任意两个状态都接近于 1。

通常，转换到较低能量状态的概率也会被设置为 1，因此在模拟的任何阶段，这种转换过程都是允许的。

当然，这并不是定义这个函数的唯一方法。不过，这是可接受概率的典型定义，因为这个公式直接来源于冶金行业。它受到了玻尔兹曼分布的启发，这个分布旨在测量系统处于具有一定能量和温度的状态的概率[1]。对于模拟退火算法来说，我们需要考虑从较低能量状态到较高能量状态的变化，而不是能量的绝对值的变化。

那么，这个概率分布对算法的一个步骤有什么影响呢？我们先来考虑问题空间中更新步骤的幅度不受限制的情况（因此，算法甚至可以在域的对角之间进行移动），观察图 17.6。

一开始，当系统的温度很高时［见图 17.6（A）］，由于构造的概率分布应该允许所有的更新（而无论看起来有多么糟糕），因此算法可以在整个域内进行移动。此外，算法还可以在这个阶段跳出局部最小值，即使这意味着放弃最佳位置而来到最差的负峰值。实际上，在这个阶段，算法甚至很容易“远离”好的解决方案。

1 因此，常数 k 又称为玻尔兹曼常数。

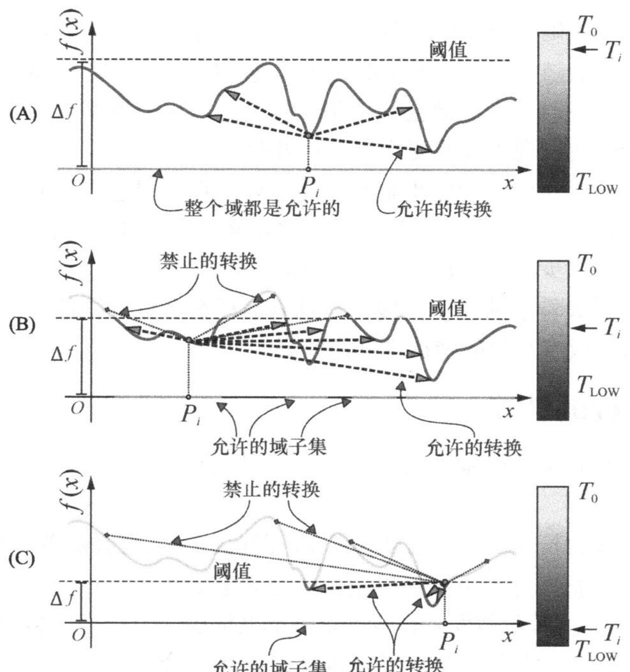

图 17.6　温度对转换为更高能量状态的概率以及模拟退火算法的影响。（A）一开始，由于温度足够高，因此允许任何转换。在这个阶段，算法的行为类似于随机采样（但不存储最佳结果）并且会探索域的大部分区域。（B）当系统冷却下来时，向更高能量状态的转换变得不太可能（图中的细线表示较小的概率）。另外，如果向上超过某个阈值，那么这些转换将被禁止。不过，算法依然始终允许过渡到低能量状态。（C）当模拟退火过程即将结束时，移动到更高能量状态的概率会非常小，甚至可以忽略不计。因此，系统此时只能移动到更好的解决方案

这一步模仿了高能系统，其中粒子（或分子）在各个方向上混乱地移动着。

随着系统冷却下来，分布会发生变化[见图 17.6（B）]。上坡变得不太可能，并且（相对于它们的成本）高于某个差值的某些位置再也无法到达。

最后，当温度接近停止温度 T_{LOW} 时（或等效地当接近最大迭代次数时），上坡变得非常不可能发生，并且基本上都会被禁止，此时算法只能转换到低能量状态，其行为类似于**下山法**[1]。但是，如果查看图 17.6（C），你就可以意识到它们之间也有不同，这里允许转移到域中较远的点，只要它们相比目前有更低的成本就行了。这也就意味着这个算法仍然可以摆脱局部最小值并收敛到全局最优值（希望如此!）。

注意，接受或拒绝转换到新状态与问题空间中新状态和当前状态的距离是无关的。这个决定仅仅基于两个状态的能级，而这两个能级又分别由这些状态的成本函数的值（或按一定的比例）决定。

更重要的是，在几乎允许所有转换的初始阶段之后，新状态越向上走，转换被接受的可能性就越小。这也是算法能够运行良好的原因，因为它会逐渐鼓励朝着成本较低的区域[见图 17.6（B）和图 17.6（C）]进行转换，同时也没有把搜索限制在问题空间中当前位置的附近。

那么，为什么向上爬坡的转换是有效的呢？这是因为上坡可能会越过山峰，从而到达更深的山谷。虽然在二维图中看起来有点违反直觉，但这在高维空间中将变得更加明显。

1 我们在第 16 章中描述了下山法。

与冶金过程类似，以正确的速度冷却系统也有助于提高最终结果的质量。

当然，作为一个纯粹的随机过程，模拟退火还需要一些“运气”。尤其在接近尾声时，许多随机步骤会产生向上爬坡的转换，因此会被拒绝。但是，如果足够努力并且进行了足够多次的迭代，那么随着随机步骤而发现积极的变化也是有可能的。

这正是模拟退火算法的优势，同时也是其不足之处。在取得进步的同时，由于也逐渐放弃了越来越多的更新尝试，因此需要进行多次迭代（严格来说次数非常多!）才能完成。当然，我们还需要一个能够随着随机步骤而探索整个问题空间的好方法。

上述因素导致模拟退火算法的速度很慢，并且要消耗很多资源，这一点在迭代计算（生成随机点或评估成本函数）成本高昂的情况下非常明显。

17.1.4　短程与长程的转换

现在，问题来了。是否需要逐步地限制转换的范围，进而限制算法在域空间中的每一步可以移动的距离呢?

例如，最大更新步长的长度取决于温度参数 T，因此这个长度会随着时间而变小。

但有趣的是，即使在整个过程中都保持相同的最大更新步长，在温度冷却时也会间接地变小。如图 17.6 所示，过滤过程虽然发生在成本函数的共同域上，但是间接地也会将域限制在原始问题空间的一个子集中。于是这种影响就像漏斗里的水一样，也会被引导，进而（随着压力的增加）让速度越来越慢。

如果进一步基于问题空间的接近度来限制可接受的转换，则可以在当前点周围的区域获得更多的更新尝试。此时，如果接近全局最小值，那么当然很好，因为可以加速收敛。

然而，我们也有可能失去摆脱局部最小值的能力，而这正是使用模拟退火算法的最佳理由。

因此，一种“安全”的解决方案是将 randomStep 函数实现为纯随机抽样，然而这也就意味着需要进行大量的迭代才能找到下坡的转换，并且算法将在山谷之间不断弹跳，而不是专注于微调。一个有趣的折中方案是提高小步骤的概率，但仍然允许执行移动距离很大的更新，甚至可以每隔几次迭代就尝试一次长距离的移动。这可以通过与随着温度降低而缩小局部搜索范围（较小的步骤）相结合来完成。

这里需要讨论的最后一件事是如何更新温度。与接受概率类似，这个函数也有若干可能的选项且没有任何限制。

不过，这个函数通常会使用几何（又名指数）衰减，并且温度值也不会在每次迭代时被更新，而是在某个间隔（例如，每 1000 次迭代左右）之后才进行更新。

这个函数的数学公式为

$$T_i = \alpha T_{i-1}, 0 < \alpha < 1$$

第 i 次迭代的温度是第 i–1 次迭代的温度的一部分。其中，α必须介于 0 和 1 之间，作用是控制两次迭代之间的温度是如何变低的。

现在，我们只能通过调整α的值和温度更新之间的间隔来获得最佳结果。一般而言，指数衰减在开始时会让速度下降得很快，而从中间部分到结束时则逐渐放慢下降速度。图 17.7 所示的几个例子旨在说明减速的快慢程度是如何取决于α的。

在实践中，$\alpha \approx 0.98$ 通常是安全的初始选择（之后才会对α进行调整）。

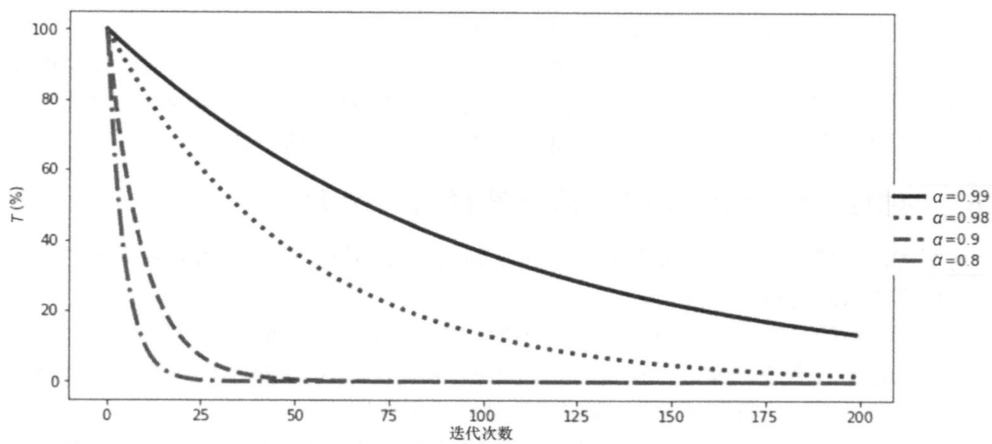

图 17.7　要了解参数α是如何控制模拟退火中的冷却步骤的，就有必要看一下指数衰减函数 $f(i)=T_i=\alpha * f(i-1)(\forall i>0)$ 。这里设置了 $f(0)=T_0=100$ 并显示了函数的形状是如何随α而变化的，α控制着函数值变为 0 的速度。那么，为什么叫指数衰减呢？这是因为 $T_1=\alpha T_0$、$T_2=\alpha T_1=\alpha^2 T_0$，所以通项式是 $T_n=\alpha^n T_0$。如果α介于 0 和 1 之间，那么 α^n 和 T_n 就会逐渐（以指数形式）变小

17.1.5　变体

可以看出，模拟退火算法虽然是一种无可争辩的强大工具，但也存在一些缺陷。更麻烦的是，由于具有随机性，这种算法的收敛速度非常慢。

因此，与所有算法一样，随着时间的推移，人们研究出了许多变体来弥补这些缺陷，并希望模拟退火算法变得更好。

前面曾提到一个可以被添加进来的微不足道的修改，就是存储算法在所有迭代中找到的最佳解决方案。事实上，尤其是在大型的多维问题空间中，有可能发生这样一种情况：在最初的高能阶段，偶然落在全局最小值的附近，然后向上移动，并且永远都不再回到这里，因而也就无法再次取得好结果了。这种情况发生的可能性取决于许多因素，例如（成本函数）曲面的形状以及是否有正确的参数配置。但不论是什么情况，记住目前的最好结果都能带来不错的最终结果。

如果把这个考虑再继续向前推动的话，那么**重启模拟退火**算法就可以存储一个或若干（在迭代中发现的）最佳结果，当它被卡住时就可以移动到这些先前发现的（且有利的）其中一个位置，然后继续下降或移动到问题空间的不同区域中。

如果你还记得的话，前面已经提到过贪心算法虽然陷入局部最小值的概率相对较小，但并非不可能发生。

具体来说，以下几个因素都有可能导致贪心算法陷入局部最小值。

- 算法参数的非最优选择。例如，系统冷却太快，而这时算法还离全局最小值很远。
- 运气不好。这毕竟是一种随机算法，它可能很早就到过最佳状态，而在系统冷却下来之后就再也回不去了。
- （有很大的可能是）更新步骤的问题。你在前面可以看到，随机抽样对走向问题空间中能量较低区域的约束很少，这也会减慢局部收敛的速度（可能收敛得太慢而无法让人接受）。
- 在有些时候，允许长步骤的更新规则会很有效，而在其他时候（稍后你就会看到）实现小步骤可能更容易，这也就意味着更不容易发生长跳跃来从局部最小值跳到其他不同区域。

对于上面列出的部分或全部因素，使用随机重启可以节省很多时间。

模拟退火算法的另一个问题是，参数的调整可能会很难也很麻烦。在**自适应模拟退火**中，参数 k 和 α 会随着算法的执行或者能级的变化趋势而自动调整。后者使用的是从热力学借鉴而来的机制，其中甚至允许温度重新升高（模拟了冷却和重新加热这一循环）。

17.1.6　模拟退火与梯度下降：应该选择哪一个呢

如前所述，模拟退火相比梯度下降会更慢地到达到最小值。这是因为后者采用了最快的路线，因此很难在清晰的路线上被击败。

不过需要注意的是，梯度下降需要一个可微的成本函数，并且很容易陷入局部最小值。

当成本函数不可微或是像最小交叉嵌入问题那样呈阶梯形时，抑或问题空间是离散的（比如本章后面将要描述的旅行商问题），模拟退火就会优于梯度下降。

类似地，对于那些对运行时间和解决方案的质量有更灵活要求的问题来说，模拟退火可能仍然比梯度下降更有效。记住，模拟退火是**蒙特卡罗算法**，因此（正如我们在附录 F 中所讨论的那样）它将返回一个次优的解决方案，并且这个解决方案的质量会随着分配给算法越来越多的运行时间而提高。

相反，当函数的可微性和形状有保证时（就如线性回归或逻辑回归那样确实存在一个碗形函数时），梯度下降的优势将会更加明显。

那么，有没有应该避免使用模拟退火的情况呢？

显然，正如前面所讨论的，如果一个问题不允许接近最优的解决方案，而是必须提供最优的解决方案，那么模拟退火就不是最佳工具。

另外，成本函数的形状也是很重要的。当成本函数有很窄的峡谷时，算法能够找到它们的概率就会很小。即便这里有全局最小值，模拟退火也不太可能收敛到接近最优的解决方案。

最后，正如你将在示例中看到的那样，使用模拟退火算法的一个十分重要的要求是，成本函数必须能为新的候选解决方案轻松地计算出成本（甚至可以仅根据与当前解决方案的差异来直接计算差值）。这是因为这个成本在每次迭代中都会被计算，而计算密集型的成本函数会减慢优化的速度，从而被迫使用更少的迭代来执行算法。

17.2　模拟退火与旅行推销员

希望你能够从前面的讨论中感受到模拟退火是一个很有趣的话题。在了解完这个非常有用的工具后，现在是时候付诸实践了。

你还记得那家电子商务公司吗？在第 14 章中，我们了解了如何优化城内单一目的地的单次投递。

正如当时提到的那样，为每个订单都单独计划从仓库到客户的单次投递非常不划算，也不可行。

但这并不意味着我们在第 14 章中学习的关于使用迪杰斯特拉算法和 A*算法对路线进行优化的知识是无用的。恰恰相反，它们可以用来进行一些更细粒度的优化，例如，我们总是可以用它们来计算从第 i 个目的地到下一个目的地的路径。另外，正是由于需要及时地计算出这些路线，因此使用有效的算法在这里尤为重要。

然而，为了分摊运输成本，就需要在每条线路上装载若干批货物（以每辆卡车的最大装载容量为限），以便能够在一天之内进行多次投递。因此，仅仅找到从源头到目的地的最佳路径是不够的。

本节专注于优化投递卡车的路线，其中假设卡车的负载（以及目的地）是确定的。一旦改进了这部分内容，就可以进行另一个更高级别的优化，也就是将快递分配给各辆卡车，并且最小化所有卡车和所有快递的距离（或运输时间和成本）。不过，优化需要一步一步来，所以本章将关注这样一个问题：给定一个城市列表，城市之间则通过道路相互连接，目标是找到一条最佳路线，也就是从各个城市以一定的成本（例如两个城市之间的距离）移动到下一个城市的序列，并最终返回到第一个城市，同时还要保持总成本最小。

图 17.8 说明了这种情况。其中包含了 10 个城市以及每两个城市之间的连接，此外还突出显示了每个城市都恰好被访问一次的最短运输路线。

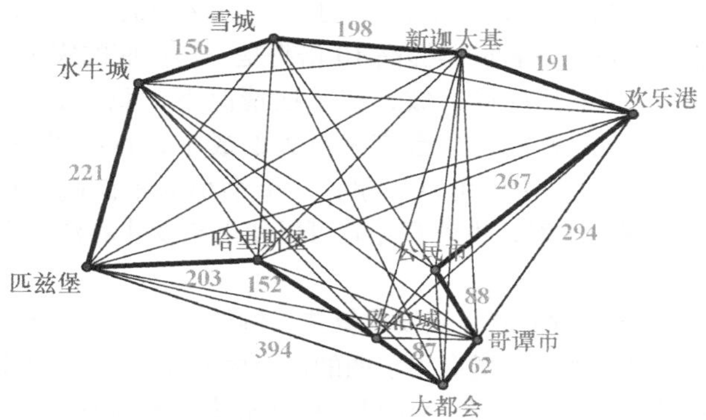

图 17.8　这是一个接近包含 50 条边的完全图，但其中只显示了几条处于最佳路线中的边（粗线），边旁边的数字表示两个城市之间的距离

现在，我们先假设在各个城市只进行一次投递，这只是为了让所有的步骤都处于相同的规模，进而使示例更加清晰。但是，即便在每个城市都有多次交付，变化也不会太大。这是因为城市内的距离与不同城市之间的配送距离相比近很多，毕竟同城配送会很自然地被聚集在一起。不过，这个问题也可以分成两步并在不同的级别进行优化：首先找到应该访问的各个城市的最佳顺序，然后对每个城市使用相同的算法计算出最佳路线[1]。

这个难题的抽象表述便是著名的**旅行商问题**（Traveling Salesman Problem，TSP）。你可能已经猜到，这是一个非常难以解决的问题，具体来说，它是一个 NP **完全**问题。这也就意味着它既是一个 NP 困难问题，也是一个 NP 问题。前者意味着没有已知的确定性算法可以在多项式时间内解决它；后者则意味着如果有了一个候选解决方案，那么一定可以在多项式时间内进行验证。

非正式地，我们可以预估任何解决 TSP 的确定性算法都需要指数时间（但不能保证一定是这个值，因为没有办法得到 NP 困难问题与 NP 问题的答案）。

TSP 是 NP 困难问题的一个后果是，我们不再能够假设可以在卡车驾驶员的手机或笔记本电脑上即时解决这个问题的一个实例[除非需要交付的城市数量很小。但是对于图 17.8 所示的涉及 10 个城市的情况来说，会有 10!（也就是大约 360 万）个可能的序列]。因此为了解决它，就需要大量的计算能力，并且需要提前计划，甚至可能需要提前进行计算并尽可能地重用结果。

---

1 此时，必须将各个城市的第一个与最后一个配送地址限制为最接近路线中前一个城市和后一个城市的连接。但即便如此，我们在这两步中找到的解决方案也有可能不是最好的。如果与其他城市的连接始于城镇的不同区域，则还会影响对城市的最佳顺序的选择。不过，由此带来的影响可能小到可以被认为能够让人接受的程度。

事实上，即使可以使用一台超级计算机来进行处理，精确算法的运行时间也会增长得特别快。15 个城市大约有 1.3 万亿个可能的解决方案，而如果有 20 个城市，这个数字就会变成 2.4e[18]。即使假设可以找到在指数时间内（渐近优于阶乘）运行的算法，也无法用超级计算机来处理超过大约 40 个不同配送地点的情况。

17.2.1　精确解与近似解

于是，唯一还能考虑的方案就是在最优解决方案上进行妥协了。有时候，一个好的接近最优的解决方案足以满足需求，因而并不需要总是找到最好的那个解决方案。例如，如果每条路线都有几千千米，那么在总数上稍微增加几千米也是可以接受的。不过，如果将路线的总距离增加一倍，代价就会非常昂贵了，将成本提高 10 倍将是一场彻底的灾难。

但并不是在所有的情况下都能这么做，在某些情况下，我们必须找到最佳答案。因为在这些情况下，即使是很小的差异，也会带来巨大的成本，这些答案甚至有可能为挽救生命带来帮助。例如，在手术模拟中，可以想象，一个小小的错误就有可能带来可怕的后果。

而一旦允许接受次优解决方案，也就意味着可以使用启发式算法在合理的时间内获得可接受的答案。

目前已经有了专为 TSP 开发的若干启发式算法。例如，对于距离服从三角不等式的图（与我们的例子相似）来说，可以使用一类利用了图的**最小生成树**（见 2.8.2 节）并且能够在线性对数时间[$O(n*\log(n))$]内运行的算法。这类算法可以保证解决方案的成本最多是最小成本的两倍，并且平均[1]而言成本只比最短路程高 15%～20%。

不过，这里打算尝试使用一种不同的方法。这个问题显然是优化问题，那么为什么不尝试使用模拟退火来解决呢？

在项目中应该使用模拟退火吗

这里有一点需要注意。本书多次提到马斯洛的锤子定律，而这也正是一种在决定使用哪种工具之前需要仔细考虑的情况。正如你应该知道的那样，虽然螺丝刀更适合某个问题，但我们可能倾向于总是使用锤子（模拟退火）。

因此，在决定是否值得实施模拟退火之前，你需要先问自己这样几个问题：团队或公司内部是否具备开发和调整这种算法的技能？有没有更好的技能来解决这个问题？这些解决方案所需的工作量有何不同？不同的技能之间分别有什么优劣？

对于这个问题，模拟退火可以潜在地带来相比最小生成树启发式算法提供的平均结果更好的解决方案，它甚至可以引导我们达到全局最优。此外，假设公司内部在特定问题上并不具备专业知识，那么通常来说是可以尝试使用模拟退火的，因为它更高级并且有可能在未来被重用于其他优化问题。

至于这个问题的成本函数，就更简单了。由于来源于问题的定义，因此成本函数是序列中相邻顶点之间的边的距离总和（当然也包括最后一个顶点与第一个顶点之间的边）。

17.2.2　可视化成本

适用于旅行商问题的解决方案的一个还不错的方面是，问题空间是图顶点中所有可能排列的集合。另外，由于每个序列都可以被映射到一个整数，因此可以显示成本函数的二维图，从

1 正如我们在第 16 章中所讨论的，NP 困难理论是基于最坏情况的。然而，许多问题仅在少数边缘情况下才是 NP 困难的，因而它们在现实中可以被更有效地解决。

而了解算法的进展情况。当然，当顶点的数量增加时，问题空间也会变大。如图 17.9 所示，必须放大域的一小部分才能看清成本函数的具体变化。

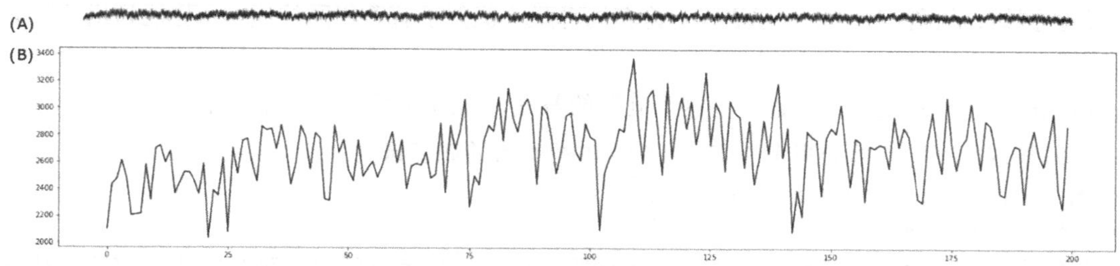

图 17.9 图 17.8 所示旅行商问题的成本图。(A) 整个域的成本函数，我们很难看清其中发生了什么！(B) 在放大前几百个排列后，可以看到存在若干局部最小值

为了提供更清晰的视图和过程描述，这里需要保持城市集合尽可能小。例如，可以将这个集合限制为仅包含图 17.8 中的 6 个城市，从而得到图 17.10 所示的图结构。这样就只会有 720 种可能的顶点排列组合，而这也就可以得到图 17.11 所示的变化情况。可以看出，图 17.10 中的情况相比图 17.9 要少得多。

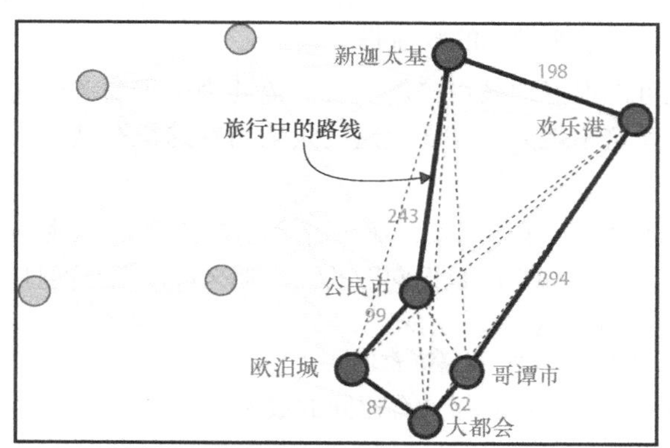

图 17.10 对图 17.8 所示的旅行商问题进行求解。这个图突出显示了由图 17.8 中的 6 个城市形成的完全图 K_6，并且找到了其中的最佳解决方案。为了清晰，原始图中的其余顶点和边已显示为灰色

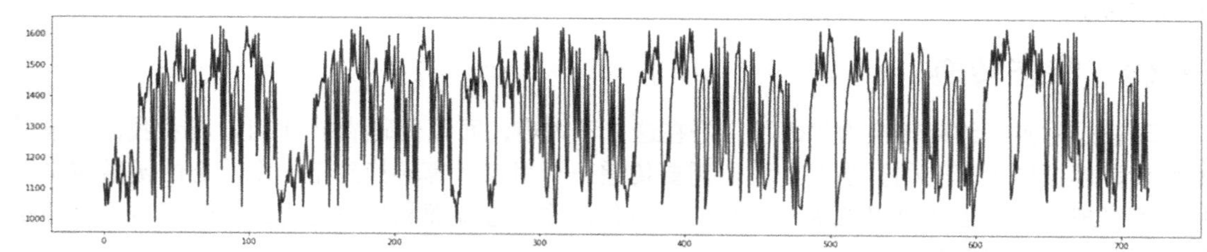

图 17.11 图 17.10 所示的旅行商问题的成本图。除了可以看清具体的值之外，其中还出现了一些重复

现在，由于有了完整的函数值输出，你甚至可以直接使用暴力搜索来找到最佳解决方案。的确，因为已经评估了所有排列的成本并且绘制出了图 17.11，所以只需要提取出其中的最小值就行了。可以看出，最好的解决方案是下面这个序列：

[新迦太基，欢乐港，哥谭市，大都会，欧泊城，公民市]

这里的问题是，如果面对更大的实例，我们就没办法这样做了。例如，如果使用图 17.8 中的完全图，那么生成所有的 360 万个可能的排列就需要好几分钟的时间！

17.2.3 修剪域

之所以展示只包含 6 个顶点的子问题在整个域上的成本图，是因为成本图可以告诉我们很多东西。例如，从图 17.11 中可以看出，许多局部最小值似乎有着相同的成本。你能猜出这是为什么吗？

请和往常一样花几分钟考虑一下这个问题的答案，然后继续阅读下面的内容。

要回答这个问题，请先思考一下图 17.10 中的城市的如下排列：

```
[欧泊城，公民市，新迦太基，欢乐港，哥谭市，大都会]
[新迦太基，欢乐港，哥谭市，大都会，欧泊城，公民市]
```

就解决方案而言，这两个序列有什么不同呢？由于这里考虑的是一种封闭式的旅行（从一个城市开始，经过所有的其他城市，然后回到起点），因此可以说这两个序列是完全相同的。而事实上，这两次旅行的成本一定是相同的（因为它们使用了相同的路线）。

而在解决方案所给出的序列中，一共有 6 个等效序列可以被推导出来，也就是将每个城市分别作为起点时的路线。

因此，如果可以提前确定旅行开始的城市，并且知道这不影响结果的话，就可以通过这样做来减少需要检查的排列的数量。具体来说，排列的数量会从 720 下降到 120。看起来还不错！而对于更大的图来说，这样做所带来的收益将更大。

此外，这个假设也可以很好地被用来解决我们需要为电子商务公司解决的特定问题。因为在这里，总是需要从仓库这个地方（需要投递的货物将在这里被装上卡车）开始（和结束）整个路线。

不过，如果将“新迦太基”作为起点，那么仍然会有若干同样好的解决方案（如果多个子路线具有相同的总成本的话）。而如果图是无向图的话，那么最多只有两种等效的解决方案：

```
[新迦太基，欢乐港，哥谭市，大都会，欧泊城，公民市]
[新迦太基，公民市，欧泊城，大都会，哥谭市，欢乐港]
```

这是因为，如果边在两个方向上都具有相同的成本，就可以朝任意方向（也就是在图 17.10 中顺时针或逆时针地）通过一个简单的环（整个路程）回到起点。

但无论如何，有两种可能的全局最优解决方案并不会影响什么，因此没有必要再采取进一步的行动来过滤。

17.2.4 状态转换

现在是时候将约束转换为代码了。好在这并不太难，回顾代码清单 17.1，看看我们之前是如何设计模拟退火算法的。当时，我们需要传递一个用来计算转换到下一个状态的函数定义，并且可以把起始顶点总是设置为同一个值。另外，你通过前面的讨论也已经知道了成本函数是什么。因此，万事俱备，只欠东风。

让我们先从探索成本函数的代码清单 17.2 开始，正如前面所讨论的，成本函数是排列中所有相邻顶点之间的边的权重之和。不过在计算这个值时，还需要注意几个细节。首先，假设输入的图在每对顶点之间都有一条边。如果这个假设不成立，则需要检查这种情况并返回一个特殊的值（如无穷大或任何足够大的权重），以保证任何包含了不存在边的解决方案都会被自然丢弃。另一种选择是在计算转换时检查解决方案，并确保尽早丢弃那些相邻顶点之间不存在边的解决方案。

代码清单 17.2 用于旅行商问题的成本函数

tspTourCost 方法接收一个图和一个候选解决方案（问题空间中的一个点，即图中顶点的一种排列）作为参数，成本则计算为解决方案中所有边的权重之和。这里假设图在每对顶点之间都有一条边（如果这个假设不成立的话，这个方法将返回一个特殊值，如 inf）。

```
function tspTourCost(graph, P)
  cost ← 0
  for k in {0..|P|} do                 ◁— 循环整个序列。
    cost ← cost + graph.edgeBetween(P[k], P[(k+1)%|P|]).weight
  return cost
```

检查序列中第 k 个顶点与其后继顶点之间的边。（这是为了在到达列表中的最后一个元素时循环回到开头，因此这时的后继顶点将是第一个顶点。）

这里要强调的另一个细节是，必须使用循环数组，这是因为还要加上序列中最后一个顶点与第一个顶点之间（让整个路程闭合）的成本。这个细节可以通过多种方式来处理，其中使用模运算是最简捷的，最高效的方法则是将最后一条边视为 for 循环之外的单独情况。

转换到新解决方案的方法有如下三种。

- **交换相邻顶点**——在序列中选择一个随机位置，然后对给定索引处的顶点与其后继顶点进行交换。例如，解决方案[1,2,3,4]可以变为[2,1,3,4]或[1,3,2,4]，等等。这个转换对应于局部搜索，也就是说，只探索当前解决方案的直接邻域。这虽然提高了微调带来改进的可能性，但也会让跳出或摆脱局部最小值变得更加困难。
- **交换任意一对顶点**——要交换的两个顶点是随机选择的，并且只是简单地进行交换。因此，解决方案[1,2,3,4]也可以变成[3,2,1,4]，而这是前一个操作所不允许的。虽然这两种解决方案仍然非常接近，但是这种转换允许进行中等范围的搜索。
- **随机生成一个新序列**——这允许在算法的任何阶段跨越整个域，使其在模拟的最后阶段不太可能向局部最小值进行更细粒度的改进（因为新的尝试将更不可能在当前解决方案的附近进行）。但与此同时，它也将为算法在整个域的任何区域进行长距离的跳跃而敞开大门，只要能够（随机）找到更好的解决方案即可。

当然，还有更多方法可以采用，例如每次转换都进行固定或随机数量的交换，或者将解决方案的整个部分都移到其他地方。

那么，哪一种转换的效果更好呢？这是一个很好的问题，但从理论上很难回答。在这里，我们将在前面提到的图 17.8 所示的完全图 K_{10} 上进行尝试，从而查看哪种方式能够给出最好的平均结果。具体来说，我们将执行 1000 次模拟以比较最佳解决方案的平均成本，并且保持每次执行的步数、K 值和α值都相同。这里还假设每个序列都会以“新迦太基”作为起点，因此重复的解决方案将减少 90%。最终结果见表 17.1。

表 17.1 使用不同转换方式的模拟退火算法所找到的最佳解决方案的平均成本

操作	平均成本（α=0.98、T_0=200、k=1000）
邻近交换	1937.291
随机交换	1683.563
随机排列	1831.886

当然，需要计算的域仍然很大，大约有 360 万个排列，但这还没有大到无法承受暴力算法（只要有一些耐心和时间就行了）。最佳解决方案的成本是 1625（见图 17.8）：

["新迦太基", "雪城", "水牛城", "匹兹堡", "哈里斯堡", "欧泊城", "大都会", "哥谭市", "公民市", "欢乐港"]

有趣的是，中程搜索能够得到最好的结果，局部搜索则得到最差的结果。也就是说，根据所使用的配置，局部搜索会陷入局部最优，而随机排列由于过于不稳定，因此无法在算法的最后阶段（也就是当温度变低时）获得局部收敛。

这里必须强调的是，通过使用不同的参数，可使结果变得完全不同。以衰减因子α为例，根据不同的选择，冷却过程也会变得更慢。那么，能不能通过修改α来让局部搜索更好地工作呢？尝试的结果见表 17.2。

表 17.2 不同温度衰减率的平均成本

操作	平均成本（α=0.97）	平均成本（α=0.98）	平均成本（α=0.99）
邻近交换	1972.502	1937.291	1868.701
随机交换	1692.044	1683.563	1668.248
随机排列	1816.658	1831.886	1913.416

将温度衰减率从 0.97 增加到 0.99 意味着冷却过程变得更慢且更均匀（可参考图 17.7 将衰减曲线可视化）。于是，如果仅在当前解决方案的周围使用局部搜索，那么这个改变似乎对我们会有所帮助，但是在进行全域搜索时，情况会变得更糟。平均而言，通过随机交换顶点来进行中程搜索能使我们更接近最佳成本。

这些结果还展示了更多值得强调的事情。

- 即使在输入很少的情况下（比如只有 10 个顶点），通过进行数千次迭代也可以非常接近最佳解决方案，但并不总能得到最佳结果。这正是使用启发式算法的计算风险。
- 为了优化算法而去寻找最佳配置需要时间和经验，有时还需要一点点运气。

这里其实还尝试了更大的像 0.995 这样的α值，但相应的结果并没有在表 17.2 中进行展示，这是因为它们的结果并不好。冷却过程变得太慢，从而让算法更接近随机采样（这个结论可以通过这样一个事实来证明：当 k（归一化玻尔兹曼常数）值较小时，结果的恶化会变得更加平顺）。

为了结束关于旅行商问题的讨论，代码清单 17.3 展示了一种方法，旨在通过结合目前讨论的所有三种方法来实现从当前状态到下一个状态的随机转换。你可以在 GitHub 上找到这些方法在 JsGraphs 库中的实现。

代码清单 17.3 用于旅行商问题的随机转换函数

randomStep 方法接收一个候选解决方案（问题空间中的一个点，即图中顶点的一种排列）作为参数，并计算出到新的相邻状态的转换。

```
function randomStep(P)
  which ← randomFloat(0,1)
  if which < 0.1 then
    i ← randomInt(0, |P|)
    swap(i, (i+1) % |P|)
  elsif which < 0.8 then
    i ← randomInt(0, |P|)
    j ← randomInt(0, |P|)
    swap(i, j)
  else
    P ← randomPermutation(P)
  return P
```

选择 0 和 1（不包含）之间的随机值。

根据选择的随机数和一些静态概率决定应该采用哪种转换。

交换两个相邻顶点。

交换任意两个顶点。注意，这两个索引在理论上是可以相等的。而与其让代码变得非常复杂，不如冒着发生冲突的风险，因为这只是意味着不会执行任何交换而已。而对于大型列表来说，这种事情发生的概率非常小。

用随机的新状态替换当前状态（随机排列）。

那么，这种方法（称为组合方法）的表现如何呢？表 17.3 将其与三个“单一”解决方案做了比较。可以看出，这种方法在所有可能的策略中得到了最好的结果，并且对于所有的α选择来说，都有着更低的平均成本。

表 17.3　　比较组合方法与三个“单一”解决方案的平均成本

操作	平均成本（α=0.97）	平均成本（α=0.98）	平均成本（α=0.99）
邻近交换	1972.502	1937.291	1868.701
随机交换	1692.044	1683.563	1668.248
随机排列	1816.658	1831.886	1913.416
组合	1683.966	1672.494	1660.904

这似乎表明组合方法如果在长距离搜索和局部搜索之间有正确比例的话，就可以同时获得这两种类型的转换启发式算法的优势。

使用组合方法获得的最佳结果，是在具有较大的衰减率时发生的，这是因为其代表着更均匀的冷却过程。

图 17.12 显示了算法执行过程中的情况，展示了成本会如何随着系统冷却而发生变化。虽然成本在一开始具有较大幅度的波动，但振荡会逐渐变窄。而一旦温度足够低，搜索就会转向全局最小值。

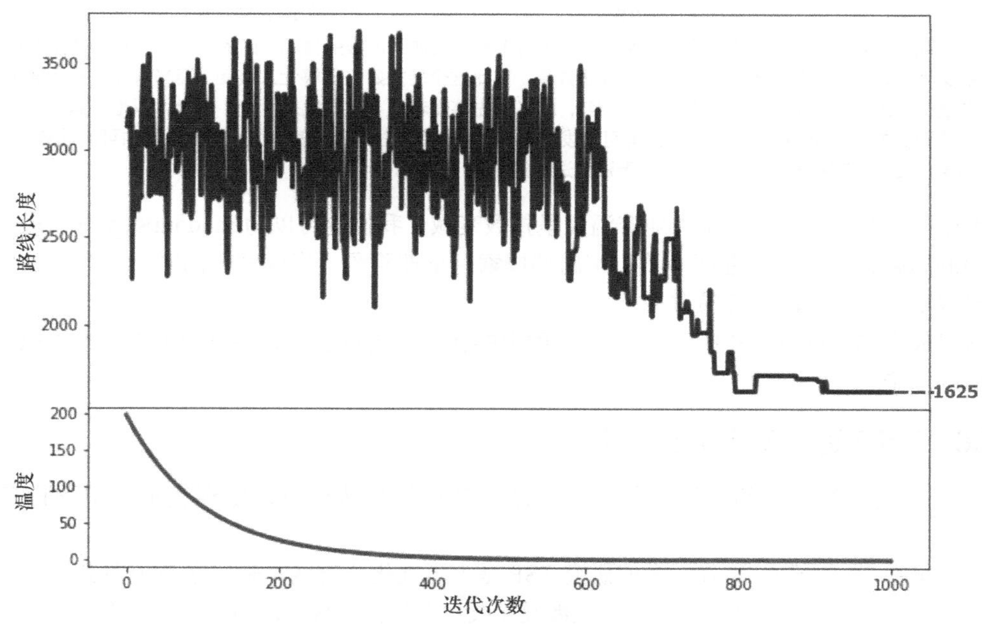

图 17.12　整个执行过程需要花一些时间，但算法最终会找到具有全局最小值的那条路径

这里既没有探索α、k、T_0 的所有可能值，也没有进一步调整在组合方法中应用于三个转换算法的相对概率。为了更系统性地得到结果，就应该用不同的图构建多个示例，然后编写一小段代码来一次修改一个参数，并记录找到的均值或中值成本。请使用 JsGraph 库中已经实现的代码作为起点进行尝试，这对你将是一次很好的练习。

17.2.5　相邻交换与随机交换

这里打算简要讨论的最后一个问题是，为什么随机交换顶点似乎比交换相邻顶点对更有效？

观察图 17.13，相信你可以看出其中的一个原因。图 17.13 展示了局部搜索转换启发式算法

(仅交换相邻顶点对)有可能遇到困难的情况。首先是一个随机交换顶点的示例[见图 17.13(A)]，可以看出，它可以很好地改进成本函数。而无论当前系统的温度如何，这种转换总是能够让人接受。

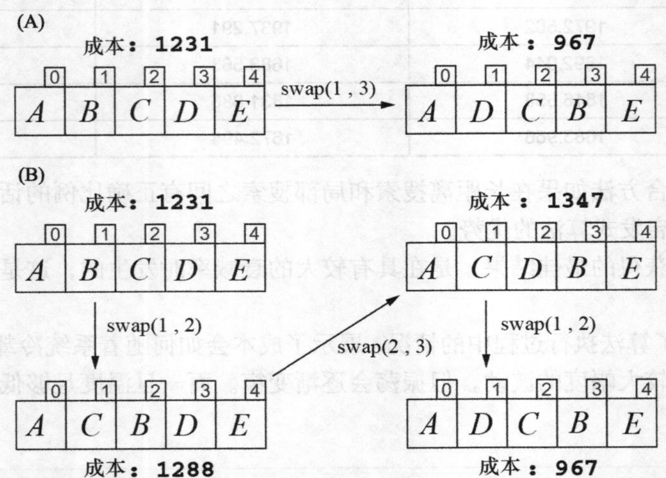

图 17.13　局部搜索转换启发式算法（仅交换相邻顶点对）有可能遇到困难的情况。图的上半部分执行的是两个随机顶点之间的交换。这个操作对成本函数有很好的改进效果，因此这个转换始终能够让人接受。而当只允许在相邻顶点对之间进行交换时（B），在达到与（A）相同的解之前，就必须先接受若干（在这里是两个，但也可以是任意长的序列）不那么好的移动。这在冷却过程的早期阶段是有可能发生的，但随着冷却过程的结束，执行这种操作的可能性将极大降低。因此，如果仅使用局部搜索，那么算法可能无法改进中间结果

考虑到路径序列的接受率会随着温度呈指数衰减，我们也可以为 randomStep 方法提供另一种不同的思路：通过传递温度参数，使局部搜索在早期阶段（当温度较高时）更容易发生，而使全局搜索在后期阶段更容易发生。

这里鼓励你通过复制并修改 JsGraphs 库中的代码来进行尝试。亲自动手是熟悉模拟退火算法的最好方法。

17.2.6　TSP 近似算法的应用

除了解决路线方面的问题之外，高效的 TSP 近似算法还可以使现实世界中的许多场景受益。

据说早在 20 世纪 40 年代，人们研究 TSP 是为了优化公交线路来接送孩子们上学。

后来，这个问题被广泛应用于大多数涉及路线规划的物流服务，如邮件递送等。

随着时间的推移，电缆公司也开始使用这些算法来改进服务需求的调度。最近（与我们的领域更相关），它们已经成为要使印制电路板（PCB）上的钻孔和焊接自动化过程更高效而必须使用的算法。除此之外，它们还有助于加速基因组测序中的某些过程。

17.3　模拟退火与图嵌入

为了解决 TSP，在处理图时可以忽略它的嵌入[1]，因为这时唯一重要的是一对顶点之间的距离。

1 或等效地，也可以说正在处理图上的一个嵌入。

不过，前面的几章都专注于抽象图并尝试找出能够将它们嵌入平面的有意义的方法。

你是否还记得，前面在介绍模拟退火算法时曾提到，这种算法可以很好地被用来处理离散的甚至是阶梯形的成本函数。在某些情况下，我们建议首先选择模拟退火算法而不是梯度下降法。

因此，我们怎么可能在尝试使用模拟退火解决**最小边交叉**问题之前就结束本章呢？

17.3.1 最小边交叉

与往常一样，为了将模拟退火模板（见代码清单 17.1）应用于具体的问题，我们需要确定两个函数：成本函数与更新步骤。前者通常隐式地由问题定义，所以对于问题的基本版本来说，就是计算有多少条边相交。后者则给算法设计者留下了更多的余地。是否应该随机移动一个顶点？移动多少距离？应该交换两个顶点的位置吗？更新期间要不要考虑边的情况呢？

在这些情况下，建议从小处着手，先做一些简单的工作，之后再尝试添加新想法并通过衡量它们是否有助于收敛来进行验证。这也是我们在解决旅行商问题时所做的事情，首先开发出执行单个动作的方法，测量它们的有效性，然后对它们进行随机组合。

具体来说，这里将专注于为完全图 K_8 找到接近直线交叉数（RNC）的嵌入。如果你还记得我们在第 15 章中提到的 Guy 猜想，就可以通过一个精确的公式计算出这个图的交叉数是 18。同样在第 15 章中，我们还介绍了完全图的直线交叉数很可能而且通常会大于其交叉数[1]。在这个例子中，$rcn(K_8)=19$。

让我们从一个简单的步骤开始，取一个顶点并在一定范围内稍微移动它。在确定了顶点的更新范围之后（这里选择更新 x 和 y），分别选择绘图区域的宽度和高度的 10%之内的两个随机差值来进行更新。更小的范围会使算法太慢，而更大的范围则会使算法失去意义。然后，以 k=0.1、α=0.97、T_0=200 和 maxSteps=500 作为参数执行模拟退火算法，100 次执行的平均 RCN 为 21.904。结果还不错，但也不是特别好。

有两个因素必须考虑。首先，这里将步数保持在较低的水平（你是否还记得，之前我们使用 10 000 步来解决 TSP）。其次，出于同样的原因（稍后将进行讨论），我们不得不从执行 1000 次减少到仅执行 100 次。

发生上述变化的原因就是计算成本函数和转换（通过复制一个图嵌入）的工作量太大了。当然，因为使用的是模拟退火的通用版本，所以我们可以通过编写一个不需要复制整个图嵌入的临时版本来进行优化，只需要记住发生了什么变化以及当前解决方案的成本就行了。（可能还需要根据修改情况而不是整个解决方案来计算差值。例如，只对修改前后移动过的顶点计算交叉点数。）

在这里，我们打算回避这些优化。请不要误会，优化是至关重要的，特别是对于生产环境中的代码而言。但是，早期优化有可能妨碍对算法的改进或当前的学习过程。“过早优化仍然是万恶之源”（也许不全是这种情况，但在大多数情况下的确如此）。

因此，这里将提供简单、干净的非优化代码，而不是更晦涩的例程（尽管性能更好）。

接下来添加一个范围更大的搜索：在 10%的迭代中交换两个顶点的位置，因此有 90%的时间会应用局部转换。那么结果怎么样呢？其实变得更糟糕了：交叉的平均数量增长到了 22.89。不过，这并不意外。仔细想想，完全图是完全对称的，因此任意交换两个顶点是没有意义的！更糟糕的是，这反而有害，因为我们在这里还浪费了 10%的迭代，因此结果会变得更差。

1 这是因为只能使用一些线段，而这些线段是边的所有可能曲线的子集。

但尽管如此，这种转换对于其他类型的不对称图来说仍然是很有用的，因此我们将保留这个步骤。（虽然在示例中使用的是完全图，但这个算法也可以被应用于任何图结构。17.3.2 节将展示一些通过交换顶点来使获得良好结果变得至关重要的示例。）

不过，我们还需要做一些不同的事情来改进算法。例如，选择单个顶点并将其随机移到绘图区域中的任何位置，这个操作怎么样呢？

通过尝试在 10%的情况下应用这种转换，交叉的平均数量下降到 19.17，这也就意味着算法几乎总能找到最佳解决方案。图 17.14 比较了 K_8 嵌入的两种解决方案，左边的解决方案是利用第 16 章介绍的随机抽样算法找到的，右边的解决方案则是模拟退火算法的执行结果。

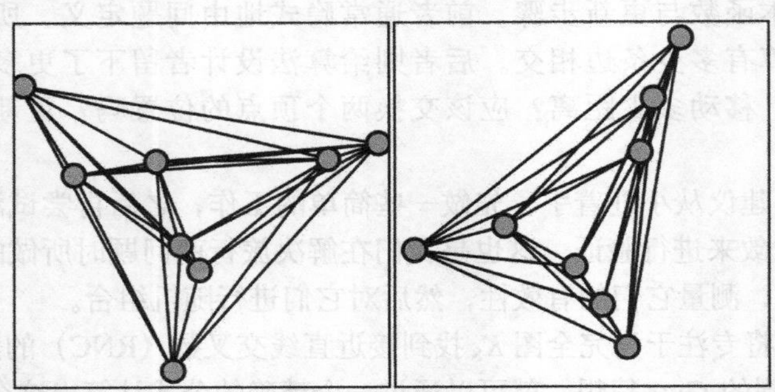

图 17.14　完全图 K_8 的两个嵌入。左侧是随机抽样算法的执行结果，右侧则是模拟退火算法的执行结果。这两种算法都执行了 500 次迭代，其中随机抽样算法只能得到具有 27 个交叉点的最好结果，而模拟退火算法则能够得到具有 19 个交叉点的最佳嵌入

不言而喻，要改进这两种算法的话，还有许多的工作要做，例如可以对参数进行微调，并尽可能提出更好的操作来调整解决方案。

最后但仍然重要的是，应该在一组不同的图上尝试和优化这两种算法，从而确保避免被过度拟合在完全图上（抑或当遇到特定问题时，可以在小实例上通过调整参数来查看期望的图，并在确定之后将调整好的版本应用于真实实例）。

例如，从完全图 K_{10}（见图 17.15）的扩展情况来看，这里使用的配置似乎也适用于更大的完全图。

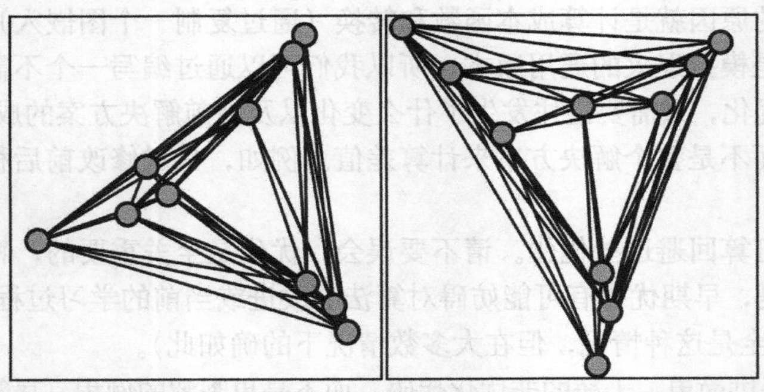

图 17.15　完全图 K_{10} 的两个嵌入。（左图）随机抽样算法可以得到具有 81 个交叉点的最好结果；（右图）模拟退火算法可以得到具有 62 个交叉点的最佳嵌入

17.3.2　力导向绘制

在 16.5 节中，我们介绍了一类名为力导向图绘制的算法，此类算法通过使用基于物理的方法来计算美观的图嵌入。图 17.16 展示了当图需要可视化时，拥有良好的嵌入很重要的原因。

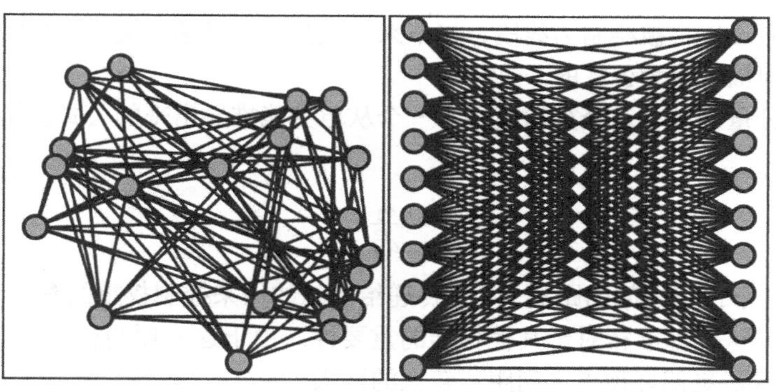

图 17.16 好的嵌入可以在理解图时带来巨大的不同。对比完全二分图 $K_{10,10}$ 的随机绘制（左图）和对称绘制（右图），其中哪一个能够更好地展示这个图的结构呢?

用来绘制无向图的弹簧嵌入模型是由 Peter Eades 在 20 世纪 80 年代后期引入的[1]，后由 Kamada 和 Kawai 通过引入最优边长和顺序顶点更新（每一步都只移动一个顶点）做了改进[2]。

这类算法通过使用梯度下降来演变到最低能量状态。但是，通常来说，如果使用像梯度下降这样的确定性学习技术，则算法必然停留在局部最小值中。这时虽然实现了系统的平衡，但并没有达到最低能量状态。

于是，通过使用模拟退火来提供帮助就是很正常的选择了。Davidson 和 Harel 首次使用这种技术[3]收敛到了优化的嵌入，同时避开了局部陷阱。

使用通用模拟退火算法的一个问题是，随机算法会导致收敛太慢。为了解决这个问题，有些学者建议使用混合解决方案来同时利用这两种算法的优势。GEM[4]算法以其创新的方法和令人印象深刻的结果而名列其中。

GEM 算法并没有使用模拟退火，而是借用了模拟退火中的“温度”的概念。GEM 算法也没有冷却循环，而是使用温度（仍然用来表示系统中“混乱”的程度）来控制更新时顶点的运动范围。在一次更新之后，就会计算所有顶点，并按比例缩小运动范围，从而使顶点的振荡变得平滑。

由于 GEM 算法并没有直接使用模拟退火，因此这里继续使用 Davidson 与 Harel 开发的一个算法，这个算法也能产生质量不错的结果。

正如我们在前几章中所提到的，设计图绘制算法的第一步是表明用来判断嵌入质量的标准。交叉点数并不是绘制图的唯一关键。Davidson 与 Harel 的算法使用了如下 5 个标准。

- 均匀地分布节点，从而让顶点均匀地分布在画布中。
- 使顶点远离边界。
- 统一边长。
- 最小化边的交叉点数。
- 避免顶点与边重叠，同时也避免顶点过于靠近边。

1 A Heuristic for Graph Drawing（“用于图绘制的一种启发式算法”），P. Eades，*Congressus Numerantium*，第 42 期，1984 年，第 149～180 页。

2 An algorithm for drawing general undirected graphs（“用于绘制一般无向图的算法”），T. Kamada 与 S. Kawai，*ACM Transactions on Graphics*，第 31 期，1989 年。

3 Drawing graphs nicely using simulated annealing（“使用模拟退火来绘制图”），Ron Davidson 与 David Harel，*ACM Transactions on Graphics*，第 15 卷，第 4 期，1996 年，第 301～331 页。

4 A fast adaptive layout algorithm for undirected graphs (extended abstract and system demonstration)[“一种用于无向图的快速自适应布局算法（扩展摘要与系统演示）”]，Frick、Arne、Andreas Ludwig 与 Heiko Mehldau，*International Symposium on Graph Drawing*，施普林格，柏林，海德堡，1994 年。

这个算法还假设边将被绘制为线段。接下来，让我们通过编写成本函数的 5 个分量来看看这 5 个标准是如何被转换为公式的。

对于第一个分量来说，这个算法使用了一个从电势能推导出来的公式。给定两个顶点 v_i 和 v_j，则有

$$\frac{\lambda_1}{d_{ij}^2}$$

其中，d_{ij} 是两个顶点之间的距离，λ_1 是传递给算法的用来控制权重的参数。λ_1 还是一个归一化因子，用来定义这个标准相对于其他标准的重要性。由于这一项的行为类似于斥力，因此较大的 λ_1 值会促使算法更偏好顶点之间距离较大的嵌入。

为了使顶点远离边界，就需要添加另一个组件。对于各个顶点 v_i 来说，计算公式为

$$\lambda_2\left(\frac{1}{r_i^2}+\frac{1}{l_i^2}+\frac{1}{t_i^2}+\frac{1}{b_i^2}\right)$$

其中，r_i、l_i、t_i、b_i 是顶点 v_i 与嵌入图的矩形画布的边之间的距离。λ_2 是另一个归一化因子，用来对这一项进行加权。λ_2 的值越大，顶点靠近边界的嵌入就会受到越多的惩罚。

我们再来看看边。对于每条边 $e_k=u\to v$ 来说，计算公式为

$$\lambda_3 d_k^2$$

其中，$d_k = \text{distance}(u,v)$ 是边的长度，λ_3 则是归一化因子。因为这一项的行为类似于引力，所以较大的 λ_3 值会促使相邻顶点之间保持较小的距离。

对于边的交叉点数这一项，我们可以只是简单地计算它们并将交叉点数乘以归一化因子 λ_4 就行了。

最后，要让顶点远离边（这是第 16 章给出的验证嵌入的关键标准之一），我们可以为顶点与边的每一个组合添加下面这一项

$$\frac{\lambda_5}{g_{kl}^2}$$

其中，$g_{kl} = \text{distance}(e_k, v_l)$，$\lambda_5$ 则是归一化因子。

这一项（另一个斥力）计算起来非常昂贵（正如你在第 15 章中看到的那样，边与顶点之间距离的计算量很大），甚至连原始论文也没有在算法的默认设置中使用这一项。因此这里暂时将其省略，我们鼓励读者将其作为练习加以实现，在接下来的示例中进行验证。

代码清单 17.4 给出了完整的成本函数的实现（其中包含所有的 5 个分量），但展示的示例是在摒弃边与顶点之间的距离这一约束的情况下运行的。

代码清单 17.4 Davidson 与 Harel 开发的算法的成本函数

循环遍历所有的边，对于顶点 u 和 v 之间的边 e 来说。

添加成本函数的第二个分量，对应于顶点与画布边界之间的斥力。

cost 方法接收当前解决方案 P（图嵌入，也就是问题空间中的一个点）、画布的宽度（w）和高度（h），以及分量的归一化因子作为参数。

```
function cost(P, w, h, lambda1, lambda2, lambda3, lambda4, lambda5)
  total ← 0
  for v in P.vertices do
    total ← total + lambda2 * ((1/x2) + (1/y2) + (1/(w-x)2) + (1/(h-y)2))
    for u in P.vertices-{v} do
      total ← total + lambda1 / distance(u, v)2
  for e=(u,v) in P.edges do
    total ← total + lambda3 * distance(u, v)2
    for z in P.vertices-{u,v} do
```

循环遍历图中的所有顶点。

循环遍历除了顶点 v 之外的所有顶点。

添加成本函数的第一个分量，即顶点之间的斥力。

添加成本函数的第三个分量，即相邻顶点之间的引力。

循环遍历除了边的端点之外的所有顶点。

```
    total ← total + lambda5 / distance(e, z)2
  total ← total + lambda4 * P.intersections()
  return total
```

最后，添加第 4 个分量，它与嵌入中边的交叉点数成正比。

添加第 5 个分量，也就是边与顶点（当然每条边的端点除外）之间的斥力。

接下来要做的就是计算转换到新解决方案的方法。好在我们可以重用之前定义的相同方法，毕竟它们的问题空间是相同的，唯一需要改变的就是成本函数，因为这里修改了决定什么是好的嵌入的标准。

原始论文中的算法只是使用了顶点局部更新的启发式算法，并且一个顶点可以移动的邻域会随着算法的进展而变小，移动范围不是恒定的。

说到好的嵌入，在这个算法中，通过查看多次重复的平均数来检查结果的质量是没有意义的。这个算法希望能够很好地绘制图，但并没有一个能够衡量“好坏”的神奇公式。因此，判断结果的唯一方法是将它们呈现出来以便观察。

图 17.17 是对本章后面几节内容的完美总结。这里尝试为每个顶点都具有 4 条边的方形网格图找到一个很好的嵌入，从而得到一个有 16 个顶点的方形网格图。

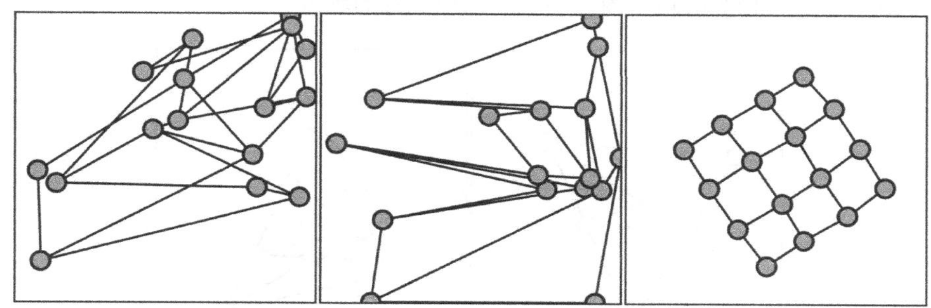

图 17.17　一个有 16 个顶点的方形网格图的嵌入。随机抽样算法（左图）、最小交叉模拟退火算法（中间图）、Davidson 与 Harel 开发的算法（右图）

随机抽样算法甚至很难找到没有交叉的嵌入。17.3.1 节介绍的算法虽然达到了目标，但它并不能让我们清晰地了解图的结构。

相反，图 17.17 中的右图看起来几乎是完全对称的。那么，你能从其他两个嵌入中看出这个图的形状吗？

作为记录，这个嵌入（见图 17.17 中的右图）是通过使用表 17.4 中汇总的参数值而获得的。

表 17.4　汇总的参数值

参数	解释	值
T_0	初始温度	1000
k	（伪）玻尔兹曼常数	1e+8
α	温度衰减率	0.95
最大步骤		10000
λ_1	到边界的距离	10
λ_2	顶点之间的距离	0.01
λ_3	边的长度	2e-8
λ_4	边的交叉点数	100

图 17.18 显示了更多的示例，其中使用了更大的网格和不同的有些像三角网格类型的图。在对一些参数进行调整后，它们看起来都非常漂亮。

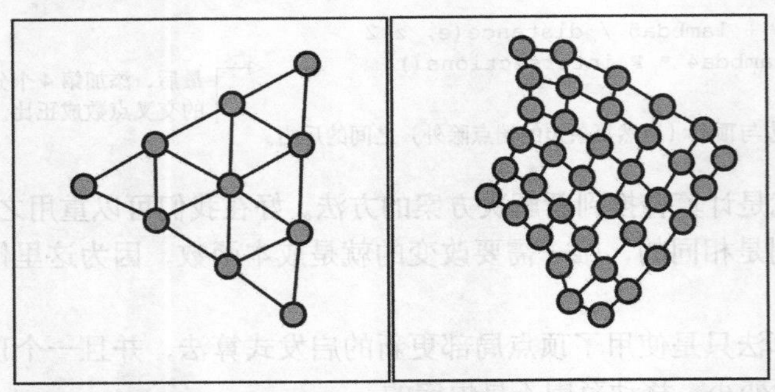

图 17.18　每条边都有 4 个顶点的三角形图和包含 36 个顶点的方形网格图

在确定这就是可以应用于所有图的完美算法之前，我们还需要在其他类型的图上进行一些尝试。

图 17.19 展示了算法在完全图 K_5 和 K_7 上的执行结果。对于这两个图来说，虽然找到的嵌入具有尽可能小的交叉点数，并且顶点也看起来分布良好，但是这些嵌入都并不完美，因为其中的一些顶点过于接近不相邻的边，因此出现一些边重叠的现象。

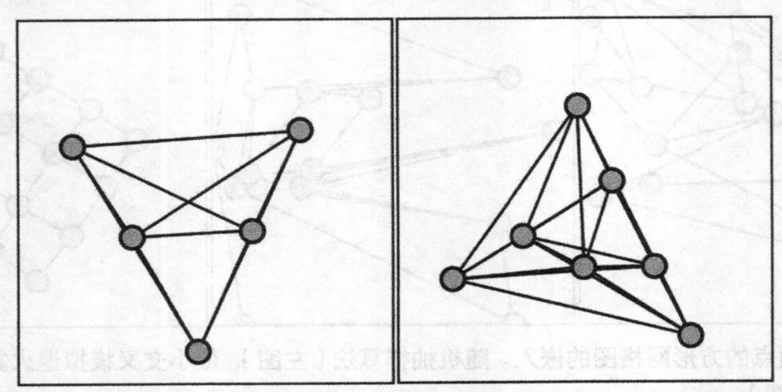

图 17.19　对于这两个例子，可以使用成本函数的第 5 个分量来使顶点远离边

此类情况可以通过添加成本函数的第 5 个分量来避免发生，因为这个分量并不鼓励顶点与边之间的距离过小。

请你扩展成本函数并为这些图找到更好的嵌入。

17.4　小结

- 模拟退火是梯度下降的一种随机替代方法，它使用物理学概念来提供一种动态技术，在初始阶段专注于大范围搜索，并在后期着重于执行微调操作。
- 模拟退火算法的优点：如果成本函数的域是离散的、不可微分的或阶梯形的，并且有很多局部最小值，则应该首选模拟退火算法。
- 模拟退火算法的缺点：当局部最小值位于狭窄的“山谷”时，应避免使用这种算法，因为其不大可能找到这些位置。
- 与需要通过陡坡才能到达最小值的梯度下降相比，模拟退火需要执行更多的迭代才能到达同一点。
- 模拟退火算法并不能保证返回最优解。如果不能接受次优解，则应该使用其他不同的算法。
- 找到正确的配置参数需要时间，而且你需要为不同的问题寻找不同的参数配置。
- 旅行商问题很难解决，但旅行商问题在物流、规划和电子（如电路板）领域无处不在。

第 18 章　遗传算法：受生物学启发的快速收敛优化

本章主要内容

- 遗传算法简介
- 探讨遗传算法是否优于模拟退火算法
- 使用遗传算法来解决“打包到火星”的问题
- 使用通用算法来解决旅行商问题并将交付分配给卡车
- 创建一个遗传算法来解决最小顶点覆盖问题
- 讨论遗传算法的应用

虽然**梯度下降**和**模拟退火**是很好的优化技术，但它们都有一定的缺点。前者速度虽快但更容易陷入局部最小值，并且要求成本函数可微；而后者的收敛速度则可能很慢。

在本章中，我们将介绍**遗传算法**（genetic algorithm）。这是另一种优化技术，它使用一种受自然界启发的方法克服了这两个问题，并通过演化一个解决方案池来提供对局部最小值的更大弹性，同时提高收敛速度。

这里将把这种优化技术应用到一些用确定性算法无法有效解决的难题上。本章首先使用第 1 章提到的 0-1 背包问题来解释遗传算法背后的理论；然后简要讨论一个用于解决旅行商问题的遗传算法，并展示其如何（以及为什么能够）比模拟退火算法更快地进行收敛；最后，本章还将引入两个新问题。

- **顶点覆盖**（vertex cover）问题。这是一个你在许多领域都会遇到的问题，比如网络安全或生物信息学等等。
- **最大流量**（maximum flow）问题。弄清楚这个问题是执行网络连接以及编译器优化等操作的基础。

18.1　遗传算法简介

当谈论优化算法时，其中的要点是如何通过在问题空间中用局部搜索来尽可能多地过滤附近的点，以代替对整个问题空间执行暴力搜索算法。也就是说，要点是如何通过在一个小得多的域中进行搜索来找到相同的结果。

优化算法会探索当前解决方案的邻域，也就是搜索空间中的点，并确定性地或随机地执行这项操作，旨在试图发现感兴趣的区域，从而找到比之前找到的解决方案更好的新解决方案。

执行这种过滤的方式、搜索的范围、“局部”所指代的大小，以及是采用随机方式还是以一种确定性的方式进行移动，这些因素都是我们在第 16 章和第 17 章中描述的不同优化技术的关键。

在第 17 章中，我们介绍了模拟退火算法，并讨论了它是如何通过允许上坡来收敛到接近最优的解决方案的。梯度下降法则只会下坡，由于总是朝着更好的解决方案移动，因此很容易陷入局部最小值。当成本函数具有多个局部（子）最小值时，模拟退火算法相比梯度下降法更有效。

虽然模拟退火算法功能强大，但它并不完美，具体来说，它主要有两个缺点。

- 模拟退火算法收敛缓慢。梯度下降法则是确定性的，这是因为其总是采用最快的路线下坡[1]。而模拟退火算法是发散的，由于总是随机游荡在成本函数的范围之内，因此有可能需要在找到正确方向之前进行多次尝试。
- 对于成本函数的某些形状来说，如果局部或全局最小值位于狭窄的山谷，那么模拟退火算法随机“行走”到这些山谷中的概率可能会很小，以至于无法完全达到接近最优的解决方案。

17.1 节深入分析了为什么模拟退火算法的效果会很好，以及它是如何创建这种动态过滤的，从而间接限制了（基于它们的成本）在给定阶段可以到达的域中的点。回顾一下，模拟退火算法一开始会从一个点跳到另一个点，上坡和下坡都被允许以相同的概率进行，从而对整个范围进行探索。

此外，在早期阶段，优化算法虽然能找到一个接近最优的解决方案，但仍然会远离它，这是因为在初始阶段可以接受向上爬坡的转换。但这里的问题是，模拟退火算法并不会记录之前访问的结果，也不会跟踪已经探索过的解决方案。尤其是如果允许长程转换的话，模拟退火算法就存在永远都不会再回到之前那么好的解决方案的风险。

另一个更可能产生的风险是，整个算法确实在某个早期阶段找到了包含全局最小值的山谷，但不一定接近山谷的最低处（可能只是降落在山谷入口附近的某个地方），然后就移动离开并且再也不会进入这个山谷。

图 18.1 说明了这些情况。在 17.1 节中，我们还讨论了带有重启的模拟退火算法是如何跟踪过去的解决方案的，以及当算法被卡住时如何随机地从这些过去找到的一个位置重新启动，进而检查是否能找到比当前最佳解决方案更好的解决方案。

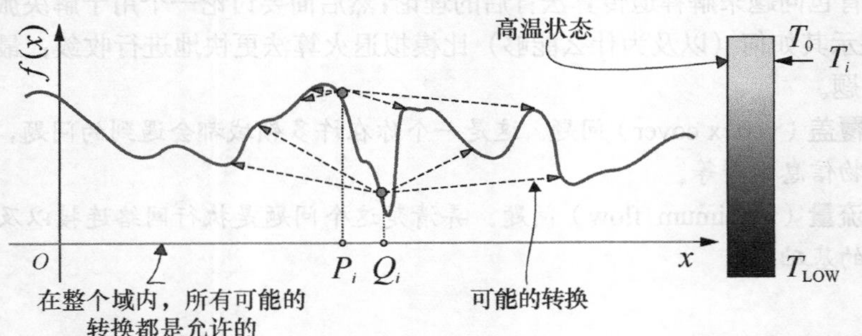

图 18.1　模拟退火算法在早期阶段（如系统温度 T_i所示，此时仍接近于温度 T_0）找到有希望的（P_i）甚至更好的（Q_i）解决方案的场景。因为当温度很高时，即使是上坡也很容易被接受，所以算法可能会远离成本函数环境中的最佳位置，并且可能永远都找不到再回去的路

1 严格来说，梯度下降法会沿着最陡的下降路径到达局部最优，因为在每一步都会采用最贪婪的选择。但是这些选择通常并不会带来全局最优，因此除非成本函数是只有一个最小值的特定凸函数，否则梯度下降法并不能保证达到全局最优。

这种变通方法可以按照某种方式帮助我们克服前一个缺点，因为可以更早地得到一个很好的解决方案。但其并不太可能改善第二个缺点（只是在山谷的入口处找到一个有希望的位置），因为该方法只会存储少量先前找到的最佳解决方案。因此，即使优化算法已经设法找到通往全局最小值的路径的起点，除非十分幸运地落在谷底的附近，否则算法也仍然会忘记这个位置。

18.1.1 来自大自然的灵感

模拟退火算法受到冶金学的启发，模拟了将系统从混乱状态转变为有序状态的冷却过程。事实上，大自然常常是数学和计算机科学的重要灵感来源。比如神经网络，它可能是本书所有例子中最有普遍意义的那个。

我们不难想象为什么像神经网络这样的生物过程会很有效：它们已经适应并完善了数百万年，并且由于它们的效率与有机体的生存密切相关，因此总是能够在自然界中到处找到聪明有效的解决方案。

遗传算法是另一类受到生物学启发的算法，更重要的是，它们是基于响应来自环境的刺激这一进化原理实现的。

如图 18.2 所示，遗传算法也是一种优化算法，并且这种算法会在每次迭代中维护一个解决方案池。与模拟退火算法相比，这允许它们保持更大程度的多样性，同时也能够探测到成本图中的不同区域。

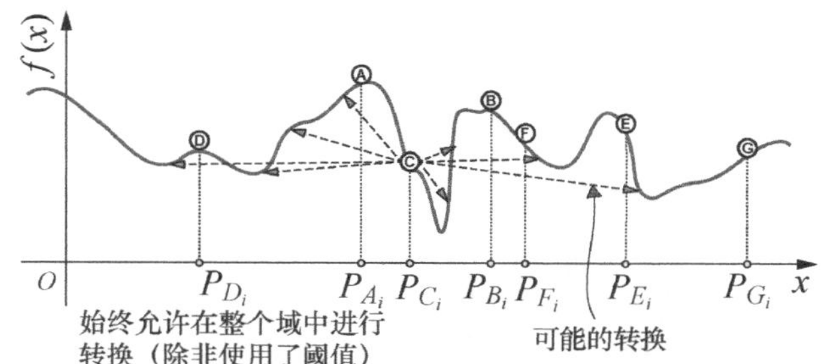

图 18.2 遗传算法是如何处理图 18.1 所示场景的示例。在与模拟开始或结束无关的一般迭代中（假设正处于第 i 次迭代），遗传算法将维护一个可能的解决方案池。在下一次迭代中，这个解决方案池将（作为整体）被过渡到（基于当前解决方案的）一组新的候选解决方案。通常来说，新的解决方案可以处于域的任何地方

在这种“成本函数”类型的图形中无法展示的一件事是，遗传算法还会通过重新组合解决方案来使它们进化。这样就能够利用不同解决方案的优势，将它们合并成一个更好的解决方案。以 17.2 节描述的旅行商问题为例，假设有两个糟糕的解决方案，其中的每个解决方案都只能为不同的一半顶点找到最佳序列，但另一半顶点的序列都很糟糕。通过以正确的方式[1]组合这两个解决方案，就可以从中分别取出好的那一半，从而获得一个更好的候选解决方案，甚至有可能（如果幸运的话）获得最好的解决方案。

这种组合解决方案的想法（很明显）在梯度下降和模拟退火中都找不到。在模拟退火中，我们总是保留和“研究”单个解决方案。

稍后你将看到这个新想法是如何体现在一个新的计算操作中的，即**交叉操作**。这个操作源自使用了相同技术的生物学。不过在继续之前，我们先来了解一下是什么启发了遗传算法。在此过程中，我们还将明确这个名称的由来。

遗传算法是一种基于遗传学和自然选择规律的元启发式优化算法。前面曾提到，这种优化

1 详见 18.2 节。

技术维护了一个解决方案池。这个解决方案池中的解决方案将模拟一个经过若干代进化的种群。这个种群中的每个有机体都由一条染色体（有时是一对染色体）定义，这条染色体为需要优化的问题编码了一个单独的解决方案。

受生物学启发的算法

地球上的大多数生物是由细胞[1]组成的，每个细胞都会携带位于一组（对于动物或植物等高级生物来说不止一组）染色体中的相同的[2]遗传物质。每条染色体都是一个 DNA 分子，并且可以分解成一系列核苷酸。而每个核苷酸又是编码了信息的含氮碱基序列。每个细胞的 DNA 中所包含的信息被细胞用来驱动它们的行为并合成蛋白质。图 18.3 简洁地说明了这些概念。

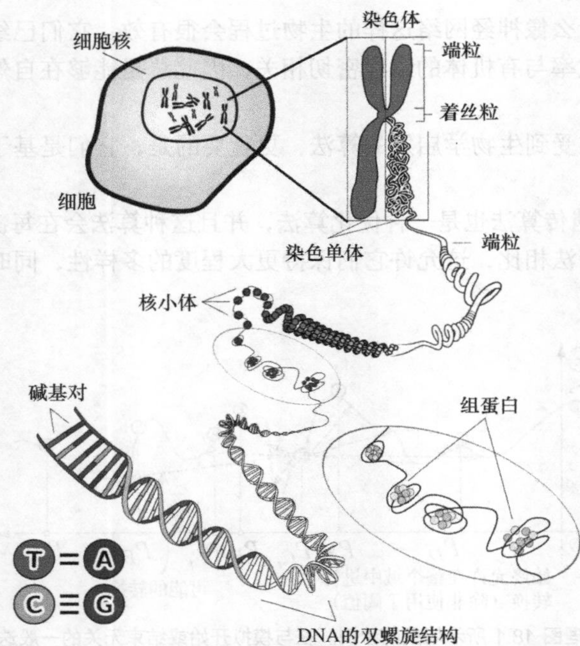

图 18.3 从细胞到 DNA。细胞的基因组包含在细胞核中，它们位于被称为染色体的结构内部，端粒在展开时会显示出 DNA 双螺旋结构，这个序列仅由 4 个碱基组成（因此可以将 DNA 视为以 4 为底的编码）

因此，简而言之，染色体编码了决定有机体（**遗传学**）行为的信息，进而决定了有机体适应环境、生存和繁殖后代的能力（自然选择）。

计算机科学家约翰 • 霍兰（John Holland）受这种机制的启发，于 20 世纪 70 年代初设计了[3]一种使用这两个原理来进化人工系统的方法。他的一名学生大卫 • 戈德堡（David Goldberg，长期以来一直被认为是这个主题的专家）后来在 20 世纪 80 年代末通过公开研究和出版著作[4]推广了这种方法。

18.1.2 节中的图 18.4 展示了遗传算法的核心思想，也就是将解决方案编码为染色体，并将每条染色体分配给一个有机体。然后，遗传算法就会非常自然地根据解决方案的好坏得出相应

1 病毒除外，病毒只是被包裹在蛋白质外壳中的 DNA 或 RNA。

2 大致相同，因为还可能由于复制错误等原因存在细微的局部变化。

3 霍兰的书最初于 1975 年出版，目前可以找到的是 1992 年的版本。*Adaptation in Natural and Artificial Systems: An Introductory Analysis with Applications to Biology, Control, and Artificial Intelligence*（《自然和人工系统中的适应：生物学、控制和人工智能应用的介绍性分析》），麻省理工学院出版社，1992 年。

4 *Genetic Algorithms in Search, Optimization, and Machine Learning*（《搜索、优化和机器学习中的遗传算法》），艾迪生-韦斯利出版社，1988 年。

的有机体对环境的适应程度。反过来，适应程度则代表了健康的有机体进行繁殖并将遗传物质传递给下一代的可能性。就像在自然界中那样，种群中的强势个体，也就是更强壮（或更快，或更聪明）的个体，往往有更大的机会存活更长的时间并找到伴侣。

不过，也许理解遗传算法的最佳方式是目睹它们的实际应用。为此，同时也为了更具体，我们将在这里描述遗传算法的所有构建块，在此过程中，我们还将开发一个示例来帮助你更直观地了解各个组件的工作原理。你还记得 0-1 背包问题吗？第 1 章介绍了这个问题以模拟“打包到火星”的示例。当时我们提到，有一个伪多项式的动态算法可以提供绝对最佳的解决方案，但是当背包容量很大时，这个算法的速度会很慢。好在还有另一个可以计算接近最优解的分支定界近似算法（在上限和合理时间内有一些保证），虽然这个有效的算法通常非常复杂[1]。

为了获得 0-1 背包问题的一个快速、清晰、简单的优化算法，这里将实现一个可以找到近似解或接近最优解的遗传算法。

在深入研究遗传算法的细节之前，我们先来快速回顾一下问题的定义和将要使用的实例。

> **注意** 在通用的 0-1 背包问题中，有一个容量为 M 的容器和一些物品，每个物品的特征是其重量 w 和价值 v。在将一个物品添加到背包（或使用的任何通用容器）中时，必须整个添加，而不能只添加一部分。由于所有可用物品的重量之和超出背包的容量，因此只能选择物品的一个子集，我们的目标就是选择能让所携带物品的价值最大的特定子集。

在 1.3.2 节中，我们解决了一个非常具体的问题：根据表 18.1 所列的食物清单，装满一个最多可以装 1000 千克而不是任意多食物的货运箱，并且让总卡路里尽可能最大。

因此，我们虽然可以很容易地得出面粉、大米和番茄罐头的组合可以达到最大可携带重量，但这个组合并不能得到最大的总卡路里。

在第 1 章中，我们还简要描述了用来逼近这个问题的分支定界法用到的关键思想。也就是计算所有可携带食物的重量-价值比（在本例中为总卡路里/重量），然后选取比例较高的食物。虽然 Martello-Toth 算法也将这一点作为起点，但是仅按照每千克价值的降序方式来选择食物并不能得到最佳解决方案。

事实上，用来准确解决 0-1 背包问题的动态规划法甚至不会计算这个比例。因此这里不会使用它，我们也没有在表 18.1 中展示这个值。

表 18.1　　火星任务中每一种可携带食物的重量及其总卡路里

食物	重量/kg	总卡路里/cal
土豆	800	1 501 600
面粉	400	1 444 000
大米	300	1 122 000
豆类	300	690 000
番茄罐头	300	237 000
草莓酱	50	130 000
花生酱	20	117 800

如果想要更深入地了解这个问题，请回顾 1.3 节。下面我们继续讨论遗传算法的主要组成部分。

1 例如，Martello-Toth 算法是解决这个问题的最为先进的算法之一。A bound and bound algorithm for the zero-one multiple knapsack problem（“0-1 多重背包问题的 bound and bound 算法”），Silvano Martello 与 Paolo Toth，《离散应用数学》，第 3 卷，第 4 期，1981 年，第 275～288 页。

要完整地定义优化算法，就需要指定下面这些组件。

- **如何编码解决方案**——对于遗传算法来说也就是染色体。
- **转换运算符**——交叉与突变。
- **衡量成本的方法**——适应度函数。
- **系统如何演化**——世代与自然选择。

18.1.2 染色体

正如前面所提到的，染色体编码了需要解决的问题的解决方案。在 Holland 的原著中，染色体应该是一个位串，也就是一个只包含 0 和 1 的序列。但并非所有问题都可以用二进制字符串来进行编码（相关示例见 18.2 节），于是后面衍生出一个更通用的版本，它允许基因（染色体中的各个值）是任意连续的实数值。

从理论上讲，这些版本都可以被认为是等效的，但在不使用二进制字符串作为染色体时，则需要限制它们可以存储的值。另外，作用于有机体的运算操作也必须进行调整才能检查和保持这些约束。

好在 0-1 背包问题是讨论原始遗传算法的完美示例，因为这个问题的解决方案可以被完全编码为二进制字符串。其中，对于每一种可携带食物来说，0 表示留在地球上，1 则表示被装入要送往火星的货运箱。

图 18.4 展示了可以在这个示例中使用的染色体位串。其中的两个不同解决方案（或生物学中的表型）由两条染色体（或基因型）表示，它们的差异将被总结为两个位串的不同。

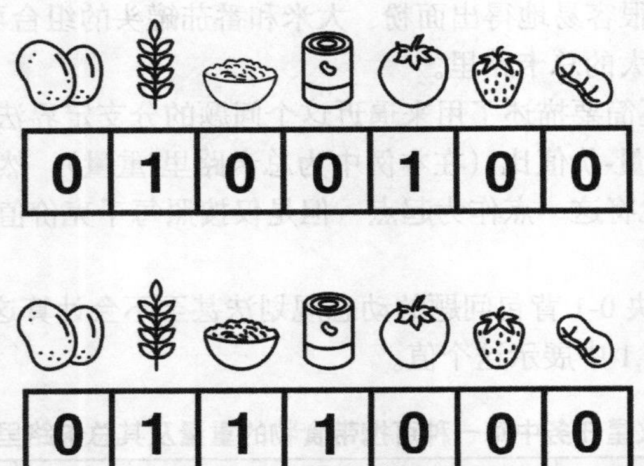

图 18.4 将 0-1 背包问题编码成染色体的一个例子（有关这个例子的详细描述见 1.3 节）。这里显示了两个数字。基因型（两个字符串）的差异已反映在表型中（要带到火星的食物是面粉和番茄罐头，还是面粉、大米和豆类）。后一条染色体编码了我们在表 18.1 中总结的问题实例的最佳解决方案

值得注意的是，对于这个例子来说，基因型和表型之间存在 1∶1 的映射。由于解决方案（表型）将自身的表示（基因型）作为唯一标识，因此具有相同基因型的两个有机体将被转为相同的解决方案，进而得到相同的适应度（稍后将详细讨论）。在这个 0-1 背包问题的上下文中，如果两个有机体有相同的基因型，则说明两个解决方案都会向运往火星的货运箱中添加同一组食物。

然而，基因型和表型之间的等价性在自然界中不存在，并且它们之间的区别非常明显。这是因为基因组仅编码发育规律，但不编码精确结果，而且有机体的行为还取决于它们与环境的相互作用[1]。

---

1 例如，一对双胞胎婴儿虽然共享 DNA，但他们是不同且独特的存在。

同样，适应度在一些模拟问题中也并不总是完全由基因型决定。笔者研究的第一个应用遗传算法的例子就是 Floreano 与 Mondada 在洛桑联邦理工学院（EPFL）所做的研究[1]。在那里，他们为两轮机器人进化了一个小型神经网络，用来（在一种捉迷藏游戏中）模拟采集者、捕食者以及猎物种群的进化。

在这个实验中，基因型是机器人神经网络的一组权重，顺便说一下，基因型也与表型有着一一对应的关系。不过，每个有机体的适应度后来都是由它与环境和其他机器人的相互作用决定的。

如果允许机器人通过在线学习来扩展它们的原始工作（不难想象，如今我们一定会使用随机或小批量的反向传播，根据源自环境的输入继续演化神经网络的权重），那么表型就一定无法由基因型完全决定，至少在第一次更新之后就不再能做到这一点了。这是因为此后权重的变化方式会受到机器人与环境相互作用的严重影响。

关于图 18.4，还需要澄清一件事。染色体的实际表示取决于正在解决的、实际的具体问题，在这里也就是基于这个 0-1 背包问题的具体实例（尽管可以有并且也应该设计一个对所有 0-1 背包问题都适用的表示）。

相反，如果打算为遗传算法的主要方法设计代码，则应该关注有机体的设计。例如，使用在运行时通过组合、作为参数（使用策略设计模式）或在编译时通过继承（使用模板设计模式）提供实际染色体（以及对它们进行修改的方法）的类，对它们进行建模。

> **注意** 遗传算法既是一种元算法，也是一个由解决特定于各个问题的代码组成的模板。因此，其中有一部分代码是通用的，如定义优化技术的结构代码；而另一部分代码则是特定于问题的。在这里，我们在描述遗传算法的组成部分的同时，也将提供模板的伪代码，并且由于这里以 0-1 背包问题为例，因此我们还将提供一些具体解决 0-1 背包问题的伪代码。对于这部分代码，我们做了特殊标记。

代码清单 18.1 展示了 Individual 类的一种可能的实现，旨在对进化种群中的各个有机体进行建模。

代码清单 18.1 Individual 类

```
class Individual
  #type array
  chromosome

  function Individual(chromosome)

  function fitness()
```

- Individual 类用于对进化种群中的各个有机体进行建模。
- 个体是由一条染色体（理论上，包含多条染色体的有机体也是存在的，但并不常见）组成的基因组。
- 将染色体作为参数提供给构造函数（这是一种很简单的实现，因此这里没有显示）。当然，也可以使用静态的生成器方法生成染色体。
- 查询个体的适应度（如果适应度取决于环境，那么这里还需要提供相关参数）。

18.1.3 种群

模拟退火算法和遗传算法之间最明显的区别在于，遗传算法不会调整单个解决方案，而是进化出一群个体。

代码清单 18.2 展示了一种可能的实现，它将被用来初始化遗传算法的种群。它也是一个模板方法，因为它必须提供用来初始化单条染色体的实际代码（而这同样也取决于所要处理的实际问题）。

1 例如，请查阅“Evolutionary neurocontrollers for autonomous mobile robots”（“自主移动机器人的神经控制器的进化”），《神经网络》，第 11 卷，第 7 期和第 8 期，1998 年 10 月至 11 月，第 1461～1478 页。

代码清单 18.2　initPopulation 方法

initPopulation 方法接收要创建的种群的大小（假设或需要被验证为正数）以及一个用于初始化单条染色体的函数作为参数。它会返回新创建的种群。

```
function initPopulation(size, chromosomeInitializer)
population ← []                                        ← 将 population 初始化为空列表。
for i in {1,…,size} do
population.add(new Individual(chromosomeInitializer()))  ← 根据需要添加尽可能多的新个体，每一个个体都有一个新创建的基因组。
return population
```

有若干不同的策略可以用于初始化。可以依靠随机初始化来提供初始种群的多样性，这是最常见的方法。但是在某些情况下，还可以在染色体上添加约束（以避免无效的解决方案），甚至根据外部决定来提供初始种群（例如，可以是另一个不同的算法或是先前迭代的输出）。

对于 0-1 背包问题的一般实例来说，由于染色体只能是位串，因此可以使用随机生成器来生成染色体，如代码清单 18.3 所示。

代码清单 18.3　0-1 背包问题：生成染色体

knapsackChromosomeInitializer 方法接收要创建的染色体的大小（假设或需要被验证为正数）作为参数。它会返回一个随机的位字符串（为简单起见，也可以返回一个位数组）。

```
function knapsackChromosomeInitializer(genesNumber)
chromosome ← []                          ← 将 chromosome 初始化为空列表。
for i in {0,…,genesNumber-1} do
chromosome[i] ← randomBool().toInt()     ← 根据需要生成尽可能多的随机位。这里使用了类似于 Java 中的模式，但也可以直接使用返回介于 0 和 1 之间的随机整数的方法。
return chromosome
```

这里有一点需要注意：对于给定的 0-1 背包问题的实例来说，并非所有的随机生成字符串都是可接受的解决方案。例如，所有的值都被设置为 1 的字符串就代表着（对于任何实例来说）违反对重量的约束。正如你在接下来的内容中将要看到的那样，可以为违反这项约束的解决方案分配低适应度，也可以在生成染色体时添加一个检查来避免这种违反约束情况的发生。

18.1.4　适应度

适应度是与染色体和有机体的定义相关的一个概念。如代码清单 18.1 所示，Individual 类的 fitness 方法会返回一个值，这个值衡量了有机体对环境的适应程度。

适应度自然也就意味着一个最大化问题，因为更高的适应度通常与更好的环境相关。不过，对于许多问题来说，我们通常希望将问题的目标表达为让**成本函数**最小化。因此这里有两种选择：要么以性能更好的方式实现遗传算法的模板（适应度较低），要么重新根据所做的选择指定新的成本函数。例如，如果需要在地图中找到海拔最高的点，则可以实现最大化算法，或是将地图上任何给定点的适应度函数都设置为 $f(P) = -\text{elevation}(P)$，从而继续坚持使用最小化策略（正如你在第 16 章和第 17 章中看到的**梯度下降**法和**模拟退火**算法那样）。

考虑 0-1 背包问题。目标自然由想要最大化的价值函数表示，也就是添加到货运箱中的食物营养价值的总和。

例如，图 18.4 中的第一条染色体是 0100100，这也就意味着将大米和番茄罐头的卡路里相加，总共有 1 359 000 卡路里。而像染色体 1111111 这样，当超出货运箱的可承载重量时，会发生什么呢？为了发现这些边缘情况，就需要在计算适应度时检查总权重，并为那些违反权重约束的解决方案分配一个特殊值（在本例中为 0）。

另一种方法是确保这种情况永远都不会发生，具体的做法是仔细检查创建和修改个体的操作（即初始化、交叉和突变操作）。然而，这种方法可能会对优化过程产生影响，比如人为地减少总体里的多个特征。

基于上述讨论，如果为遗传算法实现的模板方法能够尝试最大化个体适应度的话，那就完美了。相反，如果实现只是为了降低适应度，又该怎么办呢？对于这种特殊情况，有一个简单的解决方案：可以将留在地球上的食物（对应于染色体编码中的 0）的营养价值相加。因此对于任何给定的解决方案来说，这个值越小，货运箱中食物的总营养价值就越高。当然，如果选择这样做的话，就必须为超过权重阈值的解决方案分配一个非常大（甚至是无穷大）的值。

18.1.5 自然选择

我们现在有了创建单一有机体、生成整个种群以及检查个体适应度的工具，这足以支持我们去指导模仿野外种群进行进化的基本自然过程，即**自然选择**。

在自然界中，随处可见的是最强壮、速度最快、最擅长狩猎或躲藏的个体，它们往往能存活更长的时间，并且（以及）有更大的机会去交配和传播它们的基因给下一代。

遗传算法的目标是使用类似的机制使总体趋向于更好的解决方案。在这个类比中，具有高适应度[1]个体的基因编码的特征会使它们比竞争对手更具优势。

在我们的背包示例中，一个好的特征是包含高卡路里/重量比的食物。于是包含土豆的解决方案将是低适应度的个体，它们很难生存到下一代。例如，在 18.1.2 节提到的捕食者-猎物模拟中，隐藏在物体后面的猎物更容易有效地逃避捕食者。

代码清单 18.4 通过一些伪代码展示了自然选择（在遗传算法中）是如何工作的。naturalSelection 方法规定了种群是如何在当前一代和下一代之间进行变迁的。它以旧种群作为输入，并返回一个通过一组运算符从原始生物随机创建的新种群。

代码清单 18.4 自然选择

从旧种群中选择两个个体，将选择方法作为参数进行传递（与其他方法类似，也可以通过继承来提供）。

首先要做的是初始化新种群。这可以通过简单地创建一个新的空列表来完成。然而，更通用的替代方案是允许传递一个用来进行这种初始化的方法。

naturalSelection 方法接收当前种群作为参数，并返回由输入种群演变而来的新种群。这个方法还支持通过参数列表或继承来获得用来修改种群的运算符。

```
function naturalSelection(
    population, elitism, selectForMating, crossover, mutations)
  newPopulation ← elitism(population)
  while |newPopulation| < |population| do
    p1 ← selectForMating(population)
    p2 ← selectForMating(population)
    newIndividual ← crossover.apply(p1, p2)
    for mutation in mutations do
      mutation.apply(newIndividual)
    newPopulation.add(newIndividual)
  return newPopulation
```

依次添加新的个体，直到新种群的大小与旧种群相同为止。

使用交叉操作组合两个有机体。正如本章前面所讨论的，这个运算符与其他运算符的大部分具体信息是特定于问题的，我们将在本节的后面进行讨论。然而，为了让这个模板能够工作，这里要求交叉操作和突变操作都遵守一个公共接口，因此它们都被实现为一个提供了 apply 方法的对象（稍后我们还将讨论能让这一步更简单的包装器）。

对交叉操作的执行结果应用所有可能的突变操作。（正如你将要看到的那样，每个突变操作都以发生的概率为特征，因此我们将随机决定是否将某个突变应用于有机体上。）

将新生成的个体添加到输出列表中。

这种自然选择的过程适用于算法的每一次迭代。当这个算法开始时，它总会包含一个由初始化方法输出的完全成形的种群（这个种群的大小可在运行时通过方法的参数来确定）。输入种群中的个体将被评估适应度，然后经历一个选择过程，这个过程决定了哪些个体将原封不动地被传递给下一代，或是通过交配来传播其基因。

在遗传算法的最简单形式中，新种群只会被初始化为一个空列表（见代码清单 18.4 的第 2

---

1 在本章后续内容中，我们将把“高适应度”作为一个通用术语加以讨论，并将其与实际实现脱钩。对于最大化函数的那些问题，它代表较大的值；而当优化的目标是最小化成本时，它代表较小的值。

行代码），然后用选择和交配产生的新个体**填充**（这是一个双关语）列表（见代码清单 18.4 的第 3～6 行代码）。

对于交配来说，这里很明显与生物学方面存在差异。首先，在遗传算法中，通常使用的是两个无性有机体之间的有性繁殖[1]。其次，两个亲本之间遗传物质的重组不会遵循任何具有生物学意义的规则，并且如何执行交叉操作的实际细节也将留给要解决的具体问题来定义。

最后，在执行完交叉操作后，还需要向遗传物质添加突变，其中交叉操作和突变操作将被建模为单独的阶段。

图 18.5 展示了其中的通用机制，并与生物学过程进行了类比。

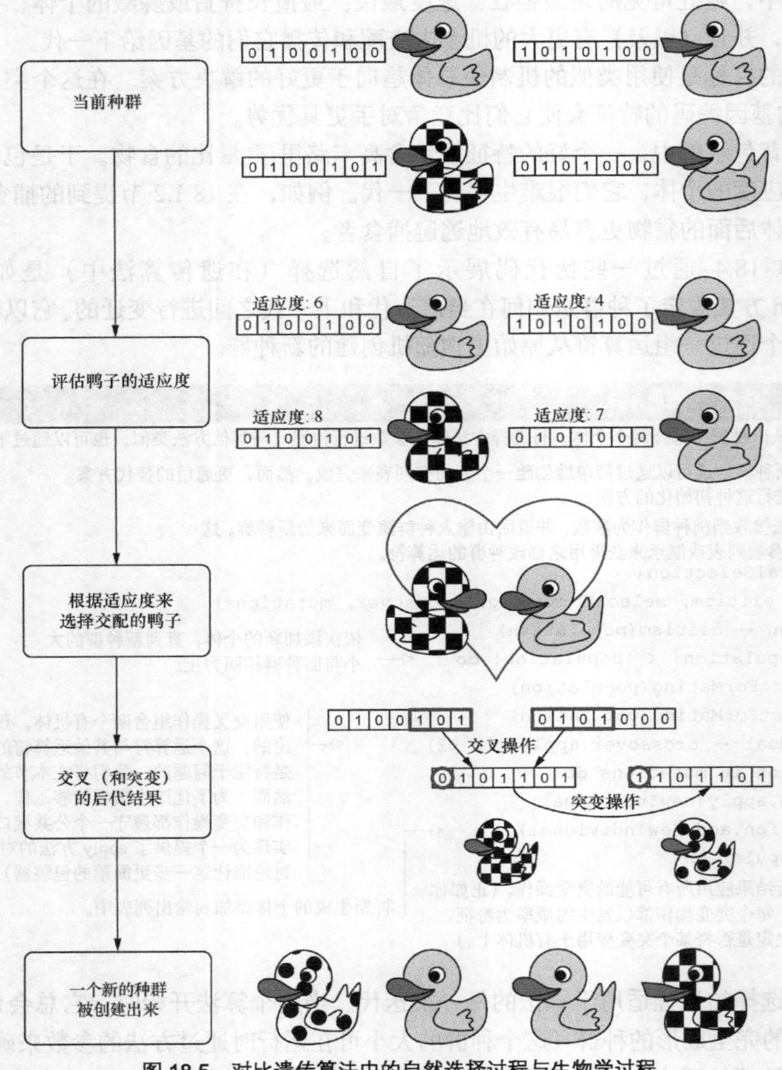

图 18.5　对比遗传算法中的自然选择过程与生物学过程

1 这是有可能发生的，实际上已经有尝试使用包含性别特异性染色体和性别亚群概念的遗传算法。但据笔者所知，这样做带来的对算法效率或有效性的改进仍然在同一数量级。感兴趣的读者可以查阅 Sexual Reproduction Adaptive Genetic Algorithm Based on Baldwin Effect and Simulation Study（"基于鲍德温效应的有性繁殖自适应遗传算法与仿真研究"），Ming-ming Zhang、Shu-guang Zhao 与 Xu Wang，《系统仿真学报》，第 10 期，2010 年。

让我们从一个初始种群开始，其中的个体虽有共同的基础，但也有一些典型的特征。种群的多样性和方差在很大程度上取决于处于模拟进化的哪个阶段。正如你稍后将要看到的那样，这里的目标是在模拟开始时具有更大的多样性，然后让种群收敛到少数同质的具有高适应度的个体。

在本例中，鸭群会显示出一些独有的特征，例如喙的形状、羽毛的颜色或图案，以及翅膀和尾巴的形状等。只要观察仔细，你就能发现这些不同，并了解清楚这些变化是如何在它们的染色体中进行编码的。

如前所述，这是因为个体表型中的各个特征都是由它们的基因型之间的差异决定的。因此，当 1 变成 0 时就会带来不同的特征，反之亦然。（也有可能需要同时翻转多个位，或者如果不使用二进制字符串的话，则可能需要分配一个不同实数的基因。）

为了进行选择，你需要评估每只鸭子的适应度。这既可以像把染色体传递给一个函数那样简单，也可以像运行数小时的模拟一样复杂（就像前面描述的捕食者-猎物配置那样）。然后查看哪些个体能活得更久，或是能够更好地完成现实世界中的任务。

18.1.6 节将只讨论交配的选择，但无论选择机制的细节如何，有一件事通常是正确的。具有更高适应度的生物将有更大的机会被选择将其基因传递给下一代。这是至关重要的，也是遗传算法中唯一真正关键的部分，因为如果没有这种“精英主义”，就不会带来任何优化。

一旦选择了两个个体，就需要重组它们的遗传物质，并且需要为选择的部分处理交叉和突变操作。但前面已经提到的一件事是，这些作用于染色体上的操作在很大程度上取决于正在解决的具体问题。

在图 18.5 所示的例子中，小鸭子的羽毛的图案和颜色取自其父母中的一方，尾巴的形状则取自另一方。然后通过进一步的突变，羽毛从棋盘格图案变成了波尔卡圆点图案。

重复这个过程多次，形成的新种群就应该表现出与初始种群中拥有高适应度的个体相关的那些基因和特征。

你现在已经了解了通用的自然选择过程是如何运作的，是时候深入研究其中的细节了。

18.1.6 选择交配的个体

让我们从选择开始。有若干可以用来在每次迭代中选择进行交配或进化个体的方案。其中较为成功的一些方案如下。

- 精英主义选择法。
- 阈值选择法。
- 锦标赛选择法。
- 轮盘选择法。

在上述方案中，前两种可以用作旧种群的过滤器，后两种则可以用作选择有机体进行交配的方法。

图 18.6 展示了如何通过精英主义选择法和阈值选择法来决定哪些生物可以或不能将其基因传递给下一代。

精英主义选择法允许最优秀的个体原封不动地被传给下一代。应用这个方案与否通常取决于算法的设计者。与往常一样，这个决策可能在某些问题上效果很好，而在其他问题上效果很差。

如果不使用精英主义选择法，那么当前迭代中的所有个体都将在下一次迭代中被替换掉，因此所有的有机体都将只能“活”一代。不过，如果采用了这种方案，就相当于以某种方式为特别适合的个体模拟了更长的寿命。与普通种群相比，这些个体的健康状况更好，因此它们的寿命也就更长。

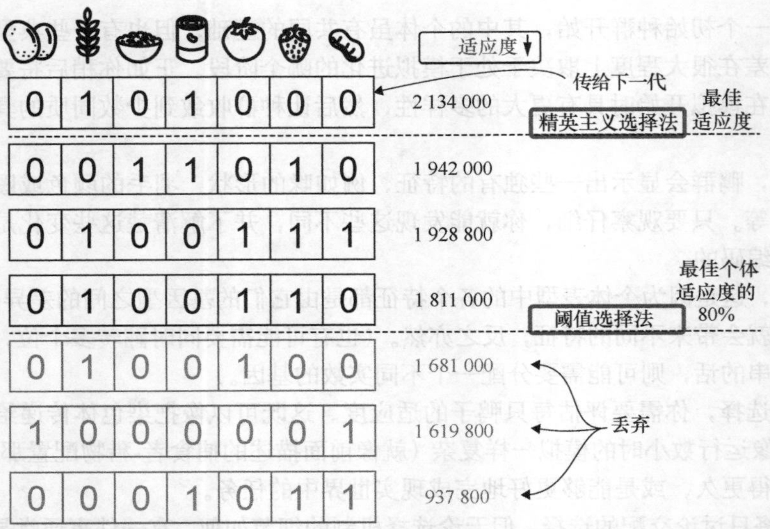

图 18.6　精英主义选择法和阈值选择法（基于 0-1 背包问题）。精英主义选择法将最优秀的个体（一个或多个具有最佳适应度的个体）直接传给下一代，同时不执行交叉或突变操作。阈值选择法则解决了另一个问题，它是阻止低适应度个体将基因传给下一代的硬屏障。阈值选择法可以丢弃某固定数量的个体，或丢弃所有低于某阈值的个体。比如在这个例子中（采用了最大化适应度的方式），所有低于最佳个体适应度 80%的个体都将被丢弃，并且永远都不会执行交叉操作

同时，这也就能够确保**种群首领**的基因在下一代不会受到影响（虽然不能确定它们是否在下一代仍是最适合的个体）。

使用精英主义选择法的最显著效果是，种群中的最佳个体适应度在连续几代之间是单调增加的。（然而，这并不能保证在平均适应度上也是单调增加的。）

阈值选择法的目标则不同。阈值选择法旨在阻止适应度很低的有机体将其基因传给下一代，这同时也减小了算法探索适应度函数的那些不太有希望区域的可能性。

阈值选择法的工作机制很简单：为允许被选择进行交配的个体的适应度设置一个阈值，并忽略那些不满足要求的个体。阈值选择法既可以丢弃固定数量的个体（如适应度很差的 5 个个体），也可以根据适应度丢弃可变数量的个体。

在后一种情况下，适应度的阈值通常是动态设置的（每一代都在变化），并且可以基于这一代的最佳个体适应度进行调整。使用静态绝对值（需要根据领域知识来设置）的风险在于，这有可能导致阈值选择法不再高效（因为整个种群都要进行过滤）。更糟糕的是，当这个阈值过于严格时，结果对模拟来说甚至是致命的，因为会导致所有或几乎所有的个体在早期阶段就被过滤掉。

在图 18.6 所示的例子中，建议将这个阈值设置为最佳个体适应度的 80%[1]。不过，是否应用阈值选择法，阈值的比例应该是多少，则完全取决于所要解决的实际问题。

在过滤了初始种群并尽可能将最好的个体传给下一代之后，接下来的任务就是为新种群重新创建其他的个体。为此，我们需要应用**交叉**操作，细节详见 18.1.7 节。简单来说，这是基于两个亲本和**突变**操作来产生新有机体的一种方式，旨在为新一代个体提供遗传多样性。因此，在应用交叉操作之前，必须先选出两个亲本。如代码清单 18.4 所示，在每一次迭代中都需要多次进行这种选择。

选择交配个体的方法有很多，这里将讨论其中最为常见的两种方法。

锦标赛选择法是遗传算法中最简单（也是最容易实现）的选择技术。图 18.7 通过一个例子

1 设置为 80%是因为我们正试图最大化 0-1 背包问题的适应度函数；否则，如果要最小化适应度函数，则可以将这个比例设置为 120%、105%等。

对锦标赛选择法做了说明。理论上，锦标赛选择法将随机选择少数有机体，然后让它们在只有获胜者才有权交配的比赛中进行“竞争”。这与野生世界里随处可见的情况类似，在野外，（通常）雄性成年个体会通过竞争来夺得与雌性交配的权利。

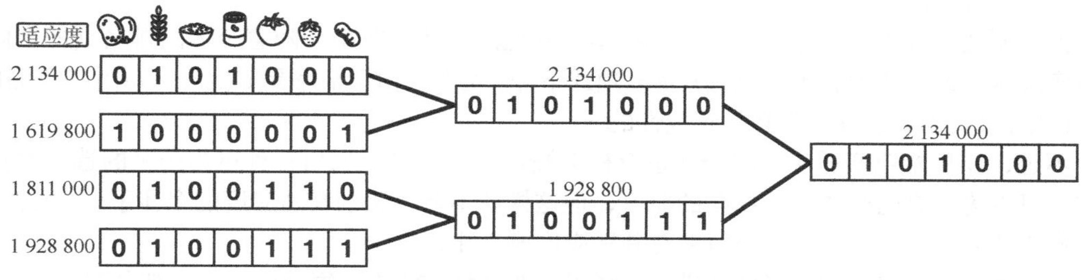

图 18.7 被应用于 0-1 背包问题的锦标赛选择法

不过，除非真的进行锦标赛模拟[1]，否则我们不会编写真正的用于锦标赛选择法的代码！如代码清单 18.5 所示，这里仅随机选择 k 个个体，然后从中选择适应度最好的那个。具体的 k 值则根据问题和种群规模而有所不同，但通常来说，3～5 个元素是不错的选择。这种算法背后的思想是，参加比赛的个体的数量越大，低适应度的个体被选中的概率就会越小。

代码清单 18.5 锦标赛选择法

tournamentSelection 方法接收当前种群和应该参加每次锦标赛的个体的数量作为参数。它会返回一个个体，这个个体是我们通过这次锦标赛得出的最佳个体。

初始化用来存储找到的最佳适应度的临时变量。由于这是一个通用方法，并且由于不知道在具体问题中，最佳适应度意味着最高值还是最低值，因此我们使用辅助函数来返回可能的最低适应度。对于将要最大化的函数来说，返回 0；而对于将要最小化的函数来说，则返回无穷大。

```
function tournamentSelection(population, k)
  bestFitness ← lowestPossibleFitness()
  for i in {1,..,k} do                    ◁— 重复 k 次。
    j ← randomInt(|population|)
    if isHigher(population[j].fitness, bestFitness) then
      bestElement ← population[j]
      bestFitness ← bestElement.fitness
  return bestElement
```

检查这个个体是否优于当前最佳个体。然后再次使用辅助函数来抽象“好”或“高”适应度的含义。

在 0 与种群规模之间随机选择一个索引。间接地，这也就选择了一个个体。这个实现并没有采用避免重复选择的任何措施。虽然在总体规模很大时（因此重复的概率很小）表现还不错，但我们仍然需要注意这一点。

如果找到新的最佳个体，则需要更新临时变量。

例如，要选择适应度第三高的个体，就不能选择适应度最佳和第二高的个体（显然，只有这样第三名才是最好的），所以这种情况发生在包含 k 个个体的个体池中的概率为[2]

$$1/n*[(n-2)/n]^{k-1}$$

其中，n 是种群的规模。

选择（可能在应用阈值处理之后）适应度最低的个体的概率为

$$1/n*[1/n]^{k-1}=1/n^k$$

选择第 m 个具有最佳适应度的个体的通项概率公式为

$$1/n*[(n-m+1)/n]^{k-1}$$

可以看出，除了细节和实际的准确概率，任何（除了排名第一的）个体被选中的机会都会

1 对于捕食者-猎物机器人示例，或者对于旨在进化出在物理世界中运行任务的系统的任何设置，一定会用到锦标赛模拟，可根据个体在实际任务中的表现对它们打分。

2 它们只是进行了一些简化的近似值。实际值取决于代码的细节，例如是否可以重复选择同一个体，等等。不过也无所谓，因为这里对这些概率的确切值并不感兴趣，我们只是为了了解它们的数量级，以及了解它们将如何随着 k 值的变化而变化。

随着 k 的增加而呈指数下降（也会随着 m 的增加而呈多项式下降）。

显然，锦标赛选择法需要应用两次才能得到所需的一对亲本，从而在新种群中生成一个新的个体。

轮盘选择法的实现相比锦标赛选择法更复杂，但顶层的思路是一样的。适应度更高的个体一定也有更大的概率被选中。

如前所述，在锦标赛选择法中，选择适应度低的个体的概率会随着个体的排名（即个体在按适应度排序的个体列表中的位置）呈多项式下降。另外，由于概率是 $O([(n-m)/n]^k)$，并且由于 k 肯定大于 1，因此这种下降将是超线性的。

不过，如果希望低适应度的个体也有机会被选中，则可以采用一种更为公平的选择方法。例如，可以为所有的个体分配相同的概率，但这样就不会再奖励高适应度的个体了[1]。因此，好的平衡需要确保每个个体的选择概率与其适应度成正比。

此时就可以使用轮盘选择法来进行选择了。在这种方法中，每个个体都会被分配给“轮盘”上的一个部分，这个部分的角度（以及对应的弧长）与个体的适应度成正比。

获得这个角度的一种方法是计算所有个体的适应度之和，然后查看各个个体占整个种群的累积适应度的百分比[2]。例如，图 18.8 就展示了如何将轮盘选择法应用于 0-1 背包问题中的种群。其中每个个体占据的扇区的角度都可以通过公式 $\theta=2w*f$ 来进行计算，其中 f 是给定个体的归一化适应度，也就是个体适应度相对于整个种群的累积适应度的比例。

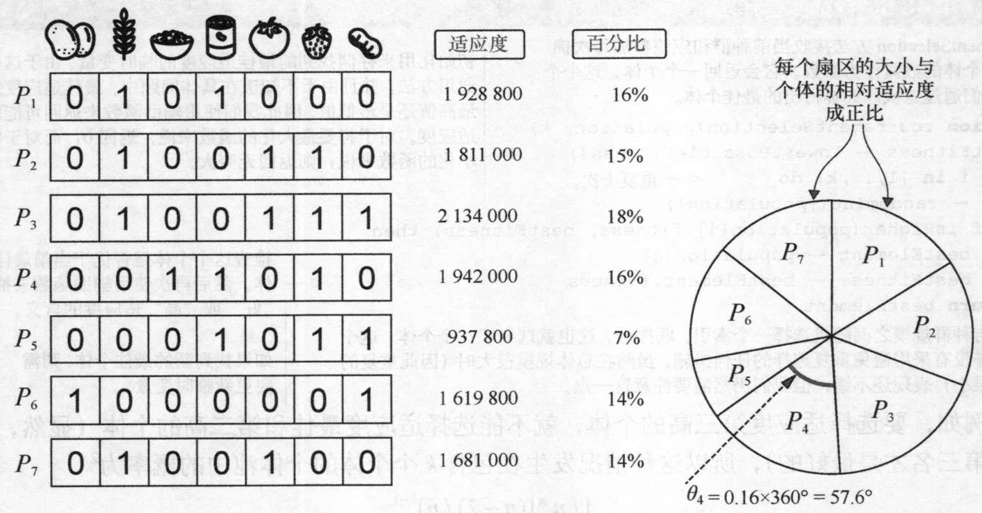

图 18.8　被应用于 0-1 背包问题的轮盘选择法

如此一来，当每次要选择新的亲本进行交配时，只需要转动轮盘并查看停在哪里就行了。在这种情况下，更高适应度的个体将有更大的概率被选中，但较低适应度的个体仍有被选中的机会。

> **注意**　如果选择使用排序而非直接使用适应度的话，那么还需要先对种群进行排序[所需时间为 $O(n*\log(n))$]。若直接使用适应度，则只需要使用线性数量的操作就能计算出总数与百分比。由于这个操作会在每次迭代中都进行计算，因此在种群数量很大的情况下，可以节省不少的开销。类似地，锦标赛选择法也不需要事先对种群进行排序。

1 不过，对于某些问题来说，积极地使用精英主义选择法可以补偿这样的选择所带来的纯粹的随机性。

2 当然，这需要使用更大的值来代表更高的适应度。不然的话，你可以通过使用适应度的倒数来处理相反的情况。

显然，在具体实现这项技术时，我们并不会费心地去建造一个实际的轮盘（甚至不会建造一个模拟轮盘）！

获得相同结果的最简单方法是构建一个如图 18.9 所示的数组，其中的第 i 个元素包含当前种群中的前 i 个个体（以个体存储在种群数组中的顺序）的归一化[1]适应度之和。

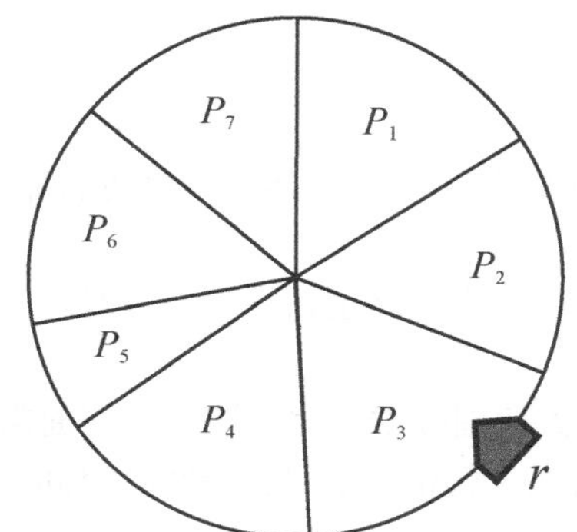

在选择一个随机数r后，找出它所对应的那个数组元素就行了，也就是大于r的最小元素。

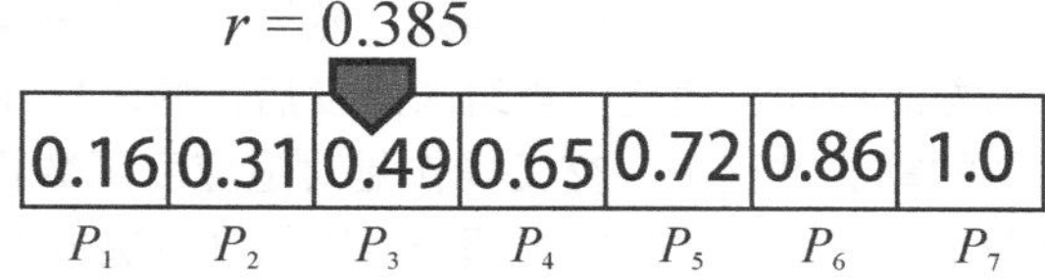

图 18.9 轮盘选择法的示意图。这里使用了一个具有累积百分比的数组，其中，$A[i]$和 $A[i-1]$的差值正好是第 i 个元素的适应度与所有元素的适应度之和的比值

例如，参考图 18.8 所示的种群，轮盘数组的第一个元素是 population[0].normalizedFitness = 0.16，第二个元素是 population[0].normalizedFitness+population[1].normalizedFitness=0.16 + 0.15 = 0.31，以此类推。最终结果如图 18.9 所示。注意，最后一个元素正好是 1。理想情况下，我们还可以假设有一个隐藏的未显示在图中的元素，它的值为 0（稍后你将看到这有助于编写更为简洁的代码）。

要选择一个元素，就需要从实数 0 和 1（不包括）之间的正则分布中抽取一个随机数 r。等效地，在轮盘的类比中，就相当于在 0° 和 360° （不包括）之间绘制一个随机角 θ，从而找出轮盘应该旋转多少度。这两个数字之间的关系是：$\theta = r \times 360$。

代码清单 18.6 展示了生成图 18.9 所示轮盘数组的方法。

代码清单 18.6 创建轮盘数组

计算所有个体的适应度的总和（这里使用了附录 A 中讨论的简化符号）。

createWheel 方法接收当前种群作为参数，并返回一个数组，其中的第 i 个元素是种群中从第 1 个个体到第 i 个个体的适应度之和。

初始化轮盘数组。为了方便起见，这里将第一个元素设置为 0，这样就不用在 for 循环之外单独处理第一个个体了。

```
function createWheel(population)
  totalFitness ← sum({population[i].fitness, i=0,⋯,|population|-1})
  wheel ← [0]
  for i in {1,..,|population|} do
    wheel[i] ← wheel[i-1] + population[i-1].fitness / totalFitness
  pop(wheel, 0)
  return wheel
```

循环遍历种群中的所有个体。

轮盘数组中的每个元素都是它之前所有个体的归一化适应度之和（已被存储在 wheel[i-1]中），再加上当前个体的适应度与所有个体的适应度总和之间的比值。

可选地，你现在可以删除数组中存储 0 的第一个元素了。在许多编程语言中，这个操作需要 $O(n)$次赋值操作，因此我们可能希望避免这样的操作。假设要保留第一个值，则搜索方法可以很容易地将这一点考虑进去。例如，可以从索引 1 处的元素开始进行搜索，并在返回找到的索引之前先减 1。

要找到轮盘针指向的位置，就需要在数组上进行搜索。这里需要寻找的是大于 r 的那个最小元素，其中 r 是在选择过程中得到的随机数。因此，可通过修改二分查找算法来执行这项任务，从而将每次选定元素的运行时间限制为 $O(\log(n))$。于是对于每次迭代来说，都需要执行 $O(n*\log(n))$次操作来选择亲本并应用交叉操作。

1 对于每个个体来说，可通过将它的适应度除以总的适应度来对个体的适应度进行归一化。如此一来，每个归一化的适应度都将在 0 和 1 之间，并且整个种群的适应度总和为 1。

另外，使用线性搜索也是可行的。这种搜索方法更容易编写，并且很少出现错误，但运行时间将增长到 $O(n)$，于是每次迭代的运行时间也会增长到 $O(n^2)$。

请根据时间和领域知识进行明智的选择。这里将把搜索方法的实现作为练习，不过我们强烈建议你从最简单的搜索方法开始，等到彻底测试完之后，如果真的需要加速的话，再尝试执行二分查找算法并比较它们的结果。

18.1.7 交叉操作

一旦选择了一对亲本，也就为下一步做好了准备。正如我们在代码清单 18.4 中概述的那样，是时候执行交叉操作了。

前面曾提到，交叉操作模拟的是自然界中动物[1]种群的交配和有性繁殖，它们通过对各个后代的亲本双方的特征子集进行重组来激发后代的多样性。

在类似的算法过程中，交叉操作是对适应度函数投影的大范围搜索。因为这个操作通常需要重新组合亲本双方所携带的大部分基因组（解决方案），所以也就相当于对整个问题空间（和成本函数）进行搜索。

例如，对于打包食物以进行太空旅行的 0-1 背包问题来说，图 18.10 展示了这个问题的交叉方法的一种可能的定义。其中选择了一个交叉点作为切割两条染色体的索引，然后每条染色体的一部分（在交叉点的相对侧）被用来进行重组。在这里，只需要将两部分合在一起即可。

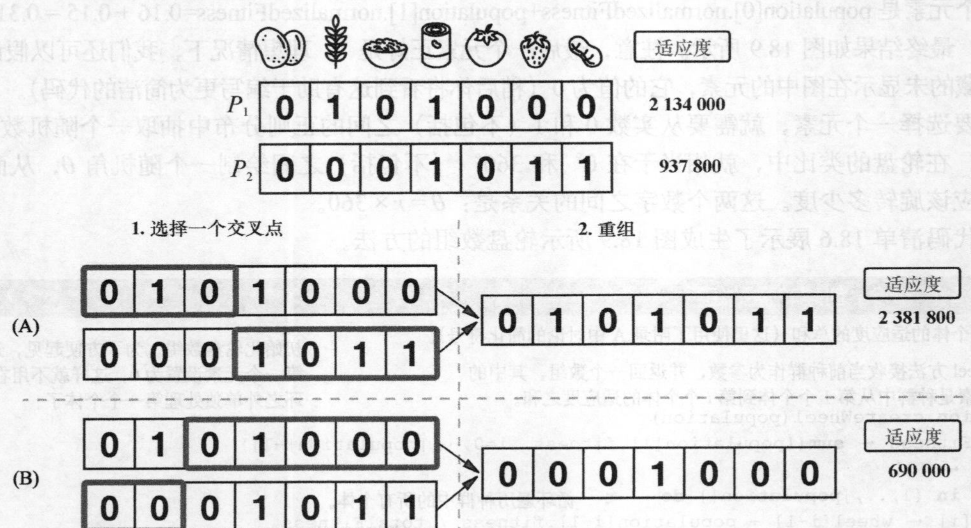

图 18.10 0-1 背包问题的交叉操作示例。在选择两个亲本之后，还需要选择一个交叉点，然后重新组合两个基因组。根据交叉点的选择，后代的适应度将得到改善（A）或更加恶化（B）

随机性是交叉操作的重要组成部分，这一点可以从示例中对于交叉点的选择看出。一些选择[见图 18.10（A）]将导致后代的适应度提高，而另一些选择[见图 18.10（B）]却会导致更糟糕甚至灾难性的结果。

注意，这种单交叉点技术实际上会产生两对相反的子序列（交叉点的左-右和右-左组合）。虽然我们在示例中只使用了其中的一对而丢弃了另一对，但遗传算法的一些实现会同时使用这两对来产生两个具有所有可能组合的后代[2]（同时保留它们，或只保留其中一个具有更高适应度的个体）。

---

1 一些开花植物也会通过授粉进行有性繁殖。

2 这个过程在概念上类似于减数分裂的早期阶段。减数分裂是细胞进行有性繁殖的一种机制。

但这里并没有强制要求使用单个点交叉，这只是众多的选择之一。例如，也可以通过进行两点交叉来选择第一条染色体的一个片段（这也就隐含地选择了另一条染色体的一个或两个片段），甚至可以从亲本的染色体中依次随机选择每个值。图 18.11 对这两个例子进行了展示。

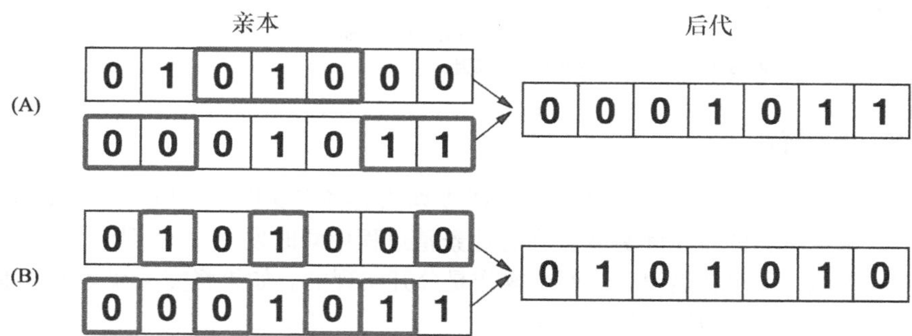

图 18.11　0-1 背包问题的更多交叉示例。（A）两点重组：从第一条染色体中选择一个片段，并从另一条染色体中选择剩下的两个片段。（B）对于每个基因（也就是值）来说，随机选择从哪个亲本中进行复制

此外还有更多可能的选择。正如之前所提到的，交叉操作只能定义在实际的染色体上，并且可以根据它们的结构和约束（也就是说，最终会根据候选解决方案的结构）进行定义。因此，使用不同的方式来重组染色体是可行的，你在本章的后面将看到很多的例子。

最后，我们通常会将**交叉机会**（crossover chance，又称交叉概率）与交叉运算符相关联。这个值被用来表示在所选个体之间实际发生交叉或交配的概率。例如，如果交叉机会为 0.7 的话，那么选择用来进行交配的任何一对生物都有 70%的机会发生交叉操作。

如代码清单 18.7 所示，在每次应用交叉操作时都需要根据交叉机会来随机决定做什么。即便选择不应用交叉，我们也有若干种替代方式。最常见的是随机选择其中的一个亲本以进入下一次迭代。注意，这与精英主义选择法是不同的，因为交叉操作输出的个体仍然会发生突变，而精英主义选择法得出的任何个体都将完全不变地被复制到新的种群中。

代码清单 18.7　交叉操作的包装类

CrossoverOperator 类旨在为特定于具体问题的实际交叉方法构建一个包装器。虽然交叉方法会随着问题的定义而变化，但最好有一个统一的、稳定的、可在遗传算法的主要方法中使用的 API。

```
class CrossoverOperator
  #type function
  method
  #type float
  chance

  function CrossoverOperator(crossoverMethod, crossoverChance)

  function apply(p1, p2)
    if random() < this.chance then
      return new Individual(method(p1.chromosome, p2.chromosome))
    else
      return choose(p1, p2)
```

存储一个指向要运行的实际方法的引用或指针。

存储这个方法被应用于亲本的概率。

构造函数（这里省略了函数体）接收两个参数来初始化上述两个类属性。

这个方法接收两个个体（也就是两个亲本）作为参数，并返回将要传给下一代的个体。

如果概率小于 chance，则应用在构建包装器时传递的交叉方法，然后返回一个新的个体，这个个体会（以某种与问题相关的方式）重新组合其亲本的染色体。

如果不应用交叉操作，则选择要被返回的个体。在这里，仅随机选择并返回两个亲本之一。

注意，代码清单 18.7 中展示的是实际交叉运算的包装器，它与代码清单 18.4 中用于自然选择的通用模板是兼容的。每当解决特定问题的实例时，实际的方法就会被精心设计并被传递到这个包装器中。

代码清单 18.8 展示了针对 0-1 背包问题的单点交叉操作。

代码清单 18.8　针对 0-1 背包问题的单点交叉操作

knapsackCossover 方法接收两条染色体（以位串的形式）作为参数，并返回通过重新组合第一条染色体的头部和第二条染色体的尾部而获得的新染色体。

```
function knapsackCossover(chromosome1, chromosome2)
  i ← randomInt(1, |chromosome1|-1)
  return chromosome1[0:i] + chromosome2[i:|chromosome2|]
```

选择一个剪切点，并保证至少能够从一个亲本中提取出一个基因。

返回染色体 chromosome1 的头部[直到索引 i（不包含）为止]和染色体 chromosome2 的尾部（从索引 i 到末尾）的组合。

18.1.8　突变操作

在通过交叉操作创建了新的个体之后，遗传算法会将突变操作应用于这些新重组的基因。在自然界中，亲代基因的重组和突变会在有性繁殖过程中同时发生[1]。从理论上看，这与遗传算法的工作方式类似，不过在这里，这两个操作是分开实现的。如果将交叉视为大范围搜索的话，那么突变通常可以当作小范围的局部搜索。

交叉会促进新种群的多样性，那么为什么还需要突变呢？

答案很简单，并且有一个例子（见图 18.12）能够很好地说明原因。在这个例子中，种群共享 3 个具有相同值的基因。这也就意味着，无论在交叉过程中如何重组个体的基因，由此产生的后代都将在解决方案中包含大豆和草莓，而且永远都会排除土豆。对于染色体很大（携带大量信息）的问题来说，尤其是当染色体的长度大到与种群的规模相当时，这将是一个真正需要面对的风险。其中的危险在于，无论运行模拟多长时间，也无论执行多少次迭代和交叉操作，都无法翻转某些基因的值，这反过来也就意味着可以探索的问题空间会受限于初始种群的选择。显然，这是一个非常不好的限制。

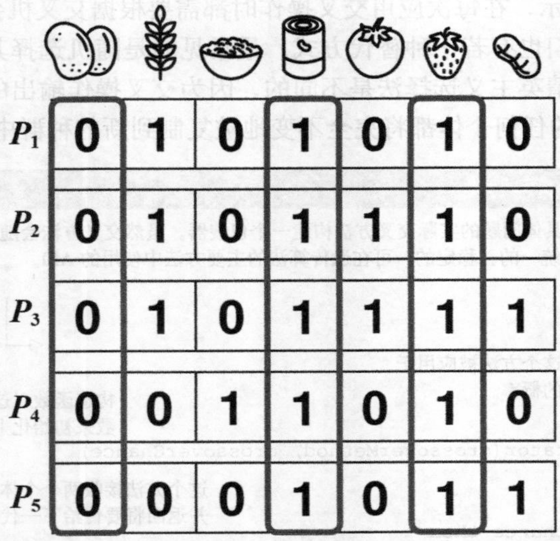

P_1	0	1	0	1	0	1	0
P_2	0	1	0	1	1	1	0
P_3	0	1	0	1	1	1	1
P_4	0	0	1	1	0	1	0
P_5	0	0	0	1	0	1	1

图 18.12　一个没有突变操作就不会有足够的基因多样性的种群示例，其中所有的个体都有 3 个具有相同值的基因

为了处理这个问题并增加种群基因的多样性，我们需要添加一种可以独立改变所有基因并适用于任何个体的机制。

正如前面所提到的，在 Holland 的原始论文中，染色体是由位串构成的，因此突变也就被认为与域无关。突变操作将被应用于所有个体的染色体，并且对于每个基因（每一位）来说，都

1 在有丝分裂期间，突变会以非零概率自然发生。有丝分裂是所有细胞（配子和体细胞）进行无性繁殖的机制。这些突变在配子（也就是进行有性繁殖的细胞）中的具体发生情况，有可能就是物种进化的关键。

可以通过抛一枚硬币[1]来决定是否应该翻转这一位的值，如图 18.13 所示。

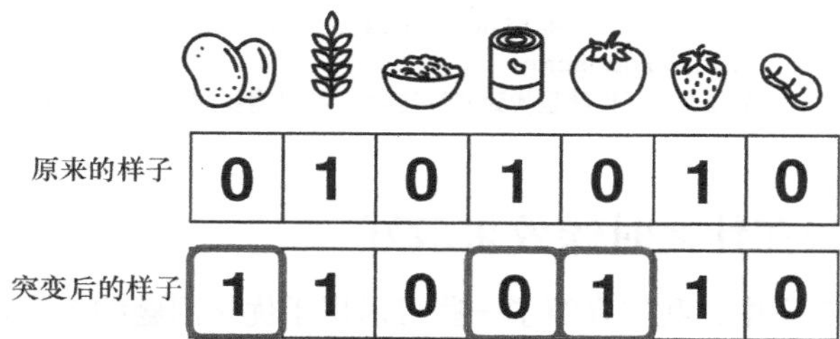

图 18.13 0-1 背包问题的突变操作示例。这里的突变率（为了演示）被过度提高了。在实际场景中，这个值会被设置在 0.1%和 1%之间（取决于染色体的大小）。过高的突变率会阻碍算法收敛到最小值的稳定性，并抵消交叉操作和选择操作带来的好处

然而在现代遗传算法中，染色体可以采用不同的形状并且会受到其他的约束。因此，突变可能变得更加复杂，也可能被应用于整条染色体而不是单个基因。例如，稍后你会看到，有一个突变操作可以（以一定的概率）被应用于整条染色体（而不是其中的单个基因），并且只会运行一次，这个突变操作会在巡视过程中交换两个顶点。

突变操作的包装类与代码清单 18.7 中显示的交叉操作的包装类基本相同，只是在处理参数（特别是包装方法的参数）方面有一些细微差别。这里只需要传递一个个体，不过也可以将突变机会转给包装方法，这对于这里讨论的像 0-1 背包问题这样的按位突变来说是必需的，如代码清单 18.9 所示。

代码清单 18.9 0-1 背包问题：按位突变

knapsackMutation 方法接收染色体（以位串的形式）和突变概率（一个介于 0 和 1 之间的实数）作为参数，并将突变操作应用于染色体。在这个实现中，方法会改变参数。但一般来说，除非复制染色体的方法是瓶颈，否则对输入进行复制并返回一个新的对象作为输出就是可行的，并且通常也会更干净。在做出选择之前，我们需要进行一些剖析以权衡利弊。

```
function knapsackMutation(chromosome, mutationChance)
  for i in {0,..,|chromosome|} do
    if random() < mutationChance then
      chromosome[i] ← 1 - chromosome[i]
  return chromosome
```

循环遍历染色体中的所有基因（也就是位）。

基于概率 mutationChance(*100)翻转当前位。

18.1.9 遗传算法模板

代码清单 18.10 提供了遗传算法模板的主方法的实现，旨在结束对 0-1 背包问题的讨论。现在，我们已经有了可以在实例上实际执行遗传算法所需的一切，并且可以发现最好的解决方案就是带上面粉、大米和豆类。如果想要查看实际的解决方案，并且将其应用于包含数百种要打包的可携带食物的更大问题实例的话，可使用 GitHub 网站上的 JsGraphs 库中提供的遗传算法来实现，并实现本节中讨论的交叉、突变和随机初始化操作。这将是一个很好的练习，可以测试你对这项技术的理解程度并深入研究它的细节。

代码清单 18.10 遗传算法的通用实现

geneticAlgorithm 方法作为模板方法，实现了遗传算法的主干，它通过为具体问题的实例传递专门的方法解决了多个不同的问题。

```
function geneticAlgorithm(
➥ populationSize, chromosomeInitilizer, elitism, selectForMating,
➥ crossover, mutations, maxSteps)
  population ← initPopulation(populationSize, chromosomeInitilizer)
```

初始化种群。

1 一枚质地不均匀的硬币，为其应用突变操作的概率将远远小于 1/2。

```
for k in {1..maxSteps} do                          <— 重复 maxSteps 次。每一次迭代都是模拟中的新一世代。
  population ← naturalSelection(                      让自然选择顺其自然地发生。
  ➥ population, elitism, selectForMating, crossover, mutations)
—> return findBest(population).chromosome
最后，找到种群中的最佳个体并返回其染色体（也就是找到的最佳解）。如果需要的话，findBest
方法也可以作为参数来提供。
```

18.1.10 遗传算法在什么时候效果最好

在第 16 章和第 17 章中，我们介绍了一些可以用于优化问题的技术，它们可以在无须探索整个问题空间的情况下找到接近最优的解决方案。不过，这些技术也都有着一些优势和痛点。

- **梯度下降**（见第 16 章）的收敛速度最快，但很容易陷入局部最小值，同时还要求成本函数是可微的。（因此，梯度下降不能被用于实验性的设置或博弈论中，例如本节前面描述的捕食者-猎物机器人进化实验）。
- **随机抽样**（见第 16 章）克服了对可微性的要求和局部最小值的问题，但其收敛速度（当能够收敛时）非常缓慢（甚至让人难以忍受）。
- **模拟退火**（见第 17 章）具有与随机抽样相同的优点，并且能以更加可控和稳定的方式向最小值发展。但尽管如此，收敛速度仍然可能很慢，并且当最小值位于狭窄的山谷时，将很难找到它们。

在本章的开头，我们讨论了遗传算法是如何克服这些启发式算法的许多问题的。例如，与模拟退火相比，遗传算法可以通过维护一个解决方案池并使其中的解决方案一起进化来加速收敛。

在结束本节之前，笔者打算提供另一个标准来帮助你决定应该使用的优化技术。这个标准涉及另一个从生物学借鉴过来的术语——**上位性**，它代表着**基因会相互作用**，而在算法类比中则代表着因变量的存在，换句话说，就是一个取决于其他变量的变量。

下面我们通过一个例子来更好地解释这一点。

染色体上的每个基因都可以被认为是一个单独的变量，可以假设它是域内的某个值。对于 0-1 背包问题来说，每个基因都是一个自变量，因此可以假设它的值不会影响到其他变量。（不过，如果对所有解决方案的权重进行约束，那么将基因翻转为 1 就有可能迫使翻转一个或多个其他基因为 0。但这只是一种松散的间接依赖。）

对于旅行商问题（TSP）来说，正如稍后你将看到的那样，每个基因都代表一个顶点，约束条件是不能有任何重复。由于分配了一个变量来对所有的其他变量施加约束（它们不能被分配相同的值），因此存在一个更直接的依赖（虽然仍然是松散的）。

例如，如果问题是优化正在设计的房屋的能源效率，并且其中的变量分别是房屋的面积、房间数量和铺设地板所需的木材数量；那么很明显，第三个变量取决于前两个变量，因为地板的面积取决于房子的大小和房间的数量。如果地板的厚度保持不变的话，那么改变房子的大小即可立即改变对木材的使用量。（要是能够改变地板厚度的话，则需要使用另一个单独的变量。）

对于 0-1 背包问题来说，这个问题具有较低的变量交互作用，也就是低上位性。房屋优化问题则具有较高的上位性。TSP 的上位性介于上述两者之间。

有趣的是，变量交互的程度有助于塑造想要优化的目标函数的图像。上位性越高，图像可能看起来就越具有波动性。

但最重要的是，当交互程度很高时，改变一个变量的同时也会改变另一个变量，这也就意味着在成本函数的图像和问题域上会产生更大的跳跃，从而使得探索解决方案的周围环境以及对算法进行微调都变得更加困难。

因此，了解问题的上位性，可以指导我们选择应该使用的最佳算法。

- 当上位性较低时，梯度下降等最小搜索算法的效果最好。
- 对于高上位性的情况，最好选择随机搜索，于是可以采用模拟退火算法；而对于交互程度非常高的变量交互，则应该使用随机抽样算法。
- 那么遗传算法呢？事实证明，除了低上位性，遗传算法在中上位性和高上位性的情形中效果俱佳。

因此，在为一个问题设计成本函数或适应度函数时（再次明确说明一下，这是获得一个好的解决方案的关键步骤之一），我们需要注意变量交互的程度，以便能够选出可以应用于这个问题的最佳技术。

更重要的是，在设计阶段应该尽可能地减少因变量。这能促使我们使用更强大的技术并最终获得更好的解决方案。

现在可以结束对遗传算法的理论和组成部分的讨论了。接下来，我们将深入研究遗传算法的几个实际应用，让你体验一下这项技术有多么强大。

18.2 TSP

在第 17 章中，我们描述了旅行商问题（TSP）并提供了基于模拟退火算法的解决方案。

图 18.14 展示了旅行商问题的一个例子，这个例子包含 10 个城市，最佳解决方案的成本为 1625（千米），也就是下面这条路线的总长度。

["新迦太基", "雪城", "水牛城", "匹兹堡", "哈里斯堡", "欧泊城", "大都会", "哥谭市", "公民市", "欢乐港"]

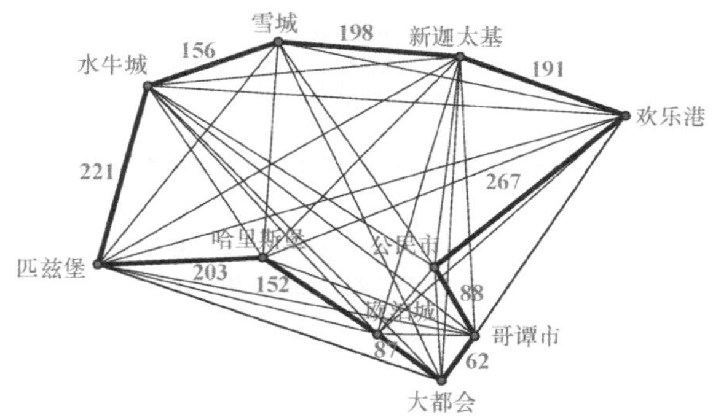

图 18.14 旅行商问题的一个例子

接下来，我们使用遗传算法来解决同样的问题，看看是否可以加速收敛到一个更好的解决方案（并尽量改进平均解决方案。记住，这些优化算法只会输出接近最优的解决方案，而不能保证总是找到最好的解决方案）。

18.2.1 适应度、染色体与初始化

对于所有的问题来说，好的起点通常是设计解决方案的编码方式和成本函数。虽然对于 0-1 背包问题来说，也就是最大化添加到背包中的物品的总价值，但 TSP 是一个最小化问题，因此这里假设使用最小化算法来完成。（如前所述，可以对最大化成本取反或使用倒数来完成。）

因此，遗传算法的适应度函数将使用与你在 17.2 节中看到的成本函数相同的定义。具体来说，就是将代码清单 17.2 中相邻顶点之间的距离之和作为适应度函数，如图 18.14 所示。

你甚至可以对解决方案重复使用相同的编码。这些编码是图顶点的一个排列，这个排列可

以很容易地被翻译成染色体，只不过不再是位串。在这里，每个基因都是一个整型值（一个顶点的索引），其中隐含的约束是不能有两个具有相同值的基因。

就像在模拟退火算法中所做的那样，这里可以将所有的解决方案都初始化为 0 到 $n-1$ 之间的索引的随机排列，其中 n 是图中的顶点数。（你甚至可以将相同的方法作为 chromosomeInitializer 参数传递给代码清单 18.2 中的 initPopulation 方法。）

18.2.2 突变操作

哪怕是对于突变操作，也应该（至少对于初步评估来说）仅限于重用第 17 章介绍的方法来进行局部搜索，因为如果想要与模拟退火算法的性能进行比较的话，就不应该添加任何新类型的突变。

但是，这里也有一些不同之处。首先，代码清单 17.3 实现了一种集成机制，旨在根据概率应用某个转换操作。但在遗传算法中，这种集成机制已经被隐含在突变操作中，因此必须分别提供各个突变（也就是局部搜索）方法。

其次，对于遗传算法来说，从零开始随机重建个体的突变并没有真正的意义。这违背了自然选择的原则，并且我们可以看到，种群的基因多样性是由交叉和局部突变来进行支持的。

因此，我们可以从代码清单 17.3 中提取出两个方法，一个用来交换相邻的顶点，另一个用来交换随机的顶点，然后分别基于它们创建出两个突变操作。（两者都已经展示在了代码清单 18.11 中。警告：为了简单起见，这些方法会修改它们的输入。虽然对于遗传算法的突变来说，这通常是可行的，但你应该意识到这一点并在方法的文档中进行明确的说明。）要查看这些方法的实际效果，请观察图 17.13。

代码清单 18.11 TSP 的突变操作

swapAdjacent 方法接收一条染色体[也就是候选解决方案 P（问题空间中的一个点，即图中顶点的一种排列）]作为参数，并在交换相邻的一对顶点后返回这条染色体。

```
function swapAdjacent(P)
  i ← randomInt(0, |P|)          <— 随机选择数组中的一个索引并交换相邻的两个顶点。
  swap(i, (i+1) % |P|)
  return P

function swapAny(P)              <— swapAny 方法也接收一条染色体作为参数，并在交换一对随机顶点后返回这条染色体。
  i ← randomInt(0, |P|)          <— 选择要交换的顶点。注意，这两个索引在理论上有可能是相等的。
  j ← randomInt(0, |P|)
  swap(i, j)
  return P
```

需要考虑的最后一个重要因素是，遗传算法中的突变机会通常比我们在模拟退火中使用相同方法的机会要小得多（因为对于模拟退火来说，这些“突变”显然是在任何迭代中探索问题域的唯一方法）。

下面我们首先尝试使用相同的概率，从而进行更公平的比较。

18.2.3 交叉操作

在交叉操作中，我们会添加与模拟退火不同的新特性。显然，后者无法结合两个好的解决方案，甚至在最初版本中都没有办法保留多个解决方案！

有很多方法可以组合相同序列的两个排列。由于不需要太（甚至更）复杂，因此我们采用一种最简单的方法——至少是我们所能够想到的最简单方法。

这里仍然选择像 0-1 背包问题那样的一个单独的剪切点，但事情会变得更加有趣。图 18.15 展示了将这个交叉方法用于第 17 章开头提到的那个例子的情况，这个例子涉及一个包含 10 个顶点的图。

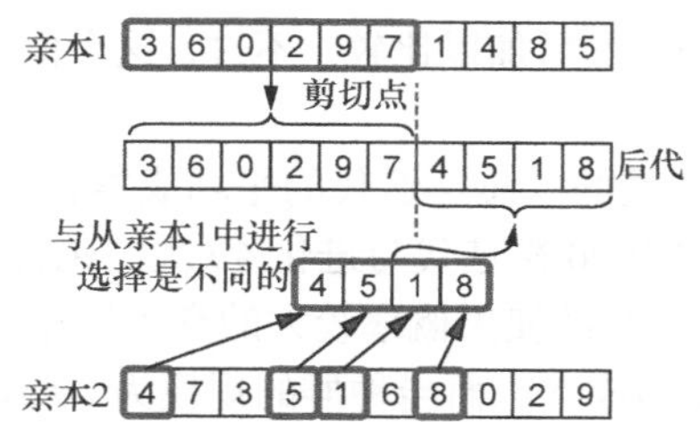

图 18.15 TSP 的交叉方法。虽然新染色体的前半部分可以直接从第一个亲本复制而来，但从第二个亲本推导出后半部分需要付出更多的努力

在随机选择一个剪切点后，第一个亲本的染色体中从索引 0 处到剪切点处的所有基因都会被直接复制到后代的基因组中。

接下来，我们需要填充后代染色体的其余部分，但不能（像对 0-1 背包问题中的位串所做的那样）直接复制剪切点之后的序列，因为第二个亲本的染色体中的最后 4 个基因包含了顶点 0、2 和 9，而这三个顶点已经作为值被分配给了新染色体的前半部分基因。

因此，我们能做的就是从头开始遍历整个第二条染色体，每当找到一个还没有从第一条染色体复制到后代的顶点时，就将这个顶点添加到新的染色体。如此一来，最终的结果就是新染色体的前半部分（从索引 0 处到剪切点处，与第一个亲本相同），而位于剪切点之后的后半部分的顶点则以与第二个亲本中相同的顺序出现。（不过，它们可能彼此之间不再相邻。）

代码清单 18.12 提供了这个方法的一种可能的实现。

代码清单 18.12 TSP 的交叉操作

选择一个剪切点，并确保可以从任何一个亲本中至少提取出一个基因。

tspCossover 方法接收两条染色体（以数组的形式）作为参数，并返回通过重新组合输入而得到的新染色体。

```
function tspCossover(chromosome1, chromosome2)
  i ← randomInt(1, |chromosome1|-1)
  newChromosome ← chromosome1[0:i]
  genesFromChromosome1 ← new Set(newChromosome)
  for j in {0,..,|chromosome2|-1} do
    if not chromosome2[j] in genesFromChromosome1 then
      newChromosome.add(chromosome2[j])
  return newChromosome
```

使用染色体 chromosome1 的头部[从开头到索引 i（不包含）处的所有基因]来初始化新的染色体。

将取自染色体 chromosome1 的基因存储到一个集合中。这有助于优化后续操作的性能。

为了填充新染色体 newChromosome 中剩余的基因，我们需要循环整个 chromosome2 染色体并检查其中的所有基因。

如果第 j 个基因的值是尚未添加到新染色体的顶点，则将其附加到新染色体的末尾。为了提高效率，这里使用了集合，以便在摊销的常数时间内进行搜索。另外请注意，这里并不需要更新集合，因为不会出现重复的情况。

18.2.4 结果与参数调整

现在已经定义和实现了遗传算法的所有部分，我们期望能够得到如下两个问题的答案。

- 与模拟退火相比有什么改进吗？
- 交叉和突变对算法性能的影响有多大？

你可能已经猜到了，是时候进行剖析了！

第一个问题相对来说更容易回答。在 17.2.4 节的测试中，基于 JsGraphs 库实现的模拟退火算法大约需要 600 次迭代才能收敛到最佳解决方案，并且能够获得 1668.248 的平均成本。（记住，像模拟退火和遗传算法这样的蒙特卡罗算法并不能保证总是返回最好的结果。）

你也可以在 JsGraphs 库中查看用来解决 TSP 的遗传算法的实现。在有 10 个个体的种群中执行这个算法，突变率与模拟退火相同，交叉机会为 0.7，这个算法平均需要 10 代就能收敛到最优解（成本为 1625）。为了公平，我们可以将（保留单个解的）模拟退火的迭代次数与遗传算法的迭代次数分别乘以种群的规模，然后加以比较。不过，这个值还是从 600 下降到了 100，这说明遗传算法实现了很好的改进。

但是，只有通过计算相同数量的“总”迭代的平均成本，你才能够真正了解遗传算法带来的优势。例如，对比模拟退火的 1000 次迭代与进化 40 次的包含 25 个个体的种群（它们的乘积为 1000）。无须过多地调整参数，继续使用概率较大的交叉操作和随机交换顶点的突变操作，遗传算法就能够获得 1652.84 的平均成本。而当种群的规模为 100 时，平均成本会降至 1636.8。

那么，交叉机会和突变机会是如何影响种群进化的呢？为了回答这个问题，你需要尝试只启用其中一个运算操作来执行算法，并绘制一条最佳个体的适应度曲线。为了能更好地理解并绘制更清晰的图表，这里将使用一个更复杂的例子。这是一个包含 50 个顶点（且包含随机权重的边）的完全图。

观察图 18.16，其中展示了遗传算法使包含 100 个个体的种群进化 100 代的 3 次优化趋势图。你可以看到的第一件事是，交叉操作会在某个（早期）时间点之后处于稳定状态，但你并不应该感到奇怪，对吧？前面已经讨论了交叉操作的作用及其局限性，具体来说，交叉操作可以重组初始种群的基因。但是，如果所有的个体都没有某个特征[1]的话，那么交叉操作也就不能再提高适应度了。

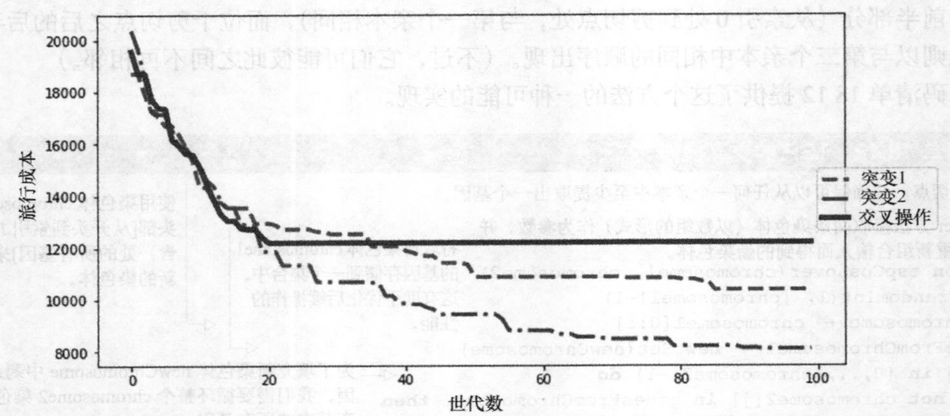

图 18.16　仅启用突变与仅启用交叉时的种群是如何进化的。仅执行交叉操作的进化会很快到达平台期，而随机交换顶点对的突变操作是最成功的。这里的 x 轴代表的是世代数，y 轴代表的是旅行成本

此外，突变 2 比突变 1 更有效，突变 1 在某个时间点之后也会停滞不前。回顾第 17 章中关于模拟退火的内容，很明显这不足为奇。在第 17 章中，我们对这两种突变进行了介绍：交换相邻顶点对是小范围的局部搜索，而这也就使得摆脱局部最小值更加困难。

到目前为止，一切都还不错，但如果增大种群的规模，会发生什么呢？这将提高初始种群的基因多样性，因此可以预期交叉操作会更有效，因为交叉操作可以从更大的基因池中提取出基因。

图 18.17 证实了这个想法。交叉操作使得算法在初始阶段进化得更快，并设法获得了与仅使用最有效突变而得到的解决方案一样好的结果。

不过，这只是一个特殊的例子。如果再运行几次这个只包含交叉操作的版本（见图 18.18），就可以知道，找到的最佳解决方案的质量取决于初始种群的基因多样性和质量。如果在初始化

1 正如前面所讨论的，对于位串表示来说，这也就意味着不会有一条染色体对某个特定基因具有特定值。对于具有不同表示的 TSP 来说，这也就意味着不会存在具有某个顶点子序列的染色体。例如，如果任何染色体都不会在顶点 0 之前有顶点 1，那么交叉操作也就无法加上这个特征。由于顶点对的数量是二次方的，因此所有顶点对的两种可能的排序并不太可能都出现在初始种群中。

过程中足够幸运，算法将直接得到最佳解决方案；否则，正如我们预期的那样，只使用交叉操作的算法将得到次优解决方案。不过，当仅启用突变操作时，最终结果（这里没有显示在图表中）在不同运行中的差异会很小，并且各次尝试的进化图看起来十分相似。

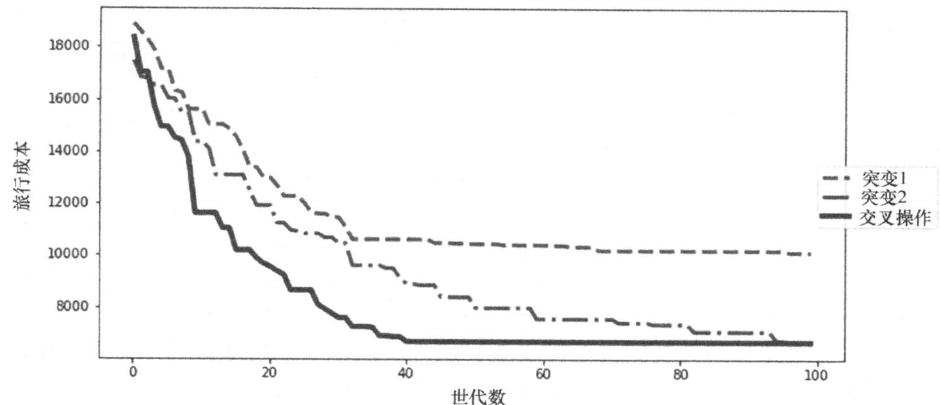

图 18.17 与图 18.16 相似，但这里的种群规模是之前的 10 倍。对于更大的种群来说，交叉操作在前几代中就会产生更好的结果，甚至可以得到与突变相当的结果

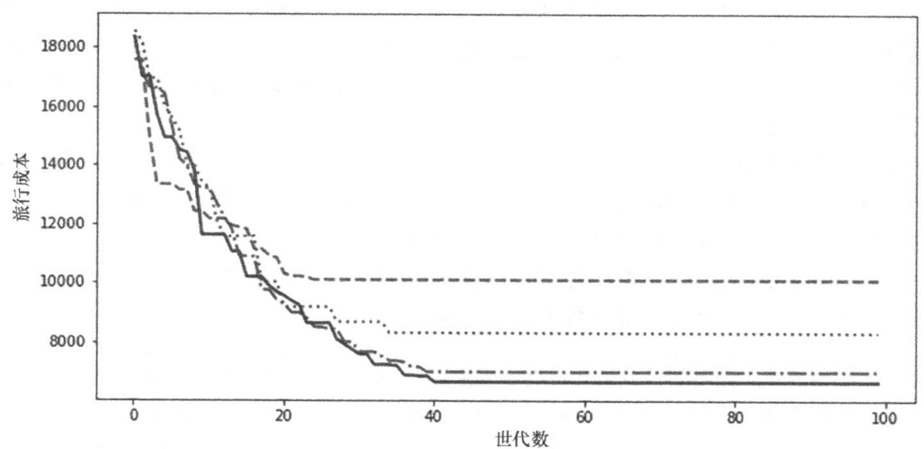

图 18.18 使用与图 18.17 相同的设置，但进行更多次仅启用交叉操作的实验（它们都具有相同的交叉机会：0.7）。可以看出，最终结果会随着初始种群的选择（因为没有突变）而存在巨大的差异

注意，图 18.16 和图 18.17 证实了“交换相邻顶点对”的突变与算法的相关性较小，因此相较而言，我们可以更偏好使用“随机交换所有顶点对”的突变。

那么，同时使用交叉和突变有什么优势呢？为了理解这一点，我们需要放弃这里的图（它们提供了模拟的趋势，但与统计无关，因为它们都只是运行了几次而已）并进行更彻底的分析，结果详见表 18.2。

表 18.2 TSP 遗传算法的平均最佳解决方案。对结果按照旅行成本进行排序，其中突出显示了最为重要的那些行

交叉操作	邻近交换	随机交换	平均旅行成本
0.2	0	0.5	6326.447
0.3	0.002	0.5	6379.628
0.2	0.02	0.5	6409.664

续表

交叉操作	邻近交换	随机交换	平均旅行成本
0.1	0.002	0.5	6428.103
0.2	0	0.2	6555.593
0.2	0.2	0.5	6753.441
0.2	0.2	0.2	6823.971
0.2	0	0.7	7016.033
0	0	0.2	7110.798
0	0	0.7	7143.873
0.7	0	0.7	7818.061
0	0.7	0	10428.917
0.7	0	0	11655.949
0.2	0	0	15210.800

可以看出，使用交叉和突变的混合可以找到最好的结果。使用随机交换突变比使用交叉更为重要，而相邻交换突变不仅没有那么重要，而且当操作机会太大时，相邻交换突变会与交叉操作一样变得不利。这个结果有可能让人感到困惑。毕竟我们可以期望的最糟糕情况是突变被证明无用。那么，该如何解释“交叉操作和突变 1 的更大机会平均而言会变成更差的解决方案”这一事实呢？这里的关键是，即使使用了精英主义选择法，当新生代中的其他个体受到许多变化的影响时，它们的适应度在很大程度上也会越来越低，并且这种影响会随着每一代的平均适应度变得更好而变得更差。如果一个解决方案接近最佳解决方案，那么随机变化将更容易导致副作用而不会带来任何良性改善。

这是因为，与在模拟的最后阶段拒绝变差变化的模拟退火不同，遗传算法则继续接受这些变化。于是除了精英主义选择法保留的一小部分适应度高的个体之外，当同时发生太多随机变化时，种群中的其他个体也会推动平均适应度向下变化。

最后需要提醒的是，这些结果仍然有待商榷，因为这些平均值“只”是在 1000 次运行中计算出来的，我们还没有广泛地探索参数值的整个域。

注意　为了系统地进行参数微调，我们在机器学习中经常使用一种有效的协议。先从一组粗粒度、异质间隔的值开始，找到最佳解决方案(例如，对于突变机会来说，可以选择[0.01,0.05,0.1,0.2,0.5,0.8,1])，然后通过围绕最有希望的值重复（一次或多次）整个过程来优化搜索（例如，假设通过使用 0.2 和 0.5 获得了最佳结果，则可以测试[0.15,0.2,0.25,0.3,…, 0.45,0.5,0.55,0.6]）。由于这里有多个参数，因此需要测量它们的所有组合的结果（如表 18.2 所示）。我们希望这些列表尽可能短，可通过执行若干步骤来对它们进行细化。

18.2.5　超越 TSP：优化整个车队的路线

正如我们在第 17 章中提到的，可以解决 TSP 当然很好，但这只能优化单辆卡车的路线。随着业务的蓬勃发展，自然有多辆卡车负责从各个仓库运送货物（货物也可能同时来自多个仓库）。

每辆卡车的容量都是有限的，因此需要考虑包裹的大小。此外，每个包裹的目的地也会显著改变分配给卡车的所有包裹的运送路线。

这是一个非常复杂的优化问题，因为每当把一个包裹分配给一辆可用的卡车时，都需要对卡车的路线进行优化。

为了简化问题，我们通常能做的是将仓库覆盖的区域划分为多个小区域，并找到将这些小区域优先分配给卡车的最优分配。然而，这需要我们能够接受次优的解决方案，并在卡车的容量中加入一些冗余，以应对需求的波动。

另一种方法是在将包裹分配给所有的卡车后，再对它们进行 TSP 优化，因此分配的包裹也会作为适应度函数计算的一部分，最后对所有车辆使用的任何指标（行驶里程、花费的时间或消耗的汽油）进行求和。

可以想象，优化更大的问题并不容易，因为任何将包裹分配给车辆的变化都需要重新进行至少两次 TSP 优化。

就上位性（见 18.1.9 节）而言，这种情况下的适应度函数在其变量之间具有很高的依赖性，因此遗传算法很有可能是有效的，但随机搜索也是一种可行的替代方案。

18.3　最小顶点覆盖

你应该对 TSP 遗传算法感到满意了。接下来我们将继续研究新的、有趣的、图的 NP **困难**问题。

关于这类问题的文献十分丰富，其中一些是计算机科学领域的里程碑和基准，还有一些则出现在整个计算机工程的许多实际应用中。

最小顶点覆盖（minimum vertex cover）在理论上和实践中都非常重要，所以在结束本书之前讨论一下这个主题是非常有必要的。

给定一个图 $G=(V,E)$，图 G 的**顶点覆盖**是其中任何顶点的集合，要求覆盖图中所有的边。当边的至少一个端点 u 或 v 属于集合 S 时，边 $e=(u,v)\in E$ 就会被顶点子集 $S\subseteq V$ 覆盖。

每个图都有一个基本的顶点覆盖，也就是包含所有顶点的集合 V。然而，我们在这里真正感兴趣的是找到最小顶点覆盖，即覆盖所有边的最小可能的顶点子集。图 18.19 展示了最小顶点覆盖的 3 个示例。

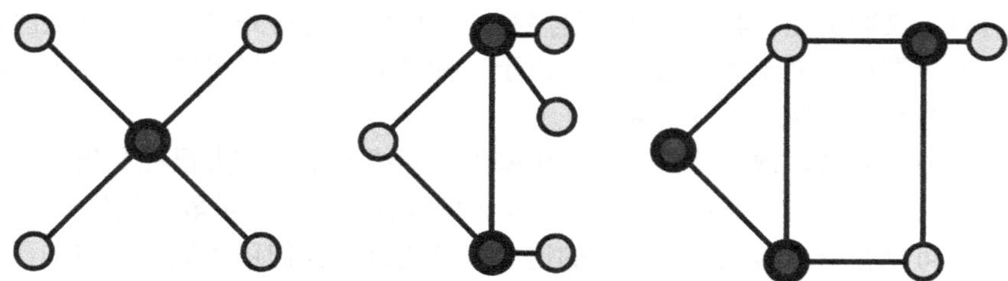

图 18.19　最小顶点覆盖的 3 个示例。其中的深灰色顶点是覆盖图中所有边所需的顶点

注意，有些图有单一的解决方案（见图 18.19 的左图），而另一些图则有多个最小顶点覆盖。你能找到图 18.19 中的右图的替代解决方案吗？

图 18.20 展示了不是最小顶点覆盖的两个示例。

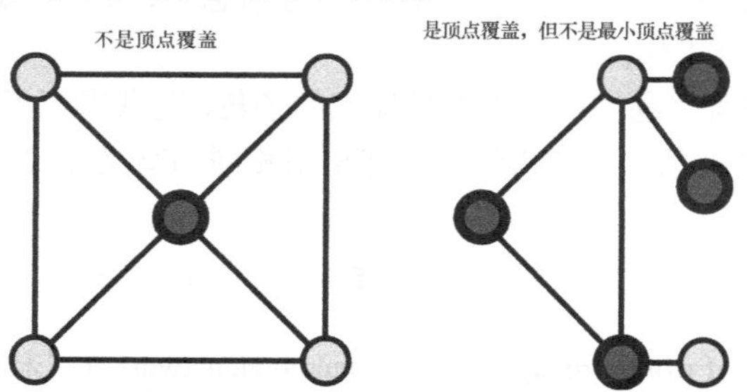

图 18.20　不是最小顶点覆盖的两个示例。在左图中，并不是所有的边都会被图中心的那个顶点覆盖，所以单独的这个顶点并不是顶点覆盖。右图虽然是一个顶点覆盖的例子，但不是最小顶点覆盖

最小顶点覆盖的决策问题（“给定一个顶点子集，它是图 G 的最小顶点覆盖吗？”）已经被证明是 NP 困难问题。

由于对于集合 V 来说，存在 $2^{|V|}$ 个可能的子集，因此暴力搜索肯定不在讨论范围之内。

尽管存在着最小顶点覆盖的多项式时间逼近算法，但它们只能保证结果与最佳解决方案相比的逼近因子[1]为 2（或略低于 2）。实际上，对于这个问题来说，它属于 NP 困难问题的一个计算子类，称为 APX 完全问题，这表明这个 NP 优化问题的集合存在着一个需要多项式时间的常数因子逼近算法。

对于某些类别的图来说，如二分图，存在着在最坏情况下需要多项式时间的算法用于精确求解最小顶点覆盖，但除了这些情况之外，要么只能接受近似（非最优）解决方案，要么需要用到一个指数时间算法。

毋庸置疑，这里将通过使用遗传算法来解决前者。下面我们先来谈谈顶点覆盖的实际应用。

18.3.1　顶点覆盖的应用

回到我们的电子商务公司示例。随着业务的增长，仓库也在变大。为了保护公司免受盗窃和保障员工的安全，你需要安装可以覆盖所有过道的摄像头。假设仓库的形状就像图 18.20 所示的图结构那样，其中的边代表过道，顶点则代表岔路口或死胡同。假设安装的摄像头具有特殊的广角镜头（或使用了旋转马达，或两者兼有），从而可以覆盖 180° 甚至 360° 的视野。于是，你需要安装的摄像机的最小数量就由这些图的最小顶点覆盖给出。

尽管过于简化，但这是顶点覆盖的一种真实的、有可能反复出现的应用场景，并且也最容易融入我们的电子商务公司示例。

高效顶点覆盖算法会带来影响的另一个领域是生物信息学，特别是计算生物化学。在这些领域，样本中的 DNA 序列经常发生冲突（冲突的确切定义取决于上下文），因而需要解决这些冲突。我们可以定义冲突图，其中的顶点是序列，当任何一对序列之间存在冲突时，就添加一条边。注意，冲突图可能处于非连通状态。由于目标是通过删除尽可能少的序列来解决所有冲突，因此需要寻找冲突图的最小顶点覆盖。

回到计算机科学领域，顶点覆盖也可以用来加强网络安全。有人已经利用顶点覆盖设计出了根据路由器的组合拓扑结构来防止隐身蠕虫在大型计算机网络中扩散的最优策略[2]。

最后，除了可以在很多其他领域发现的这个问题之外，我们还想提一下本书已经讨论过的一个问题。有人已经利用最小顶点覆盖开发出了一个有效的用于通用度量空间（而非仅限于欧几里得空间或希尔伯特空间）的最近邻分类器[3]。

18.3.2　实现遗传算法

是时候为这个问题编写一个像样的优化器了！好消息是，我们在这里可以重用之前为解决 0-1 背包问题所做的大部分工作。

实际上，最小顶点覆盖问题的解决方案是顶点的子集，与获得可用物品子集的 0-1 背包问题类似。因此，我们可以将染色体实现为位串，并重用相同的交叉和突变操作。

---

1 如果一个算法有一个逼近因子 a，则意味着在一个解的值为 v 的问题上，逼近算法将返回一个最大为 $a*v$ 的解。

2 Combinatorial optimization of worm propagation on an unknown network（“未知网络上蠕虫传播的组合优化”），Filiol、Eric 等人，《计算机开源期刊》，第 2 卷，第 2 期，2007 年，第 124～130 页。

3 Efficient classification for metric data（“度量数据的有效分类”），Gottlieb、Lee-Ad、Aryeh Kontorovich 与 Robert Krauthgamer，《IEEE 信息理论学报》，第 60 卷，第 9 期，2014 年，第 5750～5759 页。

于是很明显地，剩下唯一需要改变的就是适应度函数的定义。在所有边都需要被覆盖的约束下，解决方案的质量由所选子集中的顶点数（越小越好）决定。对于所有没有被顶点覆盖的子集来说，可以单独实现这个约束并丢弃它们，或是为它们的适应度分配巨大的值。然而如此一来，一个除了一条边之外，其他所有边都被覆盖的更小解决方案就会比包含所有顶点的朴素解决方案（这也是一个有效的顶点覆盖）更容易受到惩罚。因此，将前面这个解决方案保留在种群中也很重要，因为只需要向它再添加一个顶点就能获得有效的顶点覆盖。

为了解决这个问题，这里建议将未覆盖的边的数量也整合到适应度函数中，并带上一定的乘数（默认情况下，可以使用 2）。

根据图 18.20 中的第一个示例，比较图 18.21 所示的两个可能的解决方案。左图中有一条未覆盖的边，所以它的适应度是 5，与顶点覆盖的朴素解决方案（右图）相同。这个例子还展示了未覆盖的边的乘数需要大于 1 的重要性。如果只是将未覆盖的边的数量与顶点的数量相加，那么左图的适应度将等于 4，这样任何具有 4 个顶点的子集就将是一个更好的且有效的解决方案。

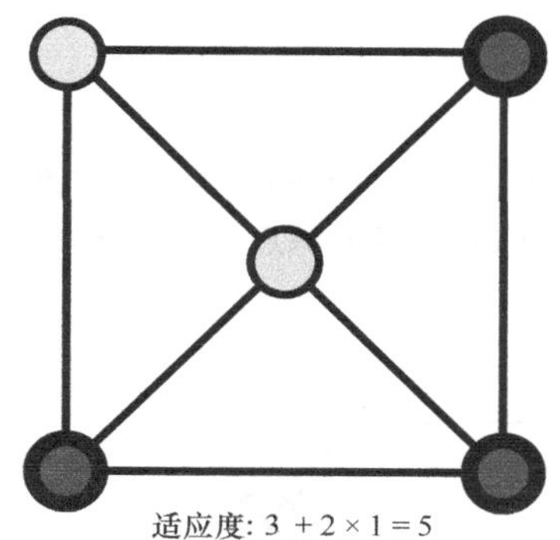

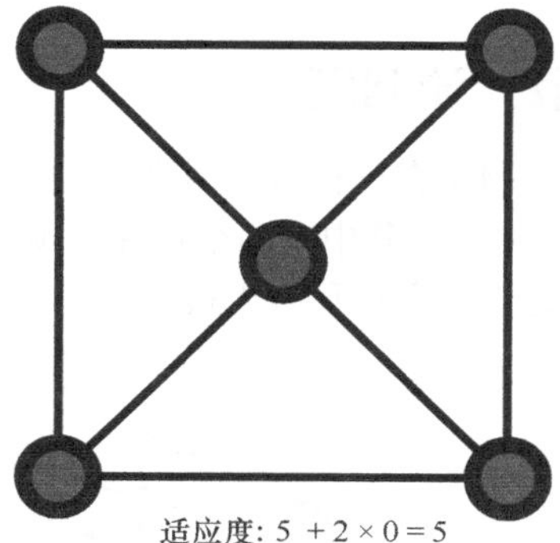

图 18.21 评估解决方案的适应度。可以将顶点数与未覆盖的边的数量相结合，从而避免丢弃不是有效顶点覆盖的但仍有希望的解决方案，比如左边的这个解决方案

另外，使用这个适应度函数，就不会丢弃距离（仅使用 3 个顶点的）最小顶点覆盖只有两个突变距离的仍有希望的解决方案了。

代码清单 18.13 展示了这个方法的适应度函数的实现。相较于 0-1 背包问题，这里需要注意的是，我们还需要将图的实例传递给这个方法，以检查解决方案覆盖了哪些边。在许多编程语言中，这可以在不更改遗传算法模板（见代码清单 18.10 和代码清单 18.4）的情况下进行传递。具体的方法如下：首先对适应度函数进行柯里化并将其绑定到图的实例上，然后传递给遗传算法的主方法。

代码清单 18.13 顶点覆盖：适应度函数

vertexCoverFitness 方法接收一条染色体（以位串的形式）作为参数，并返回与其编码的解决方案相对应的适应度值。

```
function vertexCoverFitness(graph, chromosome)
  fitness ← 0                                  ◁— 将适应度初始化为 0。
  for gene in chromosome do                    ◁— 循环遍历染色体中的所有基因（所有的位）。
    if gene == 1 then
      fitness ← fitness + 1
  for edge in graph.edges do                   ◁— 循环遍历图中的所有边。
    if chromosome[edge.source] == 0
      and chromosome[edge.destination] == 0 then
        fitness ← fitness + 2
  return fitness
```

如果一个基因被设置为 1，则意味着在解决方案中使用这个顶点，因此必须在成本中考虑它。记住，这里的目标是最小化使用的顶点数量，同时提供有效的顶点覆盖。

如果解决方案中不包含边的端点，则说明没有覆盖这条边（该解决方案也就不是一个有效的顶点覆盖）。你可以为适应度添加一个惩罚项，而不是直接丢弃。这里添加了 2，不过你也可以将所需的惩罚作为参数进行传递，从而使这个方法更加灵活。

例如，JavaScript 就是一门允许你这样做的编程语言。请访问 GitHub 网站，查看 JsGraphs 库提供的实现。

以上几乎就是为顶点覆盖问题编写求解器所需的所有新代码了。

为了确保能够返回有效的顶点覆盖，你需要按照适应度对最终的种群进行排序，并从适应度最低的那个解决方案开始进行验证。当遇到排序列表中的第一个覆盖了所有边的解决方案时，返回它就行了。

18.4　遗传算法的其他应用

在图或通用数据结构上，存在着无数的问题可以被表述为优化问题。对于这些问题来说，遗传算法可能是一种能够在合理时间内获得接近最优解决方案的有效方法。

本节将简要讨论其中两个与它们的应用特别相关的方法：找到图的最大流以及处理蛋白质折叠。

18.4.1　最大流问题

最大流问题是在一种名为网络（见图 18.22）的特定类型的有向图上定义的。网络 $N = (V, E)$ 是一个有向加权图，其中有两个特殊的顶点 $s,t \in V$。s 被称为网络的源点，t 则被称为网络的汇点。源点只有出边，而汇点只有入边。

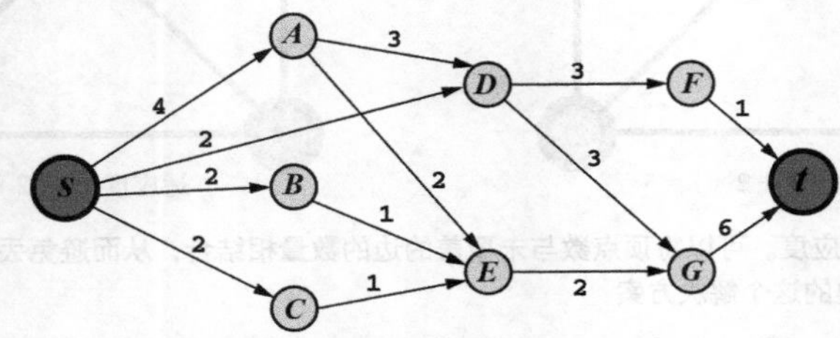

图 18.22　一个最大流为 6 的网络

在网络中，边的权重被称为容量。边容量的确切表征取决于上下文，例如对于液压网络，边旨在对管道进行建模，因此边的权重就是任何时候通过管道的最大液体体积。

网络用来对流经其顶点的流量进行建模，从源点开始，到汇点结束，其中边的流量是通过边的实际量（如水量）。网络中的每个顶点 v 都有流入流量（如通过其入边的总水量），并且可以将流量重新分配到其出边。但需要注意的是，流出的总流量必须等于流入的总流量。例如，观察图 18.22 所示的网络，顶点 D 有 5 个单位的最大流入流量（其入边容量的总和），而它的最大理论流出流量为 6。因此，通过顶点 D 的实际流量永远都不会大于 5，并且只有在其流入流量达到最大值时才会发生这种情况。如果在某个时间点，因为来自顶点 A 的一些流量被转移到顶点 E 而不是顶点 D，从而导致顶点 D 的流入流量为 4，那么顶点 D 的流出流量也将被限制为 4。像这种情况，当可能的最大流出流量大于流入流量时，就意味着需要对流出流量选择路由，因为此时不能再使用全部的流出容量。例如，考虑到从顶点 F 到汇点的最大流量为 1，将流量从顶点 D 路由到顶点 G 将更有意义，因为这样才能最大化汇点 t 的总流入流量。而这也就是最大流问题的目标。

更正式地，网络的流被定义为边与实数之间的映射。对于每条边来说，都有以下特点。

- 边的流量小于或等于边的容量。
- 进入一个顶点的总流量必须等于离开这个顶点的总流量（源点 s 和汇点 t 除外，根据定义，它们分别具有空的流入流量和流出流量）。

流量的值被定义为离开源点 s 的流量之和，也可等效地被定义为进入汇点 t 的流量之和。

图 G 的最大流是其所有可能有效流的最大值。

注意，最大流问题并不是 NP 困难问题，因此有若干多项式时间算法可以准确地解决它。然而，这些算法仍然需要至少 $O(|V|^3)$的时间复杂度，这就使得这些算法对于非常大的图来说不再实用。此外，这个问题的一些变体是 NP 完全问题。

既然问题已经说清楚了，那么应该如何设计遗传算法呢？

与往常一样，首先需要决定适应度函数和染色体的编码。后者很简单：每条边都可以对应一个基因，并且可以为每条边分配 0 到边容量之间的任何值。

这种编码（见图 18.23）能自动验证流的正式定义中的第一个约束，但处理不了第二个约束。因此，我们仍然需要检查所有的解决方案并从中找出遵守第二个约束的有效解决方案。

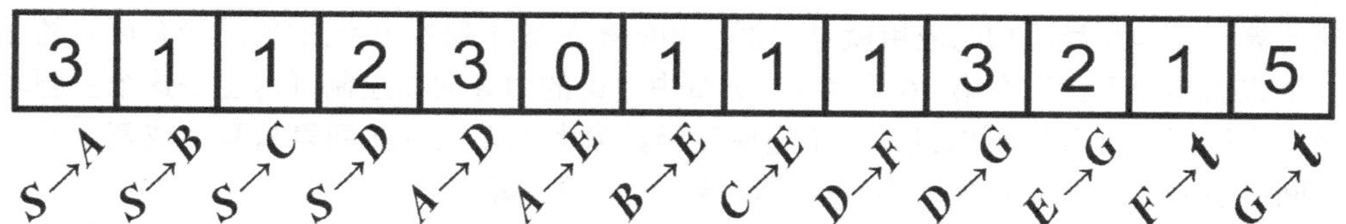

图 18.23 图 18.22 所示网络的最大流问题的解（又名染色体）。这是一个有效的流吗？是最大流吗？

这一步可以通过两种方式来完成。要么直接丢弃无效的流（这可能并不是一个好的选择，而且也不适用于顶点覆盖），要么在适应度函数中添加一项来说明这一点。

例如，可以计算所有顶点（源点 s 和汇点 t 除外）的流量差的绝对值，然后将解决方案的流量除以这些差的和（如果不为零的话）。

交叉和突变操作也非常容易，可以使用单点重组以及（在边的容量之内）随机增加或减少边流量 1 个单位的点状突变。

通过学习本章前面介绍的内容，你应该已经拥有了所有的工具来实现这个算法。不仅如此，你甚至应该可以设计出更复杂、更好的操作，并尝试对适应度函数进行不同的定义。

因此，我们在这里不会深入研究具体的实现，而是分析为什么这是一个很重要的问题。

最大流在物理世界中有若干实际应用，例如航空公司机组人员的调度，以及通常来说更有趣的**流通需求问题**。你是否还记得，我们在前面的电子商务公司示例中想要寻找方法来最大限度地增加卡车的负载并减少为了处理需求高峰而产生的运力过剩。事实证明，这个问题也可以表述为最大流问题！

实际上，在流通需求问题中，往往都有一个货源（如仓库）以及一组目的地。然而，这里也有着一些其他的限制。例如，每辆卡车的最大容量是一个不可逾越的限制，因为不能让它们超载。而如果同时有多个仓库或工厂，则这个问题就会变得更具挑战性。

除了这些实际问题，**最大流问题**也是计算机科学和软件工程中的一个经典问题！

一些可以建模为最大流优化的问题有图像分割、调度、网络连接以及编译器优化。

18.4.2 蛋白质折叠

本书的最后几章主要讨论了可以通过优化（元）启发式算法来解决的图问题。在结束对遗传算法的探讨之前，我们不妨谈谈另一个与你前面学到的困难知识一样非常重要的问题。

蛋白质是一种大分子，是在有机体的 DNA 中进行编码的氨基酸序列。当 DNA 被细胞解码时，在不同的有机体中，蛋白质将由细胞生成并执行许多不同的功能。例如，调节对刺激的反应、在细胞内部和细胞之间输送更简单的分子、催化代谢反应甚至 DNA 复制本身，等等。任何有机体的功能都可以由蛋白质来完成。

除此之外，表面蛋白的三维结构还决定了病毒与受体相结合并感染某些细胞的能力，而这也就使得蛋白质折叠被放在最为紧迫的需要解决的问题列表的首位。

不同蛋白质的氨基酸序列不同，从而决定了不同的蛋白质三维结构，进而决定了蛋白质的活性。

蛋白质折叠（protein folding）是线性蛋白质链[又名**多肽**（polypeptide）]获得其天然三维构象的物理过程。

蛋白质的氨基酸序列是由编码基因的 DNA 决定的，并且相对更容易通过实验来发现。蛋白质的三维结构则决定了蛋白质的功能，而这在实验室中更加难以确定（尽管人们正在开发新的显微成像技术）。

遗传算法最早和最成功的应用就是根据已知的氨基酸序列找出蛋白质[1]的最有可能的三维结构。这个想法类似于我们在第 16 章和第 17 章中讨论的力导向图绘制（这也是这个主题非常重要的另一个原因！）。我们可以设计一个适应度函数来考虑多肽（序列氨基酸）或氨基酸，甚至原子之间的引力和斥力，并为系统寻找能量最小的三维构象。

遗传算法和人工免疫系统一直是蛋白质折叠问题的启发式选择。然而值得注意的是，在撰写本书时，该领域的最前沿技术水平是通过另一种受生物学启发的算法——神经网络[2]——获得的。

18.4.3 超越遗传算法

遗传算法只是**进化算法**（Evolutionary Algorithm，EA）这一更大领域的一个分支，这个领域包括所有通用的基于种群的元启发式优化算法。

没有比总结计算机科学文献中有趣的进化算法更好的方式来结束本章和本书了。请把下面的总结当作起点来加深自己对优化算法的理解。

模因算法（Memetic Algorithm）[3]是一类直接从遗传算法派生而来的元启发式优化算法。模因算法的特点是，一个或多个突变操作实际上都会执行局部搜索启发式算法，这类似于对当前解决方案的邻域进行随机抽样，从而驱动每个个体在每次迭代中都趋向于局部最优（例如，尝试独立翻转染色体中的各个位，并保留最佳结果），进而使这个算法成为遗传算法和随机抽样算法，甚至成为梯度下降与启发式算法的混合体。在这种情况下，其中的关键就是利用额外的领域知识来解决问题，进而执行局部优化。

人工免疫系统（Artificial Immune System，AIS）[4]是一类受生物学启发的算法，旨在以免疫系统及其学习和保留记忆的能力为模型，通过执行**克隆选择**（clonal selection）、**亲和力成熟**（affinity maturation）以及**负选择**（negative selection）等操作来扩展遗传算法。

---

1 *Genetic Algorithms and Protein Folding*（《遗传算法与蛋白质折叠》），Steffen Schulze-Kremer，Protein Structure Prediction，Humana 出版社，2000 年，第 175～222 页。

2 参见由 DeepMind 公司开发的 AlphaFold 项目。

3 On evolution, search, optimization, genetic algorithms and martial arts: Towards memetic algorithms（“关于进化、搜索、优化、遗传算法和技艺：迈向模因算法”），Pablo Moscato，《C3P 报告》，第 826 期，1989 年。

4 A biologically inspired immune system for computers（“一种受生物学启发的计算机免疫系统”），Jeffrey O Kephart，*Artificial Life IV: Proceedings of the Fourth International Workshop on the Synthesis and Simulation of Living Systems*，1994 年。

粒子群优化（particle swarm optimization）**算法**[1]更多地被用于数值优化，旨在利用群动态来探索成本图。它的工作机制类似于遗传算法，具有维持和移动解决方案（种群或群）的过程，但不是通过遗传操作，而是使用受到运动学和生物学的混合启发的更简单规则来完成。

蚁群算法[2]是一种概率技术，它的灵感来自蚁群使用基于信息素的通信来构成通往食物来源的路径。蚁群算法特别适用于解决图上的问题，特别是那些可以简化为在图中寻找路径的问题。

上述算法只是冰山一角，有许多进化算法受到了不同生物学原理的启发。这个数量如此庞大，以至于应该有一整本书来描述它们。

18.4.4 算法，超越本书

你已经来到本书的末尾，但这不应该是你算法之旅的终点！

首先，下面的阅读材料将能够帮助你深入研究本书中的一些主题（如果你感兴趣的话）。

- 由 Luis Serrano 撰写的 *Grokking Machine Learning* 广泛地讨论了机器学习以及本书第 12、13 和 16 章简要描述的一些训练算法。如果想要了解梯度下降是如何被用于线性回归和逻辑回归的，这本书是一个很好的起点。
- 由 Rishal Hurbans 撰写的 *Grokking Artificial Intelligence Algorithms* 深入探讨了本书总结的诸如搜索和优化以及进化算法的主题，并呈现了像群体智能这样的高级概念。
- 由 Allesandro Nego 撰写的 *Graph-Powered Machine Learning*。如果想要充分利用所学的有关图的知识，并从不同的角度解决机器学习问题，那么这本书值得你参阅。
- 由 Dave Bechberger 和 Josh Perryman 撰写的 *Graph Databases in Action* 探索了图的另一个较新应用。通过这本书，你将了解到为什么图能够更好地对数据中的关系进行建模，以及为什么高度相关的数据会选择图数据库来进行存储。
- 由 Dzejla Medjedovic 等人撰写的 *Algorithms and Data Structures for Massive Datasets* 扩展了本书的主题，重点介绍了使数据结构和算法适应海量数据集和处理现代大数据应用程序的相关技术。

如果想要测试自己对这里所讨论的数据结构的理解，你不妨用自己最喜欢的编程语言实现这些算法，并将它们添加到本书的 GitHub 仓库中！

祝你在学习算法的过程中一切顺利！

18.5 小结

- 与种群动态类似，在遗传算法中，有机体（即个体）的适应度会被测量，最能适应环境的有机体将有更大的机会生存并将自己的基因传给下一代。
- 相较于像模拟退火这样的优化算法而言，**交叉操作**是一个新概念，它允许算法随机重组若干有机体的特征。
- 与模拟退火算法的转换操作类似，**变异操作**是局部搜索优化在生物学上的类比。

---

1 参见《群体智能》（人民邮电出版社，2009 年）。

2 Ant colony system: a cooperative learning approach to the traveling salesman problem（“蚁群系统：一种解决旅行商问题的合作学习方法”），Marco Dorigo 与 Luca Maria Gambardella，*IEEE Transactions on Evolutionary Computing*，第 1 卷，第 1 期，1997 年，第 53～66 页。

- 在成本函数的定义中，如果有许多变量是高度耦合的，并且改变一个变量的同时需要改变一个或多个其他变量，那么问题（正如我们建模的那样）将具有很高的**上位性**。
- 当变量之间的相关性较高时，模拟退火算法可能比遗传算法执行得更好。针对具体情况，值得在较小的实例上进行尝试并根据实际数据做出决定。
- 顶点覆盖是一个能让遗传算法大放异彩的低上位性问题。

附录 A 伪代码快速指南

本书用伪代码来描述算法的工作原理。之所以这样做，主要出于以下两方面的考虑。

- 我们希望拥有不同背景的读者都可以阅读本书，而不会受到任何特定编程语言或范式的束缚。
- 通过提供对算法执行步骤的通用描述以及对底层细节的抽象，使读者专注于算法的本质，而不用关心任何编程语言的特性。

采用伪代码主要是为了能够对算法提供通用、完整和易于理解的描述。因此，只要伪代码能完成这一点，就不需要再对算法进行进一步的解释。

当然，即便伪代码使用的约定比较随意，也需要保持一致和明确的定义。此外，如果读者不熟悉这种通过伪代码来描述的方法，或是对选择的符号或约定不熟悉，那么在刚开始的时候，就需要花一些时间来进行调整，从而跟上进度。

出于上述原因，我们决定通过附录 A 来解释本书用到的各种符号。如果你已经能够熟练地阅读伪代码，则可以略过本附录。当然，你也可以在稍后觉得需要对某个符号进行更多的了解时再回过来参考这部分内容。

A.1 变量与基础知识

对于所有的编程语言来说，最基本的功能都是保存并获取一个值。虽然像汇编这样的底层语言将**寄存器**作为存放值的位置，但众所周知，高级编程语言都用到了**变量**这个概念。

变量是一个可以被创建出来的名称占位符，值可以被赋给这个名称占位符，并且可以在之后被读取出来。

某些像强类型语言这样的编程语言，要求所有变量在其整个生命周期中都只接收特定类型的值（如整数或字符串）。其他的（弱类型）编程语言则不会把变量限制为单一类型，而是允许它们保存任何类型的值。弱类型语言同时还取消了在对变量进行赋值之前必须先声明变量的要求。变量将在第一次被赋值时自动创建。（然而需要注意的是，在所有的弱类型语言中，在被赋值之前使用变量的值都会导致错误。）

对于伪代码而言，使用弱类型语言进行表述显得更接近自然语言，并且前面也提到过，我们希望能够尽可能地从实现细节中抽象出更多的信息。

我们在不同编程语言中需要做出的另一个选择，就是决定变量（以及函数等）使用的命名约定。编程语言（通常）不会在这方面有任何强制约束，这是一种源于社区的约定。

本书中的所有名称都使用**驼峰命名法**。这个决定并非出自任何技术原因或笔者对某种编程语言的偏好，而仅仅是因为这种写法使用的字符比**蛇形命名法**少，而且代码可以更容易地被放置。

因此，我们的代码将使用 doAction 而不是 do_action 作为函数的名称，并使用像 RedBox 这样的写法来命名类或对象。

要与变量进行交互，就需要用到下面这些可以对变量执行的基本操作。

- **赋值给变量**——这可以使用一个向左的箭头来完成。例如，index ← 1 表示将值 1 赋给一个名为 index 的变量。
- **读取变量的值**——这可以使用变量名来实现。这样做代表着在执行这行代码时，变量名就是变量所包含的值的占位符。index ← size 表示读取变量 size 的值并将其赋给变量 index。
- **比较两个值**。
  - 可以使用两个等号来比较两个变量或值[1]是否相等。例如 index == size 和 index == 1，前者比较的是两个变量，后者则对一个变量和一个值进行比较。
  - 可以使用<>或!=来比较不相等的情况，例如 index <> size。

其他的像小于、大于等符号，则采用标准运算符。例如，表达式“index <= size”将在 index 小于或等于 size 时为 true。

A.2 数组

由于可以对整个数组或其中的单个元素进行赋值和读取，因此数组在某种程度上可以当作变量的一种特殊情况。如果对数组或容器不是很熟悉，请查看附录 C 中的内容。

在本书的伪代码中，我们抽象出了不同编程语言中常见的数组实现细节。也就是说，由于把数组视为动态的，因此不需要在访问其中的元素之前为这些元素显式地分配空间。

有些编程语言本身就提供了动态数组的概念，还有一些编程语言则在它们的标准库中提供了类似的东西，一般来说是一种被称为向量的数据结构。

数组可以是同质数据类型的，这意味着其中的所有元素都必须具有相同的类型，而这种类型取决于创建数组时的定义。相反，数组也可以存放与类型无关的任何值。这种对数组的约束通常与编程语言是强类型还是弱类型有关。

由于本书的伪代码会对变量的类型进行抽象，因此可以很自然地认为我们会采用后一种数组。但是，对于本书提到的大多数数据结构来说，用到的数组或容器却仅保存相同类型的元素。因此，除非另有说明，否则你可以放心地假设本书中的数据结构都只保存相同类型的元素。不过你要记得，虽然数组可以是异质数据结构的，但这需要付出很多额外的努力才能实现。

至于命名规则，这里会像大多数编程语言一样，使用方括号来访问数组元素。因此，*A*[*i*]表示数组 *A* 的第 *i* 个元素的值。这里还使用和变量相同的语法来对数组元素进行赋值，例如 *A*[*j*] ← *b*（将变量 *b* 的值赋给数组 *A* 的第 *j* 个元素）。

只要没有特别声明，本书都将假设数组使用的是从 0 开始的索引。因此，数组 *A* 中的第一个元素就是 *A*[*0*]，第二个元素就是 *A*[1]，以此类推。

有时还需要对数组（以及各种容器）执行某些操作。例如，可能需要找到数值数组中的最

1 通常情况下，我们会比较两个同时包含变量和值的表达式。

大值，或是字符串数组中的最长字符串，或是对数值数组中的所有值进行求和。

在进行综合考虑后，对于这些要在整个数组上执行的操作，我们决定使用更接近数学符号的方式来表述。例如，对于给定的数组 A：

- $\max\{A\}$是数组 A 中的最大值；
- $\text{sum}\{A\}$是数组 A 中所有元素的和；
- $\text{sum}\{x \in A \mid x > 0\}$是数组 A 中正数元素的和；
- $A[i] \leftarrow i^3\ (\forall i \in \{0..|A|-1\} \mid i \,\%\, 3 == 0)$表示将数组 A 中所有索引为 3 的倍数的元素赋值为它们各自索引的立方。

显然，根据选择的编程语言的不同，这些操作有可能无法直接被翻译为单个指令。此时，我们可以编写辅助方法来完成相同的操作。

A.3 条件指令

为了编写出有意义的程序，我们需要掌握的另一个基本概念是条件语句。大多数编程语言使用 if-then-else 结构来实现条件判断。这里也使用类似的语法。

例如，本书使用下面的语法（假设输入被存储在变量 x 中）来说明计算数字绝对值的简单算法（见图 A.1）。

```
if x < 0 then
  y ← -x
else
  y ← x
```

你可以看到，条件并没有用括号括起来，这里也没有用花括号把代码块包起来（见 A.4 节）。另外，关键字则以**粗体**着重显示。

如果只需要在满足条件时才采取特定操作，就不需要 else 子句。比如，通过把 x 的绝对值赋给 x 本身，就可以把上面的代码简化为

```
if x < 0 then
  x ← -x
```

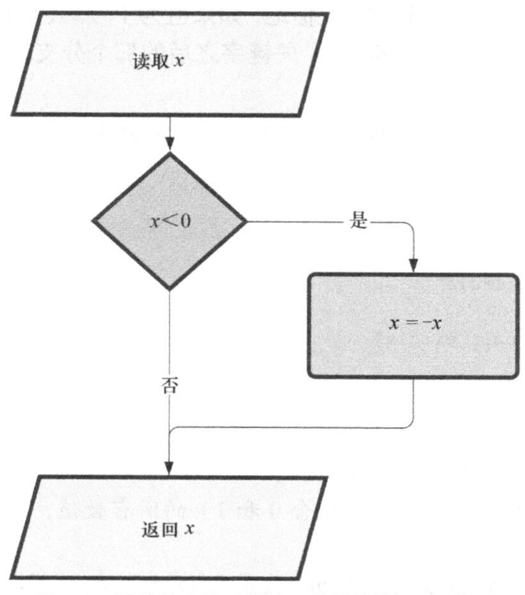

图 A.1 计算数字绝对值的一种简单算法的流程图

A.3.1　else-if 语句

有时候，你需要在更多的分支中做出决定。在这种情况下，虽然可以通过多个嵌套的 if-then-else 语句来实现，但是代码会（因为缩进而）变得繁杂且混乱。

一种更简捷的方法是使用 else-if 语句，这是一种常见于像 Python 或 Ruby 这样的脚本语言中的语法。

因此，这里决定使用 elsif 关键字：

```
if x < 0 then
  y ← -1/x
elsif x > 0 then
  y ← 1/x
else
  y ← NaN
```

顺便说一下，以上代码旨在计算数字 *x* 的倒数的绝对值，NaN 表示“不是一个数字”（Not a Number）。NaN 通常用于表示像 1/0 这样没有定义的计算[1]。

A.3.2　switch 语句

许多编程语言还提供了一条在检查的条件可以被假设为多个离散值时使用的专用指令。这条专用指令被称为 switch 语句，它能够对表达式可能出现的值进行枚举，并为每个值执行不同的 case 分支（以及一个当值与其他所有用例都不匹配时执行的 default 分支）。

```
switch x^2 + y^2
  case 0
    label ← "origin"
  case 1
    label ← "unit circle"
  default
    label ← "circle"
```

上面的代码旨在对表达式 x^2+y^2 求值。当表达式的值与 case 关键字之后的内容相等时，就执行相应的 case 语句所代表的分支。因此，如果 x^2+y^2 的值为 0，就执行第一个 case 之后的代码，也就是说，label 变量会被设置为"origin"。类似地，如果值为 1，那么 label 变量就会被设置为"unit circle"。对于任何其他的值，都执行 default 关键字之后的那个分支，从而将 label 变量设置为"circle"。

我们还可以对 switch 语句进行扩展，从而允许在 case 分支中指定范围：

```
switch x^2 + y^2
  case 0
    label ← "origin"
  case [0,1]
    label ← "inside unit circle"
  case {1..10}
    label ← "multiple of unit circle"
  default
    label ← "outside unit circle"
```

上述代码使用 4 条不同类型的规则来进行匹配。

- 第 1 条规则是正好匹配一个值（0）。
- 第 2 条规则是匹配 0 和 1 之间（包含 0 和 1）的所有数值。

---

1 另一个在数学上不太精确的替代方案是，将 inf（代表无穷）分配给 *y*。但是，由于极限的符号取决于接近 0 的方向，因此+inf 和−inf 都不正确。

- 第 3 条规则是匹配 1 和 10 之间的所有整数。
- 最后一条规则是（默认）匹配所有值。

需要注意的是，规则是从上到下依次进行评估的，而且会选择第一个匹配的子句。因此，虽然 $x^2+y^2=0$ 能够匹配第 1 和第 2 个（以及第 4 个）子句，但只有最上面的那个子句会被匹配上。

最后，虽然只展示了对数值表达式进行评估的示例，但实际上也允许所有类型的值（如字符串）被用在这里。

A.4 循环

另一个控制工作流所需的基本结构是循环。

通常来说，编程语言提供至少两种类型的循环：其一，for 循环，旨在显式地迭代某些索引或容器中的元素；其二，在某些时候更通用的 while 循环，旨在通过一个断言来进行判断，当这个断言为 true 时就执行循环中的语句。

这两种类型的循环都有很多变体（如 do-while 语句、for-each 语句和 repeat-until 语句）。但是，所有循环都可以用最基本的 while 循环来实现。

本书使用了 for-each 语句和最基本的 while 循环。

对于这两种情况，你都可以使用关键字 continue（强行跳转到循环中的下一次迭代）和 break（强行不再判断提供的断言，立即退出循环）来进一步控制程序的执行。

接下来，我们将提供一些例子来帮助你了解这两种类型的循环。

A.4.1 for 循环

为了举例说明 for 循环的使用方法，让我们先来看看如何对数组 *A* 中的所有元素进行求和。至少有三种方法可以完成这个目标。

第一种，遍历与数组长度相同的迭代次数：

```
n ← length(A)
total ← 0
for i in {0..n-1} do
  total ← total + A[i]
```

在 for 关键字的后面，指定用来保存迭代值的变量的名称（*i*）。紧随其后的是 in 关键字以及 *i* 可能的值的（有序）列表（在这个例子中，也就是从 0 到 $n-1$ 的所有整数）。

第二种，由于这里只用到了索引 *i* 来访问数组中的当前元素，因此可以直接迭代数组 *A* 中的元素，从而以一种更简捷的方式获得相同的结果：

```
total ← 0
for a in A do
  total ← total + a
```

最后，就像 A.3 节提到的那样，在伪代码中，也可以使用数学符号而不是 for 循环来让整个代码更加简洁，同时又不产生混淆：

```
total ← sum{A}
```

当然，后面这两种方式并不总是可行的。例如，如果需要使用多个数组元素来编写出更复杂的表达式，那么仍然需要显式地对索引进行迭代：

```
n ← length(A)
total ← A[0]
for i in {1..n-1} do
  total ← total + A[i] + A[i-1]^2
```

A.4.2 while 循环

就像前面提到的那样，while 循环被设计得更为通用。因此，它们可以被用于实现 A.4.1 节中的例子（使用与 for 循环相同的逻辑）。下面是一个用来计算数组中元素之和的等效 while 循环：

```
n ← length(A)
i ← 0
total ← 0
while i < n do
  total ← total + A[i]
  i ← i + 1
```

很明显，for-each 语句能够用更少的代码来表达相同的逻辑，并且同样重要的是，其中封装了遍历索引的逻辑，因此和上面的必须初始化并显式地增加 i 的 while 循环相比，这种方法更不容易出错。

此外，通过使用 while 循环，我们还能编写出很难或无法使用 for 语句表达的条件：

```
while not eof(file) do
  x ← read(file)
  total ← total + x
```

上面的代码抽象了在到达文件的末尾之前从文件中不断读取整数并将它们相加的逻辑。

另一个更具体的例子，就是计算两个整数 a 和 b 的最大公约数：

```
while a <> b do
  if a > b then
    a ← a - b
  else
    b ← b - a
```

当循环结束时，变量 a 中将保存整数 a 和 b 的最大公约数。

可以看出，这两个例子所需评估的断言很明显更难用 for 循环来表达。

A.4.3 break 语句与 continue 语句

很多时候，我们需要对只能在循环体内部评估的各种条件进行检查，或是对不同的条件做出反应。为此，我们可以使用 break 语句和 continue 语句来完成这个需求。例如，为了进一步细化对文件中的数字进行求和的那个例子，我们可以跳过所有的奇数并且使用 0 作为标记——这个标记会被用于判断当读取到 0 时立即停止对数字进行求和的逻辑。

```
while not eof(file) do
  x ← read(file)
  if x % 2 == 1 then
    continue
  elsif x == 0 then
    break
  total ← total + x
```

每当从文件中读取的下一个数字是奇数时，就跳转到循环的下一次迭代中，因此需要再次检查断言以判断是否已经处于文件的末尾。

另外，如果数字为 0，则在继续增加总数之前退出循环。

这两个关键字也可以用在 for 循环中。

A.5 代码块与缩进

到目前为止，在大多数例子中，循环和条件的每个分支只包含一条指令，语法显得特别简单。然而通常情况下并非如此，if-then-else 语句的每个分支都可以执行任意数量的指令。为了避免歧义，这里需要把指令分组到**代码块**中。

代码块最简单的定义是从上到下顺序执行的指令序列。

同样，不同的编程语言提供了不同的方式来指定代码块。其中一些编程语言使用大括号来标记代码块的开始和结束（如 C、Java 等），另一些编程语言则显式地使用开始和结束关键字（如 Pascal），还有一些编程语言选择使用缩进（如 Python）。

除此之外，代码块在某些编程语言中还有额外的含义。特别是在用到**代码块作用域**的情况下，定义在代码块内的局部变量只能在同一代码块（以及任何嵌套代码块）中被访问。

为了简单起见，就像前面提到的那样，由于不会专门去定义变量，因此这里使用**函数作用域**，也就是说，在函数内部的任何地方都可以访问变量。同时，这里还会使用**词法作用域**（又称静态作用域），因此变量的生命周期会在函数执行完之后结束，注意这里不支持**闭包**。

最后，代码块只能通过缩进来进行定义。你可以看到，之前的例子包含了缩进，而下面这个例子应该能够进一步说明代码块的缩进规则：

```
for i in {0..n-1} do
  k ← i * 2
  j ← i * 2 + 1
  if i % 2 == 0 then
    A[k] ← 1
    A[j] ← 0
  else
    A[k] ← 0
    A[j] ← 1
A[2*n-1] ← 0
```

for 循环会执行接下来的 8 行（除了代码段中的最后一行）代码 *n* 次，并且 if 语句的每个分支都有两条指令（可通过进行更多的一层缩进来识别）。

A[2**n*−1]←0 这行代码没有任何缩进（与第一行代码的缩进级别相同），这表明它是 for 循环结束后将要执行的下一条指令。

A.6 函数

本书使用函数来对代码进行组织和重用。

函数定义了一段局部变量会在作用域之内的代码。函数还包含一个声明它的名称以及期望的参数签名，其中参数是指输入函数的变量。最后，函数还会返回一个值，也就是函数的输出。

将代码分解成不同的函数能够让我们编写出更容易理解，并且更方便进行单元测试的可重用代码。这是因为（理想情况下）每个函数都可以（也应该）只实现一个职责（抑或一个动作或算法）。

以 A.4.2 节中计算两个整数的最大公约数的代码为例，我们可以轻松地将其重构为一个函数：

```
function gcd(a, b)
  while a <> b do
    if a > b then
      a ← a - b
    else
      b ← b - a
  return a
```

上述代码可以让你非常清晰地了解到最终结果会被存放在哪里。更好的是，这个函数的调用者不用再担心相应的逻辑，因为这个函数总会返回正确的值。另外，整数 *a* 和 *b* 都只存在于函数 gcd 中，因此发生在这个函数体内的任何事情都不会影响到其他代码。

A.6.1　重载与默认参数

函数的参数是可以有默认值的。

```
function f(a, b=2)
  return a * b²
```

例如，对于上面这个包含两个参数的函数 *f* 来说，它的第二个参数就有默认值。因此，既可以像 *f*(5,3)这样通过两个参数来调用它，也可以只传递一个参数。当只传递一个参数时，调用 *f*(5)与调用 *f*(5,2)是等价的。

默认参数能够以更紧凑的语法对函数或方法进行重载。

由于这里采用松散类型的伪代码，因此默认参数是唯一需要甚至是唯一可以执行的重载方式（而对于像 C++或 Java 这样的强类型语言来说，则需要为不同类型的参数——整数、字符串等——分别进行函数重载）。

A.6.2　元组

有时候，我们需要函数能够返回多个值。为了简便，你可以认为函数能够返回元组。

元组类似于数组，但又略有不同。

- 元组是一个长度固定的值的列表（而数组可以增大或缩小）。
- 元组中的元素可以是任意类型的，此外元组还可以同时包含不同类型的值。

元组用括号来表示，(1,2)代表的就是一个长度为 2 的元组（又称为**一对值**），其中的元素是值为 1 和 2 的数字。

同样，也可以将代表值的元组赋给代表变量的元组：

```
(x, y, z) ← (0, -1, 0.5)
```

这相当于

```
x ← 0
y ← -1
z ← 0.5
```

类似地，也可以使用(name, age) ← ("Marc", 20)这样的写法。

上述语法在实现返回多个值的函数时非常有用。假设我们编写了一个名为 min_max 的函数来返回数组中的最大值和最小值，此时就可以让这个函数返回一对值，并像下面这样调用它：

```
(a_min, a_max) ← min_max(A)
```

A.6.3　元组与解构对象

通常应该避免使用未命名的元组，这是由于单凭字段本身并不能简单易懂地知晓它们的含义，这些字段的含义由它们在元组中的位置决定。因此，应当优先使用的仍然是对象（例如，一个具有 min 和 max 字段的对象明显比上面那个例子更容易让人理解）。

然而，只要字段的含义足够清楚，就可以使用元组提供的一种可行的合成替代方案。为了能够进一步利用这一点，我们可以使用特定的符号，把对象的全部或部分字段分配给元组。比如，假设有一个 Employee 类，其中包含 name、surname、age、address 等字段。

如果 empl 是一个 Employee 实例，则可以使用如下语法从 empl 中提取包含任何字段的子集到一个别名中[1]：

```
(name, surname, age) ← empl
```

当然，上面的例子只提取了 3 个字段。

将这种语法与 for-each 语句结合使用会特别方便，因为这样就可以在遍历一组员工时直接访问需要的字段的别名，而不必在每次访问 empl 对象的字段时都重复编写类似于 empl.name 这样的内容。下面对这两种用法做了比较，你从中可以看出它们的区别：

```
for empl in employees do
  user ← empl.surname + empl.age

for (surname, age) in employees do
  user ← surname + age
```

1 别名只是变量的另一个名称，可通过创建一个新变量或只是对原始变量进行引用来实现。

附录B 大 *O* 符号

本附录将介绍有关 RAM 模型以及著名的大 *O* 符号的相关内容，它们并不像你听说过的那么复杂。只需要对这些概念有一定的高阶理解，你就能通读本书了——我们将尽可能只在算法分析中提及这部分内容。

B.1 算法与性能

描述算法的性能并不是一项简单的工作。通常可以通过基准来表述代码的性能，而且这看起来也更直观。但是，如果想要有效地描述性能，从而在把得到的结果分享给他人时，让其他人也能够得到相同的结论，则还有更多的问题需要解答。

例如，性能究竟是什么？性能一般指的是对某种东西的度量结果，那么性能是什么呢？

这个答案可以是，度量在某个输入上执行算法所需的时间。更进一步地，为了把外部因素也考虑进去，甚至还需要对若干不同的输入进行度量，以及对同一个输入进行多次度量，并在最后对结果进行平均。但即便如此，度量结果也仍然充满着噪声。尤其是在现代多核架构的情况下，我们很难把实验沙箱化，而且不同的操作系统和后台进程都会对结果产生影响。

但这还不是最糟糕的地方，运行实验的硬件也会在很大程度上影响结果。因此，将一个单纯的数字作为结果是没有任何意义的。当然，也可以运行基准测试，对这个算法与其他一些已知的算法进行比较。这样做有时可以得到一些有意义的结果，但是由于算法运行的硬件、操作系统，以及所使用输入的类型和大小都需要被考虑进去，因此这依然不是一个很好的选择。

换个思路，我们还可以考虑对需要运行的指令进行计数，因为这个值也是表示执行整个算法需要多长时间的一个很好的指标，并且足够通用。但真的是这样吗？

其实并不完全如此。

(1) 你会对机器指令进行计数吗？只有对机器指令进行计数才能得到与平台无关的结果。

(2) 如果只对高级指令进行计数，那么结果将在很大程度上取决于选择的编程语言。显然，用 Scala 或 Nim 写出的代码要比用 Java、Pascal 或 COBOL 写出的代码简洁得多。

(3) 怎么样才能被认为是对算法的改进呢？算法是运行 99 条指令还是运行 101 条指令对最终结果真的有影响吗？

这样的发散思维还可以继续，但是你应该已经发现前面讨论的问题有些过于关注那些无关紧要的细节。避免这种思维僵局的关键是抽象出这些细节，而定义简化的计算模型（RAM 模型）就能做到这一点。RAM 模型包含了在内部的**随机存取存储器**（即内存）上可以执行的一组基本操作。

B.2 RAM 模型

RAM 模型基于如下假设而成立。

- 每个基本操作（算术运算、if 条件判断、函数调用）都只需要一个一次性的步骤（以下简称**步骤**）。
- 循环和子程序被认为是许多一次性操作的组合，而不是一个简单的操作。它们消耗的资源与它们的运行次数成正比。
- 每次内存访问都只需要一个步骤就能完成。
- 内存被认为是无限的。

上面的最后一个假设可能看起来有点不切实际，但 RAM 模型并不会区分对缓存、内存、硬盘驱动器或数据中心存储的访问。也就是说：

- 对于大多数现实世界中的应用程序来说，可以假设能够提供足够多的内存；
- 基于这个假设，可以抽象出关于内存实现的各种细节，从而只专注于算法的逻辑。

因此在 RAM 模型中，算法的性能就是衡量其对给定输入所需采取的步骤的数量。

这些简化能让我们对平台的细节进行抽象。当然，对于某些问题或某些算法的变体来说，我们还需要考虑平台的一些细节，比如需要将访问缓存和访问磁盘的情况分开考虑。但总的来说，这种概括对度量算法很有帮助。

模型已经有了，接下来让我们看看还需要对算法进行哪些相关的改进！

B.3 数量级

另一个需要简化的地方是指令的计算方式。比如，你可以决定只计算像内存访问这样的某些特定类型的操作；或是在分析排序算法时，只考虑需要交换的元素的数量。

此外，前面曾提到，执行步骤的数量上的微小变化对整体来说并没有什么影响。因此，我们更希望使用的是数量级的变化，如 2×、10×、100×等。

但是，为了能够真正地理解在给定问题上一个算法什么时候能比另一个算法表现得更好，我们还需要用执行步骤的数量来表示一个基于问题大小的函数。

假设要比较两个排序算法，并且“在给定的测试集上，第一个算法需要 100 个步骤才能得到解决方案，而第二个算法只需要 10 个步骤”。那么，当遇到另一个问题时，上面哪个算法会有更好的性能吗？

如果能够证明对于一个包含 n 个元素的数组来说，算法 A 需要 $n*n$ 次元素交换，而算法 B 只需要 n 次元素交换，我们就有了一种更好的方法来预测这两个算法在任意大小的输入上的表现。

这也正是大 O 符号的用武之地。通过图 B.1，你可以了解到这两个算法的运行时间分别是什么样子。另外，图 B.1 还能让你意识到为什么我们总是应该使用算法 B。

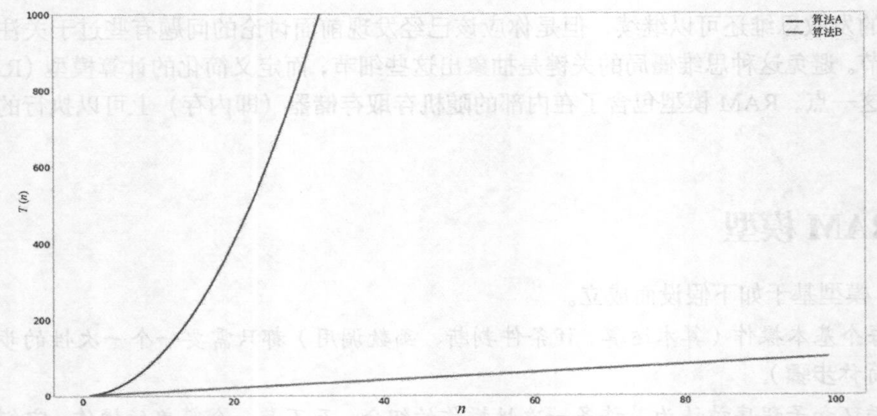

图 B.1 比较二次算法（算法 A）和线性算法（算法 B）的运行时间。前者增长得非常快，虽然 y 轴能够显示的最大值已经是算法 B 所能达到的最大值的 10 倍，但这里仍然只能显示到算法 A 在 $n\approx 30$ 之前的那部分结果

B.4 符号

大 O 符号是一种用来描述某些数量是如何随着输入的大小而增长的数学符号，通常由斜体形式的大写字母 O 和包含在括号内的表达式组成，就像 $O(f(n))$这样，因此称为大 O 符号。$f(n)$可以是任何输入为 n 的函数。这里只考虑整数函数，这是因为 n 通常代表的是输入的大小。

我们并不打算在这里详细地描述大 O 符号，因为这超出了本书的讨论范围。但是，如果你感兴趣的话，这方面的著作和论文有很多，可供参阅。

你需要记住的主要概念是，符号 $O(f(n))$表示的是一个界限。

在数学上，$g(n)=O(f(n))$表示对于任意足够大的输入，都存在一个实数值常数 c（其值与 n 无关），使得对于所有足够大的 n（大于某个值 n_0），均有 $g(n)\leqslant c*f(n)$。

例如，如果 $f(n)=n$ 且 $g(n)=40+3*n$，则有 $c=4$ 且 $n_0=40$。

图 B.2 展示了这三个函数相对于彼此是如何增长的，虽然 $f(n)$总是小于 $g(n)$，但 $c*f(n)$（这里假设 $c=4$）在某个时间点会变得大于 $g(n)$。为了更好地理解这个转折点，你可以用实际的值代替参数 n，从而对这两个公式进行计算。接下来，可使用符号 $f(1)\rightarrow 1$ 来断言 $f(1)$的计算结果为 1[也就是说，$f(1)$的调用结果等于 1]。

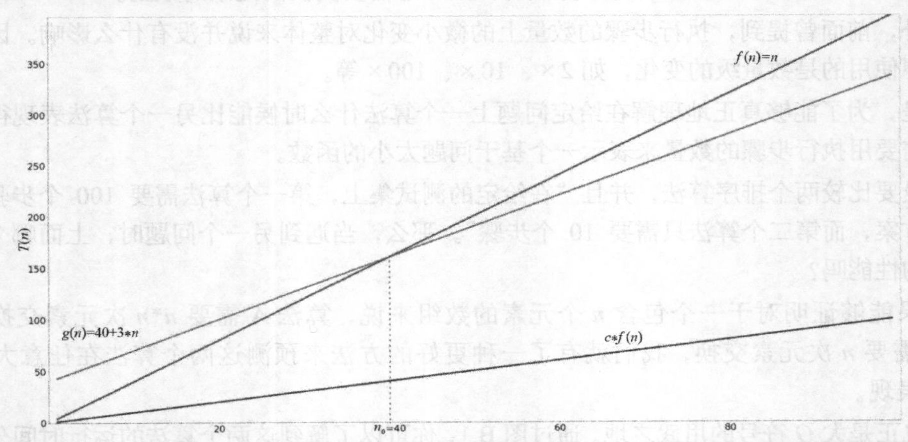

图 B.2 $f(n)=n$、$g(n)=40+3*n$ 和 $c*f(n)$的图形化比较。虽然 $f(n)$总是小于 $g(n)$，但是对于足够大的 n，$c*f(n)$将总是大于 $g(n)$（这里假设 $c=4$）

你可以看到，当 n 小于 40 时，$g(n)$会更大。比如，当 n=30 时，$f(30)\rightarrow 120$ 且 $g(n)\rightarrow 130$。同时，你还可以知道$f(40)\rightarrow 160$ 且 $g(40)\rightarrow 160$，以及$f(41)\rightarrow 164$ 且 $g(41)\rightarrow 163$。所以，对于任何大于 40 的值，都有 $40+3*n \leqslant 4*n$。

但是，请不要忘记条件 $g(n) \leqslant c*f(n)$必须对所有的 $n \geqslant n_0$ 都成立。而我们并不能每次都通过绘制图表或是在公式中插入（有限数量的）n 值来严格证明这一点（见图 B.3 中的反例），好在我们可以通过一些代数方法来证明它。当然，绘制函数能够帮助你了解函数的增长方式以及前进的方向是否正确。

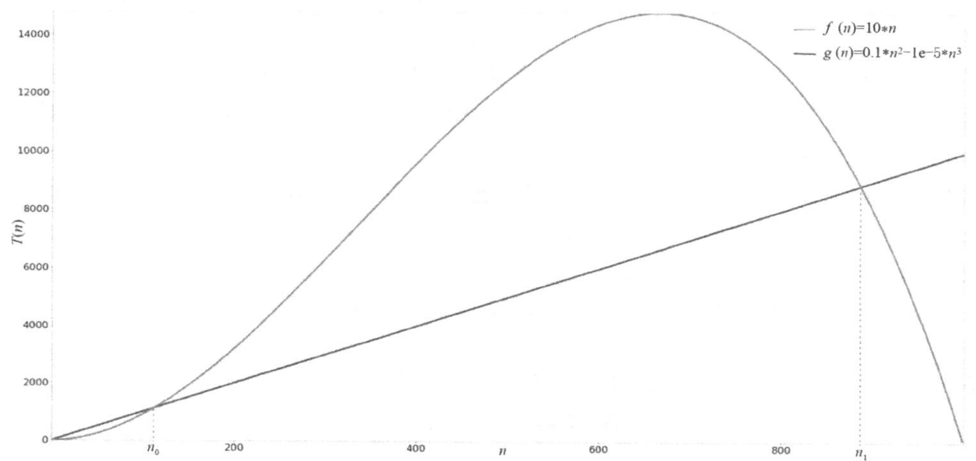

图 B.3 一个旨在说明为什么在得出结论时需要小心的反例。虽然 $g(n)$在 $n_0 \approx 112$ 时开始大于 $f(n)$，但这并非对于任意 $n > n_0$的值都成立。事实上，在 $n_1 \approx 887$ 处，这两个函数又有了另一个交集，而在那之后，$f(n)$再次大于 $g(n)$

回到例子本身，如果说算法 A 是 $O(n^2)$的，则意味着 $T(n)=O(n^2)$，其中 $T(n)$是算法的运行时间。换句话说，算法 A 永远都不需要执行数量超过二次方的步骤。

前面对 $O(n)$的定义会导致下面这些结果。

- “对于任意足够大的输入”是非常关键的一句话。我们只对函数在 n 变得（非常）大时的行为感兴趣，而不关心当 n 的值很小时不等式是否成立。例如，对于函数 $f(x)=e^x$ 和 $g(x)=e*x$ 来说，当 x 小于 e 时，有 $f(x)<g(x)$；而当 x 大于 e 时，$f(x)$将增长得更快。
- 常数因子是无关的，因此有 $O(n)=O(3*n)=O(100*n)$。可通过为前面的不等式选择合适的常数来证明这一点。
- 有些问题只用到恒定的时间，比如对前 n 个整数进行求和。如果使用逐个相加的算法，则需要 $n-1$ 个求和操作；但如果使用等差数列来求和，则只需要一个求和操作、一个乘法操作以及一个除法操作，而与输入的 n 无关。

如果用公式来总结的话，就是对于任意正常数 c，都有 $O(c)=O(1)$。$O(1)$表示一个恒定的运行时间，也就是某个不依赖于输入大小的时间。

- 在对大 O 表达式进行求和时，由于只留下更大的那一方，因此如果 $g(n)=O(f(n))$，则有 $O(f(n)+G(n))=O(f(n))$。于是，如果顺序执行两个算法，则总的运行时间以最慢的那个算法为准。
- 除非某个函数的运行时间是常数，否则 $O(f(n)*g(n))$不能被简化。

> **注意** 在本书中，当使用大 O 符号来给出算法的运行时间时，除非另有说明，否则默认这个界限既是下限又是上限。当然，对于上限和下限都为 $f(n)$的这类函数，真正正确的符号应该是 $\Theta(f(n))$。

这就是明确描述算法性能所需的工具。接下来我们介绍大 O 符号的应用场景。

B.5 示例

如果这是你第一次看到大 O 符号，那么没有看懂是完全正常的。每个人都需要时间和大量的练习才能熟练地使用它。

让我们来看几个例子，并尝试通过数学术语来描述前面提到的内容。

假设要对如下集合中的 4 个数字进行求和：{1,3,−1.4,7}，那么需要多少次加法运算呢？

$$1+3+(-1.4)+7$$

你可以看到，一共需要 3 次加法运算。如果需要对 10 个数字进行求和呢？很明显需要 9 次加法运算。这个规律可以推广到任意大小的输入吗？答案是肯定的，我们可以很容易地证明对 n 个数字进行求和总共需要 $n-1$ 次加法运算。

因此可以说，对包含 n 个数字元素的列表进行求和将（渐近地）需要 $O(n)$次操作。如果用 $T(n)$来表示所需的操作次数，则有 $T(n)=O(n)$。

考虑如下两种变化带来的影响：

（1）对列表中的前 5 个元素进行两次求和，其他的元素则只求和一次。

（2）对元素的平方进行求和。

对于第一种情况，如果列表是{1,3,−1.4,7,4,1,2}，则有

$$1+3+(-1.4)+7+4+1+2+\underline{1+3+(-1.4)+7+4}$$

在上面的公式中，重复的元素都带有下画线。因此，当 $n=7$ 时，一共需要 11 次操作。

推广到一般情况，一共需要 $n+4$ 次操作，也就是 $T_1(n)=n+4$。

那么，公式 $T_1(n)=O(n)$仍然成立吗？要使这个公式成立，就需要存在两个常数（整数 n_0 和实数 c），使得

$$当n > n_0时，存在T_1(n) \leqslant c*n$$

$$\Leftrightarrow$$

$$当n > n_0时，存在n+4 \leqslant c*n$$

$$\Leftrightarrow$$

$$当n > n_0时，存在c \geqslant 1+4/n$$

由于当 n 增大时 $4/n$ 会减小，因此当 $c=2$ 且 $n_0=4$ 时（或者当 $c=100$ 且 $n_0=1$ 时）不等式成立。

对于平方和的情况也类似，对于 n 个数字来说，一共需要 n 次乘法（或平方）运算以及 $n-1$ 次加法运算，所以有 $T_2(n)=2n-1$。

可以证明，存在 $c=2.5$ 且 $n_0=1$，使得 $T_2(n)=O(n)$成立。

当然，也可以证明 $T_1(n)=O(n^2)$。作为练习，请你找到合适的 c 和 n_0。但是，这个界限并不严格。也就是说，当 n 足够大时，有可能存在 n 的其他函数，使得 $T_1(n) \leqslant f(n) < O(n^2)$。

类似地，还可以证明 $T_1(n)=O(n^{1000})$。这当然也是正确的，但是，知道算法对于一个不大的输入所需的运行时间小于宇宙的年龄又有什么用呢[1]？

通常来说，人们对严格的界限更感兴趣。我们可以很轻松地证明以上求和例子的 $O(n)$界限是严格的。但是，对于部分算法来说，业界仍然没法得知它们更严格的界限是什么，或者说不能证明这些界限是更严格的。

---

1 这种写法在需要证明算法能在有限的时间内运行时还是很有用的，但在实际应用中，这没有任何意义。

下面举最后一个例子，请在不考虑顺序的情况下，枚举列表中的所有数字对。例如，给定列表{1,2,3}，就会有(1,2)、(1,3)和(3,2)三对数字。

推广到列表中包含 n 个元素的一般情况，一共将会有 $T_3(n)=n*(n-1)/2$ 个无序的数字对，于是有

$$\text{当} n>1 \text{时，} T_3(n)=n*(n-1)/2 \leqslant 1*n^2$$

因此，可以认为 $T_3(n)=O(n^2)$。另外，此处的这个二次方的界限是严格界限，就像图 B.4 所示的那样。

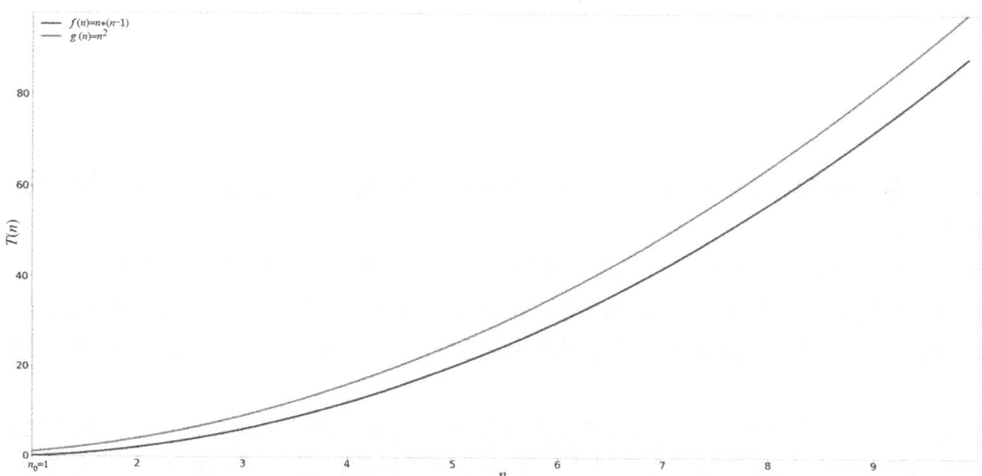

图 B.4 比较函数 $f(n)=n*(n-1)$ 和 $g(n)=n^2$ 的运行时间。对于任何正数 n 来说，后者总是更长

附录 C　核心数据结构

万丈高楼平地起。如果没有预先掌握相关的基础知识，就无法建立起有关高级数据结构的知识架构。

本附录将对核心数据结构进行概述，此外还将介绍一些已被广泛使用的算法。

我们首先将复习一些核心的数据结构，如数组、链表、树和哈希表。尽管我们期望你对它们了如指掌，但毕竟这些数据结构是那些最为先进的数据结构的基石，因此有必要对它们概述一下。

在 C.6 节中，我们将对这些数据结构进行简单的比较。这部分内容旨在探讨这些数据结构的一些关键特性（例如它们是否支持排序，是静态的还是动态的），并总结在一张表格中。这样做的好处是可以帮助我们在遇到问题时决定哪一种数据结构更适合用来解决问题。

C.1　核心数据结构

数据结构是编程的基础之一，自计算机科学诞生之日起就被逐渐引入。

本附录将探索如何在内存中组织数据元素，从而在之后可以根据特定条件获取数据元素的那些最基本方法。这些规范的性质、存储的使用方式以及基本操作（添加、删除和搜索数据元素）的性能决定了数据结构的特征。

这些核心数据结构是实现无数高级数据结构的基石。

C.2　数组

这是最简单却最常用的数据结构，**数组**是同类型数据的集合。粗略地说，数组是一块元素在其中会被顺序存储的内存。许多编程语言只提供**静态数组**，因此它们的尺寸不能被改变，所能存储的元素的数量需要在创建（或初始化）数组时就决定好。相应地，**动态数组**可以在添加新元素时增大，并在删除元素时缩小。图 C.1 提供了一个例子来说明数组的工作原理。主流编程语言中也有不少用到了动态数组，比如 JavaScript 中的数组就是动态的。

> **注意** 可以证明，以这样的方式实现动态数组是可能的，并且在摊销运行时间的情况下[1]，动态数组的插入和删除操作在速度上与静态数组一样快。

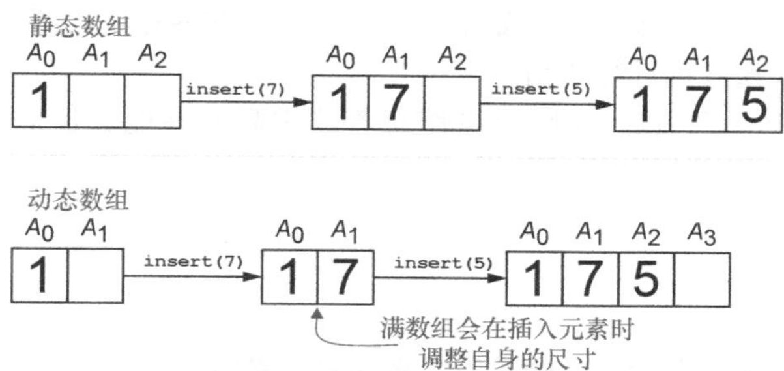

图 C.1 将元素插入静态数组（上图）和动态数组（下图）。注意，静态数组的尺寸是恒定的（一直只有 3 个元素）。动态数组的尺寸则从 2 个元素开始，只有当把元素添加到一个已经满了的数组时，动态数组的尺寸才会增大（其实是翻倍）。在这个例子中，静态数组中不能继续插入任何其他的元素，而只能覆盖已有的元素

数组中的元素必须具有相同的类型并且需要相同的内存空间来存储[2]。因此只要满足这个规范，要从一个元素移到下一个元素，只需要简单地把元素的大小与它前面那个元素的内存地址相加就行了。

> **注意** 由于数组中的元素会被分配在单个内存块中，因此数组更容易表现出"访问局部性"。例如，当遍历一个数组时，同一内存页中的数据通常会在一个较短的时间窗口内被访问到，并且这个特性还会带来一系列的优化（参见关于访问局部性的原始文献[3]）。

数组的主要优点是访问其中的所有元素都只需要恒定的时间。更准确地说，数组中的每个**位置**都可以在恒定的时间内被访问到。因此，只要位置已知，就可以获取或存储第一个元素、最后一个元素或是它们之间的任何元素，如图 C.2 所示。

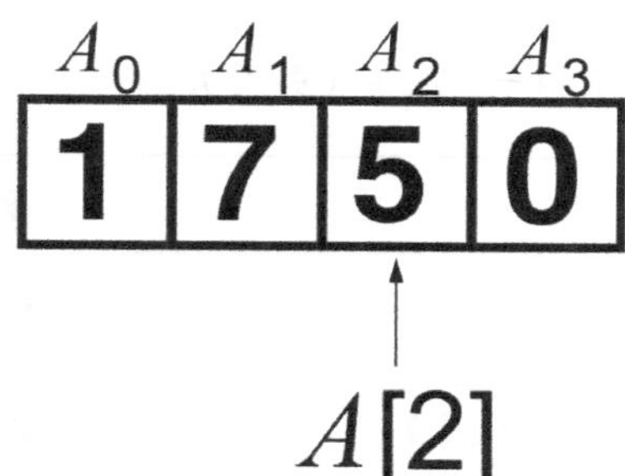

图 C.2 获取数组中的第 3 个元素。如果数组被存储在名为 A 的变量中，那么 $A[2]$就代表数组中的第 3 个元素。这是因为在计算机上，内存地址以及数组元素的索引都是从 0 开始的

---

1 在大 O 分析中，摊销运行时间是指在足够多的操作上的预期性能。例如，如果只抛一枚（普通）硬币一次，则无法预测结果是正面还是反面。如果抛两次，则可能得到一次反面和一次正面，而这远远还不能保证一定会发生。但是，如果重复实验 100 万次，并且硬币是质地均匀的，那么得到正面和反面的概率就会（非常）接近 50%。同样，对于某些算法来说，单个操作可能需要比预期更长的时间，但是如果有大量的数据，那么平均运行时间就是可预测的。

2 至少在理论上是这样的，数组的底层实现会因为不同的编程语言而异。

3 Properties of the Working-Set Model（"工作集模型的特性"），Peter J. Denning 与 Stuart C. Schwartz，《ACM 通讯》，第 15 卷，第 3 期，1972 年 3 月，第 191～198 页。

虽然支持随机访问是数组的一大优势，但其他的一些数组操作会因此在速度上更慢。就像前面提到的那样，我们不能通过直接在数组的尾部添加或删除元素来调整数组的尺寸。除非使用的是动态数组，否则每当需要调整数组的尺寸时，就必须手动地重新分配整个数组。但是，如果使用动态数组的话，则需要从一开始就分配一个更大的内存块，随时跟踪元素的数量并对调整数组尺寸带来的大量开销进行摊销。

C.3 节介绍的链表对于插入和删除操作有着非常高的性能，但对于随机访问操作性能不佳。

C.3 链表

链表通过把元素包装在名为节点的对象中来存储元素序列。

如图 C.3 所示，每个节点都包含一个值和一两个链接到其他节点的链接（引用）。

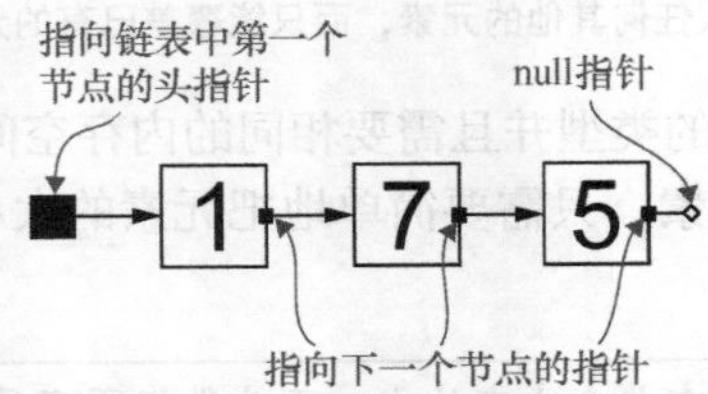

图 C.3 链表的图形化表示。在链表中，每个元素都包含一个指向链表中下一个节点的指针（也称为引用或链接）。对链表中第一个节点的引用是用一个特殊的头指针来保存的。要遍历整个链表，从头指针开始沿着节点遍历即可

在链表中，元素的值既可以是像数字这样的简单类型，也可以是像字符串或对象这样的复杂类型。由于节点不需要被分配在连续的内存中，因此链表是动态的。也就是说，链表总是可以根据需要增大或缩小。

更正式地，我们可以通过递归来定义链表（参见图 C.4）。因此，链表具有以下特征。

- 链表可以是空的。
- 链表中的节点包含一个值和一个链接（引用）。

空的链表	[]	
单个元素	a::[]	 a
两个元素	a::(b::[])	 a b
*n*个元素	a::(b::(c::...(x::[])))	 a b

图 C.4 链表的递归定义。中间那一列使用了正式的链表表示法，最右边的那一列则显示了链表的图形化表示。在链表的正式表示中，递归的特性显而易见，这正是由于这种正式的表示是一种递归表示法。空的链表可以设定为基元或基石，而所有的非空链表则可以递归地定义为其中的第一个元素及之后的部分，末尾是一个比当前链表更短，并且也可能为空的包含剩余元素的链表

图 C.5 通过例子说明了链表的另一个关键特性。

- **单向链接**：每个节点都只有一个指向下一个节点的链接（也称为指针或引用）。
- **双向链接**：每个节点都包含两个链接，其中一个链接指向下一个节点，另一个链接指向前一个节点。

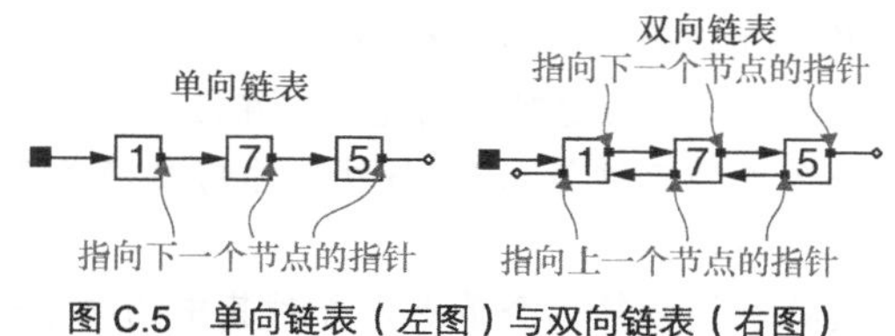

图 C.5　单向链表（左图）与双向链表（右图）

选择单向链表还是双向链表是一种权衡。前者的每个节点需要更少的空间，而后者能够以更快的速度删除元素，但需要稍微多一些的开销来保持指针及时被更新。

要使用链表，就必须把链表的头部存储在一个变量中。每当需要向链表中添加或删除元素时，就需要非常小心地更新链表头部的引用。如果不对这个引用进行更新，那么头指针就有可能指向一个内部节点，或是更糟糕地指向一个无效位置。

链表中的插入操作可以发生在下面这些位置。

- **链表的头部**。这是在恒定时间内添加节点的最简单方法。如图 C.6 所示，在这种情况下，只需要使头指针指向一个新的节点，并且把这个新节点和之前的头节点相连（除非链表是空的）就行了。
- **链表的尾部**。这种插入操作并不常用，因为需要遍历整个链表才能找到最后一个节点，如图 C.7 所示。也可以考虑用一个额外的引用来指向链表的尾部，从而对这种插入操作进行优化。不过，这样做会带来额外的开销，因为所有修改链表的方法都需要检查这个引用是否需要更新。
- **其他任意位置**。这种插入操作在需要让链表保持有序时非常有用。但是，这种插入操作也很昂贵，在最坏的情况下需要线性时间才能完成，如图 C.8 所示。

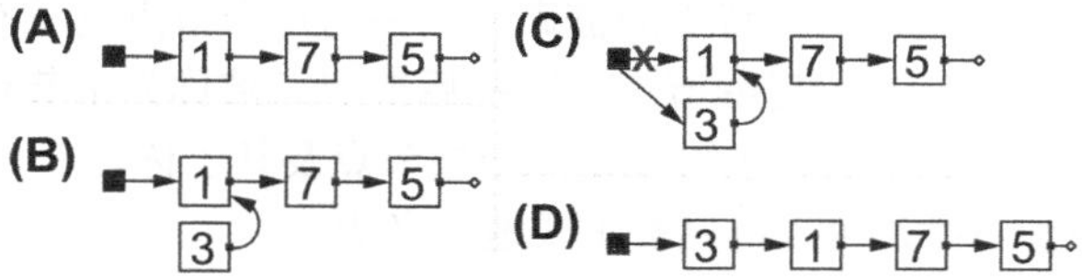

图 C.6　在链表的头部插入元素。（A）原始链表。（B）创建一个新节点，使其中的指针指向当前的头节点。（C）修改头指针。（D）最终结果

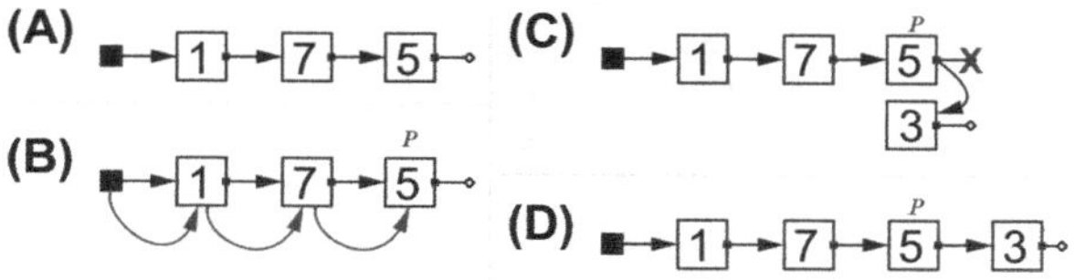

图 C.7　在链表的尾部插入元素。（A）原始链表。（B）遍历链表，直至到达其中的最后一个节点 *P*。（C）创建一个新节点并更新节点 *P* 中指向下一个节点的指针。（D）最终结果

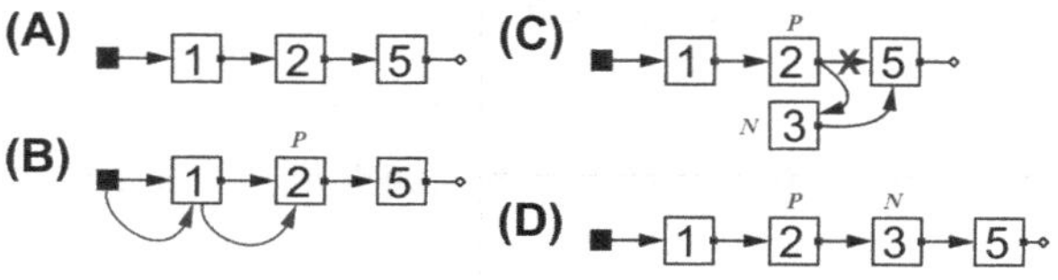

图 C.8　在链表中的其他任意位置插入元素。这个例子展示了如何在一个有序的链表中执行插入操作（但有序并不是必需的）。（A）原始链表。（B）遍历链表，直至找到要插入新元素的位置的前驱节点 *P*（对于单向链表来说，我们还需要在搜索过程中维护一个指向前驱节点 *P* 的指针）。（C）创建一个新节点 *N*，并更新节点 *P* 中指向下一个节点的指针，同时将 *N*.next 设置为 *P*.next。（D）最终结果

类似地，删除节点的操作也可以发生在这些位置。

- **链表的头部**。删除操作可以在恒定时间内完成（在检查并确认链表不是空的之后，更新头指针，使其指向头节点的后继节点）。另外，你需要确保删除的节点已经被正确地释放内存或者可以被垃圾回收。
- **链表的尾部**。你需要找到倒数第二个节点，并对其中指向下一个节点的指针进行更新。对于双向链表，倒数第二个节点可通过链表的尾部节点的前驱节点来获得。对于单向链表，由于需要在遍历链表的同时用到对当前节点及其前驱节点的引用，因此这是一个需要线性时间才能完成的操作。
- **其他任意位置**。与插入操作类似，不过需要加上一个指向链表中前一个节点的引用。

链表是一种递归数据结构，这源于它的递归定义，这也就意味着链表上的问题可以利用归纳法来解决。因此，可通过（尝试）为基本情况（空的链表）提供解决方案，以及将链表头部的某些操作与链表尾部的解决方案（较小链表）相结合的方式来处理各种问题。例如，假设想要开发一个算法来找到数字链表中的最大值：

- 如果链表是空的，则返回 null;
- 如果链表至少包含一个元素，那么通过使用链表的头部（称为 x）以及将算法应用于包含剩下 N–1 个元素的链表并获得值 y，就可以得到最终的结果——如果 y 为 null 或 $x \geqslant y$，则最大值为 x，否则最大值为 y。

C.4 树

树是另一种被广泛使用的抽象数据结构，它提供了类似于链表的层次结构，但不同的是，树具有分支。树也的确可以当作一种特殊的**链表**，其中的每个节点仍然有单一的前驱节点，称为**父节点**，但这些节点可以有多个后继节点，这些后继节点被称为**子节点**。每个树节点的单个**子节点**都是一个子树（可以是空的，也可以是一个根节点及其子树）。

图 C.9 展示了一个普通树，树也可以被正式地定义为

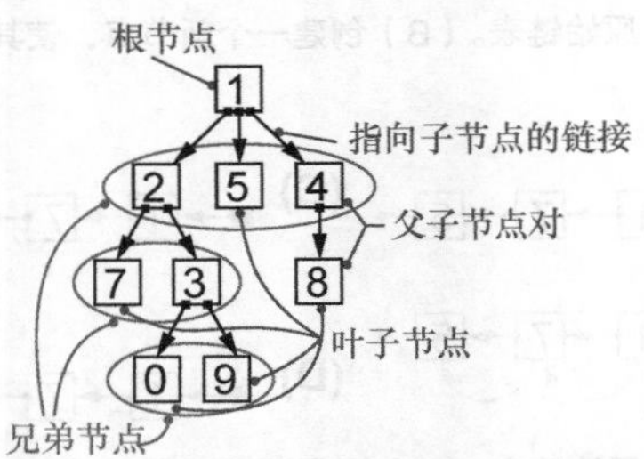

图 C.9 树的一个例子。从上到下的箭头代表节点与其子节点之间的链接，箭头总是从父节点指向子节点。每个节点都有一个且只有一个父节点。共享同一父节点的节点被称为兄弟节点。兄弟节点之间没有直接的链接，只能通过它们的共同父节点到达兄弟节点。没有子节点的节点被称为叶子节点

- 一个空树;
- 一个节点，其中包含一个或多个对其子节点的引用，并且（可选地）包含一个对其父节点的引用。

每个树节点都和链表中的节点一样，也包含一个值。除此之外，树节点还有一个列表用来包含对其他节点（即子节点）的引用。树有如下约束条件：除了根节点没有父节点之外（因此没有任何树节点会指向它的根节点），每个树节点都只能是另外一个树节点的子节点。为此，我

们需要使用变量来保持对树的根节点的引用。这与单向链表中不会有其他节点指向头节点的道理是类似的。另外，树还定义了父子节点这样的“垂直”层次结构，同一层节点之间或不同子树中的节点之间不能有任何链接。

在继续之前，让我们回顾一下在处理树时将会用到的术语。

- 如果节点 x 有两个子节点 y 和 z，那么 x 就是这两个节点的**父节点**。所以，存在 parent(y) == parent(z) == x。在图 C.9 中，标记为 1 的节点就是标记为 4、5 和 2 的节点的父节点。
- 当节点 x、y 和 z 遵从上面的定义时，节点 y 和 z 被称为**兄弟节点**。
- 树的**根节点**是树中唯一一个没有父节点的节点。
- 节点 x 的**祖先节点**是指从树的根节点到节点 x 的路径中的所有节点。也就是说，parent(x)、parent(parent(x))等都是祖先节点。在图 C.9 中，节点 2 就是节点 7、3、0 和 9 的祖先节点。
- **叶子节点**是指没有子节点的节点。换句话说，叶子节点的所有子节点都是空子树。
- 树的一个基本特征就是其**高度**被定义为从根节点到叶子节点的最长路径的长度。图 C.9 所示树的高度为 3，因为存在一条最长的路径 1->2->3->0（或等价的 1->2->3->9），这条路径经过三个父子链接。

接下来，我们将重点介绍二叉搜索树。

二叉搜索树

二叉树是指任何节点的子节点数最多为 2 的树，这意味着二叉树中的每个节点都可以有零个、一个或两个子节点。

二叉搜索树（Binary Search Tree，BST）是一种特殊的二叉树，其中的每个节点都有一个与该节点关联的键。如果用 key(x)来表示与节点 x 关联的键，那么这个键将满足如下两个条件。

- 对于节点 x 的左子树中的所有节点 y，都有 key(x) > key(y)。
- 对于节点 x 的右子树中的所有节点 z，都有 key(x) < key(z)。

节点的键也可以是节点的值。但通常来说，二叉搜索树中的节点将分别存储键和值，或者存储其他任何额外的数据。

除了二叉搜索树，其他常见的几种树如下。

- **平衡树**（balanced tree）。这是一种特殊的树，其中的每个节点都有左、右子树，它们的高度差最多为 1 **并且**也都是平衡的。
- **完全树**（complete tree）。当树的高度为 H 时，完全树中的所有叶子节点都处于第 H 层或第 H−1 层。另外，处于第 H−1 层的叶子节点都只能在右侧。
- **完美平衡树**（perfectly balanced tree）。这是一种特殊的**平衡树**，对于其中所有的内部节点，左、右子树的高度都是相同的。**完美平衡树**同时也是一种特殊的**完全树**。

> **定义** 树的**平衡性**（balancedness）有两种：**高度平衡性**（height-balancedness）和**权重平衡性**（weight-balancedness）。对于树来说，这两个特征是互相独立的，不能互相指代。两者都能得到类似的结果，但业界通常使用前者，因此本书在讨论平衡树时，使用的也是高度平衡性。

二叉搜索树是一种递归结构。因此，二叉搜索树既可以是空树，也可以是带有键和左、右子树的节点。

正是由于这种递归性质，二叉搜索树上的所有基本操作都可以使用非常直观的递归算法来完成。

二叉搜索树在向链表中进行插入的灵活性和性能与从有序数组中进行搜索的效率之间做了

折中。在二叉搜索树中，所有的基本操作[insert（插入）、delete（删除）、search（搜索）、minimum（求最小值）和 maximum（求最大值），以及 successor（求后继节点）和 predecessor（求前驱节点）]所需访问的节点数量都与树的高度成正比。

因此，只要能设法使树的高度尽可能小，这些操作的性能就会越好。

树的最小高度是多少

对于包含 n 个节点的二叉树来说，树的最小高度是 $\log(n)$。

二叉树只能有一个根节点，由于这个根节点最多可以有两个子节点，因此最多存在两个高度为 1 的节点。这两个子节点又分别可以有两个子节点，因此最多存在 $2^2=4$ 个高度为 2 的节点。那么，二叉树中最多有多少个高度为 3 的节点呢？显然，答案是 $2^3=8$。继续沿着树向下，每向下一层，高度就会增加 1，并且这一层可以包含的节点的数量也会翻倍。

因此，当树的高度为 h 时，就会有 2^h 个节点。于是，高度为 h 的完全树的节点总数最多为 $2^0+2^1+2^2+2^3+\cdots+2^h=2^{h+1}-1$。

你很容易就能发现，为了让树保持尽可能小的高度，就应该把（除最后一层外的）每一层都填满。为此，我们可以不断地把最后一层中的节点在树中向上移动，直到上一层都被填满为止。

因此，如果有 n 个节点，那么对于 $2^{h+1}-1\leqslant n$，取两边的对数就可以得到 $h\geqslant\log(n+1)-1$。

二叉搜索树也可以是不平衡的。甚至对于同一组元素，它们的位置和高度也有可能因为这些元素的插入顺序而有很大的不同（见图 C.10）。

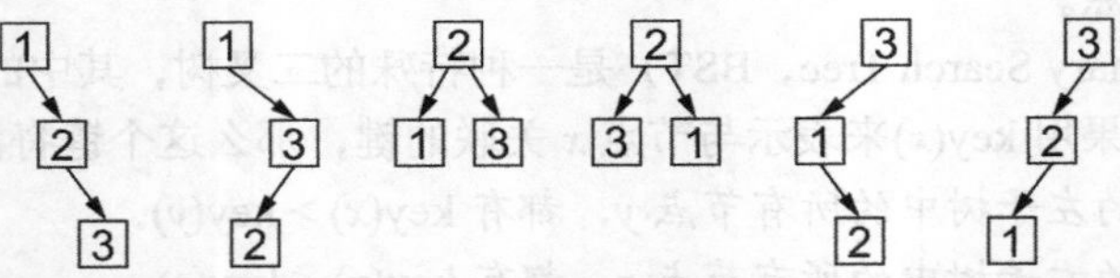

图 C.10　大小为 3 的二叉搜索树的所有可能形状。二叉搜索树的形状是由元素的插入顺序决定的。你可以看到，对于插入序列[2, 1, 3]和[2, 3, 1]来说，它们的形状是相同的

平均而言，在执行大量的插入操作之后出现一个倾斜的树的概率并不大。然而值得一提的是，最简单的节点删除算法往往导致树变得倾斜。针对这个问题，人们已经提出了许多变通的方法，但是，直到现在也没有证据证明它们一定可以得到更好的结果。

幸好还有如下若干解决方案，它们可以在不降低插入和删除性能的情况下保持二叉搜索树的平衡性。

- 2-3 查找树
- 红黑树
- B 树
- AVL 树

C.5　哈希表

用来表示符号表的最常用方法就是哈希法了。如果需要把一组键分别关联到对应的值，就会遇到下面这些问题。

C.5.1　存储键-值对

假设键和值是不同的数据．你需要决定是否允许出现重复的键。为了简便，我们只考虑键

不能重复的状态。要让一组静态的键不重复，方法有很多。

键为非负整数是最简单的情况。理论上，可以使用数组将键 k 所关联的值存放在数组的第 k 个元素中。但是，要做到这一点，就必须保证键的范围是有限的。不然的话，如果键是任意 32 位的正整数，则需要一个包含超过 30 亿个元素的数组。如果键是 long 类型（也就是 8 字节的整数），那么情况会更加糟糕。

另外，在使用数组的情况下，最糟糕的是，即使我们知道只会用到几千个整数的键，但只要键可以是任何整数，就仍然需要使这个数组能够包含 2^{32} 个元素。

虽然当必须存放很多元素时，这是没办法的事情，但是如果可以知道将来仅存储少量的（例如数百或数千个）元素，情况就完全不同了。虽然要存放的元素的范围仍然很广（例如所有可以用 32 位来表示的整数，总共大约 40 亿个元素），但如果只同时存储它们中的一小部分，则可以用更好的方法来存放它们。

此时就需要用到哈希了。

C.5.2 哈希

哈希平衡了在将索引作为键的数组和无序数组里执行顺序搜索的性能。前者的解决方案能够提供常数时间的搜索操作，但是需要与可能的键值大小成正比的空间。后者需要线性时间来进行搜索，但使用的空间与实际使用的键的数量成正比。

通过哈希表，就能把数组的大小固定为 M 个元素。我们可以使用哈希函数把各个键转换为介于 0 和 $M-1$ 之间的索引。稍后你还能看到，基于解决碰撞的不同方式，哈希表甚至可以存储超过 M 个元素。

值得注意的是，在引入这样的转换之后，实际上也就放宽了只能将非负整数作为键的约束。有了哈希，就可以把所有对象都“序列化”为字符串，然后将字符串转换为整数并对 M 取模就行了。在接下来的讨论中，为了简洁起见，我们将假设键是整数。

具体使用什么哈希函数取决于键的类型，并且与数组的大小有关。较为简单的例子如下。

- **除法**：给定一个整数键 k，我们可以定义它的哈希函数 $h(k)$ 为

  $$h(k) = k \% M$$

  - 其中的%是取模运算符。
  - 对于这种方法来说，哈希表的大小 M 应该是一个不太接近 2 的幂的素数。
  - 例如，如果 $M=13$，则有 $h(0)=0$、$h(1)=1$、$h(2)=2$、…、$h(13)=0$、$h(14)=1$ 等。
- **乘法**：

  $$h(k) = \lfloor M \cdot (k \cdot A\%1) \rfloor$$

  - 其中的 A 是实数且 $0 < A < 1$，$(k \cdot A\%1)$则是 $k \cdot A$ 的小数部分。对于这种方法来说，我们通常选择 2 的幂作为 M 的值，然后根据 M 谨慎地选择 A。
  - 例如，如果 $M=16$ 且 $A=0.25$，则有

    $k = 0 \Rightarrow h(k) = 0$

    $k = 1 \Rightarrow k \cdot A = 0.25$，$k \cdot A\%1 = 0.25$，$h(k) = 4$

    $k = 2 \Rightarrow k \cdot A = 0.5$，$k \cdot A\%1 = 0.5$，$h(k) = 8$

    $k = 3 \Rightarrow k \cdot A = 0.75$，$k \cdot A\%1 = 0.75$，$h(k) = 12$

    $k = 4 \Rightarrow k \cdot A = 1$，$k \cdot A\%1 = 0$，$h(k) = 0$

    $k = 5 \Rightarrow k \cdot A = 1.25$，$k \cdot A\%1 = 0.25$，$h(k) = 4$

    …

> ➤ 你可以发现，0.25 对于 A 来说并不是一个好的选择，因为这样选择会使得 $h(k)$只出现 5 个不同的值。不过，这个选择可以很好地说明这个方法本身以及我们需要谨慎地选择 A 的原因。

目前已经有许多更先进的方法来提高哈希函数的质量，从而让哈希结果尽可能地接近均匀分布。

C.5.3 哈希的碰撞解决方法

无论创建的哈希函数有多好或者有多么平均，键的数量 m 都可以不断地增长到大于哈希表的尺寸 n。此时就会出现抽屉原理中描述的情况。

> **定义** 抽屉原理指出，如果可能存储的键值的数量大于可用的位置的数量，那么在某个时间点，必然出现将两个不同的键映射到同一个位置的情况。如果尝试将这两个键都添加到哈希表中，会发生什么呢？在这种情况下，碰撞就会产生。因此，我们需要有一种机制来解决碰撞并且确保可以对这两个不同的键进行区分，从而使它们都能够在搜索中被找到。

由于不同的键会被映射到同一个位置，因此解决碰撞的方法主要有两种。

- **链式法**：数组中的每个元素都通过链接被存储到另一个数据结构中，这个数据结构会保存映射到这个元素的所有键（见图 C.11）。二级数据结构可以是链表和树，甚至可以是另一个哈希表（如完美哈希，这是一种允许在预先已知的静态键集合上实现最佳哈希性能的技术）。基于这种方法，可以存储在哈希表中的元素的数量是没有限制的，但随着添加越来越多的元素，哈希表的性能会下降，这是因为链表会变得越来越长，并且需要更多的遍历步骤才能找到一个元素。

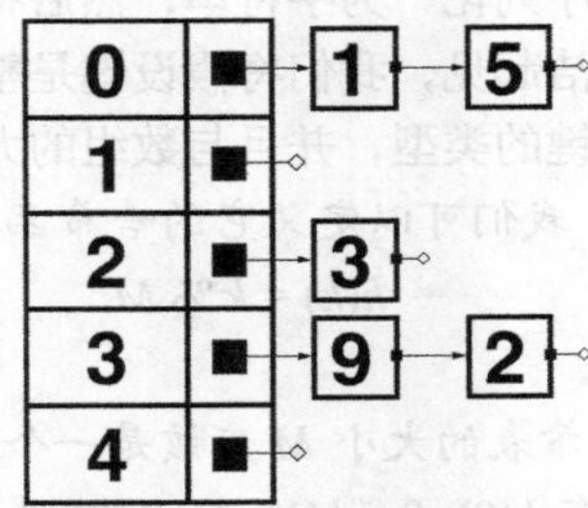

图 C.11 使用链式法和链表来解决碰撞的哈希表

- **开放寻址法**：将元素直接存储在数组中，并且在发生碰撞时生成另一个哈希值作为下一个位置以进行尝试。图 C.12 展示了一个使用开放寻址法来解决碰撞的例子。
  - ➤ 采用开放寻址法的哈希函数是这样的：

$$h(k,i) = (h'(k) + f(i,k))\,\%\,M$$

  - ➤ 其中的 i 代表已经检查过的位置数，f 是代表进行第几次尝试的函数，你也可以将键作为参数。因为没有使用二级数据结构，开放寻址法可以节省内存。但是，由于一些问题的存在，这种方法很少成为最佳选择。首先，当采用这种方法时，删除元素会变得异常复杂，而且由于哈希表的大小是有限的，并且在创建时就已经决定，因此哈希表很快就会被填满并且需要重新分配相应的内存空间。更糟糕的是，元素通常倾向于聚集在一起，而当哈希表中包含不少元素时，常常需要多次尝试才能找到空闲的位置。一般来说，当哈希表已经包含接近一半的元素时，就可能需要线性次数的尝试才能找到空闲的位置。

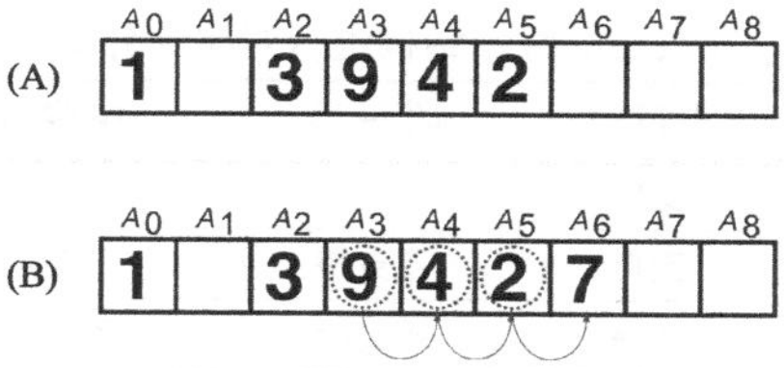

(A) | 1 | | 3 | 9 | 4 | 2 | | | | (A_0 … A_8)

(B) | 1 | | 3 | 9 | 4 | 2 | 7 | | | (A_0 … A_8)

图 C.12　使用开放寻址法来解决碰撞的哈希表。元素分配的位置取决于它们插入的顺序。假设 $f(i)=i$ 并且存在与图 C.11 中相同的碰撞。（A）可以推断出，9 一定是在 2 之前插入的。（不然的话，如图 C.11 所示，可以假设 9 和 2 会被映射到同一个位置，但如此一来，2 将被存储在 A_3 这个位置。）除此之外，必须在 2 之前添加 4，这是因为当算法发现 A_3 不为空时，就会尝试 A_4 这个位置（因为 $f(i)=i$，所以会对碰撞后的位置进行线性扫描）。（B）在尝试添加 7 的时候，假设 $h(7)=3$。缘于开放寻址法和函数 f 的定义，这里将分别对已经被使用的位置 A_3、A_4 和 A_5 进行尝试。最后，当尝试位置 A_6 时，这个位置并没有被使用，所以我们把新键添加到了这个位置

扩展哈希表的问题

即便使用链式哈希法，哈希表中的位置数通常也是静态的。这是因为修改哈希表的尺寸会改变哈希函数，而这有可能修改所有已经存放了元素的目标位置，从而导致必须从旧表中依次删除每个元素，再将它们依次插入新表中。值得注意的是，（像 Cassandra 或 Memcached 这样的）分布式缓存通常出现需要添加新节点的情况，这有可能导致瓶颈的产生甚至使整个网站崩溃，除非在网站架构中采取了适当的解决方案。

在第 7 章中，我们描述了一种名为一致哈希的特殊哈希函数，这是缓解这个问题的一种好方法。

C.5.4　性能

如前所述，解决碰撞的首选方案通常是链式法，这是因为其在运行时间和内存分配方面具有多种优势。对于使用链式法和链表的哈希表来说，当哈希表的尺寸为 m 且包含 n 个元素时，所有操作都平均需要 $O(n/m)$的时间来完成。

注意　虽然在大多数情况下可以把哈希表的操作时间视为 $O(1)$，但你应该记住，在最坏情况下所需的时间仍然是 $O(n)$。如果所有的元素都被映射到哈希表的同一个桶中（也就是同一条链中），就会发生这种最坏的情况。在这种情况下，删除或搜索元素所需的时间都是 $O(n)$。然而，这种情况几乎不会发生，至少当使用的哈希函数被正确设计时不会发生。

幸运的是，如果键的可能集合是静态的并且事先已知，则可以使用**完美哈希**，从而使所有的操作在最坏情况下都只需要 $O(1)$的时间。

C.6　对核心的数据结构进行对比和分析

我们已经介绍了所有核心的数据结构，接下来我们将试着列出它们的属性和性能，进而总结它们的特征（见表 C.1）。

这些数据结构包含的属性如下。

- **有序性**：是否可以维护元素已经确定的顺序。既可以是元素的自然顺序，也可以是元素插入的顺序。
- **唯一性**：是否禁止出现重复的元素或键。
- **关联性**：是否可以把键作为元素的索引。
- **动态性**：是否可以在插入或删除元素时调整容器的尺寸，还是说需要提前确定容器的最大尺寸。
- **局部性**：这里指的是引用的局部性，是否把所有的元素都存储在单一、连续的内存块中。

表 C.1 对核心的数据结构进行对比和分析

数据结构	有序性	唯一性	关联性	动态性	局部性
数组	支持	不支持	不支持	不支持[a]	支持
单向链表	支持	不支持	不支持	支持	不支持
双向链表	支持	不支持	不支持	支持	不支持
平衡树（如 BST）	支持	不支持	不支持	支持	不支持
堆（见第 2 章）	不支持[b]	支持	键与优先级	不支持	支持
哈希表	不支持	支持	键与值	支持[c]	不支持

a. 数组在大多数编程语言中是静态的。但动态数组可以基于静态数组来构建，并且性能开销也很小。

b. 堆只是对键定义了一定的顺序。它们允许根据优先级对键进行排序，但不会保留有关插入顺序的任何信息。

c. 当使用链式法来解决碰撞时，哈希表的尺寸是动态的。

作为比较的一部分，我们还必须考虑它们的相对性能。但是，如果只讨论各个方法的运行时间，那么对于整个数据结构而言，性能究竟意味着什么呢？

通常，数据结构的性能，尤其是其特定实现的性能，会在各个方法的性能之间进行平衡。所有的数据结构都是这样的，所有操作都具有最佳性能的数据结构是不存在的。例如，对于随机的、基于位置的访问，数组更快；但是当它们的形状需要改变时，数组就会很慢，而且当需要按值查找元素时，速度会更慢[1]。链表允许快速地插入新元素，但按位置进行查找和访问的速度很慢。哈希表可以基于键快速地进行查找，但查找元素的后继元素或最大值/最小值则非常慢。

在实践中，选择的最佳数据结构应该基于对问题和数据结构的性能做出的分析。但是，和找到最佳数据结构相比更重要的是，应避免使用那些错误的数据结构（因为这可能导致瓶颈的产生），而且最佳数据结构只比通常使用的（并且更容易实现的）数据结构好那么一点点。

1 无序数组对于像搜索和直接访问这样的操作来说会非常慢，有序数组则可以在 $O(\log(n))$ 的时间内完成上述两种操作。

附录 D　类似于优先队列的容器

容器可能是数据结构中最大的一个子集，甚至（到目前为止）应该就是最大的那个子集。**容器**是若干对象的集合，并且包含了添加、删除以及搜索这些对象的操作。不同类型容器之间的区别主要表现在如下几个方面。

（1）从容器中提取元素的顺序。

（2）元素是唯一的，还是允许重复的实例。

（3）容器是否支持关联性，也就是直接存储普通元素，还是通过键来和值相关联。

（4）如何对元素进行搜索，以及对已经存储的数据可以执行哪些操作。

（5）性能。

上面的（1）～（4）定义了容器的抽象程度。换句话说，它们定义了容器的行为。从技术角度讲，它们定义了容器的 API。但是，稍后你就能看到，即使已经确定了 API，实现也可以不同。

现在，让我们先专注于抽象数据结构，稍后再来关心优先级的定义。可以将**容器**当作一个用来保存值的黑匣子，并且当从这个黑匣子中获取某个特定的元素时，这个元素会被删除并返回。

这个描述非常通用，它基本上可以被用来描述数据结构中所有类型的容器，而这都归功于我们统一地定义了元素的优先级。用数学来描述的话，优先级是指元素和数字之间的单义映射，通常约定越低的值代表越高的优先级。

一些优先级的定义十分常见，因此它们被归类为单独的数据结构。

D.1　背包

背包是一个只支持 add（添加）和 iterate（迭代）操作的集合。元素不能从背包中删除。在检查容器是否为空之后，客户端可以遍历其中包含的元素。然而，背包并没有定义元素的顺序，因此客户端无法利用此类信息。

当需要收集物品并把它们作为整体而不需要单独处理它们时，就可以使用背包了。例如，可以对样本进行收集，然后计算它们的像平均值或标准方差这样的统计数据。在这种情况下，很明显顺序是无关紧要的。

因此，背包可以描述为这样一种**优先队列**：不能执行元素删除操作（top 方法），但可以**查看**一个元素，并且元素的优先级是一个来自均匀分布的随机值。注意，元素的优先级在每次迭代时会发生改变。与背包相关的操作见图 D.1。

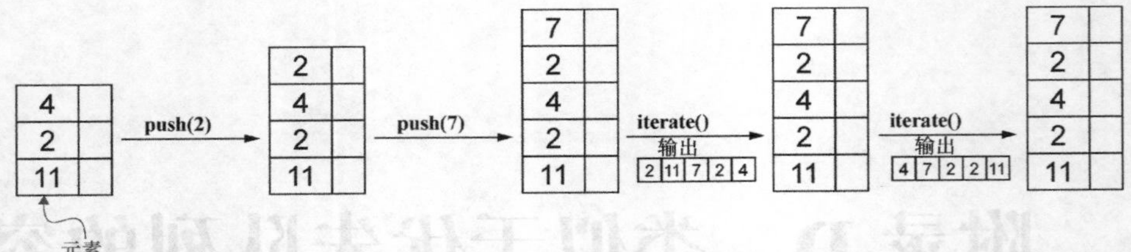

图 D.1　背包上的操作。插入操作旨在向容器中添加元素，但并没有为它们设置索引。唯一可以在背包上执行的另一个操作是遍历其中的元素。这个操作并不会对容器进行修改，但也保证不了元素返回的顺序。元素返回的顺序既可以是插入顺序，也可以是在每次迭代背包时完全随机的一种顺序

D.2　堆栈

堆栈是根据**后进先出**（LIFO，Last In First Out）策略返回元素的集合。也就是说，在堆栈中，元素的返回顺序与它们被添加到堆栈中的顺序相反。这使得堆栈在需要反转序列或是优先访问最近被添加的元素时非常有用。

堆栈可以视为这样一种特殊的优先队列：元素的优先级是由它们被插入的时间决定的（最近插入的元素具有最高的优先级），如图 D.2 所示。

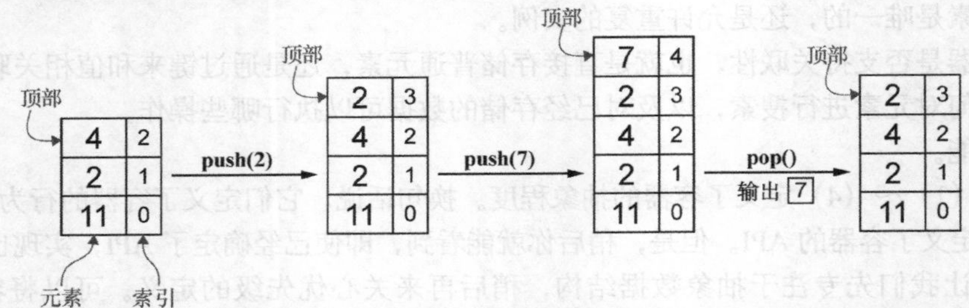

图 D.2　堆栈上的操作。插入操作（push）旨在将元素添加到堆栈的顶部。删除操作（pop）旨在从堆栈的顶部删除一个元素并返回它。对于堆栈来说（同样也适用于队列），通常可以使用查看（peek）操作来获得位于堆栈顶部的元素

在对堆栈和背包进行对比时，你可以发现它们的第一个区别是：在堆栈中，顺序很重要。它们的另一个区别是：虽然堆栈和背包一样，也可以进行遍历，但是堆栈还支持从中删除元素。另外，堆栈是一种访问受限的数据结构，这是因为只能在堆栈的顶部添加或删除元素。

在日常生活中，可以用来解释堆栈的典型例子是一叠脏的盘子（我们总是从这叠盘子的顶部拿盘子并且开始清洗。因此，我们首先清洗的盘子总是最近添加的那个）。不过，在计算机科学中，堆栈有着更大、更重要的用途，例如：

- **内存管理**，旨在让程序得以运行（调用堆栈）；
- **备忘录模式的实现**，目的是在编辑器中执行撤销操作，或在浏览器中来回浏览历史记录；
- **允许使用递归**，旨在对多种算法进行支持；
- 在 JavaScript 中，你可能听说过的**时间旅行**（time-travel）功能。

上面仅仅展示了堆栈的一小部分用途，堆栈的用途远不止这些。

D.3　队列

队列是根据**先进先出**（FIFO，First In First Out）策略返回元素的集合。因此，队列中的元素是按照与它们被添加到队列中的相同顺序进行返回的。虽然队列也是访问受限的数据结构，

但元素会被添加到队列的头部，并且只能从队列的尾部删除元素（这意味着队列的实现相比堆栈要稍微复杂一些）。

图 D.3 展示了队列上的操作。

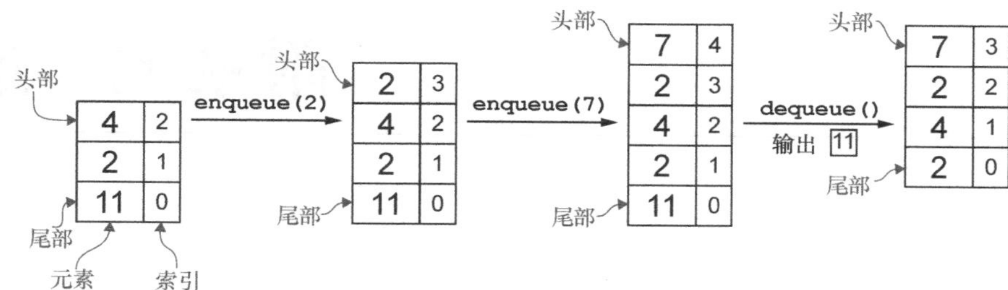

图 D.3 队列上的操作。插入操作（enqueue）旨在将元素添加到队列的头部。删除操作（dequeue）旨在从队列的尾部删除一个元素并返回它

很明显，队列是优先队列的一种特殊情况：其中元素的优先级也就是元素被添加的时间，在队列中的时间越长，元素的优先级越高。

与堆栈类似，队列也是计算机科学的基础，并且已被用在许多算法中。

D.4 对不同的容器进行对比和分析

总而言之，我们可以根据若干核心特征来划分前面讨论的抽象结构。例如，键是否按照特定顺序进行维护，是否要求键是唯一的，以及容器是否具有关联性，等等。表 D.1 涵盖了本书提到的所有容器。

表 D.1 对比和分析不同的容器

数据结构	有序性	唯一性	关联性
背包	不支持	不支持	无
堆栈	支持	不支持	无
队列	支持	不支持	无
优先队列	支持	不支持[a]	无
字典	不支持	支持	键-值

a. 放宽键的唯一性约束会导致在优先级的更新上必须额外付出努力。

附录 E 递归

你应该对循环已经十分熟悉了。就像我们在附录 A 中所讨论的那样，for 循环、while 循环以及 do-while 循环（有的编程语言甚至支持更多种循环类型）都是使用迭代的示例。

迭代循环是对一系列元素重复执行相似操作的一种非常直接的方式。通常来说，循环与列表或数组这样的数据结构密切相关。

循环的效果往往在数据结构是“线性形状”时更好。然而，有些问题非常复杂，并不能通过一个简单的循环来解决。例如，在树和图上使用循环相比在列表上使用循环更难。当然，也有一些变通方法能在这些数据结构上使用循环，但通常来说另一种方法的效果更好。

本书通过使用伪代码，实现了以一种与编程语言无关的方式对算法进行描述。然而，真正的编程语言相比伪代码能够更好地说明递归的工作原理。因此，对于本附录来说，我们将在代码清单中使用 JavaScript。之所以从众多的编程语言中选择 JavaScript，是因为这种编程语言具有以下两个特征。

- 完全的读/写闭包。
- 函数被视为“一等公民”。

以上特征能让我们解释一种有趣的名为**记忆化**的技术，这种技术可以在特定的上下文中用来提高递归算法的性能。

大多数函数式编程语言也提供类似的性能优化技术。面向对象编程语言中则存在着变通方法来使用这种技术。例如，在 Java 中，可通过静态类字段来使用记忆化技术。

E.1 简单递归

最简单的递归情况就是函数在程序执行流程中的某个给定点调用自身。递归的典型例子如下：计算一个数的阶乘以及计算斐波那契数列。

代码清单 E.1 展示了一个用来计算斐波那契数列的函数。

代码清单 E.1 计算斐波那契数列

```
function fibonacci(n) {
  if (n < 0) {
    throw new Error('n can not be negative');
  } else if (n === 0 || n === 1) {
    return 1; // Base case
  } else {
    return fibonacci(n-1) + fibonacci(n-2);
  }
}
```

E.1.1 陷阱

递归并不是没有任何风险的一种操作。首先，你必须定义一种总是能够达到的基本情况。在代码清单 E.1 中，如果不检查参数 *n* 是否为非负数的话，fibonacci(−1)将在到达 *n*===0 这种基本情况之前，遍历所有可以存储在 JavaScript 中的负整数。但更有可能发生的是，函数 fibonacci 在远没有接近基本情况之前，就抛出 Error: Maximum call stack size exceeded。

当然，在使用循环时，也需要有一个能够正确停止的条件，不然也会出现死循环。

即使有了额外的检查，整个代码也并不安全。在像 JavaScript 这样的弱类型语言中，类型强制转换将尝试把所有传递给函数的参数都转换为数字。

因此，当尝试调用 fibonacci('a')或 fibonacci(true)时，函数 fibonacci 并不会检查 *n* 是否具有正确的类型，因此'a'−1 会返回 NaN[1]，并且 NaN−1 也会返回同样的结果。又由于 NaN 并不小于 0，也不等于 0 或 1，因此（在理论上）会导致无限地递归调用堆栈，从而再次以抛出错误结束。

递归可能会有的另一个缺点是浪费资源。如果仔细查看代码清单 E.1 的话，你就会明白为什么它并不是用来解释递归的一个很好的例子。例如，如果对调用 fibonacci(4)时发生的递归调用进行跟踪，就会得到：

```
* fibonacci(4)
*   fibonacci(3)
*     fibonacci(2)
*       fibonacci(1)
*       fibonacci(0)
*     fibonacci(1)
*   fibonacci(2)
*     fibonacci(1)
*     fibonacci(0)
```

我们在这里使用缩进只是为了能够在格式上帮助你理解递归调用的层次结构。

如果尝试调用 fibonacci(5)，那么很明显需要对相同的值进行更多次的重复计算（以发生更多的函数调用为代价）。

计算子问题两次（或多次）通常代表着出现**坏味道**，而坏味道的出现通常表明存在另一种可能更有效的不同的解决方案。事实上，在这种情况下，通常**动态规划**可以提供更好的替代方案。

在 JavaScript 中，记录子问题的递归调用结果的类似方法是记忆化。有了记忆化之后，在进行递归调用之前，就可以先检查是否已经缓存这个值，就像在代码清单 E.2 中那样。

代码清单 E.2 使用记忆化的 fibonacci 函数

```
const fibonacci = (() => {
  let cache = [1, 1];
  const get = (n) => {
    if (n >= cache.length) {
      cache[n] = fibonacci(n);
    }
    return cache[n];
  };
  return (n) => {
    if (n < 0) {
      throw new Error('n can not be negative');
    } else if (n > 1) {
      return get(n - 1) + get(n - 2);
```

- 使用立即调用函数表达式（Immediately-Invoked Function Expression，IIFE）为记忆化创建一个闭包。
- 缓存的“历史”。用 1 和 0 的返回值进行初始化。
- 这个函数用来实现记忆化相关的逻辑。
- 用真实的递归调用结果更新历史。
- 返回一个（被分配给 const fibonacci 的）函数，从而在输入为 *n* 时高效地计算第 *n* 个斐波那契数。
- 通过获取 *n*−1 和 *n*−2 的斐波那契数来计算 *f*(*n*)。

---

1 NaN 是 JavaScript 中的一个特殊值，代表非数字。当解析数字或操作数字出现问题时，JavaScript 就会返回 NaN。

```
    }
    return 1;          <-- 涵盖 n===1||n === 0 的情况。
  };
})();              <-- 执行这个 IIFE，从而把函数调用结果分配给第一行中的常量。
```

不论是直接使用递归还是用到了记忆化，都有可能导致空间问题和内存不足异常的出现（稍后我们将详细地进行介绍）。

E.1.2　好的递归

前面的例子表明了与迭代算法相比，仅使用递归并不能真正地改善性能。实际上，递归通常是正确选择的情况都源于问题的本质或其定义是递归的。更多的时候，与其说使用递归是为了得到更好的性能，不如说是为了能编写出更干净、更清晰的代码。在稍后的内容中，你将看到（至少在现代编程语言中）尾递归是如何把两者结合起来的。

现在，让我们先来看看二叉树的前序遍历的优雅解决方案，如代码清单 E.3 所示。

代码清单 E.3　二叉树的先序遍历

```
function preorder(node) {
  if (node === undefined || node === null) {
    console.log("leaf");
  } else {
    console.log(node.value);
    preorder(node.left);          <-- 递归遍历左子节点。
    preorder(node.right);         <-- 递归遍历右子节点。
  }
}
```

树的遍历

前序遍历是一种用来枚举存储在树中的键的方法。它会创建一个列表，并以位于根节点的键作为起点插入这个列表中，然后递归地遍历它的子节点所代表的子树。当到达任何一个节点时，首先把节点的键添加到列表中，然后前往它的子节点（在二叉树的情况下，从左子节点开始，当且仅当这个节点所代表的整个子树都被遍历之后，才转到右子节点）。

其他常见的遍历方法还有中序遍历（顺序是左子树→节点的键→右子树）和后序遍历（顺序是左子树→右子树→节点的键）。

当然，除了输出节点之外，你也可以对节点执行任何其他操作。另外，你可以通过循环来完成相同的工作，如代码清单 E.4 所示。

代码清单 E.4　二叉树的先序遍历（迭代版本）

```
function preorderIterative(node) {
  if (node === undefined || node === null) {
    return;
  }                                     必须通过使用一个显式的堆栈来对递归调用
  let nodeStack = [node];          <--  的行为进行模拟。
  while (nodeStack.length > 0) {
    node = nodeStack.pop();
    if (node === undefined) {
      console.log("leaf");
    } else {
      console.log(node.value);
      nodeStack.push(node.right);      <-- 将节点压入堆栈相当于迭代版本的递归调用。
      nodeStack.push(node.left);
    }
  }
}
```

这两个函数是等价的，但是很明显，函数 preorder 的代码更加优雅。如果打算为二叉树的后序遍历也编写这两种版本的话，你会发现迭代版本更难写。

E.2 尾递归

每次调用函数时，系统都会在程序的堆栈中创建一个新的条目，也就是所谓的**堆栈帧**（stack frame）。堆栈帧包含一些字段，旨在让程序或虚拟机可以执行被调用的函数，然后当这个被调用函数完成时，恢复执行调用它的那个函数。

这些字段（非全部）如下。

- **程序计数器**（指向新函数完成后，调用函数中将要运行的下一条指令的指针）。
- 所有传递给被调用函数的参数。
- 所有的局部变量。
- 被调用函数的返回值的占位符。

递归调用也不例外。需要注意的是，在命中基本情况之前，对递归函数的第一次调用并不直接返回，这也就意味着调用链可能会非常长。

以代码清单 E.5 中的阶乘函数为例。

代码清单 E.5 阶乘函数

```
function factorial(n) {
  if (n < 0) {
    throw new Error('n can not be negative');
  } else if (n === 0) {
    return 1;                   <-- 基本情况。
  }
  let f = factorial(n - 1);     <-- 递归调用 factorial 函数。这里使用一个显式的变量来
  return n * f;                     说明这一点（见下文）。
}
```

使用正整数 *n* 调用 factorial 函数会一共创建 *n* 个堆栈帧。在图 E.1 中，我们勾画了调用 factorial(3)的堆栈帧，可以看到，一共创建了 3 个新的堆栈帧。由于内存中的堆栈区域是固定且有限的（与内存堆相比要小得多），而这就是灾难的开始。如果尝试使用一个足够大的值调用 factorial 函数，就会导致存储器区段错误。

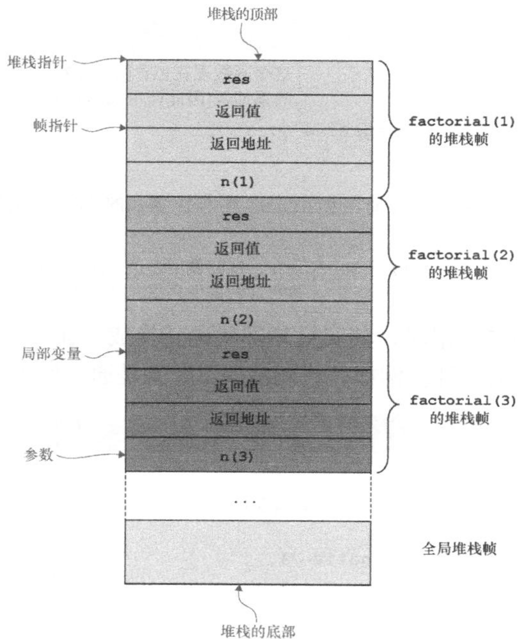

图 E.1 调用 factorial(3)的堆栈帧（以代码清单 E.5 中的函数定义为参考）

存储器区段错误又称为**访问权限冲突**，是一种错误状况。这种错误由具有内存保护的硬件引发，旨在通知操作系统某些软件正在尝试访问尚未被分配给这些软件的受限内存区域。

好在现代编译器都能够对某些类型的递归调用进行优化。**尾调用**是指作为函数的最后一个操作而执行的函数调用。如果一个函数的递归调用处于**结尾位置**，那么这个调用就是**尾递归**类型。

大多数编译器通过绕过堆栈帧的创建来优化尾调用。当使用尾递归时，编译器甚至可以把整个调用链重写为循环。

对于 JavaScript 来说，ES2015 引入了对尾递归优化的支持！

但是，我们还需要对阶乘函数进行一些修改，这样编译器才能优化阶乘函数所生成的机器代码。具体来说，我们需要保证递归调用是返回前的最后一个操作。

然而，对于某些函数来说，其实并不能用到尾递归优化，比如同样是阶乘函数，代码清单 E.6 看起来像是使用了尾递归的方式，但实际上，函数最后执行的操作是将 ***n*** 乘以递归调用的结果。因此在这种情况下，函数并不能用到尾递归优化。

代码清单 E.6 阶乘函数（重构）

```
function factorial(n) {
  if (n < 0) {
    throw new Error('n can not be negative');
  } else if (n === 0) {
    return 1;          <-- 基本情况。
  }

  return n * factorial(n-1);     <-- 这个函数的最后一条指令并不是递归调用，而是乘法。
}
```

似乎没办法对这个函数进行尾递归优化了，但请不要感到绝望。代码清单 E.7 展示了如何通过添加一个额外的参数，来将阶乘函数重写为尾递归的方式。这个参数被用来记录已经计算过的乘法结果，因此在执行最终的递归调用之前，需要先执行这些操作。

代码清单 E.7 阶乘函数（尾递归）

```
function factorial(n, acc=1) {     <-- 这个函数现在包含两个参数：和之前一样的 n 以及一个默认值为 1
                                       的累加器[因此调用 factorial(n)就等效于调用 factorial(n,1)]。
  if (n < 0) {
    throw new Error('n can not be negative');
  } else if (n === 0) {
    return acc;        <-- 基本情况。返回在进行上一次调用时计算出的乘法结果的累加器。
  }

  return factorial(n - 1, n * acc);    <-- 现在，递归调用是这个函数的最后一条指令，这是因为在
                                           执行递归调用之前，会首先在评估参数时执行乘法操作。
}
```

编译器在优化上面的尾调用时，其实只是把代码转换成了循环。实际上，尾递归总是能够很容易地被写成一个简单的循环。例如，代码清单 E.8 就是通过使用 while 循环来计算阶乘的。

代码清单 E.8 阶乘函数（迭代版本）

```
function factorial(n) {
  let acc = 1;           <-- 初始化累加器（基本情况）。
  if (n < 0) {
    throw new Error('n can not be negative');
  }

  while (n > 1) {        <-- 使用一个循环模拟尾递归。
```

```
    acc *= n--;
  }
  return acc;
}
```

E.3 互递归

一个函数既可以直接调用自身，也可以调用另一个函数。如果两个或更多个函数互相调用并形成一个环，那么它们就是**互递归**函数。

互递归也可以像尾递归那样进行优化，但大多数编译器只能优化简单的尾递归。

代码清单 E.9 解释了互递归是如何工作的。

代码清单 E.9 互递归函数的一个例子

```
function f(n) {
  return n + g(n-1);         <-- 函数 f 调用函数 g。
}

function g(n) {
  if (n < 0) {
    return 1;
  } else if (n === 0) {
    return 2;
  } else {
    return n * f(n/3);       <-- 函数 g 调用回函数 f。
  }
}
```

上述代码定义了两个函数：函数 f 和 g。其中，函数 f 从不直接调用自身，函数 g 也同样如此。

让我们来看看 $f(7)$ 的调用堆栈是什么，如下所示：

```
* f(7)
* g(6)
* f(2)
* g(1)
* f(0.3333)
* g(-0.6666)
```

对函数 f 的一次调用产生了一系列的调用，其中函数 f 和 g 会互相交替地被调用。显然，互递归的跟踪和优化更难。

附录 F 分类问题与随机算法的度量指标

要想理解树堆（见第 3 章）和布隆过滤器（见第 4 章）等数据结构的性能分析，就需要先掌握一类并非所有开发人员都熟悉的算法。

大多数人在提到算法时，会立即想到确定性算法。因此，我们很容易把这种算法的子类误认为代表全部算法。常识会让我们对算法产生这样一种预期：算法是由一系列指令组成的，当提供特定的输入时，算法总是使用相同的步骤返回一个被明确定义的输出。

这确实是最常见的情形。然而，有一种算法可以描述为由一系列定义明确的步骤组成，这些步骤虽然可以产生确定性结果，但所要花费的时间不可预测。以这种方式运行的算法被称为**拉斯维加斯算法**。

另外，虽然并不是很直观，但还有一种算法可以描述为在每次执行时，可以为相同的输入产生不同的、不可预测的结果，并且有可能无法在有限的时间内终止。这种算法被称为**蒙特卡罗算法**。

关于后者应该视为普通算法还是启发式算法，目前还存在着一些争议。笔者倾向于将其包括在普通算法之内，这是因为蒙特卡罗算法中的步骤序列是确定性的并且定义是明确的。在本书中，我们已经介绍了一些蒙特卡罗算法，你可以在学习它们之后做出自己的判断。

但是，在深入研究这些不同类型的算法之前，我们需要先定义这样一类非常有用的问题：**决定性问题**。

F.1 决定性问题

当一个算法只返回 true 或 false 时，它就会被划分为**二元决定性问题**。

二元分类算法会把数据分配到两个标签之下。这两个标签实际上可以是任何东西，但从理论上讲，这也就相当于为每个数据点分配了一个布尔标签，本书使用的就是这种表示法。

只考虑二元分类并不会对问题进行限制，毕竟多类别分类器也可以通过组合多个二元分类器来实现。

更重要的是，计算机科学领域（特别是可计算性和复杂性领域）的一个基本结论是，任何优化问题都可以被表示为决定性问题，反之亦然。

例如，如果需要寻找图中的最短路径，则可以通过设置阈值 T 并检查是否存在长度最大为 T 的路径来定义一个等效的决定性问题。然后针对不同的 T 值解决这个问题，并使用二分查找法对这些值进行选择，这样就能够通过使用决定性问题的算法来找到优化问题的解决方案了[1]。

F.2 拉斯维加斯算法

所有符合如下两个条件的随机算法都可以称为拉斯维加斯算法。

（1）总是能够输出问题的正确解决方案（或返回失败）。

（2）可以使用有限但数量不可预测（随机）的资源来运行。这里的关键是无法根据输入来对需要多少资源进行预测。

拉斯维加斯算法最知名的例子可能是随机快速排序[2]。这个算法总是能够得到正确的解决方案，但在每个递归步骤中都会随机地选择主元，并且执行时间（根据做出的选择）在 $O(n*\log(n))$ 和 $O(n^2)$之间。

F.3 蒙特卡罗算法

如果算法的输出可以在某些时候变得不正确，则称这类算法为蒙特卡罗算法。错误答案出现的概率通常与用到的资源有关，实用的算法往往设法在使用合理的计算能力和内存的同时，让这个概率尽可能小。

对于决定性问题来说，当蒙特卡罗算法的答案只能是 true 或 false 时，其实有 3 种可能的情况。

- 算法在返回 false 时总是正确的（称为**阴性偏置**算法）。
- 算法在返回 true 时总是正确的（称为**阳性偏置**算法）。
- 算法对于以上两种情况，都有可能不可避免地返回错误答案。

蒙特卡罗算法在所需的资源量方面是确定性的，它们经常被当作拉斯维加斯算法的对偶算法来使用。

假设有一个算法 A，它总是能够返回正确的解决方案，但其资源消耗是不确定的。我们可以在资源有限的情况下运行算法 A，直到它输出解决方案或耗尽所分配到的资源为止。例如，可在执行 $n*\log(n)$次交换操作后停止随机快速排序。

这种方式通过牺牲准确率（对正确结果的保证）换取了在特定时间内（或最多使用一定大小的空间）获得（次优）答案的确定性。

值得注意的是，正如前文所提到的，对于一些随机算法来说，我们甚至都不知道它们是否最终会停下来并找到解决方案（尽管通常来说并不会遇到这种情况）。例如，Bogo 排序的随机版本。

F.4 分类问题的度量指标

在分析布隆过滤器或树堆等数据结构时，最重要的是对其方法的运行速度和内存需求进行检查。但这还不够，除了运行速度和使用的内存大小，对于像它们这样的蒙特卡罗算法来说，

---

1 如果能够保证阈值是整数或有理数，则可以保证优化问题的解与决定性问题的解处在同一计算类型中。因此，如果决定性问题有一个多项式时间的解，那么求优化问题的解也需要多项式时间。

2 见《算法图解》（人民邮电出版社，2021 年）。

你还需要回答另一个问题："它们的效果到底如何？"

为了回答这个问题，我们需要引入一些度量指标，也就是一些用来衡量近似解与最优解之间差距的函数。

对于分类算法来说，算法的质量是指每个输入能被分配到正确类别的可能性。因此，对于二元分类来说，关键在于算法为输入的数据点输出 true 的准确率。

F.4.1　准确率

衡量分类算法质量的其中一种方法是评估正确的预测所占的比例。假设有 N_P 个数据点实际上应当属于 true 类别，于是有：

- P_P 代表被预测为 true 类别的数据点数；
- T_P（又称为**真阳性**）代表被预测为 true 类别且实际上也属于 true 类别的数据点数。

同样，让 N_N 代表属于 false 类别的数据点数，于是有：

- P_N 代表被预测为 false 类别的数据点数；
- T_N（又称为**真阴性**）代表预测类别和实际类别都为 false 的数据点数。

于是**准确率**就可以被定义为

$$\text{准确率} = \frac{T_p + T_N}{N_p + N_N} = \frac{T_P + T_N}{N}$$

如果准确率为 1，就表示算法始终正确。

遗憾的是，除了理想情况，否则准确率并不总是能够很好地衡量算法的质量。思考这样一种特殊情况，当数据库中 99%的数据都属于 true 类别时，分析如下 3 个分类器的优劣。

- 分类器 1 正确标记了 100%的假点和 98.98%的真点。
- 分类器 2 正确标记了 0.5%的假点和 99.49%的真点。
- 分类器 3 总是返回 true 作为标签。

令人惊讶的是，虽然最后这个分类器错过了所有 false 类别的数据点，但它的准确率比其他两个分类器都要高。

提示　可通过将这些数值代入准确率的计算公式来进行验算。

在机器学习中，如果要在以类似方式倾斜的训练集[1]上使用这个度量指标，则一定会得到一个非常糟糕的模型，或者更准确地说，这个模型的通用性很差。

F.4.2　精确度与召回率

除了单纯地提高准确率，你真正需要做的是分别跟踪每个类别的信息。为此，我们可以定义如下两个新的度量指标。

- **精确度**（又称为**阳性预测值**），指的是正确预测为 true 的数据点数（即真阳性）与算法预测为 true 的数据点数之比。

$$\text{精确度} = \frac{T_P}{P_P}$$

- **召回率**（又称为**灵敏度**），指的是真阳性占实际阳性的比例。

[1] 其中一个类别的数据很少或难以获取数据的数据集。例如，医学中的罕见疾病通常就是这种情况。